Lehrbuch der Geobotanik

Wolfgang Frey, Rainer Lösch

Lehrbuch der Geobotanik

Pflanze und Vegetation in Raum und Zeit

2. Auflage

ELSEVIER
SPEKTRUM
AKADEMISCHER
VERLAG

Spektrum
AKADEMISCHER VERLAG

Zuschriften und Kritik an:
Elsevier GmbH, Spektrum Akademischer Verlag, Verlagsbereich Biologie, Chemie und Geowissenschaften, Dr. Ulrich G. Moltmann, Slevogtstr. 3–5, 69126 Heidelberg

Anschriften der Autoren:

Prof. Dr. Wolfgang Frey
Institut für Biologie
Systematische Botanik und Pflanzengeographie
Freie Universität Berlin
Altensteinstr. 6
D-14195 Berlin

Prof. Dr. Rainer Lösch
Institut für Ökologische Pflanzenphysiologie
Abteilung Geobotanik
Heinrich-Heine-Universität
Universitätsstr. 1
D-40225 Düsseldorf

Bibliografische Information Der Deutschen Bibliothek
Die Deutsche Bibliothek verzeichnet diese Publikation in der Deutschen Nationalbibliografie; detaillierte bibliografische Daten sind im Internet über http://dnb.ddb.de abrufbar.

2. Auflage 2004

Spektrum Akademischer Verlag ist ein Imprint der Elsevier GmbH.

04 05 06 07 5 4 3 2 1 0

Planung und Lektorat: Dr. Ulrich G. Moltmann, Martina Mechler
Satz: Laupp & Göbel, Nehren
Druck und Bindung: Krips b.v., NL-Meppel
Abbildungen: Karin Kiefer, Claudia Kirberich und Simone Miljanovic (Kap. 1, 3, 6, 8.3–8.8) und Horst Lünser (Kap. 4, 5, 7, 8.1–8.2, 9)
Umschlaggestaltung: SpieszDesign, Neu-Ulm
Titelbild: Wasserfarne *(Salvinia auriculata, Azolla filiculoides)* und Wassersalat *(Pistia stratiotes)* als Schwimmpflanzendecke (Rio Paraná, Paraguay)
Gedruckt auf 90 g/qm Offset, chlorfrei gebleicht

Printed in the Netherlands
ISBN 3-8274-1193-9

Aktuelle Informationen finden Sie im Internet unter www.elsevier.de

Vorwort zur zweiten Auflage

In erfreulich kurzer Zeit wurde eine Neuauflage des Lehrbuchs der Geobotanik notwendig, auch ein Zeichen dafür, dass die umfassende Definition dieses Fachgebietes großen Anklang gefunden hat. Für die vorliegende Neuauflage war infolge großer Fortschritte auf vielen Teilgebieten der Geobotanik eine gründliche Überarbeitung des gesamtes Buches und durch aktuelle Entwicklungen, z. B. auf den Gebieten Biodiversität, molekulare Geobotanik und Populationsbiologie, die Erweiterung und Neuaufnahme einiger Abschnitte notwendig.

Zu danken haben die Verfasser vielen Nutzern des Buches – nicht zuletzt zahlreichen Studierenden – für Anregungen, Verbesserungsvorschläge und Hinweise. Für die Durchsicht von Kapiteln und für fachliche Hinweise danken wir Herrn Dr. T. Heinken, Herrn Dr. H. Kürschner, Frau Dr. T. Pfeiffer, Frau Dr. F. Schaumann und Herrn Dr. M. Stech, für das Lesen von Korrekturen Frau N. Poser und Frau B. Roß, für die sorgfältige Neuzeichnung und Überarbeitung der Abbildungen Frau K. Kiefer, Frau C. Kirberich und Herrn H. Lünser. Dem Spektrum Verlag, insbesondere Herrn Dr. U. G. Moltmann, Frau M. Mechler und Frau B. Saglio, gilt unser besonderer Dank für die stets gute Zusammenarbeit.

Berlin und Düsseldorf, im Dezember 2003

W. Frey, R. Lösch

Vorwort zur ersten Auflage

Die Geobotanik als umfassende Teildisziplin der Botanik zu beschreiben, war uns ein wesentliches Anliegen bei der Abfassung des vorliegenden Lehrbuchs. Dabei wird gleichzeitig bewährtes Grundlagenwissen mit in jüngster Zeit erarbeiteten, auch qualitativ neuen Aspekten verbunden. Zu manchen der einzelnen Teilgebiete liegt Spezialliteratur vor. Aber abgesehen von dem knappen Überblick über die Thematik im Strasburgerschen Lehrbuch der Botanik fehlt bisher noch eine Gesamtbetrachtung, in welcher Floristik und Arealkunde, Vegetationskunde, Floren- und Vegetationsgeschichte, Ökologie der Pflanzen, pflanzliche Anpassungen und Lebensstrategien, die Vegetationsgebiete der Erde mit Schwerpunkt Mitteleuropa sowie Aspekte des vegetationsbezogenen Natur- und Umweltschutzes umfassend auf Lehrbuchniveau dargestellt werden. Der vorliegende Text soll diesen Bedarf abdecken und als Grundlage für Lehrzwecke verwendbar sein. Gleichzeitig werden jedoch in den einzelnen Kapiteln neuere Arbeiten herausgestellt, die als Basis für Arbeiten auf diesen Forschungs- und Arbeitsfeldern verwendet werden können.

Sicher wird die Geobotanik in Zukunft eine noch weitaus größere Bedeutung erhalten, wenn die „global change"-Effekte und das Spannungsfeld zwischen Raumaufteilung und Nutzung der Erde für die Zwecke des Menschen und die Bewahrung der natürlichen Vielfalt und Stabilität noch drängender werden und diese Problematik in das Bewußtsein breiter Bevölkerungskreise einrückt. Fakteninformationen hierzu zu bieten, ist ein weiteres Ziel dieses Lehrbuchs.

Unser besonderer Dank gilt Frau K. Kiefer, Frau S. Miljanovic und Herrn H. Lünser, die mit großer Sorgfalt die Abbildungen nach den Vorlagen der Autoren erstellten, Frau M. Limpert und Frau I. Pohl für das Schreiben des Textes, Frau H. Frey für die Durchsicht und manuskriptreife Vorlage der Kapitel 4, 5, 7, 8 und 9, zahlreichen Kolleginnen und Kollegen für fachspezifische Diskussionen und Hinweise und Frau Dr. I. Hensen und Herrn Dr. T. Heinken für die kritische Durchsicht von Teilen des Manuskriptes. Nicht zuletzt gilt unser Dank dem G. Fischer Verlag für die Realisierung dieses Werkes, insbesondere Herrn von Breitenbuch für die Begleitung der Startphase und Herrn Dr. U. G. Moltmann für die Realisierung und Ausstattung des Lehrbuches.

Berlin und Düsseldorf, im Januar 1998

W. Frey, R. Lösch

Inhalt

Abkürzungen, Symbole, Konstanten

A	durchquerte Querschnittsfläche bei Stofftransportprozessen
A	Aktivierungsenergie (Gl. 6-8)
A	Assimilationsleistung
a	Ar
a.	auch
Abb.	Abbildung
AFP	antifreeze proteins
agg.	Aggregat
alp	alpin
arkt	arktisch
atl	atlantisch
BfN	Bundesforschungsanstalt für Naturschutz und Landschaftsökologie
BNatSchG	Bundes-Naturschutzgesetz
bor	boreal
BP	vor heute (before present)
BPP	Brutto-Primärproduktion
C	konvektiv umgesetzte Energie (Energiebilanzgleichung, Gl. 6-5)
c	spezifische Wärme [$J °C^{-1} cm^3$]
c	Lichtgeschwindigkeit [$= 3 \cdot 10^8 m s^{-1}$]
CAP	cold adaptation proteins
CBD	Convention on biological diversity
CDF	cation diffusion facilitators
CGR	crop growth rate
coll	collin
COP	Conferences of the parties (Internat. Umweltschutz-Konferenzen)
COR	cold adaptation proteins
Cs	Solarkonstante [$1390 W m^{-2} = 7{,}8 J cm^{-2} min^{-1} = 2 cal cm^{-2} min^{-1}$]
D	Diffusionskoeffizient von Wasserdampf in Luft [$cm^2 s^{-1}$, bei 20 °C = $0{,}242 cm^2 sec^{-1}$]
d. h.	das heißt
E	Wasserdampfabgabe an die Atmosphäre (als Evaporation, Transpiration oder Evapotranspiration)
E	Energie [1 J = 1 N m = 1 W s = 0,239 cal]
E	Emissivität
EC	(adenylate) energy charge, „Energieladung der Zelle“
eumi	eumitteleuropäisch
FCKW	Fluorchlor-Kohlenwasserstoffe
FFH	Fauna-Flora-Habitat-Richtlinie der Europäischen Union
F_V/F_M	Verhältnis zwischen variabler und maximaler Fluoreszenz von Chloroplasten/eines Blattes
G	durch Wärmeleitung umgesetzte Energie (Energiebilanzgl., Gl. 6-5)
g	Leitfähigkeit (ohne besonderen Index: Blatt-(stomatäre) Leitfähigkeit)
GAI	green area index (äquivalent zu LAI, Blattflächenindex)
ggf.	gegebenenfalls
g_H	Wärmeleitfähigkeit [$J °C^{-1} cm^{-1} s^{-1}$]
GMO	genetically modified organisms, transgene Organismen, gen-manipulierte Organismen
g_T	Temperaturleitfähigkeit [$cm^2 s^{-1}$]
h	Planck'sche Konstante [$= 6{,}63 \cdot 10^{-34} J s$]
ha	Hektar
HR/HD	Hellrot/Dunkelrot
HSP	heat shock proteins, Hitzeschock-Proteine
I	Strahlungsintensität innerhalb des Vegetationsprofils
I_o	Strahlungsintensität außerhalb eines Vegetationsbestandes
IBP	Internationales Biologisches Programm
i. d. R.	in der Regel
i. e. S.	im engeren Sinne
IPCC	International panel on climate changes
IR	Infrarot (NIR = nahes, kürzerwelliges Infrarot, FIR = fernes, längerwelliges Infrarot)
i. S. v.	im Sinne von
ITS	(nuclear) internal transcribed spacer [rDNA]

IUCN	International union for conservation of nature and natural resources
i. w.	im wesentlichen
i. w. S.	im weiteren Sinne
J.	Jahr
Jh.	Jahrhundert
k	Proportionalitätskoeffizient, spezifiziert bei der jeweiligen Formelanwendung
KAK	Kationen-Austauschkapazität
kont	kontinental
L	Lichtzahl (Gl. 6-3 bzw. Ellenberg-Lichtzahl)
LAI	Blattflächenindex [$m^2\ m^{-2}$]
LSG	Landschaftsschutzgebiet
M	metabolisch umgesetzte Energie (Energiebilanzgleichung, Gl. 6-5)
m. a. W.	mit anderen Worten
m, med	meridional, mediterran
mho	Siemens [1/Ohm]: Maß der elektrischen Leitfähigkeit
Mio.	Million
Mrd.	Milliarde
mont	montan
MPa	Megapascal
n.	nach
NAR	net assimilation rate
ND	Naturdenkmal
NP	Nationalpark
NPP	Netto-Primärproduktion [$t\ ha^{-1}\ a^{-1}$]
NPQ	non-photosynthetic quenching
Nramp	natural resistance associated macrophage proteins
NSG	Naturschutzgebiet
NUE	Stickstoffausnutzungskoeffizient
o. g.	oben genannt
Pa	Pascal
PAR	Photosynthetisch aktive Strahlung
pF	Maßzahl für die Feldkapazität
plan	planar
pont	pontisch
PPFD	Photosynthetisch wirksame Photonen-Flußdichte [µmol Photonen $m^{-2}\ s^{-1}$]
p. p.	pro parte, zum Teil
PUE	Photonen-Ausnutzungseffizienz
Qe	Strahlungsfluss [$J\ s^{-1} = W$]
R	allgemeine Gaskonstante [= 8,3143 $J\ K^{-1}\ mol^{-1}$]
r	(Transport-)Widerstand (= 1/g)
RA	langwellige Strahlung der Erd- (und Pflanzen-)Oberfläche
Re	Strahlungsflussdichte [$W\ m^{-2}$]
RD	direkte kurzwellige Sonnenstrahlung (= Rs (dir))
RG	langwellige Einstrahlung von zunächst durch die Atmosphäre absorbierte Energie
RAPD	random-amplified polymorphic DNA
RGR	relative Zuwachsrate
RH	diffuse kurzwellige Himmelsstrahlung (= Rs (diff))
Rn	Nettostrahlung
ROS	reactive oxygen species, reaktive Sauerstoffradikale
RR	reflektierte kurzwellige Strahlung
RWC	relativer Wassergehalt (i. d. R. bezogen auf Sättigungswassergehalt)
S	gespeicherte Energie (Energiebilanzgleichung, Gl. 6-5)
s.	siehe
s. a.	siehe auch
s. l.	sensu lato, im weiten bzw. weiteren Sinne
sm, submed	submeridional, submediterran
s. o.	siehe oben
sog.	sogenannt
SPAC	soil-plant-atmosphere continuum, Boden-Pflanze-Atmosphäre-Kontinuum
spp.	Plural-Abkürzung für „species", -Arten
ssp.	Subspecies, Unterart
s. str.	sensu stricto, im engen bzw. engeren Sinne
s. u.	siehe unten
T	absolute Temperatur [°K]
t	Tonne
temp	temperat
TG	Trockengewicht
THP	thermal hysteresis proteins
trop	tropisch
turan	turanisch
V	Volumen
UV	Ultraviolett
VOC	volatile organic compounds
u. a.	unter anderem
u. a. m.	und andere(s) mehr

u. ä.	und ähnlich(e,-s)
ü. NN	über Normal Null
u. v. a.	und viele(s) andere
u. w. A.	und weitere Arbeiten
v. a.	vor allem
vgl.	vergleiche
v. h.	vor heute
VPD	Dampfdruckdefizit der Luft
WA	Washingtoner Artenschutz-Abkommen
WD	Wasserdampf-(massen- oder druck-) differenz zwischen zwei Kompartimenten unterschiedlichen Wasserdampfgehaltes (z. B. Blattinterzellularen/Umgebungsluft)
WUE	Wasserausnutzungskoeffizient der Photosynthese
z. B.	zum Beispiel
ZIP	Zink-/Eisen-(Ernährungs-/Transport-)relevante Proteine
z. T.	zum Teil
δ^{13} C	Kohlenstoff-Isotopendiskriminierung in organischer Substanz
ε	Elastizitätsmodul
λ	Verdampfungswärme des Wassers [bei 20 °C = 2,454 MJ kg^{-1}]
λ	Wellenlänge
ρ	spezifisches Gewicht [g cm^{-3}]
ψ, ψ_w	Wasserpotential
ψ_π	osmotisches Potential
ψ_P	Turgorpotential

1 Gliederung und Aufgaben der Geobotanik

Die **Geobotanik** beschäftigt sich als Teildisziplin der Botanik (Grisebach 1866) mit dem Vorkommen und der Verbreitung der Pflanzen im geographischen Raum und mit der Dynamik dieses Vorkommens im Laufe der Zeit. Eine umfangreiche Teilaufgabe in diesem Programm ist die **Dokumentation, Beschreibung und Abstraktion der differenzierten Vorkommensweisen** der Pflanzen auf der Erde sowie der Evolutionsdynamik, die zu der gegenwärtig vorfindbaren Situation geführt hat. Die Feststellung der aktuellen Verbreitung der Pflanzensippen führt zu **Fragen nach den Ursachen für das unterschiedliche Vorkommen** der einzelnen Arten und für ihr Zusammentreten zu charakteristischen Pflanzenvergesellschaftungen. Es lassen sich dabei korrelative Beziehungen zwischen den Eigenheiten der einzelnen Lebensräume und dem Vorkommen der einzelnen Pflanzensippen in ihnen finden. Bei experimenteller Analyse der funktionellen Eigenschaften der Arten und bei einer Quantifizierung der Parameter ihres Lebensraumes können **ursächliche Beziehungen** erkannt werden **zwischen den Umweltbedingungen und der spezifischen Leistungsfähigkeit der Arten**. Dieser letztgenannte, mehr kausalanalytische Ansatz der Untersuchungen und der Befunde zum Vorkommen von Pflanzen wird oft mit dem Begriff „Ökologie“ bezeichnet und dem Gesamtgebiet der Geobotanik untergeordnet, manchmal auch damit mehr oder minder synonym gesetzt. Alternativ wird unter „Geobotanik“ mitunter nur die Beschreibung und Strukturierung des regionalen oder großräumigen Vorkommens der Einzelsippe und des charakteristischen Zusammentretens einer Vielzahl von Einzelsippen zu Vegetationseinheiten verstanden und der experimentell-kausalanalytisch orientierten Ökologie gegenübergestellt. Ein beide Vorgehensweisen umfassender Überbegriff fehlt in diesem Fall. Prinzipiell lassen sich allerdings die Teilgebiete und methodischen Vorgehensweisen infolge der komplexen Natur des Forschungsgegenstandes nicht strikt voneinander trennen. Deshalb ist **„Geobotanik“ als dem Dachbegriff für die Gesamtdisziplin** der Vorzug zu geben, worunter dann der deskriptive und der kausalanalytische Ansatz integriert sind. Unter diesem Oberbegriff beschäftigen sich sodann „Vegetations- und Arealkunde“ hauptsächlich mit der Dokumentation und Typisierung der Pflanzenverbreitung auf der Erde, „Ökologie“ mit der Beschreibung und Kausalanalyse der Wechselbeziehungen zwischen der Pflanze bzw. der Pflanzengemeinschaft und dem jeweiligen Lebensraum.

Im vorliegenden Text wird „Geobotanik“ daher als ein Teilgebiet der Botanik verstanden,

- welches die aktuellen Vorkommen der einzelnen Pflanzensippen und ihrer Vergesellschaftungen dokumentiert und typisiert,
- welches die Abhängigkeiten dieser Vorkommen von den physikalischen, chemischen und organismischen Gegebenheiten der Wuchsorte analysiert und die dabei herrschenden Wechselbeziehungen mit den strukturellen und funktionellen Eigenheiten der Pflanzen aufklärt,
- welches die zeitliche Dynamik der räumlichen Einnischung der Pflanzensippen und -vergesellschaftungen aufzeigt und zu erd- und klimageschichtlichen Vorgängen in Beziehung bringt,
- welches schließlich auch die menschlichen Eingriffe in diese raum-zeitliche Strukturierung der Pflanzendecke der Erde dokumentiert und analysiert und aus solchen Erkenntnissen heraus normative Vorgaben für die Wechselbeziehungen zwischen Mensch und Pflanzenwelt zu machen sucht.

Abb. 1-1 zeigt schematisch die Zusammenhänge zwischen den Teildisziplinen innerhalb der Geobotanik und den benachbarten Fächern auf: Dabei ist zu beachten, dass die Geobotanik ihre Studienobjekte grundsätzlich auf zwei Betrachtungs- und Untersuchungsebenen angehen kann: Im Mittelpunkt des Interesses steht im einen Fall die **einzelne Pflanzensippe**, in der Regel auf der systematischen Abstraktionsstufe der einzelnen

Pflanzenart. Hier finden geobotanische Studien enge Überlappungen mit den Vorgehensweisen der morphologisch-anatomischen und der physiologischen Teildisziplinen der Botanik. Im anderen Fall ist Untersuchungsobjekt die **charakteristische Vergesellschaftung mehrerer bis vieler Pflanzenarten**, deren Vorkommen und deren Abhängigkeiten von ihrem jeweils spezifischen Lebensraum. Das Gliederungsschema legt weiter die schon angesprochene Trennung nahe in die mehr deskriptiv und korrelativ orientierten Teildisziplinen der **Floristik = Florenkunde**, der **Chorologie = Arealkunde**, der Phytozönologie = **Vegetationskunde** sowie der **Floren- und Vegetationsgeschichte** und in die mehr kausalanalytisch-experimentell arbeitenden Forschungsansätze, die als **Pflanzenökologie** im engeren Sinne angesprochen werden können. Dieser, eine Vielzahl von Organismen und ihre Umwelt umgreifende Ansatz geht über das Forschungsobjekt „Pflanze" hinaus und schlägt vielfach die Brücke zu den naturwissenschaftlich-geowissenschaftlichen Nachbarfächern. Vor allem im Hinblick auf das Vorkommen und die Existenzmöglichkeiten von Nutzpflanzen haben sich seit langem die eigenständigen Arbeitsrichtungen der **Forstwissenschaft**, der **Agrarbotanik** und des **Gartenbaus** herausgebildet. Sie wenden das Methodeninventar aus Geobotanik und Ökologie auf die jeweils interessierenden Nutzpflanzen an, während geobotanische Studien im Rahmen der botanischen Disziplinen auf Wild- und Nutzpflanzen ausgerichtet sind. **Naturschutz** und **Landespflege** verbinden geobotanisches und zoo-ökologisches Grundlagenwissen mit den Methodeninstrumentarien der Planungswissenschaften und des Rechts in Anwendung auf Probleme der Landschaftsplanung, der Erhaltung der biologischen Diversität und der Gestaltung der menschlichen Umwelt.

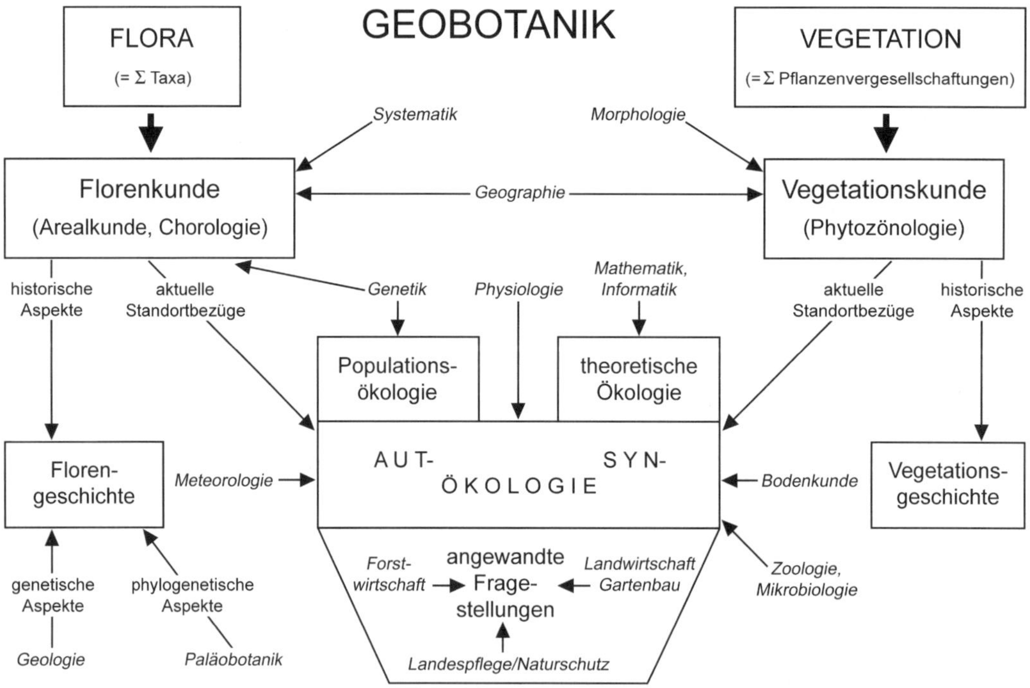

Abb. 1-1: Die Teildisziplinen der Geobotanik und ihre Beziehungen zu Nachbarwissenschaften.

2 Geschichte der Geobotanik und aktuelle Forschungstrends des Faches

(zusammenfassende Werke: Mägdefrau 1992, Lösch & Larcher 1998, Jahn 2000)

Wie auch die anderen modernen Teildisziplinen der Biologie differenzierten sich die einzelnen Arbeits- und Interessensrichtungen der Geobotanik im Verlauf der vergangenen rund eineinhalb Jahrhunderte aus der allgemeinen Beschäftigung der Wissenschaft mit der Pflanzenwelt. In den Anfängen der Botanik wie auch der Zoologie stand das Bestreben nach Erfassung und Katalogisierung der Vielzahl der Erscheinungsformen des Lebens im Vordergrund der wissenschaftlichen Bemühungen, kulminierend in der Entwicklung der Evolutionstheorie als kausalorientierte Deutung der Ursachen der organismischen Vielfalt. Die Prägung der Lebensvollzüge der Pflanzen und Tiere durch die Gegebenheiten ihrer Umwelt wurde im Zuge der Arteninventarisierung mit erfasst und als wichtige Komponente der Naturgeschichte der Sippen erkannt.

Zum taxonomischen Charakterisieren und Klassifizieren der Arten, welches die Arbeit von **C. v. Linné** und seinen Schülern prägte, trat mit dem Lebenswerk **A. von Humboldts** (1769–1859) die Beschreibung und Abstraktion der Vegetationstypen. Auch hierbei dominierte während des 19. Jahrhunderts die deskriptive Inventarisierung der Pflanzenformationen, gefördert durch die die außereuropäischen Länder und ihre Natur erschließenden Entdeckungsreisen. Das Forschungsgebiet der **„Pflanzengeographie"** wird als eigenständiger Wissenschaftsbereich abgegrenzt durch **J. F. Schouw** (1787–1852). **Grisebachs** „Vegetation der Erde" (1872) ist eine erste große Zusammenfassung dieser Kenntnisse und des Bemühens, die Pflanzendecke der Erde typisierend zu beschreiben, nachdem auf regionaler Ebene (**Kerner v. Marilaun**, 1863: „Das Pflanzenleben der Donauländer") schon erste, inzwischen klassisch gewordene Ansätze dazu vorlagen. **Warmings** Lehrbuch der ökologischen Pflanzengeographie (1896) berücksichtigt dann bereits sehr stark die funktionale Komponente in der Beschreibung der Vegetationsgegebenheiten.

Der Begriff **„Ökologie"** wird Mitte des 19. Jahrhunderts von **E. Haeckel** (1834–1919) geprägt, der hierin die „Lehre vom Haushalt der Natur" sieht und damit das Interesse der Wissenschaft weiterverweist von der statischen Beschreibung der Organismensippen und der Struktur ihrer gemeinschaftlichen Vorkommen hin zur Beschäftigung mit der Dynamik der Wechselwirkungen zwischen den Lebewesen und ihrer Umwelt. Starke Impulse ziehen solche Ansätze auch aus der mit dem Namen **J. von Sachs** (1832–1891) verbundenen Selbstfindung der Pflanzenphysiologie als zur Taxonomie und Morphologie komplementären Teilwissenschaft in der Botanik. Die Beschreibung und Quantifizierung pflanzlicher Funktionen unter dem Einfluss der physikalischen und chemischen Gegebenheiten der Umwelt gewinnt dadurch ein vermehrtes Forschungsinteresse. In **G. Kraus'** Werk „Boden und Klima auf kleinstem Raum" (1911) wird dieser Aspekt erstmals umfassend auf der Basis experimenteller Messungen an den Naturstandorten der Pflanzen thematisiert.

Der Titel des mehrbändigen Standardwerkes „Pflanzengeographie auf physiologischer Grundlage" von **A. F. W. Schimper**, welches erstmals 1898 und in weiteren Auflagen bis 1935 erschien (Schimper & Faber), war Programm für die umfassende Darstellung der Vegetationstypen der Erde, sowohl ihrer organismischen Komponenten und Strukturen wie auch ihrer Funktionen. Kurz nach der Jahrhundertwende war es auch, dass in Mitteleuropa erste Appelle und organisierte Ansätze zur Bewahrung von Lebensräumen aufkamen, die in ihren spezifischen Eigenschaften als wertvoll erkannt wurden, durch die Tätigkeit des Menschen aber in ihrer Existenz beeinträchtigt bis akut bedroht waren: der Beginn von **Naturschutz**-Bemühungen (**E. Rudorff**, 1840–1916: auf der Basis romantisch-künstlerischen Naturerlebens: „Heimatschutz"; **H. Conwentz**, 1855–1922: „Naturdenkmalpflege"). Die biologische Wissenschaft unterstützte diese angewandt-ökologischen Bestrebungen durch die detaillierte Beschreibung und Inventarisierung solcher Lebensräume.

Wohl bedingt durch das regionale Umfeld überwog in dem zu Beginn des Jahrhunderts noch reichlich mit vom Menschen unberührter Natur ausgestatteten Nordamerika der Klassifizierungsansatz der Vegetation als einer Sukzession von Pionierlebensräumen zu Endstadien der Bestandsentwicklung, zu der als stabilen Kulminationspunkt einer solchen Entwicklungsdynamik gesehenen **„Klimax“** (**Clements** 1916). In Europa entwickelten sich mehr typologische Ansätze, wobei die Nomenklatur der Vegetationseinheiten bei den russischen und skandinavischen Schulen (**Du Rietz** 1936) sich orientierte an den dominierenden Taxa der relativ artenarmen dort vorherrschenden Waldbestände. In West-, Mittel- und Südeuropa – und inzwischen weltweit – setzte sich der Ansatz der vegetationskundlichen Klassifizierung der **Zürich-Montpellier-Schule** durch (Braun-Blanquet 1964; Rübel, z. B. 1930; Lüdi, z. B. 1921). Hierbei werden über die vergleichsweise einfach bestimmbare floristische Zusammensetzung der Vegetationsdecke Pflanzenvergesellschaftungen charakterisiert. Sie sind durch die standörtlichen Bedingungen geprägt und fungieren auch als Existenzumfeld tierischer Lebensgemeinschaften. Mit diesen zusammen werden sie als Biozönosen angesprochen. Parallel zu solcher auf floristischen Arbeiten beruhender Abstrahierung und Klassifizierung der Vegetation durch die **„Pflanzensoziologie“** (**Tüxen**, z. B. 1937) erfolgten in der ersten Hälfte des 20. Jahrhunderts vielfältige Studien zu den ökologischen Wechselbeziehungen zwischen den standörtlichen Gegebenheiten und der Leistungsfähigkeit und Vitalität der einzelnen Pflanzenarten im mitteleuropäischen Raum (**Stocker**, z. B. 1957; **Walter**, zusammenfassend: 1960). Mit dem Namen **Meusel** ist das Studium und die Typisierung der Verbreitungsareale von Pflanzen, die **Arealkunde = Chorologie** verbunden (Meusel et al. 1965, 1978, 1992). **Ellenberg** gelingt in den Nachkriegsjahrzehnten die bisher umfassendste Synthese der vegetationskundlichen Beschreibung der mitteleuropäischen Pflanzenbestände und der ökologischen Interpretation der hierbei herrschenden Funktionszusammenhänge (Ellenberg 1963, 1996).

1935 kommt es zu einer Wortprägung, welche wegweisend werden sollte für das moderne Ökologieverständnis: In der längerfristigen Auseinandersetzung mit Vorstellungen über die Biozönose als einem gleichsam „Überorganismus“, der seine Eigenheiten nicht nur aus der lokalen Aggregation von im Prinzip nicht an die einzelne Zönose gebundene Species erhält, schreibt **Tansley**: „Die ganze Methode der Wissenschaft“ ist es, „Systeme zum Zweck der Untersuchung gedanklich zu isolieren, so dass ... diese Isolate die tatsächlichen Objekte unserer Studien werden. Unsere natürlichen menschlichen Vorurteile zwingen uns, die Organismen (im Sinne der Biologen) als die wichtigsten Teile dieser Systeme anzusehen. Aber sicherlich sind die unbelebten Faktoren ebenfalls Teile und ohne sie könnte es keine Systeme geben. Diese **Ökosysteme**, wie wir sie nennen können, sind von verschiedensten Arten und Größen. Sie bilden eine Kategorie der vielfältigen physikalischen Systeme des Universums, die vom Universum als ganzem bis hinunter zum Atom reichen“ (Tansley 1935, übersetzt aus Trepl 1987). Waren so ökologische Einheiten bisher von den in ihnen zusammengeschlossenen Organismen und ihren Wechselbeziehungen her charakterisiert worden, so wird es mit dem damit eingeführten **Ökosystem**-Begriff möglich, ökologische Zusammenhänge als physikalische Zusammenhänge zu behandeln. Das konzeptionell Neue ist dabei die Sichtweise der Biozönose als eines zwar hochkomplexen, der quantitativen Analyse mit physikalischen und chemischen Methoden aber prinzipiell zugänglichen Systems. Damit ist wissenschaftlich-ökologische Arbeit nicht mehr nur deskriptive Naturforschung, *natural history*, sondern kausal analysierende Naturwissenschaft, *science*, mit der inhärenten Fähigkeit zur Abstraktion, Modellbildung, Berechenbarkeit der Zusammenhänge und damit geeignet auch für Prognosen.

Der **Ökosystembegriff** und seine Implikationen wurden in der Folgezeit vor allem durch die Veröffentlichungen der Gebrüder Odum (u. a. Odum 1971, deutsch: 1983) weiteren Kreisen und den politischen Entscheidungsträgern bekannt. Eine intensive wissenschaftliche Umsetzung in praktischer Analyse und Synthese erfuhr dieses Konzept erstmals in den späten 60er/frühen 70er Jahren mit dem **„Internationalen Biologischen Programm“** (IBP), in welchem nach dem Vorbild des vorhergehenden „Geophysikalischen Jahres“ die Forschungskompetenz der verschiedenen Nationen bei der umfassenden Untersuchung von besonders bedeutsamen Lebensräumen konzertiert eingesetzt wurde. Der deutsche Beitrag konzentrierte sich dabei auf die Ökologie des in Mitteleuropa besonders große Flächen einnehmenden Buchenwaldes („Solling-Projekt“: Ellenberg 1971; Ellenberg et al. 1986).

Nachdem das IBP grundlegende und umfassende Informationen erbrachte zur Struktur und zum Funktionieren natürlicher und naturnaher Ökosysteme, war das Nachfolge-Rahmenprogramm **„Man and biosphere“** auf Interaktionen zwischen dem Menschen und seiner Umwelt fokussiert. Dass diese vielfach die ökosystemaren Gleichgewichte negativ beeinflussen, trat in den 70er und 80er Jahren zunehmend in das Bewusstsein der Öffentlichkeit und akzentuierte sich in Schlagworten wie „Waldsterben“, „Tropenwaldvernichtung“, „Verlust der Biodiversität“ oder „Global change“. Mit der Selbstverpflichtung der allermeisten Staaten der Erde zur Bewahrung und Förderung der **Biodiversität** auf der **Umweltkonferenz von Rio de Janeiro** (1992) wurde die Bedeutung der organismischen Vielfalt sowie ihrer Wechselbeziehungen mit der unbelebten Umwelt auch im politischen Rahmen anerkannt und ihre Bewahrung und Förderung als existentiell für die Menschheit hervorgehoben. In übergreifenden Verbünden (z. B. Internationales Geophysikalisch-biologisches Programm, IGBP, Scientific Committee on Problems of the Environment = SCOPE, Diversitas [Internationales Programm zur Dokumentation der Biodiversität], United Nations Environmental Program = UNEP, Intergovernmental Panel on Climate Change = IPCC u. a.) wie in der lokalen Bearbeitung von Grundlagenaspekten oder akuten Problemen erbrachte und erbringt die ökologische Forschung zu diesen Themenfeldern vielfältige Fakteninformationen, aus denen Management- und Politik-Empfehlungen erwachsen, die in Einzelfällen auch Umsetzung finden. Vielfach freilich unterliegen sie im Konflikt mit wirtschaftswissenschaftlichen Dogmen, mit Egoismen, Machtstrukturen und soziokulturellen Beharrungstendenzen, was so – wider bessere wissenschaftliche Einsicht – nicht zu den zur Bewahrung einer stabilen Umwelt notwendigen Konsequenzen führt, sondern lokal, und in manchen Veränderungsprozessen auch weltweit, der Lebensqualität des Menschen ebenso wie den Existenzmöglichkeiten seiner Mitlebewesen Schaden zufügt.

In der Umsetzung der geobotanischen Grundlagenkenntnisse zur Anwendung in **Landschaftsplanung und Umweltmanagement** hat die Vegetationskunde in starkem Maße Verbindungen zu den Planungswissenschaften geschlagen, wobei dann in ähnlicher Weise wie in den Anwendungsgebieten der funktionell orientierten Ökologie, der **Land- und Forstwirtschaft**, Erfahrungswissen und Relevanz für die Alltagspraxis bedeutsam werden. Die von der Naturkunde *(natural history)* zur exakten Wissenschaft *(science)* vertiefte Geobotanik (und Zooökologie) geht hier über in Technik *(technology)*, wo der Routineeinsatz der durch die Wissenschaft gewonnenen Kenntnisse erfolgt, unter Einbindung von Erfahrungswissen, in Begrenzung durch wirtschaftliche Effizienzzwänge und in Orientierung an gesellschaftlich konsensfähigen Wertvorgaben.

Die teilweise als eigenständige Forschungs- und Traditionslinien während der letzten reichlich 150 Jahre herangewachsenen und mancherorts auch aktuell noch in teilweiser Isolierung voneinander in Forschung und Lehre gepflegten Teilfächer der Arealkunde, der Floren- und Vegetationsgeschichte, der Vegetationskunde sowie der funktionellen Ökologie der Einzelsippen und der Pflanzengemeinschaften (Abb. 1-1) lassen sich sinnvollerweise zur **Basiswissenschaft der Geobotanik** zusammenschließen. Diese aber fußt auf den sich mit Form und Funktion der Pflanzen beschäftigenden morphologisch-anatomischen und physiologisch-molekularbiologischen Teilfächern der Biologie sowie den geowissenschaftlichen und geophysikalischen Nachbardisziplinen, genauso wie die nach einer entsprechenden Entfaltungsgeschichte analog strukturierbare Schwesterwissenschaft der Zooökologie. Aus beiden heraus erfolgt die praktische Nutzung der wissenschaftlichen Erkenntnisse in den Anwendungsdisziplinen Landwirtschaft, Gartenbau, Forstwirtschaft und Landespflege, für welche die Geobotanik somit ebenfalls das Methoden-, Kenntnis- und Theorienfundament legt.

Im Unterschied zum stark reduktionistisch geprägten Gegenpol in der modernen Biowissenschaft, der Molekularbiologie, muss sich die Ökologie, als deren auf die Pflanze ausgerichteter Teilbereich die Geobotanik angesehen werden kann, einer sehr hohen Komplexität und Vielfalt ihrer Forschungsobjekte stellen, mit wenig Möglichkeiten zur Standardisierung von Randbedingungen. Dadurch stößt sie an die Grenzen des Cartesianischen Paradigmas, dass das Ganze lediglich die Summe seiner Teile sei. **„Scaling up“**, „Hochrechnung“, d. h. die Integration der kausalorientierten Charakterisierung und Modellierung der ökologischen Gegebenheiten über unterschiedlich komplexe Systemniveaus hin, ist eine Notwendigkeit bei der adäquaten Beschreibung ökosystemarer Zusammenhänge. Durch Vieldimensionalität und fraktale Charakteristika der Untersuchungsobjekte werden dabei jedoch die **Grenzen der mechanistischen Beschreibung und Behandlung von Naturphänomenen** erreicht. In Kooperation mit von dieser Problematik ebenfalls betroffenen Nachbarwissenschaften ist es eine der Zukunftsherausforderungen für die ökologisch ausgerichteten Bio- (und Geo-) wissenschaften (im speziellen Fall: für die Geobotanik), zu weiterführenden Konzepten, Methoden und gegebenenfalls neuen Paradigmen zu kommen. Gleichwertig dazu steht ihre andere Aufgabe, Auswege zu finden und aufzuzeigen aus den sich steigernden Umweltproblemen, die gerade durch übergroßen Reduktionismus entstanden sind und entstehen, beim Einsatz und bei der vielfach unzureichenden Folgenabsicherung von naturwissenschaftlichen Kenntnissen und Nutzungsmöglichkeiten.

3 Floristik und Arealkunde

Das Vorkommen einer Pflanzenart und einer Gemeinschaft von Pflanzen ist immer durch zwei große Ursachenkomplexe bestimmt: Zum einen ist die Existenzmöglichkeit einer Sippe durch die aktuellen Bedingungen des in Frage stehenden Lebensraumes oder Habitates, bei Pflanzen vielfach als „Standort“[1] bezeichnet, gefördert oder gehemmt. Zum Zweiten wird die Vorgeschichte eine entscheidende Rolle spielen, durch die die Pflanze oder die Pflanzenvergesellschaftung an ihren aktuellen Standort gelangt ist.

3.1 Floristik und kartographische Dokumentation des Vorkommens von Pflanzenarten

Das Vorkommen einer bestimmten Pflanzenart in einem bestimmten Gebiet kann am präzisesten dargestellt werden, indem in einer geographischen Karte alle Lokalitäten aufgeführt werden, an denen das Taxon zu finden ist. Derartige **„Punktkarten“** sind gut realisierbar bei kleineren Gebieten und, wenn die betreffende Art nur relativ selten in einem größeren Bereich vorkommt.

Ist für ein geographisch abgegrenztes Gebiet Vollständigkeit hinsichtlich aller vorkommenden Arten angestrebt, erbringt ein solcher Vorkommenszensus eine „Gebietsflora“, in welcher die Fundpunkte auch nur verbal, in Aufzählung der Vorkommensorte aufgeführt sein können. Eine **„Flora“** ist so, allgemein, das Verzeichnis der Pflanzenarten eines Gebietes mit näherer Angabe ihrer Fundorte und Standorte (als Charakterisierung potentieller Fundorte), meist ergänzt durch eine morphologische Beschreibung der einzelnen Sippen. Zu ihnen wird der Benutzer vielfach durch „Schlüssel“ hingeführt, durch welche, in schrittweiser Ausgliederung spezifischer Merkmale, eine Pflanzenart von allen anderen im Gebiet vorkommenden Taxa unterschieden wird. Der geographische Integrationsrahmen kann ganz unterschiedlich sein, aufsteigend von der Gebietsflora über Länderfloren zu Floren von Kontinenten und – prinzipiell möglich, aber wenig praktikabel – einer Flora der Erde.

Die verbal-beschreibende Inventarisierung der Pflanzensippen und ihrer Vorkommen ist auf all diesen regionalen Integrationsstufen möglich. Es wäre allerdings sehr unbequem und mühselig, wenn dann mit genauen Einzelfundpunktangaben das Vorkommen verbreiteter, in vielerlei Lebensräumen und großräumig vorkommender Arten dokumentiert werden sollte. Eine großmaßstäbliche Karte, z. B. der mitteleuropäischen Verbreitung des Scharbockskrautes *(Ficaria verna)*, mit genauer Fundpunktlokalisation, würde letztlich dahin führen, dass für weite Bereiche schlicht ein schwarzer Fleck auf der Karte zustande käme, weil die zahlreichen Fundpunkte dicht an dicht aneinander grenzen.

---

[1] Der Begriff Habitat (Standort) wird hier im erweiterten Sinne verwendet: neben dem charakteristischen Lebensraum (Wohnort) einer Einzelart auch als charakteristischer Lebensraum (Wohnort) einer Pflanzengesellschaft. Dieser Lebensraum umfasst die ökologischen Bedingungen am Wuchsort einer Pflanze (im Gegensatz zum geographisch festgelegten Fundort [Wuchsort]); zu diesen Bedingungen gehören Klima, Boden und am Wuchsort koexistierende Organismen (Pflanzen, Tiere, Mikroben, der Mensch).

Hier hat sich die Abstraktion bewährt, dass ein Gitternetz über die Kartenfläche gelegt wird und das Vorkommen einer Sippe nur auf das Gitterquadrat genau festgelegt wird, die Erstellung einer **„Raster(punkt)-karte“** (Abb. 3-1). Sehr geeignet ist dafür das Gitternetz der Messtischblätter, Karten im Maßstab 1:25 000. Damit wird das Vorkommen einer Art im Bereich einer Fläche von jeweils 100 km^2 dokumentiert. Dass auf einer solchen Fläche vielerlei Lebensräume vorkommen, in denen die betrachtete Pflanzenart nicht auftritt, dass also eine nicht unbeträchtliche Unschärfe in der Lokalisierung gegeben sein wird, ist unmittelbar einsichtig. Immerhin wurde es auf diese Weise möglich, in den meisten west- und mitteleuropäischen Ländern großflächig das Vorkommen aller Pflanzenarten zu dokumentieren. Ein solcher Verbreitungsatlas der Pflanzenarten eines Gebietes auf Messtischblattbasis kann im Vergleich mit geologischen und geographischen Informationen sowie Daten des Makroklimas eine Fülle von Informationen zur Biologie der betreffenden Pflanzenarten erbringen.

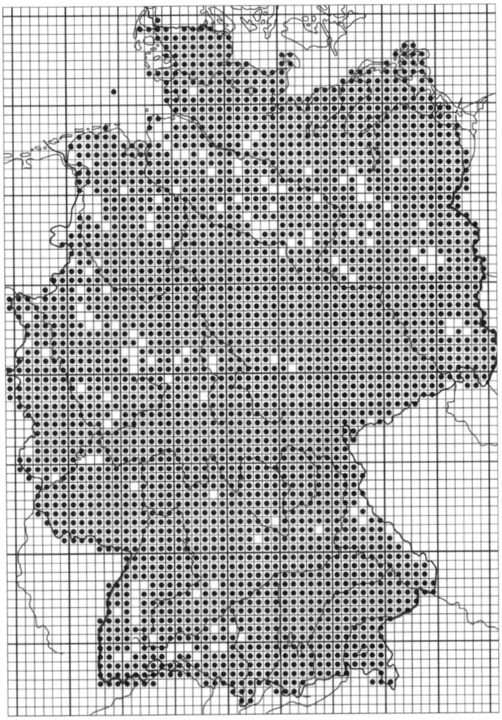

Abb. 3-1: Punkt-Rasterkarte der Verbreitung von *Ficaria verna* in Deutschland (nach Angaben in Häupler & Schönfelder,1988 und Benkert et al., 1996).

Dies sei an Beispielen der Verbreitung einiger Pflanzenarten in Deutschland (Häupler & Schönfelder 1988; Benkert et al. 1996) illustriert (Abb. 3-2): *Cochlearia anglica* (Löffelkraut) ist eine Staude der Salzwiesen an Ost- und Nordsee. Dementsprechend finden sich Vorkommensangaben für die Messtischblätter im Küstenbereich; im Binnenland wird die Pflanze vergeblich gesucht. *Pulsatilla vulgaris*, die Frühlingsküchenschelle, zeichnet mit ihrem regionalen Vorkommen nahezu perfekt die Umrisse der kalkreichen Mittelgebirge und der Schotterebenen im südlichen Deutschland nach. *Narthecium ossifragum* (Beinbrech) ist streng an das milde, aber niederschlagsreiche Klima des küstennahen Nordwestdeutschlands gebunden. Bei *Trollius europaeus*, schließlich, der Trollblume, kann eine deutliche Tendenz zu mehr südlicher und kontinentaler Verbreitung festgestellt werden – im nordwestdeutschen Flachland ist diese Art eine große Seltenheit und fehlt meist gänzlich, ist aber auffallender Weise in den Feuchtgrünländern Mecklenburg-Vorpommerns durchaus nicht selten.

3.2 Das Areal einer Pflanzenart

Das Vorkommen der als Beispiele aufgeführten Pflanzen endet selbstverständlich nicht an den politischen Grenzen. Bedingt durch Land-Meer-Grenzen, großklimatische Bedingungen, Höhenbegrenzungen im Gebirge oder bedingt durch die spezifische Besiedlungsgeschichte findet allerdings jede Sippe Grenzen ihres Vorkommens. Überregional kann mit Fundpunkt- oder Gitternetzpunktangaben das Gesamtgebiet des Vorkommens einer Sippe dokumentiert werden, ihr Verbreitungsgebiet oder **Areal**. Dabei zeichnen sich unterschiedliche Vorkommensmuster ab, aus denen wieder Rückschlüsse möglich sind auf die Existenzweise und die ökologischen Ansprüche, auch auf die Verbreitungsgeschichte der jeweiligen Art.

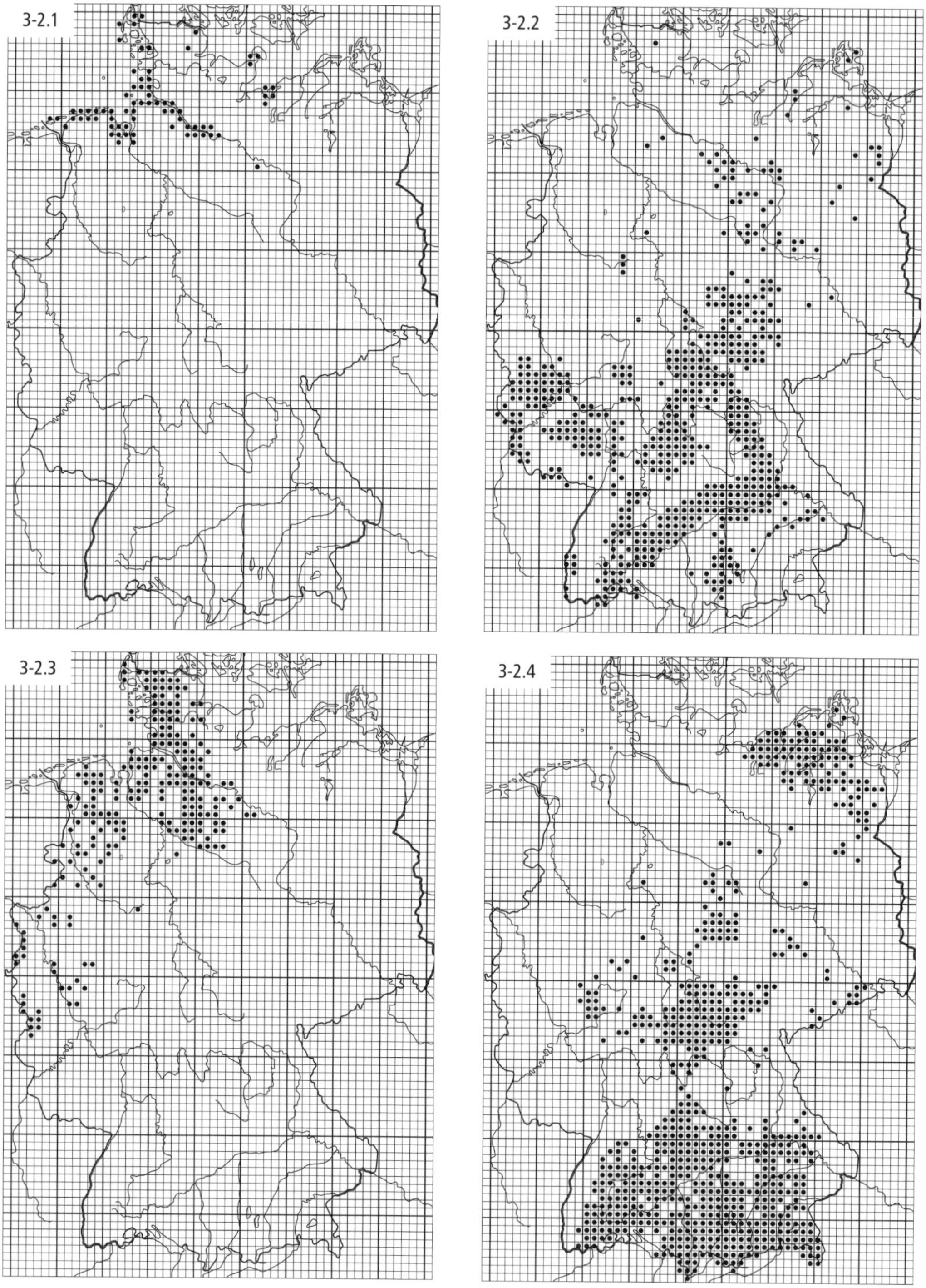

Abb. 3-2: Punkt-Rasterkarten der Verbreitung in Deutschland von *Cochlearia anglica* (links oben: 3-2.1), *Pulsatilla vulgaris* (rechts oben: 3-2.2), *Narthecium ossifragum* (links unten: 3-2.3) und *Trollius europaeus* (rechts unten: 3-2.4). Kombiniert nach Angaben in Häupler & Schönfelder (1988) und Benkert et al. (1996).

Wenn eine mehr oder minder geschlossene Verbreitung einer Sippe über ein größeres Gebiet hin vorliegt, deren Details allerdings häufig nicht allzu gut bekannt sind, können vereinfachend die Flächen des Vorkommens schraffiert werden. Man kann dabei fast stets ein **Hauptverbreitungsgebiet**, auch Häufigkeitszentrum genannt, unterscheiden von randlichen Teilbereichen, wo die Vorkommen der Sippe erheblich spärlicher sind.

Wenn die Fundpunkte einer Art so verteilt sind, dass man bei der Umgrenzung ihres Vorkommens eine einzige Fläche erhält, handelt es sich um ein **„geschlossenes Areal"**. Wenn eine Sippe in zwei oder mehreren voneinander getrennten Teilregionen vorkommt, liegt ein **disjunktes Areal** vor. Die Ursachen für die Existenz solcher völlig voneinander getrennter Vorkommen können unterschiedlicher Natur sein. Häufig sind es Gründe der geschichtlichen Entwicklung eines Sippenareals, die zur Auftrennung eines ursprünglich geschlossenen Areals in voneinander getrennte Teilareale geführt haben.

Vielfach sind die zueinander disjunkten Gebiete der Vorkommen eines Taxons mehr oder minder gleichwertig, ungefähr auch gleich groß. Der häu-

3-3.1

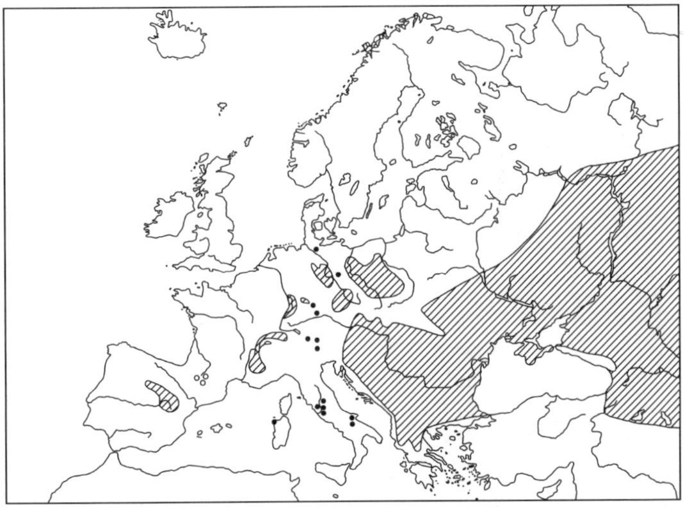

3-3.2

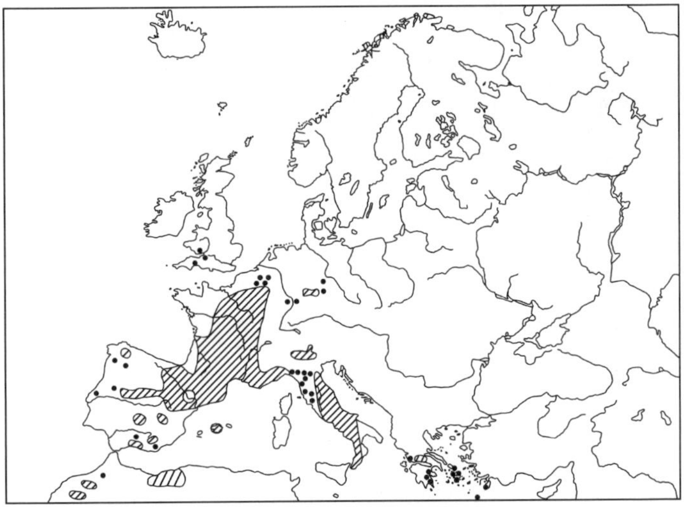

Abb. 3-3: Beispiele für disjunkte Areale: 3-3.1 *Stipa capillata*, 3-3.2 *Helianthemum apenninum* (nach Meusel et al. 1965, 1978, Meusel & Jäger 1992 und Hultén & Fries 1986).

figere Fall von disjunkten Arealen ist allerdings, dass ein Hauptareal und mehrere, sehr viel kleinere Teilareale unterscheidbar sind (Abb. 3-3.1: *Stipa capillata,* s. a. Abb. 9-35). Sind die peripheren Teilareale von größerer Ausdehnung, spricht man von **Exklaven**, sind es einzelne, kleine Vorkommen vor dem geschlossenen Hauptareal, die deutlich in Randlage zu diesem angeordnet sind, nennt man sie **Vorposten** (Bsp.: Abb. 3-3.2: *Helianthemum apenninum*). Es gibt auch den relativ seltenen Fall, dass ein eigentliches Areal einer Sippe nicht erkennbar wird („disperse Verbreitung"). Vor allem bei einigen Wasserpflanzen sind die Vorkommen über die ganze Welt hin so weit verstreut, dass man eigentlich keine klar begründbaren Arealabgrenzungen ziehen kann. Die Annahme ist naheliegend, dass solche Sippen vielfach durch weitfliegende Wasservögel verbreitet worden sind und so eine zufallsbedingte Kolonisierung geeigneter Süßwasserkörper weltweit ermöglicht wurde.

Die Entstehung der verschiedenen Arealformen ist erklärbar einerseits durch die ökologische Bedingtheit der aktuellen Vorkommen der einzel-

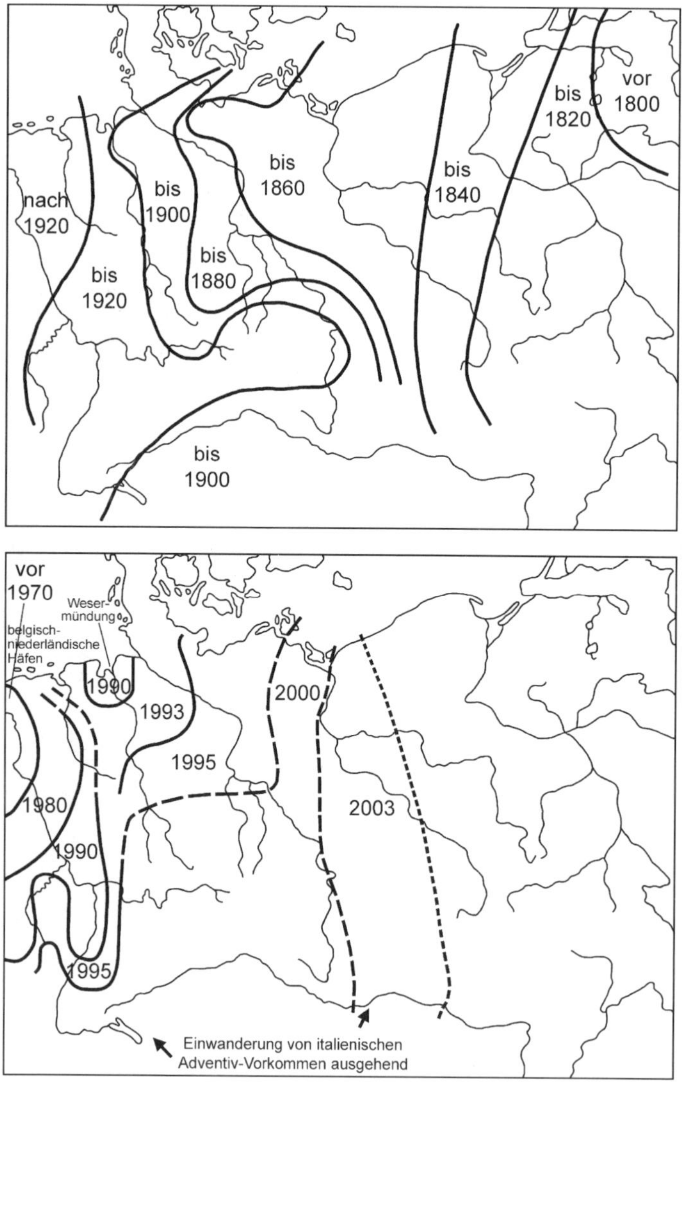

Abb. 3-4: Verlauf der Einwanderung von *Senecio vernalis* (oben) und *Senecio inaequidens* (unten) in Mitteleuropa (nach Angaben in Brennenstuhl 1995, Büscher & Loos 1993, Jäger 1988, Mazomeit 1991, Walter & Straka 1970, Werner et al. 1991, Böhmer 2001, Niklfeld briefl. u. a.).

S. inaequidens ist im Hochland von Transvaal/Südafrika heimisch und tauchte seit dem 19. Jahrhundert mit Wollelieferungen als unbeständiger Neophyt hin und wieder in mitteleuropäischen Häfen auf. Erst in der zweiten Hälfte des 20. Jahrhunderts breitete es sich plötzlich und in riesiger Individuenzahl, ausgehend von belgischen und niederländischen Häfen, kontinentwärts aus, ein knappes Jahrzehnt später von einem weiteren Brückenkopf im Bereich der Mündungen von Weser und Elbe (Bremerhaven, Cuxhaven/Hamburg). Gleichzeitig weiteten sich seine südeuropäischen Vorkommen, ausgehend von Häfen an der Riviera, Richtung Südwestfrankreich und Pyrenäenhalbinsel sowie am Alpensüdrand entlang nach Norden und vor allem Nordosten aus. Mit zunehmend mehr Vorpostenstationen erschliesst sich die Art derzeit das subkontinentale Europa.

nen Pflanzensippen, vor allem aber auch durch die historische Entwicklung der Floren. Das Verbreitungsbild einer Pflanzenart, wie es kartographisch festgehalten werden kann, ist stets eine Momentaufnahme in einem dynamischen Prozess der Arealentwicklung. Relativ zu den für den Menschen unmittelbar erfahrbaren Zeitabläufen ist aber diese Arealentwicklung meist so langsam, dass das Vorkommen oder Nichtvorkommen einer Sippe in einem Gebiet als ein konstantes Phänomen wahrgenommen wird und nur Fossilfunde zeigen, wie im Zeitraum von Jahrhunderten und Jahrtausenden eine Arealveränderung stattgefunden hat. Aktuell sichtbar können „Pflanzenwanderungen" jedoch werden, wenn durch den Menschen Sippen aus anderen Weltregionen in ein von ihnen bisher nicht besiedeltes, von den Umweltbedingungen aber zuträgliches Gebiet verbracht werden. Hier kann eine zügige Neukolonisation ablaufen, die in einigen Fällen in jüngerer Zeit auch sehr gut dokumentiert wurde (Abb. 3-4: *Senecio vernalis* und *Senecio inaequidens*).

Prinzipiell gibt es zwei Möglichkeiten der Arealveränderung: Es ist ein Vordringen der Art in bislang von ihr unbesiedeltes Gebiet möglich, und es kann ein Rückzug aus einem ehemals größeren Areal erfolgen. Letzteres ist bei weitem der häufigere Fall, und dementsprechend handelt es sich bei isolierten Einzelfundpunkten außerhalb eines größeren geschlossenen Areals meist nicht um „Vorposten" im eigentlichen Sinne, sondern um **Relikte**. Berühmt hierfür sind im mitteleuropäischen Raum eine ganze Anzahl von Arten der osteuropäischen Steppen, die an wärmebegünstigten Magerrasenstandorten auf Kalk in Süd- und Mitteldeutschland vorkommen und so Exklaven bilden, die weit vom geschlossenen Hauptareal entfernt sind (z. B. *Stipa* spp., *Pulsatilla vulgaris*, *Jurinaea cyanoides* u. v. a.). Alle diese Arten haben in einer trockenwarmen Periode nach der Eiszeit ihr Vorkommen bis in den mitteleuropäischen Raum ausgedehnt, und isolierte Populationen konnten sich hier an lokalklimatisch günstigen Standorten bis in die Jetztzeit halten, obwohl das heutige Großklima in Mitteleuropa nicht eigentlich den Existenzansprüchen dieser Sippen entspricht.

Relativ selten ist eine andere Möglichkeit der Bildung disjunkter Areale gegeben, dann nämlich, wenn bei einer heterogenen Gesamtpopulation an zwei entfernten Stellen ein gleichsinniger Artbildungsprozess abläuft. In der Literatur wird als Beispiel hierfür die Möglichkeit einer Bastardisierung mit gleichzeitiger Polyploidisierung bei der Zwergform des Wacholders (*Juniperus nana*) angegeben, die parallel in den skandinavischen und in den mittel- und südeuropäischen Hochgebirgen stattgefunden haben soll.

3.2.1 Die Größe der Areale

Das Studium der Arealumgrenzung und der geographischen Zuordnung der Verbreitungsgebiete von Sippen, die Arealkunde oder Chorologie, konzentriert sich vielfach auf die Areale der taxonomischen Basiseinheiten, der Arten. Aber auch für höhere systematische Einheiten können Areale umschrieben werden. **Gattungsareale** werden meist größer sein als Artareale, **Familienareale** größer als Gattungsareale. Allerdings besitzen manche Familien nur eine sehr beschränkte geographische Ausdehnung ihrer Vorkommen, wie umgekehrt manche Arten in nahezu allen Kontinenten zu finden sind.

Es gibt Pflanzenarten, die weltweit nur an einer einzigen Stelle, dann meist auch nur in kleiner Individuenzahl vorkommen. Die geschichtlichen und standortbedingten Ursachen dafür können unterschiedlich sein. Als Beispiele seien genannt *Nymphaea thermarum* mit einer Population von ca. 100 Individuen im Wärmebereich zwischen 34 und 26 °C einer Thermalquelle im südlichen Ruanda (Fischer 1988), *Primula palinuri* (Endemit am Cap Palinuri) in SW-Italien (Hübl, briefl.) oder *Viola cheiranthifolia*, das Teideveilchen am Pico del Teide auf Teneriffa. Im ersten Fall war zweifelsohne die evolutive Sippenanpassung und Einnischung am Hochthermal-Standort ursächlich für die Etablierung der afrikanischen Seerosenart an dem isolierten Standort, nachdem in seinem Randbereich durch den Zufall der Diasporenausbreitung weniger wärmeadaptierte und heute dort nicht mehr vorhandene Vorfahren Fuß gefasst hatten. Im zweiten Fall dürfte durch geographisch-ökologische Isolation eine Lokalpopulation entstanden sein. Im dritten Fall wirkten die Selektion des Hochgebirgsklimas und die Eruptionsgeschichte des Teide-Vulkans mit, dass eine Veilchenpopulation in einer vom Rest der Gattung isolierten Sonderentwicklung sich in einem nur wenige Hektar großen Verbreitungs-

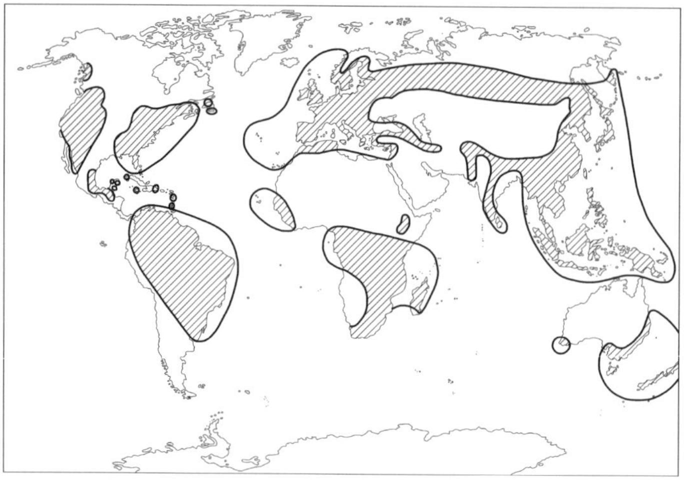

3-5.1

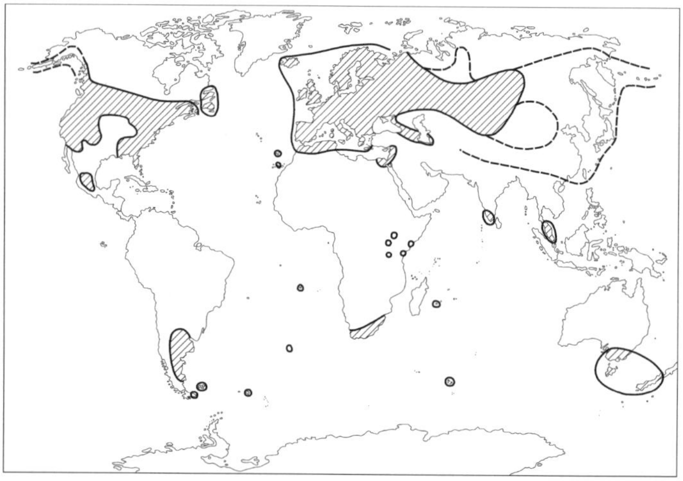

3-5.2

Abb. 3-5: Areale der Kosmopoliten *Pteridium aquilinum* (3-5.1) und *Poa annua* (3-5.2); nach Angaben in Meusel et al. (1965, 1978) und Hultén & Fries (1986).

gebiet etablierte. Die Arealkarten für solche Taxa sind die einfachst möglichen: e i n Punkt auf der Weltkarte.

Bei anderen Taxa umfassen die Arealgrenzen weite Gebiete der Festlandsoberfläche der Erde. Als Beispiele seien genannt das Silberbirnmoos (*Bryum argenteum*), der Bäumchen-Bärlapp (*Lycopodiella cernua*), der Adlerfarn (*Pteridium aquilinum*, Abb. 3-5.1) und das Einjährige Rispengras (*Poa annua*, Abb. 3-5.2). Solche weltweit oder nahezu weltweit verbreiteten Arten werden als **Kosmopoliten** bezeichnet. Das Gegenteil, die räumlich nur eng begrenzt vorkommenden Arten, heißen **Endemiten**. Zwischen beiden Extremen gibt es selbstverständlich alle denkbaren Übergänge.

3.2.1.1 Kosmopoliten und Endemiten

Auch die Kosmopoliten kommen durchaus nicht in jedem beliebigen Habitat vor, sondern haben ihre spezifischen ökologischen Ansprüche. Wo diese aber irgendwo auf der Welt gegeben sind, ist die Art dann anzutreffen. Zu den weltweit verbreiteten Arten gehören insbesondere viele Wasser- und Sumpfpflanzen, so, z. B., *Phragmites australis*, das Schilf, *Cladium mariscus*, die Schneide, oder *Lemna minor*, die Kleine Wasserlinse. Sicher spielt bei diesen Wasser- und Sumpfpflanzen die leichte Fernausbreitung durch Wasservögel eine Rolle, und das wässrig-sumpfige Standortmilieu dämpft die makroklimatischen Unterschiede der verschiedenen Erdregionen. Vielfach sind auch Schutt- und Unkrautpflanzen kosmopolitisch verbreitet, dies oft infolge unbeabsichtigter, manchmal auch bewusster Verschleppung durch den Menschen. Als Beispiele seien der Löwenzahn (*Taraxacum officinale*), die Brennnessel (*Urtica dioica*) oder manche Wegerich-Arten (*Plantago* spp.) genannt. Schließlich sind als letzte Gruppe sehr weit verbreiteter Arten noch viele Salzpflanzen zu nennen.

Für **Endemiten** ist meist charakteristisch, dass sie vor allem in Regionen und Lebensräumen vorkommen, wo ein intensiverer Austausch mit Nachbargebieten fehlt. Dies ist vor allem auf Inseln und isolierten Gebirgsstöcken der Fall. Dort vorkommende eigenständige Pflanzensippen können sich über geologische Zeiträume hin an derart isolierten Lebensräumen halten, während sie in Regionen mit mehr floristischem Austausch, stärkerer Konkurrenz und evolutionärer Weiterentwicklung diese Prozesse dynamischer Veränderung nicht überdauern konnten, sondern ausgestorben sind. Bei solchen Pflanzen handelt es sich um **Paläoendemiten (= „Reliktendemiten“)**. Bekannte Beispiele für derartige Reliktendemen sind der Drachenbaum der mittelatlantischen Inseln, *Dracaena draco*, oder *Welwitschia mirabilis* in Namibia und dem südlichen Angola.

Auch in Europa gibt es derartige Reliktendemiten, z. B. in den Pyrenäen die Art *Ramonda myconii*, eine Repräsentantin der sonst rein tropisch-subtropischen Familie der Gesneriaceae. Die Art hat in den Pyrenäen seit den Zeiten des Tertiärs überlebt – und einige weitere reliktische Vorkommen aus dem gleichen Verwandtschaftskreis, zwei weitere *Ramonda*- und eine damit eng verwandte *Haberlea*-Art, finden sich in kleinen Populationen auf Gebirgsstöcken der Balkanhalbinsel.

Den Paläoendemiten gegenüberzustellen sind die **Neoendemiten**. Sie bilden meist ganze Artenschwärme innerhalb von Gattungen aus, die in reger Artbildung begriffen sind. Ein stark gegliedertes Landschaftsrelief, dessen Teilregionen sich klimatisch, in den Biotopstrukturen und/oder in edaphischen Gegebenheiten stark unterscheiden, bietet besonders gute Voraussetzungen für das Auftreten solcher lokal verbreiteter Neoendemen. Veränderungen der genannten Habitat-Charakteristika, wie sie hinsichtlich des Klimas bereits im Zeitrahmen von Jahrhunderten, hinsichtlich der Geomorphologie von Jahrtausenden vorkommen, führen zur Aufspaltung ehemals

Tab. 3-1: Prozentualer Anteil der Endemiten an der Gesamtzahl der Pflanzenarten von ozeanischen Inseln unterschiedlicher Entfernung zu benachbarten Kontinenten (Daten aus Lobin, 1982, Ohm & Klemmer 1973, Press & Short, 1994, sowie Sedlag & Weinert, 1987).

Insel bzw. Archipel	Endemiten in %	Abstand zum nächsten Festland [km]
Fernando Po (= Bioko)	12,0	100
Kanarische Inseln	53,3	170
Sao Tomé	19,4	250
Kapverdische Inseln	15,0	500
Juan Fernandes	66,7	750
Madeira	10,5	970
Galapagos-Inseln	40,9	1120
Azoren	36,0	1450
St. Helena	88,9	1920
Hawaii-Inseln	94,4	4400
Marquesas-Inseln	52,3	6000

weiter verbreiteter Ausgangssippen, wenn deren dabei entstehenden Teilpopulationen hinreichend effiziente Möglichkeiten zur räumlichen Überbrückung von für sie ungeeigneten Zwischenbereichen fehlen. Das hat zur Folge, dass kein genetischer Austausch zustande kommt und auf dem Weg der genetischen Drift eine Isolierung der Populationen voneinander stattfindet. Besonders ausgeprägt ist ein derartiger Endemismus und generell das Vorkommen von endemischen Pflanzen auch auf Meeresinseln, die entfernt vom Festland liegen. Die Tabelle 3-1 zeigt, wie einerseits mit zunehmender Entfernung der Inseln oder Inselgruppen vom Festland der Prozentsatz der Endemiten ansteigt, andererseits das gleiche passiert, wenn der Zeitpunkt der Abtrennung vom benachbarten Festland recht lange zurückliegt.

Als Beispiel für diesen Inselendemismus sei die Gruppe der Kanarischen Hauswurzarten und ihre Arealstruktur näher vorgestellt (Abb. 3-6): Die gesamte Unterfamilie der Hauswurzartigen gliedert sich in mehrere Gattungen, von denen hier die 34 kanarischen Arten der Gattung *Aeonium* herausgegriffen seien. Es sind Pflanzen mit meist dickfleischigen Blattrosetten von 1–80 cm Durchmesser, sessil oder auf bis zu 1 m hohen verholzten Stängeln inseriert, die teils verzweigt, teils unverzeigt sind. Der Lebensraum der 11 Arten aus der Sektion *Urbica* sind die trockenwarmen Tieflagen der Kanarischen Inseln, wobei meist keine von ihnen auf mehr als einer Insel vorkommt. Ökophysiologisch sind

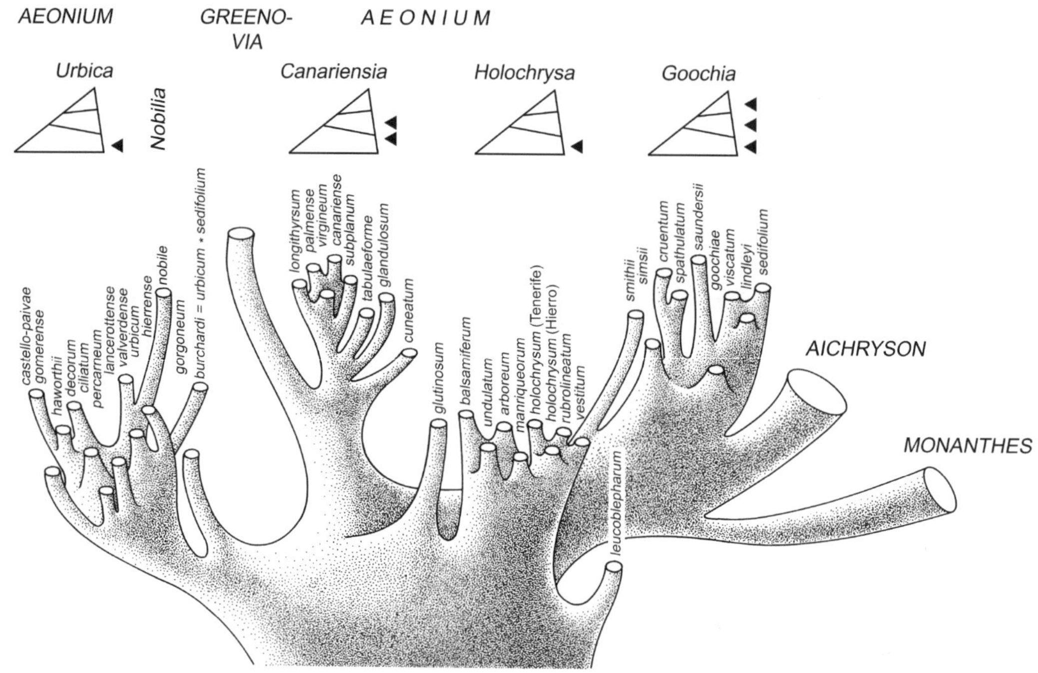

Abb. 3-6: Evolutive Aufspaltung der Gattung *Aeonium*/Crassulaceae und Einnischung der Arten im Höhenprofil der mittelatlantischen Inseln (verändert nach Lösch 1990a).

sie durch starken CAM-Stoffwechsel (8.4) gekennzeichnet sowie durch geringe Frosttoleranz. An etwas weniger trocken-warmen Tieflagen-Standorten haben sich die hochwüchsigen und wenig verzweigten Vertreter der Sektion *Holochrysa*, in der humiden Waldzone mittlerer Höhenlagen die sessilen Großrosetten-Arten der Sektion *Canariensia* eingenischt, wiederum auf den einzelnen Inseln des Archipels jeweils eigenständige Taxa aus der betreffenden Sektion. Die Arten aus beiden Sektionen sind nur schwach bis mäßig zu CAM befähigt; ihre Stress-Resistenzen sind nicht allzu ausgeprägt, die meisten *Holochrysa*-Arten verlieren in der Sommerperiode weitgehend ihre Belaubung. Die Mitglieder der heterogenen Sektion *Goochia*, schließlich, haben sich salz- bzw. kältestressreichere Küsten- und Gebirgsstandorte erschlossen. In ihren Assimilationscharakteristika können sie als C3-Sippen angesprochen werden, teilweise mit der Möglichkeit zu blattinternen diurnalen Säureschwankungen („CAM-cycling"). In Gewächshauskultur haben viele Arten durchaus noch die Möglichkeit zur Hybridenbildung untereinander: Die biologischen Kreuzungsbarrieren sind noch nicht perfekt, wohl aber in der Natur die geographischen. Ein Pollen- oder Samenflug von Insel zu Insel, z. B., ist nicht möglich, und so hat über den Weg der genetischen Drift auf den einzelnen Inseln eine eigenständige Entwicklung der Teilpopulationen eingesetzt, als deren Ergebnis nunmehr inselspezifische endemische Taxa vorzufinden sind. Der Verwandtschaftskreis geht mit Sicherheit auf eine einzige Vorfahrensippe zurück, die vor wenigen Jahrmillionen auf den Vulkaninseln Fuß fassen konnte. Die dickstämmigen, ± reich verzweigten, mäßig intensiv CAM betreibenden und nicht allzu stressresistenten rezenten Arten ausserhalb der Kanaren (*Ae. leucoblepharum*/Nordjemen bis ostafrikanisches Rift Valley, *Ae. gorgoneum*/Kapverden, auch – weniger deutlich – *Ae. glutinosum*/Madeira) dürften die gestaltlichen und funktionellen Charakteristika dieses gemeinsamen Vorfahren am besten repräsentieren. Sie wachsen unter standörtlichen Bedingungen, die auf den Kanaren im Grenzbereich (Ökoton) zwischen trocken-warmen Tieflagen und den kühl-feuchten Habitaten der Berghänge zu finden sind, dem Vorkommensraum auf Tenerife von *Ae. ciliatum*, welches von allen kanarischen Taxa den ausserhalb des Kanaren-Archipels wachsenden Arten in Gestalt und Physiologie besonders nahe steht. Von der (vermutlich spättertiären) Vorfahrenform ausgehend, erfolgte im Laufe der Zeit auf dem Kanaren-Archipel eine insel- und höhenstufenspezifische eigenständige Differenzierung der heute dort vorhandenen Arten. Hierbei kam es zu Entwicklungsprogressionen unter Veränderung der Verzweigungsintensität, der Rosettengrößen und ihres Sukkulenzgrades, zur differenzierten Realisierung von C3-

oder CAM-Photosynthese und ihrer diversen Zwischenstufen (8.4), zur Ausbildung unterschiedlicher Resistenzen gegenüber Temperaturextremen, standörtlicher Salzbelastung und Wassermangel (Lösch 1990a). Durch diese evolutive Differenzierung in morphologisch und funktionell unterschiedliche Teilpopulationen konnte sich der Formenschwarm als Ganzes die meisten Lebensräume der Inseln erschliessen. Das einzelne, jeweils endemische Taxon mit einer gegenüber den Möglichkeiten der Gesamtheit nur eingeschränkten ökologischen Amplitude hat in der Regel nur ein kleinflächiges Areal auf einer der Inseln inne, meist in strenger Limitierung der Höhenerstreckung des Vorkommens.

Einzelne Bergstöcke, die durch Zertalung von Gebirgsmassiven entstehen, stellen für die Pflanzen in ihren Gipfelregionen ebenfalls „Inseln“ dar, voneinander getrennt durch die standortklimatisch deutlich unterschiedenen Täler. Zusätzlich kann die Separation von Teilräumen eines größeren Gebirgszuges gefördert sein durch geologisch-geomorphologische Prozesse. Beide Antriebskräfte der evolutiven Speziation sind bei der Entstehung der europäischen Hochgebirge durch die alpidische Faltung sehr wirksam gewesen. Vor allem in den Süd- und Westalpen wurden als Folge davon in einigen Gattungen etwa 200 bis 300 Neoendemen ausgebildet. Zu nennen sind hierbei u. a. besonders die Gattungen *Saxifraga* (Steinbrech), *Primula* (Schlüsselblume) und *Gentiana* (Enzian). Abb. 3-7 soll mit dem Beispiel der *Gentiana*-Sektion *Ciminalis* (Stengelloser Enzian i. w. S.) illustrieren, wie nicht nur morphologische und ökophysiologische Attribute im Vergleich mit der Arealstruktur einer Gattung zum Erschliessen ihrer Phylogenie verwendet werden können, sondern auch molekularbiologische Daten zur Deutung der raumzeitlichen Entwicklungsdynamik eines Verwandtschaftskreises verwendet werden können (Hungerer & Kadereit 1998): Die sieben Arten umfassende Enzian-Sektion ist in den zentral- und südeuropäischen Hochgebirgen zu finden. *Gentiana acaulis* und *G. alpina* sind calcifug und durch diese ökophysiologische Eigenheit standörtlich von den fünf anderen, calcicolen Taxa separiert (6.4.6, Tab. 6-18). Die letztgenannten haben, mit Ausnahme des im gesamten Kalkalpengebiet, im Jura und im NW-Apennin zu findenden *G. clusii*, jeweils voneinander getrennte, kleinere Areale. Die Ermittlung der Basensequenzen verschiedener nicht codierender Genomabschnitte – ITS („nuclear internal transcribed spacer [rDNA]“), *trn*L intron Sequenz und RAPDs („random-amplified polymorphic DNA“) –, die statistische Berechnung und Erstellung von Cladogrammen abgestufter Ähnlichkeiten zwischen diesen Basensequenzen und die Harmonisierung der dabei erhaltenen Resultate erbrachte eine auf der Gesamtheit der molekularen Befunde basierende Phylogenie der Sektion. Diese wieder zeigt eine gute Deckung mit der Areal-Gliederung des Verwandtschaftskreises. Sie lässt bei den calciphilen Taxa eine Aufspaltung des durch die Vorkommen von *G. clusii* umschriebenen Gesamtareals als Folge von vier regional und zeitlich unterschiedenen Fragmentationen plausibel erscheinen. Als Ursache dieser Arealauftrennungen kann die Ausbreitungs- und Rückzugsdynamik der Gletscher während der letzten Kalt- und Warmzeiten (5.7.3) vermutet werden. Die Erschließung bodensaurer Standorte ist offenbar zweimal innerhalb der Evolution der Sektion erfolgt, eventuell sogar zeitraumgleich, als bei Freiwerden der vormals gletscherbedeckten Zentralalpen und Pyrenäen in beiden durch die basale Kladogramm-Aufspaltung als getrennt charakterisierten Populationen Teilgruppen in funktioneller Anpassung den neuen Lebensraum erschlossen. Auf Grund der geringsten Zahl von Veränderungen in den Basensequenzen (Mutationen) kann *G. dinarica* vom Balkan und den Abruzzen-

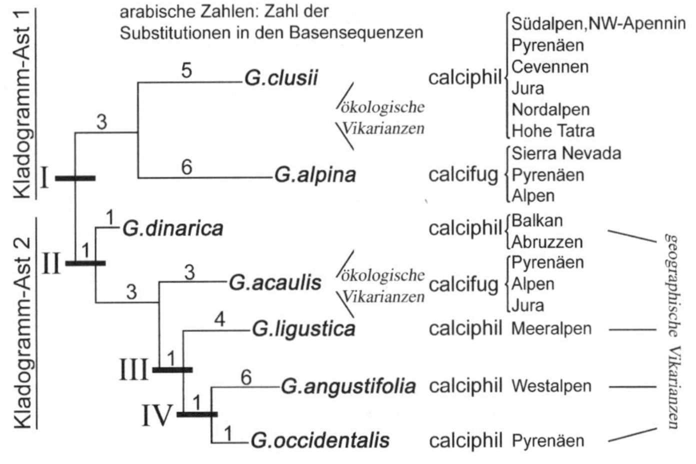

Abb. 3-7: Konsens-Kladogramm auf der Basis von Basensequenz-Vergleichen verschiedener nicht-codierender (oder zumindest funktions-unbekannter) Genomabschnitte der *Gentiana*-Sektion *Ciminalis* mit Mutationenzahlen innerhalb der Sequenzabschnitte und Arealangaben sowie Hinweisen auf ökologische und geographische Differenzierungen innerhalb des Verwandtschaftskreises. I ... IV: räumlich und zeitlich unterschiedliche Fragmentierungen des Gesamtareals mit dem Ergebnis von Neoendemen-Bildung. Kombiniert und verändert aus Hungerer & Kadereit (1998).

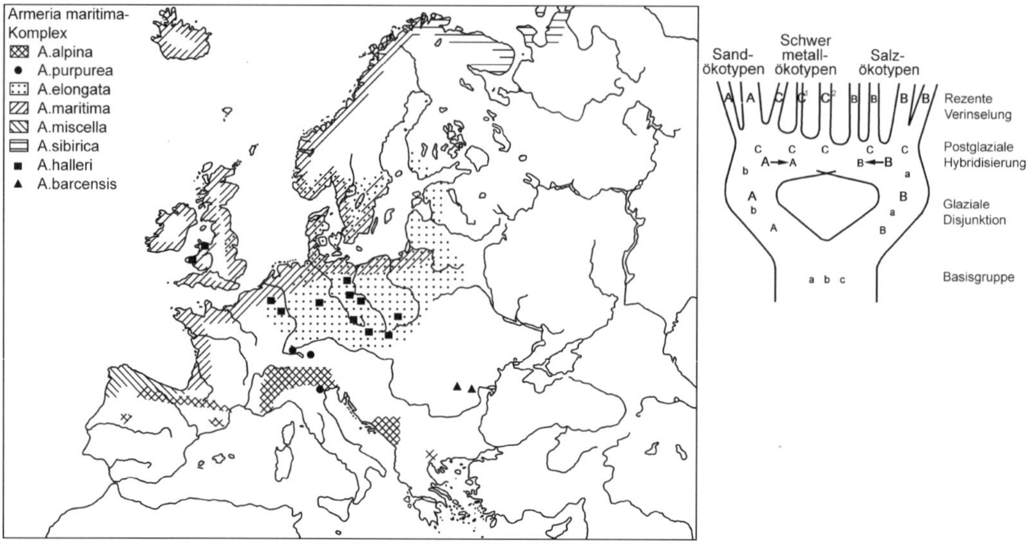

Abb. 3-8: Vorkommen der europäischen Teilpopulationen des *Armeria maritima*-Komplexes sowie Zeit(y)-Raum(x)-Diagramm der Evolution von Dürre-, Kochsalz- und Schwermetallresistenz im Rahmen der Ökotypendifferenzierung der Gesamtsippe (aus Köhl 1995). Pfeile: Genfluss während der Hybridisierung. Kleinbuchstaben: basale Eigenschaften; Großbuchstaben: abgeleitete Eigenschaften; wie folgt:

Stressor		**Funktionelle Grundlagen der Resistenz**
Dürre	a	Fähigkeit zur Prolin- und Betainakkumulation, passive osmotische Anpassung
	A	konstitutiv niedriges Spross/Wurzel-Verhältnis.
Salz	b	Fähigkeit zur Prolin- und Betainakkumulation, Fähigkeit zum Natriumtransport in das Xylem, Toleranz gegen hohe Natrium- und Chloridgehalte, Toleranz gegen niedrige osmotische Potentiale.
	B	Fähigkeit zur Regulation des Spross-Natriumgehaltes.
Schwermetallbelastung	c	hohe Zinktoleranz.
(Bsp.: Zink)	C^1	Fähigkeit zur vorwiegenden Zinkallokation in die Wurzeln, konstitutive Zinkresistenz: reduzierte Zinkaufnahme und vorwiegende Zinkallokation in die Wurzeln.
	C^2	konstitutive Zinkresistenz: gesteigerte Zinktoleranz in Adaptation an vermehrte Zinkaufnahme als Nebeneffekt erhöhter Phosphateffizienz.

Bergen als die dem gemeinsamen Vorfahren nächststehende rezente Sippe gedeutet werden, in ihrem Lebensraum durch die Eiszeit-Ereignisse wesentlich weniger beeinträchtigt als die nördlicher vorkommenden Endemen. Vor allem die *G. angustifolia*-Population in den Westalpen dürfte in ihrer Existenzgeschichte weit mehr von der Dynamik der eis- und nacheiszeitlichen Gletscherentwicklung beeinflusst worden sein. Die dadurch bedingt stärkere phänoptypische Selektion sollte sich über die Diversifizierung der Genotypen auch in der mitüberlieferten Mutationenzahl nichtcodierender Introns niedergeschlagen haben. Die Alternativhypothese, von einer je höheren Substitutionenzahl auf ein je höheres Alter der Sippe zu schließen („Molekulare Uhr“, basierend auf der Annahme einer konstanten Mutationsrate pro Zeiteinheit), lässt sich dagegen erheblich weniger gut mit den arealkundlich-ökologischen Gegebenheiten des Verwandtschaftskreises in Einklang bringen.

„Inseln“ inmitten anders gearteter Lebensräume können auch vom Substrat her ausgezeichnete Standorte sein, auf denen eine Neoendemenbildung einsetzen kann. Als Beispiel für solche Sonderstandorte seien Regionen schwermetallhaltiger Böden genannt, und als Beispiel für Speziationsprozesse und damit Endemenbildung auf solchen Sonderstandorten der Formenkreis von *Armeria maritima* s. l. (Abb. 3-8): In der Alpen, den Pyrenäen und lokal am Balkan findet sich größerräumig verbreitet *A. m.* ssp. *alpina*, und in zwei Mooren des Alpenvorlandes sowie in den südöstlichen Alpen *A. m.* ssp. *purpurea*, letztgenannte Populationen offensichtlich dealpine Eiszeitrelikte und in ihrer Herkunft von *A. m.* ssp. *alpina* ableitbar. Auf binnenländischen Sandstandorten des zentraleuropäischen Tieflandes und der Mittelgebirge wächst weit verbreitet *Armeria maritima* ssp. *elongata*. Auf den Salzwiesen der Küstenregionen West-, Mittel- und Nordeuropas tritt die Art in einer schmalblättrigen, weniger tief bewurzelten und kurzstängeligen Unterart auf, der ssp. *maritima*. Sie wird sowohl an der nordeuropäischen Eismeerküste wie auch im Küstenbereich NW-Spaniens durch nahestehende Kleinarten unter den dort deutlich abweichenden Großklimaverhältnissen abgelöst. Überall dann, wo schwermetallhaltige Böden das Wuchssubstrat für die Vegetation bilden, findet sich *Armeria maritima* mit Populationen, die morphologisch und physiologisch spezialisiert sind und mit ihrer limitierten Verbreitung streng den Bereich dieser schwermetallhaltigen Substrate gegenüber der nicht schwermetallhaltigen Umgebung hervorheben. Diese substratspezifischen Formen werden als ssp. *halleri* zusammengefasst, mit einer größeren Zahl von Lokalrassen polyphyletischen Ursprungs. Die Speziation des *Armeria maritima* – Komplexes ist noch nicht übermäßig weit vorangeschritten, umfasst aber schon erhebliche funktionelle und weniger auffallende strukturelle Unterschiede zwischen den Populationen (Köhl 1996, 1997a,b): Die funktionelle Differenzierung und lokale Einnischung der durchwegs heliophilen (lichtbedürftigen) Teilsippen dürfte ihren Ausgang von einer Basisgruppe genommen haben, welche weiträumig das mit der eiszeitlichen Abkühlung sich entwaldende Zentraleuropa besiedelte, so, wie heute noch die isländischen Vorkommen unter kühl-feuchtem Klima ein Element der dortigen Vegetation im schütter bewachsenen Lavaschotter sind. Im trocken-kalten Hochglazial wurde die Sippe in südost- und südwesteuropäische Rückzugsräume verdrängt, von wo im Postglazial eine Rückwanderung nach Mitteleuropa erfolgte. Die in der Separierung durch genetische Drift und lokale Selektion auseinanderentwickelten, aber noch miteinander kreuzungsfähigen Teilpopulationen, als Typen den ssp. *maritima* und ssp. *elongata* zuzuordnen, bildeten lokal Hybridenschwärme aus, wie sie rezent vor allem die im Ostseeraum vorherrschende *intermedia*-Form repräsentiert. Mit der nacheiszeitlichen Wiederbewaldung Zentraleuropas wurden die Vorkommen auf natürlich waldfreie und somit weiterhin lichtreiche Standorte eingeengt und geographisch voneinander isoliert. Die Waldfreiheit dieser Habitate resultierte aus ihren edaphischen Besonderheiten – den Bäumen unzuträglicher hoher Kochsalzreichtum des Bodens auf den Salzwiesen der Küsten, toxisch hohe Zink-, Blei-, Kupfer- oder Nickel-Gehalte im Bereich von oberflächennahen Erzlagerstätten, zeitweise hohe Bodentrockenheit auf subkontinentalen Sandstandorten. *Armeria* ebenso wie eine Reihe weiterer Krautpflanzen besaß in ihrer funktionellen Konstitution offenbar schon grundlegende Resistenzen gegenüber diesen standörtlichen Stressoren (6.4.6, 8.5.2). Diese wurden in den einzelnen Teilpopulationen in spezifischer Anpassung an den je lokalen Stressor derart intensiviert und erweitert, dass vor allem die (in der Karte mit Quadraten gekennzeichneten) Vorkommen der Sammelgruppe „ssp. *halleri*“ nach mehreren Jahrtausenden nacheiszeitlicher Verinselung deutliche ökophysiologische Unterschiede zueinander und gegenüber den ssp. *maritima*- und ssp. *elongata*-Beständen zeigen und Ansätze auch morphologischer Differenzierung erkennen lassen (Abb. 3-8, Texterläuterung).

3.2.1.2 Ökologische Grundlagen von Evolutionsprozessen

Die durch geographische Isolation oder durch ökologische Differenzierung unter der Selektion der Standortbedingungen entstehenden Neoendemen stehen zueinander in **Vikarianz**. Vikariierende Arten sind nahe miteinander verwandte Sippen, die sich über größere Räume hin gegenseitig vertreten.

- Dies kann in horizontaler Richtung geschehen, indem geographische Rassen einander in getrennten Teilarealen gegenseitig ersetzen. Oft sind sie in ihren ökologischen Ansprüchen nicht sonderlich voneinander unterschieden Ein Beispiel hierfür sind die auf verschiedenen Inseln des kanarischen Archipels an ähnlichen Tieflagenstandorten vorkommenden Arten der *Urbica*-Sektion in der Gattung *Aeonium* oder die *Gentiana*-Arten aus der *Ciminalis*-Sektion.
- Die gegenseitige Stellvertretung kann auch in vertikaler Richtung erfolgen, so, dass nahe verwandte Sippen sich an Standorten im Tiefland und im Gebirge wechselseitig vertreten. *Geranium silvaticum* an Waldrändern und in feuchteren Fettwiesen der Mittelgebirge und *Geranium pratense* in flussufernahen Fettwiesen des mitteleuropäischen Tieflandes stellen eine typische derartige Höhenvikarianz dar.
- Die dritte Möglichkeit der Vikarianz ist schließlich die gegenseitige Vertretung zwischen einander sehr nahestehenden Arten an ökologisch unterschiedlichen Standorten. Als Beispiel dafür kann den Unterartenschwarm von *Armeria maritima* dienen. Ein sehr bekanntes klassisches Beispiel für ökologische Vikarianz ist auch die gegenseitige Vertretung nahe miteinander verwandter Sippen auf Kalk- und Silikatgestein, wie es in den Kalkalpen und den silikatischen Zentralalpen durch die Separierung der calcifugen *Gentiana acaulis* und *G. alpina* von den calcicolen Vertretern

des Sippenkreises gegeben ist oder bei dem Artenpaar der Alpenrosen: Die Rostblättrige Alpenrose, *Rhododendron ferrugineum*, findet sich auf Silikatverwitterungsboden und Rohhumus, *Rhododendron hirsutum*, die Behaarte Alpenrose, ist eine charakteristische Art der Zwergstrauchregionen der Kalkalpen (weitere Beispiele: Tab. 6-18).

Es kommt auch vor, dass nicht oder nur sehr entfernt miteinander verwandte Sippen sich in unterschiedlichen Teilregionen eines Großraumes an ökologisch sehr ähnlichen Standorten gegenseitig vertreten. Man spricht dann von **Pseudo-Vikarianz** oder **Stellenäquivalenz**.

Aus den genannten Beispielen wird deutlich, dass die Arealabgrenzung einer Sippe eng zusammenhängt mit ihrer taxonomischen Definition. Die Artabgrenzung ist letztlich eine abstrahierte Unterteilung im Kontinuum einer größeren, mehr oder minder heterogenen Population. Je weiter eine Art gefasst ist, desto größer wird auch das entsprechende Areal sein. So kann, z. B., *Anemone nemorosa*, das Buschwindröschen, in seinem Gesamtvorkommen auf der Nordhalbkugel durchaus als eine Art, *Anemone nemorosa* s. l., zusammengefasst werden. Bei enger Fassung der Art kann man aber alternativ dazu diese Großpopulation auch in drei getrennte Unterarten aufspalten, *A. americana* (N-Amerika), *A. nemorosa* s. str. (Europa) und *A. amurensis* (O-Asien): Abb. 3-9.

3.2.1.3 Entfaltungs- und Sippenzentren

Wie die aufgeführten Beispiele illustrieren, kann gerade auf Gattungsebene und darunter die arealkundliche Behandlung der Verwandtschaftskreise sehr wertvolle Hilfen bieten zur Rekonstruktion der Entwicklungsgeschichte einzelner Sippen. In rein regionalstatistischer Betrachtungsweise heben sich dabei oft **Entfaltungszentren** von Gattungen heraus, wo diese besonders viele Arten auf vergleichsweise kleinem Raum hervorgebracht haben. Vielfach wird interpretiert, dass ein solches Sippenzentrum den Kernraum der phylogenetischen Ausdifferenzierung der Gattung darstellt. Es muss aber eine rezent vorfindliche Artenhäufigkeit keinesfalls ein Indiz dafür sein, dass die betroffene Region das primäre Entstehungszentrum des Verwandtschaftskreises ist. Vielfach lässt sich eine solche Artenhäufung auf intensive Neoendemismenbildung zurückführen. Abgesehen von kleinräumigen geographischen Isolationseffekten wird diese meist ausgelöst durch die Möglichkeit der Erschließung neuer ökologischer Nischen durch eine bislang schon vorhandene, aber ohne Entfaltungsmöglichkeiten existierende Sippe oder infolge der Kolonisierung eines Großraums durch einen Neuankömmling im Gebiet. In beiden Fällen werden klimatische, geologische oder geomorphologische Veränderungen eine Veränderung der Existenzmöglichkeiten und der Konkurrenzgleichgewichte hervorgerufen haben, in

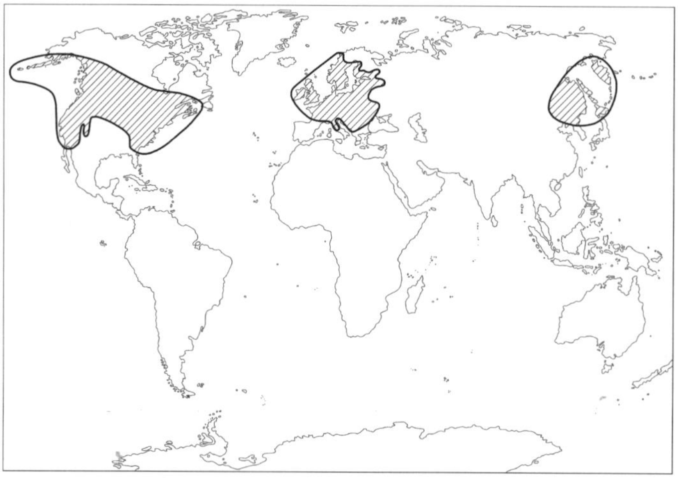

Abb. 3-9: Areal von *Anemone nemorosa* s. l.: bei engerer Artumgrenzung aufspaltbar in *A. amurensis* in Ostasien, *A. nemorosa* s. str. in Westeurasien und *A. americana* in Nordamerika (verändert aus Walter 1954).

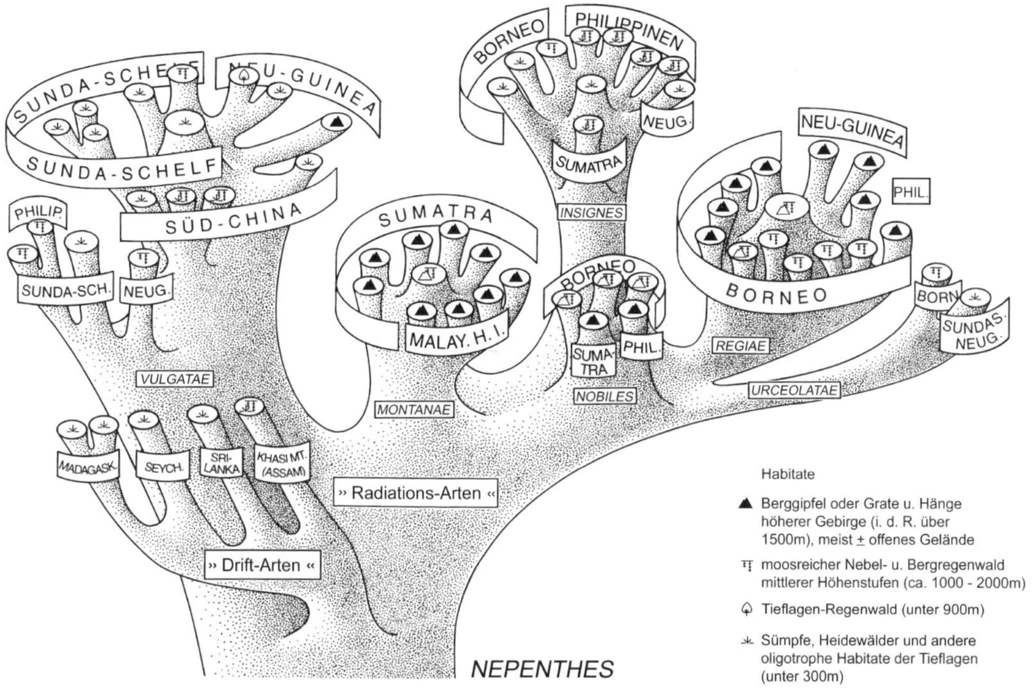

Abb. 3-10: Evolutive Aufspaltung, differenzierte Arealausbildung und Habitateinnischung in der Gattung *Nepenthes* (aus Lösch 1990b)

deren Folge das betreffende Taxon noch unbesetzte oder frei werdende Nischen erschließen und eine intensive Formenaufsplitterung durchführen konnte. Man nennt diesen Vorgang den Prozess der **„Radiation"**. Will man betonen, dass im Rahmen dieser phylogenetischen Artaufspaltung eine differenzierte Einnischung in unterschiedliche ökologische Nischen möglich ist, spricht man auch von **„adaptiver Radiation"**.

Ein weiteres Beispiel für die Phänomene von kontinuierlicher und sprunghafter Evolution, von Artenradiation und Arealentwicklung sei mit der Gattung der Kannenpflanzen angesprochen, der aufgrund ihrer eigenartigen, für Insektenfang geeigneten Blätter recht bekannten Gattung *Nepenthes*: Zwei *Nepenthes*-Arten finden sich auf Madagaskar, je eine weitere auf den Seychellen, auf Sri Lanka und in Nordostindien – und weitere knapp 70 Arten kommen im Raum Hinterindien/Insulinde/Neuguinea vor. Unter rein regionalstatistischen Gesichtspunkten ist damit die Malayische Inselwelt klar das Entfaltungszentrum der Gattung, die westlichen Vorkommensbereiche könnten als Vorposten gegenüber dem Kernareal gewertet werden. Eine nähere Analyse der Morphologie und Ökologie der Gattung macht aber deutlich, dass diese westlichen Taxa zusammen mit etlichen in den Tieflagen der malayischen Gebiete weit verbreiteten Arten die primitiveren Sippen sind, die vielen Arten auf den Gebirgsstöcken Borneos, Sumatras und Neuguineas aber als spezialisierte, vielfach zueinander in Inselvikarianz stehende Sippen angesprochen werden müssen (Lösch 1990b). Geht man von einer Entstehung der Gattung *Nepenthes* auf dem während der Kreidezeit allmählich zerbrechenden Südkontinent Gondwana (s. 5.2) aus, und dort wieder im Bereich der noch zusammenhängenden madagassisch-indischen Scholle, sowie der Nordwärtsdrift einer Teilpopulation auf der indischen Scholle, erklären sich die rezenten, primitiven westlichen Arten der Gattung als Überbleibsel auf diesem über Jahrmillionen hin verlaufenden Driftweg, weiträumige geographische Vikarianten mit nur unwesentlich voneinander unterschiedener Ökologie (Abb. 3-10). Zu einer intensiveren Artbildung sollte es in diesem Zeitraum der Nordwärtsdrift des indischen Teilblocks von Gondwana nicht gekommen sein. Die Sippe war in ihrem Lebensraum, nährstoffarmen Moor- und Heidegebieten wohl etabliert, in einer weitgehend im Gleichgewicht stehenden Biozönose. Unbesetzte Nischen, geeignet zur Besiedlung durch ökologisch abweichende Randpopulationen waren nicht vorhanden. Eine evolutive Vervollkommnung erfolgte so nur allmählich. Erst mit dem landfesten Kontakt der indischen Scholle zu den Tiefländern im Südosten des Nordkontinents, sicher noch vor Auffaltung der asiatischen Gebirgsketten, tat sich für den *Nepenthes*-Verwandtschaftskreis eine Ausweitung des besiedelbaren Gebietes auf, verbunden mit Verschiebungen der jeweiligen Konkurrenzgleichgewichte in den Biozönosen. Durch geomorphologische Großprozesse waren nun bisher völlig voneinander getrennte Lebensräume in direkten Kontakt zueinander geraten. Nunmehr erst kam es zu einem Evolutionsschub, einer stärkerer Aufgliederung in genetisch und ökologisch unterschiedliche Teilpopulationen und einer Besiedelung auch von Hochlagen-Biotopen.

Man kann bei dem geschilderten Evolutionsprozess hin zu den im Westen und Norden des Indischen Ozeans heute noch zu findenden Arten von einer gleichmäßigen, einer **„phyletischen Evolution"** sprechen. Die gleichmäßig fortschreitende oder phyletische Evolution ging mit der weiträumigen Erschliessung der Tropengebiete des Nordkontinents durch *Nepenthes* über in den dynamischen Vorgang der **Quantenevolution**, die verbunden war mit einer geradezu explosiven Artenvervielfachung unter Erschließung auch neuer, ökologisch differenzierter Lebensräume (Abb. 3-11).

Regionen größerer Massierung der Artenzahlen können das Entfaltungszentrum einer Gattung sein, sie können aber auch sekundäre Radiationsräume sein, nachdem sich der Verwandtschaftskreis schon andernorts aus dem Genpool der Familie ausdifferenziert hat. Der genaue chorologisch-phylogenetische Evolutionsverlauf muss in jedem Einzelfall im Detail geprüft werden, wenn dazu Ansatzpunkte vorhanden sind. Verallgemeinerungen hinsichtlich der Sippenentfaltung können sonst oft in die Irre führen. Dies gilt auch für die recht populäre Vorstellung von einer beschränkten Anzahl von **Genzentren**, aus denen die Mehrzahl der Kulturpflanzen hervorgegangen ist (Abb. 3-12; Vavilov 1929; Zeven & De Wet 1982). Entscheidend für das massierte Entstehen von Nutzpflanzen in manchen Erdregionen und deren rapide Veränderungen mit dem Ergebnis von quantitativen und qualitativen Ertragssteigerungen waren zweifelsohne die intensiven Kultur- und Züchtungsbemühungen des Menschen in diesen Großräumen, weniger jedoch besondere Umweltvoraussetzungen.

Auch auf Familienebene kann man Verbreitungsräume abgrenzen, wobei es eine ganze Reihe von Familien gibt, die kosmopolitisch verbreitet sind. Manche isoliert stehenden Familien müssen dagegen als Endemismen einer nur eng begrenzten Weltregion abgesprochen werden. Typische **kosmopolitische Familien** sind z. B. die Poaceae, die Cyperaceae, die Asteraceae s. l. sowie die Leguminosen, d. h. die Gesamtheit der Fabaceae, Caesalpiniaceae und Mimosaceae. Als Beispiel für das andere Extrem, **Endemismen auf dem hohen systematischen Niveau einer Familie**, seien die madagassischen Didieraceae genannt. Im Tropen- oder Subtropenraum finden sich weitere knapp 100 Familien, welche vergleichsweise winzige Areale einnehmen und somit Endemen-Charakter besitzen. Es gibt Familien, die fast nur auf tropische Zonen beschränkt sind, wie die Palmen (Arecaceae), und es gibt Verwandtschaftskreise, die den Bereich der gemäßigten Zonen nicht verlassen, wie die Sparganiaceae.

Das tatsächliche Areal einer Sippe muss durchaus nicht stets mit ihrem potentiellen Areal in Deckung sein. Vielfach können pflanzliche Taxa Regionen nicht besiedeln, in denen prinzipiell günstige ökologische Bedingungen für sie herr-

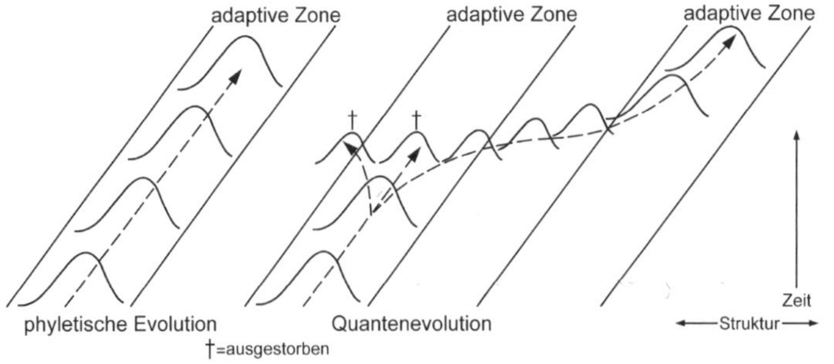

Abb. 3-11: Typen des Evolutionsvorgangs im Verlauf der Zeit (nach Simpson aus Sedlag & Weinert 1987)

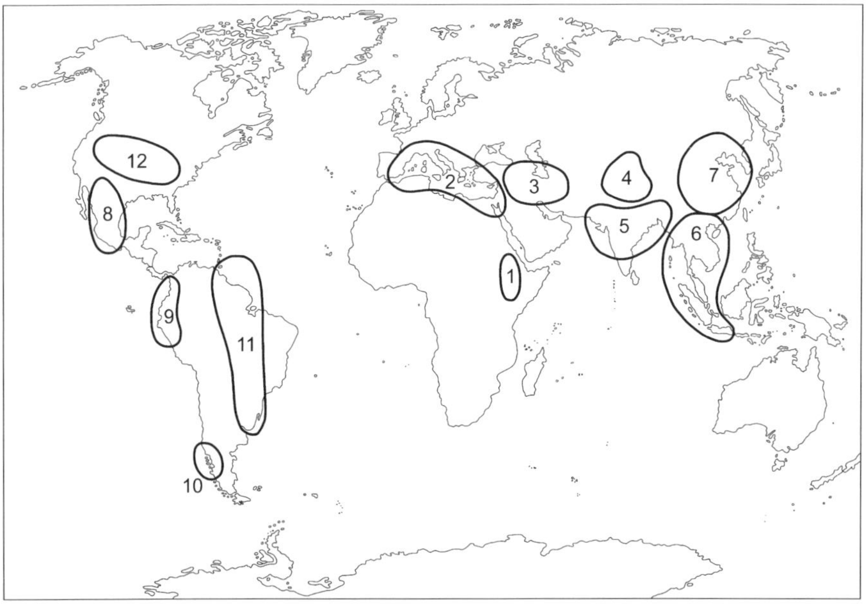

Abb. 3-12: Genzentren der wichtigsten Kulturpflanzen (1: Äthiopien: Gersten, Hülsenfrüchtler, Kaffee; 2: Mediterranraum: Kohl, Lauch, Rüben, Fruchtbäume; 3: Kleinasien und mittlerer Orient: Getreide; 4: Zentralasiatischer Gebirgsknoten: Getreide, Lein; 5: Indien-Burma: Reis, Kürbisgewächse, Pfeilwurzel, Fruchtbäume, Baumwolle, Ingwer; 6: Hinterindien: Fruchtbäume, Bambus, Reis, Zuckerrohr, Pfeilwurzel, Yams, Bananen; 7: China: Fruchtbäume, Tee, Hirsen; 8: Mexiko: Fruchtbäume, Agaven, Mais, Süßkartoffeln, Baumwolle; 9: Andenraum: Kartoffeln, Hülsenfrüchte, div. Knollenfrüchte, Quinoa; 10: Chile: Körnertrespe; 11: Brasilien-Paraguay-Uruguay-N-Argentinien: Fruchtbäume, Mate, Ananas, Maniok, Kakao; 12: Nordamerika: Mais, Sonnenblume, Fruchtsträucher) – verändert nach Zeven & De Wet (1982).

schen, weil ihre Ausbreitungseinheiten dort nie hingelangt sind. Dies wird immer dann besonders deutlich, wenn der Mensch absichtlich oder unabsichtlich hilft, solche Ausbreitungsbarrieren zu überwinden und Pflanzen in Weltgegenden einführt, wo sie von Natur aus nicht vorkommen. Es kann sein, dass sie dort Existenz- und vor allem Konkurrenzbedingungen vorfinden, denen sie manchmal besser gewachsen sind als in den Gebieten ihres ursprünglichen Vorkommens. Beispiele dafür sind etwa die Etablierung von *Elodea*, der Wasserpest aus Nordamerika und von *Impatiens*-Arten in Europa oder, umgekehrt, der europäischen Schwanenblume, *Butomus umbellatus*, im ostkanadischen Raum.

Der mögliche Vorkommensbereich einer Art erweitert sich noch mehr, wenn der Wettbewerb ausgeschlossen wird. Das ist vor allem bei den Kulturpflanzen der Fall, deren Anbauregionen weit über ihr potentielles Areal hinaus ausgedehnt werden, sodass einerseits Maisfelder in Deutschland den Landschaftsaspekt bestimmen können und andererseits Weizenfelder im amerikanischen Raum ganz normal zum Landschaftsbild gehören.

3.2.2 Die Pflanzenareale bestimmende Parameter

Die einfachste Ursache für die **Begrenzung des Vorkommens einer Pflanzensippe** liegt darin, dass ein geographisches Hindernis die weitere Ausbreitung stoppt. Das kann z. B. ein Gebirgskamm sein, der für Tieflagenarten unbrauchbare ökologische Bedingungen bietet. Vielfach endet das Areal einer Sippe an den Küsten eines Kontinents. Es gibt aber auch zahlreiche Fälle, bei denen keine derart offensichtlichen geographischen Begrenzungen das Vorkommen einer Sippe limitieren. Die **Ursachen** für das Fehlen einer bestimmten Art jenseits der Arealgrenzen sind dann in **klimatischen und edaphischen Eigenhei-**

ten, vor allem aber auch in der regionalen oder überregionalen **Vegetationsgeschichte** zu suchen. Wichtig bei der Bewertung der aktuellen ökologischen Bedingungen ist, dass nur in relativ wenigen Fällen die abiotischen Standortfaktoren sich direkt limitierend auf die weitere Ausdehnung des Vorkommens einer Art auswirken. Meistens bestimmen sie mittelbar über die differenzierte Beeinflussung der Konkurrenzfähigkeit der verschiedenen miteinander vorkommenden Pflanzenarten deren individuelle Existenzmöglichkeiten. Mit Walter (1954) kann der Kernsatz formuliert werden, dass „in einem Gebiet ohne Ausbreitungsschranken eine Art überall dort ihre natürliche Verbreitungsgrenze erreicht, wo durch die sich verändernden Standortsbedingungen ihre Wettbewerbsfähigkeit gegenüber den Konkurrenten so stark herabgesetzt wird, dass sie sich nicht mehr durchsetzen kann" (a. a. O. S. 28).

Besonders bedeutsam ist unter den abiotischen Standortfaktoren, die solcherart die Wettbewerbsgleichgewichte beeinflussen, jeweils derjenige, der nur noch **Minimumbedingungen** bietet für die Existenz einer Art. Das ist im europäischen Raum gegen Norden hin vor allem der **Temperaturfaktor**, zum Teil auch die **Photoperiode**. Im östlichen und südlichen Europa hingegen wirkt sich besonders der Faktor der standörtlichen **Trockenheit** auf die Konkurrenz- und Existenzfähigkeit der einzelnen Arten aus. Mitunter fallen Verbreitungsgrenzen auch mit veränderten Bodeneigenschaften zusammen. Die konkret das Vorkommen einer Sippe limitierende Ursache wird im Einzelfall am sichersten über experimentelle Untersuchungen der funktionellen Leistungsfähigkeit ermittelt, und ihre Ermittlung gehört somit zu den Aufgabenbereichen der Aut- und Synökologie.

Vielfach werden allerdings auch **Arealgrenzen mit makroklimatischen Kenngrößen korreliert**, vor allem mit Temperaturlinien – wie es nahezu in jedem geographischen Atlas geschieht. Dabei wird allerdings der Unterschied überdeutlich zwischen dem korrelativen Herstellen von statistisch möglicherweise durchaus signifikanten Beziehungen und der eigentlichen kausalen Bedingtheit pflanzlicher Existenzweise. So findet man eine recht gute Deckung bestimmter Klima-Linien mit den Verbreitungsgrenzen wichtiger Waldbäume in Europa (Abb. 3-13). Die Art der Klimalinien lässt aber eigentlich unmittelbar erkennen, dass diese Übereinstimmungen mehr zufälliger Natur sind. Denn es ist kaum vorstellbar, dass die physiologisch bedingte Vitalität der Eichenbäume primär davon bestimmt ist, dass in mindestens 4 Monaten des Jahres die Tagesmitteltemperatur über 10 °C liegt.

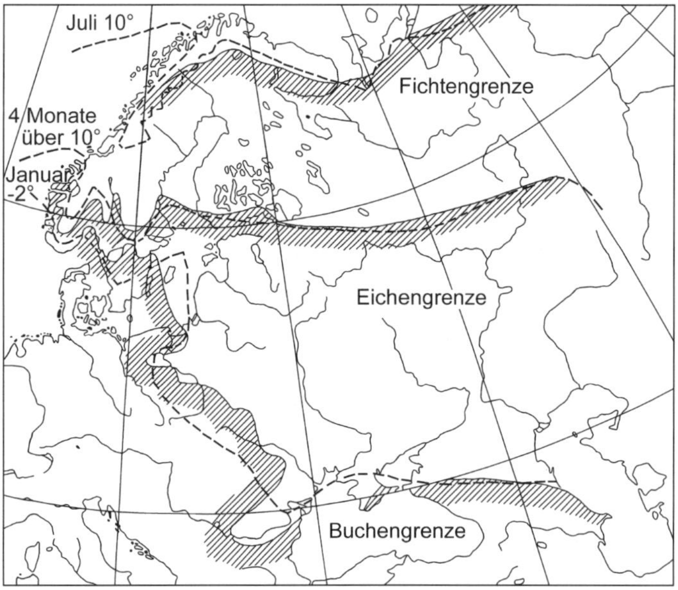

Abb. 3-13: Korrelation der kontinentalen Verbreitungsgrenzen europäischer Waldbäume mit Klima-Grenzlinien (umgezeichnet aus Walter 1954).

Noch deutlicher werden die nur korrelativ-statistisch, aber nicht kausal bestehenden Beziehungen, wenn, z. B., die Ostgrenze der Verbreitung von *Ilex aquifolium* mit dem Verlauf sehr verschiedener Klimalinien in weitgehende Deckung gebracht werden kann. Dies ist möglich bei Verwendung der Verbindungslinie aller Orte, bei denen eine Januar-Mitteltemperatur von 0 °C gemessen wird, aber auch, wenn die Klimalinie verwendet wird, welche diejenigen Orte voneinander trennt, bei denen an mehr oder an weniger als 345 Tagen im Jahr Temperaturmaxima über 0 °C herrschen. Man nähert sich den wahren Kausalzusammenhängen dann schon eher, wenn experimentell die Frostverträglichkeit von *Ilex aquifolium* bestimmt wird. Dann zeigt sich, dass ab Temperaturen unter −21 °C die immergrünen Stechpalmenblätter irreversibel geschädigt werden, wobei die Art zeitlich wie räumlich eine bemerkenswert geringe Plastizität zeigt. Eine mehr kausal begründete Areal-Grenzlinie wird folglich Orte verbinden mit Extremtemperaturen, die die physiologisch begründete Temperaturresistenz der fraglichen Art überschreiten. Für *Ilex aquifolium* deckt sich eine Grenzlinie, die Orte mit Temperaturminima von −21 °C miteinander verbindet, dann wirklich recht gut mit der Ostgrenze des natürlichen Vorkommens – was dann auch den Umkehrschluss zulässt, dass dort, wo die Art wächst, die winterlichen Extremtemperaturen wohl nie wesentlich unter −21 °C absinken.

Man muss sich bei der kartographischen Korrelierung zwischen Klimabedingungen und pflanzlichen Vorkommen aber auch immer im klaren darüber sein, dass die meteorologischen Stationen routinemäßig nur das Makroklima erfassen, in standardisierten meteorologischen Hütten, 2 m über kurzgeschorenem Rasen. Diesem Großklima sind voll eigentlich nur die erwachsenen Baumpflanzen ausgesetzt. Für die anderen Pflanzen und für die Keimlinge der Bäume ist das Mikroklima in Bestandshöhe entscheidend, und dieses kann vom Großklima meist ganz erheblich abweichen (6.2.2). Soweit aber die Großklimawerte von Bedeutung sind, spielen nicht die Durchschnittswerte eine Rolle, sondern die Extrembedingungen, die als Jahrzehnt- oder Jahrhundertereignis einmal auftreten werden.

Viele Arealformen sind in erster Linie historisch begründbar; die standörtliche Ökologie prägt vorzugsweise das lokale Vorkommen einer Art in einem engeren Raum. Direkt können die abiotischen Faktoren das Vorkommen einer Art in einem bestimmten Gebiet über Extremwerte beschränken. Vor allem werden sie aber über die differenzierte Beeinflussung der Konkurrenzverhältnisse in den Biozönosen selektierend wirken. Somit kann die **Arealform Ausdruck der ökologischen Konstitution einer Art** sein, ein geographischer Bezirk auch durch die dort vorkommenden Pflanzensippen ökologisch charakterisiert werden.

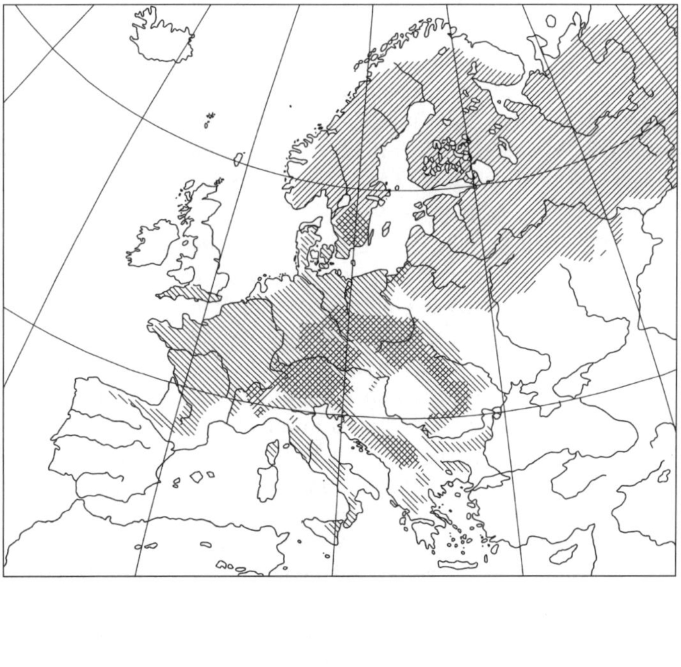

Abb. 3-14: Areal der Buche und der Fichte im westlichen Eurasien: linksschräg schraffiert (West- und Zentraleuropa): *Fagus silvatica*, rechtsschräg schraffiert (östl. Mitteleuropa, Skandinavien, NW-Russland): *Picea abies* – kombiniert nach Walter (1954).

Diese wechselseitigen Bedingtheiten seien näher illustriert durch die Arealbilder von *Fagus silvatica* (Rotbuche) und *Picea abies*, der Fichte (Abb. 3-14): Klar ist hier erkennbar, dass die Buche mehr im ozeanisch beeinflussten Europa, die Fichte mehr im kontinentalen Eurasien den jeweils zusagenden Lebensraum findet. In der ökologischen Charakterisierung bedeutet das, dass die Rotbuche mehr ein mildes, humides Klima bevorzugt und das kontinentale und kalte nordische Klima meidet, was wiederum für die Fichte günstigere Existenzverhältnisse bietet.

Die jeweils unterschiedliche ökologische Konstitution der Arten ist in gleicher Weise genetisch festgelegt wie ihr unterschiedliches morphologisches Erscheinungsbild, und die Besiedelung von unterschiedlichen geographischen Regionen wie von unterschiedlichen ökologischen Nischen geht parallel mit der phylogenetischen Differenzierung der einzelnen Verwandtschaftskreise. Dies ist die Grundlage dafür, dass verwandte Artengruppen, also Gattungen oder Familien, oft Verbreitungsschwerpunkte in bestimmten, großklimatisch in sich einheitlichen Regionen zeigen **(„Sippenzentren“)**. Wie das Beispiel der Arealentwicklung der Kannenpflanzen zeigte – und wie auch am Beispiel anderer Sippen deutlich wird – muss das Massierungszentrum an Arten einer Gattung oder von Gattungen einer Familie nicht deren ursprüngliches Entstehungszentrum sein: Die taxonomisch dokumentierbare Aufspaltung der Populationen erfolgt besonders intensiv gerade dort, wo kleinräumig heterogene ökologische Bedingungen vorherrschen, durch deren Selektionsdruck Teilpopulationen voneinander getrennt und in eigenständige Evolutionsprogressionen gedrängt werden. So sind vielfach Regionen größerer Artenhäufung innerhalb einer Gattung jüngere Radiationsräume, nicht aber das ursprüngliche Entstehungsgebiet der Gruppe.

Diese Feststellung thematisiert **die Beziehungen zwischen der regionalen Verbreitung einer Sippe und der Konstanz ihrer ökologischen Ansprüche**. Viele Taxa haben ein sehr großräumiges Areal. Bei näherer Analyse stellt sich jedoch heraus, dass die Populationen aus verschiedenen Teilregionen des Gesamt-Verbreitungsgebietes jeweils etwas andere ökologische Ansprüche haben: Obwohl zur gleichen Art zusammengefasst, unterscheiden sich die lokalen Teilpopulationen in ihrer funktionellen Leistungsfähigkeit und können so unter durchaus unterschiedlichen Großklimaten gedeihen (vgl. Beispiel *Armeria*). Sie stellen dann unterschiedliche Ökotypen oder Gebietsprovenienzen dar. In diesem Fall ist es also die im Erbgut festgelegte Vielseitigkeit, die der Art die Besiedlung eines weiträumigen Areals ermöglicht.

So erstreckt sich, z. B. das Areal der Gemeinen Kiefer, *Pinus silvestris*, vom Amurgebiet quer durch die sibirische Taiga bis nach Zentraleuropa, in Skandinavien bis knapp zur arktischen Baumgrenze, im Süden bis in den Alpenraum und den Ligurischen Apennin; dazu kommen grosse Exklaven im Kaukasus, in Kleinasien und dem Iran, in den Karpathen, auf dem Balkan, in Schottland, im französischen Zentralmassiv, den Pyrenäen, dem Kastilischen Scheidegebirge und der Sierra Nevada. Für diesen ausgedehnten Raum sind viele Dutzend Lokalvarietäten und Provenienzen beschrieben worden; Tab. 3-2 führt die für den europäischen Raum bekannten Varietäten auf, die sich nach ihrem Aussehen in fünf gut unterscheidbare Formengruppen aufteilen lassen, bei denen die Varietätennamen in der Regel auf den Vorkommensraum hinweisen.

Diese Flexibilität in der Erschließung einer Region wird weiter noch dadurch sehr wirksam erhöht, dass die Teilpopulationen gleicher ökologischer Ansprüche Standorte in unterschiedlichen Großklimaten besiedeln können, sofern die unterschiedlichen ökologischen Bedingungen der betreffenden Habitate die Veränderungen in den großklimatischen Gegebenheiten gerade kompensieren.

3.2.3 Gesetz der relativen Standortkonstanz unter wechselndem Großklima

Heinrich Walter konstatiert: „Wenn innerhalb des Wohnbezirkes oder Areals einer Pflanzenart das Klima sich in einer bestimmten Richtung ändert, so tritt bei dieser Art ein Wuchsort- oder Biotopwechsel ein, durch den die Klimaänderung mehr oder weniger aufgehoben wird“. (Walter 1954, S. 45). Unter den ökologischen Faktoren betrifft dies vor allem den Temperatur- und den Wasserfaktor, die durch diese differenzierte Biotopwahl einer Art innerhalb des Gesamtareals an den Standorten weitgehend ähnliche Bedingungen bieten. Walter (1954) bringt aus seinen Reiseerfahrungen hierfür ein Beispiel aus Namibia, wo manche Baumarten im Gradienten von der

Tab. 3-2: Europäische Provenienzgruppen von *Pinus silvestris* (nach „Flora Europaea“, 1964, aus Krüssmann 1983, vereinfacht).

Gruppe I:	var. *lapponica* Fries	
Krone schmal, verzweigt, Borke mit dünnen, kleinen Schuppen. N-Skandinavien		
Gruppe II:	var. *rigensis* (Desf.) Asch. & Graeb.	var. *septentrionalis* Schott
Krone kegelförmig, schmal, Stamm gerade, Borke dünn. Baltische Küste		
Gruppe III:	var. *scotica* (Willd.) Schott	
Krone sehr lange kegelförmig bleibend, erst bei alten Bäumen rund, Borke wenigstens oben dünn. Schottland		
Gruppe IV:	var. *aquitana* Schott	var. *brigantiaca* Gaussen
	var. *catalaunica* Gaussen	var. *hercynica* Münch
	var. *iberica* Svob.	var. *pyrenaica* Svob.
	var. *vindelica* Schott	
Krone kegelförmig, Stamm gerade, Äste rechtwinklig am Stamm, Borke dünn, grossschuppig. Gebirge W-Europas, von Mittel-Spanien bis Mitteldeutschland und W-Alpen.		
Gruppe V:	var. *batava* Schott	var. *borussica* Schott
	var. *carpatica* Klika	var. *engadinensis* Heer
	var. *nevadensis* Christ.	var. *pannonica* Schott
	var. *rhodopaea* Svob.	var. *romanica* Svob.
	var. *sarmatica* Zapal	var. *vocontiana* Guinier & Gaussen
Krone breitrund, Stamm krumm, Äste spitzwinklig am Stamm, Borke tiefrissig. Tiefland und Vorgebirge in Mitteleuropa, nach Osten bis Russland, nach Süden bis Nord-Apennin u. Sierra Nevada		

Namibwüste über Grassavannen bis zum Trockenwald in entsprechenden Gradienten des Niederschlagsreichtums die Biotope ihres Vorkommens ändern von der Beschränkung nur auf Trockenflüsse und Erosionsrinnen mit unterirdischem Grundwasserstrom in den niederschlagsärmsten Bereichen bis zu flächenhaftem Vorkommen selbst auf feinkörnigem Sandboden in den niederschlagsreicheren Regionen.

Beispiele für dieses Gesetz der relativen Standortkonstanz unter wechselndem Großklima finden sich aber auch im europäischen Raum. So wächst *Sesleria albicans*, das Blaugras, in den Alpen und kalkreichen Mittelgebirgen in Felsheiden und auf Felsschutthalden, wo es auf lockeren, trockenen Kalkhängen als Schuttstauer fungiert. Auch in der im Sommer trocken-warm geprägten Vegetation der schwedischen Ostseeinseln Öland und Gotland, auf den so genannten Alvaren, ist die Art häufig anzutreffen – hier aber als Bewohner periodisch nasser Tümpel, zeitweilig bis über die Blattrosette vom Wasser überstaut. Parallel zum Süd-Nord-Gradienten des Vorkommens erfährt somit die Art eine Verschiebung der Standorte von permanent trockenen, gut durchlüfteten Substraten alpiner und montaner Kalkschutthalden zu periodisch nassen, im Porenvolumen des Bodens verdichteten Wuchsorten. Möglicherweise hängt die differenzierte Standortwahl mit den unterschiedlichen Temperaturverhältnissen in gut durchlüfteten und staunassen Böden zusammen. Für den arealkundlichen Aspekt bleibt festzuhalten, dass hier ein typischer Fall von Biotopwechsel in relativer Standortkonstanz über den Vorkommensbereich einer Art hin vorliegt. Darüberhinaus lassen sich auch innerhalb der regionalen Vorkommen Süd- und Westdeutschlands ökotypische – und damit genetisch fixierte – Differenzierungen nachweisen (Reisch & Poschlod 2003), welche jeweils korrelieren mit Vorkommen auf Kalkfelsen, in wechseltrockenen Kalkflachmooren sowie auf Kalkmagerrasen, -geröllhalden und Kalkbuchenwäldern. Als weitere Beispiele können Steppenpflanzen des osteuropäischen Raumes genannt werden, wie z. B. *Pulsatilla vulgaris*, die im sommertrockenen Klima ihres Kernareals weitgehend substratvag wachsen, d. h. ohne besondere Ansprüche an die Bodenreaktion. Auf ihren Exklavenstandorten im viel humideren Mitteleuropa sind sie hingegen streng auf basenreiche Kalkerdestandorte mit hohem Skelettreichtum und guter Bodenwärmespeicherung beschränkt.

Das Gesetz der relativen Standortkonstanz unter wechselndem Großklima lässt sich aber auch auf das großräumig unterschiedliche Vorkommen ganzer Pflanzenvereine ausweiten: Es ist dies die

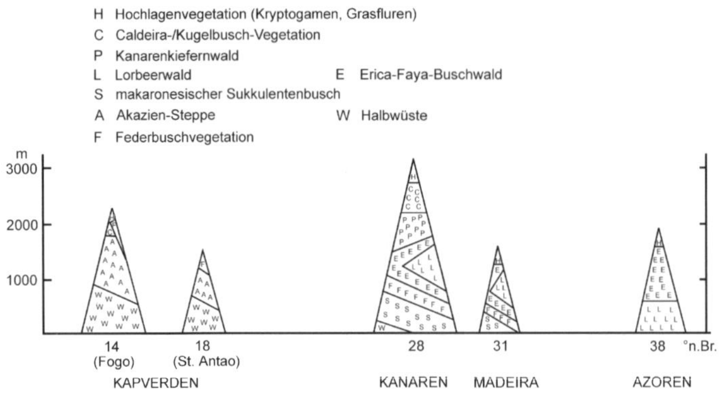

Abb. 3-15: Höhenverlagerung der Vegetationsgürtel auf den mittelatlantischen Inseln mit abnehmender geographischer Breite (verändert aus Lösch et al. 1990)

Höhenverlagerung einer ganzen Pflanzenvergesellschaftung in Kompensation der abnehmenden Breitenlage. Die Fichtenwälder, die in Mittelskandinavien weitflächig die natürliche Vegetation der tieferen Lagen ausmachen, besiedeln in sehr ähnlichem Aussehen und floristischer Zusammensetzung in Mitteleuropa die Gipfellagen der höheren Mittelgebirge, die für die obere Hügel- und untere Bergwaldstufe Mitteleuropas charakteristischen Buchenwälder finden sich auf dem toskanischen Apennin in üppiger Vitalität von ca. 900 Höhenmeter an aufwärts. Abb. 3-15 illustriert das Höherrücken der Vegetationsgürtel auf den Archipelen im mittleren Atlantik, von den nördlichen Azoren über Madeira und die Kanarischen Inseln bis zu den Kapverden.

3.2.4 Geoelemente der Flora

3.2.4.1 Arealtypus

Jedes Taxon hat ein spezifisches Verbreitungsgebiet, sein Areal, das durch die historische Entwicklung der betreffenden Pflanzensippe und durch ihre aktuellen ökologischen Ansprüche bestimmt ist. Da es keine zwei Spezies mit einer völlig identischen ökologischen Nische geben kann (sie wären füreinander ein so starker Konkurrenz-Selektionsfaktor, dass letztlich eine der beiden Populationen völlig verdrängt werden müsste), gibt es so viele Pflanzenareale, so viele Pflanzensippen existieren. So, wie die Systematik bei diesen Taxa um einen Überblick bemüht ist durch strukturierendes Ordnen, wodurch dann abstrahiert und die Phylogenie der Sippen interpretiert werden kann, genauso versucht die Chorologie Pflanzen ähnlicher Arealstrukturen zusammenzufassen zu Pflanzengruppen bestimmter **Arealtypen**. Die Übereinstimmungen in den Arealstrukturen und die Unterschiede gegenüber Artengruppen mit anderem Arealtypus können durch gemeinsame bzw. verschiedene ökologische Ansprüche und durch Gemeinsamkeiten oder Verschiedenheiten in der historischen Entwicklung erklärt werden. Da die Areale geographisch kartierbare Größen sind, bietet sich für diese Strukturierung der Gesamtheit der Sippenareale ein geographischer Ansatz an. Durch den Raumbezug dieser Gliederung kommt es allerdings nicht nur zu einer linear angelegten Gliederung der Arealtypen, vielmehr sind die Gliederungsprinzipien mehrdimensional, was der im Allgemeinen linear angelegten Erfassungs- und Merkfähigkeit des Menschen nicht unbedingt entgegenkommt.

So wird
- die allgemeine Breitenlage des Vorkommensgebietes, von der das Temperatur- und Niederschlagsklima abhängen, Einfluss nehmen auf die vorhandene oder fehlende Existenzmöglichkeit für eine Sippe,
- die vertikale Einordnung der Habitate im Gebirge von Bedeutung sein, die ebenfalls wesentlich das Standortklima prägt.
- Zum Dritten kann eine Raumgliederung im Ozeanitäts-Kontinentalitätsgradienten vorgenommen werden und schließlich
- kann das vor allem historisch bedingte großräumige Vorkommen oder Fehlen der Sippen im Bereich der verschiedenen Kontinente als Gliederungsprinzip herangezogen werden.

Die Skalierungen für diese 4 Gliederungskoordinaten sind (Meusel et al. 1965):

') für die zonale Strukturierung der Areale von Süd nach Nord fortschreitend im extratropischen Bereich die sub**trop**ische, die **me**ridionale, die sub**m**eridionale, die **temp**erate, die **bor**eale und die **arkt**ische Florenzone.
'') für die Gliederung nach Höhenstufen der **plan**are Bereich, die **coll**ine, die **mont**ane, die sub**alp**ine und die **alp**ine Höhenstufe,
''') für die Gliederung im Ozeanitätsgefälle die Abstufung von hochozeanisch bis extrem kontinental wobei nach der Konvention dieser Gradient in jeweils 3 unterschiedlich stark ausgeprägte Ozeanitäts- und Kontinentalitätsstufen unterteilt wird.
'''') Für die globale, oft historisch bedingte Strukturierung wird schließlich die Angabe der Kontinent-Zugehörigkeit verwandt. Vorkommen auf der Südhalbkugel werden durch die Chiffre **austr** gekennzeichnet.

Mit Hilfe dieser 4 primär geographisch orientierten Gliederungsprinzipien lässt sich für jede Pflanzenart formelmäßig ihr Arealtypus beschreiben. Dies wird in Tabelle 3-3 an einigen Beispielen näher erläutert.

Die Konstatierung der Ähnlichkeit der Areale zweier oder mehrerer Arten ist zunächst nur eine geographische Faktenfeststellung, ohne weitergehende Ursachen-Interpretation. Immerhin sagen die Skalierungsbegriffe implizit einiges aus über die einem bestimmten Arealtyp zugrundeliegenden ökologischen Bedingungen. Darüber hinaus können zur Arealinterpretation der Sippen eines Gebietes noch weitere Informationen erhalten werden, wenn die einzelnen Taxa mit ihren spezifischen Arealen als floristische Indikatoren genutzt werden.

3.2.4.2 Florenelemente

Unter einem Florenelement versteht man ganz allgemein eine nach bestimmten Gesichtspunkten zusammengefasste Artengruppe einer Flora. Die wichtigste derartige Strukturierung einer Flora ist die nach ihren

a) Geoelementen: „Geoelemente" oder „geographische Florenelemente" sind Arten mit nahezu gleicher oder ähnlicher Verbreitung, Arten also, die den gleichen Arealtypus besitzen.

Über diese Charakterisierung von jeder Pflanzenart als einem spezifischen Geoelement in der Gesamtheit einer Gebietsflora hinaus hat man noch eine ganze Reihe weiterer Florenelement-Attribute aufgestellt, die zwar in der Chorologie nicht so oft Verwendung finden wie die „Geoelement"-Zuordnung, die im Einzelfall aber für die Interpretation des spezifischen Aussehens einer Gebietsflora sehr nützlich sein können. Besonders bedeutsam ist hierunter

b) das **Geno-Element oder genetische Florenelement:** Unter diesen Begriff werden Arten zu-

Tab. 3-3: Beispiele für Arealdiagnoseformeln (aus Meusel et al. 1965, 1978, Meusel & Jäger 1992)

Pflanzenart	Arealdiagnose	Bemerkungen
Pteridium aquilinum	austr – subtrop$_{(mo)}$ – med – (bor) – (oz$_{1-3}$) – **circpol**	Karte Abb. 3-5.1
Maianthemum bifolium	(sm)$_{mo}$ – temp – bor – k$_{1-3}$ **Euras**	
Caltha palustris	(med)$_{mo}$ – sm$_{mo}$ – temp – arct **circpol**	
Anemone nemorosa	sm$_{(mo)}$ – temp – (bor) – oz$_{1-3}$ – **Eur+OAs**	Karte Abb. 3-9
Dryas octopetala	sm$_{alp}$ – temp$_{alp}$ – bor$_{mo}$ – arct – k$_{1-3}$ – **Euras+WAm**	
Helianthemum apenninum	med – sm – (temp) – oz$_{(1)-2}$ **Eur**	Karte Abb. 3-3.2
Empetrum hermaphroditum	(sm$_{subalp}$ – temp$_{mo}$) – oz$_{2-3}$ **Eur/Sib** bor – arct – k$_{(1)-3}$ **circpol**	
Empetrum nigrum	temp$_{mo}$ – (bor) – (oz$_{1-3}$) – **Euras(WAm+OAm)**	
Lamium album	(med$_{mo}$ – sm$_{(mo)}$ – temp – (bor)-oz$_{1-3}$ **Eur-Sib**	
Senecio vernalis	med – sm – k$_{2-(3)}$ **OEur-VordAs**	Karte Abb. 3-4
	synantr.: med – temp – k$_{2-3}$ **Eur-VordAs**	(Europa)
Senecio inaequidens	austr – austrtrop$_{semihum-semiar}$ **Afr,**sa:Euroz$_1$	K. Abb. 3-4 (Europa)
Stipa capillata	(med) – sm – (temp) – k$_{1-2}$ **Euras**	Karte Abb. 3-3.1
Poa annua	austr – trop$_{mo}$ – med$_{(mo)}$ – bor – (arct) – oz$_{1-3}$ – **circpol**	Karte Abb. 3-5.2

sammengefasst, die ein gemeinsames geographisches Ursprungsgebiet, aktuell jedoch getrennte Areale haben, weil sie auch phylogenetisch auf gleiche Wurzeln rückführbar sind (Beispiele im Bereich der Bryophyta: Frey 1990).

c) Der Begriff **„Chronoelement"** oder **„historisches Florenelement"** wird auf Sippen angewendet, die eine gleiche Entstehungszeit aufweisen. So können, z. B., frühtertiäre, spättertiäre oder quartäre Chronoelemente unterschieden werden.

d) Nach Wander- und Ausbreitungsrouten können des weiteren **Migroelemente** definiert werden: Gleiche Migroelemente sind Arten einer Flora, die auf demselben Weg oder aus derselben Richtung in ein Gebiet eingewandert sind.

e) Das **Coenoelement** fasst Arten zusammen, denen die Bindung an eine bestimmte Pflanzengesellschaft gemeinsam ist. In der Regel wird der Begriff des Coenoelementes mehr oder weniger ein Synonym sein für die Kenn- bzw. Charakterarten der höheren vegetationskundlichen Einheiten, welche in der Pflanzensoziologie (s. 4) unterschieden werden.

f) Schließlich sei noch das **„Ökoelement"** erwähnt, unter welchem Arten ähnlicher Lebensweise und folglich mit ähnlichen ökologischen Ansprüchen zusammengefasst werden. Sie können zu „ökologischen Gruppen" zusammengefasst werden. Ein gutes Beispiel dafür sind die Frühjahrsblüher der feuchten Laubwälder.

3.3 Floristische Strukturierung der Pflanzenwelt der Erde

3.3.1 Allgemeine Grundlagen

3.3.1.1 Florenkontrast und Florengefälle

Die Grenzen von floristisch in sich einheitlichen, gegenüber benachbarten Gebieten in ihrer Arten-, Gattungs- und Familien-Zusammensetzung aber unterschiedlicher Bezirke ergeben sich aus dem je größeren oder geringeren **Florenkontrast**: Dieser Florenkontrast bestimmt sich als Summe a + b aus den Arten a, die in dem Gebiet A vorkommen und im Gebiet B fehlen, und den Arten b, die in B vorkommen und im Gebiet A fehlen. Im Extremfall der völligen floristischen Verschiedenheit der beiden betrachteten Gebiete wird dieser Wert gleich der Gesamtzahl der in beiden Gebieten vorkommenden Arten sein. Im anderen Extrem, der floristischen Gleichheit, ist dieser Wert Null. Berechnet man diesen Florenkontrast auf je 100 km Entfernung zwischen den zu vergleichenden Gebieten, erhält man das **Florengefälle**. An den Grenzen der Florengebiete ist dieses Florengefälle möglichst steil, innerhalb eines in sich einheitlichen Florengebietes wird es weitgehend fehlen.

3.3.1.2 Biodiversität

Seit dem Umweltgipfel in Rio 1992 (Tab. 10-1) prägt ein in diesem Kontext einschlägiger Begriff wesentlich das politische und wissenschaftliche Bemühen um Erhalt der ökologischen Komplexität, der der **Biodiversität**. Er bezieht sich auf die Vielfalt der pflanzlichen und tierischen Sippen sowie der Lebensräume auf der Erde. Als quantitatives Maß bezeichnet die α-Diversität, mitunter einfach als „Biodiversität" bezeichnet, die Artenvielfalt pro Erfassungsfläche. Hohe Biodiversität gilt im Allgemeinen als ökologisch besonders wertvoll. Man kann im regionalen, aber auch im Weltmaßstab mit Hilfe solcher Quotienten Regionen geringerer und Gebiete mit besonders hoher Diversität kartieren – und bei entsprechendem politischen Willen Maßnahmen ergreifen zum Erhalt derartiger **Diversitätszentren**, oder zumindest zu deren Dokumentation und Erforschung (Abb. 9-3). Sowohl auf internationaler wie auch auf nationaler Ebene gibt es derzeit eine große Zahl von Programmen, welche die Erfassung und Analyse der Biodiversitätsverhältnisse auf der Erde zum Thema haben – dies vor dem Erkenntnishintergrund, dass die Globalisierung und Ressourcenausbeutung, die in den letzten Jahrzehnten immer massiver wurde, eine erhebliche Gefahr für den Weiterbestand einer hohen Biodiversität darstellt (10-2).

Der Biodiversitätsbegriff ist jedoch mit den Quotienten der Artenzahlen pro Flächeneinheit nur teilweise ausgefüllt. Die vertiefte wissenschaftliche Beschäftigung mit diesem Begriff im letzten Jahrzehnt hat ihm wesentlich umfassendere Funktionen zugewiesen. Um begrifflich sauber zu bleiben, werden inzwischen fünf verschiedene **Formen der Diversität** unterschieden:

- Alphadiversität: Dies ist die Artenzahl pro Grundfläche, ein quantitativer Ausdruck des Artenreichtums eines Bestandes.
- Betadiversität: Dadurch wird die Artenzahl-Differenz zwischen verschiedenen Habitaten erfasst, also die durch Standortsunterschiede bedingte Variabilität der Artenzusammensetzung zwischen miteinander verbundenen, aber nicht einheitlichen Lebensräumen.
- Die Gammadiversität charakterisiert die Gesamtvielfalt einer Landschaft oder eines größeren Vegetationskomplexes. Die Artenzahlen dieses Gebietes werden dabei durch Alpha- und Betadiversitätswerte erfasst.
- Die Deltadiversität charakterisiert die Unterschiedlichkeit des Artenbestandes zweiter größerer Gebiete, welche sowohl real im Landschaftsaspekt wie auch durch ihre Arteninventare deutlich voneinander unterschieden sind.
- Die Epsilondiversität bezieht sich schließlich auf die regionale Diversität, bezogen auf große Gebiete mit verschiedenen Landschaftstypen.

Formeln zur Quantifizierung der Diversität über den einfachen Quotienten Artenzahl/Grundfläche hinaus wurden vor allem entwickelt, um der Repräsentanz seltener und häufiger Arten in einer Lebensgemeinschaft eine angemessene Wichtung zu geben. Diese Formeln sind anwendbar sowohl für einzelne Organismengruppen innerhalb einer Lebensgemeinschaft (Kormophyten, Moose, Insektengruppen, Spinnentiere u. s. w.), prinzipiell, wenngleich wenig praktikabel und damit wahrscheinlich nur mit geringem Mehrgewinn an Information gegenüber Partikular-Ansätzen, aber auch für alle Lebewesen der Biozönose (Tab. 3-4).

Der wichtigste derartige Index ist der nach Shannon & Weaver (1949), der Artendichte und Individuendichte pro Art für eine Untersuchungsfläche integriert. Der **Shannon-Index** erreicht umso höhere Werte, je ähnlicher die Individuendichten der Arten sind. Der Höchstwert ist dann erreicht, wenn die Wahrscheinlichkeit, ein Individuum einer bestimmten Art anzutreffen, für alle Arten der Biozönose gleich gross ist. Die **„Evenness“** informiert über die Gleichverteilung von Arten in den Beständen.

Die in Tab. 3-4 weiter genannten Formeln finden stärker im zoo-ökologischen Bereich als in der Geobotanik Anwendung, sind für pflanzenökologische Zwecke jedoch ebenfalls verwendbar. Der **Sörensen-Quotient** ergibt sich bei Anwendung auf pflanzengeographische Fragestellungen aus den Basiszahlen des Florenkontrastes. Über die **Floren-Veränderungsrate** können zeit-dynamische Prozesse in der Strukturierung der Biodiversität quantifiziert werden, über die **Renkonen-Zahl** sind (hauptsächlich bei Tier-Lebensgemeinschaften) Dominanzvergleiche zwischen Biozönosen möglich.

Eine vertiefte **Theorie der Biodiversität** greift über die regionalstatistische Erfassung der Organismen hinaus und versucht, auch hinsichtlich der Strukturen und – wichtiger noch – der Funktionen von Lebensgemeinschaften diese vergleichend und abstrakt zu quantifizieren.

Grundlegendes Paradigma für solche Ansätze ist, dass enge Wechselbeziehungen bestehen können zwischen **Diversitätsgrad und Stabilität** von Biozönosen. Hoher Artenreichtum eines Lebensraumes allein ist nicht zwingend mit hoher Störungs-Resistenz verknüpft; es gibt sehr stabile Vegetationsbestände sowohl mit hoher α-Diversität (z. B. mesotrophe kräuterreiche Grasländer) wie auch mit deutlich geringeren Indexwerten (z. B. boreale Nadelwälder), und man kennt ebenso störungsanfällige Pflanzengemeinschaften mit hoher (z. B. Magerrasen) wie mit niedriger α-Diversität (z. B. Hochmoore). Verknüpft mit dieser Feststellung ist die – unter Gesichtspunkten des Artenschutzes sehr bedeutsame – Frage nach der Existenz von „redundanten Arten“, Taxa also, welche eventuell für Existenz und Funktionieren der Lebensgemeinschaft, der sie angehören, keine wesentliche Bedeutung haben. Im Gegensatz hierzu stünden „Schlüsselarten“ („keystone species“), von deren Präsenz und Vitalität die Biozönose sehr wesentlich abhängig ist. Eine Zuordnung der Taxa eines Habitats zur einen oder anderen Kategorie kann stets nur näherungsweise erfolgen. Insbesondere dürfte

Tab. 3-4: Diversitäts-Indizes und Ähnlichkeitskoeffizienten für Biozönosen

Artenreichtum (α-Diversität):

$$R = \frac{n}{F}$$

{n = Artenzahl; F = Flächengrösse}

Shannon-Index (α-Diversität):

$$H_s = \sum_{i=1}^{s} p_i \ln p_i$$

$$p_i = \frac{n_i}{N}$$

{H_s = α-Diversität; s = Gesamtzahl der Arten; p_i = relative Häufigkeit der i-ten Art aus der Gesamtindividuenzahl ($0 < p_i < 1$); N = Gesamtindividuenzahl; n_i = Individuenzahl der Art i}

Evenness: Diversitätsmaximum: $H_{max} = \ln s$

$$E = \frac{H_s}{H_{max}} = \frac{H_s}{\ln s}$$

Sörensen-Quotient (Faunen-, Floren-Ähnlichkeit):

$$Qs\,(\%) = \frac{2\,G}{S_A + S_B}$$

{G = Zahl d. in beiden Gebieten gemeinsam vorkommend. Arten; S_A, S_B = Zahl d. Arten im Gebiet A bzw. B}

Renkonensche Zahl (Dominanzvergleich von Artengemeinschaften):

$$Re\,(\%) = \sum_{i=1}^{G} (\min D_{A,B})$$

$$D = \frac{n_A}{N_A} \text{ bzw. } \frac{n_B}{N_B}$$

{($\min D_{A,B}$) = Summe der jeweils kleineren Dominanzwerte der gemeinsamen Arten von zwei Standorten A und B [in %]; G = Zahl der gemeinsamen Arten; $n_{A,B}$ = Individuenzahl der Art i im Gebiet A bzw. B; $N_{A,B}$ = Gesamtindividuenzahl im Gebiet A bzw. B}

Faunen-/Floren-Veränderungsrate:

$$T = \frac{J + E}{S_I + S_{II}}$$

{J = Zahl der Arten, die zwischen den beiden Erfassungszeitpunkten I und II hinzugekommen sind; E = Zahl der Arten, die zwischen den beiden Erfassungszeitpunkten I und II verschwunden sind; S_I = Gesamtzahl d. Arten zum Erfassungszeitpunkt I; S_{II} = Gesamtzahl d. Arten zum Erfassungszeitpunkt II}

es unmöglich sein, zweifelsfrei für eine Art ihre völlige „Überflüssigkeit" in den standörtlichen Wechselbeziehungen nachzuweisen. Wohl aber ist über ihren Beitrag zur Struktur und zu den Funktionen in einem Pflanzenbestand und über ihre Indikatorfunktion für dessen Stabilität die relative Bedeutung von „Schlüsselarten" oder zumindest der verschiedenen funktionellen Pflanzentypen vergleichsweise gut objektivierbar. Die weltweiten Bemühungen zur Bewahrung und Förderung der Biodiversität finden hierin einen geeigneten Ansatzpunkt und eine intersubjektiv konsensfähige Rechtfertigung.

3.3.2 Die Florenreiche

Die Vorkommen der einzelnen Pflanzensippen auf der Erde können nach floristisch-taxonomischen Kriterien strukturiert und in ein hierarchisch abgestuftes System von Regionalstrukturen gebracht werden, den Florenreichen der Erde und ihren Untergliederungen. Im Weltmaßstab ergeben sich bei einer solchen Vorgehensweise sechs Grossregionen, zwischen denen ein sehr großer Florenkontrast, verbunden mit einem steilen Florengefälle an ihren Grenzen vorliegt, die Florenreiche der **Holarktis, Paläotropis, Neotropis, Capensis, Australis und Antarktis** (Abb. 9-3). Diese Florenreiche werden in der Nord-Süd-Abfolge in ihrer Flächenausdehnung immer kleiner, was auf erdgeschichtliche Ursachen zurückführbar ist.

3.3.2.1 Holarktis

Die Holarktis als das größte Florenreich umfasst die gesamte nördliche Hemisphäre mit Ausnahme ihres tropisch-subtropischen Teils. Als typische holarktische Familien können gerade auch die Familien genannt werden, deren Mitglieder es hauptsächlich sind, die die mitteleuropäischen Laubwälder aufbauen, die Familien der Betulaceae, Fagaceae und Salicaceae. Hauptsächlich holarktische Verbreitung zeigen auch die Ranunculaceae, die Brassicaceae und die Caryophyllaceae, ferner Rosaceae, Apiaceae und Primulaceae. Das Florenbild der Holarktis zeigt als Ganzes recht einheitliche Züge. Dies ist u. a. darauf zurückzuführen, dass die Kontinentmassen der Nordhalbkugel sehr lange derart miteinander in Kontakt standen (5.2), dass ein Florenaustausch durchaus möglich war. Die Verschiedenheit der einzelnen Teilräume der Holarktis, der nordamerikanischen, europäischen und ostasiatischen Region, ist erst in erdgeschichtlich junger Zeit entstanden.

3.3.2.2 Paläotropis

Das paläotropische Florenreich umfasst, wie sein Name sagt, die altweltlichen Tropen und z. T. auch Subtropen, also fast ganz Afrika, Südarabien, Indien und die malaiische Inselwelt, dazu die Südsee und den größten Teil der Nordinsel Neuseelands. Obwohl nicht ausschließlich auf die altweltlichen Tropen beschränkt, können, z. B., die Moraceae, vor allem deren gut 1000 Arten umfassende Gattung *Ficus*, als repräsentativ für dieses Florenreich gelten, ferner die Pandanaceae (Schraubenbaumgewächse) und die Zingiberaceae (Ingwergewächse), letztere mit dem Schwerpunkt ihrer Artenhäufigkeit im malaiischen Raum. Mehr afrikanisch verbreitet sind die Combretaceae bei denen in vielen Gattungen die mehrflügeligen Früchte ein kennzeichnendes Merkmal darstellen. Zwei bis fünf aus den Kelchblättern hervorgegangene Flügel, geeignet zum Schraubendrehflug, zeichnen auch die Dipterocarpaceae aus, die nahezu gänzlich auf die ostasiatischen Tropen konzentriert sind, dort aber bis zu 60 % aller Baumarten des Tieflandsregenwaldes stellen können. Als typische paläotropische Familie fungieren auch die Nepenthaceae (Abb. 3-10). Die Liliaceen-Gattungen *Aloe* und *Dracaena* sind rein altweltlich-tropisch, ebenso die stammsukkulenten Euphorbien, die hier die ökologische „Planstelle“ der amerikanischen Kakteen einnehmen, zu diesen also in Stellenäquivalenz stehen. Charakteristische altweltliche Sippen sind schließlich auch viele Finger-Gräser aus der Andropogoneen-Sektion der Poaceae.

Das gesamte paläotropische Florenreich lässt sich in drei Unterreiche einteilen, das afrikanische, das sich weiter in sieben Florenregionen gliedert, das indo-malaiische mit vier Florenregionen und das polynesische, dessen Florenregionen teilweise extrem hohe Endemismenraten haben.

3.3.2.3 Neotropis

Das neotropische Florenreich erstreckt sich von Süd-Mexiko bis weit hinunter in den Süden von Amerika. Nur das südliche Drittel von Chile, Südargentinien sowie die Falkland-Inseln liegen außerhalb der Neotropis. Der Paläotropis und der Neotropis ist eine ganze Reihe pantropischer Pflanzenfamilien gemeinsam, wobei aber meist gewisse Schwerpunkte der Verbreitung im amerikanischen oder im afrikanisch-ostasiatischen Raum erkennbar werden. Dies ist, z. B., bei den Araceae der Fall, wo Gattungen wie *Monstera* oder *Anthurium* in großer Artenzahl die mittel- und südamerikanischen Regenwälder bevölkern. Die große Familie der Solanaceae ist zwar kosmopolitisch verbreitet, hat aber ihren Artenschwerpunkt in Mittel- und Südamerika, wo besonders die Gattung *Solanum* mit nahezu 2000 Arten stark in der Flora auffällt. Bekannt ist, dass die Familie der Cactaceae fast ausschließlich auf Amerika beschränkt ist, und das Gleiche gilt für die Bromeliaceae, vor allem für den äußerst artenreichen und fast durchwegs epiphytisch wachsenden Formenkreis der Gattung *Tillandsia*. Völlig auf die Neotropis beschränkt sind eine Reihe kleinerer Familien, wie z. B. die der Tropaeolaceae mit der in Europa als Zierpflanze weithin kultivierten Kapuzinerkresse (*Tropaeolum majus*) und die Bixaceae, deren monotypische Baumart *Bixa orellana* eine traditionelle und auch noch rezent genutzte Färbepflanze ist. Good (1964) zählt 45 rein neotropische Familien auf.

Die Florenstatistik ergibt, dass 40 % aller in den Tropen verbreiteten Gattungen auf die Neue Welt beschränkt sind, 47 % nur in der Paläotropis vorkommen, und nur 13 % in beiden Florenreichen zu finden sind. Gemeinsame Arten, schließlich, gehören fast zu den Ausnahmen. Ähnlich, wie die anderen Florenreiche auch, ist die Neotropis in mehrere Florenregionen gegliedert.

3.3.2.4 Capensis

Die Capensis ist das kleinste, aber floristisch recht gut charakterisierte und gegenüber seiner Umgebung abgesetzte Florenreich. Mit über 6000 Pflanzenarten auf knapp 8000 km^2 weist es eine enorme floristische Vielfalt auf. Intensive Radiationsprozesse haben dort zu einer Fülle von Endemiten geführt. Kapland-Endemiten finden sich bis hinauf zum systematischen Rang von Familien, die in ihrer Verbreitung zum Teil nur auf die wenigen Quadratkilometer der Kap-Halbinsel beschränkt sind. Herausragende Beispiele für die Kapflora stellen die vielen *Mesembryanthemum*-Arten dar, ferner die über 200 *Pelargonium*-Arten und die über 600 kapländischen *Erica*-Arten, die den Felsheiden des Kaplandes recht wesentlich ihre spezifische Physiognomie verleihen. Von den Kapland-endemischen Familien sei als Beispiel die nur auf die Sandsteingebiete des Tafelberges bei Kapstadt beschränkten Bruniaceae genannt, 12 Gattungen mit 70 Arten umfassend. Mehrere Familien mit einem Sippenzentrum in Südafrika zeigen Beziehungen zum antarktischen, vor allem aber zum australischen Florenreich. Nicht zuletzt durch sie findet die Abtrennung der Capensis von der Paläotropis als ein eigenständiges Florenreich ihre Rechtfertigung. Zu nennen sind hier die Proteaceae, bei denen die sehr vielgestaltigen Gattungen *Protea* und *Leucadendron* mit einem Viertel ihres gesamten Artenbestandes auf das Kapland konzentriert sind. Eine ähnliche Gesamtverbreitung zeigt die Monokotylen-Familie der Restionaceae, deren Arten zu einem gewissen Ausmaß auf der Südhalbkugel die Nischen einnehmen, die auf der Nordhalbkugel den Cyperaceae zukommen. ¾ aller Restionaceae-Arten sind nur in Südafrika zu finden.

3.3.2.5 Australis

Die Australis hat eine sehr isolierte Stellung. Nur 14 % ihrer Arten kommen auch anderwärts vor. Das Australische Florenreich umfasst Australien, zusammen mit Tasmanien. Neuseeland gehört teils zur Paläotropis, teils zum antarktischen Florenreich. Hauptsächlich australische Verbreitung besitzen die Casuarinaceae. Eine starke eigenständige Entwicklung haben die ansonsten auch in den beiden tropischen Florenreichen häufig vorkommenden Myrtaceae durchgemacht. Unter den australischen Myrtengewächsen ist vor allem die Gattung *Eucalyptus* hervorzuheben, die mit rund 500 Arten auf diesem Kontinent vorkommt. Restionaceae und Proteaceae sind, wie schon erwähnt, der Capensis und der Australis gemeinsam. Von den Liliaceae s. l. bilden die Grasbäume der Gattung *Xanthorrhoea* eine nur in Australien anzutreffende Lebensform. Die insektenfressende Familie der Cephalotaceae ist mit einer Gattung und einer Art im Hinterland von Perth endemisch.

3.3.2.6 Antarktis

Das Antarktische Florenreich umfasst die Flora der gemäßigten Zone der Südhemisphäre, doch sind die Festlandsgebiete dieses Raumes nur von geringer Flächenausdehnung. Zu diesem Florenreich zählen die Südspitze Südamerikas, die subantarktischen Inseln, eventuell noch der südlichste Bereich von Neuseeland. Dort sowie im patagonischen und im chilenischen Andenraum finden sich Wälder der Gattung *Nothofagus*, der Südbuche, die somit antarktische Arealbezüge aufweist, aber ausstrahlt in die Neotropis und die Australis. Charakteristische Sippen des antarktischen Florenreiches sind *Pringlea antiscorbutica*, der Kerguelenkohl, und die polsterbildende Gattung *Azorella*; einzige Blütenpflanzen des antarktischen Festlandes sind *Deschampsia antarctica* und das Nelkengewächs *Colobanthus quitensis* (*Poa annua* hat synanthrop in einigen Forschungsstationen der Antarktis Fuß gefasst).

3.3.3 Florenregionen der Holarktis

3.3.3.1 Untergliederung von Florenreichen, ihre Ursachen und ihre formelle Charakterisierung

Alle Florenreiche können in kleinere Teilgebiete untergliedert werden. Die Hierarchie dieser Feinstrukturierung ist

Florenreich
  Florenregion
    Florenprovinz
      Florenbezirk,

wobei weitere Differenzierungen in Unter-regionen, -provinzen, -bezirke sowie die Zusammenfassung zu Gebietsgruppen möglich sind.

Das holarktische Florenreich lässt sich so, wie die übrigen Florenreiche auch, in Untereinheiten aufteilen, die **Florenregionen**. Bei diesen Florenregionen der Holarktis sei nicht weiter auf den nordamerikanischen und zentral- bis ostasiatischen Raum eingegangen. Die nicht unerheblichen Unterschiede zwischen der amerikanischen und ostasiatischen Region einerseits und der eurosibirischen andererseits sind in erster Linie historisch bedingt – hingewiesen sei auf die enorme Florenverarmung, die besonders Europa durch die Ereignisse der Kalt- bzw. Glazialzeiten hinnehmen musste (5.7.3). Die geographischen Barrieren, der Atlantik und das durch sein Extremklima gekennzeichnete Zentralsibirien, sind für eine Florenauffrischung Europas von den floristisch reicheren Gebieten her ohne Zutun des Menschen nicht überbrückbar. Keine allzu scharfe Grenze lässt sich jedoch zwischen dem westlichen und dem östlichen Teil des eurosibirischen Raumes ziehen. Die mitteleuropäische Flora erstreckt sich sehr weit nach Sibirien hinein, bis zum Jenissei, etwa soweit, wie sich in stark abgeschwächtem Maße noch die Wirkung der von Westen kommenden Zyklonen bemerkbar macht.

Soweit nicht historische Gründe für die Arealstrukturen verantwortlich sind, ist es in großräumiger Betrachtung das Klima, welches ursächlich die regionale Florendifferenzierung bewirkt. Es prägt aber auch das spezifische Aussehen der Pflanzenbestände, die aus den jeweiligen Florenelementen aufgebaut werden. Das hat zur Folge, dass zwischen einer floristischen Gliederung der Pflanzendecke eines Gebietes, die sich an dem Vorkommen oder Fehlen von Pflanzen-**Taxa** orientiert, und der Gliederung nach **Vegetationstypen** ähnlichen physiognomischen Aussehens vielfach Parallelen vorliegen. Das hat weiter zur Folge, dass nirgends in der pflanzengeographischen Literatur eine strenge Beschränkung nur auf chorologische Aussagen stattfindet, die die Gemeinsamkeiten und Unterschiede im regionalen Vorkommen der Arten beschreiben wollen, oder nur auf formationsbiologische Vegetationsbeschreibungen, deren alleiniger Inhalt die Charakterisierung des Aussehens der Pflanzenbestände wäre. Auch für den europäisch-westsibirischen Raum findet sich so vielfach eine Abgrenzung der Verbreitungstypen der einzelnen Arten, also der Geoelemente, mehr oder minder deckungsgleich mit der regionalen Gliederung der physiognomisch unterschiedenen Vegetationseinheiten.

Im europäischen Raum werden diese als Florenregionen unterscheidbaren Hauptverbreitungsgebiete von Geoelementen teils mit den Begriffen der zonalen Florengliederung bezeichnet (med, submed, bor, arkt usw.), teils wird – im temperaten Bereich – der hier bedeutsameren West-Ost-Differenzierung aufgrund des Kontinentalitätsgefälles besondere Beachtung geschenkt. So lässt sich der **atl**antische Raum vom **eumi**tteleuropäischen, dann weiter von dem schon stärker **kont**inental geprägten mittelrussischen und schließlich dem **pont**ischen und dem **turan**ischen Gebiet unterscheiden, letzteres schon nach Zentralasien hinein ausgedehnt und nachfolgend deshalb nicht detaillierter behandelt. Übergangsbereiche werden in dieser Terminologie durch die Vorsilbe sub- gekennzeichnet. **Subatl**antisch bedeutet also „weniger ausgeprägt atlantisch, aber immer noch ganz erheblich durch die Ozeanität bestimmt“. Der Übergangscharakter kann ferner durch Doppelsignatur kenntlich gemacht werden, also z. B. **atl-med** = „im humid getönten Mediterranbereich vorkommend“ u. ä.

Stets kommen auch im Kerngebiet einer Florenregion aus anderen Florenregionen dorthin einstrahlende Geoelemente vor. So finden sich in Mitteleuropa auch zahlreiche Arten, die eigentlich ihren Verbreitungsschwerpunkt im Mittelmeergebiet, in Skandinavien, in Osteuropa oder im Aralo-Kaspischen Gebiet oder aber im hochatlantischen Westeuropa haben. Dies erklärt z.T., dass in Mitteleuropa bei aller eiszeitbedingten Florenverarmung doch noch eine große Artenvielfalt vorfindbar ist.

Ein wichtiger Aspekt zur Gliederung der europäischen Florenregionen – und zur Chorologie generell – sei noch hervorgehoben: Bei der arealkundlichen Gliederung und auf den Karten werden streng genommen stets nur die Tieflandgebiete berücksichtigt. Jede Relief-Erhebung bedeutet eine Störung der Einteilung, denn das Großklima erfährt hier eine Abänderung. In der Arealtypusbeschreibung der Arten wird dementsprechend auch immer die gegebenenfalls vorliegende montane oder alpine Verbreitung erwähnt, und demgemäss kann man auch von **alp**inen oder **mont**anen Elementen einer Flora sprechen.

3.3.3.2 Die Florenregionen des europäisch-westsibirischen Raumes (Abb. 3-16)

Die arktische Florenregion – die Vegetation der Tundren

Floristisch ist die gesamte zirkumpolare Arktis, das Gebiet der Tundren (s. 9.1.9), viel einheitlicher als die südlicheren Zonen der Kontinente. Man kann aber das arktische Geoelement in seiner Gesamtheit noch untergliedern in das arktische Element im engeren Sinne, das arktisch-alpine, dessen Taxa ein oft auf den skandinavischen Raum und die Alpen getrenntes disjunktes

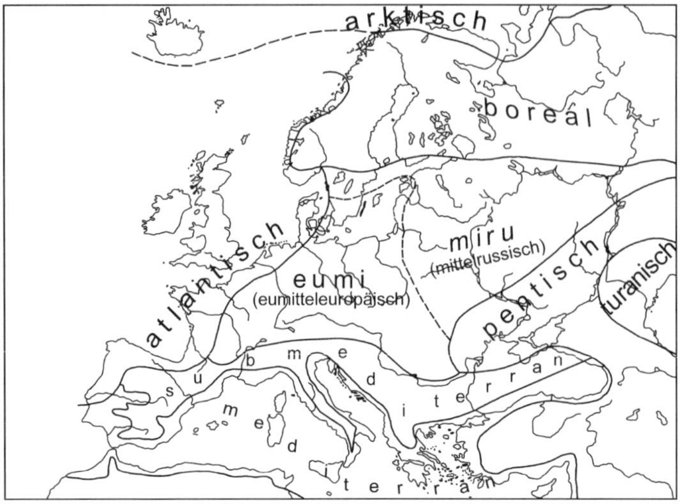

Abb. 3-16: Florenregionen des europäisch-westsibirischen Raumes (verändert aus Walter 1954).

Areal aufweisen, und das subarktische Element. Kriechweiden (*Salix* spp.) und verschiedene Ericaceen-Taxa sind wesentliche Elemente der Tundrenvegetation, an Nassstellen diverse Cyperaceen. Dominierend sind Moose und Flechten in erheblicher Artenfülle. Gehölze treten in der Tundra meist nur im Spalierwuchs auf. Baumlosigkeit kennzeichnet somit die Physiognomie der Tundren. Auch krautige Pflanzen zeigen oft einen polsterförmigen Wuchs und sind durchweg ausdauernde Stauden. Therophyten und Geophyten treten dagegen im Vegetationsbild der Tundren weitgehend zurück.

Die boreale Florenregion – die Taiga (s. 9.1.8)
Als breite Zone erstreckt sich südlich von der Arktis zirkumpolar das größte geschlossene Waldgebiet der Erde, in Sibirien als „Taiga" bezeichnet. Physiognomisch ist es in der alten und neuen Welt gleich; floristisch sind die Arten, nur wenig aber die Gattungen verschieden. Vorherrschende Baumart im westlichen Taigagebiet Eurosibiriens ist die Fichte, *Picea abies*, dazu kommt auf trockeneren Standorten noch die Kiefer *(Pinus silvestris)*. Im sibirischen Raum sind auch die Gattungen *Abies* und *Larix* von Bedeutung. An Laubhölzern kommen an Auflichtungen Pappeln und Weiden vor, dazu Erlen und Ebereschen. In der Bodenflora spielen Ericaceen-Kleinsträucher eine wichtige Rolle; im Arealbild eine typisch boreale Sippe ist auch das Moosglöckchen, *Linneaea borealis* (Caprifoliaceae).

Die pontische Florenregion
Das Gebiet der Steppen (s. 9.1.7), als pontische Region bezeichnet, ist durch ein Klima ausgezeichnet, welches Baumwuchs nicht zulässt. Die Grenze zwischen Wald und Steppe fällt ungefähr mit der Linie eines Jahresniederschlags von 450 mm zusammen. Die Wintertemperaturen des Steppengebietes sind tief, bei nur geringer Schneedecke. Im Sommer herrscht bei hohen Temperaturen eine große Trockenheit, humid ist allerdings das Frühjahr. Dann erhält die Steppe ein überaus blütenreiches Erscheinungsbild, mit großen floristischen Anklängen an mitteleuropäische Wiesen bzw. Trockenrasen, welche in der Florengeschichte grossenteils synanthrop aus dem Zusammentreten von Steppenelementen an Wald-Ersatzstandorten des temperaten Laubwaldgebietes entstanden sind. Viele Stauden, welche die süd- und mitteldeutschen Trockenrasen prägen, wachsen dort auf Vorpostenstandorten, die ihrem geschlossenen Verbreitungsgebiet in der Ukraine, in Ungarn und Niederösterreich weit vorgelagert sind (z. B. *Adonis vernalis, Pulsatilla vulgaris, Euphorbia seguieriana, Centaurea stoebe, Jurinea cyanoides* u. v. a.). Charakteristische Geoelemente der südosteuropäischen Steppen sind Gräser der Gattungen *Stipa* und *Festuca*.

Die makaronesisch-mediterrane Florenregion
Südlich des eumitteleuropäischen Raumes erstreckt sich die mediterrane Florenregion (s. 9.1.4). Sie unterscheidet sich in einem Punkt

sehr wesentlich von den bisher genannten Gebieten: Hier spielen strenge Winterfröste keine Rolle mehr: an Minustemperaturen unter −5 bis −10 °C und tiefer sind die hier vorkommenden Pflanzen physiologisch nicht mehr angepasst und werden durch solche Bedingungen geschädigt. Das begrenzt sehr wesentlich ihre Ausbreitung in die nördlicheren oder östlicheren Florenregionen der Holarktis. Dies führt auch dazu, dass der Florenkontrast zwischen dem Mittelmeergebiet und Mitteleuropa sehr groß ist, viel größer als z. B. zwischen der mitteleuropäischen Flora und dem Artenspektrum der borealen Nadelwaldregion. Nicht der Kältestress ist der im Mittelmeergebiet auftretende standörtliche Extremfaktor, sondern die hochsommerliche Dürreperiode: Die Flora und die Vegetation, die in den Küstenländern rund um das Mittelmeer wächst, ist an ein Saisonklima angepasst, mit Winterregen und Sommertrockenheit.

Man kann die mediterrane Florenregion in zwei Unterregionen aufteilen, die eigentliche mediterrane Floren(unter)region und die viel stärker humid geprägte und aufgrund der Vegetationsgeschichte eine große Eigenständigkeit aufweisende makaronesische Floren(unter)region (mitunter auch nicht zur Holarktis gerechnet, sondern der saharo-sindischen Region der Paläotropis zugeordnet: Lüpnitz 1995).

Die mediterrane Unterregion erhält ihre floristische Charakterisierung durch immergrüne Eichen, vor allem die Steineiche, *Quercus ilex*, welche die natürlichen Wälder des Mediterranraumes prägt. Die Korkeiche, *Quercus suber*, ist vor allem im westlichen mediterran-atlantischen Bereich die ehemals das Waldbild prägende Eichenart, welche wegen ihrer überreichen Korkproduktion auch heute noch große wirtschaftliche Bedeutung besitzt und angepflanzt wird. Hochwüchsige naturnahe Eichenwälder sind allerdings bis auf winzige Reste in unzugänglichen Taleinschnitten in der uralten Kulturlandschaft des Mittelmeergebietes kaum mehr zu finden. Die Vegetation, die heute dort anzutreffen ist, stellt verschiedene Stadien einer Degradation dar, von einem dichten, bis einige Meter hohen Buschwald, der Macchie, bis hinab zu nur noch von Zwergsträuchern geprägten Dornstrauchfluren, wo die Feinerde weitgehend wegerodiert ist (Abb. 9-23). Diese Bestände können außerordentlich artenreich sein und sind der Kernraum, wo die Sippen vorkommen, welche als typisch mediterrane Florenelemente angesprochen werden können (viele Lamiaceae, *Cistus*-Arten, kleinstrauchige Leguminosen, Erdorchideen u. a.). Unter den immergrünen Eichen ist vor allem *Quercus coccifera* strauchförmig in den Dornpolsterheiden und niedrigeren Macchien recht häufig anzutreffen.

Die makaronesische Unterregion umfasst die Inselgruppen im Atlantik (Kanaren, Madeira, Azoren), wo ein ganzjährig warmes bis gemäßigtes, in mittleren Höhenstufen sehr humides Klima herrscht. Dort konnte sich eine Reliktflora erhalten, die im späten Tertiär auch den heutigen Mediterranraum und das südliche Mitteleuropa besiedelte. Ein bedeutsamer Teil der auf diesen Inseln wachsenden Pflanzenarten stammt ursprünglich aus dem afrikanischen Raum; es sind also afrikanische Geno- bzw. Migroelemente. Ihre Etablierung auf den mittelatlantischen Inseln geschah zu einer Zeit, als auf dem gegenüberliegenden afrikanischen Festland noch eine zunächst randtropische Waldvegetation, später dann eine Trockensavanne das Pflanzenkleid darstellte, vor der Austrocknung dieser Regionen in der Erdneuzeit. Man hat es somit auch mit unterschiedlichen Chronoelementen zu tun, die seit der Entstehung der Inselgruppen vor max. 20 Millionen Jahren zu verschiedenen Zeiten den Weg dorthin gefunden haben. Vertreter der Lorbeergewächse *(Laurus, Ocotea, Persea, Apollonias)* und eine Reihe anderer in Mitteleuropa nur wenig oder gar nicht vorkommender Familien (u. a. *Picconia*/Oleaceae, *Visnea*/Theaceae, *Heberdenia*/Myrsinaceae, *Myrica*/Myricaceae und *Ilex*-Arten) bauen die Waldvegetation der Inselhänge zwischen 500 und 900 m ü NN unter einem perhumiden, stressarmen Klima auf. Die ariden küstennahen Gebiete erhalten ihre gestaltliche und floristische Prägung durch eine Reihe von *Euphorbia*-Arten (9.1.4, Abb. 9-26).

In den uralten Kulturgegenden rund um das Mittelmeer ist die ursprüngliche, natürliche Vegetation so grundlegend verändert, dass ihre eigentlichen Grenzen und Untergruppierungen nur sehr schwer und mit ziemlicher Ungenauigkeit rekonstruiert werden können. Man hat deshalb die mediterrane Region vielfach durch das Areal des Ölbaums definiert, durch das Anbaugebiet von *Olea sativa* (Abb. 3-17). Dieses Gebiet der Ölbaumkul-

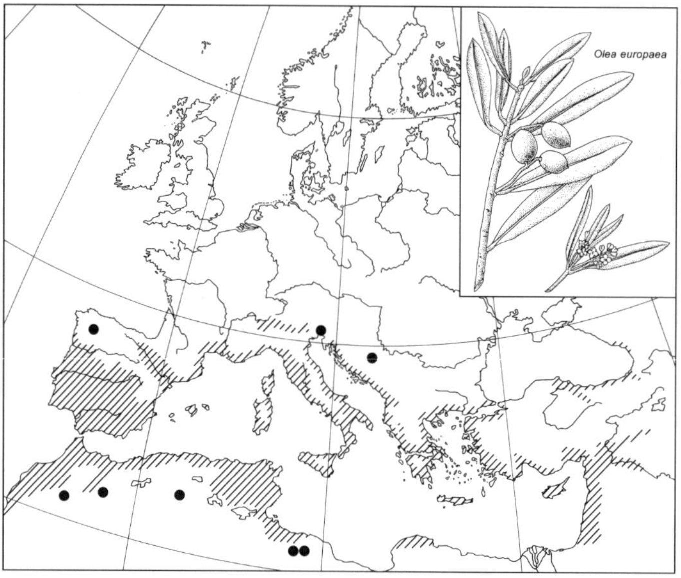

Abb. 3-17: Areal von *Olea europaea* (verändert und ergänzt nach Straka 1970)

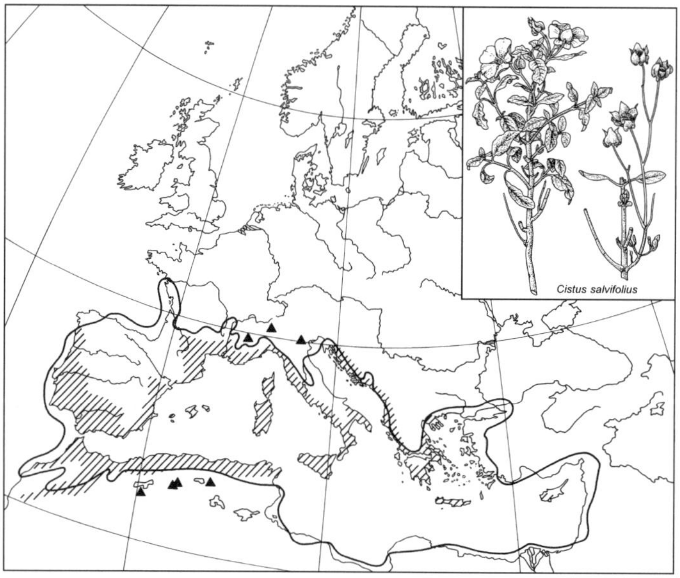

Abb. 3-18: Areal von *Cistus salviaefolius* (verändert und ergänzt nach Straka 1970)

turen schließt allerdings auch manche nicht natürlichen Habitate mit ein. So gibt es Ölbaumkulturen auch noch bis in norditalienische Regionen hinein, wo wildwachsend schon reichlich submediterrane Geoelemente zu finden sind. Als Areal einer Wildpflanze, welches sich recht gut deckt mit den gängigen Vorstellungen über die Grenzen der mediterranen (Unter-)Region, kann alternativ das Verbreitungsbild von *Cistus salviaefolius* dienen (Abb. 3-18). Im Südwesten des Kontinents sind die Grenzen der mediterranen und submediterranen Region besonders stark fließend: Das subatlantische Übergangsgebiet vermittelt in recht gradueller Abstufung zwischen dem mittel- und südeuropäischen Florenraum einerseits, der atlantischen Florenregion andererseits.

Die submediterrane Florenregion

Die Floren-Unterregion der Mediterraneis im engeren Sinne ist in den Mittelmeerländern streng an die Tieflagen und damit an die Nähe der Küsten gebunden. Geht man im Gebirge etwas höher hinauf oder entfernt man sich vom Mittelmeer nach Norden, tritt ein physiognomischer Wechsel ein, und es ändert sich auch der floristische Charakter der Landschaft: die immergrünen Hartlaubarten werden durch sommergrüne Taxa abgelöst, Falllaubbäume und -sträucher, die aber ähnlich, wie die mediterranen Elemente noch sehr frostempfindlich sind und so kaum nach Mitteleuropa hinein vordringen können. Der Vorkommensbereich dieser wärmeliebenden Falllaubarten stellt die submediterrane Florenregion dar, die geographisch vor allem den Südalpenraum und die nicht allzu winterkalten Gebiete des nördlichen Balkans einnimmt. Die Flaumeiche, *Quercus pubescens*, ist hier die dominierende Waldbaumart, wobei das Taxon im engeren Sinne vor allem auf der Italischen Halbinsel und in den Südalpen zu finden ist (Abb. 3-19). Auch auf der Iberischen Halbinsel und am Balkan ist die Flaumeiche regional zu finden, zum Teil wird sie dort durch pseudo-vikariierende Arten vertreten *(Quercus lusitanica, Quercus cerris)*. Ähnlich wie die mediterranen Steineichenwälder ist auch der submediterrane Wald nur noch reliktisch an landwirtschaftlich nicht nutzbaren Hanglagen zu finden.

Die atlantische Florenregion: die Region der Zwergstrauchheiden

Diese Florenregion erstreckt sich von Mittelnorwegen bis nach Portugal, soweit das stark maritime Klima von der Küste her binnenwärts reicht. Es ist durch sehr milde, oft frostfreie Winter und kühle, regnerische Sommer gekennzeichnet, eine stets recht hohe Luftfeuchte und sehr ergiebige Niederschläge. Auch hier ist die Vegetation überall sehr stark anthropogen überformt. Zwergstrauchheiden sind dominiert vom Europäischen Stechginster, *Ulex europaeus*, Buschwälder beinhalten bemerkenswert viele immergrüne Taxa, die hier Nutzen ziehen von den milden Wintertemperaturen. Die bekannteste Baumsippe hiervon ist *Ilex aquifolium*. Auch die Liane *Tamus communis* ist ebenfalls ein typisch atlantisches Geoelement mit Bevorzugung wärmerer Lagen. *Erica tetralix*, die Glockenheide, kennzeichnet hingegen Moore im Nordwesten der atlantischen Florenregion.

Damit hat die Aufzählung der mitteleuropäisch-westsibirischen Florenregionen im Uhrzeigersinn vorschreitend die letzte der noch zu nennenden Florenregionen des europäisch-westsibirischen Raumes umgangen:

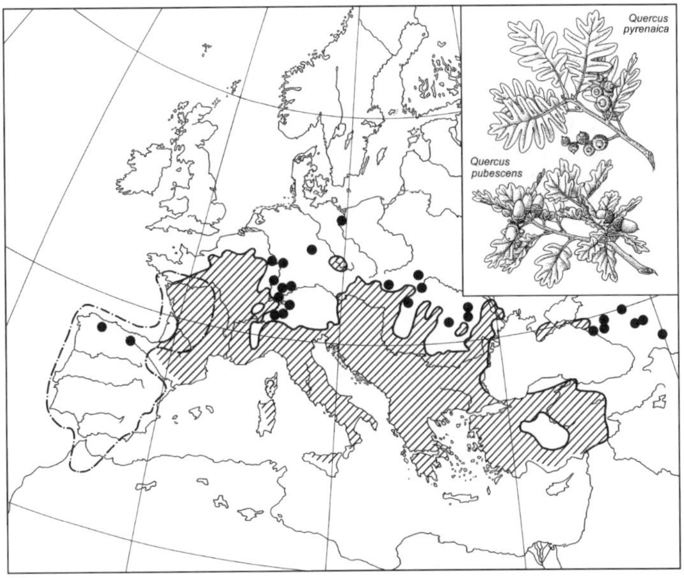

Abb. 3-19: Areal von *Quercus pubescens* (schraffiert und Vorkommenspunkte) und der verwandten *Qu. pyrenaica* (Strichpunkt-Umriss) – verändert und ergänzt nach Straka (1970)

Die mitteleuropäische Florenregion

Sie kann physiognomisch als die Zone der sommergrünen Laubwälder unter temperatem Klima bezeichnet werden (s. 9.1.6, 9.3.2.2). Die Voraussetzungen für das Gedeihen der sommergrünen Laubbäume sind ein niederschlagsreicher Sommer und ein nicht zu kalter Winter mit einer Frostperiode von nur wenigen Monaten. Die Arealgrenzen der europäischen Arten unter diesen Großklimabedingungen sind im Detail ökologisch bedingt und hängen mit der von West nach Ost fortschreitenden Abnahme der Ozeanität zusammen. Die östliche und nördliche Grenze der mitteleuropäischen Florenregion entspricht den Arealgrenzen der drei wichtigsten hier vorkommenden Laubbäume *Fagus silvatica*, *Carpinus betulus* und *Quercus robur*. Nach Westen kann die Grenze der mitteleuropäischen Florenregion dort gezogen werden, wo die Laubwälder im Landschaftsbild zurücktreten und durch atlantische Zwergstrauchheiden abgelöst werden. Im Süden reicht die mitteleuropäische Florenregion bis an den Fuß der höheren Gebirge. Alle Arten, die im Osten nicht wesentlich über die Arealgrenzen der genannten drei Baumarten hinausgehen und auch im Westen an Häufigkeit abnehmen, werden zum **mitteleuropäischen Geoelement in engeren Sinne** gerechnet, in Kartensignaturen abgekürzt: **„Eumi“**.

4 Vegetationskunde (Phytozönologie, Zönologische Geobotanik)

4.1 Allgemeines

Die **Vegetation** (Pflanzendecke) ist die Gesamtheit der Pflanzenvergesellschaftungen/Pflanzenbestände eines bestimmten Gebietes. Sie steht damit der **Flora** eines Gebietes als Gesamtheit aller Pflanzensippen gegenüber (Abb. 1-1). In der **Vegetationskunde** wird somit der pflanzliche Anteil der Ökosysteme, also die Pflanzenvergesellschaftungen bzw. Pflanzengesellschaften, erforscht.

Die vom Menschen unbeeinflusste, im Gleichgewicht mit den klimatischen und edaphischen Faktoren des Habitats und der Tierwelt stehende Vegetation wird als **natürliche Vegetation** bezeichnet. In Mitteleuropa ist sie heute nur noch selten vorhanden (z. B. alpine Urwiesen, Felsfluren, Steinschutt- und Geröllgesellschaften, Röhrichte und Großseggensümpfe, Salzwiesen, Hochmoore, Schluchtwälder), und vielfach handelt es sich auch hier, bedingt durch die Einwirkungen des Menschen, nur noch um eine naturnahe Vegetation.

Die menschlichen Einwirkungen werden in **Hemerobiegraden** ausgedrückt (Jalas 1955). Ahemerob: ohne menschlichen Einfluss, Pflanzengesellschaften ohne Neophyten; oligohemerob: schwache Veränderungen, z. B. durch gelegentliche Holzentnahme oder Beweidung (z. B. schwach durchforstete Wälder, alpine Matten, Salzwiesen); mesohemerob: mäßiger oder periodischer Einfluss; euhemerob: stärkerer Einfluss; poly- und metahemerob: sehr starker Einfluss des Menschen und Vernichtung von Pflanzenbeständen (s. Kap. 10). Ein insbesondere methodisch beispielhaftes Projekt zur Erfassung der Hemerobie der Wälder Österreichs wurde von Grabherr et al. (1998) durchgeführt. Hemerobieeinstufungen werden als wissenschaftliche Grundlage für Waldentwicklungsplanungen und Schutzgebietsausweisungen eingesetzt.

Allerdings ist die natürliche Vegetation nicht unbedingt die **ursprüngliche Vegetation**, also die Pflanzendecke, die vor dem Einsetzen des menschlichen Einflusses als ‚Geofaktor' vorhanden war. Diese wurde durch Klimaänderungen und durch den Einfluss des Menschen insgesamt verändert. So ist die natürliche Vegetation in großen Teilen der Erde durch anthropogene oder Ersatzgesellschaften, d. h. vom Menschen unmittelbar beeinflusste Gesellschaften, wie Wiesen, Weiden, Ackerfluren, Heiden, Ruderalvegetation und Wirtschaftswälder ersetzt worden. Die hemerobe Vegetation und die natürliche Vegetation, also die gegenwärtig in einem bestimmten Gebiet vorhandene Vegetation, wird als **aktuelle (reale) Vegetation** bezeichnet.

Sobald die Einwirkung des Menschen aufhört, entwickeln sich die Ersatzgesellschaften zu quasi natürlichen Gesellschaften weiter. Dieses hypothetische, ohne Fortdauer der menschlichen Einwirkung entstehende, Mosaik aus Pflanzengesellschaften wird als **potentielle natürliche Vegetation** (PNV) bezeichnet (Tüxen 1956, Leuschner 1997). Dabei handelt es sich um eine beschränkte Anzahl von Schlussgesellschaften, die der biotische Ausdruck des Lebensraumes und des Wechselspiels mit den Habitatbedingungen sind. Die Charakterisierung der potentiellen natürlichen Vegetation dient heute v. a. der Ermittlung der gegenwärtigen und künftigen Leistungsfähigkeit der Habitate. Sie ist jedoch nicht in jedem Fall gleichzusetzen mit der ursprünglichen Vegetation, wie sie vor dem Beginn der Einwirkung des Menschen vorhanden war. Irreversible oder zumindest aktuell andauernde Habitatveränderungen, wie etwa Bodenabtragung, Nährstoffauswaschung, Luftverschmutzung und Klimaänderungen, verhindern in vielen Fällen die Rückkehr zu den ursprünglichen Verhältnissen.

Für die **Aufnahme** und die **Analyse der Pflanzenbestände**, dies sind die konkreten Pflanzengruppierungen im Gelände, werden hauptsächlich vier Arbeitsrichtungen eingesetzt, die Pflanzensoziologie, die Physiognomisch-ökologische Vegetationsgliederung, die Gradientenanalyse und die numerische Vegetationsanalyse. Zu den Trends in der Entwicklung weiterer Richtungen und Techniken vgl. Mucina (1997).

4.2 Pflanzensoziologie (Floristisch-systematische Vegetationskunde)

4.2.1 Allgemeines, Grundlagen

Grundlage der Pflanzensoziologie ist die floristische Erfassung der Pflanzenbestände und die Analyse der ökologischen Faktoren, die auf die Bestände einwirken. Ihr Ziel ist es, zu klären, durch welche Arten ein Pflanzenbestand charakterisiert wird, sowie erkenn- und typisierbare Vergesellschaftungen zu beschreiben, die sich jeweils durch bestimmte Arten (Charakter- und Differentialarten) von anderen Vegetationstypen unterscheiden und die sich mit dem jeweiligen Habitat in Einklang befinden. Hierauf begründet sich die **Pflanzensoziologie** als die Wissenschaft von den Pflanzengesellschaften (Phytozönosen), d. h. ihrer Artenzusammensetzung, den Ursachen ihrer spezifischen Strukturen, ihrer Verbreitung, ihrer Geschichte und ihres Verhältnisses zur Umwelt.

Pflanzengesellschaften sind unter gleichen ökologischen Bedingungen regelmäßig wiederkehrende Artenvergesellschaftungen, die eine **charakteristische Artenkombination** besitzen. Der allgemeine Begriff Pflanzengesellschaft wird vorzugsweise für niederrangige **Syntaxa** verwendet, also für floristisch definierte Vegetationstypen i. S. v. Braun-Blanquet, wie Assoziation und Subassoziation.

Die Grundeinheit, die jedoch nicht der niedersten Einheit entspricht, ist in der pflanzensoziologischen Lehre (Braun-Blanquet 1964, auch bekannt als Zürich-Montpellier-Schule, besser Braun-Blanquet-Schule, Dierschke 1994) die **Assoziation** (Abb. 4-1, 4-2A, Tab. 4-1). Diese ist eine durch Charakter- und Differentialarten (abgekürzt AC, DA) erkennbare Pflanzengesellschaft bzw. ein Vegetationstyp mit einer charakteristischen Artenkombination. Diese umfasst Charakter- und Differentialarten zusammen mit allen weiteren Arten, die mindestens 50–60 % Stetigkeit erreichen (s. 4.2.3). Die Assoziation weist eine relativ einheitliche Physiognomie auf und entsteht unter etwa gleichen Habitatbedingungen (vgl. 4.2.3, Punkt 5). Die Vegetationstabellen sind die Grundlage für die Assoziationsdiagnose. Nach der ursprünglichen Definition wird die Assoziation wenigstens durch eine Charakterart gekennzeichnet.

Einheiten, bei denen die Verbandscharakterarten deutlich präsent sind, aber eigene Assoziationscharakterarten fehlen, sind **Zentralassoziationen**. Innerhalb von **Gebietsassoziationen** wiederholen sich jeweils parallele standörtliche Ausbildungen als Subassoziationen oder Varianten.

Zu beachten ist, dass der Begriff Assoziation v. a. in der englisch- und russischsprachigen Literatur eine andere Bedeutung, meist im Sinne von dominanten Sippen, hat. Auch die Endung -etum wird nicht einheitlich verwendet.

Charakterarten (Kennarten) sind Arten, die in der betreffenden Pflanzengesellschaft ihren eindeutigen Verbreitungsschwerpunkt, also ihr Optimum, haben. Definitionsgemäß sind sie nicht auf eine Gesellschaft beschränkt; sie sollen jedoch gesellschaftstreu, zumindest gesellschaftshold sein, d. h. eine deutlich ausgeprägte Bindung an eine bestimmte Pflanzengesellschaft aufweisen. Sie grenzen dann die betreffende Gesellschaft gegen alle übrigen bekannten Gesellschaften ab (allseitige Abgrenzung) (vgl. auch 4.2.3, Punkt 5).

Aufgrund gemeinsamer Charakterarten werden in der **Syntaxonomie** (syn. Synsystematik), worunter die Typisierung der Pflanzenbestände und die Ordnung in einem induktiv-hierarchischen System, dem Braun-Blanquet-System (s. 4.2.4), verstanden wird, mehrere Assoziationen zu einem **Verband** vereinigt. Entsprechend werden mehrere Verbände durch die ihr eigenen Charakterarten zu einer **Ordnung** zusammengefasst und mehrere Ordnungen zur höchsten Einheit, der **Klasse** (Abb. 4-1, 4-2A; Tab. 4-1).

In den Einheiten sind oftmals standörtlich klar voneinander abgesetzte Untereinheiten zu erkennen, die durch Gruppen von Arten mit hohem Indikatorwert gekennzeichnet sind, also durch Artengruppen, die bestimmten Aufnahmen gemeinsam sind und anderen fehlen. Diese Arten werden als syntaxonomische **Differentialarten** (Trennarten)[1] bezeichnet (synökologische DA: Arten ähnlichen ökologischen Verhaltens, synchorologische DA: Arten ähnlicher [Flächen- oder Höhen-]Verbreitung). Sie grenzen einseitig ab. Oftmals zeigen sie die ökologischen Charakteristika an, wie etwa Feuchtigkeit oder Trockenheit, und differenzieren z. B. Assoziationen in

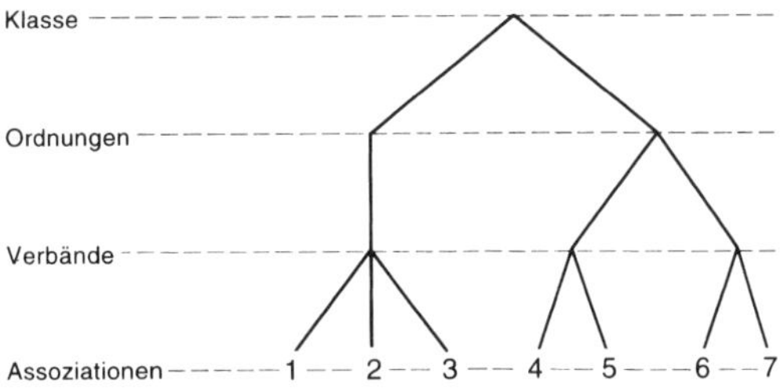

Abb. 4-1: Hierarchische Rangstufen und Zusammenfassung der Syntaxa. (Orig.)

Subassoziationen und **Varianten**. Sind diese differentialartenlos, weil sie den Kern der nächsthöheren Einheit bilden, so erhält die Einheit den Zusatz **‚typicum'**. Subassoziationen sind von besonderem bioindikatorischen Wert, v. a. wenn sie durch soziologisch-ökologische Artengruppen differenziert werden, die bodenökologische oder mikroklimatische Unterschiede anzeigen. Die **Fazies** wird nach der Dominanz einer oder weniger Arten festgelegt, wobei „Fazies" mehr eine

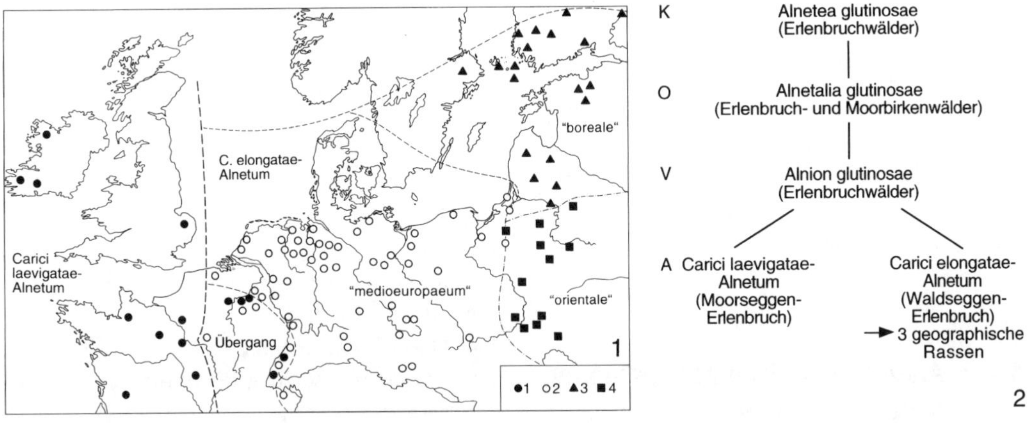

Abb. 4-2: Erlenbruchwälder (Alnion glutinosae) Europas. **1.** Gliederung anhand von Charakterarten in das westeuropäisch-atlantische Carici laevigatae-Alnetum glutinosae (1) und das mittel-, ost-, und nordeuropäische Carici elongatae-Alnetum glutinosae (2–4). Gliederung des Carici elongatae-Alnetum glutinosae aufgrund von geographischen Differentialarten in 3 geographische Rassen: 2 Carici elongatae-Alnetum „medioeuropaeum" (mitteleuropäisch), 3 Carici elongatae-Alnetum „boreale" (nordosteuropäisch-boreal) (Differentialart *Picea abies*), 4 Carici elongatae-Alnetum „orientale" (osteuropäisch) (Differentialart *Dryopteris cristata*, auch als eigene Assoziation Dryopteri cristatae-Alnetum abgetrennt). (Nach Strasburger 1991.) **2.** Syntaxonomie der Erlenbruchwälder (Alnetea glutinosae). (A Assoziation, K Klasse, O Ordnung, V Verband.) (Geographische Rassenbezeichnungen aus didaktischen Gründen gewählt; nach dem Internationalen Code der Pflanzensoziologischen Nomenklatur [2001] nicht gültig.)

---

[1] Syntaxonomische **Differentialarten** (Trennarten) trennen allgemein bestimmte Syntaxa einer Rangstufe (Assoziation, Verband, Ordnung, Klasse) voneinander ab. Sie sind ein wichtiges Kriterium der Syntaxonomie und ein wichtiges Element der Differenzierung von Artengruppen bei der soziologischen Tabellenarbeit (s. 4.2.3).

Tab. 4-1: Hierarchische Rangstufen in der Syntaxonomie und Kennzeichnung der Syntaxa.

Hierarchische Rangstufe	Kennzeichnung durch	Endung	Beispiel
Klasse	Charakterarten (KC)	-etea	Vaccinio-Piceetea Boreal-alpine Nadelwälder, Birkenbruch- und Kiefernwälder
Ordnung	Charakterarten (OC) und Differentialarten (D)	-etalia	Vaccinio-Piceetalia (Kiefern-Fichtenwälder)
Verband	Charakterarten (VC) und Differentialarten (D)	-ion	Dicrano polyseti-Pinion Moosreiche Sand-Kiefernwälder
Assoziation	Charakterarten (AC) und Differentialarten (D) und charakteristische Artenkombination	-etum	Dicrano-Pinetum sylvestris Sand-Kiefernwald
Subassoziation	Differentialarten	-etosum	Dicrano-Pinetum cladonietosum
Variante	Differentialarten	Variante von	..., Variante von *Vaccinium myrtillus*
Fazies	Dominante	Fazies von	..., Fazies von *Calluna vulgaris*

Bei den Assoziationen tritt das spezifische Epitheton (Beiwort) des Artnamens in den Genitiv.

Struktureinheit als ein Syntaxon bezeichnet. **Begleiter** sind Arten ohne festen Gesellschaftsanschluss, **Zufällige** entsprechend ihrem Namen Gesellschaftsfremde.

Einheiten, die horizontal-großräumig durch geographische Differentialarten unterschieden sind, werden als **geographische Rassen** (Vikarianten) von Assoziationen geführt (Abb. 4-2).

Neuere Denkansätze und Diskussionen zu Assoziationen, Charakterarten und zur Klassifikation, ohne die Grundlagen zu verlassen, finden sich u. a. in Dierschke (1999) und Willner (2001).

4.2.2 Analyse von Pflanzenbeständen, Arbeitstechniken

Es ist vorteilhaft, die Vegetationsaufnahmen (Tab. 4-3) zur Zeit der optimalen Entfaltung der Bestände durchzuführen und ggf. vorher den Frühjahrsaspekt zu beachten. Vor den eigentlichen Aufnahmen sollte eine **orientierende Begehung** des Untersuchungsgebietes stattfinden.

Da in der Regel nicht die gesamte Vegetation eines Gebietes lückenlos erfasst werden kann, ist es notwendig, **Aufnahmeflächen** auszuwählen und von den Ergebnissen aus diesen Aufnahmeflächen auf das Gesamtgebiet zu schließen. Dabei müssen drei Forderungen erfüllt sein:

- der Pflanzenbestand muss homogen sein
- die Aufnahmefläche muss groß genug sein, um alle zu der betreffenden Pflanzengesellschaft gehörenden Arten zu erfassen (Minimum-Areal)
- die Habitatbedingungen müssen einheitlich sein.

Für einen Vergleich von Vegetationstypen und für deren Beschreibung ist ein Minimum von 10 Aufnahmen notwendig; es sind jedoch mindestens 20–30 anzustreben.

Die **Homogenität** ist das Maß für die gleichförmige Zusammensetzung (Struktur) eines Pflanzenbestandes. Die Sippen sind homogen verteilt, wenn sie auf der ganzen Aufnahmefläche gleichmäßig vorkommen. Strenge Homogenität ist jedoch meistens nicht gegeben. Dies wird z. B. im Kontinuum-Konzept der anglo-amerikanischen Geobotaniker mit fließenden Übergängen oder in den Darstellungen über Kleinstmosaike in der Vegetation ausgedrückt (Heterogenität, z. B. Greig-Smith 1979). Man spricht daher von einer ‚Quasi-Homogenität', d. h. es wird angestrebt, solche Flächen auszuwählen, in denen die Arten physiognomisch ± gleichmäßig verteilt sind. Dabei soll auch eine Quasi-Homogenität in der

Verteilung der Habitatfaktoren gegeben sein (Abb. 4-3). So sind z. B. in einer weitgehend ebenen Wiese die kleinen Senken auszuschließen bzw. gesondert aufzunehmen, in denen sich Wasser sammeln kann.

Die Homogenität eines Pflanzenbestandes kann z. B. mit Hilfe der Frequenzbestimmung ermittelt werden. In zahlreichen gleichgroßen Teilflächen eines insgesamt gleich strukturierten Bestandes werden die Frequenzprozente der Arten ermittelt (**Frequenz** = Prozentsatz des Vorhandenseins der Art in einer Reihe gleichwertiger Proben). Je mehr Arten einen hohen Frequenzgrad zeigen, desto höher ist die Homogenität der Artenverteilung im Bestand.

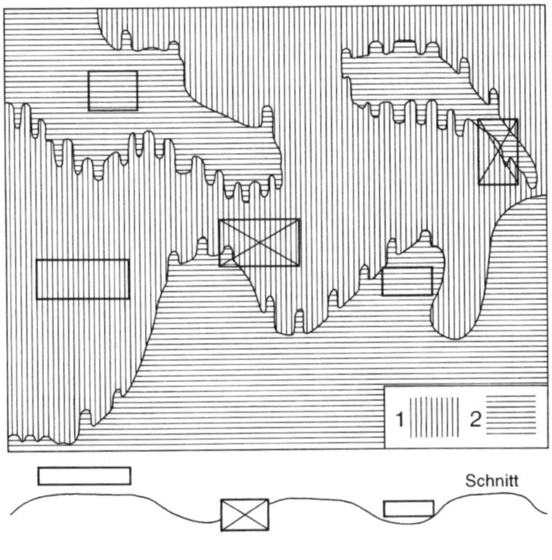

Abb. 4-3: Wahl der Aufnahmefläche in Bezug auf die Homogenität des Pflanzenbestandes. Von zwei Wiesengesellschaften bewachsene Fläche (1 Alchemillo-Arrhenatheretum elatioris, Berg-Glatthaferwiese; 2 Trisetetum flavescentis, Goldhaferwiese). ▭ homogene Aufnahmefläche, ⊠ inhomogene, ungeeignete Aufnahmefläche. (In Anlehnung an Knapp 1971.)

Die Flächengröße, die zum Aufbau und zur Erfassung der normalen charakteristischen Artenkombination notwendig ist, wird als **Minimum-Areal** (MA) bezeichnet. Zur Bestimmung der Mindestgröße des Minimum-Areals (Abb. 4-4) geht man von einer kleinen Aufnahmefläche aus und notiert alle vorkommenden Arten. Die Flächen werden in mehreren Aufnahmeschritten jeweils verdoppelt (sog. Einflächenmethode), die hinzukommenden Arten notiert und die Ergebnisse (Artenzahl in Bezug auf die Flächengröße) in einer Artenzahl-Areal-Kurve dargestellt. Für eine genaue Analyse sind mehrere Aufnahmereihen notwendig.

Als Minimum-Areal der Gesellschaft gilt diejenige Fläche, bei der die anfangs steil ansteigende Kurve in den flachen Ast umbiegt. Dies ist keine exakte Definition, da es bis heute kein objektives Verfahren zur trennscharfen Bestimmung des Minimum-Areals gibt. Teilweise wird das Minimum-Areal auch auf einen $<10\,\%$ bzw. $<5\,\%$-Zuwachs an Arten (Abb. 4-4.2) begründet. Die für Mitteleuropa vorliegenden Erfahrungswerte sind in Tab. 4-2 dargestellt.

Auswahl und Abgrenzung der Aufnahmeflächen bedürfen also einer eingehenden Anleitung bzw.

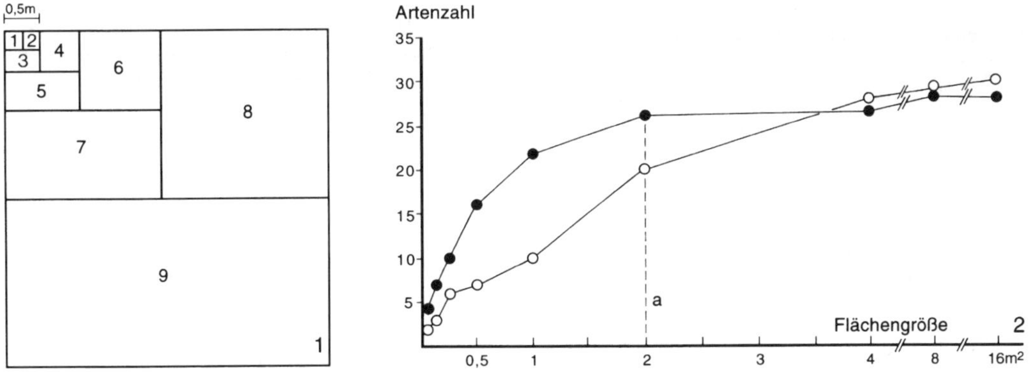

Abb. 4-4: Bestimmung des Minimum-Areals. **1.** Jeweilige Verdoppelung der Fläche in 9 Aufnahmeschritten (sog. Einflächen-Methode). **2.** Artenzahl-Areal-Kurven eines Pflanzenbestandes, erfasst nach der Einflächen-Methode. • Fläche homogen, ○ Fläche inhomogen, a Minimum-Areal basierend auf $<5\,\%$ Zuwachs an Arten. (Orig.)

Tab. 4-2: Erfahrungswerte für zweckmäßige Größen der Aufnahmeflächen. (Nach Dierschke 1994, geändert.)

a) Quadrate, Rechtecke	
0,1 – 0,5 m²	Flechtengesellschaften
0,2 – 1 m²	Moosgesellschaften
– 1 m²	Wasserlinsen-Decken
– 5 m²	Quellfluren, Kleinbinsen-Uferfluren, Felsspalten- und Mauerfugenvegetation, Schuttfluren
– 10 m²	Hochmoore, Kleinseggen-Sümpfe, Salzmarschen, Intensivweiden, artenarme Pionierrasen, Schneetälchen, Dauerweiden
10 – 25 m²	Küstendünen, Wiesen, Magerrasen, alpine Matten, Zwergstrauch-Heiden, Wasservegetation, Röhrichte, Großseggenriede, Hochstaudenfluren
25 – 100 m²	Segetal- und Ruderalvegetation, Gesteinsfluren, Schlagvegetation, Gebüsche
100 – 200 m²	Krautschicht von Wäldern
100 – 500 m²	Gehölzschichten der Wälder gemäßigter Zonen, Pilzbestände
b) Streifen (Länge)	
10 – 20 m	Säume, Spülsäume
10 – 50 m	Ufervegetation
30 – 50 m	Gebüsche, Hecken
30 – 100 m	Fließgewässer

Erfahrung. So müssen die Aufnahmeflächen v. a. floristisch homogen sein, doch sollte dies möglichst auch im physiognomisch-strukturellen (Schichtung, Wuchshöhe, Lebensformen) und im ökologischen (einheitliche Habitatbedingungen) Sinne zutreffen. Außerdem muss die Aufnahmefläche größer als das biologische Minimum-Areal sein.

In großflächigen homogenen Beständen werden v. a. Quadrate, Rechtecke und Kreise als Aufnahmeflächen benutzt, doch sind v. a. bei kleinflächigen Zonierungen (z. B. Uferbereiche, Waldränder) oft unregelmäßige Flächenformen angezeigt. Bei einem kleinräumigen Vegetationsmosaik können erst mehrere Teilfächen eine vollständige Aufnahme ergeben (Abb. 4-5).

Zwei weitere Auswahlverfahren, nämlich die Aufnahmeflächen gleichmäßig nach einem Raster oder zufällig zu legen, ergeben für die Erfassung floristisch definierter Vegetationstypen im Allgemeinen keine brauchbaren Ergebnisse.

Unter einer **Vegetationsaufnahme** nach Braun-Blanquet versteht man die vollständige listenmäßige Erfassung sämtlicher in der Aufnahmefläche auftretender Arten und Unterarten eines Einzelbestandes (Samenpflanzen, Farne, möglichst auch Moose und Flechten) mit Angabe der Artmächtigkeit und bestimmter, das Habitat kennzeichnender Faktoren, die die Beziehungen zwischen den Pflanzengesellschaften und der Umwelt verdeutlichen (Tab. 4-3). Die Arten werden getrennt nach Schichten (Baum-, Strauch-, Kraut-, Moos- und Flechtenschicht) aufgeführt. Pflanzen, die in mehreren Schichten vorkommen, werden entsprechend mehrfach notiert. Ein gutes Ergebnis hängt weitgehend von der Qualität und dem Informationsgehalt der Aufnahmen ab. Die Aufnahmeverfahren sind detailliert im Handbuch der Vegetationskunde, Band 4 (Knapp 1984) dargestellt. Einen allgemein verbindlichen Datensatz für die Vegetationsaufnahmen schlagen Mucina et al. (2000) vor. In Tab. 4-4 sind eine Anzahl von pflanzensoziologischen Aufnahmen zu einer Rohtabelle zusammengefasst.

Bei den Aufnahmen ist zu beachten, dass ökologisch deutlich abgrenzbare Bereiche, wie Felsblöcke, morsches Holz, Epiphyten auf Borke u. ä. sowie ökologisch eigenständige Synusien und Mikrogesellschaften (s. 4.2.4, Punkt 5) getrennt aufgenommen werden.

Die Arten(Floren-)liste wird durch Angaben über Menge, Häufungsweise (quantitative Daten) und weitere Strukturmerkmale der Arten (qualitative Daten) vervollständigt.

Die fünf wichtigsten Mess- und Schätzverfahren für quantitative Daten sind:

- Die Anzahl der Individuen bzw. Zahl der Sprosse der einzelnen Arten (bzw. Unterarten) in der Aufnahmefläche (= **Abundanz**).

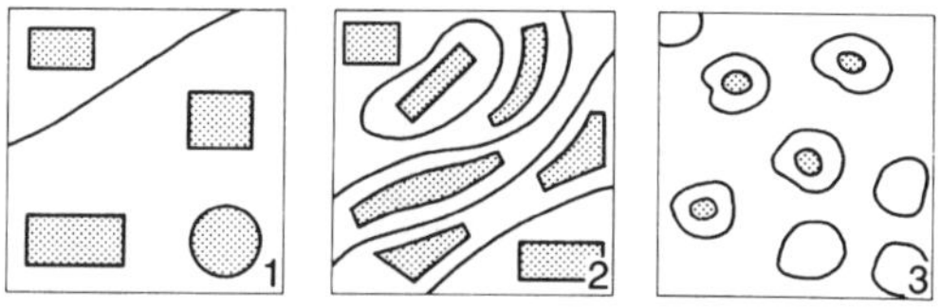

Abb. 4-5: Formen der Aufnahmeflächen. **1.** Quadrate, Rechtecke, Kreise bei großflächigen Beständen. **2.** Angepasste Formen bei kleinflächigen Zonierungen (Streifen, Dreiecke, Trapeze u. a.). **3.** Mehrere Teilflächen bei kleinflächigem Vegetationsmosaik. (Nach Dierschke 1994.)

– Die Deckung der einzelnen Arten (bzw. Unterarten) in einer Aufnahmefläche **(Deckungsgrad = Dominanz)**. Hier werden alle Individuen der betreffenden Sippe senkrecht auf die Bodenoberfläche projiziert gedacht und ihr prozentualer Anteil an der Aufnahmefläche bestimmt. Überlagern sich verschiedene Arten, übersteigt die Summe der Deckungsgrade

Tab. 4-3: Vegetationsaufnahme: Datensammlung.

a) Begehung des Untersuchungsgebietes, Auswahl der Vegetationstypen bzw. -einheiten
b) Festlegung des Minimum-Areals für die jeweilige Pflanzengesellschaft
c) Auswahl der Aufnahmeflächen
d) Abstecken der Aufnahmefläche und Angabe von
- Laufende Nr. (Feldnummer)
- Datum der Aufnahme
- Name des Bearbeiters
- Vorläufige Gesellschaftsbezeichnung
- Lokalität
- Meereshöhe
- Geländemorphologie (Hang, Mulde, Kuppe, Felsgrat z. B.), Exposition und Neigung
- Geologischer Untergrund
- Bodentyp
- Flächenanteile von Sonderhabitaten (z. B. Felsblöcke, morsches Holz)
- Nutzung, Betriebsart, anthropogene Störungen
- Schichtung, Höhe und Deckung der Schichten
- Form und Größe der Aufnahmefläche (z. B. 5 × 5 m, 3 × 6 m)
- Empfehlenswert ist es, die Lage der Aufnahmefläche (Nr.) in eine topographische Karte (oder Skizze) einzutragen und ggf. eine dauerhafte Markierung je nach Fragestellung und Tragweite der Untersuchungen vorzunehmen

e) Erstellen einer Arten(Floren-)liste (gleichzeitig Bestimmen der Arten und Anlage eines Herbars)
f) Schätzung der Artmächtigkeit (nach Dierschke 1994 und Wilmanns 1998, in Anlehnung an Braun-Blanquet 1964 und Zuordnung der Mittleren Deckungsprozente)

Schätzung der Artmächtigkeit, jeweils bezogen auf die Aufnahmefläche		Mittlere Deckungsprozente (in %) (Mittelwert)
r	1 Individuum (auch außerhalb sehr selten), kleine Wuchsformen	–
+	2–5 Individuen, Deckung ≤ 5 %, kleine Wuchsformen	0,5
1	6–50 Individuen, Deckung ≤ 5 %, einschl. 1–5 Individuen bei großen Wuchsformen	2,5
1 m	> 50 Individuen, Deckung ≤ 5 %	2,5
2a	Individuenzahl beliebig, Deckung > 5–15 %	10,0
2b	Individuenzahl beliebig, Deckung > 15–25 %	20,0
3	Individuenzahl beliebig, Deckung > 25–50 %	37,5
4	Individuenzahl beliebig, Deckung > 50–75 %	62,5
5	Individuenzahl beliebig, Deckung > 75–100 %	87,5

g) Bei Keimlingen wird hier oft statt der Menge nur das Vorkommen mit „K" angegeben. Artmächtigkeitswerte für Arten, die außerhalb der eigentlichen Aufnahmefläche vorkommen, aber noch in demselben Pflanzenbestand auftreten, werden in runde Klammern gesetzt, jedoch nur in Ausnahmefällen aufgenommen und bei der Tabellenarbeit nicht berücksichtigt. Durch eckige Klammern werden Artmächtigkeitswerte von Arten gekennzeichnet, die in die Fläche hineinragen.

h) Angaben zur Soziabilität und Vitalität

Soziabilität:	1	einzeln wachsend, Einzelsprosse, Einzelstämme
	2	gruppen- oder horstweise wachsend
	3	truppweise wachsend (kleine Polster oder Flecken bildend)
	4	in kleinen Kolonien wachsend oder größere Flecken oder Teppiche bildend
	5	in großen Herden wachsend
Vitalität:	°°	sehr schwach entwickelt, ohne Reproduktionstendenz
	°	deutlich geschwächt (Kümmerwuchs), mit nur schwacher Reproduktion
	•	normal entwickelt, mit Reproduktion
	••	überaus kräftig entwickelt, mit ausgeprägter Reproduktion

Tab. 4-3: Fortsetzung.

i) Berücksichtigung der verschiedenen Schichten (Schichtungsdiagramme).

Anmerkung
Aufnahme von Kryptogamen-Beständen (Moose und Flechten)
Schätzung der Deckung (nach Frey 1933 in Klement 1955)

Skala	Deckung (%)	Mittelwert (%) (Mittl. Deckungsprozente)
+	≤1	0,5
1	>1–6	3,5
2	>6–12,5	9,3
3	>12,5–25	18,8
4	>25–50	37,5
5	>50–100	75,0

100 %. Der Deckungsgrad wird v. a. im Zusammenhang mit Vegetationsschichten verwendet. Die Deckungsgradskala von Braun-Blanquet wird seit 1928 verwendet, die Mittelwerte von Tüxen & Ellenberg seit 1937.

Skala	Deckung (%)	Mittelwert (%)
1	≤5	2,5
2	>5–25	15,0
3	>25–50	37,5
4	>50–75	62,5
5	>75–100	87,5

- In der Pflanzensoziologie erfolgt die Mengenangabe i. d. R. in einer sog. Gesamtschätzung. Sie verbindet die Individuenzahl **(Abundanz)** mit dem **Deckungsgrad**. Abundanz + Deckungsgrad werden dabei als **Artmächtigkeit (Menge)** bezeichnet und gemeinsam geschätzt. Diese **Artmächtigkeitsskala** (Abundanz-Deckungsgrad [Dominanz]-Skala) wird heute allgemein benutzt. Die Artmächtigkeitswerte sind in Tab. 4-3f aufgeführt. Insbesondere für größere Vegetationsübersichten wird vielfach eine vereinfachte Artmächtigkeitsskala verwendet. Die Unterteilungen von 1 und 2 werden dabei nicht angewandt. Um Artmächtigkeiten, z. B. beim Mittleren Gruppenmengenanteil, zu addieren, werden die Mittleren Deckungsprozente (Tab. 4-3f) addiert.
- **Biomasse** der Individuen der einzelnen Arten (bzw. Unterarten) in % des Gesamtgewichtes aller Individuen (Grünlandforschung).
- Die **Frequenz** (in %) ist ebenfalls ein Maß für die Häufigkeit und die Verteilung der Individuen einer Art (bzw. Unterart) auf einer Fläche. Frequenzbestimmungen sind relativ objektiv und v. a. in artenarmen und kryptogamenreichen Pflanzenbeständen von Vorteil. Sie werden v. a. in Nordeuropa eingesetzt, während sie in Mitteleuropa aufgrund der meist artenreichen Bestände wenig angewandt werden. Sie finden Anwendung bei der Ermittlung homogener Bestände (s. o.), da homogene Bestände einen hohen Anteil hochfrequenter Arten haben.

Zu beachten ist, dass die Genauigkeit der Schätzungen sehr von der Erfahrung des einzelnen Bearbeiters abhängt. Zudem ist eine gute Artenkenntnis notwendig.

Qualitative Daten

Vielfach werden für die Sippen der Aufnahmeliste neben den quantitativen auch qualitative Angaben gemacht. Die **Soziabilität** (= Geselligkeit, Ausdruck für die Art des Zusammenschlusses von Individuen bzw. Sprossen einer Sippe auf einer bestimmten Fläche) wird am häufigsten angegeben. Der jeweilige Wert (Tab. 4-3h) steht hinter dem Artmächtigkeitswert, durch einen Punkt getrennt (z. B. 2a.4). Dabei kann die Soziabilität einer Pflanze artspezifisch sein, z. B. horstweise wachsend oder Herdenbildungen von Individuen einer Art in Pioniergesellschaften. Für Strukturuntersuchungen von Pflanzenbeständen ist sie demnach bedeutend, dagegen spielt sie bei syntaxonomischen Fragestellungen eine untergeordnete Rolle und wird meist nicht erfasst. **Vitalität** und **Fertilität** drücken aus, ob sich die Art im ökologischen Optimum oder in den Randbereichen ihrer Existenz befindet. Die dafür verwendeten Zeichen sind in Tab. 4-3 h festgehalten. Die Daten werden als Index zu den Artmächtigkeiten angegeben. Sie spielen v. a. in der Forstwirtschaft (Erträge) und in der Waldschadensforschung eine wichtige Rolle.

Zusätzlich können Pflanzenbestände durch **Schichtungsdiagramme**, in denen die Moos-, Kraut-, Strauch- und Baumschicht zeichnerisch dargestellt wird, gekennzeichnet werden.

Bei der **Aufnahme von Moos- und Flechtenbeständen** bereitet oftmals die Feststellung der Individuenzahl, wie sie bei den Artmächtigkeitswerten i. S. v. Braun-Blanquet gefordert wird (s. Anmerkung Tab. 4-3), große Schwierigkeiten. So ist die Anzahl der Individuen z. B. bei pleurokarpen Laubmoosen oder Blatt- und Strauchflechten nur schwer feststellbar. Hier kann auf den Deckungsgrad der Arten zurückgegriffen werden (Tab. 4-3). **Pilzbestände** erfordern ebenfalls eine eigene Aufnahmetechnik (vgl. Dierschke 1994).

4.2.3 Erarbeitung von Pflanzengesellschaften, Einordnung in das hierarchische pflanzensoziologische System (Syntaxonomie)

Die Auswertung von einzelnen Vegetationsaufnahmen und ihrer floristischen Zusammensetzung ist nur von begrenztem Wert. Vielmehr bedarf es der Zusammenfassung von prinzipiell gleich aufgebauten Pflanzenbeständen zu Gruppen. Damit können Vegetationstypen mit annähernd gleicher floristischer Zusammensetzung, also Pflanzengesellschaften (s. 4.2.1) erarbeitet werden, die regelmäßig auftreten und eine jeweils abgrenzbare und charakteristische Artenkombination aufweisen. Diese Klassifikation ist ein grundlegendes Verfahren der Gliederung und Ordnung der Vegetation (s. 4.5). Die erarbeiteten Pflanzengesellschaften sind zunächst ranglos. Sie werden bewertet und in das hierarchisch gegliederte pflanzensoziologische System (Braun-Blanquet-System, s. 4.2.4) eingegliedert.

Die zur Erarbeitung von Pflanzengesellschaften angewandte Tabellenarbeit ist eine der wichtigsten Grundlagen der Pflanzensoziologie. Mit den nachfolgenden Arbeitsschritten werden die Differentialarten (Trennarten) und die Charakterarten (Kennarten) ermittelt und die Fassung und Gliederung einer Assoziation dargestellt (Tab. 4-4–4-8). Details geben Ellenberg (1956), Westhoff & v. Maarel (1973), Dierßen (1990) und Dierschke (1994).

1. Erstellen einer Rohtabelle

Die Vegetationsaufnahmen werden zunächst in einer **Rohtabelle** (Tab. 4-4, Beispiel Erlenbruchwälder) zusammengestellt. Bei der Auflistung der Arten (bzw. Unterarten) ist es sinnvoll, sich in Bezug auf die Nomenklatur nach grundlegenden Florenwerken zu richten (für Mitteleuropa Farn- und Samenpflanzen: z. B. Wisskirchen & Haeupler 1998, Oberdorfer 2001; Farnpflanzen und Moose: Frey et al. 1995a, Frahm & Frey 2004; Flechten: Wirth 1995a,b). Oft empfiehlt sich eine Trennung der Arten, so z. B. bei Wäldern in Baum-, Strauch-, Kraut- und Moosschicht. Rohtabellen werden mit der Angabe der **absoluten Stetigkeit** abgeschlossen, also der Zahl der Aufnahmen, in denen eine Art in einer Tabelle vorkommt. Um verschiedene Tabellen miteinander vergleichen zu können, wird die Stetigkeit oft in % der Gesamtzahl der Aufnahmen angegeben. Dies erfolgt in **Stetigkeitsklassen**.

0–20 %	Stetigkeitsklasse I	Die Stetigkeitsklasse I wird oft weiter differenziert:
20–40 %	Stetigkeitsklasse II	r ≤ 5 %
40–60 %	Stetigkeitsklasse III	+ > 5–10 %
60–80 %	Stetigkeitsklasse IV	I > 10–20 %
80–100 %	Stetigkeitsklasse V	

2. Umstellen zur Stetigkeitstabelle

Im nächsten Schritt geht es darum, Artengruppen zu finden, die einer Reihe von Aufnahmen gemeinsam sind und anderen fehlen und somit eine floristische Gliederung ermöglichen. Dabei handelt es sich um Arten mit ähnlichem soziologischen Verhalten. Hierzu wird zunächst die Rohtabelle in eine **Stetigkeitstabelle** umgestellt, in der die Arten nach ihrer abnehmenden absoluten Stetigkeit bzw. den Stetigkeitsklassen angeordnet sind (nicht dargestellt).

Der Stetigkeitstabelle ist zu entnehmen, ob das Aufnahmematerial völlig einheitlich ist, ob es unregelmäßig variiert oder ob es sich in mehrere Einheiten gliedern lässt. Für die Gliederung sind „hochstete" Arten, die in fast allen Aufnahmen vorkommen, und die vereinzelt auftretenden „Zufälligen" ungeeignet. Hochstete Arten sind verbindende Elemente, Arten mit geringer Stetigkeit oft Begleiter. Entscheidend sind meist die Arten mit „mittlerer" Stetigkeit (20–60 %); unter

Tab. 4-4: Pflanzensoziologische Rohtabelle. Erlenbruchwälder in der Schneifel (Hocheifel) und in Mittelbrandenburg. Daten aus Schönert (1989) und Gurr (1996). Stark gekürzt und vereinfacht, ohne Moose. Nur Artmächtigkeiten angegeben. Aufnahmen Sommer 1986 bzw. 1995. Beispielhaft dargestellt.

Laufende Nummer		1	2	3	4	5	6	7	8	9	10	11	12	13	14	15	16	17	18	19	20		
Gelände-Nr.		1	3	4	6	7	8	12	15	18	19	26	28	32	37	39	42	45	47	52	56		
Untersuchungsgebiet		Br	Br	Br	Br	Br	Br	Sc	Sc	Br	Br	Br	Br	Br	Br	Br	Br	Sc	Sc	Sc	Sc		
Höhe ü. NN (× 10 m)		5	4	4	4	4	4	60	60	4	4	5	5	5	4	4	4	60	60	60	60		
Deckung Baumschicht (%)		75	65	85	80	75	75	40	85	85	85	80	75	75	80	80	85	40	80	55	70		
Aufnahmefläche (× 100 m²)		2	2	2	2	1	1	1	1	1	1	2	2	1	1	1	1	1	1	1	1		
Datenzahl		39	29	48	22	25	24	28	33	44	26	48	38	35	23	25	33	39	54	52	44	S	SK
Alnus glutinosa	(B)	4	4	5	5	5	5	2b	4	4	5	5	3	4	5	5	5	3	5	4	4	60	V
Betula pubescens	(B)	.	1	.	.	.	.	.	2b	2a	.	.	3	.	.	.	.	2a	.	.	.	8	I
Frangula alnus	(St)	.	2a	+	.	1	.	.	.	.	.	+	.	+	.	.	+	.	+	.	.	25	III
Carex elongata		1	3	2a	1	2b	2a	.	.	2a	1	2a	+	1	2a	2b	1	.	.	.	.	38	IV
Carex riparia		2a	.	.	.	.	.	.	.	.	.	1	3	2a	.	.	.	.	.	.	.	11	I
Rorippa amphibia		2a	.	.	.	.	.	.	.	.	.	2a	1	1	.	.	.	.	.	.	.	10	I
Hottonia palustris		1	.	.	.	.	.	.	.	.	.	1	1	1	.	.	.	.	.	.	.	11	I
Oenanthe aquatica		1	.	.	.	.	.	.	.	.	+	1	1	+	.	.	.	.	.	.	.	9	I
Thelypteris palustris		2a	2a	2a	.	2a	2a	.	.	2a	2a	2a	1	2a	1	+	2a	.	.	.	.	39	IV
Lysimachia vulgaris		1	2a	2a	.	2b	2b	.	.	2a	1	1	1	1	.	.	+	.	+	1	.	45	IV
Calamagrostis canescens		1	.	.	.	+	1	.	1	1	1	.	+	1	1	.	1	.	.	1	1	27	III
Carex remota		.	1	.	.	2b	5	.	.	.	.	.	.	.	.	.	.	.	.	.	.	7	I
Oxalis acetosella		.	1	.	.	2a	2a	+	+	.	.	.	+	.	.	+	.	+	+	+	+	28	III
Carex acutiformis		.	.	5	4	.	.	.	.	5	5	.	.	.	3	2b	4	.	.	.	.	20	II
Equisetum fluviatile		.	.	1	1	.	.	1	.	1m	.	+	.	.	1m	.	1	.	.	.	.	18	II
Athyrium filix-femina		.	.	1	.	+	1	1	1	.	.	+	.	+	.	+	.	1	1	+	1	45	IV
Carex laevigata		.	.	.	.	.	.	2a	1	.	.	.	.	.	.	.	.	2a	1	.	3	22	II
Scutellaria minor		.	.	.	.	.	.	.	1	.	.	.	.	.	.	.	.	1	.	+	+	14	II
Valeriana repens		.	.	.	.	.	.	.	.	.	.	.	.	.	.	.	.	1	+	1	1	10	I
Ranunculus flammula		.	.	.	.	.	.	.	.	.	.	.	.	.	.	.	.	1	1	1	+	9	I
und weitere Arten																							

B Baumschicht, Br Brandenburg, S absolute Stetigkeit und SK Stetigkeitsklasse bezogen auf die Gesamtzahl der Aufnahmen (60), Sc Schneifel, St Strauchschicht. Einzelhabitate sind nicht genannt.

ihnen sind die syntaxonomischen **Differentialarten** (Trennarten) (vgl. auch 4.2.1) zu erwarten. Arten, die sich gegenseitig ausschließen und vermutliche Differentialarten darstellen, werden durch Unterstreichung bzw. durch Wellenlinien gekennzeichnet.

3. Teiltabellen

Um die Differentialarten (Trennarten) herauszuarbeiten, werden zunächst **Ungeordnete** (nicht dargestellt), dann **Geordnete Teiltabellen** (Tab. 4-5, Beispiel Differentialartengruppen in Erlenbruchwäldern) angefertigt, wobei die Stetigkeitstabelle so umgeschrieben wird, dass „Artenblöcke“ entstehen. Es ist dabei zu beachten, dass möglichst nur solche Arten als Differentialarten bezeichnet werden, die in den Aufnahmegruppen mit mindestens 50–60 % Stetigkeit (nur ausnahmsweise weniger) und in anderen Gruppen nur vereinzelt vorkommen.

In den Teiltabellen erscheinen weder die hochsteten Arten, noch solche, die locker verteilt sind. Während die Artengruppen in den Ungeordneten Teiltabellen noch verteilt sind, sollen in den Geordneten Teiltabellen alle Aufnahmen mit denselben Differentialarten möglichst nebeneinander stehen (Tab. 4-5).

4. Geordnete Tabelle

Die **GeordneteTabelle** (Tab. 4-6, Beispiel Erlenbruchwälder) enthält die gesamten Daten der Rohtabelle in einer neuen Anordnung. Der Kopf der Tabelle ist ausführlich und mit allen Daten versehen. Nach dem Kopf folgen die Differentialartengruppen entsprechend der Geordneten Teiltabelle. Der Rest der Arten wird nach der Stetigkeit in eine neue Reihenfolge gebracht. Oftmals ist bei diesem Vorgang ein mehrmaliges Umschreiben notwendig.

Das Ergebnis ist eine Gliederung der Aufnahmen in eine Reihe von **lokalen Pflanzengesellschaften**, die durch soziologisch-ökologische „Artenblöcke“ charakterisiert sind. Sie sind vorerst ranglos und nehmen keine bestimmte Stellung im syntaxonomischen System ein, können aber benannt und ökologisch untersucht werden. Im Beispiel (Tab. 4-6) sind dies die gleichrangige *Carex elongata*- und die *C. laevigata*-Gruppe. *C. riparia*, *C. acutiformis* und *C. remota* sowie *Valeriana repens* differenzieren jeweils Untergruppen.

5. Ermittlung von Charakterarten durch zusammenfassende „Übersichtstabellen“

Während die Erarbeitung rangloser Pflanzengesellschaften objektiv nachvollziehbar ist, sind die

Tab. 4-5: Geordnete Teiltabelle. Erlenbruchwälder, vgl. Tab. 4-4.

	Laufende Nr.	1	2	3	4	5	6	7	8	9	10	11	12	13	14	15	16	17	18	19	20
	Gelände-Nr.	1	26	28	32	4	6	18	19	37	39	42	3	7	8	12	15	45	47	52	56
D_1	*Carex elongata*	1	2a	+	1	2a	1	2a	1	2a	2b	1	3	2b	2a	.	.	.	.	.	.
	Thelypteris palustris	2a	2a	1	2a	2a	.	2a	2a	1	+	2a	2a	2a	2a	.	.	.	.	.	.
d_1	*Carex riparia*	2a	1	3	2a	.	.	.	.	.	.	.	.	.	.	.	.	.	.	.	.
	Rorippa amphibia	2a	2a	1	1	.	.	.	.	.	.	.	.	.	.	.	.	.	.	.	.
	Hottonia palustris	1	1	1	1	.	.	.	.	.	.	.	.	.	.	.	.	.	.	.	.
	Oenanthe aquatica	1	1	1	1	.	.	+	.	.	.	.	.	.	.	.	.	.	.	.	.
d_2	*Carex acutiformis*	.	.	.	.	5	4	5	5	3	2b	4	.	.	.	.	.	.	.	.	.
	Equisetum fluviatile	.	+	.	.	1	1	1m	.	1m	.	1	.	.	.	1	.	.	.	.	.
d_3	*Carex remota*	.	.	.	.	.	.	.	.	.	.	.	1	2b	5	.	.	.	.	.	.
D_2	*Carex laevigata*	.	.	.	.	.	.	.	.	.	.	.	.	.	.	2a	1	2a	1	.	3
	Scutellaria minor	.	.	.	.	.	.	.	.	.	.	.	.	.	.	.	1	1	.	+	+
d_1	*Valeriana repens*	.	.	.	.	.	.	.	.	.	.	.	.	.	.	.	.	1	+	1	1
	Ranunculus flammula	.	.	.	.	.	.	.	.	.	.	.	.	.	.	.	.	1	1	1	+

D Differentialarten Hauptgruppen, d Untergruppen.

Tab. 4-6: Geordnete Tabelle. Erlenbruchwälder, vgl. Tab. 4-4–4-5.

Laufende Nr.	1	2	3	4	5	6	7	8	9	10	11	12	13	14	15	16	17	18	19	20		
Gelände-Nr.	1	26	28	32	4	6	18	19	37	39	42	3	7	8	12	15	45	47	52	56		
Untersuchungsgebiet	Br	Br	Br	Br	Br	Br	Br	Br	Br	Br	Br	Br	Br	Br	Sc	Sc	Sc	Sc	Sc	Sc		
Höhe ü. NN (× 10 m)	5	5	5	5	4	4	4	4	4	4	4	4	4	4	60	60	60	60	60	60		
Deckung Baumschicht (%)	75	80	75	75	85	80	85	85	80	80	85	65	75	75	40	85	40	80	55	70		
Aufnahmefläche (× 100 m²)	2	2	2	1	2	2	1	1	1	1	1	2	1	1	1	1	1	1	1	1		
Datenzahl	39	48	38	35	48	22	44	26	23	25	33	29	25	24	28	33	39	54	52	44	S	SK
D_1 *Carex elongata*	1	2a	+	1	2a	1	2a	1	2a	2b	1	3	2b	2a	.	.	.	.	.	.	38	IV
Thelypteris palustris	2a	2a	1	2a	2a	.	2a	2a	1	+	2a	2a	2a	2a	.	.	.	.	.	.	39	IV
d_1 *Carex riparia*	2a	1	3	2a	.	.	.	.	.	.	.	.	.	.	.	.	.	.	.	.	11	I
Rorippa amphibia	2a	2a	1	1	.	.	.	.	.	.	.	.	.	.	.	.	.	.	.	.	10	I
Hottonia palustris	1	1	1	1	.	.	.	.	.	.	.	.	.	.	.	.	.	.	.	.	11	I
Oenanthe aquatica	1	1	1	1	.	.	+	.	.	.	.	.	.	.	.	.	.	.	.	.	9	I
d_2 *Carex acutiformis*	.	.	.	.	5	4	5	5	3	2b	4	.	.	.	.	.	.	.	.	.	20	II
Equisetum fluviatile	.	+	.	.	1	1	1m	.	1m	.	1	.	.	.	1	.	.	.	.	.	18	II
d_3 *Carex remota*	.	.	.	.	.	.	.	.	.	.	.	1	2b	5	.	.	.	.	.	.	7	I
D_2 *Carex laevigata*	.	.	.	.	.	.	.	.	.	.	.	.	.	.	2a	1	2a	1	.	3	22	II
Scutellaria minor	.	.	.	.	.	.	.	.	.	.	.	.	.	.	.	1	1	.	+	+	14	II
d_1 *Valeriana repens*	.	.	.	.	.	.	.	.	.	.	.	.	.	.	.	.	1	+	1	1	10	I
Ranunculus flammula	.	.	.	.	.	.	.	.	.	.	.	.	.	.	.	.	1	1	1	1	9	I
Alnus glutinosa (B)	4	5	3	4	5	5	4	5	5	5	5	4	5	5	2b	4	3	5	4	4	60	V
Lysimachia vulgaris	1	1	1	1	2a	.	2a	1	.	.	+	2a	2b	2b	.	.	.	+	1	.	45	IV
Athyrium filix-femina	.	+	.	+	1	.	.	.	.	+	.	.	1	1	1	1	1	1	+	1	45	IV
Calamagrostis canescens	1	.	+	1	.	.	1	1	1	.	1	.	+	1	.	1	.	.	1	1	27	III
Oxalis acetosella	.	.	+	.	.	.	.	.	.	+	.	1	2a	2a	+	+	+	+	+	+	28	III
Frangula alnus (St)	.	+	.	+	+	.	.	.	.	.	+	2a	1	.	.	.	.	+	.	.	25	III
Betula pubescens (B)	.	.	3	.	.	.	2a	.	.	.	.	1	.	.	.	2b	2a	.	.	.	8	I
und weitere Arten																						

D Differentialarten Hauptgruppen, d Untergruppen; S absolute Stetigkeit und SK Stetigkeitsklasse bezogen auf die Gesamtzahl der Aufnahmen (60). Die Tabelle kann durch ökologische Zeigerwerte der Arten (Ellenberg et al. 1992, Lindacher 1995) ergänzt werden.

Tab. 4-7: Übersichtstabelle Erlenbruchwälder, vgl. Tab. 4-4–4-6. Stark gekürzt und vereinfacht, ohne Moose. Zu Demonstrationszwecken umgebaute Tabelle 4-6, mit einer großen Anzahl angenommener Aufnahmen.

	Laufende Nummer	1	2	3	4	5
	Zahl der Aufnahmen	60	55	62	35	42
	Mittlere Artenzahl	39	28	26	34	48
AC	*Carex elongata*	V^{1}	V^{2a}	V^{2a}	.	.
DA	*Thelypteris palustris*	V^{2a}	IV^{2a}	V^{2a}	.	.
d_1	*Carex riparia*	IV^{2a}	.	.	.	.
	Rorippa amphibia	V^{2a}	.	.	.	.
	Hottonia palustris	IV^{1}	.	.	.	.
	Oenanthe aquatica	IV^{1}	r^{+}	.	.	.
d_2	*Carex acutiformis*	.	V^{3}	.	.	.
	Equisetum fluviatile	r^{+}	IV^{1}	.	r^{+}	.
d_3	*Carex remota*	.	.	IV^{2b}	.	.
AC	*Carex laevigata*	.	.	.	V^{2a}	V^{2a}
	Scutellaria minor	.	.	r^{+}	IV^{1}	IV^{+}
d_1	*Valeriana repens*	.	.	.	.	IV^{1}
	Ranunculus flammula	.	.	.	.	V^{1}
VC	*Calamagrostis canescens*	IV^{1}	III^{1}	III^{1}	III^{1}	III^{1}
KC	*Alnus glutinosa* (B)	V^{4}	V^{5}	V^{4}	V^{4}	V^{4}
Ü/B	*Lysimachia vulgaris*	V^{1}	III^{1}	IV^{2b}	.	III^{1}
	Athyrium filix-femina	III^{+}	III^{1}	III^{1}	IV^{1}	IV^{1}
	Oxalis acetosella	III^{+}	II^{+}	IV^{2a}	III^{+}	IV^{+}
	Frangula alnus (St)	III^{+}	II^{1}	III^{1}	.	II^{+}
	Betula pubescens (B)	I^{3}	I^{2a}	I^{1}	I^{2b}	I^{2a}
	und weitere Arten					

1–3 Carici elongatae-Alnetum glutinosae: 1 Subassoziation von *Carex riparia* (Fazies von *C. r.*), 2 Subassoziation von *Carex acutiformis* (Carici elongatae-Alnetum typicum i. S. v. Pott 1995a), 3 *Carex remota*-Ausbildung; 4–5 Carici laevigatae-Alnetum glutinosae: 4 Typische Subassoziation (Carici laevigatae-Alnetum typicum), 5 Subassoziation von *Valeriana repens* (Carici laevigatae-Alnetum valerianetosum). AC Assoziationscharakterart, B Begleiter, d Differentialartengruppen, Exponent = mittlere Artmächtigkeit, DA Assoziationsdifferentialart, KC Klassencharakterart, Ü übergreifende Arten, VC Verbandscharakterart, I–V Stetigkeitsklassen. Dokumentation der Herkunft der Stetigkeitsspalten.

Fassung der Charakterarten und die rangmäßige Einstufung der Pflanzengesellschaften oft durch das persönliche Ermessen des Bearbeiters geprägt, obwohl diese ebenfalls auf einer umfangreichen Aufnahme- und Tabellenarbeit basieren sollten. Außerdem unterliegt die Fassung der Charakterart und der Assoziation derzeit einem Wandel, wobei berücksichtigt wird, dass das Grundproblem der Braun-Blanquet'schen Syntaxonomie die geringe Zahl „guter" Charakterarten ist. Daher können neben die Assoziationen mit Charakterarten gleichrangig auch „Gesellschaften" mit eigenständiger Artenkombination gestellt werden, denen Charakterarten fehlen (Bergmeier et al. 1990, Dierschke 1992, Dengler & Berg 2000).

Zur Findung von Charakterarten und Assoziationen und um eine großräumige Übersicht über eine Pflanzengesellschaft zu erhalten, werden möglichst viele Einzeltabellen ausgewertet. Hierzu bestehen zwei Möglichkeiten:

- In jeder Einzeltabelle werden die Stetigkeiten der Arten einer Pflanzengesellschaft berechnet und jeweils als einzelne Spalte wie eine Aufnahme weiter behandelt. Diese Tabellen sind vorteilhaft, wenn auch die räumliche Variabilität der Gesellschaft dargestellt werden soll.
- Die Einzelangaben aller Tabellen werden oft über Additionstabellen pro Gesellschaft addiert, wobei sich jeweils nur eine Stetigkeitsspalte ergibt (Tab. 4-4–4-7). Für die Addition von Stetigkeitsklassen werden jeweils die Mittelwerte der absoluten Stetigkeit genommen und daraus die Stetigkeitsklasse berechnet.

Das Ergebnis sind **Übersichtstabellen** (nicht Stetigkeitstabellen, vgl. Punkt 2), die im Kopf mindestens die laufende Nummer, die Zahl der Aufnahmen und die Mittlere Artenzahl (als arithmetisches Mittel) enthalten (Tab. 4-7). Oft werden Arten mit niedriger Stetigkeit weggelassen oder am Fuß der Tabellen aufgeführt. Zu den Tabellen gehört eine Dokumentation der Herkunft der einzelnen Stetigkeitsspalten. Durch diese Tabellen ergeben sich einerseits klare Abgrenzungen zwischen den verschiedenen Pflanzengesellschaften, andererseits wird die floristische Variabilität sichtbar.

Tab. 4-7 ist bereits eine differenzierte Tabelle (erweiterte Übersichtstabelle), die neben der Stetigkeit (in Stetigkeitsklassen) die für Mitteleuropa bekannten Charakter- und Differentialarten und die Begleiter enthält. Diese wurden durch Tabellenarbeit, überregional ermittelte Gesellschaftstreue und durch den Vergleich mit anderen Pflanzengesellschaften (v. a. der charakteristischen Artenkombinationen) festgelegt.

Um Charakterarten und somit auch Assoziationen festzulegen, wird nach dem Grad der Bin-

Tab. 4-8: Pflanzensoziologisch differenzierte Tabelle. Gesellschaftsgliederung des Carici elongatae-Alnetum glutinosae (Walzseggen-Erlenbruch) und Carici laevigatae-Alnetum glutinosae (Moorseggen-Erlenbruch), vgl. Abb. 4-2, Tab. 4-4–4-7.

Laufende Nr.	1	2	3	4	5	6	7	8	9	10	11	12	13	14	15	16	17	18	19	20
Gelände-Nr.	1	26	28	32	4	6	18	19	37	39	42	3	7	8	12	15	45	47	52	56
Untersuchungsgebiet	Br	Br	Br	Br	Br	Br	Br	Br	Br	Br	Br	Br	Br	Br	Sc	Sc	Sc	Sc	Sc	Sc
Höhe ü. NN (× 10 m)	5	5	5	5	4	4	4	4	4	4	4	4	4	4	60	60	60	60	60	60
Deckung Baumschicht (%)	75	80	75	75	85	80	85	85	80	80	85	65	75	75	40	85	40	80	55	70
Aufnahmefläche (× 100 m²)	2	2	2	1	2	2	1	1	1	1	1	2	1	1	1	1	1	1	1	1
Datenzahl	39	48	38	35	48	22	44	26	23	25	33	29	25	24	28	33	39	54	52	44
Gesellschaft oder ökol. Ausbild.	–	1a		–	–			1b			–	–	1c	–	–	2a	–		2b	–
AC₁ *Carex elongata*	1	2a	+	1	2a	1	2a	1	2a	2b	1	3	2b	2a	.	.	.	.	.	.
DA₁ *Thelypteris palustris*	2a	2a	1	2a	2a	.	2a	2a	1	+	2a	2a	2a	2a	.	.	.	.	.	.
d₁ *Carex riparia*	2a	1	3	2a	.	.	.	.	.	.	.	.	.	.	.	.	.	.	.	.
Rorippa amphibia	2a	2a	1	1	.	.	.	.	.	.	.	.	.	.	.	.	.	.	.	.
Hottonia palustris	1	1	1	1	.	.	.	.	.	.	.	.	.	.	.	.	.	.	.	.
Oenanthe aquatica	1	1	1	1	.	.	+	.	.	.	.	.	.	.	.	.	.	.	.	.
d₂ *Carex acutiformis*	.	.	.	.	5	4	5	5	3	2b	4	.	.	.	.	.	.	.	.	.
Equisetum fluviatile	.	+	.	.	1	1	1m	.	1m	.	1	.	.	.	1	.	.	.	.	.
d₃ *Carex remota*	.	.	.	.	.	.	.	.	.	.	.	1	2b	5	.	.	.	.	.	.
AC₂ *Carex laevigata*	.	.	.	.	.	.	.	.	.	.	.	.	.	.	2a	1	2a	1	.	3
Scutellaria minor	.	.	.	.	.	.	.	.	.	.	.	.	.	.	.	1	1	.	+	+
d₁ *Valeriana repens*	.	.	.	.	.	.	.	.	.	.	.	.	.	.	.	.	1	+	1	1
Ranunculus flammula	.	.	.	.	.	.	.	.	.	.	.	.	.	.	.	.	1	1	1	1
VC *Calamagrostis canescens*	1	.	+	1	.	.	1	1	1	.	1	.	+	1	.	1	.	.	1	1
KC *Alnus glutinosa* (B)	4	5	3	4	5	5	4	5	5	5	5	4	5	5	2b	4	3	5	4	4
Ü *Lysimachia vulgaris*	1	1	1	1	2a	.	2a	1	.	.	+	2a	2b	2b	.	.	.	+	1	.
Betula pubescens (B)	.	.	3	.	.	.	2a	.	.	.	.	1	.	.	.	2b	2a	.	.	.
B *Athyrium filix-femina*	.	+	.	+	1	.	.	.	.	+	.	.	1	1	1	1	1	1	+	1
Oxalis acetosella	.	.	+	.	.	.	.	.	.	+	.	1	2a	2a	+	+	+	+	+	+
Frangula alnus (St)	.	+	.	+	+	.	.	.	.	.	+	2a	1	.	.	.	.	+	.	.
und weitere Arten																				

1a–c Carici elongatae-Alnetum glutinosae: 1a Subassoziation von *Carex riparia* (Hottonio-Alnetum glutinosae), 1b Subassoziation von *Carex acutiformis* (Carici elongatae-Alnetum typicum i. S. v. Pott 1995a), 1c *Carex remota*-Ausbildung; 2a–2b Carici laevigatae-Alnetum glutinosae: 2a Typische Subassoziation (Carici laevigatae-Alnetum typicum), 2b Subassoziation von *Valeriana repens* (Carici laevigatae-Alnetum valerianetosum). AC Assoziationscharakterart, B Begleiter, DA Assoziationsdifferentialart, d_{1-3} Differentialartengruppen, KC Klassencharakterart, VC Verbandscharakterart, Ü übergreifende Arten anderer Klassen.

dung einzelner Arten (bzw. Unterarten) an bestimmte Gesellschaften, d. h. nach dem Prinzip der Treue ermittelt. Dieser **Treue-Begriff** ist die Basis der Charakterartenlehre von Braun-Blanquet. Die Übersichtstabellen dienen als Basis.

Die Bindung (Treue) der einzelnen Art (bzw. Unterart) an eine bestimmte Pflanzengesellschaft ist unterschiedlich stark. Dementsprechend unterscheidet man fünf Treuegrade:

5 gesellschaftstreu: (nahezu) ausschließlich an eine Gesellschaft (beliebigen Ranges) gebunden
4 gesellschaftsfest: mit deutlicher Bindung, eine Gesellschaft ausgesprochen bevorzugend; in verwandten Gesellschaften spärlich oder mit deutlich herabgesetzter Vitalität vorhanden
3 gesellschaftshold: in mehreren Gesellschaften ± reichlich vertreten, aber unter Bevorzugung (Optimum) einer Gesellschaft
2 gesellschaftsvag: ohne ausgesprochenen Gesellschaftsanschluss
1 gesellschaftsfremd: seltene, ± zufällige Einsprengsel aus anderen Gesellschaften oder Relikte früherer Gesellschaften.

Arten mit dem Treuegrad 3–5 werden dabei als **Charakterarten** (Kennarten) bezeichnet. Arten mit Treuegrad 2 sind **Begleiter**, mit Treuegrad 1 **Zufällige**.

Der Treuegrad 5 ist selten. Hierzu gehören v. a. ökologisch eng angepasste (stenöke) Arten extremer Habitate (z. B. von Salzmarschen, Schutthalden). Arten mit dem Treuegrad 4 gelten als sehr gute Charakterarten. Zu 3 gehören Arten, die ihren Schwerpunkt in einer Gesellschaft haben, und auch die „übergreifenden Charakterarten", die aus einer Gesellschaft noch in Teilbereiche einer nahe verwandten hineinreichen.

Charakterarten können demnach erst festgelegt werden, wenn die gesamte Vegetation größerer Gebiete hinreichend untersucht wurde. Aufgrund der bis heute mangelnden Kenntnis der jeweiligen Pflanzengesellschaften in ihrem Gesamtareal, hilft man sich oft mit **regionalen** und **lokalen Charakterarten**, die nur in einem enger begrenzten Gebiet bzw. in einem Teilareal einer Gesellschaft vorkommen bzw. gültig sind.

6. Differenzierte Tabelle

Sofern die Pflanzengesellschaften eines Gebietes bekannt sind und durch Literaturvergleich Assoziationen und Subassoziationen ermittelt werden können oder nachdem Charakterarten durch Übersichtstabellen ermittelt wurden (s. 5.), kann die Geordnete Tabelle nach syntaxonomischen Kriterien in eine pflanzensoziologisch **Differenzierte Tabelle** (charakterisierte Tabelle, Tab. 4-8) umgeschrieben werden. Die Reihenfolge der soziologischen Gruppen ist dabei folgende: Charakterarten (Kennarten) der Assoziation (AC), Differentialartengruppen (D für Assoziationen, Verbände usw., d für Subassoziationen, Varianten usw.), Charakterarten des betreffenden Verbandes (VC), der Ordnung (OC) und der Klasse (KC). Die gesellschaftsrelevanten bzw. syntaxonomisch wichtigen Arten stehen am Anfang; es folgen Arten, die als Charakterarten innerhalb anderer Klassen ausgewiesen sind (übergreifende Charakterarten anderer Klassen), während Begleiter sowie Arten ohne Anschluss (Zufällige) am Ende stehen. Oft lassen sich die Differentialartengruppen Subassoziationen bzw. Varianten zuweisen, wodurch der ökologische Gradient erkennbar wird (synökologische Differentialarten).

Im dargestellten Beispiel des Alnion glutinosae (Erlenbruchwälder; Tab. 4-8, vgl. auch Abb. 4-2) lassen sich unter Beachtung der Treue und der charakteristischen Artenkombination (einschl. Charakterarten höherer Ordnung) zwei Assoziationen unterscheiden.

Das Carici elongatae-Alnetum glutinosae (Walzseggen-Erlenbruch, Tab. 4-8, 1a–c) mit der Charakterart *Carex elongata* ist ein mitteleuropäisch-subkontinental verbreiteter Waldtyp auf Flachmoortorf bei nährstoffreichem Grundwasser. Die Subassoziation von *Carex riparia* (Fazies von *Carex riparia*, Hottonio-Alnetum glutinosae, 1a) ist ein nahezu unbegehbarer Sumpfwald mit Bulten und fast stets wassergefüllten Schlenken. Die typische Ausbildung (1b, Carici elongatae-Alnetum typicum i. S. v. Pott 1995a, Großseggen-Erlenwald, Subassoziation von *C. acutiformis*) siedelt auf intermediären Habitaten, die *Carex remota*-Ausbildung i. S. v. Pott 1995a (1c) mit unsicherer syntaxonomischer Einordnung ist ein Degenerationsstadium, das nach Wasserabsenkung auf stickstoffbeeinflussten Habitaten auftritt.

Das Carici laevigatae-Alnetum glutinosae, der Moorseggen-Erlenbruch, mit der Charakterart *Carex laevigata* ist eine atlantische Gesellschaft in Westeuropa auf etwas nährstoffärmeren moorigen, mesotrophen Habitaten, die auf Mitteleuropa übergreift (Abb. 4-2). Zwei Untereinheiten lassen sich unterscheiden, die typische

Subassoziation (Carici laevigatae-Alnetum typicum, 2a) auf nährstoffärmeren Habitaten und die Subassoziation von *Valeriana repens* (Carici laevigatae-Alnetum valerianetosum, 2b) auf durchrieselten Hangmoorhabitaten.

7. Allgemeines

Zusammenfassend sind hier noch einmal die wesentlichen Punkte der Braun-Blanquet'schen Konzeption dargestellt: 1. Die Vegetationstypen gründen sich auf ein unmittelbar erfassbares Merkmal, die Artenkombination. 2. Arten von hoher Treue und Stetigkeit ermöglichen eine induktiv-synthetische Hierarchisierung (s. auch 4.2.4). 3. Damit ist ein Bezugssystem z. B. für ökologische und synstrategische Analysen (s. 7, 8.1–8.2), für flächenhafte Kartierungen und für praxisorientierte Arbeiten gegeben. 4. Die Arbeitstechnik und die Konzeption sind weltweit einsetzbar, sofern in den Untersuchungsgebieten die floristische Grundlage gegeben ist (vgl. hierzu z. B. Kürschner 1990, der die Braun-Blanquet'sche Arbeitstechnik zum ersten Mal bei tropischen epiphytischen Moosgesellschaften anwandte). Hierauf können synmorphologische und synstrategische Arbeiten aufbauen (z. B. Frey & Kürschner 1991a: Anpassungsstrukturen bzw. Lebensstrategien, s. auch 8.1–8.2).

8. Tabellenarbeit mit dem Computer, Datenbanken

Tabellenarbeit per Hand hat den Vorteil der eingehenden Vertrautheit mit dem Datenmaterial und der Fassung der Pflanzengesellschaften. Deshalb ist diese trotz des zeitaufwendigen Verfahrens und der Fehleranfälligkeit beim Umschreiben zunächst zum Kennenlernen und zur Übung zu empfehlen.

Heute werden bei der Erstellung von Vegetationstabellen Computer eingesetzt. Hierfür gibt es eine Anzahl von Programmen (z. B. Peppler 1992 [TAB-Programm], Bruelheide & Flintrop 1994 [ESPRESSO], Bruelheide & Chytry 2000 [COCKTAIL], Schaminée & Hennekens 2001 [TURBOVEG Aufbau einer Vegetationsdatenbank, MEGATAB zur Bearbeitung von Tabellen], Tichý 2002 [JUICE zur Klassifikation und Analyse von großen Datensätzen, Programm beinhaltet COCKTAIL]). Zu beachten ist jedoch, dass ihre sinnvolle Anwendung breite, grundlegende Erfahrungen im Umgang mit pflanzensoziologischen Daten voraussetzt.

Weitere Daten von Arten, Aufnahmen und Vegetationstypen, wie etwa Merkmale, Zeigerwerte, Areal- und Strategietypen sowie Gefährdungsgrade, lassen sich in die Auswertungen einbeziehen. Grundlagen hierzu bieten die Zeigerwerte von Pflanzen (Ellenberg et al. 1992), die Datenbank der Gefäßpflanzen Mitteleuropas (Lindacher 1995) und BIOFLOR (Klotz et al. 2002). Hierzu gibt es Auswertungsprogramme, wie z. B. Ellenberg et al. 1992: VEGBASE, Peppler 1992: AREALTYP). Datenbanken über Vegetationsaufnahmen gewinnen zunehmend an Bedeutung (z. B. Ewald 1995, bayerische Bergwälder; 2001, soziologische Datenbanken; Berg et al. 2001, Vegetationsdatenbank Mecklenburg-Vorpommern; Bergmeier 2001, mediterrane Koniferen-Wälder; Chytrý & Rafajová 2003, Vegetationsaufnahmen Tschechien).

4.2.4 Braun-Blanquet-System (Syntaxonomie)

1. Einstufung der Pflanzengesellschaften

Wie in 4.2.1 bereits ausgeführt, bilden Assoziationen die Grundeinheit (nicht die niederste Einheit) für das floristische Gesellschaftssystem von Braun-Blanquet (Braun-Blanquet-System). Beim regionalen Vergleich zeigt sich, dass in der Regel mehrere Assoziationen eine Reihe von Arten gemeinsam haben, die für diese Gruppe von Assoziationen Charakter- oder Differentialarten darstellen. Auf diese gründet sich die nächsthöhere Einheit, der Verband. Mehrere Verbände werden wiederum aufgrund von gemeinsamen Charakter- und ggf. Differentialarten zu einer Ordnung zusammengefasst, mehrere Ordnungen zur höchsten Einheit, der Klasse (Abb. 4-1, Tab. 4-1). In Abb. 4-2.2 ist eine mögliche Syntaxonomie (Gliederung) der in 4.2.3 behandelten Erlenbruchwälder dargestellt, in Tab. 4-9 ihre Einordnung in das System als 43. Klasse.

In der Syntaxonomie (Synsystematik) wird die Ordnung der Pflanzengesellschaften vorwiegend nach der abgestuften floristischen Ähnlichkeit durchgeführt. Die Grundeinheiten sollten regio-

Tab. 4-9: Übersicht der Vegetationsklassen in Deutschland (Phanerogamen). (Aus Pott 1995a.)

I.	**Wasserpflanzen-Gesellschaften**
1. Klasse:	**Lemnetea minoris** (Wasserlinsendecken)
2. Klasse:	**Charetea fragilis** (Armleuchteralgen-Gesellschaften)
3. Klasse:	**Zosteretea marinae** (Seegraswiesen)
4. Klasse:	**Ruppietea maritimae** (Meeressalden-Gesellschaften)
5. Klasse:	**Potamogetonetea pectinati** (Laichkraut- und Schwimmblatt-Gesellschaften)
6. Klasse:	**Utricularietea intermedio-minoris** (Zwergwasserschlauch-Gesellschaften)
7. Klasse:	**Littorelletea uniflorae** (Strandlings-Gesellschaften)
II.	**Schuttfluren, Felsspalten- und Mauerfugen-Gesellschaften**
8. Klasse:	**Thlaspietea rotundifolii** (Steinschutt- und Geröll-Gesellschaften)
9. Klasse:	**Asplenietea trichomanis** (Felsspalten- und Mauerfugen-Gesellschaften)
III.	**Therophytenreiche Pionierfluren (mit Ausnahme des unmittelbaren Küstenbereiches)**
10. Klasse:	**Bidentetea tripartitae** (Zweizahn-Gesellschaften und Geröll-Gesellschaften)
11. Klasse:	**Isoeto-Nanojuncetea bufonii** (Zwergbinsen-Gesellschaften)
12. Klasse:	**Stellarietea mediae** (Ackerwildkraut- und ruderale Einjährigen-Gesellschaften)
IV.	**Eutraphente Röhrichte und Großseggenriede**
13. Klasse:	**Phragmitetea australis** (Schilfröhrichte, Brackwasser- und Süßwasser-Röhrichte sowie Großseggenriede)
V.	**Quellflur- und Niedermoor-Gesellschaften, Hochmoorschlenken- und Bulten-Gesellschaften**
14. Klasse:	**Montio-Cardaminetea** (Quellflur-Gesellschaften)
15. Klasse:	**Scheuchzerio-Caricetea nigrae** (Niedermoor-Gesellschaften und Hochmoorschlenken-Gesellschaften)
16. Klasse:	**Oxycocco-Sphagnetea** (Feuchtheide- und Hochmoorbulten-Gesellschaften)
VI.	**Meerstrand-, Spülsaum-, Dünen- und Salzwiesen-Gesellschaften** (mit Ausnahme der Vegetationstypen auf Grau- und Braundünen)
17. Klasse:	**Thero-Salicornietea** (Queller-Gesellschaften)
18. Klasse:	**Spartinetea maritimae** (Schlickgras-Gesellschaften)
19. Klasse:	**Saginetea maritimae** (Küsten-Mastkraut-Gesellschaften)
20. Klasse:	**Cakiletea maritimae** (Meersenf-Spülsäume und Tangwall-Gesellschaften)
21. Klasse:	**Ammophiletea arenariae** (Stranddünen-Gesellschaften)
22. Klasse:	**Asteretea tripolii** (Salzrasen- und Salzwiesen-Gesellschaften)
VII.	**Tritt- und Flutrasen, Rasen-Gesellschaften des Wirtschaftsgrünlandes, Graudünen, Halbtrockenrasen und Magerrasen, Hochgebirgsrasen**
23. Klasse:	**Polygono-Poetea annuae** (Einjährige Tritt-Gesellschaften)
24. Klasse:	**Molinio-Arrhenatheretea** (Gesellschaften des Wirtschaftsgrünlandes)
25. Klasse:	**Koelerio-Corynephoretea** (Gesellschaften der Graudünen, Sandtrockenrasen, Mauerpfeffer- und Felsband-Gesellschaften)
26. Klasse:	**Festuco-Brometea** (Schwingel-Steppen und Trespen-Rasen)
27. Klasse:	**Violetea calaminariae** (Europäisch-westsibirische Schwermetallrasen, Galmei-Gesellschaften)
28. Klasse:	**Elyno-Seslerietea albicantis** (Blaugras-Kalk-Steinrasen)
29. Klasse:	**Carici rupestris-Kobresietea bellardii** (Nacktriedrasen)
30. Klasse:	**Caricetea curvulae** (Alpine Krummseggenrasen)
VIII.	**Nitrophytische, ruderale Stauden-Gesellschaften, halbruderale Halbtrockenrasen, Saum- und Verlichtungs-Gesellschaften, Uferstaudenfluren und anthropogene Gehölz-Gesellschaften**
31. Klasse:	**Artemisietea vulgaris** (Ruderale Säume, halbruderale Halbtrockenrasen und Uferstauden-Gesellschaften)
32. Klasse:	**Galio-Urticetea** (Nitrophile Säume, Uferstauden-Gesellschaften)
33. Klasse:	**Trifolio-Geranietea sanguinei** (Meso- und thermophile Säume)
34. Klasse:	**Epilobietea angustifolii** (Schlag-Gesellschaften)
35. Klasse:	**Betulo-Adenostyletea** (Subalpine Hochstauden-Gesellschaften und Gebüsche)

Tab. 4-9: Fortsetzung.

IX. Zwergstrauch-Gesellschaften und Borstgras-Triften

36. Klasse: **Calluno-Ulicetea** (Borstgrasrasen, Zwergstrauchheiden und Ginsterheiden)
37. Klasse: **Salicetea herbaceae** (Schneeboden- und Schneetälchen-Gesellschaften)
38. Klasse: **Cetrario-Loiseleurietea** (Arktisch-alpine Gesellschaften)

X. Gebüsche und Vorwälder

39. Gesellschaftskreis: **Anthropogene Gehölz-Gesellschaften**, subspontane und ruderale Gebüsche und Vorwälder, urban-industrielle Wälder
40. Klasse: **Franguletea alni** (Faulbaum-Gebüsch-Gesellschaften)
41. Klasse: **Salicetea purpureae** (Uferweiden-Gebüsche und Weidenwälder)
42. Klasse: **Rhamno-Prunetea** (Schlehen-Brombeer-Gebüsche)

XI. Wald-Gesellschaften

43. Klasse: **Alnetea glutinosae** (Erlenbruchwälder)
44. Klasse: **Pulsatillo-Pinetea** (Kiefern-Steppenwälder)
45. Klasse: **Erico-Pinetea** (Schneeheide-Kiefernwälder)
46. Klasse: **Vaccinio-Piceetea** (Boreal-subalpine Nadelwälder, Birkenbruch- und Kiefernwälder)
47. Klasse: **Quercetea robori-petraeae** (Birken-Eichenwälder)
48. Klasse: **Querco-Fagetea** (Sommergrüne Laubwälder)

nal ungefähr die Größe von naturräumlichen Haupteinheiten abdecken. Für die höchsten Einheiten wird erwartet, dass sie Gültigkeit für Florenregionen (z. B. zirkum-boreale Region, mediterrane Region) haben.

Das Braun-Blanquet-System hat sich in Europa, speziell in Mitteleuropa, weitgehend durchgesetzt und auch in anderen Erdteilen bewährt (z. B. Kürschner 1990, Kürschner & Parolly 1998), während in Skandinavien die Vegetation vorwiegend nach Dominanztypen (Deckungsgrad) differenziert wird (vgl. jedoch Dierßen [1996], Bearbeitung nach Braun-Blanquet). Für Mitteleuropa sind grundlegende Übersichtswerke über die Gefäßpflanzen-Gesellschaften vorhanden, die aufgrund einer nun 90jährigen Forschung erarbeitet werden konnten, so z. B. Oberdorfer (1977ff., Süddeutschland), Die Pflanzengesellschaften Niedersachsens (1990ff.), Mucina et al. (1993, Österreich), Pott (1995a, Deutschland), Synopsis der Pflanzengesellschaften Deutschlands (1996ff.), Wilmanns (1998), Rennwald (2000, Deutschland), Berg et al. (2001, Pflanzengesellschaften Mecklenburg-Vorpommerns) und Schubert et al. (2001, Deutschland). Tab. 4-9 gibt eine Übersicht der in Mitteleuropa vorkommenden Vegetationsklassen (Phanerogamen). Die untergeordneten Einheiten sind den genannten Werken zu entnehmen, das Gliederungsschema ist in Abb. 4-1 dargestellt.

Syntaxonomische Übersichten über Moos- und Flechtengesellschaften Mitteleuropas: Klement (1955), Hübschmann (1986), Drehwald (1991, 1993), Brackel (1993), Marstaller (1993), Wirth (1995b) und Dierßen (2001). Zu bemerken ist, dass die syntaxonomischen Auffassungen nicht einheitlich sind. Wie in den aufgeführten Werken deutlich zu erkennen ist, gehen jeweils subjektive Bewertungen ein.

2. Mathematische Verfahren (s. auch 4.6)

Homotonität bezeichnet den floristischen Einheitlichkeitsgrad von Vegetationstypen bzw. von Vegetationstabellen (Gesellschaftshomotonität). Sie ist das Maß für die Einheitlichkeit von Vegetationsaufnahmen in einer Pflanzengesellschaft und wird nach Tüxen et al. (1977) wie folgt berechnet:

$$Ho = \frac{mAZ}{AZ} \times 100\ (\%)$$

(Ho = qualitative Homotonität, mAZ = mittlere Artenzahl als arithmetisches Mittel und AZ = Gesamtartenzahl)

Obwohl Homotonitätsprüfungen gerade bei syntaxonomischen Arbeiten wichtig sind, werden sie wegen der oft intuitiven Arbeitsweise und des diagnostischen Vorranges der Charakter- und Differentialarten wenig angewendet.

Unter **Affinität** wird der floristische Verwandtschaftsgrad von Aufnahmen oder Pflanzengesellschaften verstanden. Sie wird mit dem Gemeinschaftskoeffizienten berechnet. Darunter versteht man das prozentuale Verhältnis der Übereinstimmung von Arten in den verschiedenen Aufnahmen, Pflanzengesellschaften, aber auch Florenzonen. Je größer die Ähnlichkeit, desto homotoner ist das zugrunde liegende Datenmaterial.

Die Ähnlichkeit von Vegetationsaufnahmen kann z. B. mit dem Präsenz-Gemeinschaftskoeffizienten ermittelt werden (z. B. nach Soerensen 1948):

$$G = \frac{2c}{A + B} \times 100\ (\%)$$

(G = Gemeinschaftskoeffizient, A,B = Gesamtartenzahl der Aufnahme A bzw. B, c = Gemeinsame Artenzahl)

Dies ist für syntaxonomische Fragen relevant, bei denen es um das Vorkommen oder Fehlen von Arten geht. Liegen die Werte mehr als 50 % auseinander, sind Untereinheiten wahrscheinlich.

Der Vergleich ganzer Aufnahmegruppen oder Pflanzengesellschaften (Numerische Syntaxonomie i. S. v. Westhoff & v. d. Maarel 1973) ist mehr theoretischer Natur. Nach Ceska (1966) lässt sich die Affinität wie folgt berechnen:

$$Af = \frac{2\,SA \times SB}{SA + SB} \times 100\ (\%)$$

(Af Affinität; SA, SB Summen prozentualer Stetigkeit aller Arten aller Aufnahmen in den Gesellschaften bzw. Aufnahmegruppen A und B)

Allerdings werden hier nur Annäherungswerte erzielt, da alle Arten (auch die Charakter- und Differentialarten) gleich gewichtet werden (Präsenz-Gemeinschaftskoeffizient).

Ellenberg (1956) führte in Anlehnung an Gleason (1920) den ‚Massengemeinschaftskoeffizienten' ein, in den Quantitäten der Arten (M = Masse, Menge, Artmächtigkeit [Umrechnung s. Tab. 4-3], Frequenz oder Stetigkeit) einbezogen sind.

$$Gm = \frac{\frac{1}{2}\,Mc}{Ma + Mb + \frac{1}{2}\,Mc} \times 100\ (\%)$$

(Ma, Mb Quantitäten – Summe der Arten, die in der Aufnahme a bzw. b vorkommen, Mc Summe aller Quantitäten der gemeinsamen Arten)

3. Nomenklaturregeln

Die im „Code der pflanzensoziologischen Nomenklatur" (Internat. Code 2001) festgelegten Nomenklaturregeln zeichnen das Braun-Blanquet-System vor allen anderen Vegetationssystemen aus.

Die für die Beschreibung (Originaldiagnose) eines Syntaxons (Vegetationseinheit beliebigen Ranges) geltenden Grundanforderungen sind: ein Name, der seine Rangstufe erkennen lässt (Tab. 4-1), die Verwendung von ein oder zwei in der Originaldiagnose genannten wissenschaftlichen Pflanzennamen und der Name des Autors mit der Jahreszahl der gültigen Erstbeschreibung (z. B. Assoziation: Carici laevigatae-Alnetum glutinosae Schwickerath 1938). Neben den diagnostischen Merkmalen, also den Arten und Unterarten, werden auch Aufnahmen (empfohlen wird eine Tabelle mit wenigstens 10 Aufnahmen, aus denen eine Typusaufnahme ausgewählt werden muss) angegeben, bei Verbänden Assoziationen, bei Ordnungen Verbände und bei Klassen Ordnungen. Die so beschriebenen Syntaxa sind abstrakte, nach floristisch-soziologischen Kriterien definierte Vegetationseinheiten, die in das Braun-Blanquet-System einfügbar sind (Assoziationen, Verbände, Ordnungen, Klassen und die betreffenden Untereinheiten, wie z. B. die wichtigen Unterverbände). Eine Anleitung zur gültigen Veröffentlichung und Revision von Assoziationen und Subassoziationen gibt Weber (2003a).

4. Klassengruppen, Coeno-Syntaxa

Klassen sind die syntaxonomisch höchste Einheit. Oftmals umfassen sie die physiognomisch und/oder standörtlich vergleichbare Vegetation von Florenregionen oder kleineren Gebieten. In langfristig voneinander isolierten Gebieten mit vergleichbaren Klimaten, wie etwa in Eurasien und Nordamerika, gibt es vielfach Klassen, die zwar keine gleichen, aber nahe verwandte Arten der gleichen Gattung (vikariierende Arten) besitzen und die sich einander physiognomisch und ökologisch entsprechen. Diese lassen sich aufgrund gleicher charakteristischer Gattungen (auch Familien) zu **Klassengruppen** (Endung -ea) vereinigen. Bekannte Beispiele sind die holarktischen Strauchgesellschaften (Rubo-Rosea), die Querco-Fagea der gemäßigten Klimate der winterkahlen Laubwälder der Holarktis (Querco-Fagetea sylvaticae [Europa], Querco-Fagetea grandifoliae [Nordamerika], Fagetea crenatae [Japan]) und die tropischen stammepiphytischen Moosgesellschaften (Lejeuneo flavae-Frullanea ericoidis). Dieses Konzept, die erdgeschichtlich-floristischen Bezüge pflanzensoziologisch auszuwerten, bedarf einer Intensivierung.

In diese Richtung geht der Vorschlag, zur Kennzeichnung von Einheiten höheren Ranges (v. a.

des Verbandes) Kenntaxa supraspezifischer Art (z. B. Gattungen) heranzuziehen (Deil 1994, Kürschner 1990, Kürschner & Parolly 1999). Solche durch den Zusatz „Coeno" (nach der gesamten Lebensgemeinschaft) charakterisierten Einheiten (Coeno-Syntaxa) beinhalten vikariierende und korrespondierende, ökologisch gleichwertige Arten, die sich unter gleichen Umweltbedingungen herausgebildet haben (geographische Vikarianz). Dadurch wird es möglich, die weltweit zu erwartende Flut von Gesellschaften und ranghohen Syntaxa in einem hierarchischen System überschaubar zu halten. Dies erscheint v. a. in den Tropen als zwingend notwendig (Kürschner & Parolly 1999).

Beispiele sind: Das Adianto-Primuletum verticillatae im jemenitischen Randgebirge und das Adianto-Epipactidetum veratrifoliae auf der Musadamhalbinsel (Oman, UAE) an tropfnassen Felsüberhängen bzw. an Quellbächen, beides Paläoassoziationen im Süden der Arabischen Halbinsel mit ursprünglichen *Primula*-Arten aus der Sektion *Sphondylia*; sie werden zum Coeno-Verband Coeno-Primulion zusammengefasst (Deil 1989). Aus dem Bereich der Tropen wurden aus dem subalpinen Bergwald am Mt. Kinabalu auf Borneo von *Plagiochila*-Arten (Lebermoosen) charakterisierte Assoziationen beschrieben, z. B. das Plagiochilo-Lejeuneetum discretae sowie die *Plagiochila hampeana*- und *Plagiochila renitens*-Gesellschaften (Kürschner 1990). Am Ostrand des Kongobeckens in Afrika, im Gipfelbereich des Mt. Kahuzi, treten stellenäquivalente Taxa unter gleichartigen Umweltbedingungen in den Assoziationen Plagiochilo-Lejeuneetum hepaticolae und Plagiochilo-Evansiolejeuneetum campylopetosum auf (Kürschner 1995), in der entsprechenden Stufe am Anden-Ostabhang von Nord-Peru in den Assoziationen Scapanio portoricensis-Plagiochiletum aereae und Herberto serrati-Plagiochiletum compressulae. Diese vikariierenden Gesellschaftskomplexe sind aus nahe verwandten Taxa aufgebaut und besiedeln vergleichbare Habitate. Sie werden pantropisch – in zwei höhenzonalen Ordnungen – in der Coeno-Klasse Coeno-Plagiochiletea zusammengefasst (Kürschner & Parolly 1999, Abb. 4-6). Die aufgeführten Beispiele zeigen, dass mit den Coeno-Syntaxa auch die parallele Herausbildung von Pflanzengesellschaften aufgezeigt und die Frage nach dem Alter von Pflanzengesellschaften beantwortet werden kann (**Gesellschaftsevolution, Symphylogenie** i. S. v. Deil 1994, 1999).

5. Dominanztypen (Soziationen), Synusien

In der **„Uppsala-Schule"** (Nordeuropa) und im englischsprachigen Raum wird traditionell die Dominanz (s. 4.2.2) als Kriterium für Grundeinheiten verwendet, d. h. durch das Vorherrschen einer oder mehrerer Arten werden Vegetationstypen abgegrenzt und definiert (Du Rietz 1936). Die so ermittelten **Soziationen** eignen sich als Grundeinheiten nur für Gebiete, in denen Dominanztypen eine wesentliche Rolle spielen, wie etwa in Nordeuropa. In der artenreichen Vegetation Mitteleuropas hat sich dieses Konzept nicht durchgesetzt.

Eine weitere Gliederungsmöglichkeit sind **Synusien = Vereine**. Darunter versteht man wiederkehrende Gruppen von Pflanzenarten, die ökologisch und physiognomisch einheitlich sind und innerhalb eines Pflanzenbe-

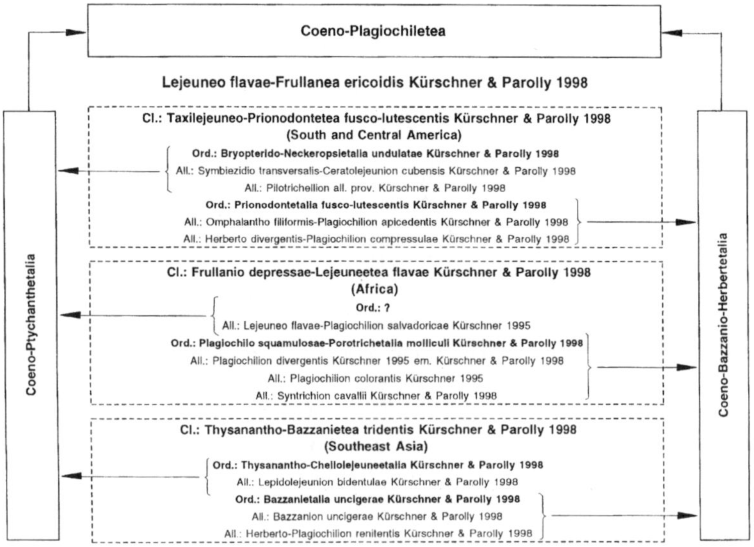

Abb. 4-6: Syntaxonomie und coeno-syntaxonomisches Klassifikationsschema tropischer stammepiphytischer Moosgesellschaften – ein Vergleich der höheren Einheiten. All. Verband, Cl. Klasse, Ord. Ordnung. (Nach Kürschner & Parolly 1999.)

standes zu Gemeinschaften bestimmter Teillebensräume oder zu einzelnen Schichten zusammentreten, so z. B. Artengruppen auf morschem Holz, Borke und Gestein, Frühjahrsgeophyten, Kraut- und Baumschicht. Diese unter annähernd gleichen Mikrohabitatbedingungen lebenden Artengruppen kann man wie Pflanzenbestände typisieren und klassifizieren (vgl. Barkman 1973). Die syntaxonomische Bewertung von Synusien ist jedoch umstritten, vielfach werden sie als Assoziationen i. S. v. Braun-Blanquet gesehen. Für spezielle Einzelfragen mag eine Synusialgliederung von Relevanz sein. Sie erlaubt eine verfeinerte strukturelle und funktionale Analyse von Pflanzengesellschaften (z. B. Flechten-Synusien, Biermann & Daniels 1997).

6. Kritik am Braun-Blanquet-System

Bis heute gibt es kein gleichwertiges oder erfolgreicheres System von Vegetationstypen als das Braun-Blanquet-System (Dierschke 1994). Dennoch ist die Kritik nicht unerheblich. Diese richtet sich zunächst gegen die Subjektivität bei der Auswahl der Probeflächen und der Bewertung der Vegetationstypen sowie ihrer Einordnung in das System. Die Kritikpunkte werden jedoch durch die Erfolge der Braun-Blanquet'schen Pflanzensoziologie und deren praktische Bedeutung entkräftet. Substantieller ist die Kritik am floristischen Prinzip, d. h. an der fast ausschließlichen Verwendung von Charakterarten und Artenkombinationen. Die ökologischen und räumlichen Charakteristika gehen nur indirekt ein. Dies drückt z. B. die Diskussion um das um ökologische Charakteristika erweiterte Konzept der Vegetationsklassen deutlich aus (Pignatti et al. 1995). Eine gewisse Abhilfe schafft das „formationsbezogene Charakterartenprinzip“ (u. a. Bergmeier et al. 1990, Dierschke 1992). Eine rein pflanzensoziologische Bearbeitung wird zudem der geographischen und physiognomischen Komponente der Geobotanik nicht gerecht, denn eine Liste der in einem Gebiet unterschiedenen Pflanzengesellschaften vermittelt keine anschauliche Vorstellung von den tatsächlichen Verhältnissen. Diese geographische Komponente wird in der Sigmasoziologie (Synsoziologie, s. 4.2.5) verstärkt aufgegriffen.

4.2.5 Sigmasoziologie (Synsoziologie)

Die **Sigmasoziologie (Synsoziologie)** befasst sich mit der Untersuchung von Gesellschaftskomplexen in der Landschaft, die **Sigmachorologie** mit deren räumlichen Verbreitung (Schwabe 1997). Dabei wird versucht, die räumlichen Komplexe, also die „Vergesellschaftungen der Gesellschaften“ und deren Verbreitung zu erfassen.

So wie in der Natur nur jeweils bestimmte Arten zu Gesellschaften zusammentreten, bilden auch nur Gesellschaften einen Komplex, die eine räumlich definierte Verteilung haben, wie etwa die Gesellschaften der Ufervegetation an Seen und Flüssen, an Küsten, die Übergänge zwischen Trockenrasen und wärmeliebenden Wäldern oder die Abfolge der Gesellschaften entlang eines Höhen- und Klimagradienten (Abb. 4-7). Dies ist die Grundlage der Sigmasoziologie, die die abstrakte Syntaxonomie auf Raumkomplexe zu übertragen versucht.

Nach Dierschke (1994) lassen sich zwei grundlegende Ansätze erkennen (vgl. Tab. 4-10). Beim **systematisierenden Ansatz** werden in ökologisch homogenen Landschaftsteilen Pflanzengesellschaften aufgenommen, die zusammenfassenden Typen (Komplex-Typen = Sigmasyntaxa) durch Aufnahmevergleich (mit Kenn- und Trenngesellschaften) herausgearbeitet und induktiv ein System aufgebaut (= **Sigma-Syntaxonomie**). Dessen Grundeinheit ist das **Sigmetum** (Sigma-Assoziation, z. B. Stellario-Alneto-Sigmetum). Dem Braun-Blanquet-System entsprechend höhere Einheiten sind Sigmion (Sigma-Verband), Sigmetalia (Sigma-Ordnung) und Sigmetea (Sigma-Klasse) (Sigma nach dem als Summenzeichen benutzten griechischen Buchstaben Σ). Für diese Richtung gibt es europaweit Ansätze, so z. B. in Spanien (Rivas-Martinez 1987), Frankreich (Géhu 1991) und der Schweiz (Theurillat 1991). Pragmatische Ansätze zwischen dem systematisierenden und dem naturräumlichen Ansatz (s. u.) liefern Schwabe (1987; Abb. 4-7) aus dem Schwarzwald, Köppler (1995) und Köppler & Schwabe (1996) über den Steppenheide-Komplex im Jura und Aßmann & Kratochwil (1995) über die Hudelandschaften Nordwestdeutschlands.

Beim **naturräumlichen Ansatz** werden Vegetationskomplexe als Grundlage für eine naturräumliche Gliederung (Geo-Synsoziologie) erfasst und kartiert (z. B. Thannheiser 1986). Die Aufnahme der Pflanzengesellschaften geht von Raumeinheiten oder vorgegebenen Flächenrastern aus. Auch hier werden zusammenfassende Typen aufgenommen (Komplex-Typen), die aber zu größeren Komplexen **(Geosigmeten)** zusammengefasst werden. Diese entsprechen oft den bekannten Vegetationsgebieten (z. B. Fageto-Geosigmetum – Buchenwaldlandschaften, Ammophileto arenariae-Geosigmetum – Küstendünenlandschaften) und werden vielfach deduktiv zugeordnet.

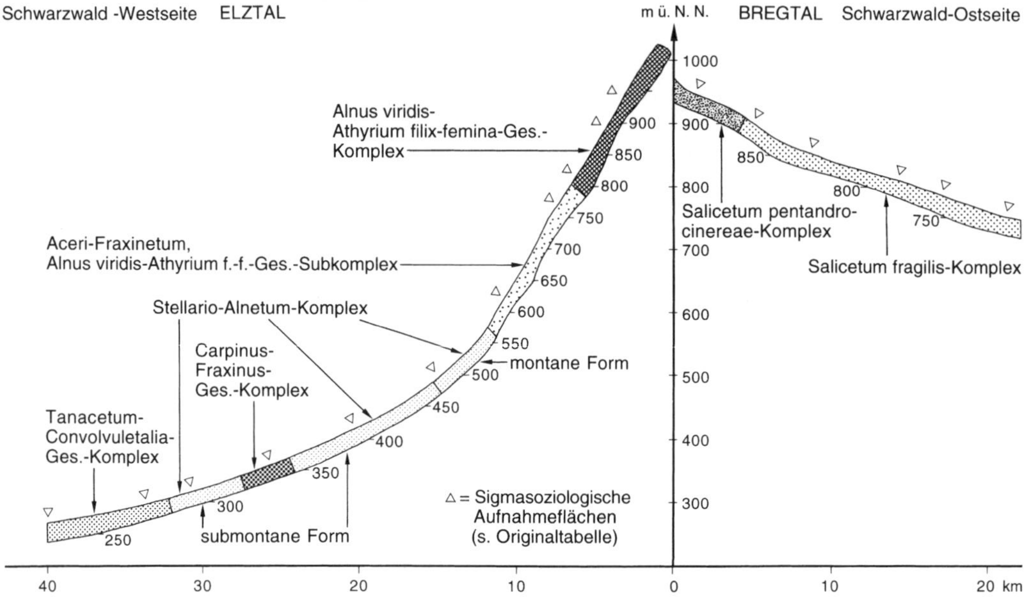

Abb. 4-7: Abfolge von Gesellschaftskomplexen im Längsprofil zweier Täler im Schwarzwald (Elz- und Bregtal). (Nach Schwabe 1987.)

Tab. 4-10: Begriffe der verschiedenen Gliederungssysteme für Pflanzengesellschaften. (Nach Dierschke 1994.)

	Taxonomie	Syntaxonomie	Sigma-Syntaxonomie	Geo-Synsoziologie
Objekt	Pflanze	Bestand	Vegetationskomplex	Komplexgruppe
Geländemethode	Sammeln	Bestandsaufnahme Gesellschaftsaufnahme	Komplexaufnahme Sigma-Aufnahme	Komplexgruppen-aufnahme
Flächeneinheit		Bestandsfläche	Ökotop (= Tesela)	Physiotop (= Parzelle)
Rangloser Typus	Taxon (Sippe)	Syntaxon Gesellschaft	Sigma-Syntaxon Sigma-Gesellschaft Gesellschaftskomplex	Geo-Syntaxon
Grundeinheit	Art, Unterart	Assoziation	Sigmetum	Geosigmetum
Höhere Einheiten	Gattung Familie Ordnung Klasse	 Verband Ordnung Klasse	 Sigmion Sigmetalia Sigmetea	 (Geosigmion) Meso-Geosigmetum Holo-Geosigmetum

Für die Sigma-Aufnahmeflächen eignen sich landschaftsökologische Raumeinheiten. **Ökotope = Tesela** sind landschaftliche Grundeinheiten, die auf dem einheitlichen Zusammenwirken aller abiotischen und biotischen Faktoren beruhen. Der Ökotop bildet die Fläche eines natürlichen Ökosystems bzw. einer Schlussgesellschaft. **Physiotope = Parzelle** sind Geländeabschnitte annähernd gleicher abiotischer Naturausstattung im Hinblick auf ihre Eignung als Wuchsort für Pflanzen (Dierschke 1994).

Die Aufnahmetechnik geht von relativ homogenen Aufnahmeflächen aus. Grundlage ist die Kenntnis aller im Untersuchungsgebiet vorkommenden Gesellschaften; außerdem findet die Artmächtigkeitsskala in abgewandelter Form Verwendung (r $\leq 5\,\%$, 1–2 Kleinbestände, + $\leq 5\,\%$ 3–5 Kleinbestände, 1 $\leq 5\,\%$ 6–50 Kleinbe-

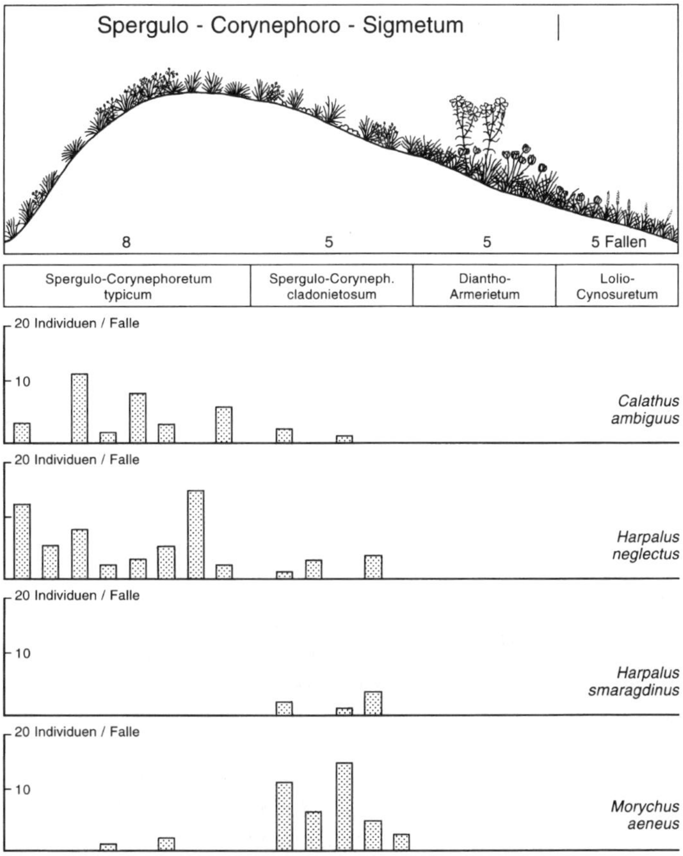

Abb. 4-8: Häufigkeiten von vier charakteristischen Käferarten in einem Sand-Trockenrasen-Vegetationskomplex (Spergulo-Corynephoro-Sigmetum). (Nach Aßmann & Kratochwil 1995, beispielhaft geändert.)

stände, 2 5–25 %, 3 >25–50 %, 4 >50–75 %, 5 >75–100 %, f Kleinbestand, F Großbestand).

Die Sigmasoziologie ermöglicht eine pflanzensoziologisch fundierte Landschaftsgliederung (Abb. 4-7). Bei Karten mittlerer Maßstäbe und für stadtökologische Karten sind Vegetationskomplexe (Sigmeten, Geosigmeten) gute Kartierungseinheiten. Mit der Sigma-Arbeitstechnik lässt sich zudem eine vergleichende Analyse von Lebensräumen (z. B. von Naturschutzgebieten) durchführen und eine ökologische Bewertung vornehmen. Von der Sigmasoziologie sind wichtige Impulse im Bereich der Biozönologie als Synthese pflanzensoziologischer und zoozönologischer Forschung zu erwarten (z. B. Kratochwil 1991, Schwabe 1997), wobei die Vegetationskomplexe die Bezugsbasis für Tiere und Tiergemeinschaften bilden (Abb. 4-8); ferner spielt sie bei der Biotopverbunddiskussion eine nicht unwesentliche Rolle.

4.3 Physiognomisch-ökologische und ökologisch-standörtliche Vegetationsgliederung

Die ältere Richtung der Vegetationsgliederung ist die auf Humboldt (1806) zurückgehende **physiognomisch-ökologische Vegetationsgliederung**. Im Gegensatz zur Pflanzensoziologie geht diese von den Gestalttypen/Wuchsformen oder den Lebensformen (s. 8.1) der am Aufbau der Pflanzendecke beteiligten Sippen aus, wobei v. a. die dominanten Arten berücksichtigt werden.

Die Grundeinheit ist die **Formation** (Pflanzenformation). Dieser Begriff geht auf Grisebach (1838) zurück und ist heute die Bezeichnung für einen physiognomisch(-ökologischen) Vegetationstyp, der durch das Vorherrschen bestimmter Gestalttypen bzw. Lebensformen der Pflanzen gekennzeichnet ist. Dabei spielt die Artenzusammensetzung keine Rolle. Die Formationen (z. B. Montaner kältekahler Wald) werden nach den bestimmenden Gestalttypen bzw. Lebensformen benannt. Bei Berücksichtigung der gesamten Lebewelt spricht man von **Bioformationen**.

Für die Fassung der Formationen und der höheren Einheiten (Formationsgruppe, -unterklasse, -klasse) gibt es bisher keine verbindlichen Richtlinien oder Regeln. Meistens werden für die Beschreibung allgemeinverständliche Begriffe verwendet. Eine große Anzahl von Arbeiten und Systemen, teils rein physiognomischer, teils physiognomisch-ökologischer, teils ökologisch-soziologischer Strukturierung, lässt diese Arbeitsrichtung fast unüberschaubar erscheinen (z. B. Grisebach 1872, Rübel 1930, Schmithüsen 1968, Beard 1973, Küchler & Zonneveld 1988, Barkman 1990, Koska et al. 2001).

Das von Ellenberg & Mueller-Dombois (1967a) erarbeitete System der Klassifizierung der Pflanzenformationen der Erde, das auf einheitlichen physiognomischen, standörtlichen und ökologischen Kriterien beruht, hat eine weit reichende überregionale Bedeutung. Es wurde als Grundlage für eine weltweite Vegetationskartierung im Maßstab 1:1 Million und kleiner entwickelt (UNESCO 1973, mit einem einheitlichen Signaturvorschlag). Eine breite Anwendung fand das UNESCO-System u. a. in den Vegetationskarten des Tübinger Atlas des Vorderen Orients (Frey & Probst 1977, Frey & Kürschner 1989a). Die Einheiten sind in Tab. 4-11 aufgeführt; die Vegetationsprofile durch die Ostalpen und den Zentralen Hindukusch (Abb. 4-9) vermitteln einen Einblick in die Arbeitstechnik. Auf einer formationskundlichen Basis baut auch die ‚Karte der natürlichen Vegetation Europas 1:2500000' (Bohn & Neuhäusl 2000–2003) auf.

Der Vorteil der Fassung von Einheiten, die auf der Dominanz von Gestalttypen und Lebensformen beruhen, liegt darin, dass mit physiognomisch bestimmenden Arten gearbeitet werden kann. Diese können auch dort relativ rasch erfasst werden, wo eine Erhebung des Artenbestandes nur schwer möglich ist, wie etwa in den tropischen Regenwäldern. In den Formationen werden von vornherein landschaftsphysiognomisch relevante Einheiten erfasst. Die sichtbaren Anpassungen erlauben Rückschlüsse auf die ökologischen Wuchsbedingungen und haben oft eine beachtliche ökologische Aussagekraft. So spiegeln z. B. die kältekahlen Laubwälder Eurasiens und Nordamerikas trotz ihrer sehr unterschiedlichen Zusammensetzung aus Arten verschiedener Gattungen (*Fagus*, *Quercus*, *Carpinus*, *Acer* u. a.) die Wirkung der winterlichen Vegetationsruhe in einem gemäßigten Waldklima wider. Besonders geeignet ist die physiognomisch-ökologische Richtung für globale und zonale Überblicke und beim Vergleich der Vegetation verschiedener Großräume (Abb. 4-9).

Für eine detaillierte Habitatanalyse sind die Formationen jedoch zu grobe Einheiten. Außerdem sind sie weniger scharf umrissen als die floristisch gefassten Einheiten. Ihr Wert für eine landschaftsökologische Feingliederung ist daher beschränkt. Außerdem muss beachtet werden, dass physiognomisch ähnliche Formationen auch unter verschiedenen Umweltbedingungen entstehen können (z. B. Savannen, Mittelgras-Steppen, alpine Rasengesellschaften).

Die **ökologisch-standörtliche Vegetationsgliederung** umfasst die Vegetationszonen und -gürtel, die parallel zu großklimatisch-zonalen Einheiten gesehen werden. Diese Gliederung fußt im wesentlichen auf Schimper (1898) und Schmithüsen

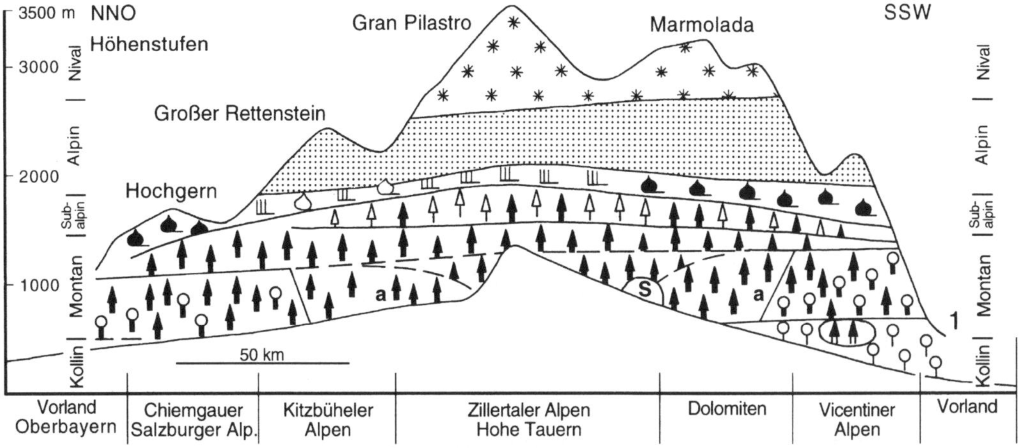

✳ Nivale Stufe; Pflanzenformationen der alpinen Stufe (z. B. Geschlossene alpine Matte, Alpin-subnivale Rasenflecken, Zwergstrauch-Teppich), Immergrünes Zwergblattgebüsch (Subalpine Alpenrosengesellschaften), Immergrünes Nadelgebüsch (Latschenkrummholz), Subalpines kältekahles Gebüsch (Alnetum viridis), Subalpiner kältekahler Wald (mit Nadelbäumen) (Lärchen-Arvenwald, Larici-Pinetum cembrae), Immergrüner Kegelkronen-Nadelwald (montaner und hochmontaner Fichtenwald), **a** Ausbildung mit *Abies alba*, Immergrüner Kegelkronen-Nadelwald mit laubwerfenden Bäumen: *Fagus sylvatica, Acer* spp. (Nordalpen), **S** Immergrüner Rundkronen-Nadelwald (*Pinus sylvestris*), Kältekahler montaner Wald mit immergrünen Nadelbäumen (*Picea abies, Abies alba, Fagus sylvatica*), Kälteempfindlicher immergrüner Nadelwald (*Pinus nigra*), Kältekahler Tieflagenwald (*Quercus pubescens, Ostrya carpinifolia, Castanea sativa*).

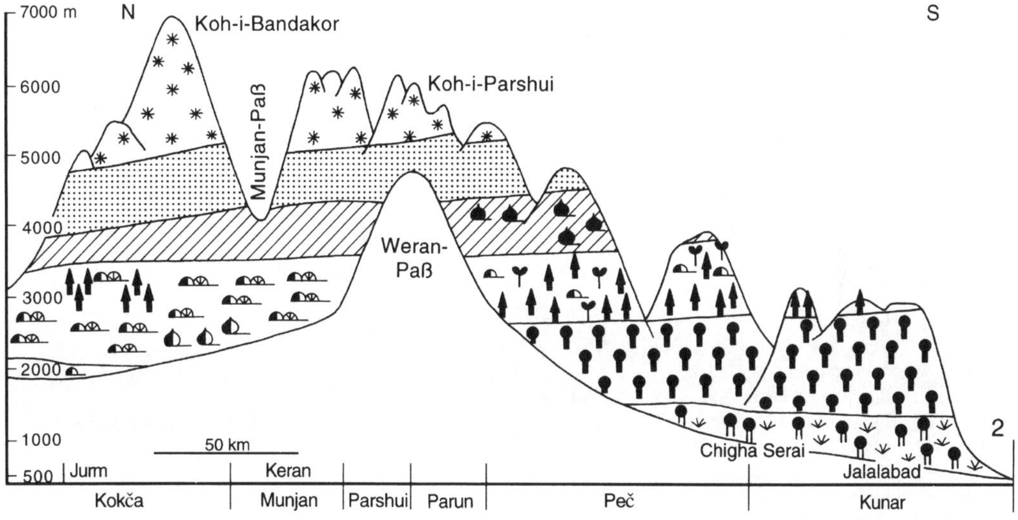

✳ Nivale Stufe; Pflanzenformationen der alpinen Stufe (z. B. Alpine Krautflur, Hochgebirgs-Steinschuttflur), Pflanzenformationen der subalpinen Stufe (z. B. Zwerggesträuch-Kraut-Mischformationen, Kleinseggenriede) (Nordseite), Südseite auch Immergrünes Nadelgebüsch (*Juniperus sibirica, J. squamata*), Kälteharter immergrüner offener Nadelwald (Nordseite: *Juniperus excelsa, J. semiglobosa*, Südseite: *Pinus gerardiana, P. wallichiana, Cedrus deodara*), teils geschlossen, Xeromorphe offene Zwerggesträuch-Dornpolster-Mischformationen (*Artemisia* spp., *Acantholimon* spp.), Xeromorphe offene Zwerggesträuche (*Artemisia* spp.), Sehr offene xeromorphe Gebüschformationen (Halbwüstengebüsche), Zwerggesträuch-Kraut-Mischformationen, Relativ kälteharter immergrüner offener Laubwald (*Quercus baloot*-Offenwald), Grasfluren, Relativ kälteempfindlicher offener Laubwald (*Reptonia buxifolia, Olea ferruginea, Acacia modesta*).

Abb. 4-9: Vegetationsprofile (Geobotanische Profile). **1.** Mittlere Ostalpen. **2.** Zentraler Hindukusch (Afghanistan). (1 nach Ozenda 1988, 2 Orig., Grundlage Frey & Probst 1978, Signaturen nach Frey & Probst 1977.) Schematisierte Darstellungen.

Tab. 4-11: Physiognomisch-ökologische Klassifikation der Vegetation der Erde. Die für Mitteleuropa relevanten Einheiten sind fett hervorgehoben, die überregionalen gekürzt. Soziologische Einheiten (Beispiele) ergänzt nach Dierschke (1994). (Nach Ellenberg & Mueller-Dombois 1967a, Unesco 1973, Reichelt & Wilmanns 1973, Frey & Probst 1977.)

1	**Geschlossene Wälder**	Formationsklasse
1.1	**Immergrüne geschlossene Wälder**	Formationsunterklasse
1.1.1	Feuchttropen-Wälder	Formationsgruppe
1.1.1.1–7	Tieflands-Feuchttropenwald, Montaner Feuchttropenwald, Feuchttropen-Nebelwald, Subalpiner Feuchttropenwald, Feuchttropen-Auenwald, Feuchttropen-Sumpfwald, Feuchttropen-Moorwald	Formationen
1.1.2	Tropische und subtropische immergrüne Saisonwälder	
1.1.3	Tropische und subtropische halbimmergrüne Wälder	
1.1.4	Mangrove-Wälder	
1.1.5	Immergrüne Wälder der feuchten gemäßigten und subpolaren Zonen (Temperate Regenwälder)	
1.1.6	Immergrüne Saisonwälder der gemäßigten Zone (Lorbeerwälder)	
1.1.7	Winterregen-Hartlaubwälder	
1.1.8	**Immergrüne Nadelwälder** (der gemäßigten und subpolaren Zonen) (Vaccinio-Piceetea)	
1.1.8.1–4	Immergrüner Riesen-Nadelwald, **Immergrüner Rundkronen-Nadelwald** (Dicrano-Pinion, Erico-Pinion), **Immergrüner Kegelkronen-Nadelwald** (Piceion excelsae = Vaccinio-Piceion), Immergrüner Schmalkronen-Nadelwald bzw. Kälteempfindlicher immergrüner Nadelwald und Kälteharter immergrüner Nadelwald	
1.2	Vorwiegend laubwerfende Wälder	
1.2.1	Trockenkahle Wälder	
1.2.2	Kältekahl-immergrüne Mischwälder	
1.2.3	**Kältekahle Wälder** (Laubwerfende Wälder) mit wenigen Immergrünen (Querco-Fagetea)	
1.2.3.1	**Kältekahler Tieflagenwald der gemäßigten Breiten** (Quercion, Carpinion, Fagion), **Montaner kältekahler Wald** (Fagion), **Subalpiner kältekahler Wald** (Larici-Pinetum cembrae), **Kältekahler Auenwald, Kältekahler Sumpf- oder Moorwald** (Alnion glutinosae, Betulion pubescentis)	
1.3	Extrem xeromorphe Wälder	
1.3.1	Hartlaubreiche, extrem xeromorphe Wälder	
1.3.2	Dornwälder	
2	Offene Wälder (ohne Savannen und Parklandschaften)	
2.1	Vorwiegend immergrüne offene Wälder	
2.1.1	Immergrüne offene Laubwälder	
2.1.2	Immergrüne offene Nadelwälder	
2.2	Vorwiegend laubwerfende offene Wälder	
2.2.1	Trockenkahle offene Wälder	
2.2.2	Kältekahle offene Wälder	
2.3	Extrem xeromorphe Offenwälder	
3	**Gebüsche**	
3.1	**Vorwiegend immergrüne Gebüsche**	
3.1.1	Immergrüne Laubgebüsche	
3.1.2	Immergrüne Nadel- und Zwergblattgebüsche	
3.1.2.1–2	**Immergrünes Nadelgebüsch** (Dicrano-Juniperetum, Erico-Pinetum mugi), Immergrünes Zwergblattgebüsch	
3.2	Vorwiegend laubwerfende Gebüsche	
3.2.1	Trockenkahle Gebüsche	
3.2.2	Kältekahl-immergrüne Gebüsche	
3.2.3	**Kältekahle Gebüsche**	
3.2.3.1–4	**Kältekahles Gebüsch im gemäßigten Klima** (Rhamno-Prunetea), **Subalpines** oder subpolares **kältekahles Gebüsch** (Alnetum viridis), **Kältekahles Auengebüsch** (Salicion elaeagni), **Kältekahles Moorgebüsch** (Salicion cinereae)	
3.3	Xeromorphe Gebüschformationen	
3.3.1	Offene xeromorphe Gebüschformationen	
3.3.2	Sehr offene xeromorphe Gebüschformationen (Halbwüstengebüsche)	
4	**Zwergstrauchreiche Formationen i. e. S.**	
4.1	**Immergrüne Zwerggesträuche**	
4.1.1	**Dichte immergrüne Zwerggesträuche**	

Tab. 4-11: Fortsetzung.

4.1.1.1–2	**Immergrünes Zwerggesträuch i. e. S.** (Vaccinio-Genistetalia); **Zwergstrauch-Teppich** (Cetrario-Loiseleurietum)
4.1.2	**Mischformationen aus immergrünen Zwergsträuchern und Kräutern**
4.1.2.1–2	Immergrüne Zwergstrauch-Kraut-Mischformation, **Halbimmergrüne Zwergstrauch-Kraut-Mischformation** (Festuco-Genistetum sagittalis)
4.2	**Vorwiegend laubwerfende Zwerggesträuche**
4.2.1	Trockenkahle Zwerggesträuche i. e. S.
4.2.2	**Gemischt kältekahl-immergrüne Zwerggesträuche** (Vaccinio-Empetretum)
4.2.3	**Kältekahle Zwerggesträuche**
4.2.3.1–2	**Kältekahles Zwerggesträuch i. e. S.** (*Vaccinium myrtillus*-reiche Gesellschaften), **Zwergstrauch-Teppich** (Salicetum retuso-reticulatae)
4.3	Xeromorphe offene Zwerggesträuche
4.4	Moos- und Flechtentundren
4.4.1	Moosreiche Tundra
4.4.2	Flechtenreiche Tundra
4.5	**Moosreiche Moore mit Zwergsträuchern**
4.5.1	**Hochmoore**
4.5.1.1–3	**Echtes Hochmoor** (Erico-Sphagnetum magellanici), **Montan-subalpine Hochmoore** (Eriophoro-Trichophoretum), Subkontinentales Hochmoor
5	Dornpolsterformationen
5.1	Geschlossene Dornpolsterformationen
5.2	Offene Dornpolsterformationen
6	**Krautige Landpflanzengemeinschaften**
6.1	Savannen und ähnliches Grasland
6.2	**Steppen und ähnliches Grasland**
6.2.1	Hochgras-Steppen
6.2.2	**Mittelgras-Steppen**
6.2.2.1–3	Mittelgras-Steppe mit Bäumen, Mittelgras-Steppe mit Büschen, **Gehölzfreie Mittelgras-Steppe** (Allio-Stipetum capillatae)
6.2.3	Kurzgras-Steppe
6.2.4	Krautreiche Steppen (Wiesen-Steppen)
6.3	**Wiesen, Weiden und ähnliches Grasland**
6.3.1	**Wiesen und Weiden des Waldgürtels**
6.3.1.1–7	**Offener Weidewald mit vergrasten Lichtungen** (Hudewälder), **Baumwiese bzw. -weide**, **Strandwiese bzw. -weide**, **Gehölzfreie Weide** (Gentiano-Koelerietum, Cynosurion), **Gehölzfreie Wiese** (Molinion caeruleae, Arrhenatheretum p. p., Geranio-Trisetetum), **Seggen-Binsen-Wiese** (Juncetum subnodulosi), **Lawinenrasen**
6.3.2	**Alpine Rasen-Gesellschaften**
6.3.2.1–3	**Geschlossene alpine Matte** (Juncetea triifidi, Poion alpinae), **Alpin-subnivale Rasenflecken**, **Schneeboden-Formation** (Salicetea herbaceae)
6.4	**Seggenriede und Quellfluren**
6.4.1	**Seggenriede**
6.4.1.1–2	**Großseggenried** (Caricetum gracilis, Caricetum elatae), **Kleinseggenried** (Caricetaliae fuscae)
6.4.2	**Quellfluren**
6.4.2.1–2	**Kraut-Quellflur** (Cochleario pyrenaicae-Cratoneuretum, Chrysoplenietum oppositifoliae), **Moos-Quellflur** (Cratoneuretum filicino-commutati)
6.5	**Krautige und halbstrauchige Salzpflanzenfluren**
6.5.1	Halbstrauchige Salzpflanzenfluren
6.5.2	**Salzwiesen**
6.5.2.1–2	**Seemarschwiese** (Puccinellion maritimae, Armerion maritimae), **Binnenland-Salzwiese** (Puccinellion limosae)
6.6	**Krautfluren**
6.6.1	**Staudenfluren**
6.6.1.1–6	**Waldsäume** (Trifolio-Geranietea), **Hochstaudenflur** (Filipendulion, Cicerbitetum alpinae), **Adlerfarn-Dickicht**, **Spülsaum-Staudenflur** (Soncho-Archangelicetum), **Ruderal- und Kahlschlagflur** (Arction lappae, Epilobion angustifoliae), **Ausdauernde Unkrautflur**
6.6.2	**Alpine Krautfluren**
6.6.3	**Vorwiegend annuelle Krautfluren**

Tab. 4-11: Fortsetzung.

6.6.3.1–3	**Kurzlebige Salzkräuterflur** (Thero-Salicornietea), **Einjährige Ruderal- und Kahlschlagflur** (Sisymbrietalia), **Kurzlebige Ackerunkrautflur** (Secalietalia, Chenopodietalia)
6.6.4	**Episodisch auftretende Krautfluren**
6.6.4.1–4	Episodische Wüsten-Krautflur, **Episodische Teichbodenflur** (Elatino-Eleocharitenion ovatae), **Episodische Spülsaumflur** (Bidention, Cakiletea), **Episodische Flussbettflur** (Chenopodion rubri)
7	**Zerstreuter Bewuchs wüstenähnlicher Habitate**
7.1	**Fels- und Steinschutthalden-Formationen**
7.1.1	**Felsbewuchs**
7.1.1.1–3	**Felsspalten- und Mauerspalten-Bewuchs** (Asplenietea, Parietarietea), Bromeliaceen-Felsbewuchs, **Kryptogamen-Überzug von Felsen** (Moose, Blatt- und Krustenflechten, Blaualgen [Tintenstriche])
7.1.2	**Steinschuttfluren**
7.1.2.1–3	**Tieflands-Steinschuttflur** (Galiopsietum angustifoliae), **Montane Steinschuttflur** (Petasitetum paradoxi), **Hochgebirgs-Steinschuttflur** (Androsacion alpinae)
7.2	**Offene Sand-Formationen**
7.2.1	**Locker bewachsene Dünen**
7.2.1.1–2	**Hochgras-Düne** (Ammophiletea), **Niedergras-Düne** (Corynephorion)
7.2.2	**Kaum bewachsene Dünen**
7.2.2.1–2	Wanderdünen im Wüstenklima, **Wanderdünen im Waldklima**
7.3	Eigentliche Wüsten
7.3.1	Salzwüste
7.3.2	Sandwüste
7.3.3	Schutt-, Geröll- und Steinwüsten
8	**Wasserpflanzen-Formationen** (außerhalb der Meere)
8.1	Schwimmende Wiesen
8.1.1	**Vorwiegend krautige Schwingrasen**
8.1.1.1–2	**Krautschwingrasen gemäßigter Breiten** (Calletum palustris), Tropische Krautschwingrasen
8.1.2	**Vorwiegend moorige Schwingrasen** (Caricetum limosae)
8.2	**Röhrichte**
8.2.1	**Süßwasser-Seeröhrichte** (Phragmition australis)
8.2.2	Salzwasser-Röhrichte (Scirpion maritimi)
8.2.3	**Fließwasser-Röhrichte** (Phalaridion, Sparganio-Glycerion fluitantis)
8.3	**Wurzelnde Schwimmblatt-Formationen**
8.3.1	**Schwimmblatt-Decken** (Nymphaeion albae)
8.4	**Wurzelnde Unterwasserformationen**
8.4.1	**Unterwasserrasen** (Littoselletea, Ruppietea p. p.)
8.5	**Freischwimmende Wasserpflanzen-Formationen**
8.5.1	**Freischwimmende Breitblatt-Formationen** (Hydrocharitetum morsus-ranae)
8.5.2	**Wasserlinsen-Formationen** (Lemnetea)
8.5.3	**Freischwimmende Fadenalgen-Formationen**
9	**Kulturland**
9.1	**Regenfeldbau**
9.2	**Bewässerungsfeldbau**

(1968, 1976). Die Grundzüge sind in Kap. 9 (Vegetationsgebiete der Erde) dargestellt. Walter (z. B. 1990) hat dieses System klimaökologisch-geographisch verfeinert und die Biogeosphäre in 9 Zonobiome untergliedert (s. 9.1). Nemani & Running (1996) schlagen ein neues öko-funktionelles Modell vor, das auf der Satellitenauswertung der Vegetationsdecke beruht. Hier werden sechs Klassen unterschieden (Evergreen needle, Evergreen broad-leafed, Deciduous needle, Deciduous broad-leafed, Broad-leafed annual, Grasses), mit der Möglichkeit der Verfeinerung in 21 Einheiten aufgrund der Primärproduktion, der Evapotranspiration und der Niederschlagsmengen. Dieses System lässt sich jedoch dem UNESCO-System (1973) unterordnen (s. 4.4).

4.4 Vegetationskartierung und Darstellung der Vegetation

Die flächenhafte Darstellung von Pflanzengesellschaften bzw. Formationen setzt eine formale Gliederung der Vegetation und deren Aufnahme voraus (s. 4.2.2–4.2.4, 4.3). Grundlage sind i. w. die floristisch definierten Pflanzengesellschaften bzw. die physiognomisch-ökologisch abgrenzbaren Formationen. Demnach unterscheidet man bei Vegetationskarten zwischen

- Gesellschaftskarten (pflanzensoziologische Karten i. e. S.): Karten der aktuellen Vegetation, Karten der ursprünglichen Vegetation, Karten der potentiell natürlichen Vegetation, Karten von Geosigmeten, Thematische Karten (z. B. Zeigerwertkarten, Karten des Natürlichkeitsgrades) und
- Synchorologischen Karten,
- Formationskarten sowie
- Biotoptypenkarten.

Für **Gesellschaftskarten** eignen sich nur Maßstäbe bis max. 1:25000, denn nur in sehr großem Maßstab sind die Feinheiten der pflanzensoziologischen Differenzierung darstellbar (Abb. 4-10). Bei kleineren Maßstäben kann die Vegetation oft nur im Rahmen von Verbänden, Ordnungen oder Klassen dargestellt werden oder es sind Einschränkungen notwendig. Für kleinere Maßstäbe (ab 1:100000) und für die Darstellung der Vegetation von Gebieten, in denen die Flora nur ungenügend bekannt ist, eignen sich Formationskarten (Abb. 4-11).

Von der ersten Geländebegehung bis zur fertigen Karte gibt es detaillierte Arbeitsschritte: Vegetationsaufnahme, Fassung der Pflanzengesellschaften bzw. der formationskundlichen Einheiten und Aufstellung eines Kartierungsschlüssels, der die Pflanzengesellschaften und Differentialartengruppen bzw. die Formationen mit Ziffern, Signaturen und/oder Farben für die Kartierungseinheiten enthält. Grundlage für die Kartierung sind topographische Karten oder, sofern nicht vorhanden, selbst erstellte Unterlagen und Infrarot-Luftbilder.

Für die Wahl der Farben bei farbigen Vegetationskarten bzw. der Rastertypen bei Schwarz-Weiß-Karten und für die Signaturen gibt es eine Reihe

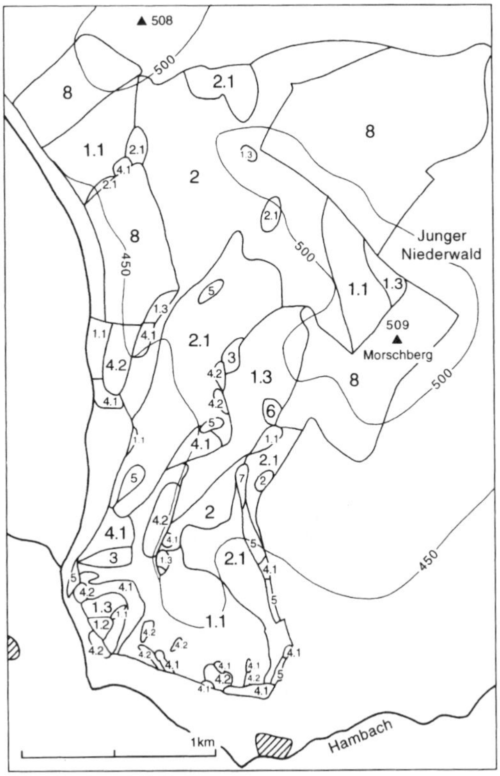

Abb. 4-10: Pflanzensoziologische Karte (aktuelle Vegetation, Niederwälder) des Pfennigkopfs und Haubachtals am Südrand des Rheinischen Schiefergebirges. 1.1–1.3 Luzulo luzuloidis-Quercetum petraeae (Hainsimsen-Traubeneichenwald). 1.1 Luzulo-Quercetum typicum (Typische Subassoziation), 1.2 Luzulo-Quercetum cladonietosum (Subassoziation von *Cladonia* spp.), 1.3 Luzulo-Quercetum vaccinietosum (Subass. von *Vaccinium myrtillus*). 2. Holco mollis-Quercetum petraeae (Honiggras-Stieleichenwald), 2.1 *Betula pendula*-Fazies. 3. Luzulo luzuloidis-Fagetum (Hainsimsen-Buchenwald). 4.1–4.2 Galio sylvatici-Carpinetum betuli (Elsbeeren-Eichen-Hainbuchenwald), 4.1 Galio-Carpinetum nudum (artenarme Subassoziation), 4.2 Galio-Carpinetum luzuletosum (Subass. von *Luzula luzuloides* mit artenarmer Variante, Variante von *Hieracium lachenalii* und *Polygonatum verticillatum*). 5. Stellario holosteae-Carpinetum alnetosum (Schwarzerlen-Hainbuchen-Niederwald). 6. Carici pendulae-Aceretum (Bergahorn-Eschen-Kleebwald). 7. Sphagno-Alnetum (*Sphagnum*-reicher Erlenbruch). 8. Niederwald-Kahlschlag. (Nach Manz 1993.)

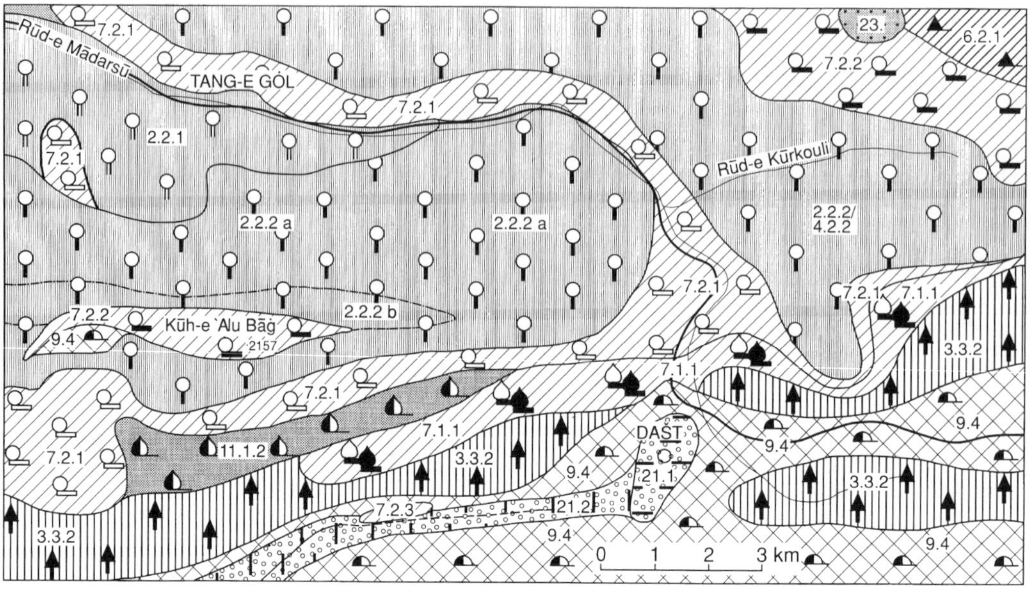

Abb. 4-11: Ausschnitt aus der formationskundlichen Vegetationskarte „Golestan National Park", NO-Iran, Ostgrenze des südkaspischen Waldgebietes. 2.2.1 Kältekahler Tieflandswald (Hyrkanischer Tieflandswald) (*Carpinus betulus*, *C. orientalis*, *Parrotia persica*, *Quercus castaneifolia*), 2.2.2 Kältekahler montaner Wald (Hyrkanischer Bergwald), 2.2.2a *Carpinus-Quercus castaneifolia*-Gesellschaft, 2.2.2b *Acer-Fraxinus-Ulmus*-Gesellschaft, 2.2.2c *Carpinus-Quercus macranthera*-Gesellschaft, 2.2.2/4.2.2 Kältekahler montaner Wald und Kältekahler montaner offener Laubwald, 3.3.2 Kälteharter immergrüner offener Nadelwald (*Juniperus excelsa*-Offenwald), 6.2.1 Immergrünes Nadelgebüsch (*Juniperus communis* ssp. *communis*), 7.1.1 Kältekahl-immergrünes Gebüsch des Tieflandes und der montanen Stufe (*Acer monspessulanum* ssp. *turcomanicum*, *Celtis caucasica*, *Juniperus communis*), 7.2.1 Kältekahles Gebüsch des Tieflandes und der montanen Stufe (*Acer cappadocicum*, *Celtis caucasica*, *Pyrus boissieriana*), 7.2.2 Kältekahles Gebüsch der subalpinen Stufe, 7.2.3 Kältekahles Auengebüsch (*Populus* spec., *Salix* spp., *Tamarix ramosissima*), 9.4 Xeromorphe offene Zwergsträuche (*Artemisia sieberi*), 11.1.2 Grasflur mit Büschen, 21.1 Bewässerungsfeldbau, 21.2 Regenfeldbau. (Nach Frey 1980.)

von Empfehlungen, jedoch keine verbindlichen Regeln. Generell wird angestrebt, dass ökologische und floristische Zusammenhänge zwischen den Gesellschaften bzw. Formationen in der Farb- bzw. Signaturwahl zum Ausdruck kommen.

Bei einer ökologischen Abstufung nach dem Feuchte- und Temperaturgradienten (Bioklima) sind folgende Farbstufen gebräuchlich:

rot	trocken (warm)
gelb	mäßig trocken (warm)
grün	mittel
blau	feucht (gemäßigt-kalt)
violett	feucht (warm)

Auf diesem Grundmuster basieren Vegetationskarten aus Gebieten mit großen Klimagradienten, wie z. B. des Mittelmeergebietes (Carte de la végétation 1970, ‚Südfranzösische Schule') und des Vorderen Orients (Vegetationskarten des TAVO, z. B. Frey & Probst 1977, Frey & Kürschner 1989a) sowie der UNESCO-Vorschlag (1973) zur weltweiten Klassifizierung der Vegetation.

In Mitteleuropa werden durch die Farbgebung die syntaxonomischen Zusammenhänge stärker betont (‚Stolzenauer Schule'). Beispiele hierfür sind Trautmann (1966), Müller & Oberdorfer (1974) und Oberdorfer (1982).

Die Farbgebung bei **Formationskarten** richtet sich in Mitteleuropa vielfach nach folgendem Schema:

dunkelgrün	Wälder
hellgrün	Feuchtwiesen
gelb	Frischwiesen und -weiden
orange	Trockenrasen
rot	Heiden
hellbraun	Äcker
dunkelbraun	Moore
blau	Sumpf und Wasser

Farbige oder schwarze Signaturen (Symbole) werden oft zur weiteren Differenzierung und Lesbarkeit der Karten verwendet, können aber auch die alleinige Grundlage bilden. Werden Farben bzw. Raster und Signaturen (Symbole) kombiniert, entsteht für jede Vegetationseinheit ein kennzeichnender Typ, und die Lesbarkeit der Karten wird deutlich erhöht. Es gibt eine Vielzahl von Signatur(Symbol-)vorschlägen. Der in Abb. 4-12 dargestellte ist eine erweiterte Fassung des UNESCO-Vorschlages (1973).

Zur besseren Orientierung werden in die Vegetationskarten das Gewässer- und Straßennetz, wichtige Städte und Ortschaften sowie markante Berge eingezeichnet. Ein modernes, pragmatisches Beispiel einer Vegetationskarte der aktuellen Vegetation Mitteleuropas ist die des Schweizerischen Nationalparks (Zoller 1995).

Die Aussage von Vegetationskarten wird stark erweitert durch die Beigabe von **Vegetationsprofilen (Geobotanischen Profilen)** in den Erläuterungen zur Karte (z. B. Abb. 4-9), wobei die Farben bzw. das Raster und die Signaturen der Vegetationskarten verwendet werden. **Profil- oder Schichtungsdiagramme** (Abb. 4-13, 4–16) geben die vertikale Struktur eines Bestandes wieder und bringen besonders kleinräumige Details der Anordnung der Arten und ihrer Schichtung zum Ausdruck. Die Darstellung kann naturnah, schematisch oder abstrakt (mit Symbolen) sein.

In **synchorologischen Karten** werden die geographische Verbreitung höherer Syntaxa (z. B. Verbreitung der Ordnungen der Klasse Koelerio-Corynophoretea [Gesellschaften der Graudünen, Sandtrockenrasen, Mauerpfeffer- und Felsband-Gesellschaften, Dengler 2001]) unter Gewichtung der Stetigkeit der jeweiligen Kenntaxa und weiterer hochsteter Arten und ihre soziologischen Diversitätszentren dargestellt. Schlüssel für Biotoptypen **(Biotoptypenkarten)** geben Drachenfels (1994) und Bundesamt für Naturschutz (2002). Für weitergehende Daten über die Vegetationskartierung und Darstellung der Vegetation vgl. die Handbücher von Küchler (1967), Küchler & Zonneveld (1988) und Roy & Millington (1997), über computergestützte Verfahren zur Erstellung von Vegetationskarten Ashdown & Schaller (1990).

Auswertung von Luftbildern (einschl. Satellitenbildern)

Luft- und Satellitenbilder werden seit langem als Hilfsmittel zur Vegetationskartierung benutzt (Abb. 4-14). Von besonderem Wert sind sie dort, wo die direkte Erderkundung schwierig ist, wie z. B. in tropischen Regenwäldern, Mangroven oder Moorlandschaften, bei angewandten und bei vegetations- und landschaftsökologischen

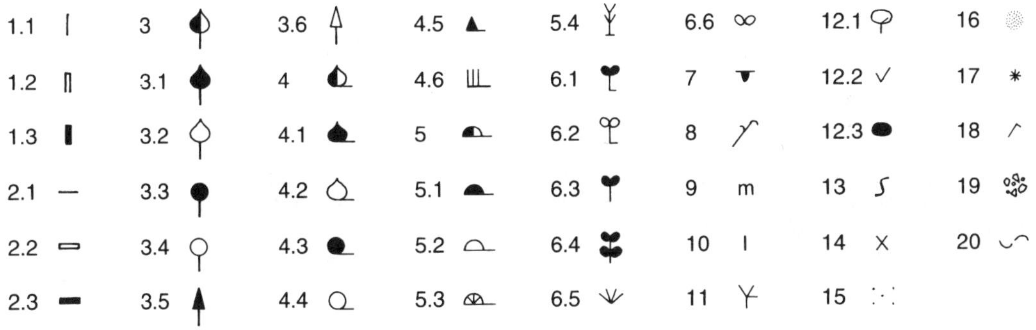

Abb. 4-12: Signaturen für Vegetationskarten. 1 Temperaturabhängigkeit von Bäumen: 1.1 unberücksichtigt oder uneinheitlich, 1.2 kälteempfindlich, Tiefland, 1.3 kältehart, montan oder subalpin. 2 Temperaturabhängigkeit von Büschen und Zwergsträuchern: 2.1 unberücksichtigt oder uneinheitlich, 2.2 Tiefland oder montan, 2.3 subalpin. 3 Bäume: 3.1 Immergrüne Bäume, 3.2 Laubwerfende Bäume, 3.3 Immergrüne Laubbäume, 3.4 Laubwerfende Laubbäume, 3.5 Immergrüne Nadelbäume, 3.6 Laubwerfende Nadelbäume. 4 Büsche (Sträucher): 4.1 Immergrüne Büsche, 4.2 Laubwerfende Büsche, 4.3 Immergrüne Laubbüsche, 4.4 Laubwerfende Laubbüsche, 4.5 Immergrüne Nadelbüsche, 4.6 Zwergblattbüsche. 5 Zwergsträucher: 5.1 Immergrüne Zwergsträucher, 5.2 Laubwerfende Zwergsträucher, 5.3 Dornpolster, 5.4 Halbsträucher. 6.1 Kräuter i. e. S., 6.2 Kräuter in der alpinen Stufe, 6.3 Stauden, 6.4 Hochstauden, 6.5 Gräser, Seggen, 6.6 Einjährige Kräuter. 7 Geophyten. 8 Farne. 9 Moose. 10 Flechten (Lichenes). 11 Röhrichte. 12 Wasserpflanzen: 12.1 Schwimmblatt-Pflanzen, 12.2 Unterwasser-Pflanzen, 12.3 Freischwimmende Wasserpflanzen. 13 Lianen. 14 Kahlschläge, Ruderalstellen. 15 Salzeinfluss. 16 Sanddünen. 17 Schnee, Eis. 18 Felsen. 19 Steinschutt, Geröll. 20 Löß. (Nach Unesco 1973, Frey & Probst 1977.)

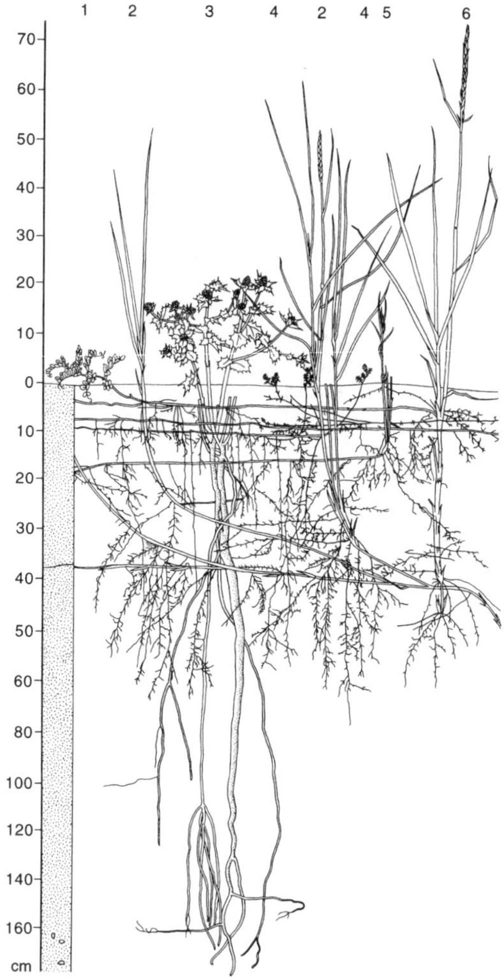

Abb. 4-13: Naturgetreues Vegetationsprofil des Elymo-Ammophiletum arenariae (Strandhafer-Weißdüne) mit unterirdischer Schichtung der Wurzeln und Sprossteile. 1 *Lathyrus maritimus*, 2 *Ammophila arenaria*, 3 *Eryngium maritimum*, 4 *Honkenya peploides*, 5 *Elymus farctus (Elytrigia juncea)*, 6 *Elymus arenarius*. (Nach Schubert et al. 1995.)

Fragestellungen und großräumigen Projekten (z. B. Anhuf 1997, Grabherr & Reiter 1999, Reiter et al. 2001). Während die Geländeformen meist recht genau aus dem Luftbild ablesbar sind, trifft dies für die Vegetation nur in beschränktem Maße zu. Hier hat die Geländeerkundung noch immer eine große Bedeutung. Dies ist insbesondere bei Satellitenaufnahmen wichtig, da hier i. w. nur die Wald- und Gebüschformationen gut interpretierbar sind (z. B. Anhuf 1997).

Die Auswertung von Luft- und Satellitenbildern ist nur mit Spezialkenntnissen und -geräten möglich (z. B. Schneider 1984, Carmel & Kadmon 1998). Beispiele für Luftbildkartierungen aus Mitteleuropa sind Ullmann (1971, Hochmoorvegetation), Lang (1981, Ufervegetation Bodensee), Heiselmayer et al. (1982, alpine Pflanzengesellschaften) und Kübler & Ammer (1992, Biotoptypen). Schwerpunktmäßig gehen die Arbeiten in die formationskundliche und landschaftsökologische Richtung (Küchler & Zonneveld 1988). Eine Gesamtübersicht geben Roy & Millington (1997). Die Gesamterfassung der Vegetation, die Erfassung des Phytoplanktons der Meere und des Kahlschlags der Regenwälder, die

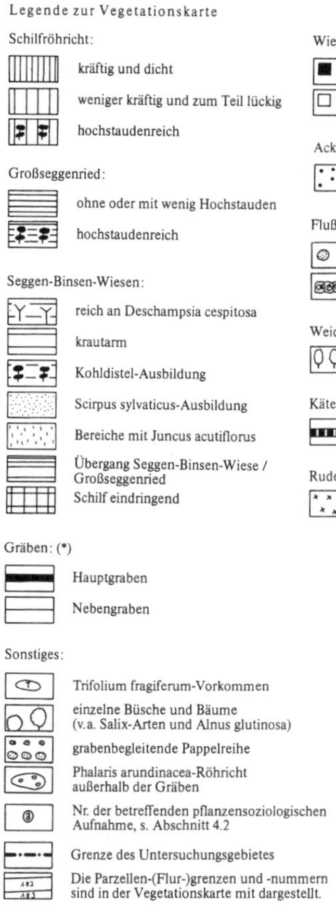

Abb. 4-14: Gegenüberstellung von Luftbild **(1)** und Vegetationskarte **(2)**. Vegetation des Naturschutzgebietes ‚Klosterwiesen von Rockenberg' (Hessen). **1.** Schrägaufnahme aus etwa 700 m Höhe, 2. 9. 1980. **2.** Vegetationskarte. (1 aus, 2 nach König 1983.)

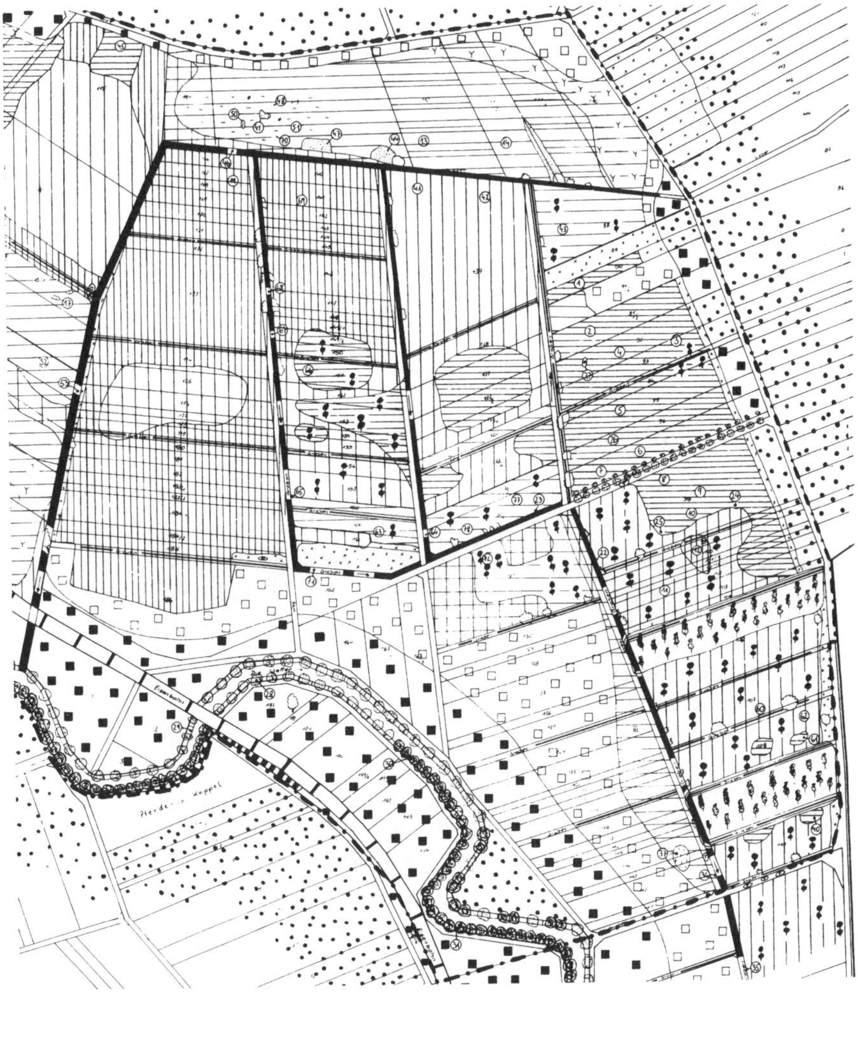

Auswirkungen des Treibhauseffektes, die Umweltveränderungen und die Verschiebung und Ausdehnung der Wüstengebiete und die angewandten Aspekte in der Landwirtschaft sind die wichtigsten anwendungsbezogen Arbeitsfelder.

Verwendung von Vegetationskarten
In Vegetationskarten wird das Gefüge aller Pflanzengesellschaften bzw. Pflanzenformationen eines Gebietes dargestellt, soweit dies maßstäblich möglich ist. Sie dokumentieren das Inventar und die flächenhaften Beziehungen der Pflanzengesellschaften bzw. der Formationen zueinander. Daneben können sie für zahlreiche weitere Zwecke ausgewertet und verwendet werden.

Geographisch relevant sind Vegetationskarten für die naturräumliche Gliederung, für die Beschreibung des Landschaftsbildes und für die **Landschaftsplanung**. Bei letzterer geht es i. w. um die Eignung oder Belastbarkeit von Flächen sowie um die Klärung des Erhalts von naturräumlichen Gegebenheiten. Auch für die praktische Naturschutzarbeit werden Vegetationskarten herangezogen, denn aus detaillierten pflanzensoziologischen und kartographischen Darstellungen können Aussagen zu Schutz-, Pflege- und Entwicklungsmaßnahmen gemacht werden. Von Bedeutung sind hier auch abgeleitete Karten, so z. B. zum Natürlichkeitsgrad, zur Vielfalt, zur Verteilung und Gefährdung von Sippen, Karten mit Bewertungsstufen und Zielkonzeptkarten, die zur Ausgliederung schutzwürdiger Biotope und Pufferzonen führen können. Mit Vegetationskarten von Schutzgebieten können detailliert die schützenswerten Pflanzengesellschaften und Vegetationskomplexe dargestellt und Veränderungen aufgezeigt werden (z. B. Bohn 1989, Erdmann & Spandau 1996). Da die Pflanzengesellschaften spezifische Habitateigenschaften anzeigen, sind Vegetationskarten auch als Habitatkarten verwendbar und damit Grundlage für den landwirtschaftlichen Anbau bestimmter Kulturpflanzen, für Aufforstungspläne, für Beregnungsvorhaben und für die Be- und Entwässerung oder auch für die Rückführung der Intensivlandwirtschaft auf naturgerechte Möglichkeiten (z. B. ökologischer Landbau, ökologische Waldwirtschaft; biologische Produktion, Renaturierung). Bei der Freizeitnutzung, bei der Anlage von Siedlungs-, Gewerbe- und Industriegebieten und von Verkehrsanlagen (Raumnutzung) bieten Vegetationskarten die Grundlage für die Bewertung von Flächen und damit ggf. für Aussparung bzw. den Erhalt störungsempfindlicher Bereiche.

4.5 Direkte Gradientenanalyse[2]

4.5.1 Allgemeines

Neben der Klassifikation der Vegetation (s. 4.2.3) ist die **Direkte Gradientenanalyse** ein weiterer grundlegender Ansatz in der Vegetationskunde. Hierbei handelt es sich um die Analyse der Anordnung von Pflanzenarten und -populationen, Artengruppen, Pflanzengesellschaften und Aufnahmen entlang von ökologischen Gradienten. Sie entstammt dem Kontinuums-Konzept der anglo-amerikanischen Geobotaniker, in dem die Vorstellungen von kontinuierlichen Veränderungen und Übergängen in der Vegetation enthalten sind (**Kontinuums-Theorie**, Gleason 1926), jedoch in der vegetationskundlichen Bedeutung wohl zuerst von russischen Geobotanikern erkannt wurden (z. B. Ramensky 1930). Der ordnende Faktor wird außerhalb der Vegetation gesucht. Die Gradienten (z. B. pH-Gradient, Salzgehalt, Mikroreliefgradient) werden entweder direkt durch ökologische Messungen belegt oder aufgrund von Beobachtungen oder Erfahrungen beschrieben. Daten hierzu enthalten u. a. die Arbeiten von Whittaker (1973), der die Gradientenanalyse als

[2] Bei der **Indirekten Gradientenanalyse** (s. 4.6.3) wird zunächst die Anordnung der Arten, Populationen usw. entlang der Transekte erfasst und dann auf die ökologischen Zusammenhänge zurückgeschlossen (Whittaker 1967).

Methode entwickelt hat, Spatz (1975), Feoli & Orlóci (1991) und Hoagland & Collins (1997).

Für die Aufnahme von Daten dienen im Normalfall Transekte, die den räumlich-ökologischen Gradienten folgen (Abb. 4-16). In der Regel verlaufen diese quer zu erkennbaren Vegetationszonierungen, wie z. B. durch Waldränder, Uferzonen, Hochmoorflächen, Salzwiesen. Im Verlauf der Transekte werden in Quadraten, Rechtecken oder Kreisen in meist festgelegten Abständen, jedoch so, dass jede sichtbare Artenverschiebung erfasst wird, die Arten und die ökologischen Parameter aufgenommen. Daneben gibt es auch ökologisch-zeitliche Gradienten. Für eine relative Bewertung (Gewichtung, importance value) dienen oft Deckungsgrad, Biomasse, Wuchshöhe, Stammdurchmesser u. a.

Grundlegende Arbeitstechnik der Gradientenanalyse ist die **Ordination**. Dies bedeutet nach Goodall (1954) die ‚Anordnung von Einheiten in ein- bis mehrdimensionaler Ordnung' (s. 4.5.2). Auf Arten und ganze Pflanzenbestände bezogen wird dabei die kontinuierliche oder auch diskontinuierliche Änderung gemäß den natürlichen Gegebenheiten dargestellt.

Die Ordination wird oft als Alternative zur Klassifikation der Vegetation, also zur Ermittlung gegeneinander gut abgrenzbarer floristischer Einheiten, gesehen. Dies suggeriert z. B. auch der Titel des grundlegenden Werkes von Whittaker (1973) ‚Ordination and classification of communities'. Diese Sichtweise ist nicht richtig. Die beiden Richtungen ergänzen sich, obwohl sie durch die Tradition getrennt sind. Die Ordination ist oftmals eine Vorstufe für die Klassifikation. Außerdem ist zu prüfen, welche Arbeitstechnik am besten für die vorgegebene Fragestellung geeignet ist.

4.5.2 Ein- und mehrdimensionale Ordination

Die Ordination kann ein-, zwei- oder mehrdimensional sein.

Die **eindimensionale Ordination** ermöglicht eine anschauliche Darstellung der Gradientenanalyse, d. h. der Analyse von Transekten. Zur Darstellung kommen häufig Populationskurven, Kurven von Artengruppen und in Mitteleuropa v. a. Artenprofile entlang ökologischer Gradienten.

Bei den **Populationskurven** wird auf einer Achse der Gradient, auf der zweiten ein quantitativer

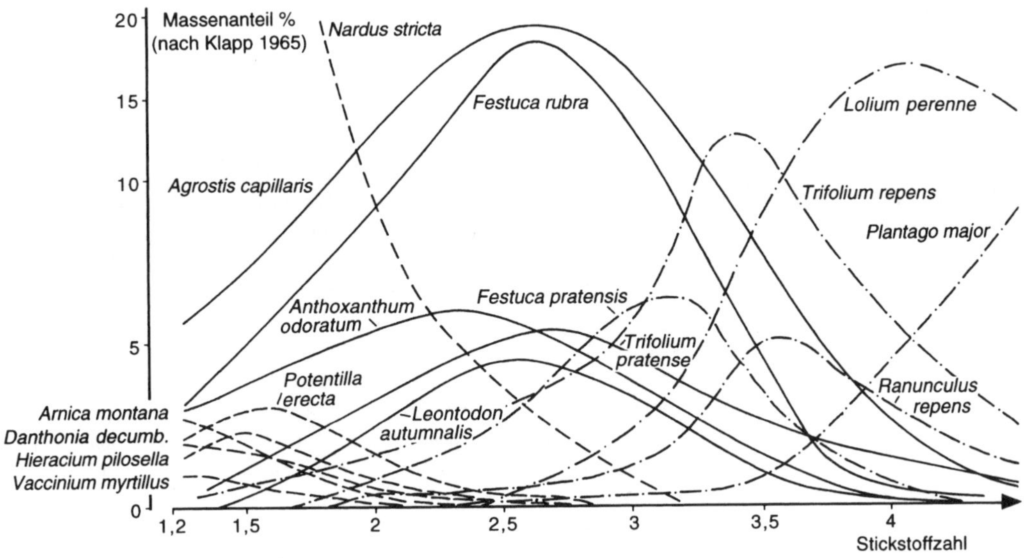

Abb. 4-15: Populationskurven von Arten der Almweiden entlang des Stickstoffgradienten, bezogen auf den oberirdischen Biomasseanteil mit zwei Habitatbereichen und Artengruppen. (Nach Spatz 1975.)

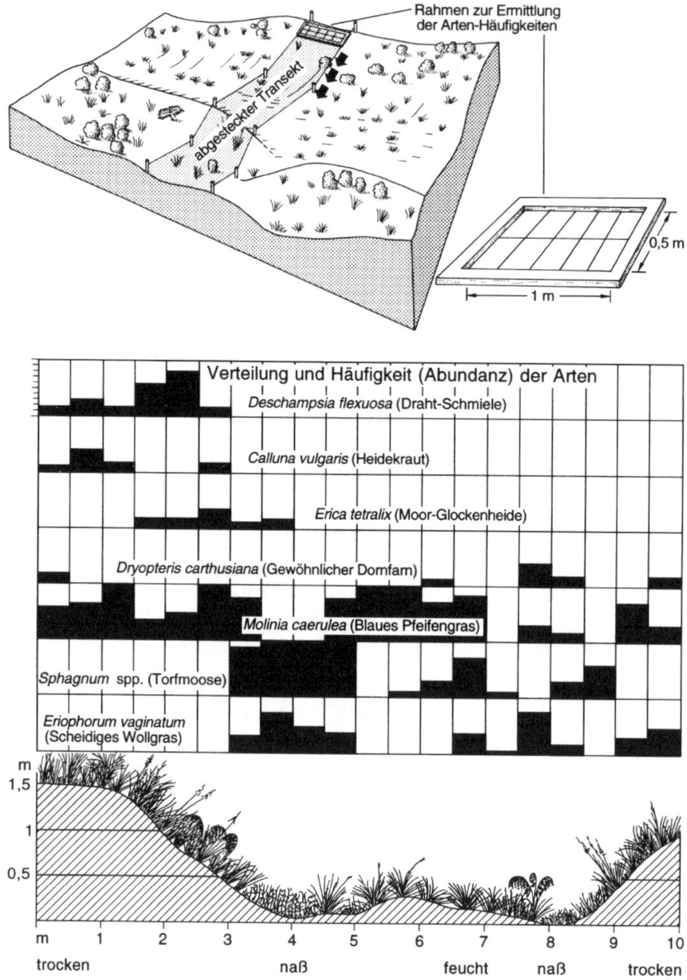

Abb. 4-16: Artenprofil eines kleinräumigen Transektes im Jardelunder Moor bei Flensburg. (Nach Kuhn & Probst 1980.)

Wert für die Wuchskraft, Biomasse oder Häufigkeit (Stetigkeit) der Arten aufgetragen. Oft ergeben sich Gruppierungen von Kurvenverläufen, die Habitatbereiche und ökologische Artengruppen anzeigen (Abb. 4-15). Meist soll mit den Arbeiten das ökologische Verhalten der Arten aufgeklärt werden. Demgegenüber werden in den **Kurven von Artengruppen** ökologische oder soziologische Artengruppen entlang von Gradienten angeordnet. Oft angewandt werden **Artenprofile** als Gradientenanalysen, in denen die Horizontalstruktur der Vegetation in Abhängigkeit von den ökologisch-floristischen Gradienten deutlich wird. Eine Achse enthält den ökologischen Gradienten, die andere z. B. die Häufigkeit (Abundanz) der Arten (Abb. 4-16). Hierdurch lassen sich feine Mikro-Gradienten und -zonierungen darstellen, die sich in ökologischen Artengruppen widerspiegeln. An Gradienten sind z. B. Mikrorelief-, Wassertiefe- Verlandungs-, Salzgehalt-, Trophie-, Boden-, Luftfeuchte-, pH- und Licht-Gradient zu nennen, an Werten für die Arten z. B. die Häufigkeit (Abundanz), der Deckungsgrad und die Artmächtigkeit. Hierdurch lassen sich Kleinsträume und Zonierungen ökologisch gut interpretieren (z. B. Bornkamm & Meyer 1977: Trittgesellschaften, Dierschke 1988a: Bulten im Erlenbruch, Kuhn 1988: Verlandungszone an einem Süßwassersee).

Einzeltransekte haben für sich allein eine spezifische, jedoch keine allgemeine Aussagekraft. Sekundär können Transekte parallelisiert werden, so z. B. aufgrund parallel gemessener oder beobachteter Habitatmerkmale, z. B. Höhenlage, pH, Salzgehalt. Erst hierdurch ergeben sich großräumigere und allgemein gültige Aussagen. Dierschke (1994) bezeichnet diese Verfahren als sekundäre Form der Direkten Gradientenanalyse (im Gegensatz zur Indirekten Gradientenanalyse). Von Bedeutung ist die **Sekundäre direkte Gradientenanalyse** v. a. bei der Anordnung der Arten nach ökologischen Gruppen, wobei die Vegetationsaufnahmen von Vegetationstypen aus Großräumen nach den gemessenen ökologischen Daten (z. B. pH, Salzgehalt, Wasserspeicherkapazität des Bodens, Licht) in ökologischen Reihen angeordnet werden. Ferner besitzt diese Form der Gradientenanalyse eine Relevanz bei der Koinzidenz-Methode als praxisorientierte Gradientenanalyse in der angewandten Pflanzensoziologie (Dierschke 1994) (Koinzidenz = empirisch ermitteltes gemeinsames Auftreten von Pflanzen und bestimmten Habitatmerkmalen).

Die eindimensionale Ordination ist weit verbreitet und ergibt einfache und leicht ermittelbare Daten der Beziehungen zwischen der Vegetation und einem ökologischen Faktor. Das Wirkungsgefüge zwischen Umwelt und Vegetation wird jedoch differenzierter durch die **zwei- und drei-(mehr-)dimensionale Ordination** erfasst.

Die **zweidimensionale Ordination** wird ebenfalls häufig angewendet. Bei diesen als **Ökogramme** bekannten Diagrammen (seit Ellenberg 1963) werden zwei Gradienten als Achsen benutzt. Es

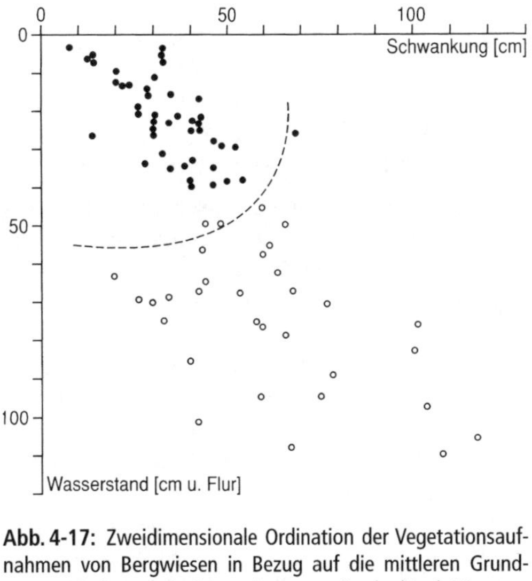

Abb. 4-17: Zweidimensionale Ordination der Vegetationsaufnahmen von Bergwiesen in Bezug auf die mittleren Grundwasserstände und die Schwankungsamplitude. (Nach Niemann 1963, aus Dierschke 1994.)

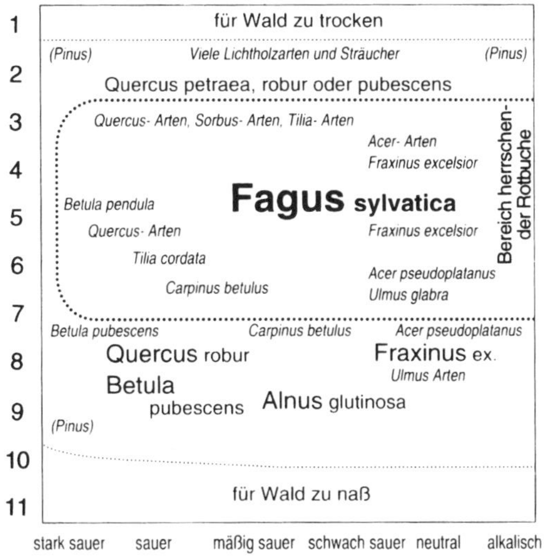

Abb. 4-18: Ökogramm der in der submontanen Stufe Mitteleuropas waldbildenden Baumarten in Bezug auf Bodenfeuchtigkeit und Bodenreaktion. Die Größe der Schrift drückt den Grad der Beteiligung an der Baumschicht aus, eingeklammert = nur in manchen Gebieten. 1 sehr trocken, 2 trocken, 3 mäßig trocken, 4 mäßig frisch, 5 frisch, 6 mäßig feucht, 7 feucht, 8 mäßig nass, 9 nass, 10 sehr nass, 11 Wasser. (Aus Ellenberg 1996.)

lassen sich damit sehr detaillierte ökologische Interpretationen von Verbreitungsmustern erzielen. Zur Darstellung kommen v. a. die Bezüge von Arten, Artengruppen, Vegetationsaufnahmen oder Gesellschaften zu ökologischen Gradienten. In Bezug auf den ökologischen Gradienten können auch andere Charakteristika wie z. B. Natürlichkeitsgrad, Nutzungstyp oder die topographische Lage untersucht werden. Das Ökogramm mehrerer Vegetationsaufnahmen von Bergwiesen in Bezug auf zwei Grundwasser-Messgrößen, die eine deutliche Bindung an die mittlere Grundwasserhöhe und -schwankungsamplitude zeigen (Abb. 4-17) und das Ökogramm der in der submontanen Stufe Mitteleuropas waldbildenden Baumarten in Bezug auf Bodenfeuchtigkeit und Bodenreaktion (Abb. 4-18) dienen hier als Beispiele. Beispiele für die **dreidimensionale Ordination** sind Abb. 4-19, in der Grünlandgesellschaften nach Messwerten von Calcium, Phosphat und Nitrat im Bodenwasser geordnet sind, und Abb. 4-20 mit Pflanzengesellschaften an Extremhabitaten auf Spitzbergen, geordnet nach drei Umweltgradienten.

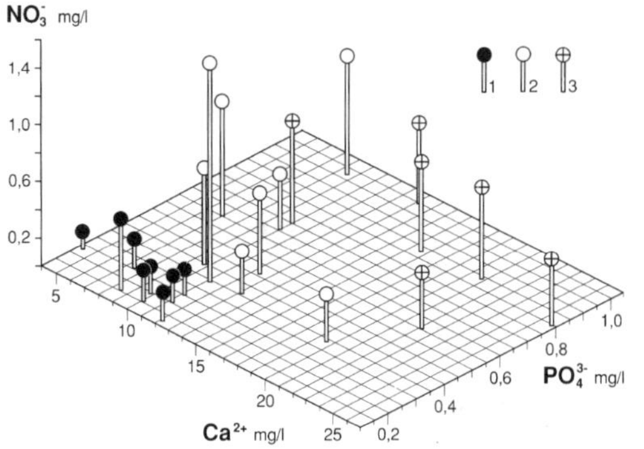

Abb. 4-19: Dreidimensionale Ordination der Vegetationsaufnahmen von drei Grünlandgesellschaften in Nordhessen nach drei chemischen Gradienten der Bodenlösung. 1 Polygalo-Nardetum, 2 *Festuca rubra – Agrostis tenuis*-Gesellschaft, 3 *Arrhenatherum*-Gesellschaft. (Aus Ebben et al. 1983.)

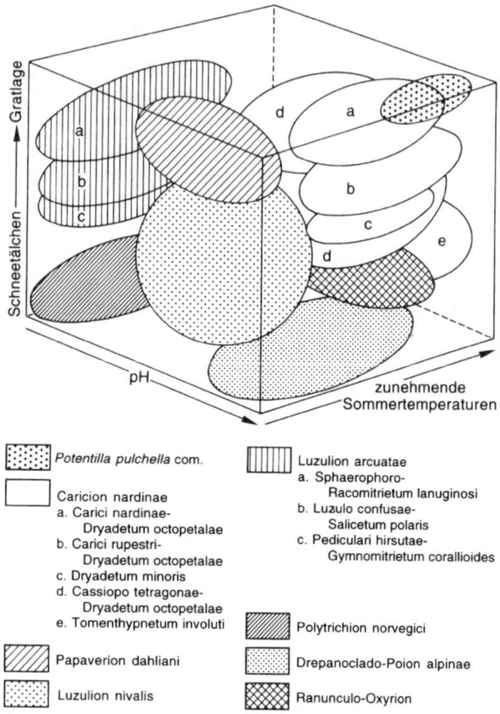

Abb. 4-20: Dreidimensionale Ordination der Pflanzengesellschaften (Syntaxa) exponierter Grate, Schneetälchen, Hänge und Ebenen nach drei Umweltgradienten auf Spitzbergen. (Nach Elvebakk 1994.)

4.6 Numerische Vegetationsanalyse

4.6.1 Allgemeines

Mathematische Verfahren zur Vegetationsanalyse umfassen Ordinations- und Klassifikationsverfahren. Sie werden synonym als numerische, multivariate, mathematische, statistische oder quantitative Verfahren bezeichnet. Hier wird der Begriff numerisch verwendet.

Der grundsätzliche Unterschied zur Braun-Blanquet'schen Arbeitstechnik liegt in dem Bestreben, nicht nach Schätzungen, sondern objektiv und reproduzierbar vorzugehen und die Auswertungen mit mathematischen Berechnungsverfahren durchzuführen. Ziel ist letztlich ebenfalls die Gliederung und Ordnung der Vegetation.

Die numerischen Verfahren haben sich nach 1960 etabliert, zunächst wegen des hohen Rechenaufwandes langsam, dann mit der Entwicklung leistungsfähiger Computer zunehmend schneller. Sie gehören heute zu den Standardmethoden (weiterführende Literatur z. B. Goodall 1973, Whittaker 1973, Wildi 1986, Feoli & Orlóci 1991, Nimis & Crovello 1991, Austin 1994, Grabherr 2001).

Mit den numerischen Verfahren können einerseits kleinräumige Vegetationsanalysen, die direkt mit ökologischen Fragestellungen gekoppelt sind, durchgeführt und andererseits große Datensätze verarbeitet werden. Kritisch muss angemerkt werden, dass es eine Vielzahl von ‚Richtungen' gibt, ja oftmals das ‚Programm' Vorrang vor der Vegetation und deren eingehender Interpretation hat und dass die Richtung (‚Theoretische Vegetationskunde') stark durch theoretische Überlegungen geprägt ist. Außerdem gibt es bis heute kein hierarchisches System für die durch numerische Verfahren erarbeiteten Artengruppen.

4.6.2 Allgemein-vegetationskundliche Verfahren

Als messbare Größen bei der Vegetationsaufnahme dienen die **Individuenzahl** pro Fläche, die **Frequenz** (s. 4.2.2) und die exakte Bestimmung des **Deckungsgrades**, d. h. die senkrechte Projektion z. B. von Krone und Sprosssystem auf die Fläche oder die Erfassung der durch Epiphyten bedeckten Fläche auf durchsichtigen Folien. Der **Importanzwert** ergibt sich aus der Summe von Frequenzwert und Deckungsgrad (Dominanz) (in %). Er veranschaulicht die Reaktion der einzelnen Arten auf die spezifischen Umweltbedingungen der Untersuchungsgebiete (Curtis 1947). Mathematische Verfahren im Bereich der pflanzensoziologischen Tabellenarbeit zur Ermittlung der **Homotonität** und der **Affinität** sind 4.2.4 zu entnehmen. Zu den Mittelwerten der Ellenberg-Zahlen vgl. 4.7.

Pflanzensippen eines Vegetationstyps oder einer Pflanzengesellschaft lassen sich nach bestimmten Merkmalen wie Lebensdauer, Lebensform, Reproduktions- und Ausbreitungsverhalten, Zeigerwert, syntaxonomischer und ökologischer Stellung u. a. bzw. durch soziologische und ökologische Artengruppen oder Stetigkeitsklassen zusammenfassen **(Gruppenwert, Gruppenanteil)**. Die Zusammensetzung eines Vegetationstyps aus Anteilen dieser Gruppen ergibt jeweils ein Gruppenspektrum, wobei zu entscheiden ist, ob man die absolute Anzahl der Arten oder deren Quantitäten (z. B. Artmächtigkeiten, Biomasse) berücksichtigt. Demnach unterscheidet man zwischen **ungewichteten** (qualitativen) und **gewichteten** (quantitativen) **Gruppenspektren**. In diesen häufig angewendeten Spektren (als ‚Säulendiagramm' Abb. 4-21, als ‚Tortendiagramm' Abb. 4-22) können Eigenschaften von Vegetationstypen und deren Bezüge untereinander sehr übersichtlich dargestellt werden.

Für deren Berechnung gibt es folgende Formeln (Tüxen & Ellenberg 1937):

Gruppenanteil G % (ungewichtet, qualitativ)

für eine Aufnahme

$$G = \frac{AZG}{AZ} \times 100\,\%$$

(AZG = Artenzahl einer Gruppe, AZ = Artenzahl der Aufnahme)

für eine Tabelle

$$G = \frac{mAZG}{mAZ} \times 100\,\% \quad \text{oder} \quad \frac{\Sigma g}{\Sigma t} \times 100\,\%$$

(m = Mittelwert, Σ g = Summe aller Einzelvorkommen von Arten einer Gruppe, Σ t = Summe aller Einzelvorkommen von Arten der Tabelle, AZG, AZ s. o.)

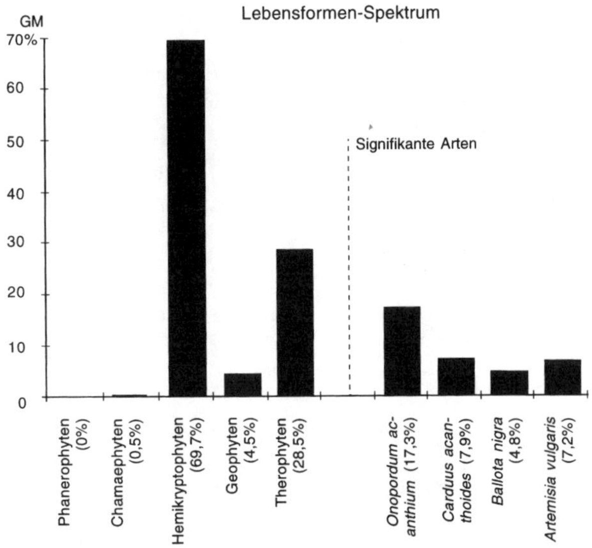

Abb. 4-21: Gewichtetes Lebensformen-Spektrum (Mittlere Gruppenmengenanteile, GM) im Onopordetum acanthii (Eselsdistel-Gesellschaft) und Mittlere Gruppenmengenanteile der signifikanten Arten. (Nach Frey & Hauser 1996.)

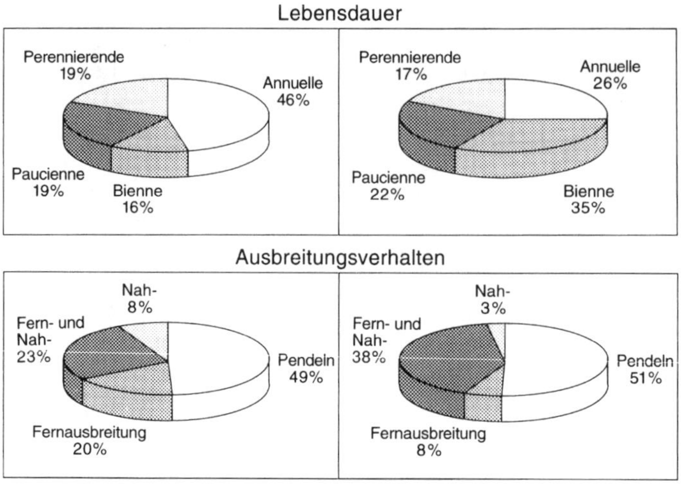

Abb. 4-22: Spektren der Lebensdauer und des Ausbreitungsverhaltens im Onopordetum acanthii (Eselsdistel-Gesellschaft). Links ungewichtet, bezogen auf die Gesamtartenzahl; rechts gewichtet nach Mittleren Gruppenmengenanteilen. (Nach Frey & Hauser 1996.)

Gruppenstetigkeit GS % (ungewichtet, qualitativ)
Die Gruppenstetigkeit ist der Prozentanteil der Einzelvorkommen von Arten einer Gruppe am maximal möglichen Vorkommen.

$$GS = \frac{\Sigma\, g}{AZG \times n} \times 100\,\%$$

(Σ g, AZG s. o., n = Zahl der Aufnahmen)

Von weiter gehender Bedeutung sind jedoch gewichtete (quantitative) Spektren, in die ‚quantitative' Werte, wie z. B. die Artmächtigkeit oder die Biomasse der Arten eingehen. Entsprechend dem Gruppenanteil (s. o.) kann die **mittlere Gruppenmenge** berechnet werden:

$$mGM = \frac{\Sigma\, M}{n} \times 100\,\%$$

(Σ M = Summe der Quantitäten [z. B. Artmächtigkeiten] aller Arten einer Gruppe der Aufnahme, n = Anzahl der Aufnahmen)

Von großer Relevanz ist die Ermittlung des **Mittleren Gruppenmengenanteils (GM)**

$$GM = \frac{\Sigma\, M}{\Sigma\, AM} \times 100\,\%$$

(Σ M = s. o., Σ AM = Summe der Quantitäten aller Arten der Aufnahme)

im besonderen als

$$GM = \frac{\sum \text{der mittleren Deckungsprozente der Vertreter einer Gruppe* in der Assoziation, Pflanzengesellschaft, Höhenstufe u. a.}}{\sum \text{der mittleren Deckungsprozente aller Arten = Gesamtdeckung in der Assoziation, Pflanzengesellschaft, Höhenstufe u. a.}} \times 100\,\%$$

* z. B. Merkmale wie Lebensform, Lebensstrategie, Reproduktions- und Ausbreitungsbiologie u. a. (nach Frey et al. 1990).

Mit dem Mittleren Gruppenmengenanteil lässt sich die **biologische Relevanz** der in den Pflanzengesellschaften, Höhenstufen o. a. auftretenden Merkmale bzw. Merkmalskomplexe werten und somit eine Gewichtung vornehmen. Dabei sind die Mittleren Deckungsprozente für r 0,1; + 0,5; 1 2,5; 1m 2,5; 2a 10; 2b 20; 3 37,5; 4 62,5; 5 87,5. Die erstellten Spektren ermöglichen differenzierte Analysen, Aussagen und Vergleiche (s. 8.2). Der entscheidende Vorteil ist die Gewichtung über die Artmächtigkeit bzw. die mittleren Deckungsgrade. **Signifikante Arten** im Artenspektrum, d. h. Vertreter mit syntaxonomischer Relevanz bzw. hoher Artmächtigkeit, können zusätzlich dargestellt werden (Abb. 8-21).

4.6.3 Numerische (multivariate) Ordination

Im Kontinuumkonzept (s. 4.5) wird davon ausgegangen, dass es keine scharfen Grenzen in der Vegetationsbedeckung der Habitate gibt. Bei der **direkten Ordination (Direkte Gradientenanalyse**, s. 4.5) werden Pflanzenarten und -populationen, Aufnahmen, Artengruppen und Pflanzengesellschaften unmittelbar bestimmten Habitatgradienten und Messdaten zugeordnet. Werden diese jedoch in einem vieldimensionalen Raum nach ihrer Ähnlichkeit geordnet, wobei die Merkmale gleichsam als Koordinaten dienen (Abb. 4-23,

4-24), wird dies als **Indirekte Ordination (Indirekte Gradientenanalyse)** bezeichnet. Indirekt deshalb, weil erst von den komplexen Achsen des Raumes auf die der Ordination (Ordinierung) zugrundeliegenden ökologischen Gradienten geschlossen wird. Wie bei der direkten Ordination fehlen jedoch auch hier definierte, abgrenzbare und somit merkbare Einheiten.

Mit Hilfe der **indirekten Ordination** lassen sich Arten, Vegetationsaufnahmen oder Pflanzengesellschaften eines größeren Gebietes in ein zwei- bis vielachsiges Koordinatensystem einordnen. Dabei werden Arten nach der Häufigkeit ihres gemeinsamen Vorkommens oder nach ihrem Artenbesatz ähnliche Aufnahmen bzw. Pflanzengesellschaften nahe beieinander bzw. unähnliche weit voneinander angeordnet. Ordnet man diesen Gruppierungen sekundär noch Habitatfaktoren zu, ergeben sich Beziehungen zwischen Arten, Aufnahmen oder Vegetationstypen bzw. Pflanzengesellschaften (Indirekte Gradientenanalyse, Abb. 4-23, 4-24).

Verfahren der Ordination in der Vegetationskunde sind die ‚Polar ordination' (PO), ‚Correspondence analysis' (CA), ‚Detrended correspondence analysis' (DCA, Korrespondenz-Analyse), ‚Principal components analysis' (PCA, Hauptkomponenten-Analyse), ‚Principal coordinate analysis' (PCO), Canonical correspondence analysis (CCA), Redundancy analysis (RDA), Canonical correlation analysis (COR) und die Canonical variate analysis (CVA). Die Verfahren und die Daten zu ihren Entwicklungen (60er–70er Jahre) sind ausführlich in Ter Braak (1987a) beschrieben. Computerprogramme für PCA, COR und CVA sind erhältlich, CA und DCA in DECORANA (Hill 1979a). Das Programm CANOCO (Ter Braak 1987b, 1988) ist eine Erweiterung von DECORANA. Anwendung findet auch die ‚Principal components analysis' (PCA, Hauptkomponenten-Analyse, Goodall 1954, Orlóci 1966) sowie eine davon abgeleitete Variante, die ‚Factor analysis' (FA, Faktoren-Analyse).

Wie bei den übrigen Verfahren werden bei der Hauptkomponenten-Analyse die Arten, Aufnahmen oder Pflanzengesellschaften eines Aufnahmekomplexes als Variable („Komponenten") angesehen, deren jeweilige Position in einem vieldimensionalen Raum sich mit Achsen berechnen lässt. Diese werden durch spezielle Verfahren mit der Festlegung neuer Achsen, die die Zusammenhänge zwischen den Variablen verdeutlichen sollen, in eine Ebene projiziert. Die erste Achse beinhaltet die Richtung maximaler Varianz, die zweite, die auf der ersten senkrecht steht, die größte Restvarianz usw. (abnehmende Information). Die Achsen stellen hypothetische Gradienten dar, die sich nur schwer direkt interpretieren lassen. Erst in einem zweiten Schritt werden Achsen in Form von Umweltgradienten ergänzt (Abb. 4-23, 4-24). Wenn sich in den Projektionen Punktgruppen (cluster) ergeben, kann auf Diskontinuitäten, d. h. Arten- bzw. Aufnahmegruppen, die sich zu einer Gliederung der Vegetation eignen, geschlossen werden. Das große technische Problem ist die Anzahl der eingesetzten Variablen. Die Gewichtung und Anzahl wichtiger ‚Komponenten' kann mit Hilfe der ‚Parallel Analysis' (Franklin et al. 1995) ermittelt werden.

Abb. 4-23 zeigt als Beispiel die Ordination von Arten in Buchenwaldgesellschaften Frankreichs, Abb. 4-24 die Ordination von Aufnahmen alpiner Rasengesellschaften in den Dolomiten. Weitere Beispiele sind z. B. Grabherr (1985, PCA, hochalpine Rasengesellschaften), Erschbamer (1990, DCA, alpine Rasengesellschaften), Lausi & Nimis (1991, PCA, Vegetation Yukon Territory, Canada), Garcia et al. (1993, CCA, mediterrane Salzmarschen), Backens et al. (1994, CCA, Regeneration

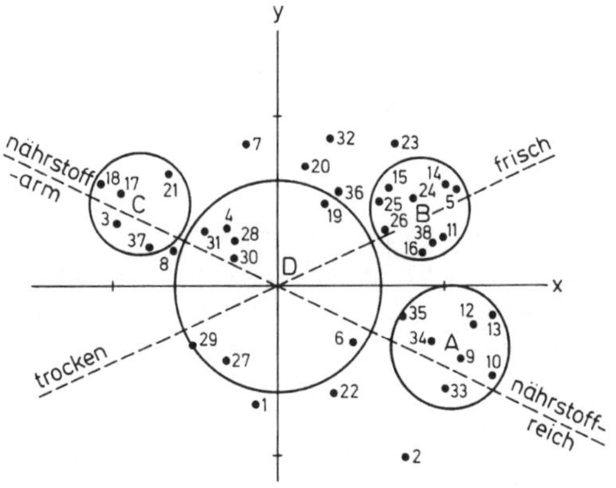

Abb. 4-23: Buchenwaldarten (Nr. 1–38), nach der Häufigkeit ihres gemeinsamen Vorkommens in Buchenwaldgesellschaften Frankreichs mit Hilfe der Hauptkomponentenanalyse zweidimensional geordnet. Die ökologischen Gradienten (Bodenfeuchtigkeit und -fruchtbarkeit) sind ergänzt. Ökologische Artengruppen: Zeigerarten für nährstoffreiche (A), frische (B), nährstoffarme (C) und typische Ausbildungen (D) werden durch das Verfahren erkennbar. (Aus Strasburger 1991.)

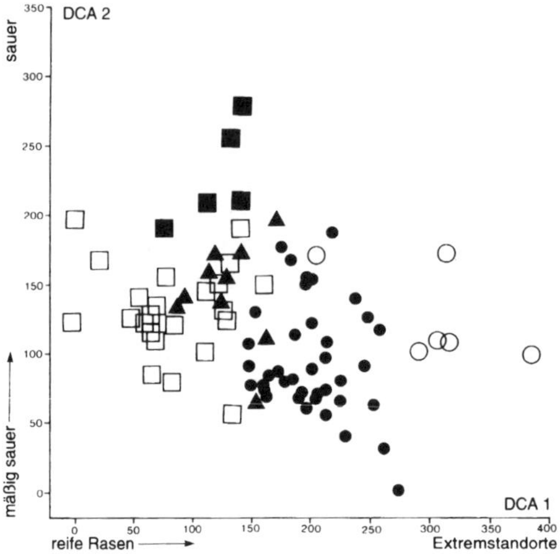

□ Seslerio-Caricetum sempervirentis (Variante mit *Horminum pyrenaicum*, Variante mit *Carex rosae*), ■ Seslerio-Caricetum sempervirentis, Subassoziation mit *Carex curvula*, ▲ Dryadetum octopetalae, ● Elynetum, ○ Pioniervegetation.

Abb. 4-24: Ordination von Aufnahmen alpiner Rasengesellschaften am Latemar (Dolomiten) mit Hilfe der ‚Detrended correspondence analysis' (Korrespondenz-Analyse, DCA) mit der ökologischen Interpretation in Bezug auf Bodenreaktion und Bodenbildung. DCA 1, DCA 2 DECORANA-Achsen. (Nach Erschbamer 1990.)

die Gruppierung von Aufnahmen. Da sich bei der Klassifikation Cluster (Punktwolken, Schwärme, Gruppen von Punkten) ergeben, spricht man auch von der Gruppierungs- oder Cluster-Analyse.

Bevorzugte Darstellungsform der Ergebnisse sind Dendrogramme (Abb. 4-25, 4-26), in denen jede Verzweigungsebene ein bestimmtes Signifikanzniveau der Ähnlichkeit bezeichnet. Je verwandter die Einheiten, desto niedriger ist die Ebene, auf der sie verbunden werden. Dendrogramme sind im Prinzip eine Ordinationsform klassifikatorisch ermittelter Gruppen (Dierschke 1994), wobei das Problem aller Analysen die Wahl der Signifikanzebene ist, um die ‚Cluster' zu bestimmen. Meist werden 1–2 Schwellenwerte angegeben.

Die numerische Klassifikation ist qualitativ, wenn nur das Vorhandensein bzw. Nicht-Vorhandensein von Arten berücksichtigt wird. Über die Eingabe von quantitativen Daten (z. B. Häufigkeit der Arten), bei der v. a. das Fehlen von Arten (Angabe 0) Probleme bereitet, vgl. van Tongeren (1987). Allgemein gilt, dass bei kürzeren Gra-

von Weideflächen), Cotrell (1996, DCA, *Salix*-Gesellschaften USA), Escudero (1996, CCA, mediterrane Kliffvegetation) und Englisch (1999, multivariate Analysen, Schneebodenvegetation Alpen).

4.6.4 Numerische Klassifikation

Das Konzept der **Klassifikation** hat zum Ziel, Artengruppen oder Aufnahmegruppen nach objektiven Kriterien zu bestimmen. Dies erfolgt auf der Grundlage berechenbarer floristischer Ähnlichkeit bzw. Distanz (Berechnung von Ähnlichkeitskoeffizienten). Artengruppen sind Gemeinschaften von Pflanzenarten, deren Individuen an möglichst vielen Fundorten gemeinsam vorkommen, Aufnahmegruppen Gemeinschaften von Aufnahmen, die jeweils einen möglichst ähnlichen Artenbestand aufweisen. Beide möglichen Gruppenbildungen basieren auf der Analyse des gemeinsamen oder nicht-gemeinsamen Vorkommens von Pflanzenarten. Als **invers** wird die Gruppierung von Arten bezeichnet, als **normal**

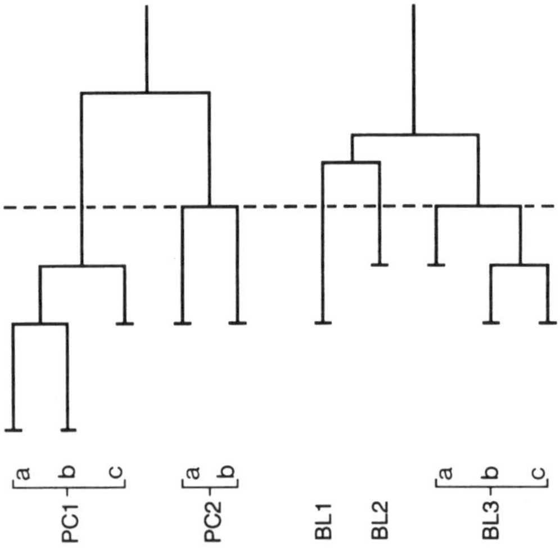

Abb. 4-25: Nach agglomerativen Clustering-Verfahren ermitteltes Dendrogramm von Aufnahmen aus *Pinus contorta*-Wäldern (PC) und Breitblättrigen Baumgruppen (BL) im Yukon Territory (Canada). 1,2,3 Hauptgruppen, a,b,c Untergruppen, z. B. PC1 *Pinus contorta-Hylocomium splendens*-Gesellschaft, PC1a mit hohem Anteil an *Cladonia cornuta*, *C. coccifera* u. a. Gestrichelte Linie: Signifikanzniveau für Hauptgruppen. (Nach Lausi & Nimis 1991.)

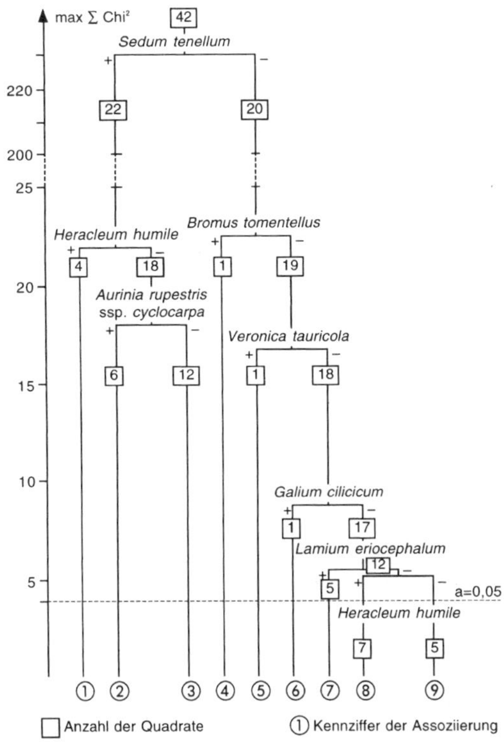

Abb. 4-26: Normale Assoziierungsanalyse einer Steinschuttflur im Ala Dag (Türkei). Ermittlung der Assoziierungen. (Nach Kürschner 1982.)

dienten quantitative Daten eingebracht werden sollten; bei längeren genügt das Vorhandensein und Nichtvorhandensein von Arten (van Tongeren 1987).

Die numerischen Klassifikationsverfahren liefern vielfach dieselben Ergebnisse wie die syntaxonomische Klassifikation (z. B. Grabherr 1985, Dierschke 1994). Jedoch bestehen hier mehr Möglichkeiten zur Analyse von Detailfragen und zur ökologischen Differenzierung (Whittaker 1972, Hakes 1994).

Die **Klassifikationsverfahren** (Gruppierungs- oder Cluster-Analyse) können in zwei Hauptgruppen gegliedert werden, in die agglomerativen und in die divisiven Verfahren. Eine Übersicht gibt z. B. van Tongeren (1987).

Agglomerative Verfahren gehen von einzelnen ‚Objekten' (in der Vegetationskunde meist Aufnahmen) aus und fügen diese über den Vergleich ihres Artenbesatzes/bestandes sukzessive zu Gruppen ähnlichen Artenbesatzes/bestandes (ähnliche Aufnahmen) zusammen (polythetisch, mit mehreren Merkmalen). Allen agglomerativen Verfahren liegt die Vorstellung zugrunde, dass ähnliche Funktionen zwischen den ‚Objekten' entscheidend für die Zusammenfassung sind. Es gibt verschiedene Techniken, die vorwiegend die Distanz zwischen den Gruppen betreffen, z. B. ‚Average linkage clustering' (Lausi & Nimis 1991, Abb. 4-25), Centroid clustering (van Tongeren 1987), Complete linkage clustering (Peinado et al. 1995) und Flexible UPGMA (Belbin et al. 1993).

Divisive Verfahren untergliedern ‚Objekte' (Artengruppen, Aufnahmen) als Ausgangsgruppe meist nach einer Eigenschaft (Art, Merkmal) in zwei kleinere Gruppen usw. (monothetisch, nach einem Merkmal).

Williams & Lambert (1959, 1961) entwickelten das erste effiziente Verfahren für divisives Clustering, die **‚association analysis'** (übersetzt **Assoziierungsanalyse** wegen der Verwechslungsgefahr mit der Assoziation i. S. v. Braun-Blanquet). Man unterscheidet zwischen der inversen Assoziierungsanalyse (Williams & Lambert 1961), die die Gruppierung von Arten über den Vergleich von Aufnahmen zum Ziel und weniger Bedeutung hat und der **Normal association analysis (NAA, Normale Assoziierungsanalyse)**, bei der Aufnahmen aufgrund des Artenbestandes gruppiert werden. Diese eignet sich v. a. zur floristisch-ökologischen Analyse von Transekten (Kürschner 1982).

Das Verfahren, dargestellt an einer Steinschuttflur (Abb. 4-26, 4-27, Tab. 4-12), basiert auf der Erhebung binärer (presence/absence) Daten (Arten) in regelmäßig angeordneten oder zufällig gestreuten Aufnahmeflächen (Stichproben) (Quadrate, Rechtecke o. a.), wobei seltene Arten (weniger als fünfmal vorhanden) auszuklammern sind (bei der inversen Assoziierungsanalyse artenarme Habitate). Mit Hilfe eines Chi^2-Tests (Yate's Korrektur) wird für jede mögliche Artenkombination paarweise geprüft, ob sie eine durch Zufall nicht mehr erklärbare Verbreitung in den Aufnahmen hat oder nicht. Positive und negative Assoziierungen werden dabei gleich bewertet und addiert.

Die Art mit der höchsten Chi^2-Summe (max $\Sigma\, Chi^2$) wird als Trennart definiert. Es resultiert eine Aufnahmegruppe, die die Aufnahmeflächen (Stichproben) beinhaltet, in der diese Art *(Sedum tenellum)* vorkommt (22 Aufnahmeflächen) und eine zweite Aufnahmegrup-

Tab. 4-12: Artenzusammensetzung der Assoziierungen einer Steinschuttflur im Ala Dag (Türkei) (▒ die die Assoziierung dominierenden Arten). Vgl. Abb. 4-27. (Aus Kürschner 1982.)

Kennziffer der Assoziierung	1	2	3	4	5	6	7	8	9
Anzahl der Quadrate	4	6	12	1	1	1	5	7	5
Vavilovia formosa	–	–	–	–	–	–	2	3	–
Cerastium spec.	–	–	–	–	–	1	2	6	–
Heracleum humile	4*	–	–	1	1	1	4	7*	–
Heldreichia rotundifolia	–	–	–	–	–	1	4	1	–
Lamium eriocephalum ssp. *eriocephalum*	–	–	–	–	–	–	5*	–	–
Muscari atlanticum	–	5	2	–	–	–	–	–	–
Aurinia rupestris ssp. *cyclocarpa*	–	6*	–	–	–	–	–	–	–
Bromus tomentellus	3	6	10	1*	–	–	–	–	–
Thymus spec.	4	6	12	1	1	1	–	1	–
Galium cilicicum	1	1	5	–	–	1*	–	–	–
Cerastium gnaphalodes	1	–	4	–	1	–	–	–	–
Koeleria cristata	3	1	1	–	–	–	–	–	–
Sedum tenellum	4*	6*	12*	–	–	–	–	–	–
Acantholimon androsaceum	4	5	11	–	–	–	–	–	–
Erigeron cilicicus	1	4	1	–	–	–	–	–	–
Pedicularis cadmea	2	6	9	–	–	–	–	–	–
Silene olympica	2	6	7	–	–	–	–	–	–
Poa alpina	2	5	8	–	–	–	–	–	–
Astragalus lineatus var. *jildisianus*	3	4	7	–	1	–	1	–	–
Ajuga chia	3	–	–	1	–	–	–	1	–
Veronica tauricola	2	3	8	–	1*	–	–	–	–
Aubrieta canescens ssp. *cilicica*	4	2	9	1	–	–	–	2	–
Veronica caespitosa var. *caespitosa*	1	4	3	1	–	–	–	–	–
Euphorbia herniariifolia	4	6	8	–	1	–	1	4	–
Cerastium cerastioides	–	3	3	–	–	–	–	–	–
Astragalus angustifolius ssp. *angustifolius*	–	2	2	–	1	–	–	–	–
Erysimum kotschyanum	–	–	3	–	–	–	2	2	–

* die Assoziierung kennzeichnende Art

Sonstige: *Alopecurus textilis, Androsace multiscapa, Anthyllis vulneraria* ssp. *pulchella, Draba bruniifolia* ssp. *heterocroma, Festuca* spec., *Hedysarum erythroleucum, Lamium garganicum* ssp. *reniforme, Minuartia corymbulosa, Onobrychis cornuta, Oxyria digyna, Ranunculus demissus* var. *major, Scorzonera cana* var. *radicans, Silene caryophylloides, Vicia alpestris* ssp. *hypoleuca.*

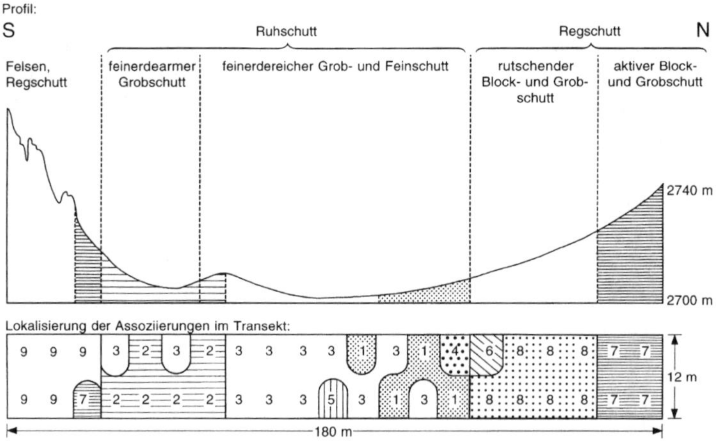

1 *Sedum tenellum-Heracleum humile*-Assoziierung, 2 *Sedum tenellum-Aurinia rupestris* ssp. *cyclocarpa*-Assoziierung, 3 *Sedum tenellum*-Assoziierung, 4 *Bromus tomentellus*-Assoziierung, 5 *Veronica tauricola*-Assoziierung, 6 *Galium cilicicum*-Assoziierung, 7 *Lamium eriocephalum* ssp. *eriocephalum*-Assoziierung, 8 *Heracleum humile*-Assoziierung, 9 ohne Vegetation.

Abb. 4-27: Normale Assoziierungsanalyse einer Steinschuttflur im Ala Dag (Türkei). Lokalisierung der Assoziierungen im Transekt. (Nach Kürschner 1982.)

pe, in denen diese erste Trennart nicht vertreten ist (20 Aufnahmeflächen). Für alle weiteren Aufnahmegruppen wird der Rechenvorgang wiederholt, bis keine assoziierten Arten mehr vorhanden sind oder ein willkürlich festgelegter Terminationsparameter (meist Chi^2 = 3,84, dies entspricht einer Irrtumswahrscheinlichkeit von 5 % [a = 0,05]) erreicht ist. Als Resultat der monothetischen Teilung erhält man ‚homogene' Endgruppen, die als Assoziierungen = Vergesellschaftungen bezeichnet werden (im Beispiel 9) und von denen jede durch eine kennzeichnende Art oder Artenkombination charakterisiert werden kann. Zur Feststellung, welche Arten die jeweilige Assoziierung kennzeichnen, wird der Verlauf der Teilung bis zur Endgruppe verfolgt und dabei berücksichtigt, ob eine Art in der Assoziierung vorhanden oder nicht vorhanden ist. Die Zahl der erhaltenen Endgruppen ist gleichzeitig ein Hinweis auf den Heterogenitätsgrad der Untersuchungsfläche (Tab. 4-12), wobei nach Whittaker (1978) keine der Gruppen vollkommen homogen ist, sondern nur weniger heterogen als die Aufnahmen als Ganzes.

Die Endgruppen (Assoziierungen) sind für eine bestimmte Anzahl von Aufnahmeflächen (Stichproben) charakteristisch. Diese Aufnahmeflächen lassen sich ihrer jeweiligen Endgruppe zuordnen. In einer ‚Isotelen-Karte' (Abb. 4-27) kann somit die Lage der Endgruppen kartographisch dargestellt werden. Jede Grenze zwischen einer dieser Gruppen markiert dabei einen Gradienten oder Umwelteinfluss, der für die Ausbildung der betreffenden ökologischen Artengruppen verantwortlich und Zeiger für bestimmte Habitateigenschaften ist.

Der große Vorteil dieses Verfahrens liegt in der kleinräumigen standörtlichen Analyse. Hiermit können Mikrogradienten topographisch exakt aufgezeigt werden. Diese Technik (teils abgeändert) wurde weltweit angewandt (z. B. Austin et al. 1972 [tropischer Regenwald], Goldsmith 1974 [Savanne], Frey & Kürschner 1979 [epiphytische Moosvegetation, N. Iran], Kürschner 1982, 1983 [Hochgebirgsvegetation Türkei; Halophytenfluren, Zentralanatolien], Kirkpatrick et al. 1985 [Polstervegetation, Tasmanien], Frey & Halfmann 1986, Kürschner 1987 [epilithische Moosvegetation, Nordhessen]), ist aber etwas in Vergessenheit geraten.

Weit verbreitet ist die Anwendung des Klassifikationsverfahrens TWINSPAN (Two Way INdicator SPecies ANalysis, Hill 1979b). Bei diesem handelt es sich ebenfalls um ein mit Trennarten arbeitendes Programm für die Gruppierung von Arten und Aufnahmen. TWINSPAN berücksichtigt i. a. nur die Präsenz von Arten (quantitative Erweiterung mit pseudo-species, Hill et al. 1975; conjoint coding, Heiser 1981) und führt zu einer dichotomen Aufteilung des Aufnahme-Satzes. Die erste Aufnahme des Datensatzes wird bei TWINSPAN allerdings nicht mit einer vorgegebenen Artengruppe durchgeführt, sondern mit einer Ordination (Correspondence analysis = reciprocal averaging). Diese ‚primary ordination' dient dazu, Gradienten zwischen den Arten bzw. Aufnahmen zu finden. Der Gradient wird in seiner Mitte geteilt und danach die Verteilung der Arten in Bezug auf diese Teilung mit Trennarten ermittelt. Das Ergebnis sind Dendrogramme. Das Problem dieses Verfahrens besteht darin, dass die Ordination zunächst auf allen Arten basiert, danach aber nur noch nach dem Vorhandensein von Trennarten optimiert wird (Bruelheide 1995).

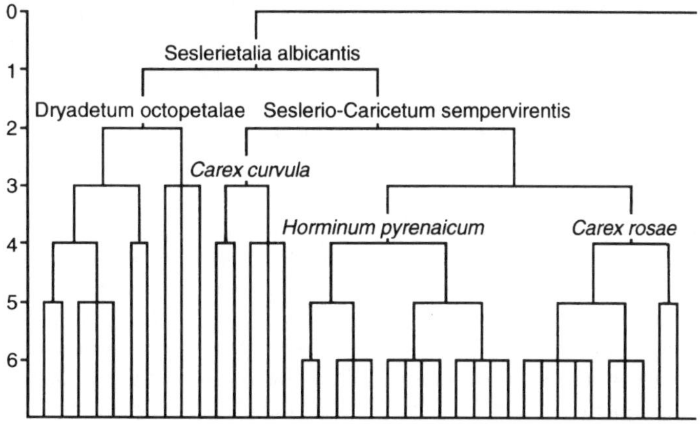

Abb. 4-28: Teil eines Dendrogramms (Klassifikation mit TWINSPAN) von Aufnahmen alpiner Rasengesellschaften in den Dolomiten mit syntaxonomischer Bewertung. (Nach Erschbamer 1990.)

Ein Beispiel der Klassifikation alpiner Rasengesellschaften mit Hilfe von TWINSPAN ist in Abb. 4-28 wiedergegeben, in dem die pflanzensoziologischen Einheiten zu erkennen sind. Ökologische Interpretationen lassen sich oft erst in Verbindung mit einer Ordination (Abb. 4-24) durchführen. Beispiele für die weltweite Anwendung sind z. B. Grabherr (1985, alpine Rasen), Wolf (1993a,b, Epiphyten, tropische montane Regenwälder), Jarman et al. (1994, temperate Regenwälder), Francisco-Ortega et al. (1994, mediterrane Vegetationskomplexe), Korpela & Reinikainen (1996, Schlammvegetation Finnlands).

In einem neueren Vergleich der Klassifikationstechniken TWINSPAN (divisiv, hierarchisch), Flexible UPGMA (agglomerativ, hierarchisch) und ALOC (nicht hierarchisch) wird TWINSPAN die größte Aussagekraft im pflanzensoziologischen Sinne zugeschrieben (Dale 1995). Eine Abänderung erfuhr TWINSPAN mit dem Programm COINSPAN (COnstrained-INdicator-SPecies-ANalysis, Carleton et al. 1996), wobei die neuerdings relativ häufig angewandte Canonical correspondence analysis als ‚primary ordination' eingesetzt wird.

Nicht hierarchische Verfahren der Klassifikation (Clustering) sind z. B. COMPCLUS (Gauch 1979), FLEXCLUS (van Tongeren 1986) und ALOC (Belbin 1987). Über weiter gehende Themenbereiche zur Ordination und Klassifikation, insbesondere die Vegetation als unscharfes System („fuzzy" system) aufzufassen und zur Fuzzy Set Ordination (FSO) vgl. Roberts (1990), Feoli & Orlóci (1991) und Palmer (1994). Anwendungsbezogen eignet sich diese Technik zur Darstellung der Vegetation entlang ökologischer Gradienten (z. B. Boyce 1998) und zur Beschreibung von fließenden Grenzen in der Vegetation. Dies basiert auf der Grundlage, dass ein Element gleichzeitig mehreren Mengen angehören kann, mit verschiedenen Graden der „Zugehörigkeit" (Fuzzy-Logik). Hierdurch kann z. B. eine quantitative Beschreibung von fließenden Grenzen und darauf basierend eine kartographische Darstellung der Vegetation erfolgen (Kuhn 2001).

Grundlegende Weiterentwicklungen liegen nicht vor. Eine kurze Darstellung über 50 Jahre numerische Methoden gibt Grabherr (2001), wobei betont wird, dass ein aktuelles Lehrbuch über die numerischen Methoden fehlt und die seitherigen pflanzensoziologischen Ergebnisse mit numerischen Methoden überprüft sowie mit einem theoretischen Konzept verknüpft werden sollten.

4.7 Ökologische Artengruppen und Zeigerwerte

Unter dem auf Ellenberg (1948 u. w. A.) zurückgehenden Konzept der **ökologischen Artengruppen** werden ursprünglich Gruppen von Pflanzenarten verstanden, die ein annähernd gleiches Verhalten gegenüber einem Habitatfaktor aufweisen. Heute ist dieses Konzept etwas erweitert und umfasst auch Gruppen von Arten mit annähernd gleicher ökologischer Existenz, die sich aus dem Vergleich von Vegetation und Habitat ergeben (Dierschke 1994). Sie charakterisieren ein Habitat besser als einzelne Arten, und es ist möglich, die Wirkung eines oder weniger Faktoren herauszuarbeiten. Es ist jedoch zu beachten, dass nur das ökologische Verhalten unter Einschluss der Konkurrenz der Arten bewertet wird, nicht dagegen das physiologische. So sind z. B. halophytische Pflanzen nicht unbedingt halophile Pflanzen. Ferner haben ökologische Artengruppen vielfach nur eine lokale Gültigkeit, da sich die ökologische Konstitution vieler Arten von Ort zu Ort ändert (Ökotypen) und sich auch die Vergesellschaftung der Arten verschiebt.

Für die exakte Bestimmung ökologischer Artengruppen bedient man sich der sekundären Direkten Gradientenanalyse (s. 4.5.2). Dabei werden die Vegetationsaufnahmen von den betreffenden Vegetationstypen nach den gemessenen ökologischen Daten (z. B. pH, Mineral- und Stickstoffgehalt, Licht, Wasserkapazität) in ökologischen Reihen geordnet und die ökologischen Gruppen entsprechend der ökologischen Gradienten mit Teiltabellen ermittelt. Ferner können diese auch indirekt über die Auswertung der ökologischen Zeigerwerte der Pflanzen (s. u.) erfasst werden. Die jeweils ermittelten Gruppen von **Zeigerarten** mit übereinstimmendem synökologischen Verhalten haben vielfach eine hohe standörtliche Bedeutung im Rahmen der Bioindikation, wie etwa bei Waldgesellschaften (Abb. 4-23) und in der forstwirtschaftlichen Praxis. Dagegen sind sie aufgrund der intensiven Bewirtschaftung heute bei Acker- und Grünlandgesellschaften nicht mehr von Bedeutung.

Zeigerwerte von Pflanzen (Ellenberg et al. 1992, 2001) dienen zur synökologischen Kennzeichnung der Pflanzenarten und sekundär über den mittleren Zeigerwert zur Kennzeichnung ganzer Pflanzenbestände und -gesellschaften, wobei diese wie die ökologischen Artengruppen nur eine regionale Gültigkeit haben und sich auf Vegetationsbereiche beziehen, in denen die Arten optimal entwickelt sind. Sie werden mit der Direkten Gradientenanalyse ermittelt (s. 4.5, Abb. 4-15, 4-19).

Das ökologische Verhalten einer Pflanzenart lässt sich in 9–12 Stufen ([0],1,9, [12]: Extreme, 5: Mitte, x: Indifferente) darstellen. In dieser Ökoformel werden folgende Faktoren aufgeschlüsselt: **Lichtzahl L:** Reihung in Beziehung zur relativen Beleuchtungsstärke (1: Tiefschattenpflanze, 5: Halbschattenpflanze, 9: Vollichtpflanze). **Temperaturzahl T:** Reihung zum Wärmegefälle von der nivalen Stufe bis in die wärmsten Tieflagen (1: alpin-subnivale Pflanzenkältezeiger, 5: submontan-temperate Pflanzen = Mäßigwärmezeiger, 9: mediterrane Pflanzen = extreme Wärmezeiger). **Kontinentalitätszahl K:** Reihung vom ozeanischen zum kontinentalen Bereich (1: euozeanisch, 5: intermediär, 9: eukontinental). **Feuchtezahl F:** Reihung nach der Bodenfeuchtigkeit bzw. Wasserversorgung (1: starke Trockenheitszeiger, 5: Frischezeiger, 9: Nässezeiger; für Wasserpflanzen 10: Wechselwasserzeiger, 11: Wasserpflanzen, 12: Unterwasserpflanzen). **Reaktionszahl R:** Reihung nach der Bodenreaktion und dem Kalkgehalt (1: Starksäurezeiger, 5: Mäßigsäurezeiger, 9: Basen- und Kalkzeiger). **Stickstoffzahl N:** Reihung nach der Mineralstickstoffversorgung (1: stickstoffärmste Habitate, 5: mäßig stickstoffreiche Habitate, 9: übermäßig stickstoffreiche Habitate). **Salzzahl S:** Reihung nach der Salzverträglichkeit (0: nicht salzertragend, 1: schwach salzertragend, 5: mäßig salzertragend, 9: extreme Salzzeiger). **B** ist ausgesprochen, **b** mäßig schwermetallresistent. Ergänzend werden die Lebensformen (s. 8.1), Blattausdauer (immergrün, wintergrün, sommergrün, vorsommergrün), das soziologische Verhalten und die Häufigkeit angegeben.

So lässt sich z. B. die Rotbuche, *Fagus sylvatica*, wie folgt ökologisch charakterisieren:

	L	T	K	F	R	N	S		
Fagus sylvatica	(3)	5	2	5	x	x	0	P	s

(P = Phanerophyt, s = sommergrün)
( ) bezogen auf den Baumjungwuchs

Außerdem können Zeigerarten (s. o.) aufgrund der Zeigerwerte und -zahlen charakterisiert werden. So sind Säurezeiger unter den Wald- und Moorpflanzen mit der Reaktionszahl 1–2 (stark – deutliche Säurezeiger) u. a. *Deschampsia flexuosa*, *Vaccinium myrtillus*, *V. oxycoccus*, *V. vitis-idaea*, *Melampyrum sylvaticum* und *Sphagnum magellanicum*.

Pflanzenarten mit gleicher Kennzahlenkombination bilden eine **ökologische Gruppe**.

Die Zeigerwerte werden vielfach zur ökologischen Interpretation pflanzensoziologischer Ergebnisse herangezogen, wobei in stark strukturierten Beständen oft nur die einzelnen Teilbereiche (z. B. Schichten, Lebensformen, Synusien) erfasst werden (über Einschränkungen und Korrekturen s. ausführlich bei Dierschke 1994). Hierbei kommen v. a. die **Mittleren Zeigerwerte mZ** zur Anwendung.

Bewertung einzelner Aufnahmen (jeweils ohne Indifferente):

qualitativ, aufgrund der Anzahl an Arten

$$mZ_{qual.} = \frac{\Sigma Z}{AZ}$$

(Z = Zeigerwert einer Art, AZ = Artenzahl für jeweils einen Zeigerwert L, T, usw.)

quantitativ, Gewichtung mit Deckungsgrad oder Mittleren Deckungsprozenten (Tab. 4-3, nach Dierschke 1994)

$$mZ_{quant.} = \frac{\Sigma (Z \times D\ \%)}{\Sigma D\ \%}$$

(Z = Zeigerwert einer Art, D = Deckungsgrad, Mittlere Deckungsprozente)

Bewertung von Aufnahmegruppen wie bei den Aufnahmen oder Mittelung aller mZ der Einzelaufnahmen (gilt auch für $mZ_{quant.}$).

Da die Zeigerwerte nur eine regionale Gültigkeit haben, sind sie teilweise korrigiert bzw. erweitert worden, so z. B. für die Flora der mitteleuropäischen Mittelgebirge (Hundt 1966), der Schweiz (Landolt 1977), von Tschechien und der Slowakei (Jurko 1990), der nemoralen Zone Skandinaviens (Diekmann 1995), der Niederlande (Ertsen et al. 1998) und der Britischen Inseln (Hill et al. 1999). Es zeigt sich zudem, dass die Anwendung der Zeigerwerte in der numerischen Vegetationsanalyse mit methodischen Problemen, wie z. B. fehlender statistischer Voraussetzungen und fehlender Aussagen über die regionale Variation von Zeigerwerten behaftet ist. Die Anwendung zur ökologischen Charakterisierung von Pflanzenbeständen bleibt jedoch unbestritten (Englisch & Karrer 2001). Ferner sollten die Zeigerwerte nur zum Vergleich in ein- und demselben Vegetationstyp verwendet werden (Wamelink et al. 2002).

Die Zeigerwerte umfassen nur einen Komplex im Ökogefüge der am Aufbau der Vegetation beteiligten Arten, nämlich die edaphischen und klimatischen Faktoren. Mit der Erfassung weiterer Faktoren und Merkmale sollte man zu einer gesamtbiologischen Wertung der Arten kommen. In der Datenbank der Gefäßpflanzen Mitteleuropas (Lindacher 1995) sind weitere Merkmale, wie der anatomische Bau, die Zeigerwerte nach Landolt (1977), Hemerobie, Einwanderungszeit, soziologisch-ökologische Gruppen, Ausbreitungstyp, Bestäubungstyp, Blütezeit und pflanzengeographische Angaben, enthalten. Biologisch-ökologische Daten zur Flora Mitteldeutschlands liefern Frank et al. (1990), morphologisch-ökologische Merkmale, Arealtypen, Hemerobie und Diasporenmerkmale die Datenbank BIOFLOR (Klotz et al. 2002), biologische Kennwerte, die populationsbiologische Erkenntnisse enthalten, schlagen Urbanska & Landolt (1990) vor. Grundlegende Merkmalskomplexe zu den Lebensstrategien von Pflanzenarten enthalten die Arbeiten von Grime et al. (1988), Frey & Hensen (1995a), Frey & Hauser (1996), Frey (2000) und Grime (2001) (Lebensdauer, Lebensform, Reproduktions- und Ausbreitungsverhalten, s. 8.2).

4.8 Vegetationsdynamik

4.8.1 Allgemeines, Teilgebiete

Vegetationsdynamik ist ein Überbegriff, der alle qualitativen und quantitativen Veränderungen in Pflanzenbeständen im Zeitverlauf zusammenfasst: den phänologischen Wechsel, die Fluktuation, die zyklischen Bestandesänderungen und die Sukzession (Fischer 1999).

Pflanzenbestände bzw. Pflanzengesellschaften sind keine statischen Erscheinungen, sondern unterliegen laufenden Veränderungen. Sind die Habitatfaktoren relativ konstant, ist die Variabilität im zeitlichen Ablauf gering; ändern sich die Habitatfaktoren, ändert sich auch die Zusammensetzung. Die Reaktion ist eine Artenverschiebung (qualitativ in der Artenkombination [Artenaustausch], quantitativ in der Artmächtigkeit), also ein Gesellschaftswandel. Dieses Reaktionsvermögen ist einerseits von wissenschaftlichem, andererseits aber auch von großem praktischen Interesse.

Nach Art, Dauer und Richtung der Veränderungen lassen sich für Pflanzenbestände und -gesellschaften verschiedene Typen unterscheiden (nach Dierschke 1994): Die kurzzeitigen, sich gesetzmäßig wiederholenden Veränderungen in einer Pflanzengesellschaft, die vom klimatischen Jahresrhythmus sowie von den genetischen Anpassungen der Pflanzen selbst gesteuert werden, nennt man **Phänologische Jahresrhythmik (Periodizität)**. Sie werden in der **Symphänologie**, die sich mit der jahreszeitlichen Vegetationsrhythmik befasst, zusammengefasst. In Mitteleuropa wird diese Rhythmik oft in phänologischen Karten dargestellt, die den mittleren Zeitpunkt des Eintritts einer bestimmten Entwicklungsstufe durch Isolinien (Isophanen) zeigen, z. B. die erste Blattentfaltung, der Blühbeginn (Abb. 4-29), die Fruchtreife und der Beginn des Laubfalls. Wesentlich sind auch Blüh- und Fruchtfolgen in Pflanzengesellschaften, die in Phänospektren dargestellt werden (Abb. 4-30), sowie symphänologische Artengruppen (Dierschke 1995).

Abb. 4-29: Isophanen-Karte des Beginns der Apfelblüte *(Malus domestica)* in Deutschland. 1 22.–28. April, 2 29. April–5. Mai, 3 6.–12. Mai, 4 13.–19. Mai, 5 20.–26. Mai. (Nach Diercke 1957.)

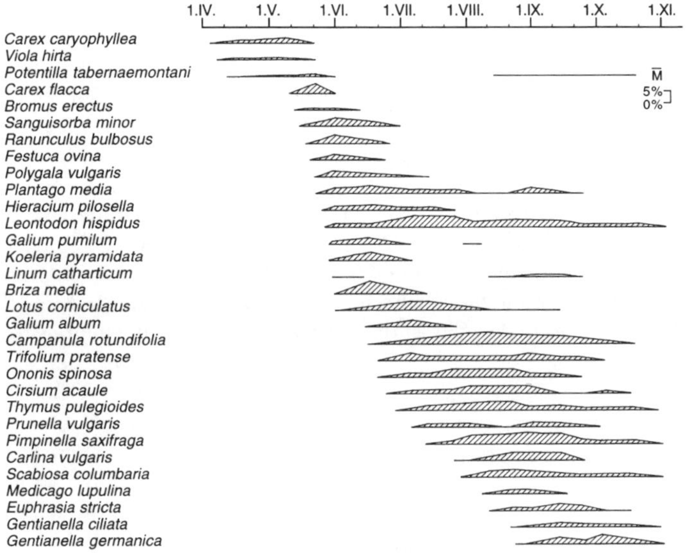

Abb. 4-30: Phänologisches quantitatives Teilspektrum des Blühverlaufs in einem Kalkmagerrasen (Gentiano-Koelerietum pyramidatae). (Nach Füllekrug 1969.)

Als **Fluktuationen (Vegetationsschwankungen)** werden zwischen zwei und etwa zehn Jahren ablaufende Vegetationsveränderungen angesehen, die um einen mittleren Zustand pendeln. Auffallend sind vor allem Massenentwicklungen oder gehäuftes Absterben in bestimmten Zeiten oder auch besonders blüten- und fruchtreiche Jahre. Solche Schwankungen, die sich später wieder stabilisieren, können auch bei regelmäßig eintretenden Überschwemmungen, durch wechselnde menschliche Aktivitäten, durch Zu- oder Abnahme herbivorer Tiere oder durch Einfluss von Parasiten auftreten.

Details zu diesen beiden Teilgebieten können der Spezialliteratur entnommen werden (vgl. ausführliche Darstellung in Dierschke 1994).

Die in geologisch langen Zeiträumen bzw. seit der Mensch in die Vegetation eingreift sich langfristig abspielenden Vegetationsentwicklungen sind Gegenstand der **Vegetationsgeschichte** (s. Kap. 5). Dargestellt werden hier v.a. die kurz- bis längerzeitigen Veränderungen in der Vegetation, die von einmaligen oder langfristig gerichteten Habitatveränderungen oder von Wirkungen der Vegetation selbst bedingt werden. Sie können vom Menschen langfristig beobachtet und erfasst werden. Die Forschungsergebnisse werden in der Sukzessionslehre (Syndynamik) zusammengefasst.

4.8.2 Sukzessionslehre (Syndynamik)

1. Grundlagen, Begriffe

Unter **Sukzession** versteht man gerichtete Veränderungen des Habitat – Pflanzengesellschafts-Systems (vegetationskundlich: Abfolge von Pflanzengesellschaften). Anders gesagt bedeutet sie einen floristischen Umbau von Pflanzenbeständen an ein und demselben Wuchsort als Folge der Änderung von Habitatbedingungen (Fischer 1999) in vom Menschen überschaubaren Zeiträumen. Die Lehre darüber ist die **Sukzessionslehre (Syndynamik)**.

Habitatveränderungen, die die Sukzessionen bedingen, können natürlich, also ohne Einfluss des Menschen zustandekommen, so z. B. durch Klimaveränderungen, geologische Erscheinungen oder den Einfluss von Tieren. In unserer Kulturlandschaft werden sie häufig durch den Menschen ausgelöst (z. B. durch Entwässerung, Düngung, Bodenverdichtung, intensive Bodennutzung, Immissionen). Man unterscheidet eine Vielzahl von Sukzessionstypen, die in der Spezialliteratur aufgeführt sind (z. B. Übersicht in Dierschke 1994).

Als **Sukzessionsserien** bezeichnet man langfristige Abfolgen verschiedener Vegetationstypen bzw. Pflanzengesellschaften an ein und demselben Wuchsort, so z. B. Therophyten-, Rasen-, Verlandungs-, Dünen- und Moorserien. Ein **Sukzessionsstadium** ist ein floristisch (und physiognomisch) deutlich abgrenzbarer Abschnitt in einer Sukzession, meist im Rang einer Assoziation. Dabei sind innerhalb der Stadien Initial-, Optimal- und Degenerationsphasen **(Sukzessionsphasen)** zu erkennen.

Die als erste auftretenden Gesellschaften werden als **Pioniergesellschaften** bezeichnet. Im Normalfall weisen sie eine kurze Lebensdauer auf, ihre Artenzusammensetzung ist wenig regelhaft. Dagegen haben sich die **Dauer-Pioniergesellschaften**, z. B. die Steinschutt- und Geröll-Gesellschaften (Thlaspietea rotundifolii), die Mauerpfeffer-Gesellschaften (Sedo-Scleranthetalia) und die Schlickgras-Gesellschaften (Spartinetea maritimae), an extreme Habitatbedingungen angepasst, die eine Weiterentwicklung verhindern.

Die Pioniergesellschaften wandeln sich im Laufe der Zeit zu **Folgegesellschaften** um, deren letzte die **Schlussgesellschaft** ist, die sich mit ihrer Umwelt im Gleichgewicht befindet. Besonders bedeutend sind die Schlussgesellschaften (Klimaxgesellschaften, Klimaxvegetation), die sich ohne den Einfluss des Menschen einstellen würden. Sofern diese Vegetation nicht schon real vorhanden ist **(reale natürliche Vegetation)**, sondern als sich einstellend gedacht wird, spricht man von der **potentiellen natürlichen Vegetation** (PNV, s. 4.1). Auch **Dauergesellschaften** befinden sich mit ihrer Umwelt im Gleichgewicht, wobei extreme Faktoren die Entwicklung zu einer klimatisch denkbaren Schlussgesellschaft verhindern, wie etwa bei Dauer-Pioniergesellschaften, Hochmoor-Gesellschaften (Oxycocco-Sphagnetea) und Galmei-Gesellschaften (Violetea calaminariae). Vom Menschen beeinflusste Gesellschaften sind die **anthropogenen** oder **Ersatzgesellschaften**, wie Wiesen, Weiden und Heiden, die vielfach wegen der ständigen Nutzung auch Dauergesellschaften sind.

Die Sukzessionslehre ist in Nordamerika entwickelt worden (Clements 1916, 1936). In Mitteleuropa lange Zeit wegen der sehr hypothetischen Folgerungen mit Argwohn behaftet, konnte sich diese Richtung aufgrund exakterer methodischer Vorgehensweisen und praxisnaher Auswertungen erst in den letzten beiden Jahrzehnten fest etablieren. Einen Überblick über die bisherige Entwicklung dieses Forschungsgebietes gibt Fischer (1999). Wesentliche Ergebnisse wie die Vergleiche der aktuellen Vegetationssituation mit historischen pflanzensoziologischen Aufnahmen (z. B. Zunahme der stickstoffanzeigenden Arten in Wäldern Mitteleuropas), über Dauerbeobachtungen und Diasporenbanken (s. 7.3) sowie die Darstellung aktueller Forschungsströmungen (Populationsbiologie, Praxis der Landnutzung) gibt Fischer (1999). Eine erweiterte Zusammenstellung von Begriffen, die in der Vegetationsdynamik eine Rolle spielen, legen Fischer & Klotz (1999) vor.

2. Methoden

Es wird zwischen den direkten und indirekten Methoden der Sukzessionsforschung unterschieden. Die **direkten Methoden** erlauben über kurze Zeitspannen sehr genaue und sichere, allerdings nur lokal gültige Aussagen, die **indirekten Methoden**, die früher vorherrschten, gehen auf zeitlich und räumlich weniger eng begrenzte Vorgänge ein. Es ist jedoch damit oft ein Verlust an Genauigkeit verbunden, und die Ergebnisse müssen durch direkte Methoden gestützt werden.

Direkte Methoden

Die Untersuchungen können die in der Natur ablaufenden Entwicklungen und Prozesse erfassen, z. B. in Bannwäldern oder Naturwaldreservaten, auf spontan entstehenden Dünen, ehemals beweideten Rasenflächen und in hochalpinen Gesellschaften. Sie sollten möglichst korreliert mit der Erfassung ökologischer Messdaten sein, um zu kausalen Interpretationen zu kommen. Oder es wird versucht, auf Versuchsflächen durch gezielte experimentelle Eingriffe die Gesetzmäßigkeiten des Sukzessionsablaufs zu ermitteln, z. B. durch Düngung, Überflutung und Austrocknung.

Eine große Bedeutung unter den direkten Methoden hat die mehrmalige Analyse und Aufnahme der Vegetation in **Dauerbeobachtungsflächen (Dauerflächen)** (z. B. Dauerquadraten) in längeren zeitlichen Abständen (Bakker et al. 1996a, Nygaard & Ødegaard 1999). Sie bilden eine exakte Grundlage für die Erfassung des Sukzessionsgeschehens. Zunächst dienten Dauerflächen v. a. bei der Aufklärung der natürlichen Sukzession, heute werden sie jedoch verbreitet auch in der praxisorientierten Forschung eingesetzt. Literaturbeispiel: Hachmöller (2000).

Um die Sukzession eines Pflanzenbestandes zu einem anderen und damit die Gesellschaftsabfolge zu erfassen, bedarf es genauer quantitativer Werte. Daher kommen i. a. nur relativ kleine Flächen, die sich am Minimum-Areal (s. 4.2.2) der untersuchten Gesellschaft oder dem der Folgegesellschaft orientieren (meist jedoch kleiner) in Frage, wobei etwa 100 m^2 die größten Werte sind (z. B. bei Waldgesellschaften). Quantitative Messgrößen sind die Individuenzählung einschl. der Zählung von Sprossen, Blüten, Messung der Wuchshöhe u. a., die Feststellung der jeweiligen Artenzahl sowie des Deckungsgrades bzw. der Artmächtigkeit, die graphische oder photographische Dokumentation der Arten mit ihren Flächenanteilen, die Veränderung des Lebensformenspektrums und der Schichtung jeweils korreliert mit der Erfassung wichtiger ökologischer

Tab. 4-13: Sukzessionsverlauf von einer Vorland-Queller-Gesellschaft (Salicornietum ramosissimae) zu einer noch nicht ganz typisch ausgeprägten Andelgras-Gesellschaft (Puccinellietum maritimae) auf der Insel Langeoog (Ostfriesland). Größe des Dauerquadrates 3 m^2. (Nach Runge 1984.)

Aufnahmejahr	1977	1979	1981	1983
Bedeckung mit Phanerogamen (%)	70	80	95	100
Gesamtbedeckung (%)	100	100	100	100
Salicornia ramosissima	60	60	40	20
Suaeda maritima	5	2	1	2
Puccinellia maritima	5	20	60	90
Haliomione portulacoides	.	1	1	5
Aster tripolium	.	.	.	2
Diatomeen (bräunlich)	95	40	10	.
Grünalgen	.	40	.	5

Faktoren. Bei der Kartierung sind v.a. die syndynamischen Zeigerarten, die den Wechsel der Gesellschaften anzeigen, zu beachten. Ferner bedient man sich zur Feststellung des Sukzessionsgeschehens auch der Erstellung und des Vergleichs von Vegetationskarten.

In Tab. 4-13 ist die Sukzession im Salzwiesen-Komplex der Nordseeküste dargestellt, die auf der Feststellung der Artenkombination und der jeweiligen Deckungsgrade beruht. Innerhalb von 6 Beobachtungsjahren erhöhte sich durch Schlickanhäufung der Boden um wenige Zentimeter. Dabei entwickelte sich die ursprüngliche Vorland-Queller-Gesellschaft (Salicornietum ramosissimae), die schon bei leichten Sturmfluten überflutet wird, zu einer nicht ganz typisch ausgeprägten Andelgras-Gesellschaft (Puccinellietum maritimae). Abb. 4-31 gibt eine primäre Sukzession auf ursprünglich unbesiedelten diasporenarmen Rohböden (1975 aufgeschütteter kalkhaltiger Erdaushub) mit den Deckungsgraden der dominierenden Arten wieder, wobei deren Diasporen von außerhalb stammen. Auf anfängliche ‚Pioniere' folgen ausdauernde Gräser und in deren Schatten eine Moosschicht. Erst relativ spät baut sich eine Strauchschicht auf (Schmidt & Brübach 1993). Dauerbeobachtungen über relativ lange Zeiträume sind z. B. in den Arbeiten von Heinrich et al. (2001, Sekundärsukzession im Immissionsgebiet eines ehemaligen Düngemittelwerkes über 10 Jahre), Böhling (2003, Dynamik der Bodenvegetation in einem kalkreichen Laubmischwald in Südwestdeutschland über 22 Jahre) und von Nygaard & Ødegaard (1999, Reduktion der Artenzahl und Dominanz von wenigen Gefäßpflanzen und Moosen in einem borealen Koniferenwald über 60 Jahre) niedergelegt.

Sind die Vegetationsveränderungen pflanzensoziologisch belegt, bieten sich weitere Verfahren zum Vergleich der Pflanzenbestände und -gesellschaften an, so z. B. die Ermittlung der Affinität (floristischer Ähnlichkeitsgrad, s. 4.2.4), die prozentuale Ähnlichkeit bei Berücksichtigung des Deckungsgrades oder die Diversitäts- und Evennesswerte (Grad der Gleichverteilung von Arten in Pflanzengesellschaften) (z. B. Neite 1988).

Weiter gehende methodische Grundlagen finden sich z. B. in Pfadenhauer et al. (1986), Schmidt (1988), Fischer et al. (1990) und Heitzmann-Hofmann (1995).

In der experimentellen Sukzessionsforschung bedient man sich gezielter Eingriffe in die Vegetation mit der Veränderung exogener Faktoren (z. B. Veränderung der Lichtverhältnisse und des

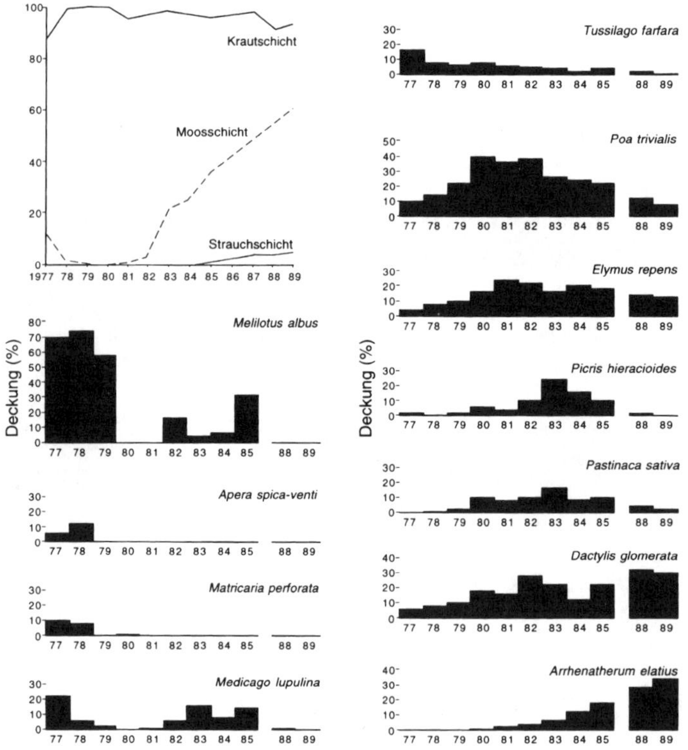

Abb. 4-31: Primäre Sukzession auf 128 ursprünglich unbewachsenen Dauerflächen von je 100 m² (kalkhaltiger Rohboden) im Verlauf von 14 Jahren. Deckungsgrade für dominierende Arten. Erläuterungen im Text. (Nach Schmidt & Brübach 1993.)

Substrats, Be- und Entwässerung, Düngung, Mahd, Beweidung, Schadstoffeinwirkungen) bzw. endogener Wirkungen (z. B. durch Einsaat fremder Arten, Verpflanzungen, Beseitigung von konkurrenzstarken Artenkomplexen). Dies ist ein teils praxisorientierter, teils in die Populationsbiologie hineinreichender Bereich. Eine Übersicht gibt Dierschke (1994).

Indirekte Methoden
Sofern Dauerbeobachtungen nicht über einen genügend langen Zeitraum möglich sind, werden auch indirekte Methoden eingesetzt, um den Sukzessionsverlauf zu ermitteln. Dies sind v.a. die Untersuchung der Vegetation auf Sukzessionszeiger (Arten, die entweder noch für die Vorgesellschaft [Relikt eines früheren Zustandes] oder schon für die Folgegesellschaft kennzeichnend sind), der Vergleich der Vegetation an verschieden alten, sonst aber vergleichbaren Habitaten (z. B. Kontaktgesellschaften, die bei erkennbar gleichen Habitateigenschaften ein unterschiedliches Artengefüge aufweisen und somit eine Sukzessionsrichtung andeuten, datierbare aufgelassene Brachflächen und Gletschermoränen), die Interpretation von Bodenprofilen und -typen auf Vegetationsveränderungen (z. B. Schwarzerden als Zeiger für steppenähnliche Vegetation), Zusammensetzung des Diasporenspeichers im Boden als Zeiger für eventuelle Vorgesellschaften, pflanzliche Großreste wie Hölzer, Blätter und Diasporen und v. a. die pollenanalytischen Untersuchungen, die oft gute Rekonstruktionen erlauben.

3. Primäre und sekundäre progressiv oder regressiv gerichtete Sukzessionen

Primäre Sukzessionen gehen von ursprünglich unbesiedeltem Substrat aus, während als sekundär solche bezeichnet werden, die auf zuvor besiedelten Substraten ablaufen. Als progressiv werden Sukzessionen eingestuft, die zu den Schlussgesellschaften hinführen, als regressiv, die von diesen wegführen.

Bei **Primären Sukzessionen** (Primärsukzessionen) beginnt die Vegetationsentwicklung auf neu entstandenen und unbesiedelten Substraten, in denen noch keine bodenbildenden Prozesse abgelaufen und keine Diasporen vorhanden sind. Dies sind u. a. nacktes Gestein (Felsen), Gesteinsschutt, Flussschotter, Dünensande, freie Wasseroberflächen, Moränen zurückweichender Gletscher, Watt- und Marschflächen an den Küsten, anthropogene Rohböden, weltweit gesehen auch in Entstehung begriffene Inseln und vulkanische Ablagerungen. U. a. werden solche Flächen auch vom Menschen geschaffen, etwa mit der Anlage von Abraumhalden, Steinbrüchen und Kiesgruben.

Die Besiedlung beginnt mit einem Pionierstadium (Abb. 4-31, 4-32); der Sukzessionsverlauf ist oft langsam und kann Jahrzehnte oder Jahrhunderte in Anspruch nehmen. In den humid-temperaten Gebieten der nördlichen Hemisphäre tendiert jede ungestörte Vegetationsentwicklung zu Nadel- bzw. sommergrünen Laubmischwäldern. Bis auf Moore, subkontinentale Trockenrasen, Steppenheidekomplexe und eiszeitliche Blockhalden würden sie alle Bereiche einnehmen. Zunächst ist die Entwicklung von Boden- und Mikroklimafaktoren abhängig; bei zunehmender Entwicklung dominiert das Makroklima. Da die Entwicklung progressiv ist, zur Schlussgesellschaft hin, wird sie als **primäre progressive Sukzession** bezeichnet.

Dierschke (1994) gibt Grundzüge für den Ablauf von primären progressiven Sukzessionen (Primärsukzessionen), die hier wiedergegeben werden (Abb. 4-32) (z. B. auch bei Braun-Blanquet 1964, Pardey 1991). Auf unbesiedeltem Substrat sind zunächst exogene Faktoren für die Ansiedlung der Pflanzen bestimmend, die über Nah- bzw. Fernausbreitung (s. 7.2) den Wuchsort erreichen. Im weiteren Verlauf der Sukzession spielen dann auch endogene Wechselwirkungen eine Rolle, die vor allem die Inbesitznahme und die Verteidigung des Habitats durch die jeweiligen Arten betreffen und die zu einer Verteilung von ‚koexistierenden Pflanzen mit Nischendifferenzierung' führen. Hier sind die durch die Arten selbst erzeugten mikroklimatischen Gegebenheiten, wie Schattenbildung und damit besseres Mikroklima, Strategiemechanismen, wie Raumbesetzung durch klonale Reproduktion (s. 7.4), oder ökophysiologische Mechanismen, wie Verwertung des Nährstoffangebots, relevant. Es kommt zu Pflanzengesellschaften mit eigener Struktur und Artenvielfalt und zu einem einheitlichen Bestandsklima. Für die weitere Entwicklung gewinnen Meso- und Makroklima an Bedeutung und bedingen in Mitteleuropa als Schlussgesellschaften großflächige Waldgesellschaften, die floristisch gesättigt, relativ stabil und langzeitig vorhanden sind.

Abb. 4-33 gibt ein Sukzessionsschema auf grundwasserfernen, silikatarmen Sandböden im niedersächsischen

Tiefland wieder. Auf dem Sand-Rohboden beginnt die Sukzession mit einem Initial(Pionier-)Stadium, dem Spergulo morisonii-Corynephoretum typicum, und führt über die aufgeführten Waldgesellschaften zur wahrscheinlichen Schlussgesellschaft, dem Luzulo luzuloidis-Fagetum (Hainsimsen-Buchenwald, Heinken 1995).

Spektakuläre Beispiele für primäre Sukzessionen sind v. a. die Besiedlung vulkanischer Ablagerungen nach Vulkanausbrüchen, so z. B. am Mt. St. Helens, Nordamerika (Moral & Wood 1993), im Gipfelbereich des Mt. Usu, Japan (Tsuyuzaki & Harnki 1996) und auf Vulkanfelsen in Kalifornien (Bashan et al. 2002), wo oft nur Mikrohabitate eine erste Besiedlung erlauben. Wichtige Erkenntnisse bieten auch Sukzessionsanalysen auf Flächen, die von zurückweichenden Gletschern freigegeben werden. Hier spielen in frühen Sukzessionsstadien v. a. Fernausbreiter und Sippen mit klonalem Wachstum eine Rolle (Stöcklin & Bäumler 1996), erst nach zwei bis drei Jahrzehnten folgen Phanerophyten (Richard 1975). Die Besiedlung und Sukzession auf Dünensanden (maritime Dünen: Géhu 1975, Binnendünen: Schröder 1989, Breckle 2002), im Watt (Pionierstadien: Schwabe 1975, Runge 1984) und die Sukzession auf anthropogenen feuchten Sandgruben (Bernhardt 1990) sind weitere charakteristische Beispiele für primäre Sukzessionen.

Sekundäre Sukzessionen sind eine Abfolge von Vegetationstypen nach einer Störung, die die ursprüngliche Vegetationsentwicklung unterbrach, d. h. auf zuvor besiedelten Substraten. I. d. R. ist meist zu Beginn ein mehr oder weniger gut entwickelter Boden vorhanden, der z. T. Diasporen aus der vorher vorhanden Vegetation enthält. Dies sind in Mitteleuropa z. B. landwirtschaftliches Brachland, Weideland, Mähwiesen, Waldkahlschläge und Bereiche, die nach ‚Katastrophen' (Stürme, Brände, Bergstürze, Lawinen) entstehen. Sie sind progressiv, wenn sie zu Schlussgesellschaften hinführen.

Brachland-Sukzessionen haben in letzter Zeit wegen der Flächenstillegungen stark an Bedeutung gewonnen, wegen der fehlenden Kenntnisse auch im Forschungsbereich. Es werden Sukzes-

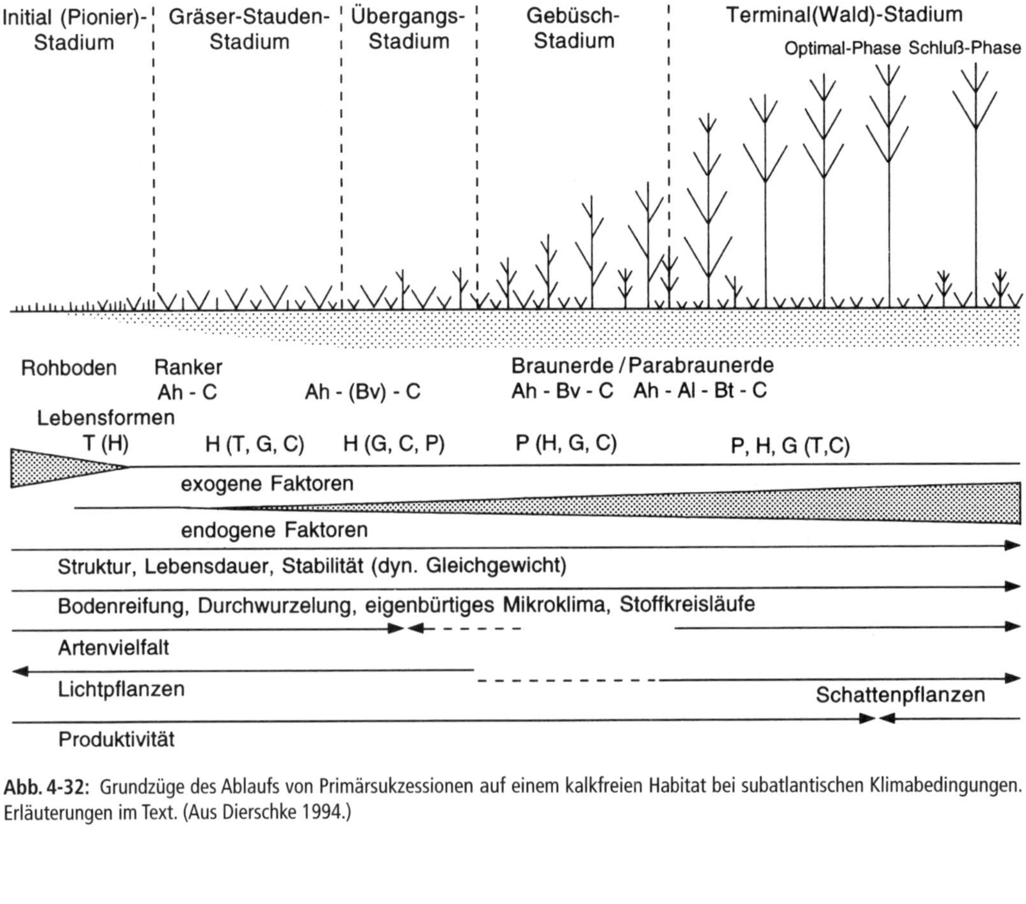

Abb. 4-32: Grundzüge des Ablaufs von Primärsukzessionen auf einem kalkfreien Habitat bei subatlantischen Klimabedingungen. Erläuterungen im Text. (Aus Dierschke 1994.)

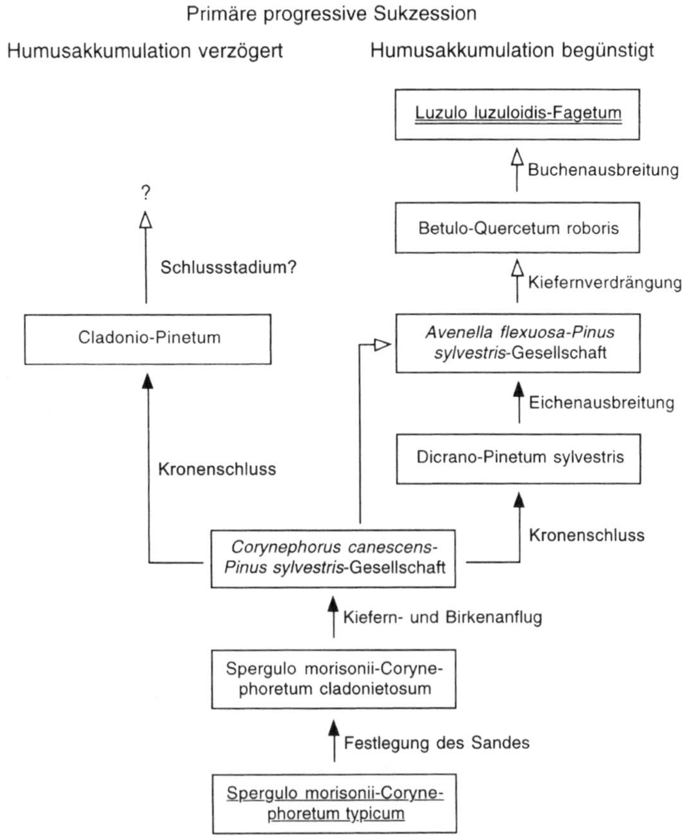

Abb. 4-33: Sukzessionsschema auf grundwasserfernen silikatarmen Sandböden nach vollständiger Vernichtung des Humusprofils im niedersächsischen Tiefland. Schwarze Pfeile: in der Vergangenheit abgelaufene oder z. Z. stattfindende Sukzessionsvorgänge. Weiße Pfeile: hypothetische Sukzessionsvorgänge. Doppelt unterstrichen: Schlussgesellschaft. Einfach unterstrichen: Initial(Pionier-)stadium. (Nach Heinken 1995.)

sionen auf Acker- und Grünlandbrachen unterschieden. Auf stillgelegten Äckern entsteht meist eine Abfolge von Therophytenstadien über langlebige krautreiche Stadien, in die dann Gehölze eindringen (z. B. Symonides & Wierzchowska 1990); die Sukzession auf Grünlandbrachen verläuft über Verstaudung, Vergrasung und Verbuschung zur Verwaldung (Wiederbewaldung).

Auf Kahlschlägen in Buchenwäldern (Galio odorati-Fagetum) folgt zunächst innerhalb von zwei Jahrzehnten auf ein krautiges Pionierstadium ein Himbeer-Brombeer-Gebüschstadium, dann ein Vorwald-Stadium (Dierschke 1988b). Über längere Zeiträume sich abspielende Waldentwicklungen sind am Beispiel der Waldgesellschaften und der Degradationsstadien auf silikatarmen Sandböden im niedersächsischen Tiefland in Abb. 4-34 zusammengefasst. Bei den seit dem Hochmittelalter (ab 1000 n. Chr.) bis ins 18. Jh. in der mittelalterlich-neuzeitlichen Waldverwüstungszeit durch anthropozoogene Beeinflussung oder Zerstörung des ursprünglichen Hainsimsen-Buchenwaldes (Luzulo luzuloidis-Fagetum) ablaufenden Degradationen, die zu den *Calluna*-Heiden führten (z. B. flechtenreiche Ginster-Heiden, Genisto anglicae-Callunetum cladonietosum), handelt es sich um eine regressive Sukzession (s. u.). Eine Folge davon war Podsolbildung mit weitgehender Entfernung der organischen Auflage. Die Wiederbewaldung über die dargestellten Sukzessionsstadien (sekundäre, progressive Sukzession, Abb. 4-34), die von Kiefern dominierten Pionierwald-Stadien (Cladonio-Pinetum, Dicrano-Pinetum sylvestris) und die anschließende Verdrängung der Waldkiefer ist in Mitteleuropa wohl eines der eindrucksvollsten Beispiele für Walddynamik (Leuschner 1994, Heinken 1995).

Zu den sekundären Sukzessionen sind auch diejenigen auf Brandflächen zu rechnen (Eckels et al. 1984). Allerdings sind in Mitteleuropa die Kenntnisse hierüber bescheiden. Aktuell ist die Analyse der Wald-Sukzessionsdynamik, die nach Windwürfen abläuft (z. B. Fischer et al. 2002, Kompa & Schmidt 2003). Über Kryptogamenstadien (Moose, Flechten, Pilze) siedeln sich krautige Arten und Zwergsträucher, dann Pionierarten unter den Bäumen, wie *Betula pendula* und *Pinus syl-*

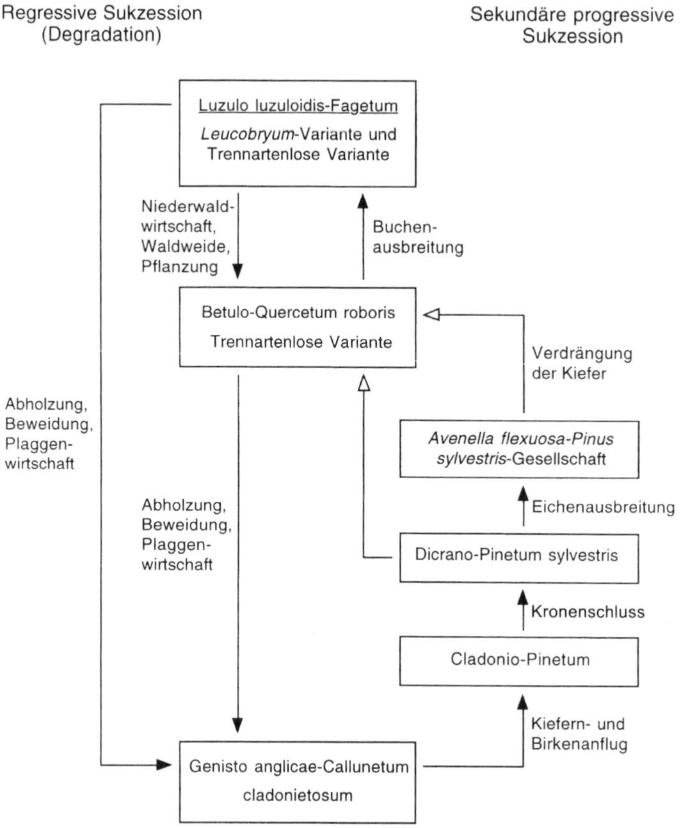

Abb. 4-34: Regressive Sukzession (Degradation) und Wiederbewaldung vom Hochmittelalter bis heute auf silikatarmen Sandböden in Norddeutschland. Schwarze Pfeile: in der Vergangenheit abgelaufene oder z. Z. stattfindende Sukzessionsvorgänge. Weiße Pfeile: hypothetische Sukzessionsvorgänge. Unterstrichen: Schlussgesellschaft. (Nach Heinken 1995.)

vestris, an. Zu diesem Typ von Sukzessionen gehört auch die Vegetationsentwicklung nach Bergstürzen (z. B. Grundmann 2000) und nach Lawinenabgängen, wobei hier die progressive Sukzession immer wieder unterbrochen und zurückgeworfen werden kann und ein Aufkommen von Wald verhindert wird.

Regressive Sukzessionen

Regressive Sukzessionen sind allgemein mit einer Degradation verbunden und führen von den Schlussgesellschaften weg. Vielfach ist der Mensch mit seinen Eingriffen in den Naturhaushalt verantwortlich. Dabei handelt es sich v. a. um Brand, Kahlschlag, Überweidung und Grundwasserabsenkung. Auch natürliche Ereignisse wie Feuer, Sturm, Überschwemmungen oder Dürre führen zu regressiven Stadien. Oft setzt eine sekundäre progressive Sukzession ein, die wieder auf eine bestimmte Schlussgesellschaft gerichtet ist. Beispiele sind die oben angegebene regressive Sukzession der Wälder in der mittelalterlich-neuzeitlichen Waldverwüstungszeit (Abb. 4-34) und die Regression mediterraner Hartlaubwälder über Macchien und Heiden bis zu offenen Felsfluren, deren **Regeneration** aus teilweise noch bestehenden Resten der Pflanzengesellschaft nach dem Ende der Störung mit paralleler Neubildung des Bodens wieder Jahrhunderte in Anspruch nehmen wird (Abb. 9-23).

4.8.3 Angewandte Sukzessionsforschung

Die Sukzessionsforschung hat eine weitreichende praktische Bedeutung, die hier nicht Gegenstand der Darstellung sein kann (vgl. hierzu Kaule 1991, Plachter 1991, Dierschke 1994). V. a. bei Aussagen über Sukzessionsverläufe nach Eingriffen in den Naturhaushalt und über habitatspezifische Pionierpflanzen und Zeigerpflanzen von Gesellschaften, bei der gerichteten Lenkung der Sukzessionen, bei Vorschlägen und Planungen für naturgemäße Nutzungen in der Land- und Forstwirtschaft, für die Erhaltung, Regeneration und Neuschaffung bzw. Neuansiedlung von Pflanzengesellschaften, bei Ausgleich- und Ersatzmaßnahmen, bei der Erstellung von Pflegeplänen und der Neuschaffung von Biotopen ist die Sukzessionsforschung von Belang.

5 Floren- und Vegetationsgeschichte (Historisch-genetische Geobotanik)

5.1 Die Erdzeitalter

Vor etwa 4,6 Mrd. Jahren entstand unser Planetensystem mit der Erde. Dieser gesamte Zeitraum wird in zwei Großabschnitte (Äon = Superära) unterteilt. Dabei umfasst das **Kryptozoikum** (= **Präkambrium**) die Zeit bis zum Beginn des Kambriums vor etwa 570 Mio. Jahren und damit etwa 87 % der gesamten Erdgeschichte. In diesem Zeitabschnitt bildete sich die Erdkruste, fand die Evolution des Lebens statt; es entstanden prokaryotische Organismen, eukaryotische Algen und die Tierwelt (s. 5.3), ohne dass es jedoch zu einer Besiedlung des Festlandes kam. Das **Phanerozoikum**, der Zeitraum vom Beginn des Kambriums bis heute, ist die Zeit des „deutlich erkennbaren Tier (und Pflanzen-)lebens", in dem sich gleichsam revolutionäre Ereignisse abspielten. Pflanzen und Tiere eroberten das Festland; es entfalteten sich die Farne (Paläophytikum, Farnzeitalter), denen die Gymnospermen (Mesophytikum, Gymnospermenzeitalter) und schließlich vor etwa 130–90 Mio. Jahren in explosionsartiger Vervielfachung der Sippen die Angiospermen folgten (Neo[Käno-]phytikum, Angiospermenzeitalter) (Tab. 5-1).

Die ursprüngliche Einteilung der Erdzeitalter (Ära, Ären) begründet sich auf der Entwicklung der Tierstämme (**Präkambrium**, s. o.; **Paläozoikum** [Erdaltertum]: Kambrium-Perm, „Zeitalter der Trilobiten, Fische und Amphibien"; **Mesozoikum** [Erdmittelalter]: Trias-Kreide, „Zeitalter der Reptilien"; **Käno(Neo-)zoikum** [Erdneuzeit]: „Zeitalter der Säugetiere"; vgl. Tab. 5-1). Da die Entwicklung der Pflanzenwelt der der Tierwelt „vorauseilt", wurde vorgeschlagen, die Grenzen der Erdzeitalter auf den Entwicklungsgang der Pflanzenwelt zu gründen (Bülow 1941; **Paläo-, Meso-, Neophytikum**). Dies hat sich nicht allgemein durchgesetzt, da man in der überwiegenden Zahl der Fälle mangels fossiler Pflanzen tierische Fossilien als Zeitmarken heranziehen muss (Mägdefrau 1968). In der englischsprachigen paläobotanischen Literatur wird weiterhin dem „zoologischen" Einteilungsprinzip der Vorrang gegeben (z. B. Stewart & Rothwell 1993, Taylor & Taylor 1993), während im deutschsprachigen Raum das Schwergewicht mehr auf die Pflanzenwelt gelegt wird (z. B. Remy & Remy 1977, Strasburger 1991, 2002).

In den Abschn. 5.1.1 bis 5.1.4 wird auf die auf dem Entwicklungsgang der Pflanzenwelt begründeten Erdzeitalter eingegangen (Tab. 5-1, 5-2; Abb. 5-1, 5-2).

5.1.1 Archäophytikum (Eophytikum)

Die Urzeit in der Geschichte der Pflanzenwelt, das **Archäophytikum**, dauerte vom Beginn des Mittelpräkambriums vor etwa 2,6 Mrd. Jahren bis zum ausgehenden Untersilur vor etwa 424 Mio. Jahren. Bisher sind aus dieser Zeit nur prokaryotische Organismen sowie eukaryotische Algen und Pilze nachgewiesen. Mit der beginnenden Evolution der kormophytischen Organisation und der Eroberung des Grenzbereiches zwischen Meer und Land durch Pflanzen (s. 5.4) endete das Archäophytikum.

Im **Mittel- und Jungpräkambrium** (2,6 Mrd.–570 Mio. J.) bestanden bereits Ozeane und Kontinente und auch die Litho-, Hydro- und Atmosphäre waren vorhanden. Das **Kambrium** (570–510 Mio. J.) war zunächst weitgehend feucht-kühl, dann kam es zu einer allgemeinen Erwärmung und zu salzhaltigen Ablagerungen, die auf eine Zunahme der Trockenheit hindeuten. Klimatische Gegensätze mit anfänglich warmem Klima und später kaltzeitlichen Bedingungen in NW-Afrika, im Bereich

Tab. 5-1: Geologische Zeittafel. (Nach Lexikon Biologie 1984, Taylor & Taylor 1993, Lang 1994, verändert.)

Äon	Ära		Periode	Beginn	Epoche	Beginn
Phanerozoikum	Känozoikum	Neophytikum	Quartär	2,4	Holozän	
					Pleistozän	2,4
			Tertiär	65	Neogen (s. 5.1.4)	23
					Paläogen	65
	Mesozoikum		Kreide	146	Oberkreide	97
		Mesophytikum			Unterkreide	146
			Jura	208	Oberjura (Malm)	157
					Mitteljura (Dogger)	178
					Unterjura (Lias)	208
			Trias	245	Obere Trias (s. 5.1.3)	235
					Mittlere Trias	241
					Untere Trias	245
	Paläozoikum		Perm	290	Oberperm (Zechstein)	256
		Paläophytikum			Unterperm (Rotliegendes)	290
			Karbon	363	Oberkarbon (Siles)	323
					Unterkarbon (Dinant)	363
			Devon	409	Oberdevon	377
					Mitteldevon	386
					Unterdevon	409
			Silur (Silurium)	439	Obersilur	424
		Archäophytikum (Eophytikum)			Untersilur	439
			Ordovizium	510	Oberordovizium	464
					Mittelordovizium	476
					Unterordovizium	510
			Kambrium	570	Oberkambrium	517
					Mittelkambrium	536
					Unterkambrium	570
Kryptozoikum	Präkambrium		Präkambrium			

Periode		Zeitangaben in Mio. Jahren vor heute	
Neophytikum		97	
Mesophytikum		256	◄ Erste Angiosperm. ◄ Erste Säugetiere
Paläophytikum		424	◄ Besiedlung des Festlandes
Archäophytikum (Eophytikum)		570	◄ Erste Wirbeltiere
[Proterozoikum (Algonkium)]	Jungpräkambrium		◄ Entstehung einzelliger Eukaryota
		1800 (1750-1900)	
	Mittelpräkambrium		◄ Anzeichen für atmosphärisches O_2
		2600 (2500-2700)	◄ Beginn der Photosynthese
[Archäozoikum (Archaikum)]	Altpräkambrium	3550	◄ Älteste Lebensspuren
		3700	◄ Älteste Sedimente
		3960	◄ Älteste Gesteine
		4200	◄ Älteste Minerale
Vorgeologische Ära			
			Entstehung der Erdkruste

des damaligen Südpols, beherrschten das **Ordovizium** (510–439 Mio. J.). Im **Silur** (Silurium; 439–409 Mio. J.) stieg die Temperatur an, und es entstanden die ersten Korallenriffe; Steinsalzlager aus dem ausgehenden Silur sind Zeugnisse von Trockenheit.

5.1.2 Paläophytikum (Farnzeitalter)

Das **Paläophytikum** (424–256 Mio. J.), die Altzeit der Landpflanzenentwicklung zwischen Obersilur und Unterperm (Rotliegendes), ist das Zeitalter der Farnpflanzen. Nach der Eroberung des Landes durch die „Urfarne“ (Rhyniophyta, Zosterophyllidae, Trimerophytopsida, Abb. 5-8, 5-16) am Ende des Obersilurs und im Unterdevon folgt die Entfaltung der Farnpflanzengruppen. Mit der zunehmenden Trockenheit ab der Wende Unterperm-Oberperm wurden diese in der Vorherrschaft von den trockenheitsresistenteren Gymnospermen abgelöst. Zeugnis dieser Farnwelt ist die Steinkohle des Karbons.

Im **Devon** (409–363 Mio. J.) herrschte auf der Nordhalbkugel eine Warmzeit, während es auf der Südhalbkugel kühl war; Vereisungsspuren (Kaltzeiten) sind jedoch nicht nachgewiesen. Im anschließenden **Karbon** (363–290 Mio. J.) war das Klima auf der Nordhalbkugel mild-humid und bot damit eine der Voraussetzungen für die Entfaltung der Farnpflanzen. Dagegen herrschte zur gleichen Zeit auf dem Gondwana-Kontinent der Südhalbkugel ein kühl-gemäßigtes Klima, das Vereisungsspuren hinterlassen hat. Im folgenden **Perm** (290–245 Mio. J.) verlief ein Tropengürtel im Bereich der Tethys, aride Klimazonen schlossen sich nach Norden und Süden an. Die Südkontinente wiesen deutliche Vereisungsspuren auf (Permo-karbonische Kaltzeit). Diese Kaltzeit ist auf die drastische Abnahme des CO_2-Gehaltes der Atmosphäre im Karbon zurückzuführen, bedingt durch die Besiedlung des Landes durch Pflanzen bzw. deren Assimilation (Berner 2001). Mit zunehmender Aridität ab der Wende Unter-/Oberperm war der Beginn des Mesophytikums erreicht.

5.1.3 Mesophytikum (Gymnospermenzeitalter)

Das **Mesophytikum** (256–97 Mio. J.), das mittlere Zeitalter in der Entwicklung der Pflanzenwelt, ist gekennzeichnet durch die Vorherrschaft der Gymnospermen (Nacktsamer), insbesondere der *Ginkgo*-Gewächse, Cycadeen und Bennettiteen. Mit der Entfaltung der Angiospermen in der zweiten Hälfte der Unterkreide (Barrême [132–124 Mio. J.], Apt [124–112 Mio. J.], Alb [112–97 Mio. J.]) endet am Übergang zum Cenoman (unterste Stufe der Oberkreide; 97–90,5 Mio. J.), an dem die Angiospermen die Vorherrschaft in den meisten terrestrischen Biozönosen übernommen hatten, das Mesophytikum (Abb. 5-27, 5-29).

Während des **Oberperms** (**Zechstein**; 256–245 Mio. J.) wurde es zunehmend arider, wovon Zechsteingipse zeugen. Ab der **Trias** (245–208 Mio. J.) bis ins Tertiär war das Klima ausgeglichen. Die Pole trugen keine Eiskappen, und kontinentale Ablagerungen entstanden überwiegend unter semiariden Klimabedingungen. In Mitteleuropa steht sich die **germanische** und die **alpine Trias** gegenüber. Die germanische Trias stellen die Ablagerungen nördlich der heutigen Alpen mit festländisch geprägtem **Buntsandstein** (245–241 Mio. J.), in seichten Meeresbecken abgelagertem **Muschelkalk** (241–237 Mio. J.), den teils festländischen, teils in seichten Meeresbereichen abgelagerten Wechselfolgen von Ton- und Sandsteinen des **Keupers** (237–210 Mio. J.) und dem flach-marinen **Rhät** (210–208 Mio. J.) dar. Dagegen besteht die **alpine Trias** aus marinen Ablagerungen: Skyth, Ladin, Anis, Karn, Nor, Rhät. Im **Jura** sprechen alle Anzeichen für ein weltweit mildes, subtropisches Klima. Die **Unterkreide** (146–97 Mio. J.) war durch ein warm-feuchtes Klima geprägt; Kohlelager in fast allen Kontinenten zeugen davon.

5.1.4 Neophytikum (Känophytikum, Angiospermenzeitalter)

Das **Neophytikum** (97 Mio. J. bis heute) ist das jüngste Zeitalter der Erdgeschichte und umfasst die **Oberkreide**, das **Tertiär** und das **Quartär**. Charakterisiert wird es durch die Angiospermen, die seit dem Cenoman (Abb. 5-29) in zahlreichen Vegetationstypen dominieren.

Die Grenze Tertiär/Quartär bzw. Pliozän/Pleistozän (Abb. 5-1, 5-2; Tab. 5-1) wird z. Z. meist an den palynologisch belegten Übergang in die erste Kaltphase des Prätegelen vor etwa 2,4 Mio. J. gelegt (z. B. Schreiner 1992, Stewart & Rothwell 1993, Lang 1994). Dem steht die geologisch-zoologische Festlegung gegenüber, die sich an der Einwanderung der nordischen Ostracode *Cytheroptheron testudo* in Kalabrien bei 1,65 Mio. J. orientiert (z. B. Taylor & Taylor 1993, Henningsen & Katzung 2002). Nach dieser Auffassung gehören die

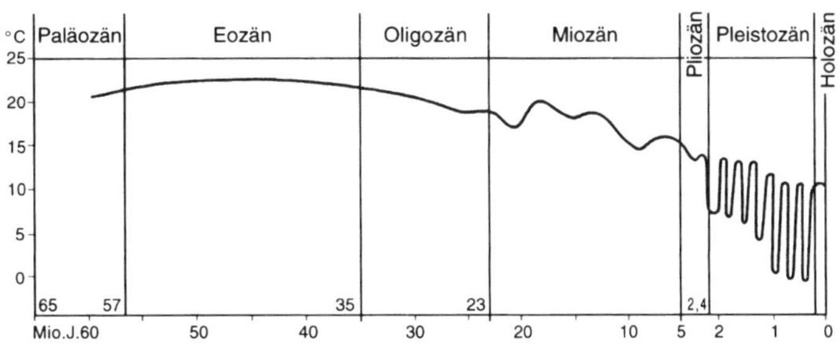

Abb. 5-1: Klimaschwankungen im Tertiär und Quartär. Geschätzte Jahresmitteltemperaturen für West- und Mitteleuropa. Maßstab für das Pleistozän und Holozän gedehnt; Temperaturangaben für das Pleistozän schematisiert (vgl. Abb. 5-2). (Temperaturangaben nach Lang 1994, Zeitangaben s. 5.1.4.)

Prätegelen-Kaltzeit und die Tegelen-Warmzeit zum Pliozän.

Das **Tertiär** wird in das **Paläogen (Alttertiär)** und in das **Neogen (Jungtertiär)** gegliedert. Während des **Paläogens** (Abb. 5-1, **Paläozän**: bis 57 Mio. J.; **Eozän**: bis 35 Mio. J.; **Oligozän**: bis 23 Mio J.) herrschte auf der Erde ein überdurchschnittlich warmes und ausgeglichenes (sub)tropisches Klima mit geschätzten Jahresmitteltemperaturen zwischen 18 und 23 °C in West- und Mitteleuropa. Im **Neogen** (**Miozän**: bis 5 Mio. J.; **Pliozän**: bis 2,4 Mio. J.) begann eine fortschreitende Abkühlung. Im Tertiär erreichte die alpidische Gebirgsbildung ihren Höhepunkt, und die Tethys schrumpfte zum heutigen Mittelmeer.

In den Kaltzeiten des **Pleistozäns** (Diluvium; Abb. 5-2) erreichte die Abkühlung ihren Höhepunkt, und starke Klimaschwankungen bewirkten einen mehrfachen Wechsel von Kalt(Glazial-)zeiten (Glaziale, Kryomere) und Warmzeiten (Interglaziale, Thermomere). Die kalten Phasen der Kaltzeiten sind die Stadiale, die wärmeren die Interstadiale. Diesen Klimaschwankungen entsprechend waren die Veränderungen in der Pflanzen- und Tierwelt gravierend (s. 5.7.3). Der Beginn des **Holozäns** (Alluvium, Postglazial, Nacheiszeit, Nachkaltzeit) wird allgemein auf die Zeit vor etwa 10000 J. festgelegt, als sich das Eis aus Südschweden zurückzog. Seit dieser Zeit greift der Mensch in den Naturhaushalt ein und kaum ein Bereich der Erde ist davon unberührt geblieben. In Tab. 5-2 wird ein Überblick über die Gliederung des Spätpleistozäns und des Holozäns gegeben. Einen detaillierten Einblick in das Klima, die Vegetation und in die Umwelt vom letzten Interglazial (vor etwa 120000 J.) bis zum holozänen Wärmeoptimum vor 6000 bis 5000 Jahren gibt der Paläoatlas von Frenzel et al. (1992).

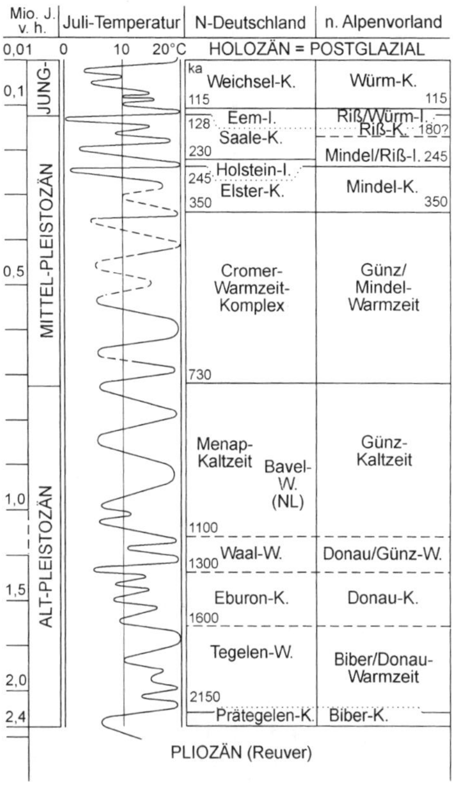

Abb. 5-2: Gliederung des Pleistozäns in Norddeutschland und im nördlichen Alpenvorland. Geschätzte Juli-Mitteltemperaturen auf das Gebiet der Niederlande bezogen. I Interglazial, K Kaltzeit, Ka × 1000 J., NL Niederlande, T Temperatur. (Nach Lexikon Biologie 1986, Schreiner 1992, Walter 1992 und Lang 1994.) Benennung der Kalt(Glazial)zeiten: Biber, Donau, Günz, Mindel, Riß, Würm: Flüsse und Bäche im nördlichen Alpenvorland; Eem: niederländisches Flussgebiet bei Amersfoort; Elster (Weiße) und Saale: Flüsse in Mitteldeutschland; Eburon: keltischer Stamm an Rhein und Maas; Menap: Volksstamm der Menapier am Niederrhein; Cromer: Cromer forest bed series in England; Holstein: Land Holstein; Tegelen: niederländischer Ort. Bezeichnung Glaziale/Interglaziale und Warm- und Kaltzeiten z. T. nach Walter (1992).

Tab. 5-2: Gliederung der Spätkaltzeit und des Holozäns in Mitteleuropa. k kühl bzw. kühler, NBP Nicht-Baumpollen, w warm bzw. wärmer. Chronostratigraphische Gliederung: obere Zahl nach konventionellen Radiokarbonjahren, untere Zahl nach dendrochronologisch kalibrierten Kalenderjahren = astronomischen Jahren (s. 5.8). Gestrichelte Linien: Unterschiede zwischen Radiokarbonjahren und Kalenderjahren bzw. regionale Unterschiede. (Nach Lexikon Biologie 1985, Strasburger 1991, Frenzel et al. 1992, Lang 1994, Pollenzonen nach Overbeck 1975.)

v.h. BP	Pollenzonen	Klimastratigr. Gliederung	Chronostratigr. Gliederung	Vegetations-entwicklung		Kulturen
	XII NBP/*Fagus* *Picea* / Cerealia	Nach-wärmezeit (Subatlan-tikum); ältere / jüngere	Subatlantikum	Kulturforste Eichenförderung	HOLOZÄN (Postglazial, Nacheiszeit)	Historische Zeit
1000	XI *Fagus* / *Carpinus*			Buchenwälder Buchenzeit		2000
2000	X *Fagus* / *Quercus* so-grün	2500 / 2800	2500 / 2750	2500 / 2750		Eisenzeit 2800
3000	IX Quercetum mixtum / *Alnus*	Späte Wärmezeit (Subboreal) W 4500	Subboreal SB 5000 / 5750	Buchen-Eichen-mischwälder 3800; Mischwälder mit Eiche, Ulme, Linde, Esche		Bronzezeit 3800
5000	VIII Quercetum mixtum / *Corylus*	Mittlere Wärmezeit (Atlantikum) W 7500	Atlantikum AT 8000 / 9000	Beginn des Ackerbaus; Eichen-Mischwaldzeit 7500 / 7800		Neolithikum Jungsteinzeit 6500
8000	VII *Corylus* / Quercetum mixtum	Frühe Wärmezeit (Boreal) W 8500 / 8800	Boreal BO 9000 / 9800	Haselhaine Haselzeit 8800		Mesolithikum Mittel-Steinzeit
9000	VI *Pinus* / *Corylus*	Vor-wärmezeit (Präboreal) W 10100	Präboreal PB 10000 / 10300	Kiefer-Hasel-mischwälder 9700	10000 / 10100	10100
10000	V *Bet.* / *Pin.*			Birken-Kiefernw.		
	IV *Betula* / *Pinus* / NBP	Subarktische Zeit: Jüngere K	Jüngere Dryas DR 3	baumarme Kältesteppen	PLEISTOZÄN/Spätglazial	Jung-Paläolithikum Altsteinzeit
11000	III *Betula* / *Pinus*	Subarktische Zeit: Mittlere W	Alleröd AL	offene Birken-Kiefernwälder		
12000	II *Betula* / NBP	Subarktische Zeit: Ältere K W 12500	Bölling BÖ inkl. Ältere Dryas DR 2	baumarme Kältesteppen		
13000	I NBP	Älteste wald-lose Zeit (Späte arkti-sche Zeit) K	Älteste Dryas DR 1 14000	baumlose Tundra		
14000						

5.2 Kontinentaldrift, Plattentektonik und Entstehung der Kontinente

Als **Kontinentaldrift (Kontinentalverschiebung)** wird die von A. Wegener (1915) erstmals angenommene sehr langsame Horizontaldrift der Kontinente (einschließlich der Schelfgürtel) bezeichnet. Im Gegensatz zu den damals vorherrschenden Lehrmeinungen, dass die Kontinente und Ozeane während der gesamten Erdgeschichte ihre Lage dauernd beibehalten haben (Permanenztheorie) bzw. die heutigen Kontinente zu gewissen Erdzeitaltern durch Festlandgebiete, die dann auf den Meeresboden absanken (Landbrückentheorie), verbunden waren, ist nach der Theorie von Wegener die Lage der Kontinente und Ozeane keineswegs unverändert. Vielmehr haben sich deren gegenwärtige Positionen durch horizontale Driftbewegungen der leichteren Landmassen (Sial) auf der schwereren Unterschicht (Sima) erst allmählich entwickelt.

Eine Fülle geologischer, paläoklimatischer und biogeographischer Tatsachen sprechen für diese Annahme. Geographisch-geologische sind z. B. die topographische Übereinstimmung der atlantischen Küstenlinien, die Fortsetzung der permischen Faltung des Kapgebirges in den Sierren von Buenos Aires und der silurisch-devonischen Falten Norwegens und Nordenglands in den kanadischen Appalachen, die jeweils an den korrespondierenden Stellen auftreten sowie der Paläomagnetismus; paläoklimatische die jungpaläophytischen Vereisungsspuren auf dem Gondwana-Kontinent (Permo-karbonische Kaltzeit, s. 5.1.2); biogeographische v. a. die Verbreitung der *Glossopteris*-Flora (s. 5.5.3) und Fossilfunde von Tieren.

Von Biologen befürwortet, wurde diese Theorie v. a. von Geophysikern abgelehnt, da es für die von Wegener angenommenen Polfluchtkräfte, die die Ursachen der Driftbewegungen sein sollten, keine Beweise gab. Doch seit Anfang der sechziger Jahre beherrschen die Vorstellungen der **Plattentektonik** und des **‚sea-floor spreading'** das geologische Denken (z. B. Tarling & Runcorn 1973, Schüler-Duden 1997; Abb. 5-3, 5-4).

Danach besteht die die Erdkruste und die obersten Partien des Erdmantels umfassende Lithosphäre aus wenigstens fünfzehn mehr oder weniger starren, 20–70 km dicken Platten, die sich auf der fließfähigen Unterlage des obersten Erdmantels, der Astenosphäre, bewegen. Sieben Großplatten werden unterschieden: die Afrikanische, von der die heutigen Kontinente weggewandert sind, die Eurasische, die Indo-Australische, die Amerikanische, die Pazifische, die Nazca- und die Antarktische Platte. Die Kontinentaldrift geht v. a. von den als Mittelozeanische Rücken ausgebildeten Plattengrenzen aus. Die hier aus den Zentralgräben austretenden Magmen (Material des Erdmantels) breiten sich seewärts aus (‚sea-floor spreading', Wachstum der Ozeanböden) und drängen die Kontinente auseinander. Es entsteht ständig neue ozeanische Erdkruste. Sie

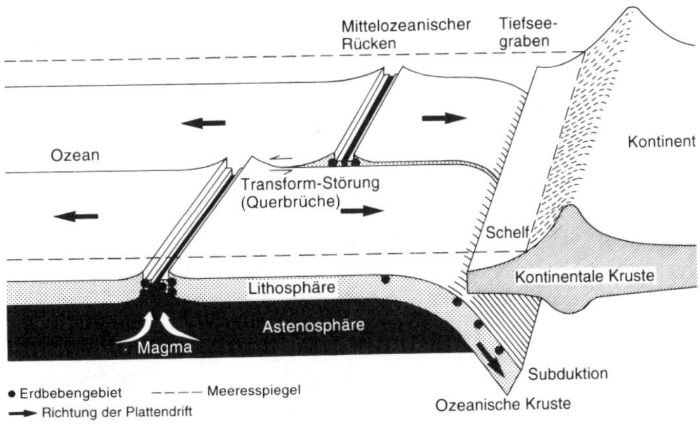

Abb. 5-3: Schematische Darstellung der plattentektonischen Vorgänge und des ‚sea-floor spreading'. Erdbebengebiete sind nur im Schnitt eingezeichnet. (Nach Schüler-Duden 1997.)

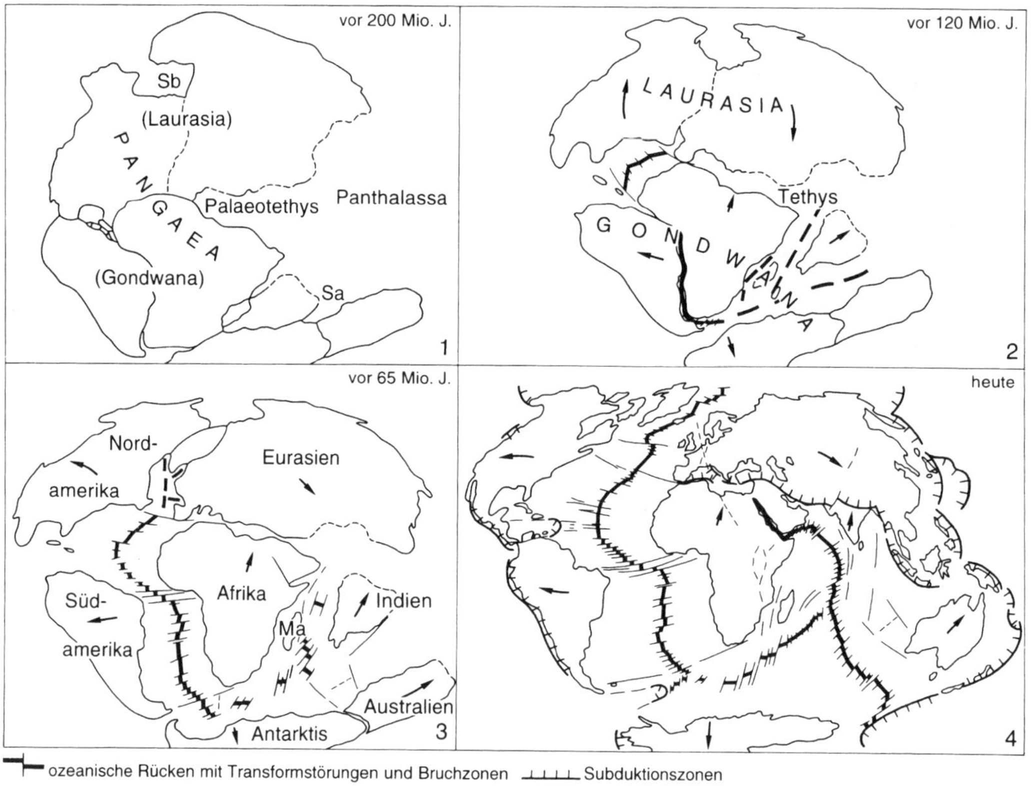

Abb. 5-4: Stadien der Kontinentalverschiebung und Entstehung der heutigen Kontinente. Öffnung der Pangaea während der letzten 200 Mio. J. **1.** 200 Mio. J., Unterjura (Lias), **2.** 120 Mio. J., Unterkreide, **3.** 65 Mio. J., Beginn des Tertiärs, **4.** heute. Die Pfeile deuten die Wanderrichtung und -geschwindigkeit der einzelnen Landmassen an. Die heutigen Kontinente wanderten vom afrikanischen Zentrum weg. Ma Madagaskar, Sa Sinus australis (Paläotethysbucht, an der sich Indien und Australien trennten), Sb Sinus borealis (Vorläufer des nördlichen Eismeeres). (Nach Schuster 1976, Bischoff 1987, Scotese & McKerrow 1990.)

breitet sich symmetrisch nach beiden Seiten aus, wobei die Platten aus granitischer Kruste zusammen mit den sich ablagernden Sedimenten je nach Platte 1–10 cm jährlich von der Wachstumszone wegwandern (driften). Der neu gebildete Meeresboden liegt zunächst vollkommen frei, wird aber allmählich von Ablagerungen bedeckt, die von den Rücken zu den Rändern immer älter werden und erst seit dem Jura belegt sind. Dies ist einer der wichtigsten Beweise für die Drift. In den in den Tiefseegräben, also den tiefsten Stellen der Ozeane, liegenden Subduktions- oder Verschluckungszonen wird die ozeanische Kruste in die Tiefe gezogen und verschmilzt mit dem Erdmantel. Befindet sich eine Subduktionszone im offenen Meer, entsteht eine vulkanische Inselgruppe, grenzt sie an einen Kontinent, bilden sich Gebirgszüge wie die Anden. Andererseits können auch kontinentale Platten unter starker Einengung und Faltung miteinander verschweißt werden und Gebirgssysteme, wie z. B. Alpen und Himalaya, entstehen. Als Ursache für die Bewegungen werden v. a. Konvektionsströmungen (Ausgleichsströmungen) im unterlagernden Erdmantel angenommen (z. B. Bischoff 1987).

Mit der Plattentektonik wurden eingehende Begründungen für die Wegener'sche Kontinentaldrift gegeben, eine Revolution für unser Verständnis der Erdgeschichte, vergleichbar mit der Abstammungslehre Darwins.

Entstehung der Kontinente (Abb. 5-4). Durch das Zusammenrücken der Festlandsmassen entstand im Karbon der von Wegener beschriebene Superkontinent **Pangaea** (= große Erde), in dessen östlichem Bereich, auf der Höhe des damaligen Äquators, die **Palaeotethys** lag (**Tethys** = erdumspannendes „Gürtelmeer" [Geosynklinale] der Erdgeschichte, benannt nach griechischer

Göttin, Schwester und Gattin des Okeanos, Verkörperung des um die Erde fließenden Weltstroms) (Abb. 5-4.1). Umgeben war die Pangaea von einem Weltmeer, der **Panthalassa** (= großes Meer, ‚Urozean'). Im Perm und in der Trias veränderte sich die Lage der Pangaea wenig.

An der Wende von der Trias zum Jura begann der Kontinentalblock Pangaea zu zerfallen. Gewaltige Basaltausbrüche entlang der Kontinentalränder leiteten dieses Ereignis und den Beginn der bis heute andauernden Kontinentaldrift ein. Im Unterjura war die Tethys zum entstehenden Atlantik durchgebrochen und damit die Kontinente **Laurasia** im Norden und **Gondwana** im Süden entstanden. In der Unterkreide begann der Südkontinent Gondwana zu zerfallen (Abb. 5-4.2, 5-32); Antarktis-Australien löste sich nach Südosten ab, Indien wanderte nach Nordosten, von Süden her entstand der Südatlantik, und Südamerika trennte sich ab. Am Ende der Kreide hatte sich der Südatlantik auf 3000 km Breite erweitert (Abb. 5-4.3), und im folgenden Tertiär und Quartär drifteten die Kontinente auf ihre gegenwärtige Position. Dabei trennte sich Nordamerika von Eurasien, die beiden amerikanischen Teilkontinente vereinigten sich, Indien driftete auf Asien: es entstanden Vorderasien, der Himalaya und die Alpen, und das Rote Meer öffnete sich.

Die Vorgänge der Kontinentaldrift erklären die heutigen **Florenreiche** (Kap. 3). Denn durch die relativ frühzeitige Auftrennung des Gondwana-Südkontinents und die damit verbundene selbständige Entwicklung der einzelnen Floren, sind die Florenkontraste zwischen der Neotropis, Paläotropis, Australis, Antarktis und der Capensis groß und die Aufstellung eigener Florenreiche berechtigt. Durch die relativ späte Trennung von Nordamerika und Eurasien ist der Florenkontrast in diesem Raum relativ gering, und es wird nur ein Florenreich, die Holarktis, unterschieden (ggf. in Nearktis und Palaearktis untergliedert).

5.3 Leben im Archäophytikum (Eophytikum)

Das Fehlen von organischer Materie in den ältesten bekannten Sedimenten der Erdgeschichte, der etwa 3,7 Mrd. Jahre alten Isua-Eisenformation in West-Grönland (Moorbath et al. 1973), wird als Zeichen dafür gewertet, dass eigentliches Leben auf zellulärer Organisation in dieser Zeit noch nicht existierte. In der damaligen sauerstofffreien, reduzierenden Urhydrosphäre („Ursuppe") dürften sich unter dem Einfluss energiereicher kosmischer Strahlen die Voraussetzungen für die Synthese organischer Verbindungen (u. a. Proteine, Nucleinsäuren) und damit zur Entstehung von Leben (hypothetische „Probionta") eingestellt haben. Die reduzierende Uratmosphäre bestand damals überwiegend aus Wasserdampf, Kohlendioxid, Stickstoff (N_2), Spuren von Wasserstoff (H_2), Schwefel-, Chlor- und Fluorwasserstoff, Methan und Ammoniak; dagegen fehlte Sauerstoff (O_2) fast völlig.

Bei den ältesten fossil nachgewiesenen und unzweideutigen Lebewesen handelt es sich um zellulär organisierte fädige (z. B. *Primaevifilum septatum*) und einzellige bakterienähnliche **Prokaryota** („Urbakterien") aus der Warrawoona Serie in W-Australien mit einem Alter von 3,55 Mrd. Jahren (Schopf & Packer 1987) und aus der 3,5 Mrd. Jahre alten Kromberg-Formation Südafrikas (Walsh & Lowe 1985). Diese Organismen deckten ihren Stoff- und Energiebedarf aus angereicherten organischen Verbindungen und waren somit primär heterotroph. Aus der Warrawoona-Serie (Walter 1983) und aus den 3,5–3,3 Mrd. Jahre alten Fig-Tree-Serien Südafrikas (Byerly et al. 1986) sind auch die ersten Stromatolithe (aus Lamellen aufgebaute Kalkknollen) bekannt, die als sichere Lebenszeichen gelten. In ähnlicher Form werden sie auch heute noch von Cyanophyceen (Blaualgen) gebildet.

Im anschließenden Altpräkambrium (bis etwa 2,6 Mrd. J.) erfolgte der Übergang zur Autotrophie, zunächst in Form der anaeroben Photo- und Chemosynthese. Der entscheidende Schritt zur aeroben Photosynthese mit H_2O-Spaltung und CO_2-Reduktion wurde vor etwa 2,55 Mrd. J. durch Cyanophyceen-ähnliche Organismen vollzogen, und mit der Sauerstoffanreicherung in der Uratmosphäre der Durchbruch zur Atmung erreicht. Zu diesem Zeitpunkt fallen die oxydationsempfindlichen Uranite aus und die Red beds, deren Rotfärbung durch Fe_2O_3 bedingt ist und Oxydationsprozesse anzeigen, erscheinen (Taylor & Taylor 1993). In diesem Zeitraum wird allgemein die stammesgeschichtliche Auffächerung in Archaea (heute etwa 80 Arten) und die Bacteria angenommen. Aus letzteren entstanden im Mittelpräkambrium die Cyanophyta (Cyanobacteriota) und die Prochlorophyta.

Die Entstehung haplontischer und Flagellatenähnlicher einzelliger photosynthetisch aktiver Algen eukaryotischer Organisation **(Eucarya, Eukaryota)** war vor etwa 1,4 Mrd. Jahren im beginnenden Jungpräkambrium der zweite entscheidende Evolutionsschritt. Es ist sehr wahrscheinlich, dass in heterotrophen „Wirtszellen" auf dem Wege von Endosymbiosen prokaryotische Organismen zu Zellorganellen wurden (Chloroplasten, Mitochondrien; Endosymbionten-Theorie), wobei die primären Plastiden wahrscheinlich von einem einzigen blaualgenartigen Vorfahren abstammen und die Struktur des Chlorophyll b, der Phycobiline und ribosomale RNS-Sequenzen diese Theorie zu bestätigen scheinen (Tomitani et al. 1999, Turner et al. 1999, Palmer 2000). Die eukaryotische Organisation bedeutet die Abgrenzung (Kompartimentierung) des Zellkerns, der Plastiden und Mitochondrien, eine präzise Weitergabe des in den Chromosomen festgelegten Erbgutes durch die Mitose und verbesserte Kombinationsmöglichkeiten der Erbanlagen durch echte Sexualität und Meiose (Crossing-over). Es kam zur Evolution der ersten Protozoa (einzellige Tiere), der photoautotrophen eukaryotischen „Algen" und der „Pilze".

Fossil sind aus der Bitter Springs Formation in Zentral-Australien (980–850 Mio. J.) gut erhaltene einzellige eukaryotische Algen (*Glenobotrydion* spec., *Caryosphaeroides* spec.), die an heutige Chlorococcales (Grünalgen) wie *Chlorococcum* und *Chlorella* erinnern, bekannt. Diese Lebensgemeinschaft enthielt weiterhin Cyanophyceen, Eubakterien, pilzartige Organismen und Protozoen. Einen weiteren Hinweis auf eukaryotische Zellen gibt die vor etwa 1 Mrd. J. weltweit verbreitete einzellige Alge *Chuaria circularis* (Hofmann 1985), mehrzellige Algen sind mit einer rotalgenartigen Sippe, die an die moderne Gattung *Bangia* erinnert (Butterfield et al. 1990), und weiteren thallosen Vertretern (*Thallophyca* spp.) bekannt. Erste eindeutige Pilze (Ascomycetes) sind erst aus dem Unteren Devon bekannt (z. B. Taylor et al. 1999).

Vor etwa 2,5 Mrd. Jahren betrug die Sauerstoffkonzentration der Atmosphäre etwa 1–2 %, zum Zeitpunkt der Entstehung eukarotischer Algen vor etwa 1,4 Mrd. Jahren etwa 2 % der heutigen Konzentration (21 %). Damit war eine effiziente Atmung von Tieren und Pflanzen möglich. Die altpaläozische Sauerstoffkonzentration der Atmosphäre lag nach dem derzeitgen Kenntnisstand vom Kambrium bis zum Devon nur etwas unter oder ähnlich dem heutigen Wert. Hierin liegt ein Grund für die Entstehung der Landpflanzen. Durch die explosionsartige Entfaltung der Landpflanzen im Oberdevon und Karbon stieg dann im Karbon die Sauerstoffkonzentration in der Atmosphäre deutlich an (auf etwa 35 %), unter gleichzeitiger Abnahme der CO_2-Konzentration auf etwa den heutigen Wert (0,03 %) (Andel 1994, Berner et al. 2000).

Im Untersilur endete die Ära des Archäophytikums. Es bahnte sich das **Paläophytikum** an, das mit der Evolution von embryophytischen Landpflanzen und der Besiedlung des Landes begann.

5.4 Die Eroberung des Festlandes durch die Pflanzen

Seit dem Mittelordovizium gibt es erste Hinweise auf Landpflanzen in Form von dickwandigen Meiosporen (Kenrick & Friis 1995, Wellman & Gray 2000). Jedoch erst im Obersilur vollzog sich die eigentliche Evolution der Landpflanzen, und an der Wende vom Silur zum Devon kam es zu einem der entscheidendsten Vorgänge in der Geschichte der Biosphäre: zur Eroberung des Festlandes durch die Pflanzen. In einer Uratmosphäre mit einer Sauerstoffkonzentration von etwa

Abb. 5-5: Erstes pflanzliches Leben auf dem Land. Im Unterdevon (vor etwa 409–386 Mio. J.) besiedelten einfache Gefäßpflanzen den Grenzbereich zwischen Meer und Land, später auch das Land. Von links bis zur Bildmitte: *Cooksonia*, *Zosterophyllum* und *Rhynia*, alle noch ohne Blätter. Am Beginn des Mitteldevons (vor etwa 386 Mio. J.) war bereits eine Pflanzengemeinschaft mit größeren und komplexeren Pflanzengestalten entwickelt, z. B. (von hinten nach vorn) *Psilophyton*, ein robuster Trimerophyt, und *Drepanophycus* und *Protolepidodendron*, frühe bärlappartige Pflanzen; alle mit einfacher mikrophyller Beblätterung. Nur Gattungen genannt. (Nach Raven et al. 1992.)

18 % (Andel 1994) entfalteten sie sich zunächst im Grenzbereich zwischen Wasser und Land und eroberten später das Land (Abb. 5-5).

Die Vorfahren der heutigen embryophytischen Landpflanzen werden in charophyceenartigen Algen vermutet (Klebsormidiophyceae, Streptophytina). Im besonderen wird hierfür die „Modellpflanze" *Coleochaete* (Abb. 5-6; Graham 1993, Graham & Gray 2001) herangezogen, die folgende, sonst nur bei den Embryophyten vorkommende, Merkmale aufweist: einen Phragmoplasten bei der Zellteilung, gleichartiger Bau der Plasmodesmen und gametophytische Transferzellen, außerdem tritt eine „Zygotenfrucht" auf. Diese Vorstellungen werden durch die Analyse molekularer ‚Marker' unterstützt (Chapman & Buchheim 1991, Delwiche et al. 2002). Ihr morphologisches ‚Pendant' hat *Coleochaete* in der obersilurisch-untersilurischen Grünalge *Parka decipiens* (Abb. 5-7), in der vielfach der Prototyp

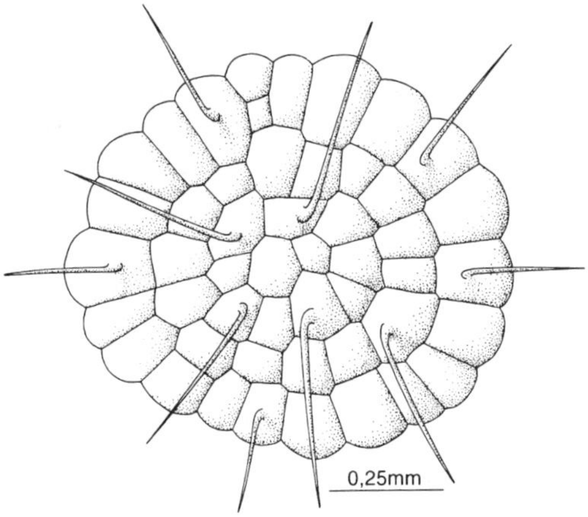

Abb. 5-6: *Coleochaete orbicularis*. Radiär thallos organisiert. (Nach Taylor & Taylor 1993.)

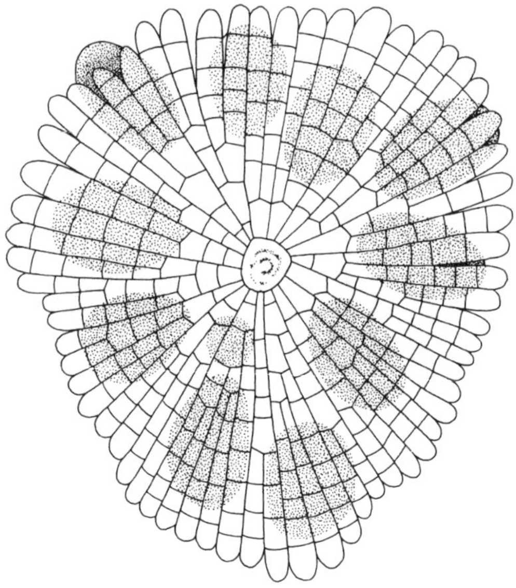

Abb. 5-7: *Parka decipiens.* Oberseite, vermutliche Sporangien durchscheinend. ∅ 0,5–7 cm. (Nach Taylor & Taylor 1993.)

eines Landpflanzen-Vorfahren vermutet wird, was jedoch aufgrund des Baus der Gametangien äußerst fraglich ist. Derzeit wird jedoch aufgrund kombinierter molekularer Datensätze auch der monadale Einzeller *Mesostigma viride* (Mesostigmatophyceae, Streptophytina) als die ursprünglichste rezente Landpflanze angesehen (Bhattacharya et al. 1998, Karol et al. 2001).

Die ersten „Urfarne" sind aus Schichten des obersten Obersilurs und des Unterdevons v.a. aus Welsh Borderland, England, aus den Hornsteinen von Rhynie (Aberdeenshire, Schottland; Rhynie Chert plants) und der Siegen-Stufe des Rheinischen Schiefergebirges sowie aus Nordamerika überliefert. Sie sind so hervorragend erhalten, dass eine Vielzahl von zellulären Strukturen zu erkennen ist (z.B. Abb. 5-9–5-11).

Diese „Urfarne" entfalteten sich im Verlauf von 10–20 Mio. J., also in relativ kurzer Zeit. Mit großer Wahrscheinlichkeit entwickelten sich in dieser Zeit auch die Bryophyten, die als „phylogenetisch" älter als die „Urfarne" eingestuft werden (Frey 1977, Edwards 2000), wobei die Lebermoose die frühesten Landpflanzen sein dürften (Edwards et al. 1995: morphologische Daten, Qiu et al. 1998, Qiu & Lee 2000: molekulare Daten). In kürzester Zeit erschienen die Anpassungen an das Landleben: austrocknungsresistente Sporen, die durch den Wind ausgebreitet werden können; Kutikula, Epidermis und Spaltöffnungen, Rhizoiden und später Wurzeln und Leitbündel; Gametangien (Archegonien, Antheridien) mit einer Wand aus sterilen Zellen und Mikrophylle und Megaphylle zur Assimilation. Dieser ‚ancient split of embryophytic land plants' (Raubeson & Jansen 1992; Abb. 5-8) gewann durch die Entdeckung von G-, S- und P-Zelltypen bei den ersten Tracheophyten (Abb. 5-11) wieder an grundsätzlicher Bedeutung. Eine zusammenfassende Darstellung über die Differenziertheit der Tracheidentypen im Devon geben Friedman & Cook (2000) und Edwards (2003), eine über die Organisation, Wuchsformen und Lebensstrategien früher Landpflanzen des Unterdevons Remy et al. (1997) und Kenrick & Crane (1997a).

Aglaophyton major (= *Rhynia major*; Abb. 5-8), ein Sporophyt aus dem Unterdevon von Rhynie, wird heute als Modell eines Protracheophyten angesehen (Edwards 1993), also eines Vorfahren der Gefäßpflanzen. Kennzeichnend sind die bis zu 20 cm hohen blattlosen, dichotom gegabelten Achsen (Mesome und Telome i. S. v. Zimmermann 1959), die endständig Sporangien mit Isosporen tragen, und die kriechenden, wurzellosen, nur mit querwandlosen Rhizoiden versehenen „Rhizome". Die Achsen besitzen eine Kutikula und einfach gebaute Spaltöffnungen. Von stammesgeschichtlich zentraler Bedeutung ist das Leitbündel, das wasserleitende Zellen ohne tracheidale Wandverdickungen, die den Hydroiden der Laubmoose entsprechen, aufweist (Abb. 5-9).

Ausgehend von **Protracheophyten** und deren unmittelbaren Vorfahren lassen sich vier Entwicklungslinien erkennen (Abb. 5-8).

Bei den **Bryophyta** (Hepaticophytina [Lebermoose]: Marchantiopsida, Jungermanniopsida; Bryophytina [Bryopsida, Laubmoose]) wird der „haploide" Gametophyt ausgestaltet, wobei die Marchantiopsida die am höchsten differenzierten Gametophyten im Pflanzenreich aufweisen. Molekularbiologische Daten (z. B. Bopp & Capesius 1995) weisen eindeutig darauf hin, dass es sich bei den Marchantiopsida um einen sehr alten Verwandtschaftskreis handeln muss, der sich sehr früh von den ersten Moosartigen abzweigte, obwohl die erste unzweifelhafte Marchantiale erst aus dem Unterperm des Ural *(Marchantites lo-*

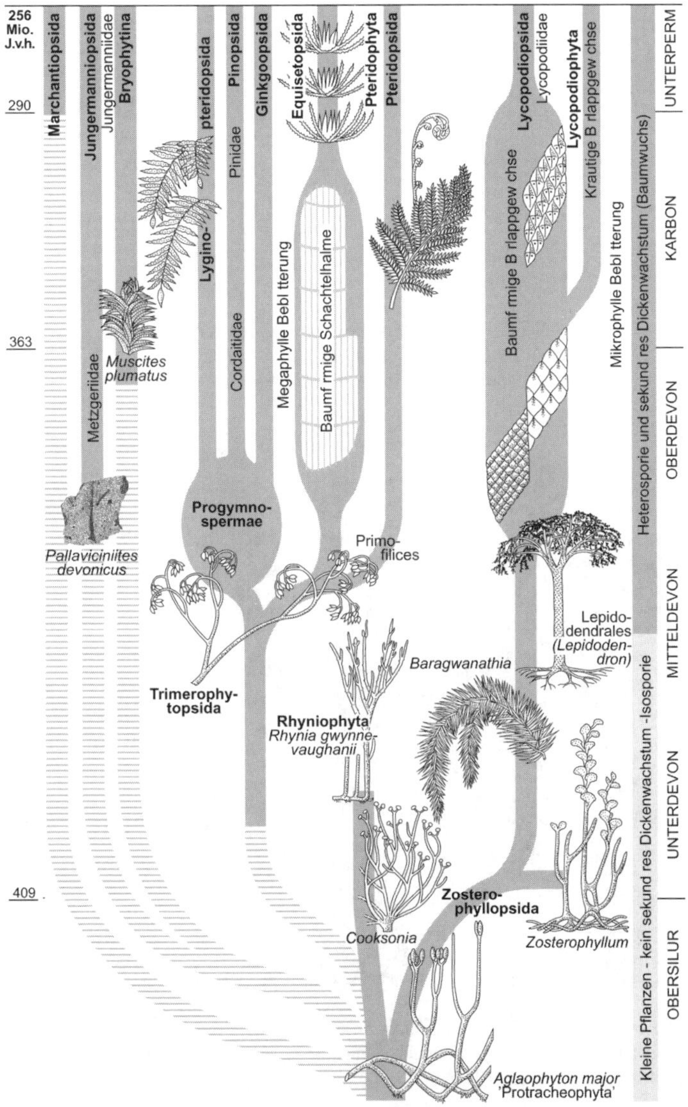

Abb. 5-8: Entfaltung der Landpflanzen im Paläophytikum. Ohne Anthocerotophyta (Hornmoose) und Psilotopsida (Gabelblattfarne). (In Anlehnung an White 1990, verändert und ergänzt; *Aglaophyton major* nach Edwards 1986, *Cooksonia* spec. nach White 1990, *Pallaviciniites devonicus* nach Schofield 1985, *Muscites plumatus* nach Oostendorp 1987, *Rhynia gwynne-vaughanii* nach Kidston & Lang 1921 und Edwards 1980.)

reus) bekannt ist. Die ersten eindeutig als Bryophyten anzusprechenden Fossilien sind *Pallaviciniites devonicus* (unterstes Oberdevon, Schoharie County, New York) und *Muscites plumatus* (Unterkarbon, Gloucestershire, England; Oostendorp 1987). Sie zeigen, dass schon früh im Paläophytikum die beiden Verwandtschaftskreise der Jungermanniopsida und der Bryophytina differenziert waren.

Alle verfügbaren Daten über die **Anthocerotophyta** (Hornmoose) (z. B. Gametophyt-Sporophyt-junction: Frey et al. 2001c, Carafa et al. 2003; molekulare Analysen: Nikrent et al. 2000, Stech et al. 2003) sprechen dafür, dass es sich um einen sehr alten Verwandtschaftskreis handelt, der eine eigenständige Entwicklung durchgemacht hat und als Schwestergruppe zu allen übrigen Embryophyten anzusehen ist. Fossilfunde sind aus dem Paläophytikum nicht bekannt.

Bei den drei weiteren Entwicklungslinien erfuhr die zunächst telomartige sporophytische Generation, die Diplophase, die Differenzierung in Spross und Achse, Wurzeln und Blätter, während

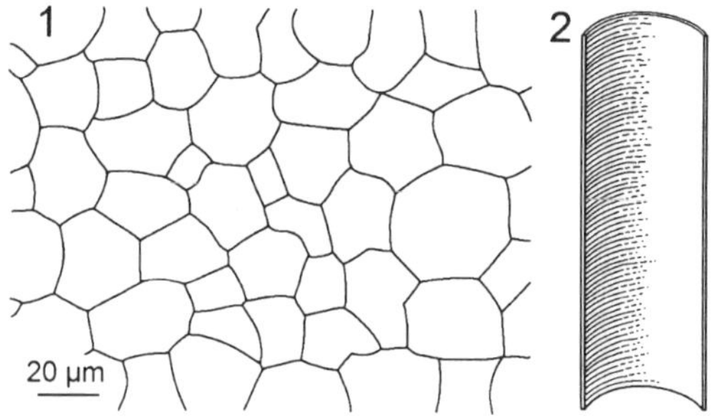

Abb. 5-9: Innere Region des Zentralstrangs von *Aglaophyton major*, Hydroiden. **1.** Zentralstrang quer (nach Edwards 1986). **2.** Längswand einer Hydroide (ohne Tüpfelung). (Orig.)

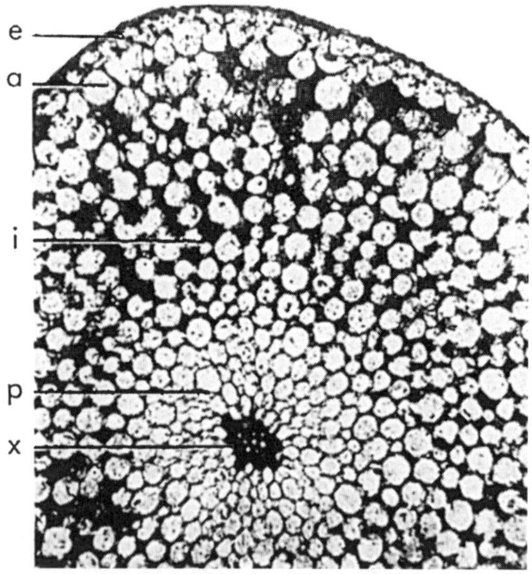

Abb. 5-10: *Rhynia gwynne-vaughanii*. Sprossquerschnitt mit Protostele. a Außenrinde, e Epidermis, i Innenrinde, p Phloem, x Xylem. (Aus Strasburger 1991.)

der Gametophyt thallos blieb und fortschreitend reduziert wurde.

Die Protostelen in den Achsen der ersten Landpflanzen (Abb. 5-10) waren ein wesentliches Merkmal dafür, diese Sippen in ihrer Gesamtheit an die Basis der Landpflanzenevolution zu stellen und in ihnen die Ausgangsgruppe für die Pteridophyten und Spermatophyten zu sehen. Die mikromorphologische und mikroanatomische Analyse der Tracheidenstruktur (Abb. 5-11) änderte jedoch diese Vorstellung grundlegend, denn der *Sennicaulis*-Typ (S-Typ; Abb. 5-11.5–6) mit den schwammig aufgetriebenen Wänden und Wandleisten ist einmalig im Pflanzenreich und beschränkt sich auf einen kleinen Verwandtschaftskreis um die Sporophyten *Rhynia gwynne-vaughanii* und *Cooksonia pertoni* (Edwards 1993) und *Stockmansella remyi* (Schultka & Hass 1997) sowie auf die Gametophyten *Langiophyton mackei* und *Sciadophyton* spec. (Remy et al. 1993). Die **Rhyniophyta** (Abb. 5-8) sind damit eine Pflanzengruppe ohne Verbindung zu einer späteren oder heutigen Gefäßpflanzengruppe oder zu den Bryophyten, v. a. auch nicht zu den heutigen *Symphyogyna*-artigen Metzgeriiden (Frey et al. 1996).

Die **Lycopodiophyta** (Lycopodiopsida, Bärlappgewächse) trennten sich bereits am Übergang vom Obersilur zum Unterdevon von den übrigen Gefäßpflanzen ab und stellen einen eigenen Ast in der Gefäßpflanzenevolution dar (White 1990, Kenrick & Crane 1997b, Pigg 2001, Qiu & Palmer 1999 [molekular], Abb. 5-8). Zosterophylliden, mit den Gattungen *Zosterophyllum*, *Gosslingia* und der v. a. südhemisphärischen Gattung *Baragwanathia* (Abb. 5-8), die bereits Mikrophylle besaß, sind die Ahnengruppe der Bärlappgewächse. Sie sind seit dem frühesten Unterdevon bekannt und durch den *Gosslingia*-Zelltyp (G-Typ; Abb. 5-11.1–2), den Ausgangstyp für die Tracheiden der Bärlappe, charakterisiert.

Die unter- bis mitteldevonischen **Trimerophytopsida** (*Trimerophyton* spp., *Psilophyton* spp.; Abb. 5-5, 5-8) weisen einen eigenen Tracheidentyp, den *Psilophyton*-Typ (Abb. 5-11.3–4) auf. Ihre Landpflanzen-Vorfahren sind bisher nicht bekannt. Dagegen werden sie selbst als die ausgestorbenen Vorläufer der ‚nicht-bärlappartigen' Farnpflanzen (**Equisetopsida** und **Pteridopsida**) und der mittel- bis oberdevonischen **Progymnospermae**, dem Bindeglied zu den samentragenden Spermatophyten, angesehen. Die Entfaltung dieser Verwandtschaftskreise setzte im Mitteldevon ein.

Alle Vertreter der ersten Landpflanzen waren blattlos oder später mikrophyll beblättert. Das klonale Wachstum zahlreicher Sippen mit horizontal wachsenden, zunächst wurzellosen rhizomatischen Achsen („Rhizomen") (Abb. 5-5, 5-8; Tiffney & Niklas 1985, Abb. 2.1) zeigt eine sehr ursprüngliche Strategie an; Klonierung (s. 7.4) zur „Inbesitznahme" des Habitats dürfte bereits ausgeprägt vorhanden gewesen sein.

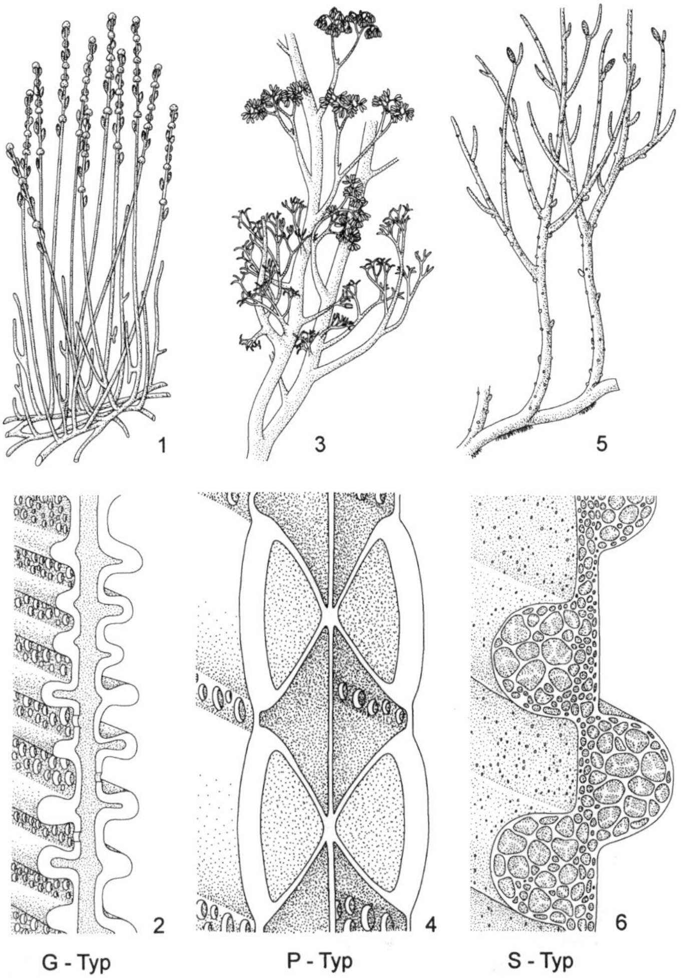

Abb. 5-11: Rekonstruktion der drei Haupttypen früher Tracheiden, G-, P- und S-Typ. **1–2.** *Zosterophyllum* spec. (Zosterophyllopsida, Lycopodiophyta). 1. Habitus. 2. Tracheidenwand längs (*Gosslingia*[G]-Typ). **3–4.** *Psilophyton* spec. (Trimerophytopsida). 3. Habitus. 4. Tracheidenwand längs (*Psilophyton*[P]-Typ). **5–6.** *Rhynia gwynne-vaughani* (Rhyniophyta). 5. Habitus. 6. Tracheidenwand längs (*Sennicaulis*[S]-Typ. (Nach Kenrick & Crane 1997a und Friedman & Cook 2000.)

Entstehung des Generationswechsels der Embryophyten, Unterdevonische Gametophyten

Die Vorstellungen von der Evolution der Landpflanzen sind stark geprägt von Überlegungen, die auf die Entstehung des für die heutigen Embryophyten charakteristischen heteromorphen, heterophasischen Generationswechsels eingehen (Hemsley 1994, Kenrick 1994). Dabei gehen nach der „homologen" Theorie die Embryophyten auf einen Grünalgenvorfahren mit einem diplobiontischen Lebenszyklus und einem Wechsel von zwei isomorphen Generationen (Abb. 5-12) zurück (z. B. Lang 1898, Fritsch 1945, Zimmermann 1959). Schwer erklärbar bleibt hier jedoch, wie es zur ‚Verbindung' der zunächst freilebenden Generationen, also zu einer embryophytischen Organisation, kommt.

Dem steht die „antithetische" Theorie gegenüber. Nach ihr sind Grünalgen mit einem haploiden, haplobiontischen Lebenszyklus und einem Wechsel anisomorpher Generationen Vorfahren der Embryophyten. Der Gametophyt ist vielzellig und der Sporophyt (die Zygote) zunächst einzellig. Dies schließt ein, dass die sporophytische Generation der Landpflanzen „de novo" eingeschoben wird (Interpolation), indem somatische Zellteilungen vor der Meiose stattfinden (zusammenfassend formuliert von Bower 1889–1891, 1908). Alle Hinweise sprechen für diese Theorie, die am Modellbeispiel *Coleochaete* illustriert werden kann (Abb. 5-13; Graham 1993, Hemsley 1994).

Der Fund freilebender unterdevonischer Gametophyten aus dem Chert von Rhynie (z. B. Remy et al. 1993) mit der Postulation der Gametophyt-Sporophyt-Kombination, die sich in den Schichten abwechseln, erregte große Beachtung, z. B. Gametophyt *Sciadophyton* spec., Sporophyt *Stockmansella langii*. Von einer zen-

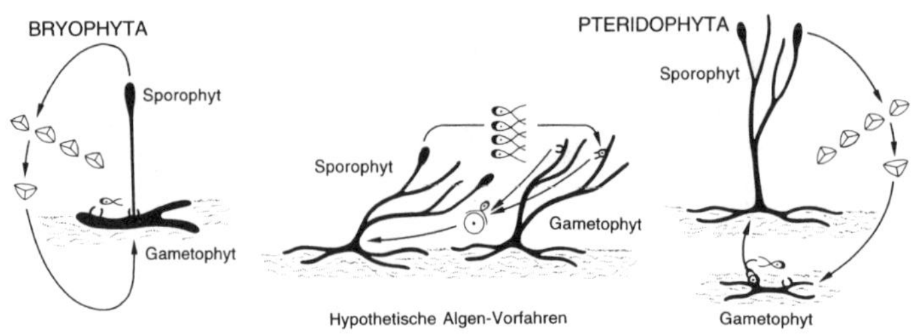

Abb. 5-12: Entstehung des Generationswechsels der Embryophyta: „Homologe Theorie". Hypothetischer Algenvorfahr (Mitte) mit unabhängigem isomorphen Sporophyten und Gametophyten und freilebender Zygote. Ableitung des Generationswechsels bei Bryophyten mit dominierendem Gametophyten (links) und Pteridophyten mit dominierendem Sporophyten (rechts). (Nach Zimmermann 1959.)

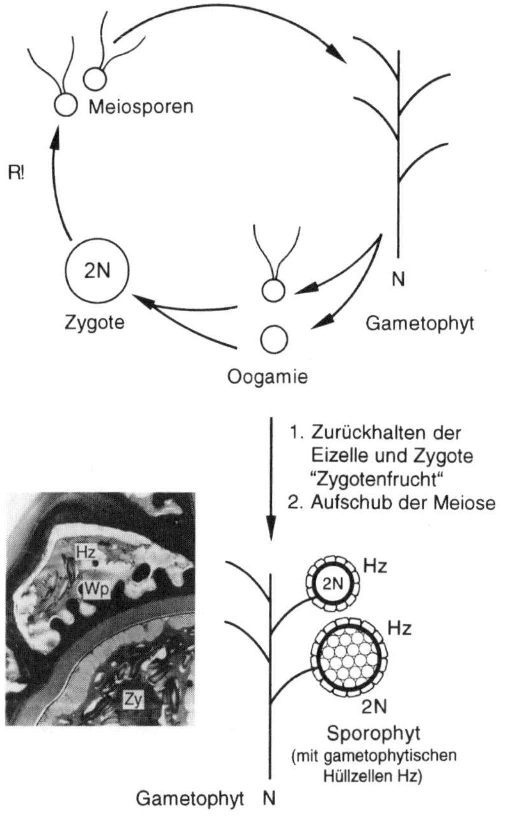

Abb. 5-13: Entstehung des Generationswechsels der Embryophyta: „Antithetische Theorie". Hypothetischer Grünalgenvorfahr mit haplobiontischem Lebenszyklus und zunächst freilebender Zygote. Entsprechend dem Modellbeispiel *Coleochaete* werden die Eizelle und die Zygote nicht freigegeben, sondern die Zygote von haploiden Zellfäden umhüllt oder von Parenchymzellen (Hüllzellen Hz) umgeben („Zygotenfrucht"). Diese Zellen besitzen bei *C. orbicularis* Wandprotuberanzen (Wp) und ähneln plazentalen Transferzellen der Embryophyta. In der Zygote (Zy) einiger *Coleochaete*-Arten entsteht durch mitotische Teilungen ein zellulärer Körper, d. h. eine wenigzellige diploide Generation mit 8–32 Zellen in zwei Stockwerken: der Sporophyt. Es wird angenommen, dass dieser im Verlauf der Evolution weiter ausgestaltet wurde. (Nach Graham 1993.)

Abb. 5-14: *Sciadophyton* spec. Gametophyt aus dem unterdevonischen Rhynie Chert, mit Achsenquerschnitt. x Hydroiden. Höhe der Pflanze etwa 5,5 cm. (Nach Kenrick 1994, ergänzt.)

tralen Achse (Platte) erheben sich Träger (Abb. 5-14), die oben verbreitert sind und entweder Archegonien (Archegoniophore) oder Antheridien (Antheridiophore) aufweisen. Die Achsen enthalten einen Zentralstrang aus Hydroiden (Abb. 5-14) mit S- oder G-Zellen. Diese anatomisch vorzüglich erhaltenen Gametophyten gaben Anlass, die „homologe" Generationswechsel-Theorie (Abb. 5-12) wieder zu beleben (z. B. Remy et al. 1993, Kenrick 2000). Es handelt sich bei den vorgeschlagenen Generationen-Paaren jedoch eindeutig nicht um Embryophyten, da keine Kontaktzone zwischen Gametophyt und Sporophyt, die ‚Gametophyt-Sporophyt-junction', vorhanden ist. Die Entstehung dieser hochkomplexen Struktur kann bei einem Wechsel freilebender isomorpher Generationen nicht erklärt werden. Wahrscheinlich handelte es sich um den „Ver-

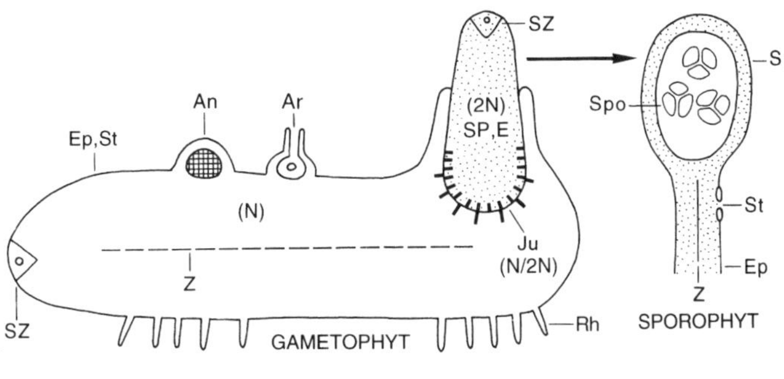

Abb. 5-15: Schematische Rekonstruktion eines Protracheophyten. An Antheridium, Ar Archegonium, E Embryo, embryoartiger Habitus des jungen, sich entwickelnden Sporophyten, Ep Epidermis mit Kutikula, Ju Gametophyt-Sporophyt-junction mit Plazenta (an die Grenzzone jeweils anschließende sporophytische und gametophytische Zellen), ggf. Transferzellen in sippenspezifischer Verteilung, Rh Rhizoide, SP Sporophyt, Sp Sporangium, Spo Sporen (in Tetraden), St Stomata, SZ Scheitelzelle, Z Zentralstrang (Protostele) aus wasserleitenden Hydroiden und assimilateleitenden Leptoiden. (Nach Hebant 1977.)

such" der Natur, mit freilebenden Gametophyten und Sporophyten das Land zu besiedeln, der jedoch erfolglos blieb (Gordon & Olson 1995).

Alle heute verfügbaren Daten einschließlich der Kenntnis über die Struktur der Gametophyt-Sporophyt-junction (Ligrone et al. 1993, Frey et al. 2001c) sprechen für die antithetische Theorie, nach der folgendes Modell eines Protracheophyten, ausgehend von *Coleochaete*, denkbar ist (Abb. 5-13): Zunächst teilt sich noch unter Meiose die Zygote in 8–32 Zellen, die in zwei Platten angeordnet werden und je eine Zoospore entlassen. Die dabei gebildeten gametophytischen Hüllzellen weisen Wandprotuberanzen auf und stellen somit Transferzellen dar. Durch Aufschub der Meiose kommt es zum Einschub einer sporophytischen Generation und zur Ausbildung einer „junction". Durch Förderung beider Generationen, die verbunden bleiben, entsteht ein protracheophytischer Organismus (Abb. 5-15) mit Scheitelzellen, Rhizoiden, Epidermis mit Kutikula und Spaltöffnungen sowie Zentralstrang in der gametophytischen und sporophytischen Generation. Die Interphase zwischen beiden Generationen ist als „junction" differenziert.

5.5 Mittel- bis spätpaläophytische Floren

5.5.1 Entfaltung der Verwandtschaftsgruppen, Progymnospermae

Nach der Eroberung des Festlandes durch embryophytische Pflanzen (s. 5.4) entfalteten sich die einzelnen Verwandtschaftsgruppen explosionsartig (Abb. 5-8, 5-16). Bei den **Lycopodiophyta** (Bärlappgewächse), die eine eigene Entwicklungslinie der Landpflanzen darstellen (s. 5.4, Abb. 5-8, 5-16), entstanden die frühen bärlappartigen Gattungen wie *Drepanophycus*, *Protolepidodendron* (Abb. 5-5) und *Asteroxylon*, gefolgt von den bis zu 40 m hohen und bis 2 m dicken „Bärlappbäumen" (Lepidodendrales, *Sigillaria*, *Lepidodendron*), die ihre Hauptentfaltung im Karbon hatten (s. 5.5.2, Abb. 5-8, 5-21, 5-22). Die **Pteridophyta** mit den beiden seit dem Mitteldevon vorhandenen eigentlichen **Pteridopsida** (Farnpflanzen) und den **Equisetopsida** (Schachtelhalmgewächse) bilden ebenfalls eine eigene Entwicklungslinie (Abb. 5-8, 5-16, Pryer et al. 2001). Die **Equisetopsida** waren im Oberdevon mit *Pseudobornia ursina* vertreten, die 15 bis 20 m Höhe erreicht hat. Ebenfalls ab dem Oberdevon bis in die Trias, mit einem Entfaltungsschwerpunkt im Karbon, traten die Sphenophyllales (Keilblattgewächse) auf, und die Calamitaceae mit der im Oberkarbon und Perm weit verbreiteten Gattung *Calamites* bildeten einen wichtigen Bestandteil der Steinkohlewälder (s. 5.5.2, Abb. 5-21). Auch die eigentlichen Schachtelhalme (Equisetales) mit den, vermutlich durch Re-

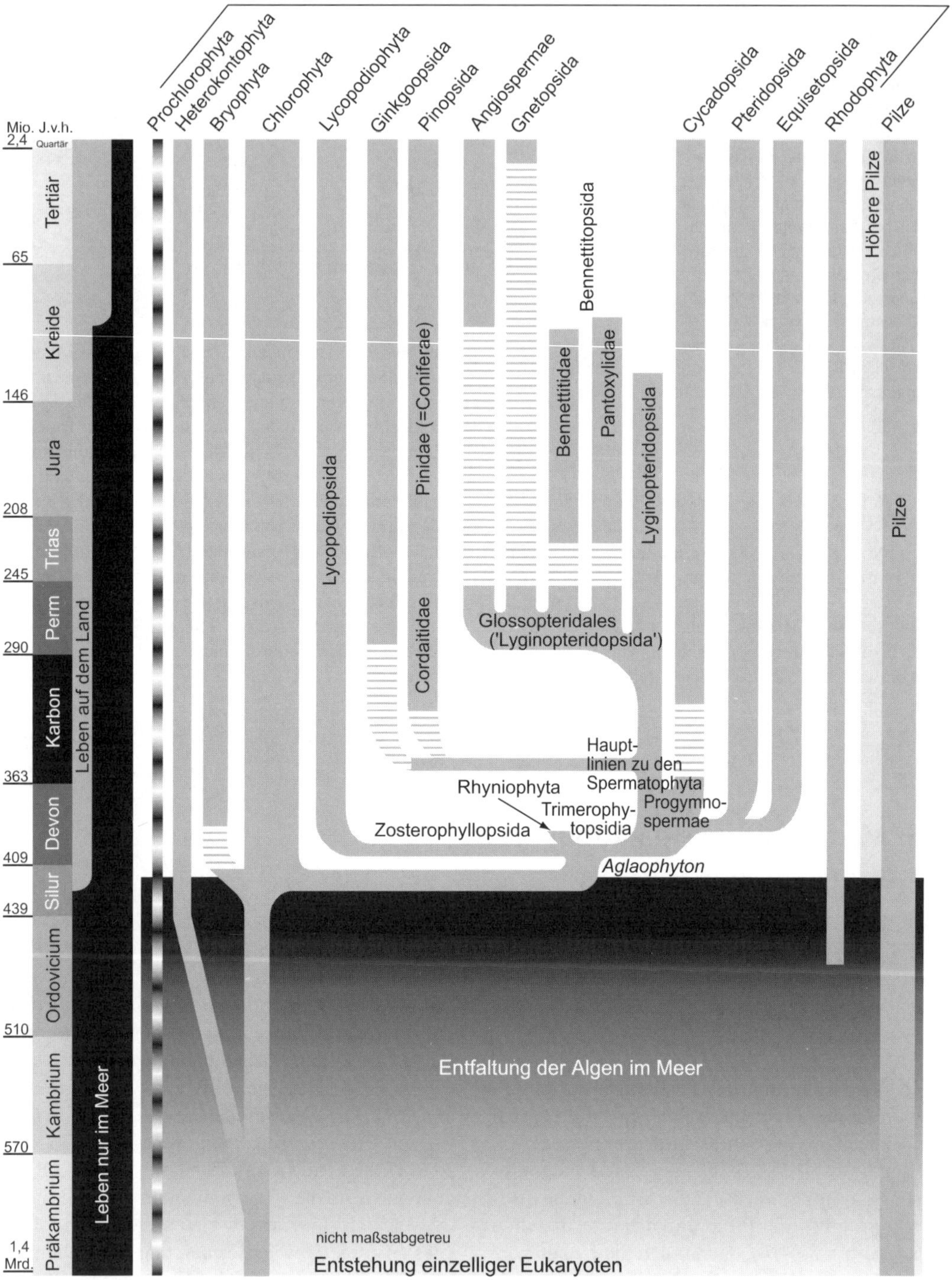

Abb. 5-16: Vermutliche stammesgeschichtliche Zusammenhänge zwischen den Verwandtschaftsgruppen im Pflanzenreich (ohne Anthocerotophyta). Unsichere, durch Fossilfunde nicht dokumentierte Verbindungen unterbrochen dargestellt. (In Anlehnung an White 1990.)

duktion aus Megaphyllen entstandenen, wirtelig angeordneten und verwachsenen *Equisetum*-Blätter („Mikrophylle"), sind bereits im Karbon mit der Gattung *Equisetites* vertreten. Ein Bindeglied zwischen den Trimerophytopsida und den eigentlichen **Pteridopsida** (Farnpflanzen) stellen die „Primofilices" (Protopteridiidae) vom Mitteldevon bis zum Unterperm dar (Abb. 5-8), von denen die Cladoxylales (z. B. *Pseudosporochnus* spec., *Hyenia elegans*) vom Mitteldevon bis ins Unterkarbon reichten, und die Rhacophytales (z. B. *Protopteridophyton* spec.) vom Mitteldevon ins Oberdevon. Gemeinsam ist den „Primofilices" der Besitz von endständigen Sporangien; Megaphylle waren noch nicht differenziert. Ab dem Karbon traten mit den Marratiales und den leptosporangiaten Farnen die Pteridopsida auf, deren gemeinsames Merkmal der meist gestielte, mit reicher Nervatur ausgestattete Wedel (Megaphyll) ist. Die Evolution des Megaphylls mit einer Lamina war mit einem deutlichen Abfall des CO_2-Gehaltes der Atmosphäre verbunden (Beerling et al. 2001, Kenrick 2001).

Bereits im Mittel- bis Oberdevon fand die Evolution einer weiteren grundlegend neuen Organisationsstruktur statt, die der **Progymnospermae** (Progymnospermatophyta). Diese entstanden vermutlich aus trimerophytischen Vorfahren (Abb. 5-8), die das Bindeglied zwischen den noch telomartigen Trimerophytopsida und den jüngeren, in Stamm, Wurzel und Blätter gegliederten, samentragenden Spermatophyta darstellen.

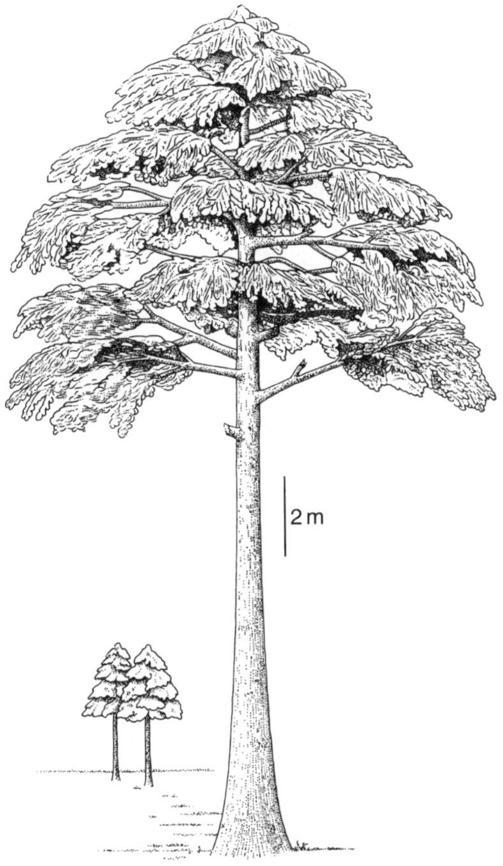

Abb. 5-17: *Archaeopteris* spec. Rekonstruktion. Habitus. Große farnartige Wedelsysteme (*Archaeopteris*, s. a. Abb. 5-18) und gymnospermenartiger Stamm *(Callixylon)*. Höhe etwa 20 m. (Nach Beck 1962.)

Die **Progymnospermae** begründen sich auf der Entdeckung des Zusammenhangs zwischen großen farnartigen und heterosporen Wedelsystemen *(Archaeopteris)* und baumförmigen, gymnospermenartigen Stämmen *(Callixylon)* von bis zu 1,5 m Durchmesser und 20 m Höhe (Abb. 5-17, 5-18) mit sekundärem Dicken-

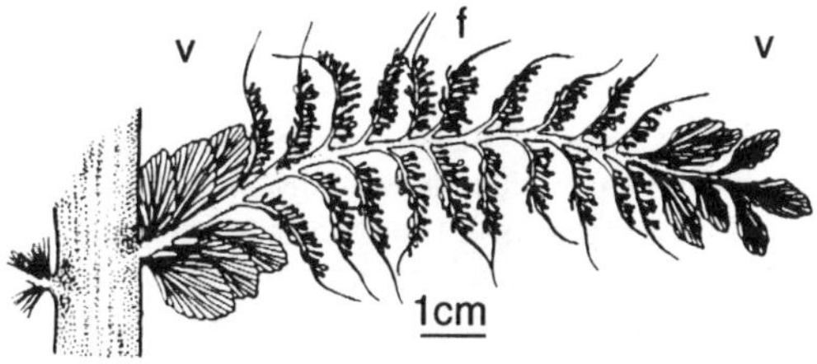

Abb. 5-18: *Archaeopteris* spec. Megaphyll mit vegetativen (v) und fertilen (f) Fiedern. (Nach Andrews 1961, aus Strasburger 1991.)

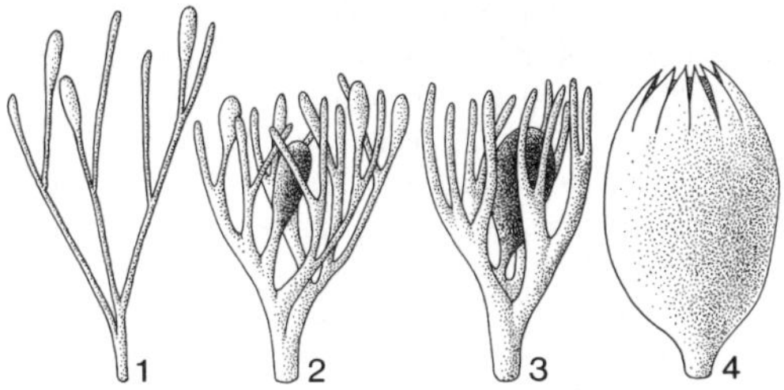

Abb. 5-19: Vermutliche phylogenetische Entstehung der Samenanlagen. Aus einem teils vegetativen, teils sporangientragenden Telomsystem (1) differenzieren sich ein Megasporangium (Nucellus, Chalaza, Funiculus, dunkel punktiert) und als sterile Hülle ein Integument (2–4, hell punktiert). (Nach Andrews 1961 und Strasburger 1991.)

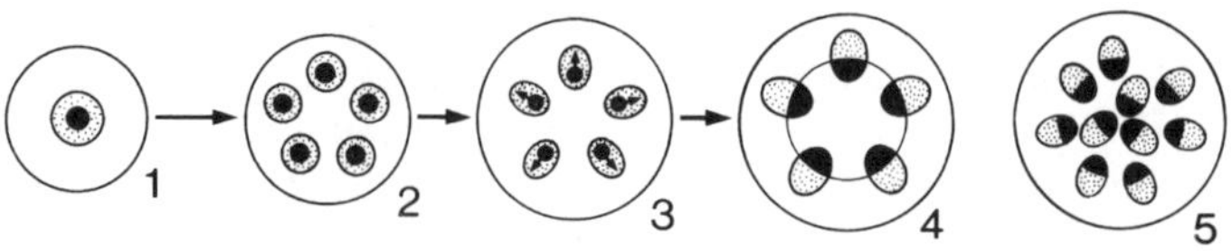

Abb. 5-20: Übergang von der Protostele (1) (schwarz: Xylem, punktiert: Phloem) und die durch Übergipfelung reduzierten und verwachsenen Seitenorgane (2) vermehrten Leitbündel zur Eustele (3–4) bzw. Ataktostele (5). Zentrifugale Ausbreitung des Metaxylems (2). Das Phloem bleibt als „Kappe" erhalten. Schematisch. (Orig.)

wachstum. Die Sippen werden heute in den *Archaeopteridales* (*Archaeopteris* spp., der erste „moderne Baum [Meyer-Berthaud et al. 1999]; Abb. 5-17, 5-18, *Svalbardia* spec.), Aneurophytales *(Aneurophyton germanicum)* und den Protopityales (*Protopitys* spp.) zusammengefasst.

Die Progymnospermen des Mitteldevons waren noch isospor, dagegen ist aus dem Oberdevon Heterosporie belegt (zusammengefasst in Bateman & Di Michele 1994). Sie haben Stelen, die zur Eustele überleiten. Von zentraler Bedeutung sind der Übergang von extremer Heterosporie zu Samenanlagen (Abb. 5-19) und die Entstehung der Eustele (Abb. 5-20). Sippen mit Samenanlagen und Eustelen sind dann als eindeutige Gymnospermen **(Coniferophytina, ‚Cycadophytina')** anzusprechen. Der Ursprung und die Evolution der Gymnospermen sind in Beck (1988) zusammenfassend dargestellt.

Von den **Coniferophytina** sind die **Ginkgoopsida** ab dem Unterperm nachgewiesen (*Trichopitys heteromorpha, Sphenobaiera* spp.). Die **Pinopsida** traten mit den Cordaitidae (Cordaiten) ab dem Unterkarbon auf (im Perm ausgestorben); diese waren an der Waldbildung mit bis zu 30 m hohen Bäumen beteiligt (*Cordaixylon* spp., *Cordaites* spp.; s. 5.5.2). Die Pinidae (Coniferae) erscheinen formenreich ab dem Oberkarbon und Perm (Utrechtiaceae, *Utrechtia, Ullmannia*). Auch die **‚Cycadophytina'** sind aus dem Paläophytikum mit den **Lyginopteridopsida** (= Pteridospermae, Samenfarne) bekannt. Diese Samenfarne, deren Samenanlagen an meist reich gegliederten Wedeln (z. B. *Tetrastichia bupatides*) saßen, traten ab dem Oberdevon auf, entfalteten sich im Karbon und Unterperm überaus formenreich und reichten bis in die Kreide. Zusammen mit den Glossopteridales sind sie Leitformen der eigenständigen permo-karbonischen Gondwana-Flora (s. 5.5.3). Diese Lyginopteridopsida werden derzeit noch als Ausgangsgruppe für die Cycadopsida (ab Oberkarbon, Hauptentfaltung im Mesophytikum, s. 5.6), die mit Zwitterblüten und Perianth ausgestatteten Bennettitopsida (Mittlere Trias bis Mittlere Kreide) und die Angiospermen angesehen (Abb. 5-16). Zu den Diskussionen über die Verwandtschaftsbeziehungen innerhalb der Cycadophytina und die Stellung der Cycadopsida vgl. 5.7.1.

5.5.2 Karbonwälder der Nordhemisphäre

Im Karbon traten die ersten ausgedehnten Wälder mit bis zu 40 m hohen Bäumen mit sekundärem Dickenwachstum auf (Abb. 5-21). Die Stämme zeigen keine Jahresringe und ruhende Knospen fehlen, woraus auf ein gleichmäßig feucht-warmes Klima geschlossen werden kann. Die erdnahen Schichten der Atmosphäre wiesen bereits in etwa die heutigen CO_2- und O_2-Werte auf, doch konnten die Sippen aufgrund des noch ungenügend ausgebildeten Wasserleitsystems (einfache Tracheiden) nur auf vorwiegend nassen bis mäßig feuchten Habitaten siedeln. Teile dieser umfangreichen Biomasse blieben als Steinkohle bis heute erhalten. Die Kerngebiete der Steinkohlewälder waren Europa und Nordamerika, abgesetzte größere Bildungsräume lagen in Sibirien und Ostasien. Die vier großen Steinkohlebecken in Mitteleuropa sind das rheinisch-westfälische Becken, das Saargebiet, das Zwickauer Revier und Südwest-Polen (Schlesien).

Die Physiognomie der Karbonwälder prägten Bärlapp- und Schachtelhalmbäume, Cordaiten sowie andere Gruppen in kaum überschaubarer Artenzahl (Mägdefrau 1968). Sie bildeten ein hoch differenziertes und geschichtetes Ökosystem, in dem Lurche, erste Reptilien, Spinnen, Tausendfüßler und Urformen von Insekten vertreten waren; außerdem waren parasitische, saprophytische und symbiontische Pilze vorhanden.

Die feuchtesten Bereiche besiedelten Schachtelhalme (Equisetopsida) wie *Archaeocalamites* spp. und *Calamites* spp., von denen letztere 30 m Höhe und Stammdurchmesser von 1 m erreichten, und die krautigen, im Unterwuchs lebenden Keilblattgewächse (Sphenophyllales; Abb. 5-21). In den weniger feuchten Bereichen siedelten die

Abb. 5-21: Rekonstruktion eines Karbonwaldes (Steinkohlewald, feuchter Bereich). Links oben Zweige mit Blättern und Sporophyllähren von *Lepidodendron*, nach rechts Stämme von *Lepidodendron* und *Sigillaria*, dazwischen Wedel mit Samenbildung von *Neuropteris* sowie die dünnen Sprosse von *Lyginopteris* (beides Samenfarne), Mitte vorn *Sphenophyllum* (Equisetopsida), hinten Farne sowie weitere Bärlappbäume, rechts *Calamites*. (Museum of Natural History, Chicago; aus Strasburger 1991.)

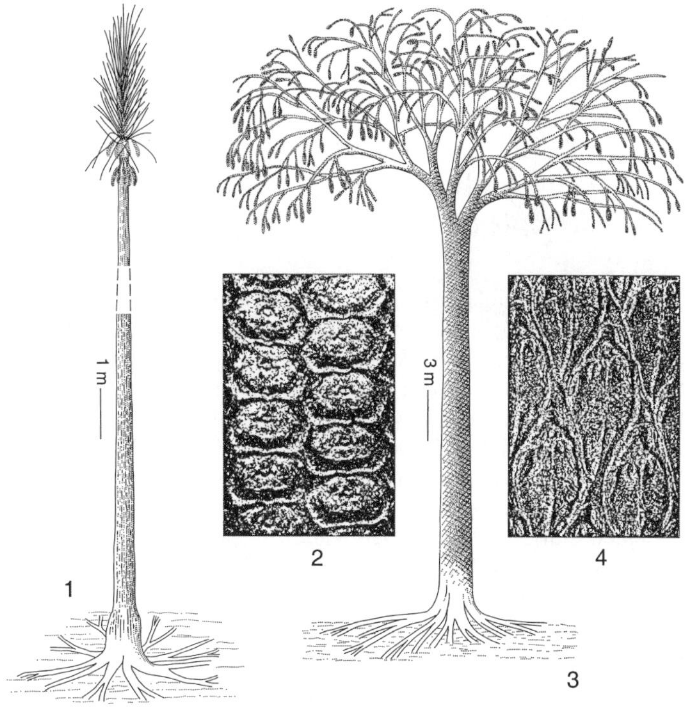

Abb. 5-22: „Bärlappbäume", Lepidodendrales. **1.** *Sigillaria* spec. **2.** *Sigillaria*. Blattpolster. **3.** *Lepidodendron* spec. **4.** *Lepidodendron*. Blattpolster. 1.–4. Rekonstruktion. (Aus Strasburger 1991.)

Bärlappbäume (Lepidodendrales) mit den v. a. art- und mengenmäßig stark hervortretenden *Lepidodendron*-(Schuppenbäume) und *Sigillaria*-(Siegelbäume)Arten (Abb. 5-22), die mit Stammhöhen von 40 m und 2 m Stammdurchmesser die auffallendsten Elemente der Karbonwälder waren. Ihre Stämme wurden überwiegend durch ein Korkkambium gebildet, daher auch ihre Bezeichnung als „Rindenbäume". Eine reiche Begleitflora von weniger hohen, strauch- und lianenförmigen Samenfarnen (Lyginopteridopsida, s. 5.5.1, Abb. 5-21), krautigen Sphenophyllales und Baumfarnen (Marattiales) bildete den Unterwuchs. Die wasserferneren, etwas trockeneren Habitate waren von bis zu 30 m hohen Cordaiten, den ersten Nadelhölzern (Pinopsida), besiedelt. Im Wasserleitungsvermögen des mächtigen Sekundärholzes waren diese den Bärlappbäumen bereits weit überlegen und leiteten mit dieser funktionellen Struktur bereits ins Gymnospermenzeitalter über. Eine erweiterte Darstellung dieser ersten Wälder mit den Anpassungsmechanismen ist in Willis & McElwain (2002) enthalten.

Der mit dem Beginn des oberen Perms (Zechstein) zunehmenden Trockenheit war das Ökosystem der Steinkohlewälder nicht mehr gewachsen. Die meisten Leitformen überlebten diese großklimatische Wende vom Paläophytikum zum Mesophytikum nicht und starben aus.

5.5.3 Permo-karbonische *Glossopteris*-Flora

Im Gondwana-Bereich (Abb. 5-4.1) der Südhalbkugel begann im Mittelkarbon die permo-karbonische Kaltzeit, von der Vereisungsspuren aus Südamerika, Mittel- und Südafrika, dem südlichen Indien, der Antarktis und dem südlichen Australien bekannt sind. Die Bärlappflora der Südhemisphäre, z. B. *Leptophloem* spp. mit bis zu 4 m dicken, vorwiegend aus Rinde aufgebauten Stämmen, starb aus. Nur in den Randbereichen dieser unwirtlichen Region überlebte die *Rhacopteris*-Flora, eine artenarme Gruppe von Samenfarnen (z. B. *Rhacopteris ovata*) (White 1990).

Nach dem Ende der Kaltzeit, im Unterperm, entwickelte sich in einem noch kühl-gemäßigten Klima eine artenreiche Flora. Steinkohleablagerungen zeugen von komplexen Pflanzengesellschaften in ausgedehnten Sümpfen. Die ersten *Ginkgo*-Gewächse (Ginkgoopsida) und Nadelhölzer mit Jahresringen (Pinopsida; z. B. *Noeggerathiopsis hislopi*) erscheinen unter den Fossilien. Sie besiedelten die trockeneren Hügel. Baumfarne waren häufig, und v. a. die Samenfarne (Lyginopteridopsida) prägen das Bild dieser Flora. Das häufigste Fossil sind die zungenförmigen Blätter der baum- und strauchförmigen Samenfarne der Gattung *Glossopteris* s. l. (Abb. 5-23, 5-24.1), die sich in allen Gondwanagebieten finden und zu der Bezeichnung *Glossopteris*-Flora (glosso = griech. Zunge und pteris = griech. Farn) führten. Sie sind Leitformen (Formengattungen *Glossopteris*, *Gangamopteris*, *Pallaeovittaria*) der eigen-

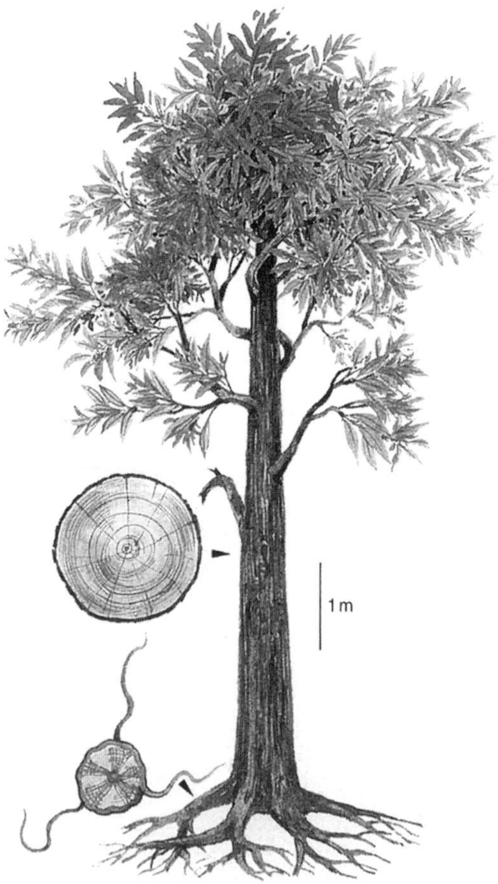

Abb. 5-23: *Glossopteris*-Baum. Rekonstruktion. Höhe etwa 10 m. (Aus White 1990.)

ständigen permo-karbonischen (bis triassischen) Gondwana-Flora.

Glossopteris-Blätter sind seit dem letzten Jahrhundert bekannt, die reproduktiven Organe wurden erst 1952 beschrieben (Plumstead 1952). Für die Evolutionslinien zu den Pflanzengruppen des Mesophytikums sind die weiblichen Organe, die Samen(anlagen)träger von Bedeutung, wobei zwei eigenständige Typen (Abb. 5-24) unterschieden werden, die die Glossopteridales in zwei Gruppen aufteilen. In der ersten Gruppe, den ‚Megafructi', sind die ‚Früchte' massig und zahlreiche Samen sitzen am samentragenden Rezeptakulum, das von einem schützenden Deckblatt umgeben ist. Die ‚Früchte' stehen in der Achsel von Blättern (Abb. 5-24.1). In der zweiten Gruppe, den ‚Microfructi', sind die ‚Früchte' kleiner, aus weniger Samen bestehend und werden an umgewandelten oder schuppenförmigen Blättern gebildet (Abb. 5-24.2). Von südhemisphärischen Paläobotanikern (z. B. White 1990) wird heute angenommen, dass ‚Megafructi' und ‚Microfructi' der Ausgangspunkt für die Evolution der Cycadopsida, der Süd-Koniferen (Araucariaceae, Podocarpaceae) und der Angiospermen waren (vgl. hierzu 5.7.1).

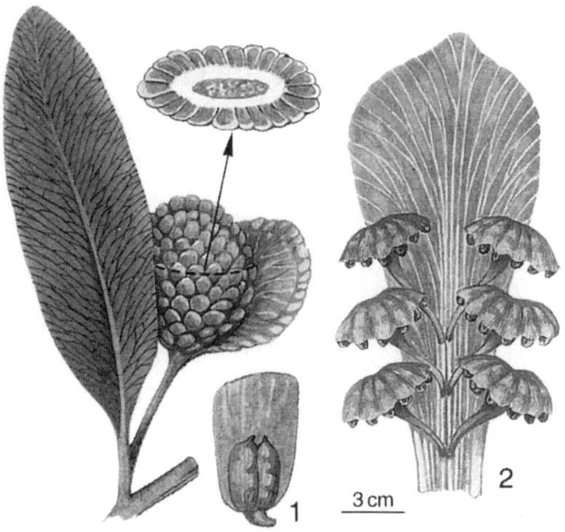

Abb. 5-24: 1. ‚Megafructi'. Zungenförmiges, ungeteiltes „Blatt" mit ± geschlossener Maschenaderung, mit Samen(anlagen)träger *(Scutum)*. **2.** ‚Microfructi'. Samen(anlagen)träger an umgewandelten Blättern *(Lidgetonia)*. (Aus White 1990.)

5.6 Mesophytische Floren

Die vom Oberperm (Zechstein, 256 Mio. J.) bis in die Untere Trias (240 Mio. J.) andauernde Trockenperiode führte zur Entfaltung xeromorpher Pflanzengruppen und zur Dominanz der Gymnospermen, v. a. der Ginkgoopsida, Pinopsida, Cycadopsida und der Bennettitopsida. Durch die dann ab der Mittleren Trias vorherrschenden warm-feuchten Klimate und die noch bestehende räumliche Nähe der Kontinentalschollen (Abb. 5-4.1) waren günstige Ausbreitungsmöglichkeiten für die Sippen gegeben. Neben den Gymnospermen dominierten Farne (Eusporangiatae: Marattiales; ursprüngliche Leptosporangiatae, heute noch reliktär erhalten: Osmundaceae, Matoniaceae, Dipteridaceae und Schizaeaceae); verbreitet waren auch Schachtelhalme und die letzten Samenfarne (Lyginopteridopsida). Aufgrund ihres funktionell besser differenzierten Wasserleitsystems konnten die Gymnospermen diese trockenen Lebensräume besiedeln, und der Artenreichtum nahm deutlich zu. Außerdem fällt in diese Ära die Evolution der Blütenbestäubung bei den Bennettiteen.

In der ariden ersten Phase des Mesophytikums (Oberperm, Zechstein) säumten in Mitteleuropa erste Koniferen (Pinidae) und *Ginkgo*-Gewächse (Ginkgoopsida) u. a. die Ufer des mitteldeutschen Kupferschiefer- und des Zechsteinmeeres. Von den Koniferen waren *Ullmannia bronnii*, *U. frumentaria* (Ullmanniaceae), *Pseudovoltzia liebeana* (Majoniaceae) und *Culmitzschia florinia* (Utrechtiaceae) bestimmend, unter den *Gingko*-Gewächsen in erster Linie *Sphenobaiera digitata* (Mägdefrau 1968). Etwas früher, aus dem Unterperm (Rotliegendes) Mitteleuropas, ist unter den ersten Koniferen v. a. *Utrechtia* = *Lebachia piniformis* zu nennen, die wegen des Kurzsprosscharakters der weiblichen „Blüten" in der Ableitung der Zapfen stammesgeschichtlich bedeutend ist (Abb. 5-25). Im festländisch geprägten Buntsandstein (Untere Trias) Mitteleuropas sticht die zu den Bärlappgewächsen gehörende xeromorphe *Pleuromeia sternbergii* hervor, die von den Siegelbäumen *(Sigillaria)* zu den heutigen *Isoëtes*-Arten überleitet. Im Keuper dominieren Schachtelhalme (*Equisetites*

Abb. 5-25: *Utrechtia (= Lebachia) piniformis* aus dem Unterperm Deutschlands. **1.** Zweigstück. (Nach Kerp et al. 1990.) **2.** Weiblicher Kurzspross („Blüte"). Deckschuppe (= Tragblatt, d), sterile Schuppen (st) und abgeflachte atrope Samenanlage mit zweiteiligem Integument (f). (Nach Strasburger 1991.)

spp., *Neocalamites* spp.), Farne (*Danaeopsis* spp.) und Cycadeen (z.B. *Dioonites pennaeformis*), während die Koniferen zurücktreten (Mägdefrau 1968, Mader 1990, Kelber & Hansch 1995).

Auf der Südhalbkugel, v.a. in Australien und der Antarktis, verschwand in der warmen bis heißen und von saisonalen Regenfällen geprägten Trias die im Perm dominierende *Glossopteris*-Flora und wurde durch die xeromorphe *Dicroidium*-Flora abgelöst. *Dicroidium*-Arten sind baumförmige Samenfarne mit gegabelten Wedeln von 10–20 m Höhe (Taylor 1996). Mit ihnen vergesellschaftet waren unverzweigt-stammförmige, mit einem Blattschopf versehene *Cylomeia*-Arten (Lycopodiopsida), Farne, *Gingko*-Gewächse, Schachtelhalme, Cycadeen und Koniferen, unter diesen v.a. die südhemisphärische Gattung *Voltziopsis* (Ullmanniaceae).

Die Jurazeit war einheitlich warm bis heiß und feucht mit einer weltweit gleichartigen artenreichen Flora. Mit etwa 11 Gattungen, darunter die dominierende Gattung *Baiera*, waren die *Ginkgo*-Gewächse überaus formenreich entfaltet und breiteten sich vom Unterjura bis zur Oberkreide fast über die gesamte Holarktis aus. Auch das Areal der heute südhemisphärischen Koniferengattung *Araucaria* erstreckte sich mit *Araucaria mirabilis* im Jura und in der Kreide weltweit, dagegen ist die Gattung *Agathis* mit *A. jurassica* nur aus jurassischen Ablagerungen der Südhemisphäre bekannt. Außerdem waren die Vorläufer der heute südhemisphärisch verbreiteten Podocarpa-

Abb. 5-26: Vegetationsverhältnisse im mitteleuropäischen Gebiet an der Wende Trias/Jura (Rhät/Lias). Vorn links *Wielandiella* spec. (Bennettitopsida), vorn Mitte *Dictyophyllum* (Pteridopsida), vorn rechts und in der Bildmitte links Cycadeen, rechts am Rand *Baiera* spec. (Ginkgoopsida), Bildmitte *Equisetites*-Bestand (Equisetopsida), Hintergrund *Araucaria*-ähnliche Koniferen (Pinopsida). (Aus Mägdefrau 1968.)

ceen (z. B. *Rissikia talbragerensis*) und der nordhemisphärischen Taxaceen (*Palaeotaxus* spec.), Cephalotaxaceen (*Thomasiocladus* spec.) und Taxodiaceen (*Sewardiodendron* spec.) vorhanden, und möglicherweise ist die erst 1995 beschriebene *Wollemia nobilis* (Araucariaceae; Jones et al. 1995) ein Relikt aus dieser Zeit. Der Jura ist geprägt durch die Cycadeen (z. B. *Beania gracilis*), die ausgestorbenen Nilssoniales und die Bennettiteen (z. B. *Cycadeoidea dacotense, Otozamites* spec., *Zamites* spp.; Obere Trias – Untere Kreide), bei denen erstmals echte Zwitterblüten auftraten. Einen Einblick in die Vegetationsverhältnisse an der Wende Trias/Jura vermittelt Abb. 5-26.

Diese Flora und Vegetation reicht bis in die Unterkreide. Sie ist die letzte, die sich aus diesen altertümlichen Pflanzengruppen zusammensetzt. In der Unterkreide „erwachen" (White 1990) die Angiospermen; die Vegetation wird revolutioniert.

5.7 Floren- und Vegetationsentwicklung im Neophytikum

5.7.1 Das „Erwachen" der Angiospermen

In der Unterkreide war das Klima überwiegend warm-feucht, außer im südlichsten Gondwana-Bereich. Die Abkühlung in diesem Gebiet, der weitere Zerfall des Gondwana-Kontinents (Abb. 5-4.2,3; 5-32) und ein ansteigender Meeresspiegel, der weite Landstriche überflutete, führten dort zu wechselnden Lebensbedingungen. Zur Oberkreide hin folgte ein weltweiter Temperaturanstieg mit zunehmender Trockenheit; die Wassertemperaturen lagen in Mitteleuropa bei etwa 15–23 °C. Die altertümlichen Pflanzengruppen der Koniferen, Cycadeen und Farne (s. 5.6) besaßen nicht das genetische Potential, auf diese Veränderungen mit Artbildung zu reagieren und die entstehenden Nischen zu besetzen. Der Weg war frei für die Entfaltung einer modernen Pflanzenwelt, die förmlich explodierte.

In kurzer Zeit, in den etwa 40 Mio. J. vom Barrême bis zum Cenoman (132–90 Mio. J., Abb. 5-27), entfalteten sich die Angiospermen. Sie übernahmen ab dem Tertiär die Vorherrschaft in den meisten Biozönosen und dominieren heute mit etwa 250000 bis 300000 Arten.

Aufgrund neuartiger Merkmalskombinationen, wie morpho-ökologische Plastizität (holzige-krautige Pflanzen, Phanerophyten bis Annuelle, ausdauernd bis einjährig), Einschluss der Samenanlagen, Ausbildung einer Blütenhülle und zwittriger Blüten, weitere Reduktion des Gametophyten, höhere anatomische Differenzierung (Tracheen, Tracheiden), Samen- und Fruchtausbreitung u. a., konnten die Angiospermen bis an die Grenzen des Lebens (Wüsten, Hochgebirge, subarktische/subantarktische Gebiete) vorstoßen. Den Koniferen gelang es, aufgrund ihrer Xeromorphie v. a. in der borealen Zone (physiologische Trockenheit während des Winters) zu überleben, den Farnen in den tropischen Zonen. Dagegen blieben die Cycadeen mit nur etwa zehn Gattungen als Relikte („lebende Fossilien", z. B. *Cycas, Zamia, Dioon*) in den (Sub)Tropen erhalten.

Neben der Eroberung des Festlandes durch Pflanzen (s. 5.4) ist die Evolution der Angiospermen und ihre verwandtschaftlichen Beziehungen zu anderen Pflanzengruppen wie den Gnetopsida eines der faszinierendsten Kapitel in der Evolution der Pflanzen (Abb. 5-27, 5-28). Die Angiospermen sind eine monophyletische Gruppe. An ihrer stammesgeschichtlichen Basis stehen einige als **Magnoliopsida** (Magnolienartige Dicotyledoneae und weitere Familien) zusammengefasste Familien mit z. T. relativ kleinen Blüten und meist monosulcaten Pollenkörnern (mit einer distalen Keimfalte) (etwa 4 % der Arten). Allerdings ist mit *Archaefructus liaoningensis* ein sehr frühes großblütiges Angiospermenfossil aus der frühesten Kreide, ev. spätestem Jura, Nordost-Chinas beschrieben worden (Sun et al. 1998). Aus Magnoliopsida-artigen Vorfahren sind die übrigen Angiospermen entstanden. Die **Liliopsida** (Monocotyledoneae, Einkeimblättrige) mit ebenfalls meist monosulcaten Pollenkörnern, aber mit den typischen Monokotyledonen-Merkmalen sind ein gut charakterisierter Verwandtschaftskreis (etwa 22 % der Arten). Die ältesten eindeutigen Blütenfossilien dieser Gruppe sind etwa 90 Millionen Jahre alt; molekulare Auswertungen ergeben ein Alter von etwa 100 Millionen Jahren (Bremer 2000). Die **Rosopsida** (Eu-Dicotyledoneae, Dicotyledoneae p. p., Zweikeimblättrige z. T.) (etwa 74 % der Arten) zeichnen sich durch Pollenkörner mit drei oder mehr Keimöffnungen und den Dikotyledonen-Merkmalen aus. Liliopsida und Rosopsida sind ungefähr gleichen Alters.

Abb. 5-27 zeigt die mehr morphologisch orientierte Auffassung, nach der zwei Hauptäste, die Monocotyledoneae mit magnolienartigen Dicotyledonen und die

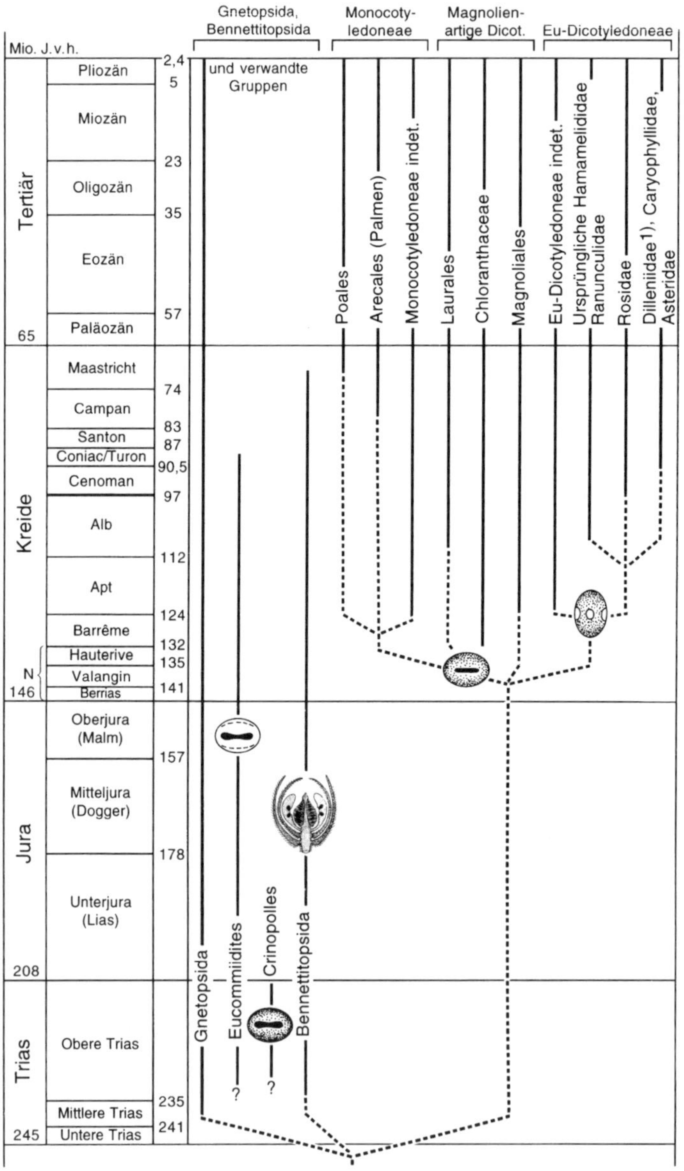

Abb. 5-27: Vereinfachter phylogenetischer Stammbaum mit ausgewählten Angiospermengruppen mit ihrer stratigraphischen Zuordnung und den mutmaßlichen Gymnospermen-Verwandten. Die Fossilfunde der Gnetopsida basieren auf gerippten Pollenkörnern und seltenen triassischen und kretazischen Makrofossilien. Dasselbe gilt für *Eucommiidites*, von denen auch Samen und Pollensäcke aus dem Jura und der Kreide bekannt sind. Pollen der Crinopolles-Gruppe gibt es ab der Oberen Trias, andere Organe sind nicht bekannt. Die Bennettitopsida sind fossil gut belegt. Dargestellt ist die Blüte von *Williamsoniella coronata* mit Hüll- und Staubblättern sowie Gynoeceum. Ausgangspunkt für alle Entwicklungslinien der Angiospermenpollen sind monosulcate Pollenkörner (mit einer Keimfalte), die bei den Monocotyledonen und bei den magnolienartigen Dicotyledonen erhalten geblieben sind. Triaperturate Pollen (3 Keimstellen: Falten, Poren oder Furchen) und davon abgeleitete Pollentypen sind typisch für die Eu-Dicotyledonen. N Neocom, [1)] nach Chase et al. (1993, *rbc*L-Sequenzen), kein natürlicher Verwandtschaftskreis. (Nach Strasburger 1991, Crane et al. 1995.)

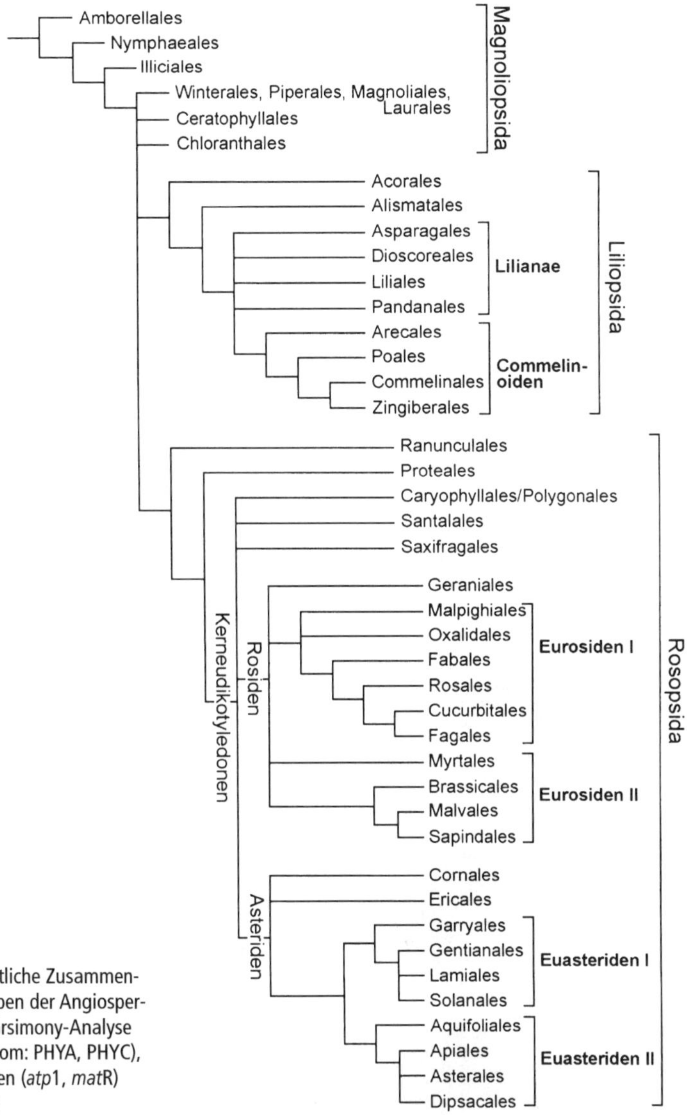

Abb. 5-28: Vermutliche stammesgeschichtliche Zusammenhänge zwischen den Verwandtschaftsgruppen der Angiospermen auf der Grundlage einer Maximum-Parsimony-Analyse von sieben nukleären (18S rDNA, Phytochrom: PHYA, PHYC), plastidären (*rbc*L, *atp*B) und mitochondrialen (*atp*1, *mat*R) DNA-Sequenzen. (Nach Strasburger 2002.)

Eu-Dicotyledoneae, in einer nur schwer ansprechbaren Gruppe magnolienartiger Dicotyledonen wurzeln. Die Monocotyledoneae sind monophyletisch und stellen einen frühen Zweig der Angiospermen dar. Dagegen werden die Eu-Dicotyledoneae durch triaperturate Pollen charakterisiert, die ab der Wende Barrême/Apt auftreten, außerdem sind sie durch Blätter und nicht sicher ansprechbare Pollenfunde ab der Wende Unter-/Oberkreide dokumentiert. Die Angiospermen sind eng mit den ausgestorbenen Bennettitopsida und den Gnetopsida (Welwitschiaceae, Gnetaceae, Ephedraceae) verwandt. Diese drei Gruppen werden aufgrund der blütenähnlichen Reproduktionsorgane als ‚Anthophyta' = ‚Blütenpflanzen' zusammengefasst. Es bleibt jedoch weiterhin ungeklärt, ob die zwittrige Angiospermenblüte ein Euanthium (Euanthientheorie, reproduktive Organe ursprünglich an einer einfachen Achse) oder ein Pseudanthium (Pseudanthientheorie, reproduktive Organe ursprünglich an einem verzweigten Achsensystem) ist. Dieses Anthophyta-Konzept schließt die Ginkgoopsida, die Pinopsida und v.a. die Cycadopsida von einer engeren Verwandtschaft mit den Angiospermen aus. Die molekularen Daten haben bisher keine eindeutigen Aufschlüsse über die verwandtschaftlichen Beziehungen zwischen den großen Verwandtschaftsgruppen der Samenpflanzen, insbesondere auch nicht der Angiospermen zu den Gnetopsida erbracht (z. B. Bowe et al. 2000).

Die Hauptgruppen der Angiospermen waren in der mittleren Kreide entfaltet. Am Ende der Kreide erreichte deren Diversität 50–80 % der heutigen Sippen. Pollenfunde, Blüten- und Blattreste lassen eindeutig darauf schließen. Die ersten von Angiospermen dominierten Vegetationseinheiten sind aus den Küstenablagerungen des nordöstlichen Asiens und von Alaska (Alb [Mittlere Kreide]) bekannt geworden (Herman 2002).

Entgegen früheren Annahmen waren am Beginn der Oberkreide die Angiospermen gegenüber den Gymnospermen noch untergeordnet (Crane 1987, Crane et al. 1995; Abb. 5-29), und der Austausch der Vegetationstypen fand endgültig erst im Tertiär statt. Ungeklärt ist der Entstehungsort der Angiospermen. Pollenfunde lassen darauf schließen, dass die Ausbreitung der frühen Angiospermen vom damaligen Tropenbereich und den Randbereichen des mittleren Atlantiks bzw. Mittelmeeres ausging. Es gibt jedoch auch Anzeichen, dass der südliche Gondwana-Bereich mit den sich dort in der Unterkreide stark ändernden Umweltbedingungen in Frage kommt (White 1990, Dettmann 1992), denn heute findet sich die höchste Konzentration lebender primitiver Angiospermen in den nördlichen Regenwäldern Australiens. Eine Ausbreitung der ersten Angiospermen über die auseinanderdriftenden Kontinente war damals noch möglich (Abb. 5-4.2,3) und hierdurch holarktische, pantropische, paläotropische und südhemisphärische Areale erklärbar. Afrika und Südamerika wurden relativ früh getrennt (vor etwa 110 Mio. J. in der Unterkreide, Abb. 5-32), dagegen war die Ausbreitung Südamerika-Antarktis-Australien/Neuseeland bis ins Tertiär möglich, und seit der Kollision von Indien mit Asien vor etwa 43 Mio. J. im Eozän besteht die Verbindung Afrika-Arabien-Indien. Laurasia trennte sich erst sehr spät in Nordamerika und Eurasien; landfeste Verbindungen zwi-

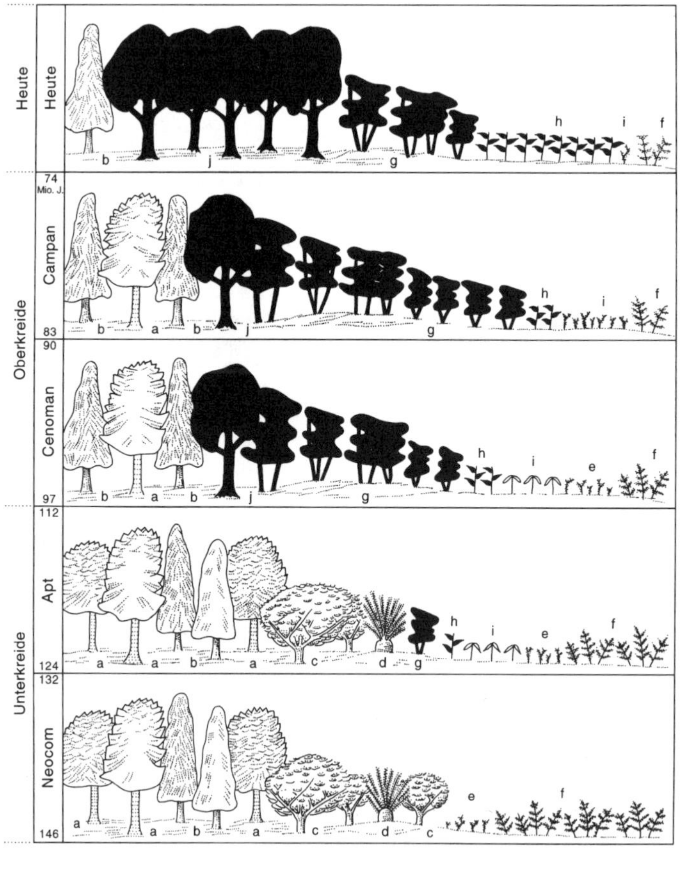

Abb. 5-29: Schematische Rekonstruktion der Verbreitung der hauptsächlichen Pflanzengruppen (nach Lebensformen) im Neocom, Apt, Cenoman, Campan und heute in mittleren Breitengraden Nordamerikas. a *Araucaria*-artige Koniferen, b Taxodiaceae, in Mitteleuropa heute Pinaceae, c strauchförmige Cycadeen, d Bennettiteen vom *Cycadeoidea*-Typ, e krautige Bärlappgewächse, f Farne, g strauchförmige Angiospermen, h krautige Angiospermen, i krautige und strauchförmige Gnetopsida, j baumförmige Angiospermen. Große baumkronenbildende Angiospermen traten wahrscheinlich erst am Ende der Kreide bzw. am Beginn des Tertiärs auf. (Nach Crane 1987.)

schen den Kontinenten gab es bis ins Quartär. Beispiele für Verbreitungstypen sind (K mit Sicherheit bereits aus der Kreide fossil dokumentiert): nordhemisphärisch: Magnoliaceae (K), Cercidiphyllaceae (K), Platanaceae (K), Fagaceae (K) ohne *Nothofagus*; pantropisch: Annonaceae, Monimiaceae, Chloranthaceae (K), Myrtaceae (K), Flacourtiaceae, Sapotaceae (K), Rubiaceae, Arecaceae (K); paläotropisch: Dipterocarpaceae; afrikanisch-südamerikanisch: Velloziaceae (Liliidae); neotropisch: Bromeliaceae; südhemisphärisch: Winteraceae (K), Proteaceae (K), *Nothofagus* (K) (Fagaceae).

5.7.2 Tertiär

Am Beginn des Tertiärs vor etwa 65 Mio. J. waren die Angiospermen mit einer großen Artenfülle in den Vegetationstypen vertreten. Es wird angenommen, dass in dieser Zeit die ersten großen baumkronenbildenden Angiospermen auftraten (Crane 1987) und Waldbereiche aufbauten, die allerdings noch mit Nadelhölzern gemischt waren. Besonders an den wärmeren und nährstoffreicheren Habitaten dominierten die Angiospermen und gehörten zu den wichtigsten Primärproduzenten. Diese neuen Pflanzengemeinschaften „schufen" eine Vielzahl von Nischen und erlaubten eine außergewöhnlich schnelle Differenzierung und ökologische Integration der sich explosiv entfaltenden Tierwelt (v. a. Vögel, Säugetiere, Insekten).

Im **Paläogen = Alttertiär** (Paläozän, Eozän, Oligozän; 65–23 Mio. J.; Abb. 5-1) herrschte weltweit ein überdurchschnittlich warmes und ausgeglichenes (sub)tropisches Klima; und im Eozän wird für Mitteleuropa eine Jahresmitteltemperatur von 22 °C angenommen. Immergrüne tropisch-subtropische (paratropische) Regenwaldfloren reichten bis zum beginnenden Oligozän mit Annonaceae, Araliaceae, Arecaceae (Palmen, *Sabal*, *Elaeis*, *Nypa*), Lauraceae (z. B. *Cinnamomum*), Moraceae (*Artocarpus*, *Ficus*), Musaceae und tropischen Farnen (z. B. *Matonia*, Baumfarne: Cyatheaceae) in Europa und Nordamerika bis 55–59(62) °N. So lag die nördliche Verbreitungsgrenze der Palmen im Alttertiär in Alaska bei 62 °N, in Europa bei 55 °N und war damit gegenüber heute um etwa 10–15 Breitengrade nach Norden verschoben. Diese als **paläotropisch** bezeichnete Flora (Abb. 5-30) stammte vermutlich aus der indo-malayischen Region.

In diese Tropenflora waren subtropische Regen- und Lorbeerwälder, warm-gemäßigte immergrüne Laubwälder und mit zunehmender Höhe sommergrüne Laub- und Nadelmischwälder und sommergrüne Laubwälder eingestreut. Nach Norden zu wurden die sommergrünen Laub- und Nadelmischwaldfloren vorherrschend. Fossilfunde sind bis nach Spitzbergen, ja sogar noch auf Grinell-Land (81 ° 45′) bekannt.

Diese nordische Flora, als arktotertiäre Flora bezeichnet, enthielt Gattungen, die heute noch im gemäßigten Europa aufreten, wie *Picea*, *Pinus*, *Acer*, *Alnus*, *Betula*, *Corylus*, *Fagus*, *Fraxinus*, *Juglans*, *Populus*, *Quercus*, *Salix*, *Tilia*, *Ulmus*, *Vitis* u. a., außerdem solche, die florengeschichtlich große Bedeutung haben und heute in Europa ausgestorben sind, jedoch in Rückzugsgebieten überlebten, d. h. im wärmeren Nordamerika *(Taxodium, Sequoia)*, in Ostasien *(Ginkgo, Cercidiphyllum)* oder in beiden Rückzugsräumen *(Tsuga, Magnolia, Liriodendron, Sassafras, Liquidambar, Carya, Diospyros)* vorkommen. Aufgrund der noch zusammenhängenden nördlichen Kontinente war die arktotertiäre Flora im gesamten zirkumpolaren Raum verbreitet (umfassend

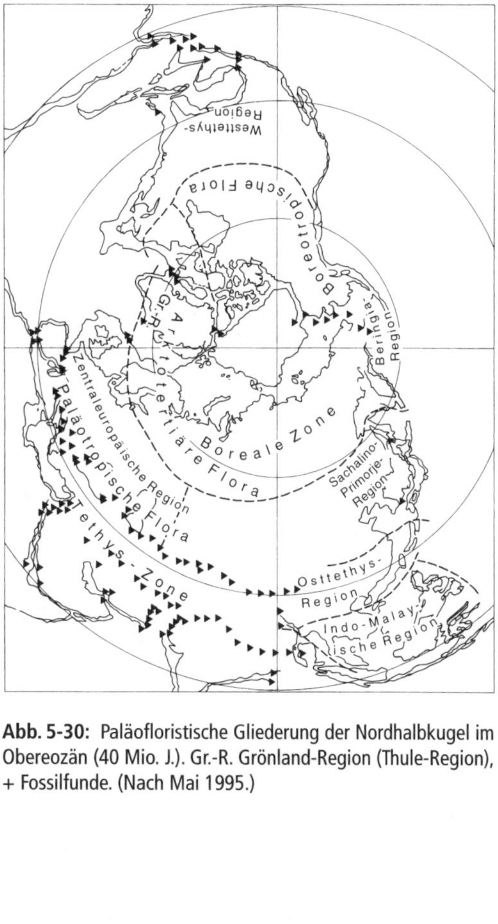

Abb. 5-30: Paläofloristische Gliederung der Nordhalbkugel im Obereozän (40 Mio. J.). Gr.-R. Grönland-Region (Thule-Region), + Fossilfunde. (Nach Mai 1995.)

in Mai 1989, 1995 dargestellt). Sie bildet den Grundstock des heutigen Florenreiches der Holarktis.

In Mitteleuropa sind im Alttertiär (und bis ins Jungtertiär [Miozän] hineinreichend) die **Bernsteinflora** und **-fauna** und die **Braunkohlewälder** von überragender Bedeutung.

Eindrucksvolle Zeugnisse fossiler Floren und Faunen, v. a. von Koniferen, Angiospermen, Bryophyten, Flechten und Arthropoden stehen in den obereozänen bis unteroligozänen („Blaue Erde") Bernsteinen des Samlandes (Kaliningrad, Baltischer Bernstein) und den untermiozänen Bernsteinen von Bitterfeld (Sächsischer Bernstein) zur Verfügung. Sonst sind Bernsteine nur noch aus dem Mitteloligozän bis Mitteleozän der Dominikanischen Republik bekannt. Eine eindrucksvolle Beschreibung der baltischen Bernsteinwälder geben Mägdefrau (1968), Weitschat & Wichard (1998) und Poinar & Poinar (1999; Hispaniola, Gr. Antillen).

Bernstein, Succinit oder Amber ist ein gelbliches oder bräunliches Harz (Polyester aus langgestreckten, hochpolymeren Ketten aus Abietinsäure und Diabietinol = aus Abietinsäure entstandener Alkohol) von Kiefernarten (im Samland v. a. *Pinus succinifera* agg.), das als Tropfen, Knollen oder Schlauben in den bernsteinführenden Schichten vorkommt. Durch das pleistozäne Inlandeis und die Meeresströmungen wurde Bernstein aus dem Sedimentationsgebiet weit nach Westen bis an die ostfriesischen Inseln und nach Süden (Kiew) verfrachtet. Biogeographisch ist von Bedeutung, dass v. a. bei Laub- und Lebermoosen deutliche Ähnlichkeiten zwischen der Moosflora des Tertiärs und der heutigen in Ost- und Südostasien und den Tropen gegeben sind, woraus sich auch Rückschlüsse auf das damalige Klima ziehen lassen (Grolle u. a. 1988, Frahm 1996).

Große wirtschaftliche Bedeutung besitzen die Braunkohlelagerstätten, die vom Eozän bis zum Miozän aus organischen Ablagerungen von verlandenden Süßwasserkomplexen und angrenzenden Moorwäldern in den großen Tertiärbecken entstanden sind (Abb. 5-31). Eine der am besten untersuchten ist die des Geiseltales bei Halle inmitten des mitteldeutschen Braunkohlereviers (zusammenfassend dargestellt in Mägdefrau 1968). Die dominanten Leitsippen sind die heute noch im wärmeren Nordamerika als Relikte vorkommenden Koniferengattungen *Taxodium* und *Sequoia* sowie die Cornaceen-Gattung *Nyssa*. Folgende Vegetationszonierung wurde für das Geiseltal rekonstruiert (Abb. 5-31): In der Verlandungszone siedelten *Nymphaea*- und *Brasenia*-Arten (Seerosen), die Röhrichtzone nahmen *Phragmites* und Arten der Cyperaceengattung *Dulichium* ein. Es schloss sich ein Sumpfwald mit *Taxodium* (Sumpfzypresse) und *Nyssa* sowie epiphytischen *Tillandsia*-Arten an, und feuchte Moorwaldbestände bauten sich aus *Myrica*-, *Liquidambar*- und *Cyrilla*-Arten auf, während die trockeneren Moorwälder aus *Sequoia*, *Sciadopitys* und *Sabal*-Palmen zusammengesetzt waren. Die wuchernde pantropische Farngattung *Lygodium* war ebenfalls vorhanden. Für das Späte Oligozän beschreiben Gastaldo et al. (1998) die Vegetation des Weißelster Beckens nahe Borna (Sachsen). Hier ist in den Braunkohleablagerungen ein Anteil an Arten der Pinaceen-Gattungen *Abies, Picea* und *Pinus* enthalten.

Reliktär treten einige der genannten Gattungen noch im südlichen Nordamerika *(Dulichium, Cyrilla, Sequoia, Taxodium, Sabal)*, in Ostasien *(Sciadopitys)* und in beiden Gebieten *(Brasenia, Nyssa, Liquidambar)*

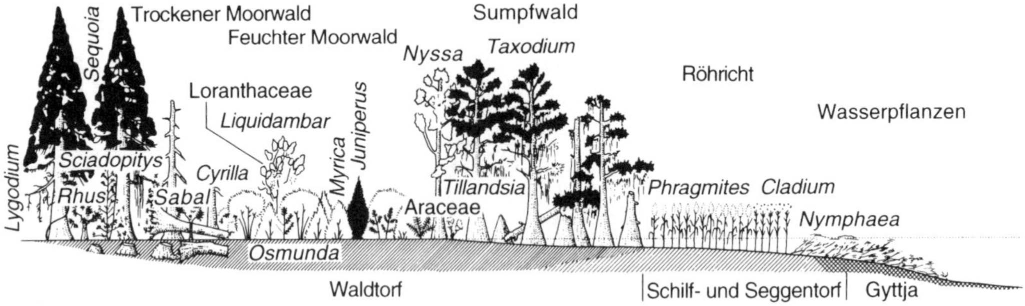

Abb. 5-31: Rekonstruktion der Vegetationszonierung eines mitteltertiären Braunkohlemoores in Mitteleuropa. Erklärungen im Text. (Nach Teichmüller 1958 und Strasburger 1991.)

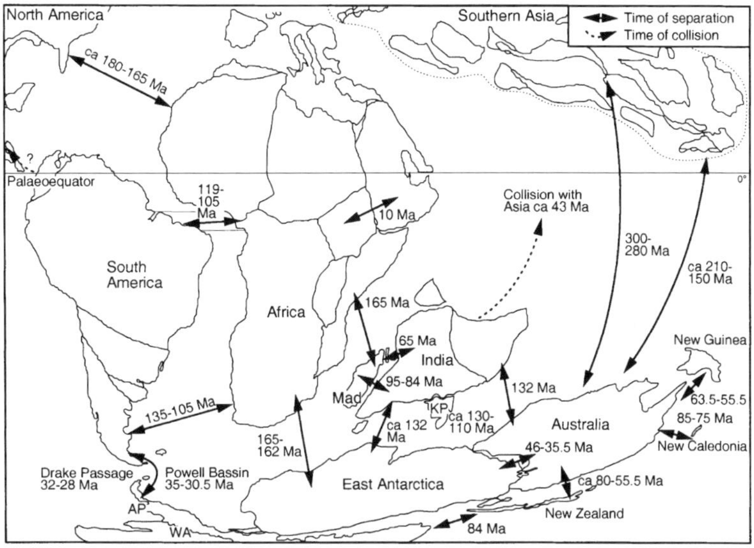

Abb. 5-32: Zerfall des Gondwana-Kontinents mit Zeitangaben für die Trennung der Landmassen bzw. der Kollision Indiens mit Südasien. Lage der Landmassen vor etwa 110 Mio. Jahren (späte Unterkreide). AP Antarktische Halbinsel, KP Kerguelen Plateau, Mad Madagaskar, WA West-Antarktis. (Nach McLoughlin 2001.)

auf. Ein ökologisches Pendant zum Braunkohlewald findet sich heute noch im Verbreitungsgebiet von *Taxodium distichum* in den Sumpfwäldern Floridas.

In der südlichen Südhemisphäre begann im Alttertiär, durch die nun vollständige Auftrennung des Gondwana-Kontinents (Abb. 5-4.3,4; 5-32), die Entwicklung der Australischen, Kapländischen und Antarktischen Florenreiche.

Während Afrika am Beginn des Tertiärs bereits von der Antarktis weit getrennt war (Abb. 5-4.3, 5-32), bestand bis weit in das Mitteleozän (46 Mio. J.) durch die noch zusammenhängenden südlichen Landmassen ein Florenaustausch von Südamerika über die Antarktis nach Australien und teils nach Neuseeland, das ab etwa 80 Mio. Jahren zur „Insel" wurde. Die vorherrschende Flora, die ‚palaeoaustral flora' schloss u. a. die Gattung *Nothofagus* ein, eine Parallelentwicklung zur nordhemisphärischen Gattung *Fagus* (Abb. 5-33). Die Pollenfunde in Australien (Abb. 5-34), das vor etwa 46 Mio. J. zur „Insel" wurde, lassen klar die relativ späte Entstehung der eigenständigen Angiospermenflora, u. a. der heute dominierenden *Eucalyptus*- und *Acacia*-Vegetation, erkennen, aber auch das stammesgeschichtliche Alter der ‚palaeoaustral flora' um *Nothofagus*, das bis in die Kreide zurückreicht. Wie schon erwähnt, haben die heutigen Vertreter der Südkoniferen (Araucariaceae, Podocarpaceae) ihren Ursprung in der Oberkreide und überlebten v. a. in den temperaten Regenwäldern dieser Region (s. 9.1.5). Nach den Pollentypen zu urteilen, könnten die beiden in den temperaten Regenwäldern Neuseelands endemischen Podocarpaceen *Dacrycarpus dacrydioides* und *Dacrydium cupressinum*

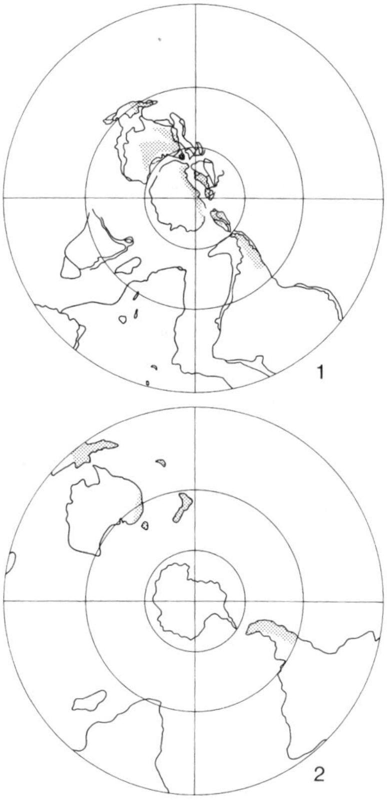

Abb. 5-33: 1. Verbreitungsgebiet der Gattung *Nothofagus* im frühen Tertiär. **2.** Heutige Gesamtverbreitung der Gattung *Nothofagus*. (Nach White 1990.)

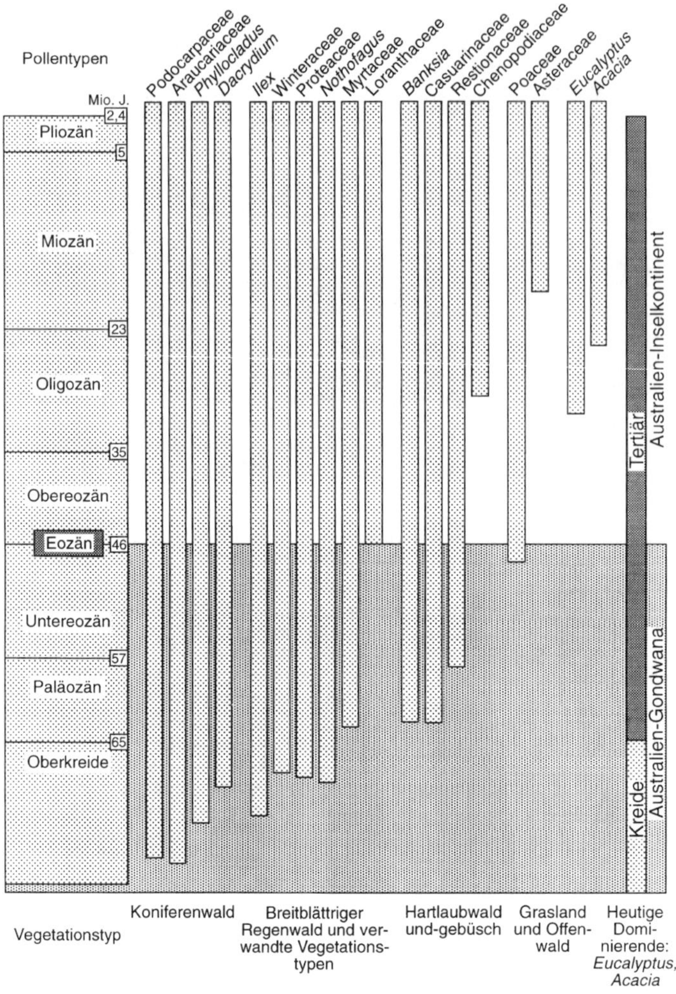

Abb. 5-34: Pollenfunde in Südost-Australien aus dem Tertiär. Pollen von Laurales-Sippen sind fossil nicht erhalten. (Nach White 1990.)

die ältesten lebenden Arten unter den Samenpflanzen sein (Dettmann & Jarzen 1990, Hill 1994). Analysen von Koniferen-Makrofossilien ergaben das Vorkommen von *Fitzroya acutifolius* auf Tasmanien. Die Gattung *Fitzroya*, mit *Fitzroya cupressoides*, galt seither als endemisch im südlichsten Südamerika (Hill & Paull 2003).

Das **Neogen = Jungtertiär** (Miozän, Pliozän; 23–2,4 Mio. J.; Abb. 5-1) war durch eine fortschreitende Abkühlung gekennzeichnet, die in den Kaltzeiten des Quartärs (s. 5.7.3) ihren Höhepunkt erreichte. Die Gebirgsbildung kulminierte in dieser Zeit (Alpen, Himalaya, neuweltliche Kordilleren) und trat in ihr bis heute andauerndes Stadium. Die Tethys, das altzeitliche Mittelmeer, trocknete im Miozän im östlichen Teil mehrmals aus; zudem wurde sie durch die Kollision der afrikanisch-arabischen Platte mit Eurasien eingeengt. Die Paratethys, die ab dem Oligozän vom Mittelmeer über das Rhonetal nördlich der Alpen bis ins Gebiet des Schwarzen Meeres, des Kaspischen Meeres und des Aralsees reichte, zerfiel im Pliozän in drei Becken: das Wiener- (Pannonische), das Schwarzmeer- (Pontische oder Euxinische) und das Aralo-kaspische Becken. Begleitet waren diese Vorgänge von einer großräumigen Kontinentalisierung der Klimaverhältnisse in Europa.

Gut beschriebene Beispiele für jungtertiäre Floren sind in Mitteleuropa die obermiozäne Molasseflora von Öhningen am Bodensee mit einem noch hohen Anteil von an das subtropische Klima angepassten Arten und die Pliozän-Wälder im unteren Maintal („Frankfurter Klärbecken-Flora“) mit einer arktotertiären Flora (Mägdefrau 1968).

Die Abkühlung und die Kontinentalisierung hatten für die Vegetation Europas gravierende Folgen. Es kam zu einer Verschiebung der Floren- und Vegetationszonen nach Süden; die paläotropische Flora zog sich aus Europa zurück und starb hier fast vollständig aus.

Relikte blieben im Mittelmeerraum erhalten. Durch die Ausbildung eines sommertrockenen Klimas mit Winterregen entstand aus der immergrünen Regenwaldflora eine Hartlaubflora (so auch in den anderen heutigen Winterregengebieten der Erde, wie im west-

Tab. 5-3: Vorkommen (o) von Gehölzsippen in West- und Mitteleuropa vom Ende des Tertiärs bis zum Holozän, nach interglazialen Fossilfunden (Pollen und Großreste). A Altpleistozän, Cr Cromer, Ee Eem, Hl Holozän, J Jungpleistozän, Ho Holstein, M Mittelpleistozän, Re Reuver (Tertiär), Te Tegelen, Wa Waal. In der ersten Spalte hinter dem Namen ist die heutige Verbreitung angegeben, wenn es sich um in Europa erloschene Sippen handelt. OA Ostasien, NA Nordamerika, SO Süd- und Südosteuropa sowie Kolchis, + nur in Teilen West-und Mitteleuropas vorkommend. (Nach Hammen et al. 1971, Lang 1994.)

			A		M		J	
		Re	Te	Wa	Cr	Ho	Ee	Hl
Nadelgehölze								
Pseudolarix (Pinaceae)	OA	o	.	.	.	.	.	.
Sciadopitys (Taxodiaceae)	OA	o	+	.	.	.	.	.
Sequoia (Taxodiaceae)	NA	o	+	.	.	.	.	.
Taxodium (Taxodiaceae)	NA	o	.	.	.	.	.	.
Chamaecyparis (Cupressaceae)	OA/NA	o	o	.	.	.	.	.
Thuja (Cupressaceae)	OA/NA	o	o	.	.	.	.	.
Tsuga (Pinaceae)	OA/NA	o	o	o	.	.	.	.
Abies (Pinaceae)		o	o	o	o	o	o	+
Picea (Pinaceae)		o	o	o	o	o	o	o
Pinus (Pinaceae)		o	o	o	o	o	o	o
Sommergrüne Laubgehölze								
Aesculus (Hippocastanaceae)	SO	o	.	.	.	.	.	.
Liquidambar (Hamamelidaceae)	OA/NA	o	.	.	.	.	.	.
Styrax (Styracaceae)	OA	o	.	.	.	.	.	.
Zelkova (Ulmaceae)	SO	o	.	.	.	.	.	.
Nyssa (Nyssaceae)	OA/NA	o	+	.	.	.	.	.
Liriodendron (Magnoliaceae)	NA	o	o	.	.	.	.	.
Magnolia (Magnoliaceae)	OA/NA	o	o	.	.	.	.	.
Carya (Juglandaceae)	OA/NA	o	o	o	.	.	.	.
Castanea (Fagaceae)	SO	o	o	o	.	.	.	.
Juglans (Juglandaceae)	SO	o	o	o	.	.	.	.
Ostrya (Betulaceae)	SO	o	o	o	.	.	.	.
Celtis (Ulmaceae)	SO	o	o	o	o	.	.	.
Eucommia (Eucommiaceae)	OA	o	o	o	o	.	.	.
Pterocarya (Juglandaceae)	SO	o	o	o	o	o	.	.
Fagus (Fagaceae)		o	o	?	+	+	+	o
Betula (Betulaceae)		o	o	o	o	o	o	o
Carpinus (Betulaceae)		o	o	o	o	o	o	o
Tilia (Tiliaceae)		o	o	o	o	o	o	o
Ulmus (Ulmaceae)		o	o	o	o	o	o	o
Immergrüne Laubgehölze								
Rhododendron (Ericaceae)	SO	o	.	.	.	o	.	.
Buxus (Buxaceae)		o	.	.	o	o	o	+
Hedera (Araliaceae)		o	.	.	.	o	o	o
Ilex (Aquifoliaceae)		o	.	.	o	o	o	o

lichen Nordamerika, mittleren Chile, Südwest-Australien). Die heute die mediterrane Florenregion kennzeichnenden hartlaubigen Sippen, wie *Olea europaea*, *Myrtus communis*, *Cercis siliquastrum* und *Nerium oleander*, sind Relikte dieser tropischen Flora (Abb. 5-30). Dagegen können die Lorbeer- und Kiefernwälder *(Laurus azorica, Pinus canariensis)* der Kanarischen Inseln als Relikte einer Übergangsphase gelten. Als eigentlich im Mediterrangebiet entstandene Sippen gelten z. B. die Gattungen *Aegilops*, *Calicotome*, *Cistus*, *Scandix*, *Ononis*, *Orlaya*, *Phillyrea*, Arten der Gattungen *Trifolium*, *Medicago*, *Vicia*, *Lathyrus* und *Spartium junceum*.

Die arktotertiäre Flora rückte nach Süden nach und bildete den Grundstock für die heutige Flora Mitteleuropas, und zahlreiche Gattungen der Mediterranflora wie *Quercus*, *Cedrus*, *Abies*, *Juniperus*, *Crataegus*, *Prunus*, *Salix* u. a. sind arktotertiärer Abstammung. Fast alle wärmeliebenden arktotertiären Sippen starben in Europa am Beginn der Kaltzeiten aus (s. 5.7.3), nur wenige konnten in Refugialräumen das Pleistozän überdauern.

Als Refugialräume (s. 5.7.3) während des Pleistozäns gelten die Balkanländer *(Picea omorika, Aesculus hippocastanum)*, das östliche Mittelmeergebiet *(Platanus orientalis, Styrax officinalis)* und die Waldgebiete am Südrand des Schwarzen und des Kaspischen Meeres *(Parrotia persica, Pterocarya fraxinifolia)*. Letzterer Raum ist auch Refugialgebiet für (sub)tropische Reliktarten wie *Albizzia julibrissin*, *Gleditschia caspica* und *Diospyros lotus*.

Das Erlöschen der tropischen und der meisten wärmeliebenden arktotertiären Sippen (Tab. 5-3) wurde durch die in Europa quer verlaufenden Gebirgssysteme erzwungen, die im Gegensatz zu Ostasien und Nordamerika (s. 9.1.8) ein Ausweichen nach Süden verhinderten. Zudem trug das gegenüber heute trockenere Klima in den südeuropäischen Rückzugsgebieten zum Aussterben zahlreicher Arten bei. Hierdurch entstanden die Disjunktion Ostasien-östliches Nordamerika *(Magnolia, Liriodendron, Liquidambar, Illicium, Nyssa, Catalpa)* und der Reliktendemismus in Nordamerika (z. B. *Taxodium, Sequoia*) und in Ostasien (z. B. *Ginkgo, Metasequoia, Cephalotaxus*).

Die ab dem Mitteltertiär und dann im Jungtertiär verstärkten Gebirgsbildungen waren für die Ausbildung der Hochgebirgsfloren entscheidend. Zentralasiatische Gebirge (u. a. östlicher Himalaya, Altai, Tienschan) sind Mannigfaltigkeitszentren wichtiger alpiner Gattungen wie *Draba*, *Saxifraga*, *Primula*, *Gentiana*, *Pedicularis*, *Leontopodium*, *Crepis* u. a., die dann über die Gebirgssysteme nach Westen bis in die Alpen und die Pyrenäen „wanderten" (s. 9.4). In Europa entstanden sind Gattungen wie *Sempervivum*, *Helianthemum*, *Soldanella*, *Rhodothamnus*, *Phyteuma*, *Homogyne*, *Achillea* und *Sesleria*.

Im Pliozän, dem letzten Abschnitt des Tertiärs, fielen die Jahresmitteltemperaturen nochmals deutlich ab. Waren es im mittleren Pliozän noch etwa 15 °C, wurden gegen Ende des Pliozäns nur noch etwa 10 °C erreicht (Abb. 5-1). In Mitteleuropa war das Klima dem heutigen sehr ähnlich und warm-gemäßigt. Die tropischen Arten hatten sich nach Süden zurückgezogen bzw. waren zumeist ausgestorben. Eine artenreiche, warm-gemäßigte Flora arktotertiärer Herkunft besiedelte Mitteleuropa. Im Mittelmeergebiet hatte sich eine Hartlaubflora entwickelt, in den Hochgebirgen eine alpine Flora. Im Obermiozän und im Pliozän kam es zu ersten Vergletscherungen im polaren Bereich.

5.7.3 Quartär

Vor etwa 2,4 Mio. J. begann das Quartär mit der ersten Kaltphase der Prätegelen-Kaltzeit. Die Klimaschwankungen nahmen extreme Ausmaße an und bewirkten – im Verhältnis zur seitherigen Erdgeschichte – die rasch aufeinanderfolgenden Kalt- und Warmzeiten des **Pleistozäns** (Diluvium). Mit dem Spätglazial (Spätkaltzeit, Späteiszeit) geht das Pleistozän über in das **Holozän** (Postglazial), die Nachkaltzeit (Nacheiszeit), welche die letzten 10000 Jahre unserer Erdgeschichte umfasst (Tab. 5-2).

Pleistozän

Allgemein werden mehrere Kaltzeiten mit den entsprechenden Warmzeiten unterschieden (s. Abb. 5-2). In den Kaltzeiten des Altpleistozäns (Prätegelen-, Eburon-, Menap-Kaltzeit für Norddeutschland, entsprechend Biber-, Donau-, Günz-Kaltzeit im Alpenraum) sanken die Temperaturen noch nicht so tief ab wie in denen des Mittel- und Jungpleistozäns (Elster-, Saale-,

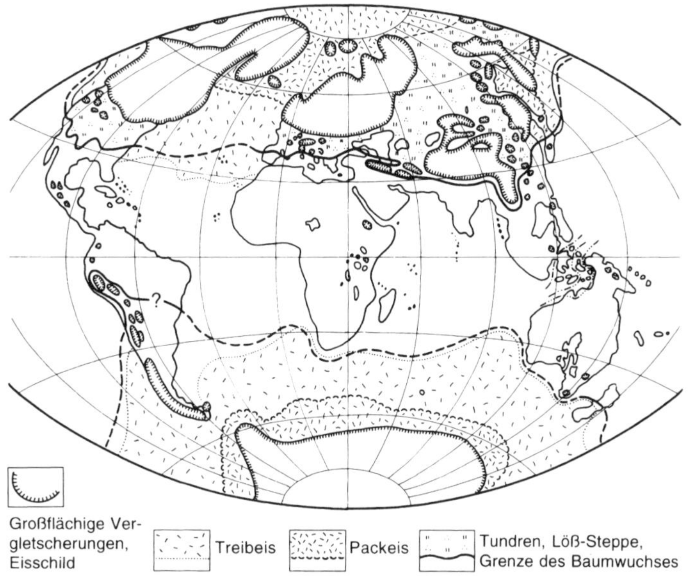

Abb. 5-35: Maximale Vergletscherung der Erde im Pleistozän (Elster-/Mindel-Glazial bzw. Saale-/Riß-Glazial). (Nach Krutzsch 1989.)

Weichsel-Kaltzeit(-Glazial) bzw. Mindel-, Riß-, Würm-Kaltzeit(-Glazial) (vgl. Abb. 5-2). Auch die Warmzeiten (Interglaziale) waren im Altpleistozän länger, während sie im Mittel- und Jungpleistozän nur noch max. 15000 Jahre dauerten. In den kalten Phasen (Stadiale) der Kaltzeiten kam es zu großflächigen Vergletscherungen, die während ihrer größten Ausdehnung in der Elster- und Saale-Kaltzeit(-Glazial) (Abb. 5-35) rund ⅔ des europäischen Festlandes bedeckten, während der Weichsel-Kaltzeit(-Glazial) etwa die Hälfte (Abb. 5-37). Die Eismächtigkeit erreichte 2000–3000 m. Von einer fast geschlossenen Eisdecke waren auch die Alpen bedeckt, während die Gebirge Südeuropas, Asiens, Alaskas und der Tropen weniger ausgedehnte Gletscher trugen. Durch die Wassermassen, die in den Eiskappen der Kontinente und Gebirge gebunden waren, sank der Spiegel der Weltmeere um bis zu 200 m (120 m im letzten Hochglazial vor etwa 20000 Jahren). So bestand z. B. eine Verbindung vom Kontinent zu den Britischen Inseln, die Ausdehnung des östlichen Mittelmeeres war geringer und in der Südhemisphäre war Tasmanien mit Australien verbunden.

Im Verlauf der Kaltzeiten sanken in Mitteleuropa die Jahresmitteltemperaturen um 8–12 °C, in eisferneren und tropischen Gebieten nur um 4–8 °C ab (Frenzel et al. 1992). In den Alpen lag die Schneegrenze gegenüber heute um etwa 1200–1400 m tiefer, in den Nordalpen also bei 900–1200 m, in den Zentralalpen bei 1600–1800 m. Während der Elster-/Mindel-Kaltzeit näherten sich der nordische Eisschild und die Alpengletscher bis auf 280 km. In einem breiten Saum um die Eisschilde wurde Löß abgelagert, und bis nahe an den Nordrand der Mittelmeerländer blieben die Böden dauernd tiefgründig gefroren (Permafrostböden = Dauerfrostböden). Während der Warmzeiten (Interglaziale) lagen die Temperaturen z. T. über denen der Gegenwart, so im letzten Interglazial um etwa 3 °C über den heutigen Werten. Die vegetationsfeindlichen Klimaverhältnisse waren in den Kaltzeiten (Glazialen) regional sehr differenziert. So war das Mittelmeergebiet durch trockenere Verhältnisse gegenüber heute gekennzeichnet, und in der östlichen Sahara und im Iranischen Hochland war es arid (Schild et al. 1992, Zeist & Bottema 1991). Die früher für das südliche Europa und die angrenzenden Gebiete angenommenen Regen-(Pluvial)-zeiten können in dieser generalisierenden Aussage heute nicht mehr bestätigt werden.

Die Ursachen für die extremen Klimaschwankungen des Quartärs sind noch nicht vollständig geklärt. Wichtige Kaltzeithypothesen sind u. a. in Schwarzbach (1968, 1974), Imbrie & Imbrie (1983) und Lang (1994) zusammengestellt.

Heute konzentrieren sich die Erklärungsmöglichkeiten auf zwei Bereiche, die sich ergänzen. Einerseits sind dies die durch theoretische Berechnungen gewonnenen Strahlungskurven (Milankovic-Mechanismen), die auf den periodisch sich ändernden Erdbahnelementen (Exzentrizität der Erdbahn, Neigung der Erdachse, Präzession der Tag- und Nachtgleiche) beruhen und die die Veränderungen der Einstrahlung (Insolation) bewirken. Hierbei muss jedoch angenommen werden, dass für die Entstehung der Kaltzeiten mit ihren gewaltigen, sich nur über Festland bildenden Gletscherdecken v. a. die sommerliche Einstrahlung in den höheren Breiten der Nordhalbkugel, wo nur die großen Landgebiete vorhanden sind, verantwortlich ist. Hierdurch ergeben sich Insolationsschwankungen von 20 % und die gleichzeitige Vereisung auf der Nord- und Südhalbkugel wird erklärbar.

Weiterhin sind die empirisch ermittelten Sauerstoff-Isotopenkurven von Tiefsee-Sedimenten (Wechsel der Sauerstoffisotope $^{18}O/^{16}O$) bedeutend, wobei Abschnitte mit höherem ^{18}O-Gehalt kältere Zeitabschnitte anzeigen. Wesentlich ist hierbei, dass bei der Verdunstung des Ozeanwassers relativ mehr Wassermoleküle mit ^{16}O-Isotopen verdunsten, als es dem $^{16}O/^{18}O$-Verhältnis im Ozean entspricht. In den Kaltzeiten wird ein großer Teil des Niederschlages auf dem Festland als Schnee und Eis zurückgehalten, sodass es zu einer Verminderung von ^{16}O im Ozeanwasser kommt. In den Warmzeiten gelangt das Niederschlagswasser ohne große Verzögerung ins Meer zurück. Dadurch kommt in diesen Zeiten ein höherer ^{16}O-Anteil gegenüber dem ^{18}O-Anteil zustande (Cronin 1999). Diese Daten konnten mit den Strahlungskurven von Milankovic korreliert werden, und die Schwankungen der Erdbahnelemente deuten auf die Schrittmacher der Klimaveränderungen hin, wobei wahrscheinlich noch weitere ungeklärte Parameter vorhanden sind.

Die Klimaschwankungen des Pleistozäns hatten tiefgreifende Veränderungen der Flora und Vegetation zur Folge. In Europa wurde die Waldflora mehr oder weniger weit nach Süden in Refugialgebiete abgedrängt, während sich baumlose Tundren und Steppen in den eisfreien Gebieten ausbreiteten. Während der Kaltzeiten (Glaziale) des Mittel- und Jungpleistozäns war die Verdrängung besonders weitreichend, und es existierten wohl nirgends mehr größere Waldflächen. Waldbildende Arten überdauerten in kleinen, isolierten Gehölzpopulationen im Süden und Südosten Europas und in Südwestasien, und in den Warmzeiten rückten die Wälder wieder bis in den Norden Europas vor. Abb. 5-36 gibt die jeweiligen Verhältnisse schematisch wieder. Eine umfassende Darstellung der quartären Vegetationsgeschichte gibt Lang (1994), über die letzten 22 000 Jahre der Erdgeschichte in Europa Gliemeroth (1995), für Nordamerika Delcourt & Delcourt (1991), eine weltweite Übersicht Frenzel (2000).

Dabei kam es jedoch zu gravierenden Florenänderungen. Die wärmeliebenden arktotertiären Koniferen-Gattungen *Sequoia* und *Taxodium* und die Dikotyledonen-Gattungen *Magnolia*, *Liquidambar*, *Nyssa*, *Styrax* u. a. starben in Europa an der Grenze Pliozän/Pleistozän aus. Dennoch fehlten in der nachfolgenden Warmzeit, dem Tegelen A-Interglazial „tertiäre“ Gehölze nicht ganz. Ihr Anteil erreicht nur 5 % des Gesamtpollens und ist auf *Sciadopitys*, *Tsuga*, *Carya*, *Pterocarya* und *Eucommia* beschränkt (Tab. 5-3). Dieser tiefgreifende Wechsel von den sehr gehölzreichen jungtertiären Wäldern zu den verhältnismäßig artenarmen Interglazialwäldern vollzog sich wahrscheinlich bereits im ersten Interglazial

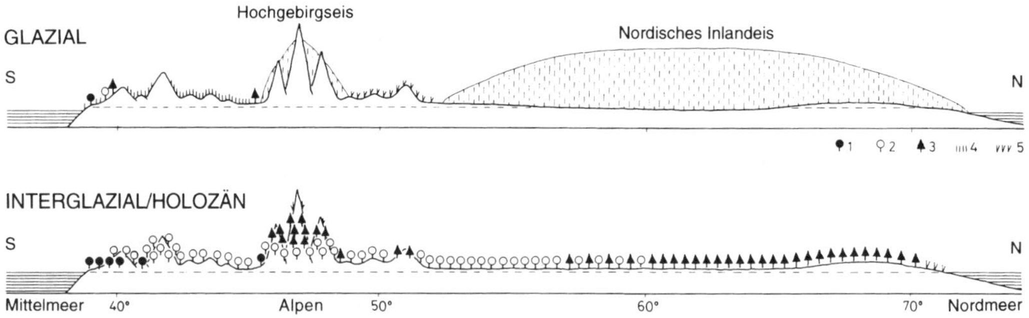

Abb. 5-36: Vegetationsverhältnisse in den mittel- und jungpleistozänen Glazialen (oben) und in den Interglazialen einschließlich des Holozäns (unten) entlang eines Nord-Süd-Transektes durch Europa. 1 Hartlaubwald, 2 sommergrüner Laubwald, 3 Nadelwald, 4 Steppe, 5 Steppentundra und Tundra. Gestrichelte Linie: heutiges Meeresniveau. Schematisch. (Nach Hammen et al. 1971 und Lang 1994.)

des Pleistozäns. Im Gehölzbestand der Vegetation der altpleistozänen Warmzeiten änderte sich von Anfang bis Ende qualitativ und quantitativ verhältnismäßig wenig, und es ist wahrscheinlich, dass in den Kaltzeiten des Altpleistozäns keine so weitreichende Verdrängung der Gehölze stattfand wie in den Kaltzeiten des Mittel- und Jungpleistozäns und deshalb Wanderungsvorgänge bei der Wiederbewaldung nur eine geringe Rolle spielten. Erst in den jüngeren Warmzeiten (Holstein, Eem, auch Holozän) und Kaltzeiten (Elster, Saale, Weichsel) kam es zu ausgeprägten glazial-interglazialen Abfolgen, die für die sommergrünen Laubwälder Mittel- und Westeuropas folgendermaßen aussahen: kaltzeitliche Phase (mit arktisch-alpinen und Steppensippen), warmzeitliche Anfangsphase (Steppensippen, *Betula*, *Pinus*), warmzeitliche Mittelphase *(Quercus, Ulmus, Tilia)* und abschließend eine warmzeitliche Endphase *(Carpinus, Fagus, Abies, Picea)*. Allgemein wird angenommen, dass die Vegetation in diesen Interglazialen jeweils der heutigen ähnlich war. Hervorzuheben ist, dass das allmähliche Erlöschen einzelner Gehölzsippen, wie z.B. *Pterocarya* und *Rhododendron*, am Ende des Holstein-Interglazials in Mitteleuropa, weniger als Folge fehlender Wärme in den Interglazialen, sondern vielmehr als Folge zunehmender Kälte während der Kaltzeiten zu deuten ist.

Am besten bekannt sind die Verhältnisse in der letzten von 115000 bis etwa 10000 v. h. dauernden Weichsel- bzw. Würm-Kaltzeit(-Glazial). Diese lassen sich in drei Abschnitte gliedern. Die Frühe Weichsel- bzw. Würm-Kaltzeit(-Glazial) dauerte von 115000 bis 75000 (50000) und wies in Mitteleuropa zwei relativ lange Interstadiale mit borealem Waldcharakter auf. Die Mittlere Weichsel- bzw. Würm-Kaltzeit(-Glazial) (Pleniglazial) wird bis zum Beginn des Spätglazials um 15000 v.h. gerechnet. Dieser Abschnitt war gegenüber dem Frühglazial deutlich kälter, wobei die kälteste Zeit zwischen 25000 und 15000 v. h. lag, die größte Eisausdehnung um 20000 v. h. (Abb. 5-37). Die Interstadiale waren waldlos. Die Späte Weichsel- bzw. Würm-Kaltzeit(-Glazial) dauerte nur von 15000 bis um 10000 v. h.

Von großer Bedeutung sind die Vegetationsentwicklung seit dem letzten Hocheisstand vor etwa 20000 Jahren, die Refugialgebiete und arealkundliche Fragen. Abb. 5-37 gibt eine schematische Rekonstruktion der Vegetation Europas um 20000 v.h. am Ende der Weichsel- bzw. Würm-Kaltzeit(-Glazial) z.Z. der maximalen Eisausdehnung (Brandenburger Stadium) wieder. In dieser Zeit herrschte im eisfreien nordwestlichen Europa eine subarktische Tundrenvegetation (Typ A, Abb. 5-37), die aus Ericaceen-armen Zwergstrauchgesellschaften (*Betula nana*, *Salix polaris* u. a.) sowie einer arktisch-alpinen Steinschutt- und Rasenvegetation bestand, die wegen der relativ hohen Sommertemperaturen einen erheblichen Anteil von Arten aufwies, die heute die polare oder alpine Waldgrenze nicht überschreiten. Insgesamt sind in diesem Gebiet 330 Sippen nachgewiesen (Godwin 1975). Den periglazialen Raum Mitteleuropas zwischen dem nordischen Inlandeis und den vergletscherten Alpen besiedelte eine baumfreie Tundrenvegetation (Typ A/P, Abb. 5-37) mit einem höheren Anteil an Steppenpflanzen (*Artemisia*, Chenopodiaceae, Poaceae), deren Reste vielfach in tonigen Ablagerungen von Seen erhalten geblieben sind (z. B. Borna südl. Leipzig, Kroscienko südl. Krakow). Nach der Leitart, der arktisch-alpinen Silberwurz *Dryas octopetala*, werden diese fossilen Floren als *Dryas*-Floren bezeichnet. Artbestimmungen, v.a. bei der Steppen- und Halbwüstenarten umfassenden Gattung *Artemisia,* die weitere ökologische Aufschlüsse ergeben würden, sind noch nicht zahlreich. Die Vegetation in den Mittelgebirgen Mitteleuropas, des nördlichen Alpenvorlands, auf den Höhen der nur von kleineren Gletschern bedeckten Gebirge und im nordöstlichen Europa bestand aus Schneeboden- und Solifluktions-Gesellschaften.

Südeuropa war während der Zeit der maximalen Eisausdehnung weitgehend waldlos mit weit zerstreuten, voneinander isolierten Gehölzvorkommen an begünstigten Habitaten (Lang 1994, Abb. 5-37, Typ P). Es dominierten mediterrane und submediterrane Steppen mit zahlreichen Inseln offener Baumhaine (Gliemeroth 1995). Die Wertung der Bestandsdichte der Gehölzrefugien ist noch umstritten. Die Pollenwerte von *Artemisia*, Chenopodiaceen, Poaceen und von *Ephedra* sind relativ hoch. Danach dürften große Teile von Süd- und Südosteuropa, die außerhalb der Permafrostgrenze lagen, von *Artemisia*-Steppen beherrscht gewesen sein; in den höheren Lagen der Gebirge traten vermutlich alpin-aride Gesellschaften auf. Auch in den submontanen Höhen-

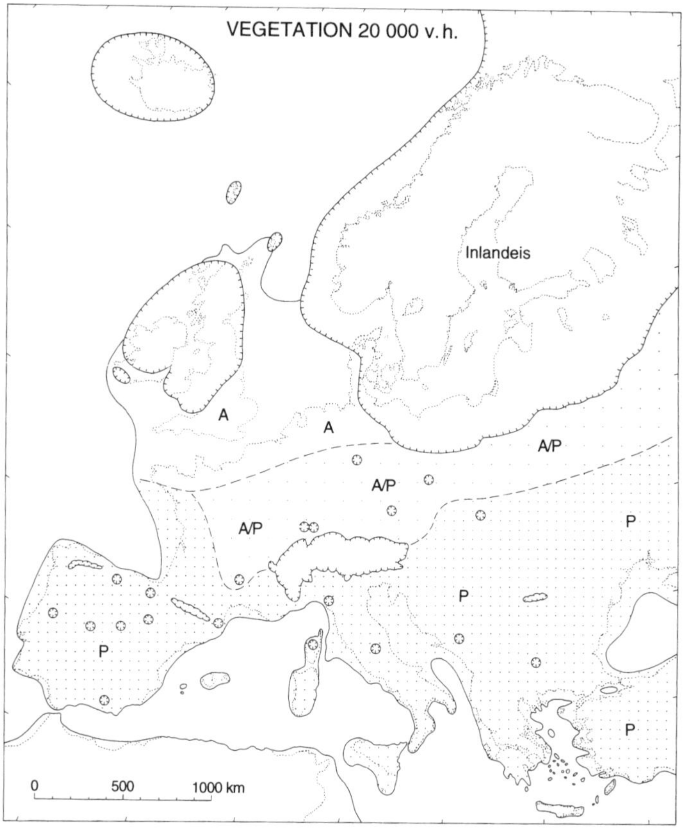

Abb. 5-37: Vegetation Europas um 20 000 v. h. am Ende des Mittleren Weichsel- bzw. Würm-Glazials zur Zeit der maximalen Eisausdehnung. A (weiß): subarktische Vegetation (Tundra), A/P (weit punktiert): Steppentundra (in den Mittelgebirgen, im nördlichen Alpenvorland und nordöstlichsten Europa Schneeboden- und Solifluktionsgesellschaften, nicht dargestellt), P (eng punktiert): Steppen mit weit zerstreuten, voneinander isolierten Gehölzvorkommen an begünstigten Habitaten, Kreise: lokale Gebirgsvergletscherungen, punktiert: Küstenlinien (Nach Lang 1994.)

lagen der süd- und südosteuropäischen Gebirge, besonders am Südwest- und Südrand der Alpen, auf dem Balkan, am Südrand der Karpaten und im südlichen Griechenland und an feuchten Flussniederungen (Galerie- und Saumwälder) werden voneinander isolierte Waldinseln vermutet. Diese Gebiete waren offensichtlich Überdauerungsgebiete für den Großteil der heutigen europäischen Gehölze (Birks & Line 1993, Lang 1994, Konnert & Bergmann 1995 [*Abies alba*]). Weitere Refugialräume thermophiler Baumarten sind das Euxinische Gebiet entlang der südlichen Schwarzmeerküste (einschl. der Kolchis) und das Hyrkanische Gebiet entlang der südlichen Küste des Kaspischen Meeres. Bei den Farnpflanzen sind z. B. die ursprünglichen diploiden *Asplenium*-Arten heute noch auf die kaltzeitlichen Refugialgebiete im Mediterran-Becken beschränkt, während die polyploiden Sippen nachkalt(eis)-zeitlich das restliche Europa erobert haben (Vogel et al. 1999).

Es ist eine seit über 100 Jahren kontrovers diskutierte Frage, wie und wo Alpenpflanzen (entsprechend auch die arktischen Arten in Skandinavien [s. Dierßen 1996], Island [Rundgren & Ingolfsson 1999] und Grönland) die Kaltzeiten des Quartärs überdauert und überlebt haben. Zwei alternative Ansichten wurden vertreten: (1) Großflächiges Aussterben in den vergletscherten Gebieten mit gleichzeitigem Überleben in peripheren Refugien und anschließende Einwanderung der heute vorkommenden alpinen Pflanzenarten in die nach dem Rückzug der Gletscher vegetationsfreien Flächen der Alpen (tabula-rasa-Hypothese) und (2) Überleben der alpinen Pflanzenarten innerhalb der vergletscherten Bereiche der Alpen auf eisfreien Flächen oberhalb des Eisschildes (eisfreie Bergstöcke, sog. Nunatakker) und Ausbreitung in benachbarte, vegetationsfreie Gebiete nach dem Rückzug der Gletscher (Nunatak-Hypothese). Dazu gibt es nun als Grundlage für weitere historisch-geographische Analysen zu dieser Thematik eine Karte in Stehlik (2000) mit potentiellen peripheren Refugien und den entsprechenden Migrationswegen und postulierten hochalpinen Nunatakker-Gebieten (Dents du Midi, Dents de Morcle, Visp, Simplon, Rothorn nahe

Arosa, Avers, Oberengadin). Jedoch zeigen auch neueste Analysen mit molekularen Arbeitstechniken (s. 9.6) kein einheitliches Bild. So überdauerte z. B. die hochalpine *Phyteuma globulariifolium* in peripheren unvergletscherten Gebieten und dürfte erst nachkaltzeitlich durch Fernausbreitung die Pyrenäen erreicht haben (Schönswetter et al. 2002). Dagegen postulieren Stelik et al. (2001a, 2002) für *Eritrichium nanum* aufgrund der heutigen Verbreitung der Haplotypen, die ein altes Verbreitungsmuster widerspiegelt, ein Überdauern auf Nunatakkern in den westlichen und östlichen Zentralalpen.

Die Verdrängung vieler Arten aus den Gebirgen und der Arktis in tiefere oder südlichere Lagen hatte einen intensiven Florenaustausch zur Folge. In den Interglazialen und in der Nachkaltzeit (Nacheiszeit, Postglazial) eroberten diese Arten die früheren Lebensräume zurück. Dabei wurden die kaltzeitlichen Areale durch das Nachrücken der Waldvegetation wieder zerrissen (Abb. 5-38). Es entstanden die charakteristischen alpinen, arktisch-alpinen und asiatisch-alpinen Disjunktionen und die alpinen und arktischen Rückzugsgebiete (Glazialpflanzen), bei denen unter den gegenwärtigen Bedingungen die Sippen die Trennungsräume mit ihren Diasporen nicht überbrücken können. Sind die Sippen selten, werden sie als „Glazialrelikte“ bezeichnet.

Zu den Arten, die in der letzten Kaltzeit in Europa weit verbreitet waren und heute disjunkt oder in verschiedenen Rückzugsgebieten auftreten, gehören u. a. die heute arktisch verbreiteten *Diapensia lapponica*, *Ranunculus hyperboreus*, *Salix polaris* und *Koenigia islandica*, von denen letztere, eine kleine, niederliegende windbestäubte Polygonacee, wegen ihrer therophytischen Lebensweise besonders beachtenswert ist. Arktisch-subarktisch ist z. B. *Betula nana*, mit disjunkten, bis zum Französischen Zentralmassiv, den Alpen

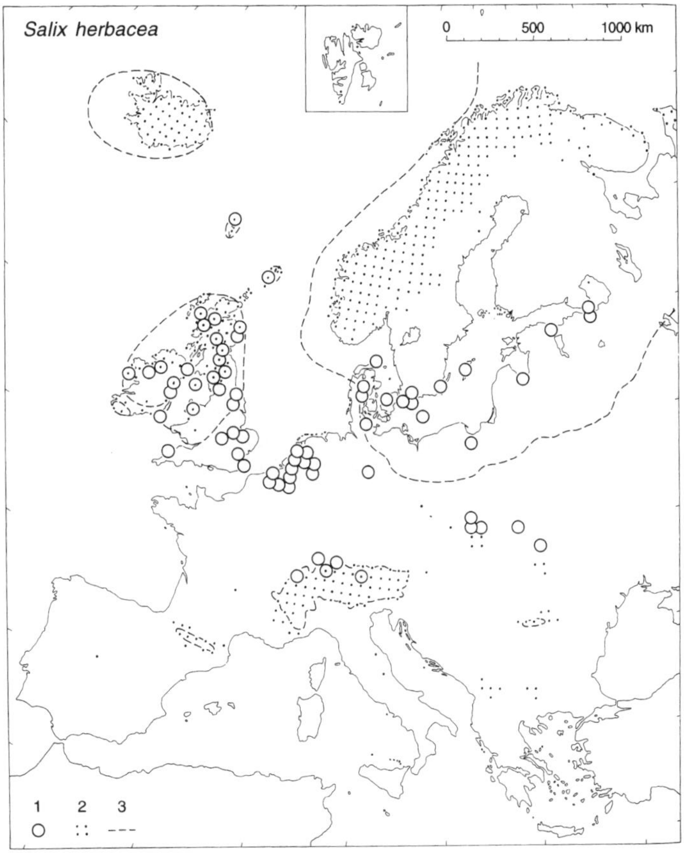

Abb. 5-38: *Salix herbacea*. 1 Mittel- und spätweichsel- bzw. spätwürmglaziale Funde, 2 heutiges Areal, 3 maximale Ausdehnung der Weichsel- bzw. Würmvereisung. (Aus Lang 1994.)

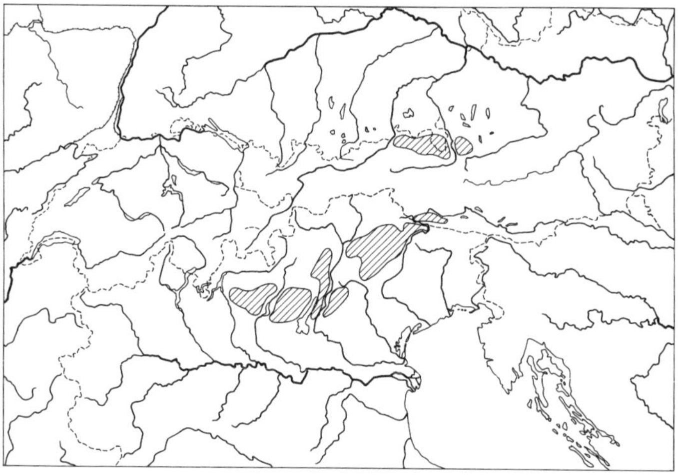

Abb. 5-39: *Doronicum columnae.* Würmkaltzeitlich getrenntes alpines Areal; außerdem noch in den nördlichen Apenninen, den Gebirgen der Balkanhalbinsel und im nördlichen Kleinasien vorkommend. (Nach Merxmüller 1952–1954 und Straka 1970.)

und Karpaten reichenden Vorkommen. An alpinen Arten sind u. a. *Alchemilla alpina* und *Nigritella nigra* agg. zu nennen, die ehemals auch im arktischen Bereich verbreitet waren. Arktisch-alpine Arten sind u. a. *Eriophorum scheuchzeri*, *Arctostaphylos alpinus*, *Dryas octopetala*, *Salix reticulata* und *S. herbacea* (Abb. 5-38). Letztere Art gehört zu den kleinsten Holzgewächsen und ist Kennart des Salicetum herbaceae (Krautweiden-Schneetälchen). Die Gattungen *Ephedra* und *Hippophaë* sind heute vorwiegend pontisch-zentralasiatisch verbreitet.

In Mitteleuropa hervorzuheben sind die Disjunktionen und reliktären Vorkommen von Arten in kaltzeitlich ± eisfreien Randgebieten am südlichen und östlichen Alpenrand. Beispiele für Reliktendemiten sind *Physoplexis comosa* in den Südalpen, *Saxifraga florulenta* in den Seealpen und *Berardia subacaulis* in den Südwestalpen. Im Zusammenhang mit der kaltzeitlichen Vergletscherung stehen auch die getrennten Areale von Sippen in den Alpen (z. B. *Carex baldensis*: Südalpen – Bayerische Alpen, *Doronicum columnae*: Südalpen – Kaisergebirge, Berchtesgadener Alpen, Tennengebirge (Abb. 5-39), *Rhodothamnus chamaecistus*: nördliche – südliche Ostalpen, *Potentilla nitida*: Westalpen – Südalpen) und die divergente Evolution der Teilsippen, wie z. B. von *Soldanella minima* agg. und *Papaper alpinum* agg. (Merxmüller 1952–1954). Erklärt wurde dies v. a. durch die mangelnde (Wieder-)Ausbreitungsfähigkeit aus den kaltzeitlichen Refugialgebieten. Dem steht die Annahme gegenüber, dass dafür großklimatische Faktoren und Konkurrenz anderer Sippen verantwortlich sind (Pils 1988). Ferner haben zahlreiche Arten der Gattungen *Saxifraga*, *Gentiana*, *Androsace*, *Soldanella*, *Primula* und *Potentilla* u. a. europäische Gebirgsdisjunktionen mit Teilarealen in den Alpen, Apenninen, Pyrenäen, Karpaten und Balkan-Gebirgen. Praealpide (dealpine) Sippen, wie z. B. *Draba aizoides* var. *montana* und *Bellidiastrum michelii*, haben heute ihr Hauptverbreitungsgebiet in den Randbereichen der europäischen Hochgebirge. Der sich derzeit anbietende kombinierte Einsatz klassischer und molekularbiologischer Arbeitstechniken eröffnet nun die Möglichkeit die offenen Fragen über Disjunktionen im alpinen Raum wieder aufzugreifen (Stehlik et al. 2001b).

Nach der maximalen Eisausdehnung (vor etwa 20000 Jahren) wurde das Klima allmählich und unter Rückschlägen wieder wärmer. Die Eismassen schmolzen ab und bis zum Beginn des Holozäns vor etwa 10000 Jahren zog sich der nordische Eisschild über das mittlere Südschweden zurück.

Die *Artemisia*-Pollenwerte steigen im periglazialen Gebiet zwischen Inlandeis und Alpeneis um 15000 v. h. stark an. Dieser Zeitpunkt markiert die Grenze zwischen der Mittleren Weichsel-Kaltzeit (Pleniglazial) und dem Spätglazial (Tab. 5-2). In der Ältesten Dryas(Tundren-)zeit war Mitteleuropa noch waldfrei; aus dieser Zeit sind keine fossilen Böden bekannt. Im Bölling-Alleröd-Komplex (bis etwa 11000 v. h.) verbesserte sich das Klima rasch, und während des Alleröd-Interstadials bildeten sich in Mitteleuropa ausgedehnte offene Birken- und offene Birken-Kiefernwälder aus. Infolge des Kälterückschlages in der Jüngeren Dryas(Tundren-)zeit kam es zur Auslichtung und zum Rückgang der Wälder.

Süd- und Südosteuropa waren an der Wende vom Spätglazial zum Holozän hauptsächlich von Waldsteppen mit *Artemisia* und sommergrünen Laubhölzern bedeckt, aus denen sich im Verlauf des Präboreals sommergrüne, von *Quercus*-beherrschte, Laubmischwälder entwickelten. In den Karpaten und am Südostrand der Alpen kam *Picea abies* vor. *Abies alba* und *Fagus sylvatica* hatten ihr Areal auf die südliche Apenninen- und Balkan-Halbinsel ausgedehnt, spielten in der Vegetation jedoch erst eine untergeordnete Rolle (Lang 1994).

Mit dem Beginn des Holozäns vor etwa 10000 Jahren begann die Wiederbewaldung Mitteleuropas.

Auch in der Tierwelt spielten sich während des Pleistozäns tiefgreifende Wechsel ab. In den Kaltzeiten (Glazialen) war in Europa jeweils eine Steppen-, Tundren- und Parktundrenfauna verbreitet, u. a. mit Mammut *(Mammuthus primigenius)*, Steppenelefant *(Mammuthus trogontherii)*, Moschusochse *(Ovibos moschatus)*, Steppenwisent *(Bison priscus)*, Pferd (*Equus* spec.) und Rentier *(Rangifer tarandus)*. Eine Waldfauna mit Waldelefant *(Palaeoloxodon antiquus)*, Auerochse *(Bos primigenus)*, Rothirsch *(Cervus elaphus)*, Reh *(Capreolus capreolus)* und Wildschwein *(Sus scrofa)* kennzeichnete die Warmzeiten und Interglaziale. Das Flusspferd *(Hippopotamus amphibius)* drang in den altpleistozänen Warmzeiten bis nach Mitteleuropa vor.

Vor etwa 500000 Jahren, in der Cromer-Warmzeit des Pleistozäns, erschien mit dem *Homo erectus heidelbergensis* der Mensch in Mitteleuropa. Im Holstein-Interglazial trat der *Homo sapiens steinheimensis* auf, der sich zum Neanderthaler *(Homo sapiens neanderthalenis)* weiterentwickelte, und vor etwa 30–40000 Jahren dürfte von Osten her der ‚moderne' Mensch *(Homo sapiens sapiens)* eingewandert sein. In diesem Stadium griff der Mensch als Jäger und Sammler noch nicht in die Vegetation ein.

Holozän (Alluvium)

Mit einer deutlichen Klimaverbesserung begann vor etwa 10000 Jahren das Holozän, die Nachkaltzeit (Nacheiszeit, Postglazial), die im Atlantikum bzw. der Mittleren Wärmezeit (7500–4500 v. h.) ihren Höhepunkt erreichte. Es war damals im Mittel etwa 1,5 °C wärmer als heute (Frenzel et al. 1992). Danach folgte ein gradueller Rückgang der Temperatur und eine Erhöhung der Niederschlagsmengen.

Umfassende Darstellungen der Umweltentwicklung des Holozäns sind in Roberts (1998, faunistischer Schwerpunkt), Entwicklung der Umwelt (2000, Paläoökologie) und Burga & Perret (1998, Entwicklung der Umwelt der Schweiz) zu finden.

Für Mitteleuropa kann folgende Vegetationsentwicklung nachgezeichnet werden (Tab. 5-2, Abb. 5-40). Im Präboreal (Vorwärmezeit), der zweiten Birken-Kiefernzeit, stiegen die Temperaturen rasch an. Es entwickelten sich zunehmend dichter werdende kiefernreiche Birkenwälder (*Pinus* ssp., *Betula* spp.), später kam *Corylus avellana* hinzu. Erste *Quercus*- und *Ulmus*-Pollen treten in den Pollendiagrammen auf. Im Boreal (Frühe Wärmezeit, Haselzeit) folgte eine rasche Erwärmung auf Jahresmitteltemperaturen, die etwa 1 °C höher als heute waren. Es dominierte die Hasel, und wärmebedürftige Laubhölzer, vor allem *Quercus* und *Ulmus*, außerdem *Alnus*, *Fraxinus* und *Tilia*, breiteten sich weiter aus, im Südosten Mitteleuropas auch *Picea abies*.

Von den zentraleuropäischen Gehölzarten werden folgende Wandergeschwindigkeiten bzw. daraus abzuleitende Ausbreitungssprünge (diese in Klammern) angegeben (nach Lang 1994, Bonn & Poschlod 1998): *Betula pendula* 0,25–2 km/Jahr (2,5–20 km), *Pinus sylvestris* 1,5 km/Jahr (15–60 km), *Corylus avellana* 0,5–1,5 km/Jahr (5–15 km), *Carpinus betulus* 0,05–1 km/Jahr (1–20 km), sommergrüne *Quercus*-Arten 5 m–0,5 km/Jahr (2,2–15 km), *Ulmus* spp. 0,1–1 km/Jahr (3–30 km), *Alnus glutinosa* 0,5–2 km/Jahr (7,5–30 km), *Fraxinus excelsior* 0,2–0,5 km/Jahr (5–12,5 km), *Tilia* spp. 0,05–0,5 km/Jahr (0,5–5 km), *Acer* spp. 0,5–1 km/Jahr (10–20 km), *Picea abies* 0,06–0,5 km/Jahr (1,8–15 km), *Abies alba* 0,04–0,3 km/Jahr (1,2–9 km) und *Fagus sylvatica* 0,17–0,35 km/Jahr (7–14 km).

Durch das Abschmelzen großer Eismassen stieg der Meeresspiegel deutlich an, und der Nordseebeckenrand wurde überflutet. Die polare Baum- und Waldgrenze rückte nach Norden vor, gleichzeitig stieg in den Gebirgen die Waldgrenze an. Klimatische Änderungen drückten sich in Oszillationen der jeweiligen Grenzen (Vordringen, Zurückweichen) der waldbildenden Arten aus (Lang 1994, Frenzel 1996). So lag zwischen 9000 und 4700 v. h. die Baumgrenze in den schweizerischen Zentralalpen bei 2400–2450 m, d. h. 50 bis 100 m höher als heute (Tinner et al. 1996), in der Ostschweiz um 6500 v. h. in etwa 2350 m Höhe (Pott et al. 1995) und im nordwestlichen Südtirol erreichte im Atlantikum die obere Waldgrenze mit 2350 m ihr postglaziales Optimum (Stumböck 1999).

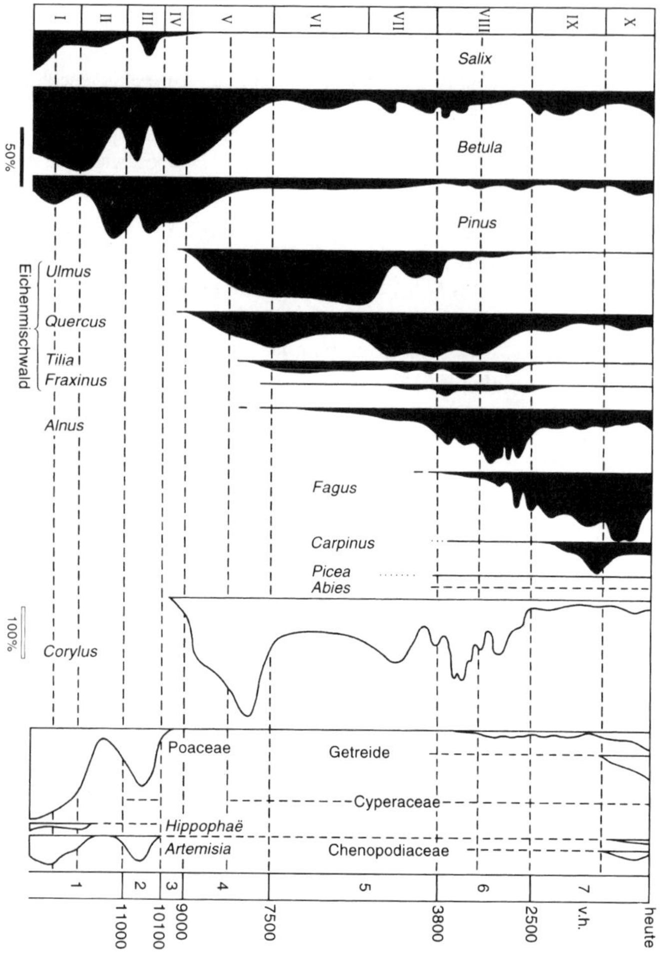

Abb. 5-40: Pollendiagramm der spät- und nachkalt(eis)zeitlichen Vegetationsentwicklung in Mitteleuropa (Luttersee bei Göttingen, 160 m ü. NN); schematisiert. Anteile von Baumpollen schwarz (*Acer* unberücksichtigt), *Corylus* und Nichtbaumpollen weiß. I–X Pollenzonen. 1 Alleröd (Birken-Kiefernwälder), 2 Jüngere Dryas(Tundren-)zeit (baumarme Kältesteppe), 3 Präboreal (Birken-Kiefernwald, Kiefern-Haselmischwald), 4 Boreal, beginnendes Atlantikum (Haselhaine), 5 Atlantikum und Subboreal p. p. (Eichenmischwälder), 6 Subboreal p. p. (Buchen-Eichenmischwälder), 7 Subatlantikum (Buchenwälder), vgl. auch Tab. 5-2. (Nach Straka 1970 und Dierßen 1990.)

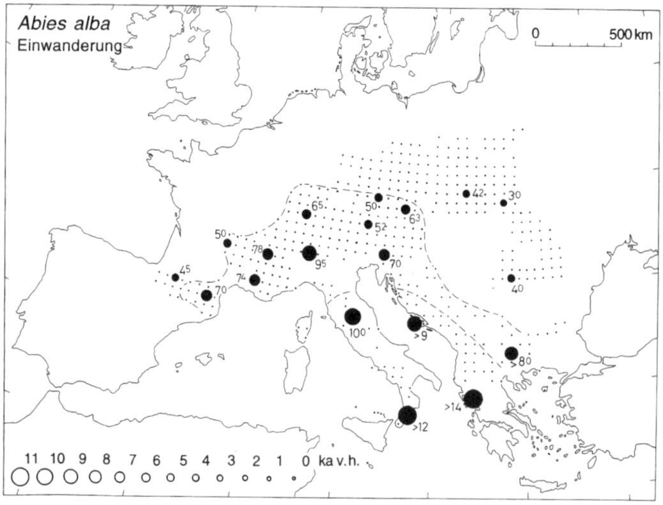

Abb. 5-41: *Abies alba*. Spätglaziale und holozäne Einwanderung aus Südeuropa und heutiges Areal. Große schwarze Punkte mit Zahlen: konventionelle Radiokarbon-Jahrtausende und -Jahrhunderte. Kleine Punkte: heutiges Areal. Gestrichelte Linien: ungefähre Arealgrenzen 10 000 und 5000 v. h. ka: Jahre × 1000. (Aus Lang 1994.)

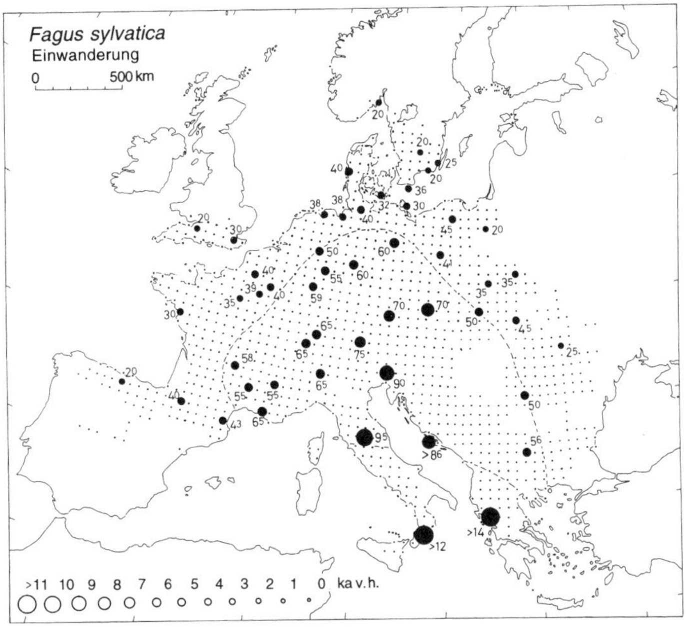

Abb. 5-42: *Fagus sylvatica*. Spätglaziale und holozäne Einwanderung und heutiges Areal. Große schwarze Punkte mit Zahlen: konventionelle Radiokarbon-Jahrtausende und -Jahrhunderte. Kleine Punkte: heutiges Areal. Gestrichelte Linien: ungefähre Arealgrenzen 10000 und 5000 v. h. ka: Jahre × 1000. (Aus Lang 1994.)

Am Beginn des Atlantikums (Mittlere Wärmezeit, Eichenmischwaldzeit) herrschten Laubmischwälder vor, überwiegend mit *Quercus*, *Tilia*, *Ulmus*, im östlichen Mitteleuropa war noch *Pinus sylvestris* beigemischt, in den östlichen Mittelgebirgen *Picea abies*. Die Jüngere Eichenmischwaldzeit war der wärmste Abschnitt der Nachkaltzeit (Nacheiszeit) mit günstigen Feuchtebedingungen. In den immer stärker versumpfenden Niederungen dominierten großflächige Bruch- und Auenwälder (besonders *Alnus*, *Fraxinus*), in den südöstlichen Mittelgebirgen Mitteleuropas *Picea abies*, im Süden und Südosten breiteten sich *Abies alba* (Abb. 5-41) und *Fagus sylvatica* (Abb. 5-42) aus. Kiefern-Eichen-Mischwälder waren ebenso wie heute auf warmen Sandböden im mitteldeutschen Trockengebiet verbreitet (Litt 1994), und an trockeneren Habitaten hatte sich eine artenreiche Trockenrasen- und Steppenvegetation entwickelt. Abb. 5-43 gibt eine Rekonstruktion der Vegetation Europas am Übergang vom Atlantikum zum Subboreal (Ende der Mittleren Wärmezeit) wieder.

Wahrscheinlich ist, dass im Atlantikum (Frühe und Mittlere Wärmezeit) unter den damals herrschenden günstigen klimatischen Bedingungen (möglicherweise auch schon früher, vor Beginn der intensiven nachkaltzeitlichen Wiederbewaldung) thermophile Arten aus dem Mittelmeergebiet und aus den pontisch-zentralasiatischen Steppen nach Mitteleuropa einwanderten und heute in strauch- und baumarmen subkontinentalen Steppenrasen, submediterranen Trocken- und Halbtrockenrasen und Felsheiden, seltener in lichten Kiefern- und Eichenwäldern vorkommen (s. 9.3.2.4). Basische, kalkreiche Böden werden bevorzugt. Als Wanderwege kommen von Süden das Rhone- und Rheintal, der Weg von Südosten entlang des Alpen-Ostrandes und durch das Donautal, von Osten her nördlich und südlich der Karpaten und im Norden durch die ehemaligen Urstromtäler, die in dieser Zeit bereits eisfrei waren, in Betracht. Warm-trockene Binnenlandschaften in Mitteleuropa sind z. B. die kontinentalen Zentralalpentäler, der Kaiserstuhl, das Mainzer Becken, das Saale-Unstrutgebiet und das untere Odertal. Als Beispiele für die Einwanderung aus dem Mittelmeergebiet gelten die submediterranen Arten *Quercus pubescens*, *Colutea arborescens*, *Fumana procumbens*, *Teucrium montanum*, verschiedene *Ophrys*-Arten, *Orchis simia* und *O. militaris*. Südsibirisch-südrussische Steppensippen aus der pontisch-südsibirischen Region sind z. B. *Stipa capillata*, *S. pennata*, *Adonis vernalis*, *Lathyrus pannonicus*, *Inula hirta* und *Scorzonera purpurea*. Aus dem östlichen Mediterrangebiet und Vorderasien stammen z. B. *Eryngium campestre*, *Salvia pratensis* und *Verbascum phoeniceum*.

An der Wende vom Atlantikum zum Subboreal vor etwa 5750 Jahren hatte die klimatische Entwicklung des Holozäns den Höhepunkt über-

Abb. 5-43: Vegetation Europas um 5000 v. h. (Wende Atlantikum/Subboreal). A (weiß): Arktisch-alpine Vegetation (nur in Skandinavien und auf Island wiedergegeben). B1: Boreale Birkenwälder und -gebüsche (Island), Boreale Birken-Kiefern- und Kiefernwälder ohne *Picea abies* (Skandinavien). B2: Boreale Fichten- und Fichten-Kiefernwälder. B3: Hemiboreale Laubholz-Nadelholz-Mischwälder, im Westen mit *Pinus* und ohne *Picea abies*, im Osten mit *Picea*. B5: Montane und subalpine Gebirgsnadelwälder und Krummholzgebüsche in Kontakt mit baumlosen alpinen Gesellschaften. -.-.-: Westgrenze von *Picea abies*. M: Mediterrane Hartlaubwälder. P1: Waldsteppe. T1/2: Temperate sommergrüne Eichenmischwälder. T3: Temperate thermophile sommergrüne Eichenmischwälder. T4: Temperate Rotbuchen- und Rotbuchen-Tannenwälder. T5: Temperate Orientbuchenwälder. Grenzen der mediterranen Hartlaubvegetation vielfach hypothetisch. (Aus Lang 1994.)

schritten. Das Subboreal (späte Wärmezeit, Eichenmischwald-Buchenzeit) zeigte kontinentalere Klimazüge mit kälteren Wintern und stärker schwankender Feuchtigkeit. Die Eichenmischwaldarten traten zurück, *Alnus*-Arten dominierten in Feuchtgebieten, *Fagus sylvatica* war von Süden und Südosten her bis an den Nordrand der mitteleuropäischen Mittelgebirge (Harz) vorgedrungen (Abb. 5-42). *Abies alba* blieb im Norden und Nordosten noch zurück, das Areal reichte aber schon bis in die Pyrenäen (Abb. 5-41). *Picea abies* hatte im karpatisch-herzynischen Raum ungefähr die heutigen Grenzen erreicht, *Carpinus betulus* ‚hinkte' dieser Einwanderung hinterher und erreichte das Zentrum Mitteleuropas erst in der zweiten Hälfte des Subboreals. Im Subatlantikum (Nachwärmezeit, Buchenzeit) wurde das Klima allgemein kühler und es blieb gleichmäßig feucht. In niederen und mittleren Lagen breitete sich *Fagus sylvatica* stark aus, nach Osten zu z. T. auch *Carpinus betulus*; die Eichenmischwaldarten und *Corylus avellana* traten zurück. Die Gebirgswälder wandelten sich größtenteils in Mischwälder mit *Fagus sylvatica*, *Abies alba* und *Picea abies* um, und in der oberen montanen Stufe der Nordalpen dominiert seit dieser Zeit *Picea abies*. Damit war im wesentlichen (ohne den Einfluss des Menschen zu berücksichtigen) das in Abb. 5-44 wiedergegebene Bild der natürlichen Vegetation Europas erreicht (vgl. auch Bohn & Neuhäusl 2000–2003: Karte der natürlichen Vegetation Europas). Geringe klimatische Schwankungen, wie z. B. im wärmeren Hochmittelalter mit nachfolgender Klimaverschlechterung, bewirkten keine großflächigen Veränderungen mehr.

Die Rückwanderung wichtiger in Mitteleuropa waldbildender Arten aus den Refugialräumen kann heute relativ sicher angegeben werden. Aus süd- und südostmediterranen Refugialräumen wanderten *Abies alba* (Abb. 5-41; Lang 1994), *Carpinus betulus*, *Coryllus avellana*, *Fagus sylvatica* (Abb. 5-42) ein, *Larix decidua* hatte Refugialzentren am Fuß der Südalpen und in den Tieflagen nördlich und südlich der Nordkarpaten. *Picea abies* kam in den Norden Europas aus dem mittelrussischen Gebiet, nach Mitteleuropa aus den Refugialgebieten in den Karpaten und am Südostrand der Alpen. *Pinus* spp. *(P. sylvestris, P. mugo)* überdauerten in kleinen Populationen am Rande und südlich der mitteleuropäischen Hochgebirge und drangen sehr schnell nach Norden vor.

Für die Rekonstruktion des Klimas im Holozän werden die Zeigerarten in den Klimadiagrammen herangezogen (Fassl 1996), wobei angenommen wird, dass sich die ökologische Konstitution dieser Arten in den letzten 10000 Jahren nicht geändert hat.

Während des letzten Hochglazials und des Spätglazials war Mitteleuropa weitgehend ungeeignet für menschliches Leben. Nur wenige archäologische Plätze sind östlich des Rheins und nördlich der Alpen bekannt, wie im Mittelrheingebiet, am Rand der Schwäbischen Alb und im Saaletal (dargestellt in Weniger 1990 und Madeyska

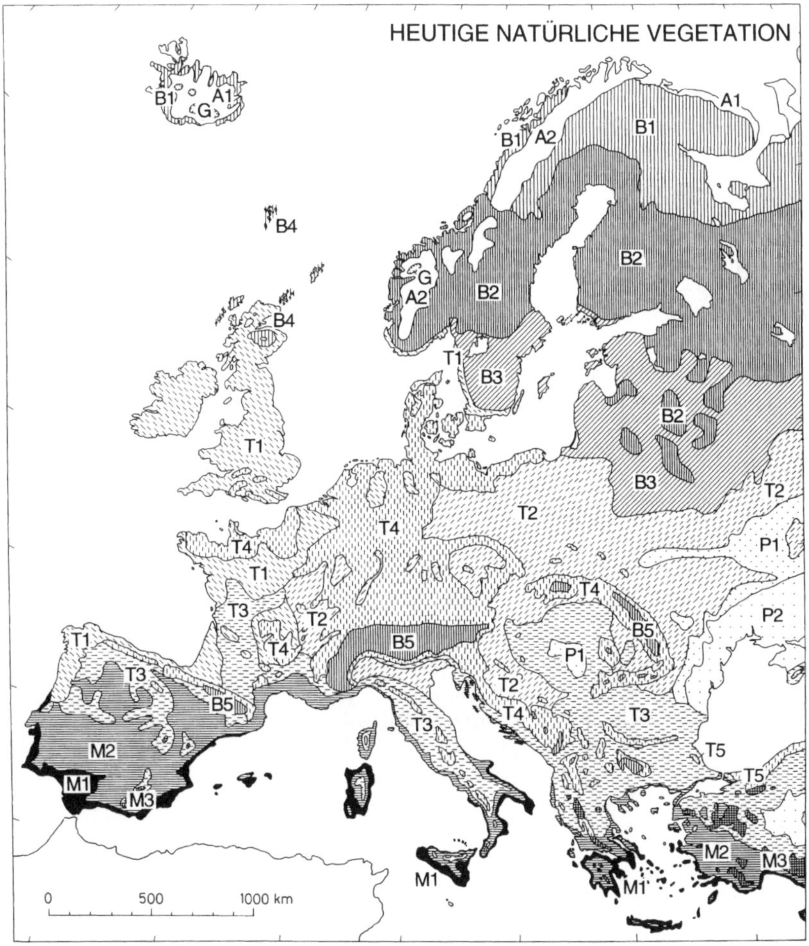

Abb. 5-44: Heutige natürliche Vegetation Europas (vereinfacht). A: Arktische und alpine Vegetationszone mit baumfreien Gesellschaften (in den mittel- und südeuropäischen Hochgebirgen als Komplex in B5 und M3 enthalten). B: Boreale und hemiboreale Vegetationszone mit immergrünen Nadelwäldern und Nadel-Laubmischwäldern in Nordeuropa, sowie Nadelwäldern in der montanen und subalpinen Stufe der Gebirge. M: Mediterrane Vegetationszone mit immergrünen Hartlaubwäldern und -gebüschen. P: Pannonisch-pontisch-anatolische Vegetationszone mit Waldsteppen, Steppen und Halbwüsten. T: Temperate (nemorale) Vegetationszone mit sommergrünen Breitlaubwäldern. Nähere Erläuterung siehe Tab. 5-4. (Aus Lang 1994.)

Tab. 5-4: Heutige Vegetationszonen (Großbuchstaben) und Vegetationsregionen (Zahlen) mit darin vorherrschenden Vegetationstypen (natürliche Vegetation) in Europa. Ohne kleinflächige baum- und gebüscharme- und gebüschfreie Vegetationstypen. (Aus Lang 1994.)

A	**Arktische und alpine Zone:** Zwergstrauch-, Rasen- und Hochstaudenvegetation. Baumfreie Gesellschaften in der arktischen Tundrenzone im hohen Norden und in der alpinen Stufe der europäischen Gebirge.
A1	Arktische Zwergstrauch-, Kraut- und Rasen- sowie Moos- und Flechtenvegetation. Auf Island, im nördlichsten Fennoskandien, auf der Kola-Halbinsel und östlich davon. Vorherrschend: *Betula nana*, niedrige *Salix*-Arten, Ericaceen *(Arctostaphylos, Cassiope, Loiseleuria, Phyllodoce, Vaccinium)*, *Empetrum*, Cyperaceen, *Dryas*, Poaceen.
A2	Alpine Zwergstrauch-, Rasen- und Hochstaudenvegetation in den europäischen Gebirgen. Außerhalb des skandinavischen Gebirges nur kleinflächig in Kontakt mit Gebirgsnadelwäldern (B5). Vorherrschend: Ericaceen *(Arctostaphylos, Loiseleuria, Rhododendron, Vaccinium)*, *Empetrum*, Cyperaceen, krautige Sippen, Poaceen.
B	**Boreale und hemiboreale Zone:** Immergrüne Nadelwälder (Taiga) und Nadel-Laubmischwälder in Nordeuropa, ferner Nadelwälder in der montanen und subalpinen Stufe der europäischen Gebirge.
B1	Boreale Birken- und Birken-Kiefernwälder und -gebüsche. Boreo-atlantische Birkenwälder und -gebüsche (ohne Kiefern) auf Island und im nördlichen Norwegen (B1a), nordboreale Birken-Kiefernwälder und -gebüsche im übrigen Fennoskandien und im nördlichen Russland (B1b). Vorherrschend: *Betula pubescens* (ssp. *tortuosa*), *Pinus sylvestris*, im Nordosten auch *Picea abies* ssp. *obovata*.
B2	Boreale Fichten- und Kiefernwälder. Hauptsächlich in der mittel- und südborealen Zone in Schweden, Finnland und Nordrussland. Vorherrschend: *Picea abies*, *Picea abies* ssp. *obovata* (im Osten), *Pinus sylvestris*, *Betula pubescens*.
B3	Hemiboreale Laubholz-Fichten-Kiefern-Mischwälder. Im ostwärts sich verbreiternden Übergangsbereich zwischen der borealen Nadelwaldzone und der temperaten sommergrünen Breitlaubwaldzone; im südlichen Skandinavien, in den baltischen Staaten, im westlichen Russland und in Weißrussland. Vorherrschend: *Picea abies*, *Pinus sylvestris*, *Quercus robur*, *Carpinus betulus*, *Tilia cordata*, *Ulmus glabra*, *Acer platanoides*.
B4	Boreo-atlantische Zwergstrauchheiden mit Birken. Im schottischen Hochland, an den Küsten der Färöer- und Shetland-Inseln, in Westnorwegen und Südisland. Vorherrschend: Ericaceen, *Betula pubescens* (in eingestreuten Gruppen), *Pinus sylvestris* (nördliches Schottland).
B5	Montane und subalpine Gebirgsnadelwälder und Krummholzgebüsche. In den europäischen Gebirgen, meist in engem Kontakt mit baumlosen Gesellschaften (A2) der alpinen Stufe. Vorherrschend in den Pyrenäen: *Abies alba*, *Pinus sylvestris*, *P. uncinata*; in den Alpen und Karpaten: *Picea abies*, *Abies alba*, *Larix decidua*, *Pinus cembra*, *P. sylvestris*, *P. uncinata*, *P. mugo* (als Gebüsch); lokal auf dem Balkan: *Pinus peuce* und *Picea omorika*.
T	**Temperate (nemorale) Zone:** Sommergrüne Breitlaubwälder in West-, Mittel- und Osteuropa sowie in den Gebirgen Südeuropas.
T1	West- und nordwestmitteleuropäische Eichenmischwälder. Im atlantischen und subatlantischen Tieflagenbereich auf den Britischen Inseln und auf dem Kontinent von Nordwestspanien bis Dänemark und Südskandinavien. Vorherrschend: *Quercus robur*, *Q. petraea*, *Fraxinus excelsior*, z. T. auch *Carpinus betulus*.
T2	Mittel- und osteuropäische Eichenmischwälder. Im subkontinentalen und kontinentalen Tieflagenbereich Mittel- und Osteuropas bis zum Ural. Vorherrschend: *Quercus petraea* (fehlt im Osten), *Q. robur*, *Carpinus betulus* (fehlt im Osten), *Tilia cordata*, *Acer platanoides*.
T3	Submediterrane und supramediterrane thermophile Eichenmischwälder. Im nördlichen Südeuropa (Iberische Halbinsel, südliches Frankreich, Apenninen- und Balkan-Halbinsel), ferner in isolierten Vorkommen in warmen Tieflagen Mitteleuropas. Vorherrschend: Zahlreiche, örtlich verschiedene sommergrüne *Quercus*-Arten *(Q. pubescens, Q. petraea, Q. cerris, Q. faginea, Q. pyrenaica, Q. dalechampii, Q. frainetto, Q. pedunculiflora, Q. virgiliana, Q. polycarpa, Q. hartwissiana)*, *Fraxinus ornus*, *Ostrya carpinifolia*, *Carpinus orientalis* (im Südosten), *Castanea sativa*, *Buxus sempervirens*.
T4	West-, mittel- und südosteuropäische Rotbuchen- und Rotbuchen-Tannenwälder. Im westlichen und nördlichen Mitteleuropa in Tieflagen, im südlichen Mitteleuropa und in Südwest-, Süd- und Südosteuropa zusammen mit *Abies* in der montanen Stufe. Vorherrschend: *Fagus sylvatica*, *F. moesiaca* (*F. sylvatica* × *F. orientalis*, nur auf dem Balkan), *Abies alba*.
T5	Euxinische Orientbuchenwälder. Entlang der südlichen Schwarzmeerküste in der montanen Stufe. Vorherrschend: *Fagus orientalis*, *Prunus laurocerasus*, *Rhododendron ponticum*.
M	**Mediterrane Zone:** Immergrüne Hartlaubwälder und -gebüsche im Mittelmeergebiet.
M1	Thermomediterrane Eichenwälder und Ölbaum-Johannisbrotbaum-Buschwälder. In der untersten Stufe des südlichen Mittelmeergebietes. Vorherrschend: *Quercus suber*, *Q. rotundifolia* (in Spanien), *Ceratonia siliqua*, *Olea europaea* (var. *sylvestris*), *Pistacia lentiscus*, *Myrtus communis*.

Tab. 5-4: Fortsetzung.

M2	Mesomediterrane Steineichenwälder. Über der untersten Stufe des Mittelmeergebietes (M1), an der nördlichen und oberen Grenze in Kontakt mit sommergrünen thermophilen Eichenmischwäldern (T3), großflächig vor allem im Südteil der Iberischen Halbinsel, in Südgriechenland und in der südwestlichen Türkei. Vorherrschend: *Quercus ilex*, *Q. rotundifolia* (in Spanien), *Q. suber*, *Q. coccifera*, *Q. brachyphylla* (in Griechenland), *Q. infectoria*, *Q. macrolepis*, *Phillyrea latifolia*.
M3	Submediterrane und mediterrane xerotherme Nadelwälder. Im südlichen Mittelmeergebiet meist nur kleinflächig (Spanien, Korsika, Italien, Griechenland, Anatolien), z. T. in Kontakt mit der oroxerophytischen Vegetation der mediterranen Gebirge. Vorherrschend jeweils eine oder einige wenige der nachfolgend genannten Sippen: *Pinus sylvestris*, *P. nigra* agg., *P. brutia*, *P. heldreichii*, *Abies pinsapo*, *A. borisii-regis*, *A. cephalonica*, *A. cilicia* (in der Türkei), *Cedrus libani*, *Cupressus sempervirens*, *Juniperus alpina*, *J. excelsa*, *J. sabina*, *J. thurifera*.
P	**Pannonisch-pontisch-anatolische Zone:** Waldsteppen, Steppen und Halbwüsten. Vom Westrand des Schwarzen Meeres sich gegen Osten über die Ukraine stark verbreiternder Gürtel bis nach Südsibirien und Kasachstan.
P1	Waldsteppen. Krautartenreiche Wiesensteppen im Mosaik mit Waldinseln von sommergrünen *Quercus*-Arten (*Q. robur*, *Q. pubescens*, *Q. petraea*, *Q. pedunculiflora*, *Q. cerris*, *Q. virgiliana*), *Carpinus betulus*, *Tilia cordata*, *T. tomentosa*, *Acer tataricum*. Im pannonischen Becken, am Unterlauf der Donau und südöstlich der Karpaten bis zum südlichen Ural.
P2	Federgras-Steppen. Vom Westrand des Schwarzen Meeres (Dobrudscha) südlich des Waldsteppengürtels bis über den Ural hinaus. Vorherrschend: *Stipa*-Arten (*S. capillata*, *S. lessingiana*, *S. stenophylla*, *S. ucrainica*, *S. tirsa*, *S. borysthenica*), *Festuca valesiaca*, *Agropyron desertorum*, *A. pectinatum*, *Artemisia taurica*, Liliaceen (Geophyten).
P3	*Artemisia*-Halbwüsten. Großflächig nur außerhalb des Kartenbereichs in Kasachstan (Kaspische Senke, Aralsee etc.). Vorherrschend: *Artemisia*-Arten (*A. austriaca*, *A. incana*, *A. pauciflora*, *A. taurica*), *Camphorosma monspeliacum*, *Kochia prostrata*, *Salsola laricina*, Therophyten.

et al. 1992). In der ersten Hälfte des Holozäns hatten sich neolithische Bauernkulturen von Südosten her nach Nordwesteuropa ausgebreitet (s. 9.3.2.10, Abb. 9-62) und an der Wende Atlantikum/Subboreal waren in Mitteleuropa eine Vielzahl von Rodungsinseln in den Altsiedlungsgebieten entstanden. Obwohl die Wälder noch kaum zurückgedrängt waren, war der Einfluss des Menschen schon deutlich vorhanden. In der zweiten Hälfte des Subboreals (Bronze-, frühe Eisenzeit) tritt der Einfluss des Menschen in den Pollenprofilen (-diagrammen; vgl. Abb. 5-40) immer stärker in Erscheinung. In den Diagrammen zeugen Pollen von Getreide und v. a. von Chenopodiaceen, *Plantago*- und *Rumex*-Arten und von *Centaurea cyanus* vom Ackerbau. In den Bodenprofilen deuten Ascheschichten auf Brandrodung hin, während die Zunahme der Poaceen-Pollen die Weide- und Wiesenwirtschaft anzeigt.

Beispiele für neuere vegetationsgeschichtliche Arbeiten über das Holozän Mitteleuropas sind u. a. Knörzer & Meurers-Balke (1999; Rheintal bei Neuss), Stumböck (1999; Südtirol), Kubitz (2000; Westeifel), Michaelis (2002; Recknitz, Mecklenburg-Vorpommern) und Wolters (2002; Döberitzer Heide, Brandenburg).

Bei den Unkräutern (anthropozentrisch-wirtschaftsorientierte Bezeichnung für Pflanzen, die „unerwünscht" sind, im Gegensatz zur neutralen Bezeichnung Segetalpflanzen [auf Kulturflächen] und Ruderalpflanzen [auf Ruderalflächen]) wanderten die **Archäophyten**, wie z. B. *Papaver rhoeas*, *Chenopodium polyspermum* und *Euphorbia exigua*, im Gefolge des Menschen in vor- und frühgeschichtlicher Zeit ein. Dagegen sind die **Neophyten** Neuankömmlinge, die erst in ‚historischer' Zeit (nach 1500) einwanderten, wie z. B. *Conyza canadensis*, *Galinsoga parviflora* und *Veronica persica* (Willerding 1986, Hartmann et al. 1995, Kowarik 2003).

Zu diesem Komplex wird von Haeupler (2000) eine differenzierte Einteilung der Flora nach Indigenat und standörtlichem Vorkommen vorgeschlagen: **Indigenophyten** (Einheimische; Vorkommen auf Natur- und naturnahen Habitaten, Vorkommen bzw. Einwanderung vor dem Eingreifen des Menschen), **Apophyten** (Naturhabitate, aber auch auf anthropogenen Habitaten), **Anökophyten** (Heimatlose, nur auf anthropogenen Habitaten), **Agriophyten** (Neuheimische, auf Natur- und naturnahen Habitaten), **Epökophyten** (Kulturabhängige, auf anthropogenen Habitaten), **Ephemerophyten** (Unbeständige; kein fester Platz in der Flora, aber wild wachsend) und **Ergasiophyten** (Kultivierte, ausschließlich in Kultur). Außer bei den Indigenophyten wird die Vorsilbe **Archäo-**, wenn die Sippen in prähistorischer Zeit, die Vorsilbe **Neo-**, wenn sie in historischer Zeit (± nach 1500) einwanderten, benutzt.

In den letzten Jahrhunderten kam es infolge der starken Bevölkerungszunahme und der industriellen Revolution weithin zur nahezu völligen Zerstörung der Primärwälder Mittel- und Südeuropas. In den letzten 150 Jahren entstanden unsere stark genutzten Wälder und Forste, die heute zusammen mit den Ackerflächen unsere Kulturlandschaft prägen (s. 9.3.2.2, 9.3.2.10).

5.8 Arbeitstechniken

Fossile Pflanzenreste sind Hauptzeugen vergangener Floren und Vegetation. Dabei sind **Mikrofossilien** nur mikroskopisch unterscheidbare fossile Reste von einzelligen Organismen, Sporen, Pollen oder Schalen von Diatomeen, **Makrofossilien** sind mit dem Auge erkennbar, wie Sprosse, Blattfragmente, Samen und Früchte. Unter bestimmten Bedingungen, v. a. Luftabschluss, erhalten sich Pflanzenreste in marinen oder limnischen Sedimenten, in Torfen, Mooren und in Kohleablagerungen. Nach der Identifikation solcher Fossilien und der Ermittlung der paläoökologischen Zusammenhänge werden die **Umweltrekonstruktionen** erstellt (z. B. Abb. 5-5, 5-21, 5-26).

Nur **Skelettelemente**, wie z. B. von Diatomeen und Dasycladales, bleiben direkt erhalten. Meist sind jedoch von Pflanzen nur die **Abdrücke** erhalten (z. B. von Farnen). Beim Inkohlungsprozess, bei dem die pflanzlichen Stoffe zu Kohle umgebildet werden, erhalten sich am besten verholzte Zellen, Kutikeln und die Exine von Sporen und Pollenkörnern. Wichtige Zeugen sind außerdem strukturbietende, **echte Versteinerungen**, bei denen die organische Struktur mehr oder weniger vollständig, unter Wahrung der Zellwandstruktur, durch ein Mineral ersetzt wurde, oftmals sind sogar zelluläre Details rekonstruierbar (Abb. 5-9–5-11). Hierzu dienen Dünnschliffe, schichtweises Abtragen mit Lackfilmfolien (Peels) und der Einsatz des Rasterelektronenmikroskops (Abb. 5-11). Durch letzteres wurde z. B. bei der Analyse von unterdevonischen Tracheidentypen (Abb. 5-11), von Diasporen-Oberflächenstrukturen und v. a. von holozänen Holzkohlen eine neue Qualität bei der Identifizierung, Darstellung und somit der Rekonstruktion paläoökologischer Zusammenhänge, v. a. des Holozäns, erreicht (z. B. Baierle et al. 1989, Veränderungen der Vegetation durch die früh-bronzezeitliche bis in die römische Zeit andauernde Kupfererzverhüttung im Wadi Arava, Jordanien; Neumann 1989, holozäne Umweltverhältnisse in der Sahara; Carcaillet & Brun 2000, 7000 Jahre Vegetationsentwicklung in den Nordwest-Alpen; Engel 2003, mittelalterliche Waldvegetation im Bereich von Eisenerzverhüttungsplätzen auf der Schwäbischen Alb). Weiterführende Literatur und Lehrbücher mit Darstellungen der Arbeitstechnik: z. B. Herrmann (1994) und Jacomet & Kreuz (1999).

Besondere Bedeutung hat die Untersuchung von Sporen und Pollenkörnern für die Rekonstruktion der jüngeren vegetationsgeschichtlichen Vergangenheit. Dies geschieht mit der **Pollen- und Sporenanalyse**, der **Palynologie**. Dank der widerstandsfähigen Exine und ihrer strukturellen Differenzierung können vielfach Familien, Gattungen und teilweise auch Arten identifiziert werden. Pollenkörner und Sporen werden von den Gefäßpflanzen, insbesondere von windblütigen Waldbäumen, Poaceen und Cyperaceen, in großen Mengen produziert, vom Wind oft weit verfrachtet und dann z. B. in Sedimenten, Seekreiden, Mooren, Torfen eingeschlossen, wo sie unter Luftabschluss sehr gut erhalten bleiben. Werden sie durch Bohrungen und geeignete Präparationstechniken erschlossen, ermöglicht ihre Untersuchung nicht nur qualitative Aussagen über das Vorkommen, sondern auch quantitative über die Häufigkeit der Pflanzensippen. Damit sind Rückschlüsse auf ehemalige Vegetationsverhältnisse und -änderungen möglich. Die Darstellung erfolgt oftmals in Pollendiagrammen (Abb. 5-40). Von entscheidender Bedeutung ist die Pollenanalyse bei der Rekonstruktion der pleistozänen Vegetationsentwicklung (s. 5.7.3), aber auch für das Tertiär und die Kreide ist diese Technik für die vegetations- und florengeschichtliche Auswertung und die Darstellung phylogenetischer Zusammenhänge von Relevanz (s. 5.7.1–5.7.2, Abb. 5-27, 5-34).

Diese Arbeitstechniken sind z. B. in Moore et al. (1991), Lang (1994), Jones & Rowe (1999) und Jacomet & Kreuz (1999) dargestellt. Für die paläoökologische Interpretation pollenanalytischer Ergebnisse bedarf es großer Erfahrung, da die Pollenproduktion der Sippen, der Pollentransport und dadurch die Überrepräsentanz windbestäubter Sippen, die Einbettung und Konservierung und nicht zuletzt die entwaldeten ‚Kulturlandschaften' einer detaillierten Beachtung bedürfen. Dies gilt ebenfalls für die sporenproduzierenden Kryptogamen.

Befunde der **Florenkunde** (s. Kap. 3) und der **Evolutionsforschung** an heute lebenden Sippen erlauben ebenfalls oftmals Rückschlüsse auf die Floren- und Vegetationsgeschichte.

Insbesondere die Analyse von Disjunktionen und Verbreitungsmustern (s. 5.7.2–5.7.3), die Lokalisierung von primären und sekundären Entfaltungszentren und der globalen Biodiversität (Barthlott et al. 1996), die Typisierung u. a. von Neo- und Paläoendemiten oder von Archäo- und Neophyten (s. 5.7.3) tragen viel zur Klärung von Fragestellungen bei, da diese meist erdgeschichtliche Ursachen haben. Derzeit gewinnt die Analyse von Nukleotidsequenzen von Kern- und Plastidengenen zur Analyse der Divergenz und regionalen Herkunft von Sippen Bedeutung (s. 9.6). So wurde z. B. festgestellt, dass die etwa 30 makaronesischen *Echium*-Arten durch Artentfaltung nach nur einem Besiedlungsvorgang von Afrika/Westeuropa aus im Miozän durch Fernausbreitung entstanden (Böhle et al. 1996) oder das palaeoaustralische Laubmoos *Lopidium concinnum*, das heute in Neuseeland, Tasmanien und im südlichen Südamerika vorkommt, wahrscheinlich bereits vor dem Auftrennen der palaeoaustralischen Region (*Nothofagus*-Region) vor etwa 80 Mio. J. dort als Art verbreitet war und seither keiner weiteren Evolution unterlag (Stenoevolution, Frey et al. 1999; s. 9.6).

Die aufgeführten Arbeitstechniken geben noch keine Auskunft über das tatsächliche Alter der Fossilien. Sie erlauben Aussagen über eine relative Chronologie der Erdgeschichte, die sich auf das Vorkommen der untersuchten tierischen und pflanzlichen Leitfossilien stützt. Die absolute Altersbestimmung erfolgt dagegen mit **geochronologischen Arbeitstechniken**. Bei der physikalischen Altersbestimmung von Mineralien, Gestein, Hölzern, Diasporen, Knochen u. a. wird das Alter nach dem Gehalt an radioaktiven Mineralien, den daraus entstandenen Spaltprodukten und der konstanten Zerfallszeit berechnet, d. h. man misst die Geschwindigkeit des Zerfalls nach der Zeit, in der die Hälfte der Ausgangsmenge (Mutterradionuklid) in das Tochterradionuklid umgewandelt ist (Halbwertszeit). Je kürzer die Halbwertszeit ist, um so kürzere Zeiträume sind messbar und umgekehrt. Zur physikalischen Altersbestimmung werden v. a. ^{14}C, ^{3}H, ^{40}K, ^{87}Rb, ^{235}U, ^{238}U und ^{232}Th verwendet. Die verschiedenen Elemente erfordern jeweils gesonderte Arbeitstechniken und sind wegen der jeweiligen Halbwertszeiten nur für bestimmte Alter einsetzbar (Radiometrische Datierungsmethoden).

So wird für die Altersbestimmung sehr alter Mineralien, z. B. Lepidolith aus Transvaal mit 3,85 Mrd. Jahren, die **Rubidium-Strontium-Methode** eingesetzt. Das β-aktive Rubidium-Isotop ^{87}Rb zerfällt mit einer Halbwertszeit von 5×10^{10} Jahren in das stabile Strontiumisotop ^{87}Sr. Die **Kalium-Argon-Methode** ist ebenfalls für alte Gesteine (200–800 Mio. J.) anwendbar. Das instabile Isotop ^{40}K zerfällt mit einer Halbwertszeit von $1{,}27 \times 10^9$ Jahren teils zu Calcium (^{40}Ca), teils durch Elektroneneinfang zum Edelgas Argon (^{40}Ar). Die sehr wichtige **Uran-Blei-Methode** beruht auf dem Zerfall der Uranisotope ^{235}U und ^{238}U über instabile Zwischenisotope in die „Radiobleie" mit den Massenzahlen 206 und 207 (^{238}U, Halbwertszeit $4{,}51 \times 10^9$ Jahre $\rightarrow$ ^{206}Pb (^{4}He), ^{235}U, Halbwertszeit $7{,}13 \times 10^8$ Jahre $\rightarrow$ ^{207}Pb [^{4}He]). Aus dem Anteil der verschiedenen Bleiisotope gegenüber ^{204}Pb, massenspektrometrisch bestimmt, kann man das Alter bestimmen. Auf diesen Daten beruhen v. a. die Zeitangaben für die erdgeschichtlichen Epochen (Abb. 5-16) und zum Alter der Erde (4,7 Mrd. J.). Für die Datierung organischer Reste aus der jüngeren geologischen Vergangenheit bis in die Zeit vor etwa 500000 Jahren wird v. a. die **Uran-Thorium-Methode** (Zerfall von ^{234}U in das Thoriumisotop ^{230}Th, Halbwertszeit 244600 J.), bis zu etwa 45000 (70000) Jahren die weithin praktizierte **Radiokarbon-Methode (^{14}C-Methode)** angewandt. Letztere beruht darauf, dass sich bei der organischen Bindung von Kohlenstoff das ursprüngliche Verhältnis von ^{12}C : ^{14}C im CO_2 der Luft von 10^{12} : 1 durch Zerfall von ^{14}C, das in der hohen Atmosphäre ständig neu gebildet wird, zu ^{14}N (Halbwertszeit 5730 ± 40 Jahre) laufend zuungunsten von ^{14}C verschiebt. Bestimmt man den ^{14}C-Gehalt in den Überresten des Organismus, so kann man den Zeitpunkt des Todes feststellen. Heute muss hierbei der erhöhte CO_2-Gehalt der Atmosphäre berücksichtigt werden.

Warvenchronologie und **Dendrochronologie** liefern ebenfalls absolute Alterswerte, haben aber einen beschränkten räumlichen und zeitlichen Aussagewert. **Warven** sind innerhalb eines Jahres abgelagerte Schichten, die jeweils aus heller feinsandiger Sommer- und dunkler tonig-schluffiger Winterlage bestehen und besonders in den Warventonen (Bändertonen) ausgeprägt sind. Sie wurden in Schmelzwasserbecken (Seen) an der Gletscherstirn abgelagert. Die Warvenchronologie wurde v. a. in Nordeuropa entwickelt und eingesetzt (bis etwa 20000 J. v. h.). Bei der **Dendrochronologie** wird mit Hilfe des Wachstums der Jahresringe von Bäumen deren Alter und das der sie umgebenden Sedimente errechnet. Aus den Jahresringen kann man auf den früheren Klimacharakter und auf die Klimaschwankungen schließen. Selbst kleinste Klimaschwankungen sind differenziert darstellbar. Die Arbeitstechnik ist nur in den extratropischen Gebieten einsetzbar und reicht bis etwa 9000 Jahre zurück. Wichtige Jahresringchronologien in Mitteleuropa sind die von *Pinus sylvestris*, *Quercus robur* und *Q. petraea*. Wegen des wechselnden ^{14}C-Gehaltes der Atmosphäre während der letzten 15000 Jahre klaffen zwischen dem wahren dendrochronologisch in Sonnenjahren ermittelten Alter und dem Radiokarbon-Alter Differenzen, die bis zu tausend Jahre ausmachen können (s. Tab. 5-2).

Ausführliche Darstellungen der hier vorgestellten Arbeitstechniken sind z. B. Geyh & Schleicher (1990), Willkomm (1990), Schweingruber (1993, 1996) und Lang (1994) zu entnehmen.

6 Ökologie der Pflanzen

Einführungen, Lehr-, Methodenbücher: Jones 1992, Körner 2002, Kreeb 1990, Kuttler 1993, Lambers et al. 2000, Larcher 1994, Lerch 1991, Odum 1983, Pearcy et al. 1989, Schulze et al. 2002, Steubing & Fangmeier 1992, Von Willert et al. 1995.

Differenzierte Evolution und die geographisch-historischen Eigenheiten der Ausbreitung sind einer der Ursachenkomplexe, die das lokal unterschiedliche Vorkommen der Pflanzensippen bedingen. Klimatische und substratabhängige Heterogenität und die hinsichtlich Struktur und Funktion je unterschiedlich gute Angepasstheit der einzelnen Taxa an diese Umweltbedingungen stellen einen weiteren Faktorenkomplex dar, welcher die Vielfalt der Pflanzendecke der Erde prägt. Diese Wechselwirkungen der Pflanzen mit den Gegebenheiten ihres Wuchsortes werden von der **Pflanzenökologie** beschrieben und analysiert. Der Begriff „Ökologie“ wurde erstmals 1866 von Haeckel gebraucht, welcher definierte: **„Unter Ökologie verstehen wir die gesamte Wissenschaft von den Beziehungen des Organismus zur Außenwelt“**. In diesem umfassenden Ansatz ist „Ökologie“ zu einem Schlüsselbegriff moderner Beschreibungen der Wechselwirkungen innerhalb der belebten und unbelebten Natur geworden. Das Wort wird in der Thematisierung der Abhängigkeit des Menschen von seiner Umwelt auch über die ursprüngliche, rein naturwissenschaftlich orientierte Sichtweise hinaus verwendet, bis weit hinein in Politik, Wirtschaft und Geistesleben (s. 2).

Die Pflanzenökologie beschäftigt sich zum einen mit den standörtlichen Wechselbeziehungen zwischen dem einzelnen Taxon und seiner Umwelt. Dieser Teilaspekt der Gesamtdisziplin wird als **Autökologie** bezeichnet. Zum anderen behandelt die Pflanzenökologie auch die Kenntnisse über die komplexen Wechselbeziehungen der Standortfaktoren untereinander und die Einbindung des Einzelorganismus in dieses Abhängigkeitsgefüge, welches durch die Eigenheiten der unbelebten Umwelt, des weiteren aber auch durch die Interaktionen der Vielzahl von Mikroorganismen-, Pflanzen- und Tiersippen eines Lebensraumes bestimmt wird. Studien und Erkenntnisse hierzu werden dem Teilbereich der **Synökologie** zugeordnet. Weithin noch am Beginn der Strukturierung zu einem eigenständigen Teilkomplex der ökologischen Forschung stehend ist die **Entwicklungsökologie**. Hierbei treten die Wechselbeziehungen zwischen den ontogenetischen Abläufen und den standörtlichen Einflüssen in das Zentrum des Interesses. Forschung hierzu konzentrierte sich bisher vor allem auf die Keimungsökologie und die Vorgänge von Blüten- und Fruchtbildung sowie der pflanzlichen Alterung. Diese komplexen Abläufe unter dem Einfluss der Habitatgegebenheiten werden auf Seiten der pflanzlichen Lebensvollzüge durch entwicklungsphysiologische Eigenheiten bestimmt. So erfahren, z. B., die von der Autökologie i. e. S. behandelten Abläufe des pflanzlichen Stoffgewinns unter den gegebenen Standortbedingungen und in Auseinandersetzung mit Stresssituationen ihre Prägung durch den Intermediärstoffwechsel auf Zell- und Organebene, der je nach pflanzlichem Entwicklungsstadium recht unterschiedlich sein kann. Vermittelnd zwischen dem auf das einzelne Taxon ausgerichteten und somit individuum-konzentrierten autökologischen Ansatz der Betrachtung und der synökologischen Erfassung der Wechselbeziehungen der Organismen untereinander und zu den klimatischen und substratbedingten Gegebenheiten eines Lebensraumes steht die **Populationsökologie**. Sie hat die Erhellung der Reaktionsnormen zum Thema, welche zwischen den Mitgliedern eines Taxons herrschen sowie die Prägung dieser intraspezifischen Wechselbeziehungen durch die Gegebenheiten der Umwelt.

Im Mittelpunkt der **autökologischen Forschung** steht die Frage, wie der einzelne Organismus als Repräsentant seines in der Evolution differenzierten Taxons in Wechselwirkung mit den Parametern seiner Umwelt steht. Stoffgewinn, Formbildung, Fortpflanzung und das Überleben unter widrigen Bedingungen sind durch die Gegebenheiten eines Standortes beeinflusst und an diese mehr oder weniger gut angepasst. Besonders ist es die Auseinandersetzung des pflanzlichen Organismus mit Belastungen durch akute oder längerfristig wirkende standörtliche Extremsituationen, welche die Grenzen der pflanzlichen Existenz bestimmen. Die einzelne Sippe kann sich damit infolge ihrer spezifischen Eigenheiten erfolgreich auseinandersetzen – oder aber sie ist der Belastung nicht gewachsen.

Die **„Stressbiologie“** ist somit eine sehr wesentliche Komponente bei der autökologischen Charakterisierung der Organismensippen. Die pflanzliche **Resistenz** (Levitt 1980) gegenüber Belastungen durch die Umwelt kann in morphologisch-anatomischen und physiologischen Eigenheiten bestehen, durch welche die Einwirkung eines belastenden Umweltparameters, eines Stressors, auf das Stoffwechselgeschehen abgemildert oder völlig abgeschirmt wird: Diese Eigenschaften der **„Stressvermeidung (avoidance)“** sind vor allem auf der Integrationsebene des Gesamtorganismus realisiert. Aber auch das Stoffwechselgeschehen auf zellulärer und subzellulärer Integrationsebene hat eine Vielzahl von Möglichkeiten der flexiblen Auseinandersetzung mit Außeneffekten, welche die metabolischen Fließgleichgewichte negativ beeinflussen: Die einzelne Pflanzensippe kann auf der cytoplasmatischen Ebene eine spezifische **„Stresstoleranz“** entwickeln. Hierbei kommt es unter dem Einfluss des Stressors zu Veränderungen im zellulären Stoffwechselgeschehen, die teils auf stressspezifische Genexpression, teils auf Verschiebungen in den Reaktionsgleichgewichten des normalen Intermediärstoffwechsels zurückführbar sind. Das Ergebnis ist in beiden Fällen die Konzentrationserhöhung oder auch -absenkung der unterschiedlichsten Substanzen in Cytoplasma und/oder Vakuole mit dem Ergebnis, dass die Makromoleküle der Zelle ebenso wie die mit ihnen verknüpften Stoffwechselvorgänge durch die von der sippenspezifischen Existenznorm abweichenden Stressbedingungen keine oder zumindest eine geringere Schädigung erleiden. Diese Existenznorm stellt indes nur einen kleinen Ausschnitt dar in einem kontinuierlichen Spektrum ständiger Auseinandersetzungen mit den Einflüssen aus dem umgebenden Milieu, welcher je nach ontogenetischen Zustand des Organismus zudem noch in weiten Grenzen verschiebbar ist.

Der überwiegende Teil aller die Interaktionen der Pflanze mit ihrer Umwelt kennzeichnenden Phänomene kann mit chemisch-physikalischer Analytik näher untersucht werden. Für entwicklungsbiologisch und autökologisch orientierte Forschung wird so größtenteils das Methodeninventar der „Ökophysiologie“ (weitgehend gleichbedeutend mit „experimenteller Ökologie“) verwendet, welches zusätzlich zu einer Vielzahl freilandökologischer Messansätze je nach spezifischer Fragestellung auch genuin laborphysiologische Untersuchungsverfahren nutzen kann, bis hinab zu molekularbiologischen Studien.

Bei der Kausalanalyse von pflanzenökologischen Phänomenen verweisen die Untersuchungsbefunde stets auf Erklärungspotentiale der nächstniederen Integrationsebene, vom Pflanzenbestand auf die Einzelpflanze, vom Gesamtorganismus auf seine Organe, von diesen auf die sie aufbauenden Gewebe, auf die Einzelzelle, das Zellorganell, das Makromolekül und die durch und mit diesen Struktureinheiten jeweils ablaufenden Umsetzungen. Die reduktionistische Hoffnung, mit umfassender Kenntnis der Kausalitäten auf der untersten Ebene auch die Phänomene auf den höheren Integrationsebenen umfassend deuten zu können, hat eine beachtliche Popularität. Sie wird jedoch den komplexen Realitäten in keiner Weise gerecht. Denn aufsteigend in der Reihe der betrachteten Niveaus kommt es jeweils zu komplexer Integration der mechanistisch beschreibbaren Wechselbeziehungen in den jeweiligen Subsystemen. Auf der je höheren Hierarchie-Ebene können dann Interdependenzen herrschen, für deren Beschreibung allein die Zusammenführung der Kausalbeziehungen der je niedrigeren Untersysteme unzulänglich ist (Abb. 6-1). Es ist so ein wesensnotwendiges Kennzeichen experimentell-ökologischen Arbeitens, dass sein analytischer Ansatz mehr problemorientiert ist und weniger ausgerichtet auf eine bestimmte Integrationsebene der pflanzenbiologischen Forschung mit ihrem je spezifischen Methodeninventar.

Das Bestreben, die Eigenarten des pflanzlichen Lebensvollzugs in ihren Abhängigkeiten von den Umweltgegebenheiten zu beschreiben, erweitert pflanzenökologische Messungen darüber hinaus auch auf meteorologisch und bodenkundlich ausgerichtete Untersuchungen. Durch sie werden die **Standortgegebenheiten** quantifiziert und qualifiziert, welche die pflanzliche Existenz und die sie bestimmenden pflanzlichen Lebensvollzüge prägen. Diese Standortfaktoren können unterschieden werden in primäre Faktoren und sekundäre Faktoren, welch letztere im wesentlichen die Art des Wuchsmilieus kennzeichnen.

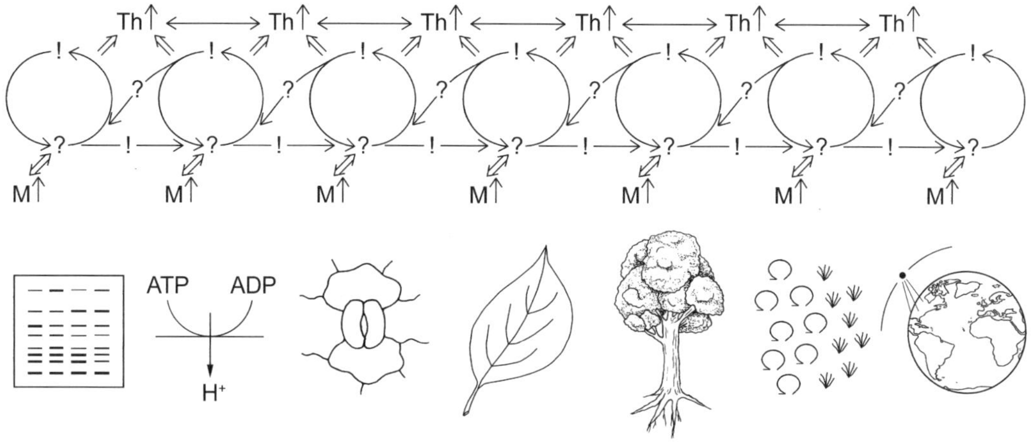

Abb. 6-1: Integrationsstufen der Untersuchung, Beschreibung und Kausalinterpretation botanischer und ökologischer Phänomene: Bearbeitung von Fragestellungen (?) auf den einzelnen Untersuchungsebenen (Gen, biochemischer Prozess, Zelle, Organ, Individuum, Ökosystem, Erde), vielfach in Wechselwirkung mit der Neuentwicklung von Methoden (M↑), führt zu Erkenntnissen (!), auf deren Grundlage die Hypothesen- und Theorie-Entwicklung (Th↑) erfolgt. Vielfach führen die (Teil-)Erkenntnisse zu neue Fragestellungen, die auf der gleichen oder auf tieferliegenden Integrationsebenen geklärt werden müssen.

Als **primäre Standort-Faktoren** können im einzelnen ausgegliedert werden:

- Die Einstrahlung von Energie im gesamten elektromagnetischen Spektrum, in Form von Licht, Wärme und hochenergetischer Strahlung,
- der Wasserfaktor,
- die chemischen Faktoren in Form der festen, gelösten und gasförmigen Stoffe in Substrat und Atmosphäre,
- mechanische Faktoren, die durch Wind und Niederschläge sowie durch geologische und geomorphologische Gegebenheiten wirksam werden können,
- und schließlich die Einwirkungen anderer Organismen, Mikroben, Tiere sowie Pflanzen der eigenen oder von anderen Arten.

Mit der Zusammenfassung dieser primären Standortparameter zu **sekundären Faktorenkomplexen** werden die Habitatkomponenten Klima, Edaphon (= Boden = Wuchssubstrat der Pflanzen) und belebte Umwelt der Einzelsippe kategorisiert. Ihre qualitative Prägung erfahren diese sekundären Standortcharakteristika durch ihre ausschließliche oder hauptsächliche Zugehörigkeit zu den Lebensraumkompartimenten Hydrosphäre, Atmosphäre, Litho- bzw. Pedosphäre und Öko- = Biosphäre.

Die **Hydrosphäre** umfasst alle Wasserkörper der Erde. Mehr als ⅔ der Erdoberfläche sind von Meeren bedeckt; ihre Wassermenge macht knapp $1{,}4 \cdot 10^{18}$ t = 93 % des gesamten flüssigen Wassers auf der Erde aus. **Meerwasser** ist mit einem durchschnittlichen Salzgehalt von 35 g l^{-1} qualitativ deutlich von Süßwasser unterschieden. Unter diesen Salzen nehmen Na^+ mit 10,71 g l^{-1}, Mg^{2+} mit 1,3 g l^{-1}, Cl^- mit 19,57 g l^{-1} und SO_4^{2-} mit 2,08 g l^{-1} den größten Anteil ein, die Kalium- und Calciumgehalte liegen bei je rund 0,4 g l^{-1}. Ein integrales Maß für den Salzgehalt eines Wasserkörpers ist seine elektrische Leitfähigkeit, die bei Meerwasser mit durchschnittlich $4–5 \cdot 10^{-2}$ mho sehr hoch ist. Im Vergleich dazu hat reines Wasser nur Leitfähigkeiten in der Größenordnung von $3 \cdot 10^{-6}$ mho. Eine etwas höhere Leitfähigkeit des Süßwassers im Vergleich mit reinem Wasser ist vor allem bedingt durch die im **Süßwasser** gelösten (geringen) Mengen an Ca^{2+} und HCO_3^-. Die **Oberflächengewässer** werden vom **Grundwasser** her gespeist, wo sich auf stauenden geologischen Schichten das dem Niederschlag entstammende und in tiefere Bodenschichten versickernde Wasser sammelt. Wo Grundwasserhorizonte sich mit der Landoberfläche schneiden, tritt das Wasser in Quellen zutage und fließt dann als Bach, Fluss und Strom der Schwerkraft folgend dem Meere zu. Stillgewässer füllen über geeignetem wasserstauenden Substrat Geländevertiefungen aus. Auch sie können sehr unterschiedliche Größen haben, angefangen von der nur temporär wasserführenden Pfütze über Tümpel, Teiche und Weiher (die von Menschen künstlich angelegt wurden) bis hin zu Seen und Binnenmeeren. Sowohl der Wasserkörper der Meere wie auch

Süßwasser, Fließ- und Stillgewässer sind in allen ihren Teilbereichen der Lebensraum von jeweils spezifisch an diese Umwelt angepassten Pflanzen und Tieren.

Die Erdkruste, die **Lithosphäre**, liefert im Austausch mit der Hydrosphäre die im Wasser gelösten Ionen und steht auch mit dem Luftraum in Stoffaustausch durch Gasausscheidungen und Staubverblasung. Insbesondere aber ist sie das Ausgangsmaterial für die Bildung des Bodens, der **Pedosphäre**. Boden ist das Umwandlungs- und Vermischungsprodukt aus mineralischen und organischen Substanzen, zwischen deren Partikeln luft- und wassergefüllte Hohlräume sind. Boden entsteht durch abiotische Lockerung, Lösung und Umwandlung der äußeren Lithosphärenbereiche sowie von toter organischer Substanz und durch Umsatz dieses Rohmaterials durch die Bodenorganismen. Boden ist das Wuchssubstrat der meisten Pflanzen, in welchem sie mechanisch verankert sind und aus dem sie Wasser und anorganische Nährstoffe aufnehmen.

Die **Atmosphäre** als Lufthülle der Erde umgibt alle pflanzlichen Teile, die sich nicht im Boden oder in Wasserkörpern befinden. Sie ist Nachschubreservoir für die zum Stoffwechsel nötigen Gase CO_2 und O_2, aufnehmende Senke für den von Pflanzen abgegebenen Wasserdampf und Austauschkompartiment für weitere Gase, die in geringem Maße als Stoffwechselbegleitprodukte oder als Schadgase zwischen der Pflanze und ihrer atmosphärischen Umgebung ausgetauscht werden können (z. B. N-, S-Verbindungen). Infolge ständiger Luftbewegung und dadurch -vermischung ist die Gaszusammensetzung der Atmosphäre relativ konstant. Insbesondere die Hauptkomponenten N_2 (78 Vol.-Prozent), O_2 (21 Vol.-Prozent) und CO_2 (0,03 Vol.-Prozent) und inerte Spurengase sind mittel- bis längerfristig überall in gleichen Mengenrelationen zu finden (Abb. 6-54). Der atmosphärische Gehalt an Wasserdampf und CO_2 schwanken kurzfristig in stärkerem Ausmaß infolge von Austauschvorgängen mit der Vegetation sowie gesteuert durch stärkere Temperaturveränderungen. Über geologische Zeitepochen hin ist die Zusammensetzung der Atmosphäre nicht unveränderlich. Erst durch die pflanzliche Photosynthese ist über den Zeitraum von ca. 600 Millionen Jahren hin der O_2-Gehalt der Atmosphäre von Werten unter 1 % auf sein heutiges Niveau gestiegen, die atmosphärische CO_2-Konzentration erheblich abgesunken. Seit reichlich einem Jahrhundert erfahren die Spurengas- und Staubpartikelkonzentrationen in der Lufthülle durch menschliche Aktivitäten sehr beträchtliche Erhöhungen, deren Zeitkonstanten deutlich größer sind als die der natürlichen Veränderungsdynamik.

Der schmale Saum zwischen Lithosphäre und Atmosphäre im terrestrischen Bereich bzw. die obersten Schichten der Wasserkörper sind die Umwelt, in der die große Masse der Organismen zusagende Existenzbedingungen findet. Dieser Bereich kann als **Ökosphäre** oder (eingeschränkt auf den Festlandsanteil der Erdoberfläche) als **Biosphäre** bezeichnet werden. Die **Pedosphäre** kann von Pflanzenwurzeln teilweise bis zu beträchtlicher Tiefe exploriert werden. Die Tiefenerstreckung der Wurzeln findet transportphysiologische Beschränkungen und immer schwerer überwindbare mechanische Widerstände in Bodentiefen unter 5 bis 15 m. Statische und transportphysiologische Beschränkungen verhindern auch einen unlimitierten Höhenwuchs der Pflanzen, sodass die höchsten Bäume nur gut 110 (*Sequoia*/Kalifornien) bzw. 150 (*Eucalyptus*/Australien) Meter Höhe erreichen. Widrige Witterung in größeren Gebirgshöhen reduziert die Höhenerstreckung der Pflanzenkörper beträchtlich und erschwert bis verhindert schließlich den Pflanzenwuchs in der alpinen und nivalen Stufe der Hochgebirge. Insbesondere aber sind die Pflanzen auf die Bereiche beschränkt, in denen die für den Metabolismus notwendige und geeignete Sonnenstrahlung hinreichend verfügbar ist. Dies schränkt die Tiefenausbreitung des Pflanzenwuchses insbesondere in größeren Meeres- und Seentiefen ein (Grenze ca. 100 Tiefenmeter).

6.1 Autökologie: Pflanzen und Vegetation unter dem Einfluss des standörtlichen Strahlungsklimas

6.1.1 Strahlungsangebot

Die **Strahlung der Sonne** ist die Energiequelle für alle Lebensprozesse. Diese Strahlung bringt Licht (im sichtbaren ≈ photosynthetisch aktiven Wellenlängenbereich), Wärme (bei allen Wellenlängen, besonders bedeutsam im langwelligen Bereich) und hochenergetische Strahlung (im kurzwelligen Bereich des elektromagnetischen Spektrums). Gemäß der Relation

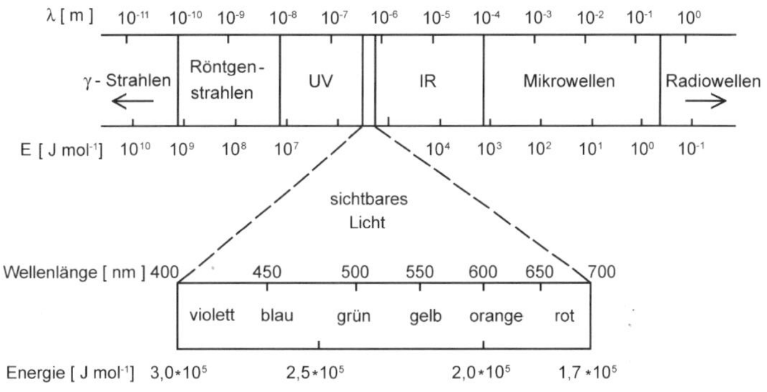

Abb. 6-2: Die Wellenlängenbereiche des elektromagnetischen Spektrums (aus Lösch 2002 nach Jones 1992).

$$E = h \cdot c \cdot \lambda^{-1} \qquad \text{(Gl. 6-1)}$$

[h = Planck'sche Konstante = $6{,}63 \times 10^{-34}$ J s; c = Lichtgeschwindigkeit = 3×10^8 ms^{-1}; λ = Wellenlänge].

(über)tragen die den verschiedenen Wellenlängenbereichen des elektromagnetischen Spektrums (Abb. 6-2) zugehörigen Lichtquanten unterschiedlicher Energiemengen. Die Gleichung beschreibt quantitativ, dass kurzwellige Strahlung einen wesentlich höheren Energieinhalt trägt als langwellige Strahlung. Im biologisch besonders wichtigen Wellenlängenbereich zwischen ca. 300 und 800 nm beträgt diese Energiefracht zwischen 3×10^5 und $1{,}7 \times 10^5$ J mol^{-1} Lichtquanten.

Die Menge an Energie (in J), die pro Zeiteinheit von einer Oberfläche abgestrahlt, durchgelassen oder absorbiert wird, ist der **Strahlungsfluss** Q [J s^{-1} = W]. Der Nettostrom an Strahlung, der eine Oberfläche passiert, wird **Strahlungsflussdichte** genannt (R) und in W m^{-2} angegeben.

An der Oberfläche der Erdatmosphäre transportiert die von der Sonne kommende Strahlung eine Energie von **1390 W m^{-2}** (= 7,8 J cm^{-2} min^{-1} = 2 cal cm^{-2} min^{-1}). Dieser Wert wird als **„Solarkonstante"** bezeichnet, welche um diesen Mittelwert um etwa 3,5 % variiert, entsprechend der wechselnden Entfernung zwischen Sonne und Erde im Laufe des Jahres. Davon gelangt nur ein Teil bis zur Erdoberfläche und zu der dort wachsenden Vegetation infolge von Absorption, Streuung und Reflektion durch die Moleküle der Atmosphäre, durch die Aerosolmassen der Wolken und durch Staubteilchen. Auch die Reflektions- und Transmissionseigenschaften von Baumkronen reduzieren und modifizieren die Strahlung, die für die darunter wachsende Vegetation verfügbar ist. Diese erreicht so die Pflanzen in unterschiedlicher Menge, aber auch in unterschiedlicher Qualität hinsichtlich des Anteils der verschiedenen Wellenlängenbereiche am Gesamteintrag der Strahlung. Die Summe der Strahlung, die auf einer horizontalen Oberfläche auftrifft, z. B. auf Pflanzenblättern, auf dem Erdboden oder auf der Messfläche eines Strahlungssensors, wird **„Globalstrahlung"** genannt. Sie setzt sich zusammen aus dem Anteil der relativ wenig modifiziert die Atmosphäre passierenden direkten Strahlung ($R_{s(dir)}$) und der diffusen kurzwelligen Strahlung ($R_{s(diff)}$), welche die auf dem Weg durch Atmosphäre und Pflanzenbestand reflektierten und gestreuten Strahlungskomponenten umfasst.

Jeder Körper ist zugleich Empfänger und Sender von Strahlung. Der Wellenlängenbereich der maximalen Strahlungsemission hängt von der Temperatur des Körpers ab; je wärmer er ist, zu desto kürzeren Wellenlängen hin ist das Emissionsmaximum verschoben. Die maximal bei der jeweiligen Temperatur emittierbare Strahlung wird **„Schwarzkörperstrahlung"** genannt; der Prozentsatz davon, der bei einer speziellen Wellenlänge von einem realen Körper dieser Temperatur emittiert wird, ist die **Emissivität** E. Die Sonne mit einer Oberflächentemperatur von rund 6000 K hat das Maximum ihrer Strahlungsemission bei rund 500 nm; ihre Emissivität erreicht den Nullwert bei rund 150 bzw. 3500 nm. Demgegenüber liegt das Emissionsmaximum der mit rund 300 K wesentlich kühleren Erdoberfläche bei rund 10 μm, von wo aus die Emissivität auf E = 0 bei ca. 3 und 45 μm nach beiden Richtungen vom Maximum aus abfällt (Abb. 6-60). Der von der Emissivität der Sonnenstrahlung abgedeckte Wellenlängenbereich wird als **kurzwellige Strahlung** bezeichnet, der von der Strahlungsabgabe der Erdoberfläche erfasste Wellenlängenbereich als **langwellige Strahlung**. Die kurzwellige Strahlung setzt sich aus den Bereichen der UV-, PAR- und nahen IR-(NIR-) Strahlung zusammen. Strahlung bei Wellenlängen über 3 µm stellt das langwellige Infrarot dar („fernes IR" = „far IR" = FIR).

Die Summe des **Strahlungsaustausches eines Körpers**, im hier interessierenden Fall eines pflanzlichen Organs, ergibt sich so als Summe aus (1) aufgenommener direkter, reflektierter und gestreut auftreffender kurzwelliger Strahlung, (2) von der Atmosphäre und dem Boden reflektierter und gestreuter, vom Pflanzenorgan aufgenommener langwelliger Strahlung und (3) der von der Pflanze an die Atmosphäre und den Boden abgegebenen langwelligen Strahlung. Diese Summe aller Strahlungsflüsse an einer Körperoberfläche, z. B. einer Blattoberfläche, wird **„Nettostrahlung"**, Rn, genannt.

Zur Quantifizierung der anfallenden Strahlung kann ihr Energiegehalt verwendet werden. Für den Bereich des sichtbaren (= zur Photosynthese verwendbaren) Lichtes wird die pro Zeit und Fläche eingestrahlte Photonenmenge im Wellenlängenbereich 400 bis 700 nm angegeben. Sie wird konventionsgemäß als **photosynthetisch aktive Strahlung**, **PAR**, bezeichnet, genauer, um den flächenbezogenen Charakter dieses Strahlungseintrags hervorzuheben, als „photosynthetisch wirksame Photonenflussdichte", PPFD. Ihre Dimension ist [mol Photonen m^{-2} s^{-1}]. Die Lichtflussdichte „Lux" ist an der spektralen Empfindlichkeit des menschlichen Auges orientiert, das im photosynthetisch weitgehend inaktiven Grünbereich des Spektrums seine höchste Sensitivität besitzt und somit für Angaben des pflanzlichen Lichtgenusses wenig informativ ist. Eine physikalisch korrekte Umrechnung zwischen Lux und den Energie- oder PAR-Dimensionen ist nicht möglich; für jeweils eine spezifische Lichtquelle (z. B. die Sonne unter definierten atmosphärischen Bedingungen) sind empirische Eichungen denkbar. Quantifizierungen der Strahlung, die den photosynthetisch wirksamen Wellenlängenbereich überschreitet, werden in der Regel in Energie pro Fläche und Zeit, [W · m^{-2} = J · m^{-2} s^{-1}] angegeben.

Für die Messung der Komponenten der Strahlungsbilanz stehen Sensoren zur Verfügung, die durch ihr Messprinzip und geeignete Filterkombinationen entweder nur den PAR-Bereich [0,4–0,7 µm], oder die gesamte kurzwellige Strahlung bis ca. 3 µm (Globalstrahlung) bzw. die Nettostrahlung über den Wellenlängenbereich zwischen 0,3 und 9 µm erfassen. Im kurzwelligen Strahlungsbereich können hierfür Photozellen geeigneter spektraler Empfindlichkeit, i. d. R. auf Halbleiterbasis, eingesetzt werden, deren spezifisches Absorptionsspektrum durch Aufbringung geeigneter Filter auf den zu messenden Bereich eingegrenzt und linearisiert wird. Geringere Linearisierungsprobleme, dafür aber die Notwendigkeit einer leistungsfähigen Verstärkung der schwachen Messsignale bieten Thermosäulen, die bevorzugt bei Global- und Nettostrahlungssensoren eingesetzt werden. Sie bestehen im Prinzip aus einer Vielzahl parallel und teilweise hintereinander geschalteter Thermoelemente, welche die vom Energieeintrag abhängige Temperaturdifferenz zwischen weißen und matt-schwarzen Perzeptionsflächen des Strahlungssensors messen (im Falle der Nettostrahlungsmessungen wird die so feststellbare Temperaturdifferenz zwischen zur Atmosphäre und zum Boden weisenden schwarzen Flächen erfasst und verstärkt).

Strahlungsquelle ist die Sonne, aber nicht das gesamte von ihr ausgesandte elektromagnetische Spektrum erreicht unverändert die Biosphäre. Insgesamt gelangt von der auf der äußeren Erdatmosphäre auftreffenden Strahlung nur die knappe Hälfte in den Bereich der Biosphäre. In mittleren Breiten beträgt auf Meeresniveau die mögliche Globalstrahlung bei wolkenlosem Himmel rund 900 W m^{-2}. Regional und lokal treten, auch über das Jahr hin integriert, große Unterschiede im Strahlungsempfang auf, je nach geographischer Breite, Höhenlage, Exposition und Bewölkungshäufigkeit. Die höchsten Werte der Globalstrahlung werden in den wolkenarmen Trockengebieten unter den Wendekreisen gemessen, die geringsten in den zirkumpolaren Breiten.

6.1.1.1 Zeitliche und räumliche Variabilität der Einstrahlung

Die Menge an Global-, Netto- und photosynthetisch aktiver Strahlung variiert auch jahreszeitlich und im Tagesverlauf sehr stark. Einer Globalstrahlung von rund 900 W m^{-2} entspricht einem Nettostrahlungswert von ca. 600 W m^{-2}. Die unter diesen Bedingungen einfallende Menge an Photonen im Bereich des photosynthetisch verwertbaren Lichtes liegt in Mitteleuropa bei reichlich 1800 µmol m^{-2} s^{-1}. Letztgenannter Wert kann noch überboten werden unter Bedingungen einer senkrechten Sonneneinstrahlung und weitgehend staubfreier Luft an küstennahen Lokalitäten, wo zur direkten und diffusen Einstrahlung noch eine mitunter nicht unerhebliche Reflektion von der Wasseroberfläche das lokale Strahlungsangebot erhöht. Das gleiche gilt für die Nachbarschaft von Firnfeldern im Hochgebirgsbereich.

Im **Tagesverlauf** ergeben sich von der Morgen- bis zur Abenddämmerung bei völlig wolkenfreiem Himmel Glockenkurven der Einstrahlungsparameter, bei wechselnder Bewölkung entsprechend schwankende Einstrahlungsverläufe mit Werten, die je nach aktueller Wolkenbeschattung gegenüber denen bei ungehinderten Sonnenschein mehr oder weniger reduziert sind (Abb. 6-3).

Von der auf der Erdoberfläche einfallenden Globalstrahlung wird ein Teil sofort wieder reflektiert. Die **Menge an reflektierter Strahlung** hängt stark von der Beschaffenheit der reflektierenden Oberfläche ab. Neuschnee kann zwischen 75 und 95 % der eingefallenen Strahlung reflektieren, dunkler Ackerboden nur bis maximal 10 % (Geiger 1961). Die nicht reflektierte Strahlung wird absorbiert. Eine dichtere, insbesondere mehrschichtige Vegetationsdecke modifiziert den **Strahlungsempfang des Bodens** und der bodennah entwickelten Pflanzen (Abb. 6-3). Die verschiedenen Wellenlängenbereiche der einfallenden Strahlung werden vom Laubwerk der höheren Kronen zum Teil fast vollständig absorbiert, zum Teil durchgelassen oder reflektiert. Die Strahlungsabsorption im sichtbaren Bereich des Spektrums speist den photosynthetischen Energiegewinn und beeinflusst morphogenetische und bewegungsphysiologische Prozesse. Wärmeabsorption prägt die Temperaturumsätze der Pflanzen und stellt die zur Wasserverdunstung nötige Energie zur Verfügung.

6.1.1.2 Gradienten des sichtbaren Lichtes im Vegetationsprofil

Nur die obersten Bereiche eines Vegetationsbestandes genießen die volle Sonneneinstrahlung, tiefer am Spross inserierte Seitenachsen und Blätter werden von den Pflanzenorganen des

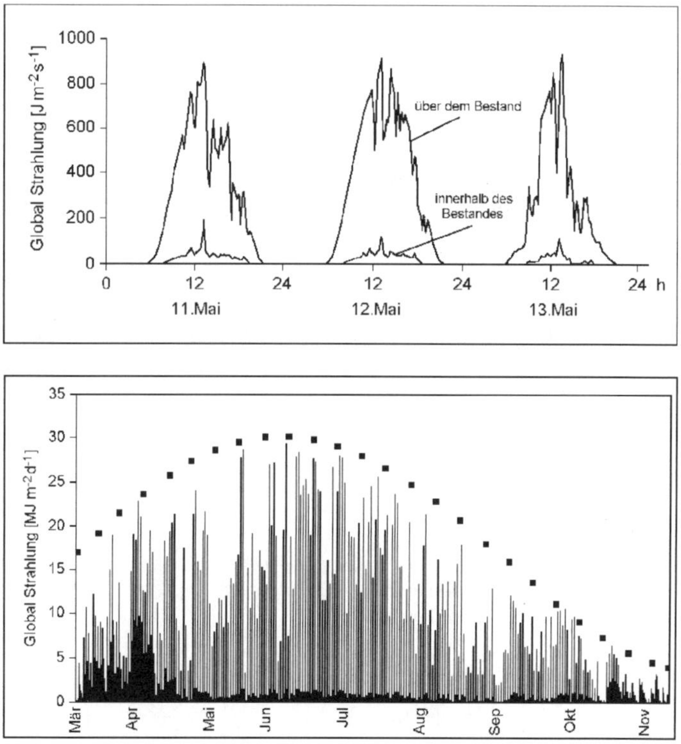

Abb. 6-3: Verläufe der Globalstrahlung über und in einem Buchen-Hochwald während dreier Frühlingstage nach Laubentfaltung im Kronenraum sowie tägliche Strahlungssummen während der Vegetationsperiode – Quadrate: theoretisch mögliche Maximalwerte; dünne Striche: über dem Bestand, dicke Striche: am Waldboden (Weinsberger Bachtal, Solingen/Bergisches Land; Lösch & Heynkes, unveröff., Aschan & Lösch 2000).

obersten Bestandsniveaus beschattet. Ein nicht unerheblicher Teil der Vielfalt in der pflanzlichen Gestaltausbildung lässt sich verstehen als Ergebnis einer optimierenden Auslese von Oberflächenformen, die die einfallende photosynthetisch aktive Strahlung möglichst intensiv nutzen können. Gemäß dem Telom-Entwicklungskonzept (Zimmermann 1959) führen die dabei abstrahierbaren Elementarprozesse zu für den Strahlungsempfang zunehmend besser exponierten Oberflächen. Die Verzweigung der Sprosse der höheren Pflanzen und die Ausbildung der Blätter an ihnen zeigt mitunter eine verblüffende Minimierung der gegenseitigen Beschattung der assimilierenden Oberflächen. Andererseits ist an strahlungsreichen Standorten bei vielen Pflanzen eine morphologische Spezialisierung zu finden, welche als Verkleinerung der die Strahlung auffangenden Oberfläche gedeutet werden (6.1.3).

Obwohl vielfach bereits durch die Blattanordnung an den Ästen ein Trend zur minimalen gegenseitigen Beschattung gegeben ist, lässt sich diese bei größeren Strauch- und Baumkronen nicht völlig vermeiden. Im Gesamtbestand dichterer Vegetation ist die Projektionsfläche des Blattwerks meist erheblich größer als die als Projektionsbasis dienende Grundfläche. Formell wird dies quantifiziert durch den Quotienten aus dieser Projektionsfläche und der Bezugs-Grundfläche, den **Blattflächenindex** (Leaf Area Index, LAI, [$m^2\ m^{-2}$]).

Bei stark durch grasartige Sippen oder Rutensträucher (6.1.3) geprägten Vegetationseinheiten, wo den Halm umhüllende chlorophyllhaltige Blattscheiden bzw. assimilierende Sprosse im Vergleich zu flächig entwickelten Blättern von größerer Bedeutung sind, wird in angepasster Form oft statt des LAI der GAI, der **Green Area Index**, zur quantitativen Charakterisierung der strahlungsexponierten, photosynthetisch aktiven Fläche verwendet.

Bei einem geringen LAI bzw. GAI ist die für metabolische Zwecke verfügbare standörtliche Strahlungsenergie nur unvollkommen ausgenutzt, Bestände mit übermäßig hohem LAI leiden unter zu starker Beschattung der inneren Kronenregionen. Repräsentative Werte des LAI von verschiedenen Vegetationsformationen sind in Tab. 6-1 aufgeführt. LAI-Informationen werden bei allen Hochrechnungen benötigt, welche Austauschprozesse zwischen Pflanzenbestand und Atmosphäre (CO_2-, H_2O-, Spurengas-Umsätze, Energiebilanzen) quantifizieren, ausgehend von Messdaten auf der Ebene von Einzelblättern oder Einzelpflanzen.

Üblicherweise wird der LAI auf indirektem Wege bestimmt über Vergleiche zwischen dem Strahlungsangebot über und dem Strahlungsempfang unter dem Bestand. Die Messwerte können mit spezifischen Senso-

Tab. 6-1: Repräsentative Blattflächen-Indizes verschiedener Vegetationseinheiten (Daten aus Larcher 1994, Lieth 1975, Tivy 1993, Whittaker & Marks 1975).

Vegetationseinheit	Blattflächenindex [$m^2\ m^{-2}$]	
	typischer Wert	Extreme
Tropischer Tieflagen-Regenwald	8	6–16
randtropische regengrüne Wälder	5	3–10
Lorbeerwälder	12	5–14
mediterrane Macchien	4	4–12
temperate sommergrüne Wälder	5	3–12
boreale Nadelwälder	12	7–15
Savannen	4	1–5
Wiesen und Steppen	4	2–9
Wiesen und Sümpfe	7	5–11
Heide-Buschland	4	
Tundren	2	0,5–2,5
Getreide(Roggen, Gerste, Weizen)	9	6–11
Kartoffeläcker	2	
Rübenfelder	4	

ren verschiedener Hersteller und Fischauge-Photographien gewonnen und (großräumig) den Spektraldaten der entsprechend ausgerüsteten Erdbeobachtungssatelliten („remote sensing") entnommen werden (Goel & Norman 1990).

Die Beschattung der tieferen Bereiche im Vegetationsprofil führt zu einem **Strahlungsabfall in Abhängigkeit von der Größe des LAI**, der durch das Lambert-Beersche Extinktionsgesetz formelmäßig beschreibbar ist. Für ein homogenes Blattwerk im Kronenraum haben Monsi & Saeki (1953) dementsprechend die Formel aufgestellt:

$$I = I_o \cdot e^{-k \cdot LAI} \qquad \text{(Gl. 6-2)}$$

I = Intensität der Strahlung an einer bestimmten Stelle innerhalb des Vegetationsprofils; I_o = Strahlung im Freien; k = der für diese Pflanzengesellschaft gültige Extinktionskoeffizient; LAI = Gesamtsumme der Blattflächen über der Messstelle pro Einheit der Bodenfläche].

Ist bei Wäldern die Bestandsbelaubung ungleichmäßig („foliage clumping"), empfiehlt es sich, einen Korrekturfaktor einzuführen, der den Abstand der Bäume, Höhe und Durchmesser der Kronen sowie ihre Strahlungsdurchlässigkeit („canopy gap fraction") – sowohl innerhalb der Einzelkrone wie auch bei den Zwischenräumen zwischen den Baumkronen – in Betracht zieht (Kucharik et al. 1999).

Bei bekanntem LAI und Vergleichsmessungen der unter und über dem Kronendach auftreffenden Strahlung lässt sich für eine Vegetationseinheit ihr **Extinktionskoeffizient** berechnen, der die Stärke des Lichtabfalls im Bestand kennzeichnet. Er ist wesentlich von der Bestandsstruktur geprägt. Er erreicht geringere Zahlenwerte (um 0,5) bei Beständen, die durch Pflanzen mit grasartigem Habitus aufgebaut werden, und ist größer in Dikotylen-Beständen mit großflächigen und stärker waagerecht ausgerichteten Blättern (Hochstaudenfluren, Sonnenblumenfelder u. ä.: k = 0,7; Larcher 1984). Man kann danach lichtökologisch einen Gramineen-Typ und einen Dikotylen-Typ der Bestände unterscheiden. Belaubte sommergrüne Wälder folgen mit einer dicht schließenden Krone und LAI-Werten >5 dem Dikotylen-Typ, lichter stehende Kiefern- oder Eukalyptus-Bestände mehr dem Gramineen-Typ. Fichtenforsten, ungestörte tropische Tieflagen- und Bergregenwälder sowie Lorbeerwälder weisen in der Regel sehr dichte Kronendächer mit einem sehr hohen LAI auf. Hier kann sich k fast dem Werte 1 annähern. Bei Wäldern mit saisonaler Belaubung wechseln k und LAI während des Jahres sehr stark.

Das **Lichtklima am Boden** eines höherwüchsigen Pflanzenbestandes wird wesentlich durch die Absorption, Transmission und Reflektion der gesamtverfügbaren Lichtmenge durch die oberen Kronenschichten bestimmt. Dies führt zu einer strengen Selektion der Unterwuchsarten gemäß ihrer Schattenverträglichkeit. Die Kräuter in der Bodenflora eines Waldes sind dementsprechend weniger lichtbedürftig als höherwüchsige Taxa im Bestand. Waldbodenpflanzen mit höheren Ansprüchen an das standörtliche Lichtklima entgehen der übermäßigen Beschattung durch den Kronenraum durch zeitliche Einpassung ihrer Vegetationszeit in die Frühjahrswochen vor dem Laubaustrieb der Bäume. Nach ihren lichtökologischen Ansprüchen lassen sich die verschiedenen Arten in **Lichtpflanzen** und **Schattenpflanzen** einteilen sowie in Übergangstypen zwischen diesen beiden Extremen. Die Ellenberg'schen Zeigerwerte (4.7) ordnen auf der Grundlage floristischer Erfahrung den mitteleuropäischen Pflanzen eine zwischen „Starklichtpflanzen" und „Schwachlichtpflanzen" in neun Abstufungen graduell differenzierte „Lichtzahl" zu. Basierend auf einfachen Vergleichsmessungen definierte bereits Wiesner (1907) den Lichtgenuss der einzelnen Pflanzenarten gemäß dem prozentualen Wert des im Freien messbaren Lichtes, den die einzelnen Taxa an ihren mehr oder weniger stark beschatteten Standorten noch empfangen können. Beispiele hierfür sind in Tab. 6-2 aufgeführt.

Eine Reihung wie in Tab. 6-2 beschreibt die Lichtansprüche von miteinander in einem engeren Raum vergesellschafteten Arten. Sie gibt noch keine Kausalinformationen, ob der Lichtfaktor für die einzelne Sippe standortlimitierend sein kann. Da lichtreiche Habitate in der Regel zugleich trockener und wärmer sind, können im Einzelfall auch diese Eigenschaften des Lebensraumes für die relative Standortwahl einer Sippe von erheblicher Bedeutung sein. An den dunkelsten Extremen im Vorkommensbereich einer Art dürfte jedoch das Licht den Minimumfaktor der Existenzlimitierung darstellen. Wie verschiedene Untersuchungen zeigten, kann eine verbesserte Nährstoffversorgung den Wert des minimal erforderlichen Lichtgenusses absenken. Nichtblühende Kümmerexemplare gedeihen (Tab. 6-2) oft noch an erheblich dunkleren Stellen als voll entwickelte, blühend-fruchtende Individuen.

Extreme Gradienten von sehr lichtreichen zu extremen Schattenstandorten existieren im **Eingangsbereich von**

Tab. 6-2: Relativer Lichtgenuss von Pflanzen verschiedener mitteleuropäischer Vegetationstypen (Daten aus Walter 1960, nach Bestimmungen von Wiesner 1907).

Starklichtpflanzen: um 100 %: Ruderalarten von offenem, schütter bewachsenem Gelände, Arten der offenen Trockenrasen	
Lichtliebende Taxa, die auch noch mäßige Beschattung vertragen:	
Ruderal- und Ackerwildkräuter:	
Matricaria discoidea	100–50 %
Sedum acre	100–48 %
Lithospermum arvense	100–33 %
Hordeum murinum	100–25 %
Lepidium draba	100–10 %
Senecio vulgaris	100–3 %
Halbtrockenrasen- und Wiesenarten:	
Stachys recta	100–48 %
Salvia pratensis	100–30 % [–20 %: steril]
Thymus serpyllum	100–25 %
Geranium pratense	100–17 %
Colchicum autumnale	100–12 %
Dactylis glomerata	100–3 % [–2 %: steril]
Schatten- bis Halbschattenpflanzen der Wälder:	
Frühlingsblüher:	
Corydalis cava	50–25 %
Anemone nemorosa	40–20 %
Lamium maculatum	67–12 %
Lathyrus vernus	33–20 %
bis in den Sommer vegetationsaktive Taxa:	
Alliaria officinalis	33–9 %
Geranium robertianum	74–4 %
Prenanthes purpurea	10–5 % [–3 %: steril]

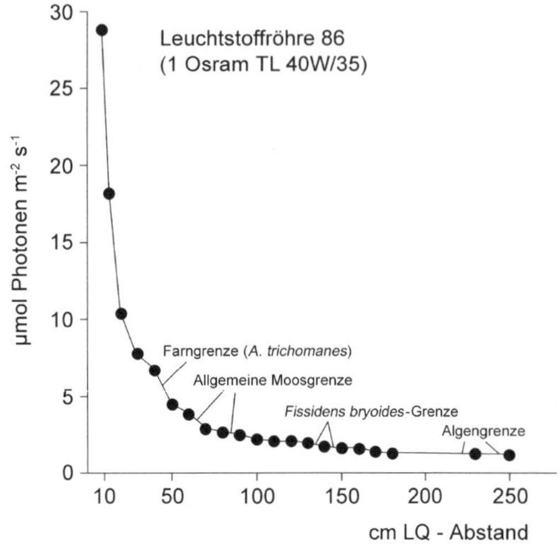

Abb. 6-4: Vegetationszonierung im Umfeld von Lampen in einer Schauhöhle der Schwäbischen Alb (verändert auch Winkler, 1982 nach Daten von Dobat, 1966).

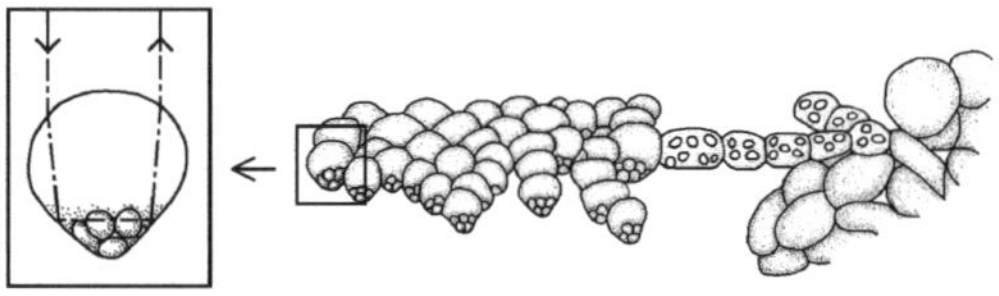

Abb. 6-5: Habitus des Leuchtmooses *(Schistostega pennata)* und Strahlenverlauf in seinen Protonemazellen (verändert aus Strasburger 1991).

Höhlen. Dies führt dort zu einer sehr deutlichen Vegetationszonierung, die generell (Morton & Gams 1925) folgende Anordnung zeigt: Blütenpflanzen-Farne-Moose-Algen. Künstliche Beleuchtung von Schauhöhlen kann auf kleinem Raum eine deutliche Zonierung der lokalen Höhlenflora bewirken, wie es Dobat (1966) bei Untersuchungen in der Schwäbischen Alb belegen konnte (Abb. 6-4).

Ein Felsspaltenbewohner silikatischer Gebirge, das Leuchtmoos *Schistostega pennata*, ist durch die spezielle anatomische Ausgestaltung seines dauerhaften Protonemas an seinen dunklen, aber eben dadurch konkurrenzfreien Standort angepasst: die Protonemazellen sind nahezu kugelig und haben die Chloroplasten im Bereich der dem Substrat anliegenden Zellwand konzentriert. Das vakuolenerfüllte Zelllumen wirkt als Sammellinse, welche die geringen aus der Höhlenöffnung einfallenden Lichtmengen auf diesen Bereich konzentriert. Das photosynthetisch nicht verwendete Licht im grünen Wellenlängenbereich wird reflektiert, sodass die von *Schistostega* bewachsenen Gesteinswände bei geeignetem Blickwinkel von der Höhlenöffnung her als goldgrünlich irisierende Flächen erkennbar sind (Abb. 6-5).

Ein weiteres lichtarmes Extrembiotop stellen die peripheren Gesteinspartien von Felsen dar, die bis zu einer Tiefe von mehreren Millimetern von endolithischen Algen und Flechten besiedelt werden können. An deren Wuchsorten beträgt der relative Lichtgenuss oft nur noch 0,1 % des außen einfallenden Lichtes. Das somit extrem dunkle Habitat stellt für diese Sippen einen hinreichend feuchtigkeitsdurchtränkten und im Vergleich zu dem außerhalb der Felsen herrschenden Klima vor allem im Temperaturverlauf gemäßigteren Sonderstandort dar. Blaualgen und Flechten am großklimatisch trockenen und sehr lichtreichen Wüstenstandort finden in ähnlicher Weise einen weniger extremen Lebensraum bei noch hinreichender Lichtverfügbarkeit auf der Unterseite von Quarzkieseln, durch deren Kristallstruktur das Licht in vielfältiger Brechung und Abschwächung, aber für den Photosynthesebedarf noch hinreichender Menge geleitet wird.

Der relative Lichtgenuss muss durchaus nicht dem physiologischen Optimalwert der einzelnen Sippe entsprechen – Konkurrenzeffekte können dazu führen, dass an sich lichtliebendere Arten hauptsächlich nur an Halbschattenplätzen vorkommen. Eine Verschiebung der Lichtbedingungen an den realen Habitaten gegenüber den im physiologischen Experiment als optimal erkannten von dunkleren zu helleren Lokalitäten hin ist dagegen nicht auffällig. Dies wäre nur möglich, wenn das Konkurrenzgleichgewicht durch andere, noch existenzbedeutsamere und mit der Strahlung nicht gekoppelte Standortfaktoren zu einer drastischen Sonderung des physiologisch optimalen vom ökologisch möglichen Lebensraum führen würde.

Lichtkonkurrenz spielt eine nicht unwesentliche Rolle bei der Ausbreitung und Eindämmung von Segetalpflanzen. In Abb. 6-6 ist der über die Vegetationsperiode wechselnde Lichtgenuss der Bodenflora und der verschiedenen Nutzpflanzen angegeben. Je nach Bestandsdichte des Getreides kann der Lichtgradient in Halmfruchtfeldern so steil sein, dass spätestens gegen Ende der vegetativen Entwicklungsphase Begleitpflanzen sich allenfalls noch an den Parzellenrändern halten können. Kritische Phase im Hinblick auf eine überstarke Verunkrautung ist hier der Zeitraum zwischen Aussaat, Auflaufen und Jugendentwicklung der Saat. Bei Hackfrüchten sind es vor allem die Furchen zwischen den Nutzpflanzenzeilen, in denen hinreichender Lichtgenuss zu einem stärkeren Wildkrautbesatz führen kann. Getreidesorten mit kräftiger Seitentriebsentwicklung und zügigem Höhenwuchs in der Jugendphase können es ermöglichen, von einem stärkeren Einsatz von Nachauflauf-Pestiziden abzusehen. Eine Bestandsregulierung über ein reduziertes Lichtangebot wird auch als eine Möglichkeit angesehen, sich massenhaft ausbreitende Adventivarten zu kontrollieren. Derartige Sippen sind meist Pflanzen mit hohen Lichtansprüchen. Ihre Zurückdrängung erscheint möglich, wenn – z. B. für die von ihrer Invasion besonders be-

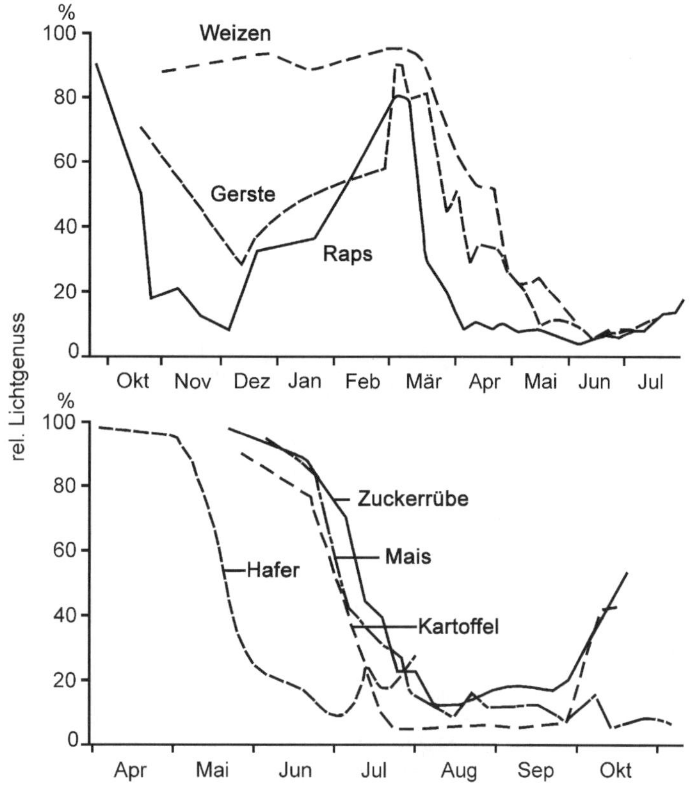

Abb. 6-6: Lichtintensitäten in Prozent der über dem Bestand auftreffenden Strahlung am Boden unter Winter- und Sommerfrucht (nach Rademacher 1939 aus Walter 1960 bzw. Winkler 1982).

drohten Flussufer-Hochstaudenfluren – eine hinreichende Beschattung von Seiten einer uferbegleitenden Baumreihe gewährleistet ist.

6.1.2 Umsatz der einfallenden Strahlung an Laubblättern

6.1.2.1 Reflektion, Transmission und Absorption

Die nicht von der Vegetation direkt reflektierte Strahlung wird selektiv durchgelassen (transmittiert) oder absorbiert und beeinflusst in letztgenanntem Fall wesentliche physiologische Prozesse. Hoch ist der Anteil der Strahlungsreflektion im langwelligen IR-Bereich, wo bis mehr als ⅔ der auftreffenden Strahlung unmittelbar wieder in die Atmosphäre reflektiert werden. Kurzwellige Strahlung wird erheblich stärker absorbiert und transmittiert (Abb. 6-7). Bedeutsam für das Ausmaß der Reflektion ist die Oberflächenbeschaffenheit der Blätter. Wachsschichten und Haarfilze können die Reflektion von sichtbarer Strahlung und des nahen Infrarots erheblich steigern, manche Epidermisfeinstrukturen, die makroskopisch den Eindruck einer samtartigen Blattoberfläche hervorrufen, können die Absorption stärker fördern (Abb. 6-8).

Das Ausmaß der **Strahlungstransmission** ist wesentlich geprägt durch die Dicke der durchstrahlten Teile. Voluminöse Organe, wie Sprossachsen, Früchte, aber auch dickere Blätter, sind für die Strahlung weitgehend undurchdringlich. Laubblätter transmittieren 10–40 % der erhaltenen Globalstrahlung, je nach derber oder zarter Konsistenz. Im sichtbaren Spektrum wird vor allem der Grünbereich gut transmittiert, ebenso auch der

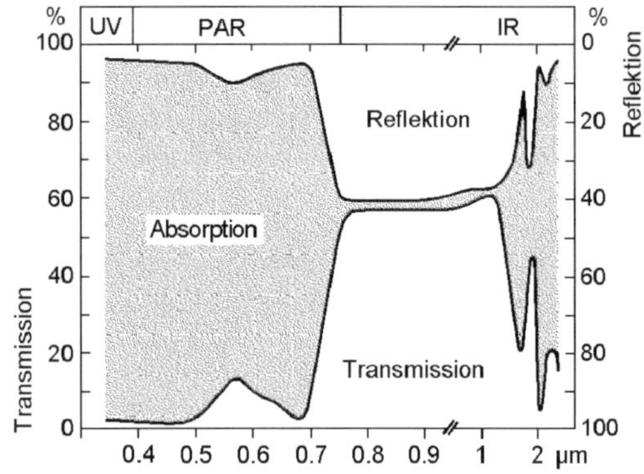

Abb. 6-7: Typische Spektren der Reflektion, Absorption und Transmission an einem Laubblatt im Bereich der kurzwelligen Strahlung (aus Larcher 1984).

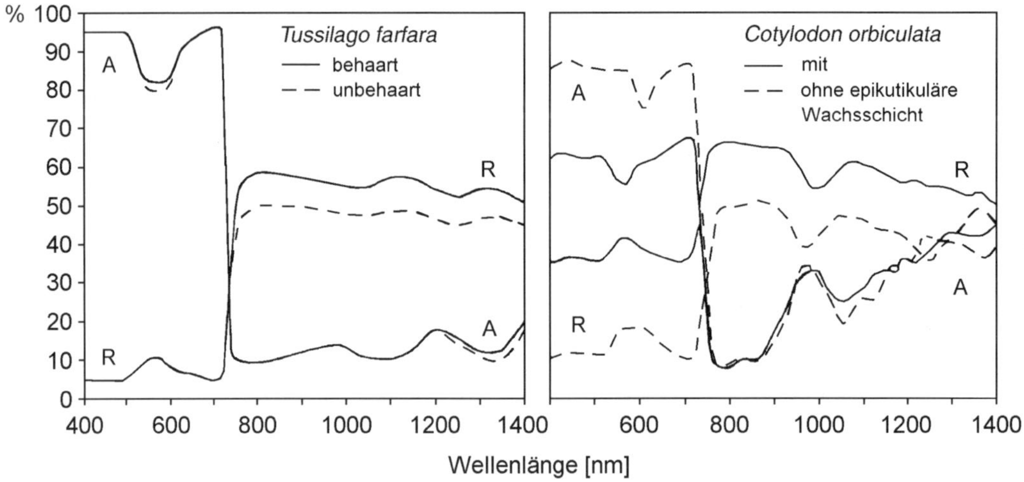

Abb. 6-8: Absorption und Reflektion der einfallenden Strahlung im sichtbaren und NIR- Strahlungsbereich – *links* – eines (natürlicherweise) behaarten (——) und eines (künstlich) haarlosen (------) Huflattichblattes *(Tussilago farfara)* und – *rechts* – eines *Cotyledon orbiculata*-Blattes mit dicker epikutikulärer Wachsschicht (——) und nach deren experimenteller Entfernung (------); verändert nach Eller (1977) und Sinclair & Thomas (1970).

nahe IR-Bereich, nicht hingegen Strahlung im kurzwelligen und im sichtbaren Rot liegenden Wellenlängenbereich. Letzteres führt zu einem „Rotschatten" unter dem dichteren Kronendach eines Waldes.

Die **Strahlungsabsorption** erfolgt durch spezifische Strukturen und durch Pigmente im kurzwelligen und sichtbaren Bereich und durch das volumenmäßig die große Masse des Blattes ausmachende Wasser im langwelligen Infrarot, wo Pflanzen sich infolgedessen nahezu wie Schwarzkörperstrahler verhalten.

6.1.2.2 UV-Strahlung (Jansen et al. 1998; Beck in Schulze et al. 2002)

Die in die Kutikula der Blätter eingelagerten lipophilen Substanzen, ihnen aufgelagerte Wachsschichten und Korkstrukturen an den Achsenorganen wirken als zuverlässige Absorber der UV-A (315–380 nm)- und teilweise auch noch der UV-B (280–315 nm)-Strahlung. Auch phenolische Substanzen in den Vakuolen der Epidermiszellen (vor allem Flavonoide (UV-induzierbares Schlüsselenzym: Chalconsynthase) absorbieren diese energiereiche Strahlung und bewirken so einen verbesserten Schutz der tieferliegenden Pflanzengewebe. Während folglich die Epidermis und ihre Kutikula mögliche Schadwirkungen der hochenergetischen Strahlung im nahen **UV-Strahlungsbereich** weitgehend verhindern, ist dieser Schutz nur bedingt wirksam im UV-B-Bereich und überhaupt nicht mehr im UV-C-Bereich (100–280 nm). Da diese hochenergetischen kurzwelligen UV-Strahlen von den Proteinen und insbesondere von den Kernsäuren stark absorbiert werden und sie diese Makromoleküle dabei verändern (Dimerisierung von Thymin, Strangbrüche), beeinträchtigen sie als schädliche, vor allem mutagene Strahlung die Lebensfähigkeit der Pflanzen. Strahlung im UV-B-Bereich kann akute, aber vielfach reversible Störungen von Stoffwechselprozessen nach sich ziehen.

Dies betrifft vor allem die Zusammensetzung der Photosynthese-Pigmente und das Ausmaß der photosynthetischen Aktivität (infolge reduzierter Verfügbarkeit des CO_2-assimilierenden Enzyms Rubisco, nachdem dessen Untereinheiten, *RbcS* und *rbcL*, nicht mehr in ausreichender Menge transkribiert werden), die Assimilat-Allokation im Pflanzenkörper und die Blütenbildung und Diasporenproduktion.

Die **Reversibilität von UV-B-Schäden** beruht (i) auf der Induktion von Enzymen des Phenylpropan-Stoffwechselweges, durch welche strahlungsabsorbierende Pigmente (Anthocyane, Flavonoide) gebildet werden, (ii) der Expression von Antioxidantien-Enzymen (Ascorbat-Peroxidase [APX], Superoxid-Dismutase [SOD], Gluthathion-Reduktase [GR]) sowie (iii) von verschiedenen Abwehr-Genen (*PR-1, -2, -5* = „pathogenesis-related genes", *PDF1.2* = „defensin"): Mackerness (2000). Die veränderte Exprimierung der letztgenannten Gene verläuft über Signalketten, bei denen zunächst intrazellulär reaktiver Sauerstoff zu oxidativem Stress führt. Dies zieht eine Erhöhung der zellinternen Menge an Salicylsäure nach sich, was wiederum die Transkription von PR-Genen bewirkt. Eine entsprechende Signalkaskade mit Steigerung der Jasmonsäure-Verfügbarkeit bewirkt die Exprimierung von Abwehr-Proteinen (Thionin und Osmotin, beide auch mit fungizider Wirkung; Defensine – rund 80 basisch reagierende Peptide von charakteristischer dreidimensionaler Form infolge von je acht Cysteinen, die über Disulfidbrücken verbunden sind –, auch mit antibakterieller und fungizider Wirkung: Thomma et al., 2002). Als weiteres Phytohormon wird unter UV-B-Wirkung Ethylen produziert. Auch dieses induziert die Exprimierung von verschiedenen Abwehr-Genen. All diese intrazellulären Signalkaskaden und die entstehenden Genprodukte treten in ähnlicher Weise auch bei Phytopathogen-Befall, Gewebe-Verwundungen und stärkerer Ozon-Einwirkung auf, letztlich stets als Reaktionen auf oxidativen Stress (6.1.3.1). Im Zellstoffwechsel haben die auf diesen Reaktionswegen gebildeten Abwehrproteine bzw. -polypeptide Reparatur- und Stabilisierungsaufgaben.

Die aus dem Weltraum kommende harte UV-Strahlung wird natürlicherweise nahezu komplett bereits von der zwischen Stratosphäre und Ionosphäre liegenden Ozonschicht absorbiert. Bei Pflanzen, welche – z.B. in Hochgebirgen niederer Breiten – einer standörtlich stärkeren UV-Strahlung ausgesetzt sind, hat evolutive Anpassung hieran die aufgeführten Schutzmechanismen besonders effizient gemacht: Caldwell et al. (1980); Robberecht et al. (1980). Die seit knapp zwei Jahrzehnten nachweisbare zunehmend stärkere Auflockerung der globalen Ozonschicht lässt allerdings die Gefahr steigen, dass das physiologische Reaktionspotential der Organismen gegenüber einer erhöhte UV-Strahlung nicht mehr ausreicht. Dies hat dann nicht nur für den Menschen schädliche Auswirkungen, sondern kann auch zu stärkeren Vegetationsschädigungen führen (Sisson & Caldwell 1977; Tevini et al. 1989; Callaghan et al. 1992). Besonders gefährdet davon ist gegenwärtig die Südhalbkugel, über der das polare „Ozonloch" schon beträchtliche Ausmaße angenommen hat.

6.1.2.3 PAR und NIR

Rund 70 % der in das Mesophyll eintretenden sichtbaren Lichtstrahlung werden durch die **Chloroplasten mit ihren grünen und gelben Pigmenten** absorbiert. Die dadurch von der Pflanze aufgenommene Energie, die in der Photosynthese Verwendung findet und über deren Produkte zur Grundlage allen Lebens überhaupt wird, macht ein bis drei Prozent der gesamten von der grünen Pflanze perzipierten Energiemenge aus. Die wesentliche Absorption erfolgt dabei in den Wellenlängenbereichen des blauen und roten Lichtes; der grüne Spektralanteil ist weitgehend unverwertbar und wird dementsprechend transmittiert und reflektiert – die Ursache für die dem Betrachter grün erscheinende Farbe der Blätter.

Blaulichtrezeptoren. Strahlungsabsorption vornehmlich im blauen Bereich erfolgt auch durch Flavonoide, was für manche lichtabhängigen bewegungsphysiologischen Prozesse der Pflanzen von Bedeutung ist. Aktionsspektren von Blaulicht-gesteuerten Prozessen decken sich meist mit den spektralen Absorptionscharakteristika von Flavoproteinen. Als **„Cryptochrom"** bezeichnete Blaulicht- und UV-A-, -B-Sensoren ähneln in ihrer Molekülstruktur teilweise den DNA-Photolyasen von Prokaryonten, haben aber nicht deren Eigenschaften, wirken vielmehr morphogenetisch (reduzierte Hypokotylverlängerung, Blütenbildung). Das unter Blaulichtwirkung phosphorylierte Plasmamembran-Protein **„Phototropin"** wirkt bei phototropischen Reaktionen. Als **„Superchrom"** wurde beim Venushaarfarn *(Adiantum capillus-veneris)* ein Photorezeptor identifiziert, der C-terminal die Aminosäurensequenz des Phototropins aufweist, die über einen Zwischenabschnitt mit einer Sequenz verbunden ist, welche in hohem Maße dem molekularen Aufbau der Phytochrome entspricht: Dieser Photorezeptor kann so möglicherweise Strahlung am kurz- und langwelligen Ende des sichtbaren Spektrums absorbieren und pflanzliche Reaktionen darauf auslösen (Briggs & Olney 2001).

Phytochrome. Am langwelligen Ende des sichtbaren Spektrums absorbiert das Hellrot-Dunkelrotsystem, welches vor allem morphogenetisch steuernd wirkt (Samenkeimung, Sprossverlängerung, Blattflächenentfaltung, Blütenbildung), aber auch bei phototropischen Prozessen beteiligt ist (Correll & Kiss 2002). In der letztgenannten Funktion absorbieren diese Chromoproteine auch Blaulicht. Ihre Hauptfunktion als lichtsensitive Moleküle liegt aber in ihrer reversiblen Strukturveränderung unter dem Einfluss von entweder hellrotem, dem menschlichen Auge noch sichtbaren, oder dunkelrotem, dem NIR-Bereich zugehörigen Licht. Die Phytochrome haben eine labile Isomeren-Struktur, bei der die Strahlungsabsorption jeweils zur Umlagerung in die andere Isomerenform führt (Hellrot-Absorption bewirkt Umlagerung zur Dunkelrot-sensitiven Form und umgekehrt). Als Chromophor fungiert das Phytochromobilin, eine kovalent gebundene Tetrapyrrol-Gruppe. Aufgrund ihrer Wirkung und ihrer Struktur sind die Phytochrome als Photorezeptorkinasen zu charakterisieren. Bei *Arabidopsis* sind bisher fünf, bei *Pisum* zwei verschiedene Gensequenzen bekannt, welche Phytochrome codieren. Phytochrome (ebenso wie Cryptochrome) sind lösliche Proteine, die (konstitutiv oder aber belichtungsabhängig) vom Cytosol in den Kern verlagerbar sind und dort in Interaktion mit Kernproteinen Prozesse der lichtabhängigen Genexpression bewirken (Smith 1999; Lin 2000).

Aktiviert durch den Einfluss des absorbierten Lichtes lösen die photosensitiven Moleküle, in der Regel als Photokinasen fungierend, Kaskaden der Signalübertragung aus, die schließlich zu den phototropischen, -morphogenetischen oder metabolischen Reaktionen führen. Ca^{2+} fungiert

Tab. 6-3: Strahlungswirkungen auf Stoffwechselprozesse (zusammengefasst nach Larcher 1984).

Photoenergetische Effekte
- Aufbau energiereicher Moleküle in der Photosynthese
- Lichtabhängige Veränderung molekularer Strukturen (Photokonversion)
- Lichtbedingte Beschleunigung von Reaktionen (z. B. Photooxidation)
- Lichtbedingte Zerstörung von Molekülstrukturen (Photoläsion)

Photokybernetische Effekte
- Photostimulation von Biosynthesen
- Lichtbeeinflussung der Wachstumsrichtung (Phototropismus)
- Licht als Auslöser von Keimung und Blütenbildung (Photoinduktion)
- Photomorphogenese
- Photoperiodismus

Photodestruktive Effekte
- UV-Schäden
- Photooxidation
- Photoläsionen

dabei in vielen Fällen als sekundärer Botenstoff, Phytohormone, vor allem Auxin, Gibberellin und Ethylen, sind vielfach bei der Umsetzung des Lichtreizes mit involviert (Morelli & Ruberti 2000). In Tab. 6-3 sind die lichtabhängigen stoffwechselphysiologischen Vorgänge in ihrer Funktionscharakterisierung stichwortartig zusammengefasst; hinsichtlich der Details ihrer Wirkungsmechanismen sei auf Lehrbücher der Pflanzenphysiologie verwiesen.

6.1.3 Gestaltliche und funktionelle Anpassungen der Pflanzen an das standörtliche Lichtklima

6.1.3.1 Lichtmenge und pflanzliche Reaktion

Die einzelnen Pflanzensippen nischten sich im Zuge ihrer Evolution in Lebensräume unterschiedlichen Lichtklimas ein und sind so durch ihre erbliche Veranlagung an ihre Lebensräume mit qualitativ und vor allem quantitativ ganz unterschiedlichem Strahlungsgenuss angepasst.

Vor allem unter Starklichtbedingungen kam es zur Evolution von Pflanzenformen mit stark reduzierten Blattflächen. Soweit die Sprossachsen ± drehrund blieben, entstand der Habitus der **„Rutensträucher"**. Sie sind in der Fabaceen-Familie reichlich zu finden („Ginster"), fehlen aber auch in anderen Verwandtschaftskreisen nicht, die in lichtreichen Habitaten wachsen (z. B. Chenopodiaceae, Tamaricaceae, Casuarinaceae). Parallel zur Reduzierung des Blattwerkes kam es in der Evolution dieser Sippen zum Ergrünen der Sprosse, die so die Assimilationsfunktion ganz oder weitgehend übernommen haben. Sie empfangen mit ihrer annähernd vertikalen Ausrichtung vom streifenden Einfall der Sonnenstrahlung noch hinreichend photosynthetisch verwertbare Energie, die aber bei einer solchen Profilstellung weit weniger verbunden ist mit einer Aufwärmung der Pflanze als dies bei vom Strahlungseinfall direkt getroffenen Blättern der Fall wäre. Eine Weiterentwicklung dieser Organformen, dann wieder mit dem Ergebnis einer vergrößerten Fläche, die Strahlung auffangen und photosynthetisch verwenden kann, ist die Ausbildung von **„Platycladien"**, Flachsprossen.

Modulative Adaptationen der strahlungsempfangenden Organe **an das vorherrschende Lichtklima** sind besonders im Bereich von Pflanzenbewegungen reichlich zu finden, bei Tropismen, Nastien und Taxien.

Blätter können mit ihren Spreiten zum stärksten Lichteinfall hin – **diaheliotrop** – oder von ihm weg orientiert werden – **paraheliotrop**. Die senkrechte Orientierung der Blätter zum Einfall der Sonnenstrahlen ermöglicht ganztägig reichliche Photosynthese. Blätter, die sich parallel zum Strahlungseinfall ausrichten, haben niedrigere Temperaturen und geringere transpirative Wasserverluste (Ehleringer & Forseth 1980). Teilweise aktive Blattdrehung mit dem Ergebnis eines flächenparallelen Strahlungseinfalls und einer Minimierung der Blatterwärmung ist in der einheimischen Flora beim Kompasslattich *(Lactuca serriola)* bekannt. Eine solche **Profilstellung** ist im Sommer auch kennzeichnend für die Orientierung der tief-dunkelgrünen älteren Blätter des an ostmediterranen Ruderalstandorten dem Boden aufliegenden Kapernstrauches, *Capparis spinosa*, (nicht aber für die mit dicken Wachsauflagen versehenen hellblaugrünen jungen Blätter). **Heliotropismus** der Blätter ist ferner aus der Vegetation der nordamerikanischen Trocken- und Halbtrockengebiete von einer Vielzahl von Taxa beschrieben; Abb. 6-9 illustriert die im Tagesgang diaheliotrope Ausrichtung der Blätter einer Wüsten-Lupine (Wainwright 1977).

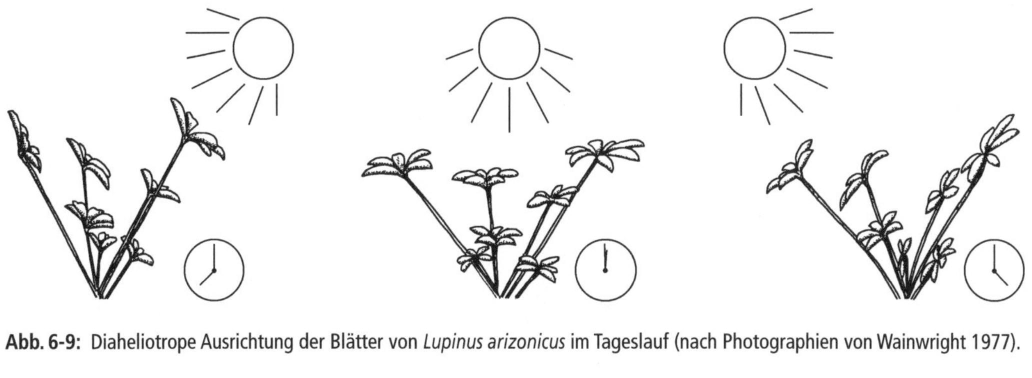

Abb. 6-9: Diaheliotrope Ausrichtung der Blätter von *Lupinus arizonicus* im Tageslauf (nach Photographien von Wainwright 1977).

Auch Blüten und Blütenstände können sich stetig im Tageslauf nach der Sonne ausrichten – die Sonnenblume *(Helianthus annuus)* ist ein geradezu sprichwörtliches Beispiel hierfür. Einen auffälligen **Scototropismus**, d. h. eine wachstumsbedingte Zuwendung zum relativ dunkelsten Umgebungsbereich, weisen als ontogenetisch irreversiblen Prozess die Fruchtstiele von *Cymbalaria muralis* und von *Arachis hypogaea*, der Erdnuss, auf, wodurch in beiden Fällen die Diasporen an keimungsgeeigneten Plätzen, in Felsspalten bzw. unter der Erdoberfläche abgelegt werden.

Der Nastienmechanismus der photoaktiven Stomataöffnung ist – mit allerdings je nach Art und damit Standortbindung unterschiedlicher Empfindlichkeit – bei praktisch allen Kormophyten zu finden. Phototaktische Bewegungen beeinflussen im aquatischen Milieu nicht unwesentlich die Phytoplanktonverteilung im Wasserkörper.

Unterschiedliche anatomische Strukturen und funktionelle Eigenheiten erlauben es, viele Taxa als **Lichtpflanzen (Heliophyten)** oder als **Schattenpflanzen (Skiophyten)** zu charakterisieren. Diese Eigenschaften sind nicht durch die Verwandtschaftsbeziehungen der einzelnen Sippen bedingt. Es finden sich vielmehr selbst innerhalb einer Gattung Arten mit extrem unterschiedlicher lichtökologischer Charakterisierung.

In der mitteleuropäischen Flora gibt es Beispiele hierfür u. a. in der Gattung *Oxalis*, wo *Oxalis acetosella* mit der Existenzmöglichkeit unter einem minimalen relativen Lichtgenuss von 1 % der außerhalb des Bestandes herrschenden Lichtintensität als eine der schattenverträglichsten höheren Pflanzen gelten kann und in der Relativabstufung der Ellenberg'schen Zeigerwerte den L-Wert 1 besitzt. Die bei uns naturalisierten *Oxalis corniculata* und *O. dillenii* (syn. *O. stricta*) gedeihen hingegen an ihren Acker- und Ruderalstandorten nur unter üppiger Einstrahlung und sind in ihrer Lichtökologie durch den Ellenbergwert L = 7 charakterisiert. Als weitere, wenn auch nicht ganz so extreme Heliophyten (H)/Skiophyten(S)-Paare innerhalb einer Gattung können z. B. *Melica nutans* (H) und *M. ciliata* (S), das gut schattenverträgliche *Mercurialis perennis* der Wälder und das lichte Ruderalstandorte besiedelnde *Mercurialis annua* oder die Moosarten *Polytrichum juniperinum* (H) und *P. commune* (S) genannt werden.

Auffallender als solche bereits fest in der Sippentrennung verankerten lichtökologischen Unterschiede sind ontogenetisch entstehende und längerfristig stabile – modifikatorische – und nur vorübergehende – modulative – Anpassungen an unterschiedlich lichtexponierte Standorte. **Licht- und Schattenformen ein und derselben Art** können mitunter in Größe, Blattfläche und Verzweigungsmuster der Sprosse erheblich differieren und in etlichen blattanatomischen Merkmalen deutliche Unterschiede zeigen. Zu beachten ist, dass bei der Ausbildung des Syndroms typischer Sonnen- und typischer Schattenblätter der gleichen Art der Lichtfaktor mit dem Temperatur- und Wasserfaktor zusammen modifikatorisch wirksam ist, da Schattenstandorte in der Regel kühler und feuchter als Sonnenstandorte sind. Tab. 6-4 nennt für Licht- und Schattenblätter dreier Baumarten als kontrastierende qualitative Größen die Blattdicke, die Aderungsdichte und die Stomatazahl sowie die Zahl der Schichten des Palisadenparenchyms, welche bei Sonnenblät-

Tab. 6-4: Ökomorphologische Unterschiede zwischen Licht- und Schattenblättern einiger Baumarten (Originalmessungen und Daten aus Walter, 1954).

		Blattfläche [cm^2]	Blattdicke (D, µm) bzw. Zahl der Schichten des Palisadenparenchyms (P)	Stomatazahl (Z; Zahl mm^{-2}) St.länge [µm]	Aderungsdichte [$\mu m\ cm^{-2}$]
Fagus silvatica	Sonne	23	D 218; P 2	Z 300; L 26	580
	Schatten	38	D 130; P 1	Z 197; L 29	450
Betula pendula	Sonne	5	D 150; P 2	Z 136; L 34	500
	Schatten	7	D 170; P 1	Z 108; L 37	290
Robinia pseudac.	Sonne	41	D 154	Z 495; L 17	1420
	Schatten	352	D 126	Z 352; L 22	

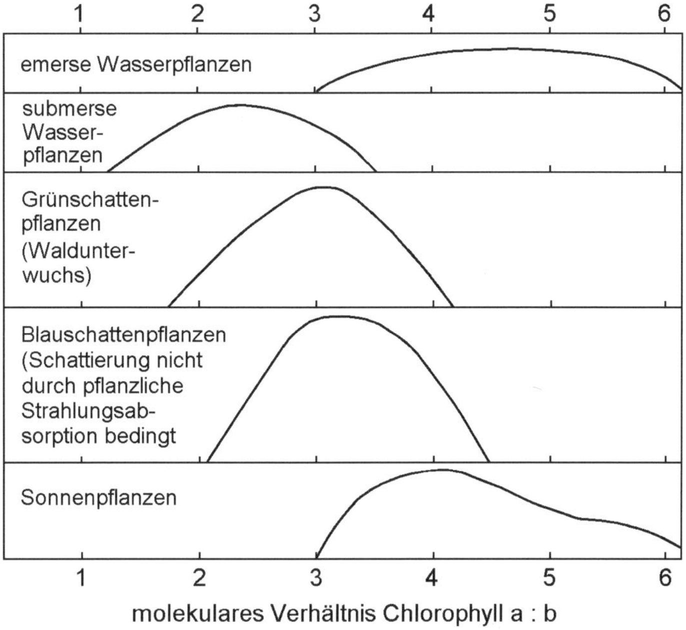

Abb. 6-10: Chlorophyll a:b-Verhältnisse bei lichtökologisch unterschiedlich charakterisierten Blättern bzw. Pflanzen (verändert nach Egle 1960)

tern meist die relativ größeren Werte erreichen. Die Blattfläche und die Zellengröße sind bei Schattenblättern meist größer als bei Sonnenblättern. Larcher (1994) führt als weitere, bei Sonnenblättern größere Zahlen einnehmende, strukturelle Parameter die Chloroplastenzahl pro Flächeneinheit und die innere Oberfläche des Interzellularen-Systems an. Die Membranen in den Chloroplasten sind dagegen in Schattenblättern dichter gepackt.

Mit etlichen dieser bei allen Sonnen- und Schattenpflanzen oder -blättern unterschiedlichen Strukturmerkmale direkt gekoppelt sind Differenzen in den Mengenrelationen funktionell wichtiger Substanzen. So sind (Larcher 1994) Sonnenblätter durch größere Trockensubstanz-, Stärke-, Lignin-, Lipid-, Säure-, Anthocyan-, Flavonoid- und Aschenmengen pro Fläche ausgezeichnet und haben höhere Ca^{2+}/K^{+}-, Chlorophyll a/b- und Lutein/Violaxanthin-Verhältnisse. Ihr Photosystem II – Pigmentkomplex und das Chlorophyll/Xanthophyll-Verhältnis sind hingegen auf einem geringeren Niveau als bei Schattenblättern. Insbesondere das Chlorophyll a/ Chlorophyll b-Verhältnis kann als ein sehr verlässlicher Zahlenindikator für den je stärkeren Sonnenpflanzen- oder stärkeren Schattenpflanzencharakter einer Pflanzenart, einer Individuengruppe innerhalb eines Taxons oder einer Blattpopulation innerhalb einer Baumkrone gelten (Abb. 6-10).

Zum Teil unmittelbar aus den strukturellen und stofflichen Unterschieden von Sonnen- und Schattenblattgewebe resultierend sind die funktionellen Kontraste zwischen den beiden lichtökologischen Extremen. Relativ niedrige Kompensationspunkte und eine Sättigung der Photosynthese bei geringeren Umsatzraten sind für Schattenblätter typisch (6.5.2.4). Das Überschreiten der Nulllinie durch die Lichtkurve der Nettophotosynthese von Sonnenpflanzen erst bei höheren Einstrahlungswerten steht in engem Zusammenhang mit der bei diesem Blatttyp höheren Atmung. Schattenblätter können somit geringe Helligkeiten besonders gut ausnützen, ziehen jedoch keinen Vorteil von hohen Lichtintensitäten. Repräsentative Lichtkompensationspunkte und sättigungsnahe Nettophotosyntheseraten von typischen Licht- und Schattenpflanzenarten sind in Tab. 6-5 aufgelistet. Die relativen Vor- und Nachteile der Anpassung an Sonnen- oder Schattenhabitate unter Aspekten der Produktions-, Wasserumsatz- und Allokations-Ökonomie werden von Givnish (1988) an den Beispielen *Atri-*

Tab. 6-5: Lichtabhängigkeits-Charakteristika der Nettophotosynthese von Blättern verschiedener Pflanzengruppen bei natürlichem CO_2-Gehalt der Luft, optimalen Temperaturen und ausreichender Wasserversorgung (verkürzt nach Angaben in Larcher, 1994).

	Licht-Kompensationspunkt [μmol Photonen m^{-2} s^{-1}]	**Lichtsättigungsbereich [μmol Photonen m^{-2} s^{-1}]**	**Netto-CO_2-Aufnahme [μmol CO_2 m^{-2} s^{-1}]**
Krautige Blütenpflanzen			
C4-Pflanzen	20–50	> 1500	30–60 (80)
C3-Nutzpflanzen	20–40	1000–1500	20–40
Frühjahrsgeophyten	10–20	300–1000	15–20
Sonnen-Kräuter	20–40	1000–1500	20–30 (40)
Schattenkräuter	5–10	100–200 (400)	(2) 5–10
Verholzte Blütenpflanzen			
Bäume tropischer Regenwälder			
Lichtblätter	15–25	(400) 600–1500	10–16
Schattenblätter	unter 10	200–300	5–7
Außertropische immergrüne Bäume			
Lichtblätter	10–30	600–1000	6–12 (20)
Schattenblätter	2–10	100–300	2–4
Sommergrüne Laubbäume			
Lichtblätter	20–50 (100)	600- > 1000	10–15 (25)
Schattenblätter	10–15	200–500	3–6
Immergrüne Koniferen (Sonne)	30–40	800–1100	8–10
Farne			
an sonnigen Wuchsorten	40–60	400–600 (800)	8–10
an schattigen Wuchsorten	1–5	50–150	2–5
Moose	3–20	150–300	2–3
Flechten	50–150	300–600	0,3–2 (4)

plex triangularis und *Liriodendron tulipifera* ausführlich erörtert.

Auch wenn ein Pflanzenindividuum im Zuge seiner Ontogenie sich den vorherrschenden Lichtverhältnissen seines Standortes angepasst hat, so herrschen doch stets diurnal und saisonal ständig wechselnde momentane Einstrahlungsbedingungen. Diese Variabilität des aktuellen Lichtgenusses wird noch gesteigert durch die partielle zeitweilige Beschattung in höherwüchsigen bzw. dichten Pflanzenbeständen. Kurzfristige abrupte Exposition gegenüber dem vollen Strahlungseintrag bei prinzipiell schattenangepassten Pflanzen ebenso wie die Existenz an unbeschatteten Starklichtstandorten können zu einer Überenergetisierung der strahlungsabsorbierenden Pigmente führen, die den Photosyntheseapparat vorübergehend, aber auch permanent zu schädigen vermag. Dies ist besonders dramatisch, wenn gleichzeitig andere Stressfaktoren wirksam werden (Abb. 6-11). Dem **„photooxidativen Stress"** kann durch diverse Schutzprozesse begegnet werden, und das Wechselspiel zwischen der Bildung reaktiver Oxidantien einerseits und „Radikalfängern (scavenger)" sowie enzymatischen Umsetzungen zur Eliminierung von aktivem Sauerstoff aus dem Zellgeschehen andrerseits prägt nicht unwesentlich die Mechanismen der zellulären Stoffwechselhomöostase.

Die in den Thylakoidmembranen lokalisierten Pigment-Proteinkomplexe der beiden Photosysteme (PS I und PS II) absorbieren eingestrahlte Lichtenergie, wobei die Chlorophyllmoleküle der Lichtsammelkomplexe unterschiedliche Anregungszustände erreichen (Abb. 6-12 oben). Die Rückkehr zum energetischen Grundzustand kann auf vier verschiedenen Wegen erreicht werden:

- Nutzung der frei werdenden Energie für chemische Arbeit (photosynthetischer Elektronentransport),
- Abgabe der Energie in Form von emittierter Fluoreszenzstrahlung,
- strahlungslose Abgabe der Energie in Form von Wärme,
- strahlungsloser Übergang vom (angeregten) Singulettzustand in einen (energieärmeren) Triplettzustand und nachfolgende Rückkehr in den Grundzustand durch Emission von Phosphoreszenzlicht.

Unter optimalen Lichtbedingungen werden mehr als 90 % der absorbierten Photonen für photochemische Prozesse genutzt. Die Anregungsenergie wird dabei aus dem ersten Singulettzustand des Chlorophylls (^{1}Chl*) abgeführt. Etwa 3 % der Energie gehen in Form von ^{3}Chl*-Bildung, 0,5 % in Form von Wärme und ca. 0,6 % als Fluoreszenzlicht verloren (Krause & Weis 1991).

Der Energieumsatz in Form von Wärme einerseits und in Form von Photochemie und Fluoreszenz andrerseits stehen in einem bestimmten Verhältnis zueinander („Ratenkonstante"); die beiden letztgenannten Formen des Energieumsatzes sind jeweils zueinander komplementär. Die Fluoreszenz ist vor allem an die Energie-Umsatzdynamik von Chlorophyll a im PS II gekoppelt. Die Analyse ihres Veränderungsverlaufs (Abb. 6-12 Mitte) ermöglicht es, Rückschlüsse auf den Zustand des Photosyntheseapparates unter den gegebenen Umweltbedingungen zu ziehen. Bei der puls-amplitudenmodulierten Fluoreszenzmessung geschieht dies nach Einwirkung eines sättigenden Lichtpulses auf ein vorher verdunkeltes Blatt (Abb. 6-12 unten). Ein Fluoreszenzrückgang infolge verstärkter Wärmeemission wird als „non-photosynthetic quenching" (NPQ) bezeichnet (q_P, q_N: photochemische bzw. nichtphotochemische Löschungskoeffizienten). Die variable Fluoreszenz F_V gibt Hinweise auf den Redoxzustand am Beginn der photosynthetischen Elektronentransportkette, F_V/F_M stellt ein Maß dar für die Effizienz, mit der offene Reak-

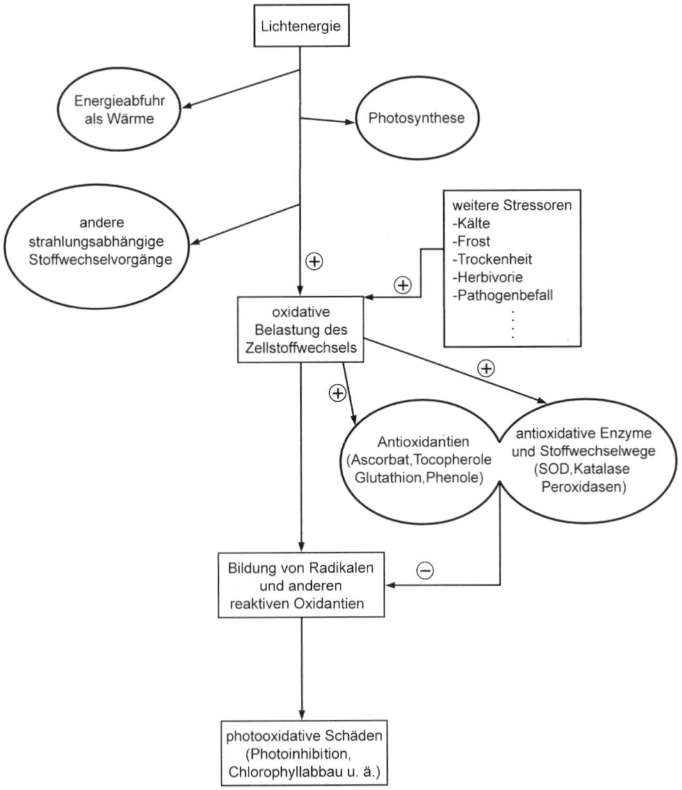

Abb. 6-11: Aufteilung der von den Blattzellen absorbierten Lichtenergie in zuträglichen und schädlichen Umsatzkomplexen des Zellstoffwechsels (verändert nach Close & McArthur 2002)

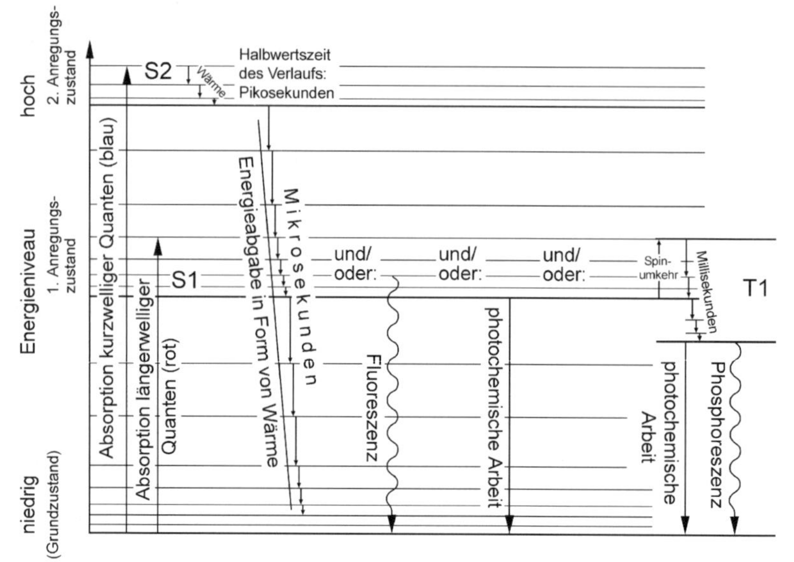

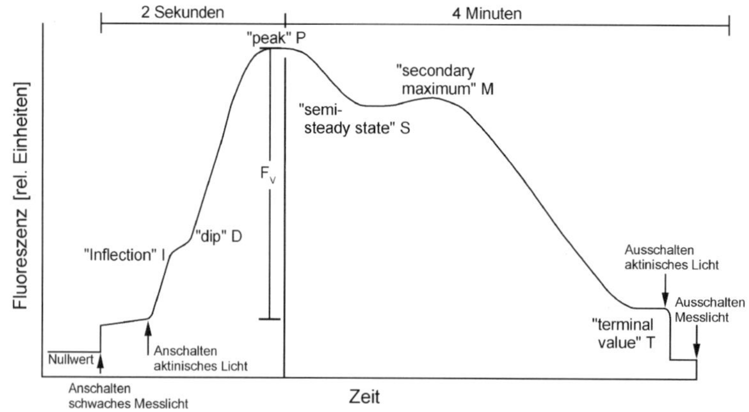

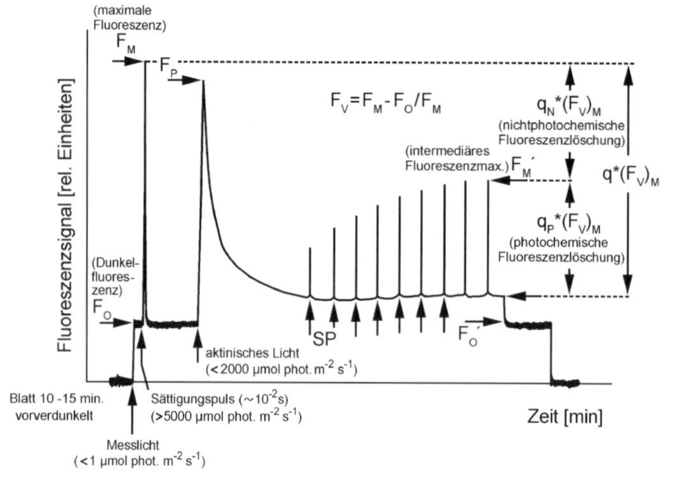

Abb. 6-12: Grundlagen der photosynthetischen Fluoreszenzanalyse (Graphiken kombiniert nach Willert et al. 1995, Schulze et al. 2002 und div. Standard-Lehrbüchern).
oben: Anregungszustände von Chlorophyll a nach Lichtquantenabsorption und Konversionsmöglichkeiten der aufgenommenen Energie; Mitte: Fluoreszenzinduktion („Kautzky-Effekt") des Blattchlorophylls bei Bestrahlung mit aktinischem (= photosynthetisch aktivem) Licht; unten: Fluoreszenzverlauf vorverdunkelter Blätter bei Bestrahlung mit Licht-Sättigungspulsen (Signalverlauf bei puls-amplitudenmodulierter Fluorometrie (Schreiber et al. 1986).

tionszentren im PS II die Anregungsenergie übernehmen können. Bei nicht gestressten Blättern liegt dieses Verhältnis in der Regel bei 0,8; niedrigere Werte sind Indiz für photoinhibitorische Bedingungen, die durch hohe Einstrahlung, Kälte, Frost, Hitze, Trockenheit oder Toxizitätseffekte direkt oder indirekt verursacht sein können.

^{3}Chl* kann $^3O_2$ zu $^1O_2^*$ anregen, welches als sehr reaktives Oxidans Proteine, Lipide und Pigmente zerstören kann. Insbesondere das D1-Protein im Reaktionszentrum des PS II ist davon betroffen. Carotinoide können $^1O_2^*$ und ^{3}Chl* in den Grundzustand überführen, unter Abgabe von Wärme, und übernehmen damit Schutzfunktionen für den Photosyntheseapparat (Xanthophyllzyklus). Elektronenübertragung auf den Sauerstoff an der Stromaseite des PS I kann auch als Folge eines hohen Reduktionsgrades von Ferredoxin in der photosynthetischen Elektronentransportkette erfolgen („Mehler-Reaktion"), wobei sich Superoxidradikale $^{\bullet}O_2^-$ bilden. Durch Superoxid-Dismutasen zu H_2O_2 und Sauerstoff umgesetzt, können in der Weiterreaktion des Wasserstoffperoxids $^{\bullet}$OH-Radikale entstehen, die vor allem Enzyme und Lipide der Chloroplasten schädigen. Verstärkte Energetisierung der photosynthetischen Pigmente kann alle diese Prozesse in Richtung der stoffwechselgefährdenden Intermediärsubstanzen verschieben. Die dadurch erfolgenden Schädigungen bzw. Beeinträchtigungen der Photosynthese durch überschüssige Lichtenergie werden als **„Photoinhibition"** zusammengefasst.

Die Bildung von reaktivem Sauerstoff im Zellstoffwechsel erfolgt aber nicht nur und allein als Folge eines von der Elektronentransportkette des Photosyntheseapparates nicht mehr abführbaren Energieüberschusses. Hoch reaktive Sauerstoffradikale („reactive oxygen species", ROS) können überall entstehen, wo unter Stressbedingungen der normale Elektronenfluss im Intermediärstoffwechsel Störungen erfährt, außer in den Chloroplasten auch in Mitochondrien und Mikrororganellen der Zelle (Van Breusegem et al. 2001). Zu solchen Störungen kommt es durch die Einwirkung der unterschiedlichsten Stressoren, wie Temperaturextreme, Trockenheit, Kochsalzstress, UV- und Ozon-Einwirkung sowie Infektionen durch Pathogene, verstärkt allerdings besonders dann, wenn eine erhöhte Quantenabsorption durch den photosynthetischen Apparat gegeben ist. Die Pflanzen können sich auf zellulärer Ebene mit diesen Belastungen wirkungsvoll auseinandersetzen durch die Bereitstellung von Antioxidantien, wie Ascorbinsäure, α-Tocopherol und Glutathion, sowie die Verfügbarkeit von spezifischen Enzymen und den von ihnen katalysierten Radikal-Entgiftungsreaktionen.

Oxidativer Stress und seine Eliminierung. Bei der Reduktion von molekularem Sauerstoff entstehen als ROS kurzlebige, hoch-reaktive Hydroperoxyl-, Superoxid- und Hydroxyl-Radikale. Bei den Enzymen, welche diese Radikale unschädlich machen, sind vor allem Superoxid-Dismutasen (SOD) zu nennen, denen Katalasen und Peroxidasen in den Reaktionsketten nachgeschaltet sind:

$$\begin{aligned} &^1O_2^* \xrightarrow{\text{SOD}} H_2O_2 + O_2; \\ &H_2O_2 \xrightarrow{\text{Peroxidase}} 2\,H_2O; \\ &H_2O_2 \xrightarrow{\text{Katalase}} \tfrac{1}{2}\,O_2 + H_2O. \end{aligned} \qquad \text{(Gl. 6-3)}$$

Der Großteil des Peroxids wird durch Katalasen entfernt.

Von den kleineren „Scavenger"-Molekülen, welche die ROS entgiften, geht Ascorbat („Vitamin C") unter Einfluss der Ascorbat-Peroxidase (APX) in Monodehydroascorbat über, α-Tocopherol („Vitamin E") bindet $^1O_2^*$ unter Lösung der Sauerstoffbrücke im Ausgangsmolekül, Glutathion (GSH) wird zu GSSG, oxidiertem Glutathion, aufoxidiert. Auch Phenole und Polyphenole (u. a. Flavonoide, Tannine und Lignin-Vorstufen) können bei der Entgiftung von ROS wirksam werden. Bei moderatem Stress ist die Effizienz all dieser in den unterschiedlichen Zellkompartimenten, auch im Cytosol, lokalisierten Antioxidantien hinreichend, um die entstehenden ROS zu beseitigen, Schäden können auftreten, wenn mehrere Stressparameter sich in ihrer Wirkung verstärken (z. B. Tieftemperatur oder starker Wassermangel bei gleichzeitiger Starklicht-Exposition der Pflanze).

Obwohl als Störungsprodukte des Elektronenflusses in den zellulären Umsatzprozessen primär schädlich, spielen die ROS auch eine wichtige Rolle bei der Anpassung des Stoffwechsels an abiotische und vor allem biotische Stressbedingungen. So kommt es, z. B., bei Pathogen-Infektionen zur Aktivierung einer plasmalemmagebundenen NADPH-Oxidase, welche über die Zwischenstufe von Superoxidradikalen H_2O_2 produziert. Letztere wirkt toxisch gegenüber dem eingedrungenen Krankheitserreger, zerstört aber auch das ihn umgebende eigene Gewebe (Vorgänge des „programmierten Zelltods") und blockiert dadurch die Ausbreitung des Pathogens. Gleichzeitig werden lokal die Zellwände durch das Peroxid stärker vernetzt und damit weniger permeabel, was eine neue Infektion erheblich erschwert. Das bei diesen Reaktionsfolgen freigesetzte H_2O_2 kann darüber hinaus die Funktion eines zellulären Signalmoleküls übernehmen und zu spezifischer Genexpression führen (Van Breusegem et al. 2001).

Xanthophyllzyklus. In den Antennenkomplexen von PS II (vermutlich auch in PS I) sind die ineinander umwandelbaren Xanthophylle Violaxanthin und Zeaxanthin und die Intermediärform zwischen beiden, Antheraxanthin, enthalten. Bei mäßig hohem pH-Gradienten zwischen Thylakoidlumen und Stroma liegt

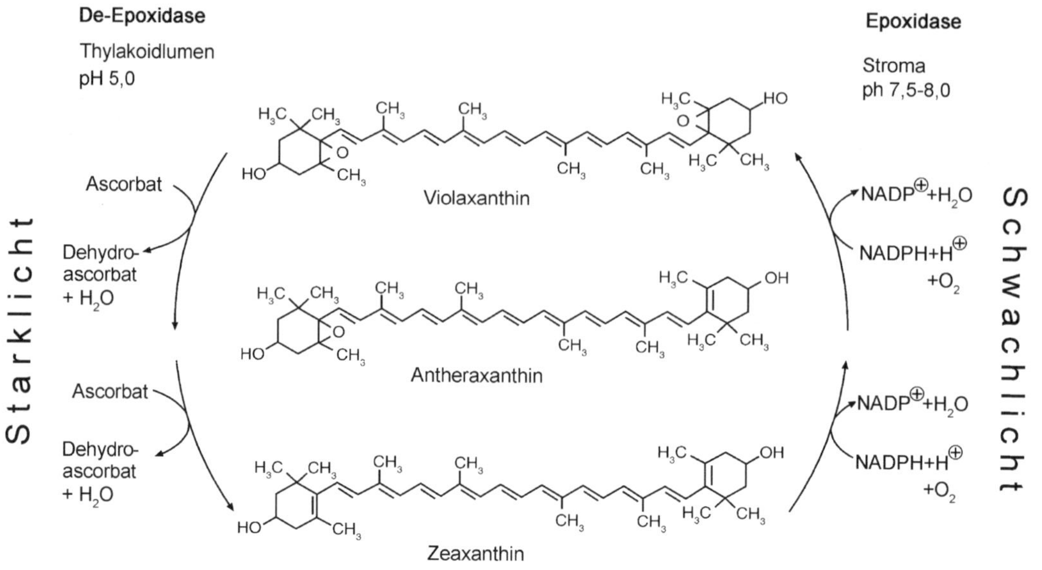

Abb. 6-13: Xanthophyllzyklus (aus Schulze et al. 2002).

hauptsächlich die Violaxanthin-Form der Xanthophylle vor. Dieser pH-Gradient kann erheblich steiler werden, wenn die CO_2-Fixierung in den Dunkelreaktionen der Photosynthese mit der Bereitstellung von ATP (und Reduktionsäquivalenten) aus den Lichtreaktionen des Prozesses nicht Schritt hält, was typischerweise bei hoher Einstrahlung und damit starker Lichtquantenabsorption durch die Photosynthesepigmente der Fall ist. Die erhebliche Ansäuerung im Thylakoidlumen aktiviert die Violaxanthin-De-epoxidase, wodurch es zu einer Umwandlung des Xanthophylls zu Zeaxanthin kommt, über die Zwischenstufe Antheraxanthin und unter zweimaliger Wasserabspaltung aus Ascorbat (Abb. 6-13). Im Zuge dieser Umsetzungen wird der Triplett-Anregungszustand des Chlorophylls de-energetisiert und die absorbierte Energie als Wärme abgegeben, in direkter Verbindung mit dem Reaktionsprozess und durch eine dabei erfolgende Konfigurationsänderung im Antennenkomplex des PS II. Im Dunkeln bzw. unter Schwachlichtbedingungen erhöht sich der pH im Thylakoidlumen, was die Zeaxanthin-Epoxidase aktiviert. Wiederum über die Zwischenstufe von Antheraxanthin und unter Verbrauch von $NADPH+H^+$ erfolgt hierdurch die Reoxidation zu Violaxanthin. Der Verbrauch von überschüssiger absorbierter Energie durch die Umsetzungen im Xanthophyllzyklus kann wirksam die Lichtstress-Schädigung des D1-Proteins im Reaktionszentrum des PS II verhindern. Artspezifisch gibt es erhebliche Unterschiede hinsichtlich der Bedeutung dieses Prozesses, wobei Korrelationen bestehen zwischen konstitutiv hohen oder niedrigen Umsatzaktivitäten der Xanthophylle und der standörtlichen Einnischung unterschiedlicher Taxa bzw. Licht- oder Schattenformen auch innerhalb einer Art (Demmig-Adams & Adams III 1992)

6.1.3.2 Lichtqualität und pflanzliche Reaktion

Bei einer Reihe stoffwechselphysiologischer und morphogenetischer Prozesse spielt neben der standörtlichen Lichtquantität die **Qualität der Einstrahlung**, das Lichtangebot in den verschiedenen Wellenlängenbereichen, eine wesentliche Rolle. Als Photorezeptoren fungieren hierbei die „Phytochrome" sowie die Blaulicht absorbierenden Flavoproteine, die Cryptochrome (6.1.2.3).

Das Phytochrom beeinflusst bei vielen Arten stark die Keimung und damit die standörtliche Etablierung – und das HR/DR-Verhältnis kann je nach Vegetationsüberdeckung des Bodens und auch im tageszeitlichen Ablauf beträchtlich variieren. Gerade im Bodenbereich, wo die Samenkeimung erfolgt, ist der Dunkelrotanteil vielfach bis zu zehnmal größer als der Hellrotanteil des durchfallenden Lichtes. Lichtkeimende Samen, die letztgenannte Einstrahlungsqualität zum Auflaufen benötigen, bleiben dementsprechend so lange an der Entwicklung gehemmt bis eine Bestandsauflichtung erfolgt. Des weiteren bestimmen Lichtqualität und -dauer über Signalübertragungswege, die auf den

Phyto- und Kryptochromsystemen beruhen, auch das Einsetzen der Blütenbildung und damit die Phänologie (4.8.1) vieler Pflanzen, vor allem solcher, welche auf Kurz- und Langtag-Effekte reagieren (Lin 2000).

Das diurnal leichte Überwiegen der Blaukomponente des sichtbaren Lichtes in der Morgendämmerung, der Rotkomponente am Abend dürfte ursächliche Bedeutung für die große Öffnungsbereitschaft der Stomata zu Tagesbeginn und ihre bei gleichen PPFD-Raten viel geringere Weite in den frühen Abendstunden haben. Der dies steuernde Mechanismus wird in blaulichtsensitiven Rezeptoren im Plasmalemma der Schließzellen vermutet.

Bemerkenswerterweise ist es vielen Pflanzen möglich, eine ungünstige Spektralverteilung des sichtbaren Lichtes in ihrem Lebensraum durch modifizierte Pigmentanreicherung zu kompensieren. Ein hoher Rotanteil der Einstrahlung wirkt förderlich auf die Chlorophyll a-Menge; Chlorophyll b- und Carotinoid-Anreicherung erfolgen vorzugsweise unter Grün- und Blaulicht. Auch bei Blau- und Rotalgen kommt es zu entsprechender „chromatischer Adaptation" in Anpassung an das Lichtmilieu in verschiedenen Wassertiefen.

6.2 Autökologie: Die Absorption von Wärmestrahlung durch Luft, Boden und Vegetation und die Energiebilanz

6.2.1 Energiebilanz

Obwohl die im UV- und PAR-Bereich einfallende Strahlung die energiereichsten Photonen umfasst, ist es vor allem die Strahlung im IR-Bereich, die zur Erwärmung der Erdoberfläche und ihres Bewuchses beiträgt. Die IR-Strahlung deckt einen nahezu zwanzigmal größeren Wellenlängenbereich als die anderen beiden Strahlungsqualitäten ab und wird vor allem im mittleren und fernen Infrarot nahezu quantitativ absorbiert. Gemäß der Temperatur der Erdoberfläche und der auf ihr lebenden Organismen ist in diesem langwelligen Bereich aber auch eine nicht unbeträchtliche Ausstrahlung zu verzeichnen. Für ein Blatt ergibt sich so die **Strahlungsbilanz** aus einer Reihe von Einnahme- und Ausgabekomponenten, welche in einer Wärmebilanzgleichung addiert werden können:

$$Rn = \underbrace{(RD + RH - RR)}_{\text{kurzwellige Strahlung}} + \underbrace{(RG - RA)}_{\text{langwellige Strahlung}} \qquad \text{(Gl. 6-4)}$$

[Rn = Nettogewinn (oder Verlust an Strahlungsenergie, RD = direkte kurzwellige Sonnenstrahlung, RH = diffuse kurzwellige Himmelsstrahlung, RR = reflektierte kurzwellige Strahlung, RG = langwellige Einstrahlung von zunächst in der Atmosphäre absorbierter Energie, RA = langwellige Strahlung der Erd- (und Pflanzen-) Oberfläche].

Im Verlauf eines 24-Stunden Tages mit Tag/Nacht-Wechsel ist in der Lichtphase der Gewinn an kurzwelliger Strahlung ausschlaggebend für die Bilanz. Nachts dominiert die langwellige Ausstrahlung; die Komponenten der kurzwelligen Strahlung sind alle Null. Je nach Ausmaß des im Sommer größeren, im Winter geringeren bis negativen Nettostrahlungsgewinns wird es bei insgesamt positiver Bilanz zu einer allmählichen saisonalen Erwärmung oder aber zu einer Abkühlung der Erdoberfläche und ihrer Vegetation kommen.

Allerdings wird nur ein vergleichsweise geringer Teil des Nettoenergiegewinns in Form von Wärme gespeichert. Neben dem in der Menge nur vernachlässigbar wenige Prozent ausmachenden Energieverbrauch für metabolische Zwecke aus dem Bereich des sichtbaren Spektrums wird die große Masse der über den gesamten IR-Bereich perzipierten Energie zur Wasserverdunstung verbraucht. Der den Wärmegewinn anzeigende strahlungsbedingte Temperaturanstieg bleibt so in relativ engen Grenzen. In der **„Energiebilanzgleichung“** wird die Nettostrahlung Rn gemäß diesen verschieden verwendeten Energieformen und -mengen aufgeteilt und spezifiziert:

$$Rn = M + G + C + S + \lambda E \qquad (Gl. 6\text{-}5)$$

Die geringste Menge aus der von der Pflanze aufgenommenen Energie wird metabolisch umgesetzt, die Komponente M. Selbst maximale Photosynthese mit CO_2-Fixierungsraten in der Größenordnung von rund 40–50 µmol $m^{-2}\,s^{-1}$ (ca. 2 mg $CO_2\,m^{-2}\,s^{-1}$) verbrauchen nur Energiemengen von ca. 30 W m^{-2}, was weniger als 3 % des unter solchen Photosynthesebedingungen verfügbaren Netto-Energieeintrags darstellt. Die Weitergabe von eingestrahlter Energie auf dem Wege der Wärmeleitung (G) und auf dem Wege der Konvektion (C) sowie die im absorbierenden Pflanzenorgan gespeicherte Energie (S) können zusammengefasst werden als der Anteil der **„fühlbaren Wärme“** am gesamten Netto-Energiegewinn. Für einzelne Blätter kann G vernachlässigt werden, bei der Energiebilanz von Pflanzenbeständen ist G weitgehend identisch mit der Wärmeableitung (und -speicherung) im Boden. Diese Wärmeabgabe ist während des Tages von der Vegetationsdecke zum Boden gerichtet, während der Nacht vom Boden zu den darauf wachsenden Pflanzen und der angrenzenden Atmosphäre. Sie macht in dichten Beständen rund 2 % der Nettostrahlung aus; bei schütterer Vegetationsdecke kann der unbeschattete Boden bis zu 30 % der auftreffenden Energie absorbieren und temporär speichern. Die in den pflanzlichen Organen gespeicherte Wärmemenge S wird als deren je höhere oder niedrigere Temperatur messbar. Die dritte und zahlenmäßig wichtigste Komponente neben der (für die Energiebilanz unerheblichen) metabolisch umgesetzten Energie und dem als sensible Wärme auftretenden Anteil des Nettoenergieflusses ist die **„latente Wärme“**: dies ist der Anteil am Nettoenergieumsatz der Pflanzen, der für die Überführung der im Boden-Pflanze-Atmosphäre-Gradienten (SPAC, 6.3.3) umgesetzten Wassermengen vom flüssigen in den gasförmigen Aggregatszustand nötig ist. Ihre Quantität ergibt sich als Produkt λE, die Menge des an die Atmosphäre abgegebenen Wassers E multipliziert mit der Verdampfungswärme des Wassers λ (diese ist bei 20 °C = 2,454 MJ kg^{-1}).

6.2.2 Temperaturen von Boden, Luft und Pflanzen

Der Wärmegewinn oder -verlust der Atmosphäre, des Bodens und der Pflanzenkörper wird messbar durch deren Temperaturveränderung. Entsprechend dem Wärmeeintrag mit der Strahlung verläuft der **Tagesgang der Lufttemperatur** – abgesehen von kurzfristigen Störungen durch stärkere Luftmassenverschiebungen – in etwa parallel zum Intensitätsverlauf der auf die Vegetation einfallenden Strahlung. Bei wolkenlosem Himmel ergeben sich so Glockenkurven mit einem Temperaturmaximum kurz nach der Mittagszeit. Bei variabler Bewölkung schwankt die Tageskurve der Lufttemperatur ähnlich wie diejenigen Messwertverläufe, welche die verfügbare Global-, Netto- oder PAR-Strahlung charakterisieren. Die Verzögerungen im Temperaturwechsel der Luft gegenüber den Veränderungen der einwirkenden Strahlung sind gering, und auch die Pflanzenoberflächen und die Erdoberfläche folgen in ihrer Temperaturdynamik nahezu synchron dem variierten Strahlungsangebot. Die **Wärmeabsorption** jedoch und damit die Höhe der Temperaturveränderung pro eingestrahlter Energie ist spezifisch abhängig von den **Absorptionseigenschaften** des Erdbodens und der Blätter, dem Ausmaß der **internen Weiterleitung der Wärme** (was besonders für deren Tiefenausbreitung im Boden von Bedeutung ist) und dem Grad der **konvektiven Wärmeabfuhr** von den Oberflächen der Pflanze und des Bodens an die Atmosphäre (was besonders für die mit großer Austauschfläche und vergleichsweise wenig voluminösen Organen in den Luftraum ragenden Pflanzen von großer Bedeutung ist). Diese Austauschprozesse im Bestandsniveau und an der Grenzfläche zwischen Pedo- und Atmosphäre ziehen starke vertikale **Temperaturgradienten in der bodennahen Luftschicht** nach sich. Entsprechend der in Jahreszeitenklimaten zumindest während der Vegetationsperiode erfolgenden strahlungsabhängigen Erwärmung tagsüber und der ausstrahlungsbedingten Abkühlung in der Nacht kehrt sich tagesperiodisch dieses Temperaturgefälle um und führt im Tagesgang zu deutlich unterschiedenen Mustern der Temperaturschichtung der Luft in Bodennähe sowie in die Bodentiefe hinein. Die grafische Präsentation der Zeitreihen der Temperaturen in unterschied-

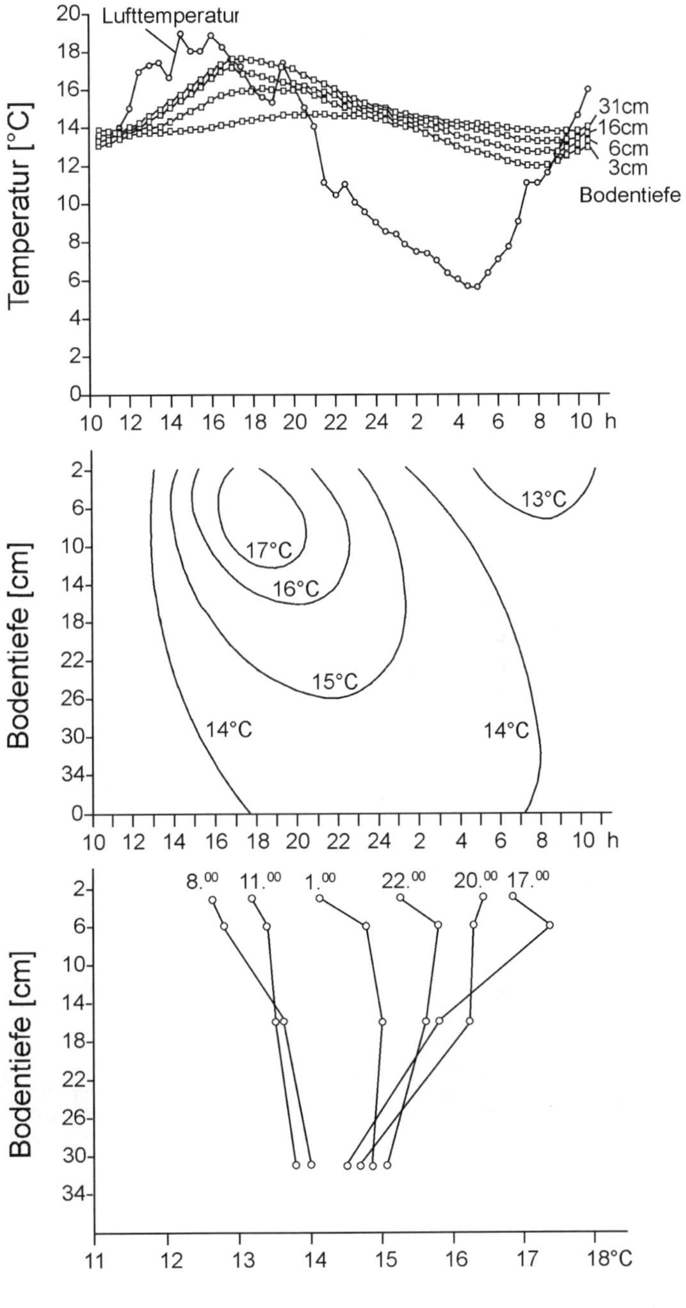

Abb. 6-14: Tagesverlauf der Luft- und Bodentemperaturen in verschiedenen Höhen („Isobathen") an einem weitgehend wolkenfreien Strahlungstag (12./13. 6. 1986) in Mitteleuropa (oben), die Darstellung der Bodentemperatur-Werte als Isothermen- (Mitte) und als Tautochronen-Verlauf (unten).

licher Bestandshöhe bzw. Bodentiefe wird als **„Isobathen-Diagramm"** bezeichnet, die Darstellung der Temperaturprofile zu bestimmten Zeiten des Tages als **„Tautochronenbild"** (Abb. 6-14). Die im Vergleich zu den Verhältnissen im Luftraum sehr ausgeprägte zeitliche Verzögerung, mit der die tagesperiodischen Temperaturextreme in die Tiefe des Bodens weitergeleitet werden, kann in **„Isothermen"**-Darstellungen veranschaulicht werden (Abb. 6-14).

Bodentemperaturen. Die extremsten Temperaturverhältnisse herrschen unmittelbar an der **Bodenoberfläche**. Hier kommt es zur größten Erwärmung, aber auch zur intensivsten nächtlichen Abkühlung. Bereits in den obersten Millimetern eines dunklen Bodens werden bis zu 50 % der Strahlung in Wärme überführt (Winkler 1980). Da deren Weiterleitung in tiefere Bodenschichten nur auf diffusivem Wege erfolgt, ergibt sich eine bis zu mehreren Stunden ausgedehnte Zeitverzögerung, mit der Wärmespitzen die größeren Bodentiefen erreichen (Abb. 6-14). Auch der Wärmeübergang in die unmittelbar dem Boden aufliegende Luftschicht geschieht auf diffusivem Wege, sodass sich dort eine Grenzschicht höherer Lufttemperaturen aufbaut. In einiger Entfernung von der Bodenoberfläche durchmischen turbulente Luftströmungen diese Schichtung. Die Wärme wird dadurch abgeführt, und die Lufttemperatur nähert sich derjenigen an, die durchschnittlich in der freien Atmosphäre zu messen ist. Diese **Austauschdynamik** führt zu zwei charakteristischen Temperaturprofilen, bei denen im Nachttyp die Bodenoberfläche die tiefsten, im Tagtyp die höchsten Temperaturwerte aufweist. Das Ausmaß des Wärmetransports von der Bodenoberfläche weg und (nächtlich) zu ihr hin ist stark von der diurnalen Temperaturamplitude im Oberflächenbereich geprägt. Trockene Böden heizen sich sehr stark auf, sind aber bei lockerem Bodengefüge meist weniger effizient in der Tiefenweiterleitung der Wärme. Diese erfolgt besonders gut in verdichteten und nassen Böden. Bestimmend für den Wärmetransport in die tieferen Bodenschichten, den Bodenwärmestrom, ist die **Wärmeleitfähigkeit** des jeweiligen Bodens. Tab. 6-6 führt Zahlenwerte für diese Größe auf. Die Temperaturzunahme in den tieferen Bodenschichten ist der Wärmeleitfähigkeit proportional, hängt aber auch von der Dichte und der spezifischen Wärme des jeweiligen Bodens ab:

Temperaturleitfähigkeit = Wärmeleitfähigkeit/(spezifisches Gewicht · spezifische Wärme)

$$gT = gH/\mu^{-1} \cdot c^{-1}, \qquad \text{(Gl. 6-6)}$$

mit g_T in [$cm^2\,s^{-1}$], g_H in [$J°C^{-1}\,cm^{-1}\,s^{-1}$], ρ in [$g\,cm^{-3}$], c in [$J°C^{-1}\,cm^3$].

Kompakter Fels erwärmt sich so leichter in größere Tiefen hinein als porenreicher, lufterfüllter Boden. Verdrängt Wasser die Luft in den Bodenporen, kommt es je nach Bodenwassergehalt zu einer verbesserten Tiefenwärmeleitung. Denn Wasser leitet Wärme gut 30 mal besser als Luft, es hat allerdings eine im Vergleich dazu 5 mal höhere spezifische Wärme und ein um Größenordnungen höheres spezifisches Gewicht. Die infolge der äußerst geringen Dichte gute Temperaturleitfähigkeit der Luft trotz niedriger Wärmeleitfähigkeit in Verbindung mit stärkerer Durchfeuchtung der Matrix führt im Frühjahr zu erstaunlich hohen Temperaturen in den tiefer gelegenen Falllaubschichten eines winterkahlen Waldes (Firbas 1928): Dort herrschen an sonnigen Tagen kleinräumig Temperaturen bis

Tab. 6-6: Wärmehaushaltskonstanten verschiedener Böden, Wasseraggregatszuständen und Luft (umgerechnet nach Walter 1960, basierend auf Daten in Geiger 1950; 1991).

Stoff (Bodenart)	Wärmeleitfähigkeit λ	spezif. Gewicht ρ	spezifische Wärme c pro Masseneinheit J/g · Grad	spezifische Wärme c pro Volumeneinheit J/cm³ · Grad	Temperat.-Leitfähigkeit $= \lambda\,\rho^{-1}\,c^{-1}$
Einheit	$\frac{J}{Grad \cdot cm \cdot s}$	$g\,cm^{-3}$	$J\,g^{-1}\,Grad^{-1}$	$J\,g^{-1}\,Grad^{-1}$	$cm^2\,s^{-1}$
Granit (Fels)	0.046	2,6	0,84	2,18	0,021
Eis	0,023	0,9	2,14	1,88	0,012
Trockener Sand	$1{,}67 \cdot 10^{-3}$	1,4	0,84	1,26	$1{,}3 \cdot 10^{-3}$
Nasser Sand	0,017	1,6	1,26	1,68	0,01
Humus	0,013	1,3	1,84	2,39	0,005
Trockener Torf	$0{,}628 \cdot 10^{-3}$	0,3	1,84	0,42	$1{,}5 \cdot 10^{-3}$
Nasser Torf	$8{,}37 \cdot 10^{-3}$	0,9	3,35	2,93	0,003
unbewegtes Wasser	$6{,}28 \cdot 10^{-3}$	1,0	4,19	4,19	$1{,}5 \cdot 10^{-3}$
unbewegte Luft	$0{,}209 \cdot 10^{-3}$	–	1,00	–	0,161

über 30 °C bei Lufttemperaturen unter 10 °C. Hierdurch werden die in dieser Schicht befindlichen Knospen zum Austreiben veranlasst, und es kommt zu der Entwicklung der blütenreichen Waldbodenflora im zeitigen Frühjahr.

Im Gesamtsystem Boden-Atmosphäre ist die Erwärmung bei Einstrahlung umso größer, die Abgabe an die unmittelbar dem Boden aufliegenden Luftschichten umso höher und die Wärmespeicherung umso geringer, je niedriger die Wärmeleitfähigkeit und die spezifische Wärme eines speziellen Bodentyps ist. All diese Parameter werden umgekehrt zu einer nächtlichen Wärmeabstrahlung in die höheren Atmosphäreschichten führen, sodass die diurnale Erwärmungs- und Abkühlungsamplitude solcher Böden besonders groß ist. Die zugestrahlte Wärme führt bei Fels, Wasser und verschiedene Bodentypen ganz unterschiedlich entweder stärker zu tiefgreifender Stofferwärmung oder aber wird überwiegend mit den darüber lagernden Luftschichten ausgetauscht.

Mit zunehmender Bodentiefe flacht die Tagesamplitude der Isothermen stark ab, und in einem bestimmten Abstand von der Bodenoberfläche ist kein Tageszeitenwechsel der Temperatur mehr gegeben. Die dort messbare Temperatur entspricht in ungefähr der der Jahreszeit angemesse-

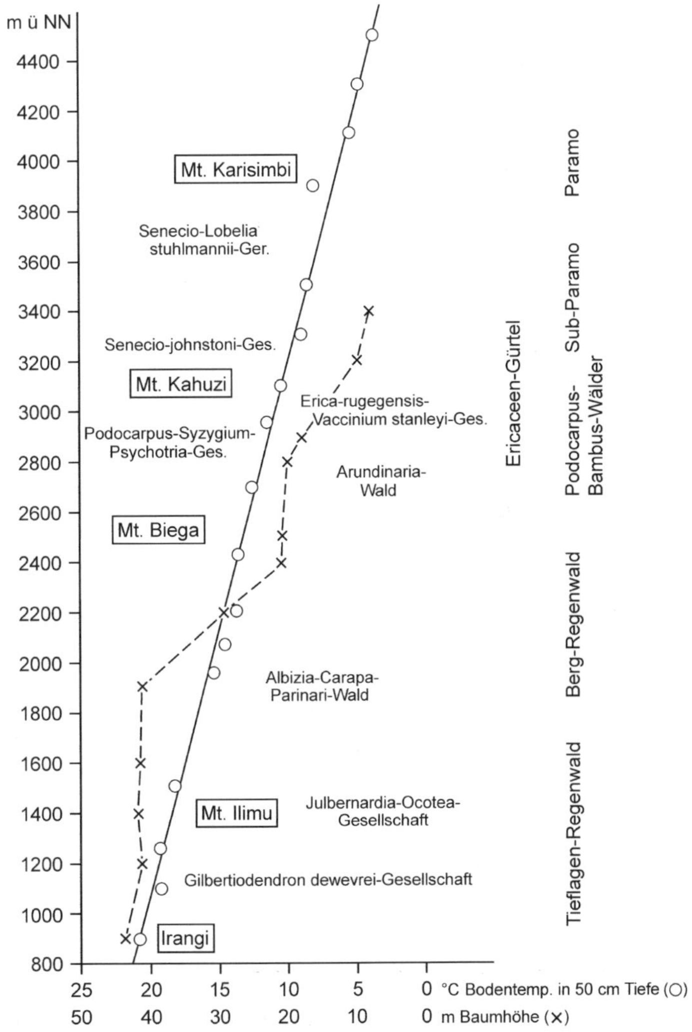

Abb. 6-15: Konstante Bodentemperaturen in 50 cm Bodentiefe als Maß der lokal herrschenden langfristigen Mitteltemperatur im Höhenprofil vom östlichen Kongobecken zu den Vulkanbergen am Westrand des afrikanischen Grabenbruches, Pflanzen-Vergesellschaftungen und Bestandeshöhen der Vegetation in diesem Transekt (kombiniert nach Frahm 1994 und Fischer 1993, 1996).

nen Mitteltemperatur, die im extratropischen Bereich im Jahresgang ansteigt und abfällt. In Äquatornähe mit einem durch relativ geringe tagesperiodische Lufttemperaturveränderungen ausgezeichneten Klima und weitgehend fehlenden Jahreszeiten findet man bereits in geringer Bodentiefe völlige Temperaturkonstanz. Dort durchgeführte Messungen der Bodentemperatur können auch als Punktmessungen informieren über die längerfristig herrschende mittlere Temperatur (Abb. 6-15). Diese Dämpfung der Temperaturamplitude bis zum Verschwinden in etlichem Abstand von der Bodenoberfläche ist besonders dort ausgeprägt, wo eine dichte Vegetationsschicht diese Oberfläche vor direkter Erwärmung durch die Sonnenstrahlung schützt.

Pflanzen-Temperaturen. Entsprechend ihren Absorptionseigenschaften nehmen pflanzliche Organe über weite Spektralbereiche im Infrarot die mit dieser Strahlung verbundene Wärmeenergie auf. Gleichzeitig erfolgt ein konvektiver Wärmeaustausch mit der Atmosphäre, der nicht unwesentlich durch die Blattform und -größe beeinflusst wird (Balding & Cunningham 1976, Givnish 1986) Insgesamt steigen die pflanzlichen Organtemperaturen – ähnlich der Bodenoberfläche – entsprechend dem Verlauf der Einstrahlung während des Tages an und sinken wieder ab – insbesondere durch die nächtliche Ausstrahlung.

Die metabolische **Wärmeerzeugung durch Atmung** ist nur in Ausnahmefällen so bedeutsam, dass sie die Pflanzentemperatur wesentlich prägen könnte. Unter solchen Sonderfällen ist die erhebliche Eigenwärmeproduktion von Araceen-Blütenständen und bei *Nelumbo* wohl am bekanntesten (Seymour 1997). Hier geschieht mitochondriale Atmung nach dem cyanid-insensitiven Stoffwechselweg. Sie hebt – im Falle der Araceen – die Temperatur in dem von der Spatha umschlossenen Innenraum des Blütenstandes um mehr als 10 °C über die Umgebungstemperatur (Abb. 6-16). Der funktionelle Nutzen dieser mit erheblichem metabolischem Energieaufwand betriebenen Erwärmung wird in der Anlockungswirkung auf bestäubende Insekten gesehen. Auch beim Reifungsprozess mancher voluminöser Früchte misst man gelegentlich eine klimakterische Wärmeentwicklung.

Im allgemeinen aber werden pflanzliche Organtemperaturen vom Wärmeklima ihrer Umgebung geprägt, die **Pflanzen sind also poikilotherm**. Dies gilt insbesondere für die Wurzeln, die – trotz oft bedeutsamer Volumenentwicklung – nahezu stets die Temperatur des umgebenden Bodens (bzw. bei freischwimmenden

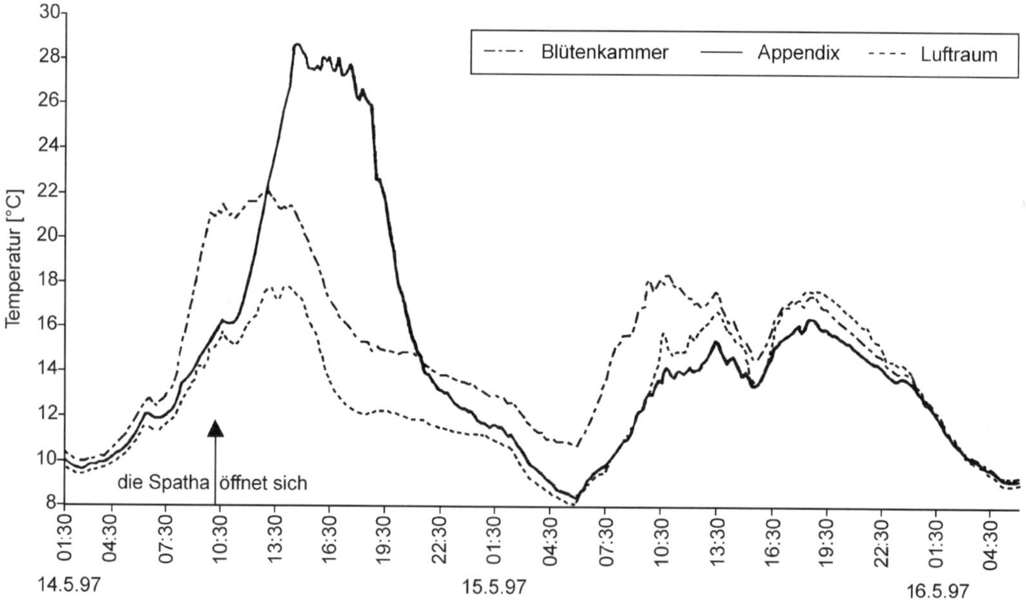

Abb. 6-16: Klimakterischer Temperaturverlauf im Appendix und im von der Spatha umschlossenen Innenraum („Blütenkammer") eines *Arum maculatum*-Blütenstandes sowie Temperatur des umgebenden Luftraums (Gawallek & Lösch, unveröff.).

Pflanzen: des umgebenden Wasserkörpers) annehmen.

Dagegen erreichen die in den Luftraum ragenden Organe der Pflanzen durch ihre gute Wärmeabsorption mitunter beträchtliche **Übertemperaturen gegenüber der umgebenden Luft**. Anders als bei der stark über die Lufttemperatur hinaus erwärmbaren Bodenoberfläche stehen jedoch vor allem die Blätter in einem intensiven **konvektiven Wärmeaustausch** mit ihrer Umgebung, welcher die Temperaturlast wirkungsvoll vermindern kann und die Energieabstrahlung im langwelligen Bereich erheblich übertrifft.

Der Konvektions-Wärmestrom beruht auf diffusivem Wärmeübergang vom Blatt in die seiner Oberfläche anliegende Luftschicht und der turbulent-konvektivem Abfuhr wärmerer Luftpakete von dieser Grenzschicht in den freien Atmosphärenraum. Er ist bei positiver Strahlungsbilanz von der Pflanzenoberfläche weggerichtet. Bei Untertemperaturen der pflanzlichen Organe gegenüber der Umgebungsluft nehmen sie aus dieser Wärme auf, sodass der fühlbare Wärmestrom in der Energiebilanzgleichung dann ein positives Vorzeichen erhält. Während der Wärmetransport auf diffusivem Wege nur über kleine Strecken hin zu einem wirkungsvollen Abbau von Temperaturgradienten führt, ist die Konvektion durch **turbulenten Massentransport von Luftpaketen** (englisch: eddies) geprägt. Diese kleinräumigen Luftmassenverlagerungen werden durch temperaturabhängige Dichteunterschiede der **eddies** hervorgerufen und führen großmaßstäblich zu einer starken Durchmischung und damit Homogenisierung des freien Luftraumes hinsichtlich Temperatur, Gasgehalten usw. Die Strömungslehre befasst sich intensiv mit den Übergängen und Wechselwirkungen zwischen diffusivem Energie- und Teilchentransport und der turbulenten Zu- und Abfuhr der Luftmassen im Grenzbereich zwischen festen Oberflächen und der Atmosphäre.

Diese Austauschprozesse werden sehr stark durch die Gestalt der Blätter geprägt. Für geometrisch einfache Blattformen ist es möglich, den Energie- und Massenaustausch quantitativ zu behandeln. Die hierbei herrschenden Gesetzmäßigkeiten hat Raschke (1956) exemplarisch für die großflächigen Blätter von *Canna indica* (Indisches Blumenrohr) analysiert. Bei stärkerer Aufteilung der Spreiten verbessern sich die turbulenten Austauschraten. Gefiederte, gefingerte oder schmal-lineale Blätter sind so in ihren Temperaturregime viel stärker ihrer Umgebung angeglichen als Blätter mit großen Flächen/Umriss-Verhältnissen. Die derartige formabhängige je stärkere oder schwächere Kopplung der Wärmeverhältnisse zwischen Blättern und ihrer Umgebung wurde an Spreitenmodellen im Windkanal u. a. von Gottschlich & Smith (1982) quantitativ herausgearbeitet.

Der **Tagesverlauf der Temperatur von pflanzlichen Organen**, insbesondere von Blättern folgt aufgrund all dieser Wärmeaustauschprozesse ähnlich wie die Luft- und die Bodenoberflächentemperatur den wechselnden Einstrahlungsbedingungen. Die Blatttemperaturen liegen vielfach etwas über den Lufttemperaturen, aber meist deutlich unter den Temperaturen des offenen Bodens während der Einstrahlungsphase. Höher als die Bodentemperaturen sind sie während der nächtlichen Ausstrahlung. Die Blattübertemperaturen in der Zeit der Strahlungsaufnahme sind umso größer, je dickfleischiger, sukkulenter, bzw. je hartlaubiger die Blätter sind.

Bei voluminösen Pflanzenorganen, wie Sprossen oder Früchten, ist es in der Regel ähnlich leicht wie bei der Erfassung der Bodentemperatur, den Temperatursensor in den zu messenden Körper einzustechen und so einen vollständigen Temperaturausgleich zwischen beiden zu erreichen. Bei der exakten **Temperaturmessung** an dünnen, flächigen Organen, wie sie Blätter darstellen, muss der Sensor angepresst werden und muss seinerseits so kleindimensioniert sein, dass seine eigene Strahlungsabsorption nicht die Messwerte verfälscht. Die für Bodentemperaturmessungen geeigneten, für Lufttemperaturmessungen bei hinreichender Strahlungsabschirmung und Ventilierung noch tragbaren Quecksilber-Glasthermometer sind für Messungen an Pflanzenorganen ungeeignet. NTC-Fühler und Pt100-Widerstands-Temperatursensoren, welche eine kontinuierliche elektrische Temperaturregistrierung ermöglichen und technisch weithin Anwendung finden, sind für viele thermoökologische Aufgaben ebenfalls nur bedingt einsetzbar. Meist werden zur Blatttemperaturmessung Thermoelemente verwendet, deren Lötstelle als Temperatursensor in bemerkenswertem Ausmaß miniaturisiert werden kann. In jüngerer Zeit wurden Geräte zur berührungslosen Temperaturmessung auf der Basis der temperatur-proportionalen IR-Emission der Messobjekte in ihrer Genauigkeit und Feinauflösung zunehmend verbessert, sodass dieser messtechnische Ansatz zunehmend mehr in der ökologischen Feldarbeit zum Einsatz kommt.

Der Anstieg der Organtemperatur, näher untersucht meist an Blättern, bedeutet, dass ein Teil der von der Pflanze empfangenen Strahlungsenergie im Gewebe gespeichert wird. Diese **pflanzliche Wärmespeicherung** (Lösch 1994) ist viel geringer als die Wärmespeicherung im Boden. Sie macht für die Biomasse eines Laubmischwaldes zwischen 2 und 10 % des Nettoenergieeintrags aus, so viel oder etwas mehr wie der

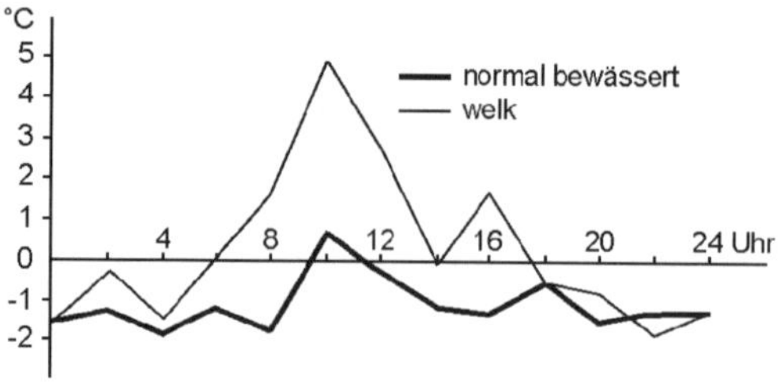

Abb. 6-17: Temperaturdifferenzen zwischen den Blättern und der umgebenden Luft bei welkenden und gut bewässerten Baumwollpflanzen in Turkestan (nach Schardakow aus Walter 1960)

metabolisch verbrauchte Anteil des Energiegewinns. Der Anteil der Wärmespeicherung, gleichbedeutend mit stärkerer Erhitzung der Pflanze, kann aber auf erheblich höhere Werte steigen, wenn der Wasserumsatz der Pflanze beeinträchtigt ist.

Dies illustriert der Verlauf der Über- und Untertemperatur von Baumwollblättern an gut bewässerten und welkenden Pflanzen, den Walter (1960) nach Daten von Schardakow mitteilt (Abb. 6-17): Turgeszente Blätter weisen über die längste Zeit des Tages Untertemperaturen gegenüber der Umgebungsluft auf, welkende Blätter sind bis zu 5 °C wärmer als diese. Ähnliche Resultate erbrachten Temperaturmessungen an (hypostomatischen) Feigenblättern gleicher Sonnenexposition, von denen die einen normal transpirierten, die anderen durch einen für Wasser inpermeablen Überzug auf der strahlungsabgewandten Seite an der Wasserabgabe behindert wurden: Eine um das Vierfache höhere Transpirationsrate der unbehandelten Blätter war begleitet vom um 4 °C niedrigeren Blatttemperaturen im Vergleich mit den Blättern mit abgedichteten Stomataporen (Lösch et al. 1982). Die Wasserabgabe der Blätter zog in all diesen Beispielfällen eine Temperatursenkung nach sich: Transpirationskühlung trägt wesentlich bei zur Vermeidung einer Blattüberhitzung unter stärkerer Einstrahlung.

Der klassische Extremversuch hierzu wurde von Lange (1959) in der Sahara an Kolloquinten-Blättern *(Citrullus colocynthis)* durchgeführt (Abb. 6-18): Das weitverzweigte Sprosssystem dieser Cucurbitacee liegt auf dem heißen Wüstenboden. Die großflächigen, malakophyllen Blätter transpirieren recht kräftig, mit Wasser versorgt von tief in den Grundwasserbereich hinabreichenden Wurzeln. Der Verbrauch an latenter Energie für die Überführung des transpirierten Wassers vom flüssigen in den gasförmigen Zustand ist so groß, dass die Blatttemperatur im Durchschnitt gut 10 °C unter der Lufttemperatur bleibt. Dabei werden zwar immer noch Spitzentemperaturen der Blätter um 40 °C gemessen, ein Wert, der aber niedriger ist als die Temperaturen, die zu Blattnekrosen führen würden (ca. 45 °C). Wird im Experiment ein Blatt vom Spross abgetrennt und so von der weiteren Wasserzufuhr abgeschnitten, aber weiterhin in seiner bisherigen Position gehalten, erhöht sich seine Temperatur um mehr als 20 ° weit hinein in den letalen Bereich. Allein der Energieverbrauch durch die ständige starke Transpiration ermöglicht dieser Art so ihre Existenz am extrem heißen Saharastandort.

Der Energieverbrauch zur Überführung von flüssigem Wasser in den Zustand des Wasserdampfes ist die Komponente der **„latenten Energie“** in der Energiebilanzgleichung, welche bis über die Hälfte des Konsums der gesamten den Blättern zugeführten Nettoenergiestrahlung ausmachen kann. Sie ist zahlenmäßig bestimmt durch das Produkt aus der Masse des an die Atmosphäre abgegebenen Wassers E und der Ver-

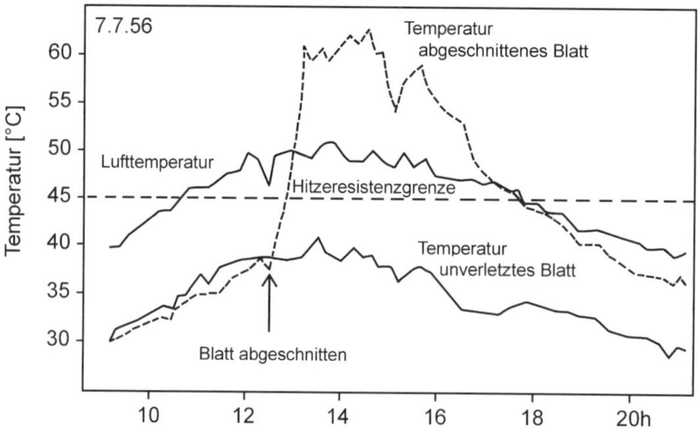

Abb. 6-18: Temperaturverlauf eines *Citrullus colocynthis*-Blattes vor und nach der Unterbrechung der Transpiration durch Abschneiden unter den standörtlichen Temperaturbedingungen der Sahara. Die gestrichelte Linie gibt die Grenztemperatur der vitalen Hitzeresistenz an (nach Lange 1959).

dampfungswärme für Wasser, λ. Über den Energieverbrauch der latenten Wärme ist der Wasserhaushalt der Pflanzen mit ihrem Temperaturhaushalt bzw. ihrem Gesamtenergieumsatz unmittelbar verknüpft. Es ist vielfach der Verbrauch des überwiegenden Teils der eingestrahlten Energie zur Wasserverdunstung, wodurch die pflanzlichen Organe auf einem stoffwechselverträglichen Temperaturniveau gehalten werden.

Unter Vernachlässigung der metabolisch verbrauchten Energie kann so der Gesamtenergieumsatz Rn von Einzelpflanzen, von Pflanzenbeständen und des Bodens der Summe von latentem Wärmeumsatz und sensiblem Wärmeumsatz (als Gesamtheit von gespeicherter, konvektiv abgegebener und intern weitergeleiteter Energie) gleichgesetzt werden. Für einige gut kontrastierende Pflanzenbestände sind in Abb. 6-19 die relativen Anteile der einzelnen Komponenten der standörtlichen Energiebilanz illustriert; deutlich wird dabei die überragende Bedeutung des latenten Wärmeumsatzes bei allen dichter mit Pflanzen bestandenen Flächen.

Je nach Exposition und Möglichkeiten des konvektiven Wärmeaustausches und der Transpirationskühlung erwärmen sich die Organe eines Pflanzenindividuums in sehr unterschiedlichem Ausmaß. Abb. 6-20 illustriert dies mit einem Temperaturprofil über die konkav gewölbte Blattrosette (rund 10 cm ∅) der kanarischen Crassulacee *Aeonium ciliatum*: Alle Blätter weisen leichte bis stärkere Übertemperaturen auf, je nach direkter Exponiertheit zu den einfallenden Sonnenstrahlen oder aber teilweiser Beschattung durch andere Rosettenblätter. Gerade die partielle Selbstbeschattung spielt bei voluminöseren Pflanzenteilen eine nicht unwesentliche Rolle bei der Überhitzungsvermeidung: Besonders wirkungsvoll und möglicherweise durch eine einschlägig gerichtete Selektion optimiert sind hierbei die **Rippenstrukturen vieler Kakteen oder Euphorbien** (Abb. 6-21). Bei *Ferrocactus acanthodes* in den Halbwüsten Arizonas wurden am Standort Temperaturgradienten gemessen von 45 °C am einstrahlungsexponierten Scheitel der rundlich-walzenförmigen Kaktee zu 26 °C in ihrem Sprosszentrum, 30 cm tiefer und 20 cm von den Seiten des Sprosses entfernt, welch letztere – vom streifenden Einfall der Sonnenstrahlen getroffen – ca. 35 °C Oberflächentemperatur aufwiesen (Monzigo & Komanor 1975). Auch der **Schirmwuchs** vieler Akazien und mancher Kiefern sowie der horstige Wuchs vieler Gräser (intensiviert durch den Einschluss der diesjährigen Blätter und Sprosse durch **tote Blättermanschetten** des Vorjahres) führen zu temperaturökologisch zuträglicher Beschattung der Stammbasen und ihrer Kontaktbereiche mit der besonders stark aufheizbaren Bodenoberfläche.

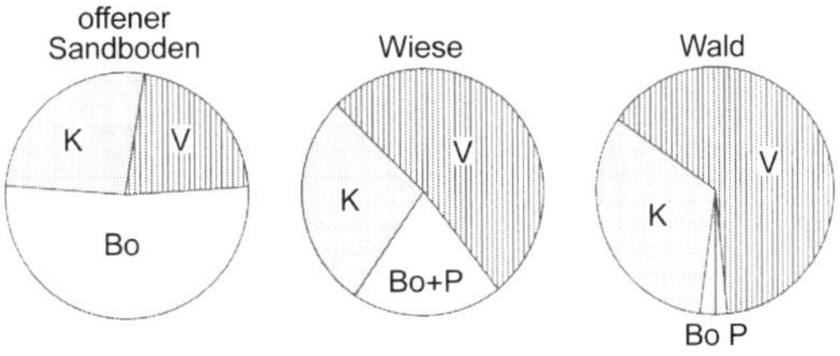

Abb. 6-19: Relative Anteile der verschiedenen Energie-Umsatzformen an der Energiebilanz verschiedener Pflanzenbestände (nach Daten von Berger-Landefeldt 1967, aus Larcher 1980): K = Konvektion, V = Verdunstung, Bo = Bodenwärmestrom, P = Wärmespeicherung in der Pflanzendecke).

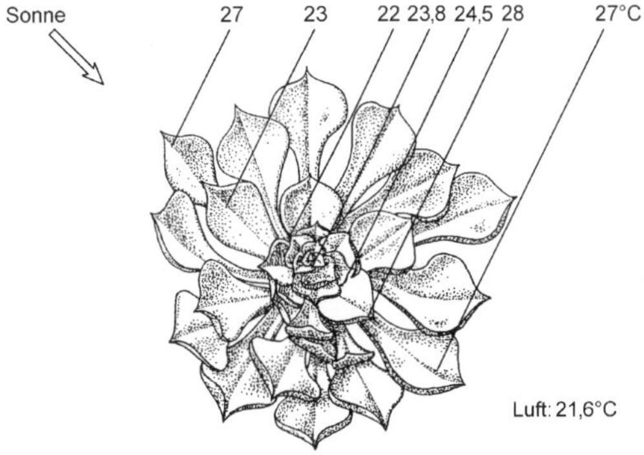

Abb. 6-20: Temperaturprofil über eine Blattrosette von 10 cm Durchmesser der kanarischen Crassulaceae *Aeonium ciliatum* (Strahlungseintrag 540 kJ m^{-2} sec^{-1} ; aus Lösch 1990a).

Wenn bereits Momentanmessungen derartig starke Temperaturgradienten an räumlich ausgedehnteren Pflanzenteilen erbringen, wird dies in längerfristiger Aufsummierung der gespeicherten Wärme zu entsprechend sehr unterschiedlichen **Wärmesummen** führen, wenn nicht eine wirksame pflanzeninterne **Wärmeabfuhr** eine Nivellierung der Gradienten fördert oder aber die tageszeitlich wechselnde Richtung des direkten Strahleneinfalls die Wärmelast großräumig verteilt.

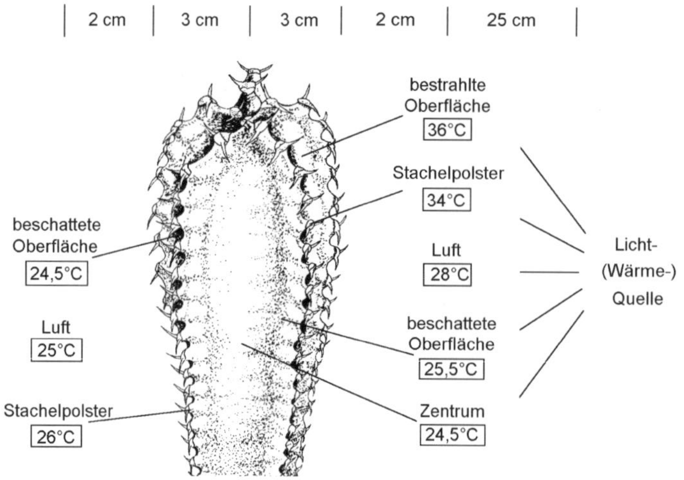

Abb. 6-21: Temperaturverteilung an einer seitlich von Wärmestahlung getroffenen sukkulenten *Euphorbia*.

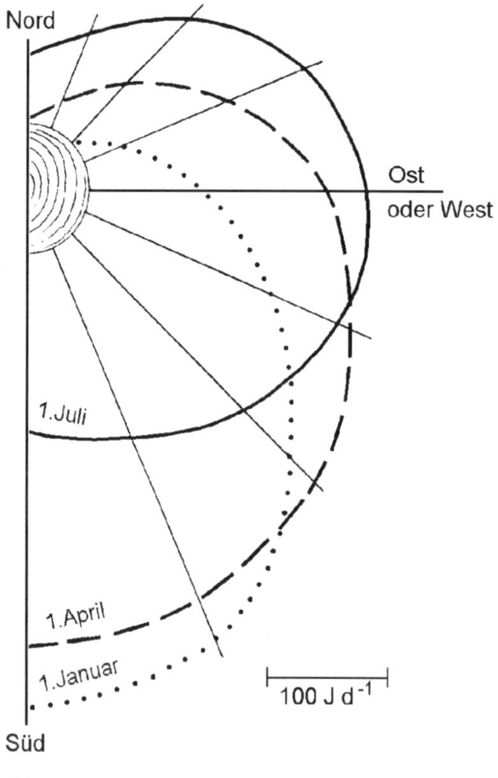

Abb. 6-22: Tageswärmesummen, die ein in rund 1500 m Gebirgshöhe aufrecht wachsender Baumstamm auf seinen verschiedenen Seiten am 1. 1., 1. 4. und 1. 7. an Sonnensscheintagen empfängt. Die Radienlänge von dem als Querschnitt gezeichneten Stamm bis zu den Kurvenpunkten gibt die akkumulierte Wärmemenge in J d^{-1} an (verändert nach Walter 1960).

Letzteres ist durch über den Tag hin wechselnden Sonnenstand nahezu überall gegeben. **Pflanzeninterne Wärmeleitung** existiert, geht aber nur langsam vonstatten, da sie nur auf diffusivem Wege erfolgt. Wie stark die Wärmesummen differieren können, die ein senkrecht wachsender Baumstamm in Mitteleuropa in seinen verschiedenen Expositionen und in Abhängigkeit vom jahreszeitlich wechselnden Sonnenstand empfängt, illustriert Abb. 6-22. Im Winter ist die Ungleichverteilung des Wärmegewinns am größten durch den schrägen Sonnenstand. Dann kommt es ganztägig zu Nettoausstrahlung an den nordwärts orientierten Stammbereichen. In Südexposition stellt sich ein größerer Wärmegewinn ein als im Sommer, da die Strahlen der tief stehenden Sonne mehr senkrecht auf die Stammoberfläche auftreffen. Eine derartige an vielen Tagen hintereinander auftretende Ungleichverteilung der Stammerwärmung kann vor allem im Vorfrühling für Bäume ohne oder mit sehr dicht den Stamm umschließender Borke schädliche Wirkungen haben. Durch mittägliches Auftauen und nächtliches Wiedergefrieren hebt sich die Rinde lokal vom Stamm ab und bekommt Risse, die allmählich zu ihrer Ablösung vom Stamm führen („Rindenbrand“ bei freistehenden Buchen).

Temperaturklima von Pflanzenbeständen. Die Beispiele der Temperatur- und Wärmesummenverteilung nennen Messdaten, die an einzeln stehenden Pflanzen in direkter Exposition zur Strahlungsquelle erhalten wurden. In dichterer

Vegetation spielt die gegenseitige und zeitlich wechselnde Beschattung der Sprosse und Blätter vieler gleich- und verschiedenartiger Individuen eines Bestandes eine entsprechend große Rolle bei der Reduzierung der Wärmelast für das einzelne Organ. Der Zusammentritt zum Vegetationsbestand hat aber auch qualitativ prägenden Einfluss auf die Wärmeflüsse in diesem Lebensraum. Denn zusätzlich werden diese durch den mit der Verdunstung der dicht stehenden pflanzlichen Oberflächen verbundenen Wärmeumsatz modifiziert.

In einer rund 1 m hoch wachsenden Fettwiese wird durch Beschattung die Strahlungsintensität am Bestandsgrund auf weniger als ⅕ dessen reduziert, was im Bereich der Obergräser eingestrahlt wird. Während im mittleren Bereich des Bestandes einerseits die Einstrahlung abgeschwächt ist und latente Energie in hohem Maße verbraucht wird, ist der konvektive Luftmassenaustausch mit der freien Atmosphäre bereits stärker behindert, und die langwellige Ausstrahlung von Boden und Pflanzenteilen, aber auch von den höher inserierten Blättern nach unten wird im dichten Bestand dazu führen, dass die höchsten Wärmegewinne im obersten Drittel des Vegetationsprofils auftreten. Dies ist besonders ausgeprägt bei dichten Dikotylen-Beständen mit flächiger, weitgehend waagerecht am Spross inserierter Beblätterung (Extrem: Sonnenblumenfelder). Weniger deutlich ist eine solche Wärmeakkumulation in mittlerer Bestandshöhe bei in ihrer Gesamtstruktur mehr vertikal orientierten Gramineen-Beständen, wie z. B. Getreidefeldern.

Wenig deutlich sind auch die **Temperaturprofile im Bestand** bei höherwüchsiger Vegetation, insbesondere in Wäldern. Dort weist das von der Strahlung direkt getroffene Kronendach die höchsten Temperaturwerte auf, der konvektive Luftmassenaustausch im mittleren Kronenbereich ist geringer als im Stammraum. In der Dämmerung am Waldboden unter dichter Belaubung ist die meteorologische Veränderungsdynamik wieder geringer. Charakteristische Temperaturprofile eines mitteleuropäischen Buchenhochwaldes im belaubten und im unbelaubten Zustand zeigt Abb. 6-23. In tropischen Tieflagenregenwäldern kann, bei gleichzeitig nicht unbeträchtlichen Fluktuationen an der Kronenoberfläche, im unteren Stammraum längerfristig nahezu völlige Konstanz der Klimaparameter vorherrschen. Lichtungen im Hochwald von etwa dem doppelten

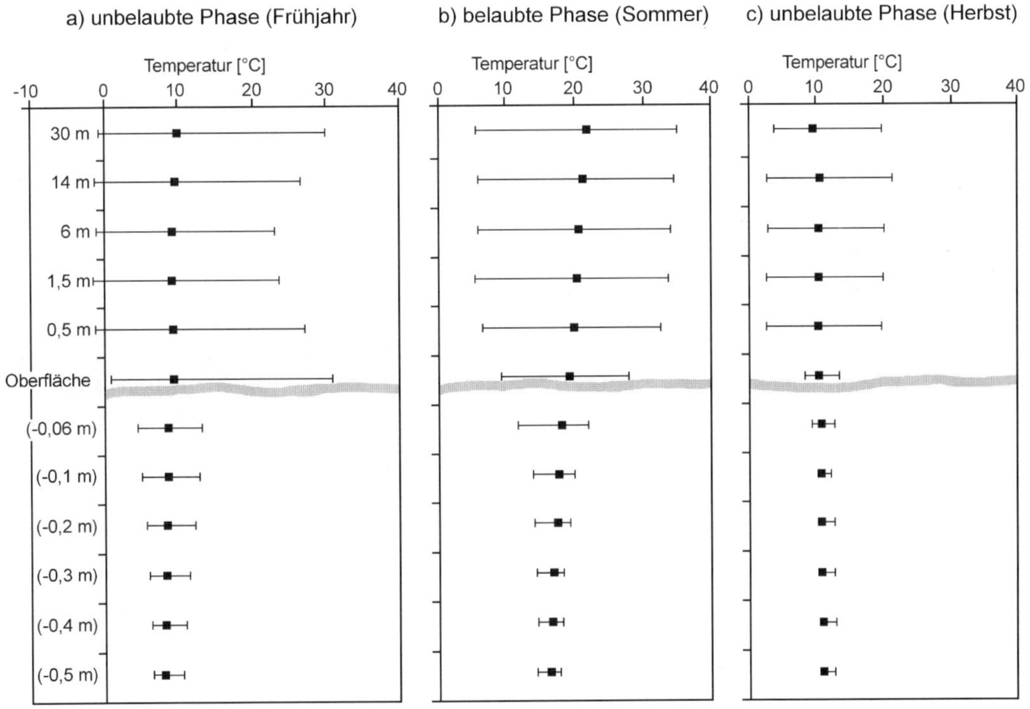

Abb. 6-23: Temperaturprofile in einem Buchenhochwald im Bergischen Land im belaubten und im unbelaubten Zustand (Aschan & Lösch 2000).

Durchmesser der Höhe der umgebenden Bäume sind in ihrem Temperaturklima besonders extrem, da hier die Abschirmung durch den umgebenden Wald zu einer starken Reduzierung des turbulenten Luftmassenaustausches führt, die Einstrahlung aber voll wirksam werden kann.

Insgesamt lassen sich die verschiedenen Vegetationstypen nach ihren standörtlichen Temperaturcharakteristika in vier Gruppen einteilen:

- Offene Flächen mit spärlichem Pflanzenwuchs, deren Mikroklima dem entspricht, welches über nacktem Boden vorherrscht,
- niedrige, aber geschlossene Pflanzendecken, deren austauschaktive Oberfläche sich in Nähe des Bodens befindet, aber weniger extreme Absorptionseigenschaften als diese hat,
- höherwüchsige und dichte Bestände, die den Boden völlig beschatten, sodass der Bereich des aktiven Strahlungsaustausches („wirksame Oberfläche des Bestandes") in einiger Entfernung vom Boden lokalisiert wird und turbulente Austauschvorgänge mit dem freien Luftraum erleichtert sind,
- hochwüchsige, geschlossene Wälder, wo eine deutliche Trennung zwischen Kronenraum-, Stammraum- und Bodenoberflächenklima möglich wird.

Großräumig wird das **Temperaturklima eines Gebietes** stark von der Geländeexposition geprägt. Die je unterschiedliche Ausrichtung von Hängen zum Sonnenstand wird das Wärmeangebot erhöhen oder herabsetzen, und Verschiebungen von Luftmassen unterschiedlicher Temperatur führen zu **Kaltluftseen** und **Wärmeinseln**. Kalte Luft ist schwerer als warme, fließt so an Hängen talwärts und sammelt sich in Tälern und Senken. Durch Verwirbelung an den Reliefoberflächen kommt es aber nicht zu einer gleichmäßigen Temperaturschichtung, z. B. über einem in eine Hochfläche eingeschnittenen Tal. Es lagert sich vielmehr die durch nächtliche Ausstrahlung abgekühlte Luft auf der ebenen Hochfläche und als Kältesee in den tiefsten Talbereichen, während die Talhänge im Vergleich hierzu deutlich wärmer sind.

Dies hat u. a. große Bedeutung in vielen deutschen Weinbaugebieten, wo – trotz vergleichsweise noch reichlicher Sonnengunst in den Tälern und auf talnahen Hochflächen – die Untergrenze der Weinlagen 10–15 Höhenmeter über der Talsohle und damit über der Obergrenze des Kältesees liegt, die Hangkante im Idealfall durch höherwüchsigen Busch- oder Waldbestand gesäumt wird, wodurch von der Hochfläche kommende Kaltluftströme zurückgehalten werden. Trotzdem noch talwärts fließende Kaltluft soll durch die – an sich erosionsfördernde – Ausrichtung der Rebzeilen hangabwärts möglichst zügig und ohne Stau im Bestand talwärts gelenkt werden.

An den Hängen von natürlichen Kaltluftlöchern, wie sie in Dolinen oder Karseekesseln zu finden sind, erkennt man mitunter sehr deutlich eine temperaturabhängige Umkehr in der Höhenzonierung der Vegetation, mit Koniferenbewuchs in den tieferen Bereichen und Laubbaumbeständen an den höheren Talhangabschnitten. Dammbauten für Verkehrswege können im Wechselspiel mit dem Relief der Umgebung Kaltluftoasen bewirken, die stärker frostempfindlichen Kulturen gefährlich werden können, Böschungshänge von Straßen zeichnen sich oft im Vergleich mit ihrer in der Gesamtvegetationsstruktur sonst ähnlichen Umgebung durch eine höhere Anzahl von wärmeliebenden Pflanzensippen aus.

Auch die jahreszeitliche Vegetationsentwicklung gibt mitunter ein eindrucksvolles Spiegelbild der lokalen Temperaturgunst oder -ungunst. Ein Beispiel hierfür zeigt Abb. 6-24, wo im Höhenprofil am Großen Arber/Bayer. Wald die beschleunigte oder verzögerte Neutriebverlängerung von Heidelbeersträuchern und Buchenzweigen und die Buchenblattentfaltung eine bemerkenswerte Parallelität mit den lokal vorherrschenden Nachttemperaturen aufweisen.

Räumliche Klima-Differenzierung. Die einzelne Pflanze steht an ihrem jeweiligen Standort unter dem Einfluss des dort herrschenden **Mikroklimas**. Die durch ein unterschiedliches Geländerelief geprägten Einstrahlungs-, Temperatur- und Feuchtigkeitsverhältnisse größerer Bestände oder von einem geomorphologisch einheitlichen Raum auch mit unterschiedlichen kleineren Vegetationskomplexen werden als **Lokalklima** zusammengefasst (gelegentlich auch „Kleinklima" genannt). Werden die Einflüsse der variablen Landoberfläche bei der Erfassung der Wettersituation eines größeren Raumes möglichst ausgeschaltet, charakterisieren die einschlägigen Messdaten das **Regionalklima**. Letzteres ist die meteorologische Integrationsebene, welche sich zum Zwecke sinnvoller großräumiger Datenvergleiche eignet, da die Strahlungs-, Temperatur- und Feuchtedaten unter standardisierten Bedingungen erhoben werden. Dies geschieht durch Aufstellung der Temperatur-, Luftdruck- und Feuchte-Messgeräte in meteorologischen Hüt-

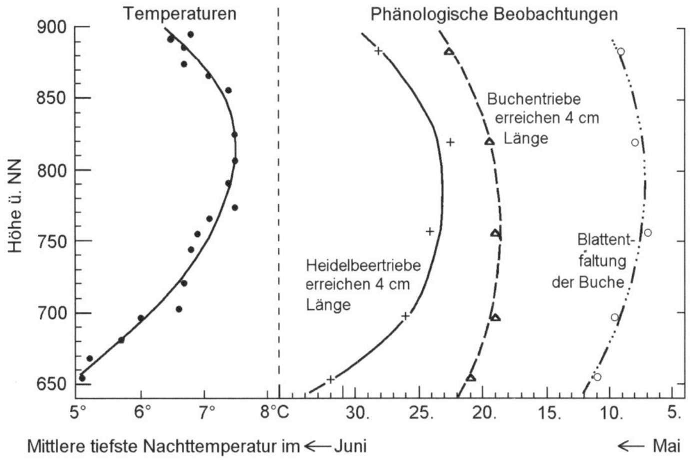

Abb. 6-24: Zusammenhang zwischen Nachttemperaturen und frühjahreszeitlicher Neutriebentwicklung von Heidelbeersträuchern und Buchen bzw. der Buchenblattentfaltung am Hang des Großen Arber/Bay. Wald (nach Daten von Geiger aus Walter 1960).

ten, 2 m über kurz geschorenem Rasen, durch standardisierte Windrichtungs- und Windstärkegeber, Regenmesser und Sonnenscheinschreiber. Die damit unter den genormten Messbedingungen erhaltenen Daten von weltweit Tausenden von meteorologischen Stationen ermöglichen den erdumspannenden Datenverbund, auf dem die Prognosen der Wetterdienste basieren. Auf diesen Messungen beruht die Charakterisierung des **Großklimas**. Seine Vorhersage erfolgt durch Interpretation der Stationsdaten aus den meteorologischen Hütten, Wetterbojen usw. auf der Erdoberfläche unter Hinzuziehung einer Vielzahl von Satelliten-Informationen. Auch das Großklima prägt wesentlich die Vegetation der Erde: Mit den Großklimagürteln lassen sich die großen, physiognomisch bestimmten Vegetationsformationen auf der Erde parallelisieren.

Eine übersichtliche Darstellung der globalen Temperaturverhältnisse wird möglich durch **Isothermenkarten**, auf denen Orte gleicher Jahresmitteltemperaturen durch Linien miteinander verbunden werden (Abb. 6-25). Die lokalen Jahresmitteltemperaturen sind dabei alle auf Meereshöhe normalisiert, indem pro 100 m Höhenanstieg eine Temperaturannahme von 0,5 °C in Korrekturabzug gebracht wird. Dass eine derartige, jegliche Tages- und Jahresvariabilität der Temperatur egalisierende Mittelwertberechnung nur ein äußerst grobes Raster der Temperaturklimate auf der Erde aufzeigt, ist leicht einsichtig. Ein differenzierteres, wenn auch immer noch die Wirklichkeit stark abstrahierendes Bild ergibt sich schon, wenn die Isolinien der Monatsmitteltemperaturen erfasst und miteinander verglichen werden. Jahres- bzw. Monatsmitteltemperatur und Jahreszeitenextreme zusammen erlauben aber, auf Zahlenwerten basierend eine qualitative Charakterisierung bestimmter Temperaturregime vorzunehmen. Danach lassen sich global mehrere große Temperaturzonen voneinander unterscheiden:

- der äquatoriale Bereich mit ganzjährig sehr gleichmäßig hohen Temperaturen und Temperaturmitteln um 25 °C,
- der tropische Bereich zwischen Äquatorzone und Wendekreisen mit etwas größeren Jahresschwankungen in der Temperatur,
- der subtropische Bereich mit hohen diurnalen Temperaturschwankungen und den weltweit höchsten absoluten und Mitteltemperaturen,
- der temperierte Bereich mit einem Jahreszeitenklima, dessen Winterperiode durch Frost gekennzeichnet ist,
- der polare Bereich mit Temperaturen häufig unter 0 °C und einem Mittel des wärmsten Monats unter 10 °C.

Diese breitenkreisparallele Großzonierung wird stark überlagert durch die unterschiedliche Entfernung der jeweils betrachteten Lokalitäten vom Meer **(Ozeanitäts-/Kontinentalitätsgefälle)**, vor allem aber durch die Wirkung des je unterschiedlichen Festlandsreliefs, wo beim Aufstieg in die Gebirge die mittleren Temperaturen gegenüber dem der Breitenlage entsprechenden Wert zunehmend absinken.

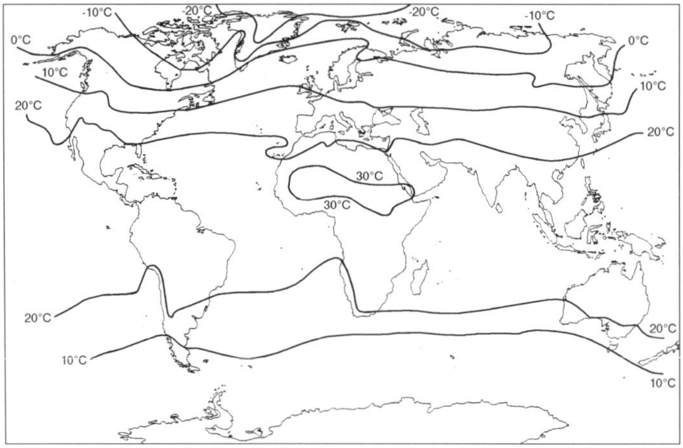

Abb. 6-25: Weltkarte der Jahresisothermen (nach Walter 1960).

Der strahlungsabhängige Temperaturfaktor ist nur die eine Komponente, die den klimatischen Charakter eines Standortes bestimmt. Neben dem Teilumsatz der netto eingestrahlten Energiemenge in Form von sensibler Wärme ist, wie bereits betont, der Energieverbrauch in Form von latenter Wärme entscheidend für eine ausgeglichene Strahlungsbilanz. Das Ausmaß dieses Verdunstungsprozesses ist kleinräumig wie auch global die dem Temperaturhaushalt komplementäre Klimakomponente. Hierdurch ist der Wasserhaushalt der Pflanzen mit ihrem Wärmehaushalt verknüpft, das lokal variable Wasserangebot zur Verdampfung und seine saisonale Veränderung sind untrennbar an das vorherrschende Temperaturregime gekoppelt.

Abgesehen von der mehr als eine regionale Ausnahme zu wertenden Fernwasserzufuhr durch große Ströme erfolgt die Bereitstellung der **zur Verdunstung verfügbaren Wassermengen** durch den lokalen Niederschlag. Das Ausmaß der Wasserrückführung in die Atmosphäre wird von deren Aufnahme- und Speicherkapazität für Wasserdampf geprägt, einem temperaturabhängigen Parameter. In warmer Luft kann eine erheblich größere Wassermenge im dampfförmigen Aggregatszustand gehalten werden als in kalter Luft. Dementsprechend wird bei niedrigen Temperaturen das Wasserdampfsättigungsdefizit der Luft aus geringeren Wassermengen, die verdunsten, auffüllbar sein als es bei hohen Temperaturen selbst bei erheblich höherem Wassernachschub auf dem Niederschlagswege möglich ist. Lebensräume, bei denen die der Erdoberfläche aus der Atmosphäre in Form von Regen, Schnee, Nebel oder Tau zugeführte Wassermenge größer ist als die in der gleichen Zeiteinheit verdunstende Wassermenge, werden **humid** genannt. Lebensräume, in denen die Verdunstung den Niederschlag übersteigt, sind **arid**. Aridität ist vielfach mit hohen Temperaturen gekoppelt, muss es aber nicht sein. Weiträumige Gebiete Zentralislands, z. B., sind arid, obwohl dort nur geringe Monatsmitteltemperaturen zu verzeichnen sind: Der durchschnittliche Niederschlag ist aber extrem gering und unterschreitet den Evaporationsbedarf. Andererseits sind viele äquatornahe Gebiete mit Monatsmitteltemperaturen knapp unter 30 °C so regenreich, dass sie als **perhumid**, d. h. in besonderem Maße humid, zu werten sind. In den Hochgebirgen kann des weiteren die durch den Klimafaktor Frost (und andere Extreme) geprägte **nivale Stufe** besonders abgegrenzt werden (9.1)

6.2.3 Wärme- und Niederschlagsverhältnisse in Abhängigkeit von der planetarischen Luftzirkulation

Das von der Sonneneinstrahlung in ständiger Dynamik gehaltene **globale Klimageschehen** spielt sich in mehreren **großräumigen Zirkulationssystemen der Luft** ab, entsprechend den in Wechselwirkung miteinander stehenden Bereichen unterschiedlicher Lufttemperatur und unterschiedlicher Wasserumsatzraten, welche sich im Zusammenspiel von Niederschlag und Verdunstung ergeben (Abb. 6-26).

Im äquatorialen Bereich steht die Sonne mehr oder weniger senkrecht über der Erdoberfläche, sodass hier der Strahlungseintrag pro Flächeneinheit besonders hoch ist. Wasser ist in den äquatornahen Bereichen der Erde in der Regel in großer Fülle verfügbar. Die durch die starke Strahlung warme Luft enthält folglich große Mengen an Wasserdampf. Im Tagesgang erwärmt sich die bodennahe Luft gegenüber ihrem Zustand in der Nacht noch mehr, dehnt sich dadurch stärker aus und steigt als Gas geringerer Dichte in größere Höhen auf. Mit dem Aufstieg kommt es zu einer adiabatischen Abkühlung um rund 0,5 °C pro 100 m. Mit dem resultierenden Temperaturabfall steigt zwar die Dichte wieder etwas an und bremst den Aufstieg. Bedeutsamer aber ist, dass die Sättigungsmenge an Wasserdampf pro Luftvolumen erreicht ist, die Feuchtigkeit kondensiert und als Sturzregen oder Gewitterschauer wieder zur Erde fällt. In den immerfeuchten Tropen erfolgen diese starken Niederschläge mit großer Regelmäßigkeit 1 bis 2 Stunden nach Sonnenhöchststand und speisen die Wasservorräte der Bodenoberfläche, damit den weiteren kontinuierlichen Fortgang des strahlungsabhängigen Vertikaltransportes feuchtigkeitsgeschwängerter Luft stabilisierend.

Oberhalb der Kondensationszone der sich täglich abregnenden Wolken kommt es zu weiterem allmählichen Aufstieg der wasserdampfarmen Luft, insbesondere aber zu ihrem polwärtigen Abströmen Richtung Nordost und Südost, der Drehbewegung der Erde mit deren am Äquator herrschenden Schwung vorauseilend und dabei, der Einstrahlung exponiert, allmählich wieder Wärme gewinnend. Diese in rund 11 km Höhe verlaufenden Luftströmungen werden als „Antipassat“ bezeichnet. Ungefähr im Bereich der 30. Breitengrade, den so genannten „Rossbreiten“, sinken diese wieder dichteren Luftmassen ab zur Erdoberfläche. Beim Absinken der Luft verläuft die adiabatische Temperaturänderung mit größerer Intensität als beim Aufstieg der feuchten Luftmassen über dem Äquator. Die Temperatursteigerungsrate beträgt dann rund

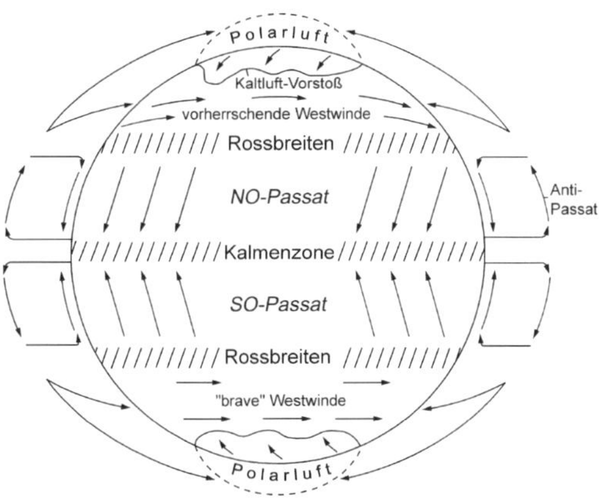

Abb. 6-26: Die wesentlichen Luftströmungen im Rahmen der planetarischen Luftzirkulation zur Zeit der Tag- und Nachtgleiche (nach Gebauer 1947 aus Walter 1960).

1 °C pro 100 m. Erdoberflächennah erhitzte, trockene Luft trifft sich so beim Aufsteigen mit der aus dem Antipassat stammenden zügig wärmer werdenden absinkenden Luft – es entsteht in diesen Breiten ein Hochdruckgebiet spezifisch dichterer, trockener Luftmassen. Die erhebliche Luftdruckdifferenz zwischen der äquatorialen Tiefdruckrinne (wo eine aufwärts gerichtete Luftströmung vorherrscht) und dem permanenten Hoch im Bereich der Rossbreiten (das „Azorenhoch“ im atlantisch-westeurasischen Raum) bedingt eine kräftige äquatorwärts fließende ausgleichende Luftmassenverlagerung. Diese, ebenfalls infolge der Erdrotation aus Nordost bzw. Südost kommende sehr konstante Luftströmung wird als **„Passatwind“** (englisch: trade winds, spanisch: alisio) bezeichnet. Diese kräftige, beständige Luftströmung war im Zeitalter der Segelschifffahrt die lebenswichtige Betriebsenergie für das Vorwärtskommen der Schiffe. Oberflächennah über die Meere wehend, nimmt dieser Wind von diesen reichlich Feuchtigkeit auf und führt so zusätzlich zu den täglichen Niederschlägen im Äquatorialbereich zum Auffüllen der dortigen Wasservorräte. Das gesamte sich beiderseits der äquatorialen Tiefdruckrinne über gut 30 Breitengrade hin erstreckende Luftwalzensystem wird auch als **Hadley-Zellensystem** bezeichnet.

Gemäß den großräumigen Land-Meer-Unterschieden in der Oberflächenerwärmung können den Hadley-Zellen noch weitere Luftkreisläufe überlagert sein, die letztlich die Ursache der subtropischen **Monsunregen** insbesondere in Ostasien sind, wo die vom Äquatorbereich erfasste, unter der Sonneneinstrahlung sich besonders stark erwärmende Festlandsoberfläche wesentlich geringer ist als in Afrika und Südamerika, die nördlich davon gelegene riesige asiatische Landmasse aber in saisonaler Erwärmung oder Abkühlung zum großräumigen periodischen Antransport feuchter Luftmassen vom Indischen und Pazifischen Ozean her führt bzw. eine ablandige Windrichtung bedingt.

Für den äquatorialen Bereich bringt das Hadley-Zellen-System perhumide Bedingungen, für den Bereich um und etwas polwärts der Wendekreise ein perarides Klima. Da die Erdachse nicht senkrecht zu Erdbahn um die Sonne steht, sondern mit der Ekliptikschiefe geneigt ist, pendelt die Region des Sonnenhöchststandes zwischen den Wendekreisen im Jahreslauf hin und her, mit dem Äquatordurchgang zur Zeit der Tages- und Nachtgleiche im Frühling und im Herbst. In den Wendekreisregionen steht dementsprechend die Sonne nur einmal im Jahr im Zenit; es fallen dort nur in den Wochen der Sommersonnenwende die **„Zenitalregen“**, im Winter herrscht Trockenzeit.

Die Prägung der **Großwetterlagen in den extratropischen Gebieten** wird durch Luftdruckunterschiede zwischen den Polargebieten und den wärmeren mittleren Breiten bestimmt. An den Polarkalotten mit ihren kalten, dichten Luftmassen herrscht ein permanentes Hochdruckgebiet, von wo her kräftige oberflächennahe Luftströmungen in niedere Breiten vorstoßen. Sie unterfließen dort wärmere Luft, insbesondere auch im Bereich der Rossbreiten und stoßen auf die Luftmassenpakete im polwärtigen Grenzbereich der Hadley-Zellen. Gemäß der auf der rotierenden Erdoberfläche wirkenden Corioliskraft kommt es zur Wirbelbildung zwischen den sich verzahnenden, unterschiedlich warmen Luftmassenströmungen und zu starker Wolkenbildung mit Niederschlägen. Es sind dies die mit der Erddrehung von West nach Ost ziehenden **Tiefdruckzyklonen der gemäßigten Breiten**. Sie bringen prinzipiell zu allen Jahreszeiten Niederschläge. Im Laufe der Jahreszeiten pendelt der Grenzbereich zwischen den tropischen und extratropischen Luftmassenzirkulationssystemen um gut ein Dutzend Breitengrade zwischen Nord und Süd. Die Regionen unter diesem Grenzbereich erfahren so in den Sommermonaten voll die ariden Bedingungen der Rossbreitenwetterlage, im Winter die Zyklonen der Westwindzone. Dementsprechend herrschen hier **Winterregen** vor, welche die Vegetation in der kühleren Jahreszeit fördern, während in den wärmeren Monaten trockenheitsbedingt die Pflanzenwuchsverhältnisse sich verschlechtern (**Etesiengebiete** der Mittelmeerländer, des Kaplandes, Südwestaustraliens, Mittelchiles und Kaliforniens).

Polwärts nördlich und südlich der Mediterran-Zonen stellt die **im Winter regelmäßig unter den Gefrierpunkt absinkende Temperatur** einen prägenden pflanzengeographischen Faktor dar. In den Randtropen und in den ariden Subtropen wirkt die unterschiedlich lange **Dürre** in entscheidender Weise vegetationsprägend. In den Etesienklimaten beeinträchtigen beide Klimaparameter abwechselnd die Pflanzenwelt, in den immerfeuchten zentralen Tropen werden Temperatur- oder Trockenstressbedingungen nur in Ausnahmefällen einen bedeutenderen Einfluss auf den Pflanzenwuchs haben. Diese je Weltregion unterschiedlichen großklimatischen Gegebenheiten sind die entscheidenden Prägefaktoren, die zur zonalen Ausbildung der physiognomisch bestimmten großen Vegetationsformationen geführt haben.

6.2.4 Temperaturwirkungen auf die Lebensvorgänge der Pflanzen

6.2.4.1 Grundlagen der Temperaturabhängigkeit des Stoffwechsels

Stoffwechselprozesse sind temperaturabhängig. Diese Abhängigkeit ist besonders ausgeprägt, wenn der Ablauf der jeweiligen Umsetzung einen höheren minimalen Energiegehalt der beteiligten Moleküle voraussetzt. Im Fließgleichgewicht erfolgen die physiologischen Umsetzungen normalerweise erst nach Überschreiten einer Aktivierungsenergie. Diese wird bei höheren Temperaturen von mehr Molekülen erreicht als bei tieferen Temperaturen, gemäß dem Boltzmann'schen Energieverteilungssatz:

$n(E) = n \exp(-E/RT)$ (Gl. 6-7)

[n(E) = Zahl der Moleküle auf einem bestimmten Energieniveau) n = Gesamtzahl der Moleküle im System, E = Gehalt eines Moleküls an freier Energie, R = allgemeine Gaskonstante, T = absolute Temperatur].

Die Umsatzrate eines Prozesses mit einer bestimmten Aktivierungsenergie ist dann proportional der Zahl der Moleküle, die diese Aktivierungsenergie erreichen:

$$k = A \exp(-E_a/RT), \quad \text{(Gl. 6-8)}$$

mit A als einer für den jeweiligen Stoffwechselvorgang spezifischen Konstanten. Logarithmiert wird diese Gleichung als **Arrhenius-Gleichung** bezeichnet,

$$\ln k = \ln A - E_a/RT, \quad \text{(Gl. 6-9)}$$

d. h. der natürliche Logarithmus der Ratenkonstante k ist proportional dem Kehrwert der absoluten Temperatur mit einer Steigung der diese Proportionalität beschreibenden Geraden von $-E_a/R$.

Der Quotient dieser Ratenkonstanten bei zwei sich um 10 °C unterscheidenden Temperaturen ist dann

$$Q10 = \frac{A \exp[-E_a/R(T + 10)]}{A \exp(-E_a/RT)}$$

$$= \exp[10\, E_a/RT(T + 10)]. \quad \text{(Gl. 6-10)}$$

Diese als **Q10** bezeichnete Größe wird vielfach zur Beschreibung von biochemischen Prozessen verwendet, deren Umsatzraten mit der Temperatursteigerung annähernd exponentiell ansteigen. In Annäherung lässt sich der Q10-Wert eines Stoffwechselprozesses aus den Umsatzraten k1 und k2 bei zwei unterschiedlichen Temperaturen T1 und T2 berechnen:

$$Q10 \approx (k2/k1)^{[10\,(T2 - T1)]}. \quad \text{(Gl. 6-11)}$$

Umsätze, deren Q10 den Wert 1 nicht wesentlich übersteigt, beruhen hauptsächlich auf physikalischen, keine oder nur geringe Aktivierungsenergien beanspruchenden Vorgängen. Zur Quantifizierung der Temperaturabhängigkeit komplexerer, nicht durch exponentielle Temperaturprägung charakterisierter Prozesse ist der Q10 wenig nützlich. Ebenso wenig umfasst der Temperaturbereich, bei dem sich sinnvolle Q10-Werte ergeben, die gesamte Spanne zwischen den für die Vitalität der lebenden Gewebe zuträglichen Temperaturgrenzen. Denn mit steigenden Temperaturen erhöht sich zwar stets in überproportionalem Ausmaß die Zahl der Moleküle, die den Zustand der Aktivierungsenergie erreicht haben. Aber bei den im Stoffwechsel normalerweise ablaufenden Reaktionsabfolgen kann ein sehr temperaturempfindlicher Umsatzschritt unter einem höheren Temperaturregime von einem weniger temperaturempfindlichen Vorgang in seiner die Gesamtrate limitierenden Funktion abgelöst werden. Der Gesamtprozess kann auch das Ergebnis des differenzierten Gegeneinanderwirkens zweier oder mehrerer Teilreaktionen mit unterschiedlicher Temperaturempfindlichkeit sein oder – besonders wichtig – die Aktivität der die Umsetzungen katalysierenden Enzyme kann bei höheren Temperaturen zurückgehen als Folge der dann allmählich einsetzenden Proteindenaturierung. Die Folge ist, dass die meisten komplexeren Stoffwechselprozesse eine Temperaturabhängigkeit aufweisen, die einem Optimumverlauf folgt. Nach Jones (1992) lässt sich diese Abhängigkeit integrierend mit der empirischen Formel beschreiben

$$k = \frac{2\,(T + B)^2\,(T_{max} + B)^2 - (T + B)^4}{(T_{max} + B)^4} \quad \text{(Gl. 6-12)}$$

mit T_{max} = diejenige Temperatur, bei der die Umsatzratenkonstante k den Maximalwert erreicht und B = eine für den jeweiligen Stoffwechselvorgang spezifische Konstante. Bekanntestes Beispiel für einen solchen bei niedrigeren Temperaturen langsam ansteigenden, bei Temperaturen jenseits eines Optimums stark fallenden Prozess ist die aus Bruttophotosynthese und Atmung resultierende Nettophotosynthese, wobei jeder der Teilprozesse, die die beiden Hauptkomponenten prägen, in individueller Weise stärker oder schwächer positiv oder negativ temperaturgeprägt ist. Für die einzelnen Pflanzensippen resultieren so für die Teilvorgänge und für den gesamten Stoffwechselablauf unterschiedliche Optima und Umsatzerhöhungen und -reduzierungen in Abhängigkeit von der Temperatur, wodurch eine differenzierte Einnischung in Lebensräume unterschiedlichem Temperaturklimas ermöglicht wird.

6.2.4.2 Kardinalpunkte der Temperatur

Sowohl die einzelnen Stoffwechselprozesse wie auch die Lebensvollzüge der Pflanzen als Ganzes sind unterhalb und oberhalb des je spezifischen Temperaturoptimums durch minimale und maximale Grenztemperaturen limitiert, zu denen hin die temperaturabhängigen Umsatzraten abfallen, bei denen diese den Nullwert erreichen bzw. jenseits derer die Vitalität der Pflanzen nachhaltige Schädigung erfährt. Dieser untere und obere Grenzwert sowie die Optimumtemperatur für den jeweiligen Umsatzprozess werden als die **„Kardinalpunkte der Temperatur"** bezeichnet (Pisek et al. 1967, 1968, 1969). Sowohl beim unteren wie beim oberen „Pessimum" der Temperatur (im Kontrast zum „Optimum" des am meisten förderlichen Temperaturwertes bzw. Temperaturbereichs) kann unterschieden werden zwischen der **Latenzgrenze** der Lebensvollzüge und der **Letalgrenze**. Nach Überschreiten der Latenzgrenze werden die aktiven Lebensvorgänge reversibel auf minimale Geschwindigkeit erniedrigt, an der Letalgrenze treten bleibende Schäden auf. Die Latenzgrenzen der Temperatur liegen für Pflanzen allgemein bei ca. –5 (als „Minimum"-Kardinalpunkt) und +55 °C (als „Maximum"-Kardinalpunkt), die Letalgrenzen können erheblich tiefer und um einige Grade höher liegen.

So überdauern Koniferen in Boreal-Kontinentalgebieten durchaus winterliche Tiefsttemperaturen bis –70 °C, der wintergrüne *Ilex aquifolium* in Mitteleuropa hält bis rund –21 °C aus, irreversible Hitzeschäden in der Vegetationszeit treten bei manchen subtropischen Pflanzenarten zwischen 55 und 60 °C auf, bei den meisten Höheren Pflanzen im Temperaturbereich oberhalb 50 °C. Manche austrocknungsfähigen niederen Pflanzen können trocken, im Zustand des latenten Lebens, Tieftemperaturen von –196 °C und Maximaltemperaturen über 100 °C schadlos überdauern, Extreme, die unter natürlichen Standortbedingungen überhaupt nicht mehr vorkommen. Als besonders widerstandsfähig haben sich insbesondere viele Flechten gezeigt, die sich bei Vorherrschen von Temperaturextremen im trockenstarren Zustand befinden. Im eingequollenen Zustand sind die Thalli niederer Pflanzen ähnlich temperaturempfindlich wie die Sprosse der nicht austrocknungsfähigen Kormophyten. In allen Pflanzengruppen gibt es jedoch relativ zu den Temperaturextremen empfindlichere und widerstandsfähigere Taxa. Auch die Spanne zwischen den pessimalen Temperaturbereichen kann unterschiedlich breit sein. So gedeiht die Schneealge *Chlamydomonas nivalis* nur bei Temperaturen zwischen –5 und +5 °C mit einem Optimum knapp über dem Nullpunkt. Für den Schneeschimmel *Herpotrichia juniperi* erstreckt sich die Stoffwechsel und Wachstum zulassende Temperaturspanne von –5 bis reichlich +25 °C. Das Schneetälchenmoos *Anthelia juratzkana* befindet sich bei +39 °C bereits an seiner oberen Letalgrenze und ist unter –7 °C nicht mehr photosynthetisch aktiv, zeigt maximale CO_2-Aufnahmeraten aber bereits unter +10 °C. Das parasitische Bakterium *Salmonella paratyphi* ist virulent in der engen Spanne hoher Temperaturen zwischen 30 und 42 °C. Sprosspflanzen sind vital bei gemäßigteren Temperaturen mit Optima in der Regel zwischen 15 und 30 °C. Bei Tropenpflanzen liegt die Minimumtemperatur für störungsfreie Stoffwechselaktivität vielfach oberhalb des Gefrierpunktes, zwischen +2 und +6 °C; solche Sippen werden als **„erkältungsempfindlich"**, als **chilling-sensitive**, bezeichnet. Extratropische Taxa haben ihren unteren Latenzwert meist unterhalb 0 °C. Die Maximalwerte der Temperatur, die Stoffwechselaktivität zulassen, liegen bei höheren Pflanzen generell nicht allzu weit voneinander entfernt, im Temperaturbereich zwischen ca. +45 und +55 °C. Diese relativ deutliche Einheitlichkeit ergibt sich aus der in allen Fällen ähnlichen Denaturierungsempfindlichkeit der Enzymausstattungen.

Wie auch bei Tieren, ist für die meisten Pflanzen nur eine relativ **enge Temperaturspanne** für die Lebensvollzüge zuträglich. Viele der einzelnen Stoffwechselprozesse haben einen nur wenige Grade breiten Optimumbereich der Temperatur. Die Kardinalwerte der Temperatur sind im Prinzip sippenspezifisch festgelegt, können aber innerhalb gewisser Grenzen modulativ und modifikativ verschoben werden. Die Bandbreite des Optimums kann unterschiedlich weit sein.

Die Grenzen des für physiologische Vorgänge gerade noch zuträglichen Temperaturbereiches für Landpflanzen sind bei ungefähr –5 und +55 °C erreicht. Die Pessima, jenseits derer ein geordneter intensiverer Stoffwechsel bereits weitgehend zum Erliegen kommt, liegen aber innerhalb dieser Spanne um 5–10 °C höher bzw. tiefer. Moose haben ausnehmend breite Optimumbereiche der Temperatur, innerhalb derer die physiologischen Leistungen nicht wesentlich variieren; sie sind **eurytherm**. Kormophyten zeigen im allgemeinen einen deutlicheren Anstieg und Abfall zwischen den Pessima und dem für den einzelnen Stoffwechselvorgang optimalen Temperaturbereich. Ausgesprochen **stenotherm** sind eine Reihe von

Wasserpflanzen. Insbesondere viele Algen haben recht enge Temperaturfenster, in denen sie uneingeschränkte Vitalität zeigen. Im allgemeinen steht die Spanne der Pessima und innerhalb dieses Bereichs die Optimaltemperatur für die Lebensvollzüge mit dem artspezifischen Standortklima in Einklang. So gedeihen Schnee- und Eisalgen des Hochgebirges und der polaren Zonen nur nahe dem Gefrierpunkt, Blaualgen heißer Quellen ertragen und benötigen Milieutemperaturen zwischen 70 und 90 °C. Pflanzliche Konstitutionstypen, die an Kälte adaptiert sind, bezeichnet man als **„psychrophil"**, Sippen, die hohe Temperaturen benötigen, als **„thermophil"**. Die Mehrzahl der Organismen ist in ihren Temperaturansprüchen **„mesophil"**.

Lässt sich für die Vitalität von Einzellern noch generell ein einheitlicher Präferenzbereich der Temperatur angeben, so ist dies bei differenzierteren, höher entwickelten Pflanzen streng genommen nur für die einzelnen entwicklungs- und stoffwechselphysiologischen Prozesse möglich, deren individuelle Temperaturoptima oft sehr differieren können. Für den Gesamtorganismus resultiert dann die erträgliche Temperaturspanne aus den am engsten einander genäherten unteren und oberen Pessima aus der Gesamtheit der für die Einzelprozesse zuträglichen Temperaturspannen. Wichtig bei Temperatureffekten auf dem pflanzlichen Stoffwechsel ist auch, dass in den verschiedenen Organen eines Individuums gleichzeitig ganz unterschiedliche Temperaturen herrschen können (Abb. 6-20, 6-21). Dies kann förderlich für die Gesamtvitalität der Pflanze sein in dem Fall, wo zwischen ihren unterschiedlich temperierten Teilen eine damit in Einklang stehende Quellen- und Senkenrelation besteht (z. B. tagesperiodisch unterschiedliche Sauerstoff- oder Assimilat-Zufuhr aus den oberirdischen Organen in die temperaturabhängig unterschiedlich stark atmenden Wurzeln). Es kann in manchen Fällen aber auch höchst nachteilig sein, wenn temperaturabhängig Verbrauch und Verfügbarkeit von Substanzen nicht übereinstimmen (z. B. **Frosttrocknis** durch ungenügende Wurzelwasseraufnahme aus gefrorenem Boden bei hoher Wasserverdunstung im Kronenbereich sonnenbeschienener Bäume im Vorfrühling).

Von Bedeutung ist auch die zeitliche Variabilität der Temperaturansprüche im Detail; diese können während der Ontogenese eines Individuums durchaus verschieden sein. So hat der Entwicklungsverlauf der einzelnen Pflanze nicht eigentlich einen bestimmten Optimalbereich der Temperatur, sondern einen optimalen Temperaturverlauf. Vielfach sind kurzzeitig tiefe, gelegentlich auch hohe Temperaturextreme im Embryonalstadium wichtig, um die weitere Entwicklung zu starten. Sprossstreckung und Blattentwicklung aus den bereits unter winterlichen Temperaturen differenzierten Primordien bei Frühjahrsgeophyten können durch Überschreiten spezifischer Temperaturgrenzwerte in Gang gesetzt werden (mitunter im Wechselspiel mit dem Lichtregime: Van Doorn & Van Meeteren 2003). Das Stäuben von Kätzchenblütlern wird durch das Zusammenspiel von Photoperiode und frühjahreszeitlichem Temperaturverlauf bestimmt. Die Voraussetzung einer Frost- oder zumindest Kühleperiode für den Übergang von der vegetativen zur generativen Phase ist bei vielen Sippen bekannt und hat für die landwirtschaftliche Praxis mitunter große Bedeutung **(Vernalisation)**. Auch der Wechsel vom Rosettenstadium des ersten Jahres zur Blütensprossbildung im zweiten Jahr dürfte bei biennen Pflanzen wesentlich durch die dazwischenliegende winterliche Kälteeinwirkung geprägt sein. Einmalige kurzfristige Temperaturwechsel können die Blütenbildung einleiten, wie es z. B. bei der javanischen Orchidee *Dendrobium crumenatum* in Reaktion auf den mit einem Gewitter verbundenen Temperatursturz vorkommt. Schließlich steht auch die endgültige Reife von Früchten oft in direkter Abhängigkeit vom einwirkenden Temperaturklima.

Im Jahresverlauf ist an den allermeisten Standorten zwar ein vom jeweiligen mittleren Sonnenstand abhängiger Temperaturgang zu verzeichnen, kurzfristig aber herrscht eine wetterabhängige, im Detail wenig vorhersagbare Fluktuation der Temperaturverhältnisse. Infolgedessen sind derartige Wechselbeziehungen zwischen der mittelfristigen Vorgeschichte der standörtlichen Temperaturverhältnisse bzw. der aktuell herrschenden Temperatur einerseits, der Ontogenese der Individuen einer Sippe andererseits oft nur auf der Basis von Beobachtungen korrelativ miteinander zu verknüpfen. Kausalitätsbeziehungen sind beim Syndrom der temperaturabhängigen Entwicklungsprozesse noch wenig im Detail bekannt. Zu ihrer Aufdeckung sind vielseitige physiologische Studien nötig und in manchen Einzelfällen auch durchgeführt, welche im Rahmen des vorliegenden Textes jedoch nicht näher aufgeführt werden sollen. Zur Temperaturabhängigkeit der photosynthetischen Stoffproduktion sei auf die Ausführungen in Kap. 6.5 hingewiesen. Eine überragende Bedeutung hat auch das herrschende Temperaturregime und seine Veränderungen bei der Samenkeimung und frühen Sämlingsentwicklung.

6.2.5 Auseinandersetzung der Pflanzen mit standörtlichen Extremtemperaturen

Dass Stoffwechselprozesse nur innerhalb vergleichsweise enger Temperaturgrenzen störungsfrei ablaufen, ist zum einen bedingt durch die hitzeabhängige Denaturierung von Proteinen und Membranlipiden im Temperaturbereich zwischen rund 50 und 60 °C und andererseits durch irreversible Störungen in der subzellulären Kompartimentierung, wenn Eisbildung innerhalb des Cytoplasmas auftritt. Extrazelluläres Gefrieren kann in der Regel schadensfrei überdauert werden, vorausgesetzt, die damit verbundene Entwässerung des Symplasten erfolgt allmählich und erfasst nicht auch noch das konstitutiv gebundene Wasser.

Allerdings sind nicht alle Pflanzen in der Lage, tiefe Temperaturen, selbst solche knapp über dem Nullpunkt, unbeschädigt zu überstehen. Taxa, welche bereits bei Temperaturen zwischen +10 und 0 °C in ihrer Vitalität beeinträchtigt werden, werden als **erkältungsempfindliche Pflanzen (chilling sensitive)** denjenigen Sippen gegenübergestellt, welche erst bei mehr oder minder tiefen Temperaturen unter 0 °C ihre Frostresistenzgrenze besitzen. Im Falle der Erkältungsempfindlichkeit gilt ebenso wie im Falle der Hitzeempfindlichkeit das Dosisgesetz, wonach eine weniger extreme Temperatur im Schädigungsbereich, welche langfristig einwirkt, genauso abträglich ist wie eine nur kurz einwirkende aber extremere Schadenstemperatur. Der **Primärschaden beim chilling** pflanzlicher Gewebe beruht auf der veränderten Fluidität der Membranlipide, wodurch die Aktivität der membran-assoziierten Proteine beeinträchtigt wird. Des weiteren wirkt die tiefe, wenngleich noch positive Temperatur auch direkt strukturverändernd auf die Membranproteine, auf das Cytoskelett sowie auch auf manche globulären Proteine. Die Folge sind jeweils Gleichgewichts-Verschiebungen bzw. Störungen im Intermediärstoffwechsel und insbesondere in der Ionen-Homöostase. Nicht erkältungsempfindliche Pflanzen können Zusammensetzung und interne Beweglichkeit ihrer Membranen offenbar besser an abgesenkte Temperaturen anpassen, kälteempfindliche Makromoleküle im Cytoplasma stabilisieren und das Stoffwechselgleichgewicht auch bei niedrigen Temperaturen aufrechterhalten.

Die Ursachen der Erkältungsempfindlichkeit sind in sehr hohem Ausmaß sippenspezifisch und können somit auf ganz unterschiedlichen Stoffwechselstörungen beruhen. So kann, z. B., das gleiche Enzym in verschiedenen Pflanzen in unterschiedlichem Ausmaß chilling-empfindlich sein. Naheliegenderweise ist die Erkältungsempfindlichkeit auf Pflanzen der tropischen und subtropischen Regionen beschränkt, die an ihren Standorten im Normalfall keine Tieftemperatursituationen erfahren und so keine einschlägige Resistenzevolution durchgemacht haben. Doch findet sich **Chilling-Empfindlichkeit auch bei manchen Kulturpflanzen**, wie der Tomate, welche durch den Menschen aus ihren natürlichen Verbreitungsräumen in niederen Breiten auch in winterkühle Regionen verbracht wurden.

Im Falle der **Resistenz gegenüber Frosttemperaturen**, Temperaturen unter 0 °C, spielt die Einwirkungsdauer der Extremtemperatur keine wesentliche Rolle, wohl aber die Abkühlungsrate, d. h. die Geschwindigkeit der Temperaturabsenkung, mit der die Grenztemperatur der Resistenz erreicht wird, sowie dieser Temperaturbereich selbst.

Liegt die Frosttemperatur nur wenige Grade unter dem Nullpunkt (im äußersten Extrem bis ca. –6 °C), genügt vielfach die Konzentration an osmotisch wirksamen Substanzen in den Kompartimenten des Symplasten, um infolge der **Gefrierpunktserniedrigung** eine Eisbildung zu verhindern. **Gefrierempfindliche Pflanzen** gehen zugrunde, wenn diese osmotische Vermeidung von Eisbildung, evtl. noch etwas verstärkt bzw. zeitlich hinausgezögert durch Unterkühlung unter die Eisbildungstemperatur, nicht mehr ausreichend ist und es im Gewebe folglich zu Eisbildung kommt. Bei Geweben, die tieferen Temperaturen ausgesetzt sind, kann die Kälteresistenz nur durch **Toleranz gegenüber (extrazellulärer!) Eisbildung** gegeben sein, d. h. durch hinreichende plasmatische Toleranz gegenüber gefrierbedingter Entwässerung; diese Pflanzen sind dann **gefrierbeständig**.

Im Falle der **Hochtemperaturbelastung der Pflanzen** (Turner & Kramer 1980) kann eine Vermeidung übermäßiger Hitzebelastung z. B. durch morphologische Eigenheiten ermöglicht werden, welche ein Übermaß einfallender Strahlung reflektieren oder von empfindlicheren Gewebepartien abschirmen durch deren Beschattung oder Wärmeisolierung. Auch strukturelle Besonderheiten, welche die Wärmekonvektion stark erhöhen, wie der Habitus der Rutensträucher (6.1.3), von stark aufgeteilten Blättern u. ä., reduzieren recht wirkungsvoll die Erwärmung des Pflanzenkörpers. Ein wichtiger Prozess der **Minderung der Hitzelast** für die stoffwechselaktiven Blattorgane ist die Transpirationskühlung, welche – bei hinreichender Wasserverfügbarkeit – im Extremfall die Blatttemperaturen mancher Wüstenpflanzen bis zu gut 10 °C unter die bereits nahe der Letalitätsgrenze liegende Lufttemperatur zu drücken vermag (Lange 1959 – Abb. 6-18). Während solche strukturellen und funktionellen Eigenheiten durchaus geeignet sind, im Zeitraum von einigen Stunden auftretende Hitzebelastungen abzumildern und so ihr Überdauern zu erleichtern, ist für die Einnischung von Pflanzensippen an wärmeexponierten Standorten der Besitz auch einer hinreichend großen **plasmatischen Hitzetoleranz** unerlässlich. Diese Resistenz ist im Erbgut der einzelnen Arten festgelegt und somit konstitutiv vorhanden oder aber fehlend.

6.2.5.1 Stoffwechselphysiologische Grundlagen der Resistenz gegen Temperaturextreme: Vermeidung und Toleranz von Hitze- und Kältestress

Bei der pflanzlichen Resistenz gegenüber extremen Standortfaktoren können begrifflich jeweils Mechanismen zur Stressvermeidung und Mechanismen zur Stresstolerierung unterschieden werden. In Abb. 6-27 sind schematisch die Möglichkeiten der pflanzlichen Resistenz gegen hohe und tiefe Extremtemperaturen zusammengestellt, morphologische und funktionelle Eigenheiten, durch welche Temperaturbelastungen des Zellstoffwechsels vermindert werden, und Grundlagen der cytoplasmatischen Hitze- und Kältetoleranz.

6.2.5.2 Hitzeresistenz

Während die vorgenannten strukturellen und funktionellen Eigenheiten zur Verminderung einer standörtlichen Wärmebelastung durchaus geeignet sind, im Zeitraum von einigen Stunden auftretenden Hitzestress abzumildern und so das pflanzliche Überdauern zu erleichtern, ist für die

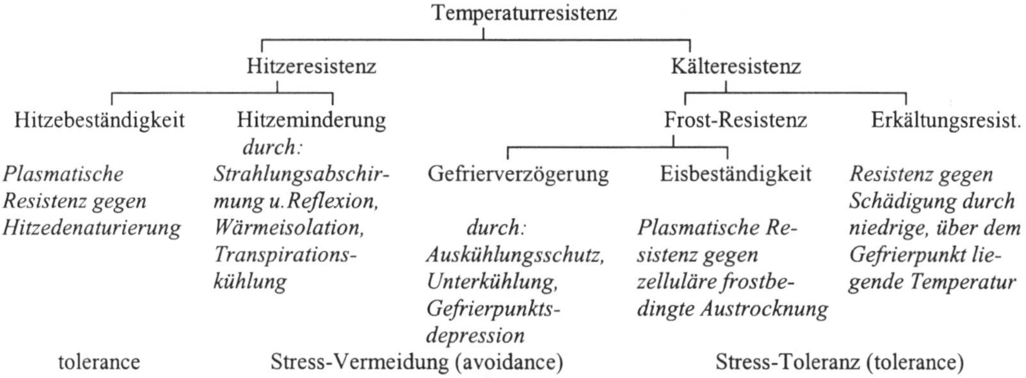

Abb. 6-27: Komponenten der Temperaturresistenz (nach Levitt 1980, verändert aus Larcher 1980).

Einnischung von Pflanzensippen an wärmeexponierten Standorten der Besitz auch einer hinreichend großen **plasmatischen Hitzeresistenz** unerlässlich. Diese Resistenz ist im Erbgut der einzelnen Arten festgelegt und somit konstitutiv vorhanden oder aber fehlend. Die stoffliche Basis dieser **plasmatischen Hitzeresistenz** ist der Besitz von in hohem Maße wärmestabilen Isoenzymen und Strukturproteinen sowie einer an hohe Temperaturen geeignet angepassten Zusammensetzung der Biomembranen (Alexandrov 1977, Lyons et al. 1979). Das generelle Niveau der cytoplasmatischen Wärmebeständigkeit korreliert in erheblichem Ausmaß mit dem Lebensraum, in dem der jeweilige Organismus eingenischt ist. So muss die Makromolekülstruktur der Bakterien und Blaualgen, welche stenotherme Bewohner heißer Quellen sind, von außerordentlich hoher Hitzestabilität sein. Auch das Cytoplasma von sich im mediterranen Sommer erheblich erwärmenden Blättern mit sklerophyller (Lange & Lange 1963) oder laurophyller Struktur (Lösch 1980) zeichnet sich durch eine für dikotyle Blätter bemerkenswert hohe Hitzeresistenz aus.

Die Wärmetoleranz auf cytoplasmatischer Ebene ist allerdings keine feste Größe, sondern variiert im Jahreslauf im Zuge der ontogenetischen Dynamik im Auf- und Umbau der zellulären Strukturen sowie in kurzfristiger Anpassung an das je herrschende Temperaturregime. **Hitzehärtung und -enthärtung** kann dabei bereits während weniger Stunden im Tageslauf erfolgen

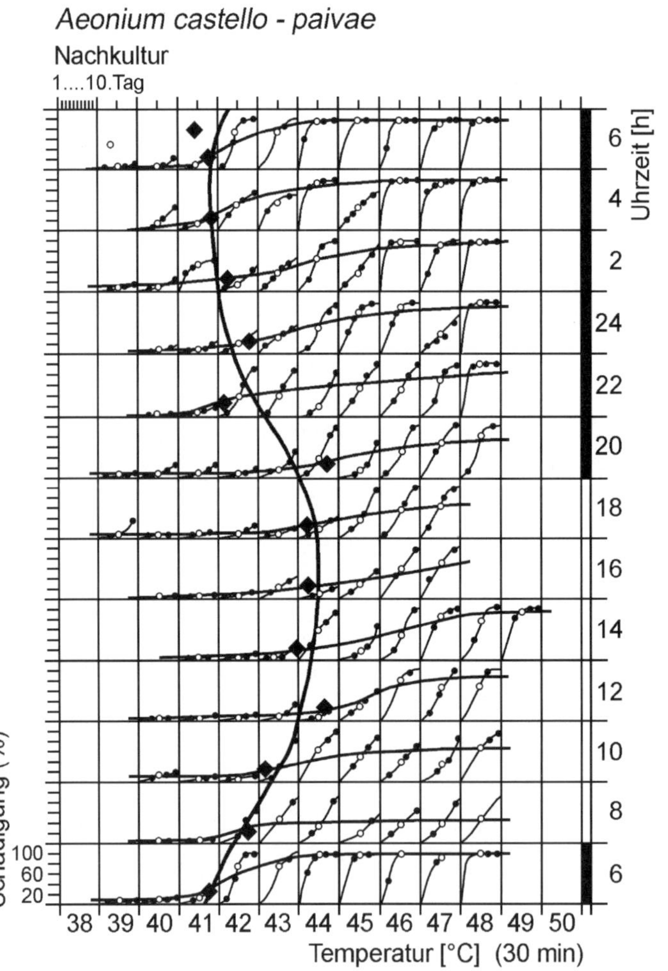

Abb. 6-28: Tagesgang der Hitzeresistenz der Blätter der kanarischen Crassulacee *Aeonium castello-paivae*. Schadensverläufe während der Nachkultur nach halbstündiger Einwirkung der angegebenen Temperaturen zu den jeweiligen Tageszeiten (aus Lösch 1990a).

(Bsp.: Abb. 6-28). Dies kann auf Konformationsänderungen und Strukturstabilisierung der in der Zelle vorhandenen Makromoleküle im Zuge der allgemeinen Stoffwechseldynamik beruhen, doch liegt zwischen dem Temperaturoptimum des Stoffwechsels und seiner Beeinträchtigung durch höhere Temperaturen meist nur eine Spanne von wenigen Graden. Temperatursteigerung über das artspezifische Temperaturoptimum hinaus bewirkt sukzessive ein spezifisches Herunterfahren vieler Abläufe im normalen Zellgeschehen durch Einstellung der dafür nötigen Transkriptionsprozesse und Protein-Biosynthesen, bei gleichzeitig verstärkter Expression von Hitzeschockgenen und der durch sie codierten **Hitzeschockproteine**.

Auf der Transkriptionsebene kommt es zur bevorzugten Expression von Hitzeschock-(hs-)Genen zu Lasten der Informationsbereitstellung für normale Protein-Biosynthesen („Herunterfahren der Expression von housekeeping-Genen"). Hitzeschockgene besitzen, anders als housekeeping-Gene, keine Introns. Das funktionell entscheidende Motiv ihres Promotors ist als Palindrom ausgebildet (spiegelbildliche Basensequenz in den beiden gegenläufigen Strängen). Aufgrund des Fehlens von Introns muss die von diesen Sequenzen transkribierte mRNA nicht gespleisst werden, im Unterschied zu der den normalen Zellstoffwechsel prägenden mRNA. Hitzestress reduziert erheblich die Spleißprozesse, sodass der Nachschub von funktioneller mRNA zu den Ribosomen unterbleibt, soweit diese auf ein solches Processing angewiesen ist. Die Polysomen dissoziieren als Folge davon in ihre Untereinheiten. Auch die Verarbeitung der Präribosomen im Nukleolus kommt zum Erliegen, sodass auch die Ribosomen-Neusynthese starke Einschränkungen erfährt. Lediglich die Translation von hs-mRNA wird erheblich gesteigert (Nover 1990). Die meist nach ihrer Molekularmasse benannten Hitzeschockproteine (HSP) werden von (bisher bekannt) 10 Genfamilien exprimiert, die nach Sequenzhomologien und funktionellen Gemeinsamkeiten zusammengefasst werden (Schulze et al. 2002). Besonders bekannt sind die ATP-bindenden HSP-100 und HSP-70, aber auch kleinmolekulare Proteine, wie das Ubiquitin (8,5 kDa), gehören zu dieser Proteinklasse. Vor allem die größeren HSPs üben im Zellstoffwechsel typischerweise Chaperonfunktionen aus, Ubiquitin markiert denaturierte Proteine und wirkt bei ihrem Abbau mit.

Die verminderte Bereitstellung der im intermediären Metabolismus benötigten Funktions- und Strukturproteine unter der Hitzebelastung hat Konsequenzen für viele Bereiche des Zellstoffwechsels und des Zellzyklus. Es kommt (Nover 1990)

- zu Störungen der Signalumwandlung und der Membranfunktionen durch Aggregation von Membranproteinen,
- zum Zusammenbruch bzw. zur Umordnung des Cytoskeletts, was Störungen der intrazellulären Verteilungs- und Bewegungsvorgänge zur Folge hat, mikroskopisch sichtbar durch den Zusammenbruch der Plasmaströmung in der Zelle,
- zur Deformation des Nukleolus durch Akkumulation von Ribosomen-Vorstufen sowie deren Abbauprodukten,
- teilweise zum Zerfall des Endoplasmatischen Reticulums,
- zu Störungen in der Reparatureffizienz für DNA-Schäden, zu Defekten bei der Ausbildung des Spindelapparates und als Folge von beidem zu Störungen im Zellzyklus.
- Von erheblicher Bedeutung ist die Bildung von „Hitzeschockgranula" aus der Aggregation von HSPs, in denen eine Konservierung von mRNA für Nicht-Stressproteine stattfindet.

Die genannten Vorgänge haben je spezifische Temperaturschwellenwerte, sodass unterschiedliche Zellfunktionen bei unterschiedlichen Grenztemperaturen zum Erliegen kommen (Tab. 6-7). Das Gesamtergebnis dieser Veränderungen ist, dass trotz der Störungen wichtige Strukturelemente und Funktionen der Zelle bewahrt bleiben und in der Zeit nach der Stresseinwirkung rasch und vollständig eine Normalisierung der Verhältnisse erfolgen kann. Schutz von mRNA für Proteine der „housekeeping functions" während der Stresszeit sowie reichliche Verfügbarkeit als Chaperone für die posttranslationalen Vorgänge der Proteinsynthese nach Rückgang der Hitzebelastung sind die besonders wichtigen Funktionen der vor allem zu Stressbeginn reichlich produzierten HSPs. Ihre Konzentration in der Zelle erniedrigt sich relativ bald wieder, wenn der Hitzestress vorbei ist.

Bei der dann stattfindenden Neusynthese von Funktionsproteinen kommt es möglicherweise zeitweilig zur Produktion von hitzestabileren Isoenzymen und eventuell auch Strukturproteinen, und die Lipidzusammensetzung der Membranen erfährt bei zellulären Reparaturvorgängen nach Hochtemperaturbelastung ebenfalls Veränderungen. Stoffwechselstörungen bei neuerlicher Hitzeeinwirkung können so – innerhalb nicht überschreitbarer Grenzen – geringer ausfallen, wenn mehrere Hitzepulse mit nachfolgender Normalisierung der Verhältnisse aufeinander

Tab. 6-7: Hochtemperatur-Bereiche für Funktionsstörungen von pflanzlichen Stoffwechselprozessen (Daten von mesophytischen Taxa; kombiniert aus Larcher 1994 und Schulze et al. 2002).

Funktion	Temperaturbereich [°C]
Verlust der Phototaxis von Chloroplasten	37–43
Verlust der Plasmaströmung	38–45
Nettophotosynthese nicht mehr nachweisbar	39–43
Verlust der Chlorophyllfluoreszenz	42–48
Disintegration von Photosystem II	42–48
Funktionsverlust der Adenylatkinase	47–49
Funktionsverlust der PEP-Carboxylase	48–54
Funktionsverlust der Rubisco	49–54
Entkoppelung der oxidativen Phosphorylierung	51–56
Semipermeabilitätsverlust der Zellmembranen	51–59

folgen: Eine – allerdings nur maßvolle – ontogenetische **Hitzehärtung** ist also möglich.

Bei vielen Pflanzen ändert sich die Hitzeresistenz im Jahreslauf. Diese Änderungen sind auf Entwicklungsprozesse und den Temperaturverlauf im Freiland abgestimmt. Die größte Hitzeempfindlichkeit haben alle Pflanzen während ihrer Hauptwachstumsphase. Es gibt Pflanzentypen mit einem **ausschließlich sommerlichem Resistenzanstieg**, aber auch solche, die **zur Zeit der Winterruhe eine erhöhte Hitzebeständigkeit** aufweisen (Kappen 1981). Letztere kann nicht als modulative Anpassung an die standörtliche Wärmebelastung gedeutet werden, sondern ist primär entwicklungsdominiert. Die Kombination beider Möglichkeiten ergibt saisonale Verlaufsmuster der Hochtemperatur-Resistenz, bei denen die Pflanzen in den Übergangsjahreszeiten am empfindlichsten sind, und schließlich existieren auch Taxa ohne jahreszeitliche Resistenzschwankungen.

6.2.5.3 Kälteresistenz

Im Unterschied zur Hitze- und Erkältungsempfindlichkeit der Pflanzen spielt bei Frostschäden nicht die Dosis-Wirkungs-Beziehung die entscheidende Rolle bei der Ausprägung eines Schadens. Neben sippenspezifischen Grenztemperaturen der **Frostresistenz** (Li 1987, Sakai & Larcher 1987) ist es hier wesentlich die Geschwindigkeit, mit welcher die schädliche Temperatur ausgehend von weniger extremen Bedingungen erreicht wird. Denn **Frostschäden an pflanzlichen Geweben sind Schäden entweder infolge intrazellulärer Eiskristallbildung**, was auf jeden Fall irreversibel zu Vitalitätsverlust führt, **oder die Folge übermäßiger Entwässerung und damit von Trocknisschäden am Cytoplasma**, welche infolge von drastischen Wasserverschiebungen zum Apoplastenraum hin als Folge der dort stattfindenden Eiskristallbildung auftreten. Diese extrazelluläre Eisbildung braucht, für sich genommen, nicht unbedingt zu Schäden im Gewebe führen, sofern sie langsam erfolgt und durch Auftauen über einen längeren Zeitraum hinweg auch nur allmählich wieder rückgängig gemacht wird.

Gefrierverlauf und Frostschädigung (Larcher 1994). Eis entsteht in der Pflanze zuerst an jenen Stellen, die am schnellsten auskühlen und die am leichtesten ausfrieren; in der Regel sind das die peripheren Leitungsbahnen und Kondenswasser in den Interzellularen. Eiskeimaktive Bakterien (z. B. *Erwinia*- und *Pseudomonas*-Arten) mit Oberflächenproteinen, die durch eine strukturierte Anordnung angelagerter Wassermoleküle ein Gefrieren knapp unter 0 °C auslösen, können für das Gefrieren von Pflanzengeweben als wirksame Nukleatoren eine Rolle spielen. Der Gefrierimpuls breitet sich über Leitbündel und homogene Gewebe schnell aus, Diskontinuitäten (Lufträume, dichte verholzte oder cutinisierte Sekundärwände) behindern die Eisausbreitung.

Wasserreiche, nicht abgehärtete oder vorher auf tiefe Temperatur unterkühlte Protoplasten gefrieren **intrazellulär**. Dabei entstehen blitzschnell Eiskristalle im Zellinneren, was zur Folge hat, dass das Cytoplasma zerstört wird. Häufig entsteht jedoch Eis nicht im Protoplasten, sondern zuerst in den Interzellularen und dann zwischen Zellwand und Protoplast. Diese Art von Eisbildung wird **extrazellulär** genannt. Auskristallisierendes Eis wirkt wie trockene Luft, weil der Dampfdruck über Eis niedriger ist als über einer unterkühlten Lösung. Dadurch wird den Protoplasten Wasser entzogen, diese schrumpfen stark, und die Konzentration der gelösten Stoffe steigt an. Die Wasserverschiebung und das Ausfrieren schreiten so lange fort, bis ein thermodynamisches Gleichgewicht zwischen der Eisschicht und der Zellflüssigkeit herrscht. Der Wasserverlust im Cytoplasma erniedrigt dort das Wasserpotential mit der Folge, dass das protoplasteninterne Wasserpotential und das Wasserpotential des apoplastischen Eiskörpers sich immer mehr annähern. Die Gleichgewichtslage ist temperaturabhängig, bei –5 °C liegt das Gleichgewicht bei etwa –6 MPa, bei –10 °C schon bei –12 MPa.

Tiefe Temperaturen wirken daher auf das Protoplasma wie Austrocknung. Bei Kältestress und Entwässerung des Protoplasmas werden Salzionen und organische Säuren in der ungefrorenen Restlösung sehr stark konzentriert. Das führt zur Inaktivierung von Enzymen und vergiftet mit der Zeit das cytoplasmatische Milieu. Osmotisch und durch die Volumenkonzentration werden Biomembranen überbeansprucht, Membranlipide werden abgebaut. Teilweise kommt es auch zu einem Wechsel in der Anordnung der Membranlipide zueinander vom flüssigkristallinen zum wesentlich weniger beweglichen Gelzustand. Dadurch wiederum können Membranproteine abdissoziieren, und Membran-ATPasen funktionieren nicht mehr. Bei stärkerer Entwässerung lagern sich die Phospholipide des Bilayers in die Hexagonal-II-Phase um, unter Bildung von Lipidtröpfchen und -strängen und Desintegration der Membranproteine. Schließlich ist der Zelle so viel Wasser entzogen, dass bei einem spezifischen Dehydratationsgrad auch die dynamisch geordnete Feinstruktur des Protoplasmas irreversibel verloren geht.

In den tropischen, subtropischen und mediterranen Regionen der Erde sind die meisten Pflanzen gegenüber Frosteinwirkungen kaum abhärtbar und daher überaus tieftemperatur-empfindlich. In Gebieten mit einem Jahreszeitenklima erwerben Landpflanzen im Herbst die Fähigkeit, erhebliche extrazelluläre Eisbildung im Gewebe zu überleben.

Die erste Voraussetzung für den Übergang der Pflanzen in einen abhärtungsbereiten Zustand ist der Abschluss (bei Holzpflanzen) oder die Unterbrechung (bei krautigen Pflanzen) der Wachstumstätigkeit. Ist die Abhärtungsbereitschaft erlangt, dann kann der **Abhärtungsvorgang** ablaufen. Dieser ist ein Phasenprozess, bei dem jede Stufe den Übergang zur nächsten vorbereitet.

In Holzpflanzen wird die Frostabhärtung durch mehrtägige bis wochenlange Einwirkung von Temperaturen knapp über dem Nullpunkt eingeleitet. In dieser ***Vorabhärtungsstufe*** werden Zucker und andere Schutzstoffe im Protoplasma angereichert, die Zellen werden wasserärmer, und die Zentralvakuole zerklüftet sich in eine Vielzahl von Kleinvakuolen. Dadurch ist das Protoplasma auf die nächste Phase vorbereitet, die bei diesen Pflanzen bei schwachen Frösten zwischen –3 und –5 °C abläuft. Die Pflanze geht dabei von der **Phase der Vorruhe** in die der **Vollruhe** über. Nun werden Biomembranstrukturen und Enzyme so umgebaut, dass die Zellen den Wasserentzug durch Eisbildung vertragen. Die ***höchste Abhärtungsstufe*** erreichen die Pflanzen bei ununterbrochenem Frost von wenigstens –5 bis –15 °C. Die wirksamen Temperaturbereiche sind von Art zu Art verschieden. Die Kälte treibt den Abhärtungsvorgang also vor sich her. Lässt der scharfe Frost nach, dann fällt das Protoplasma wieder in die erste Abhärtungsstufe zurück, die Resistenz kann aber durch Kälteperioden immer wieder auf ein höheres Niveau gehoben werden, solange die Pflanzen in Entwicklungsruhe verharren. **Sobald die Winterruhe aufgegeben wird, geht das Abhärtungsvermögen rasch verloren.**

Während des Winters überlagern sich dem jahreszeitlichen Gang der Frosthärte kurzfristig induzierte Adaptationen, durch die das Resistenzniveau an den Witterungsablauf angepasst wird. Fröste fördern die Abhärtung besonders im Vorwinter. Um diese Zeit kann die Resistenz schon innerhalb von wenigen Tagen auf ihren Höchststand gebracht werden. Tauwetter ruft vor allem im Spätwinter einen raschen Verlust der Widerstandskraft hervor. Aber auch mitten im Winter kann man die Pflanzen durch die Einwirkung von Temperaturen zwischen +10 und +20 °C innerhalb einiger Tage weitgehend enthärten.

Bei **krautigen Pflanzen** wird die Abhärtung durch Temperaturen von +5 bis –2 °C eingeleitet. Eine vorbereitende Umstellung auf Abhärtungsbereitschaft scheint es hier nicht zu geben; die Taglänge hat eine untergeordnete oder gar keine Bedeutung. Wesentliche Voraussetzung für die Erlangung höherer Kälteresistenz von Krautpflanzen ist die Ansammlung von Kohlenhydraten. Diese stauen sich auf, weil in der Regel krautige Pflanzen auch im Winter photosynthetisch aktiv sind, aber die dabei gewonnenen Assimilate nicht in Wachstum investieren. Mit zunehmender Dauer von Frostperioden (und besonders des Bodenfrostes) steigern die krautigen Pflanzen ihre Widerstandsfähigkeit ganz erheblich. Ein Merkmal einphasischer Abhärtungsabläufe ist die **gleitende Anpassung an die Winterkälte**: sie setzt schnell ein und erlangt in kurzer Zeit ihre volle Wirksamkeit. Ebenso schnell wird aber auch der Zustand hoher Frosthärte wieder aufgegeben.

Während der Monate des Winterhalbjahres sind die ausdauernden Pflanzen bis etwa zur Wintersonnenwende abhärtungsbereit, danach aber zu relativ schneller Enthärtung fähig. Es ist dies die Zeit der **Nachruhe**, in der die Knospen zunehmend austriebsbereiter werden.

Zellbiologisch-molekulare Vorgänge bei der Kältehärtung. Die frostbedingte Zellentwässerung kann durch spezifische Proteine reduziert werden, die in den Apoplasten der Zellwände ausgeschieden werden. Diese „antifreeze proteins" (AFPs, auch „thermal hysteresis proteins", THPs, genannt) können den Gefrierpunkt des Wassers in den Zellwänden um 0,2–0,4 °C herabsetzen. Nach Befunden bei AFPs von Fischen ergibt sich aus der Alanin-reichen Aminosäurensequenz, dass die α-Helix dieser Proteine eine hydrophile und eine hydrophobe Flanke besitzt. Mit der erstgenannten Längsseite lagern sich die AFP-Stänge an die Hauptwachstumsflächen der extrazellulären Eiskeime, erschweren mit ihrer hydrophoben Aussenseite die weitere Anlagerung von Wassermolekülen und reduzieren so das Wachstum der Eiskristalle (Schulze et al. 2002).

Polyole und Oligosaccharide stabilisieren im Zuge der Frosthärtung die Zellmembranen durch teilweisen Ersatz der Wassermoleküle ihrer Hydratationshüllen. Außerdem kommt es zu Wechselwirkungen der Membranoberflächen mit Gefrierschutzproteinen („cold related proteins", COR bzw. „cold adaptation proteins", CAP), die über hydrophobe Kontakte mit den Lipiden der Membranentwässerung entgegenwirken. In Funktion und Aufbau sind sie mit Proteinen verwandt, die in manchen ontogenetischen Abschnitten (Samenbildung) konstitutiv oder aber unter Dürrebelastung adaptiv als Schutzproteine bei Wassermangel exprimiert werden (Dehydrine, LEA-Proteine).

Intraspezifische Variabilität der Frostresistenz und Überlebenssicherheit. Verschiedene Organe und Gewebe unterscheiden sich mitunter sehr in ihrer Tieftemperaturresistenz:

- Reproduktive Organe sind häufig besonders frostempfindlich, so z. B. die Blütenanlagen in den Winterknopsen oder der Fruchtknoten in den Blüten.
- Recht empfindlich sind auch unterirdische Organe. Die Kälteresistenz der Zwiebeln, Knollen und Rhizome ist entscheidend für das Überleben von Geophyten.
- Bei Holzpflanzen begrenzt die Resistenz der verholzenden Abschnitte des Wurzelsystems, vor allem des Wurzelhalses, die Widerstandsfähigkeit der Gesamtpflanze gegen strenge Winter. Sterben diese Teile ab, dann geht auch der Spross zugrunde.

Der oberirdische Spross ist am wenigsten empfindlich. Das Kambium der Sprossachsen ist im voll abgehärteten Zustand unter allen Geweben das widerstandsfähigste. Die Erneuerungsknospen sind umso resistenter, je mehr sie dem Frost ausgesetzt sind. Knospen, die ohne Abschirmung überwintern, werden meist ebenso frosthart wie die Tragachsen, jedenfalls resistenter als die Blätter. In Bodennähe überwinternde Knospen entwickeln demgegenüber nur mäßige Resistenz.

Den **Knospen** kommt resistenzökologisch große Bedeutung zu: Laubverlust ist für die Pflanze nicht allzu schlimm, wenn die Knospen dabei gesund geblieben sind, er ist definitiv, wenn zusammen mit den Blättern auch die Knospen schwere Ausfälle erlitten haben. Allerdings können viele Pflanzen auch dann noch aus widerstandsfähigeren Reserveknospen austreiben. Bäume die häufig auf derartige Regeneration angewiesen sind, verstrauchen und bilden Krüppelformen aus.

Die positionsbedingt unterschiedliche Kälteresistenz der Knospen und sonstigen Überwinterungsorgane der Pflanzen ist so kennzeichnend, dass man die Gesamtheit der Pflanzenarten in extratropischen Regionen danach in unterschiedliche **Lebensformen** einteilen kann (Raunkiaer 1937): 8.1.2. Auch die einzelnen Altersstadien sind ungleich widerstandsfähig und auch ungleich gefährdet. Im Zusammenhang mit Fragen der Pflanzenverbreitung ist besonders auf Jungwuchs zu achten – sind es doch die jeweils empfindlichsten Lebensstadien, die grundsätzlich die Erhaltung und Ausbreitung einer Art begrenzen. Meist entwickeln die äußeren Kronenteile der Bäume, die den Bestand abgrenzen und Ausstrahlungsfrösten am stärksten ausgesetzt sind, eine größere Kälteresistenz als die in Bestandesschatten aufkommenden Jungstadien.

Dies weist darauf hin, dass die einzelnen Individuen einer Population sich in ihrer Abhärtungsfähigkeit und in ihrem Resistenzverhalten unterscheiden können, **dass die für eine bestimmte Sippe angebbare Kälteresistenz somit immer ein Richtwert ist, der im Einzelfall über- oder unterschritten sein kann.** Diese Abweichung von der typischen Größenordnung der Resistenz kann modifikativ und modulativ in der Ontogenese erfolgen. Sie kann aber auch genotypisch verankert sein: Eine breite Auffächerung der Resistenzeigenschaften ist die Grundlage für die Ausbildung überdurchschnittlich widerstandsfähiger Klimaökotypen, die in rauere Lagen vordringen können, und die auch dann überleben, wenn nach großem Zeitabstand eine Klimaverschlechterung eintritt und den Verbleib der Art in einem bestimmten Gebiet in Frage stellt.

6.2.6 Feuerökologie

Gravierende Situationen starker Hitzeeinwirkung auf Pflanzen ergeben sich bei Bränden. Insbesondere in den Lebensräumen der Savannen, der mediterranen Hartlaubvegetation, aber auch im borealen Nadelwaldgebiet ist Feuer jedoch ein normaler und in mehr oder minder regelmäßigen Abständen auftretender, die Habitate prägender Faktor (Kozlowski & Ahlgren 1994, Bond & van Wilgen 1996). Hier lebende Sippen müssen mit ihrem Überdauerungs- oder Regenerations- bzw. Reproduktionsvermögen an die Brandereignisse angepasst sein. Sie haben dementsprechend eine Reihe spezifischer **Pyrophyten**-Eigenschaften evolviert.

Heiße **Kronenfeuer** mit Temperaturen bis über 1000 °C sind in jedem Fall vegetationsschädlich. Gerade in Grasländern und in locker stehenden naturnahen Koniferenwäldern treten aber meist nur mit der Feuerfront schnell über die Fläche eilende **Grundfeuer** auf. Bei ihnen steigen die Temperaturen im Bereich der Bodenoberfläche nur kurzfristig über 100 °C, und in 1–2 cm Bodentiefe erhöht sich die Temperatur nur um wenige Grade, durchaus noch im Grenzbereich physiologisch tolerierbarer Erwärmung bleibend. Starke Borkenbildung und Knospenschutz sind morphologische Attribute der über die Bodenoberfläche hinausragenden Pflanzenteile von feuerresistenten Pflanzen, wodurch empfindliche Meristeme vor starker Hitzeeinwirkung abgeschirmt werden. Ein leichtes Abbrechen abgestorbener Äste im unteren Stammbereich („selfpruning") und somit Verzweigung und Beblätterung/Benadelung der Bäume erst in einiger Höhe erschwert das Hochschlagen der Flammen eines Bodenfeuers in den Kronenraum. **Pyrophyten** besitzen als Reaktion auf Feuerereignisse generell ein gutes **Austriebsvermögen von schlafenden Knospen** im Wurzelhalsbereich sowie an Xylopodien von Savannen-Phanerophyten. Die meisten mediterranen Sträucher entwickeln sehr schnell nach einem Brandereignis kräftig wachsende **Wurzelsprosse**, sodass binnen weniger Jahre die durch Brand abgestorbene oberirdische Biomasse vollständig ersetzt und der Vegetationsbestand wieder geschlossen ist.

Grasbäume der australischen Trockengebiete *(Xanthorrhoea, Kingia)* blühen und fruchten erst nach peripherer Ankohlung ihrer Stämme, südafrikanische Zwiebelgewächse der Amaryllidaceen und Liliaceen schieben wenige Tage nach einem Feuer in reichlicher Individuenzahl prächtig gefärbte große Blüten aus den von allen Standortkonkurrenten gesäuberten Brandflächen, nachdem sie während der Jahrzehnte dichter Flächenbestockung durch andere Lebensformen dormant im Boden verharrt hatten. Die Zapfen vieler Koniferen öffnen sich erst in der Feuerhitze und geben die dann keimfähigen Samen frei – ein durchaus nicht einzigartiges, sondern auch bei den Diasporen vieler dikotyler Feuerpflanzen zu beobachtendes Reproduktionsverfahren.

Die Keimfähigkeit der Diasporen wird in diesem Fall durch **pyrogene Vernichtung keimungshemmender Substanzen**, durch **Lockerung der Samenschale** und ähnliche Effekte erheblich gesteigert. Bei einer großen Zahl südafrikanischer und westaustralischer Pflanzen ist nachgewiesen, dass ihre Keimung bzw. – bei Geophyten – der Spross- und Wurzelaustrieb aus den Überdauerungsorganen durch Inhaltsstoffe des Feuerrauches eine starke Förderung erfahren (Brown & Van Staden 1997). Diese (chemisch noch nicht identifizierten) Substanzen entstehen bei der Verbrennung pflanzlicher Biomasse bei mäßig hohen Temperaturen (bis rund 200 °C) und sind wasserlöslich. Sie beeinflussen den Keimungsvorgang wie Cytokinine. Deren Effekt ebenso wie die Raucheinwirkung steigern die Aktivität der Gibberelline in den Samen bzw. in den Meristemen.

Die Rhythmen der des Bestandsaufbaus durch **Feuerkeimung** sind meist auf Brandereignisse im Zeitabstand von Jahrzehnten eingestellt. Denn die etablierte Vegetation wird durch das Feuer weitgehend abgetötet. Nur die Entwicklung einer neuen Generation hält die Standortkontinuität solcher feuerkeimenden Taxa aufrecht. Bei Savannengräsern sind es die in Bodennähe die Trockenzeit überdauernden, durch die Stängel- und Blattbasen der Horste geschützten Vegetationspunkte, aus denen nach Flächenbränden das frische Gras des nächsten Vegetationszyklus austreibt.

Generell lassen sich zwei Eigenschaftssyndrome von Pflanzen brandgeprägter Lebensräume abstrahieren: (I) eine Strategie der **Feuerüberdauerung** mit Hochwüchsigkeit der Bäume, verbunden mit einem weitgehend astfreien Stammraum und dicker Borke, und einem allgemein guten Wiederaustriebsvermögen und (II) eine Strategie des **Feuerrisikos**, ausgerichtet auf brandbedingte Förderung von Diasporenausbreitung, Samenkeimung und Austrieb geschützter Meristeme im Wurzelhalsbereich bzw. an unterirdischen Speicherorganen, mitunter sogar auffallend durch Entwicklung besonders leicht entflammbarer Biomasse. Pflanzen mit den letztgenannten Eigenschaften ziehen in der standörtlichen Dynamik erheblichen Nutzen aus der Vernichtung von weniger gut angepassten Konkurrenten durch das Feuer.

In allen Vegetationseinheiten, in denen Feuer eine natürliche Standortkomponente ist, kommt es durch den Brand zu einer **abrupten und weitgehend vollständigen Mineralisierung der oberirdischen Biomasse**. Dadurch werden die in der toten Biomasse vorhandenen Mineralstoffe wieder dem Boden und damit der erneuten Aufnahme durch die Pflanzenwurzeln zugeführt. Wenn die oberirdische Biomasse weitgehend verbrannte, ist die Aufnahmekapazität der überlebenden Wurzeln für Wasser- und Mineralstoffe aus der Bodenlösung wesentlich größer als der Versorgungsbedarf. Dies ermöglicht den üppigen Wuchs der Stockausschläge von Holzpflanzen nach Bränden.

Im mediterranen Klima liegt zwischen zwei natürlichen Brandereignissen im Durchschnitt ein Zeitraum von 30 bis 50 Jahren, bei borealen Wäldern sind die Intervalle größer, Savannenbrände beseitigen typischerweise jährlich während der Trockenzeit die tote Grasbiomasse. Hier kommen die freigesetzten Nährstoffe direkt wieder dem Neuaustrieb der Grashorste zugute. Bei den Phanerophyten- und Chamaephyten-dominierten Beständen dient das von diesen nicht sofort verwertbare Nährstoffangebot der üppigen Entwicklung annueller und wenigjähriger Krautpflanzen auf den Brandflächen. Sterben diese bei stärkerem Bestandesschluss und infolge ihrer sippenspezifisch kurzen Lebenszeiten ab, dient die vergleichsweise kurzfristige Remineralisierung ihrer toten Biomasse dem dann gesteigerten Nährstoffbedarf des inzwischen wieder voluminöseren Kronenraums der Sträucher und Bäume. Deren Streuabfall zersetzt sich im Unterschied dazu nur sehr langsam und stellt so ein dem Boden lange aufliegendes nicht-pflanzenverfügbares Nährstoffkompartiment dar, welches erst durch einen neuerlichen Brand völlig zersetzt wird.

Vegetationsbrände gehen natürlicherweise meist auf Blitzschlag zurück. Der Mensch legte und legt im Zuge von Rodung und Weidelandvorbereitung Brände, sodass über die Jahrtausende seines Einwirkens auf die Pflanzendecke der Erde die Häufigkeit von Brandereignissen deutlich erhöht wurde. In jüngster Zeit ist zusätzlich ein häufiger Anlass für Brandstiftung in Gegenden mit mediterraner Vegetation sowie in normalerweise selten durch Feuer heimgesuchten Lebensräumen, wie den immer- und halbimmergrünen Tropenwäldern, die Bodenspekulation und die Bemühung um individuellen Machtgewinn unter Ausnutzung dazu passender, ökologische Zusammenhänge ignorierender Gesetze. Waldbrände in darauf von Natur aus weniger ausgerichteten Pflanzenbeständen schädigen aber den Vegetationsbestand viel gravierender als dies in Lebensräumen mit einer feuerangepassten Vegetation der Fall ist.

Die weltweite Ausweitung der Waldbrandflächen durch menschliche Aktivitäten hat ferner dazu geführt, dass sowohl die Menge an in die Atmosphäre verfrachteten Aschenpartikeln wie auch die Freisetzung von N-haltigen Spurengasen, die Einfluss auf das Weltklima nehmen, erheblich angestiegen ist. In der Hitze entstehen nämlich viele gasförmige N-Verbindungen, wodurch für den Standort in seiner Gesamtheit nicht unwesentliche Mengen an metabolisierbarem Stickstoff verloren gehen, Quantitäten, welche nur durch mikrobielle Luftstickstoffixierung (6.5.1) wieder ersetzt werden. Die beim Brand entstehenden Stickoxide vermehren dagegen die Menge der oxidativen Gase in der Atmosphäre. Feuerökologische Studien sind so auch zu einem nicht unwesentlichen Teilaspekt geworden, wenn es darum geht, Ursachen und Auswirkungen globaler Klimaveränderungen zu verstehen und Kompensationsmöglichkeiten zu suchen für irreversible Gleichgewichtsverschiebungen in der Atmosphäre und bei den weltweiten Stoffkreisläufen (Goldammer 1990, 1993).

6.3 Autökologie: Die Abhängigkeit der Pflanzen von der standörtlichen Wasserversorgungssituation (Lösch 2002)

6.3.1 Wasserhaushalt der Zellen und Gewebe

Pflanzen bestehen zum größten Teil aus Wasser. Etwa 10–15 %, im Extrem bis zu 20 % des pflanzlichen Wassergehaltes ist als Hydratationswasser um Makromoleküle und Membranen konstitutiv gebunden, der Rest wird in den Zellen auf osmotischem Wege festgehalten bzw. ist weitgehend frei beweglich im Apoplastenraum. Das konstitutiv gebundene **Quellungswasser** der Hydratationshüllen ist durch elektrostatische Bindungen der Wasserdipole an den Makromolekül-Oberflächen fixiert und kann nur unter großem Energieaufwand von dort entfernt werden. Sein auch nur partieller Verlust bedeutet irreversible Schädigung. Auch die Hydrathüllen um Ionen sind sehr stabil. Erheblich weniger Energieaufwand ist nötig, die osmotische Festlegung des **Depotwassers** zu überwinden: Wassermoleküle können die die Zellen kompartimentierenden Membranen passieren, wobei Wasserkanäle, Aquaporine, die Membranquerung erheblich erleichtern. Ionen und viele andere organische Substanzen können meist nur unter Aufwand von Stoffwechselenergie, oder aber elektrostatischen Gradienten folgend, zwischen den membranumgrenzten Kompartimenten verschoben werden. Aufgrund von Entropiegesetzmäßigkeiten zieht ihre ungleichmäßige Verteilung beiderseits der semipermeablen Membran, die passiv nur von Molekülen des Lösungsmittels Wasser, nicht aber von Molekülen bzw. Ionen des gelösten Stoffes passierbar ist, einen Nettostrom von Wasser in den Teilraum mit der ursprünglich höheren Konzentration an gelösten Stoffen nach sich. Der vollständige Konzentrationsausgleich ist durch Volumenbegrenzung dieses Kompartiments verhindert: Dem Ausdehnungsbestreben der sich durch Aufnahme weiterer Wassermoleküle verdünnenden Lösung wirkt dadurch ein Druck entgegen, der **Turgor** ψ_P. Er nimmt dann beträchtliche Werte an, wenn die begrenzt dehnbare, aber mechanisch nicht allzu widerstandsfähige Membran durch ein festes Widerlager begrenzt wird, wie es beim System Zellwand-Zellmembran der Fall ist. Gemäß den auf solche osmotischen Systeme übertragbaren Prinzipien der allgemeinen Gasgesetze gilt dann

$$\psi_\pi \cdot V = n \cdot R \cdot T, \qquad \text{(Gl. 6-13)}$$

Mit ψ_π = **osmotisches Potential**, V = Kompartimentvolumen, n = Zahl der im Kompartiment gelösten Teilchen, R = allgemeine Gaskonstante, T = absolute Temperatur.

Über den Temperatur-Term wird unmittelbar einsichtig, dass ψ_π eine energieabhängige Größe ist; ebenso kann das osmotische Potential bei isothermen Verhältnissen durch Veränderungen der Teilchenkonzentration n/V variiert werden.

Sind osmotisches Potential und Turgorpotential eines durch eine semipermeable Membran umschlossenen Kompartiments nicht im Gleichgewicht, wird dieser Raum bis zur Gleichgewichtseinstellung Wassermoleküle aufnehmen oder abgeben. Die Summe der (einander entgegenwirkenden) Druckgrößen „osmotisches Potential" und „Turgorpotential" wird als **„Wasserpotential des Systems"** bezeichnet:

$$(-)\,\psi_w = (-)\,\psi_\pi + (+)\,\psi_P \qquad \text{(Gl. 6-14)}$$

Das Wasserpotential ist ein Maß für die Arbeitsfähigkeit des Systems und lässt sich über thermodynamische Betrachtungen von der Quantifizierung des chemischen Potentials des Wassers herleiten. Dabei beträgt das **chemische Potential** von reinem Wasser übereinkunftsgemäß 0 Pa, und ψ_w ist die Arbeit (in J g^{-1} = MPa), welche nötig ist, um gebundenes Wasser (mit einem Wasserpotential < 0) auf das Potentialniveau von reinem Wasser zu heben. Eine große Arbeitsfähigkeit – gleichbedeutend mit hoher Wasserverfügbarkeit – des Systems wird somit durch einen wenig negativen Wasserpotentialwert gekennzeichnet, tiefe, d. h. stark negative Wasserpotentiale quantifizieren eine schlechte Wasserverfügbarkeit.

Die in der **Wasserpotentialgleichung**, Gl. 6-14, gegebene gegenseitige Abhängigkeit der Teilkomponenten des Wasserpotentials kann in Form eines **„Höfler-Diagramms"** grafisch dargestellt werden (Abb. 6-29). Die Wechselbeziehung zwischen dem Wassergehalt und dem Wasserpotential von Zellen oder Geweben ist aus Gleichung 6–13 herzuleiten unter der Gleichsetzung von V mit dem Wassergehalt: Unter isothermen Bedingungen ist das Wasserpotential eines solchen Systems von der Zahl der gelösten Teilchen abhängig und bei fehlendem Turgor dem Kehrwert des Wassergehaltes proportional:

$$\psi = \frac{1}{V}\,(n\,R\,T) \qquad \text{(Gl. 6-15)}$$

bzw.

$$\frac{1}{\psi} = V\,(n\,R\,T). \qquad \text{(Gl. 6-16)}$$

Die grafische Darstellung dieser Beziehung, im Falle von Gl. 6-15 auch als Richter-Plot I, im Falle von Gl. 6-16 als Richter-Plot II bezeichnet (Tyree & Richter 1981), stellt ein **„Druck-Volumen-Diagramm"** dar (Abb. 6-30). Die Proportionalität zwischen der einen Größe und dem Kehrwert der anderen Größe ist dann nicht mehr gegeben, wenn Turgor auftritt. Empirisch unter Temperaturkonstanz ermittelte Wertepaarreihen von

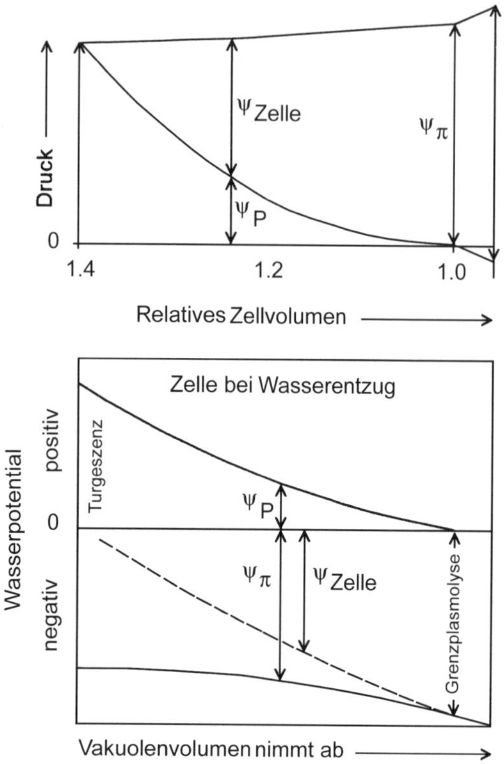

Abb. 6-29: Höfler-Diagramm zu den Beziehungen zwischen dem Wassergehalt von Zellen oder Geweben und ihrem Wasserpotential bzw. dessen Teilkomponenten.

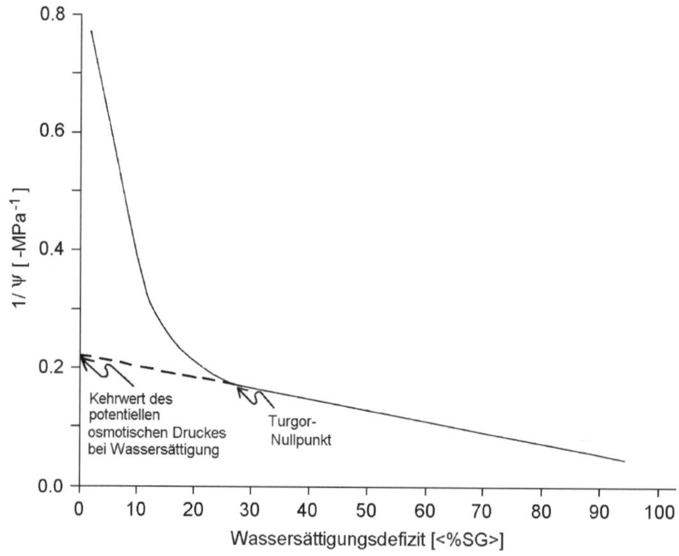

Abb. 6-30: Druck-Volumen-Diagramm

Wasserpotential und Wassergehalt von allmählich austrocknenden Zellen oder Geweben ermöglichen damit die Ermittlung des **Turgor-Nullpunktes** aus Druck-Volumen-Kurven. Bei Geweben ist dies der Wassergehalt, von welchem an Welke-Phänomene auftreten; bei experimenteller Manipulation an Zellen der Wassergehalt bzw. das osmotische Potential, bei welchem Plasmolyse einsetzt. Wie Abb. 6-30 zeigt, ergibt sich aus der Verlängerung der linearen Beziehung zwischen dem Gewebewassergehalt und dem Kehrwert des Wasserpotentials bis zu ihrem Schnittpunkt mit der Ordinate der Wert des **osmotischen Potentials des Systems bei Wassersättigung**.

Wenn während einer Zeitreihe erhaltene Datensätze miteinander verglichen werden, ist unter isothermen Bedingungen eine Vertikalverschiebung des linearen Kurvenabschnitts im pV-Diagramm (Richter-Plot II) nur auf eine Veränderung der Teilchenzahl im System zurückführbar. Dies bedeutet, dass im System eine **osmotische Adaptation (= Osmoregulation)** stattgefunden hat. Sie beruht auf Veränderungen der Ionenmenge in den Vakuolen und der Menge an organischen Osmotika dort und im Cytoplasma. Osmoregulation ist ein die Stresstoleranz erhöhender Prozess unter der Einwirkung von Dürre, Kälte und Salzbelastung der Pflanzen (Turner & Jones 1980, Morgan 1984, Lösch 2002). Osmoregulationsprozesse können zu Absenkungen des osmotischen Potentials um bis zu 0,6 MPa (in Extremfällen bis 1 MPa) führen. Sie sind meist hochgradig organspezifisch. Ihr wichtigster Effekt ist eine Turgorstabilisierung, durch welche viele Stoffwechselprozesse auch unter zellulärer Wasserverknappung noch aufrecht erhalten werden können.

Osmotisch wirksame anorganische Ionen können in höherer Konzentration nur in den Vakuolen angereichert werden. Die hierzu in Balance stehende osmoregulatorische Absenkung des osmotischen Potentials im Cytoplasma erfolgt durch Konzentrationserhöhung von organischen, „kompatiblen“ Osmotika. Diese können Zucker, organische Säuren (in geringem Umfang), Prolin und/oder quartäre Ammoniumverbindungen (Betaine) sein (Hanson & Hitz 1982, Yancey 1994). Da die Volumenrelation von Vakuole und Cytoplasma in der Größenordnung 10:1 liegt, kann die Teilchenmenge der kompatiblen Osmotika im Vergleich mit der in der Vakuole angereicherten Ionenmenge entsprechend niedriger sein.

Der Gehalt an freiem **Prolin** steigt in vielen mesophytischen Blütenpflanzen unter Wasser-, Kälte- oder Salzstress auf das Zehn- bis Hundertfache des Normalwertes. Dies kommt zustande (Hare et al. 1999) durch (i) erhöhte Prolinsynthese aus Glutaminsäure, (ii) verringerte Prolinoxidation und (iii) einen verlangsamten Prolineinbau in Proteine. Abb. 6-31 gibt einen schematischen Überblick über die Transkriptions- und Biosyn-

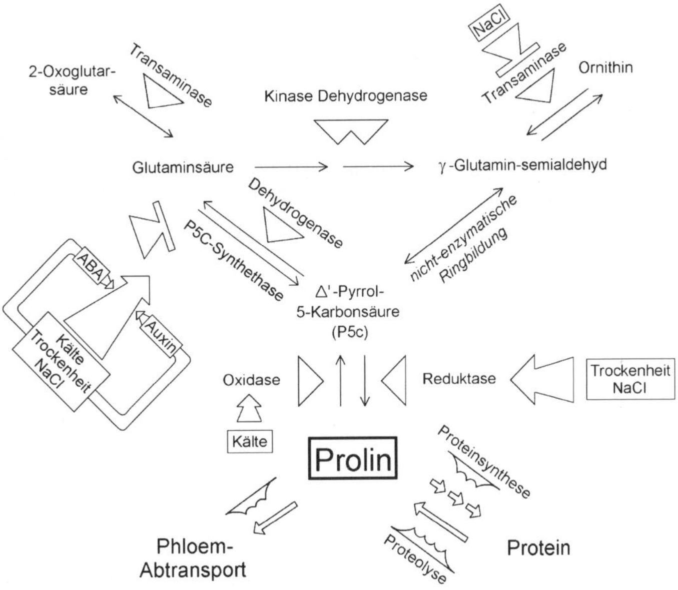

Abb. 6-31: Biosynthese und Stoffwechselumsatz von Prolin als osmoregulatorische Schutzsubstanz in Pflanzenzellen bei Austrocknung, Kälte- und NaCl-Einwirkung (Dreiecke: Einwirkung, Pfeile: Verstärkung oder Induktion, Stempel: Blockade oder Verminderung; kombiniert nach Lösch 2002 und Hare et al. 1999).

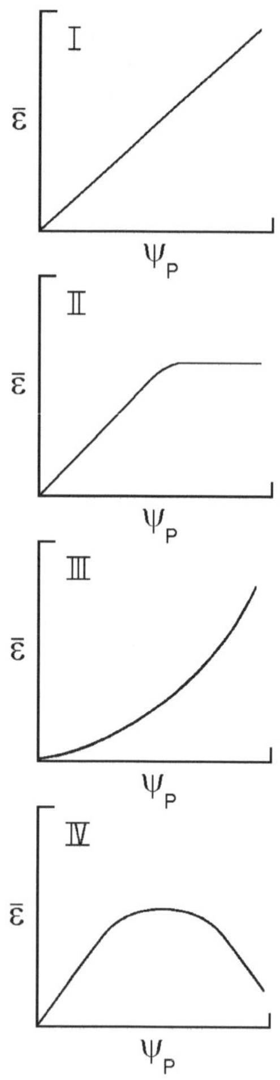

Abb. 6-32: Möglichkeiten der Abhängigkeit des maximalen Elastizitätsmoduls vom Turgor (vgl. Text – nach Roberts et al. 1981)

these-Vorgänge bei der osmoregulatorischen Prolin-An- und Abreicherung.

Betaine als protektive und im Cytoplasma osmoregulatorisch wirksame Substanzen werden vor allem in Pflanzen produziert, in denen Salzstress eine längerfristig starke Absenkung der Gewebe-Wasserpotentiale bewirkt. Anders als Prolin werden Betaine im Intermediärstoffwechsel nur wenig re-metabolisiert. Betaine entstehen über die Zwischenstufe Betainaldehyd aus Cholin, einer wichtigen Bausubstanz der Zellmembranen. Cholin wiederum wird auf verschiedenen Umsatzwegen aus Ethanolamin hergestellt.

Eine Verlaufsveränderung des nichtlinearen Schenkels der pV-Kurve kann auf Osmoregulation und/oder auf strukturellen Veränderungen beruhen. Denn die Veränderung des Turgors pro relativer Volumenveränderung der Zelle oder des Gewebes ist eine die Gewebeelastizität quantifizierende Größe, die als **„Elastizitätsmodul"** (bzw. „mittlerer Elastizitätsmodul" bei Geweben) bezeichnet wird:

$$\varepsilon = \frac{d\psi_P}{dV/V} \qquad \text{(Gl. 6-17)}$$

Weiche Blätter besitzen niedrige Elastizitätsmoduli (bis 5 MPa), hartlaubige Blätter erreichen maximale Elastizitätsmoduli von bis zu 60 MPa.

Der **maximale Elastizitätsmodul** kann in unterschiedlicher Weise vom Turgor abhängen (Roberts et al. 1981; Abb. 6-32): Vielfach steigt ε mit höheren Turgorwerten linear oder exponentiell an. Meist mündet ein solcher Verlauf in einen Sättigungsbereich. Dies bedeutet, dass die Zellwände mit zunehmendem Turgor bis zu einem Maximalwert immer steifer werden. Mitunter zeigt die ε-ψ_P-Beziehung auch einen Optimumverlauf. Dies bedeutet zunächst Zellwandversteifung, bei noch höheren Turgorwerten aber eine neuerliche Erhöhung der Elastizität, möglicherweise infolge einer dann einsetzenden Lockerung der Mizellarstrukturen der Zellwände.

Die Darstellung des Gewebewasserzustandes mit Hilfe der pV-Relationen erlaubt wesentliche Rückschlüsse auf einen Teil der pflanzlichen Reaktionen auf die Wasserversorgungssituation unter den Habitatbedingungen bzw. während der Ontogenese. Denn zwischen der Pflanze und ihrem Wuchssubstrat einerseits, zwischen ihr und ihrer atmosphärischen Umgebung andererseits bestehen Wasserpotentialgradienten. Wasserverschiebungen erfolgen jeweils von Orten höheren zu Orten niedrigeren Wasserpotentials, und die Pflanze und ihre Organe können nur dann stoffwechselaktiv sein, wenn ein – sippenspezifisch unterschiedliches – Minimum an Depotwasser vorhanden ist.

6.3.2 Osmotische Potentiale pflanzlicher Gewebe und osmotische Spektren

Die Konzentration osmotisch wirksamer Substanzen in den Vakuolen der Zellen bewirkt durchschnittliche osmotische Potentialwerte in der Größenordnung zwischen –1 und –2 MPa bei mesophytischen Pflanzen. In Näherung kann der Be-

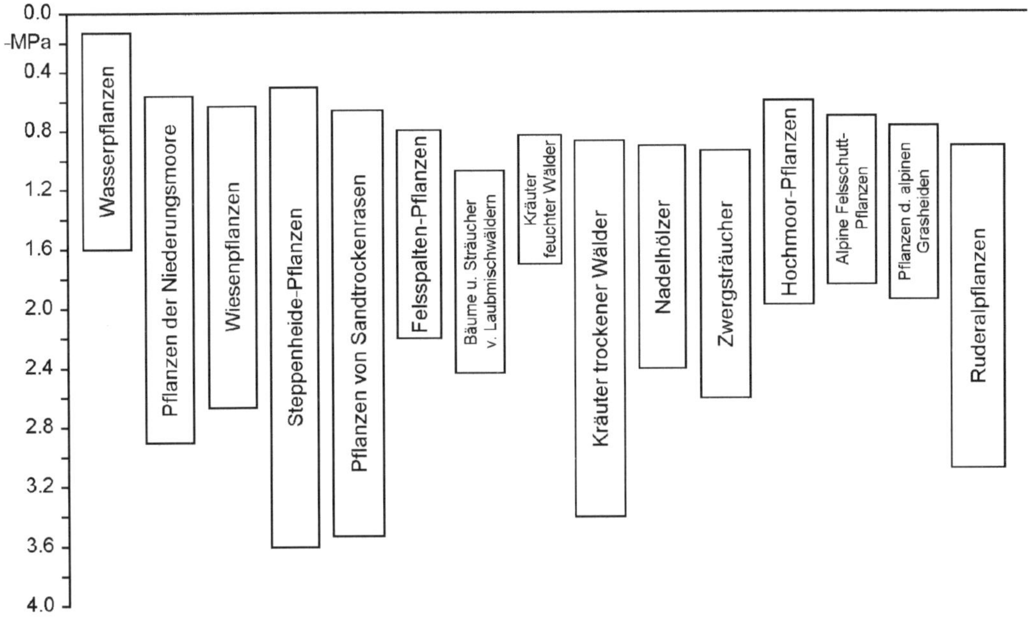

Abb. 6-33: Osmotische Spektren mitteleuropäischer Pflanzengemeinschaften (verändert nach Walter 1960).

reich von osmotischen Potentialen, der normalerweise in den Blattgeweben erreicht wird, als sippenspezifisch betrachtet werden. Er ist teils durch den jeweiligen Blatttyp geprägt (mesophytisch, sukkulent, hartlaubig o. ä.), er spiegelt aber insbesondere die standörtliche Belastung der Wasserversorgung der jeweiligen Pflanzensippe wider. Die osmotischen Potentiale von miteinander vergesellschafteten Sippen liegen meist in einem vergleichbaren Wertebereich, sodass auch der Vegetation eines bestimmten Habitats eine bestimmte Spanne der osmotischen Potentiale zugeordnet werden kann. Daraus resultieren im Vergleich verschiedener Lebensräume eines Gebietes diese charakterisierende **„osmotische Spektren“**. Die Wertebereiche der osmotischen Potentiale von wichtigen mitteleuropäischen Vegetationseinheiten sind in Abb. 6-33 zusammengefasst.

6.3.3 Die Pflanze im Boden-Pflanze-Atmosphäre-Kontinuum

Die Charakterisierung der Wasserpotentialverhältnisse in einem System ist nicht nur im Falle von Kompartimenten möglich, welche durch semipermeable Membranen umgrenzt sind. Das Wasserpotential quantifiziert vielmehr ganz allgemein den Energieaufwand, der nötig ist, um das System mit Wassermolekülen abzusättigen bzw. solche aus ihm zu entfernen. Dieser Energiebedarf zur Verschiebung von Wassermolekülen im Gesamtsystem wird letztlich bestimmt durch die Intensität der Bindung, mit welcher die Wasserdipole vom jeweiligen Milieu festgehalten werden und von der Aufnahmekapazität des jeweiligen Mediums für Wasser. So besteht im normalen Wuchssubstrat für Pflanzen, im Boden, zusätzlich zur osmotisch bedingten Wasserfestlegung auch reichlich die Möglichkeit, Wassermoleküle an den Oberflächen der Kolloidteilchen des Bodens, welche bestimmend sind für dessen Feinstruktur, anzulagern. Auch in diesem Fall sind die Wassermoleküle durch ihre Dipolnatur mit der Bodenmatrix verbunden. Hier vorherrschend – und im fibrillären Raum der Pflanzenzellwände ebenfalls wirksam –, spezifiziert man diese Einschränkung der freien Beweglichkeit der Wassermoleküle als **matrikale Teilkomponente des Wasserpotentials**. Sie erreicht im allgemeinen deutlich weniger negative Werte als die osmotische Komponente des Wasserpotentials. Letztere überwiegt bei der Prägung der Bodenwasserpotentialverhältnisse

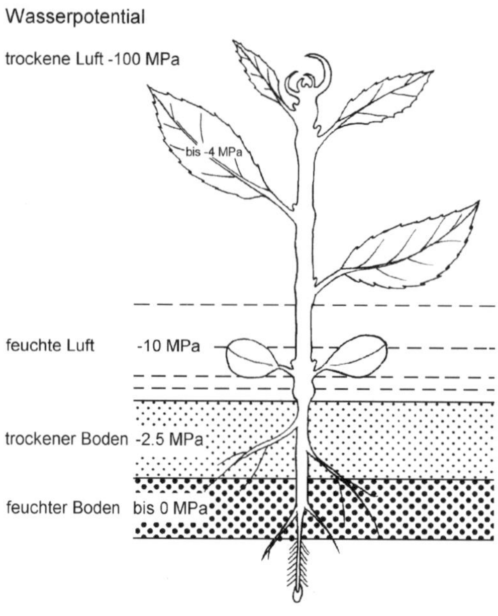

Abb. 6-34: Größenordnung der Wasserpotentiale im SPAC (verändert nach Larcher 1980).

in Salzböden. Bei normalen Wald- und Ackerböden wird das Gesamtwasserpotential hingegen hauptsächlich durch die matrikalen Bindungskräfte bestimmt. So herrscht in gut wasserversorgten bis mäßig austrocknenden Böden in der Regel ein vom Boden zur Pflanze hin gerichteter Wasserpotentialgradient vor.

Selbst bei geringen Dampfdruckdefiziten der Luft ist jedoch der Gradient im Wasserpotential zwischen Pflanze und umgebender Atmosphäre sehr steil (Abb. 6-34). Die Pflanze ist somit im Normalfall in einen Wasserpotentialgradienten vom Boden durch den Pflanzenkörper in den Luftraum eingebunden, das Boden-Pflanze-Atmosphäre-Kontinuum **(soil-plant-atmosphere-continuum, SPAC)**. Entlang des SPAC strömt Wasser vom Boden durch die Pflanze bis zu den Blattinterzellularen im flüssigen Aggregatszustand, vom Blatt in den Luftraum als Wasserdampf. Dieser Weg des Wassers entlang der abgestuften Wasserpotentialbereiche ist kanalisiert durch die verschiedenen anatomischen Strukturen und somit in seiner Strömung von Transportwiderständen abhängig, welche in nicht unbeträchtlichem Maße durch die sippenspezifische Anatomie geprägt werden.

6.3.4 Der Wasserstrom durch die Pflanze und seine Bedingtheit durch den standörtlichen Wasserhaushalt

6.3.4.1 Das Wasser im Boden und seine Aufnahme in die Pflanze

Wasser gelangt über die Niederschläge, in Sonderfällen auch durch periodische Überflutung von Fließgewässern her in den Boden, in der Bewässerungslandwirtschaft auch durch künstliche Beregnung oder Tröpfcheninfiltration. Im Boden wird es bis zur vollständigen Auffüllung der matrikalen Bindungsorte und der Bodenkapillaren gespeichert (6.4.2.2). Es überzieht die Bodenteilchen als Hydrathüllen und ist in den Kapillarräumen gegen die Schwerkraft festgehalten. Mit diesem **Haftwasser** werden die oberen Bodenschichten bis zu ihrer „Feldkapazität" angereichert. Ein Teil des Wassers sickert mit Geschwindigkeiten – je nach Boden – zwischen 0,5–1 m a^{-1} (in sehr dichten Böden) und 5–10 m a^{-1} (in leichten, gut wasserwegigen Böden) in tiefere, den Pflanzen nicht mehr zugängliche Bodenschichten. Nach Erreichen der bodenspezifischen Feldkapazität erhöht alles weitere zugeführte Wasser den Anteil dieses **„Senkwassers"** bzw. staut sich auf der Oberfläche des wassergesättigten Bodens. Das Senkwasser ist also die Wasserquelle, durch welche die **Grundwasservorräte** aufgefüllt werden. Die **Feldkapazität** eines Bodens, die Wassermenge pro Volumen bei Sättigung aller dem Haftwasser an Bodenkolloiden und in kapillaren Hohlräumen verfügbaren Speicherräume, wird umso größer sein, je feinkörniger und reicher an organischer Substanz ein Boden ist.

Die durch Kapillar- und Adhäsivkräfte im Oberboden festgehaltene wässrige Bodenlösung enthält in großer Verdünnung Mineralstoffionen. Das dadurch bedingte (weniger bedeutende) osmotische Potential ergibt zusammen mit den (meist erheblich bedeutsameren) matrikal wirksamen Kräften **Bodenwasserpotentialwerte**, welche in der Regel erheblich über den Wasserpotentialen der pflanzlichen Gewebe liegen. Der Gradient der diffusiven Wasserverlagerung entlang dieses Wasserpotentialgefälles ist somit zur Pflanze hin gerichtet. Der **Wassereinstrom in die**

Wurzeln wird durch Ausbildung von Wurzelhaaren wesentlich erleichtert. Diese (und ergänzend dazu oder alternativ Mykorrhizahyphen) führen zu einer enormen Oberflächenvergrößerung, und ihre Außenwände (und Zellmembranen) setzen dem Wassereinstrom einen äußerst geringen Widerstand entgegen. Gemäß den allgemeinen Gesetzmäßigkeiten für den diffusiven Stofftransport entlang eines Gradienten der treibenden Kraft gilt

$$W = A \frac{\psi_{Boden} - \psi_{Wurzel}}{\sum r} \qquad \text{(Gl. 6-18)}$$

[W = vom Wurzelsystem pro Zeiteinheit aufgenommene Wassermenge; A = wasseraufnehmende Oberfläche, Σr = Gesamtheit der Transportwiderstände auf diesem Weg.]

Wurzelhaarlose Wurzeln, wie sie z. B. etliche monokotyle Familien aufweisen, müssen mit kräftiger Entwicklung der unverkorkten wasserpermeablen Wurzeloberflächen hinreichend ausgedehnte Austauschbereiche zwischen dem Boden und dem Wurzelinneren schaffen. Die Pilzhyphen der Mykorrhiza fungieren im Hinblick auf die Bodenwassererschließung ähnlich den Wurzelhaaren und können im Vergleich mit diesen sogar in noch engere Bodenkapillaren in noch größerer Entfernung von der Wurzel hineinwachsen.

Exploriert wird stets nur das in unmittelbarer Nähe der Wurzelhaare bzw. Mykorrhizahyphen verfügbare Bodenwasser. Dementsprechend erwächst der Pflanze kein Nachteil aus der Kurzlebigkeit und Hinfälligkeit der zarten Wurzelhaare, die nach maximal wenigen Tagen ihre Funktion erfüllt haben. Dann sind die Wasser- und Ionenvorräte in ihrem Einzugsbereich ohnehin ausgebeutet. Dies impliziert umgekehrt die Notwendigkeit zu ständiger Neuanlage von Feinwurzeln mit frischen Wurzelhaaren: **Das Wurzelsystem der Pflanze wächst den durch die Wasseraufnahme nur in zunehmend distaleren Bodenbereichen verfügbaren Wasser- und Nährstoffreserven nach**. Dabei macht die wasseraufnehmende Feinwurzel- und Wurzelhaaroberfläche in der Regel ein Mehrfaches dessen aus, was zur Deckung des Wasserbedarfs unter den normalen SPAC-Bedingungen nötig wäre. Der Sinn dieser Redundanz liegt zum einen in der Versorgungssicherheit selbst bei partiellem Verlust des Wurzelsystems, zum anderen in der Abhängigkeit der Wurzelentwicklung vom jeweils herrschenden Minimumfaktor: Limitierend kann in vielen Fällen weniger der Bodenwassernachschub als vielmehr die Menge an bestimmten Nährstoffen sein (absolut oder durch unausgeglichene Ionenverhältnisse). Unter standörtlicher Wasserverknappung verläuft die Entwicklung der die Bodenwasserreserven explorierenden Feinwurzeln besonders intensiv und dringt in immer größere Bodentiefen vor (Abb. 6-35). Das Meristem der Wurzelspitzen stellt seine Teilungsaktivität erst bei Wasserpotentialen unterhalb von ca. –1,5 MPa ein (während die Zellteilungen bei Sprossmeristemen bereits bei Wasserpotentialen um –0,8 MPa zum Erliegen kommen).

In manchen ariden Gebieten ist mitunter eine tagesperiodische Feuchtigkeitsanreicherung im Oberboden möglich: In luftgefüllte Kapillarräume dieses Bereichs diffundiert Wasserdampf aus größeren Bodentiefen hinein. Er kondensiert während der nächtlichen Abkühlung und wird so als flüssiges Wasser für die Wurzelwasseraufnahme verfügbar **(Thermokondensation)**. Außerdem ist in einigen Fällen nachgewiesen, dass in tiefreichenden Wurzeln aufgenommenes und apikalwärts transportiertes Wasser nachts von oberflächennahen Wurzeln in den trockenen Boden abgegeben wird. Bei Umkehrung des dabei herrschenden Wasserpotentialgradienten durch den stärkeren Wasserumsatz der

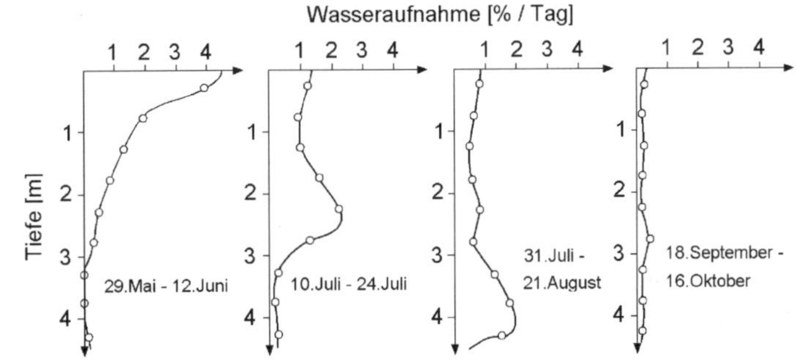

Abb. 6-35: Saisonale Tiefenverlagerung der Bodenwasser-Explorierung durch ein *Quercus coccifera*-Gebüsch während der mediterranen sommerlichen Trockenperiode (vereinfacht aus Rambal, 1984).

Pflanze bei Tage kann dieses so temporär im Oberboden zwischengespeicherte Wasser zur Speisung des tagsüber im SPAC herrschenden Wasserstroms verwendet werden (**hydraulic lift**: Richards & Caldwell 1987, Dawson 1993).

Über funktionelle Details des **radialen Wassertransports** von den Wurzelhaaren bis zur Endodermis, deren Wasser- und Ionenpassage und den **axialen Langstreckentransport** im Xylem informieren Lehr- und Handbücher der Physiologie und Ökophysiologie (Lösch 2002). Unter ökologischen Gesichtspunkten von Interesse sind die durch die Eigenheiten der einzelnen Taxa und durch die Spezifika der jeweiligen Standorte gegebenen Besonderheiten in der Ausprägung der wasserleitenden Strukturen sowie in der Leistungsfähigkeit und der Störungsstabilität des Langstrecken-Wassertransports.

Dass die radiale Wasserdiffusion von Zelle zu Zelle strikt den Wasserpotentialgradienten folgt, konnte mehrfach durch Messungen der einzelnen Zell-Wasserpotentiale im Rhizodermisgradienten nachgewiesen werden (Steudle & Jeschke 1983). Gemäß der Theorie der radialen Wassertransportwege in der Wurzel (Steudle & Peterson 1998) kann der Wasserstrom durch die Wurzelrinde sowohl dem Apoplasten- wie auch dem Symplastenweg folgen. Die Menge des unter hydrostatischem Gradienten im ersten Fall, unter osmotischem Gradienten im zweiten Fall zentripetal geleiteten Wassers kann je nach standörtlichen und pflanzeninternen Gegebenheiten sehr unterschiedlich sein. Spätestens in der Endodermis muss auf jeden Fall alles in die Pflanze aufgenommene Wasser und die in ihm gelösten Ionen in den Symplasten eingetreten sein, um dann über das Parenchym des Zentralzylinders wieder in den Apoplasten der Xylemleitbahnen zu gelangen. Eine diurnal und situationsabhängig unterschiedlich hohe Dichte von Aquaporinen, Wasserkanälen, in den Plasmamembranen führt zu variablen hydraulischen Leitfähigkeiten im Wurzelbereich, wodurch der Pflanze in Grenzen eine flexible Reaktion auf die aktuelle Wasser-Angebots-/Bedarfs-Relation bereits im Wurzelbereich möglich wird (Javot & Maurel 2002).

Treibende Kraft für den **Transpirationssog**, der die Wassersäulen in dem Apoplastenraum des Xylems als Massenströmung des Wassers apikalwärts bewegt, ist der starke Abfall der Wasserpotentialwerte im SPAC an der Schnittstelle Blätter/Atmosphäre. Die Wasserpotentialabsenkung an den Flüssigkeitsmenisci zwischen den Zellulosefibrillen der Blattzellwände, wo der Übergang in die Dampfphase erfolgt, setzt sich infolge der Kohäsion zwischen den Wassermolekülen und ihrer Adhäsion an den Gefäß- und Tracheidenwänden bis in das Wurzelxylem fort.

Lediglich vor dem Laubaustrieb bei saisonkahlen Bäumen und während des ganzen Jahres bei vielen Lianen und einer Reihe von Tropenbäumen, -sträuchern und -unterwuchsstauden kommt der osmotischen Pumpwirkung des **Wurzeldrucks** erhöhte Bedeutung zu. In diesem Fall werden hauptsächlich im Bereich des sprossnahen Wurzelkörpers aus dem Xylemparenchym größere Osmotikamengen in die wasserleitenden Gefäße ausgeschieden, was dort zur lokalen Potentialabsenkung führt. Da dies seinerseits einen Wasserzustrom aus den distalen Wurzelbereichen nach sich zieht, wird die gesamte im Röhrensystem der Tracheen stehende Wassersäule apikalwärts gedrückt. Dies führt beim Anschnitt der Stämme bzw. Äste zu Flüssigkeitsaustritt, der sich bis zu mehreren Litern **„Blutungssaft“** aufsummieren kann. Einheimische Taxa mit starkem frühjahreszeitlichen Wurzeldruck sind z. B. Birke und Weinstock.

Der im SPAC aufgebaute Sog kann von beträchtlichem Ausmaß sein. Gemessen mit verschiedenen Methoden (insbesondere mittels Druckbombe und Psychrometrie – Lösch 2002), ergaben sich in vielen Untersuchungen beträchtliche Zahlenwerte des Wasserpotentials von mitunter bis zu −6, im Extremfall −8 und in Ausnahmefällen −10 MPa (Richter 1976).

Mitunter wird angezweifelt, dass derartig extreme negative Drucke real sein können. Die gemessenen Werte stehen jedoch durchaus in Einklang mit den physikalisch-chemischen Gesetzmäßigkeiten, welche den Zustand von Wasserfäden in Kapillaren beschreiben und erklären sich durch die den Wassermolekülen eigenen Kohäsionskräfte (Pickard 1981). Hierbei ist für das Verständnis wichtig, dass es nicht die Querschnitte in den Gefäßlumina sondern die viel engeren Intermizellarräume in den Fibrillenzwischenräumen der Zellwände am Ende der kontinuierlichen Wasserfäden durch die Pflanze sind, welche beträchtliche Kapillaritätseffekte auszuüben vermögen. Diese wirken sich durch die dem flüssigen Wasser eigene enorme Kohäsionskraft im Kontinuum der Wasserfäden von den Blättern bis zu den Wurzeln auch hoher Bäume aus. Entgegen allen Bedenken, die seit dem Aufkommen der **Kohäsionstheorie des Wasserstroms durch die Pflanze** (Böhm 1893, Askenasy 1895, Dixon 1914) immer wieder geäußert wurden, und auch nicht schlüssig widerlegt durch (methodisch und konzeptionell durchaus angreifbare) neuere Experimente und Überlegungen (Zimmermann et al. 1993, Canny 1997), interpretiert diese Theorie immer noch plausibel den Wasserferntransport durch die Pflanzen.

Entscheidend für das Funktionieren des Wasserstroms durch das Xylem über weite Strecken hin ist, dass die Endodermispassage sowie der periphere Abschluss des Xylems durch die weitgehend interzellularenfreie Kambiumschicht und (bei vielen Taxa) durch Parenchymscheiden die Möglichkeit für absolut gasbläschenfreie Flüssigkeitssäulen im unverletzten Xylem gewährleistet. Nur durch Verletzungen dieses vollständig wassergefüllten Achsenkompartimentes ist eine **Emboliebildung** und damit ein Abreißen der kontinuierlichen Wasserfäden möglich. Letzteres ist allerdings durchaus nicht die Ausnahme, sondern erfolgt im Laufe einer Vegetationsperiode in artspezifisch unterschiedlich starkem Ausmaß wohl in allen Pflanzen (Tyree & Sperry 1989).

Ausgangspunkt eines solchen Prozesses kann eine „heterogene Kavitationskeimbildung" an Tracheen- oder Tracheidenwänden sein, falls sich dort an Stellen höherer Hydrophobizität winzige Wasserdampfbläschen bilden. Ersatz des Wasserdampfes im Kavitationsbläschen durch Luft stabilisiert den dann auf das gesamte Gefäßlumen ausgeweiteten lokalen Gasraum zur Embolie. Meist allerdings kommt es direkt zu Embolienbildung durch Gaseintritt in ein noch intaktes Gefäß von einem benachbarten, schon luftgefüllten Leitelement her. Schwachstellen für einen solchen Lufteintritt sind die Poren in den Tüpfelmembranen der Tracheen bzw. Tracheiden („air seeding hypothesis", Tyree & Sperry 1989). Der kritische Wert für einen solchen Lufteintritt hängt ab von den Druckunterschieden zwischen den beteiligten Xylemelementen, dem im Xylem herrschenden Sog und der Porengröße. Ein Wiederauffüllen embolierter Gefäße ist prinzipiell möglich, erfolgt aber wohl vor allem nach frostbedingter Embolienbildung, weniger leicht nach trockenheitsbedingtem Funktionsloswerden von Xylemelementen.

Die artspezifische kritische Wasserpotential-Grenze für das Auftreten von Embolien kann durch parallele Messungen der absinkenden Werte von Wasserpotential und hydraulischer Leitfähigkeit von austrocknenden Sprossen bestimmt werden (Sperry et al. 1988, Hacke & Sauter 1995). Je nach Ermittlung der hydraulischen Leitfähigkeit direkt aus der Filtrationsrate von Sprossstücken, aus der Akkumulationsrate von Ultraschallsignalen bei Embolienbildung in einem austrocknenden Spross oder aus den Tagessummen solcher Signale, ermittelt *in situ* an Sprossachsen während einer längeren Trockenperiode, können hydraulische, akustische oder unter Freilandbedingungen erstellte **Xylem-Austrocknungskurven** („vulnerability curves") erhalten werden (Vogt 2001), die für die einzelnen Taxa die Wasserpotential-Schwellenwerte charakterisieren, von denen an eine progressive Embolienentwicklung einsetzt. Empfindliche Sippen (Embolienbildung bei nur wenig abgesenkten Sprosswasserpotentialen) vermeiden den Abfall des Wasserpotentials unter diesen Grenzwert durch empfindliche stomatäre Regelung der Transpiration, eventuell auch über Veränderung der hydraulischen Leitfähigkeit im Wurzelbereich. Arten, die in höherem Ausmaß embolieresistent sind, zeigen in der Regel eine nur schwache stomatäre Kontrolle ihrer Wasserumsätze und begegnen blattinternem Wassermangel vor allem durch Osmoregulation auf Gewebeebene.

Die Funktionsfähigkeit der Wasserleitelemente des Xylems ist stets nur für einen gewissen Zeitraum gegeben. Die ständige oder saisonal unterschiedlich intensive, dann aber den standörtlichen und jahreszeitlichen Bedürfnissen angepasste Neuanlage von Xylem- (und Phloemzellen) durch das Kambium ist unumgänglich für das langfristige Funktionieren der Sprosswasserversorgung eines jeden längerlebigen Pflanzenindividuums: Auch die Strukturen für den Ferntransport des Wassers durch die Pflanze sind hinsichtlich dieser Aufgabe nicht langfristig stabil. Sie folgen vielmehr dem für alle Lebensprozesse geltenden steady-state-Prinzip einer stetigen Abfolge von einzeln jeweils nur kurzzeitig funktionalen Zuständen.

Sowohl die Menge des Wassers, die durch den Spross zu den Blättern gelangt, wie auch ihre Strömungsgeschwindigkeit können beachtliche Ausmaße erreichen. Letztere liegt bei 1–2 $m\ h^{-1}$ bei Koniferen und mediterranen Immergrünen, erreicht Werte bis zu 6 $m\ h^{-1}$ bei zerstreutporigen und bis zu 60 $m\ h^{-1}$ bei ringporigen sommergrünen Falllaubbäumen sowie bei Krautpflanzen und Spitzengeschwindigkeiten von 150 $m\ h^{-1}$ bei Lianen (Lösch 2002). Der tägliche Umsatz an Transpirationswasser kann bei großen Bäumen auf einige Hundert Liter ansteigen; Krautpflanzen trockener Standorte verlieren täglich gut das Dutzendfache ihres gesamten Wassergehaltes. Die jeweilige Durchsatzrate durch das Xylem ist durch die Wassernachlieferung von den Wurzeln her geprägt, hängt aber besonders von der Intensität des Wasserdampfübergangs von den Blättern in die Atmosphäre (und damit vom Wasserdampf-Sättigungsdefizit zwischen Blatt und Luft) und dem Widerstand ab, den variable Stomataweiten dieser Wasserabgabe der Blätter entgegensetzen (s. 6.3.4.2). Abb. 6-36 illustriert den Verlauf des Wasserdurchsatzes durch einen arm-

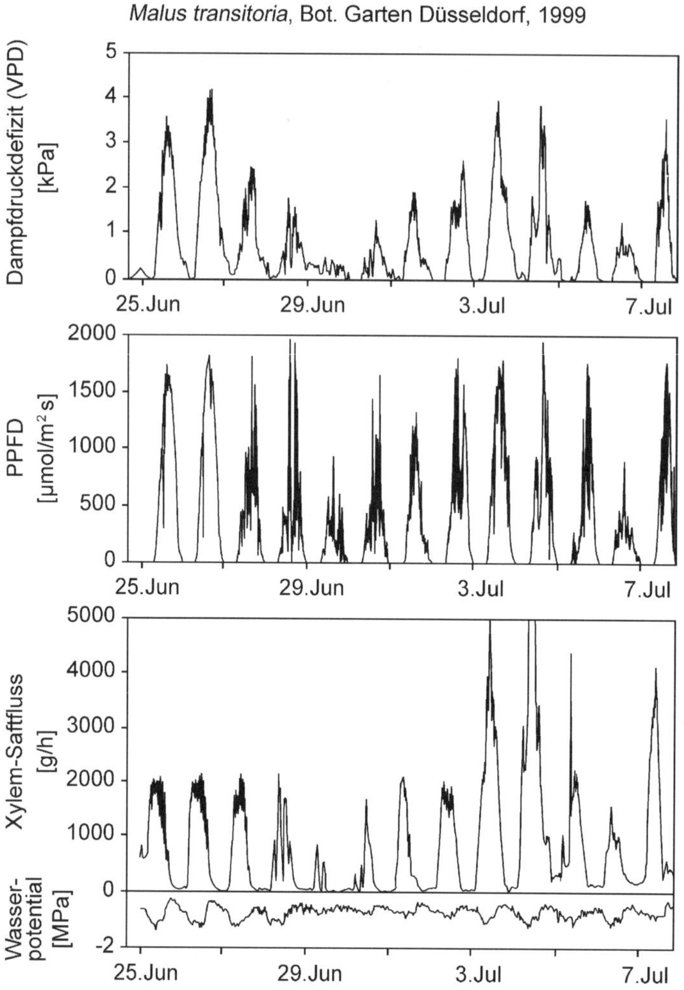

Abb. 6-36: Verläufe von Sprosswasserpotential und Xylemsaftfluss bei einem 5 cm starken Ast des Zierapfels *Malus transitoria* während mehrerer Wochen einer sommerlichen Schönwetterperiode ohne Niederschlag (Hilebrand & Lösch, unveröff.; Saftflussmessung mittels Dynagage®-Wärmebilanzverfahren [konstante punktuelllokale Wärmezufuhr, Messung der Wärmeausbreitung mittels Thermoelementen, Berechnung der Wärmeverlagerung pro Zeit durch die Massenströmung im Xylem im Vergleich mit der diffusiven Wärmeausbreitung im Stamm], Wasserpotentialmessung mittels in-situ-Psychrometrie [Äquilibrierung der Feuchte in einer dem Spross dicht angepressten kleinen Psychrometerkammer mit dem im Spross herrschenden Wasserpotential, Messung dieser Luftfeuchte mittels eingebautem Miniatur-Thermoelement-Psychrometer: Dixon & Tyree 1984]), PPFD: Quantum-Sensor Skye, VPD: Vaisala HMP 35-Sonde.

dicken Apfelbaum-Ast und das dabei messbare Wasserpotential während zweier Wochen einer sommerlichen Schönwetterperiode.

6.3.4.2 Stomatäre Kontrolle der Transpiration

Der diurnale und saisonale Verlauf der Stammwasserpotentiale, das Ausmaß von Embolieereignissen während der Vegetationsperiode und die im Xylemstrom durchgesetzten und bei der Transpiration an die Atmosphäre abgegebenen Wassermengen sind sehr stark durch das Zusammenspiel der artspezifisch unterschiedlichen Strukturen und der standörtlichen **Wasserversorgungs- und -bedarfsverhältnisse** bestimmt. Die Intensität des Wassernachschubs vom Boden her ist allein von den Wasserpotentialgradienten im SPAC abhängig. Weiter ist der Wasserstrom durch die Pflanze bis zu den Abgabeorten im Blatt bestimmt von durch ihre Anatomie geprägte, mittelfristig wenig veränderliche Transportwiderstände. Das Rindenparenchym des Sprosses kann als ein Bedarfsspitzen abpuffernder **Wasserspeicher** wirken, dessen Wasserabgabe aus den in Holz und Mark vorhandenen Wassermengen auf diffusivem Wege über die Markstrahlen und Xylembegleitparenchyme allmählich wieder ersetzt wird.

Das Gesamtwasserpotentialgefälle vom Boden (und dem Stammwasserspeicher) zur Atmosphäre (Abb. 6-34) und die Transportwiderstände in der Pflanze bestimmen den maximal möglichen Wasserstrom durch die Pflanze. Eine physiologische Steuerung und Einschränkung dieses Wasserumsatzes geschieht möglicherweise durch variable Verfügbarkeit von Aquaporinen im Bereich der Membranpassagen in den Wurzeln (Javot & Maurel 2002), vor allem aber durch den kurzfristig veränderbaren Diffusionswiderstand für den die Blätter verlassenden Wasserdampf, an den **Stomata**. Als Folge von deren Öffnung oder partiellem bis völligem Verschluss in Reaktion auf pflanzenexterne und -interne Faktoren kann die pflanzliche Wasserabgabe in hohem Maße von der Proportionalität zu der unter den herrschenden atmosphärischen Bedingungen gegebenen Evaporation von feuchten Oberflächen abgekoppelt werden. Die **kutikuläre Transpiration** der Blätter und ebenso die Wasserabgabe über die Sprossoberfläche, soweit diese frei von Spaltöffnungen ist, zeigen einen den jeweiligen Evaporationsbedingungen proportionalen Veränderungsverlauf. Infolge des hohen Diffusionswiderstandes dieser pflanzlichen Abschlussschichten liegen deren Wasserabgaberaten allerdings auf sehr viel niedrigerem Niveau als die Evaporation offener Wasserflächen (Kerstiens 1996, Riederer & Schreiber 2001). Der Hauptweg

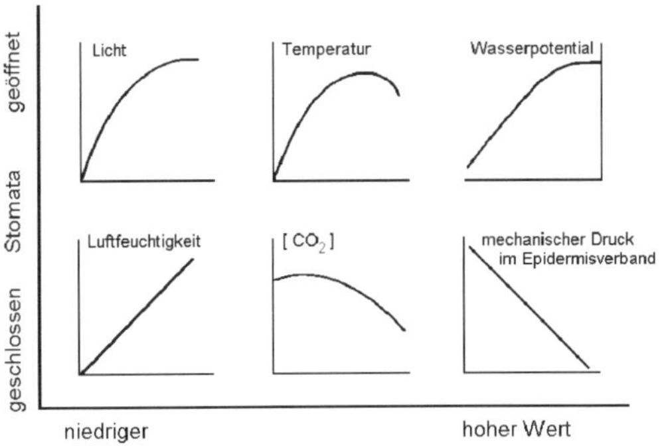

Abb. 6-37: Prinzipielle (Öffnungs- oder Schließ-)Reaktion der Spaltöffnungen auf die Veränderung der auf ihren Öffnungsgrad Einfluss nehmenden Parameter.

der Wasserabgabe von den Blättern, die stomatäre Transpiration, ist demgegenüber in äußerst hohem Maße veränderbar. Die hierbei wirksamen Mechanismen der **Regulation der stomatären Öffnungsweiten** stehen in engster Abhängigkeit insbesondere von den klimatischen Umweltbedingungen und werden vielfach zum Schlüsselprozess der pflanzlichen Existenzbehauptung am ariden Standort.

Abb. 6-37 illustriert schematisch die **Öffnungs- oder Schließtendenz der Stomata in Abhängigkeit vom jeweils beeinflussenden Faktor**. Der Einwirkungsmechanismus des einzelnen sich än-

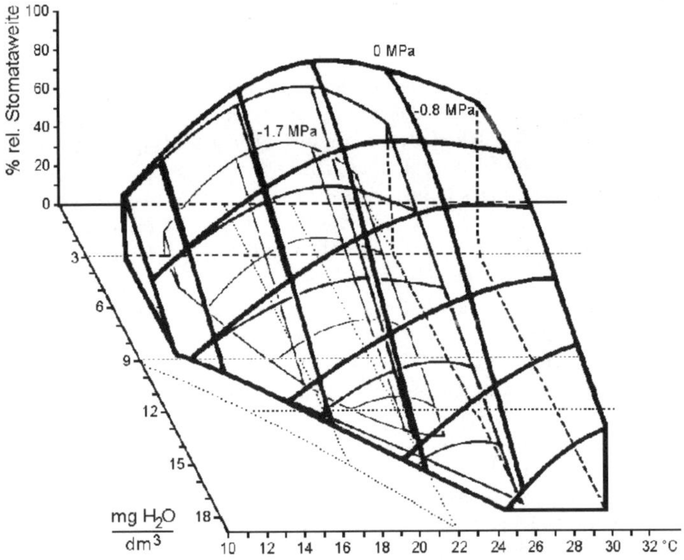

Abb. 6-38: Relativer Öffnungsgrad von *Polypodium vulgare*-Stomata in Abhängigkeit vom Sättigungsdefizit zwischen Epidermis und umgebender Luft, Temperatur und Wasseranspannung im substomatären Raum (verändert aus Lösch 1979).

dernden externen Parameters auf den Schließzellenstoffwechsel ist jeweils unterschiedlich, bewirkt aber in allen Fällen eine aktive Veränderung des Osmotikagehaltes der Schließzellen. Dies zieht einen Wasserein- oder -ausstrom an diesen nach sich und hat über eine veränderte Turgeszenz der Schließzellen in Verbindung mit deren spezifischer Struktur eine Veränderung der Porusweite zur Folge. Die einzelnen auf die Spaltweiten Einfluss nehmenden Faktoren stehen dabei in Wechselwirkung miteinander (Abb. 6-38). Sie verstärken sich in ihrer Wirkung oder wirken in ihren Effekten gegeneinander. Im Prinzip kommt es dabei nicht nur zu einer Summation der Einzeleffekte, doch ist die jeweilige Abschwächung oder Erhöhung der Wirkung des Einzelfaktors durch die gleichzeitigen Wirkungen der anderen Parameter in ihrer Kausalität noch sehr wenig verstanden. Bekannt ist, dass manche den Öffnungsgrad der Stomata bestimmenden Faktoren die Wirkungen anderer Parameter zumindest teilweise überlagern können.

So hat **Licht** im PAR-Spektralbereich einen sehr starken, die Stomataporen öffnenden Effekt. Die einfallende Strahlung im Blaubereich wird dabei einerseits von einem im Plasmalemma der Schließzellen lokalisierten Flavin perzipiert. Sein erhöhter Energiezustand führt zu einer erhöhten Polarisierung dieser Membran, wodurch einwärts gerichtete Ionen- (insbesondere K-) Kanäle sich öffnen und ein Netto-K^+-Import vom Apoplasten in die Schließzellen erfolgt. Er bewirkt dort eine Absenkung des osmotischen Potentials. Andrerseits fördert Lichtgenuss auch indirekt die Spaltenöffnung über den blattinternen CO_2-Verbrauch durch die Photosynthese, wobei die Lichtqualitäten Blau und Rot stomataöffnend wirksam werden. Da im Tagesgang das „kalte" Licht der Morgendämmerung einen etwas höheren Blauanteil aufweist als das „warme" Licht des späten Nachmittags, sind die Öffnungsgrade der Stomata in den ersten Tagesstunden meist besonders groß (gefördert auch durch die dann im allgemeinen gute Wasserversorgung nach nächtlicher Erholung des am Vortag in den Pflanzen aufgebauten Wasserdefizits).

Die photosyntheseabhängige Erniedrigung des **blattinternen CO_2-Pegels** wird von einem stofflich bisher noch nicht identifizierten CO_2-Sensor der Schließzellen, welcher der substomatären Höhlung zugewandt sein müsste, erfasst. Möglicherweise ist hierbei die schließzelleninterne Malatproduktion aus Stärke involviert, welche für einen Teil der bei Spaltenöffnung in den Schließzellen akkumulierten K^+-Ionen die elektrisch kompensierenden Anionen liefert. Es ist sicher, dass die von physiologischer Seite stark betonte CO_2-Wirkung auf die Spaltöffnungsweite existiert. Unter den natürlichen Standortverhältnissen spielt sie jedoch in der Prägung der tagesperiodischen Spaltweitenänderungen eine nur nachgeordnete Rolle gegenüber den Wirkungen der sich kurzfristig verändernden klimatischen Faktoren. Sie hat hingegen große Bedeutung bei dem im Vergleich mit C3- und C4-Pflanzen inversen Tagesrhythmus der Stomataöffnung der CAM-Pflanzen, wo hohe blattinterne CO_2-Konzentrationen während der Lichtphase zum Spaltenschluss führen, der intensive CO_2-Einbau in Malat während der Dunkelphase bei weit geöffneten Spaltöffnungen stattfindet.

Steigende **Temperatur** bis zu einem sippenspezifischen Optimalbereich führt zu Stomataöffnung, bei noch höheren Temperaturen kommt es zur Spaltenverengung. Unter dem Einfluss sehr hoher Temperaturen, wenige Grade unterhalb von zu Blattnekrosen führenden Temperaturen, öffnen sich die Stomata bis zu den aufgrund der Anatomie maximal möglichen Porusweiten. Die Temperaturwirkung greift wohl über veränderte Beweglichkeiten in der Dynamik der Membranstrukturen des Plasmalemmas an, die vermutlich mit transmembranen Polaritätsveränderungen und dem Öffnen und Schließen von Ionenkanälen in Verbindung steht. Detailliertere Modellvorstellungen existieren hierzu noch nicht.

Licht- (indirekt hierdurch auch CO_2-) und Temperatureffekte auf die Stomataweiten sind mit direkten Energieumsätzen an den Schließzellen verbunden und ziehen über die dadurch beeinflussten Transportvorgänge an den Zellmembranen der Schließzellen Osmotikaverschiebungen nach sich. Verändert wird die Schließzellen-Turgeszenz aber auch durch **veränderte Wasserpotential-Relationen**, sodass sowohl direkte Wasserverknappung – in der Gesamtpflanze wie auch im Epidermisverband – sowie Veränderungen im Wasserpotentialgradienten zwischen Blattinnerem, Schließ-(und Neben-)Zellen und der das Blatt umgebenden Luftschicht entscheidende Effekte auf den Öffnungsgrad der Stomataporen haben. Wenn die dabei erfolgenden Wasserverschiebungen zu langfristig stabilen Spaltweitenveränderungen führen sollen, müssen sie mit veränderten Osmotikagehalten in den Schließzellen verknüpft sein. Dies bedeutet, dass auch der den Öffnungsgrad der Stomata prägende Wasserfaktor an den Ionentransportmechanismen am Schließzellen-Plasmalemma angreifen muss. Hierzu existieren ziemlich ausgereifte Modelle, welche die Wirkungskette beim Auftreten von pflanzeninternem Wassermangel beschreiben. Dieser wirkt danach nicht unmittelbar über eine entwässerungsbedingte Turgorsenkung in den Schließzellen. Unter Wasserverknappung kommt es vielmehr zu einer Erhöhung des pflanzeninternen Abszisinsäure(= ABA-)gehaltes durch Neuproduktion des Phytohormons bzw. durch seine Freisetzung aus einem infolge geeigneter Kompartimentierung bislang unwirksamen Speicherzustand. Die je nach Wasserversorgungszustand und Fracht an gelösten Stoffen höheren oder niedrigeren pH-Verhältnisse im Xylem beeinflussen die ABA-Konzentration (Wilkinson & Davies 1997). Von den Synthese- bzw. Freisetzungsorten wird das Phytohormon mit dem Xylemstrom und im Blatt im Apoplasten der Zellwände bis zu den Schließzellen transportiert. Dort blockiert es den Protonenexport am Plasmalemma. In der Folge werden einwärts gerichtete Kaliumkanäle geschlossen, auswärts orientierte geöffnet und so ein Nettoexport von Osmotika aus den Schließzellen erreicht. Ca^{2+} im Cytoplasma der Schließzellen übernimmt hierbei Funktionen eines sekundären Botenstoffes. Das Resultat dieser Umsetzungen ist eine Spaltenverengung, welche nach Beendigung der Wassermangelsituation erst ganz allmählich wieder aufgehoben wird, indem der Abszisinsäurespiegel an den Schließzellen wieder auf die sehr niedrigen Ausgangswerte reduziert wird.

Unter standörtlichen Bedingungen äußerst wirksam, aber auch im Laborversuch nachweisbar, ist die spaltenverengende Wirkung erhöhter **Wasserdampfsättigungsdefizite zwischen Blatt und Luft** (WD – zu unterscheiden von VPD = Wasserdampfsättigungsdefizit der Luft), d. h. der Effekt einer Steigerung des Wasserpotentialgradienten an dieser Schnittstelle zwischen der Pflanze und der Außenwelt. Der Effekt als solcher ist vielfältig belegt (Lange et al. 1971, Lösch 1977, Hall et al. 1976, Schulze & Hall 1982) und von großer Bedeutung für die Regulation des pflanzlichen Wasserhaushaltes – bis hin zur Verbesserung des pflanzeninternen Wasserzustandes trotz sehr hoher Evaporationsbedingungen (Schulze et al. 1972). Der Mechanismus der Luftfeuchtewirkung auf das Stomataverhalten ist aber noch wenig detailliert beschrieben. Denkbar ist, dass am Beginn der Spaltenschlussreaktion eine relative Turgorabsenkung in den Schließzellen durch deren erhöhte kutikuläre Transpiration erfolgt. Diese zunächst rein passive Verminderung der Schließzellenturgeszenz, welche eine Porusverengung nach sich zieht, wird vermutlich stabilisiert durch einen zeitlich etwas verzögerten (Lösch & Schenk 1978) Osmotikaexport über die differenzierte Öffnung bzw. den Verschluss von dehnungsabhängigen (Cosgrove & Hedrich 1991) Ionenkanälen im Schließzellen-Plasmalemma. Kerstiens (1997) vermutet eher, dass nach Steigerung des Dampfdruckgradienten zwischen Epidermis und Umgebungsluft eine erhöhte kutikuläre Transpiration verstärkt Abszisinsäure an die Schließzellen heranführt. Bei manchen Pflanzen ist die Schließ-Reaktion der Stomata auf eine abgesenkte Umgebungsluftfeuchte so stark, dass die unter dieser Erhöhung des Dampfdruckgradienten zwischen Blatt und Luft an sich erhöhte Wasserabgabe der Blätter durch die Spaltenverengung überproportional vermindert wird (**feedforward effect**: Cowan 1977, Farquhar 1978).

Insbesondere das Zusammenspiel überoptimaler Temperaturen und niedriger Luftfeuchte führt um die Mittagszeit an sonnigen, warmen Tagen zu einer so starken Stomataverengung, dass die spaltenöffnende Wirkung hoher Lichteinstrahlung und infolge der Photosynthese erniedrigter blattinterner CO_2-Gehalte überwunden wird. Dies führt zur **„Mittagsdepression des Gaswechsels“** der Blätter. Das um diese Zeit gegenüber der Nacht erheblich abgesenkte Wasserpotential der Pflanze spielt bei der so physiologisch begründeten, kurzfristigen Einschränkung der Blattwasserverluste keine wesentliche Rolle (Lösch & Schulze 1994). Pflanzeninterne Wasserpotentialabsenkung unter Austrocknung gibt vielmehr längerfristig das Öffnungsniveau vor, bis zu dem die Stomata sich im Tagesverlauf überhaupt zu öffnen vermögen.

Die sich aus dem Zusammenspiel der Gesamtheit der einwirkenden Faktoren ergebende Stomataweite kann durch eine zu einem Modell zusammengefasste Abfolge mathematischer Formel quantitativ beschrieben werden (Tab. 6-8). Die **Stomataweiten** ihrerseits bedeuten für den diffusiven Wasserdampfübergang vom substomatären Raum in den umgebenden Luftraum einen zeitlich stark variierenden Widerstand, der in seinem Minimalwert durch die Porusdimension festgelegt wird.

Eine Umrechnung dieser anatomisch bestimmten Daten auf den Zahlenwert dieses Wasserdampfaustauschwiderstandes der Blätter ist möglich durch die Formel von Parlange & Waggoner (1970):

$$r_s = \frac{\dfrac{d}{\pi a b} + \dfrac{\ln(4a/b)}{\pi a}}{D\, n} \quad \left[\frac{\dfrac{cm}{cm^2} + \dfrac{1}{cm}}{\dfrac{cm^2}{s} \quad \dfrac{1}{cm^2}} = \frac{s}{cm} \right], \qquad \text{(Gl. 6-19)}$$

$$g_s = 1/r_s, \qquad \text{(Gl. 6-20)}$$

mit r_s = stomatärer Widerstand [s cm^{-1}], g_s = stomatäre Leitfähigkeit [cm s^{-1}], a = halbe Längeachse des Stomaporus [cm], b = halbe Querachse des Stomaporus [cm], d = Höhe der Schließzelle zwischen Vorder- und Hinterhörnchen [cm], n = Stomatazahl pro cm^2, D = Diffusionskoeffizient von Wasserdampf in Luft [$cm^2\ s^{-1}$, bei 20 °C = 0,242 $cm^2\ sec^{-1}$].

Ein Widerstandswert gleicher Dimension für den Wasserdampf- und CO_2-Austausch des Blattes, den **Gas-**

Tab. 6-8: Prinzip-Struktur von Modellen zur Berechnung stomatärer Leitfähigkeiten in Abhängigkeit von den mikroklimatischen Parametern (Jarvis 1976, Aschan et al. 1997, Busch & Lösch 1998).

$$|g|\ f\,(PPFD) \equiv g = \frac{\alpha \cdot \beta \cdot PPFD}{\alpha + \beta \cdot PPFD}\text{, für PPFD < Sättigung, sonst } g = g_{max}$$

$$|g|\ f\,(Temp_{Blatt}) \equiv g = \gamma\,(Temp_{min} - Temp_{Blatt})\,(Temp_{Blatt} - Temp_{max})^{\delta}\,(\varepsilon\, Temp_{akt}^{2} + \zeta\, Temp_{akt} + \eta)$$

$$|g|\ f\,(SD) \equiv g = \vartheta\, SD^{\iota}\text{, für SD > Grenzwert, sonst } g = g_{max}$$

$$g = f\,(g_{max} \cdot a \frac{|g|\ f\,(PPFD)}{g_{max}} \cdot b \frac{|g|\ f\,(Temp_{Blatt})}{g_{max}} \cdot c \frac{|g|\ f\,(SD)}{g_{max}})$$

$\alpha \ldots\ldots \eta$, a .... c: artspezifische Konstanten;
SD = Wasserdampf-Sättigungsdefizit zwischen Blatt und Luft

wechsel, ergibt sich, wenn auf den von der Dampfdruckdifferenz zwischen Blatt und Luft getriebenem Prozess der transpirativen Wasserdampfabgabe die allgemeine Flussgleichung (Jones 1992) angewendet wird:

$$r_s = \frac{WD}{Transpiration}. \qquad \text{(Gl. 6-21)}$$

Der Kehrwert dieses Leitwiderstandes ist die Leitfähigkeit g. Seine Dimension ergibt sich zu

$$[\frac{kg\ m^{-2}\ s^{-1}}{kg\ m^{-3}} = \frac{m}{s}].$$

Wird der Teilchenfluss als molare Massenflussdichte und WD als Dampfdruckdifferenz (nicht als Massendifferenz) ausgedrückt, resultiert als Dimension der Leitfähigkeit $[mol\ m^{-2}\ s^{-1}]$. Die Umrechnung der beiden Dimensionen unter Standardbedingungen (25 °C, Norm-Luftdruck) erfolgt gemäß (Jones 1992):

$$g\ [mol\ m^{-2}\ s^{-1}] = 0{,}04 \times g\ [mm\ s^{-1}] \qquad \text{(Gl. 6-22)}$$
$$\text{bzw. } r\ [m^2\ s\ mol^{-1}] = 2{,}5 \cdot r\ [s\ cm^{-1}].$$

WD ist die Differenz zwischen der Masse an Wasserdampf in den substomatären Höhlungen und der Masse an Wasserdampf in der Luft. In den blattinternen Hohlräumen herrscht Wasserdampfsättigung, im die Pflanze umgebenden Luftraum ist dies normalerweise nicht der Fall. Die maximale Menge des in einem Luftvolumen enthaltenen Wasserdampfes und damit auch der gegebene Partialdampfdruck bei Sättigung sind in nicht-linearer Abhängigkeit durch die Temperatur bestimmt (Abb. 6-39). Eine Formel, welche diese Abhängigkeit auf der Grundlage empirischer Werte charakterisiert, ist in Tab. 6-9 aufgeführt, zusammen mit den verschiedenen Kenngrößen für den Feuchtigkeitsgehalt der Luft und ihre gegenseitigen Umrechnungsmöglichkeiten.

Die **diurnale Dynamik** der durch die wechselnden Blattleitfähigkeiten geprägten Transpiration, ihre Größenordnung und der von ihr wiederum geprägte Wasserdurchsatz durch die Pflanze mit seinen Charakteristika des Xylemsaftstroms, des Sprosswasserpotentials und der Embolienintensität folgen in allen Kormophytensippen den gleichen Grundprinzipien. Alle diese Größen sind aber durch die jeweils spezifische Anatomie sowie durch die standörtlichen Gegebenheiten in ihren diurnalen und saisonalen Veränderungs-

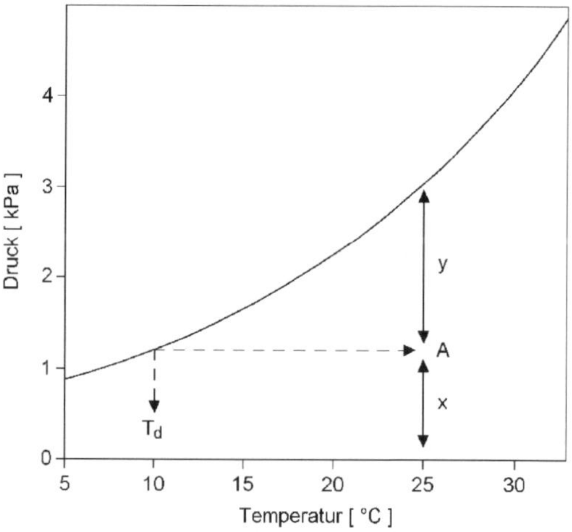

Abb. 6-39: Abhängigkeit des Sättigungsdampfdrucks von der Temperatur. Für den Punkt A bedeutet der Wert von x den aktuellen Dampfdruck bei der gegebenen Temperatur (25 °C im Beispiel), y ist das Dampfdruckdefizit δe. T_d ist die unter diesen Bedingungen gegebene Taupunkttemperatur. Die relative Feuchte für die Temperatur/Dampfdruck-Kombination am Punkt A berechnet sich nach r.h. = $[x/(x+y)] \cdot 100$. Aus Lösch (2002) nach Jones (1992).

Tab. 6-9: Quantifizierung der Luftfeuchtigkeit.

1) Konzentration und Partialdampfdruck eines atmosphärischen Gases:

$$c_i = \frac{\text{Masse}_i}{V} = \frac{n_i M_i}{V} = \frac{p_i M_i}{RT}$$

– vgl. allgem. Gasgleichung: PV = nRT –

[c = Konzentration, i = beliebige Molekülart, M = Molmasse, n = Teilchenzahl, p = Partialdampfdruck, R = allgemeine Gaskonstante, T = absolute Temperatur (°K), V = Volumen]

2) spezifiziert auf Wasserdampf:

$$c_W = \frac{eM_W}{RT} = \frac{2{,}17}{T}e,$$

mit e (= Partialdampfdruck des Wasserdampfes) in Pa und c_W in g m^{-3}; c_W = „absolute Feuchte"

Bei Wasserdampfsättigung (Maximalmenge der absoluten Feuchte bei gegebener Temperatur) ist der **„Sättigungsdampfdruck"**, e*, gegeben.

3) Ist ein Luftraum nicht wasserdampfgesättigt, hat er ein negatives Wasserpotential:

$$\psi_L = \frac{RT}{V} \ln \frac{e}{e^*}$$

[negativ, da $e/e^* < 1$, ln (< 1) ⇨ Negativwert]

4) Der Quotient e/e* wird, meist prozentual auf e* = 100 % bezogen, als **„relative Feuchte"** bezeichnet.

5) Das **„Dampfdruckdefizit"** δe ist:

$$\delta e = e^* - e$$

6) Die **„Taupunkttemperatur"**, τ, ist diejenige Temperatur, bei der die gegebene Wasserdampfmenge gerade zur Sättigung führt.

mustern geprägt und können in den Zahlenwerten enorme Unterschiede aufweisen. Hierin manifestiert sich die sippenspezifische Habitatanpassung. Die unterschiedliche Leistungsfähigkeit in der Regulation des Wasserumsatzes sowie die Empfindlichkeit gegenüber Störungen der Wasserbilanz bilden eine wesentliche Komponente von Einnischung und Selektion der Taxa.

Abb. 6-40 illustriert an Messwerten von *Sambucus nigra* (Holunder) den diurnalen Verlauf von Stammwasserpotential, Transpiration und stomatärem Widerstand an einem Strahlungstag. *Sambucus* hält durch sensitive stomatäre Regulation sein Wasserpotential durchwegs auf vergleichsweise hohen Werten. Transpiration und Sättigungsdefizit zwischen Blatt und Luft sind so im Tagesverlauf teilweise voneinander entkoppelt. Wird das Stammwasserpotential von *Sambucus* experimentell auf Werte erheblich unter –1,8 MPa abgesenkt, erhöht sich bei diesem Strauch die Embolienrate ungemein: Bei –4 bis –5 MPa, einem Wertebereich, bei dem, z. B. bei der standörtlich oft koexistierenden Eberesche, *Sorbus aucuparia*, überhaupt erst stärkere Embolienentwicklung einsetzt, besitzt *Sambucus*-Holz schon so gut wie keine hydraulische Leitfähigkeit mehr (Vogt 2001).

6.3.5 Pflanzliches Verhalten unter Wassermangel

Poikilohydre Pflanzen sind zum Überdauern von Dürre im nahezu völlig ausgetrockneten, anabiotischen Zustand in der Lage durch ihre Ausstattung mit nur kleinlumigen Vakuolen und die Fähigkeit zur partiellen Stabilisierung von Membranen und Makromolekülen unter Wasserentzug bzw. zu deren geregeltem Ab- und Wiederaufbau

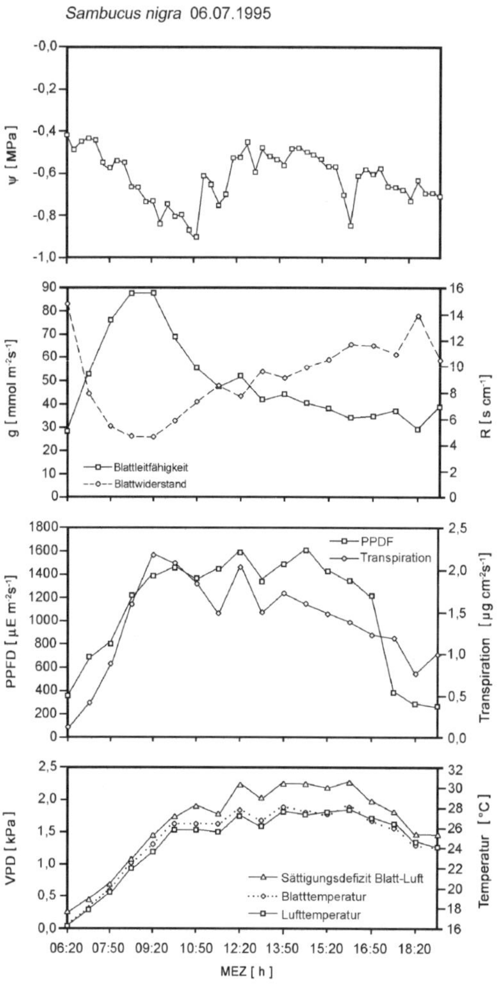

Abb. 6-40: Tagesgang von Mikroklima (PPFD, Temperatur, VPD), Blattwiderstand (R) und -leitfähigkeit (g), Transpiration und Stammwasserpotential (ψ) von *Sambucus nigra* unter den Witterungsbedingungen eines weitgehend wolkenfreien Strahlungstages (Vogt, unveröff.).

bei weitgehender Austrocknung (Tab. 6-10). **Homoiohydre Pflanzen** werden durch Wasserentzug bis über eine sippenspezifische kritische Grenze hinaus (meist zwischen 40 und 80 % des Sättigungswassergehaltes liegend) irreversibel geschädigt.

Poikilohydrisch sind alle Thallophyten (Algen i. w. S., Pilze, Flechten, Moose), etliche Farngattungen (z. B. *Cheilanthes, Ceterach, Notholaena*) und einige wenige (sekundär poikilohydre) Blütenpflanzen (u. a. *Myrothamnus*/Rosaceae, *Craterostigma*, *Chamaegigas* und *Lindernia*/Scrophulariaceae, *Ramonda* und *Haberlea*/Gesneriaceae, von den Monokotylen viele Velloziaceae, einige Cyperaceae und Poaceae sowie die Liliaceen-Gattung *Borya*), homoiohydrisch nahezu alle sonstigen Kormophyten.

Erst die Homoiohydrie, deren Realisierung eng verbunden ist

- mit der evolutiven Entwicklung des kutikulabedeckten epidermalen Abschlussgewebes und den die Wasserabgabe an die Atmosphäre regelnden Stomata
- den Leitbahnen für den Wasserferntransport im Spross,
- mit effizient das Wasser aus dem Bodenraum aufnehmenden Wurzeln,
- mit Fähigkeiten und Kompartimenten zur Wasserspeicherung sowie
- mit der Nutzung und Weiterentwicklung der schon bei den niederen Pflanzen entwickelten Stoffwechseleigenheiten zur Stabilisierung der Wasserpotentialgradienten gegenüber der Umgebung (Osmoregulation),

hat dem Leben auf der Erde die weiträumige Erschließung der Festlandsbereiche und die massive Biomasseentfaltung in den Luftraum hinein ermöglicht.

Die strukturellen und funktionellen **Einrichtungen der homoiohydren Pflanzen zur Auseinandersetzung mit Wassermangelsituationen** können wiederum gemäß der für Stresseffekte und ihre Bewältigung angewandten Begriffsstrukturierung (Levitt 1980) in Mechanismen der Trockenstressvermeidung und solche der Trockenstresstoleranz differenziert werden. Beide zusammen charakterisieren dann die jeweils sippenspezifische Dürreresistenz (Abb. 6-41).

Der Weg der **Austrocknungsvermeidung** wird insbesondere von Thero- und Geophyten genutzt, welche ihre austrocknungsempfindlichen Sprosse nur zu Zeiten hinreichender Wasserverfügbarkeit entwickeln, die Trockensaison aber als Samen im poikilohydren Zustand oder mittels vergleichsweise wasserreicher Zwiebeln, Knollen oder Rhizome entwässerungsgeschützt im Boden überdauern. Beiden Existenzstrategien ist gemeinsam, dass die nach Wasserzufuhr sich entwickelnden Sprosse, Blätter und Blüten eine sehr rasche Entwicklung durchmachen und nur eine relativ kurze Lebensdauer besitzen.

Tab. 6-10: Grundlagen der Austrocknungs- (und Wiedereinquellungs-)fähigkeit poikilohydrer Pflanzen.

- Auch bei Austrocknung besteht ein enger, strukturstabiler Kontakt zwischen Plasmamembran und Zellwand.
- Zellwand und Plasmamembran können sich geordnet in Falten legen und so die Zelloberfläche dem bei Austrocknung verminderten Zellvolumen anpassen.
- Trotz der räumlichen Verschiebungen im Zellwand- und Plasmalemma-Bereich bleiben die Plasmodesmen zwischen den Zellen intakt.
- Eine konzentrationsgerechte Kompartimentierung der anorganischen Ionen ist auch im Zustand der Zellentwässerung gegeben.
- Das Cytoplasmagel kann bei Austrocknung reversibel eine glasartige Konsistenz annehmen.
- Das Wasser der Hydrathüllen der Membran- und Proteinoberflächen wird teilweise durch kolligative Schutzstoffe (Oligosaccharide, Prolin, Betaine) ersetzt, welche die Raumstrukturen der Makromoleküle stabilisieren.
- Kompatible Osmotika können in umfangreicher Menge produziert werden (osmoregulatorische Komponente).
- Austrocknungsspezifische Proteine (LEA-Proteine) werden exprimiert.
- Bei poikilohydren Kormophyten ist eine Wiederauffüllung der bei Entwässerung embolierten Xylemgefäße möglich.

Thero- und Geophyten machen einen beträchtlichen Anteil der Floren von stark saisonariden Winterregengebieten sowie von Wüsten und Halbwüsten mit unregelmäßig fallenden Niederschlägen aus. In anderen Biomen sind einjährige Pflanzen ein prägendes Element insbesondere von flachgründigen, gestörten und eine Pioniervegetation tragenden Habitaten.

Mit Einschränkungen könnten eventuell auch die Horstgräser und Rosetten-Dikotylen der Savannen und Steppen hierher gerechnet werden, welche als Hemikryptophyten die jahresperiodischen Trockenzeiten mit vital bleibenden Meristemen in Bodennähe überdauern, deren Sprosse und Blätter aber mit dem Einsetzen der Trockenzeit absterben. Sie sind jedoch nicht in dem strikten Ausmaß **arido-passiv** wie die Thero- und Geophyten, sondern besitzen durchaus auch eine Reihe wirkungsvoller Attribute der dürreresistenten Arten.

Trockenzeiten im stoffwechselaktiven Zustand überdauernde Pflanzen weisen in großer Sippenspezifität Einrichtungen und Fähigkeiten zur Vermeidung bzw. Verzögerung der Austrocknung auf, was eine **arido-aktive** Auseinandersetzung mit Situationen der Dürrebelastung darstellt. Viele Taxa können darüber hinaus auch die insbesondere bei den Poikilohydren verbreiteten Mechanismen zum Ertragen von Gewebeaustrocknung nutzen und begrenzt steigern. Dies wird als **„Arido-Toleranz"** bezeichnet.

Pflanzen unter Wassermangel

dürreresistent — dürreempfindlich

arido-tolerante Strategie — aridoaktive Strategie — aridopassive Strategie

Osmoregulation, hohe plasmatische Austrocknungstoleranz

gute Wasseraufnahme, leistungsfähige Wasserleitung, gute Einschränkung kutikulärer Wasserverluste, empfindliche Transpirationsregulation, Möglichkeiten der Wasserspeicherung

phänologische Plastizität: THEROPHYTEN, GEOPHYTEN, (HEMIKRYPTOPHYTEN)

Wasserstress-Toleranz (tolerance)

Wasserstress-Vermeidung (avoidance)

Abb. 6-41: Begriffliche Strukturierung der Dürreresistenz-Phänomene bei Pflanzen, gemäß dem Konzept von Stressvermeidung und Stresstoleranz (vgl. Abb. 6-26) – nach Larcher (1994).

Zur **Austrocknungsvermeidung („avoidance") bzw. -verzögerung** tragen alle Fähigkeiten zur besseren Erschließung der Bodenwasserreserven, zum störungsfreien Ferntransport des Wassers in den Kronenraum und zur Dosierung seiner Abgabe in die Atmosphäre bei.

Die hohe Plastizität der Bodendurchwurzelung wird besonders auffällig bei vielen Pflanzen von Trockengebieten, wo einzelne Wurzeln bis in Tiefen von 10–15 m vordringen können (Walter 1960) und die Wassererschließung aus Bodenschichten 2–5 m unter der Oberfläche die Regel darstellt (Taylor & Terrell 1982). Bekannt ist das Hineinwachsen von Wurzeln in „Feuchtigkeitstaschen" unter größeren Felsen in skelettreichem, inhomogenen Boden oder das Anzapfen von Grundwasserschichten durch die Wurzeln mancher Wüstenpflanzen (*Citrullus* spec.) und von Phreatophyten (wasserbedürftige, eigentlich: Sumpf-Pflanzen) in ariden Landschaften. Kakteen bilden nach Niederschlagsereignissen kurzlebige „Regenwurzeln" nahe der Bodenoberfläche aus, durch welche die momentane Wasserzufuhr am Wuchsort rasch aufgenommen und dann in Wasserspeicherorganen der Pflanzen für die folgenden Trockenzeiten gehortet wird (bei Kakteen sukkulente Sprosse, bei anderen sukkulenten Taxa auch voluminöse Blätter und Speicherwurzeln).

Kurzfristig besonders wirkungsvoll die Wasserbilanz stabilisierend, von hoher Sensibilität und die gesamten Lebensvollzüge der Pflanzen besonders intensiv prägend sind alle **Einrichtungen zur geregelten Wasserabgabe** und zur Einschränkung von Wasserverlusten. Sie umfassen das gesamte Syndrom morphologisch-anatomischer Einrichtungen zur Vermeidung unkontrollierter Wasserverluste (Tab. 6-11). Eine unter den wechselnden kleinklimatischen Verhältnissen jeweils angepasste Dosierung der pflanzlichen Wasserabgabe, der Transpiration, wird sodann durch die Regelung der Stomataweiten erreicht. Bei geschlossenen Stomata beträgt die kutikuläre Transpiration bei den meisten Pflanzen nur noch wenige Prozent der maximal möglichen Blattwasserabgabe.

Tab. 6-11: Morphologisch-anatomische Eigenheiten von Blättern zur Einschränkung von Wasserverlusten (bzw. strukturelle Attribute typischer Xerophyten).

- Blattflächenverkleinerung
- strukturelle oder modulative Profilstellung der Blätter
- ledrige, wasserarme Konsistenz der Blätter
- Kleinzelligkeit des Mesophylls
- Aussteifung der Blätter durch Sklerenchymelemente
- äquifaziale Blattstruktur
- Verdickung der Epidermisaußenwände
- Verdickung und Verdichtung von Kutikula und cutinisierten Epidermiswänden
- mehrschichtige Epidermen, evtl. mit subepidermalen Sklerenchymschichten
- Wachsüberzüge auf der Blattoberseite
- eingesenkte Stomata
- kaminartig emporgehobene, den Porus überwölbende Vorderhörnchen der Stomata
- kleine Stomata in großer Anordnungsdichte
- dichte Blattbehaarung

Im idealen Fall wird durch die Transpirationsregelung ein Gleichgewicht zwischen Wurzel-Wasseraufnahme und Blatt-Wasserabgabe erreicht: Es herrscht ein **konservativer Wasserdurchsatz** durch die Pflanze vor. Im Falle eines **nicht-konservativen Wasserdurchsatzes** überwiegt die Wasseraufnahme über die Wasserabgabe, und die dafür nötige Volumenerweiterung manifestiert sich im Wachstum der Pflanzen. Nicht-konservativ ist der Wasserdurchsatz ebenso, wenn im Zeitverlauf eine Hysteresis zwischen Wasseraufnahme und -abgabe vorliegt, sodass der Wassergehalt der Pflanze bzw. ihrer Organe Schwankungen unterworfen ist. Wenn der Wassernachschub den Transpirationsbedarf nicht deckt, kommt es zu einer **negativen Wasserbilanz**. Im Tagesverlauf entwickelt sich eine solche negative Wasserbilanz während der Lichtphase und wird durch eine vorübergehend positive Wasserbilanz in der ersten Nachthälfte zu einem ausgeglichenen Zustand in den frühen Morgenstunden geführt. Analog zu diesen **diurnalen Wasserbilanzschwankungen** treten auch saisonale Wasserbilanzschwankungen auf.

Das Ausmaß der Abweichung des aktuellen Wassergehaltes von dem unter dem gegebenen Gleichgewicht von osmotischem und Turgorpotential maximal möglichen Wassergehalt wird als **„relativer Wassergehalt"** (RWC) quantifiziert:

$$\mathrm{RWC} = \frac{W_{akt}}{W_{satt}} \cdot 100 \qquad \text{(Gl. 6-23)}$$

Das **„Wassersättigungsdefizit"** errechnet sich zu (1-RWC). Abb. 6-42 zeigt für einige Schatten- und Sonnenkräuter sowie immergrüne und sommergrüne Holzpflanzen zum einen die unterschiedlich hohen Anteile des Wassergehaltes am Gesamtgewicht der Pflanze, zum anderen den

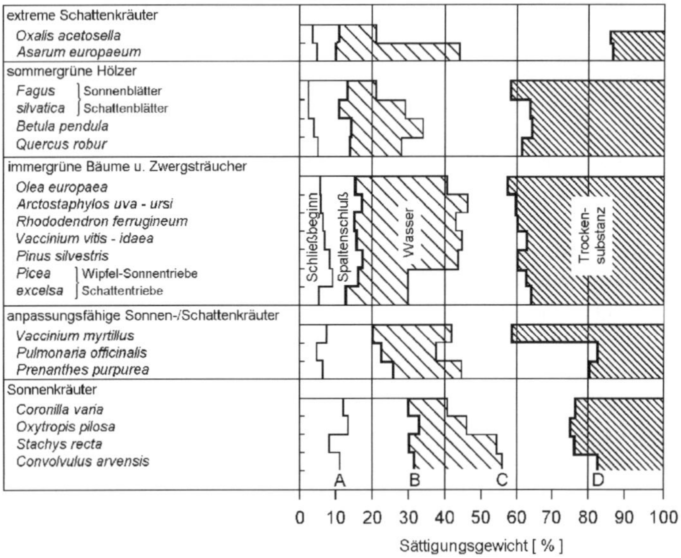

Abb. 6-42: Wasser- und Trockensubstanzgehalt der Blätter einiger Sonnen- und Schattenkräuter sowie von immer- und sommergrünen Holzpflanzen. Differenzierungen bei den Wassergehaltsangaben: 0 % Sättigungsdefizit bis Grenzlinie A: Blattwassergehalte bei voll geöffneten Stomata, A bis B: Spanne der Wasserverluste bis zum vollständigen Stomataschluss, B bis C: entziehbares Depotwasser bis zum Erreichen des subletalen kritischen Wasserdefizits, C bis D: konstitutiv notwendiger Wasseranteil, bei seiner Verminderung kommt es zu irreversiblen Schäden. (aus Pisek 1956).

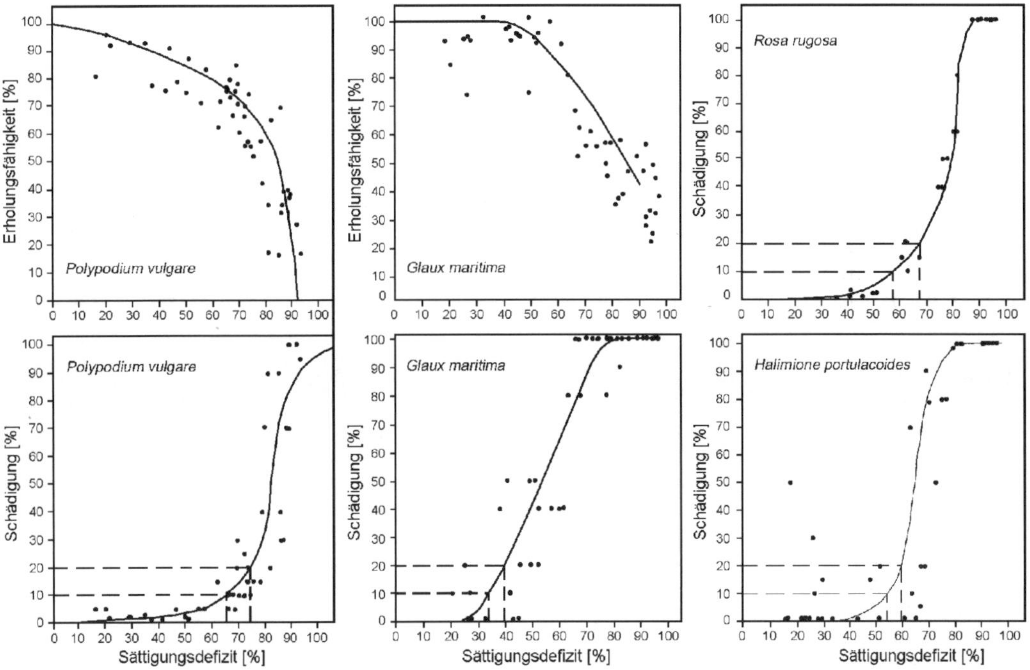

Abb. 6-43: Entwicklung (in % der Blattfläche) von Nekrosen (Ordinate) nach Austrocknung von Blättern verschiedener Salzwiesen- und Dünen-Pflanzen auf unterschiedlich große Wassersättigungsdefizite (Abszisse); vitale Resistenzgrenze zwischen 10 und 20 % Nekrosefläche, letale Resistenzgrenze bei 50 % Schädigung. Bei *Polypodium* und *Glaux* in entsprechender Weise dargestellt auch das Wiederaufsättigungsvermögen nach Austrocknung („Erholungsfähigkeit").

höchst unterschiedlichen Anteil am Gesamtwasser auf, der bei den einzelnen Arten ohne Schadkonsequenzen abgegeben werden kann. Abb. 6-43 illustriert am Beispiel von vier Salzwiesen- bzw. Dünen-Pflanzen, wie jeweils ab einem sippenspezifischen Wassersättigungsdefizit das Ausmaß der Blattnekrosen stark zunimmt. Wo letztere im Austrocknungsversuch rund 10–20 % der Blattfläche ausmachen, setzt man das **„kritische subletale Wassersättigungsdefizit"** des jeweiligen Taxons an. Tab. 6-12 nennt weitere repräsentative Werte der kritischen Blatt-Sättigungsdefizite von mitteleuropäischen und mediterranen Pflanzen.

Prinzipiell lassen sich zwei **Typen der Wasserbilanz** unterscheiden: **Hydrostabile Arten** weisen infolge sensitiver stomatärer Transpirationsregulierung eine recht ausgeglichene Wasserbilanz auf. Ihre Wasser- und osmotischen Potentiale erfahren im Tagesverlauf keine allzu starke reversible Absenkung. In ihrem Wassergehalt hydrostabile Pflanzen werden auch als **„isohydrisch"** bezeichnet und sind hinsichtlich ihres Wasserzustandes (Potentialverhältnisse) als **stenohydr** charakterisiert. **Hydrolabile** Pflanzen machen demgegenüber im Tageslauf erhebliche Veränderungen im Gewebewassergehalt und -wasserpotential durch: Sie sind **euryhydr** bzw. **„anisohydrisch"** (Abb. 6-44). Die Zugehörigkeit zum einen oder anderen Wasserbilanztyp ist in der Regel korreliert mit hoher oder geringerer Embolienanfälligkeit des Xylems der jeweiligen Art.

Ein sehr effizienter Weg der arido-aktiven Abpufferung von Trockenheitsbelastung ist die starke Erhöhung der Menge schadlos abgebbaren Depotwassers. Hierzu sind konvergent in vielen Verwandtschaftskreisen **sukkulente Organe bzw. Gewebe** ausgebildet worden, Sprosse, Blätter, Speicherwurzeln, hypodermale Schichten wasserspeichernder Zellen an Blättern und Sprossen u. ä. Der Sukkulenzgrad eines Organs (i. d. R.: der Blätter) ergibt sich aus dem Quotienten

$$\text{Sukkulenzgrad} = \frac{\text{Sättigungswassergehalt}}{\text{Oberfläche}} \qquad \text{(Gl. 6-24)}$$

Die wichtigste arido-passive, modulative Anpassung an Dürrebelastung ist die metabolische Wasserpotentialabsenkung in den Geweben, die **Osmoregulation**. Dadurch kann das pflanzliche Wasserpotential bis zu rund 0,5 MPa unter den längerfristigen Durchschnittswert erniedrigt werden, wodurch der Wasseraufnahmegradient zum Boden hin steiler wird und im kritischen Fall das Auftreten von Dürreschäden um einige Tage hinausgezögert werden kann. Eine je bessere oder schlechtere Fähigkeit zur Osmoregulation kann so mitunter überlebensentscheidend sein.

Die biotechnologie-orientierte Pflanzenzüchtung misst der Verbesserung der Osmoregulationsfähigkeiten von Nutzpflanzen durch konventionelle Selektion oder durch Genmanipulation große Bedeutung zu (Hanson & Burnet 1994), da Hochleistungssorten von

Tab. 6-12: Kritisches Wassersättigungsdefizit der Blätter (KSD) verschiedener temperater und mediterraner Kraut- und Holzpflanzen (aus Lösch 2002, erweitert).

Taxon		KSD (± 5 %)	Taxon		KSD (± 5 %)
Polypodium vulgare	(Winter)	95	*Spinacia oleracea*		60
Asplenium trichomanes	(Winter)	95	*Athyrium filix-femina*		59
Dryopteris spinulosa	(Winter)	85	*Cymbalaria muralis*	(Herbst)	58
Blechnum spicant	(Winter)	80	*Halimione portulacoides*		58
Knautia arvensis		78	*Canarina canariensis*		58
Scabiosa columbaria		78	*Pteridium aquilinum*		57
Hieracium pilosella		78	*Prunus laurocerasus*		55
Filipendula vulgaris		77	*Rumex obtusifolius*		54
Rubus fruticosus		65	*Arbutus unedo*		53
Dryopteris oreopteris		64	*Parietaria judaica*		48
Olea europaea		63	*Zea mays*		46
Anthyllis vulneraria		62	*Pachysandra* spec		40
Rosa rugosa		62	*Glaux maritima*		37
Valerianella locusta		60	*Ilex canariensis*		33

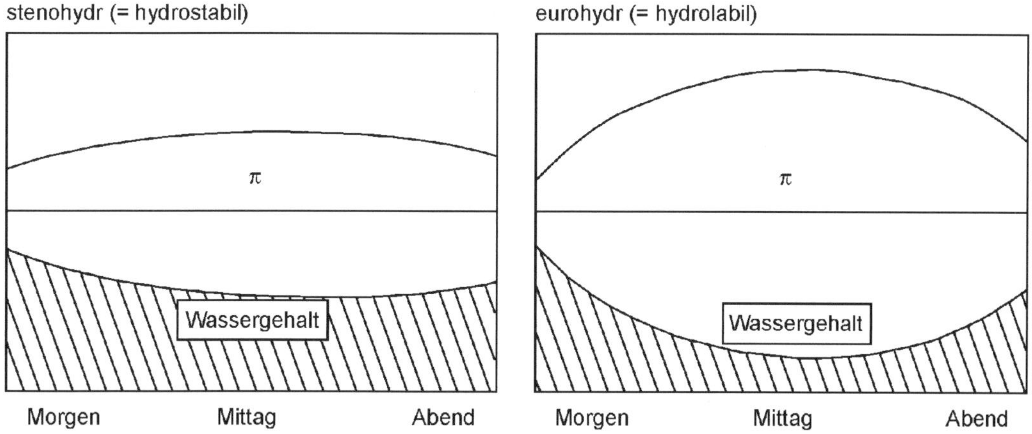

Abb. 6-44: Prinzipieller Tagesverlauf des (Blatt-)Gewebewassergehaltes und des osmotischen Potentials bei hydrostabilen (stenohydren) und hydrolabilen (euryhydren) Pflanzen (verändert nach Larcher 1984).

Nutzpflanzen meist auf geringe stomatäre Regelungsempfindlichkeit hin selektiert sind, um bei tagsüber durchgehend hohem Gaswechsel der Blätter eine große photosynthetische Produktion zu erzielen. Für die Mehrzahl der Wildpflanzen dürfte eine effiziente Trockenstressvermeidung in der Regel existenzsichernder sein als eine umfangreiche energieaufwendige Osmotikaproduktion, durch welche das Auftreten von letalem Wassermangel etwas verzögert wird. Die größere Bedeutung der osmoregulatorischen Fähigkeiten liegt hier meist in der langfristigen Toleranz gegenüber Frost- und Salzstress-bedingter Gewebeentwässerung.

6.3.6 Wasserüberschuss im Wuchssubstrat und Hypoxie bei Pflanzen

Während – anders als bei den mineralischen Pflanzennährstoffen (6.4.5) – ein Zuviel an Wasser den Pflanzen nicht schaden kann, ist eine übermäßige Wasserdurchtränkung oder gar -überstauung des Wuchssubstrates für viele Sippen dadurch schädlich, dass ein übermäßiges Wasserangebot im Boden den Gasraum in den Bodenporen verdrängt. Dadurch verarmt dieses Milieu an Sauerstoff und kann eventuell den O_2-Bedarf der Mitochondrienatmung in den submersen Pflanzenteilen nicht mehr decken. Auch bei voluminösen Pflanzenorganen im Luftraum, wie im Inneren von Baumstämmen und in großen Früchten, kann der Sauerstoffgehalt oft deutlich geringer sein als in der freien Atmosphäre (Tab. 6-13). Von der **„Normoxie"**, bei welcher die biochemischen Reaktionen nicht O_2-limitiert sind, kann so die **„Hypoxie"** unterschieden werden, bei der ein niedriger Sauerstoff-Partialdruck die mitochondriale ATP-Synthese beeinträchtigt, wenngleich noch nicht völlig hemmt. Dies ist unter den Bedingungen der **„Anoxie"**, des völligen Fehlens von Sauerstoff gegeben. Pflanzen, die zeitlebens unter reduzierter O_2-Verfügbarkeit im Substrat existieren, wie die Sumpf- und Wasserpflanzen (s. 8.3), sind mit **„primärer Hypoxie"** konfrontiert und normalerweise strukturell und funktionell daran angepasst. Kommt es mittel- bis längerfristig zur Staunässe in ansonsten gut durchlüfteten Böden, erfahren die dort wachsenden Pflanzen Einflüsse von **„sekundärer Hypoxie"**, unter deren langdauernder Wirkung sie erhebliche Schäden, bis hin zum vollständigen Absterben erleiden können.

Hypoxie im Boden vermindert die Sauerstoffverfügbarkeit nicht nur für den pflanzlichen Stoffwechsel, sie verändert über ein abgesenktes Redoxpotential auch das Ionenangebot im Substrat. Metalle liegen dann in größerem Umfang in leichter löslichen reduzierten Formen vor, welche in erhöhter Konzentration phytotoxische Wirkungen zeigen, Gase werden freigesetzt. Abb. 6-45 informiert über wichtige derartige Verschiebungen mit sinkendem Redoxpotential des Bodens.

Tab. 6-13: Sauerstoffgehalte im Stamminneren von Bäumen (verändert nach Gansert 2003; GC-MS = Massenspektroskopie-gekoppelte Gaschromatographie, O_2-Elektrode: elektrochemische Messung; O_2-Optode: fluoreszenzoptische Messung).

Pflanzenart	Dbh (cm)	Zeitraum	$[O_2]_{\text{wässrige Phase}}$ (μmol L^{-1})	Methode	Autoren
Picea abies	nicht genannt	März–Jan	27 (Aug)–285 (Jan)	GC-MS	Eklund 1990
P. abies	15–18	März–Nov	41 (Jul)–285 (März)	GC-MS	Eklund 2000
Quercus robur	15	Mai–Sept	68 (Jul)–231 (Mai)	GC-MS	Eklund 1993
Acer platanoides	15	Mai–Sept	81 (Jul)–217 (Sept)	GC-MS	Eklund 1993
Betula pendula	10	März–Apr	71–171	O_2-Optode	Gansert et al. 2001
B. pendula	28	Aug–Okt	65–142	O_2-Optode	ibid.
B. pubescens	0,8	Jun	180–220		Gansert 2003
Laurus nobilis	7 (Stammbasis)	Dez	172–258	O_2-Optode	Del Hierro et al. 2002
Olea europaea		Apr	28–100	O_2-Elektrode	Mancuso & Marras 2003
Zum Vergleich:	O_2-Gehalt in $Wasser_{sätt}$:		285 μmol O_2 L^{-1}_{Wasser}		bei 20 °C, 1013 mbar
	O_2-Gehalt in Luft:		25 mmol O_2 L^{-1}_{Luft}		bei 0 °C, 1013 mbar

Verringerte Sauerstoffverfügbarkeit für die Energiegewinnung durch den oxidativen Katabolismus fördert anaerobe Gärungsvorgänge im pflanzlichen Stoffwechsel. Deren ATP-Ausbeute ist deutlich geringer (2 ATP pro Glukosemolekül gegenüber 38 ATP pro Gl. bei oxidativer Phosphorylierung). Formal bedeutet dies, dass unter Hypoxie die **„Energieladung der Zelle" (adenylate energy charge, EC)** deutlich geringer ist als bei guter Sauerstoffversorgung:

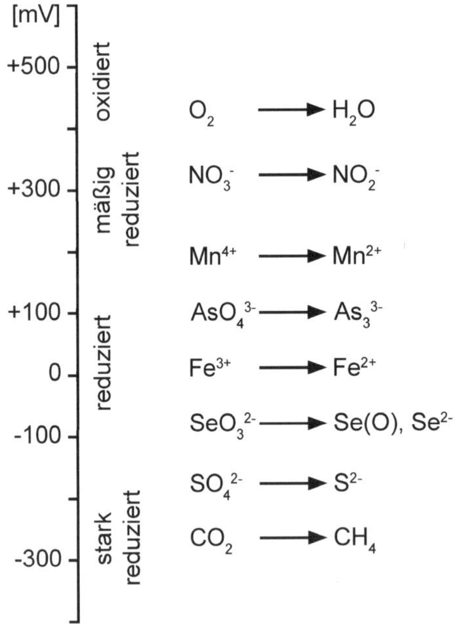

Abb. 6-45: Redoxübergänge vom oxidierten zum reduzierten Zustand bei wichtigen Redoxpaaren des Mineralbodens (pH-neutral) in Abhängigkeit vom vorherrschenden Redoxpotenial (Kombiniert und verändert nach Patrick et al. 1996 und DeLaune & Pezeshki 2001).

$$EC = \frac{[ATP] + 0{,}5\,[ADP]}{[ATP] + [ADP] + [AMP]}, \qquad \text{(Gl. 6-25)}$$

ein Wert, der im Zuge der zellulären O_2-Verarmung von normalerweise 0,8 bis 0,9 auf nur 0,2 absinken kann.

Unter Hypoxie kommt es im Zellstoffwechsel zu einer Umstellung von der oxidativen Dissimilation zu Gärungsvorgängen. Auslöser hierfür sind Veränderungen von cytoplasmatischem pH und von EC, wodurch es an strukturell modifizierten Ribosomen zur Synthese von rund 20 Hypoxie-spezifischen Proteinen kommt (ANPs: „anaerobic polypeptides"), unter denen die cytoplasma-lokalisierten, die Gärungsprozesse katalysierenden Lactat-Dehydrogenase (LDH), Pyruvat-Decarboxylase (PDC), Alkohol-Dehydrogenase (ADH) sowie Aldolasen besonders wichtig sind (Abb. 6-46). Die diese Polypeptidsynthese codierenden Gene besitzen in der Promotorregion eine Konsensussequenz und werden als AREs, „Anaerobie-Regulations-Elemente", bezeichnet (Brändle 1996; Lösch 2002).

Eine wirkungsvolle Toleranz gegenüber den Folgen langfristiger Hypoxiebedingungen ist in den Geweben der höheren Pflanzen nur wenig entwickelt; etwas tolerantere Sippen haben einen ge-

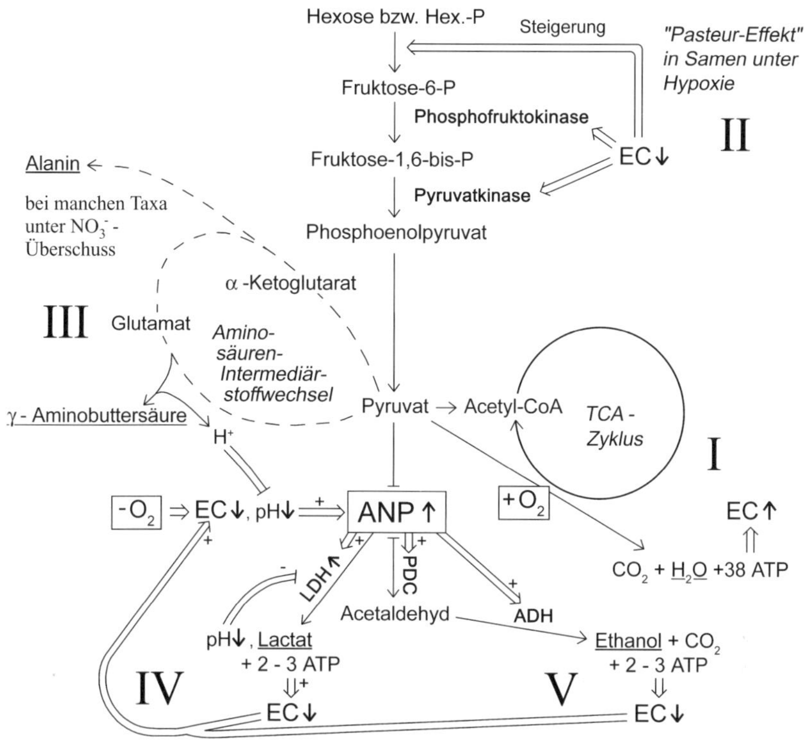

Abb. 6-46: Dissimilation im Zellstoffwechsel unter aeroben und anaeroben Bedingungen.
Der unter aeroben Bedingungen (I) erfolgende katabolische Substratabbau im Zitronensäure(= TCA-)zyklus und der Endatmung gewährleistet hohe ATP-Verfügbarkeit (EC hoch). Der Pasteur-Effekt in keimenden Samen unter Hypoxie (II) führt bei absinkender ATP-Verfügbarkeit (EC abnehmend) zu gesteigertem glykolytischen Kohlenhydratverbrauch. Unter Hypoxie bei gleichzeitig hoher NO_3^--Verfügbarkeit kann in manchen Fällen der Aminosäuren-Intermediärstoffwechsel in Konkurrenz zu Gärungsprozessen treten (III), unter Anreicherung von Alanin. Ebenso vermindert die verstärkte Synthese von γ-Aminobuttersäure den Übergang zum Gärungsstoffwechsel durch den damit verbundenen Verbrauch an freien Protonen. Ist dies nicht wirkungsvoll genug, werden bei Absenkung von EC und cytoplasmatischem pH anaerobie-spezifische Polypeptide exprimiert, wobei zunächst Lactatdehydrogenase (LDH) zu Lactatbildung führt (IV), durch den dabei stärker absinkenden pH der Aktivitätsbereich des Enzyms aber allmählich verlassen wird. Letzteres beeinträchtigt nicht die Enzyme der alkoholischen Gärung Pyruvatdecarboxylase (PDC) und Alkoholdehydrogenase (ADH), die unter längerdauernder Hypoxie schließlich eine Ethanol-Anreicherung bewirken (V). Letzteres wirkt toxisch auf den Zellstoffwechsel, kann infolge seiner hohen Permeabilität allerdings sehr leicht die Zellen verlassen und im umgebenden wässrigen Milieu auf unschädliche Konzentrationen verdünnt werden.

ringeren Sättigungsgrad der Membranlipide im Vergleich mit hochempfindlichen Arten. Die schädlichen Effekte von Staunässe auf die pflanzliche Vitalität sind in Abb. 6-47 stichwortartig aufgeführt (vgl. auch Crawford 1982, 1987, Ratcliffe 1995, Brändle 1996).
Eine effiziente Auseinandersetzung der Pflanzen mit dem Standortfaktor „Staunässe" erfolgt durch morphogenetische und morphologische Einrichtungen der Hypoxievermeidung. Verstärktes Streckungswachstum ermöglicht es meist, zumindest die höheren Sprossbereiche über das Niveau der Wasserüberstauung zu schieben und von dort aus dann über Gasräume im Pflanzeninneren eine Sauerstoffversorgung der submersen Teile zu gewährleisten. Morphogenetisch steuernd ist dabei vor allem das Phytohormon Ethylen, dessen Biosynthese bei abgesenktem Sauerstoffpartialdruck stark gesteigert wird. Ethylen seinerseits stimuliert die Synthese von Gibberellin und Auxin, welche in das Streckungswachstum der Sprosse involviert sind. Ethylen selbst führt in den submersen Organen zu lysigener Hohlraumbildung, deren geregelter Ablauf

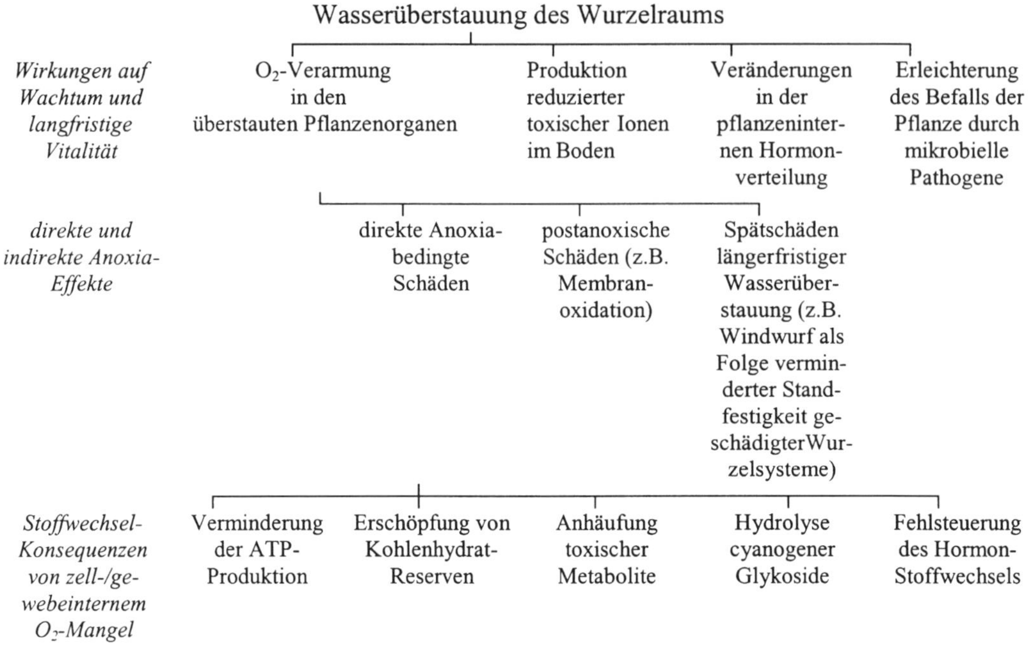

Abb. 6-47: Staunässewirkungen auf Stoffwechsel und Vitalität von Pflanzen (verändert nach Crawford 1996)

als programmierter Zelltod (Apoptose) gedeutet werden kann. In den emersen Pflanzenorganen bewirkt das Phytohormon eine Interzellularenerweiterung auf schizogenem Wege. Das bei Sippen, die normalerweise nicht durch Staunässe beeinträchtigt sind, unter staunässebedingtem Phytohormoneinfluss modifikativ erweiterte, bei Sumpfpflanzen konstitutiv angelegte Interzellularensystem, welches schließlich prinzipiell durch alle Organe hindurch ein Kontinuum bildet, wird als **„Aerenchym"** bezeichnet. Es gewährleistet eine hinreichende Versorgung mit Sauerstoff der atmenden Rhizome und Wurzeln, auch wenn diese zeitlebens von wasserdurchtränktem Boden oder von Wasser umgeben sind. Während weder die O_2-Konzentration (3–5 % gegenüber 21 % in Luft) noch seine Diffusion im Wasser ausreichen, um auf dem Weg der passiven Aufnahme die Stoffwechselbedürfnisse der submersen Pflanzenorgane zu decken, ist dies über den Aerenchymweg selbst über große Distanzen hin durchaus möglich. Die **pflanzeninterne Diffusion von Luft**, welche tagsüber noch durch Photosynthese-O_2 angereichert sein kann, folgt hierbei dem basalwärts gerichteten Konzentrationsgradienten, der sich durch den Sauerstoffverbrauch im Wurzelraum der Helophyten ergibt. Darüber hinaus kommt bei einigen Sumpf- und Wasserpflanzen auch eine **konvektive Massenströmung** als Druckstrom-Ventilation zustande, die von jüngeren Blättern über die Sprosse und Rhizome (plus Wurzeln) zu älteren Blättern führt. Von den letztgenannten aus erfolgt schließlich die Druckentlastung in den Luftraum. Es sind dies **Thermoosmose-Prozesse** bzw., bei Schilf, die Durchlüftung der Aerenchyme mittels **Venturi-Ventilation**.

Die **Thermoosmose**, bisher sicher nachgewiesen u. a. bei *Nelumbo nucifera* (Lotusblume), *Nuphar lutea* (Teichrose), *Nymphoides peltata* (Seekanne), *Alnus glutinosa* (Erle) und *Phragmites australis* (Schilf) beruht auf der temperaturabhängigen Volumenausdehnung der Luft im Aerenchym der über die Umgebungstemperatur erwärmten Blätter dieser Sumpf- und Wasserpflanzen. Diese Volumenvergrößerung führt zu blattinternem Überdruck, der eine Massenströmung der pflanzeninternen Luft basalwärts durch das Aerenchym in Gang setzt. Denn ein feinporöses Trenngewebe des Aerenchyms gegenüber dem Mesophyll (Porendurchmesser 0,1–1 µm) setzt dem Austritt der erwärmten Luft über die Mesophyllinterzellularen und die Spaltöffnungen der jungen Blätter einen hohen Widerstand entgegen. Gering allerdings ist der Strömungswiderstand entlang der Aerenchymhohlräume in den

Stängelachsen, wohin dann die Druckentlastung erfolgt. In älteren Blättern sind die interzellularen Verbindungsporen zwischen Aerenchym und Mesophyll weniger schmal, sodass sie dem Gasausstrom via Stomata in die die Pflanze umgebende Atmosphäre hinein nicht die für den Aufbau eines thermoosmotischen Gradienten nötige Impermeabilität entgegensetzen.

Die **Venturi-Konvektion** (Armstrong et al. 1991) entsteht dann, wenn Wind an abgebrochenen offenen Enden hochwüchsiger toter Schilfhalme vorbeistreicht. Der dabei entstehende leichte Unterdruck fördert Luft aus dem Rhizombereich, welche über bodennähere, ebenfalls offene Halmenden in die Schilfpflanzen eingesaugt wird. Tote Schilfhalme sind als Luftschnorchel ausreichend, um die Sauerstoffversorgung der überwinternden Rhizome zu gewährleisten, vorausgesetzt, böige Windstöße durchwehen das Ried.

Die Sauerstoffversorgung der wasserüberstauten Rhizome und Wurzeln kann dabei so intensiv sein, dass auch der Schlammboden im Grenzbereich zu den pflanzlichen Organen oxidiert wird. Dadurch entsteht in einem von thermoosmosefähigen Pflanzen durchwurzelten Sumpf ein sehr kleinräumiges Mosaik von aeroben und anaeroben Bereichen. Dieser phytogene O_2-Eintrag in den Wurzelraum wird in der Praxis der dezentralen Abwasserreinigung genutzt zur Durchlüftung von Schilfbeeten, durch welche Abwasser verrieselt wird (Wissing 1995). Im kleinräumigen Nebeneinander von reduzierenden und oxidierenden Schlammbodenbereichen kommt es zum Zusammenspiel der je aerob oder anaerob lebenden Mikroorganismen, welche die Stickstoff- und Phosphat-Verbindungen und sonstige organischer Schadsubstanzen im Abwasser mit hohem Wirkungsgrad zerlegen (**„Wurzelraum-“ oder „Pflanzenkläranlagen“**).

6.4 Autökologie: Boden und pflanzlicher Mineralstoffhaushalt

6.4.1 Boden: Charakterisierung und Ontogenese

Boden ist die aus der Verwitterung des anstehenden geologischen Untergrundes hervorgegangene und mit organischen Substanzen angereicherte oberste Schicht der Erdoberfläche. Sie ist partikulär strukturiert und enthält in den Zwischenräumen zwischen den festen Teilchen teils eine wässrige Lösung, teils Luft von wechselnder Gaszusammensetzung. Boden ist belebt durch eine Vielzahl von Mikroben und heterotrophen eukaryontischen Lebewesen, als vegetationsbestandener Boden in seinen obersten Bereichen auch mehr oder weniger dicht durchsetzt von Pflanzenwurzeln. Boden gibt den in ihm wurzelnden Pflanzen physikalischen Halt und ist Speicher von Wasser und Nährstoffen für sie. Die Feinstruktur, die physikalischen Eigenschaften und der Chemismus des Bodens sind durch den spezifischen Verlauf der Bodengenese und durch die Austauschvorgänge mit den Bodenlebewesen und den Pflanzenwurzeln geprägt. **Ausgangsmaterial für die Bodenbildung** sind lockere und feste Gesteine der Erdkruste. Grundsätzlich kann man zwischen Ergussgesteinen, allgemein **„Magmatite“** genannt, und Ablagerungsgesteinen oder **„Sedimenten“** unterscheiden.

Silikatreiche Magmatite reagieren sauer; sie sind aus Quarz (SiO_2; Si in Tetraederform jeweils von 4 O-Atomen umgeben), Glimmer (Al-Si-Verbindungen mit im wesentlichen flächigen Kristallgitter) und Alkalifeldspaten (makromolekulare Kristallstruktur dreidimensional) aufgebaut. Es gibt auch **silikatarme Magmatite**, vor allem aufgebaut aus Ca-reichen Plagioklasen. Diese haben die Summenformel $CaAl_2Si_2O_8$, während die typischen Feldspate den Grundaufbau K-(oder Na-) $AlSi_3O_8$ aufweisen.

Die Bodenbildung kann direkt über anstehendem Ergussgestein durch physikalische und chemische Verwitterung erfolgen. Viel häufiger sind die aktuell vorfindbaren Böden jedoch aus Gesteinen hervorgegangen, die in der vergangenen Erdgeschichte ihrerseits schon als Ablagerungsprodukt aus der Verwitterung primärer Magmatite entstanden sind oder den Rest von solchem Ergussgestein darstellen, aus dem die leichter löslichen Anteile herausgelöst wurden. Beide Gruppen von umgewandelten und meist auch umgelagerten Tiefengestein werden unter dem Begriff **„Sedimente“** zusammengefasst.

Die durch biogene oder chemische Lösungs- und Umbauprozesse entstandenen **kalkreichen Sedimentgesteine** zeigen in der Regel eine ausgesprochen basische Reaktion. Die schwer löslichen Bestandteile der Magmatite, die entweder am Verwitterungsort verblieben sind oder aber durch Wasser, Wind oder Gletschereis im festen Zustand verlagert wurden und dann als **„klastische Sedimente“** zusammengefasst werden, sind in der Regel silikatreich und kalkarm und reagieren dementsprechend sauer. Je nach Partikeldurchmesser und relativem Ca-Anteil werden diese klastischen Sedimente als Kiese, Sande, Schluffe, Lehme und Tone bezeichnet.

Das wichtigste Lockersediment ist der **Löß**, ein $CaCO_3$-reiches äolisches, d. h. vom Wind zusammengeblasenes Sediment, bei dem mehr als die Hälfte der Teilchen ein Korngrößenmaximum zwischen nur 10 und 60 µm haben, der also ein sehr feines Ausgangsmaterial für die Bodenbildung darstellt, in welchem den gut mit einwertigen Kationen dotierten Alumosilikatgittern auch ein recht hoher Kalkanteil gegenübersteht, was bei der Verwitterung zu einem an Pflanzennährstoffen sehr reichen Boden führt.

Unter dem Begriff der **„Verwitterung“** werden die Umsetzungen der Minerale und Gesteine an der Erdoberfläche zusammengefasst, die sie im Kontakt mit der Atmosphäre, Hydrosphäre und Biosphäre erfahren. An der Verwitterung sind physikalische, chemische und biologische Prozesse beteiligt.

Die **physikalische Verwitterung** bewirkt einen mechanischen Zerfall der Gesteine in Teilchen kleinerer Korngröße, ohne dass dabei die Minerale chemisch verändert werden. Sie kommt vor allem durch Druckabnahme, Temperaturwechsel, Spaltenfrost, Salzsprengung und mechanischen Druck von Pflanzenwurzeln zustande. Die **chemische Verwitterung** beruht hauptsächlich auf Lösungs-, Zersetzungs- und Hydratationsvorgängen, durch die die Gesteine und Minerale viel weitgehender verändert werden als bei der physikalischen Verwitterung. Sie führt zur Bildung neuer Minerale und zur Freisetzung von Ionen. Alle Verwitterungserscheinungen, die ihren Ursprung im Pflanzenwachstum haben, fasst man häufig unter dem Begriff **„biologische Verwitterung“** zusammen. Die Wirkungen der Pflanzen sind teilweise physikalisch-mechanischer, überwiegend jedoch chemischer Natur (Nährstoffentzug aus dem Substrat, Protonen-Anreicherung). An der Verwitterung der Minerale ist auch häufig eine **Oxydation durch den Sauerstoff der Luft** beteiligt. Dies betrifft vor allem Minerale, die 2-wertiges Fe und Mn enthalten.

Wesentliches Strukturelement bei allen bodenbildenden Mineralien sind makromolekular miteinander verbundene tetraedrische oder oktaedrische Kristallgitter von Sauerstoffatomen, in deren Raumzentrum jeweils Si- oder Al-Atome stehen. Danach werden alle diese der Mineralstruktur der Bodenteilchen zugrundeliegenden anorganischen Makromoleküle allgemein als **„Alumosilikate“** bezeichnet. Die aus der Verwitterung des Ausgangsgesteins entstehenden Alumosilikatpartikel werden als **„Tonmineralien“** zusammengefasst und bilden die anorganische Komponente der festen Bodenmatrix. Sie stellen zwei- oder dreidimensional ausgedehnte Makromoleküle mit Si, O und Al als wesentliche Elemente der Kristallgitter dar. Nicht abgesättigte Ladungen an Störstellen in der Kristallstruktur ergeben sich, wenn niedrigerwertige Atome an Gitterplätzen von höherwertigen Atome eingebaut sind und wenn Ladungsverschiebungen zwischen und innerhalb der Gitterschichten auftreten. Diese Überschussladungen werden vorzugsweise durch reversibel gebundene ein- und zweiwertige Ionen neutralisiert. Wie Abb. 6-48 zeigt, sind in den Kristallgittern kleine Atome wie Si, Al u. a. als Zentralatome von den großen O-Atomen und OH-Gruppen in tetraedrischer und oktaedrischer Anordnung umgeben. Die laterale Vernetzung ist durch gemeinsame O-Atome recht stabil, ebenso der vertikale Verbund, wenn sich

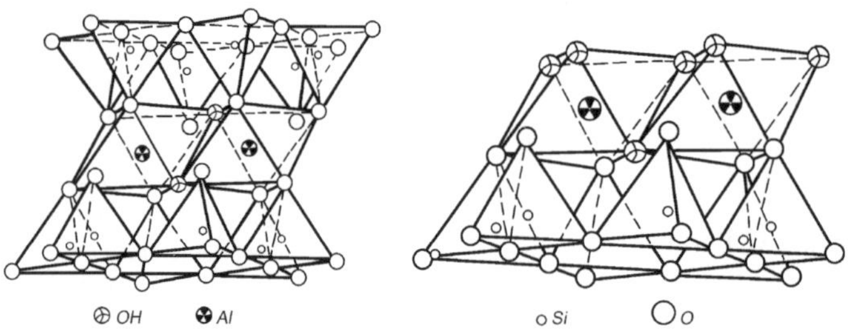

Abb. 6-48: Tetraedrische und oktaedrische Anordnung der Gitterbausteine von Tonmineralien in Zweischicht- und Dreischichtmineralien (rechts); nach Scheffer-Schachtschabel (1992).

Lagen aus SiO_4-Tetraedern und $Al(O,OH)_6$-Oktaedern regelmäßig ablösen („Zweischichtmineralien"). Wenn SiO_4-Tetraederschichten sandwichartig Oktaeder mit Al als Zentralatom einschließen („Dreischichtminerale"), sind die Bindungen jeweils zur darüber und darunter lagernden Dreierschicht wesentlich schwächer: Hier kann es leicht zur Aufweitung der Schichtpakete durch Wassereinlagerung, zu reversiblen Wechselwirkungen mit ein- und zweiwertigen Ionen und damit zur weiteren Verwitterung der Alumosilikatschichten kommen. Hierdurch besitzen die Tonminerale eine hohe Plastizität, sind zum Teil in Wasser aufweitbar („quellbar") und haben die Fähigkeit des Ionenaustausches.

Im Zuge der Gesteinsverwitterung und Bodenalterung werden die Schichtpakete immer stärker aufgetrennt. Die spezifische Bezeichnung der Tonmineralien hat hierin ihren sachlichen Grund (Abb. 6-49): Bei **Illit** ist die Schichtenpakettrennung erst teilweise, bei **Montmorillionit** weitgehend erfolgt. Der weitere Abbau führt über **Kaolinit** schließlich zu amorphen Gelen, die als **Hydrargillite** bezeichnet werden. In jungen bis reifen Böden, wie sie sich extratropisch in der Nacheiszeit entwickelt haben sowie bei jungen Vulkanasche-Verwitterungsböden in- und außerhalb der Tropen herrschen die Komponenten Illit und Montmorillionit vor, alte Tropenböden bestehen weitestgehend aus Kaolinit mit Hydrargillit-Anteilen.

Zur **organischen Substanz des Bodens** gehören alle in und auf dem Boden befindlichen abgestorbenen pflanzlichen und tierischen Stoffe und deren organische Umwandlungsprodukte. Die organische Substanz des Bodens besteht zu reichlich der Hälfte aus Kohlenstoff. Grundsätzlich ist der C-Gehalt von Böden in weiten Grenzen unterschiedlich, zwischen mehr als 15 Gewichts-% in Moor- und Sumpfböden bis zu 1–2 % in ackerbaulich genutzten Mineralböden. Die kohlenstoffhaltigen Moleküle im Boden zeigen eine sehr große Heterogenität. Eine grobe Einteilung unterscheidet „Nichthuminstoffe" und die meist dunkel gefärbten „Huminstoffe".

Die **Nichthuminstoffe** des Bodens (Abbauprodukte der zersetzten Biomasse sowie mikrobielle Stoffwechselprodukte wie Schleimstoffe – Polysaccharide, Aminozucker – und organische Säuren) sind relativ leicht aufschließbar und dienen den heterotrophen Bodenorganismen als Nahrungsquelle. Ihre Verfügbarkeit prägt somit in erheblichem Maße die biologische Aktivität im Boden. Die Umsetzungsprodukte der Nichthuminstoffe sind Huminstoffe, niedermolekulare organische Säuren als Stoffwechselprodukte der Boden-Mikroorganismen (Ameisensäure, Essigsäure, Oxalsäure u. a.) sowie anorganische Verbindungen wie CO_2, H_2O, Nitrate und Phosphate, die als Pflanzennährstoffe von Bedeutung sind und durch diesen Vorgang der Mineralisierung in eine leicht pflanzenverfügbare Form übergeführt werden. Die **Huminstoffe** sind hochpolymere organischen Verbindungen von hoher Resistenz gegen biogenen Abbau; ihre Farbe bedingt die charakteristische Dunkelfärbung der A-Horizonte in Böden. Nach ihrer Löslichkeit können sie in die Gruppen der Fulvosäuren, der Huminsäuren i. e. S. und der Humine eingeteilt werden. Die einzelnen Huminstoffe sind im Boden überwiegend miteinander oder mit reaktionsfähigen anorganischen Bestandteilen des Bodens chemisch verbunden, verknüpft, z. B., über mehrwertige Kationen. Hierdurch wird die Stabilität der Huminstoffe gegenüber mikrobiellen Angriffen und der Verlagerung im Profil erhöht und damit ihre Anreicherung im

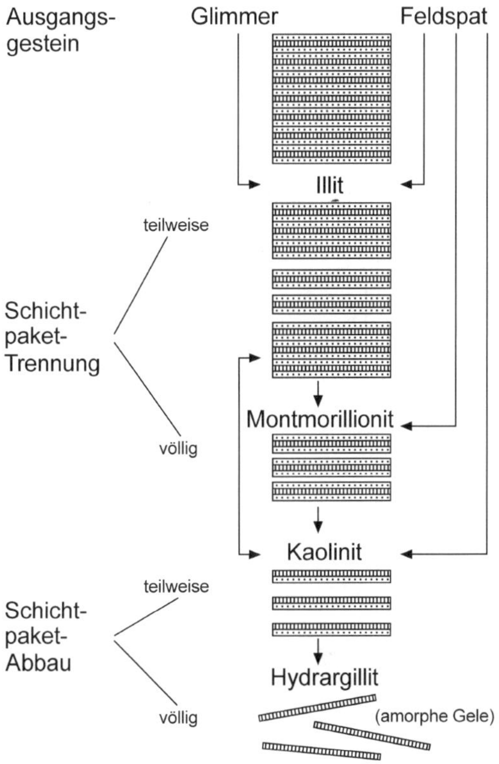

Abb. 6-49: Aufbau und Zerfall der Tonmineralien (nach Lerch 1965 aus Winkler 1980)

Boden begünstigt. Man kann dieses Partikelgemenge aus Huminstoffen und Tonmineralien als die **„Gesamtheit der Bodenkolloide"** bezeichnen.

Boden unterliegt einer ständigen Veränderung und durchläuft im Zeitrahmen von Jahrtausenden bis Jahrmillionen einen gerichteten **Reifungs- und Alterungsprozess**. Dieser hat entscheidende Bedeutung für die spezifische Bodenfruchtbarkeit, d.h. die mittelfristig mehr oder minder nachhaltige Verfügbarkeit an Pflanzennährstoffen. Diese ist in jungen Böden (wie sie z.B. aus der Verwitterung frisch geförderter vulkanischer Aschen oder aus der Ablagerung von frischem Verwitterungsmaterial stammen) hoch, bei gleichzeitig unteroptimaler Durchmengung mit organischer Substanz und vielfach noch unvollkommen aufbereiteter Partikelstruktur. Reife Böden, wie sie aufgrund der Erdgeschichte derzeit vor allem in den durch die Eiszeitereignisse überformten extratropischen Weltregionen vorliegen oder bei schon länger verwitterten Vulkanböden, zeigen ein Optimum all dieser dem Pflanzenwuchs förderlichen Eigenschaften. Alte Böden, die bereits seit dem Ende des Tertiärs dem phytogenen Entzug an Nährstoffen und dem verwitterungs- und auswaschungsbedingten Stoffaustrag unterliegen, sind unter land- und forstwirtschaftlicher Nutzung anfällig gegenüber weiterem Nährstoffverlust und zeigen dann eine stark nachlassende Bodenfruchtbarkeit.

6.4.2 Bodeneigenschaften

Die wichtigsten Eigenschaften des Bodens sind

- Partikelgröße und Verteilung
- Porenvolumen
- Wasserwegigkeit und Wasserhaltevermögen
- Gehalte an chemischen Elementen
- Ad- und Desorptionsfähigkeit der Bodenpartikel für Ionen dieser Elemente
- pH-Wert und Redoxeigenschaften
- Gaszusammensetzung der Bodenatmosphäre

6.4.2.1 Struktur der Bodenpartikel

Die festen Bodenteilchen, die nach der Zersetzung des Muttergesteins und des aus ihm zunächst hervorgehenden Skelettmaterials vorliegen, sind ein **Gemenge von Partikeln unterschiedlicher Größe**. Man unterscheidet hierbei Sand (∅ 2–0,02 mm), Schluff (∅ 0,02–0,002 mm) und Ton (∅ $<$ 0,002 mm). Bei Vorherrschen der gröberen Partikel ist die Lagerungsdichte geringer, was eine höhere Wasserinfiltrationsrate des Bodens, aber eine geringere Wasserfesthaltekapazität zur Folge hat.

6.4.2.2 Wasser im Boden

Adsorptiv an die Bodenteilchen gebunden oder kapillar in den Bodenräumen zwischen ihnen fixiert ist in den oberflächennahen Bodenschichten ein Teil des Niederschlagswassers gegen die Schwerkraft festgehalten. Alles Wasser, welches das Bodenprofil aufgrund der Schwerkraft tiefenwärts verlässt und dort schließlich die Grundwasserreserven speist, wird als selbstdränendes Wasser oder **Senkwasser** bezeichnet (6.3.4.1). Ist der Boden soweit wassergesättigt, dass weitere Wasserzufuhr nur noch die Senkwassermenge speist, ist die **Feldkapazität** des jeweiligen Bodens erreicht. Ihr Wert wird in Wasserpotentialeinheiten oder (in der bodenkundlich-landwirtschaftlichen Praxis) als pF-Wert angegeben (Abb. 6-50). Das durch die Sorptionskräfte sowie über die osmotische Wirksamkeit der in der wässrigen Bodenlösung vorhandenen Ionen im durchwurzelten Bodenraum gegen die Schwerkraft gehaltene Wasser ist für die Aufnahme in die Pflanzen verfügbar, solange das Wasserpotential dieser Bodenlösung weniger negativ ist als das der Wurzelrindenzellen. Bei Kulturpflanzen ist die Grenze der Bodenwasserextraktionsmöglichkeit meist bei –1,5 MPa erreicht, dem **Permanenten Welkepunkt**.

6.4.2.3 pH und Redox-Verhältnisse, Bodendurchlüftung

Die Protonenmenge eines Bodens bestimmt sehr wesentlich dessen Eigenschaften als Pflanzensubstrat (i) infolge der Bedeutung, welche sie für die Lösungsgleichgewichte im Boden hat, (ii) durch die Effekte, die sie auf den Wurzelmetabolismus ausübt, sowie (iii) durch ihren Einfluss auf Menge und Zusammensetzung der Bodenmikroorganismen.

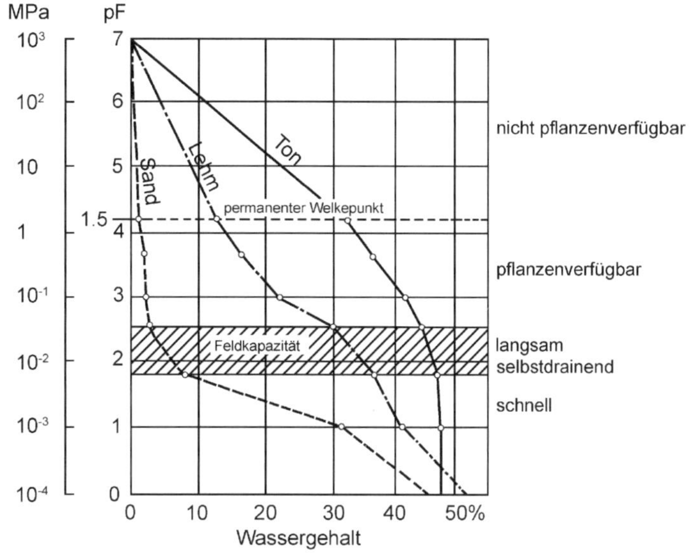

Abb. 6-50: Wassergehalt – Wasserpotential (pF-Wert) – Relationen von Böden.

Durch ihr Vermögen, aus den Kristallgittern der Minerale Kationen herauszulösen, tragen die Protonen wesentlich zur Verwitterung der anorganischen Bodensubstanz bei. Auf diese Weise werden Nährstoff-Ionen freigesetzt und Phosphat und Ca^{2+} aus schwerlöslichen Ca-Phosphaten, aber auch K^+ und Mg^{2+} aus Glimmern und Feldspäten direkt in Lösung gebracht. Auch die Löslichkeit von Schwermetallen sowie die des Al nimmt mit fallendem pH-Wert beträchtlich zu. Die H-Ionen der Bodenlösung nehmen auch am Ionenaustausch von Bodenkolloiden mit variabler Ladung teil. Die negative Aufladung, z. B. von Huminsäuren, geht hauptsächlich auf Protonendissoziation zurück, die umso geringer ist, je höher die Protonenkonzentration der umgebenden Bodenlösung ist.

Abgesehen von anthropogen bedingter Bodenversauerung (6.5.3) erfolgt ein umfangreicher Protoneneintrag in den Boden auch durch den Abbau organischer Substanz sowie auf dem Weg der Protonenabgabe von Pflanzenwurzeln. Letztere ist bei NH_4^+-Ernährung der Pflanzen sowie bei symbiontischer Stickstoffernährung von Leguminosen besonders hoch. Die Protonenkonzentration in einem von Pflanzenwurzeln durchzogenen Bodens ist kleinräumig sehr heterogen. Im unmittelbaren Umkreis der Wurzeln kann der Boden-pH bis zu 2 Einheiten niedriger sein als im wurzelfreien Boden. Ursache dafür sind Säureausscheidungen von den Wurzeln und eine Verschiebung der Lösungsgleichgewichte, die sich ergibt als Folge der Aufnahme von Nährstoffionen in die Pflanze. Auch die atmungsbedingte CO_2-Freisetzung von Pflanzenwurzeln und Boden-Mikroorganismen erhöht die Protonenmenge im Boden.

Eintrag von Säure in den Boden senkt den pH-Wert. Den pH-Veränderungen im Boden wirken aber viele Puffersysteme entgegen. Die bodenbiologische Erfahrung lehrt, dass die geringste Pufferkapazität bei pH-Werten um 6 gegeben ist; sowohl bei niedrigeren wie auch bei höheren pH-Werten ist das Puffervermögen besser.

Eng gekoppelt an die Protonenumsätze bei der Lösung oder Festlegung anderer Kationen sind Elektronenübergänge, durch welche die Wertigkeiten vor allem der je nach Bodenmilieu zwei- oder dreiwertigen Metallionen verändert werden. Der Boden in seiner Gesamtheit weist infolgedessen ein **Redoxpotential** auf, das die Summe aus den jeweiligen Oxidations-/Reduktions-Relationen der verschiedenen anorganischen Redoxsystemen darstellt. Gut durchlüftete Ackerböden haben Redoxpotentiale von $> +600$ mV. Bei Wasserdurchtränkung des Bodens kann jedoch das Redoxpotential bis unter Null absinken (vgl. Abb. 6-45).

Einen Boden, der bei der Wassersättigung, aber nicht -überstauung noch mindestens 10–15 Vol.-% Luft enthält, bezeichnet man als gut durchlüftet, weil in ihm der Gasaustausch mit der freien Atmosphäre mit ausreichender Geschwindigkeit vonstatten geht. Im Mittel beträgt der Luftgehalt bei guter Bodendurchfeuchtung bei Sandböden 30–40 %, bei Schluff- und Lehmböden 10–25 %, bei Tonböden 5–15 % und weniger, je nach dem Verdichtungsgrad. Die Bodenluft hat meist deutlich höhere CO_2- und niedrigere O_2-Gehalte als die Atmosphäre. Denn sowohl durch die Atmung der Pflanzenwurzeln als auch durch die der Bodenorganismen wird Sauerstoff verbraucht und CO_2 erzeugt, das dann in die freie Atmosphäre entweicht.

6.4.3 Bodenschichtung

Insbesondere bei reifen Böden zeigt der Boden im Tiefenprofil eine ausgesprochene Schichtung (Bsp.: Abb. 9-23, 9-38). Ein ideales komplettes **Bodenprofil** besteht aus vier Horizonten. Es sind dies

- Der **O-Horizont**, der hauptsächlich aus der toten organischen Substanz besteht (Streu), die sich im unterschiedlich weit fortgeschrittenen Zustand des Abbaus befindet mit dem Ergebnis der Remineralisierung der anorganischen pflanzlichen Inhaltsstoffe und der Humusbildung aus der sich zunehmend stärker zersetzenden Biomasse. Eine aus dem Schwedischen stammende Bezeichnung dieses Auflagehorizontes ist „Förna“.
- Der **A-Horizont** wird auch als „Export-Horizont“ bezeichnet. Hier findet ein intensiver biogener Abbau der in diese Tiefe gelangten organischen Substanz statt. Mineralstoffe gehen dabei in Lösung und werden mit dem einsickernden Niederschlagswasser in tiefere Bodenschichten verlagert. Von der Verarmung an gelösten Mineralstoffen im A-Horizont profitiert
- der **B-Horizont**, der als „Import-Horizont“ charakterisiert werden kann. Die aus dem A-Horizont eingewaschenen gelösten Substanzen werden dort unter veränderten pH- bzw. Redox-Bedingungen umgewandelt. Zum Teil werden sie im B-Horizont als schwerlösliche Verbindungen ausgefällt.
- Der nach unten folgende **C-Horizont** stellt in seinem oberen Bereich ein Gemenge von Steinen („Skelett“) und feineren Bodenpartikeln als das Ergebnis der unterschiedlich starken chemisch-physikalischen Verwitterung des Muttergesteins dar, welches darunter anschließt und das Ausgangsmaterial für die Bodenbildung darstellt. Gelegentlich wird dieses auch als eigenständiger Horizont von den darüber liegenden Bodenschichten unterschieden. Nicht nur Tiefen- und Sedimentgesteine, sondern auch Sand oder Löß sind in diesem Sinne Mutter-„Gestein“.

Je nach Bodentyp können einzelne dieser Horizonte auch fehlen (z. B. A-C-Profile), und in der Feinansprache der Bodenprofile können diese Haupthorizonte auch noch stärker untergliedert werden. Die Mächtigkeit der Horizonte kann große Unterschiede aufweisen, zwischen O-C-Distanzen von nur wenigen Zentimetern bis zu Bodenprofilen mancher schon seit Jahrmillionen der Verwitterung unterliegender Tropenböden von 20–30 m Tiefe.

6.4.4 Bodentypen

Nach dem unterschiedlichen Erscheinungsbild der Horizonte eines Bodenprofils kann dieses einem bestimmten Bodentyp zugeordnet werden, der durch das Muttergestein des Bodens, die Bodenentwicklung, den Wassereinfluss auf die Bodengenese und andere Parameter seine Charakterisierung erhält. Die Bodenkunde hat mehrere Systeme der Bodentypen entwickelt, bei denen das im deutschen und slawischen Sprachraum traditionell genutzte System eine Klassifizierung der Böden vornehmlich nach ihrer Genese vornimmt. Die Bezeichnungen der Bodentypen, die sich am Chemismus des Muttergesteins, der klimatischen Verwitterungscharakteristik und am Durchfeuchtungsgrad der Böden orientieren, sind Tab. 6-14 zu entnehmen. In Tab. 6-15 sind diese Bezeichnungen der Bodentypologie zugeordnet, wie sie im angloamerikanischen Raum entwickelt wurde und inzwischen weltweit zunehmende Verwendung findet.

Tab. 6-14: Traditionelle Bodenklassifikation (aus Hartmann 1992).

Lithomorphe Böden		Klima-phytomorphe Böden		Hydromorphe Böden	
Si-	Ca-	Temperate Klimate	Tropische Klimate	Stauwasser	Grundwasser
Ranker	Rendzina	Schwarzerden	Latosole	Pseudogley	Gley
Vertisole		Braune Waldböden Lessivé	Terra rossa Solontschake		
		Podsol	Solonetze	Moore	Auenböden

Tab. 6-15: Internationale Bodenklassifizierung (nach einer Zusammenstellung von Hartmann 1992).

Bodentyp	Charakterisierung	Traditionelle Bezeichnung
Alfisole	Böden humider Regionen, Fe und Al mäßig angereichert, Ca mäßig stark ausgewaschen, noch relativ tonreich	Braune Waldböden
Aridisole	Böden arider Gebiete ohne Humusauflage, meist mit Salzanreicherung in den oberen Schichten, mitunter mit Gips- oder Carbonathorizonten	Solonetze, Solontschake, Rote Wüstenböden
Entisole	Junge Böden am Beginn ihrer Entwicklung, noch kaum in Horizonte gegliedert, mineralreich	u. a. Lithosole
Histosole	Durch Reichtum an organischer Substanz geprägte, meist stark sauer reagierende Böden	Moorböden
Inceptisole (incl. Andosole)	Weiterentwickelte Entisole, tonreich; vulkanische Böden nach längerer und somit schon tiefgründiger Verwitterung; durch hohe Ionenaustauschkapazität wachstumsförderlich	Waldböden, z. T. in beginnender Podsolierung
Mollisole	Humusreiche Böden, entstanden unter semihumiden Bedingungen, sehr ertragreich für Pflanzenkulturen	Schwarzerden, Prärieböden
Oxisole	Stark verwitterte Böden mit mächtigem, nährstoffarmen A-Horizont, Fe- und Al-oxid-reich	Latosole, Lateritböden, Terra rossa
Spodosole	Bleicherden mit Fe-Auswaschung im A- und Einwaschung im B-Horizont; ertragsarm	Podsole, Lessivés
Ultisole	Böden warm-humider Klimazonen, Ton-Abreicherung (verbunden mit geringer Basensättigung) im A-, -Anreicherung im B-Horizont	Kastanienfarbene Böden
Vertisole	Junge Böden, entstanden aus vulkanischen Aschen, mit hohem Tonanteil	Vertisole

6.4.5 Austauschprozesse zwischen Boden und Pflanze

6.4.5.1 Nährstoffverfügbarkeit im Boden

Die Nährstoffspeicherung und -abgabe der Tonmineralien und Huminsäuren beruht auf ihrer Fähigkeit, extern und auf ihren „innerkristallinen Oberflächen" reversibel Ionen zu binden. Diese werden der Pflanze zugänglich, wenn sie im Bodenwasser in Lösung gehen. Bei den anorganischen Bodenkolloiden sind es vorwiegend K^+, Na^+, Mg^{2+} und Ca^{2+} sowie Schwermetalle, bei den organischen Substanzen ist es in erster Linie der Stickstoff, aber auch Phosphor und Schwefel, die beim Abbau aus ihrem festen Verband herausgelöst und damit in eine pflanzenaufnehmbare Form überführt werden.

Des weiteren laufen im Boden viele Prozesse ab, welche zunächst nicht oder nur spärlich im Bodenwasser gelöste Substanzen in eine den Pflanzen aufnehmbare Form bringen. Zu diesen Prozessen zählen – neben der Verwitterung der Tonmineralien – vor allem der mikrobielle Abbau von organischer Substanz, die Assimilation von molekularem Stickstoff durch Mikroorganismen und das Auflösen schwerlöslicher Salze. Umgekehrt werden im Boden auch Nährstoffe aus einer pflanzenverfügbaren Form in eine nichtverfügbare Form überführt. So können, z. B., K^+ und auch NH_4^+ zwischen die Schichtpakete einiger sekundärer Tonminerale so stark eingeklemmt werden, dass sie nur schwerlich wieder in Lösung gehen können. Phosphate werden an die Bodenmatrix adsorbiert oder als Ca-Salze ausgefällt; Stickstoff, Phosphor und Schwefel können durch biologischen Einbau in die Körpersubstanz von Mikroorganismen vorübergehend festgelegt werden.

In grober Strukturierung lassen sich drei verschiedene Zustände, in denen ein Nährstoff im Boden vorliegen kann, herausstellen: 1. Er ist fixiert und der Pflanze nicht direkt zugänglich; 2. er ist oberflächlich gebunden und der Pflanze indirekt zugänglich, andererseits aber vor Auswaschung geschützt; 3. er liegt als freies Ion in der Bodenlösung vor, ist für die Pflanze gut aufnehmbar, unterliegt aber der Auswaschung. Bei reifen Böden sind in der wässrigen Bodenlösung nur 0,2 % der Pflanzennährstoffe gelöst und damit unmittelbar für die Aufnahme in die Wurzeln verfügbar. Zwei Prozent sind reversibel an die Bodenkolloide, d. h. an die Gesamtheit der Austauschoberflächen von Tonmineralien und organischen Humussubstanzen, gebunden. Der Rest von nahezu 98 % ist in der organischen Bodensubstanz und den schwer löslichen anorganischen Verbindungen festgelegt.

Ein integrierendes Maß für die Nährstoffverfügbarkeit eines Bodens ist seine **Kationenaustauschkapazität**, KAK. Sie ist die Summe der austauschbaren Protonen, K^+, Na^+, Ca^{2+} und Mg^{2+}-Ionen. Bei organischem Bodenmaterial kann sie Werte bis 500 mÄq 100 mg^{-1} Bodentrockengewicht annehmen, bei Montmorillioniten und Vermiculiten bis zu 150 mAq, bei den wenig zersetzten Illiten ebenso wie bei den ein starkes Abbaustadium der Tonminerale repräsentierenden Kaoliniten nur 10 bis 30 mÄq. Gibt man den prozentualen Anteil der genannten Kationen ohne Protonen an der KAK an, so erhält man den Zahlenwert der **„Basensättigung“**.

Tabelle 6-16 gibt die durchschnittlichen **Konzentrationen der besonders wichtigen Nährstoffionen in der Bodenlösung** eines normalen Ackerbodens an (Tab. 6-17: Gesamtgehalte). Die Zusammenstellung der Gehalte und Bodenlösungskonzentrationen von mehr als der Hälfte aller chemischen Elemente bei (kalkungsbedingten) pH-Werten zwischen 5,2 und 7,8 für einen stärker verwitterten Boden in Südschweden durch Tyler & Olsson (2001) kann als repräsentativ für Böden des europäischen Raumes genommen werden. Gut gedüngte Böden weisen im Vergleich mit den aufgeführten Beispielen mitunter noch erheblich höhere pflanzenverfügbare Stickstoff- und Phosphormengen auf. Unter solch hohem Nährstoffangebot in der Bodenlösung ist eine hinreichende Deckung des pflanzlichen Bedarfs, auf dem Diffusionsweg den jeweiligen Konzentrationsgradienten folgend, durchaus gegeben. Insbesondere Mikronährstoffe werden aber durch Ausscheidung von Säuren und Chelatoren in den von Mikroben reichlich besiedelten Grenzraum zwischen Wurzeloberfläche und Bodenteilchen dort angereichert und in die Pflanzen aufgenommen. Kleinräumig unterschiedliche pH-Verhältnisse spielen dabei eine wichtige Rolle.

6.4.5.2 Bodendurchwurzelung

Die Durchwurzelung eines Bodens ist nur in Ausnahmefällen einigermaßen homogen. In der Re-

Tab. 6-16: Durchschnittliche Nährstoffkonzentrationen der Bodenlösung in den obersten 20 cm eines Ackerbodens (pH 7,7) – nach Peters (1990) aus Marschner (1995).

Konzentrationen [µM]								
K	Ca	Mg	NH_4-N	NO_3-N	SO_4-S	PO_4-P	Zn	Mn
510	1650	490	48	3100	590	1,5	0,48	0,002

gel kommt es je nach lokaler Wasser- und Nährstoffverfügbarkeit zu stärkerer oder schwächerer Wurzelverzweigung. Pflanzenwurzeln wachsen den benötigten Ressourcen entgegen, wobei dieses Wurzelwachstum von einer Vielzahl von pflanzeninternen und -externen Parametern abhängt (Robinson 1994). Zwischen diesen wiederum bestehen Wechselwirkungen untereinander, sodass der resultierende Einfluss auf die kleinräumig differenzierte Wurzelentwicklung zwar qualitativ beschreibbar, aber noch wenig quantitativ fassbar ist. So ist die **Intensität der Wurzelentwicklung** beeinflusst u. a. von der Substanzallokation in der Pflanze, von Phytohormon-Wirkungen, vom pflanzlichen Nährstoff- und Wasserbedarf, sie hängt ab von der Mikroorganismenflora im Wurzelbereich, sie ist geprägt durch Dichte, Wasserführung, Temperatur, Durchlüftung, pH-Wert und Chemismus des Bodens, letzteres sowohl hinsichtlich pflanzenzuträglicher wie auch hinsichtlich toxischer Substanzen (Marschner 1995). Besonders zu nennen sind bei solchen Stoffen auch organische Säuren, Phenole, kurzkettige Fettsäuren, Tanninsubstanzen und spezifischere sekundäre Pflanzenstoffe, die im Einzelfall von Standortkonkurrenten als allelopathisch wirksame Substanzen ausgeschieden werden können. Unter Nährstoffmangel verschiebt sich das Spross-/Wurzelverhältnis zugunsten der unterirdischen Pflanzenmasse. Dies ist vor allem der Fall bei limitierter Versorgung mit N-, P- und S-Verbindungen. Bei generell guter Nährstoffversorgung entwickelt sich meist ein nicht allzu weit reichendes, dicht verzweigtes und somit kompaktes Wurzelsystem, unter Nährstoffmangel verlängern sich die Wurzeln, und ihre Verzweigung wird geringer (Wiersum 1958). Vor allem die Seitenwurzeln höherer Ordnung reagieren empfindlich auf mangelnde Nährstoffverfügbarkeit. Dann erhöht sich deutlich ihre spezifische Wurzellänge (Länge/Gewicht), die Wurzeln streichen mehr horizontal aus, und die Zahl der Wurzelhaare und ihre Länge erhöhen sich (Gilroy & Jones 2000). Die modifikatorische Anpassung des Wurzelsystems an die gegebene Nährstoffverfügbarkeit wird auf zwei Wegen bewirkt: Eine verbesserte oder verschlechterte Nährstoffaufnahme verändert entsprechend den Nährstoffgehalt in den Wurzeln. Dies führt, vermutlich phytohormonell gesteuert, zu veränderten Allokationsraten der Biomasse im Wurzel- bzw. im Sprossraum – eine systemische Reaktion. Gleichzeitig prägen veränderte Ionengehalte der Bodenlösung unmittelbar das Ausmaß des Feinwurzelwachstums – eine lokale Reaktion der betroffenen Wurzelspitzenmeristeme (Forde & Lorenzo 2001).

Aus der differenzierten Beeinflussung der Wurzelentwicklung resultieren **Durchwurzelungsdichten des Bodens**, die in größerer Distanz vom Spross in der Regel geringer werden, im Detail aber eine nicht unerhebliche Heterogenität aufweisen können. Dies gilt für die Charakterisierung des Wurzelsystems der Individuen einer Art an unterschiedlichen Standorten, dies gilt in viel größerem Ausmaß für das Erscheinungsbild der **Wurzelsysteme** verschiedener Taxa. Letztere besitzen bereits aufgrund ihrer sippenspezifischen Eigenheiten ein sehr unterschiedliches Aussehen. Kutschera (1960) sowie Kutschera & Lichtenegger (1982) illustrieren für einen Großteil der mitteleuropäischen Acker- und Grünlandpflanzen die typischen Silhouetten der Wurzelsysteme. Dabei wird sehr deutlich der grundsätzliche Unterschied zwischen der allorhizen Bewurzelung der Dikotylen und der homorhizen Bewurzelung der Monokotylen, doch lassen sich diese beiden großen Gruppen noch in eine Reihe weiterer, deutlich unterschiedener Wurzelsystemtypen differenzieren (Abb. 6-51). Die größte Intensität der Wurzelverzweigung und -längenentwicklung liegt bei den Poaceae vor, wo das Wurzelsystem z. B. einer einzelnen Weizenpflanze 70 km Länge erreichen kann, das einer Roggenpflanze 80 km. Erfasst werden kann bei solchen Quantifizierungen die Größenordnung des Wurzelsystems bis zur Feinwurzelfraktion. Das Ausmaß der Oberflächenvergrößerung durch Wurzelhaare und Mykorrhiza ist beträchtlich und kann die Austauschfläche der Wurzeln für Wasser und Mineralstoffe im Vergleich mit der funktionellen Oberfläche nur der Feinwurzeln verdoppeln bis verdreifachen.

Selbst bei intensiver Durchdringung des Bodenvolumens durch Feinwurzeln, Wurzelhaare und Mykorrhiza bleiben Millimeter-Distanzen, über die hin aus den Bodenkapillaren und von den Oberflächen der Bodenkolloide her die gelösten Substanzen auf dem Diffusionsweg in die Wurzeln transportiert werden müssen. Ermöglicht wird dies zum geringeren Teil durch das Vordringen der wachsenden Wurzeln und Wurzelhaare in bisher noch nicht explorierte Bodenräume. Ein deut-

Tab. 6-17: Vorkommen und Verfügbarkeit im Boden, Aufnahme, Verteilung und Anreicherung in die Pflanzen sowie funktionelle Bedeutung von Nährelementen (kombiniert und verändert nach Larcher 1980, Klötzli 1989, Internat. Potash Inst. 1989 und Marschner 1995).

Element	Gebundener Vorrat im Boden	Verfügbarkeit im Boden	Häufige Gehalte im Boden	Aufgenommen als	Einbau in die Pflanze	Häufige Gehalte in der Pflanze	Orte der bevorzugten Anreicherung in der Pflanze	Umlagerbarkeit	Funktion in der Pflanze	Mangelsymptome
N	organisch gebunden, Salpetersalze	Nachlieferung durch mikrobiellen Abbau	1,5–5 mg cm^{-3}	NO_3^-, NH_4^+	in Eiweißen, Kernsäuren, sek. Pflanzenstoffen, als NO_3^--Ion	1–4 %	Jungtriebe, Blätter, Knospen, Samen, Speicherorg.	gut	wesentlicher Bestandteil von Protoplasma und Enzymen	Kümmerwuchs, Skleromorphie, vorzeitige Blattalterung
S	Sulfide, Sulfate	als SO_4^{2-}	0,1–1 ‰	SO_4^{2-}	in Eiweißen, Coenzymen, sek. Pflanzenstoffen	0,5–5 ‰	Blätter, Samen	gut in organ. Form, schlecht als Ion	Bestandteil von Protoplasma und Enzymen	Kümmerwuchs, vorzeitige Blattalterung
P	organisch gebunden, Ca-, Fe-, Al-Phosphate	als PO_4^{3-} und HPO_4^{2-}	0,002 mg cm^{-3}	PO_4^{3-}, HPO_4^{2-}	Nucleotide, Phosphatide, in Ester-Bindungen, als freies Ion	1–10 mg g^{-1} TG	reproduktive und sonstige stark stoffwechselaktive Organe	gut, in organisch gebundener Form	Betriebsstoffwechsel, Synthesen	Störung von reprodukt. Vorgängen, Blatt-(Dunkel)Verfärbung
K	Tonmineralien	sorbiert > > gelöst	70–120 ppm	K^+	als Ion	5–70 mg g^{-1} TG	Orte starker Stoffwechselaktivität	sehr gut	Quellungsregulation, elektrochemische Wirkungen, Osmoregulation, Enzymaktivierung	gestörter Wasserhaushalt, vorzeitige Welke, Wurzelfäule
Mg	Magnesit, Dolomit, Silikate	Gelöst > > sorbiert, Mangel in sauren Böden	0,03–0,15 mg g^{-1}, 1–10 ‰ austauschbar	Mg^{2+}	in Chlorophyll, Ribosomen, als Enzymbestandteil, als Ion	1–10 ‰	Blätter	teilweise gut	Betriebsstoffwechsel, Quellungsregulation	Kümmerwuchs, Intercostalnekrosen

Ca	Carbonate, Gips, Phosphate, Feldspäte	sorbiert > > gelöst, Mangel in sehr sauren Böden	0–30 %	Ca^{2+}	in Pektaten, als Ion, als Rhaphiden u. ä. Kristalle	0,5–50 ‰	Blätter, Rinden	sehr schlecht	Zellwandvernetzung, Quellungsregulation, Enzym- und Hormon-Aktivator	gestörtes Teilungswachstum, Blattdeformationen, Spitzendürre
Fe	Oxide, Hydroxide, Silikate	sorbiert > mobilisiert	0,5–4 %	Fe^{2+}, Fe(III)-Chelate	Enzymbestandteil	5–1000 ppm	Blätter	schlecht	Betriebsstoffwechsel, N-Stoffw., Chlorophyllsynthese	unterdrückte Apikalknospen, Chlorosen bis Blatt-Weißfärbung
Mn	amorphe Oxide, Carbonate, Silikate	sorbiert > > löslich, besser verfügbar in sauren Böden	200–4000 ppm, 4–30 ppm austauschbar	Mn^{2+}, Mn-Chelate	Enzymbestandteil	20–200 ppm	Blätter	teilweise schlecht	Betriebsstoffwechsel, stabilisiert Chloroplast.-struktur, beteiligt an Nucleinsre.-synthese	Wachstumshemmung, Chlorosen, Nekrosen, Laubabwurf
Zn	Phosphate, Carbonate, Sulfide, Hydroxide, in Silikaten	sorbiert > > löslich, Mobilisierung: sauer > basisch	10–300 ppm, 3–25 ppm austauschbar	Zn^{2+}, Zn-Chelate	komplex gebunden	10–100 ppm	Wurzel, Spross	schlecht	Enzymaktivierung, Betriebsstoffwechsel, Eiweißabbau	Wachstumshemmung, Störung der Fruchtbildung, Panaschierungseffekte
Cu	Sulfide, Sulfate, Carbonate	sorbiert, Mobilisierung: sauer > basisch	5–100 ppm, 0–40 ppm (säurelösl.)	Cu^{2+}, Cu-Chelate	Enzymbestandteil, komplex gebunden	2–20 ppm	verholzte Sprossachsen	schlecht	Betriebsstoffwechsel, entquellend wirkend, N-Haushalt	Spitzendürre, Welketracht, Fleckchlorosen
Mo	Molybdate, Silikate	sorbiert, Mobilisierung: basisch > sauer	0,5–5 ppm, 0,01–4 ppm wasserlösl.	MoO_4^{2-}	Enzymbestandteil, organometallisch geb.	0,2–10 ppm	Rhizobien-Knöllchen bei Leguminosen	schlecht	N-Fixierung, P-Stoffw., Fe-Absorpt. u. -Translokation	Wachstumsstörungen, Sprossdeformation
B	Borate, Silikate	sorbiert > > löslich	5–100 ppm, 1–3 ppm wasserlösl.	HBO_3^{2-}, $H_2BO_3^-$	komplex u. als Ester gebunden	2–100 ppm	Blätter, Sprossspitzen	schlecht	Kohlenhydrat- u. Phenol-Stoffwechsel	Wachstums- u. Fruchtbild.-Störungen

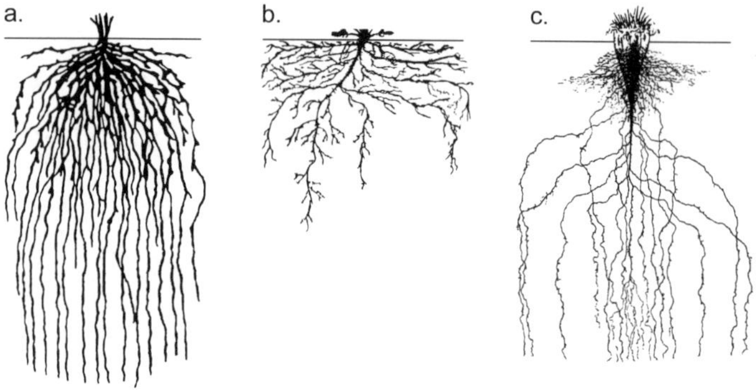

Abb. 6-51: Beispiele für besonders wichtige Wurzelwerk-Typen: a: Gräser-(Poaceae-) Wurzelsystem (aus Lösch 2002), b: Faserwurzelsystem von Dikotylen (*Geum rivale*; Dericks, unveröff.), c: Rübenwurzel (*Beta vulgaris*, vereinfacht nach Kutschera 1960).

lich höherer Anteil des Nährstoffbedarfs wird durch Massenströmung der Bodenlösung an die Wurzeln herangeführt, angetrieben durch das Wasserpotentialgefälle im SPAC. Zumindest einige der wichtigsten Nährstoffe treten aber größtenteils auf dem Diffusionsweg vom Boden in die Pflanzenwurzeln ein (Barber 1984).

6.4.5.3 Pflanzliche Erschließung der Bodennährstoffe in Wechselwirkung mit der Rhizosphäre

In dem von den Pflanzenwurzeln durchzogenen Bodenraum lebt eine ungeheuer große Zahl von Prokaryonten sowie von Pilzen, Protozoen und Invertebraten. Sie sind maßgeblich beteiligt an der Mineralisierierung der toten Biomasse im Boden und stehen dabei in vielfältigen Wechselbeziehungen untereinander. Besonders im unmittelbaren Raum um die Pflanzenwurzeln, der **„Rhizosphäre“** ist dieses Bodenleben üppigst entwickelt. Es beeinflusst dort positiv wie negativ die Austauschprozesse zwischen der Pflanze und der Bodenlösung.

Die Pflanzenwurzeln beeinflussen dort mechanisch die Bodenstruktur und verändern lokal die chemische Qualität des Bodenmilieus. Sie setzen CO_2 frei, scheiden Stoffwechselprodukte mit energetischen, enzymatischen, Wachstum fördernden oder hemmenden Wirkungen auf die Bodenmikroflora und -fauna aus und hinterlassen Gewebereste, welche den Bodenorganismen als Nahrung dienen. Die Bodenmikroorganismen ihrerseits beeinflussen die Pflanzen durch ihr Vermögen, organische Substanzen zu zersetzen und mineralische Bestandteile zu lösen, teilweise auch gelöste Substanzen unlöslich zu machen. Diese als mutualistische Wechselbeziehungen charakterisierbaren Interaktionen sind es, durch die großenteils die Nährstoffe für die Pflanzen in eine aufnehmbare Form gebracht werden. Die Rhizosphäre steht mit der Oberfläche der Wurzeln oder der Wurzelhaare direkt in Kontakt.

Normalerweise sind alle Oberflächen der Wurzelspitze und der Wurzelhaarzone von einer ± viscosen Schleimhülle umgeben, die bei stärkerer Zähflüssigkeit als **„Mucigel“** bezeichnet wird. Sie wird von Polysacchariden aufgebaut, unter denen Polyuronsäuren eine besonders bedeutsame Rolle spielen. Ein Großteil des Mucigels sind zersetzte Zellen der Wurzelhaube. In diese von Bakterien und Pilzen intensiv besiedelte Schleimmasse sind organische und anorganische Bodenpartikel eingebettet.

Abgesehen vom mechanischen Schutz der Wurzelspitze und der Funktion als Gleitmittel bei der Wurzelausdehnung in den Boden hinein vermittelt das Mucigel sehr wesentlich die Ionenaufnahme aus der Bodenlösung in das Innere der Wurzelhaare bzw. der Wurzelspitzen. Hydrophile Carbonylgruppen von Galaktosen der Schleimsubstanz erleichtern den Aufbau umfangreicher Hydrathüllen um die locker miteinander vernetzten Kohlenhydrate, an die sich Bodenpartikel anlagern. Durch den entstehenden innigen Kontakt zwischen der Schleimhülle um die Wurzel und der Bodenmatrix wird der Kontakt zu den kapillaren Wasserfilmen der Bodenkolloide aufrecht erhalten. Dies ist der Diffusionsweg in die Wurzelhaare und zu den Wurzelspitzen für einen erheblichen Teil der Alkali- und Erdalkali-Kationen der Bodenlösung.

Austauschvorgänge an und im Mucigel erleichtern weiter sehr wesentlich die Erschließung von wenig beweglichen Makronährstoffen, wie Phosphat, sowie der meisten Spurenelemente: In allen diesen Fällen kommt es im Bereich der Rhizosphäre zu einer Mobilisierung dieser Ionen, die weit über die Gleichgewichtssituation in der Bodenlösung hinausgeht. Ursache dafür sind Stoffausscheidungen von der Pflanzenwurzel in die schleimige Rhizosphärenumgebung.

Von der höheren Pflanze werden in die Rhizosphäre Zucker, Aminosäuren, Phytohormone, besonders aber einfache organische Säuren, phenolische Substanzen sowie komplexere Verbindungen ausgeschieden, die spezifisch Bindungen mit zwei- und dreiwertigen Metallionen eingehen können; die letztgenannten werden **„Phytosiderophore“** genannt. Sie binden bzw. umschließen in mitunter sehr spezifischer Weise bestimmte Ionen, die dann als Komplex in das Wurzelinnere aufgenommen werden können und auch noch im Xylem in Komplexform – dann aber oft wieder mit anderen Komplexliganden – in den Sprossbereich transportiert werden.

Die grundsätzlichen Möglichkeiten der **Ionenaufnahme auf dem Weg der Säuremobilisierung oder der Chelatisierung** sind in Abb. 6-52 schematisch dargestellt. Malat und Citrat sind reichlich ausgeschiedene einfache organische Säuren, die in Kontakt mit nicht wasserlöslichen Metalloxiden oxidiert werden, unter Reduktion, z. B., von Manganionen, die dann von chelatisierenden Substanzen an der Rückoxidation gehindert werden und zusammen mit dem Liganden Zellwand und Plasmalemma von Wurzelhaaren passieren können. In ähnlicher Weise tragen auch phenolische Substanzen zur Mangan-Reduktion bei. Im Falle der Phosphataufnahme machen die Säureanionen entweder einen Ligandenwechsel durch, der Phosphat aus schwer wasserlöslichen Verbindungen freisetzt, oder es bilden sich außerhalb der Wurzel unbewegliche Phosphatkomplexe mit den dreiwertigen Al- oder Fe-Kationen aus den entsprechenden Metallphosphaten. Dadurch wird der Eintritt toxischer freier Al-Ionen in die Wurzel verhindert, bei gleichzeitiger Erleichterung der Aufnahme freien Phosphats.

Freilich können die ausgeschiedenen Säuren und Chelatoren auch Schwermetalle des Bodens aktivieren, die in größeren Mengen phytotoxisch sind. Die sippenspezifische Anpassung an bestimmte Böden hat unter diesem Aspekt eine starke evolutive Selektion durchgemacht, sodass Ökotypen, z. B. auf Böden, die reich an Zink sind, konstitutiv sehr wenig Zink mobilisieren und aufnehmen, Ökotypen von Zinkmangelstandorten dagegen eine deutlich bessere Fähigkeit zur Nutzung auch minimaler Mengen dieses Spurenelementes zeigen. Bei wechselseitiger Verpflanzung kommt es im Fall des ersten Ökotyps zu extremen Zinkmangelerscheinungen, beim zweiten Ökotyp zu toxischen Effekten.

Die Mikroorganismen der Rhizosphäre interagieren mit diesen Prozessen der säure- und chelatabhängigen Stoffverschiebungen zwischen Boden und Pflanzenwurzel. Sie können in manchen Fällen hierdurch sowie durch eigene Exkrete die Vitalität der Wurzeln negativ beeinträchtigen. Viel auffälliger ist allerdings, dass sie diese vor der Infektion mit anderen pathogenen Bakterien und Pilzen zu schützen vermögen. Dabei kommt es zu antagonistischer Konkurrenz sowie zu antibiotischer Abwehr gegenüber den Pathogenen. Deren Virulenz und die Vitalität der in mancherlei Stoffaustausch miteinander stehenden, der Pflanzenwurzel zuträglichen Bakterien und Pilze wird im dynamischen Gleichgewicht durch alle in der Rhizosphäre wirksamen abiotischen Parameter beeinflusst – pH, Temperatur, Wasserpotential, Sauerstoffversorgung, Ionenrelationen und

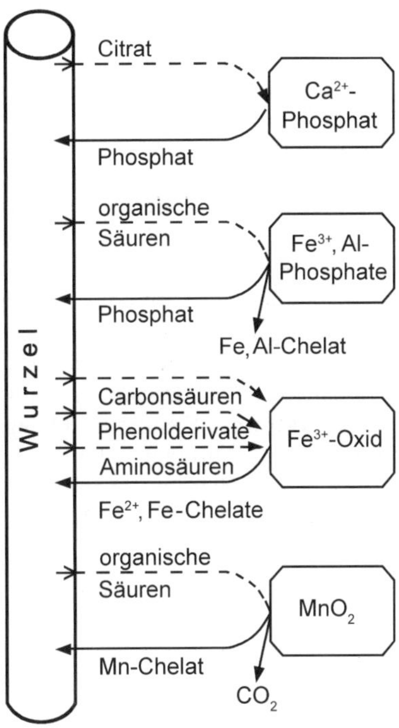

Abb. 6-52: Mobilisierung von metallischen Mikronährstoffen durch Wurzelausscheidung reduzierender und chelatisierender Substanzen (verändert nach Marschner 1985, 1996 und Larcher 1994).

organische Stoffe als Ernährungssubstrate der heterotrophen Organismen. Die Quantifizierung dieser mannigfachen Wechselbeziehungen steht noch sehr in den Anfängen und ist sowohl bei den beteiligten Organismengruppen wie auch bei den Stoffaustauschprozessen zwischen ihnen nahezu noch nicht über deskriptive Erfassungen hinausgelangt.

Vielgestaltig sind auch die höheren Ebenen der Nahrungsnetze und Organismen-Interaktionen im Wurzelraum. Sie werden durch die verschiedensten Gruppen heterotropher Organismen aufgebaut, Protozoen, Rotatorien, Enchytreiden, Arthropoden der Bodenmikro- und -mesofauna sowie Nematoden. Die Tiere der Bodenmakrofauna wirken mehr indirekt auf die Substrat-Pflanze-Wechselbeziehungen ein, z. B. über die Bodenaufbereitung durch Regenwürmer, durch Schnecken oder Asseln, über Herbivorie an Pflanzenwurzeln durch verschiedene Insektengruppen, Nematoden, Schnecken und auch Vertebraten, durch ihre Atmung und ihren Biomasseumsatz. Diese Aspekte sind ein wesentliches Themengebiet der Bodenzoologie.

6.4.5.4 Mykorrhiza

Bei einen Komplex der Interaktionen im Wurzelraum der höheren Pflanzen ist der Mutualismus beim Stoffaustausch zwischen heterotrophen und autotrophen Organismen zu inniger symbiontischer Partnerschaft gesteigert, bei der Mykorrhizierung der Wurzeln der Sprosspflanzen. Gut 80 % aller Kormophyten und auch etliche Moose stehen in symbiontischem Kontakt mit den Hyphen von Pilzen. Grundsätzlich keine Mykorrhiza besitzen Chenopodiaceae und Brassicaceae. Im Allgemeinen ist der Pilz mehr vom Funktionieren des Mykorrhiza-Symbiose abhängig als die höhere Pflanze – Ausnahmen bilden die obligat mykotrophen Orchideen. Es können vier verschiedene Mykorrhiza-Typen im Pflanzenreich unterschieden werden:

- Besonders unauffällig ist die **Endomykorrhiza**, die sich als Symbiose findet zwischen Ascomyceten und Ericaceae und zwischen Basidiomyceten und Orchideen. Hyphenknäuel erfüllen hier die äußeren Zellen der Wurzelrinde. In tieferen Schichten des Cortex werden sie abgebaut und ihr Nährstoffinhalt der höheren Pflanze verfügbar gemacht.
- Die vor allem durch Basidiomyceten gebildete **Ektomykorrhiza** ist vor allem für die Mineralstoff- und Wasserversorgung von Koniferen, aber auch von etlichen angiospermen Laubbaumfamilien (z. B. Fagaceae) von großer Bedeutung. Hier sind die dadurch keulenförmig erscheinenden Wurzelenden von einem dichtem Mycelgeflecht umsponnen. Wurzeln, die mit ektotropher Mykorrhiza besetzt sind, entwickeln keine Wurzelhaare. Das dichte Hyphengeflecht zwischen den Zellen der Wurzelrinde wird als „Hartigsches Netz“ bezeichnet; in die Zellen selbst dringt der Pilz nur selten ein.
- **Ektendomykorrhiza** kommt bei einigen Sektionen der Ericaceae und einigen anderen systematisch davon nicht allzu weit entfernt stehenden Familien (Pyrolaceae, Monotropaceae), aber auch bei etlichen Pinaceae vor. Wie bei der Ektomykorrhiza liegt ein Mycelnetz des Basidiomyceten zwischen den Zellen der Wurzelrinde und ein dichter Hyphenbesatz auf der Wurzeloberfläche, die Hyphen dringen aber auch in die peripheren Cortexzellen ein. Der Ernährungsvorteil der Symbiose für der Blütenpflanzenpartner liegt bei dieser Mykorrhizierung nicht nur im üblichen reichen Wasser- und Phosphatgewinn, sondern auch in der Verfügbarkeit von durch den Pilz saprophytisch erschlossenen Stickstoffverbindungen.
- **Vesikulär-arbuskuläre Mykorrhiza (VA-Mykorrhiza):** Zygomyceten als Pilzpartner bilden zwischen und in den Zellen der Wurzelrinde bäumchenartig verzweigte (Name!) Hyphensysteme aus. Dies vergrößert die innere Oberfläche des Pilzpartners und steigert die Intensität des Stoffaustausches mit den Zellen der Kormophyten. In älteren Wurzeln bilden sich an den Hyphenenden lipidgefüllte Vesikel (Name!). Partner der VA-Mykorrhiza können nahezu alle Angiospermen sein. Im Boden setzen sich die Hyphenstränge in einem ausgedehnten Mycelnetz fort, über welches Mineralstoffe und Wasser auch aus entlegeneren Bereichen des Bodens in die Wurzelrinde kommen können. Vor allem Phosphate und Spurenelemente werden durch diese VA-Mykorrhiza den Pflanzenwurzeln in größerem Ausmaß verfügbar gemacht als dies mittels Wurzelhaaren allein geschehen könnte.

Die Mykorrhizierung der Wurzeln der höheren Pflanzen ist ein vielstufiger Prozess (Abb. 6-53), beginnend mit chemischen Reaktionen zwischen Pilz und Wurzel, gefolgt von strukturellen Veränderungen im Cytoskelett der Pilzhyphen, spezifischer Expression von Enzymproteinen bei beiden Partnern und schließlich auch Reaktion des Hormonhaushaltes der Pflanze. In der funktionierenden Symbiose einer Ektomykorrhiza liegen dann die Zellmembran der Pilzhyphe und die der Wurzelrindenzelle über den gemeinsamen Apoplastenraum der Zellwand in unmittelbarer Nachbarschaft zueinander. Sie sind ausge-

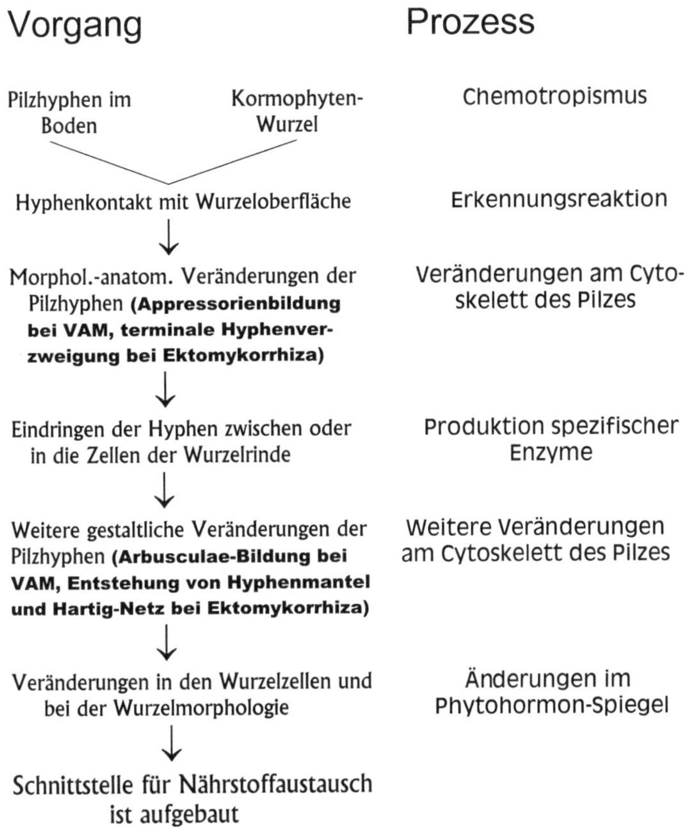

Abb. 6-53: Vorgänge bei der Mykorrhizierung einer Kormophytenwurzel

stattet mit stoffspezifischen Transportern zur transzellulären Weiterleitung von Ionen und organischen Molekülen.

Bei den organischen Substanzen können etliche Aminosäuren in beide Richtungen verschoben werden, manche nur vom Pilz zur Pflanze. Bei Kohlenhydraten ist der Pilzpartner der Sink, der von der C-autotrophen höheren Pflanze versorgt wird. Der erhebliche Kohlenhydratbedarf für den Pilzstoffwechsel wird darin deutlich, dass die Allokation von Assimilaten in den Wurzelraum in reichlich mykorrhizierten Individuen einer Pflanzenart rund doppelt so hoch ist wie in nicht-mykorrhizierten. Besonders bei der N-Ernährung auf Ammonium-Grundlage leistet der Aminosäurenstoffwechsel des Pilzes einen wichtigen Beitrag zum N-Haushalt der Symbiosegemeinschaft. Alanin und Glutamin werden einseitig vom Pilz zur Wurzel verschoben, Glutaminsäure kann die Schnittstelle zwischen den zwei Organismen in beide Richtungen passieren – die Kohlenhydratskelette für den Aminosäurenaufbau in den Pilzhyphen stammen alle aus den Wurzelzellen.

6.4.5.5 Ioneneinstrom und -aufnahme in die Pflanze

Die aus der Bodenlösung aufgenommenen Substanzen gelangen zunächst in den Apoplastenraum der Zellwände, in den „free space". Erst bei der Plasmalemmapassage erfolgt die selektive Ionenaufnahme und gegebenenfalls Anreicherung im Symplasten. Diese Passage der Plasmamembranen wird vermittelt durch Träger-(carrier)-Mechanismen, durch den kontrollierten Durchtritt durch Ionenkanäle, die auf der Basis von transmembranen Ladungsverschiebungen gerichtet wegsam werden, und durch ATP-umsetzende Ionenpumpen. Dies erfolgt spätestens an der Endodermisbarriere, an welcher die wässrige Ionenlösung durch den hydrophoben Casparyschen Streifen an der weiteren zentripetalen Verschiebung im free space gehindert wird, zum nicht unerheblichen Teil aber auch schon während der Radialpassage der Wurzelrinde. Vielfach erfolgt die Stoffaufnahme gegen sehr steile Konzentrationsgradienten.

So liegen, z. B., die Sulphat- und die Phosphat-Ionenkonzentrationen in der Bodenlösung im mikromolaren, im pflanzlichen Cytoplasma aber im millimolaren Bereich. Im Falle dieser beiden Anionen bewirken Protonen-gekoppelte Kotransport-Proteine die Aufnahme in den Symplasten (H^+/SO_4^{2-}- bzw. $H^+/H_2PO_4^-$-Symporter). Die Aufnahmerate dieser Ionen wird über die Zahl der jeweils aktuell verfügbaren Transportmoleküle in der Membran gesteuert; deren Aktivität wiederum unterliegt post-transkriptionaler Modifizierung und allosterischen Einflüssen (Smith 2001). Die Expression der Gene, die diese kurzlebigen Proteine codieren, steht in enger Rückkopplung zur zellulären Ionenhomöostase und zum Gesamtbedarf der Pflanze.

6.4.5.6 Ferntransport der aufgenommenen Nährstoffe in der Pflanze

Der Ferntransport der Nährstoffe im Spross geschieht nach symplastischer Passage der Endodermis und der Parenchymzellen des Zentralzylinders wieder apoplastisch mit dem Transpirationsstrom im Xylem. Spross-Wurzel-Verschiebungen von Nährstoffen verlaufen im Phloem. Während beide Leitgewebe für Kalium und Magnesium sowie Stickstoff, Phosphor und Schwefel als Anionen und in organischer Verbindungsform sehr gut passierbar sind, ist die Phloemwegigkeit für Calcium und andere Erdalkaliionen sowie für viele Schwermetalle sehr gering. Dies hängt nicht zuletzt damit zusammen, dass insbesondere im Bereich der Siebplatten ein sehr hoher Spiegel an Phosphationen vorliegt, mit denen diese Kationen zu schwerlöslichen Verbindungen ausfallen würden. Sie können daher nur schlecht in der Pflanze retransloziert werden und sammeln sich am Ende des Xylemtransportweges an.

Für die **Angebots- und Bedarfsrelationen der mineralischen Nährstoffe** gilt, dass ein übergroßer Mangel ebenso wie starker Überschuss sich vitalitätsmindernd auswirken. Dies gilt für die Substanzproduktion als Maß für die Wachstumsintensität der Pflanze genauso wie für andere essentielle Lebensvollzüge. Reichliche Nährstoffaufnahme in einem ausgewogenen Ionenverhältnis führt zu kräftigem Wachstum bei gleichzeitig weitgehender Konstanz der gewebespezifischen Ionenkonzentrationen. Eine Überschussaufnahme von Nährstoffen, mit der der Biomasseaufbau nicht Schritt halten kann („luxurierende Ernährung") bringt keine Vorteile, kann vielmehr sogar toxische Wirkungen haben. Bei den Hauptnährelementen erfolgt der Übergang von förderlichen zu schädlichen Konzentrationen in einem relativ breiten Bereich; bei Spurenelementen kann die Grenze zwischen förderlichem und toxischem Angebot oft sehr scharf sein.

Ein- und zweiwertige Nährstoff-Kationen wie z. B. K^+, Ca^{2+}, Mg^{2+}, aber auch etliche Mikronährelemente liegen im Boden in Ionenform vor und nehmen in dieser Form auch am pflanzlichen Stoffwechsel teil. Insbesondere die Makronährstoffe N, P und S sind im Boden zum Teil in unterschiedlicher Bindungsform verfügbar und werden in der Pflanze in vielerlei organischen Substanzen eingebaut und umgesetzt.

6.4.5.7 Umsatz und Nutzung der wichtigsten pflanzlichen Nährelemente

Über die in den Pflanzen durchschnittlich vorhandenen Mengen der einzelnen Nährelemente gibt zusammenfassend Tab. 6-17 eine Übersicht. Zwischen den einzelnen Pflanzentaxa, ja sogar zwischen Subspezies einer Art bestehen im Einzelfall oft große Unterschiede im Bedarf an einzelnen Nährstoffen und im Tolerieren von Höchstmengen. Diese sippenspezifischen Unterschiede sind ein wichtiger Faktorenkomplex, der verantwortlich ist für die individuelle, differenzierte Standort-Einnischung der verschiedenen Taxa.

Abgesehen vom Stickstoffgewinn durch Carnivorie (8.6) und der Fixierung von molekularem Luftstickstoff in der Symbiose mit Rhizobien, Aktinomyceten oder heterocystenhaltigen Cyanobakterien (6.5.1) ist der normale pflanzliche Erwerb des **Stickstoffs** seine Aufnahme aus der Bodenlösung in Form von Nitrat und Ammonium. In der Pflanze sind 10–20 % des Stickstoffs in Form freier Nitrat- und Ammoniumionen zu finden, die große Menge ist gebunden in Aminosäuren und ihren Aufbauprodukten, den Proteinen sowie in anderen stickstoffhaltigen organischen Molekülen, wie z. B. Nukleinsäuren und Coenzymen. Etwa die Hälfte des gesamten pflanzlichen Stickstoffs befindet sich in den Blättern, dort rund 70 % davon in den Chloroplasten, wovon wiederum die Hälfte Baustein der Rubisco ist.

Nitrat ist xylemmobil, Ammonium wird bereits in den Wurzeln in Aminosäuren eingebaut, welche dann im Xylem sprosswärts verlagert werden. Bei nitrophilen Pflanzen spielen freie Nitrationen im Zellsaft eine wichtige Rolle als Osmotika – typische Beispiele hierfür sind manche Chenopodiaceae und Urticaceae.

Nitrat kann in den Wurzeln, vor allem aber in den Blättern zu Ammonium reduziert werden und in dieser Form dann für die Inkorporierung in Aminosäuren Verwendung finden. Die Reduktion wird durch zwei Enzyme bewerkstelligt, die im Cytoplasma-Kompartiment wirksame Nitrat-Reduktase, welche eine 3-Elektronen-Reduktion von Nitrat zu Nitrit bewirkt, und die im Chloroplasten lokalisierte Nitrit-Reduktase, die in einer 6-Elektronen-Reduktion das Nitrit-Anion in Ammoniak überführt. Vor allem die Nitrat-Reduktase ist mit einer Halbwertszeit ihrer Existenz von nur wenigen Stunden ein ständig neu exprimiertes Enzym, dessen Produktionsrate beeinflusst ist durch die Wirkung auf zellulärer Ebene von vielen Umweltfaktoren, wie Nitratangebot, Einstrahlung, Wasserversorgung, Hormonspiegel u. a. m.

Ammoniak und auch die Ammonium-Ionen sind schon in geringer Konzentration cytotoxisch; ihre Entgiftung erfolgt durch ihren Einbau in Aminosäuren. Die Kohlenhydratskelette, an die bei der Aminierungsreaktion das Ammonium gebunden wird, stammen aus dem Zitronensäurezyklus unter Nutzung von über den Phloemweg bereitgestellten Assimilaten. Man kann es als eine Optimierung in der Evolution des Primärstoffwechsels der Pflanzen betrachten, dass hauptsächlich Aminosäuren bzw. Amide mit N/C-Relationen $>0{,}4$ für den Transport des in der Wurzel fixierten Stickstoffs in den Sprossbereich Verwendung werden, nämlich Glutamin (2N/5C), Asparagin (2N/4C) und Arginin (4N/6C) sowie auch Allantoin (4N/4C).

Schwefel nimmt am Pflanzenstoffwechsel in reduzierter Form (-II) teil; die Sulfat-Assimilation und -Reduktion (Marschner 1995) hierzu kann in Wurzeln und Blättern erfolgen. Zu letzteren gelangen die Sulfat-Ionen im Xylem-Saftstrom. In den Blättern nicht benötigtes Sulfat sowie für den dortigen Proteinstoffwechsel überschüssiger reduzierter Schwefel (als Glutathion, GSH) gelangen über den Phloemweg wieder in die Wurzeln. Zwischenspeicherung ist auch im Parenchym der Achsengewebe von perennierenden Pflanzen möglich. Remobilisierung von dort und Einschleusung in den Xylemstrom erfolgen im Frühjahr, zu einer direkten Verschiebung von S-Verbindungen zwischen Phloem und Xylem kommt es nicht (Herschbach & Rennenberg 2001). Im Intermediärstoffwechsel ist Schwefel Bestandteil von Aminosäuren, Oligopeptiden und Proteinen, von Sulfolipiden und von manchen polymeren Kohlenhydraten. Im Vergleich mit der Sulfaternährung der Pflanzen spielt die prinzipiell ebenfalls mögliche Aufnahme von luftbürtigen Schwefelverbindungen (SO_2, H_2S und schwefelhaltige Spurengase, s. 6.5.3.2) über die Stomata eine nachgeordnete Rolle.

Phosphor wird – anders als Nitrat und Sulfat – in der Pflanze nicht reduziert. Er nimmt am Stoffwechsel als anorganisches Phosphat (P_i) teil oder in Esterbindungen verschiedener Form an Kohlenstoffskelette geknüpft, bzw., an eine weitere Phosphatgruppe gebunden, als energiereiche Pyrophosphat-Verbindung. Der zelluläre Energiestoffwechsel ist wesentlich geprägt durch das intermediäre Eingehen und Lösen derartiger Verbindungen. Der Phosphatbedarf für optimales Wachstum liegt in der Größenordnung von 0,3 bis 0,5 % der pflanzlichen Trockenmasse (Marschner 1995).

Von allen bisher nachgewiesenen oder vermuteten Ionenkanälen sind kaliumspezifische Membrankanäle, die den Kaliumumsatz der Zellen in spezifischer Weise bewerkstelligen, in Struktur und Funktion besonders gut bekannt. **Kalium** ist für alle Pflanzen essentiell und hat eine sehr hohe Mobilität im Kurz- wie im Langstreckentransport. Seine Konzentration im Cytosol liegt bei 100–200 millimolaren Werten, in den Vakuolen kann seine Konzentration bis zur Obergrenze von 200 mM in weiten Bereichen variieren. Dort dient es, zusammen mit geeigneten Gegenanionen, als wichtiges Osmotikum. In dieser Funktion wird es in den Schließzellenvakuolen der Stomata an- und abgereichert. Kalium im Cytoplasma formt mit manchen Enzymen schwach gebundene Komplexe, es wirkt bei der m-RNA-Bindung an die Ribosomen mit und hat eine funktionelle Bedeutung beim Phloemtransport, bei nastischen Bewegungen u. a. m. Es wird aber nicht in organische Verbindungen der Zelle eingebaut.

Im optimalen Fall macht die Kaliummenge 2–5 % der pflanzlichen Trockenmasse aus. K-Mangel reduziert das Wachstum, vermittelt über einen reduzierten Turgor der Gewebe. Bei lokaler Verknappung kommt es zu K-Verlagerungen in der Pflanze zu den meristematischen Geweben. Die Stressresistenz ist unter K-Mangel vermindert, soweit durch die jeweilige Belastung der zelluläre Wasserhaushalt tangiert wird. Eine gesteigerte Empfindlichkeit gegen Phytopathogene steht in Zusammenhang mit den K-abhängigen Stoffwechselreaktionen.

Die Aufnahme von **Magnesium** wird stark durch Effekte der Ionenkonkurrenz beeinträchtigt, sodass höhere Angebote an K^+, NH_4^+, Ca^{2+} sowie auch Protonen in der Bodenlösung zu pflanzlichem Mg-Mangel führen können, trotz prinzipieller Verfügbarkeit im Boden. Die Funktion von Mg in der Pflanze beruht auf seiner Fähigkeit, Ionenbindungen mit Phosphorgruppen einzugehen sowie Komplexe unterschiedlicher Stabilität zu bilden, zum Teil auch über kovalente Bindungen. Das bekannteste Beispiel hierfür ist seine Rolle als Zentralatom im Chlorophyll – wozu rund 10 % des gesamten Mg-Gehaltes einer Pflanze Verwendung finden. Darüber hinaus ist der Mg-Gehalt von Chloroplasten in mancherlei Funktion so hoch, dass rund die Hälfte der 0,2–0,3 Gewichtsprozent, die dieses Element an der Trockenmasse der Pflanzen einnimmt, dort lokalisiert ist. Ein typisches Mg-Mangelsyndrom sind chlorotische Erscheinungen; verminderte Photosynthese ist die Folge einer unzureichenden Mg-Versorgung der Chloroplasten. Mg-Mangel hat sich als eine wichtige Komponente im Syndrom der „neuartigen Waldschäden" (6.5.3.3) erwiesen, wirkend über ein ungenügendes Feinwurzelwachstum im sauren Bodenmilieu.

Calcium ist zum Teil im Apoplastenraum, zum Teil in den Vakuolen der Pflanzengewebe zu finden. Im Cytosol ist Ca^{2+} in extrem geringer Konzentration gelöst. Der größte Teil des cytosolischen Calciums ist an das Protein Calmodulin sowie an Ca-abhängige Proteinkinasen gebunden und fungiert im Gleichgewicht mit den geringen Mengen an freiem Ca^{2+} als sekundärer Botenstoff bei mancherlei intermediären Stoffwechselprozessen. Ein Anstieg der freien Ca^{2+}-Menge im Cytosol kommt bei der Thigmomorphogenese zustande, also bei Strukturveränderungen nach Berührungsreizen. Auf dem symplasmatischen Weg, über Plasmodesmenverbindungen, ist Ca schlecht beweglich, ebenso ist es nahezu nicht phloem-transportabel. In den Zellwänden und mit dem Protopektin der Mittellamellen geht Ca^{2+} Ionenbindungen ein mit negativen Ladungsstellen an den Struktur-Makromolekülen. Physiologisch schädlichem Ca^{2+}-Überschuß wird bei einschlägig empfindlichen Pflanzen durch Ausfällung in den Vakuolen oder durch Ausscheidung über blattrandständige Hydathoden begegnet (6.4.6). Membranen werden durch Ca^{2+} stabilisiert durch Verbindung von Phosphat- und Carboxylgruppen der Phospholipide und Proteine. Membrangebundene Enzyme können durch Calcium-Ionen aktiviert werden, welche sich an nichtkatalytische Stellen des Proteins anlagern. Die Membranpassage von Ca^{2+}, der wichtigste Weg für seine Mobilität innerhalb der Gewebe, erfolgt durch spezifische Ca-Kanäle.

Der Ca-Gehalt der Pflanzen variiert zwischen 0,1 und $>5\,\%$ des Trockengewichtes, je nach Standortverhältnissen. Calcicole Pflanzen wachsen auf Standorten mit überreichem Ca-Angebot in der Bodenlösung, für calcifuge Sippen sind solche Ca-Konzentrationen toxisch. Generell ist der Ca-Bedarf für optimalen Wuchs bei Monokotylen deutlich niedriger als bei Dikotylen. Auch für die Ca^{2+}-Aufnahme in die Wurzeln sind Mechanismen der Ionen-Konkurrenz wirksam.

Als kationische **Mikronährstoffe** (Tab. 6-17) gelten u. a. Eisen, Mangan, Kupfer, Zink, Nickel, Molybdän und Bor. Kobalt, Selen, Aluminium und viele andere Stoffe sind nur als **Spurenelemente** stoffwechselnotwendig. Unter den Anionen gilt diese Charakterisierung für Chlorid.

6.4.6 Pflanzenspezifische Unterschiede im Mineralstoffhaushalt mit Relevanz für die standörtliche Einnischung

Bei aller Gleichheit in den prinzipiellen Umsätzen und Funktionen der mineralischen Nährstoffe im Primärmetabolismus bestehen doch in den Quantitäten der Ionenanreicherung und -allokation beträchtliche artspezifische Unterschiede. Dies führt vielfach zu einer engen Bindung der einzelnen Taxa an bestimmte edaphische Verhältnisse (Kinzel 1982). Besonders auffällig ist dies bei der Toleranz oder Phobie der verschiedenen Arten gegenüber einem erhöhten **Säuren- oder Basenreichtum des Bodens**. Höhere Protonengehalte des Wuchssubstrates werden von **azidophilen Pflanzen** ertragen; **basiphile Sippen** können auf Böden mit pH-Werten unter 5 nicht existieren. Dies wird nicht nur direkt von einem Protonen- bzw. OH-Ionen-Überschuss des Bodens bestimmt. Mit dem Protonenmilieu gekoppelt sind vielmehr auch unterschiedliche Löslichkeiten, Adsorptions- und Chelatisierungsgegebenheiten für andere Ionen, die so im Überschuss oder – gravierender – in unzureichenden Mengen pflanzenverfügbar sind.

Der Säuregrad des Bodens kann durch seine Herkunft aus dem Muttergestein bedingt sein, aber auch durch die Vegetationsbestockung und die Bewirtschaftung geprägt werden. Tiefenauswaschung unter niederschlagsreichem Klima kann zu Basenverarmung führen; der Entzug austauschbarer Kationen durch die Pflanzenwurzeln, verstärkt durch ihre Säureausscheidungen, kann den relativen Anteil an Protonen in der Bodenlösung beträchtlich erhöhen. Der Kontrast zwischen basenreichen und basenarmen – dementsprechend protonenreichen – Böden ist besonders groß, wenn diese aus der Verwitterung einerseits von silikatischem, andererseits von kalkhaltigem Muttergestein hervorgegangen sind.

So kann geradezu zwischen **Silikatpflanzen und Kalkpflanzen** unterschieden werden, die zu floristisch grundlegend voneinander unterschiedenen Vergesellschaftungen der Silikat- und der Kalkflora zusammentreten. Beispiele für verwandte, in Vikarianz zueinanderstehende Kalkboden- und Silikatbodenpflanzen sind in Tabelle 6-18 aufgeführt; entsprechende korrespondierende Vergesellschaftungen in Kap. 9.4 und Tab. 9-5 näher vorgestellt. Typischerweise bedeutet **calcicoles und calcifuges Verhalten** der einzelnen Pflanzensippen die unterschiedliche Einnischung unter einem ganzen Syndrom von miteinander gekoppelten Standorteigenschaften. So sind kalkreiche Böden in der Regel trockener und wärmer als Silikatböden. P, Fe, Mn und viele Spurenelemente sind auf Kalkboden schlechter pflanzenverfügbar, da sie unter dem herrschenden neutralen bis basischen Milieu großenteils in schwerlöslichen Verbindungen festliegen. Calcicole Pflanzen haben dementsprechend besonders leistungsfähige physiologische Fähigkeiten zur Aufnahme dieser Nährstoffe. Azidophile Taxa wiederum sind funktionell an ein erhöhtes Angebot von Aluminium-Ionen angepasst, die im sauren Milieu der Bodenlösung reichlich vorkommen.

Die **standörtliche Calciumversorgung** kann für **calciphile Taxa** ungenügend sein, für **calciphobe Sippen** aber ein schädliches Übermaß annehmen (6.4.5.7). Zwar ist an der Endodermisbarriere in den Wurzeln eine prinzipielle Ionenselektivität durch die Kanal- bzw. Carrierabhängige Plasmalemmapassage gegeben, sodass manche Nährstoffe auch aus sehr kleinen Konzentrationen in der Bodenlösung angereichert werden, schädliche Substanzen dagegen am Eindringen in den Zentralzylinder der Wurzel behindert werden (vgl. Angebots- und Aufnahme-Mengen der einzelnen Nährstoffe in Boden und Pflanze, Tab. 6-17). Diese Selektivität ist aber nicht absolut, stellt vielmehr nur ein begrenztes Ausschlussvermögen von im Übermaß angebotenen Ionen dar. Bei erhöhter Transpiration gelangen mit den höheren Wasservolumina mehr gelöste Stoffe in die Wurzelrinde, der erhöhte Transpirationsstrom hält die Verdünnung der Xylemfracht niedrig: Netto resultiert daraus eine stärkere Ionenpassage der Endodermis. Dies kann an Kalkstandorten unter erhöhten Evaporationsbedingungen zu einem nicht unbeträchtlichen Calciumeinstrom in die Pflanze führen. Insbesondere im Bereich der noch unzureichend suberinisierten Wurzelspitzen gelangen aber auch beträchtliche Ca^{2+}-Mengen auf direktem apoplasmatischem Wege in die Xylembahnen (Kinzel 1982). Bei Kürbiswurzeln z. B. erfolgt die maximale Ca^{2+}-Aufnahme nur in den vordersten 10 cm, wo die Endodermiszellen nur im Bereich des Casparyschen Streifens Suberineinlagerungen zeigen (Pitman 1977). Einmal im Xylemwasser, bleibt den Ca^{2+}-Ionen nur der akropetale Weiterstrom: Das Phloem ist nicht calciumwegig, sodass auf seinem Weg keine Ca^{2+}-Retranslokation im Pflanzenkörper möglich ist. Dadurch kommt es während der pflanzlichen Ontogenie zu einer zunehmenden Calciumanreicherung in den Blättern. Bei **calciphoben Physiotypen** erfolgt dort dann eine Ausfällung von reichlich Calciumoxalat in Form von Drusen oder Rhaphiden-Bündeln in den Vakuolen. Die (energiekonsumierende) Oxalatbildung wird durch ein reichliches Calcium-Angebot stimuliert. Offenbar existieren dabei zelluläre Regelmechanismen, die durch unterschiedlich starke Oxalatbereitstellung den Spiegel an gelöstem Calcium auf einem stoffwechselverträglichen, bei calciphoben Taxa sehr niedrigen Niveau halten. Allerdings gibt es auch Ausnahmen von dieser Generalisierung (Kinzel 1982). Viele derart physiologisch calciphobe Sippen sind auch ökologisch calcifug (viele Caryophyllaceae und Polygonaceae). Es gibt jedoch auch Fälle, wo Calciumoxalat ausfällende Taxa auf Kalkböden vorkommen (klassisches Beispiel: *Dianthus lumnitzeri*: Kinzel 1963). **Calcitrophe Physiotypen** reichern größere Mengen gelöstes Ca^{2+} in ihrem Zellsaft an (z. B. Crassulaceae). Außer durch anorganische Anionen erfährt das Calcium dort seine elektrische Neutralisierung durch reichliche Malatbildung in den Zellen. Gelöste Ca^{2+}- und Malat-Ionen tragen in diesem Fall wesentlich zur Prägung des osmotischen Potentials der Zellsäfte bei. Einige Saxifragaceae schließlich sezernieren reichlich Calcium über Hydathoden, so daß an ihren Blatträndern Kalkkrusten entstehen können.

Tab. 6-18: Zueinander in Vikarianz oder Stellenäquivalenz stehende kalkholde und kalkmeidende Pflanzensippen (erweitert u. verändert nach Larcher 1994).

Gattung	Kalkholde Art	Kalkmeidende Art
Achillea	*atrata*	*moschata*
Carex	*ferruginea*	*curvula*
Doronicum	*grandiflorum*	*clusii*
Erica	*carnea*	*tetralix*
Gentiana	*clusii*	*acaulis*
Hutchinsia	*alpina*	*brevicaulis*
Primula	*auricula*	*hirsuta*
Pulsatilla	*alpina*	*sulphurea*
Ranunculus	*alpestris*	*glacialis*
Rhododendron	*hirsutum*	*ferrugineum*
Saxifraga	*moschata*	*exarata*
Sesleria	*albicans*	*disticha*
Soldanella	*alpina*	*pusilla*

Der **pH-Wert des Bodens** hat einen direkten Einfluss auf die Ionenaufnahme; im alkalischen Milieu wird die Anionen-, im sauren Milieu die Kationen-Aufnahme eingeschränkt. Möglicherweise beruht dies auf Effekten der Ionenkonkurrenz. Eventuell spielen dabei auch Kopplungsvorgänge beim Membrantransport der Nährstoffe eine Rolle. Auch über pH-abhängige Konformationsänderungen von Transportmolekülen in

den Membranen wird spekuliert (Kinzel 1982). Indirekte Wirkungen des jeweiligen Aziditätsmilieus ergeben sich über die bereits erwähnten pH-abhängigen Löslichkeiten von Ionen, über die Verfügbarkeit von Stickstoff unter sauren Bedingungen vorzugsweise als NH_4^+-Ion, unter basischen Bedingungen vorzugsweise als Nitrat, über einen je unterschiedlich hohen HCO_3^--Gehalt des Bodens und – integrierend – über ein verändertes Redoxmilieu des Wurzelraumes.
Über die mehr oder minder deutliche Einnischung der meisten Pflanzen an sauren oder basisch-neutralen Standorten hinaus haben sich manche Sippen evolutiv an unausgeglichene bis extreme edaphische Verhältnisse angepasst. Starker Mangel bestimmter Ionen hat zur Entwicklung hocheffizienter Ausnutzungsmechanismen des unzureichenden Angebotes geführt. Standörtlichem Überschuss bestimmter Nährstoffe können daran adaptierte Taxa durch höhere Einlagerung, durch physiologische sowie strukturelle Einrichtungen zur Aufnahmebeschränkung begegnen. Auch aktive Ausscheidung der anderenfalls den Stoffwechsel belastenden Substanzen ist möglich. Nicht angepasste Taxa erfahren durch ein standörtliches Überangebot an Nährstoffen oder durch erhebliche Ionenimbalancen in der Bodenlösung eine Schwächung ihrer Konkurrenzkraft oder sogar toxische Schädigungen. Die edaphischen Spezialisierungen haben polyphyletisch zur Herausbildung spezifisch adaptierter Pflanzengruppen geführt, die als funktionelle Strategietypen zusammengefasst werden können. Es sind dies, z. B., die **Halophyten** an kochsalzreichen Standorten, die **Serpentinpflanzen** und die **Schwermetallpflanzen** (Chalkophyten = Metallophyten). Sie werden im Kapitel 8.5 näher charakterisiert.

6.5 Wechselwirkungen zwischen Pflanzen und atmosphärischen Gasen

Von den für den Aufbau der Pflanzenkörper notwendigen Nährstoffen werden alle anorganischen Ionen im wesentlichen aus der wässrigen Bodenlösung aufgenommen, von den die organische Substanz aufbauenden Elementen werden N, P und S ebenfalls weitgehend durch das Substrat bereitgestellt, C und O jedoch stammen großenteils aus der Atmosphäre. Die photosynthetische Wasserspaltung liefert einen Teil des metabolisierten Wasserstoffs, außerdem besteht auch ein intensiver Austausch von Protonen zwischen der Pflanze und der Bodenlösung. Der in der Photosynthese produzierte Sauerstoff findet zum Teil pflanzeninterne Wiederverwendung in katabolischen Vorgängen. Während so der Wasserstrom durch die Pflanze auch deren Metabolismus mit dem edaphischen und dem atmosphärischen Standortkompartiment innigst verbindet, findet der Umsatz der anderen Elemente hauptsächlich entweder mit dem Substrat oder hauptsächlich mit der Atmosphäre statt (**„Ablagerungskreisläufe“** oder **„atmosphärische Kreisläufe“**). Im Stoffwechsel freiwerdende gasförmige N-, S- und C-Verbindungen werden freilich in durchaus nicht unbeträchtlichen Mengen an die Atmosphäre abgegeben. Umgekehrt wird auch luftbürtiger Kohlenstoff und Sauerstoff, eingebaut in organische Substanzen, während der Lebenszeit der Pflanzen in den Boden ausgeschieden oder gelangt im Zuge des Streuabbaus in den Boden.

6.5.1 Stickstoff

(zusammenfassend zur Stickstoff-Ökologie: Runge 1983, Lee et al., 1983, Tamm 1991, Marschner 1995)

Von den die Atmosphäre aufbauenden Gasen (Abb. 6-54) wird **Stickstoff** in relativ zur Gesamtverfügbarkeit im Quellkompartiment geringen, relativ zur Anreicherung im Zielkompartiment großen Mengen über die Fixierung durch Knöllchenbakterien (Abb. 6-55), Aktinomyceten oder

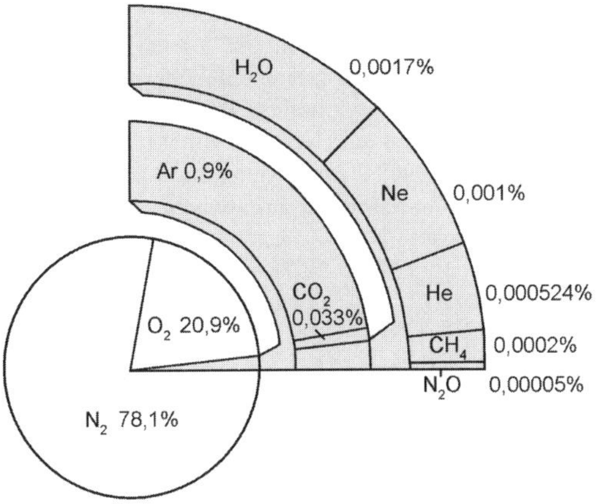

Abb. 6-54: Gaszusammensetzung der Atmosphäre

Tab. 6-19: Biogene Stickstoff-Fixierungsraten in verschiedenen Habitaten (Daten aus Larcher 1994 und Marschner 1995).

Habitat	N_2-Fixierungsrate [kg N_2 ha^{-1} a^{-1}]
Reisfelder	50–70
Ackerböden der gemäßigten Zone	200–400
Leguminosenfelder der Tropen und Subtropen	30–400
Phyllosphären-(auf Blättern lebende) Flora tropischer Bäume	ca. 5
Rohhumusböden der Subarktis und Arktis	0,1–3

freilebene Cyanobakterien in eine metabolisierbare Form und damit in den Stoffkreislauf eingeleitet. Auf diesem Weg gelangen weltweit pro Jahr 140–170 Millionen t N in den Kreislauf der Stickstoffumsätze (zusätzliche 65 Millionen t durch landwirtschaftliche Kunstdüngerausbringung): Peoples & Craswell 1992. Die auf diese Weise aus der inerten Form des Luftstickstoffs in physiologisch umsetzbare Verbindungen eingebrachten N-Mengen erreichen also eine sehr beachtliche Größenordnung (Tab. 6-19) und stellen eine äußerst wichtige Ergänzung des in den anorganischen Ionenformen NO_3^- und NH_4^+ in einer pflanzenverfügbaren Form im Boden vorliegenden Stickstoffs dar. Bei Standorten im natürlichen Austauschgleichgewicht liegt die Bildung von N_2-Molekülen (und NO_x-Molekülen) aus anderen Bindungsformen des Stickstoffs durch denitrifizierende Bakterien des Bodens in einer entsprechenden Größenordnung (Dowdell 1982).

Unter den frei lebenden N- und (z.T.) C-Autotrophen sind besonders *Azotobacter* und *Clostridium* bei den Bakterien, *Anabaena*, *Calothrix*, *Nostoc*, *Pleurocapsa* u.a., bei den Cyanobakterien zu nennen. Etliche der letztgenannten Taxa, insbesondere *Nostoc* und *Anabaena* sind Symbiosepartner vieler Flechten, der Lebermoosgat-

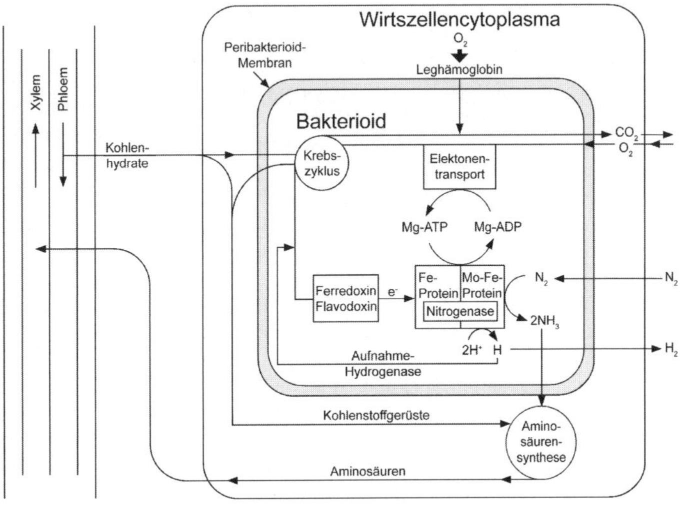

Abb. 6-55: Symbiontische N-Fixierung durch Knöllchenbakterien (nach Larcher 1994 bzw. Marschner 1995).

tungen *Anthoceros* und *Blasia*, der Schwimmfarngattung *Azolla*, bei verschiedenen Cycadeen und bei der Angiospermengattung *Gunnera*. Knöllchenbakterien der Gattung *Rhizobium* und *Bradyrhizobium* erlauben den mit ihnen in Symbiose stehenden Leguminosen einen reichlichen N-Gewinn aus dem Luftstickstoff. Mit Aktinomyceten der Gattung *Frankia* haben ähnliche Symbiosebeziehungen die meist verholzte Arten aufweisenden Dikotylen-Gattungen *Alnus*, *Eleagnus*, *Hippophae*, *Casuarina*, *Myrica* u. a. m.

Bei der **Leguminosensymbiose** kommt es bei der jungen C-autotrophen Wirtspflanze zu einer Infektion aus dem Reservoir der saprophytisch im Boden lebenden *Rhizobium*- und *Bradyrhizobium*-Bakterien. Es bilden sich hierbei „Wurzelknöllchen" von mehreren Millimetern Durchmesser („Nodulation"). Ihre Zahl an einem Wurzelsystem ist durch einen Mechanismus der Selbstregulation bestimmt, bei dem Einflüsse von bereits existierenden Knöllchen weitere Neuinfektionen unterdrücken können. Des weiteren unterdrückt ein größeres NO_3^--Angebot im Boden den Nodulationsprozess.

Nach Kontaktnahme zwischen einem Wurzelhaar der höheren Pflanze und dem Bakterium durch Vermittlung spezifischer Lektine schiebt sich der Prokaryont bis ins Rindenparenchym der Wurzel vor und induziert dort eine verstärkte Zellteilung. Dadurch entsteht die makroskopisch sichtbare knöllchenartige Verdickung der Wurzel. In ihr kommt es, unter ausschließlicher Ernährung von Seiten des Wirts, zu starker Bakterienvermehrung. Das Knöllchen reift zur Funktionsfähigkeit heran, indem sich die Bakterien in Bakterioide umwandeln, die in Symbiosomenräumen, welche von einer spezifischen Membran umschlossen sind, intrazellulär kompartimentiert sind. Durch Derepression von nif-Genen („nitrogen fixation") wird in ihnen das Nitrogenase-System produziert, welches zur Luftstickstofffixierung fähig ist: Die Umsätze dieses Proteinkomplexes werden aus dem Atmungsstoffwechsel des Bakterioids energetisiert, der seine Kohlenhydratsubstrate wiederum von der höheren Pflanze bezieht. Von der Wirtspflanze spezifisch synthetisiertes Leghämoglobin schirmt den oxidationsempfindlichen N_2-fixierenden Komplex vor Sauerstoffeinwirkung ab. Der gesamte Vorgang der symbiontischen Umwandlung von N_2 in aminosäuren-gebundenen Stickstoff ist in seinem Ausmaß stark von der Kohlenhydrat-Anlieferung abhängig, mit einer ungefähren Stöchiometrie von 4 g Kohlenhydrat-C zu 1 g Aminosäuren-N. Da bereits während der stoffwechselaktiven Phase nicht unbeträchtliche Mengen davon der Höheren Pflanze zugute kommen und nach Absterben und Zersetzung der Knöllchen auch deren Inhaltsstoffe von jüngeren Wurzeln der Pflanze resorbiert werden können, verschieben sich die Vorteile des Zusammenlebens zwischen der pro- und der eukaryontischen Pflanze mit der Zeit deutlich zugunsten der letztgenannten, nachdem am Beginn der Knöllchenentwicklung die Bakterieninfektion der Leguminosenwurzeln zunächst parasitischen Charakter hatte.

6.5.2 Kohlenstoff

Die C-Autotrophie der höheren Pflanzen beruht auf der Fähigkeit zur Einbindung von CO_2 aus der Umgebungsluft in energiereiche Substanzen, die Kohlenhydrate. Hierzu wird in der photosynthetischen Lichtreaktion Energie aus der Sonnenstrahlung in die stoffwechselverwertbare Form von ATP und Energieäquivalenten gebracht.

6.5.2.1 Ökophysiologie der Photosynthese

Die standörtlichen und ontogenetischen Randbedingungen der **Lichtreaktionen der Photosynthese** (zu biophysikalischen Details vgl. Lehrbücher der Physiologie) betreffen insbesondere die Absorption der eingestrahlten Lichtquanten durch die Chloroplasten und die Umsetzung der von ihnen getragenen Energie. Besonders in den Zeiten der Blattentfaltung und der Blattalterung kann ein geringer Chlorophyllgehalt assimilationslimitierend wirken. Nicht unbeträchtliche Unterschiede zwischen verschiedenen Pflanzenarten können auch in der Chlorophyllmenge pro Blattmasse bzw. pro Blattfläche gefunden werden. Das Mengenverhältnis der beiden normalerweise in höheren Pflanzen vorhandenen Chlorophyllsorten, Chl a und b, kann je nach standörtlichen Einstrahlungsbedingungen unterschiedlich sein (6.1.3; Abb. 6-10). Die Effizienz des Strahlungsumsatzes des Photosynthese-Apparates wird angegeben als Relation zwischen der aufgenommenen Menge Lichtquanten und der Sauerstofffreisetzung, die in der mit dem Elektronenfluss gekoppelten photosynthetischen Wasserspaltung stattfindet (gelegentlich auch als **Photonenausnutzungskoeffizient** „eingestrahlte PPFD/ umgesetzte CO_2-Menge [mmol/nmol]" ausgedrückt). Landpflanzen erzielen dabei Ausnutzungsraten der Strahlung von 0,05–0,12 mol O_2/mol absorbierte Photonen. Allerdings kann stets nur ein Teil der absorbierten Energie für die photochemischen Prozesse nutzbar gemacht werden; der Rest wird in Wärme und Fluoreszenzstrahlung umgesetzt (6.1.3.1).

Die C-Fixierung geschieht in den enzymatischen Dunkel-, d.h. lichtunabhängigen, Reaktionen des **Calvin-Zyklus**. Das CO_2-fixierende Enzym, Ribulosebisphosphat-Carboxylase/Oxigenase, Rubisco, ist mit Mengenanteilen bis über 50 % das häufigste Enzym in den Chloroplasten. Seine Affinität zu CO_2 ist nicht besonders ausgeprägt und wird zudem noch beeinträchtigt durch seine mit der Carboxylasefunktion konkurrierende Fähigkeit, als Oxigenase wirksam zu werden. Das sechs C-Atome enthaltende Fixierungsprodukt aus der Rubisco-katalysierten CO_2-Bindungsreaktion ist nicht stabil, sondern teilt sich in zwei Moleküle 3-Phosphoglycerinsäure. Danach wird dieser Weg der CO_2-Fixierung **„C3-Photosynthese“** genannt. Die weiteren Umsetzungen des Calvin-Zyklus, bei denen letztlich Glucose entsteht und der CO_2-Akzeptor regeneriert wird, sind in Physiologie-Lehrbüchern näher erläutert. Viele Ökofaktoren, wie die Temperatur, der Chloroplasten-Wasserzustand und die Mineralstoffversorgung der Blätter nehmen Einfluss auf die Intensität dieser Umsetzungen und modifizieren so die photosynthetische Leistungsfähigkeit der einzelnen Taxa. Besonders förderlich erweist sich eine Erhöhung des CO_2-Angebotes am Chloroplasten, wodurch sich – neben dessen reichlicherer Verfügbarkeit für die Assimilation – günstiger Weise auch die ambivalente Rubisco-Aktivität mehr auf die Seite der Carboxylierungsfunktion verschiebt. Anderenfalls beliefert die Oxigenase-Reaktion den Lichtatmungsstoffwechsel, durch den zwischen 20 und 50 % des photosynthetisch fixierten CO_2 auf dem Wege der **Photorespiration** wieder freigesetzt wird.

CO_2-Düngung in Gewächshäusern durch entsprechende Begasung der Pflanzen nutzt die Verschiebung der Rubisco-Aktivität Richtung CO_2-Fixierung ebenso wie auch im Freiland **erhöhte CO_2-Pegel der Luft**, die in dieser Hinsicht produktionsfördernd wirken. Allerdings wird der Effekt eines gesteigerten CO_2-Angebotes im Außenraum der Blätter bei vielen Pflanzen teilweise kompensiert durch einen etwas vergrößerten Transportwiderstand von dort zu den Chloroplasten infolge der Verengung der Spaltöffnung unter dem Einfluss höherer CO_2-Konzentrationen.

6.5.2.2 CO_2-Gaswechsel

Das auch die Transpiration prägende Stomataspiel unter dem Gesamteinfluss der Standortfaktoren (s. 6.3.4.2) ist im übrigen neben dem einstrahlungsabhängigen Energieangebot die entscheidende Bestimmungsgröße für den photosynthetischen CO_2-Umsatz. Die Spaltöffnungen stellen für den Austausch beider Gase, den Einstrom von CO_2 in das Blatt und die transpirative Wasserabgabe vom Blatt in die Umgebungsluft, die gemeinsamen Durchtrittsstellen dar, wodurch der pflanzliche Wasserhaushalt auf das Engste mit der Assimilationsleistung der Blätter verknüpft wird. Hohe stomatäre Leitfähigkeiten bedeuten erhöhte CO_2-Aufnahmefähigkeit, aber auch größere Wasserabgaberaten. Ein geringer Öffnungsgrad der Stomata bewirkt jeweils das Gegenteil. Unter standörtlichen Bedingungen ist es wesentlich, dass das Pflanzenindividuum eine angemessene Balance zwischen beiden Umsätzen findet, um so „zwischen Verhungern und Verdursten zu lavieren“.

Vorteilhaft ist es somit, wenn ein erhöhtes CO_2-Angebot für das photosynthetisch aktive Gewebe erst hinter der epidermalen Schnittstelle zur Außenluft gegeben ist, im Blattinneren. Dies wird bei einigen Pflanzen erreicht durch Nutzung anderer, stärker CO_2-affiner Enzyme, bei höheren Pflanzen der Phosphoenolpyruvatcarboxylase (PEP-Carboxylase), bei vielen Thallophyten der Carboanhydrase, die auch im Chloroplasten der Kormophyten in die CO_2-Zulieferung involviert ist und im Cytoplasma der Mesophyllzellen von C4-Pflanzen das Zusammentreten von CO_2- und H_2O zu Bikarbonat katalysiert (8.4). Die Produkte der durch PEP-Carboxylase bewirkten CO_2-Fixierung sind keine derart effizienten Energiespeicher wie die im Calvin-Zyklus entstehende Glucose. PEP-Carboxylase bindet CO_2 zunächst in einem C4-Körper, nach der Zwischenstufe von Oxalacetat zumeist Malat, der danach weiter metabolisiert wird. Dabei wird das ursprünglich fixierte CO_2 dann entweder in direktem Umsatz in den Calvin-Zyklus eingeschleust **(C4-Pflanzen)** oder nach Malat-Zwischenspeicherung in der Vakuole aus dieser Verbindung wieder im Cytoplasma freigesetzt und in hoher interner Konzentration der Rubisco-katalysierten Assimilation angeboten **(CAM-Pflanzen)**. Die ökologischen Besonderheiten der Pflanzen mit solchen CO_2-Vorfixierungs-Mechanismen sind in Kap. 8.4 näher dargestellt.

6.5.2.3 Isotopendiskriminierung

Von den beiden CO_2-fixierenden Enzymen PEP-Carboxylase und Rubisco, bindet das erstgenannte in stärkerem Maße das in der Atmosphäre zu einem geringen Prozentsatz vorhandene ^{13}C-Isotop, Rubisco bevorzugt etwas stärker das ^{12}C-Isotop. Diese **„Isotopendiskriminierung"** auf der Basis

$$\delta\,^{13}C = \frac{(^{13}C/^{12}C)_{Probe} - (^{13}C/^{12}C)_{Standard}\,1000}{(^{13}C/^{12}C)_{Standard}}$$

(Gl. 6-26)

gestattet mittels massenspektroskopischer Messungen die qualitative Zuordnung pflanzlichen Materials zu den unterschiedlichen photosynthetischen Strategietypen. C3-Pflanzen weisen im Mittel $\delta\,^{13}C$-Werte von –27‰ auf, C4-Pflanzen solche von –13‰. Die Zahlen von CAM-Sippen liegen zwischen diesen Grenzen und sind je nach Ausmaß des CAM unterschiedlich. Extreme Trockenheit, niedrige Temperaturen, starke Luftdruckunterschiede, aber auch ein erhöhtes CO_2-Angebot, das aus fossilen Brennstoffen freigesetzt wurde, können zu Abweichungen des $\delta\,^{13}C$-Wertes gegenüber den Normalbedingungen führen.

6.5.2.4 Licht- und Temperatur-Abhängigkeit des CO_2-Gaswechsels

Die **Aufnahmekinetik des CO_2** in Abhängigkeit von den verschiedenen sie prägenden Faktoren zeigt in der Regel einen exponentiellen Verlauf mit steilem Anstieg und nachfolgendem asymptotischen Übergang in ein Sättigungsplateau. Dies gilt, jeweils bei Konstanz aller sonstigen, dann jeweils maximale CO_2-Fixierung ermöglichenden Einflußparametern, für die Abhängigkeit der Netto-CO_2-Aufnahme vom Öffnungsverlauf der Stomata, vom Anstieg der PAR und vom Anstieg der angebotenen CO_2-Mengen. Sie setzt im Falle der beiden letztgenannten, Energie und Kohlenstoff für Assimilationsprozesse liefernden Größen nicht bei Null ein, sondern zeigt im Falle von Dunkelheit bzw. beim Angebot CO_2-freier Luft negative Werte. Dies ist die Folge der im Blatt ablaufenden Atmungsvorgänge, welche dann als einzige von den die blattinterne CO_2-Atmosphäre bestimmenden Prozessen dem Gradienten zwischen innen und außen so stark erhöhen, daß CO_2 nach außen diffundiert. Die Photosynthese bei geringen Werten der Einstrahlung bzw. des externen CO_2-Angebotes vermindert diesen Gradienten, bis schließlich gleiche Konzentrationen im Blattinneren und in der Umgebungsluft herrschen. Dann ist der **CO_2-Kompensationspunkt** erreicht, und bei weiterer Steigerung von Licht bzw. externen CO_2-Angebot zeigt der Gaswechsel CO_2-Verbrauch durch das Blatt: Eine **Netto-Photosynthese** ist messbar. Um rechnerisch die Brutto-Photosynthese zu erhalten, muss die CO_2-Abgaberate unterhalb des Kompensationspunktes zur Aufnahmerate oberhalb von ihm addiert werden – unter der nicht unumstrittenen Voraussetzung, dass in diesem Bereich die Lichtatmung noch zu gering ist, als dass sie die Prägung der blattinternen CO_2-Freisetzung durch die mitochondriale Dunkelatmung wesentlich verändert und, dass letztere auch im Schwachlicht noch unverändert weiterläuft. Experimentelle Ermittlungen der **Brutto-Photosynthese** sind kurzzeitig möglich über das Angebot von $^{14}CO_2$ mit nachfolgender Analyse seiner pflanzeninternen Festlegung oder unter stark reduziertem Sauerstoffgehalt der Luft (nach Übereinkunft: 2% O_2), wodurch die Oxigenasefunktion der Rubisco und damit die Lichtatmung zum Erliegen gebracht wird. Messungen der Netto-Photosynthese unter Feld- und Laborbedingungen erfolgen routinemäßig mit Infrarot-Gasanalysatoren unter Einschluss der photosynthetisierenden Pflanzenteile in (klimatisierte) Küvetten. Der **Sättigungsbereich der Photosynthese** in Abhängigkeit von einem Parameter ist natürlicherweise jeweils durch Limitierung von Seiten anderer Einwirkgrößen gegeben. Diese können struktureller Art sein, wie die endliche Menge an Assimilationspigmenten, der zwar geringe, aber doch noch wirksame Blattwiderstand für den Gaswechsel bei geöffneten Stomata (wobei artspezifische Unterschiede in Stomatadichte und -größe bedeutsam werden), die Verfügbarkeit von Rubisco, über welche der pflanzliche Stickstoff-Stoffwechsel nicht unwesentlich die Kohlenstoffaufnahme modifizieren kann, die maximale Kapazität zum pflanzeninternen Abtransport der Assimilate u. ä. mehr. Primäre Begrenzungseffekte werden sich ergeben, wenn die

Strahlungszufuhr nicht mehr ausreichend ist, um ein hohes CO_2-Angebot zu nutzen oder – unter Standortbedingungen sehr häufig –, wenn das begrenzte CO_2-Angebot der Umgebungsluft die überreiche Fixierung der Strahlungsenergie in den Lichtreaktionen des Photosyntheseapparates nicht ausreichend bedienen kann.

Darüber hinaus kann es im letztgenannten Fall zu **Photoinhibition** kommen, einer Verringerung der Nutzung der Lichtquanten durch einen Abfall der Assimilationsleistung. Im Zuge ihrer Phylogenie an Schwachlichtstandorte adaptierte Sippen bzw. modifikatorisch an solche Habitate angepasste Individuen sind in hohem Ausmaß photolabil. Anders als die photostabilen Starklichtpflanzen (von offenen, schattenarmen Standorten, wie Ruderal- und Ackerflächen, schütterem Grasland, Küsten- und Hochgebirgsstandorten sowie Pflanzen in Wüsten und Chamephyten-dominiertem Buschland) erfahren Schwachlichtpflanzen unter hoher Lichteinstrahlung Zerstörungen ihrer Photosynthesepigmente und der Thylakoidstrukturen der Chloroplasten **(Photodestruktion)**. Insbesondere wird im Photosystem II die Proteinuntereinheit D1 (32kD-Protein) abgebaut und dadurch der photosynthetische Elektronentransport behindert (6.1.3.1). Allerdings stehen den Pflanzen verschiedene Schutzreaktionen zur Verfügung, wie die Ableitung der überhöht aufgenommenen Energie in Form von Wärme und erhöhter Fluoreszenz (Abb. 6-11, 6-12) oder ihre Absorption durch die Umsätze des Xanthophyllzyklus (Demmig-Adams & Adams III, 1993; vgl. Abb. 6-13). Auch der Glycolatstoffwechsel bei der Photorespiration ist geeignet, überschüssige Energie abzuleiten.

Der **Lichtkompensationspunkt, der Beginn der Lichtsättigung und das Ausmaß der Netto-CO_2-Aufnahme bei Lichtsättigung** sind modifizierbare, in Grenzen aber artspezifische Größen, die **bei Schwachlichtpflanzen** jeweils bei niedrigeren Werten liegen als **bei Sonnenpflanzen**. Im Falle der erstgenannten kommt es zur Lichtsättigung nach steilem Anstieg der CO_2-Aufnahmekurve, allerdings bei niedrigeren Werten der Netto-Photosyntheserate als bei Starklichtpflanzen. Die Lichtkurven der letztgenannten schneiden die Nulllinie bei höheren Kompensationspunkten, steigen flacher an und erreichen bei Sättigung höhere CO_2-Aufnahmeraten. Pflanzengemeinschaften von im Lichtklima deutlich unterschiedenen Standorten können so auch in der Gesamtheit ihrer Arten kontrastierende Lichtkurven aufweisen (Abb. 6-56).

Der Lichtkompensationspunkt verschiebt sich auch zu höheren Einstrahlungswerten hin, wenn höhere Temperaturen vorherrschen. Dies resultiert aus der dann höheren CO_2-Freisetzung durch Atmungsprozesse. Bei gegebenem hinreichenden Licht- und CO_2-Angebot durchläuft die Kurve der **Temperaturabhängigkeit der CO_2-Aufnahme der Blätter oder Kryptogamenthalli** einen Optimum-Verlauf (Abb. 6-57). Dies ergibt sich aus der Überlagerung der mit steigenden Temperaturen überproportional erhöhten Atmung über die mit höherer Temperatur zwar auch, aber in geringerem Ausmaß erhöhte Brutto-Photosynthese. Dadurch flacht die Netto-Pho-

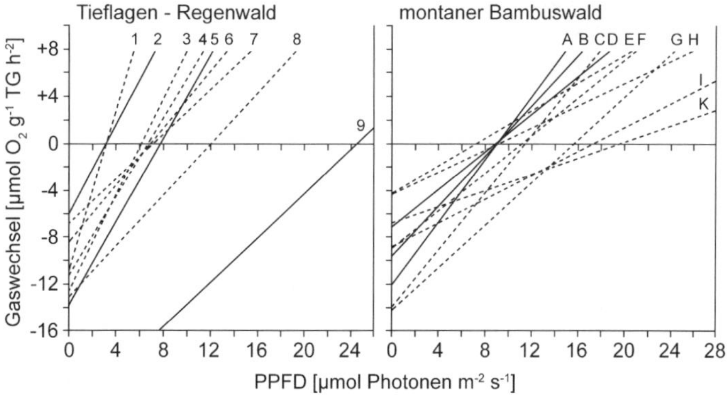

Abb. 6-56: Bereiche der Lichtkompensationspunkte und des Anfangsanstiegs der Lichtabhängigkeitskurven der Photosynthese (gemessen mit Warburg-Manometrie) bei Moosen des zentralafrikanischen Tieflagen-Regenwaldes und im afromontanen Bambuswald. 1: *Ectropothecium*, 2, A: *Rhizogonium*, 3: *Porothamnium*, 4: *Porotrichum*, 5, B, E: *Plagiochila* div. spec., 6: *Radula*, 7: *Racopilum*, 8: *Frullania*, 9, D: *Neckera* div. spec., C: *Pilotrichella*, F: *Campylopus*, G: *Dicranoloma*, H: *Dicranum*, I: *Breutelia*, K: *Sphagnum*; durchgezogene Linien: Taxa in beiden Habitaten vorkommend (verändert nach Lösch et al. 1994a).

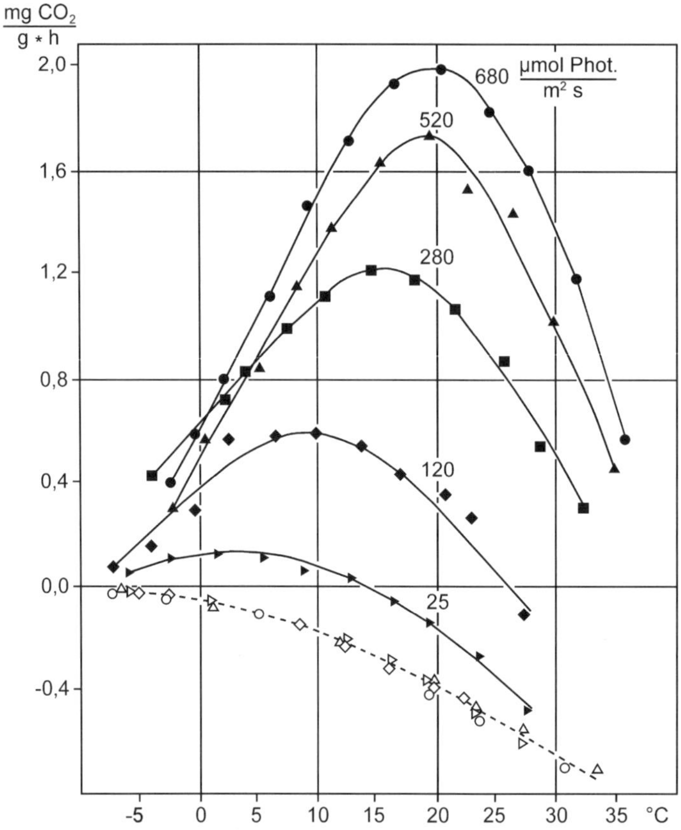

Abb. 6-57: CO_2-Gaswechsel der Flechte *Ramalina maciformis* in Abhängigkeit von der Temperatur bei verschieden starker Beleuchtung (Dunkelatmung: gestrichelte Linie und offene Zeichen; PPFD-Angaben: Ungefährwerte, umgerechnet aus den Lux-Originalmesswerten) – verändert nach Lange (1969).

tosynthesekurve mit höheren Temperaturen allmählich ab und sinkt schließlich deutlich unter die Umsatzwerte bei unter optimalen Temperaturen. Der Optimalbereich der Temperatur für maximale Netto-Photosynthese ist in Grenzen wiederum artspezifisch und liegt im allgemeinen zwischen 20 und 30 °C.

Auch für die **Netto-Photosynthese in Abhängigkeit von zunehmend höheren CO_2-Gehalten der Luft** existiert ein Kompensationspunkt, bei dem respiratorische CO_2-Freisetzung und assimilatorische CO_2-Aufnahme gerade im Gleichgewicht sind. Wegen der dort fehlenden bzw. nicht apparenten Lichtatmung liegt dieser Kompensationswert bei C4-Pflanzen bei niedrigen CO_2-Konzentrationen um 10–20 ppm. C3-Sippen haben demgegenüber CO_2-Kompensationspunkte bei 60–90 ppm. Das bei CO_2-Konzentrationen unterhalb der Atmosphärenkonzentration weitgehend konstante Verhältnis zwischen Netto-Photosyntheserate und blattinterner CO_2-Konzentration **(„A/c_i-Quotient")** gilt als Maß für die (sippenspezifische) Leistungsfähigkeit der carboxylierenden Enzyme **(„Carboxylierungs-Effizienz")**. Die Photosyntheserate bei CO_2-Sättigung wird als **„potentielles Photosynthesevermögen"** bezeichnet. Bei natürlichem CO_2-Angebot liegen die maximalen Assimilationsraten bei C4-Pflanzen zwischen 30 und 60 µmol m^{-2} sec^{-1} (= 60–140 mg CO_2 g^{-1} TG h^{-1}), bei C3-Krautpflanzen zwischen 20 und 30 µmol m^{-2} sec^{-1} (= 30–60 mg CO_2 g^{-1} TG h^{-1}), bei C3-Holzpflanzen zwischen 4 und 20 µmol m^{-2} sec^{-1} (= 5–20 mg CO_2 g^{-1} TG h^{-1}), bei CAM-Sippen zwischen 5 und 12 µmol m^{-2} sec^{-1} (= 0,3–2 mg CO_2 g^{-1} TG h^{-1}), bei Moosen und Flechten zwischen 2 und 4 µmol m^{-2} sec^{-1} (= 0,5–2,5 mg CO_2 g^{-1} TG h^{-1}) (Larcher 1994).

Der **Tagesverlauf des CO_2-Gaswechsels** wird durch das Zusammenspiel der umsatzsteigernden und -erniedrigenden Standortparameter und pflanzlichen Eigenschaften geprägt. Abgesehen

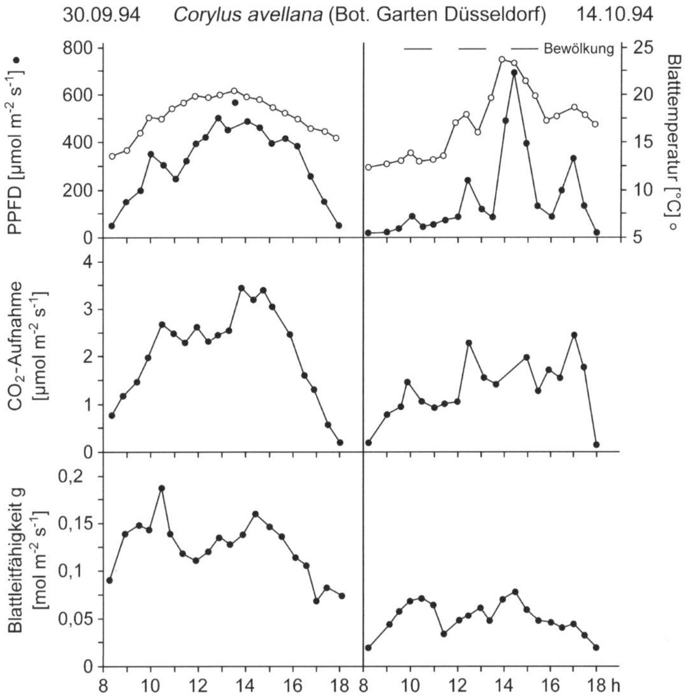

Abb. 6-58: Beispiele für Tagesgänge des Mikroklimas, der Blattleitfähigkeit und des CO_2-Gaswechsels von *Corylus avellana* an einem wolkenfreien Strahlungstag und einem Tag mit wechselnder Bewölkung, jeweils im Herbst (Bison & Lösch, unveröff.)

vom Sonderverhalten der CAM-Pflanzen (8.4) ist der Tagesgang der CO_2-Umsätze aller Pflanzen durch einen morgendlichen Anstieg mit der zunehmenden Lichtintensität gekennzeichnet. Einschränkungen des Gaswechsels beruhen im weiteren Verlauf in der Regel auf Verringerung der stomatären Leitfähigkeit, bei Temperaturen deutlich über 35–40 °C auch auf wärmebedingtem Überwiegen der Atmung. Zwischen 40 und 50 °C kann vielfach nur noch CO_2-Abgabe registriert werden. Beispiele für Gaswechsel-Tagesgänge unter gemäßigtem Klima an einem wolkenfreien Schönwettertag und an einem Tag mit wechselnden Einstrahlungs-, Temperatur- und Feuchtebedingungen sind in Abb. 6-58 gezeigt.

6.5.2.5 Wasserausnutzungs-Koeffizient der Photosynthese

Die Verknüpfung des CO_2-Gaswechsels mit der Transpiration über die Stomata ist offensichtlich. Eine Entkoppelung dieser beiden physiologischen Umsatzprozesse erfolgt nur, wenn Limitierungen im Licht- und CO_2-Angebot auf der Photosyntheseseite oder aber drastische Veränderungen des Wasserdampfgradienten zwischen Blatt und Luft auf der Transpirationsseite vorliegen. Die Blattflächen-bezogene Relation zwischen beiden Umsatzgrößen wird als **„Wasserausnutzungskoeffizient der Photosynthese"** bezeichnet, als Water Use Efficiency (WUE):

$$\text{WUE} = \frac{\text{Photosynthetische } CO_2\text{-Aufnahme}}{\text{transpirative Wasserabgabe}} \quad \left[\frac{\mu\text{mol } CO_2 \text{ m}^{-2} \text{ sec}^{-1}}{\text{mmol } H_2O \text{ m}^{-2} \text{ sec}^{-1}}\right] \qquad \text{(Gl. 6-27)}$$

Im landwirtschaftlichen Bereich wird oft ein entsprechender Quotient verwendet, welcher integrierend die pflanzliche Trockenmassenproduktion zur umgesetzten Wassermenge in Beziehung setzt:

$$\text{WUE} = \frac{\text{assimilierte Trockenmasse}}{\text{Wasserverbrauch}} \quad \left[\frac{\text{g Trockensubstanz}}{\text{kg } H_2O}\right] \qquad \text{(Gl. 6-28)}$$

Typische WUE-Werte sind in Tab. 6-20 zusammengestellt. Wird der Quotient nicht auf Einzel-

Tab. 6-20: Typische Wassernutzungskoeffizienten der Produktivität (WUE-Werte, [g TG kg^{-1} H_2O], aus Larcher (1994).

C4-Pflanzen	3–5
Krautige C3-Pflanzen	
Getreide	1,5–2
Leguminosen	1,3–1,4
Kartoffeln und Rüben	1,5–2,5
Sonnenblumen, vegetat. Phase	3,6
Sonnenblumen, generat. Phase	1,5
CAM-Pflanzen	6–15 (–30)
Holzpflanzen (C3)	
Tropische Laub-(Nutz-)Bäume	1–2
Laubbäume der gemäßigten Zone	3–5
Hartlaubsträucher	3–6
Nadelbäume	3–5

pflanzen beschränkt, sondern pro Produktionsflächeneinheit gesehen, geht in den Zähler die Trockensubstanzproduktion pro vegetationsbedeckter Bodenfläche ein, im Nenner steht die Evapotranspiration. In analoger Weise, wie die Assimilationsleistung pro aufgewendeter Wassermenge quantifiziert wird, ist auch die Berechnung eines **Stickstoffnutzungskoeffizienten** möglich (NUE) als C-Umsatzwerte pro N-Gehalt der Blattfläche bzw. pro aufgenommener N-Menge. Auch eine **Photonenausnutzungseffizienz**, PUE, lässt sich berechnen, welche die molare Relation angibt zwischen absorbierter Menge an Lichtquanten und umgesetzten CO_2-Molekülen (6.5.2.1).

Aus den diurnalen CO_2-Aufnahmeraten lassen sich **Tagessummen der Photosynthese** aufaddieren oder bei längerfristigen Studien der CO_2-Gewinn während einer ganzen Vegetationsperiode messen bzw. errechnen. In längerfristiger Summation bzw. Integration ist es dann jedoch gebräuchlicher, den durch die Photosynthese erhaltenen Kohlenstoff-Gewinn zu quantifizieren über die dabei erfolgende **Biomasse-Anhäufung**. Im Tageslauf werden die Werte der im Licht erzielten CO_2-Assimilation wieder vermindert durch die atmungsbedingte Netto-CO_2-Freisetzung in der Dunkelphase. Photoperiode und stärkerer Wassermangel können dabei zu erheblichen Differenzen in der CO_2-Bilanz verschiedener, in ihrer Witterung an sich wenig unterschiedener Tage führen. Jahresbilanzen ergeben den CO_2-Saldo für die gesamte Vegetationsperiode bzw. die analysierte Jahresspanne.

6.5.2.6 Assimilationsleistung und Assimilationsertrag

Pflanzliches Wachstum erfordert, dass die C-Assimilation die im Atmungsstoffwechsel wieder freigesetzte Kohlenstoffmenge übersteigt. Der Trockensubstanzzugewinn (G) pro Zeiteinheit (t) wird als Assimilationsleistung A bezeichnet:

$$A = \frac{\mathrm{dG}}{\mathrm{t}} \qquad \text{(Gl. 6-29)}$$

Die assimilierte Trockenmasse ist nicht identisch mit dem Trockengewicht, da in diesem auch das Gewicht der in die Pflanze aufgenommenen Mineralstoffe enthalten ist, welches im allgemeinen zwischen 3 und 10 % des Trockengewichts ausmacht. Für Vergleichszwecke wird für die Assimilationsleistung sinnvoller Weise eine Bezugsbasis gewählt, entweder das Ausgangs-Trockengewicht oder die photosynthetisch aktive Blattfläche, woraus sich dann in beiden Fällen die **relative Zuwachsrate** (RGR) ergibt,:

$$\mathrm{RGR} = \frac{\mathrm{dG}}{\mathrm{dt}} \cdot \frac{1}{\mathrm{G}} \qquad \text{(Gl. 6-30)}$$

[g organische Trockenmasse g^{-1} t^{-1}]

bzw.

$$\mathrm{RGR}_{\text{Fläche}} = \frac{\mathrm{dG}}{\mathrm{dt}} \cdot \frac{1}{\mathrm{A}} \qquad \text{(Gl. 6-31)}$$

[g organische Trockenmasse dm^{-2} t^{-1}]

Die Bezugseinheiten sind dabei über längere Zeiten hin keine unveränderlichen Größen. Dies muss bei komplizierteren Wachstumsberechnungen angemessen berücksichtigt werden (Penning de Vries 1983). Neben der Abkürzung RGR (Relative Growth Rate) findet sich in der Literatur gleichbedeutend auch das Akronym NAR (Net Assimilation Rate). Die Hochrechnung von der Einzelpflanze auf den Pflanzenbestand kann durch Multiplikation der flächenbezogenen Wachstumsrate mit dem Blattflächenindex erhalten werden:

CGR (Crop Growth Rate)

$$= \mathrm{RGR}_{\text{Fläche}} \cdot \mathrm{LAI}\ \left[\frac{\text{g organische Trockensubstanz}}{\text{m}^2\ \text{Bestandsfläche} \cdot \text{Zeit}}\right].$$

(Gl. 6-32)

Wird diese Größe auf die Zeitspanne eines Jahres (d. h. i. d. R. einer Vegetationsperiode) bezogen, nennt man den so erhaltenen Zahlenwert die **„Netto-Primärproduktion“**, NPP [kg TS m^{-2} Grundfläche bzw. t TS ha^{-1}]. Die mit den vorstehend aufgeführten Formeln berechenbaren Kenngrößen spielen insbesondere in der Landwirtschaft eine wichtige Rolle; sie können aber auch zur vergleichenden produktionsökologischen Charakterisierung von naturnahen oder natürlichen Pflanzenbeständen dienen (Tab. 6-21).

Kartendarstellungen der globalen NPP finden sich z. B. bei Lieth (1972). Die für die verschiedenen Vegetationseinheiten typischen Werte sind in starkem Ausmaß durch die jeweilige Bestandsstruktur und die großklimatischen Bedingungen geprägt – es ist unmittelbar einsichtig, dass ein hochwüchsiger tropischer Regenwald hierbei zu ganz anderen Werten kommt als, z. B., eine subpolare Tundrenvegetation. Innerhalb einer Vegetationsformation nehmen unterschiedliche Bestandsstrukturen erheblichen Einfluss auf die Produktionsrate. In grober Näherung können solche Unterschiede durch den LAI (6.1.1.2) quantifiziert werden; hoch aufgelöste Daten hierzu, zu Höhe und Oberflächenrelief sowie oberirdischer Biomasse von Beständen dürften künftig von satellitengestützten LIDAR-Sensoren („light detection and ranging“) verfügbar werden (Lefsky et al. 2002).

Die Summe aus NPP und über den gleichen Zeitraum hin aufsummierten Atmungsverlusten eines Bestandes ergibt die **Brutto-Primärproduktion**, BPP, analog der Hochrechnung der Brutto-Photosynthese auf Blattebene aus der Summe von Nettophotosynthese und Atmung. Bei der NPP ist allerdings nur der pro Vegetationsperiode als Differenz zwischen assimilatorischem C-Gewinn und metabolischer C-Freisetzung in die Trockensubstanz-Anhäufung eingehende Gewinn berücksichtigt, nicht aber der im gleichen Zeitraum passierende Substanzverlust durch Abfall bzw. Verrottung toter Blätter, Äste und Wurzeln (V_A) sowie die Biomasseverminderung der Pflanzen durch Tierfraß und Assimilatverluste an Parasiten, Symbiosepartner oder durch Wurzelexsudate (insgesamt abgekürzt als V_K). Es ist nur der um diese Größen reduzierte Zahlenwert (ΔB), welcher den vorhandenen Vorrat an Biomasse pro Grundeinheit vermehrt:

$$\Delta B = NPP - V_A - V_K \qquad \text{(Gl. 6-33)}$$

Tab. 6-21: Typische Maximalwerte der Photosynthese und Spannen der Nettoprimärproduktion wichtiger Pflanzengruppen bzw. der von ihnen maßgeblich aufgebauten Vegetationseinheiten. (Daten aus Larcher 1994.)

Pflanzengruppe bzw. Vegetationseinheit	Netto-Photosynthese	Netto-Primärproduktion
	mg CO_2 $dm_{Blattfl.}^{-2}$ h^{-1}	kg TS $m_{Grundfl.}^{-2}$ a^{-1}
Trop. Regenwaldbäume bzw. -wälder	18–22	1–3,5
Sommergrüne Laubbäume bzw. Wälder	5–10(Scha)*/15–25(So)*	0,4–2,5
Immergrüne Bäume bzw. Wälder der temperaten bis warm-gemäßigten Gebiete	3–6(Scha)*/10–18(So)*	1–2,5
Nadelbäume bzw. Boreale Wälder	5–18	0,2–1,5
Sklerophylle Bäume u. Sträucher bzw. mediterrane Hartlaubwälder u. Buschland	5–15	0,3–1,5
C4-Gräser bzw. Savannen	30–80	0,2–2
C3-Gräser bzw. Wiesen u. Steppen	8–20	0,2–1,5
C3-Kräuter und -Stauden	4–20(–40)	
Zwergsträucher bzw. Tundrenvegetation	(5-)10–25	0,01–0,4
Wüstensträucher bzw. Halbwüsten	4–20	0,01–0,3

* Scha = Schattenblätter, So = Sonnenblätter

6.5.2.7 Energiegehalt pflanzlicher Substanz

Durch die pflanzliche Photosynthese wird Kohlenstoff in organische Substanz eingebaut und so die Grundlage für den Aufbau der Pflanzenkörper, die Biomasseanhäufung, geschaffen. In der Photosynthese wird aber auch die Strahlungsenergie in chemisch nutzbarer Form fixiert. Diese Energie wird zum Teil im Stoffwechsel umgesetzt, zum Teil bleibt sie in den Strukturkohlenhydraten festgelegt. Aschenfreie Biomasse weist so kalorimetrisch messbare Energiegehalte zwischen 15 und 35 $kJ\ g^{-1}$ auf. Lipide, Lignin, Isoprenoide u. a. besonders C-reiche Substanzen haben höhere Energiedichten als, z. B., Zellulose, Stärke, Oligosaccharide oder organische Säuren. Holzpflanzen sind dementsprechend energiereicher als Krautpflanzen, öl- und fettreiche Samen übertreffen kohlenhydratspeichernde Diasporen im Energiegehalt. Die kalorischen Brennwerte der Pflanzen mitteleuropäischer Wald- und Wiesenvegetation können Runge (1973) entnommen werden.

6.5.2.8 Allokation der organischen Substanz

Die photosynthetisch aktiven Organe der Pflanze, hauptsächlich die Blätter und evtl. auch die grünen Sprosse, decken den eigenen Bedarf an metabolisierbaren und Struktur-Kohlenhydraten. Sie stellen weiter die Atmungssubstrate und Substanzen zum Stoffaufbau bereit für die heterotrophen Pflanzenteile, Wurzeln, nichtgrüne Sprossgewebe sowie nur teilweise kohlenstoffautarke Knospen, Blüten und Früchte. Der Assimilattransport zu den Nutzorten kann blattintern über Kurzstreckendiffusion erfolgen und verläuft im Langstreckentransport durch die Pflanze auf dem Phloemweg. Richtung und Intensität der Assimilatverlagerung folgen dabei Quellen-Senken-Relationen (source-sink relations), die während der pflanzlichen Ontogenese nicht unveränderlich sind. Vielfach erfolgen diese Assimilatverschiebungen zwischen jeweils einander besonders naheliegenden Produktions- und Verbrauchsorten. So stammt, z. B., ein erheblicher Teil den im reifenden Getreidekorn eingelagerten Stärkereserven aus der Photosynthese der Grannen, Spelzen und des allerobersten Blattes am Getreidehalm (Fahnenblatt; flag leaf).

Die **zeitlich und räumlich je unterschiedliche Allokation** zu den verschiedenen Pflanzenteilen wird teils durch endogene Faktoren, teils auch durch die pflanzliche Umwelt gesteuert. Dadurch kommt es vielfach zu einer ausgesprochen saisonalen Bevorzugung von Wurzel-, Blatt- oder Sprosswachstum. Insbesondere Phasen der Blattneuanlage im Jahr ziehen die bevorzugte Allokation der Kohlenhydrate in das Laubwerk nach sich, und reifende Früchte können starke sinks für die Anreicherung von Speicher-Kohlenhydraten sein. Phasen der Stoffspeicherung in unterirdischen Organen und der besonders intensiven Ausweitung des Wurzelsystems sind – letztere vielfach in Korrelation mit saisonaler Trockenheit – besonders dann zu verzeichnen, wenn die Erweiterung der oberirdischen Biomasse in geringerem Ausmaß vonstatten geht. Die pflanzliche Raumerfüllung im Sprossbereich ist vor allem bei Bäumen und Sträuchern durch eine enorme Plastizität gekennzeichnet. Standörtliche Konkurrenz, insbesondere um Licht, wird hier im Wechselspiel von Nutzung der Photosyntheseprodukte und Steigerung sowie optimaler Ausrichtung der assimilierenden Blattfläche manifest (Küppers 1994).

In gewisser Korrelation mit den unterschiedlichen Existenzstrategien der Pflanzen (8.1, 8.2) lassen sich nach Larcher (1994) bestimmte Typen des Assimilat-Haushaltes abstrahieren. Es sind dies

- der Expansionstypus photoautotropher Einzeller, bei denen eine direkte Beziehung zwischen der Photosyntheseleistung und der Zahl der Teilungen pro Zeiteinheit besteht.
- Der Investitionstypus ist durch hohe Photosyntheseraten und einen hohen Anteil an photosynthetisch aktivem Gewebe an der Gesamtbiomasse ausgezeichnet. In diese Produktionsorgane wird während des vegetativen Wachstums ein Großteil der NPP investiert. Nach dem Übergang in die generative Phase werden die Assimilate hauptsächlich in die Reproduktionsorgane verlagert. Annuelle Pflanzen sind typische Vertreter dieses Typs.
- Der konservative Assimilationstyp sichert ein längeres Leben durch Anlegen von Stoffdepots nach erfolgreicher Jungpflanzenetablierung. Hierzu wird die erste Vegetationsperiode der zwei- bis mehrjährigen Pflanzen genutzt; die regenerative Phase beginnt erst im zweiten Existenzjahr oder noch später. Für den Blühaufwand können dann vorher angelegte Stoffspeicher genutzt werden, ebenso ein, zum Teil über-

dauerndes, zum Teil mit Hilfe der aus der Vorjahresassimilation stammenden Reserven rasch aufgebautes Blattwerk. Bienne Pflanzen folgen dieser Strategie, außerdem Knollen-, Zwiebel- oder Rhizom-Geophyten, typischerweise krautige Pflanzen. Die Existenzsicherung durch den primären Aufbau von vegetativen und Speicher-Strukturen bei Ausdehnung der individuellen Existenzzeit über mehrere Jahre, mit Blüte und Fruktifizierung einmal oder mehrmals erst in einer fortgeschritteneren Phase der Individualexistenz ist sehr vorteilhaft an zeitweilig sehr stressgefährdeten und durch das Standortklima in der aktiven Vegetationszeit limitierten Habitaten (im Hochgebirge, in arktischen Breiten, in Steppen- und Savannengebieten, bei Geophyten sommertrockener Gebiete oder den Frühjahrsgeophyten der sommergrünen Laubwälder).

- Der Akkumulationstypus ist bei den Holzgewächsen erreicht. Sie investieren einen erheblichen Teil des Assimilatgewinns in Stütz- und Transportgewebe und können dadurch eine beträchtliche Raumentfaltung und hohe Lebensdauer des Individuums erreichen. Dies bringt Konkurrenzvorteile in Gebieten mit langer Produktionsperiode. Nachteilig ist, dass das Verhältnis zwischen assimilierender Blattmasse und assimilatverbrauchender Biomasse im Lebensverlauf der Sträucher und Bäume immer ungünstiger wird, der Assimilat-, Wasser- und sonstige Stoff-Ferntransport immer ausgedehnter. Auch die Reaktionsplastizität unter der Einwirkung von Umweltveränderungen ist geringer als bei kurzlebigen Pflanzen, bei welchen in rascherer Generationenfolge eine entsprechende Selektion die Gesamtpopulation leichter an veränderte Umweltbedingungen anpasst.

Der langlebige Akkumulationstyp der pflanzlichen Existenz baut die an stehender Biomasse üppigsten Pflanzengemeinschaften auf und stellt im globalen Maßstab die wichtigsten lebenden organischen Kohlenstoff- und Energiespeicher. Während Krautpflanzen-geprägte Lebensräume wie Grasländer und Offenlandvegetation bei NPP-Werten von 0,2–2 kg TS m^{-2} a^{-1} eine stehende Biomasse (B) von 1–5 kg TS m^{-2} aufweisen, erreichen tropische Regenwälder Werte von B = 40–80 kg TS m^{-2}, stressarme Berg- und Lorbeerwälder im luftfeuchten Milieu B-Werte zwischen 10 und 50 kg TS m^{-2} und saisongrüne Wälder immerhin noch stehende Biomassen von E = 2–15 kg TS m^{-2} (Daten aus Larcher 1994). Während die NPP der großen Vegetationsformationen nicht so krasse Unterschiede aufweist (Tab. 6-21), ist dies bei der langfristig stehenden Biomasse sehr drastisch der Fall. Bei ihr macht der Kohlenstoff-Anteil mehr als 60 % aus. Soweit nach dem Absterben dieser Pflanzen die Zersetzung nur unvollständig erfolgt infolge von ganz oder teilweise anoxischen Bedingungen, erhöht sich dieser C-Anteil an der toten organischen Substanz weiter. Die Kohlenlager der Erde stellen die in verschiedenen geologischen Zeiträumen aufgebaute und auf diesem Wege tot erhaltene Biomasse als einen wichtigen Speicher von seither metabolisch inertem Kohlenstoff dar. Sie halten die ehemals von der Sonne eingestrahlte und über den Photosyntheseprozess festgelegte Energie bewahrt.

6.5.2.9 Veränderung des CO_2-Pegels der Atmosphäre durch Oxidation fossiler Biomasse

Seit dem Beginn des Industriezeitalters wird fossile organische Substanz – Stein- und Braunkohle, Erdöl, Erdgas – in ungeheurer Menge zur Gewinnung der in ihr enthaltenen Energie verbrannt. Dadurch wird auch der dort seit Jahrmillionen inert festgelegte Kohlenstoff in oxidierter Form, als CO_2, freigesetzt und dem Gasgemisch der Atmosphäre zugeführt. Des weiteren wurden und werden in der zweiten Hälfte des vergangenen und der ersten Hälfte des 20. Jahrhunderts in Nordamerika und in den letzten rund vier Jahrzehnten in Afrika, Südostasien und Südamerika die natürlichen Wälder in riesigem Umfang gerodet und ein erheblicher Teil dieser lebenden Biomasse verbrannt. Auch diese – die Rodungen des Altertums und des Mittelalters in Europa an Umfang weit übertreffenden – Umgestaltungen der Vegetationsdecke führen zu einer **Erhöhung des Gesamt-CO_2-Gehaltes der Atmosphäre** (Dale 1994).

Aus Analysen der Luftzusammensetzung in Gasblasen aus Eisprofilen Grönlands und der Antarktis konnte der CO_2-Gehalt der Atmosphäre früherer Zeiten ermittelt werden, seit der Mitte des 20. Jahrhunderts existieren kontinuierliche direkte Messungen. Von einem durchschnittlichen Wert zwischen 280 und 290 ppm im 19. Jahrhundert erhöhte sich der atmosphärische CO_2-Pegel bis auf 340–350 ppm in der Mitte dieses Jahrhunderts. Für dichter besiedelte Gebiete Mitteleuropas kann aktuell von einem Durch-

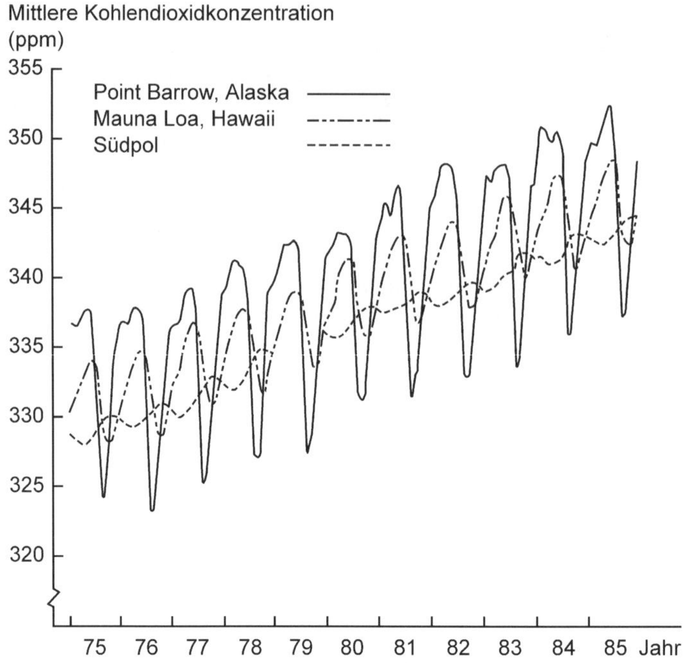

Abb. 6-59: Zunahme der CO_2-Konzentration in der Atmosphäre in jüngerer Zeit (nach kontinuierlichen Registrierungen in der Arktis (Point Barrow), in Äquatornähe (Mauna Loa) und am Südpol (aus Klötzli 1989).

schnittswert von 370 ppm CO_2 ausgegangen werden. Die kontinuierliche Registrierung der atmosphärischen CO_2-Gehalte (Abb. 6-59) macht bei einem generellen Anstiegstrend eine regional sehr unterschiedlich starke Saisonalität deutlich, je nach jahreszeitlich unterschiedlicher Gaswechselaktivität der Vegetation und unterschiedlich intensiver Heizungsnutzung fossiler Brennstoffe.

Die Erhöhung des atmosphärischen CO_2-Spiegels wirkt sich für die Biomasseproduktion generell förderlich aus. Allerdings nimmt die im physiologischen Experiment sehr deutlich feststellbare, kurzfristige Erhöhung der Photosynthese aufgrund einer größeren CO_2-Verfügbarkeit im längeren Zeitverlauf ab (Körner 1993). Offenbar erfolgt eine von der Gesamtverfügbarkeit der für das Wachstum nötigen Ressourcen abhängige Systemrückkopplung („down regulation"), die in Richtung einer Stabilisierung des Status quo wirkt. Bereits beim Wachstum der Einzelpflanze, noch deutlicher aber in der längerfristigen Bestandsproduktion, fällt so die Steigerung der C-Festlegung unter einem erhöhten CO_2-Angebot relativ gering aus. Zwar kann somit die lebende Pflanzenwelt – nicht nur die des Festlandes, sondern insbesondere auch das Phytoplankton der Meere – durch erhöhten Biomasseaufbau einen Teil des anthropogen aus der toten Biomasse vergangener Erdzeitalter freigesetzten Kohlendioxids wieder binden. Aber gerade die Reduzierung der auf dem Festland dabei besonders effizienten Wälder sowie die relativ zum Angebot langfristig unterproportionale Festlegung lassen eine Netto-Anreicherung dieses in Grenzen sehr lebensnotwendigen, in zu hoher Konzentration aber insbesondere für die Interessen der Menschheit abträglichen Atmosphärengases zu.

6.5.3 Klimarelevante Spurengase in der Atmosphäre und der „Treibhauseffekt"

6.5.3.1 CO_2 als „Treibhausgas"

Aufgrund seiner Absorptionsfähigkeit im IR-Bereich stellt das atmosphärische CO_2 eine Barriere dar gegenüber der langwelligen Energieausstrahlung von der Erde in den Weltraum

(Abb. 6-60). Dadurch verschiebt sich die globale Strahlungsbilanz bei erhöhten Luft-CO_2-Gehalten mehr zur Einnahmenseite hin: **Eine globale Erhöhung der Temperatur ist die Folge**. Über Ausmaß und Konsequenzen dieser Temperaturerhöhung (Freisetzung der in den Eiskörpern gebundenen Wassermassen, Meeresspiegelanstieg, Veränderungen der Richtungen und Intensitäten der globalen Meeresströmungen und Luftmassenverschiebungen, Veränderung der Niederschlagsregime, Verschiebung von Vegetationszonen – Abb. 6-61 – u. ä.) bestehen im Detail zwar

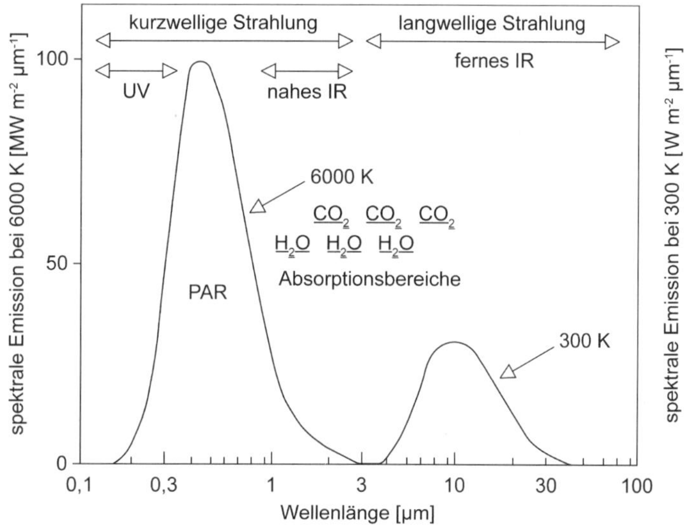

Abb. 6-60: Spektrale Verteilung der Schwarzkörperstrahlung bei Temperaturen, die der Durchschnittstemperatur von Sonne und Erde entsprechen, und Bereiche der Absorptionswellenlängen von CO_2 und H_2O im IR-Bereich.

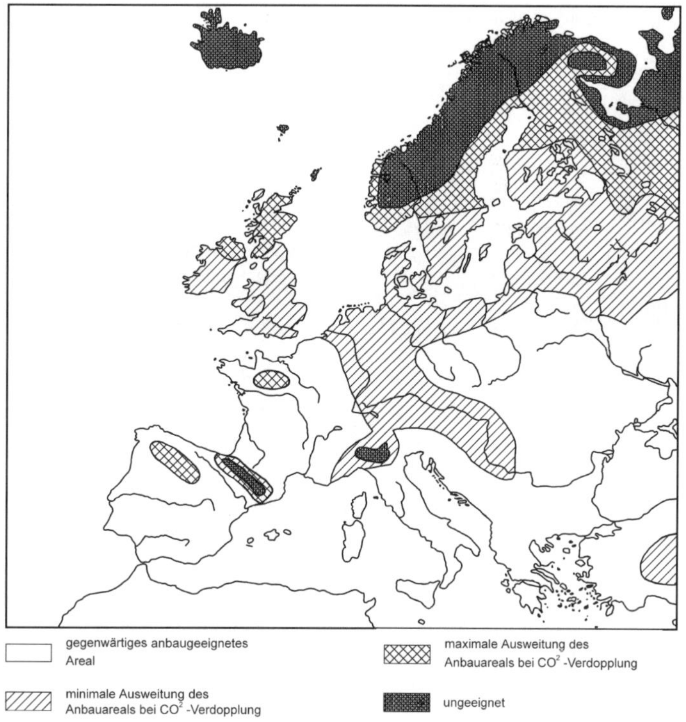

Abb. 6-61: Prognostizierte Verschiebung der Anbaugrenzen für Körnermais in Europa aufgrund des erwartbaren CO_2- und Temperaturanstiegs (vereinfacht nach Carter et al. 1992).

noch beträchtliche Unklarheiten (Paepe et al. 1990, Peters & Lovejoy 1992, Gates 1993, Solomon & Shugart 1993). Der unbezweifelbare Trend in diese Richtung (Schneider 1990, Sarmiento & Bender 1994, Houghton 1994) ist jedoch Anlass genug zu weltweit vertieftem wissenschaftlichen Bemühen um nähere Klärung dieser Prozesse, zur Besorgnis und zu politischen und sozio-ökonomischen Maßnahmen und Konsequenzen.

6.5.3.2 Spurengase, die den Treibhauseffekt fördern

CO_2 trägt knapp zur Hälfte zu dem seit wenigen Jahrzehnten erkennbaren Wandel in der Zusammensetzung der Atmosphäre bei, der eine globale Temperaturerhöhung nach sich zieht. Für weitere rund 40 % dieser Temperatursteigerung können die ausschließlich durch die Chemieproduktion verfügbar gemachten, natürlicherweise nicht vorkommenden Fluorchlorkohlenwasserstoffe **(FCKW)** verantwortlich gemacht werden. Der Rest der für den Treibhauseffekt relevanten Gase, deren Ausstoß in jüngster Zeit stark zugenommen hat, ist wiederum prinzipiell biogen: **Methan**, **Stickoxide** und **Ozon** sowie **Ammoniak** (Mengenangaben und Herkunftsinformationen: Tab. 6-22). Die Erhöhung ihrer (natürlicherweise sehr geringen: Abb. 6-54) Konzentrationen in der Erdatmosphäre ist teils auf eine stark ausgeweitete und intensivierte Landwirtschaft zurückzuführen (CH_4: Naßreisanbau und Intensiv-Rinderhaltung, NH_3: Überdüngung und industrielle Tierhaltung), teils durch den exponentiellen Anstieg der Emissionen bedingt, die bei der Energiegewinnung und im Straßenverkehr entstehen.

Methan, CH_4, ist Bestandteil vieler Erdgassorten und des Grubengases in Steinkohlenflözen und wird frei, wenn diese fossilen Kohlenstofflager erschlossen werden. Darüber hinaus entsteht es überall beim Abbau von organischer Substanz unter Sauerstoffabschluss durch den Stoffwechsel methanbildender Bakterien. Es

Tab. 6-22: Wichtige Spurengase in der Atmosphäre: Mengen, Herkünfte und Umsätze (verkürzt aus Klötzli 1989).

Gas	Konzentration	Gesamtmenge	Produktionsrate	Senken	Lebensdauer
CH_4	1,65 ppm Nh, 1,30 ppm Sh	3,7–4 Mrd t	Sümpfe, Reisfelder, Wiederkäuer, Bergbau; 590–930 Mio t/a, ggf. zusätzl. 150 Mio t/a durch Termiten	OH-Radikale in der Troposphäre; 450–1800 Mio t/a, 200–800 Mio t/a	5–10, 7 Jahre
CO	80–100 ppb Nh, 50–60 ppb Sh	290 Mio t Nh, 170 Mio t Sh	CH_4-Oxidation, C_nH_m-Oxidation, unvollst. Verbrenn.; 1820 Mio t/a Nh, 920 Mio t/a Sh	wird durch Oxidation umgewandelt	2 Monate
H_2	575 ppb Nh, 550 ppb Sh	170 Mio t	30–50 % photochem. Reakt. aus CH_4- u. C_nH_m-Oxidation, 45–55 % unvollst. Verbrennung; 43–134 Mio t/a	Abbau im Boden mit 65–81 % der Gesamtsenken, 18–33 % photochem. Reakt. mit OH-Radikalen in der Troposphäre; 31–133 Mio t/a	2 Jahre
N_2O-N	300–310 ppb	1500 Mio t	Nitrifikation, Denitrifikation; 10–20 Mio t/a	Stratosphäre; 90 % zu N_2, 10 % zu N_2O; 11 Mio t N/a	100 Jahre
NH_3-N/ NH_4-N	2,5–5,5 µg/m³ Land, 0,15–0,3 µg/m³ Ozean	0,5–1 Mio t N	tierische Exkremente, Mineralisation, Ammonifikation; 29 ± 6 Mio t/a	Deposition, Oxidation, Absorption durch Pflanzen	2 Wochen

Nh = Nordhalbkugel, Sh = Südhalbkugel

wird geschätzt, dass ca. 2 % der Biomasse in Süßwassersedimenten in Methan umgewandelt werden, was weltweit pro Jahr rund 2 Mio. t Methan ausmacht. Des weiteren werden im Pansen eines jeden Rindes auf der Erde täglich reichlich 100 l CH_4 produziert. Die Methanbildung erfolgt im Verlauf von Gärungsprozessen aus einfachen organischen Säuren, wobei CO_2 stufenweise völlig reduziert wird.

Bei der pedo- und phytogenen Methanfreisetzung spielen weltweit die Reisfelder und die Sumpfgebiete die bedeutendste Rolle. Das mikrobiell produzierte Methan diffundiert vom Boden der Stillgewässer nach oben, wobei eine hinreichend lange Passage durch oxidierendes Milieu den Kohlenstoff zum Teil wieder oxidieren kann. Schwieriger ist das bei der „Ebulition", wo Methangas-Blasen zur Atmosphäre aufsteigen, und ebenso, wenn der Methantransport gelöst im Xylemwasser von Sumpfpflanzen erfolgt. Dann sind diese höheren Pflanzen eine bedeutsame Quelle bei der Methananreicherung der Luft. Überall, wo das oxidierende Milieu überwiegt, fungiert dieses als Senke für eindiffundierendes Methan, das auf diesem Wege wieder abgebaut werden kann. Wasserfreie Böden sind eine gute Senke für luftbürtiges Methan. Die Nettoanreicherung des Methangehaltes der Atmosphäre ist zwar mengenmäßig viel geringer als die des CO_2. Im Vergleich zu diesem ist allerdings der Energieabsorptions- und damit der Treibhaus-Effekt pro Molekül von Methan viel wirkungsvoller. Infolgedessen steht Methan gleich an zweiter Stelle als anthropogen bedingter Verursacher der globalen Erwärmung.

Atmosphärische Stickstoffgase. Mit exponentiell steigender Tendenz erfolgt anthropogen die Anreicherung in der Atmosphäre an reaktiven Stickstoff-Gasen, sowohl reduzierter wie insbesondere oxidierter Verbindungen. Molekularer Stickstoff, der Haupt-Volumenanteil in der Atmosphäre, geht keine Umsetzungen ein und ist so für die globalen Stoffkreisläufe eine Inert-Komponente. Mit dem Haber-Bosch-Verfahren und seinen Verfeinerungen ist es aber seit Beginn des 20. Jahrhunderts möglich, diesen molekularen Luftstickstoff in Ammoniak zu überführen und diesen weiter zu Ammonium-Verbindungen umzusetzen. Verglichen mit der Zeit davor hat sich die Stickstoffverfügbarkeit für die Pflanzen – ehemals fast überall ein standörtlicher Minimumfaktor – extrem erhöht. Durch landwirtschaftliche Düngung und Ausblasung und Auswaschung der von den Kulturpflanzen nicht aufgenommenen Düngermengen ist Mitteleuropa inzwischen flächenhaft überdüngt.

Neben der Aufnahme des ausgebrachten Düngers in die Nutzpflanzen, seiner teilweisen Tiefenverlagerung letztlich bis ins Grundwasser und seiner teilweisen Windausblasung kommt es auch zu massiver mikrobieller Umsetzung der Düngesalze, woraus auch gasförmige Stickstoffverbindungen entstehen, reduziert in Form von Ammoniak, oxidiert als nitrose Gase. In beiden Formen gehen diese Stickstoffverbindungen mit anderen Gasen sowie mit dem Wasser im Ökosystem Reaktionen ein, die zum Teil zu Umweltschäden führen können.

Hauptquelle der atmosphärischen **Ammoniaks** ist die Tierproduktion, bei der die größte Menge des Futterstickstoffs nicht in Fleisch oder Milch umgesetzt, sondern ausgeschieden wird als gelöste NH_4^+-Salze, Harnstoff und andere Formen organisch gebundenen Stickstoffs. Harnstoff wird sehr rasch zu Ammonium umgesetzt, das sich im Wasser löst, wonach dann im Gleichgewicht mit der ionischen Lösung eine verdünnte Ammoniaklösung entsteht, aus der NH_3 gasförmig entweichen kann. Mitte der 90er Jahre wurden durch die landwirtschaftliche Tierhaltung in Westeuropa mehr als 10 Mio. t Stickstoff freigesetzt, aus denen rund 2 Mio. t Ammoniak in die Atmosphäre entwichen. Das sind 3/4 des in Westeuropa insgesamt emittierten Ammoniaks; der Rest stammt je zur Hälfte aus der Ausgasung von Mineraldünger und von der Freisetzung des Gases aus dem Stoffwechsel von überdüngten Kulturpflanzen. Ammoniak kann sich auch wieder in Wolken, Nebel, Regentropfen und Schnee lösen, wobei das Molekül sogar oft den eigentlichen Kondensationskern darstellt, an dem Wasserdampfmoleküle zu Tröpfchen kondensieren. In dieser Form, hauptsächlich, kommt es dann zur Immission auf Vegetation und Boden. In der Atmosphäre streuen die Ammoniumpartikel sowie die NH_3-haltigen Aerosoltröpfchen die Strahlung, was zur Erhöhung der Albedo und damit zur verminderten Erwärmung der Erdoberfläche führt. Immittiertes Ammonium zieht Eutrophierung und Versauerung des Bodens nach sich. Während dies auf Agrarflächen für den Kulturpflanzenanbau keine Probleme bringt, wird durch die flächendeckende Eutrophierung Europas die Existenzmöglichkeit aller eutrophierungsempfindlichen Pflanzen und der von ihnen aufgebauten Vegetationsbestände beeinträchtigt. Bei Wäldern trägt der ammoniumhaltige Regen als eine Komponente des „sauren Regens" (6.5.3.3) zum Syndrom des Waldsterbens mit bei. Extrem hohe NH_3-Konzentrationen können den direkten Baumtod nach sich ziehen, chronische Belastung mit mäßig hohen Ammoniaklasten führt zu höherer Dürre- und Frostempfindlichkeit sowie zu weniger standfestem Baumwuchs infolge einer dann hauptsächlich oberflächennahen Bodendurchwurzelung. In großem Ausmaß kann im Boden immittiertes Ammonium zu NO_3^- oxidiert werden. Dabei werden Protonen freigesetzt, welche die Standortversauerung unter Ammoniumeintrag hervorrufen. Die von den Pflanzen nicht aufgenommenen Nitrate können in das Grundwasser verlagert werden. Alternativ kommt es bei intensiverer mikrobieller Nitrifikation und Denitrifikation auch zur Freisetzung von gasförmigem N_2O, womit ein überhöhtes Aufkommen an reduziertem Stickstoff auch zu erhöhten Spurengasen aus oxidiertem Stickstoff führen kann.

Sauerstoffverbindungen des Stickstoffs, **Stickoxide**, entstehen durch Nitrifikation unter aeroben Bedingungen und durch Denitrifikation im anaeroben Milieu. Im letztgenannten Fall wird im mikrobiellen Stoffwechsel Nitrat als terminaler Wasserstoff-Akzeptor genutzt und dabei zu Stickstoff-Oxiden geringerer Wertigkeit und letztlich zu molekularem Stickstoff reduziert. Geschieht dies in hinreichend großem Umfang, können sich diese niederwertigen Stickoxide teilweise im Wasser lösen, teilweise akkumulieren sie in der Gasphase. Auch im aeroben Milieu können Stickoxide entstehen als Intermediärprodukte der Ammonium-Oxidation. Das nicht sonderlich stabile Nitrit-Ion stellt bei all diesen Umsetzungen eine wichtige Schaltstelle dar. Die Zufuhr von umsetzbaren Stickstoffverbindungen zum Boden erhöht die **N_2O**-Menge. Das wenig stabile **NO** kommt auch aus dem pflanzlichen Intermediär-Stickstoffumsatz und gelangt über die Stomata in die Atmosphäre: Tagesgänge der NO-Freisetzung entsprechen so in ihrem Muster weitgehend den Tagesverläufen der Blattleitfähigkeiten, und die Menge des von den Pflanzen abgegebenen NO zeigt sich als proportional zur aufgenommenen CO_2-Menge. Stickoxide entstehen weiters auch bei den Verbrennungsprozessen in Automotoren, und diese anthropogene Quelle des atmosphärischen Spurengases stellt einen zunehmend bedeutenderen Anteil an den erst seit dem Industriezeitalter in der Lufthülle der Erde angereicherten Substanzen, die über ihre chemischen Reaktionen und ihre Einbindung in die Strahlungsumsätze in der Atmosphäre globale Veränderungseffekte nach sich ziehen. Von den verschiedenen Oxidationsstufen des Stickstoffs im gasförmigen Zustand, N_2O, NO und NO_2, ist Distickstoffoxid, **N_2O**, am allerwichtigsten. N_2O wird in den niedrigeren Schichten der Atmosphäre kaum umgesetzt, wohl aber in der Stratosphäre, wo es unter dem Einfluss energiereicher Strahlung mit Ozon reagiert. Zwischenstadium ist das labile NO, aus dessen Reaktion mit dem ebenfalls unter den Einfluss sehr kurzwelliger Strahlung gebildeten Ozon schließlich Sauerstoff und NO_2 entsteht. Auch letzteres kann unter dem Einfluss kurzwelliger Strahlung der Photolyse unterliegen und NO- und O-Radikale bilden. Diese vereinigen sich ihrerseits mit molekularem Sauerstoff zu Ozon oder werden über kurzlebige Intermediärformen zu Stickoxiden unterschiedlicher Wertigkeit und Lebensdauer umgelagert. Im Durchschnitt beträgt die N_2O-Konzentration in der Atmosphäre reichlich 300 ppb, und seine Lebensdauer unter dem prinzipiellen Einfluss der photochemischen Umsetzungen in der Stratosphäre rund 150 Jahre. Neben den Einflüssen von N_2O auf den stratosphärischen Ozongehalt fördert auch dieses Spurengas den Treibhauseffekt. Sein thermisches Absorptionspotential ist 15mal höher als das des CO_2 und 5mal höher als das von Methan.

Primär biogenen Ursprungs sind die **„volatile organic compounds"**, VOCs. Es sind dies hauptsächlich Monoterpene und Isoprene, die vor allem bei Pflanzen mit immergrünen Blättern in größerem Umfang gebildet werden und in die Atmosphäre entweichen. Die VOC-Produktion ist licht- und temperaturabhängig, und der größere Teil dieser Stoffe gelangt unmittelbar aus dem pflanzlichen Stoffwechsel heraus in die Atmosphäre, nur eine geringere Fraktion an Monoterpenen stammt aus pflanzeninternen Speichern. Prinzipiell fungieren diese Substanzen wohl als pflanzliche Abwehrstoffe gegenüber Insekten- und Pilzbefall. Ihre Konzentrationen können Werte von bis zu 50 ppb Kohlenstoffeinheiten erreichen, liegen oft aber nur in der Größenordnung von einigen wenigen ppb. Gleichwohl summiert sich die Menge dieser von den Pflanzen an die Atmosphäre abgegebenen VOCs weltweit auf schätzungsweise 300 Mio. Tonnen und kommt damit in die Größenordnung der Methan-Emissionen. Terpene werden im Luftraum relativ schnell oxidiert, doch treten sie noch schnell genug mit Hydroxyl-Radikalen und Stickoxiden sowie Ozon in Wechselwirkungen, um dadurch klimawirksam werden zu können bzw. gerade durch solche Reaktionen die Ozonkonzentration in der bodennahen Atmosphäre zu erhöhen. Nicht anders als beim Wasserdampf und beim CO_2 sind auch in diesem Fall und genauso bei größermolekularen N- und S-Gasen die Stomata der Pflanzen die Ventile, durch welche hauptsächlich der Austausch auch dieser Spurengase stattfindet.

Gasförmige Schwefelverbindungen kommen in der Atmosphäre in reduzierter und in oxidierter Form vor. Formal von der Molekülstruktur des CO_2 ableitbar sind pflanzenbürtige COS- und CS_2-Moleküle, die mit Schwefelwasserstoff, H_2S, und dessen einfach oder doppelt methylierten Formen Methyl-Schwefelwasserstoff, CH_3SH, und Dimethylsulfid, CH_3SCH_3, als reduzierte gasförmige Schwefelverbindungen zusammengefasst werden. Vor allem **Carbonylsulfid, COS**, ist ein klimawirksames Spurengas, dessen Austausch mit der Atmosphäre bisher bei marinem Phytoplankton und bei Flechten nachgewiesen ist. Die Pflanzen wirken dabei unter bestimmten Rahmenbedingungen als Quelle, insbesondere aber als Senke für Carbonylsulfid. Zumindest beim marinen Phytoplankton scheint es vor allem die Carboanhydrase zu sein, die nicht nur CO_2, sondern auch COS fixiert und einer weiteren Metabolisierung zuführt.

Schwefeldioxid, SO_2, ist ein leicht wasserlösliches Gas, das in Lösung dissoziiert in Protonen und die Anionen der schwefeligen Säure, HSO_3^-, und letztere unter weiterer Protonenabgabe zum Sulfition, SO_3^{2-}. Im sauren Bereich dominiert HSO_3^-, im alkalischen Milieu Sulfit.

Beide Ionen werden leicht zu Sulfationen oxidiert, die mit dem Niederschlag in den Boden gelangen und als Hauptquelle der pflanzlichen Schwefelernährung über die Wurzeln aufgenommen werden. Gasförmiges SO_2 ist hoch reaktiv und von hoher physiologischer Toxizität. Innerhalb pflanzlicher Zellen kann es nach Reaktion mit Wasser zu Schwefelwasserstoff reduziert werden oder – für die Pflanze besser – im Umsatz mit oxygeniertem Acetylserin zu Cystein metabolisiert und damit in den Aminosäuren-Stoffwechsel eingebracht werden. Aufgrund der leichten Wasserlöslichkeit bilden SO_2-Immissionen in die Atmosphäre mit den Aerosoltröpfchen der Wolken verdünnte Schwefelige Säure und werden so zur Ursache des „sauren Regens", mit dem ursächlich die „neuartigen Waldschäden", das „Waldsterben" in Zusammenhang gebracht werden.

6.5.3.3 Vegetationsschäden durch atmosphärische Spurengase

Nitrose Gase und Schwefelgase in erhöhten Konzentrationen sind nicht nur dem menschlichen Wohlbefinden abträglich, sie schädigen in erheblichem Ausmaß auch die Vegetation. Besonders anfällig dafür, da die Schadwirkungen über viele Jahre akkumulierend, sind die Bäume. Als Folge davon ist in entsprechenden Immissionslagen Europas und Nordamerikas seit einigen Jahrzehnten oft großräumig das Phänomen **„neuartiger Waldschäden"** bzw. – weniger diplomatisch verklausuliert – ein **Waldsterben** zu beobachten. Über die Ursachen des Waldsterbens und die Attribute der Vitalitätsminderung der Bäume gibt Tabelle 6-23 Auskunft, Abb. 6-62 skizziert modellhaft die Kausalketten der Schadwirkungen.

Tab. 6-23: Ursachen-Hinweise und Schadensphänomene beim Komplex der „neuartigen Waldschäden" (Waldsterben) (nach Schwarzenbach 1984 aus Klötzli 1989).

Ursachen:
- **Keine geschichtlich** belegte **Parallele**
- **Keine** bekannten Krankheiten und **Parasiten** als Primärursache
- **Keine klimatischen Veränderungen** als Primärursache (Jahrringanalyse)
- breit abgestützter **Indizienbeweis** für Zusammenhang mit Luftverschmutzung
- Keine Belege für klare Zusammenhänge mit Radioaktivität, elektromagnetischen Wellen, Viren u. a. m.
- Keine Auslösung des Waldsterbens durch unsachgemäße Bewirtschaftung

Erfahrungen für Zusammenhang zwischen Luftverschmutzung und Waldsterben:
- Symptome weitgehend deckungsgleich mit **Rauchschäden** aus stationären Emissionsquellen
- Erscheinungsbild nach **SO_2-Begasung** von Forstpflanzen vergleichbar
- **Saurer Niederschlag** in Reinluftgebieten belegt: Ferntransport von Abgaskomponenten (SO_2, NO_x)
- **Nadelanalysen** beweisen Anreicherung von Fremdstoffen auf größere Entfernung (F, S)
- **Lufthygienische Untersuchungen** zeigen Transport von phytotoxischen Substanzen (SO_2, NO_x, Photooxidantien, ungesättigte Kohlenwasserstoffe)
- **Boden-/Wasseranalysen** belegen Ablagerung von Schwermetallen
- **Verteilungsmuster** der Schäden lässt Beziehungen zu örtlicher/regionaler Luftverschmutzung erkennen
- **Jahrringuntersuchungen** weisen auf Zunahme der Wachstumshemmung seit 2. Weltkrieg hin (Frühsymptom!)

Physiognomie und Phänologie beim Waldsterben:
- **Verlichtung**, bei 10–25(–50)% und 10–25 % Blattverluste
- **Peitschentriebe**
- **Kleinblättrigkeit**
- **Blattvergilbung**
- **Super-Fruktifikation**
- **Rindenschädigung**
- **Parasiten**
- **Algenbesatz**
- **Buchen-Krebs**
- **Wurzelschädigung**
- **O_3-Schäden** u. a. m.

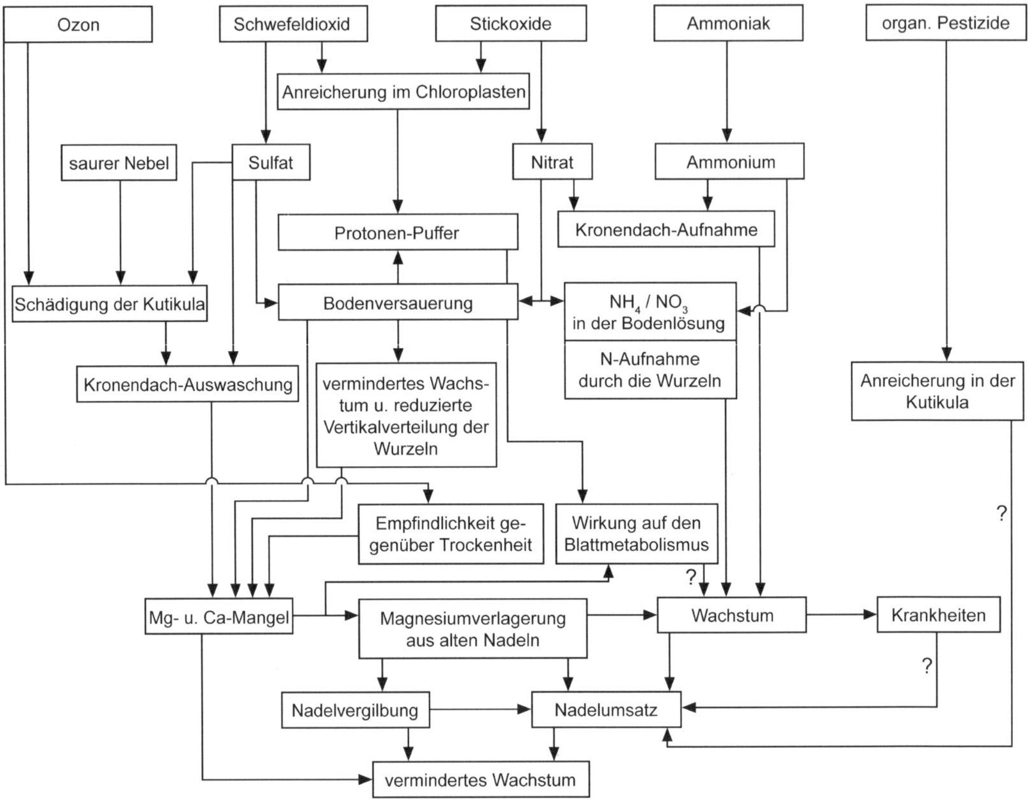

Abb. 6-62: Modell der Wirkmechanismen von Luftschadstoffen auf den Wald mit dem Ergebnis der „neuartigen Waldschäden" (nach Schulze & Lange 1990).

6.6 Synökologie

Die abiotischen und biotischen Standortfaktoren wirken auf die Einzelpflanze ein, kontrollieren ihre Ontogenie und sind bestimmend für ihre aktuellen physiologischen Reaktionen: Sie bilden das Lebensmilieu, in welchem der Einzelorganismus existiert. Die einzelne Pflanze ist ihrerseits Teil der Umwelt für die koexistierenden Organismen, teils in ihren biotischen Interaktionen mit diesen, teils durch die Einflüsse, die ihr eigener Stoffaustausch mit der Umgebung auf diese ausübt. Mit der Beschreibung und Quantifizierung dieser Wechselbeziehungen zwischen den abiotischen Parametern eines Standortes und der Gesamtheit der dort vorkommenden Organismen sowie den Interaktionen dieser Organismen untereinander beschäftigt sich das Teilgebiet der **Synökologie**.

6.6.1 Organismische Interaktionen

Im Grunde ist jegliche Untersuchung der autökologischen Reaktionsnormen einer Pflanze eine grobe Vereinfachung. Sie lässt außer Acht, dass natürlicherweise kein Organismus in einem sterilen Existenzraum lebt, dass vielmehr auf und vielfach auch in ihm in riesiger Zahl die verschiedenartigsten Mikroorganismen präsent sind. Es ist dies keine passive Koexistenz, sondern es herrschen intensive und in ihren Effekten stark verflochtene Wechselwirkungen. Die als weitgehend plausibel angesehene und zum Teil durch evolutionsbiologische Untersuchungsbefunde untermauerte Endosymbionten-Theorie unterstreicht, dass bereits die Mitochondrien und Chloroplasten in den Pflanzenzellen sich aus dem Einbezug von ursprünglich selbständigen Prokaryonten in heterotrophe Einzeller entwickelt haben. Inniger Kontakt zwischen Heterotrophen und Autotrophen unter Bildung von Gesamtorganismen, die gestaltlich und funktionell mehr sind als die Eigenschaftssumme der Ausgangspartner ist in der weiteren Phylogenie immer wieder erfolgt und kann geradezu als ein Grundmotiv für qualitative Evolutionsschritte angesehen werden. Herausragende Beispiele dafür zeigen sich in den verschiedenen Symbiose-Partnerschaften im Pflanzenreich (8.7.3). Erst die innigen Kontakte und Austauschvorgänge zwischen Bodenpilzen und Wurzeln höherer Pflanzen in den Formen der Mykorrhiza gewähren den allermeisten kormophytischen Sippen überhaupt eine hinreichende Vitalität. An diesen Pilz-Wurzel-Wechselbeziehungen sind aber auch stets vielerlei Bakterien, Protozoen und Invertebraten beteiligt, sodass eine umfassende Charakterisierung der edaphischen Interaktionen notwendigerweise eine komplexe **„Rhizosphärenbiologie“** beschreiben muss. Die Kenntnisse hierzu sind allerdings noch extrem lückenhaft, teilweise erst auf der Stufe der Inventarisierung der hier beteiligten Lebewesen stehend, in Teilbereichen bereits zur Beschreibung von Stoffaustauschprozessen und funktionellen Abhängigkeiten vorangeschritten (6.4.5.3), kaum jedoch bereits bei einer umfassenden Systembeschreibung angelangt.

6.6.1.1 Pflanzliche Interaktionen mit Mikroorganismen und Pilzen

Wie der perirhizale Raum im Boden, so sind auch die Spross- und Blattoberflächen der Pflanzen von anderen Organismen besiedelt. Hierzu gehören nicht nur die makroskopisch sichtbaren Epiphyten aus den Gruppen der Luftalgen, Flechten, Pilze, Moose und angiospermen Blütenpflanzen und die blattbewohnenden epiphyllen Moose und foliicolen Flechten (8.1.2). Vielmehr kann der **„Rhizoplane“**, dem unmittelbaren Grenzbereich zwischen Wurzel und Boden mit seiner Mikroflora und den dort herrschenden Interaktionen (Nye & Tinker 2000, Pinton et al. 2001), die **„Phylloplane“** als die von Bakterien und Pilzen belebte Grenzschicht zwischen Blatt und Atmosphäre gegenübergestellt werden (Dickinson & Preece 1976, Blakeman 1981). Sie ist eine nur mikroskopisch fassbare Gemeinschaft von Organismen, die untereinander, mit ihrem Wuchssubstrat und mit der umgebenden Atmosphäre einen intensiven Stoffaustausch haben.

Die Besiedelung der Phylloplane durch Bakterien und Pilze ist erheblich durch die je unterschiedliche Oberflächenrauigkeit und Benetzbarkeit der Blätter geprägt. Die Organismendichte ist hier mit rund 10^2–10^5 Bakterien bzw. Pilzen pro cm^2 geringer als im Bereich der Rhizoplane (Größenordung 10^8–10^{10}), mit Eubakterien, Aktinomyceten, Cyanobakterien, Hefen, hyphenbildenen Pilzen sowie Milben und Nematoden aber durchaus vielseitig. Die Lebewelt der Phylloplane steht in Ressourcenkonkurrenz zueinander, und antibiotische Wechselwirkungen prägen ihre Zusammensetzung. Dies hat auch Auswirkungen auf die Vitalität der besiedelten Pflanzenblätter, die mitunter ihrerseits in der Lage sind, einen Pathogenbefall ihrer Oberflächen durch Abwehrstoffe zu vermindern. Manche blattbewohnende Bakterien können als Nukleationskerne Eisbildung an Blättern schon knapp unter dem Nullpunkt hervorrufen. Ein Einfluss der Phylloplanenflora auf Verlauf und Umfang des Gasaustausches der Blätter ebenso wie auf ihren Stoffhaushalt dürfte nur in extremen Fällen messtechnisch erfassbar sein.

Eine jegliche Pflanze muss sich in ihren Lebensvollzügen mit phytopathogenen Viren, Prokaryonten und Pilzen auseinandersetzen. Mit den allermeisten Pathogenen kommt es zu stabiler Koexistenz; eine den Wirt schädigende Infektion gelingt dem jeweiligen Fremdorganismus jeweils nur bei wenigen suszeptiblen Taxa, wenn Wirt und Pathogen kompatibel sind (8.7.2). Alle Viroide und eine große Zahl der Viren sind phytopathogen, nur reichlich 5 % aller Bakterien und knapp 15 % aller Pilze sind Pflanzenparasiten. Die Phytopathologie der Nutzpflanzen fungiert als eigenständige Spezialdisziplin der landwirtschaftlichen Botanik – auf ihren Forschungen beruhen wesentlich die verfügbaren Detailkenntnisse zu den Pflanze-Pathogen-Interaktionen, in jüngster Zeit in der Analyse sehr erfolgreich herabgeführt bis auf die molekulare Ebene (Agrios 1997). Ein Großteil der pilzlichen Pflanzenparasiten wird makroskopisch auffällig, wenn die Blätter mit „Mehltau“ überzogen sind, wenn „Brandsporen“ die Blüten verunstalten, „Roste“ an Blättern und Sprossen sich ausbreiten, Schorf und Fäule die Früchte befallen, und wenn sie die gesamte Pflanzengestalt verändern („Hexenbesen“, *Uromyces pisi*-Formen bei *Euphorbia cyparissias* u. ä.). Die wirtschaftlich wichtigsten Pilzparasiten sind in Tab. 8-5 zusammengestellt. Die Wechselbeziehungen zwischen Pilz und Wirtspflanze sind in hohem Grade spezifisch; Details hierzu müssen der mykologischen und phytopathologischen Fachliteratur entnommen werden. Dass Pilze als Mykrorrhiza-Symbionten höherer Pflanzen für deren Wasser- und Phosphat-Versorgung sehr zuträglich sein können, wurde schon in Kap. 6.4.5.4 hervorgehoben; holz- und zellulosezersetzende Pilze haben eine überragende Funktion bei der Remineralisierung toter pflanzlicher Biomasse (Dix & Webster 1995).

6.6.1.2 Intra- und interspezifische Interaktionen bei Pflanzen: Raum- und Ressourcen-Konkurrenz

Nur in Ausnahmefällen existiert ein Pflanzenindividuum allein, nur in der Umgebung seiner abiotischen Umwelt und durch die Mikroorganismen den Rhizo- und Phylloplane beeinflusst. Normalerweise wachsen Pflanzen im Vegetationsbestand, mit dem Ast- und Blattwerk der Sprosse sich gegenseitig berührend und beschattend, die Wurzelsysteme der Einzelpflanzen untereinander zu einem mehr oder minder dichten Wurzelfilz verwoben. Selbst in der „diffusen Vegetation“ von Wüsten und Halbwüsten, wo Einzelstauden, -büsche und -bäume oft mehrere Meter weit voneinander entfernt stehen, können deren Wurzelsysteme unterirdisch oft dicht aneinander grenzen, oder sie durchdringen sich sogar (vgl. ähnlich in Savannen: Abb. 9-13). Die Pflanzen treten hierbei in Konkurrenz zueinander bei der Explorierung der Wasser- und Nährstoffreserven des Bodens. Bei **intraspezifischer Konkurrenz** von Individuen der gleichen Art kann dieser Wettbewerb um größtmöglichen Gewinn an edaphischen Ressourcen besonders intensiv sein, da Organwachstum und Stoffakquisition auf gleicher sippenspezifischer Grundlage erfolgen. Doch auch zwischen Individuen verschiedener Arten herrscht meist intensive **interspezifische Konkurrenz** um limitierte Ressourcen, wenngleich in diesem Fall eine leichtere Separierung der Existenznischen durch unterschiedlichen Wuchs und sippenspezifisch differenzierte Stoffaufnahme möglich wird. Letzteres macht **Koexistenz** von einer Vielzahl von Arten im gleichen Vegetationsbestand möglich. Die individuelle Wuchsgeschichte und davon abhängige Raumausdehnung gleichartiger Individuen gibt auch diesen die Möglichkeit des lokalen Zusammentretens zu dichteren Ein-Arten-Beständen, in denen interindividuelle Konkurrenz eine große Rolle spielt.

Der Keimlingsaufschlag aus dem Diasporenregen oder der Samenbank des Bodens (7.2) führt vielfach zu sehr dichter Gruppierung von gleichförmig entwickelten Jungpflanzen einer Sippe, zu einer „Kohorte“. Mit dem Heranwachsen einer solchen „Synchronpopulation“ muss es notwendigerweise zu starker dichteabhängiger Konkurrenz kommen. Durch kleinräumige Standort-Heterogenität gewinnen manche Individuen Wuchsvorteile, die sich in der Weiterentwicklung verstärken. Die daraus resultierende ungleiche Größenverteilung der Pflanzen führt schließlich zu einer **Selbstausdünnung** im Bestand. Die notwendigerweise erfolgende Abnahme der Individuenzahl mit der Biomasseerhöhung der Einzelpflanzen lässt sich durch die Selbstausdünnungs-Regel quantifizieren, welche sich als gültig erwiesen hat für eine Vielzahl durchaus unterschiedlicher Wuchsformen (Schmid 1991, Osawa 1993):

$$W = k\, n^{-3/2}, \qquad \text{(Gl. 6-34)}$$

Mit W = mittlere Biomasse der Einzelpflanze, n = Individuenzahl, k = Proportionalitätsfaktor (integriert die Wirkungen des Ressourcenangebots [Licht, Nährstoffverfügbarkeit]).

Synchronpopulationen können vor allem auf vorher pflanzenfreien Flächen aufwachsen. Die häufigere Situation ist die Ausbildung von „Asynchron-Populationen“, wenn die Keimung in Lücken zwischen schon etablierten Pflanzen erfolgt, dieser Vorgang sich wiederholt und Kohorten von verschiedenen, in ihrer Wuchsform ähnlichen Taxa an der Bestandsdynamik beteiligt sind. Auch hier gilt prinzipiell die Selbstausdünnungsregel. Mit Hilfe dieses Rechenansatzes werden auch Abschätzungen möglich über die Obergrenzen der (Spross-) Biomasse von Beständen (Westoby 1984, Schulze et al. 2002): Die Biomasse pro Fläche, B, ist gleich dem Produkt aus Individuenzahl mal Individuen-Biomasse. Eingesetzt in Gl. 6-34 ergibt dies

$B = k\, n^{-1/2}$ bzw., logarithmiert, (Gl. 6-35)

$\log B = \log k - 0{,}5 \log n$.

Die in Monokulturen maximal auf einer Fläche erreichbare Biomasse ist danach artspezifisch abhängig von der Individuenzahl. Die Wirkungen der Standortfaktoren und der artspezifischen Eigenheiten werden durch den Parameter k integriert. Bei Getreidefeldern kann dieser Gesetzmäßigkeit eines „konstanten Maximalertrags pro Fläche" durch Optimierung der Aussaatdichte Rechnung getragen werden; bei Altersklassen-Forstkulturen mit nur einer Baumart kommen rechtzeitige Lichtungshiebe der natürlichen Selbstausdünnung des Bestandes zuvor.

Während die Biomasse-/Individuen-Beziehung gemäß der Steigungskonstante −0,5 weitgehend gültig ist für jedwede Monokultur, nehmen die sippenspezifische Morphologie, vor allem aber die standörtliche Ressourcen-Verfügbarkeit und ihre Dynamik Einfluss auf den Parameter k.

Neben der konkurrierenden Raumerfüllung durch Achsen und Blätter ist es im Bereich des oberirdischen Pflanzenwuchses die gegenseitige Beschattung, und somit der Wettbewerb um die Ressource „Lichteinstrahlung", wodurch die Bestandsstrukturen und die pflanzliche Biomassenentfaltung ihre Prägung erhalten. Formationsspezifische Obergrenzen des LAI (Tab. 6-1) werden dadurch bestimmt, und die Strahlungsinterzeption durch größere Individuen im Bestand ist vielfach die wichtigste Ursache für das Kümmern und schließlich Absterben schwächerer Pflanzen – der wesentliche Schritt bei der Selbstausdünnung von Monokulturen. Dieser Vorgang stellt eine „asymmetrische Konkurrenzsituation" dar, da die Chancen auf Lichtgenuss sich für die schwächeren Individuen progressiv verschlechtern. Im Wurzelraum, bei der Konkurrenz um Wasser und Nährstoffe, ist dagegen eher eine „symmetrische Konkurrenz" gegeben. Denn bei der Bodenraumerschließung sind für einander durchwachsende Wurzelsysteme jeweils vergleichbare Voraussetzungen gegeben, und das Wurzelwachstum steht nicht in ähnlich drastischer Rückkopplung zur dadurch ermöglichten Stoffakquisition wie es bei der Spross- und Blattentfaltung in Abhängigkeit vom photosynthetisch genutzten Lichtgenuss der Fall ist.

Soweit nicht durch artspezifische Limitierung der Raumausdehnung der Individuen begrenzt, müsste die Raum- und Ressourcen-Konkurrenz letztlich zum Überleben von nur einem Individuum pro Fläche führen, sofern dieses die gemäß der Selbstverdünnungsregel maximal tragbare Biomasse zu produzieren vermag. Tatsächlich keimen alljährlich unter den Kronen der Waldbäume Hunderte von Keimlingen, die nach einigen Wochen, Monaten oder Jahren des Höhenwuchses nahezu alle wieder verschwinden – nur ein Individuum in Jahrzehnten wird die Chance haben, einen entsprechenden Altbaum nach dessen Zusammenbrechen als Adultpflanze zu ersetzen. Bei landwirtschaftlichen Monokulturen mit ihrer normalerweise jährlichen Neubestellung wird der Endzustand im Konkurrenzgleichgewicht nie erreicht. Unter natürlichen Bedingungen ist die Besiedlung einer vegetationsfreien Fläche durch einen individuenreichen Ein-Arten-Bestand eine kurzzeitige Phase, die üblicherweise bald durch Hinzukommen anderer Arten abgelöst wird. Dadurch wandelt sich die interindividuelle intraspezifische Konkurrenz zur interindividuellen interspezifischen Konkurrenz, wo die Heterogenität der pflanzlichen Formen und Ressourcennutzungen konkurrenzmindernd wirkt. Auch die Störung der gleichmäßigen Entwicklung von Synchronpopulationen durch einmalige Außeneinflüsse (zufallsbedingte Vernichtung eines Teils der Individuen oder lokale Veränderung der bis dahin homogenen abiotischen Wuchsbedingungen – z. B. durch Blitzschlag, Feuer, Windwurf, Schneebruch, partielle Herbivorie, lokale Eutrophierung u. ä.) lenkt den ursprünglichen Konkurrenzverlauf aus seiner vormaligen Richtung ab („gap dynamic").

Störungen der individuellen Pflanze-Umwelt-Beziehungen tragen für den Vegetationsbestand somit sehr wesentlich bei, die Konkurrenzdynamik auf intermediärem Niveau zu halten. Artenvielfalt im Bestand vermindert durch differenzierte Ressourcennutzung in erheblichem Ausmaß den interspezifischen Konkurrenzdruck. Langfristig stabile Koexistenz von Organismen erscheint so grundsätzlich nur auf der Basis einer jeweils partiellen Nischendifferenzierung möglich, wobei „Nische" nicht nur räumlich und zeitlich, sondern auch funktionell (Ressourcennutzung, Pathogen-Resistenz und Mutualismus) zu verstehen ist (Gause 1934).

Obwohl für die Lebensvollzüge aller Pflanzenarten die gleichen Ressourcenkomplexe nötig sind – Licht- und Energie-Einstrahlung, Wasser, CO_2, Nährstoffionen –, ist das Ausmaß ihrer Nutzung doch in hohem Maße sippenspezifisch. Im Gradienten des Angebots dieser abiotischen Standort-Parameter (6.1–6.5) hat jede Art ihre speziellen Optimum- und Pessimum-Bereiche (6.2.4.2), sodass dementsprechend im Extrem Licht- und Schattenpflanzen (6.1.3), Hydro-, Hygro- und Xerophyten (8.3) sowie edaphische Standortspezialisten (8.5) einander gegenüber

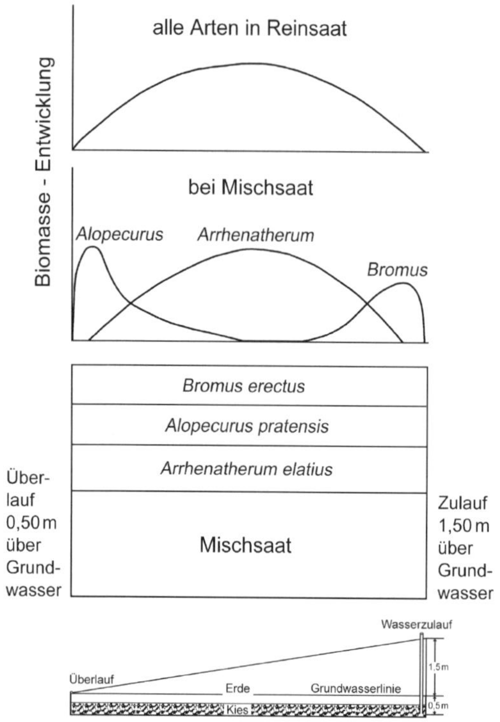

Abb. 6-63: „Hohenheimer Grundwasserversuch": Aussaat von Grasarten in Rein- und Mischsaat auf einem Schrägbeet mit Bodenfeuchtegradienten: In Reinsaat erfolgt bei allen Arten unter intermediären Feuchtigkeitsverhältnissen die höchste Biomasse-Entwicklung; bei Mischsaat verdrängen Konkurrenz-Effekte *Alopecurus pratensis* an das feuchte, *Bromus erectus* an das trockene Ende des Schrägbeetes (vereinfacht nach Walter 1960).

gestellt werden können. In der standörtlichen Einnischung kommt es normalerweise zu einer teilweisen Überlappung der Ressourcennutzung. In der Konkurrenz um Raum, Licht, Wasser, Nährstoffe und Nutzung biotischer Standortkomponenten verschieben sich dadurch die Optimumbereiche der Vorkommen der einzelnen Arten derart, dass die einzelne Sippe nur einen relativen Optimalbereich der Existenz findet: Gegenüber dem **„physiologischen Optimum"**, wie es sich bei der Quantifizierung eines und mehrerer der genannten Einwirkparameter bei der Kultur von Einzelpflanzen ergibt, kann das **„ökologische Optimum"** oft erheblich verschoben sein. Das klassische Experiment hierzu ist der „Hohenheimer Grundwasserversuch" (Walter 1960), bei welchem Grasarten in einem Schrägbeet in Mono- und Mischkultur herangezogen wurden. Im kontinuierlich sich verändernden Feuchtegradienten von „nass" nach „trocken" zeigten alle Arten beste Wuchsleistungen bei intermediärer Bodenfeuchte, und Kümmerwuchs bis Totalausfall an den trockenen Ober- und staunassen Unterkanten der Beete. In Zwei-Arten-Konkurrenz kam es hingegen zu deutlicher Separierung der Wuchsorte mit maximaler Biomasseproduktion der verschiedenen Arten (Abb. 6-63). Bei den einheimischen Waldbäumen ist bekannt, dass die Kiefer an trockenen und feuchten Standorten als Waldbildner auftreten kann, nicht aber bei intermediären Bodenfeuchten. Bei Ausschaltung der Konkurrenz von

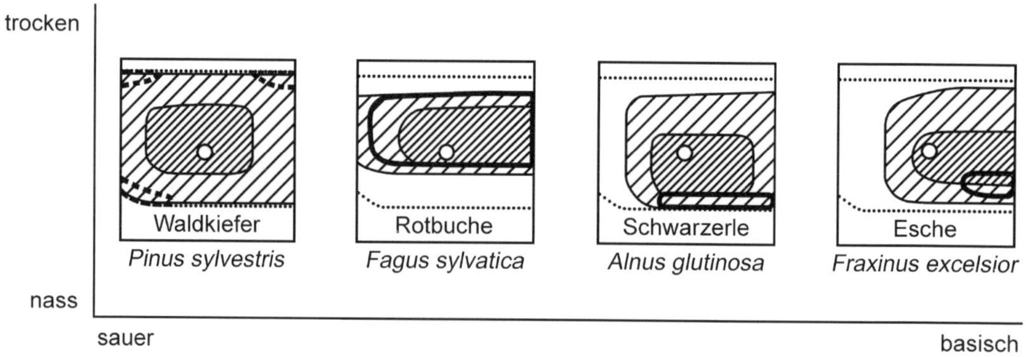

Abb. 6-64: Ökogramme einiger wichtiger Waldbäume: eng schraffiert = physiologischer Optimalbereich, weit schraffiert = physiologischer Potenzbereich in Abhängigkeit von den Boden-Azidität/Basizität und der Bodenfeuchte (Kreis: mittlere Verhältnisse – für alle Baumarten in Einzelkultur am besten zuträglich). Fein punktierte Linien: Trockenheits- und Nässegrenzen für Baumwuchs. Dicke Umrandung: tatsächliches Existenzoptimum unter den standörtlichen Konkurrenzbedingungen (bei *Pinus sylvestris*, gestrichelt: gültig für südliches und östliches Mitteleuropa) – vereinfacht aus Ellenberg (1996).

anderen Baumarten erlangt sie jedoch auf mittleren Bodenfeuchten die beste Wüchsigkeit – ihre ökologischen Optimalbereiche sind somit relativ und konkurrenzbedingt: Dies und ähnliche Verlagerungen der ökologischen gegenüber den physiologischen Optima wird in den Feuchte-/Bodenreaktions-Ökogrammen nach Ellenberg sehr anschaulich illustriert (Abb. 6-64).

6.6.1.3 Aufbau von Pflanzenbeständen und Vegetationsschichtung

Der Höhenwuchs erschließt der terrestrischen Vegetation den Luftraum, im Extrem bis zu 150 m über der Bodenoberfläche, die Wurzelentwicklung bis in einige Meter Tiefe die Pedosphäre. Sehr bestimmend für die oberirdische pflanzliche Raumerfüllung ist der Lichtgenuss, bei dem die Architektur der Einzelpflanze im Zuge ihrer Entwicklung mitunter zu erstaunlich starker Minimierung der Beschattung führt (6.1.1.2). Pflanzengemeinschaften können in den selteneren Fällen aus Arten nur eines einzigen Wuchsformtyps aufgebaut sein (Grasländer, Annuellenfluren), häufiger aber – und vor allem im Falle höherwüchsiger Bestände – durch Arten unterschiedlicher Wuchsformzugehörigkeit, die sich dann meist in verschiedenen Bestandsschichten zueinander gesellen. So lassen sich in Wäldern typischerweise eine Moos-, Kraut-, Strauch- und Baumschicht differenzieren. Die vorherrschenden Wuchsformen bestimmen die einer jeden Pflanzenformation jeweils eigentümliche Physiognomie. Großräumig kann die Konstellation dominierender abiotischer Standortparameter für dieses Erscheinungsbild der Vegetation bestimmend sein – Beispiele hierfür sind das durch Temperaturregime und Vegetationsperiode bedingte Fehlen von Bäumen in den polaren Tundren und oberhalb der alpinen Waldgrenze und ihre Limitierung aufgrund von Niederschlagsmenge und -verteilung in den Grasländern der Erde. Die auf die Verhältnisse in Nord- und Mitteleuropa ausgerichtete Typisierung der Raunkiaer'schen Lebensformen (8.1.2, 8.1.3) setzt die Lage der Erneuerungsknospen mit dem einwirkenden winterlichen Temperaturregime in Beziehung.

Die durch Größe und Masse hervortretenden Pflanzenformen verändern erheblich die Standortbedingungen, sodass nur Arten, die diesen veränderten Bedingungen angepasst sind, sich ihnen beigesellen können. Vor allem Bäume und Sträucher (Phanerophyten) haben einen überragenden Bauwert für die durch sie geprägten Bestände. Sie ändern das Bestandsklima in derartigem Ausmaß (6.1.1.2, 6.2.2), dass hierdurch erst ein Lebensraum entsteht, in den die Bodenflora des Waldes ihre spezifische Nische findet. Aber auch die Bodenvegetation eines Waldes kann für seinen langfristigen Weiterbestand entscheidende Bedeutung erlangen. Dies geschieht vor allem über ihren Einfluss auf das Bodenmilieu, welches die Naturverjüngung der Phanerophyten fördern oder hemmen kann. Beim Feuerzyklus mediterraner Hartlaubbestände (6.2.6) bewahren die schnell sprießenden Krautpflanzen die standörtlichen Mineralstoffreserven vor dem Austrag nach einem Brand, sodass sie für die deutlich langsamer erfolgende Regeneration der ausdauernden Strauchflora erhalten bleibt.

6.6.1.4 Sukzessionen und Mosaikzyklen

Die differenzierte Nutzung der abiotischen Ressourcen und die Standortkonkurrenz zwischen Individuen der gleichen Art und von unterschiedlichen Taxa führt zu einer starken zeitlichen Dynamik in den Pflanzenbeständen. Die dabei erfolgenden Veränderungen werden erkennbar als Sukzessionsvorgänge, die von **Pionierfluren** bis zu **Klimaxbeständen** führen. Grundbegriffe und Untersuchungsmethoden hierzu sind in Kap. 4.8.2 aufgeführt.

Naturnahe Pflanzenbestände zeigen typischerweise ein Mosaik asynchroner Stadien der Sukzessionsentwicklung, sodass großräumig alle Stufen der Bestandstrukturierung zu finden sind. Remmert (1991) nimmt an, dass das dieses Phänomen beschreibende **„Mosaikzyklus-Konzept"** auf die allermeisten Lebensgemeinschaften zu trifft.

Wenn nach Durchlaufen einer Reihe von Intermediärstadien der Sukzession der Endzustand der Klimax erreicht ist, kommt es durch alters- und/oder katastrophenbedingten Zusammenbruch zur Zurückführung der Bestandssituation auf ein früheres Entwicklungsstadium, von dem aus eine ähnliche Sukzession wieder dem Adultstadium zustrebt. Die aufeinander folgenden Sukzessionszyklen werden sich meist etwas voneinander unterscheiden. In ihrem Verlauf wird es lokal auch immer wieder zu einem Zurücksetzen der Reifungsdynamik auf Anfangsstadien kommen, welches seinen Ausgang von Intermediärstadien nimmt (bedingt durch lokale Störungen, Katastrophen, Phänomene der asymmetrischen Konkurrenz, „gap dynamics"). Die Folge solcher lokaler Unterbrechungen der Sukzession, ihres Wiederanlaufens nicht unbedingt unter den vorherigen Rahmenbedingungen und ihres zum Teil heterogenen Voranschreitens auf verschiedenen Teilflächen einer größeren Vegetationseinheit ist eine größere γ-Diversität (3.3.1.2). Sie kann für das einzelne Taxon auf kleinem Raum ein breiteres Spektrum an Standortbedingungen bieten und auf diese Weise den intra-, vor allem aber interspezifischen Konkurrenzdruck mindern, über ein breiteres Angebot an ökologischen Nischen für den gesamten Habitat die Existenzstabilität erhöhen und für Prozesse der Mikroevolution förderlich sein.

6.6.1.5 Chemische Interaktionen zwischen Pflanzen

(Schlee 1992, Howe & Westley 1993, Harborne 1995)

Pflanzen können durch Stoffausscheidungen Mitkonkurrenten an einen Standort direkt schädigen oder in manchen Fällen auch fördern. Letzteres kommt vor allem dann zustande, wenn Wurzelexsudate einer Art zu starker Mobilisierung von Nährstoffionen in der Bodenlösung führen (6.4.5.3), was dann auch dem Nährstoffgewinn von koexistierenden anderen Taxa zugute kommen kann. Ein Sonderfall solcher edaphischer Mutualismen ist, wenn Flachwurzler in Trockengebieten Wasser im Oberboden zu nutzen vermögen, welches nachts durch „hydraulic lift" (6.3.4.1) von Tiefenwurzlern gefördert und gemäß dem herrschenden Wasserpotentialgradienten in höhere Bodenhorizonte abgegeben wird.

Auffälliger ist die Wurzel-Ausscheidung bzw. die Auswaschung aus Sprossen und Blättern und die gasförmige Freisetzung von spezifischen Substanzen, welche Keimung und Wachstum von Mitbewerbern um die Standort-Ressourcen behindern. Solche Stoffe werden allgemein als **„Koline"** bezeichnet, das Phänomen als **„Allelopathie"** (Rice 1984). Zu nennen sind hierbei organische Säuren, Phenole, kurzkettige Fettsäuren, Tannine, insbesondere aber speziellere sekundäre Pflanzenstoffe (Tab. 6-24). Der Terpenstoffwechsel liefert hierzu viele Substanzen (Theis & Lerdau 2003), die Alkaloid-Biosynthese, der Cyanid-Stoffwechsel (Gleadow & Woodrow 2002) und andere. Viele solcher entweder konstitutiv oder aber spezifisch gebildeter Stoffe spielen auch wichtige Rollen bei der Pathogen- und Herbivoren-Abwehr und bei Kommunikations-Vorgängen von Pflanzen untereinander und zwischen Pflanzen und Tieren (6.6.1.6).

Allelopathische Unterdrückung der Keimung wendet sich vielfach gegen den Samenaufschlag bzw. die Brutpflanzenetablierung (Beispiel: *Bryophyllum calycinum*) der eigenen Art im Einflussradius der Mutterpflanze. Ein Beispiel für die Keimhemmung bei Kressesamen durch Blattpresssaft des Neophyten *Impatiens glandulifera* zeigt Abb. 6-65. Im standörtlichen Konkurrenzgefüge besonders bedeutsam ist allelopathische Bodenvergiftung, wenn sie die Grundlage der Faziesbildung von Arten ist (Ausscheidung von Allicin durch *Allium ursinum*-Bestände im Unterwuchs von Hartholzauen, Lange & Kanzow 1965); wenn sie Pflanzenkeimung verhindert (z. B. unter Walnussbäumen *(Juglans regia)* durch Juglon, welches durch Hydrolyse und Oxidation aus einem nicht-allelopathischen Naphthalen-Glycosid aus Blättern und Wurzeln der Bäume entsteht) oder wenn sie zur scharfen Abgrenzung zwischen verschiedenen Pflanzenbeständen führt (starke Auswaschung ätherischer Öle in den Boden bei manchen Lamiaceen-Beständen: Muller 1969).

Auch allelopathische Wirkungen von gasförmigen Pflanzenausscheidungen auf Standort-Mitbewohner sind beschrieben, welche an der phänotypischen Plastizität ansetzen und zu differenzierter Stoffallokation führen (Ninkovic 2003). In Teichen und Seen können Ausscheidungen von

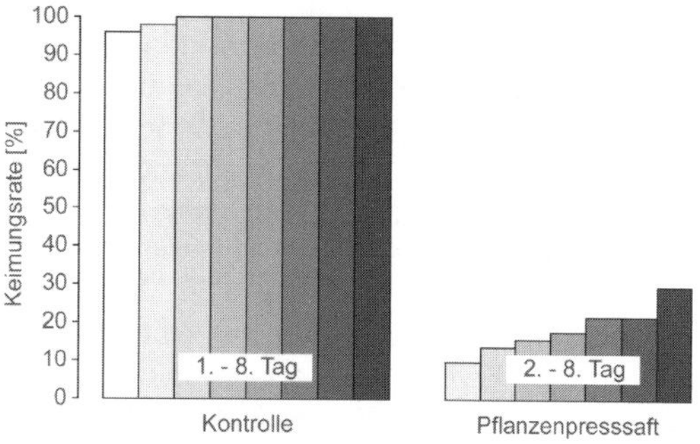

Abb. 6-65: Keimungsraten von Kressesamen auf wassergetränktem Filterpapier (links) und auf Filterpapier, das mit Rohpresssaft von Stängeln des Drüsigen Springkrautes *(Impatiens glandulifera)* getränkt wurde (Dericks & Lösch, unveröffentlicht).

Tab. 6-24: Pflanzliche Sekundärstoffe, die als Allelo- und Semio-Chemikalien fungieren (toxisch wirkend und Informationen zwischen Organismen übertragend) – kombiniert nach Howe & Westley 1993 und Martin 2002).

Stoffgruppe	Chemische Charakterisierung	Substanz-Beispiele	Vorkommen (Bsp.)	Wirkungen
Alkaloide	N-haltige Heterozyklen	Atropin Papaverin Colchizin Nikotin Cannabinol	*Atropa belladonna* *Papaver somniferum* *Colchicum autumnale* *Nicotiana tabacum* *Cannabis sativa*	Vielfältig; u. a. Störungen im Kernsäuren-Stoffwechsel, beim Cytoskelettaufbau; Nervengifte u. ä.
Amine und nicht-proteinogene Aminosäuren	Analoga zu proteinogenen Aminosäuren	Mescalin β-Cyanoalanin	*Lophophora williamsii* *Vicia* spp.	Nervengift Verdauungsgifte
Cyanogene Glycoside	HCN-freisetzende Glycoside	Amygdalin Prunasin	Maloideae, Prunoideae	Unterbrechen mitochondriale Atmungskette
Glucosinolate	N-haltige K^+-Salze	Sinigrin	Brassicaceae	Vielfältig; endokrine Störungen
Terpene Saponine	Aus C5-Einheiten aufgebaute Polymere	Menthol Pinen Limonen Azadirachtin	*Mentha* spp. *Azadirachta indica*	Ätherische Öle als Koline und als Semiochemikalien wirkend Insektizide Wirkung
Flavonoide Cumarine Tannine	Phenolische Substanzen	Anthocyane Cumarin Tannin	Blaue/rote Blüten *Galium odoratum* Rinden, Blätter	Blüten-, Blatt-Farben Verdauungs-beeinflussend Binden an Proteine – Gerbstoff-Wirkung

phenolischen Substanzen durch *Myriophyllum*- und *Ceratophyllum*-Arten Photosynthese und Wachstum mancher einzelliger Algen derart beeinträchtigen, dass dies Einfluss auf den saisonalen Verlauf der Phytoplankton-Entwicklung hat (Gross 1999, Körner & Nicklisch 2002).

6.6.1.6 Wechselbeziehungen zwischen Pflanzen und Tieren

(Howe & Westley 1993, Martin 2002, Lunau 2002)

Pflanzen fungieren für die Tiere als Umwelt, die in spezifischer Weise Nist-, Aufenthalts- und Paarungsraum bietet, und als Nahrungsquelle; Tiere übernehmen für Pflanzen die Pollen- und Diasporenverbreitung, in Einzelfällen auch primäre Habitaterschließung und den Schutz gegen Belastungen und Schadwirkungen von Seiten anderer Organismen.

Pflanzensprosse bieten den Tieren nicht nur geeignet strukturierte Nisträume; **Nestbauten**, vor allem für Brutzwecke, werden von einer sehr großen Zahl von Vertebraten und Invertebraten in spezifischer Weise aus Pflanzenmaterialien hergestellt. Zweige und Blattmaterial werden von vielen Vögeln hierzu in mitunter sehr kunstvoller Weise genutzt; Säuger bauen Laubnester zur Aufzucht des Nachwuchses und nutzen Falllaub-Massen als sichere Winterschlafquartiere. Die spezifische Verwendung und Zurichtung von Blattmaterial zur Einrichtung von Brutbauten ist auch von verschiedenen Insektengruppen bekannt, wie den Blattschneiderameisen, manchen Solitärbienen und Wickler-Schmetterlingen – oft nicht in scharfer Trennung zwischen Brutraum-Ausgestaltung und Nahrungsdepot für die schlüpfende Brut. Die Beeinträchtigung der Pflanzen durch derartige Nutzungen ist in vielen Fällen gering und hat nur die Qualität von mechanischen Läsionen, sofern das Gleichgewicht zwischen der Nutzung der Pflanze als Brutplatz und als Nahrungsquelle sich nicht zu stark zu Gunsten der letztgenannten Funktion verschiebt. Auch die tierische Nutzung von Sprosshohlräumen kann als für die Pflanze weitgehend existenzneutral gewertet werden, ob es sich dabei um Höhlen handelt, die gezielt als Höhlen in alternden Bäumen durch Spechte geschaffen und durch sie und andere nachfolgende Höhlenbrüter genutzt werden, oder die Kolonisierung von Sprosshohlräumen durch Ameisen bei Akazien, *Macaranga*-Arten u. a., die Besiedelung von Domatien (Haarbüschel-überdeckte Vertiefungen bzw. blasige Hohlräume in den Blattader-Achseln mancher Taxa) durch spezifische Milben, von wassergefüllten Mulden, wo der Blattgrund am Stängel inseriert (= „Phytothelmen", mit z.T. spezifischer Mückenlarven-Fauna) u. a. m. Der kapillare Wasserfilm um Moosblättchen und -stängel ist der obligate Lebensraum vieler verschiedener Tardigraden, die diesen Habitat mit Nematoden, Milben und Protozoen teilen (Greven 1980). Vielerlei Insektengruppen finden ihre Existenzmöglichkeiten in den Hohlräumen der rissigen Borke von Baumstämmen – Eichenstämme bieten hierdurch mehreren Dutzend Arten von Insekten und Spinnentieren ein geeignetes Existenzumfeld. Morphogenetische Einflüsse auf die Pflanzen haben hingegen Gallwespen, welche die angestochenen Blatt- bzw. Knospengewebe zu Wucherungen um das Eigelege des Insekts anregen, und in die Kategorie der pflanzenschädlichen Phytophagie einzuordnen sind die Aktivitäten von Minier-Insekten. Blüten, schließlich, sind bekannt auch als Paarungsort von Insekten – mit dem für die Pflanze nützlichen und koevolutiv intensiv ausgenützten Nebeneffekt der Pollenübertragung (7.1.1).

Bei der gegenüber der Windbestäubung wesentlich gezielteren und damit effizienteren Pollenübertragung durch Insekten (Relation Pollenkörner : Samenanlagen bei Windblütlern im Extrem $10^6:1$, bei Insektenblütlern – Orchideen – 1:1) werden mit dem Pollen-Anteil, den die Bestäuber selbst als Nahrung aufnehmen (Käferblüten) oder für die Brutversorgung sammeln (Hymenopteren), den Pflanzen beträchtliche Eiweiß- bzw. Aminosäuren-Quantitäten entzogen. Die Darbietung von Nektar, einer Lösung von stofflich weniger kostbaren, aber energiereichen Kohlenhydraten, war ein in vielen Verwandtschaftskreisen der Angiospermen eingeschlagener Evolutionsweg, die Attraktivität der Blüten für Bestäuber bei akzeptablem Stoff-Investment zu sichern. In ähnlicher Weise werden von Ameisenpflanzen den sie bewohnenden und gegen Fressfeinde und Belastung durch Lianenbewuchs verteidigenden Kolonien dieser Insekten ölreiche Nahrungskörperchen angeboten. Wegen ähnlich nahrhafter „Elaiosomen" als Fettkörperchen-Anhängsel an den Samen vieler Waldbodenpflanzen werden diese von Ameisen verschleppt und auf diese Weise verbreitet. In allen diesen Fällen erhält die Pflanze im Gegenzug zur tierischen Nutzung ihrer Produkte Vorteile für die eigene Existenz oder die ihrer Nachkommenschaft – diese Wechselbeziehungen können so als **mutualistische Partnerschaften**, mit beidseitigem Nutzen der beteiligten Organismen, eingestuft werden.

Stärker einseitig vorteilhaft auf Seiten der Tierwelt ist der Interaktionskomplex der **Phytophagie**, der Ernährung durch Pflanzen und Pflanzenteile. Soweit dies durch Fraß von Blättern, Stängeln und Wurzeln, durch Minieraktivitäten in Blättern und Sprossen, durch Gallenbildung mit nachfolgender Vertilgung des Galleninhalts durch die sich dort entwickelnden Larven sowie durch das Anstechen und Aussaugen von Phloem- und Xylembahnen erfolgt, wird dieser Verzehr pflanzlicher Biomasse als **„Herbivorie"** bezeichnet. Er kommt im Beziehungsgefüge zwischen den pflanzlichen Produzenten und den tierischen Konsumenten ausschließlich den letztgenannten zugute. Der Konsum von Früchten, Samen, Pollen und Nektar bringt im Unterschied hierzu auch der Pflanze Nutzen, sei es im Interesse der präzygotischen Reproduktionsvorgänge, sei es im Dienste der Diasporen-Ausbreitung (7.1.4).

Wachstum und Überleben, aber auch Fortpflanzung und Vermehrung können durch stärkere Herbivorie erheblich beeinträchtigt, die „Fitness" der Pflanze dementsprechend verschlechtert werden. Die mitunter explosionsartige Vermehrung vor allem invertebrater Pflanzenfresser in artenarmen Beständen kann mitunter zu deren völligen Zusammenbruch führen – Nutzpflanzen-Monokulturen sind dafür besonders anfällig (Kranz et al. 1979). Gerade in Landbau und Forstwirtschaft (Reisch 1974) wird deshalb der Herbivoriebelastung der Pflanzen besondere Aufmerksamkeit gewidmet, und Schädlingsbekämpfung prägt stark die Pflege der Felder und des Waldes. Bei mäßigem Biomasseverlust durch Tierfraß unter suboptimalen Vermehrungsbedingungen für die Herbivoren, wie er in vitalen, artenreichen Wildpflanzenbeständen die Regel ist, ist durchaus eine Kompensation, manchmal sogar Überkompensation durch verstärkte pflanzliche Stoff-Produktion oder zumindest -Allokation möglich. So kann bei etlichen der mitteleuropäischen Waldbäume, besonders bei Eichen, der „Johannistrieb", ein frühsommerlicher starker Neuaustrieb der Blattknospen, im allgemeinen hinreichend die Herbivorie-Verluste ersetzen, die durch Raupenfraß (Gemeiner Frostspanner, *Operophtera brumata*) an den im Frühjahrsaustrieb gebildeten Blättern entstanden sind. Auch die alljährlich im Hochsommer von Spannerraupen kahl gefressenen und von ihren Gespinsten auffällig eingehüllten Pfaffenhütchen-Sträucher *(Evonymus europaeus)* erleiden durch diesen Biomasseverlust keine derart dramatische Schwächung, als dass sie nicht im Folgejahr wieder höchst vital austreiben könnten. Solche Kompensations-Elastizität können die Pflanzen allerdings nur entwickeln, wenn sie nicht durch weitere Stressoren beeinträchtigt werden, wie es sommerliche Trockenheit, Nährstoffmangel und hoher zwischenartlicher Konkurrenzdruck sein können.

Pflanzen sind der Belastung durch Herbivore nicht schutzlos ausgeliefert. Wie bei jedem anderen Stressor auch, stehen ihnen im Laufe der Evolution entwickelte Möglichkeiten der Vermeidung bzw. der Abwehr gegen Phytophage zur Verfügung oder sie besitzen genügende Toleranz, um in mitunter beträchtlichem Ausmaß Biomasseverluste ohne nachhaltigen Vitalitätsverlust zu überstehen. Hierbei kommt der Pflanze als offenem, modular organisiertem System zugute, dass Absterben und Abwurf von Organen Bestandteile des normalen Lebensvollzuges sind, und die Brutto-Produktion die Nettoproduktion in einer Vegetationsperiode sowieso erheblich übersteigt (6.5.2.6). Durch horstigen Wuchs, ausgehend von Basal-Meristemen, kann vor allem die Lebensform der Gräser hervorragend die Entfernung apikaler Biomasse tolerieren – und Gräser sind in allen Vegetationsformationen der Erde mit starkem Besatz durch herbivore Säugetiere die dominierende Pflanzengruppe. Dikotyle Pflanzen können kontinuierlichen stärkeren Laubverlust weniger schadlos ertragen. Bei Bäumen und Sträuchern ist ihre Kronenausdehnung jedoch im allgemeinen so groß, dass Wildtieräsung zwar zu Verbiss, nicht jedoch zur nachhaltigen Vitalitätsminderung führt. Weitgehend unwirksam sind solche strukturellen Einrichtungen zum Tolerieren oder Vermeiden von Tierfraß bei Massenbefall durch invertebrate Herbivore (Heuschreckenfraß, Raupen-Kalamitäten u. ä.).

Morphologische Einrichtungen der Pflanzen, den Fraßdruck zu vermindern, ist der Besatz der Blätter und Stängel mit Haaren und die Ausbildung von Dornen und Stacheln. Im subtropischen Trockenbusch, im Randbereich der Vorkommen der herbivoren Großsäugerherden der Savannen, ebenso wie in durch starke Ziegenbeweidung seit Jahrtausenden degradierten Dornpolster-Triften des östlichen Mittelmeerraumes prägen Dornsträucher Aussehen und floristische Zusammensetzung der Vegetation, vom Weidevieh verschmähte Disteln und Brennnesseln erfahren auf stark genutzten alpinen Urwiesen und Lägerfluren eine selektive Bevorzugung. Dichter Trichombesatz vermindert auch wirksam den Fraßdruck von Invertebraten; letzeteres ist nicht der Fall bei einem dornigen Habitus der Pflanzen. Auch der Besitz von Brennhaaren schützt meist nicht gegen Insektenbefall (Tuberville et al. 1996).

Bei der Abwehr der Herbivoren aus dem Insektenreich und von Schnecken stärker wirksam sind toxische pflanzliche Inhaltsstoffe, die zur großen Gruppe der Allelochemikalien gerechnet werden können (6.6.1.3). In ihrer chemischen Natur sind sie äußerst vielseitig und in ihren Wirkungen oft hoch spezifisch. In Tabelle 6-24 sind die wichtigsten dieser Substanzklassen aufgezählt; ihr Vorkommen ist (über die – in der Tabelle nach Möglichkeit der mitteleuropäischen Flora entnommenen – Beispiele hinaus) besonders vielfältig und weit verbreitet in der Vegetation der Tropen. Manche dieser Stoffe stehen am Ende von physiologischen Umsatz- und Abbauwegen und mögen sich im Zuge der Synevolution sekundär als förderlich für die Herbivorenabwehr herausgestellt haben, bei manchen hat auf ihrer Funktion als Allelochemikalien ein evolutiver Selektionsdruck gelegen. Besonders im Tropenraum, wo anderswo dominierende abiotische Stressoren wie Trockenheit und Kälte keine große Rolle im Evolutionsgeschehen spielten, können Fraßdruck und eine für die pflanzliche Vitalität abträgliche hohe Insektenbesiedelung einerseits, mutualistische Bindung anderer Insekten an Pflanzen mit besonderen Inhaltsstoffen andrerseits zu wechselseitigen Linien der Spezialisierungsevolution geführt haben. Denn ein und derselbe Pflanzenstoff kann auf verschiedene Phytophagen ganz unterschiedlich wirken.

Die der Herbivoren- (und Pathogen-)Abwehr dienenden Substanzen können **konstitutiv**, unabhängig vom aktuellen Bedarf, produziert werden. Dann sind sie bei Bedarf sofort verfügbar und können vom Beginn der Phytophagen-Attacke an wirksam sein – allerdings auf Kosten des metabolischen Aufwandes ihrer Bereitstellung für den Eventualfall. Als Phänomen der chemischen Ökologie oft spektakulärer ist jedoch die **„induzierte pflanzliche Abwehr“**, bei der es erst bei akutem Bedarf nach Abwehr- und Signalsubstanzen zu Exprimierung der notwendigen Gene, des Aufbaus der spezifischen Enzymausstattung und der nachfolgenden Produktion der spezifischen Allelochemikalien kommt (Dicke & Hilker 2003, Dicke et al. 2003), in manchen Fällen unter Phytohormon-Aktivierung und -Steuerung längerer Umsatzkaskaden im Intermediärstoffwechsel. Die dabei entstehenden Substanzen können **direkt toxisch** auf den Stoffwechsel des Phytophagen wirken. Mitunter aber bewirken sie als von der Pflanze freigesetzte flüchtige Substanzen Vorgänge der **indirekten Herbivoren-Abwehr** (Baldwin & Preston 1999, Paré & Tumlinson 1999): Wahrgenommen durch Prädatoren der attackierenden Herbivoren-Art, können sie zu deren Anlockung führen und durch Beeinträchtigung des Phytophagen über höhere Ebenen der organismischen Wechselbeziehungen der Pflanze Entlastung verschaffen. Weiter ist auf diesem Weg die Möglichkeit der **interindividuellen Information von Pflanzen** über drohenden Herbivorenbefall gegeben.

Unter die chemisch bedingte direkte Abwehr von Fraßdruck kann zum einen der Besitz schwer oder nicht verdaubarer Substanzen gezählt werden, zum anderen die Produktion von Pflanzengiften (Howe & Westley 1993). Bereits die Zellulose- und Hemizellulose-Makromoleküle der pflanzlichen Zellwände können nur mit Hilfe einer spezifischen Darmflora aufgeschlossen werden. Die phenolischen Polymere der Lignine sind weitgehend unverdaulich. Die der gleichen Substanzklasse zurechenbaren Tannine blockieren das tierische Verdauungssystem, binden sich an Nahrungsproteine und verschlechtern erheblich die Funktion der in den Darmwänden der Tiere lokalisierten Proteine (Proteinase-Inhibitoren; Ryan 1979, Van Soest 1982). Kieselsäure, reichlich eingelagert in, z. B., Schachtelhalmsprossen (*Equisetum* spec.), Seggen- (*Carex* spec.) und vielen Süßgras-Blättern, ist komplett unverdaulich. Die Ausfällung von Calciumoxalat-Raphiden, z. B. in den Vakuolen der Aronstabblätter *(Arum maculatum)*, stellt einen wirksamen Fraßschutz vor allem gegen Schnecken dar.

Pflanzengifte entstehen meist aus Vorstufen, die im pflanzlichen Lipidstoffwechsel gebildet werden (Terpene, Alkaloide, Steroide) oder durch die Metabolisierung von Aminosäuren (Alkaloide, Flavonoide, Cumarine, phenolische Substanzen, toxisch wirkende Aminosäuren). Vielfach wird durch sie nur eine einzelne biochemische Reaktion blockiert, wodurch derartige „qualitative Toxine" auch schon in sehr geringer Konzentration wirksam sind.

Alkaloide, N-haltige Heterozyklen, werden – als rund 20000 chemisch unterscheidbare Substanzen – von den (vor allem krautigen) Mitgliedern eines guten Viertels aller dikotylen Pflanzenfamilien produziert. Sie stören oder hemmen (Howe & Westley 1993) den Kernsäurenstoffwechsel (z. B. Koffein), die Mitose (z. B. Colchizin), die Membrankompartimentierung (z. B. Tomatin), fördern den Ribosomenabbau (Mescalin) und können die Nervenerregung hemmen (Acetylcholinesterase-Blockierung durch Physostigmin).

Manche Pflanzenstoffe greifen hormonell in die Entwicklungsprozesse von Insekten ein. Besonders bekannt hiervon sind die aus dem Terpen-Stoffwechsel sich entwickelnde **Ecdysone**. Sie werden als Insekten-Abwehrstoffe von Koniferen produziert und finden sich in erheblicher Spezifität in verschiedenen Asteraceae-Gattungen (u. a. *Ageratum, Vernonia, Chrysanthemum*). Pyrethroide (C10-Monoterpene) sowie Azadirachtin, ein Produkt des Neem-Baums *(Azadirachta indica)* stören wirksam die Larvenentwicklung und Eiproduktion von Insekten und kommen inzwischen vielfach als „natürliche Insektizide" zum Einsatz (Sundaram 1996). Erhöhte Freisetzung von **Pheromonen**, z. B. bei Borkenkäferbefall, im chemischen Zusammenwirken von Baum, Parasit und mikrobiellen Symbionten lockt zunächst größere Zahlen der Schadinsekten an, wird rückkoppelnd aber über direkte pflanzliche Abwehrreaktionen (Harzfluss im Falle von Borkenkäfern) auf intermediäre Intensitäten herabreguliert (Raffa 2001) und kann in machen Fällen durch Attraktion anderer herbivorer Mitbewerber um evtl. unterschiedliche Ressourcen der befallenen Pflanze deren Belastung mindern, vor allem aber Prädatoren der Primärparasiten aktivieren.

Viele Pflanzenarten aus unterschiedlichen Verwandtschaftskreisen produzieren **cyanogene Glycoside**. Die für die Mitochondrienatmung hoch toxische Blausäure (HCN; blockiert die Cytochromoxidase) wird bei der phytophagen Zerstörung des Pflanzengewebes freigesetzt – die Pflanzen/Herbivoren-Synevolution hat dazu geführt, dass Populationen mit derartigen Inhaltsstoffen erheblich weniger Fraßschäden erfahren als Sippen, die solche Stoffe nicht produzieren (vielfach bereits auf infraspezifischem Niveau unterschiedlich, z. B. bei manchen als Viehfutter-Pflanzen wirtschaftlich interessanten Fabaceae).

Schwächere Schäden bewirkend, aber vor allem gegenüber der Weidebelastung durch erfahrungsfähige Säuger-Herbivoren nützlich, ist die Entwicklung pflanzlicher **Bitterstoffe**, welche beim Vieh Leber- und Nierenschäden hervorrufen können (Howe & Westley 1993).

Unspezifische Herbivorie-Abwehr der Pflanzen kann mit der Zeit nahezu stets durch spezialisiertere Herbivoren überwunden werden. Die Entwicklung spezifischer Giftstoffe durch die Pflanze schränkt das Phytophagen-Spektrum erheblich ein. Einzelnen Phytophagen ist es jedoch möglich, diese Gifte abzubauen oder zumindest in ihrer Wirkung zu neutralisieren. Sie erlangen dadurch ein exklusives, anderen Mitkonkurrenten um pflanzliche Biomasse nicht zugängliches Nahrungsreservoir und gehen in seiner Nutzung evolutiv von der Polyphagie zur Oligo- oder sogar Monophagie über („Hypothese der Nahrungsspezialisierung"). Synevolutiv wird die Pflanzensippe dadurch ihrerseits einer Selektion unterworfen, bei der verstärkte Giftproduktion oder – mehr typisch – die allmähliche Förderung von anderen chemischen (oder produktionsbiologischen, strukturellen oder phänologischen) Abwehrmechanismen die Beeinträchtigung ihrer Vitalität durch die oligophage(n) Tierart(en) in Grenzen halten.

6.6.2 Ökosysteme

Die organismischen Wechselbeziehungen – Raum- und Ressourcen-Konkurrenz sowie mutualistische, parasitische und symbiontische Beziehungen (8.7) – prägen wesentlich die standörtliche Einbindung der einzelnen Pflanze innerhalb der Grenzen, die durch die abiotischen Standortparameter bestimmt werden. Prinzipiell ist auch ein solch kompliziertes und vieldimensionales Geflecht von Abhängigkeiten und Interaktionen der analytischen Strukturierung zugänglich. Es war Tansley (1935), der als Erster betonte, dass solche strukturellen und funktionellen Beziehungsgefüge der Organismen und ihre physikalisch-chemischen Umwelt recht eigentlich „the basic units of nature on the face of the earth" seien, und mit der Feststellung, „These ***ecosystems***, as we may call them ... form one category of the multitudinous physical systems of the universe, which range from the universe as a whole down to the atom" (a. a. O. p. 299, Kursivauszeichnung auch im Original) prägte er den seitdem hierfür verwendeten Begriff: **Ein „Ökosystem" ist ein Wirkungsgefüge von Lebewesen und deren anorganischer Umwelt, das prinzipiell für Außeneinflüsse offen ist und ein gewisses Ausmaß der Selbstregulation besitzt** (Odum 1971, Ellenberg et al. 1986, Klötzli 1993).

Ökosysteme können sehr unterschiedlich dimensioniert sein, von nur wenigen dm^2 großen Waldtümpeln bis zu viele km^2 großen Waldökosystemen, mitunter wird konzeptionell sogar die Erde in ihrer Gesamtheit als ein Ökosystem betrachtet. Die Offenheit für Außeneinflüsse lässt die Grenzen eines Ökosystems oft wenig scharf erkennbar werden.

Vergleichsweise klar umgrenzt sind aquatische Ökosysteme, da sie durch das Vorhandensein des abiotischen Standortfaktors „flüssiges Wasser" wesentlich bestimmt werden. Nicht von ungefähr ist deshalb das **„Ökosystem See"** besonders populär als Beispiel für eine synökologische Einheit. Entsprechend ist auch die Beschreibung der sich dort abspielenden ökosystemaren Interaktionen bisher am intensivsten und präzisesten erfolgt. In der Beschreibung ihrer Strukturen können auch terrestrische Lebensgemeinschaften leicht voneinander separiert werden; fließender werden die Grenzen wenn es gilt, hinsichtlich der Gesamtheit der Stoff-, Energie- und Informationsaustauschprozesse deutliche Kompartimente zu finden.

In der Regel werden die physiognomisch abgrenzbaren Vegetationseinheiten brauchbare Umschreibungen von ökosystemaren Einheiten abgeben, da die spezifischen edaphischen Gegebenheiten das Vorkommen vieler Pflanzentaxa bestimmen und der einzelne Vegetationsbestand sein je spezifisches Mikroklima besitzt. Auch besitzt die so wesentlich durch die vorhandene Pflanzenwelt geprägte Raumstruktur und Ressourcenverfügbarkeit meist auch typische Tier-Lebensgemeinschaften, die sich von denen benachbarter, anders strukturierter Vegetationseinheiten deutlich unterscheiden. Dass die ortsbeweglichen Tiere nicht nur auf einen Vegetationstyp beschränkt sein müssen, ist klar. Das vielfältige Vorkommen von **„Ökotonen"**, Grenzbiotopen zwischen flächig entwickelten Biozönosen (Bornkamm 1993), unterstreicht, dass der Ökosystembegriff umfassender (damit aber auch weniger präzise) ist als der Begriff der durch ihre Physiognomie charakterisierten und meist auch deutlich abgegrenzten Vegetationseinheit. „Biozönose" bzw. „Lebensgemeinschaft" sind vielfach gebrauchte Bezeichnungen für als Ökosystem abgrenzbare Raumeinheiten mit einer charakteristischen Pflanzen- und Tierwelt unter dem Einfluss spezifischer edaphischer und mikro- bis mesoklimatischer Bedingungen. Ein **„Biotop"** ist primär eine konkrete derartige Vegetationseinheit mit ihrer typischen Tierwelt, die gegenüber benachbarten Biotopen anderer Eigenart im Landschaftsbild abgrenzbar ist und damit die kleinste Einheit von „Naturräumen" darstellt. In der Naturschutzpraxis wird der „Biotop"-Begriff meist etwas enger gefasst als Bezeichnung eines flächig in der Landschaft abgrenzbaren Lebensraumes von höherer Naturschutzwertigkeit als das umliegende Kulturland. Auf der Makroebene werden Biozönosen zu **„Biomen"** zusammengefasst, großräumige Lebensgemeinschaften von Pflanzen und Tieren unter dem bestimmenden Einfluss des Makroklimas, welches zum Teil auch die edaphischen Besonderheiten prägt. Strukturell entsprechen Biome den physiognomisch bestimmten Vegetationsformationen. Innerhalb der durch die globalen Luftmassenkreisläufe geprägten mehr oder minder Breitenkreis-parallelen **„Zonobiome“** können durch edaphische Besonderheiten bestimmte **„Pedobiome“** sowie durch die regionale Orographie bestimmte **„Orobiome“** ausgegliedert werden. Zwischen den zonalen Biomen vermitteln „Zonoökotone“.

In der fachlichen Behandlung wird der Ökosystembegriff meist auf den Integrationsrahmen von Biozönosen eingeschränkt. Selbst dann ist das Ökosystem als Objekt der wissenschaftlichen Analyse und der synthetischen Struktur- und Funktionsbeschreibung erheblich komplexer als die pflanzlichen (oder tierischen) Objekte autökologischer Studien.

Die autökologischen Zusammenhänge sind in der Regel Teil der synökologischen Gegebenheiten und werden so in die Charakterisierung ökosystemarer Gegebenheiten mit integriert. Die autökologischen Abhängigkeiten der Einzelpflanzen von ihrer Umwelt werden dabei über die ökophysiologische Betrachtung hinaus in Beziehung gesetzt zu den auf der Ebene des Pflanzenbestandes wirksamen Klima- und Bodenbedingungen. Da in diesem größeren Integrationsrahmen nicht unerhebliche Wechselwirkungen auch zwischen den abiotischen Standortfaktoren untereinander existieren und diese ferner durch den in seinem Ausmaß variablen pflanzlichen Stoffaustausch mit dem Wuchsort kurz- bis mittelfristige Veränderungen erfahren, sind das wirksame Bestandsklima (6.2), aber auch die größerräumigen edaphischen Bedingungen nicht selten von den durch die Einzelpflanze erfahrenen Existenzbedingungen unterschieden. In vielen Fällen sind im größeren Integrationsrahmen die Extreme von standörtlichen Parametern weniger ausgeprägt als am Wuchsort der Einzelpflanze oder an ihren Organen.

Beim synökologischen Studium einer Lebensgemeinschaft tritt zur Erfassung insbesondere der von der Autökologie quantifizierten Stoffaustauschprozesse unter dem Einfluss abiotischer Parameterkonstellationen dann die vermehrte Beachtung der organismischen Wechselbeziehungen hinzu. Hierdurch können die zum Teil auch beim Stoffumsatz wirksamen, insbesondere aber die die Interaktionen zwischen Lebewesen prägenden Energieumsätze erfasst werden. Herbivorie kann in letzter Abstrahierung als Weitergabe von Stoffen und Energie von der Ebene der Primärproduzenten zu der der Primärkonsumenten verstanden werden (von wo aus in den **Nahrungsketten bzw. -netzen** dieser **Stoff- und Energiefluss** weitergeht zu Konsumenten zweiter Ordnung, dritter Ordnung usw.). Am Ende des Stoffflusses durch die Nahrungspyramiden bzw. Nahrungsnetze werden schließlich die beteiligten Stoffe durch Destruenten im ökosystemaren Kreislauf wieder zur möglichen Aufnahme durch die pflanzlichen Primärproduzenten aufgearbeitet. Die auf den verschiedenen Trophieebenen genutzte Energie geht letztlich in Wärme über, wodurch der Entropiegrad des Gesamtsystems erhöht wird (Abb. 6-66). Während der Stofffluss im Ökosystem somit prinzipiell im geschlossenen oder allenfalls geringfügig offenen Kreislauf erfolgt – im letztgenannten Fall wird bei einem Nettostoffaus- oder -eintrag langfristig eine Veränderung des Systems stattfinden –, ist der Ener-

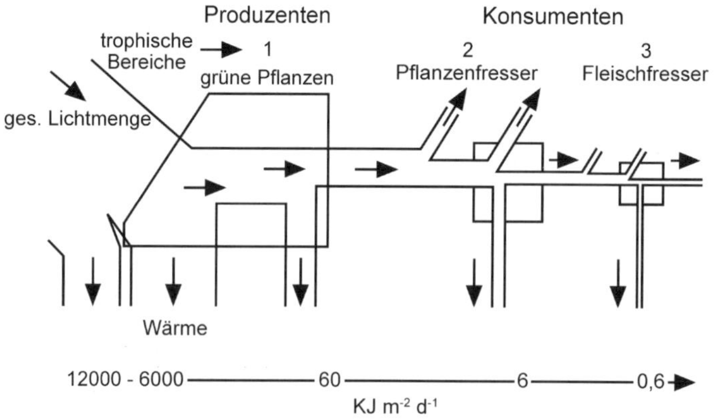

Abb. 6-66: Schematische Darstellung des Energieflusses durch die Komponenten eines Ökosystems (nach Odum 1967 aus Winkler 1980)

giefluss gerichtet, ständig gespeist von neuer Energiezufuhr von der Sonnenstrahlung her.

Der **ökosystemare Informationsfluss** bezeichnet als abstrakter Sammelbegriff eine Vielzahl von organismischen Interaktionen. Er kann mit Stoffumsätzen verknüpft sein, muss dies aber nicht. Interaktionen auf der Ebene der Populationen (s. 7) können hierunter subsummiert werden, insbesondere aber auch alle Komponenten der genetischen Informationsübertragung, der Fortpflanzung und Vermehrung, zum Teil auch der Abwehr von Lebensraumkomponenten, der gegenseitigen Vernichtung und Förderung (6.6.1.5, 6.6.1.6). Im Bereich der pflanzlichen Komponenten eines Ökosystems sind hier insbesondere alle Wechselwirkungen im Zusammenhang mit **Bestäubung und Diasporenverbreitung** zu nennen (7.1.1, 7.1.3), wo vielerlei mutualistische Schnittstellen mit den Lebensvollzügen der Tierwelt gegeben sind. Die Existenzrelevanz der im Zuge der Evolution entstandenen Fülle der verschiedensten sekundären Pflanzenstoffe ergibt sich zu einem erheblichen Teil aus den Notwendigkeiten und Vorteilen der (stofflichen) Informationsübertragung bei der Selbstbehauptung der einzelnen Sippe im Wechselspiel der ökosystemaren Beziehungen.

6.6.3 Ökologische Modelle

Eine umfassende Beschreibung eines Ökosystems wird ausgehen von der Strukturbeschreibung und -inventarisierung, eine Quantifizierung der Austauschprozesse anstreben und schließlich ein komplexes Bild der systemaren Wechselbeziehungen darzustellen versuchen. Ein wichtiges Hilfsmittel bei der abstrakten Beschreibung des vielfältigen ökosystemaren Zusammenspiels ist die Erstellung von **Modellen**. Diese können als Konzeptmodelle mit definierten Signaturen, Chiffren und Interaktionspfeilen schematisch die wichtigsten Wechselbeziehungen aufzeigen und strukturieren. Stoff- und Energieflüsse, aber auch der Austausch von Informationen können auf diese Weise in ihren Richtungen und gegenseitigen Beeinflussungsmöglichkeiten im Schema visualisiert werden. Der Auflösungsgrad kann dabei Ebenen unterschiedlicher Komplexität erreichen, mit „black box"-Kompartimenten, zwischen denen nur die besonders wichtigen Austauschprozesse schematisch dargestellt sind, oder in umfassenden Gesamtmodellen und mit Untermodellen, die die komplexen Wechselbeziehungen innerhalb der einzelnen Kompartimente aufgliedern und an „Schnittstellen" in das Gesamtmodell einbinden. Die schrittweise Auflösung eines jeweils übergreifenden Gesamtmodells in Untermodelle zur Beschreibung und Quantifizierung der dort jeweils ablaufenden Interaktionen kann prinzipiell beliebig weit getrieben werden. So ist vom Ansatz eines solchen Modellierens her letztlich eine Modellbeschreibung des ökosystemaren Funktionierens möglich von der subzellulären Ebene bis hinauf zum Zonobiom – ein Rahmenansatz, der freilich für die Nutzumsetzung von Modellen kaum von Bedeutung sein dürfte.

Konzeptmodelle beschreiben qualitativ die ökosystemaren Interaktionen und stellen somit nur eine streng formalisierte Art der Schilderung von Lebensgemeinschaften und ihrer Wechselwirkungen dar. Sie sind nützlich, um in extremer Formalisierung die Korrektheit und Vollständigkeit der Bilder zu überprüfen, die zur Beschreibung der Natur-Realität gemacht werden. Eine Quantifizierung der ökosystemaren Wechselwirkungen wird damit meist nicht angestrebt, und infolgedessen haben sie auch nur beschränkten Wert für Prognosen über mögliche Systemänderungen. Hierzu können deterministische **Prozeßmodelle** weiterhelfen, welche den in den Konzeptmodellen beschriebenen Speicherkompartimenten und Austauschflüssen Zahlen zuordnen, welche die im System bewegten bzw. stationär verbleibenden Stoff-, Energie- und Informationsmengen quantifizieren und die Umsatzprozesse formelmäßig beschreiben (Richter 1985).

Solche Modelle sind unentbehrliche Hilfsmittel beim Bemühen, **Hochrechnungen** durchzuführen, um auf der Basis von Umsatzdaten der Einzelpflanze die Austauschvorgänge auf Bestandsebene zu quantifizieren (**„scaling up"**: Ehleringer & Field 1993). Primäre Integrationsebene der Prozeßmodelle sind die Submodelle für die einzelnen ökosystemaren Komponenten, Endziel der Vorgehensweise ist eine angemessene Verknüpfung der Submodelle zur abstrakten quantitativen Beschreibung der Ökosystemdynamik.

Voraussetzung für einen solchen quantitativ formalisierten Beschreibung- bzw. Abstraktions-Ansatz der Realität mit implizierter Prognosemöglichkeit ist die

Gültigkeit des Kausalitätsprinzips, zumindest in seiner schwachen Form: „Gleiche Ursachen haben gleiche Wirkungen". Ein dadurch möglicher deterministischer Ansatz (unter Nutzung von Differential- bzw. Differenzengleichungen) ist im Falle einer geringen Anzahl zu berücksichtigender ökosystemarer Komponenten durchaus sinnvoll und zum Ziele führend. Die Alternative wäre ein vorwiegend stochastischer (nur auf statistischen Wahrscheinlichkeiten aufbauender) Versuch zur quantitativen Beschreibung der ökosystemaren Zusammenhänge. Mit Ausnahme sehr einfacher Systeme führt dies aber bald zu Gleichungen, welche analytisch nicht mehr behandelt werden können. Freilich stoßen auch deterministische Modelle oft an ihre Grenzen durch das Vorherrschen nicht-linearer Zusammenhänge in Ökosystemen. Während für lineare Differentialgleichungssysteme allgemeine Lösungen gefunden werden können, ist dies bei nicht-linearen Differentialgleichungen in der Regel nicht möglich. Nicht-Linearitäten können zu multiplen stationären Zuständen des betrachteten Systems führen oder zu Grenzzyklen.

Ob das Ziel einer weitgehend quantitativen Modellbeschreibung für hochkomplexe Ökosysteme vollständig erreicht werden kann, angesichts der stets notwendigen starken Vereinfachung und Abstraktion gegenüber dem konkreten Umsatzgeschehen und der dabei auftretenden Fehlerfortpflanzung insbesondere bei der Verknüpfung nichtlinearer Umsatzprozesse, wird kontrovers diskutiert. Diese Einschränkung muss bei Prognoseerwartungen angemessen berücksichtigt werden.

Auf der Ebene ökosystemarer Teilkomponenten sind Prozessmodelle jedoch durchaus brauchbar und realitätsnah bei der Simulation ökologischer Interaktionen und Stoffflüsse. So kann insbesondere die Berechnung der standörtlichen Primärproduktion auf der Basis von Mikroklimadaten und Informationen zu den Photosynthesecharakteristika der Pflanzen (einschl. der komplexen Abhängigkeiten des Stomataverhaltens) gut mit den oft nur unter großem Aufwand erhältlichen Meßdaten übereinstimmende Hochrechnungswerte erbringen (z. B. Tenhunen et al. 1987: photosynthetischer Gaswechsel, Reynolds et al. 1992: CO_2-Effekt-Extrapolation vom Einzelblatt auf Bestandsumsätze, Stickan et al. 1994: Wasser- und Assimilathaushalt von Buchen, Svendsen et al. 1995: Wasser-, Stickstoff- und Biomasseumsatz von Agroökosystemen). Gerade auch die Austauschkomponente der Evapotranspiration im ökosystemaren Wasserkreislauf kann, ausgehend von routinemäßig erlangten Daten auf physikalisch-physiologisch solider Basis hochgerechnet werden (Leuning et al. 1991, Aschan et al. 1997). Ihre Integration in standorthydrologische Modelle ist möglich (Lösch 1997). Derartige Submodelle lassen sich dann wiederum mit mesoskaligen Modellen der Klimavorgänge in der Troposphäre verknüpfen, ein Anliegen, welches im Zusammenhang mit den Spurengasanreicherungen in der Atmosphäre in unserem Jahrhundert, dem damit verbundenen Temperaturanstieg und den daraus wieder resultierenden Folgen **(„global change")** von großer Bedeutung ist.

Bei den organismischen Interaktionen werden Rechenmodelle zu **Räuber-Beute-Beziehungen** im Bereich der zoologischen Populationsökologie intensiv behandelt. Prinzipiell sind sie mit Abwandlungen auch auf Wechselbeziehungen zwischen der Vegetation und den herbivoren Gemeinschaften eines Lebensraumes übertragbar, und erste Ansätze existieren (DeAngelis & Post 1991), organismische Beziehungsnetze im Hinblick auf Bestäubungs-, Verbreitungs-, Brutraum-, Fress- u. ä. Abhängigkeiten in Konzept- und sogar Prozessmodellen zu abstrahieren.

Die analytischen Ansätze der Ökosystemforschung sind sehr vielfältig und jeweils den spezifischen Fragestellungen angepasst. Alle ökosystemaren Abläufe in ihrer Komplexität zu erfassen, ist unmöglich. Meteorologische Standarddaten sowie parallel dazu gemessene mikroklimatische Bestandsprofile werden in kaum einem ökosystemar ausgerichteten Forschungsansatz fehlen. Ebenso ist die floristische und – zumindest auf wichtige und leicht erkennbare Tiergruppen konzentrierte – faunistische Erfassung des zu untersuchenden Ökosystems Voraussetzung für eine adäquate Beschreibung der Komponenten der Biozönose. Auch eine bodenkundliche Grunderfassung der Gegebenheiten wird in der Regel notwendig sein. Eine vertiefte Analyse wird die Ökophysiologie des Primärstoffwechsels (Photosynthese, Transpiration, Stickstoff- und Mineralstoffumsätze) der bestandsprägenden Pflanzenarten charakterisieren und Grunddaten zur Biomasseallokation liefern. Die Quantifizierung des Nährstoffangebots im Substrat und seine differenzierte Aufnahme in die Pflanzen ist ein Aufgabenbereich an der Schnittstelle zwischen Bodenkunde und Pflanzen-Ökophysiologie. Am

Bodenkompartiment werden bei einer umfassenden Ökosystemanalyse auch mikrobiologische Studien ansetzen, welche wichtige Daten zu den Stoffflüssen zwischen Pedosphäre und Atmosphäre liefern können und Informationen zu den Mechanismen der Remineralisierung geben.

Nachdem im Rahmen des IBP viele wichtige Ökosysteme der Erde mit derartigen Ansätzen näher beschrieben und zum Teil quantifiziert wurden (z. B. Wielgolaski & Rosswall 1971, Ellenberg et al. 1986) konzentriert sich die zeitgenössische Ökosystemforschung einerseits auf die komplexe Modellierung der Systemzusammenhänge, andererseits messend und hochrechnend auf die Stabilität und Störungsempfindlichkeit von natürlichen und unter forst- vor allem aber landwirtschaftlicher Nutzung stehenden Ökosystemen.

7 Grundlagen der Ökologie von Populationen und Pflanzengesellschaften

7.1 Populationsökologische Grundlagen

Als **Population** bezeichnet man eine lokale oder regionale Gruppe von Individuen einer Art, zwischen denen über mehrere Generationen ein Fortpflanzungszusammenhang besteht. Das von der Population besiedelte Gebiet muss so groß sein, dass eine normale Ausbreitung der Diasporen und ein normales Wanderverhalten möglich sind. Die **Populationsanalyse** befasst sich mit der Altersstruktur in Populationen, wie Keimungs- und Jugendphasen (Verjüngung), Beginn und Dauer der Fortpflanzung, Diasporenproduktion, Durchschnittsalter und Absterbephasen. Eine Population befindet sich im Gleichgewicht, wenn Verjüngungs- und Absterberaten ausgeglichen sind. Das Gleichgewicht in einer Vegetationseinheit setzt das Gleichgewicht in den Populationen voraus. Dieses Gleichgewicht ist in der Regel jedoch nicht vorhanden, da kurz- und langfristige sowie klein- und großräumige Habitatveränderungen, der allmähliche und langfristige Wandel der Arten durch Evolution und seit Jahrtausenden die Eingriffe des Menschen in den Naturhaushalt zu Populationsschwankungen führten und führen.

Vielfach ist gerade die Fragmentierung der Landschaft und somit auch der Populationen auf den Einfluss des Menschen zurückzuführen. Derzeit gewinnt in diesem Zusammenhang das Metapopulationenkonzept stark an Bedeutung (z. B. Poschlod 1996, Begon et al. 1997, Falinska 1998, Hanski 1999). Unter **Metapopulationen** versteht man Populationen, die als eine Reihe von Teil-(Unter)populationen existieren, die räumlich voneinander getrennt sind. Die Isolation ist dabei nicht vollkommen, sodass gelegentliche Migrationen bzw. Genfluss zwischen den Teilpopulationen vorkommen. Dabei ist jedoch die Migrationsrate begrenzt, sodass man die Dynamik der Metapopulation als Summe der Dynamiken der einzelnen Teilpopulationen ansieht. So können (über lange Zeiträume) lokale Aussterbeprozesse sowie ggf. genetische „Erosionserscheinungen" immer wieder kompensiert werden. Dieses Konzept ist heute bei allen populationsbiologischen Arbeiten und v. a. beim praktischen Naturschutz zu beachten, z. B. um Migrationskorridore offen zu halten, damit das Überleben kleiner Populationen bzw. von Teilpopulationen gesichert ist.

Seit Harper (1977) erfährt die Populationsbiologie eine stürmische Entwicklung. Gegenstand dieses Kapitels ist jedoch nicht die Darstellung der Populationsbiologie bzw. Populationsökologie i. w. S. (Begon et al. 1997, Amler et al. 1999), sondern die Darstellung der Mechanismen, die die Interaktionen von Populationen und Pflanzengesellschaften betreffen, also Bestäubungs-, Ausbreitungs- und Reproduktionsökologie sowie Diasporenbank, Keimung, Etablierung und Habitatbesetzung.

7.1.1 Bestäubungsökologie

Die **Bestäubungsökologie** der Sippen hat einen entscheidenden Einfluss auf die Populationsstruktur. Dabei wird **Autogamie** (Selbstbefruchtung einschl. Selbstbestäubung) allgemein als Sexualvorgang angesehen, bei dem beide Gameten von ein- und demselben Individuum abstammen. Bei den Angiospermen handelt es sich um Selbstbestäubung, wobei die Bestäubung und Befruchtung in einer Blüte durch ihren eigenen Pollen erfolgt. Autogamie kann fakultativ oder obligat auftreten, wie etwa bei kleistogamen Blüten, die sich nicht öffnen. Genetisch gleichbedeutend ist die als Geitonogamie, Nachbarbestäubung, bezeichnete Bestäubung einer Blüte durch den Pollen einer anderen Blüte derselben Pflanze (so auch bei Gymnospermen). Bei der **Allogamie** (Fremdbefruchtung, Fremdbestäubung) erfolgt die Bestäubung durch den Pollen einer Blüte einer anderen Pflanze (Xenogamie = Kreuzbestäubung; Fremdbestäubung i. e. S. unter Ausschluss der Geitonogamie). Organismen, bei denen Allogamie vorherrscht, werden als Fremdbefruchter bezeichnet. Dagegen bezeichnet **Apomixis** die völlige Degeneration und den Verlust der generativen Reproduktion.

Zahlreiche Sippen sind fakultativ autogam. Dabei handelt es sich um ein Balancesystem zwischen Allogamie und Autogamie, bei dem sich die Blüten zuerst öffnen und Fremdbestäubung ermöglichen und erst gegen Ende der Anthese (Blütezeit) oder bei schlechten Bedingungen Selbstbestäubung durchführen. Bei *Viola*-Arten oder bei *Oxalis acetosella* werden offene (= chasmogame) und geschlossene, knospenartige kleistogame Blüten am gleichen Individuum gebildet.

In mehreren Angiospermenfamilien ist fakultative und schließlich obligate Autogamie sekundär entstanden, so insbesondere bei Brassicaceen (z. B. *Thlaspi arvense*), Violaceen (z. B. *Viola arvensis*), Boraginaceen (z. B. *Lappula squarrosa*) und Asteraceen (z. B. *Senecio vulgaris*). Sie ist v. a. bei Therophyten ausgebildet und hier wiederum v. a. bei Unkräutern und Pionierpflanzen sowie bei Sippen in extremen Lebensräumen, in denen Bestäuber weitgehend fehlen. Denn in Wüsten, subarktischen und alpinen Gebieten ist Autogamie oft die einzige Möglichkeit, die einen gesicherten Fruchtansatz gewährleistet. Auch an nur kurzfristig zur Verfügung stehenden Habitaten ist es vorteilhaft, wenn aus Einzelpflanzen und unabhängig von Blütenbesuchern rasch Populationen aufgebaut werden können, wobei die relative genetische Einheitlichkeit durch modifikatorische Plastizität kompensiert wird. Trotz der negativen Folgen der Autogamie, wie Inzucht, gesenkter Rekombinationsrate und eingeschränkter Variationsbreite, ist Autogamie für einen gewissen Zeitraum offenbar günstig, um sich an dem betreffenden Habitat und v. a. auch unter ungünstigen Bedingungen behaupten zu können. Auch Apomixis ermöglicht den Aufbau und den Erhalt von konkurrenzfähigen Populationen.

Eine Analyse in Populationen der ruderalen Eselsdistel-Gesellschaft (Onopordetum acanthii, Abb. 7-1, s. 8.2.4) ergab, dass zur Autogamie fähige Sippen mit insgesamt 42 % (bezogen auf die Gesamtartenzahl) bzw. 29,7 % (bezogen auf Mittlere Gruppenmengenanteile, s. 4.6.2) in der Gesellschaft auftreten, jedoch sind nur 12 % bzw. 3,7 % obligat autogam, so z. B. *Descurainia sophia*, *Anthriscus caucalis* und *Senecio vulgaris*. Obligate Autogamie ist demnach von untergeordneter Bedeutung.

Bei der **Allogamie** wird bei der Übertragung des Pollens zwischen **Tierblütigkeit**, **Windblütigkeit** und **Wasserblütigkeit** unterschieden.

Unter **Tierblütigkeit** (Tierbestäubung, Zoophilie, Zoidiophilie, Zoogamie, Zoidiogamie) versteht man die Übertragung des Pollens einer Blüte auf die Narbe einer artgleichen anderen Blüte durch Tiere. Dabei fungieren mehrere Tiergruppen als Überträger des Pollens. Allgemein wird zwischen Insektenblumen (Entomophile bzw. jeweils -game) einschl. Käferblumen (Cantharophile), Fliegenblumen (Myiophile), Bienen- und Hummelblumen (Melittophile), Tagfalterblumen (Psychophile), Nachtschwärmerblumen (Sphingophile), Mottenblumen (Palaenophile) sowie Vogelblumen (Ornithophile) und Fledermausblumen (Chiropterophile) unterschieden. Die Spezialisierung bzw. die enge Bindung zwischen bestimmten „Tierblumen" und „Blumentieren" ist oftmals stark ausgeprägt, da durch Tiere vielfach eine sichere und pollensparende Bestäubung gewährleistet wird.

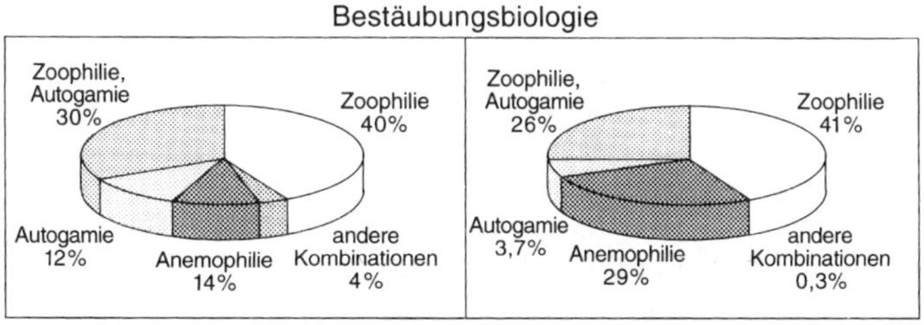

Abb. 7-1: Bestäubungsverhältnisse in der Eselsdistel-Gesellschaft (Onopordetum acanthii). Links bezogen auf die Gesamtartenzahl, rechts auf Mittlere Gruppenmengenanteile. (Nach Frey & Hauser 1996.)

Windblütigkeit (Windbestäubung, Anemophilie, Anemogamie) ist die Bestäubung von Blüten durch den Wind. Durch Luftströme gelangen die Pollen durch Zufall auf die Narben der Blüten von Pflanzen der gleichen Sippe. Primär anemophil sind Gymnospermen, bei den primär zoophilen Angiospermen sind in fast allen großen Verwandtschaftskreisen sekundär Anemophile entstanden (z. B. *Thalictrum minus*, Ranunculaceae; *Sanguisorba minor*, Rosaceae; *Artemisia vulgaris*, Asteraceae).

Populationsökologisch bedingt Windblütigkeit das Auftreten der Sippen in großflächigen, individuenreichen Populationen, da nur Arten, die in größeren Beständen aufzutreten vermögen, zur Windblütigkeit übergehen konnten. Habitate sind oft windexponierte und/oder blumentierarme Bereiche und Regionen wie Hochgebirge, Steppen und Wüsten. Aber auch in den mitteleuropäischen mesophilen Wäldern konnten durch Änderungen im blütenbiologischen Verhalten, wie z. B. Blühen im zeitigen Frühjahr, in dem ein Mangel an bestäubenden Insekten herrscht, neue Biotope und Jahreszeiten erobert werden.

Windblütig sind z. B. die bestandsbildenden Sippen der mesophilen Wälder Mitteleuropas (s. 9.3.2.2, z. B. *Fagus sylvatica*, *Quercus* spp., *Carpinus betulus*, *Betula* spp., *Alnus* spp.) sowie die in Steppengebieten (s. 9.1.7), Verlandungsgesellschaften (Röhrichte, s. 9.3.2.1, 9.3.2.9) und alpinen Pflanzengesellschaften dominierenden Poaceen, Cyperaceen und Juncaceen (z. B. *Festuca* spp., *Carex* spp., *Eriophorum* spp., *Juncus* spp.).

Die in der mitteleuropäischen Flora sehr seltene **Wasserblütigkeit** (Wasserbestäubung, Hydrophilie, Hydrogamie) ist die Übertragung des Pollens einer Blüte auf die Narbe einer Blüte der gleichen Sippe durch Wasser (*Zostera* spp., *Ceratophyllum* spp.). Auch hier ist bestandsbildendes Auftreten in individuenreichen Populationen Voraussetzung, damit der Pollen von den männlichen zu den weiblichen Blüten gelangen kann, so z. B. in der Gesellschaft des Echten Seegrases, Zosteretum marinae, s. 9.3.2.1, und in der *Ceratophyllum demersum*-Gesellschaft.

7.1.2 Reproduktionsökologie

Beim **Reproduktionsverhalten** der Sippen wird zwischen **generativer** (sexueller, geschlechtlicher) und **vegetativer** (asexueller, ungeschlechtlicher) **Reproduktion** (Fortpflanzung) unterschieden. Der **generativen Reproduktion** liegt die Neukombination des genetischen Erbmaterials zugrunde (inter- und intrachromosomale Rekombination). Sie bietet also die Möglichkeit, unterschiedliche Genotypen auszubilden, durch die eine Anpassung an veränderte Umweltbedingungen erfolgen kann. Dem steht die **vegetative Reproduktion** gegenüber, bei der erbgleiche Individuen entstehen. Durch vegetative Reproduktion entstehen **Klone**. Der Begriff Klon wird für die Gesamtheit aller Nachkommen verwendet, die durch vegetative Reproduktion aus einem einzigen Ausgangsindividuum hervorgegangen sind. Alle Dividuen (s. u.) eines Klones sind also – solange keine spontanen oder induzierten Mutationen auftreten – erbgleich. Zahlreiche Arten vermögen sich allerdings durch beide Reproduktionsmechanismen fortzupflanzen.

7.1.2.1 Generative Reproduktion (geschlechtliche, sexuelle Fortpflanzung)

Der **generativen Reproduktion** liegen das Blühen, die Bestäubung und das Fruchten zugrunde. Bei den Ausbreitungseinheiten, den generativen Diasporen (s. 7.1.3.2, Abb. 7-2), handelt es sich entweder um Samen, Teilfrüchte, Früchte, Früchte mit weiteren Blütenteilen und/oder Hoch- bzw. Niederblättern, Fruchtstände oder Teile von solchen und Sprossabschnitte, seltener um ungekeimte Embryonen oder Keimlinge (z. B. bei Mangrove-Arten); teilweise dienen auch ganze Pflanzen (z. B. Steppenroller, s. 7.1.3.2) mit generativen Diasporen der Ausbreitung. Zu den generativen Diasporen werden auch die Meiosporen der Kryptogamen gerechnet.

7.1.2.2 Vegetative Reproduktion s. l. (ungeschlechtliche, asexuelle Fortpflanzung)

Bei der **vegetativen Reproduktion s. l.** werden zwei Reproduktionstypen unterschieden (Urbanska 1992):

Vegetative Reproduktion s. str.
Bei den höheren Pflanzen werden von der Mutterpflanze mittels umgewandelter Sprosse und

Sprossteile Brutzwiebeln, Brutknöllchen, Brutknospen oder Turionen gebildet (letztere sind Überwinterungsknospen der Wasserpflanzen, auch Hibernakeln genannt) (vegetative Diasporen s. str. s. 7.1.3.2, Abb. 7-3). Die Entwicklung dieser Propagulen erfolgt meist noch an der Mutterpflanze. Im Vergleich zu Samen besitzen sie i. d. R. einen höheren Wassergehalt und sind somit spezifisch schwerer und oft gegenüber Umwelteinflüssen weniger widerstandsfähig als diese. Zu diesem Diasporentyp werden auch die Mitosporen und die weiteren vegetativen Diasporen der Kryptogamen, wie z. B. die Brutkörper und Bulbillen der Moose und die Soredien und Isidien der Flechten (s. 7.1.3.2), gerechnet.

Klonale Reproduktion = Klonierung
(Abb. 7-4–7-6)
Allgemein versteht man unter **klonaler Reproduktion (Klonierung)** die Fragmentation eines genetischen Individuums (**Genet**, s. u.) in unspezialisierte Teile bzw. die Aufteilung von Individuen in morphologisch ähnliche Teilindividuen, die nach der Abtrennung von der Mutterpflanze zur selbständigen Existenz fähig sind (**Ramet**, s. u.).

Genet = Pflanze oder Klon, die/der aus einer Zygote bzw. Meiospore hervorgegangen ist bzw. das freilebende genetische Individuum, das sich aus einer Zygote, durch Parthenogenese (Entwicklung eines Sporophyten aus einer unbefruchteten Eizelle) oder aus einer Meiospore entwickelt (Kays & Harper 1974) und das Module erzeugt (Scrosati 2002).

Ramets (bzw. Rameten) sind durch Fragmentation oder Aufteilung (Selbstklonierung oder erzwungene Klonierung, s. u.) eines Genets entstandene vegetative Einheiten (Teilindividuen = „Dividuen", von lat. dividere = teilen), die zur physiologisch selbständigen Existenz fähig sind. Sie sind also Produkte der klonalen Reproduktion. Ramets können unspezialisierte Fragmente oder die morphologisch ähnlichen Teilindividuen sein, die durch Trennung der Verbindungsstücke („spacer", Ramet-verbindende Strukuren) entstanden sind, so z. B. ein Spross, der aus einem Rhizom emporwächst und der durch Trennung der Verbindungsstücke zur selbständigen Pflanze wird (z. B. *Equisetum* spp.). Wir schließen hier die v. a. bei Kryptogamen sehr wichtige Fragmentation ein. Durch die Bildung von Ramets, die ausbreitungsbiologisch vegetative (klonale) Diasporen darstellen, breiten sich die Individuen lateral aus.

Ursprünglich wurde nur für die durch klonales Wachstum eines genetischen Individuums gebildete vegetative Einheit, die denselben Genotyp wie die Mutterpflanze besitzt und nach Abtrennung zur selbständigen Existenz fähig ist, der Begriff Ramet geprägt (Kays & Harper 1974).

In der Entwicklungsbiologie wird der Begriff **Klonierung** für die Herstellung genetisch identischer Zellen durch Zellteilung oder Kerntransplantation, in der Molekularbiologie für die Einschleusung und Neukombination von DNA in Einzelzellen und die anschließende Vermehrung dieser DNA in Form des Klons der betreffenden Einzelzelle verwendet.

Es ist wichtig, eine klare Trennung zwischen **klonaler Reproduktion (Klonierung)** und **klonalem Wachstum** durchzuführen. **Klonales Wachstum** ist die räumliche Vergrößerung eines Individuums durch wiederholte Bildung von Modulen, die der Raumbesetzung und Etablierung dienen (u. a. Stöcklin 1992). **Module** sind die Teile der Pflanzen, die die Vorläufer der Ramets darstellen (z. B. bewurzelter Knoten eines Ausläufers mit Blättern, Abb. 7-6.3). Erst durch Abtrennung der Module kommt es zur klonalen Reproduktion (Klonierung).

Nach Stöcklin (1992) und Hensen (1997) werden folgende **Haupttypen des klonalen Wachstums** unterschieden:

- Phalanx-Typ: Sippen mit kompakter Wuchsform, die sich kaum lateral ausbreiten (z. B. Horstgräser) oder Sippen mit kurzem unterirdischen Wurzelstock oder Rhizom.
- Intermediärer Typ: Arten, deren laterale Ausbreitungsfähigkeit auf die nähere Umgebung begrenzt ist.
- Guerilla-Typ: Sippen mit dicht oder lose aggregierten Teilindividuen aus ober- und/oder unterirdischen Ausläufern, Rhizomen oder Wurzelsprossen, die eine laterale Ausbreitung über eine größere Distanz ermöglichen (Abb. 7-6).

Ausläufer (Stolo, pl. Stolonen): Plagiotrope, dünne Seitensprosse mit verlängerten Internodien, die der vegetativen Reproduktion dienen können. Unterschieden werden oberirdische und unterirdische Stolonen, die an den Knoten sprossbürtige Wurzeln und aufrecht wachsende Sprosssysteme entwickeln. Nach dem Absterben oder Zertrennen der verbindenden

Internodienabschnitte (Klonierung) entstehen unabhängige und erbgleiche Teilindividuen.

Rhizome: Unterirdische, waagerechte oder aufsteigende Sprossachsen, die oft Speicherfunktion haben. Mit schuppenförmigen Niederblättern oder zumindest Narben, wo diese abgefallen sind. Weit kriechende und sich verzweigende Rhizome können der klonalen Reproduktion dienen, indem die Rhizome zerbrechen oder Teile des Rhizomsystems absterben.

Wurzelsprosse: Entstehen aus endogenen Wurzelknospen, an denen jeweils ein Wurzelspross auswächst. Vegetative Reproduktion mit Wurzelsprossen ist z. B. für *Cirsium arvense* typisch.

– Aklonale Arten: Ohne klonales Wachstum.

Unter ausbreitungsbiologischen und synstrategischen Gesichtspunkten sind besonders der Guerillatyp und der Intermediäre Typ von Bedeutung (s. 8.2).

Die laterale Ausbreitung von Individuen ist von ökologischem Vorteil, um begrenzte, im Raum heterogen verteilte Nährstoffreserven und Wasser erschließen zu können. Der Selektionsdruck bewirkte die Förderung von basalen Verzweigungen und die Bildung von Adventivwurzeln. Außerdem können bei der Besetzung eines größeren Raumes vom Rand des Klones über generative und vegetative Diasporen neue Lebensräume erschlossen werden. Dabei bleibt das Etablierungsrisiko eines Außenmoduls durch die Verbindung mit der Mutterpflanze verhältnismäßig klein, und das Mortalitätsrisiko wird auf einzelne Teilbereiche beschränkt. Daher sind zahlreiche klonal wachsende Sippen in der Lage, Extremhabitate zu besiedeln. Es wird vielfach angegeben, dass ein Teil der klonal wachsenden Sippen reduzierte generative Reproduktionsraten aufweist. Dies ist u. a. am Rand ihrer Areale der Fall. Die Ursachen für diesen „Verlust" sind jedoch nicht geklärt (Eckert 2002). Beim klonal wachsenden Land-Reitgras *(Calamagrostis epigejos)*, das in diesem Zusammenhang oft genannt wird, können in den Beständen fertile Diasporen in größerer Zahl vorhanden sein. Dass selten Keimlinge beobachtet werden, hängt mit der großen Empfindlichkeit von *C. epigejos* v. a. gegen Austrocknung in der Keimungs- und Etablierungsphase und dem Lichtmangel in den dichten Beständen zusammen. Nur unter optimalen Umweltbedingungen können generativ erzeugte Diasporen keimen und sich etablieren. Demnach dürfte für die Verbreitung von *C. epigejos* die Ausbreitung über generativ erzeugte Diasporen nur eine geringe Rolle spielen (Lehmann & Rebele 1994).

Polykormone treten bei Sippen auf, die aus unterirdischen Sprossabschnitten (Rhizomen) bzw. aus Wurzelknospen eines Individuums mehrere aufrechte blühende Sprosse treiben. Zusammen bilden diese Sprosse dann ein Polykormon (Polykorm) (z. B. *Phragmites australis*, Abb. 9-59). Werden sie getrennt, handelt es sich dabei nicht um mehrere „Individuen", sondern um mehrere „Dividuen" (Teilindividuen). Die oberirdisch als Individuen erscheinenden und selbständig lebensfähigen Teile sind sinngemäß Module (bei klonalem Wachstum) bzw. Ramets (nach klonaler Reproduktion). Bisher fand dies wenig Beachtung in der populationsökologischen Literatur.

Die Literatur über klonale Pflanzen und klonales Wachstum ist sehr umfangreich. Neuere Werke bzw. Zusammenfassungen in Zeitschriften sind u. a. Kroon & Groenendael (1997), Klimes & Klimesova (1999), Plant Ecology 141/1–2 (1999), Evolutionary Ecology 15/4–6 (2002) und Tamm et al. (2002, Typen).

Ramets können durch **Selbstklonierung** oder durch **erzwungene Klonierung** entstehen (Urbanska 1992).

Bei der **Selbstklonierung** erfolgt die Fragmentation oder Aufteilung des genetischen Individuums (Genet) durch im Lebenszyklus vorprogrammierte Strukturen und Vorgänge wie

- reine Fragmentation, wie sie bei Algen, Flechten (Abb. 7-4.1) sowie Moosen (Abb. 7-4.2) relativ häufig ist und auch bei Angiospermen (Abb. 7-4.3, *Elodea canadensis*) vorkommt,
- rasche Ablösung der Ramets ohne Biomasseverlust, wie z. B. bei den Lemnaceen (Abb. 7-5.1), bei Wüstenmoosen (Abb. 7-5.2) und bei Poaceen mit knollig verdickten Stengelbasen (Abb. 7-5.3), bei denen die Ramets durch Zerfall entstehen,
- stufenweises Absterben der Verbindungen zwischen den Ramets, wie z. B. bei *Tylimanthus saccatus* (Hepaticae), *Thuidium* spp. (Musci), *Potentilla reptans* und *Hieracium pilosella* (Abb. 7-6.1–3),
- Verrottung der Verbindungen zwischen den Ramets, z. B. bei *Asarum europaeum* (Abb. 7-6.4, 7-18), *Saxifraga paniculata* (Abb. 7-6.5), *Cirsium spinosissimum* und *Carex humilis*.

Die Klonierung – die eigentliche Ablösung der Ramets – kann, sippenspezifisch verschieden, kurz nach dem Entstehen der Module oder verzögert, z. T. erst nach mehreren Jahren, erfolgen.

Dagegen tritt **erzwungene Klonierung** z. B. durch den Einfluss von Wasser, Bodenbewegungen oder Viehtritt auf. Entscheidend trägt hierzu auch der Mensch bei, dessen Tätigkeit beim Ackerbau (u. a. Pflügen) zur starken Ausbreitung von Unkräutern, wie von *Cirsium arvense* (Zerteilung der Wurzeln) und *Elymus repens* (Zerteilung der unterirdischen Ausläufer), führt.

Auf dem sich aus einer Spore entwickelnden Protonema (Vorkeim) der Laubmoose entstehen z.T. zahlreiche Moospflänzchen (Gametophyten) (Abb. 7-6.6). Danach stirbt bei den meisten Arten das die Moospflänzchen verbindende Protonema ab. Die Gametophyten stellen somit Ramets (Teilindividuen) dar. Die Gametophytenbildung ist demnach als klonale Reproduktion einzustufen.

Ob Klonierung (klonale Reproduktion) erfolgt, ist oftmals nur schwer feststellbar, und es bedarf jeweils eingehender Analysen um zu klären, ob es bei den klonal wachsenden Sippen auch tatsächlich zur Abtrennung von Ramets kommt. Hierzu eignen sich morphologische, ökologische und molekulare Arbeitstechniken.

Morphologische und ökologische Arbeiten wie z. B. von Urbanska & Landolt (1990, *Cirsium spinosissimum*), How et al. (1994, *Solidago altissima*), Pino et al. (1995, *Rumex obtusifolius*), Piqueras & Klimes (1998, *Trientalis europaea*), Birch & Hutchings (1999, *Glechoma hederacea*), Schenk (1999, Wüstengebüsche), Sampaio et al. (2002, *Aechmea nudicaulis*) und Nabe-Nielsen & Hall (2002, *Machaerium cuspidatum*, tropische Liane) belegen die Klonierung, ebenso eigene Beobachtungen bei *Ajuga reptans*, *Asarum europaeum* (Abb. 7-6.4, 7-18), *Hypericum perforatum*, *Lithospermum purpurocaeruleum*, *Mercurialis perennis* und *Pulmonaria officinalis*. Es ist davon auszugehen, dass ein größerer Teil der mitteleuropäischen Sippen mit klonalem Wachstum dieses Reproduktionsmuster aufweist.

Dieser Themenkomplex wird derzeit auch mit molekularen Arbeitstechniken (s. 9.6) erschlossen. Da, abgesehen von [seltenen] somatischen Mutationen, alle Teilindividuen [Dividuen] eines Klons genetisch identisch sind, lassen sich über die genetische Gleichartigkeit (molekulare [genetische] Fingerprinting-Verfahren) Aussagen über die Zugehörigkeit der Teilindividuen (Dividuen) zu einem Klon, der durch vegetative (klonale) Reproduktion entstanden ist, machen. So konnten mit der **RAPD-Technik** (Random Amplified Polymorphic DNA) z. B. das Alter und die Struktur von alpinen *Carex curvula*-Klonen (Alter 2000 Jahre) geklärt werden (Steinger et al. 1996), bei *Phragmites australis* konnte aufgezeigt werden, dass große Bestände in Norddeutschland jeweils aus einer einzigen Zygote und damit einer Jungpflanze durch klonales Wachstum und klonale Reproduktion entstanden sind (Koppitz et al. 1997), bei *Butomus umbellatus* zeigen die Populationen in Nordamerika weitgehend klonale populationsgenetische Strukturen, wobei sich die Diploiden über Bulbillen, die sterilen Triploiden über Fragmentierung der Rhizome vegetativ s. l. reproduzieren (Eckert et al. 2003). Hollingsworth & Bailey (2000) wiesen mit dieser Technik und aufgrund des Fehlens von männlichen fertilen Individuen das Vorkommen eines einzigen außergewöhnlich weit verbreiteten Klons von *Fallopia japonica* in England, des wahrscheinlich weltgrößten Klons der Gefäßpflanzen, nach.

Eine noch größere Relevanz für diese Thematik wird wahrscheinlich die **AFLP-Technik** (Amplified Fragment Length Polymorphism) erlangen. Dieses hoch auflösende Verfahren lässt bei fehlender Variabilität, d. h. genetischer Gleichartigkeit der Proben, sehr zielgenaue Aussagen über die Zugehörigkeit von Teilindividuen (Dividuen) zu Genets (und Klonen) zu. Eine Arbeit mit dieser Technik ist z. B. die Ermittlung des Fehlens jeglicher genetischer Variabilität in der einzig bekannten Population von *Populus euphratica* in Spanien, deren klonaler Ursprung so nachgewiesen werden konnte. Es wird angenommen, dass eine Pflanze durch die Mauren von Nordafrika nach Spanien gebracht wurde und über Wurzelsprosse (und Klonierung) die Population entstand (Fay et al. 1999). Weiterhin wurde so der Nachweis der klonalen Struktur eines aus zahlreichen „patches" (Flecken) bestehenden *Cryptomeria japonica*-Waldes in Japan erbracht (Moriguchi et al. 2001), und diese Technik bot sich auch zur Analyse des Aufbaus von *Galium odoratum*-Flecken (patches) an, wobei hier gezeigt werden konnte, dass ein Flecken jeweils aus mehreren genetischen Individuen aufgebaut ist (Ziegenhagen et al. 2003).

Weitere relevante Techniken sind beispielsweise **Iso-(en)zym-Analysen**. Dabei werden funktionell äquivalente Enzymmoleküle mit Unterschieden in elektrischer Ladung, Größe, molekularer Konformation usw. elektrophoretisch aufgetrennt (Allozyme: gehen auf verschiedene Allele eines Genlocus zurück; bei mehreren Loci: Iso(en)zyme s. str.). Diese Technik wurde in den 50er/60er Jahren des letzten Jahrhunderts entwickelt und dient in der Populationsbiologie v. a. der Ermittlung der genetischen Vielfalt in Populationen. Sie kann auch zur Klärung der Abtrennung von Ramets (klonale Reproduktion, Klonierung) bei klonal wachsenden Arten herangezogen werden. So erfolgte der erste direkte molekulare Nachweis für klonale Reproduktion an einem Klon des australischen Busches *Zieria baeuerlenii*, bei dem keine Pollen- und Samenproduktion auftritt, mit Hilfe dieser Technik (Sharma 2001).

Über die Bedeutung der klonalen Reproduktion (Klonierung) s. 7.4.

7.1.3 Ausbreitungsökologie

7.1.3.1 Allgemeines

Ausbreitung ist definiert als Transport **generativer und vegetativer Diasporen**, wobei unter **Diaspore** die **Ausbreitungseinheit** verstanden wird. Diese ist ein Pflanzenteil von beliebigem morphologischem Bau, der meist der Ausbreitung und der Reproduktion dient und dafür vom Pflanzenkörper abgetrennt wird. Diasporen können z. B. Samen, Früchte, Teilfrüchte, Früchte mit weiteren Blütenteilen und/oder Vor- und Hochblättern, Meiosporen, Mitosporen, vegetative Propagulen und Ramets sein (s. 7.1.2.1, 7.1.2.2., 7.1.3.2). Sie werden ausgebreitet oder seltener nicht-ausgebreitet. Die **Ausbreitung** der Diasporen hat somit auch die **Verbreitung** der Sippen zur Folge und bedingt deren Areal (s. Kap. 3). **Triebkräfte** (= Agens, pl. Agenzien), also wirksame Ausbreitungsmittel, sind Tiere, Wind, Wasser, der Mensch und die Schwerkraft. Im wissenschaftlichen Sprachgebrauch wird zwischen Ausbreitung als einem Beförderungsvorgang von Diasporen und Verbreitung als der räumlichen Verteilung von Pflanzen, Populationen und ihren Diasporen unterschieden.

7.1.3.2 Diasporentypen

Generative Diasporen (Abb. 7-2)

Samen: Organ der Spermatophyten, das den Embryo und meist Nährgewebe enthält, von einer Samenschale (Testa) umgeben ist und der Ausbreitung dient. Samen können strukturelle Differenzierungen der Testa besitzen. Solche Differenzierungen sind 1. der den Samen teilweise oder ganz einhüllende **Samenmantel (Arillus)**. Dieser ist z. B. bei *Euonymus*-Arten fleischig, bei *Nymphaea*-Arten als lufthaltiger Schwimmsack differenziert. Arillus-Bildungen sind selten. 2. **Samenflügel** (flügelartige Auswüchse der Testa, Abb. 7-2.1) sind häufig und werden mit der Ausbreitung durch den Wind (Anemochorie) in Verbindung gebracht. Flügel können vollständig sein oder auf die Raphe, Chalaza oder das Hilum beschränkt sein. 3. Ebenfalls verbreitet sind **Haare** (Abb. 7-2.2), die meist einzellig, selten mehrzellig sind und als eine Anpassung an Wind-, Wasser- und Tierausbreitung (Anemo-, Hydro- und Epizoochorie) interpretiert werden. 4. Ein Sonderfall sind die fett-, eiweiß- bzw. zuckerreichen **Elaiosomen** (Abb. 7-2.3, 7-2.16), die von Ameisen gefressen werden. Dabei kommt es zur Ausbreitung der Diasporen (Myrmekochorie). Elaiosomen können Samenanhängsel sein oder an Teilfrüchten (z. B. Klausen) oder Früchten (z. B. Achänen) vorkommen. Kleinere Anhängsel, wie die wulstartigen Auswüchse der Integumente an der Mikropyle (Caruncula, Samenschwiele, z. B. bei Euphorbiaceen) können die Funktion eines Elaiosoms haben. Eine Darstellung der Struktur und Funktion der Elaiosomen geben Bresinsky (1963), Lisci et al. (1996) und Mayer & Svoma (1998).

Früchte: Die Frucht i. e. S. ist das Gebilde, das sich zur Samenreife aus dem Ovar (Fruchtknoten) entwickelt hat. Aus den Früchten werden die Samen entweder ausgestreut oder in der Frucht verbleibend von der Pflanze abgetrennt. Früchte und Fruchttypen sind umfassend in Leins (2000) dargestellt.

Ursprünglich ist der Same die ausbreitungsbiologisch funktionelle Einheit; abgeleitet ist der Einschluss der Samen in die Fruchtwand bei Schließfrüchten, die die Samen nicht mehr freigeben und mit der umgebenden Fruchtwand als Diaspore fungieren. Es sind dies Einblatt-Beeren, Einblatt-Steinfrüchte, Einblatt-Nüsse, einsamige Teil(Bruch-)früchte der Gliederhülsen (Abb. 7-2.4), Sammel-Steinfrüchte, Sammel-Nussfrüchte, Apfelfrüchte, Teil(Bruch-)früchte oder Gliederschoten (Abb. 7-2.5). Schließfrüchte sind Saftfrüchte (coenokarpe Stein- und Beerenfrüchte), Zerfallfrüchte (Spaltfrüchte [Abb. 7-2.6], coenokarpe Bruchfrüchte [Klausen, Abb. 7-2.7) und coenokarpe Nussfrüchte einschließlich der Nuss-Sonderformen der Achäne der Asteraceen und der Karyopse der Poaceen (Tab. 7-1).

Die Fruchtwand (Perikarp; Endo-, Meso- und Exokarp) kann ohne jegliche ausbreitungsbiologisch relevante Differenzierung sein, wie z. B. bei glatten Klausen und Nüssen. Sie kann strukturiert sein, wie z. B. bei Beeren mit einem fleischigen Perikarp oder bei Steinfrüchten mit einem fleischigen Mesokarp; beides deutet auf Tierausbreitung (Endozoochorie, s. 7.1.4) hin. Ist das Mesokarp faserig und lufthaltig wie bei *Cocos nucifera*, macht es die Frucht schwimmfähig. Eben-

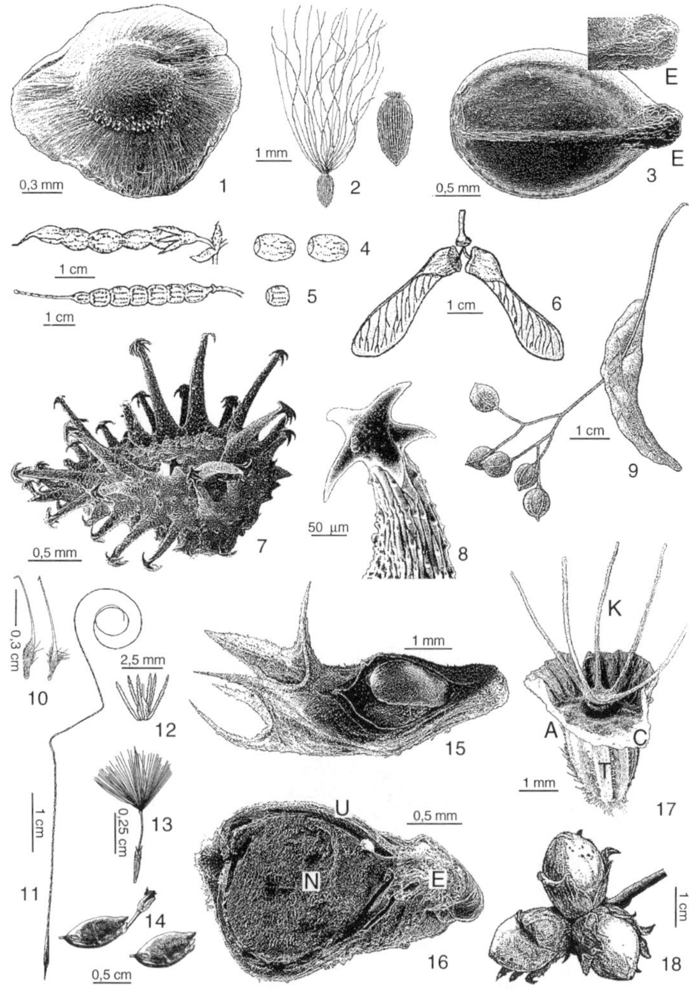

Abb. 7-2: Generative Diasporen. **1.** *Spergula morisonii*, geflügelter Same. **2.** *Epilobium* spec., Same mit Haarschopf. **3.** *Viola mirabilis*, Same mit Elaiosom (E). **4.** *Ornithopus sativus*, Gliederhülse und einsamige Teil(Bruch-)frucht. **5.** *Raphanus raphanistrum*, Gliederschote und einsamige Teil(Bruch-)frucht. **6.** *Acer pseudoplatanus*, Spaltfrucht, geflügelt. **7.–8.** *Lappula squarrosa*. **7.** Klause mit Glochidienbesatz. **8.** Glochidienkopf. **9.** *Tilia* spec., Nussfruchtstand mit flügelartigem Vorblatt. **10.** *Geum urbanum*, Einblatt-Nüsschen mit widerhakigem Griffel. **11.** *Stipa capillata*, Karyopse mit lang begrannter Deck- und Vorspelze. **12.** *Schoenoplectus lacustris*, Nuss mit Perigonborsten. **13.** *Chondrilla juncea*, Achäne mit Pappus. **14.** *Anthyllis vulneraria*, ballonartiger Kelch mit Hülse. **15.** *Ballota nigra*, reife Klausen im Kelch; Kelch seitlich aufgeschnitten. **16.** *Carex humilis*, Diaspore quer, Nuss (N), Utriculus (U) und Elaiosom (E). **17.** *Scabiosa columbaria*, Diaspore mit Kelchborsten (K) und Außenkelch (A); Tubus T, Corona C. **18.** *Corylus avellana*, Nuss mit becherförmiger Fruchthülle. (Orig.)

falls der Ausbreitung dienlich sind strukturelle Anhänge der Fruchtwand (Fruchtanhänge), wie die Flügel bei den Flügelnüssen von *Betula-*, *Alnus-* und *Fraxinus*-Arten und bei den Spaltfrüchten von *Acer*-Arten (Abb. 7-2.6) oder die ankerförmigen Glochidien bei Boraginaceen-Sippen (Abb. 7-2.7, 7-2.8).

Im Verlauf der Evolution wurden vielfach weitere Teile der Blüte, wie Griffel, Blütenhülle, Deck- und Vorspelzen, sowie Hoch-, Vor- und Tragblätter, in die ursprüngliche Ausbreitungseinheit „Frucht i. e. S." einbezogen. Dadurch entstand ein neuer ausbreitungsbiologisch-funktioneller Diasporentyp. Dieser korrespondiert mit dem Bestreben, die Frucht i. w. S. als „Blüte im Zustand der Samenreife" zu definieren, wobei dies jedoch sehr eng ausgelegt ist. In diesen Diasporentyp sind u. a. folgende „Zusatzorgane" einbezogen: fedrige (z. B. bei *Clematis* spp.) oder widerhakige Griffel (z. B. bei Arten der Gattung *Geum*, Abb. 7-2.10), die bei zahlreichen Asteraceen zu einem Pappus umgewandelten Kelchblätter (Abb. 7-2.13), „aufgeblasene" Kelche (z. B. bei *Anthyllis vulneraria*, Abb. 7-2.14), die verwachsenen Kelchblätter als „Rückhaltebecken" für die Klausen bei Lamiaceen und Boraginaceen (Abb. 7-2.15), der innere Perianthwirtel, der die Frucht umgibt und als Flug-, Schwimm- oder Haftorgan dient (z. B. bei *Rumex* spp.), der die Nuss umgebende Utriculus bei *Carex* spp.

Tab. 7-1: Klassifikation der Früchte und Fruchtstände (nach Strasburger 1991). Die als Diasporen fungierenden Früchte und Fruchstände sind fett gedruckt. (Vgl. Abb. 7-2.)

Früchte

A. Chorikarpe Früchte
- I. Einblattfrüchte
  1. Balg
  2. Hülse
     → **Gliederhülse** (einsamige Teilfrucht)
  3. **Einblatt-Beeren**
  4. **Einblatt-Steinfrüchte**
  5. **Einblatt-Nüsse** (Nüsschen)
- II. Sammelfrüchte
  1. Sammel-Balgfrüchte
  2. **Sammel-Nussfrüchte**
  3. **Sammel-Steinfrüchte**
  4. **Apfelfrüchte**

B. Coenokarpe Früchte
- I. Streufrüchte
  1. Trockene Kapseln
  2. Schote, Schötchen
     → **Gliederschote** (einsamige Teilfrucht)
  3. Saftige Kapselfrüchte

Schließfrüchte
- II. Saftfrüchte
  1. **Coenokarpe Steinfrüchte**
  2. **Coenokarpe Beerenfrüchte**
- III. Zerfallfrüchte
  1. **Spaltfrüchte**
  2. **Coenokarpe Bruchfrüchte**
- IV. **Coenokarpe Nussfrüchte** (Nuss, Karyopse, Achäne)

C. **Fruchtstände**

(Abb. 7-2.16), Perigonborsten bei *Schoenoplectus* spp. (Abb. 7-2.12), der Außenkelch der Dipsacaceen, der aus einer vierblättrigen Hochblatthülle gebildet wird und eine einsamige Nuss umschließt (Abb. 7-2.17), die von einer meist begrannten Deckspelze und einer Vorspelze umschlossenen Karyopsen der Poaceen (Abb. 7-2.11) oder die von Trag- und Vorblättern umhüllten Nüsse von *Carpinus betulus*, *Corylus avellana* und *Humulus lupulus* (Abb. 7-2.18).

Fruchtstände: Der Fruchtstand ist der am stärksten abgeleitete Diasporentyp. Als Ausbreitungseinheit dient z. B. der Nussfruchtstand mit flügeligem Vorblatt bei *Tilia* spp. (Abb. 7-2.9), das Asteraceen-Köpfchen mit widerhakigen Hüllblättern bei *Arctium* spp., das durch den Wind ausgebreitete gesamte oberirdische Sprosssystem der Pflanze bei Steppenrollern (u. a. *Eryngium campestre*, *Salsola kali*) und außerdem die Fruchtstände von *Morus* spp., *Ficus* spp. und *Ananas comosus*.

Meiosporen: Haploide, durch Meiose gebildete Keimzellen, die keine Gameten sind, werden als Meiosporen bezeichnet. V. a. bei Moosen und Farnpflanzen sind sie ein ausbreitungsbiologisch wichtiger Diasporentyp.

Vegetative Diasporen s. l.

Auch wenn nahezu alle höheren Pflanzen prinzipiell die Möglichkeit zur generativen Reproduktion besitzen, so ist bei zahlreichen Arten die vegetative Reproduktion ebenfalls ausgeprägt (s. 7.1.2.2), ermöglicht sie es doch den Sippen, das einmal erreichte Habitat über vegetative Reproduktion „in Besitz zu nehmen" (s. 7.4). Diese Art der Reproduktion ist innerhalb von Populationen und Pflanzengesellschaften von großer Relevanz. Ihre Analyse gewinnt zunehmend an Bedeutung.

Vegetative Diasporen s. str. (Abb. 7-3)

Die vegetative Reproduktion s. str. umfasst die Reproduktion durch Propagulen (Sing. Propago, Propagulum, ein Begriff der älteren Literatur, der hier i. w. S. wieder verwendet wird) und durch Mitosporen.

Propagulen sind i. d. R. spezifisch schwere und spezialisierte vegetative Fortpflanzungsorgane. Diese ein- bis vielzelligen Körper trennen sich gewöhnlich von der Mutterpflanze ab und haben zunächst keine Ähnlichkeit mit der erwachsenen Pflanze. Für die Bildung der spezialisierten Propagulen sind bei Gefäßpflanzen knospenartige Achselsprosse verantwortlich. Die folgenden kommen bei Angiospermen vor:

Bulbillen (Brutzwiebeln, Brutknospen, Brutknöllchen) sind mit Reservestoffen angereicherte und zur Ausbildung von Seitenwurzeln befähigte Knospen, die sich von der Mutterpflanze ablösen. Sie können in Blattachseln, an den Blättern oder auch in Blütenständen entstehen, und ihre reduzierten Blätter sind oft etwas fleischig. Nach der Art der Reservestoffspeicherung unterscheidet man **zwiebelförmige Bulbillen (= Brutzwiebeln)**, bei denen die Reservestoffe in den Blättern der Knospe gespeichert werden, wie z. B. bei *Allium vineale* (Abb. 7-3.1) und *Lilium*

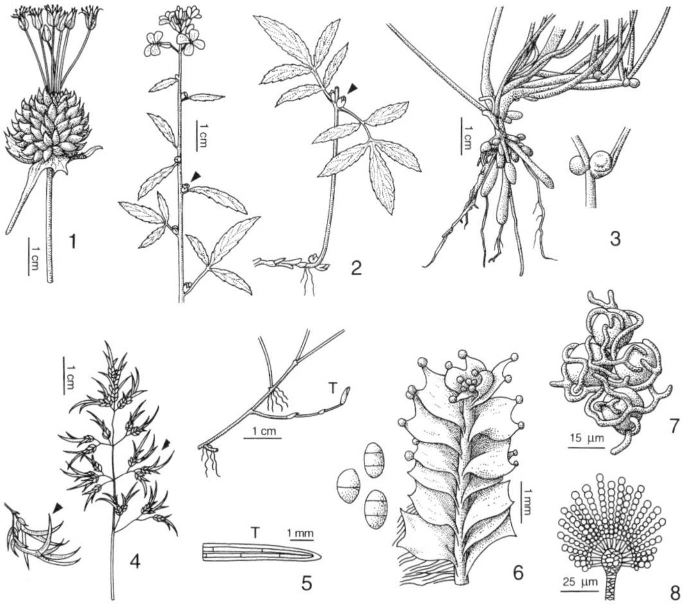

Abb. 7-3: Vegetative Diasporen s. str. **1.** *Allium vineale*, Blütenstand mit Brutzwiebeln. **2.** *Dentaria bulbifera*, Sprossknöllchen (Pfeile). **3.** *Ficaria verna*. Wurzel- und Blattachselbulbillen(-knöllchen). **4.** *Poa alpina* var. *vivipara*, Blütenstand (Rispe) mit Brutknospen (Pfeile). **5.** *Potamogeton filiformis*, Turio (T). **6.** *Lophozia ventricosa*, Pflanze mit Brutkörpern. **7.** *Parmelia sulcata*, Soredie. **8.** *Aspergillus* spec., „Gießkannenschimmel", Konidienträger (nur teilweise dargestellt) mit Konidien (Exosporen). (1–5 in Anlehnung an Rothmaler 1995, 6–8 aus Strasburger 1991.)

bulbiferum; **Sprossknöllchen**, bei denen die Reservestoffe im Achsenkörper in Achselsprossen (= Achsenbulbille) gespeichert werden, z. B. bei *Dentaria bulbifera* (Abb. 7-3.2) und *Polygonum viviparum*; **Wurzelknollen** bzw. **Wurzelknöllchen**, bei denen die Speicherung in fleischig angeschwollenen Wurzelabschnitten erfolgt, wie z. B. bei *Ficaria verna* (Abb. 7-3.3).

Ausläuferknollen (z. B. bei *Solanum tuberosum*) dienen neben der Speicherung von Reservesubstanzen (Stärke) auch der vegetativen Reproduktion.

Bei *Poa alpina* var. *vivipara* (Abb. 7-3.4) und *P. bulbosa* var. *vivipara* wachsen die Deckspelzen meist aller Ährchen einer Rispe zu blatttragenden Knospen (Bulbillen) aus. Diese fallen ab, bzw. der Halm mit den schweren jungen Pflänzchen senkt sich zu Boden. Die Bulbillen entwickeln nach Kontakt mit dem Boden Wurzeln und wachsen zu Pflanzen aus, entweder rings um die Mutterpflanze oder bei gesenkten Halmen oft in Klumpen eine Halmlänge von der Mutterpflanze entfernt. Dies wird als unechte Viviparie oder Pseudoviviparie bezeichnet.

Der vegetativen Reproduktion dienen auch die **Turionen** (Sing. Turio, **Hibernakeln**), Überwinterungsknospen der Wasserpflanzen, wie sie u. a. bei *Potamogeton* spp. (Abb. 7-3.5), *Utricularia* spp., *Spirodela* spp. und *Hydrocharis* spp. vorkommen. Diese knospenartigen Bildungen aus einer kurzen Achse mit Blättern oder Blattteilen (Blattscheiden, Nebenblätter) lösen sich im Herbst von der Mutterpflanze ab und wachsen im Frühjahr zu neuen Pflanzen aus.

Brutknospen sind meist Adventivknospen bzw. Adventivbildungen an Blatträndern oder Blattnerven, die nach Verwundung entstehen, wie z. B. bei *Begonia* spp. Sie lösen sich nicht vom Blatt ab. Eine Ausnahme sind die Brutknospen bei *Bryophyllum* spp., die an den Zähnen des Blattrandes gebildet werden, zu jungen Pflänzchen auswachsen und schließlich abfallen.

Vegetative Reproduktion ist auch bei Farnen anzutreffen. So entstehen z. B. bei *Asplenium bulbiferum* und *A. viviparum* **Brutsprosse** auf den Nerven der Wedel, bei *Botrychium*-Sporophyten treten unterirdische Gemmen auf (s. u. Moose) und bei *Anogramma*-Arten entstehen an den Gametophyten (Prothallien) Knöllchen, die neben der vegetativen Reproduktion auch der Überdauerung von Trockenzeiten dienen.

Brutkörper von Moosen und einigen Algen (z. B. *Sphacelaria* spp.) werden als **Gemmen** (Sing. Gemme, Brutkörper, Brutknospe) bezeichnet. Sie werden bei den Moosen oft in großer Zahl als ein- bis wenigzellige Zellkörper am Blattrand, auf der Rippe und Lamina sowie am Blattgrund und am

Protonema gebildet (Abb. 7-3.6, z. B. bei *Lophozia* spp., *Aulacomnium androgynum*), aber auch an den Rhizoiden (Rhizoidgemmen, Brutknöllchen [tuber]). Hierzu zählen auch die vielzelligen Brutkörper der thallosen Lebermoose, z. B. bei *Marchantia polymorpha* und *Lunularia cruciata*. In den Blattachseln treten blattachselständige Brutknospen **(Bulbillen)** auf, wie etwa bei *Pohlia* spp.

Bei den Flechten tritt ausgeprägte vegetative Reproduktion mit Soredien und Isidien auf. **Soredien** (Sing. Soredie) sind kleine Gruppen von Grün- oder Blaualgenzellen, die von Pilzhyphen umsponnen sind (Abb. 7-3.7), **Isidien** kleine kugelige, stift- oder schuppenförmige Auswüchse des Thallus mit Algen- und Pilzzellen, die leicht abbrechen. **Oidien (Arthrosporen)** kommen besonders bei den Pilzen vor und sind Abschnitte der Zellfäden bzw. der Hyphen. Außerdem treten bei Pilzen oft in riesiger Zahl **Konidien** (Abb. 7-3.8) auf, die als **Mitosporen** am Myzel, teilweise an besonderen Konidienträgern, exogen abgeschnürt werden (Exosporen, Exokonidien) oder endogen entstehen (Endosporen, Endokonidien). Generell werden Mitosporen zu den vegetativen Diasporen s. str. gerechnet.

Ramets (Rameten) (Abb. 7-4–7-6)
Ein **Ramet** entsteht durch Fragmentation eines genetischen Individuums (Genet) oder durch Aufteilung der durch klonales Wachstum entstandenen und zunächst über „spacer" verbundenen/integrierten Module in vegetative Einheiten = Ramets (Teilindividuen, Dividuen), die zur physiologisch selbständigen Existenz fähig sind (s. 7.1.2.2).

Fragmentation von genetischen Individuen in unspezialisierte Teile (Abb. 7-4) ist v. a. bei Kryptogamen verbreitet. Fädige Blaualgen reproduzieren sich ausschließlich vegetativ durch unspezifische Fadenfragmentation oder durch wenigzellige Hormogonien (z. B. bei *Lyngbya* spp., *Oscillatoria* spp.). Eukaryotische Algen (z. B. *Fucus* spp., *Sargassum* spp.), Flechten (z. B. *Cladonia* spp., Abb. 7-4.1; *Cetraria* spp.) und Moose (z. B. *Tortula fragilis*, Abb. 7-4.2; *Dicranum* spp.) reproduzieren sich oft reichlich durch Fragmentation, ferner werden bei Moosen Bruchstämmchen und Bruchäste gebildet. Bei den Phanerogamen tritt diese Reproduktionsart v. a. bei Wasserpflanzen auf (z. B. *Elodea canadensis*, Abb. 7-4.3, s. 7.1.2.2).

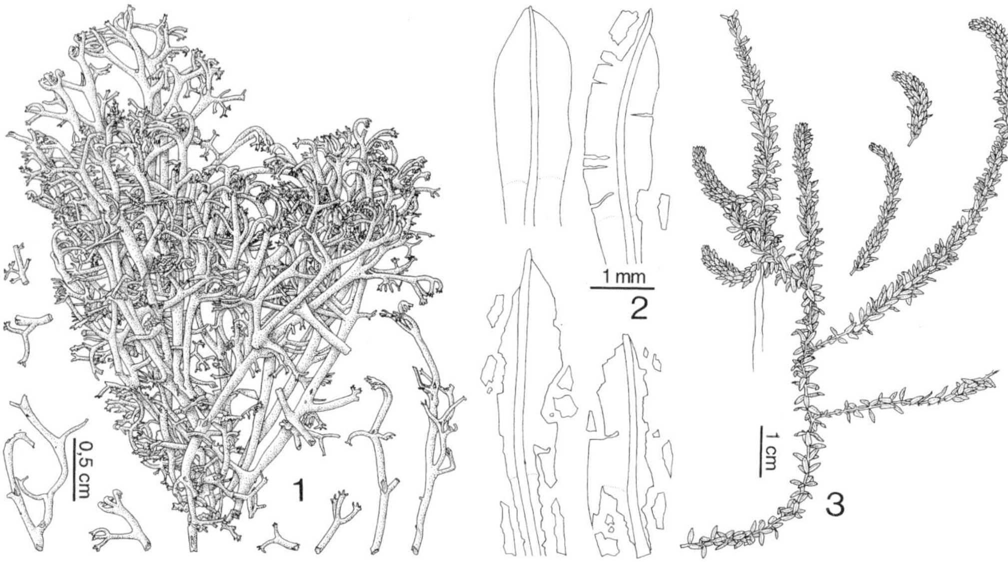

Abb. 7-4: Klonierungsmuster bei Pflanzen. Fragmentation in unspezialisierte Teile. **1.** *Cladonia rangiferina*, Pflanze und Thallusbruchstücke. **2.** *Tortula fragilis*, Bruchblätter. **3.** *Elodea canadensis*, Sprossstücke. (Aus Frey & Hensen 1995a.)

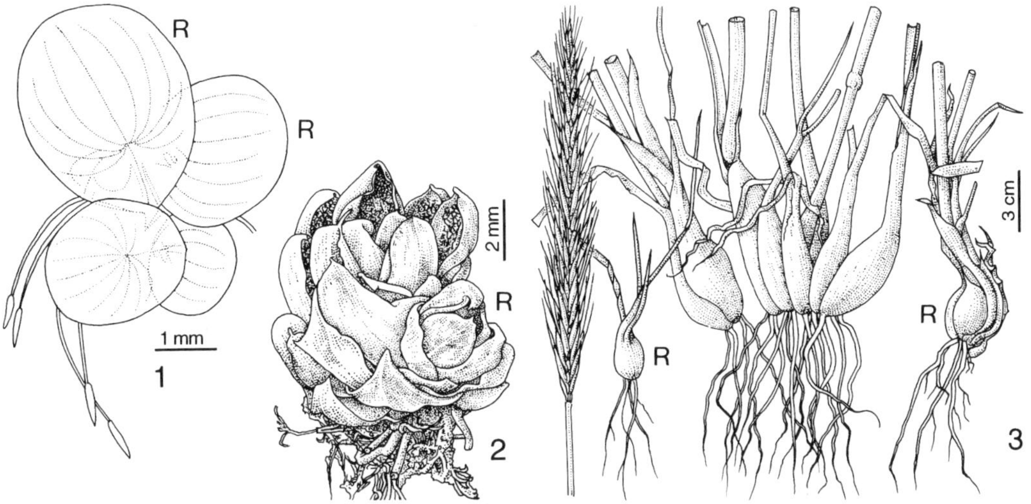

Abb. 7-5: Klonierungsmuster bei Pflanzen. Selbstklonierung, rasche Aufteilung in Ramets. **1.** *Spirodela polyrrhiza*. **2.** *Crossidium laevipilum*, knospenförmige Pflanze mit basiton angelegter Tochterpflanze (R Modul, nach Ablösung Ramet). **3.** *Hordeum bulbosum*. R Ramet. (Aus Frey & Hensen 1995a.)

7.1.4 Ausbreitungstypen und Ausbreitungssysteme

Für die Einteilung und Zuordnung der Diasporen zu Ausbreitungstypen ist eine Wertung ihrer Struktur und der Anhangsbildungen erforderlich.

Einteilung nach Ausbreitungstypen (Triebkräfte)
Nach Ehrendorfer in Strasburger (1991) und Urbanska (1992).

1 Allochorie
(chorie von griech. chorein = wandern) Ausbreitung der Diasporen durch fremde Triebkräfte (Agens, Agenzien), v. a. durch Tiere, Wind und Wasser sowie durch den Menschen.

1.1 Zoochorie (Tierausbreitung)
Die Ausbreitung der Diasporen durch Tiere tritt v. a. in folgenden Formen auf:

1.1.1 **Endozoochorie:** Bei der Ausbreitung passieren die Diasporen den Darm der Tiere. Damit sie gefressen werden, müssen die Diasporen über Lockmittel (Nahrungsstoffe) und/oder Reizmittel (Farbe, Duft) und außerdem über Schutzeinrichtungen gegen die Zerstörung der Samen im Kauapparat oder Darm, wie eine Sklerotesta oder ein Sklerokarp (steinhartes Endokarp), verfügen. Fleischige und saftige Diasporen werden meist rasch gefressen, trockene dienen zur Vorratsbildung. Bei den saftigen und fleischigen Diasporen (s. 7.1.3.2, z. B. *Prunus* spp., *Ribes* spp.) spielen Vögel (**Ornithochorie**, Vogelausbreitung) und Säugetiere (in den Tropen v. a. Fledermäuse) eine wichtige Rolle. Bei den trockenen Diasporen (z. B. Nüsse von *Fagus*-, *Quercus*- und *Corylus*-Arten) sind es v. a. Vögel und Nagetiere, die die Diasporen fressen und horten, wobei immer ein Teil dem Verzehr entgeht (z. B. Kratochwil & Schwabe 1993). Untersuchungen in Mitteleuropa über die von Vögeln ausgebreiteten Diasporen (Kollmann 1994) belegen, dass der größte Teil in der Umgebung der Mutterpflanze niedergeht (bis 50 m) und Ausbreitungsweiten von über 100 m nur selten auftreten. Bei der endozoochoren Ausbreitung von Einblatt- und Sammelfrüchten und von coenokarpen Stein- und Beerenfrüchten wird oft das fleischige Gewebe der Diaspore (Exo- und Mesokarp bzw. Perikarp) während der Darmpassage verdaut. Ausgeschieden wird dann bei Steinfrüchten der Steinkern (z. B. bei *Prunus*: Same und steinhartes Endokarp) bzw. bei Beerenfrüchten die Samen. Man sollte dann nicht mehr von Diaspore sprechen, sondern von der **Depositionsform**.

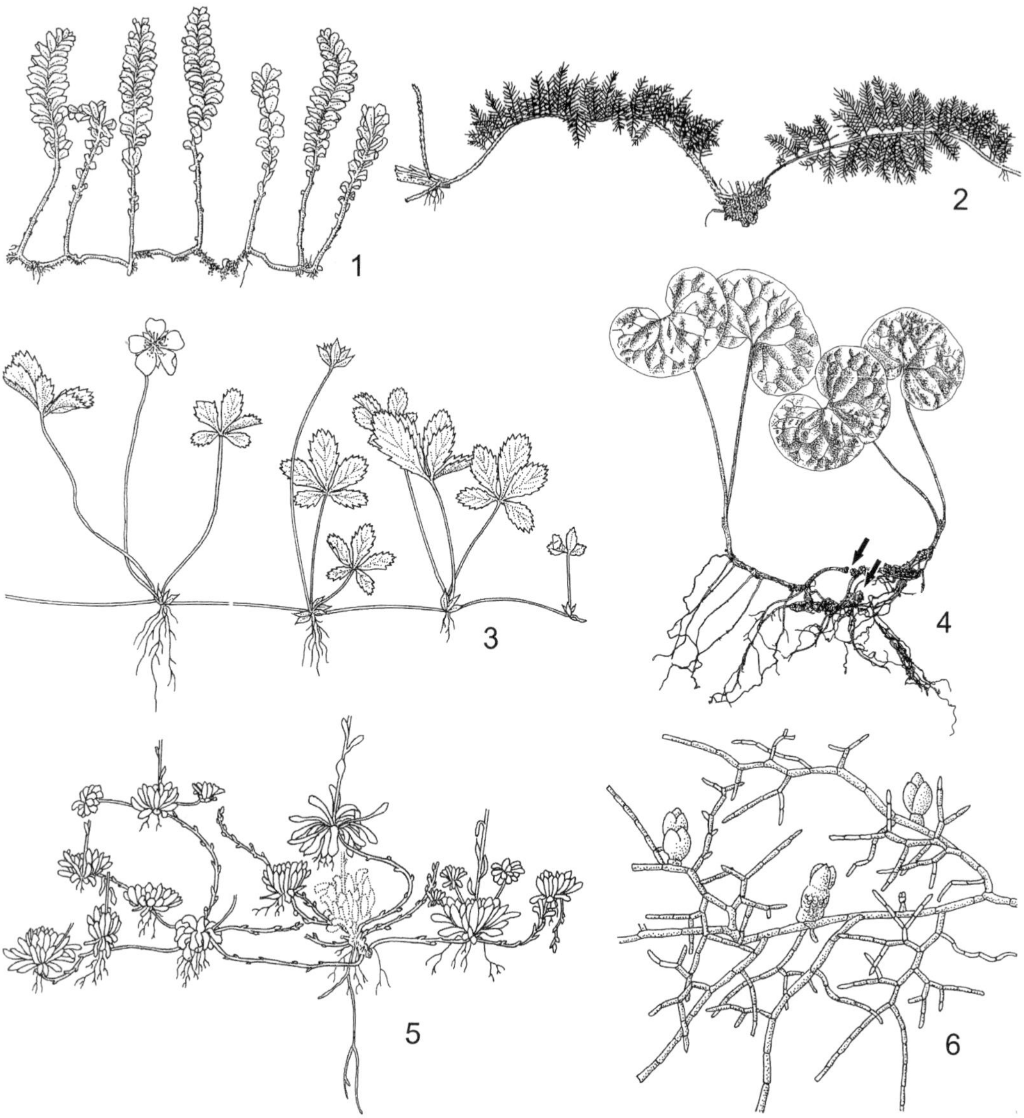

Abb. 7-6: Klonierungsmuster bei Pflanzen. **1–5.** Stufenweises Absterben und Verrotten der Verbindungen zwischen Mutterpflanze und Modulen. **1.** *Tylimanthus saccatus* (Hepaticae), zerfallendes, kriechendes primäres Stämmchen. **2.** *Thuidium laeviusculum* (Musci), flagellenartig gekrümmtes primäres Stämmchen, Teilstück mit Rhizoiden. **3.** *Potentilla reptans*, Ausläufer mit Modulen. **4.** *Asarum europaeum*, zerfallende Grundachse. **5.** *Saxifraga paniculata*, Pflanze mit abgestorbener zentraler ursprünglicher Mutterpflanze und zahlreichen Tochterrosetten (Ramets). **6.** Laubmoosprotonema mit jungen Gametophyten. Pfeile: Verrottungsstellen. (1–3, 5–6 aus Frey & Hensen 1995a, 4 Orig.)

1.1.2 Myrmekochorie: Ausbreitung der Samen und Früchte mit charakteristischen, Lock- und Nährstoffe enthaltenden Anhängseln (Elaiosomen, s. 7.1.3.2) durch verschiedene Ameisenarten. Myrmekochore Sippen (z. B. *Viola*-Arten, Abb. 7-2.3) sind in den mitteleuropäischen Wäldern v. a. in der Krautschicht angesiedelt, schwerpunktmäßig auch in den tropischen Waldbereichen und in Steppen- und Wüstengebieten. Bei der Myrmekochorie handelt es sich um Nahausbreitung (Engychorie, s. 7.2.1), da das Verschleppen, bei dem ein Teil der Diasporen für die Ameisen verlorengeht (Dysochorie), nur über kurze Strecken erfolgt (Ausbreitungsweiten bis 1,4 m bei *Carex pilulifera*, Kjellsson 1985; bis 35 m bei *Asarum canadense*, Cain et al. 1998).

1.1.3 Epizoochorie: Ausbreitung der Diasporen durch vielfältige Einrichtungen und Strukturen, die zur Anheftung an Tiere und damit zur Ausbreitung führen. So können Diasporen von Sumpf- und Wasserpflanzen mit dem Schlamm an Wasservögeln ausgebreitet werden (vgl. Sammelband Acta Oecologia 23(3), 2002; Hohensee & Frey 2001) oder Drüsenhaare (z. B. *Salvia glutinosa*), Glochidien (z. B. *Lappula squarrosa*, Abb. 7-2.7,8), hakenförmige Griffel (z. B. *Geum urbanum*, Abb. 7-2.10), widerhakige Kelchborsten, Kelchblattspitzen (z. B. *Ballota nigra*, Abb. 7-2.15), Haare und widerhakige Hüllblätter bei Klettfrüchten dienen zum Anheften im Fell der Tiere. Stämmchenfragmente von pleurokarpen Laubmoosen, wie z. B. von *Brachythecium velutinum, Eurhynchium hians* und *Hypnum cupressiforme*, werden auch epizoochor im Fell von Rehen und Wildschweinen ausgebreitet (Heinken et al. 2001). Generell wird Epizoochorie als Fernausbreitung (s. 7.2.1) interpretiert.

1.1.4 Anthropochorie: Ausbreitung der Diasporen durch den Menschen, der in der jüngsten erdgeschichtlichen Vergangenheit in das Ausbreitungsgeschehen bewusst oder unbewusst eingriff und eingreift. Anthropochorie kommt bei vielen Segetal- und Ruderalarten vor. Man spricht daher auch von **synanthropen Pflanzen**. Bei den meisten Sippen erfolgte keine Veränderung in den ausbreitungsökologisch relevanten Strukturen. Dennoch haben sich einige Ackerunkräuter (z. B. der Gattungen *Camelina*, *Rhinanthus* und *Bromus*) im Bau ihrer Diasporen durch Selektion so stark denen der jeweiligen Kulturpflanzen „angeglichen“, dass sie durch mechanische Verfahren nicht mehr aus dem Saatgut entfernt werden können.

1.2 Anemochorie

Ausbreitung der Diasporen durch den Wind. Dabei werden unterschieden: **Windstreuer:** Samen aus Kapseln, z. B. *Papaver*-Arten; Früchte aus Köpfchen, z. B. *Chrysanthemum*-Arten. **Körnchenflieger:** winzige und sehr leichte Samen der Orchideen und *Orobanche*-Arten; Masse der Samen < 0,05 mg (McCartney 1990). **Blasen- oder Ballonflieger:** ballonartige Kelche, z. B. *Anthyllis vulneraria* (Abb. 7-2.14) oder ballonartige Hülse, z. B. *Colutea arborescens*. **Haarflieger:** Samenhaare, z. B. *Epilobium*-Arten (Abb. 7-2.2); fedrige Grannen, z. B. *Stipa*-Arten (Abb. 7-2.11); Pappushaare, z. B. *Chondrilla juncea* (Abb. 7-2.13). **Flügelflieger:** Samen, z. B. *Spergularia morisonii* (Abb. 7-2.1); Flügelnüsse (Samaras), z. B. *Betula*-, *Alnus*-Arten; Spaltfrüchte, z. B. *Acer*-Arten (Abb. 7-2.6); Fruchtstände, z. B. *Tilia*-Arten (Abb. 7-2.9); Außenkelch-Schirme, z. B. *Scabiosa*-Arten (Abb. 7-2.17). **Bodenläufer** (Steppenroller): ganze Pflanzen oder Teile mit Diasporen, z. B. *Eryngium campestre*. Anemochorie kann Fern- und Nahausbreitung (s. 7.2.1) bewirken.

1.3 Hydrochorie

Ausbreitung der Diasporen durch das Wasser. Unterschieden werden: **Schwimmer:** unbenetzbare Diasporen, Diasporen mit Luftsäcken, z. B. Arillus bei *Nymphaea*-Arten; Schwimmgewebe, z. B. bei *Iris pseudacorus*, *Potamogeton*-Arten; erweiterter Utriculus bei *Carex*-Arten (Abb. 7-2.16). **Regenschwemmlinge, Regenballisten:** Diasporen werden entweder ausgeschwemmt, z. B. Samen aus sich öffnenden Kapseln von *Sedum acre*, oder herausgeschlagen, z. B. Samen aus Schötchen von *Thlaspi montanum* oder *Iberis*-Arten, Klausen von *Scutellaria* spp. Hydrochorie kann Fern- und Nahausbreitung (s. 7.2.1) bewirken.

2 Autochorie (Selbstausbreitung)

Unterschieden werden: **Selbststreuer:** aktive Ausschleuderung der Diasporen, z. B. auf Turgormechanismen beruhende Saftdruckstreuer wie die Explosionskapseln von *Impatiens*-Arten und der Spritzgurke *(Ecballium elaterium)* oder auf hygroskopischen Mechanismen beruhende Austrocknungsstreuer wie bei der Torsion von Hülsen (Fabaceen) oder den Katapultkapseln bei *Geranium*-Arten. **Selbstableger** deponieren ihre Diasporen durch aktive Wachstumsbewegungen in Spalten (z. B. *Cymbalaria muralis*) oder mittels Krümmung der Fruchtstandsstiele in der Nähe der Mutterpflanze, z. B. Unkräuter wie *Polygonum aviculare* oder *Primula vulgaris*. Bei der Autochorie handelt es sich um Nahausbreitung (s. 7.2.1).

3 Achorie (Nichtausbreitung)

Achore Sippen besitzen Einrichtungen, die die Ausbreitung der Diasporen verhindern. So krümmen sich z. B. bei der Erdnuss *(Arachis hypogaea)* die Fruchtstiele, und die Fruchtknoten werden in die Erde gebohrt; die Reifung der Früchte erfolgt unterirdisch. Auch der mediterrane *Trifolium subterraneum* bildet neben den oberirdischen mehrsamigen Hülsen unterirdische einsamige Hülsenfrüchte.

Tab. 7-2: Ausbreitungstypen (nach Müller-Schneider 1977, 1986).

Ausbreitungstyp
1. Autochore (Selbstausbreiter)
A. Blastochore (Selbstableger)
B. Ballochore (Selbststreuer)
a. Saftdruckstreuer
b. Austrocknungsstreuer
C. Herpochore (Kriecher)
2. Barochore (Pflanzen, die durch Schwerkraft wandern)
a. Fallen durch ihr Gewicht zu Boden
b. Echte, unechte Viviparie
3. Anemochore (Windwanderer)
A. Meteorochore (Flieger)
a. Cystometeorochore (Ballonflieger)
b. Trichometeorochore (Haarflieger)
c. Pterometeorochore (Flügelflieger)
d. Granometeorochore (Körnchenflieger)
B. Chamaechore (Bodenläufer)
C. Boleochore (Windstreuer)
4. Hydrochore (Wasserwanderer)
A. Nautochore (Schwimmer)
B. Ombrochore (Regentropfen-Wanderer)
a. Regenschwemmlinge
b. Regenballisten
C. Bythisochore (Strömungsschwemmlinge)
5. Zoochore (Tierwanderer)
A. Dysochore (Diasporen entgehen nur zufällig der Vernichtung)
B. Stomatochore (Mundwanderer). Diasporen mit Elaiosom (Myrmekochorie) oder Pulpa
C. Endochore (Darmwanderer)
a. Diasporen ohne Anlockungsmittel
b. Diasporen mit Anlockungsmitteln
D. Epichore (Anhafter)
6. Hemerochore (Menschenwanderer)
A. Ethelechore (Diasporen werden absichtlich ausgebreitet)
B. Speirochore (Diasporen als artfremder Bestandteil von Saatgut)
C. Agochore (Diasporen werden mit anderen Gütern ausgebreitet)

Di- und Polychorie, Diplochorie s. 7.2.1

Ergänzend werden zur oben aufgeführten Klassifikation noch folgende Typen genannt (s. Klassifikation von Müller-Schneider 1977, 1986, Tab. 7-2):

Trypanochore (Herpochore) (Kriecher): Sippen mit Diasporen, die durch hygroskopische Mechanismen zu kriechen und sich einzubohren vermögen. Dabei handelt es sich um hygroskopisch bewegliche Pappushaare (z. B. *Centaurea cyanus*), Kelchborsten (z. B. *Scabiosa* spp., Abb. 7-2.17), Kelchzipfel (*Trifolium* spp.) und v. a. die hygroskopisch beweglichen Grannen von Poaceen (*Stipa* spp. [u. a. Weiglin 1995a,b], *Arrhenatherum elatius*, *Avena* spp., *Avenula* spp.). Diese Früchte werden als Kriech-, Bohr- oder Keilfrüchte bezeichnet.

Barochore (Schwerkraftwanderer): Sippen mit Diasporen ohne Ausbreitungseinrichtungen, die aufgrund ihres spezifischen Gewichtes auf das Substrat fallen. Hierzu gehören auch die Diasporen bei echter Viviparie (Mangrovearten, z. B. *Rhizophora* spp.) und unechter Viviparie (z. B. *Poa alpina* var. *vivipara*, Abb. 7-3.4).

Dysochore: Sippen, deren Diasporen beim Nahrungserwerb durch Tiere nur zufällig der Vernichtung entgehen und dabei ausgestreut bzw. ausgebreitet werden. So schlagen Distelfinken z. B. bei *Onopordum acanthium* die Achänen aus den Köpfchen heraus, und beim Anlegen von Vorratslagern durch Vögel (z. B. Samen von *Pinus cembra* durch den Tannenhäher, s. 9.4) und Eichhörnchen werden die Diasporen später teilweise „vergessen" oder beim Transport von Diasporen durch Ameisen (Myrmekochorie, s. o.) geht ein Teil der Diasporen „verloren", z. B. durch Fall in Erdspalten, wo diese dann auskeimen (Gorb & Gorb 1999).

Jenny (u. a. 1994, 1995) legt eine ausbreitungsbiologische Klassifikation vor, die auf den Kriterien Eigenschaft der Diaspore, Agens (Triebkraft), Effekt (in Bezug auf die räumliche Ausbreitung) und Ausbreitungsweise (z. B. anemochor) beruht. Danach werden bei den Diasporen in Bezug auf die Eigenschaft unterschieden: acanthophor – mit Haken, Stacheln; elaiosomophor – mit einem Elaiosom; myxophor – bei Befeuchtung Schleim produzierend; pogonophor – lang behaart, mit Pappus oder Granne; pterophor – geflügelt; saccophor – lufthaltig; sarcophor – fleischig; trypanophor – mit hygroskopisch beweglichem, grannenartigem Anhang. In Bezug auf die

Ausbreitungsweise: ballanemochor – durch den Wind von der Pflanze entfernt; chamanemochor – durch den Wind sich auf dem Boden bewegend, Bodenläufer; meteoranemochor – fähig zum Fliegen; ballautochor – Ausbreitung durch Turgor- oder Austrocknungsmechnismen; blastautochor – selbstablegend; ballombrochor – Ausbreitung durch Regentropfen; ombrohydrochor – Ausbreitung durch Wasser; nautohydrochor – schwimmend auf Wasser; dyszoochor – zufällige Ausbreitung durch Tiere; stomatochor – Ausbreitung durch Ameisen; endo- und epizoochore Ausbreitung.

Die **Ausbreitungstypen** nach Müller-Schneider (1977, 1986) sind in Tab. 7-2 dargestellt.

7.2 Anwendung populationsökologischer Charakteristika auf Pflanzengesellschaften

7.2.1 Ausbreitungsverhalten

Die bisherige Klassifizierung und Wertung der erreichbaren Ausbreitungsweiten von Diasporen wurden sehr unterschiedlich gehandhabt. Zwei Auffassungen sind z. B. die von

Heintze (1932)

Nahausbreitung	< 1 km
Langausbreitung	1 km < 10 km
Fernausbreitung	> 10 km

Luftensteiner (1982)

Nahausbreitung	< 10 m
Distanzausbreitung	10 m < 100 m
Fernausbreitung	> 100 m

Diese Einteilung der Ausbreitungsweiten ist jedoch kaum von populationsökologischer und pflanzensoziologischer Relevanz. In Bezug auf Ausbreitungsstrategien, die nicht nur Ausbreitungsweiten betreffen, sondern auch Mechanismen in und zwischen Populationen und Pflanzengesellschaften, werden vier **Ausbreitungsverhalten** (dispersal behaviour) unterschieden, das Pendeln und die Nah-, Fern- und Nichtausbreitung (Frey & Hensen 1995a), wobei generative und vegetative Diasporen gleichermaßen Berücksichtigung finden. Die Ausbreitungsverhalten sind auch für die Klassifizierung der Lebensstrategien von grundlegender Bedeutung (s. 8.2.3).

Pendeln: Die Sippen pendeln mittels ihrer Diasporen zwischen Habitaten, die kurzfristig oder länger zur Verfügung stehen, aber voraussagbar nach einem gewissen Zeitraum enden und immer wieder erscheinen, z. B. Ruderal- und Segetalflächen, Tierpfade, Dung, Spülsäume der Meeresküsten, Fluss- und Bachufer, Erdrutsche, Erdraine, Erdblößen in Vegetationseinheiten, Äste und Stämme von Bäumen und Felsflächen. Da die Diasporen keine Strukturen aufweisen, die Fernausbreitung ermöglichen, werden nur die am nächsten liegenden Lücken („gaps“) in der Vegetationsdecke erreicht. Die Unterscheidung von der eigentlichen Nahausbreitung ist oft nicht leicht und eine Eingruppierung in Abhängigkeit von der jeweiligen Pflanzengesellschaft zu treffen. Sippen mit diesem Ausbreitungsverhalten treten z. B. in annuellen und wenigjährigen Ruderalgesellschaften (z. B. Stellarietea mediae, Artemisietea vulgaris) auf.

Nahausbreitung (Engychorie): Die Diasporen besitzen keine Eigenschaften bzw. Strukturen, die eine Fernausbreitung ermöglichen oder mehrere Diasporen bleiben miteinander verbunden und werden als spezifisch schwere Einheit ausgebreitet. Sie verbleiben in der Nähe der Mutterpflanze bzw. in der Fläche der betreffenden Pflanzengesellschaft oder erreichen nur deren nächste Umgebung („Siedeln geht vor Ausbreiten“). Die Sippen breiten sich demnach „schrittweise“ aus („stepwise dispersal“), soweit dies interspezifische Konkurrenz und Habitatbedingungen erlauben. Nahausbreitung betreiben auch zahlreiche klonale Sippen, die eine Aufteilung in physiologisch selbständige Ramets, also Klonierung, aufweisen. Auch die Ausbreitung der vegetativen Diasporen s. str. zahlreicher Phanerogamen und Kryptogamen findet im Nahbereich der Mutterpflanze statt.

Fernausbreitung (Telechorie): Die Diasporen besitzen Eigenschaften bzw. Strukturen, die das Transportvermögen steigern, wie z. B. Flügel, hakige Auswüchse oder wohlschmeckendes Fruchtfleisch. Diese Diasporen sind potentiell in der Lage, die Fläche der Pflanzengesellschaft, in der die betreffende Art siedelt, über größere Distanzen zu verlassen. Neue Habitate werden durch ‚chance dispersal' erreicht. Es verbleibt jedoch immer ein mehr oder weniger großer Teil der Diasporen, z. B. durch den ausbreitungshemmenden Einfluss der umgebenden Vegetation, im Bereich der Mutterpflanze bzw. in der durch die betreffende Pflanzengesellschaft besiedelten Fläche.

Nichtausbreitung (**Achorie**, s. a. 7.1.4): Achore Arten breiten sich, von minimalen Verschiebungen abgesehen, nicht aus. Sie weisen Mechanismen auf, die die Ausbreitung der Diasporen verhindern, z. B. durch unterirdische Fruchtreifung, Verschleimung der Diasporenoberflächen, Selbstablegung der Diasporen und echte Viviparie. Achorie ist in Trockengebieten, v. a. in den Wüsten, von großer Bedeutung (Murbeck 1919, 1920; Zohary 1937; Gutterman 1993; Van Rheede & Van Rooyen 1999). Die „Unterdrückung" der Ausbreitung bedeutet die Minimierung des Risikos einer Verfrachtung der Diasporen an ungünstige Habitate. Die Populationen können dadurch an dem meist durch Zufallsausbreitung erreichten günstigen Habitat verbleiben und dort siedeln. Diese Anpassung gehört zum „Erfolgsrezept" zahlreicher Wüstenpflanzen und Arten der mitteleuropäischen Trockenrasen.

Mit Achorie korrelierte Mechanismen:

Ausschließliche Achorie ist selten, so z. B. bei der „echten" **Viviparie**, bei der die Samen an der Mutterpflanze keimen („Lebendgebären") und die Diasporen im Bereich der Mutterpflanze verankert werden (Mangrovepflanzen); außerdem bei der **Geokarpie**, dem Reifen der Früchte im Boden, in den die junge Frucht durch Wachstumsvorgänge gebracht wird (z. B. *Arachis hypogaea*). Meist greifen jedoch zwei Mechanismen ineinander, teils liegt Dichorie vor (s. u.). Hierzu zählen u. a. **Amphikarpie:** Auftreten von oberirdischen und von geokarpen Diasporen (Früchten) an einer Pflanze, wie es weltweit von etwa 30 Arten aus den Gattungen *Trifolium*, *Viola* und *Lathyrus*, so z. B. von dem mediterranen *Trifolium subterraneum*, bekannt ist; **Basikarpie:** Ausbildung von Diasporen (Früchten) an der Basis einer Pflanze in unmittelbarer Bodennähe, so z. B. bei *Carlina acaulis*, *Cirsium acaule* und *Astragalus exscapus*. Meist werden die Diasporen aber dann sekundär im Nahbereich der Mutterpflanze verweht; **Synaptospermie:** Koppelung (Verwachsung oder Verdrillung) bzw. Zusammenfassung von mehreren Samen bzw. (einsamigen) Früchten zu einer Ausbreitungseinheit (Diaspore), die als Einheit oft im Bereich der Mutterpflanze ausgebreitet wird und keimt. Meist werden jedoch auch diese Diasporen sekundär durch den Wind verweht. Synaptospermie ist häufig z. B. bei *Aegilops*-, *Medicago*-, *Stipa*-Arten und Asteraceen-Köpfchen, so z. B. bei dem saharo-arabischen Zwergstrauch *Rhanterium epapposum* (Asteraceae), bei dem das Köpfchen als Einheit ausgebreitet wird und der spätere Zwergstrauch meist aus mehreren Individuen besteht; **Trypanokarpie:** Ausbildung von Bohr- oder Keilfrüchten, die sich nach anemo- bzw. epizoochorer Ausbreitung durch besondere Einrichtungen wie Haare, Kelchborsten und Grannen im Boden verankern (s. 7.1.4). Diese Mechanismen dienen dazu, die Nah- bzw. Nichtausbreitung zu sichern und die Fernausbreitung und sekundäre Ausbreitung (Diplochorie, s. u.) zu verhindern.

Heterospermie, Heterokarpie, Heteromerikarpie: Auftreten verschiedener Samentypen (z. B. bei *Atriplex* spp., *Suaeda* spp.), Fruchttypen (z. B. bei *Calendula* spp.) und Teilfrüchten (Merikarpien, z. B. bei *Microparacaryum* [Boraginaceae] mit der Kombination aus drei geflügelten und einer ungeflügelten Klause [Fern- bzw. Nah- und Nichtausbreitung; Hilger 1981, Hilger et al. 1985] an einer Pflanze); **Myxospermie:** Samen oder einsamige Schließfrüchte sondern bei Befeuchtung aus den Oberflächenzellen der Testa bzw. des Perikarps Schleim ab, mit dem sie nach dem Ausstreuen an Bodenpartikeln festhaften (z. B. bei zahlreichen annuellen Brassicaceen, so u. a. *Erophila verna*, ferner u. a. bei *Juncus* spp., *Plantago* spp.). Myxospermie ist besonders in ariden Gebieten verbreitet (z. B. bei den Achänen der saharo-arabischen Asteracee *Artemisia monosperma*), wo die Diasporen meist nur wenige Stunden nass sind, keimen und sich bewurzeln und sich hierfür vorher anheften. Das Verkleben der Diasporen mit dem Substrat wirkt ausbreitungshemmend. Somit wird auch die „Verschleppung" der Diasporen durch Ameisen „verhindert" (Huang et al. 2000). Myxospermie dürfte auch in offenen Vegetationseinheiten Mitteleuropas, z. B. in Trockenrasen, verbreitet sein.

Auftreten von zwei oder mehreren Ausbreitungsweisen

Di- und Polychorie

Di- und Polychorie bezeichnen das Auftreten von zwei bzw. mehreren Ausbreitungsweisen(-modi), die im Bau der Diasporen begründet sind. Be-

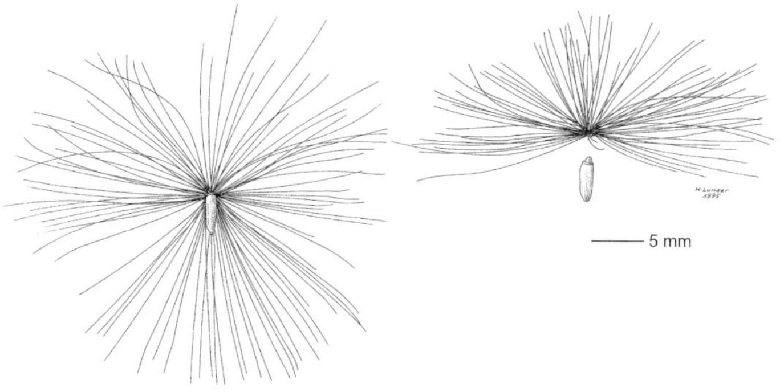

Abb. 7-7: Dichorie. *Carduus acanthoides*. Trichometeorochore Diaspore (Achäne mit Pappus) (links), boleochore Diaspore (Achäne ohne Pappus) (rechts). (Orig.)

dingt durch die dadurch gegebene ausbreitungsbiologische Plastizität kann ein Teil der Diasporen fern-, der andere nahausgebreitet werden, sodass mehr potentielle Habitate erreicht werden können als dies bei Fern- oder Nahausbreitung allein der Fall wäre. Dichorie tritt relativ häufig auf, so z.B. bei *Carduus acanthoides* (Abb. 7-7). Bei dieser Art wird ein Teil der Achänen mit dem Pappus trichometeorochor fern-, der andere Teil der Achänen, bei denen der Pappus abbricht, boleochor nahausgebreitet. Dichorie liegt auch bei vielen Poaceen vor, deren Diasporen (Karyopsen mit Anhangsorganen) endozoochor fernausgebreitet, aber auch im Nahbereich boleochor ausgestreut werden (z.B. *Bromus inermis*) (zu Dichorie vgl. auch 7.2.1, Amphikarpie ff.). Eine polychore Ausbreitung von Diasporen liegt z.B. bei *Carex vesicaria* vor. Hier können die Diasporen (Nüsse mit dem umgebenden Utriculus) je nach ansetzendem Agens anemochor durch den Wind, dysochor durch Wasservögel oder hydrochor mit Wasserbewegungen ausgebreitet werden. Polychorie ist seltener, sofern der Mensch unberücksichtigt bleibt. Di- und Polychorie, sowie die unten aufgeführte Diplochorie, wurden bisher bei der ausbreitungsökologischen Charakterisierung von Populationen und Pflanzengesellschaften vernachlässigt.

Diplochorie

Bisher kaum beachtet wurde die **Diplochorie**, d.h. das Auftreten von zwei Ausbreitungsweisen (-modi) zeitlich versetzt nacheinander. Beispiele hierfür sind die krautigen, myrmekochoren Sippen unserer Wälder, wie z.B. *Helleborus foetidus*, *Asarum europaeum*, *Viola mirabilis* und *V. reichenbachiana*, bei denen die Samen boleochor (aus den Bälgen bzw. Kapseln) ausgestreut werden. Erst anschließend verschleppen Ameisen diese mit Elaiosomen ausgestatteten Samen (s. Myrmekochorie, Dysochorie). Bei *Erophila verna* z.B., einer weit verbreiteten annuellen Sippe an Ruderalstellen und in lückigen Trockenrasen, werden die Samen aus den Schötchen durch Wind oder durch den Einschlag von Regentropfen (boleo- bzw. ombrochor) im Nahbereich der Mutterpflanzen ausgebreitet. Bei Benetzung kleben die Samen durch die verschleimende Oberfläche am Substrat fest (Myxospermie). Durch diesen sekundären Mechanismus wird die weitere Ausbreitung der Samen verhindert (s. Achorie). Diplochore Mechanismen dürften in den zentraleuropäischen Pflanzengesellschaften relativ häufig sein. Sie bedürfen einer zeitgemäßen Analyse. Es ist anzumerken, dass die in der angelsächsichen Literatur genannte „secondary dispersal, sekundäre Ausbreitung" nur z.T. den diplochoren Mechanismus umfasst.

7.2.2 Ausbreitung vegetativer Diasporen

Allgemein sind Ausbreitungssysteme und -klassifikationen auf generative Diasporen bezogen, vegetative Diasporen wurden bisher kaum beachtet. Im folgenden werden die wichtigsten Ausbreitungsweisen vegetativer Diasporen aufgeführt.

Endosporen können über Wasserströme, Konidien über Luftbewegungen fernausgebreitet werden. Die Ausbreitung spezialisierter Propagulen kann mit den gleichen Agenzien (Wind, Wasser, Tier und Mensch) wie bei den generativen Diasporen erfolgen, aktive Autochorie kommt jedoch nicht vor. Endochore Ausbreitung durch Tiere ist selten, da die Propagulen nicht mit einem Verdauungsschutz versehen sind. Im Vergleich zu Samen besitzen sie i. d. R. einen höheren Wassergehalt und sind daher gegenüber Umwelteinflüssen weniger widerstandsfähig.

Die **Propagulen** der meisten Sippen verbleiben i. d. R. im Nahbereich der Mutterpflanze. Ausnahmen sind zum einen die Turionen der Wasserpflanzen, die mit dem Wasser auch fernausgebreitet werden, zum anderen besitzen einige tropische Gattungen vegetative Diasporen s. str., die mit Ausbreitungsorganen versehen sind (z. B. *Remusatia vivipara* [Araceae], Bulbillen mit grannenartigen Fortsätzen [epizoochor], n. Möbius 1940; *Gonanthus pumilus* [Araceae], Bulbillen mit Haaren [anemochor], n. van der Pijl 1982).

Bei der Ermittlung von exakten Ausbreitungsweiten vegetativer Diasporen, insbesondere der von Propagulen, steht man erst am Anfang. Aussaatversuche mit den relativ schweren Sprossknöllchen (Achselbulbillen) von *Dentaria bulbifera* (durchschn. Masse 53 mg/Sprossknöllchen) und Langzeitbeobachtungen über die Entwicklung der entstandenen Population ergaben, dass es zu keiner wesentlichen Ausbreitung kommt, d. h. die Art ist in Bezug auf ihre vegetativen Diasporen „dispersal-limited" (Gustafsson et al. 2002). Bei Flechten der Gattungen *Cetraria* und *Cladonia*, die eine hohe Kapazität zur Fragmentation ihrer Thalli besitzen und sich dadurch klonal reproduzieren, erfolgt Nahausbreitung der Fragmente bis max. 0,7 m durch den Wind und bis etwa 9,7 m durch Kleinsäuger (Heinken 1999). Auch die Thalli bzw. Thallusfragmente der australischen erranten (nicht festsitzenden) Flechte *Chondropsis semiviridis* werden im Nahbereich verweht (Eldridge & Leys 1999). Nahausbreitung der Thalli bzw. der Thallusbruchstücke dürfte auch bei der arktisch-alpinen, nur steril bekannten, erranten „Wurmflechte" *Thamnolia vermicularis* vorliegen. Dagegen werden Flechten-Soredien durch Luftströme fernausgebreitet, so z. B. bis in die Antarktis (Marshall 1996), und es gelang über die vegetative Diasporenbank der indirekte Nachweis, dass auf der subantarktischen Macquarie Insel vegetative Diasporen von Moosen über weite Strecken ausgebreitet werden (Bergstrom & Selkirk 1999).

Nahausbreitung durch Klonierung: Durch die Abtrennung der Ramets kommt es indirekt zu einer engychoren Ausbreitung (Nahausbreitung), mit dem Effekt der Habitatbesetzung im Bereich der Mutterpflanze und der entstehenden Tochterindividuen (Teilindividuen, Dividuen). Dies ist ein Mechanismus, dessen Tragweite derzeit erst erkannt wird (s. 7.4). Ausnahmen findet man bei Wasserpflanzen. Hier können die durch Fragmentation gebildeten Ramets durch Wasser oder Wasservögel weit verfrachtet werden. Ein eindrucksvolles Beispiel ist die diözische *Elodea canadensis* (Wasserpest), die 1836 mit nur einem weiblichen Exemplar nach Europa eingeschleppt wurde und sich seither allein durch Klonierung reproduziert und ausgebreitet hat. Stellenweise entwickelte sie sich zu einer wahren Plage.

Ausbreitung von Mito- und Meiosporen
Bei den Mito- und Meiosporen der Kryptogamen wird generell angenommen, dass bei Sporendurchmessern $\leq 25\,\mu m$ eine Fernausbreitung durch die Luftströme möglich ist, jedoch aufgrund der letalen UV-Strahlung und der tiefen Temperaturen nicht in Höhen über 3000 m (Zanten & Gradstein 1988). Bei Sporendurchmessern $> 25\,\mu m$ nimmt die Ausbreitungskapazität dagegen mit zunehmendem Durchmesser sehr schnell ab. So werden z. B. Megasporen von *Selaginella*-Arten (*S. anceps* ∅ 300 µm, *S. martensii* ∅ 400 µm) bei Wind mit 1,16 m/s 70 cm bzw. 30 cm weit ausgebreitet, d. h. im Nahbereich der Mutterpflanzen (Filippini-de Giorgi et al. 1997).

7.2.3 Erfassung von Diasporenniederschlag und Ausbreitungsweiten

Die Erfassung der Ausbreitungsweiten, die Diasporen zurücklegen können, ist eines der schwierigsten experimentellen Kapitel der Ausbreitungsökologie, und bis heute liegt nur eine vergleichsweise geringe Zahl durch Versuche ermittelter Daten vor. Grund hierfür sind die Schwierigkeiten bei der Erfassung des tatsächlichen Weges der Diasporen in den Luft- und Wasserströmen und bei Wanderbewegungen der Tiere.

Folgende Versuchsanordnungen werden zur Erfassung des Diasporenniederschlages und der

Ausbreitungsweiten von Diasporen u. a. angewandt.

Diasporenfallen

Diasporenfallen werden eingesetzt, um den Diasporenniederschlag, der sich aus dem Niederschlag der Diasporen der Arten der Untersuchungsfläche und aus dem Eintrag aus anderen Flächen zusammensetzt, zu erfassen. Dabei wird angenommen, dass der Diasporenniederschlag auf kleinen Erdblößen dem Bestandsniederschlag sehr ähnlich ist. Experimentell vermögen nahezu ebenerdig in einen Pflanzenbestand eingebrachte trichterförmige Diasporenfallen eine solche Vegetationslücke zu repräsentieren und gleichzeitig den Diasporenniederschlag zu sammeln und zu speichern. Hiermit kann man auch den Diasporeneintrag und die Diasporentypen quantifizieren und Aussagen über die Anzahl der Sämlinge, ferner sekundär die Ausbreitungsweiten erfassen und Aussagen über den Aufbau einer Diasporenbank im Boden (s. 7.3) machen. Eine Übersicht über Diasporenfallen und ihre Einsatzmöglichkeiten geben Kollmann & Goetze (1998), eine Diasporenfalle, die den Raub von Diasporen durch Tiere minimiert, beschreibt u. a. Schott (1995, Abb. 7-8).

Plattentechnik

Mit der **Plattentechnik** werden die Ausbreitungsweiten der Diasporen einzelner Sippen erfasst. Sie eignet sich besonders für Nahausbreiter und wurde erfolgreich zur Ermittlung der Ausbreitungsweiten v. a. boleochorer, nah ausbreitender Phanerogamen mit schweren Samen, Klausen, Achänen u. a. eingesetzt. Hierzu werden im voraussichtlichen Streubereich um die Versuchspflanze mit selbstklebender Folie überzogene Platten ausgelegt (Abb. 7-9), die während der Ausbreitungszeit der Diasporen über einen längeren Zeitraum im Gelände verbleiben. Gegebenenfalls werden nach Regenfällen nicht mehr klebende Platten ersetzt. Zunächst werden, sofern möglich, die Diasporen an der Pflanze gezählt; nach dem Ausbreiten können sowohl die Anzahl als auch die Ausbreitungsweiten der Diasporen festgestellt werden, da sie auf den Platten festkleben. Detailliert beschrieben ist diese Technik in Frey et al. (1999b). Wie aus Abb. 7-10 hervorgeht, besitzen die um 0,8 mg schweren Achänen von *Chrysanthemum corymbosum* nur einen Krönchenrand. Die Hüllblätter der Körbchen bilden eine biologische Kapsel, aus der die Achänen bei Wind oder Stoß ausfallen, sofern sie nicht vorher durch Tiere aufgefressen werden. Die größte Anzahl der ausgebreiteten Diasporen erreicht nur Distanzen von 60–70 cm; eine Ausbreitung über 2 m erscheint auch bei starken Winden nicht wahrscheinlich.

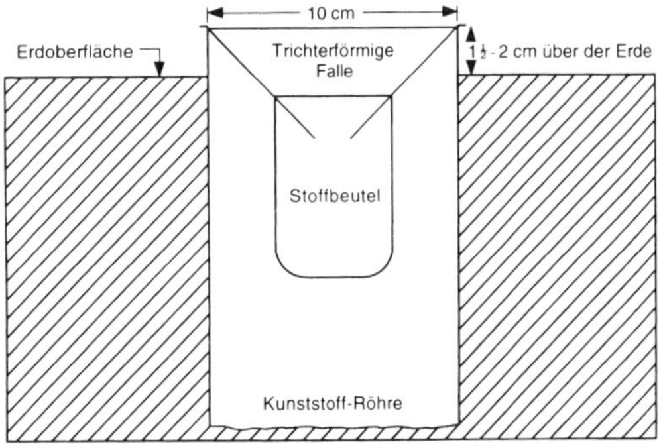

Abb. 7-8: Schnitt durch eine trichterförmige Diasporenfalle und ihre Lage im Boden. Nicht maßstabsgetreu. (Nach Schott 1995.)

Zu dieser Technik wird auch die Erfassung der Ausbreitungsweiten von Sporen mit Hilfe von regelmäßig ausgelegten Objektträgern gerechnet, die mit einer Gallerte beschichtet sind (Stoneburner et al. 1992). Hiermit konnte bei *Atrichum undulatum*, einem Laubmoos, zum ersten Mal gezeigt werden, dass ein Teil der Sporen (ca. 6 Millionen der beiden untersuchten Kolonien) zur Fernausbreitung in der Lage ist.

Windkanalversuche

Ausbreitungsversuche in **Windkanälen** können nur schwer auf natürliche Bedingungen übertragen werden, da hierbei die Diasporen weggeschleudert werden. Die Aussagekraft der jeweils erzielten Flugweiten ist dadurch begrenzt. Dennoch wurde, um Flugweiten zu erfassen, eine größere Zahl von Windkanalversuchen durchgeführt, so z. B. neuere Untersuchungen an Phanerogamen von Emig & Leins (1994), Dorp et al. (1996) und Horsch (2001), bei Moosen von Delgaldillo & Pérez-Bandín (1982) und bei Flechten von Armstrong (1994, Soredien von *Hypogymnea physodes*).

Winkelversuche

In Bezug auf potentielle Ausbreitungsweiten sind derzeit Versuche in einem gleichmäßigen Wind-

Abb. 7-9: Plattentechnik: Mit selbstklebender Folie überzogene Platten werden um die Versuchspflanze (hier *Anthyllis vulneraria*) auf dem Boden befestigt (noch nicht vollständig ausgelegt). Versuchsaufbau während eines Geländepraktikums. (Fotos Frey.)

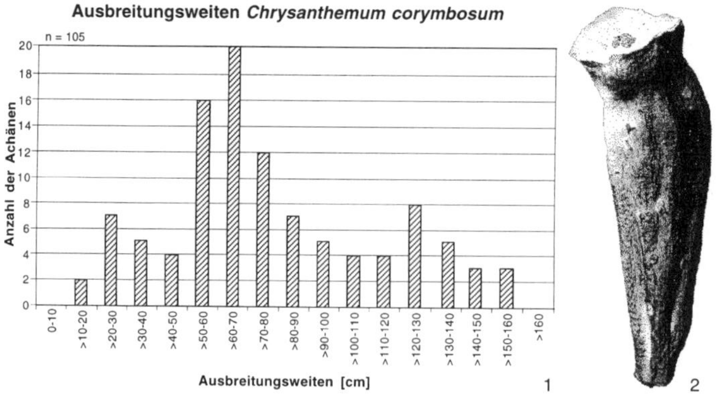

Abb. 7-10: Ausbreitungsweiten der Achänen von *Chrysanthemum corymbosum*. **1.** Ausbreitungsweiten. Versuchsaufbau 1. 8.–4. 11. 1996, 105 aufgefangene Achänen. **2.** Achäne mit Krönchenrand. (Nach Pfeiffer 1997.)

profil an Düsenöffnungen bei bekannten Windgeschwindigkeiten, sog. **Winkelversuche**, aussagekräftiger als Windkanalversuche (Hensen & Müller 1997, Abb. 7-11, 7-12), da die Diasporen hier einen Gleitflug durchführen. Diese Technik eignet sich besonders, um die horizontalen Flugweiten von Diasporen zu ermitteln unter der Voraussetzung einer linearen Flugbahn. Um über den Flugwinkel Rückschlüsse auf die Flugbahn ziehen zu können, wird ein durch im Gebläse hervorgerufenes gleichmäßiges Windprofil bis 25 cm hinter der Öffnung verwendet (Abb. 7-11). Die Windgeschwindigkeit (s. Tab. 7-3) kann variiert werden. Die abgewogenen Diasporen werden mit einer Pinzette ausgeklinkt und ihre Flugbahn photographiert. Nach der Auswertung der Flugbahnen lässt sich die horizontale Flugweite wie folgt berechnen:

$x = h \cdot \tan \alpha$ wobei x = horizontale Flugweite
h = Expositionshöhe (Höhe, in der die Diaspore von der Pflanze abgetrennt wird)
α = Winkel zwischen der Flugbahn und der Vertikalen ist.

Durch diesen Versuchsaufbau ergeben sich signifikante Aussagen über potentielle Flugweiten von Diasporen, allerdings bezogen auf ein gleichmäßiges Windprofil und Gleitflug. Abb. 7-12 gibt das Flugverhalten zweier in Bezug auf das Flugverhalten verschiedener Diasporentypen wieder. So erreichen die mit einem Pappus ausgestatteten Achänen von *Hieracium pilosella* relativ große horizontale Ausbreitungsweiten, dagegen

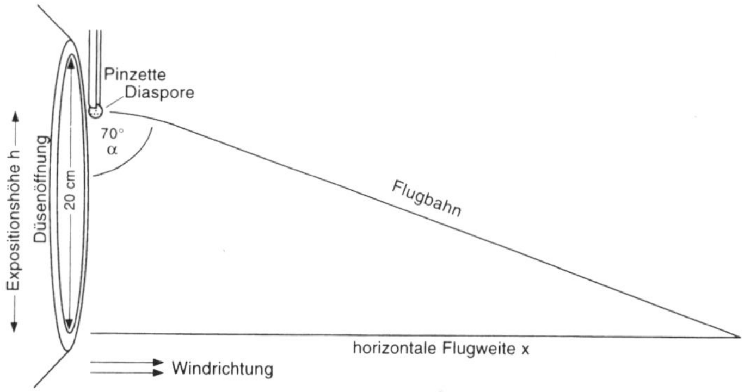

Abb. 7-11: Winkelversuch. Düsenöffnung und Flugbahn einer Diaspore. Expositionshöhe nach Daten aus Geländeerhebungen. (Nach Hensen & Müller 1997.)

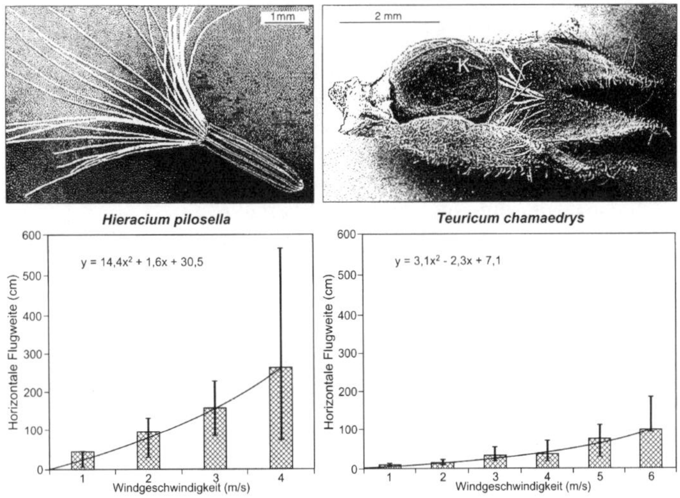

Abb. 7-12: Winkelversuch. Horizontale Flugweiten der Diasporen von *Hieracium pilosella* (Achänen mit Pappus) und *Teucrium chamaedrys* (Klausen) in Abhängigkeit von der Windgeschwindigkeit. Breite Balken: Mittelwerte (für n = 25) bei einer Expositionshöhe von 20 cm; dünne Balken: Spannweite der Messdaten. Die mathematische Formel beschreibt das Ausbreitungsverhalten der Diasporen. K = eine der Klausen seitlich im aufgeschnittenen Kelch. (Nach Hensen & Kentrup 1998.)

Tab. 7-3: Beaufort-Skala. Zwölfteilige Skala der Windstärken.

Beaufort	m/s
0	0–0,2
1	0,3–1,5
2	1,6–3,3
3	3,4–5,4
4	5,5–7,9
5	8,0–10,7
6	10,8–13,8
7	13,9–17,1
8	17,2–20,7
9	20,8–24,4
10	24,5–28,4
11	28,5–32,6
12	>32,7

verbleiben die Klausen von *Teucrium chamaedrys* im Nahbereich.

Erfassung der durch Wasser und Tiere transportierten Diasporen

Zur Erfassung des Transports von Diasporen durch Wasser und gegebenenfalls auch der damit erreichten Ausbreitungsweiten werden Netze und schwimmende Diasporenfallen eingesetzt (z. B. Netze durch Huiskes et al. 1995: in von Gezeiten beeinflussten Salzmarschen und Bill et al. 1999: Ausbreitung von Diasporen in Alpenflüssen [Isar]; Middleton 1995: schwimmende Diasporenfallen auf Wasseroberflächen [vgl. Abb. 7-13]).

Bei Versuchen zur epizoochoren Ausbreitung von Diasporen dienen v. a. Schafe, Rinder und Hunde als Agens, wobei auch „dummies" (Attrappen) mit Fellen eingesetzt werden. Bei einer Markierung der Diasporen kann deren direkter Ausbreitungsweg verfolgt werden. Unklar bleibt der Ablösevorgang der Diasporen von den Oberflächen der ausbreitenden Tiere (Zufall?). Außerdem ist zu beachten, dass Rinder, Schafe und Hunde in der ursprünglichen, von weitgehend geschlossenen Vegetationseinheiten dominierten, Landschaft als Ausbreiter nicht zur Verfügung standen bzw. für die Evolution der ausbreitungsrelevanten Strukturen keine Rolle spielten. Deshalb können die Ergebnisse nur bedingt für allgemeingültige Aussagen herangezogen werden.

Neuere Arbeiten zur Epizoochorie sind z. B. Fischer et al. (1996): Bedeutung der Wanderschäferei für den Artenaustausch zwischen Pflanzengesellschaften, Stender et al. (1997): effektive Fernausbreitung durch Galloway-Rinder, Heinken (2000): Fernausbreitung ruderaler Arten wie *Circaea lutetiana*, *Geum urbanum* und *Sanicula europaea* durch den Hund und Heinken & Raudnitschka (2002): Fernausbreitung durch Reh und Wildschwein, wobei Rehe eine untergeordnete Stellung in der epizoochoren Ausbreitung einnehmen. Die charakterischen Waldbodenpflanzen mesophiler Laubwälder sind aufgrund ihrer Diasporenmorphologie von der epizoochoren Ausbreitung durch Reh und Wildschwein nahezu ausgeschlossen.

Die Untersuchungen zur Endozoochorie erfolgen meist durch Aufsammlung von Losung von Herbivoren (Reh, Damhirsch, Feldhase), Omnivoren (Wildschwein) und Früchte fressender Karnivoren (Stein- bzw. Baummarder) mit anschließender Auszählung und Bestimmung der Diasporen bzw. deren Depositionsformen (Diasporen ohne den verdauten Anteil) im Kot oder der Erfassung der Keimfähigkeit der Diasporen durch Keimversuche im Auflaufverfahren (Kultivierung der Faeces unter kontrollierten Bedingungen, Zählen und Bestimmen der auflaufenden Keimlinge). Ein Verfahren mit fluoreszierenden Mikrokugeln (∅ 15 μm) (Levey & Sargent 2000), mit denen die Diasporen einer Pflanze versehen werden, ermöglicht es, den Weg von der Mutterpflanze zum Ablageort genauer zu ermitteln. Die mit Mikrokugeln versehenen Diasporen lassen sich in den Faeces der Tiere gezielt nachweisen. Dies ermöglicht es, den Herkunfts- und den Ablageort der Diasporen/Depositionsformen genau anzugeben.

Neuere Arbeiten zur Endozoochorie sind z. B. Stender et al. (1997): Ausbreitung von Weidearten durch Gallo-

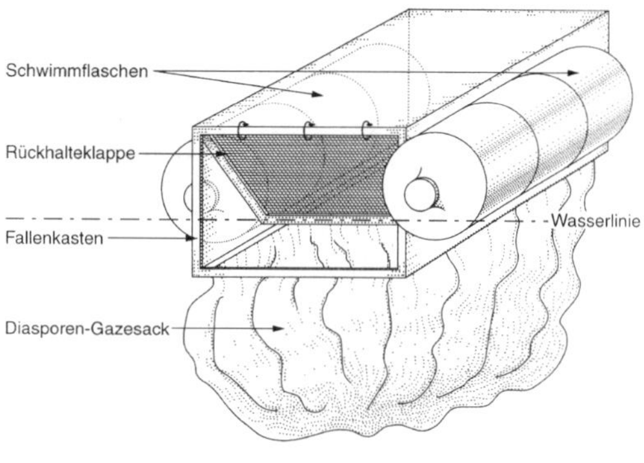

Abb. 7-13: Schwimmende Diasporenfalle zum Einsatz auf Wasseroberflächen. (Nach Middleton 1995.)

way-Rinder, Mrotzek et al. (1999): Bedeutung der Wildschweine für die Diasporenausbreitung, Schaumann & Heinken (2002): Stein- und Baummarder als Diasporenausbreiter von Saftfrüchten und Heinken et al. (2001): Diasporenausbreitung durch Reh, Damhirsch, Feldhase und Wildschwein in Wäldern Brandenburgs. In der zuletzt genannten Arbeit wird aufgezeigt, dass Rehe und Damhirsche eine große Zahl, Wildschweine und Feldhasen dagegen nur eine geringe Zahl von Diasporen endozoochor ausbreiten. Dabei fällt auf, dass nur geringe Anteile von Waldbodenpflanzen in den Losungen enthalten sind und es sich dabei fast durchweg um leichte Diasporen (< 1 mg) handelt. Die Herbivoren breiten demnach fast ausschließlich einjährige Arten der Trittrasen, Ruderal- und Segetalvegetation und Arten der Magerrasen aus. Somit leisten Rehe, Damhirsche, Feldhasen und Wildschweine zumindest durch Endozoochorie nur einen geringen Beitrag zur Fernausbreitung von Waldbodenpflanzen.

Die Erfassung der Ausbreitungsweiten von Diasporen endozoochorer Gehölzarten wurde u. a. von Kollmann (1994) beschrieben, wobei zu diesem Prozess auch der Fraß von Diasporen v. a. durch Nager (‚seed predation', z. B. Kollmann & Muir 1998) gehört. Um den von frugivoren Kleinvogelarten bewirkten Diasporeneintrag zu erfassen, werden Gazefallen (Abb. 7-14) in festgelegten Abständen aufgestellt. Dabei ist zwischen dem primären, reifebedingten Diasporenniederschlag und dem sekundären, durch Vögel bedingten, zu unterscheiden. Die Transportweiten erwiesen sich als unerwartet gering, ein Ferntransport über mehr als 100 m tritt nur selten auf. Nur bei wenigen Arten (z. B. *Berberis vulgaris*, *Sambucus* spp., *Vitis vinifera*) konnte festgestellt werden, dass sie aus größerer Entfernung herangetragen wurden. In einer Population von *Prunus mahaleb* konnte durch Godoy & Jordano (2001) mit Hilfe molekularen Fingerprintings (Analyse von Mikrosatelliten) des steinharten Endokarps der Einblatt-Steinfrüchte (Depositionsform: Samen mit Endokarp) die Herkunft von der Mutterpflanze aufgezeigt werden. Die Ausbreitungsweiten betrugen 0 bis 316 m. 62 % der Diasporen (Depositionsform) wurden im Umkreis von nur 15 m von der Mutterpflanze abgelegt. Es konnte jedoch auch klar aufgezeigt werden, dass etwa 18 % der dieser Art zugehörigen Diasporen von außen in die Untersuchungsfläche, d. h. durch Ausbreitung über weitere Distanzen, eingebracht wurden.

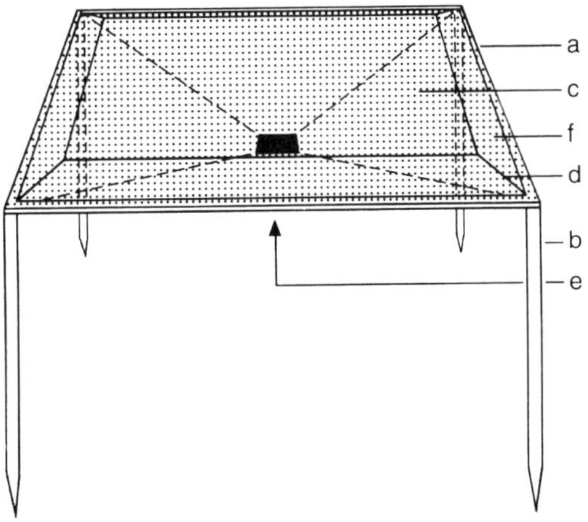

Abb. 7-14: Gaze-Diasporenfalle (0,55 × 0,55 m). a Holzrahmen (0,7 × 0,7 m), b Holzpflöcke (0,2–0,4 m über dem Boden), c Nylongaze (0,3 mm), d Drahtverstrebungen, e Gewicht, f Drahtgitter als Schutz gegen Diasporenraub (1,3 cm). (Nach Kollmann 1994.)

Der Ferntransport von Diasporen bei schweren Stürmen und Orkanen oder bei Überflutungen u. a. kann bisher nicht erfasst werden, da der Weg der Diasporen nicht verfolgt werden kann. Sicher ist allerdings, dass ein solcher Transport auch ohne spezifische Strukturen der Diasporen erfolgen kann. Allerdings treten solche Erscheinungen in unseren Breiten während der Reife- und Ausbreitungszeit der Diasporen nur selten auf. Es scheint, dass das Risiko der Verfrachtung der Diasporen an für die Sippe ungünstige Habitate zu groß ist. Dennoch sollte die Bedeutung extremer Windstöße für die Ausbreitung nicht unterschätzt werden.

7.2.4 Bemerkungen zur Fern- und Nahausbreitung

Das ausbreitungsbiologische „Denken" ist auf Fernausbreitung ausgerichtet. Durch neuere Arbeiten wie Bulcock & Clarke (2000), Tackenberg (2001) und Nathan et al. (2002) z. B. scheint es, dass diese Denkrichtung weiter gefestigt wird. Es ist jedoch eine äußerst kritische Sicht und eine detaillierte Analyse der Zusammenhänge angezeigt. Diese Sichtweise beruht v. a. auf dem äußerst geringen Kenntnisstand, den wir über die Ausbreitung von Diasporen und über die ökologischen Zusammenhänge haben. Nur eine begrenzte Anzahl von Untersuchungen, v. a. über

Nahausbreiter, gibt es, in denen der Ausbreitungsweg von Diasporen unter natürlichen Gegebenheiten direkt verfolgt wurde, noch kaum jemand hat den Weg einzelner Sporen verfolgt und vielfach wurden die jeweiligen aerodynamischen Charakteristika der Diasporen nicht beachtet. Ferner ist die Ausbreitung von Diasporen bisher nur bedingt mit den Phänomenen der Di- und Polychorie und der Diplochorie im Zusammenhang gesehen worden.

Fernausbreitung von Diasporen ist unbestritten real existent und wurde für einzelne Arten nachgewiesen. Dies ist der Fall, wenn die Diasporen den entsprechenden morphologischen Bau für Fernausbreitung aufweisen und das betreffende Agens, das Fernausbreitung bewirkt, zur Verfügung steht. Wir wissen aufgrund ausbreitungsbiologischer Versuche aber auch, dass die Diasporen einer nicht unbeträchtlichen Anzahl von Arten nur zur Nahausbreitung in der Lage sind („Siedeln geht vor Ausbreiten", s. 7.2.1). Beispiele für Nahausbreitung sind die anemochore Ausbreitung der Megasporen der *Selaginella*-Arten (Filippini-Giorgi et al. 1997: Ausbreitungsweiten bis 70 cm), die boleochore Ausbreitung der Samen der *Campanula*-Arten (Emig & Leins 1996: Ausstreuweiten bis 6 m) und *Primula*-Arten (Horsch 2001: bis 1 m) (Arten mit ballistischer Austreuung der Diasporen), die myrmekochore Ausbreitung der Diasporen (Nuss mit Utriculus) von *Carex pilulifera* (Kjellson 1985: Ausbreitungsweiten bis 1,4 m) und der Samen von *Asarum canadense* (Cain et al. 1998: bis 35 m) und von *Melampyrum pratense* (Heinken 2004: 0,9–6,5 m), die boleochore Ausbreitung der Samen von *Oxalis acetosella* (Berg 2000: Ausbreitungsweiten bis 4,5 m), die anemochore Ausbreitung der Achänen von *Chrysanthemum corymbosum* (Pfeiffer 1997, s. Abb. 7-10: bis 1,6 m) und von *Arnica montana* (Strykstra et al. 1998: einige Meter) und der einsamigen, z. T. geflügelten, Teilfrüchte verschiedener Apiaceen (Jongejans & Telenius 2001: z. B. *Laserpitium latifolium*, bis 3 m). Die Diasporen von einigen Magerrasenarten besitzen ebenfalls nur ein geringes Ausbreitungspotential (Kunzmann 2000).

Die Wanderung von Arten, die Nahausbreitung aufweisen, über weite Distanzen, so z. B. die nachkaltzeitliche Wanderung zahlreicher Waldbodenpflanzen, ist allein mit Nahausbreitung nicht erklärbar. So hätte z. B. die nordamerikanische Waldbodenart *Asarum canadense*, bei der der Transport der Samen durch Ameisen in einem Ausbreitungsvorgang bis 35 m (Cain et al. 1998) erfolgt, sich während der 16000 Jahre spätglazialer und holozäner Besiedlung der kaltzeitlich waldfreien Regionen Nordamerikas mit Hilfe der Ameisen nur etwa 560 km aus ihren Refugien entfernen können. Tatsächlich legte die Art in dieser Zeit aber bis zu 1900 km zurück. Ein derartiges „sprunghaftes" Vorrücken zeigen zahlreiche weitere Waldbodenpflanzen der nordhemisphärischen mesophilen Wälder, die Nahausbreitung der generativen Diasporen gekoppelt mit klonalem Wachstum und klonaler Reproduktion aufweisen. Dies lässt die Vermutung zu, dass es bei diesen Arten durch gelegentliche singuläre Ereignisse („events") zur Fernausbreitung der Diasporen kommt (s. a. 7.4). Dies dürfte der Schlüssel für das Verständnis großflächiger holozäner Wanderbewegungen und der Wiederbesiedlung junger Wälder durch Waldbodenpflanzen und der Ausbreitungsmechanismen in Metapopulationen sein (Cain et al. 1998, 2000).

Die molekularen Arbeitstechniken bieten nun neue Forschungsansätze. In einem theoretischen Beitrag (Ouborg et al. 1999) wird die Thematik „Molekulare Marker und Diasporenausbreitung" erstmals aufgearbeitet. Godoy & Jordano (2001) wiesen durch molekulares Fingerprinting (Analyse von Mikrosatelliten) des Endokarps der Einblatt-Steinfrüchte von *Prunus mahaleb* indirekt nach, dass ein kleiner Teil der in der Untersuchungsfläche abgelegten Diasporen durch Vögel fernausgebreitet wurde, d. h. nicht von den Bäumen der untersuchten Population stammte. Weiterhin gibt es neuere molekulare Arbeiten zur nachkaltzeitlichen Wiederbesiedlung (s. 5.7.3), jedoch ohne Berücksichtigung der Ausbreitungsbiologie der Taxa.

7.3 Diasporenbank

Ein wichtiges Potential für die Regeneration bzw. Neubildung von Populationen, aber auch von Pflanzengesellschaften bildet die Gesamtheit der Diasporen im Boden, die **Diasporenbank** bzw. das Diasporenreservoir, also alle keimfähigen Samen, Propagulen und Ramets.

Während zu Beginn der Forschung über diese Thematik von **Samenbank (seed bank**, ein Vorrat von Diasporen verschiedener Arten, u. a. Harper 1977; seed pool) gesprochen wurde, herrscht heute der Begriff **Diasporenbank (diaspore bank)** i. w. S. vor. Urbanska (1992) grenzt diesen Begriff ein, da das Konzept der Pflanzenpopulationen artspezifisch auszulegen ist, und formuliert: „Eine Diasporenbank ist die Gesamtheit aller Ausbreitungseinheiten, die eine bestimmte Sippe an einem Habitat vertreten". Sinngemäß bilden die Diasporenbanken mehrerer Arten an einem Habitat eine **Diasporengesellschaft**. Nach Dierschke (1994) ist in Bezug auf Pflanzengesellschaften und ihre Regenerations- und Neubildungsfähigkeit der Begriff **Diasporenpotential** oder **Diasporenreservoir** zutreffender.

Hier wird der Begriff **Diasporenreservoir** auf die Gesamtheit der Diasporen aller Arten und der Begriff **Diasporenbank** auf die Gesamtheit der Diasporen einer Art in einer Untersuchungsfläche bezogen.

In der Natur treten zwei mögliche Zustände für Diasporenbanken auf (Abb. 7-15).

- In einer **temporären/vorübergehenden Bank** wird der Diasporenvorrat einer Art nur für eine kurze Zeit (< 1 Jahr oder 1 bis max. 2 Jahre) keimfähig erhalten (z. B. *Bromus erectus*, *Cirsium acaule*, *Gentiana campestris*) (Abb. 7-15A).
- In einer **dauerhaften Bank** werden Diasporen während längerer Zeit in einem lebensfähigen Zustand konserviert und sammeln sich über Jahre an. Allerdings nimmt die Keimfähigkeit der Diasporen sippenspezifisch mit laufendem Alter ab und erlischt meist nach wenigen Jahren bzw. ein bis mehreren Jahrzehnten.
  Es werden folgende **Untertypen** (nach Poschlod 1993) unterschieden: **dauerhaft, wenige Jahre** (z. B. *Anthericum ramosum*, *Hippocrepis comosa*, *Plantago lanceolata*) (Abb. 7-15B); **dauerhaft, mehrere Jahre bis wenige Jahrzehnte** (z. B. *Achillea millefolium*, *Daucus carota*, *Medicago lupulina*) (Abb. 7-15C); **dauerhaft, mehrere Jahrzehnte** (z. B. *Carex flacca*, *Hypericum perforatum*, *Origanum vulgare* und verschiedene Unkräuter, wie z. B. *Senecio vulgaris*, *Stellaria media* und *Spergula arvensis*) (Abb. 7-15D).

Temporäre/vorübergehende Diasporenbanken stellen die Ansammlung von Diasporen an der Bodenoberfläche und in den oberflächennahen Bodenschichten dar, bei dauerhaften sind die Diasporen in oberflächennahen und tieferen Bodenschichten verteilt.

Bei der **Analyse dauerhafter Diasporenbanken** stellen sich Fragen nach

- dem Weg der Diasporen in die Bodenschichten,
- der Zahl der Diasporen pro Flächeneinheit,
- der horizontalen Verteilung,
- der Tiefenverteilung (Schichtung),
- den Anteilen keimfähiger generativer und vegetativer Diasporen,
- den Anteilen von Diasporen mit unterschiedlich langer Dormanz (Diasporenruhe).

Die meisten Diasporen werden durch Wasser, Wind und Tiere unter die Erdoberfläche gebracht. Der Weg führt durch Erdspalten und -ritzen, Tiergänge und -bauten u. a. in die verschiedenen Bodenschichten. Nur wenige Sippen vermögen sich einzugraben, wie dies z. B. den Bohrfrüchten der Gattungen *Erodium*, *Avenula* und *Stipa* (Abb. 7-2.11) möglich ist. Auf landwirtschaftlichen Flächen entscheidet die Bewirtschaftungsweise über die Entstehung und den Aufbau von Diasporenbank und -reservoir.

Arbeitstechnisch bieten sich zur Erfassung des Diasporenreservoirs und der -typen zwei Methoden an:

Schlämm-Methode: Isolierung der Diasporen durch Auswaschen, Abschlämmen, Flüssigkeitsmischungen unterschiedlicher Dichte bzw. durch Aussieben. Anschließend müssen die Diasporen ausgelesen und bestimmt und die Anteile lebender und keimfähiger Samen und Propagulen festgestellt werden. Das Verfahren ist schwierig und zeitaufwendig.

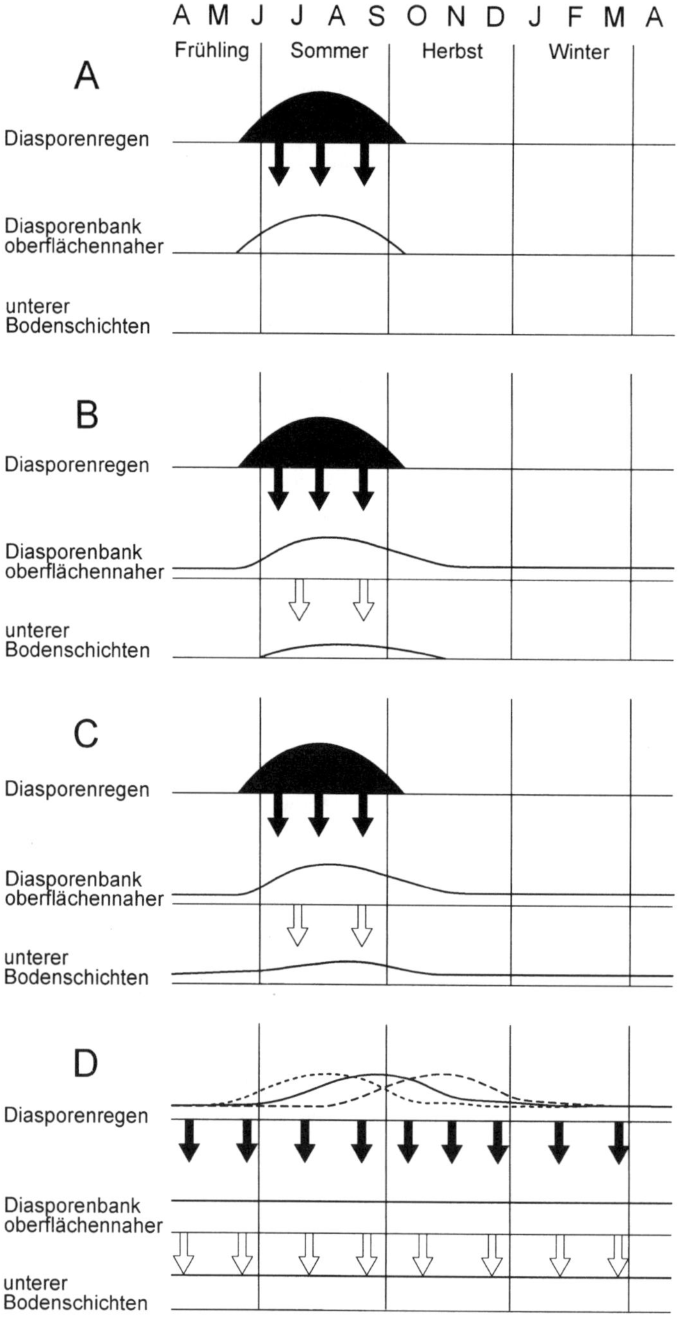

Abb. 7-15: Schematische Darstellung der Diasporenbanktypen aufgrund der jahreszeitlichen Dynamik des Diasporenregens und der Diasporenbank oberflächennaher und tiefer Bodenschichten. Diasporenbanken: A temporär/vorübergehend (< 1 Jahr oder 1–2 Jahre), B dauerhaft (wenige Jahre); C dauerhaft (mehrere Jahre bis wenige Jahrzehnte); D dauerhaft (mehrere Jahrzehnte). (Nach Poschlod 1993.)

Keimungs-Methode: Das Bodenmaterial wird in Schichten in ein Keimbett gebracht und unter kontrollierten Bedingungen im Freiland, Gewächshaus oder in Klimakammern exponiert. Die Keimlinge bzw. Jungpflanzen werden bestimmt und gezählt. Nicht keimfähige oder in Keimruhe (Dormanz) befindliche Diasporen werden dabei nicht erfasst. Da das Auskeimen des gesamten Reservoirs oft mehrere Jahre in Anspruch nimmt, ist auch diese Technik sehr zeitaufwendig.

In der obersten, 5–10 cm umfassenden Bodenschicht lagern die meisten Diasporen. Ihre Anzahl nimmt mit zunehmender Tiefe ab. Auffallend ist oftmals der Unterschied zwischen der aktuellen floristischen Zusammensetzung eines Bestandes und dem im Boden feststellbaren Diasporenreservoir. So finden sich z. B. im Buchenwald (Abb. 7-16) nur geringe Anteile (2–15 %) bestandseigener Diasporen (Samen), die Hauptmasse bilden die Sippen der Schlagfluren und früherer Sukzessionsphasen und Waldnutzungen (Fischer 1987). Böden ausdauernder Rasengesellschaften speichern v. a. Diasporen kurzlebiger Sippen und enthalten nur wenige Diasporen der bestandsbildenden Poaceen, dagegen einen hohen Anteil, der auf frühere Stadien hindeutet (u. a. Ryser & Gigon 1985). In alten Ackerbrachen ist der Diasporenanteil an Ackerunkräutern und Ruderalpflanzen wesentlich höher als der oberirdische Bestand, bedingt durch die Langlebigkeit der Diasporen. Dagegen besteht im Gentiano-Koelerietum das Diasporenreservoir fast ausschließlich aus Arten der aktuellen Vegetation (Poschlod & Jackel 1993). Dies ist auch in späten Entwicklungsstadien von Feuchtwiesen der Fall (Jensen 1998), und auch in einem Gletschervorfeld in den Alpen ähnelt das Diasporenreservoir in seiner Zusammensetzung dem Artenbestand der aktuellen Vegetation (Erschbamer et al. 2001). In Vegetationseinheiten Schottlands (Wälder, Heiden, Grasfluren u. a.) sind wiederum die in der Vegetation dominierenden Arten im Diasporenreservoir unterrepräsentiert (Miller & Cummins 2003). In Bezug auf die Langlebigkeit des Diasporenreservoirs liegt in Vegetationseinheiten der Niederlande folgende absteigende Reihe vor: Fumario-Euphorbion > Caucalidion >> Junco-Molinion > Mesobromion >> Carpinion, d. h. Ruderal- und Segetalgesellschaften haben ausdauernde Diasporenreservoire, Waldgesellschaften dagegen vergängliche (Bekket et al. 1998). Allgemeine Regeln lassen sich demnach noch nicht aufstellen.

Von großer Bedeutung sind der Diasporenregen und das Diasporenreservoir für den Arten- und Biotopschutz auf bewirtschafteten Flächen, da die im Diasporenreservoir fehlenden Arten der aktuellen Vegetation auf die stetige Nachlieferung von Diasporen angewiesen sind (ausbreitungsabhängige Arten, u. a. Bernhardt 1995, Bakker et al. 1996b, Kunzmann 2000).

Übergreifende Literatur: Thompson et al. (1997), Bakker (1998), Baskin et al. (1998).

Wenig Beachtung fanden bisher die vegetativen Diasporen in den Diasporenbanken bzw. die Analyse von Diasporenbanken, die ausschließlich aus vegetativen Diasporen aufgebaut sind, die **vegetativen Diasporenbanken**. Allgemeine Aussagen, z. B. über verschiedene Typen, sind derzeit deshalb nicht möglich. An vegetativen Banken sind bei Angiospermen u. a. zu nennen: Achselbulbillen-Bank zweier Gräser *(Bouteloua curtipendula, Hilaria belangeri)* im semi-ariden Nordamerika (Hendrickson & Briske 1997), wobei diese eher zu den Sprossbanken zu rechnen sind (s. u.), und die Propagulen-Banken von aquatischen Makrophyten am Rhone-Flussufer (Cellot et al. 1998); bei Bryophyten: Propagulen-Bank in Solifluktionsböden auf der subantarktischen Macquarie-Insel (Bergstrom & Selkirk 1999) und die zusammenfassende Darstellung von During (1997) über Moos-Diasporenbanken.

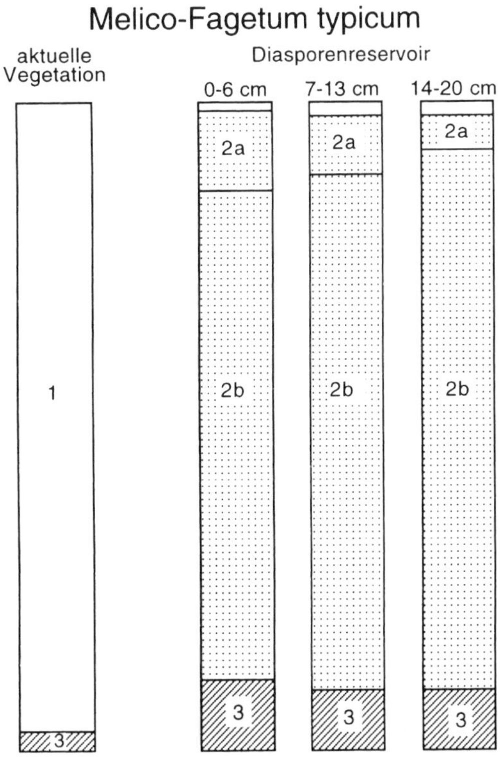

Abb. 7-16: Prozentuale Diasporenreservoir-Spektren aus drei Bodentiefen im Perlgras-Buchenwald (Melico-Fagetum typicum = *Melica uniflora*-Fazies des Galio odorati-Fagetum typicum). 1 Waldpflanzen, 2 Schlagfluren- und Vorwaldpflanzen, 2b *Juncus*, 3 Sonstige. Die linke Säule zeigt Deckungsanteile der Artgruppen in der aktuellen Vegetation. (Nach Fischer 1987.)

Außer den Diasporenbanken im Boden gibt es auch Diasporenbanken an Pflanzen, die **Spross-Diasporenbank** (shoot diaspore bank). Sofern die im Frühjahr, Sommer oder Herbst entwickelten Diasporen über längere Zeit bis zum Ablösen am Spross (Fruchtstand, Sprossachsen) verbleiben, wird dies als **Phytophorie** bezeichnet. Zwei Ausprägungsweisen kann man unterscheiden: die **Aestatiophorie** (lat. aestas, aestatis, Sommer und gr. phora = Tragen; Zohary 1937), bei der die im Frühjahr entwickelten Diasporen bis in den Sommer am Spross der Pflanze stehen bleiben, und die **Hiemophorie** (lat. hiems, Winter). Hier bleiben die im Sommer und Herbst entwickelten Diasporen über die Wintermonate oder über einen Teil des Winters am Spross (Fruchtstand, Sprossachsen) stehen und werden meist erst im Spätwinter ausgebreitet. Man spricht demnach von Sommerstehern (Murbeck 1919), **Aestatiophoren**, und von Winterstehern, **Hiemophoren**. Sommersteher treten hauptsächlich in Wüsten auf (u. a. *Anastatica hierochuntica*, die echte Rose von Jericho), um die für das Keimen günstigen Herbst-und Winterniederschläge „auszunutzen". Wintersteher sind in der mitteleuropäischen Flora anzutreffen, wie z. B. *Viburnum opulus* (Beeren), *Rosa canina* (Hagebutten"früchte"), *Crataegus* spp. und *Sorbus* spp. (Steinapfelfrüchte), *Fraxinus excelsior* (einsamige Flügelnüsse) und eine Anzahl Apiaceen wie *Heracleum*- und *Laserpitium*-Arten.

7.4 Klonale Reproduktion und Habitatbesetzung

Die räumliche Verbreitung der Sippen bzw. ihrer Populationen ist primär das Ergebnis des Diasporentransports (= Ausbreitung) und des Aufbaus einer Diasporenbank. Dann schließen sich die Keimung und Etablierung der Jungpflanzen an sog. ‚safe sites' und die Behauptung der Individuen im Populationsgefüge der Pflanzengesellschaften an. Ein Same gilt als gekeimt, wenn seine Radicula die Samenschale verlassen hat (z. B. Austritt durch die Mikropyle) bzw. vegetative Diasporen mit ihren Wurzeln Verbindung mit dem Boden aufgenommen haben. Samen können sippenspezifisch eine Keimruhe (Dormanz) durchmachen; bei vegetativen Diasporen ist über die Überdauerungsfähigkeit wenig bekannt (Hendrickson & Briske 1997: Achselbulbillen von Gräsern, 6–12 Monate). Auf dieses weite Feld der Populationsökologie kann hier nicht eingegangen werden. Thematik ist hier die **Inbesitznahme sowie die Behauptung an Habitaten (colonization and maintenance)** durch die Mechanismen der vegetativen Reproduktion s. l. und die damit verbundene Ausbreitung der Sippen (s. 7.1.2.2, Abb. 7-17–19).

In Abb. 7-17 sind die Vorgänge schematisch am Beispiel einer Sippe mit klonalem Wachstum und klonaler Reproduktion (Klonierung) dargestellt: Eine generative Diaspore erreicht durch Nah- oder Fernausbreitung ein neues Habitat. Die sich etablierende Pflanze (Genet) A wächst klonal zum Ausgangsindividuum des entstehenden Klons mit den Modulen 1–7 (s. 7.1.2.2) heran. Diese sind durch Spacer verbunden. Modul 1 z. B. trennt sich durch Selbstklonierung oder erzwungene Klonierung ab und wird zum Ramet (Teilindividuum) B mit den Modulen 1–9. Davon trennt sich z. B. Modul 7 ab und entwickelt sich zum Ramet C mit den Modulen 1–8. Am Ramet C bilden sich nun generative Diasporen, die nah- und/oder fernausgebreitet werden. Aus einer generativen Diaspore entsteht das neue Ausgangsindividuum, Genet A' mit den Modulen 1'–9'. Durch Klonierung bilden sich die neuen Ramets B' und C' usw. Die Pflanzen A–C stellen einen Klon = Genet dar, aus A' ensteht ein neues Genet bzw. ein neuer Klon. Andererseits können aber auch Ramets nah- und fernausgebreitet werden. Trennt sich z. B. Modul 4 von Ramet C ab und wird ausgebreitet, dann gehört der entstehende Ramet D und alle weiteren durch klonale Reproduktion entstehenden Ramets (z. B. E, F) zusammen mit A und den Ramets B–C einem Klon an, der aus dem Ausgangsindividuum A entstand. Durch dieses Reproduktionsgeschehen erfolgt bei klonal wachsenden Sippen **konsequente vegetative Multiplikation**, die außerdem eine effektive laterale Nahausbreitung bewirkt. Hiermit kann unter den

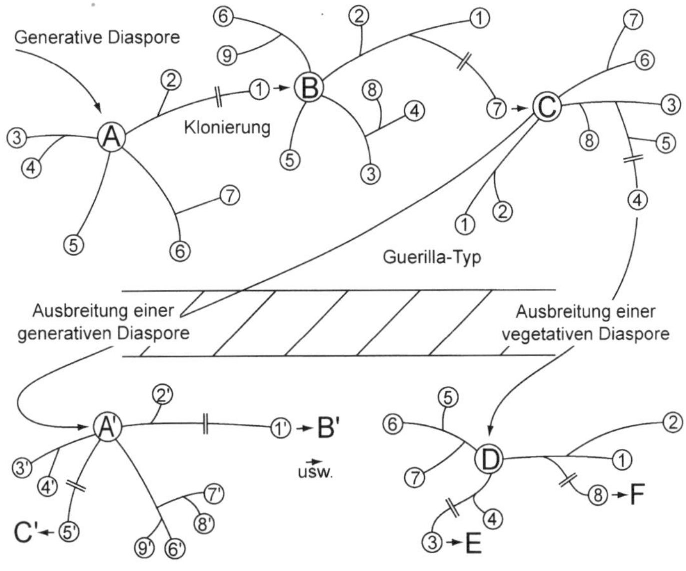

Abb. 7-17: Habitatbesetzung durch klonales Wachstum und klonale Reproduktion (Klonierung) (schematisch, am Beispiel einer Art mit klonalem Wachstum des Guerilla-Typs). A: Ausgangsindividuum, 1–7 Module mit Spacern; B, C: durch klonale Reproduktion aus A entstandene Ramets (Teilindividuen) mit den Modulen 1–9 bzw. 1–8; A' neues generatives Ausgangsindividuum, 1'–9' Module mit Spacern; B' und C' Ramets (Teilindividuen) aus A', durch klonale Reproduktion entstanden. Erläuterungen s. Text. (Orig.)

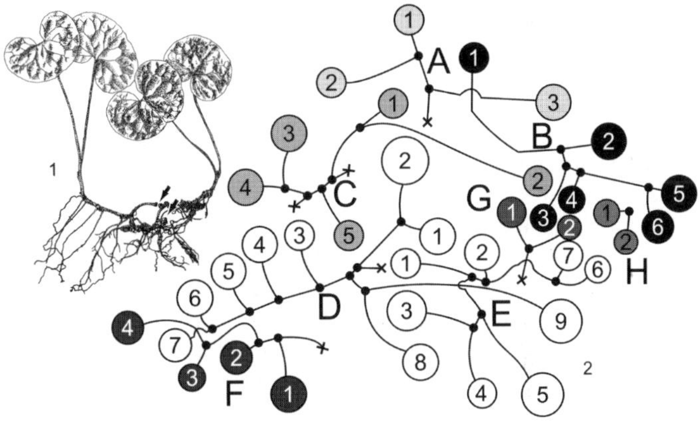

Abb. 7-18: Habitatbesetzung bei *Asarum europaeum*. **1.** Entstehung von selbständigen Ramets (Teilindividuen) durch Selbstklonierung der Grundachse (Verrottung) (Pfeile). **2.** Flecken (patch) von Individuen, durch Eintrag von generativen Diasporen bzw. Verrottung der Grundachsen entstanden. A-H Individuen oder Ramets (Teilindividuen), → Verrottungsstelle. (Orig.)

für die jeweilige Art günstigen ökologischen Bedingungen das Habitat effektiv und oft flächendeckend besetzt werden.

Ein solches Klonierungs- und Ausbreitungsmuster zeigt z. B. *Asarum europaeum*, eine myrmekochore Sippe der mesophilen Laubwälder (Lebensstrategie Ausdauernde mit Nahausbreitung, mit generativen und klonalem Reproduktionsverhalten; ANg,kl, s. 8.2.3). Bei dieser Art werden die Samen mit Elaisomen im Nahbereich der Mutterpflanzen durch Ameisen verschleppt. Einige davon dürften dysochor (z. B. durch Fall in Erdspalten) „verlorengehen", keimen und zu Ausgangsindividuen mit den auf der Erdoberfläche bzw. im Humus oder im obersten Bodenbereich verlaufenden Grundachsen heranwachsen. Jedes Jahr entstehen an der verzweigten Grundachse Knoten mit zwei Blättern, die sich bewurzeln und jeweils ein Modul darstellen (klonales Wachstum). Durch Verrottung der Grundachsen – dies kann morphologisch eindeutig nachgewiesen werden – kommt es zur Selbstklonierung (Abb. 7-18.1). Die entstehenden Ramets sowie die durch Sameneintrag und -ausbreitung entstandenen Individuen wachsen zu neuen Pflanzen mit Modulen heran und bilden die in den Wäldern markant erscheinenden Flecken (patches) (Abb. 7-18.2).

Welche der Pflanzen aus Samen entstanden und somit genetische Individuen (Genets) darstellen und welche durch klonale Reproduktion entstanden und somit Ramets (Teilindividuen) sind, lässt sich morphologisch oft nicht klären. In der in Abb. 7-18.2 wiedergegebenen Aufnahme eines Fleckens (patches) von *Asarum europaeum*-Pflanzen ist jedoch durch die räumlich zusammenliegende Trennstelle zwischen der Pflanze D (x) und der Pflanze E (Modul 1) zu erkennen, dass es sich bei diesen beiden Pflanzen um Ramets (Teilindividuen) eines Genets (= einen Klon) handelt. Ob die Pflanzen A–C und F-H durch Klonierung entstandene Ramets eines Klons/eines Genets sind oder ob der Flecken durch Sameneintrag und -etablierung aus verschiedenen Genets aufgebaut ist, kann mit Hilfe molekularer Arbeitstechniken (Fingerprinting) (s. 7.1.2.2) geklärt werden.

Das oftmals dominante Auftreten dieser kalkliebenden Art in den mesophilen Wäldern wird durch die dargestellte Reproduktionsbiologie, mit der ein Habitat effektiv in Besitz genommen werden kann, verständlich. Auch einige weitere Waldbodenarten der mesophilen Wälder, die dominant und teilweise sogar flächendeckend auftreten können, wie z. B. *Mercurialis perennis*, *Galium odoratum*, *Glechoma hederacea* und *Lamium galeobdolon* „nutzen" solche Reproduktions- und Ausbreitungsmechanismen. Tritt hierzu noch gelegentliche Fernausbreitung der generativen und/oder vegetativen (klonalen) Diasporen, dann können durch Zufall neue Habitate erreicht werden.

Weitere Beispiele sind:

Marchantia polymorpha (Hepaticae, Abb. 7-19.1), ein Besiedler mit Fern- und Nahausbreitung, mit generativem und vegetativem Reproduktionsverhalten (Lebensstrategie $BFN_{g,v}$; s. 8.2.3), besiedelt feuchte Habitate, u. a. auch Ruderal- und Brandstellen. Mit den relativ kleinen, in großen Mengen produzierten Sporen (∅ 13–14 μm) kann durch Fernausbreitung über Windströme jedes potentielle Habitat erreicht werden. Die Sporen keimen an offenerdigen Stellen. Auf den Thalli entstehen Brutbecher mit linsenförmigen Brutkörpern. Diese werden durch Regentropfen aus den Brutbechern herausgeschlagen und wegen ihrer Masse nur im Nahbereich der Mutterpflanze ausgebreitet. Die Brutkörper keimen und wachsen zu neuen Thalli aus. Sie dienen einerseits der vegetativen Reproduktion, andererseits wird durch die neu entstehenden Thalli das Habitat ‚in Besitz' genommen. Die Habitate, auf denen *Marchantia polymorpha* siedelt, enden voraussagbar nach gewissen Zeiten, d. h. sie werden im Sukzessionsgeschehen meist von Phanerogamen-Pioniergesellschaften „überrollt". Nach 3–4 Jahren geht *Marchantia polymorpha* zur generativen Reproduktion über und bildet Antheridien- und Archegonienstände; es findet Befruchtung und die Bildung von Sporogonen und Meiosporen statt. Diese werden dann wieder durch Luftströme weit verfrachtet. Ein neues Habitat wird durch ‚chance dispersal' erreicht und dann mit den vegetativen Reproduktionsmechanismen ‚in Besitz' genommen.

Cirsium arvense (Abb. 7-19.2), ein Geophyt, der an Ruderalstellen und als Unkraut auftritt, gehört zu den Kryptophyten mit Fern- und Nahausbreitung, mit generativem und klonalem Reproduktionsverhalten (Lebensstrategie $KFN_{g,kl}$; s. 8.2.3). Mit den fernausgebreiteten pappustragenden Achänen kann jedes potentielle Habitat erreicht werden. Nach der Etablierung blühen und fruchten die Pflanzen und „betreiben" Ausbreitung und den Aufbau einer generativen Diasporenbank. Diese Achänen werden über Windströme fernausgebreitet. Bei einem Teil der Achänen fällt jedoch der Pappus ab; diese Diasporen werden boleochor im Nahbereich der Mutterpflanze ausgebreitet. Durch diese bei Asteraceen häufiger anzutreffende Dichorie (s. 7.2.1) wird erreicht, dass ein Teil der Achänen fernausgebreitet wird, der andere Teil durch Nahausbreitung an dem einmal als günstig erwiesenen Habitat bleibt (Siedeln geht vor Ausbreiten). Zusätzlich wird das Habitat im Erdbereich durch Wurzelsprosse, die aus Wurzelknospen entstehen (s. 7.1.2.2), ‚in Besitz' genommen. Es kommt zur Selbstklonierung oder auf Äckern durch die Bewirtschaftung (Pflügen) zur erzwungenen Klonierung und somit zur ausgeprägten vegetativen Reproduktion, zum Aufbau einer vegetativen Diasporenbank und, damit verbunden, zur Ausbreitung im Nahbereich. Die Nahausbreitung mit generativen Diasporen und die vegetative Reproduktion bewirken eine effektive Ausdehnung der Bestände und hohe Etablierungsraten in der Umgebung der Mutterpflanze. Besetzung und Verteidigung des Habitats sind die Folge.

Die klonale Reproduktion (Klonierung) kann einerseits als ein rein vegetativer Reproduktionsmechanismus aufgefasst werden. Andererseits ist dieser Mechanismus als eine **„konsequente vegetative Multiplikation"** erbgleicher „Individuen" zu verstehen. Mit dieser Multiplikation, bei der aus „Mutterpflanzen" immer wieder neue „Mutterpflanzen" entstehen, können die Sippen hohe

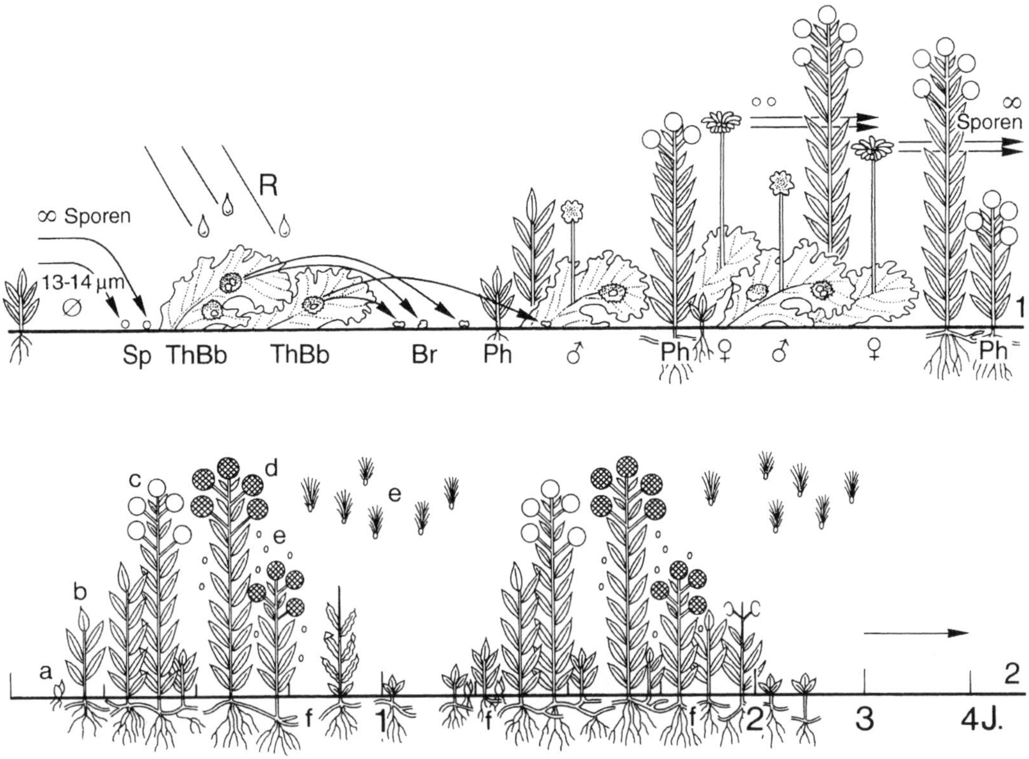

Abb. 7-19: ‚Inbesitznahme' von Habitaten durch vegetative Reproduktion und Ausbreitung. Beispiele. **1.** *Marchantia polymorpha*. Br Brutkörper, Ph Ansiedlung von Phanerogamen, R Regentropfen, Sp keimende Spore, ThBb Pflanze mit Brutbechern, ♂ Pflanze mit Antheridienstand, ♀ Pflanze mit Archegonienstand. **2.** *Cirsium arvense*, schematisch. 1–4 Jahre, a Keimung, b Jugendstadium, c Pflanze blühend, d Pflanze fruchtend, e Diasporen, f Selbstklonierung bzw. erzwungene Klonierung. Erläuterungen im Text. (1 Orig., 2 nach Frey & Hensen 1995a.)

Etablierungsraten erzielen und ein Habitat sehr schnell und effektiv in Besitz nehmen und „verteidigen". Wenn Sippen mit diesem Reproduktionsmechanismus (z. B. Arten der Krautschicht in Wäldern) ein Habitat mit ihren generativen Diasporen durch Fern- und/oder Nahausbreitung erreicht haben, und wenn die Konkurrenzverhältnisse in den Beständen dies zulassen bzw. genügend Lücken (gaps) vorhanden sind, dann führt die klonale Reproduktion (Klonierung) nach der initialen Etablierungsphase zu hohen Etablierungsraten, zur raschen Ausdehnung der Bestände und zur Inbesitznahme des einmal erreichten Habitats. So dürften Flächen, die Sippen mit klonalem Wachstum und klonaler Reproduktion einnehmen, trotz der Bildung und Ausbreitung generativer Diasporen, nur aus wenigen bzw. einer eingeschränkten Anzahl an Genets aufgebaut sein. Diese Zusammenhänge zu analysieren ist eine Zukunftsaufgabe.

8 Ökologische Anpassungen (Adaptationen) und Lebensstrategien

Die **ökologischen Anpassungen (Adaptationen)** und die Herausbildung von **Lebensstrategien** erfolgten im Verlauf der Evolution vielfach durch parallele Merkmalsdifferenzierungen. Diese sind einerseits Ausdruck der Einnischung des Gesamtorganismus in die jeweiligen Habitatbedingungen, andererseits sind sie Hinweise einer gleichartigen Anpassung der Sippen aus verschiedenen Verwandtschaftskreisen an die jeweils herrschenden ökologischen Bedingungen. Vorgestellt werden wesentliche Anpassungskomplexe, die die Gestalt der Sippen und Gestaltsumbildungen des Kormus betreffen: zum einen die ökomorphologisch definierte **Lebensform** und die **Lebensstrategien**, zum anderen die mehr ökophysiologisch definierten **Meso-**, **Xero-**, **Hydro-** und **Helophyten**, **CAM-** und **C_4-Pflanzen**, **Halophyten** und **Epiphyten**, letztere als Beispiele für Funktionstypen, die optimal an die jeweilige Umwelt bzw. an ihre Biotope angepasst sind.

8.1 Lebensformen

8.1.1 Allgemeines

Die Lebensformenlehre geht auf A. von Humboldt (1806) zurück, der 16 „Hauptformen“, z. B. Kaktus-, Bananen-, Palmen-, Lorbeerform, Heidekräuter, Gräser, Farne u. a. unterschied. Erst seit Warming (1896, 1902) versteht man unter dem Begriff **Lebensform** den Habitus einer Pflanze im Einklang mit ihren Lebensbedingungen. ‚Moderner‘ ausgedrückt sind Lebensformen von Pflanzen ökologische Äquivalente des am Habitat einwirkenden Faktorengefüges. Danach weist jeweils eine Gruppe von Organismen unterschiedlicher systematischer Stellung infolge ähnlicher Lebensbedingungen gleichartige Anpassungserscheinungen auf (Habitus, Lebenszyklus u. a.). Ihre Analyse erlaubt einen Einblick in die Struktur und Ökologie der Vegetationseinheiten und ihres Habitats.

Grundlage für die heutige Einteilung der Pflanzen nach Lebensformen ist das Lebensformen-System nach Raunkiaer (z. B. 1937). In diesem richtet sich die Gliederung nach der Lage und dem Schutz der Erneuerungsknospen bzw. der Überdauerungsorgane während der durch Kälte und/oder Trockenheit bedingten Vegetationsruhe sowie nach der Lebensdauer der Sprosse. Raunkiaer unterschied fünf Lebensformen-Haupttypen: **Phanerophyten**, **Chamaephyten**, **Hemikryptophyten**, **Kryptophyten** (Geophyten, Helophyten, Hydrophyten) und **Therophyten**. Dieses System ist jedoch nur in Gebieten mit periodischer Vegetationsruhe ohne Einschränkungen anwendbar, dagegen kann es in dauerhumiden und warmen Klimagebieten nur bedingt eingesetzt werden; außerdem erfasst es nicht die Kryptogamen. Ellenberg & Mueller-Dombois (1967b) schufen mit ihrer erweiterten Klassifikation die Grundlage für eine weltweite Anwendung durch Aufnahme von landschaftsphysiognomisch wichtigen Merkmalen. Sie schließen die Kryptogamen ein (erweiterte Fassung s. Tab. 4-11).

Ellenberg et al. (1992) haben den Gefäßpflanzen Lebensformen zugeordnet. Die Grundtypen werden auch in verschiedenen Floren angegeben (z. B. Garcke 1972,

Oberdorfer 2001), wobei die Zuordnung in Einzelfällen schwierig sein kann (z. B. annuell – wenigjährig, Hemikryptophyt-Chamaephyt, Zwergstrauch-Strauch). Für Wasserpflanzen wurden eigene Einteilungen vorgenommen (s. Kryptophyten).

Der Begriff **Wuchsform** wird im streng morphologischen Sinne angewandt (Meusel 1935) und ist hier nicht Gegenstand weitergehender Erörterungen. Es handelt sich um alle den Habitus einer Pflanze bestimmenden Merkmale einschließlich ihrer Veränderungen durch Wachstum und Entwicklung. Ein grundlegendes Wuchsformen-System gibt Barkman (1988).

8.1.2 Lebensformen-System

Die hier vorgestellte Gliederung der Lebensformen ist auf die mitteleuropäische Flora und Vegetation abgestimmt (Abb. 8-1). Für die weltweite Anwendung und weitergehende Differenzierung vgl. Ellenberg & Mueller-Dombois (1967b), Reichelt & Wilmanns (1973) sowie Tab. 4-11.

Zur näheren Charakterisierung werden folgende Abkürzungen benutzt (z. T. nach Dierschke 1994): Akanth (akantha): Zweigspitzen oder Rhachis der Blätter verdornt; bulb (bulbosa): mit Knollen oder Zwiebeln im Boden; caesp (caespitosa): von Grund an verzweigt oder horstig, aufrecht; dol (doliolaria): verdickter, wasserhaltiger Stamm, tonnenförmig; frut (frutescentia): bis zu den Zweigenden verholzt; herb (herbacea): krautige Pflanzen; hydr (hydro): im oder auf dem Wasser lebend; rad (radicigemmata): mit Wurzelknospen, die zu Tochtersprossen auswachsen; rep (repantia): Sprossachse niederliegend (Enden z. T. aufrecht), nicht einwurzelnd; rept (reptantia): Sprossachse niederliegend, einwurzelnd; rhiz (rhizomatosa): unterirdische Ausläufer, Tochtersprosse treibend; ros (rosulata): Grundrosetten, Stengel ± blattlos, echte Rosettenpflanzen; scand (scandentia): stützbedürftige Pflanzen, an anderen Pflanzen oder Stützen emporwachsend (rankend, windend, klimmend, spreizend); scap (scaposa): aufrechter, erst weiter oben verzweigter Stamm oder Schaft; sem (semi-rosulata): Grundrosette und beblätterter Stengel, Halbrosettenpflanzen; succ (succulenta): mit Wasserspeichergewebe; suff (suffrutescentia): nur am Grunde verholzt, höhere Teile in der vegetationsfeindlichen Zeit oft absterbend.

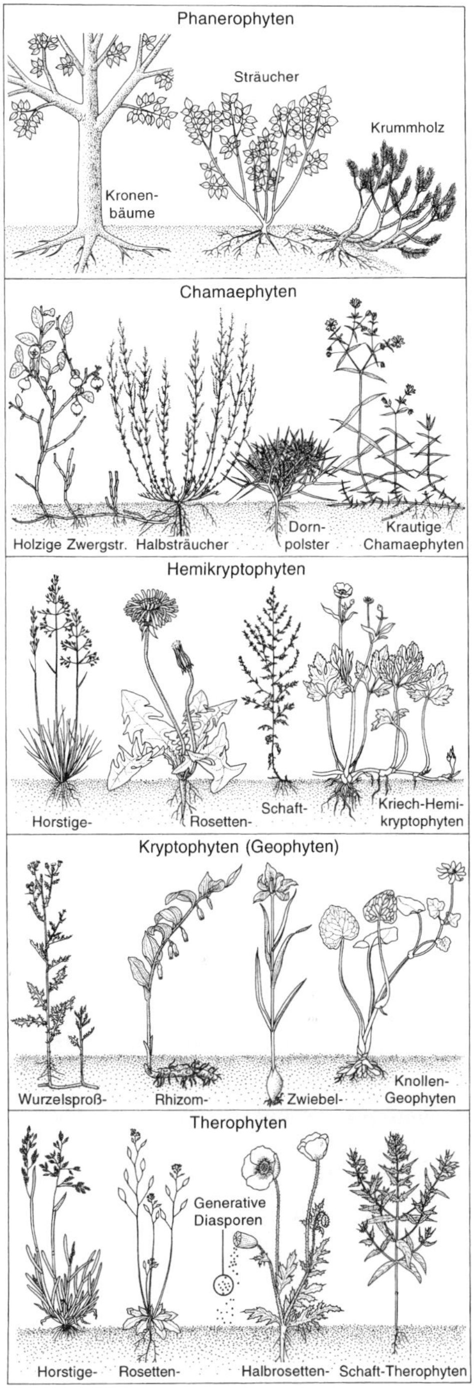

Abb. 8-1: Wichtige Lebensformen: Phanerophyten, Chamaephyten, Hemikryptophyten, Kryptophyten (Geophyten, ohne Helo- und Hydrophyten) und Therophyten. (Orig., in Anlehnung an Kuhn & Probst 1980.)

1. Phanerophyten (Luftpflanzen) Ph

Holzige oder krautige immergrüne Pflanzen. Erneuerungsknospen höher als 25–50 cm über dem Boden.

Kronenbäume Ph scap: Phanerophyten mit einem Stamm und Astkrone, z. B. *Abies alba*, *Fagus sylvatica*, *Ilex aquifolium*.

Sträucher Ph caesp: von Grund an verzweigte, aufrecht wachsende Phanerophyten, z. B. *Juniperus communis*, *Cornus sanguinea*, *Buxus sempervirens*.

Krummholz Ph rep: kriechende Phanerophyten mit aufgebogenen Stämmen, z. B. *Pinus mugo*, *Alnus viridis*.

Weitere Unterteilung in immergrün, sommergrün bzw. winterkahl und trockenkahl.

Zu den Phanerophyten sind die in warmen Klimagebieten auftretenden Schopfbäume Ph ros (z. B. *Phoenix dactylifera*, Dattelpalme), Flaschenbäume Ph dol (z. B. *Adansonia digitata*, Affenbrotbaum), sukkulenten Bäume Ph succ (z. B. *Carnegiea gigantea*, Kandelaberkaktus) und große aufrechte Kräuter Ph herb (z. B. *Musa* spp., Bananen) zu rechnen. Dierschke (1994) ordnet auch die phanerophytischen Lianen und Epiphyten dieser Gruppe zu.

2. Chamaephyten (Zwergpflanzen, Zwergsträucher s. l.) Ch

Holzige oder krautige grüne Pflanzen, die 25–50 cm hoch werden oder größere Pflanzen, deren Zweige periodisch bis zu dieser Höhe absterben. Erneuerungsknospen 25–50 cm über dem Boden.

Holzige Zwergsträucher Ch frut: verholzt bis zu den Zweigspitzen, z. B. *Juniperus sibirica*, *Vaccinium myrtillus*, *Daphne striata*.

Halbsträucher Ch suff: nur am Grunde der Zweige verholzt, z. B. *Helianthemum nummularium*, *Ononis repens*, *Artemisia campestris*.

Dornpolster Ch akanth: Sprossenden oder Blattrhachis verdornt, z. B. *Onobrychis cornuta*, dornige *Astragalus*-Arten. Nicht in Mitteleuropa.

Krautige Chamaephyten Ch herb: nicht verholzte krautige Pflanzen, Gräser oder Farne bis etwa 1 m Höhe, deren Sprosssysteme periodisch bis zu einer Höhe von etwa 25 cm absterben; in kalten, schneearmen Wintern z. T. bis zum Boden absterbend, Übergang zu den Hemikryptophyten. Z. B. *Selaginella selaginoides*, *Stellaria holostea*, *Veronica officinalis*.

Weitere Unterteilung in aufrecht, kriechend, polsterförmig und immergrün, kälte- oder trockenkahl.

Niedrige Sukkulenten: dickfleischige Pflanzen, Wuchshöhe unter 50 cm, z. B. *Sedum* spp., *Sempervivum* spp.

3. Hemikryptophyten (Oberflächenpflanzen) H

Ausdauernde Pflanzen mit periodischer Reduktion der Sprosse. Die Erneuerungsknospen befinden sich in Bodennähe und sind oft durch Erde und Pflanzenteile geschützt.

Horstige Hemikryptophyten H caesp: horstig oder von Grund an verzweigt, aufrecht, z. B. *Juncus inflexus*, *Carex humilis*, *Bromus erectus*, v. a. Juncaceae, Cyperaceae und Poaceae.

Rosetten-Hemikryptophyten H ros (inkl. Halbrosetten-Hemikryptophyten H sem): Rosettenpflanzen, mit Grundrosette, Stengel ± blattlos, z. B. *Pulsatilla* spp., *Plantago lanceolata*, *Taraxacum officinale* agg.; Halbrosettenpflanzen, mit Grundrosette und beblättertem Stengel, z. B. *Cardamine pratensis*, *Echium vulgare*, *Hieracium sylvaticum*.

Schaft-Hemikryptophyten H scap: Schaft (Hauptachse) aufrecht, erst weiter oben verzweigt, z. B. *Vincetoxicum hirundinaria*, *Stachys sylvatica*, *Artemisia vulgaris*.

Kriech-Hemikryptophyten H rept/rep: Sprossachse niederliegend, sich bewurzelnd bzw. nicht bewurzelnd, z. T. mit Ausläufern, z. B. *Ranunculus repens*, *Agrostis stolonifera*, *Cruciata laevipes*.

Sukkulente Hemikryptophyten H succ: z. B. *Aster tripolium*, *Drosera* spp., *Pinguicula* spp.

Weitere Unterteilung in immergrün, sommergrün und trockenkahl.

4. Kryptophyten (‚Verborgene' Pflanzen) K

Ausdauernde Pflanzen mit periodischer Reduktion aller oberirdischen Organe. Die überdauernden Organe bzw. Erneuerungsknospen befinden sich im Boden, im Sumpfboden oder am Gewässergrund.

Geophyten (Erdpflanzen) G: die überdauernden Organe bzw. Erneuerungsknospen liegen im Boden. Es werden unterschieden: **Wurzelknospen-Geophyten G rad:** mit Wurzelknospen, die zu Wurzelsprossen auswachsen bzw. mit weitkriechendem Wurzelstock, z. B. *Euphorbia cyparissias*, *Convolvulus arvensis*, *Cirsium arvense*.

Rhizom-Geophyten G rhiz: mit unterirdischen Sprossachsen (Rhizomen), Tochtersprosse treibend, z. B. *Equisetum arvense*, *Mercurialis perennis*, *Polygonatum odoratum*.

Zwiebel- und Knollengeophyten G bulb: mit Zwiebeln oder Knollen im Boden, z. B. *Ficaria verna*, *Tulipa sylvestris*, *Orchis* spp.

Weitere Unterteilung in frühlingsgrün, sommergrün, regengrün.

Helophyten (Sumpfpflanzen) He: die überdauernden Organe bzw. Erneuerungsknospen liegen in Sumpf- und Schlammböden, die Sprosse ragen in die Luft, z. B. *Ranunculus peltatus*, *Mentha aquatica*, *Alisma plantago-aquatica*.

Hydrophyten (Wasserpflanzen s. str.) Hy: die überdauernden Organe bzw. Erneuerungsknospen liegen am Gewässergrund; Sprosse sind im Wasser, auf der Wasseroberfläche oder ragen in die Luft, z. B. *Ranunculus aquatilis*, *Nymphaea* spp., *Myriophyllum* spp.

Helo- und Hydrophyten überwintern submers.

Die Einbeziehung der Wasserpflanzen (Helo- und Hydrophyten) in das Gesamtsystem der Lebensformen ist umstritten. Die vorliegende Einteilung folgt bei den ausdauernden wurzelnden Arten der von Raunkiaer (1937), bei den therophytischen und schwimmenden Arten der von Ellenberg & Mueller-Dombois (1967b). Diese ordnen die ausdauernden wurzelnden Wasserpflanzen den Hemikryptophyten (Wasser-Hemikryptophyten H hydr) bzw. Geophyten (Wasser-Geophyten G hydr) zu. Andererseits werden die Helo- und Hydrophyten in eigenen Lebensformen-Systemen erfasst. Dierschke (1994) unterscheidet zwischen **Pleustophyten** (frei im Wasser schwebende oder auf der Wasseroberfläche schwimmende Pflanzen) und **Rhizophyten** (im Boden wurzelnde Pflanzen, z. T. mit Speicherorganen [Geophyten]).

5. Therophyten (Annuelle, Einjährige) Th

Kurzlebige (ephemere) bis einjährige (frühlings-, sommergrüne) oder überwinternd-einjährige Pflanzen (überwinternd Grüne, Winterannuelle), die nach der Samen- bzw. Fruchtreife absterben. Überdauern die vegetationsfeindlichen Perioden mit generativen Diasporen.

Horstige Therophyten Th caesp: horstig oder von Grund an verzweigt, aufrecht, z. B. *Spergula morisonii*, *Hordeum murinum*, *Poa annua*.

Rosetten-Therophyten Th ros (inkl. Halbrosetten-Therophyten Th sem): mit Grundrosette, Stengel ± blattlos: Rosettenpflanzen, z. B. *Erophila verna*, *Hypochoeris glabra*, *Arnoseris minima*; mit Grundrosette und beblättertem Stengel: Halbrosettenpflanzen, z. B. *Arabidopsis thaliana*, *Ranunculus sceleratus*, *Papaver* spp.

Schaft-Therophyten Th scap: Schaft (Hauptachse) aufrecht, erst weiter oben verzweigt, z. B. *Euphorbia helioscopia*, *Melampyrum* spp.

Zu den Therophyten sind auch die sog. **pseudoannuellen** (pseudo-annual) **Arten** wie *Circaea lutetiana*, *Adoxa moschatellina* und *Trientalis europaea* zu rechnen. Diese schließen ihren Lebenszyklus zum Ende des Sommers ab. Sie überwintern einerseits mit generativen (Samen), andererseits aber auch mit vegetativen Diasporen, die an Ausläufern gebildet werden. Dies sind Turionen (Hibernakeln) bei *C. lutetiana*, Schuppenknollen bei *A. moschatellina* und Knollen bei *T. europaea*, die im Frühjahr zu neuen Pflanzen auswachsen.

Weitere, jedoch artenarme Gruppen sind die **Kriech-Therophyten Th rep** mit niederliegenden, nicht einwurzelnden Seitenachsen (z. B. *Cerastium semidecandrum*, *Polygonum aviculare*, *Anagallis arvensis*), die **Wasser-Therophyten Th hydr** (z. B. *Salvinia natans*, *Najas* spp.) und die **sukkulenten Therophyten Th succ** mit Wasserspeichergewebe (z. B. *Sedum annuum*, *Cakile maritima*).

Weitere Unterteilung in frühlings- und sommergrün und in überwinternd Grüne.

6. Echte Lianen (Kletterpflanzen) L

Im Boden keimende und wurzelnde Pflanzen, die andere Pflanzen als Stütze benutzen, einschl. Spreizklimmer.

Phanerophytische Lianen PhL: verholzte Lianen ohne periodische Sprossreduktion, z. B. *Clematis vitalba*, *Lonicera periclymenum*, *Hedera helix*, *Rubus fruticosus* agg.

Hemikryptophytische Lianen HL: oberirdische Pflanzenteile periodisch bis in Bodennähe absterbend, z. B. *Humulus lupulus*, *Galium mollugo*, *Vicia sepium*.

Geophytische Lianen GL: oberirdische Pflanzenteile ganz absterbend, nur unterirdische Überdauerungsorgane, z. B. *Bryonia dioica*, *Calystegia sepium*, *Tamus communis*.

Therophytische Lianen ThL: einjährige Lianen, z. B. *Vicia hirsuta*, *Polygonum convolvulus*, *Galium aparine*.

Dierschke (1994) ordnet die Phanerophytischen Lianen den Phanerophyten zu (Lianen Ph scand), die Hemikryptophytischen L. den Hemikryptophyten (Kletter-Hemikryptophyten H scand), die Geophytischen L. den Geophyten (Kletter-Geophyten G scand) und die Therophytischen L. den Therophyten (Kletter-Therophyten Th scand).

7. Epiphyten E

Auf anderen Pflanzen keimende und wachsende Pflanzen, einschl. der Halbschmarotzer wie *Viscum album* und *Loranthus europaeus* (s. 13.–15.). In Mitteleuropa gibt es nahezu keine obligaten Epiphyten unter den Farnen und Samenpflanzen. Die epiphytischen Flechten und Moose werden entweder in dieser Gruppe geführt oder als kryptogamische Epiphyten (s. Gruppe 12) zusammengefasst.

Dierschke (1994) ordnet die Phanerophytischen Epiphyten EPh den Phanerophyten zu.

8. Spross- und Schwimmpflanzen SpS

Im Wasser treibende, in Spross und Wurzeln gegliederte Pflanzen mit autotropher Ernährung, z. B. *Lemna* spp., *Wolffia arrhiza*, *Ceratophyllum* spp., *Utricularia* spp.

9. Kryptogamische Chamaephyten KCh bzw. ‚Thallus'-Chamaephyten ThaCh

Ausdauernde, nicht in Spross und Wurzeln gegliederte Flechten und Moose, die autotroph auf der Bodenoberfläche leben und von strauch-, bart-, hochrasen-, polster- oder kissenartigem Wuchs sind. Z. B. *Cladonia rangiferina*, *Cetraria islandica*, *Polytrichum formosum*, *Leucobryum glaucum*, *Pleurozium schreberi*.

10. Kryptogamische Hemikryptophyten KH bzw. ‚Thallus'-Hemikryptophyten ThaH

Dito, einschl. der an das Landleben angepassten Algen, die aber nicht polster- oder kissenartig wachsen, sondern in flachen Rasen oder krustigen Überzügen, z. B. *Trentepohlia aurea*, *Cladonia foliacea*, *Peltigera* spp., *Lecidea* spp., *Marchantia polymorpha*, *Plagiothecium* spp.

11. Kryptogamische Therophyten KTh bzw. ‚Thallus'-Therophyten ThaTh

Einjährige autotrophe Kryptogamen (ohne Spross und Wurzeln), die auf dem Boden wachsen, z. B. *Thelocarpon laureri*, *Bacidia ephemera*, einjährige *Riccia* spp., *Ephemerum* spp., *Funaria hygrometrica*.

12. Kryptogamische Epiphyten und Epiphylle KEp bzw. ‚Thallus'-Epiphyten ThaE und Kryptogamische Epiphylle KEphy

Autotrophe Kryptogamen, die jedoch auf anderen Pflanzen (Borke, Blätter usw.) wachsen, z. B. *Pleurococcus*-Typ (*Apatococcus, Desmococcus*), *Parmelia* spp., *Alectoria sarmentosa*, *Orthotrichum affine*, *Leucodon sciuroides*.

13.–15. Noch nicht zufriedenstellend in ein Lebensformen-System eingegliedert sind die **13. Hemiparasiten (Halb-Parasiten) HP** (grüne Pflanzen, die in ihrer Ernährung bzw. Wasserversorgung auf andere Pflanzen angewiesen sind), **14. Saprophyten Sa** (nichtgrüne Pflanzen, die ihren Nährstoffbedarf ganz oder teilweise aus toter organischer Substanz decken) und **15. Parasiten (Echte Parasiten) Pa** (nichtgrüne Pflanzen, die auf oder in lebenden Pflanzen und auf deren Kosten leben).

Die **Aerophyten** (Galán de Mera 1999) sind ausdauernde, krautige Pflanzen mit einem reduzierten (atrophen) Wurzelsystem und nahe dem Substrat liegenden Erneuerungsknospen. Aerophyten sind z. B. die *Tillandsia*-Arten der chilenisch-peruanischen Nebelwüste (Atacama). Die Pflanzen sind nur lose mit dem z. T. beweglichen Substrat verbunden und nehmen Wasser direkt aus der Luft auf. Im Lebensformensystem ist diese Lebensform nach den Hemikryptophyten einzuordnen.

Die die Kryptogamen umfassenden Gruppen 9–12 werden bei einer Gesamtbetrachtung der Vegetation (Phanerogamen und Kryptogamen) in Lebensformen-Spektren berücksichtigt (s. 8.1.3). Bei einer Analyse der **Bryophyten** wird häufig das Lebensformensystem von Mägdefrau (1982) verwendet **(Einjährige, Kurzrasen, Hochrasen, Polster, Decken, Filze, Gehänge, Schweife, Wedel, Bäumchen)**. Für die **Flechten** gibt es Ansätze für Lebensformen in Mattick (1951); **errant, adnat: Nephelo-, Hydro-, Krypto-, Epi-, Chamälichenes**.

8.1.3 Bedeutung der Lebensformen

Lebensformen-Spektren

Ein Bild von den Lebensformen, die eine Vegetationseinheit charakterisieren, vermitteln gewichtete Spektren, in denen die Artmächtigkeiten der einzelnen Arten berücksichtigt werden, denn für ökologische Fragen ist es wesentlich, ob eine Art oder eine Gruppe von Arten nur in geringer Artmächtigkeit oder dominierend auftreten. Die Gewichtung der Lebensformen erfolgt i. a. durch die Berechnung der Mittleren Gruppenmengenanteile GM (s. 4.6.2).

Abb. 8-2 gibt die Lebensformen-Spektren von zwei mitteleuropäischen Phanerogamengesellschaften wieder (vgl. Abb. 4-21). Im Walzseggen-Erlenbruch (Carici elongatae-Alnetum glutinosae, s. 9.3.2.3, Abb. 4-2, 8-2), einer charakteristischen, im subkontinentalen Mitteleuropa weit verbreiteten Tieflagengesellschaft auf selbst erzeugtem Bruchwaldtorf und mit oberflächennahem Grundwasser, herrscht die Lebensform der Kronenbäume (Ph scap) vor (GM 39,4 %). Davon entfallen allein auf *Alnus glutinosa*, die die Baumschicht bestimmt, 37,4 %. Die Hemikryptophyten (H) erreichen den zweithöchsten Wert (GM 26,2 %). Zu ihnen gehört die Assoziationskennart *Carex elongata* (5 %, Anteil bezogen auf die Summe der Gruppenmengen, 100 %). Helophyten und Hydrophyten (He, Hy) sind mit GM 19,4 % vertreten. Bestimmend sind hier die helophytischen Arten wie *Carex acutiformis* (GM 11,9 %), *C. riparia* und *Iris pseudacorus*. Der relativ hohe Wert für die Geophyten (G, GM 7,3 %) ist auf das hochstete Auftreten von *Thelypteris palustris* (GM 5,5 %) zurückzuführen. Die Spross- und Schwimmpflanzen (SpS, GM 3,3 %) sind mit *Lemna minor* präsent; Therophyten (Th) und Lianen (L) sind selten.

Die Frühlingsspark-Silbergrasflur (Spergulo morisonii-Corynephoretum canescentis, Abb. 8-2), eine azidophytische subatlantische Sand- und Dünenpionier-Assoziation, besiedelt trockene, nährstoffarme Binnendünen und weitere Sandflächen. Zwei Lebensformen, die Hemikryptophyten (H, GM 86,5 %) und die Therophyten (Th, GM 13,1 %) dominieren in dieser Gesellschaft. Die beiden übersandungsunempfindlichen annuellen Flachwurzler, die Assoziationskennart *Spergula morisonii* (GM 10,1 %) und der Begleiter *Teesdalia nudicaulis* (GM 1,7 %) bestimmen im wesentlichen den Therophytenaspekt im Frühjahr. Unter den Hemikryptophyten ist *Corynephorus canescens* dominierend (GM 77,4 %). Diese Art bestimmt die Physiognomie der Assoziation, ist ein ausgeprägter Pionier und vermag die Sandflächen mit einem bis 40 cm tiefen Wurzelsystem zu besiedeln. *Rumex tenuifolius* (GM 4,7 %) tritt noch aspektbestimmend hinzu.

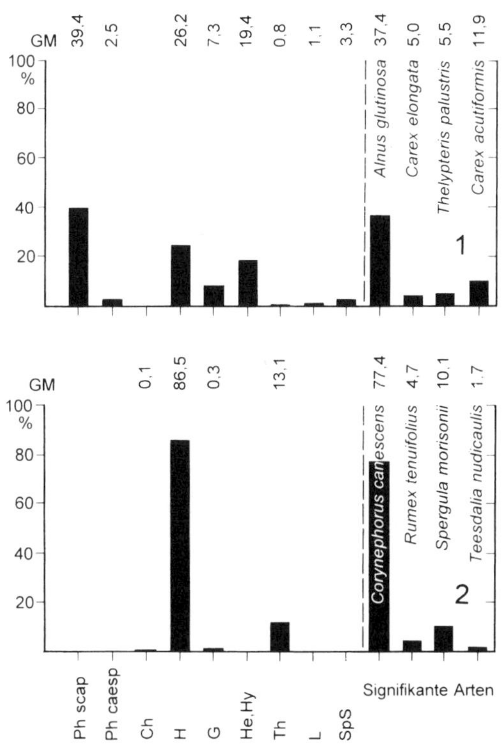

Abb. 8-2: Lebensformen-Spektren zweier mitteleuropäischer Pflanzengesellschaften. Mittlere Gruppenmengenanteile (GM) in %. **1.** Walzseggen-Erlenbruch (Carici elongatae-Alnetum glutinosae). **2.** Frühlingsspark-Silbergrasflur (Spergulo morisonii-Corynephoretum canescentis). Spektren jeweils ohne Moose und Flechten. Ph scap Phanerophyten, Kronenbäume; Ph caesp Phanerophyten, Sträucher; Ch Chamaephyten; H Hemikryptophyten; G Geophyten; He, Hy Helo-, Hydrophyten; Th Therophyten; L Echte Lianen; SpS Spross-Schwimmpflanzen. Signifikante Arten: Anteil bezogen auf Σ Gruppenmengen (100 %). (Orig.)

Analyse und Gewichtung der Lebensformen (Mittl. Gruppenmengenanteile) erlauben einen ersten Einblick in die Struktur und Ökologie der zu untersuchenden Vegetationstypen bzw. Pflanzengesellschaften. Für feinere Analysen sind jedoch stärker differenzierte Spektren nach Untergruppen der Hauptlebensformen einschl. reproduktionsbiologischer Merkmale notwendig. Hierzu bedarf es meist weitergehender populationsbiologischer Untersuchungen. Differenzierte Wuchs- und Lebensformen-Analysen für Mitteleuropa finden sich z. B. bei Styner & Hegg (1984), Soltau (1993) und Kremer & Andel (1995).

Überregionaler Vergleich

In den Tropen mit ihrem feuchtwarmen Klima überwiegen die Lebensformen der Phanerophyten, Lianen, Epiphyten sowie große perennierende Kräuter. Im mitteleuropäisch-gemäßigten Klima nehmen die Hemikryptophyten – auch in der Artenzahl – den größten Anteil bei den Lebensformen ein, wobei ihr Prozentsatz in den nordischen Tundren und in der alpinen Stufe der Gebirge noch ansteigt. Schneereiche Klimate begünstigen Chamaephyten, die einen wirksamen Frostschutz durch die Schneedecke genießen, da Schnee ein schlechter Wärmeleiter ist. Zwergwuchs in Verbindung mit extremer Xeromorphie ermöglicht zahlreichen Zwergsträuchern das Vordringen in Wüstengebiete (arido-aktives Verhalten). Neben Zwergsträuchern dominieren auch Therophyten in Steppen und Wüstengebieten sowie in lückigen Vegetationseinheiten. In Gebieten, die neben einer kalten Jahreszeit noch eine zweite ungünstige Periode, etwa eine Trockenzeit, aufweisen, nehmen Geophyten einen hohen Anteil ein. Krautige Polsterpflanzen sind dagegen besonders in den Höhenstufen der Gebirge anzutreffen.

Vegetationsgliederung
Weltweite Beachtung und Bedeutung erfuhren die Lebensformen durch den UNESCO-Vorschlag ‚International classification and mapping of vegetation' (1973). Sie dienen in diesem Vorschlag als Grundlage für die physiognomisch-ökologische Gliederung der Vegetation in Formationsklassen und deren Untereinheiten bis zu den Formationen (z. B. Kältekahler Wald mit immergrünen Lianen). Dieser Klassifizierungsvorschlag eignet sich v. a. für die Vegetationskartierung in Gebieten, in denen die Flora noch nicht ausreichend bekannt ist (s. 4.3).

8.2 Lebensstrategien und synstrategische Analysen

8.2.1 Allgemeines

Die **Lebensstrategie** ist definiert als „Komplex gemeinsam erworbener Anpassungsmerkmale". Dieser entstand durch parallele Merkmalsdifferenzierung und -evolution (‚co-evolved adaptive traits': Stearns 1976, During 1979). Die Analyse des Merkmalskomplexes – Meiden und Tolerieren von Stress, Lebensdauer, Lebensform, reproduktions- und ausbreitungsbiologische Charakteristika – erlaubt es, Lebensstrategien aufzustellen und Sippen zu „Funktionstypen" zusammenzufassen. Lebensstrategien sind demnach Ausdruck einer gleichartigen Anpassung von Sippen an die Habitatbedingungen. Sie besitzen Indikatoreigenschaften und werden ferner zur funktionellen Charakterisierung von Pflanzenarten und Pflanzengesellschaften durch Lebensstrategien-Artengruppen herangezogen.

8.2.2 Geschichtliches – Grundzüge

Die Diskussion über Lebensstrategien geht auf russische Geobotaniker zurück (z. B. Ramensky 1938). Sie beschrieben ‚violents' (aggressive Arten), ‚patients' (tolerante Arten), ‚explerents' (nicht konkurrierende Arten) und ‚pioneers' (Pioniere, Besiedler). Das erste, heute noch weit bekannte Modell ist jedoch das der **r- und K-Selektion** (McArthur & Wilson 1967), das **r-Strategen** (Arten mit kurzer Lebensdauer, hoher Fortpflanzungsrate und geringer Konkurrenzkraft) und **K-Strategen** (konkurrenzkräftige Arten, die sich über einen längeren Zeitraum entwickeln) unterscheidet. Obwohl Gadgil & Solbrig (1972) die r-Strategen vor allem auf instabile, gestörte Habitate und die K-Strategen auf stabile, voraussagbare Habitate beziehen, fallen die meisten Arten zwischen die beiden reproduktionsbiologischen und ökologischen Extreme. Das r-K-Kontinuum weist auch in seiner erweiterten Fassung nur einen zweidimensionalen Charakter auf.

Grime (1979) und During (1979) schufen zwei weitergehende Systeme (s. 8.2.3). Das von During für Moose aufgestellte System wurde von Frey & Kürschner (1991b) erweitert und differenziert. Frey & Hensen (1995a) legten ein auf Phanerogamen und Kryptogamen anwendbares Lebensstrategien-System vor (s. 8.2.3). Flechten wurden von Rogers (1990) und Jahns & Ott (1997) charakterisiert. Von Grime erschien 2001 die zweite Auflage seines grundlegenden Werkes über Pflanzenstrategien und Frey (2001) erweiterte das Lebensstrategien-Konzept durch Lebensstrategien-Artengruppen (s. 8.2.3).

8.2.3 Lebensstrategien-Systeme

Dreiecksmodell ökologischer Primärstrategien
Grime (z. B. 1979, 1988) legte ein trianguläres Lebensstrategien-System vor, das von Dierschke (1994) als „Dreiecksmodell ökologischer Primärstrategien" bezeichnet wird. Die Theorie dieses C-S-R-Modells besagt, dass sich im Verlauf der Evolution vor allem Stress und Störungen auf die Selektion der Arten ausgewirkt haben. Danach weisen Pflanzen drei Primärstrategien auf: Konkurrenzkraft, Reaktionsfähigkeit auf Störungen und Stresstoleranz. Grime unterscheidet zwischen **Konkurrenz-Strategen** (C: competitive), **Ruderal-Strategen** (R: ruderal) und **Stresstoleranz-Strategen** (S: stress-tolerant), die sich jeweils durch verschiedene, genetisch fixierte Merkmalskomplexe voneinander unterscheiden. Diese drei Primärstrategien stehen jeweils durch intermediäre Zwischenstufen (Sekundärstrategien) miteinander in Verbindung (Konkurrenz-Ruderal-Strategen [C-R], Konkurrenz-Stress-Strategen [C-S], Stress-Ruderal-Strategen [S-R], Intermediärer Typ [C-S-R]; Abb. 8-3, 8-4).

Konkurrenz-Strategen sind Arten mit hoher Konkurrenzkraft, die die vorhandene Lichtmenge und das Angebot an Nährstoffen, Wasser und Raum gleichmäßig nutzen sowie wenig Stress und Störung am Habitat erfahren. Diese Strategen kommen vorwiegend in stabilen Vegetationseinheiten vor (mittlere bis späte Sukzessionsstadien). Bei **Ruderal-Strategen** handelt es sich um ein- bis wenigjährige Pflanzen mit raschem Wachstum und hoher generativer Reproduktionsrate, jedoch geringer Konkurrenzkraft. Sie ertragen Störungen und vermögen neu entstandene Habitate schnell zu besiedeln (Pionierpflanzen). Dagegen sind **Stresstoleranz-Strategen** meist langlebige, kleinwüchsige Arten an Habitaten, an denen Stress vorherrscht (Nährstoffarmut, Trockenheit, Lichtmangel, Salzgehalt, Bodenversauerung u. a.); ihre Produktivität und Reproduktionsrate sind begrenzt.

Ruderal- und Stresstoleranz-Strategen nehmen nur relativ geringe Anteile an der Artenvielfalt und Vegetation ein (Abb. 8-4), während die meisten Arten zu den Konkurrenz-Strategen gehören. Bei diesen ist das Dreiecksmodell auch bei Verwendung von Sekundär-Strategien relativ unspezifisch und unscharf.

Auf der Basis dieses Modells stellen Grime et al. (1988) für die Flora Englands Funktionstypen auf. Frank et al. (1990) gibt für die Flora der ehemaligen DDR erste umfassende Übersichten zu den Lebensstrategien-Typen. Die Lebensstrategien der Lichenes werden bei Rogers (1990) nach dem Grime'schen Modell angesprochen, die der Bryophyten bei Grime et al. (1990).

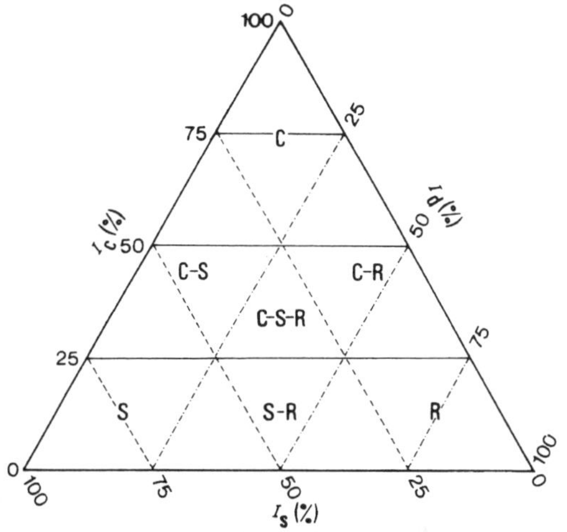

Abb. 8-3: Dreiecksmodell der Konkurrenz (C)-, Ruderal (R)- und Stresstoleranz (S)-Strategie mit Sekundärstrategien. I_c Konkurrenz (in %) (—); I_s Stress (in %) (- - -); I_d Störung (in %) ·—·—·. (Aus Grime 1979.)

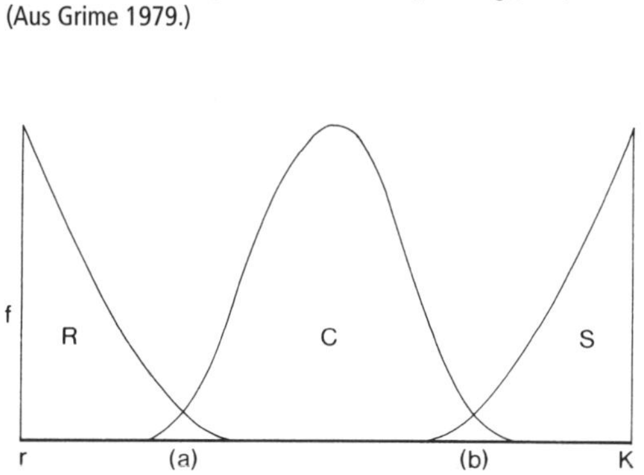

Abb. 8-4: Häufigkeit (f) der Ruderal (R)-, Konkurrenz (C)- und Stresstoleranz (S)-Strategen im r-K-Kontinuum. (a),(b) Zwischentypen. (Nach Grime 1979.)

Wegen der Schwierigkeiten, die bei der Wertung der Merkmale, bei der Zuordnung vieler intermediärer Arten und durch die Dominanz der Konkurrenz-Strategen auftreten, wurden nur wenige Lebensstrategien-Spektren nach dem Grime'schen Modell aufgestellt. Meist blieb es bei Strategiespektren für einzelne Merkmale, z. B. Klotz (1987): Charakterisierung langzeitiger Florenveränderungen in Halle/Saale; Bernhardt (1992): pflanzliche Strategien bei der Pionierbesiedlung offener Sandhabitate und Wasserflächen; Wilmanns (1993): Überdauerungsstrategien in Rebkultur-Gesellschaften; Speranza & Bignami (1997): Lebensstrategien bei *Amaranthus retroflexus* L. und Ecke & Rydin (2000): in Sukzessionsstadien an der nördlichen Ostseeküste.

Lebensstrategien-Systeme für Bryophyten

Die Wertung gemeinsam erworbener Anpassungsmerkmale, wie in 8.2.1 formuliert, ist die Basis der mehrdimensionalen Lebensstrategien-Systeme für Bryophyten von During (1979, 1992, 2000), Frey & Kürschner (1991a,b) und Frey & Hensen (1995a). Unter Berücksichtigung des Meidens und Tolerierens von Stress, der Lebensdauer, Lebensform, Reproduktions- und Ausbreitungsbiologie, der Beziehung zu den Habitatfaktoren und des evolutiven Hintergrundes werden sieben Lebensstrategien unterschieden: **Einjährige Pendler** (Annual shuttle species), **Kurzlebige** (Fugitives), **Besiedler** (Colonists), **Kurzlebige Pendler** (Short-lived shuttle species), **Ausdauernde Pendler** (Perennial shuttle species), **Ausdauernde** (Perennial stayers) und **Geophyten** (Geophytes).

Über Lebensstrategien bei Bryophyten liegen eine Reihe von Arbeiten vor. Angaben zu den Lebensstrategien der europäischen Laub- und Lebermoose finden sich in Dierßen (2001). Regionale Arbeiten über Lebensstrategien in Moosgesellschaften: z. B. Kürschner (1994): Schwäbische Alb; Frey & Kürschner (1995): Jordanien; Zippel (1998): Kanarische Inseln; Kürschner (2002): pannonische Lößkliffe und Kürschner (2003): Südwest-Arabien. Über epiphytische Bryophyten gibt es aus allen drei Tropengebieten der Erde Lebensstrategien-Analysen, z. B. Borneo: Frey & Kürschner (1991a), Zentralafrika: Frey et al. (1995b), Südamerika: Kürschner & Parolly (1998b) und Parolly & Kürschner (2004). Eine vergleichende Analyse der Lebensstrategien in den epiphytischen Bryophytengesellschaften (Stammepiphyten) vom tropischen Tieflandswald bis in die subalpine Stufe (Kürschner et al. 1999, Abb. 8-5) ergab einer-

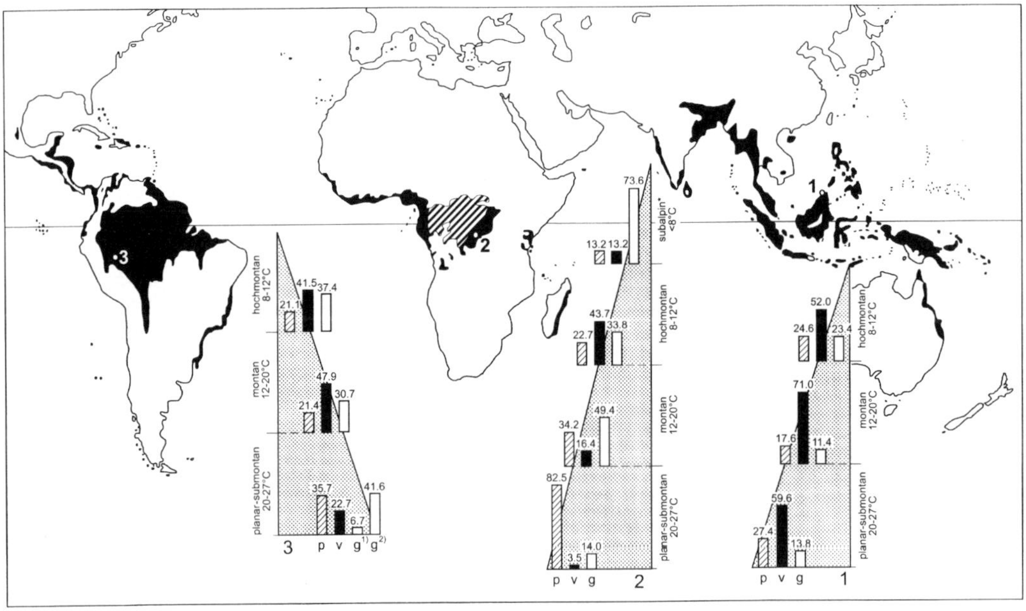

Abb. 8-5: Wechsel der vorherrschenden Reproduktionstypen (Lebensstrategien s. Text) (Mittlere Gruppenmengenanteile in %) in den epiphytischen Bryophytengesellschaften (Stammepiphyten) entlang des Höhengradienten vom tropischen Tieflandswald (planar-submontan) bis in die hochmontane bzw. subalpine Stufe (*Rwanda) in den drei Haupttropenregionen der Erde. 1 Borneo (Mt. Kinabalu), 2 Kongo/Rwanda, 3 Peru, p „passive" Arten (Ausdauernde mit passivem Reproduktionsverhalten), v „vegetative" Arten (Ausdauernde mit vegetativem s. str. oder klonalem Reproduktionsverhalten), g „generative" Arten (Ausdauernde mit generativem Reproduktionsverhalten), 1) ohne „generativen" Ausdauernden Pendler *Lopholejeunea subfusca*, 2) mit *Lopholejeunea subfusca*, °C mittlere Jahresdurchschnittstemperatur. (Nach Kürschner et al. 1999).

seits einen charakteristischen Wechsel im Lebensstrategiengefüge entlang des Höhengradienten, andererseits stimmen diese Lebensstrategien-Spektren im Prinzip in den drei Haupttropenregionen der Erde überein. Decken-bildende „passive" Ausdauernde (Ausdauernde mit passivem Reproduktionsverhalten) und Ausdauernde Pendler (*Lopholejeunea subfusca*, nur in Peru) charakterisieren die epiphytischen Moosgesellschaften des Tieflandswaldes und die der submontanen Stufe. Der generativ „passive" Funktionstyp wird in der kühleren und feuchteren montanen Stufe durch Wedel und Filze bildende „vegetative" Arten (Ausdauernde mit vegetativen s. str. oder klonalem Reproduktionsverhalten) abgelöst. In den offeneren Wäldern der hochmontanen und der subalpinen Stufe (Ericaceen-Gebüsche) herrschen trockenere Bedingungen vor. Kurz- und Hochrasen sowie Polster-bildende „generative" Ausdauernde (Ausdauernde mit generativem Reproduktionsverhalten und Ausdauernde Pendler) beherrschen hier die bryophytische Epiphytenvegetation. Auffallend ist, dass in diesen natürlichen Waldgesellschaften Lebensstrategien der Besiedler in der Epiphytenvegetation keine Rolle spielen. Die „Trends" sind in allen drei Tropengebieten ähnlich und zeigen, dass es sich bei den Lebensstrategien um „co-evolved adaptive traits" handelt, die sich unter gleichartigen Umweltbedingungen parallel und unabhängig herausdifferenziert haben.

Mehrdimensionales Lebensstrategien-System für Phanerogamen und Kryptogamen

Auch dem für Phanero- und Kryptogamen anwendbaren Lebensstrategien-System von Frey & Hensen (1995a) liegen die in 8.2.1 formulierten allgemeinen Kriterien zugrunde. Es umfasst neun Haupttypen, für deren Klassifizierung folgender Merkmalskomplex herangezogen wird: **Meiden und Tolerieren von Stress**; **Lebensdauer:** einjährig (annuell, wobei hier zwischen ephemer, frühjahrs-, sommer- und winterannuell sowie pseudoannuell unterschieden wird), zweijährig (bienn), wenigjährig (pauciennn) und ausdauernd (perennierend); **Lebensformen** i. S. von Raunkiaer (1937) und Ellenberg & Mueller-Dombois (1967b, s. 8.1.2); **Ausbreitungs-** (s. 7.2.1) und **Reproduktionsverhalten** (s. 7.1.2). Unberücksichtigt bleiben vorerst zwei weitere ausbreitungs- und reproduktionsbiologische Mechanismen, die **Diasporenbank** im Boden und die **Etablierung** der Keimlinge, da hierüber in Beziehung zu den Lebensstrategien noch zu wenige Untersuchungen vorliegen.

Bei den **einjährigen (annuellen) Pflanzen** ist auf die pseudoannuelle Lebensdauer zu achten. Diese kennzeichnet Arten wie *Circaea lutetiana*, *Adoxa moschatellina* und *Trientalis europaea* (s. 8.1.2), die ihren Lebenszyklus zum Ende des Sommers abschließen und mit generativen (Samen) und vegetativen Diasporen (z. B. Turionen, Knollen) den Winter überdauern. Die neuen Pflanzen entstehen im Frühjahr also aus generativen und vegetativen Diasporen (z. B. Verburg & During 1998, Verburg et al. 2000). **Zweijährige (bienne) Pflanzen** benötigen von der Keimung bis zur Blüte und Fruchtreife zwei Sommer und einen oder zwei Winter und sterben dann ab. Sie überwintern abwechselnd als Same bzw. Jungpflanze (Rosette). Obligat zweijährige Sippen sind selten. Zweijährig sind z. B. *Gentiana germanica*, *Alliaria petiolata* und *Onopordum acanthium*. Die meisten der als zweijährig bezeichneten Sippen benötigen, je nach Bedingungen, wenige Jahre bis zum Erreichen der Blühreife und sind dann als Wenigjährige anzusprechen (Rothmaler 1996, 2002). Die **Wenigjährigkeit** (3–5[8–10] Jahre) ist schwierig zu ermitteln. Bisher werden in Florenwerken die Sippen mit einer wenigjährigen (paucìennen) Lebensdauer entweder als Ausdauernde oder als Bienne geführt (s. jedoch Rothmaler 2002: zwei [bis wenig-]jährig). Wenigjährige Sippen besiedeln v. a. instabile Habitate (z. B. Ruderalflächen), die voraussagbar nach einer bestimmten Zeit enden und immer wieder erscheinen. Die Sippen sind an die speziellen ökologischen Bedingungen dieser Habitate „angepasst". Vom Habitat und der Gesellschaft kann somit indirekt auf die Wenigjährigkeit geschlossen werden. Bei krautigen Zweikeimblättrigen besteht die Möglichkeit über die Zahl der Jahresringe im sekundären Xylem der Wurzeln das Alter zu ermitteln (Dietz & Ullmann 1997).

Die Haupttypen der Lebensstrategien sind v. a. durch die Lebensdauer der betreffenden Arten gekennzeichnet. Bei den Untergruppen werden ausbreitungs- und reproduktionsbiologische Mermale stärker gewichtet (s. 7.1.2, 7.2.1, vgl. Tab. 8-1). Beispiele für Flechten sind noch nicht einbezogen.

Stress Meidende (Avoidance strategy)

Sippen, die ephemer, frühjahrs-, sommer- oder winterannuell oder pseudoannuell sind und die die vegetationsfeindliche Zeit mit stresstoleranten Diasporen überdauern (r-Strategen) oder Ausdauernde, die die Stressperiode kryptophytisch mit vegetativen Teilen und Erneuerungsknospen im Boden oder unter Wasser überdauern.

1. Einjährige Pendler (Annual shuttle species) (Abb. 8-6, 8-13)

Kurze Lebensdauer (annuell), ausgeprägte generative Reproduktion, vegetative Reproduktion fehlend, geringes Ausbreitungspotential der generativen Diasporen.

Tab. 8-1: Lebensstrategien-System.

Stress Meidende (Avoidance strategy)		
1. **Einjährige Pendler** (Annual shuttle species)	EPe	(AnS)
2. **Kurzlebige** (Fugitives)[1]	Ku	(Fu)
2.1 Kurzlebige mit Fernausbreitung	KuF	(FuT)
2.2 Kurzlebige mit Fern- und Nahausbreitung	KuFN	(FuTE)
3. **Kryptophyten** (Cryptophytes)	K	(Cr)
3.1 Kryptophyten mit Fernausbreitung	KF	(CrT)
3.2 Kryptophyten mit Nahausbreitung	KN	(CrE)
3.3 Kryptophyten mit Fern- und Nahausbreitung	KFN	(CrTE)
bzw. 3.1 Geophyten G, 3.2 Helophyten He, 3.3 Hydrophyten Hy		
Stress Tolerierende (Tolerance strategy)		
4. **Wenigjährige Pendler** (Short-lived shuttle species)	WPe	(PaS)
5. **Besiedler** (Colonists)	B	(C)
5.1 Besiedler mit Fernausbreitung	BF	(CT)
5.2 Besiedler mit Fern- und Nahausbreitung	BFN	(CTE)
6. **Ausdauernde Besiedler** (Perennial colonists)	AB	(PC)
7. **Ausdauernde Pendler** (Perennial shuttle species)	APe	(PS)
8. **Ausdauernde s. str.** (Perennial stayers)	A	(P)
8.1 Ausdauernde mit Fernausbreitung	AF	(PT)
8.2 Ausdauernde mit Nahausbreitung	AN	(PE)
8.3 Ausdauernde mit Fern- und Nahausbreitung	AFN	(PTE)
8.4 Ausdauernde mit Nicht- und Nahausbreitung	ANiN	(PAcE)
8.5 Ausdauernde mit Nichtausbreitung	ANi	(PAc)
9. **Ausdauernde mit Diasporenjahren** (Perennial stayers with diaspore years)	ADi	(PDi)
Untergliederung der **Ausdauernden s. str.**, u. a. aufgrund der Lebensformen		
8.1 Phanerophytische Ausdauernde (Phanerophytic perennial stayers)	PhA	(PhP)
8.1.1 Phanerophytische Ausdauernde mit Fernausbreitung	PhAF	(PhPT)
8.1.2 Phanerophytische Ausdauernde mit Nahausbreitung	PhAN	(PhPE)
8.1.3 Phanerophytische Ausdauernde mit Fern- und Nahausbreitung	PhAFN	(PhPTE)
8.1.4 Phanerophytische Ausdauernde mit Nicht- und Nahausbreitung	PhANiN	(PhPAcE)
8.2 Chamaephytische Ausdauernde (Chamaephytic perennial stayers) Unterteilung s. 8.1	ChA	(ChP)
8.3 Hemikryptophytische Ausdauernde (Hemikryptophytic perennial stayers) Unterteilung s. 8.1	HA	(HP)
8.4 Epiphytische Ausdauernde (Epiphytic perennial stayers) Unterteilung s. 8.1	EpA	(EpP)
8.5 Ausdauernde Spross-Schwimmpflanzen (Perennial errant vascular hydrophytes) Unterteilung s. 8.1	SpSA	(EHyP)
8.6 Saprophytische Ausdauernde (Saprophytic perennial stayers) s. 8.1	SaA	(SaP)
8.7 Hemiparasitische Ausdauernde (Hemiparasitic perennial stayers) s. 8.1	HpA	(HpP)
8.8 Parasitische Ausdauernde (Parasitic perennial stayers) s. 8.1	PaA	(PaP)
Weitere Unterteilung nach dem Reproduktionsverhalten		
– mit generativem Reproduktionsverhalten (sexual reproduction)	g	z. B. EPe_g
– mit vegetativem (s. str.) Reproduktionsverhalten (vegetative reproduction)	v	
– mit klonalem Reproduktionsverhalten (Klonierung) (clonal reproduction)	kl	
– mit passivem Reproduktionsverhalten (passive reproduction)	p	
– mit generativem und vegetativem (s. str.) Reproduktionsverhalten bzw. andere Kombination	g,v	

Tab. 8-1: Fortsetzung

Abkürzungen		
Lebensdauer (life span)[1]		
A	(P)	Ausdauernde (Perennial stayers)
E	(An)	Einjährige (Annuals)
K	(Cr)	Kryptophyten (Cryptophytes)
Ku	(Fu)	Kurzlebige (Fugitives)
W	(Pa)	Wenigjährige (Pauciennials)
Ausbreitung (Dispersal)		
B	(C)	Besiedeln (Colonize)
F	(T)	Fernausbreitung (Telechorie) (Telechory)
N	(E)	Nahausbreitung (Engychorie) (Engychory)
Ni	(Ac)	Nichtausbreitung (Achorie) (Achory)
Pe	(S)	Pendeln (Shuttle)
Di	(Di)	Diasporenjahre (Diaspore years)
		Fernausbreitung (long-range dispersal)
		Nahausbreitung (short-range dispersal)
		Nichtausbreitung (non dispersal)
Fortpflanzung (Reproduction)		
g	(s)	generativ (sexual)
v	(v)	vegetative s. str. (asexual s. str.)
kl	(cl)	klonal (Klonierung) (clonal)
p	(p)	passiv (passive) (mit schwach ausgeprägter Reproduktion) (reproduction rare)

[1] Ephemere, Frühjahrs-, Sommer- und Winterannuelle, Pseudoannuelle, Bienne, Arten teilweise ein- bis wenigjährig [mit ausgeprägter generativer Reproduktion und Fernausbreitung] (Ephemeral, spring, summer and winter annuals, pseudoannuals, biennials, species partly annual to pauciennial [mainly with vegetative/sexual reproduction and long-range dispersal])

- Kurze Lebensdauer; ephemer, frühjahrs-, sommer- oder winterannuell oder pseudoannuell.
- Therophyten. Bei Bryophyten offene Rasen, Herden, Decken, selten Kurzrasen.
- Generative Reproduktion ausgeprägt, an klimatisch günstige Jahreszeiten gebunden. Teilweise autogame Sippen. Keine vegetative Reproduktion, außer pseudoannuelle Sippen.
- Ausbreitung der generativen Diasporen im Nahbereich (ohne Eigenschaften/Strukturen, die eine Fernausbreitung ermöglichen); große Sporen, ∅ 25–50(–200) µm. Pendeln als Sonderform der Nahausbreitung.
- Besiedeln Habitate, die nur kurzzeitig zur Verfügung stehen, in der näheren Umgebung jedoch immer wieder entstehen, wie Segetal- und Ruderalflächen, Straßenböschungen, Erdrutsche, Erdraine, Tierpfade, Dung, Spülsäume der Meeresküsten, Erdblößen, kleinflächige (lehmig-tonige) Verdichtungszonen und Habitate mit einer lückigen Vegetationsdecke, z. B. Trockenrasen, Zwerggesträuche, Wüsten.
- Gehäuftes Vorkommen in Pioniergesellschaften, Ruderal- und Segetalgesellschaften und einjährigen Erdmoosgesellschaften.

Beispiele: annuelle *Riccia*-Arten, *Phascum* spp., *Physcomitrium pyriforme* (Sporendurchmesser > 25 µm); *Thlaspi arvense*, *Raphanus raphanistrum*, *Polygonum persicaria*.

2. Kurzlebige (Flüchtige, Vergängliche; Fugitives) (Abb. 8-7, 8-14)

Kurze Lebensdauer (annuell, bienn), ausgeprägte generative Reproduktion, vegetative Reproduktion fehlend oder selten, hohes Ausbreitungspotential der generativen Diasporen.

- Kurze Lebensdauer; ephemer, frühjahrs-, sommer- oder winterannuell. Arten teilweise ein- bis wenigjährig.
- Therophyten, Arten teilweise auch hemikryptophytisch. Bei Bryophyten offene Rasen, Herden, Decken, selten Kurzrasen.
- Generative Reproduktion ausgeprägt, an klimatisch günstige Jahreszeiten gebunden oder nicht an Jahreszeiten gebunden. Keimung teilweise ganzjährig und dann zwei und mehr Generationen in einem Jahr (non-seasonal reproduction). Teilweise autoga-

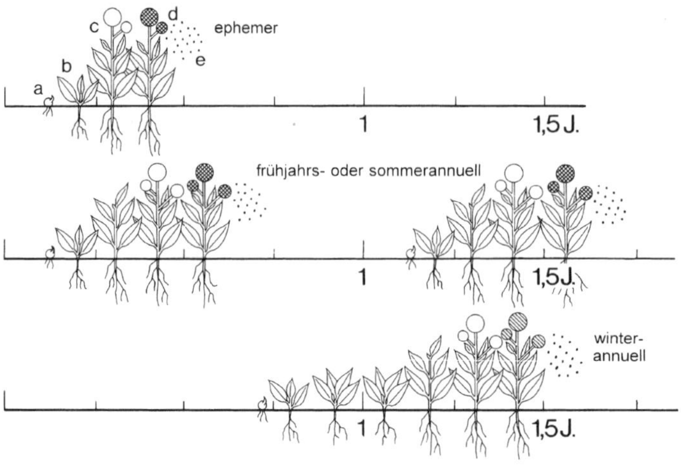

Abb. 8-6: Einjährige Pendler (ephemer, frühjahrs-, sommer- und winterannuell). 1, 1,5 J. Darstellung der Lebenszyklen in Jahresgängen; a Keimung, b Jugendstadium, c Pflanze blühend, d Pflanze fruchtend, e Diasporen. (Aus Frey & Hensen 1995a.)

me Sippen. Vegetative Reproduktion (Klonierung) selten.

- Ausbreitung der generativen Diasporen im Fernbereich; kleine Sporen in großer Zahl, ∅ <25 µm; Fernausbreitung. Durch „chance dispersal" kann jedes potentiell mögliche Habitat erreicht werden.
- Besiedeln Habitate, die nur kurzzeitig zur Verfügung stehen, wie Segetal- und Ruderalflächen, offene Erdbereiche, Brandstellen, kleinflächige (lehmig-tonige) Verdichtungszonen, und Habitate mit einer lückigen Vegetationsdecke, z. B. Trockenrasen, Zwerggesträuche, Wüsten.
- Gehäuftes Vorkommen in Pioniergesellschaften, Ruderal- und Segetalgesellschaften sowie Schlagfluren.

Beispiele für Fernausbreiter: *Funaria hygrometrica*, *Entosthodon fascicularis* (Sporen <20 µm); *Lappula squarrosa* (Kletthafter), *Senecio vulgaris* (Achänen mit Pappus); Klonierung und Ausbreitung der Ramets durch Wasser, z. B. bei *Ranunculus aquatilis* und *Ludwigia palustris* (einjährige Pflanzen); für Fern- und Nahausbreiter: Sippen mit heterokarpen/heteromerikarpen Früchten, z. B. *Calendula arvensis* (heterokarpe Achänen), *Microparacaryum intermedium* (3 Klausen Flügelflieger, 1 Klause ungeflügelt).

3. Kryptophyten (Kryptophytes) (Abb. 8-8, 8-15)

Ausdauernd (perennierend), generative und vegetative Reproduktion häufig, Ausbreitungspotential der generativen Diasporen sippenspezifisch verschieden.

- Ausdauernd (perennierend, langlebig).
- Geophyten (s. str.), Helophyten, Hydrophyten.
- Generative und bei zahlreichen Sippen vegetative Reproduktion ausgeprägt. Die Überdauerungsorgane überwintern im Boden- bzw. auf dem Grund von Gewässern und Sümpfen.

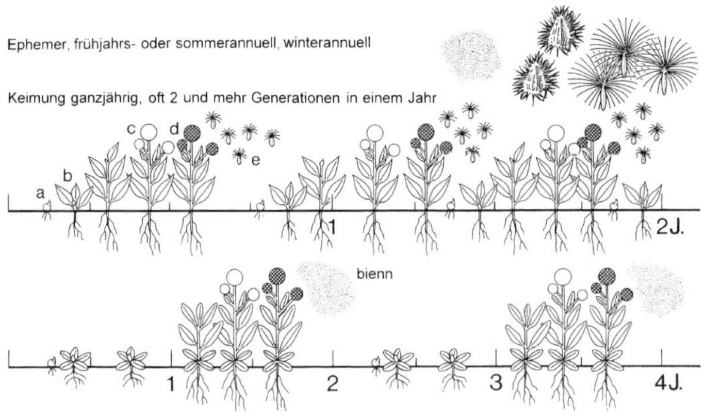

Abb. 8-7: Kurzlebige (ephemer, frühjahrs-, sommer- und winterannuell, oft zwei und mehr Generationen pro Jahr [non-seasonal reproduction], bienn). 1, 2, 3, 4 J. Darstellung der Lebenszyklen in Jahresgängen; a Keimung, b Jugendstadium, c Pflanze blühend, d Pflanze fruchtend, e Diasporen. (Aus Frey & Hensen 1995a.)

- Ausbreitung der generativen und vegetativen Diasporen sippenspezifisch verschieden. Fern-, Nah- oder Nichtausbreitung.
- Vorkommen in Mitteleuropa vor allem in nährstoffreichen Laubwäldern mit dichtem Blätterdach während der Sommermonate und in und an Sumpf- und Wasserhabitaten, die während der Wintermonate mit Eis bedeckt sind. Geophyten v. a. in Hitze- und Kältesteppen und -wüsten Vorder- und Zentralasiens (extreme Winterkälte, Sommerdürre).

Beispiele: *Gigaspermum mourettii* (Nahausbreitung mit Sporen [∅ 130 µm] und zerfallendem unterirdischen primären Stämmchen [Klonierung]), *Cypripedium calceolus* (Fernausbreitung mit Samen), *Corydalis cava* (myrmekochor; Nahausbreitung mit Samen), *Allium vineale* (Nahausbreitung mit Samen und Brutzwiebeln), *Paris quadrifolia* (Fernausbreitung mit endochoren Früchten), *Veronica anagallis-aquatica* (Fernausbreitung mit Samen durch Wasser und Wasservögel), *Alisma plantago-aquatica* (Fernausbreitung der einsamigen Teilfrüchte durch Wasser und Wasservögel).

Unterteilung in **3.1 Geophyten G**, **3.2 Helophyten He** und **3.3 Hydrophyten Hy.**

Stress Tolerierende (Tolerance strategy)
Die Stresstoleranten überdauern die Stressperioden mit oberirdischen vegetativen Teilen.

4. Wenigjährige Pendler (Short lived shuttle species) (Abb. 8-9, 8–16)

Bienn oder wenigjährig (paucienn), generative Reproduktion häufig, vegetative Reproduktion selten, geringes Ausbreitungspotential der generativen Diasporen.

- Zwei- bis wenigjährig (bienn – paucienn), jedoch nicht ausdauernd.
- Bienne, Hemikryptophyten. Bei Bryophyten Kurzrasen und Decken.
- Generative Reproduktion ausgeprägt, vegetative Reproduktion selten.
- Ausbreitung der Diasporen im Nahbereich; große Sporen, ∅ 25–50(–100) µm. Pendeln als Sonderform der Nahausbreitung.
- Besiedeln offene Habitate, die über wenige Jahre (2 bis ca. 6–8, selten länger) erhalten bleiben, voraussagbar nach gewissen Zeiten enden und immer wieder in der näheren Umgebung erscheinen, wie z. B. offenerdige Stellen in Salzmarschen, Schuttplätze, Ruderalstellen oder kleinflächige lehmige Verdichtungszonen in Wüsten; Bryophyten außerdem auf Tierkot und Tierleichen.
- Vorkommen vor allem in Ruderal- und offenen Gesellschaften. Moosgesellschaften auf Tierkot.

Beispiele: *Pottia heimii, Targionia hypophylla, Tetraplodon mnioides; Arabis hirsuta, Centaurea stoebe, Onopordum acanthium.*

5. Besiedler (Colonists) (Abb. 8-10, 8-19)

Wenigjährig (paucienn), phanerophytische Besiedler auch längerlebig, ausgeprägte generative Reproduktion, vegetative Reproduktion teilweise häufig, hohes Ausbreitungspotential der generativen Diasporen. Eroberung des Habitats oft durch vegetative Reproduktion.

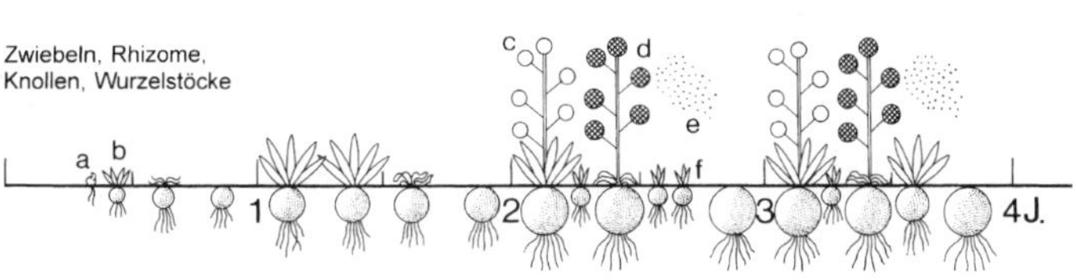

Abb. 8-8: Kryptophyten (Beispiel Geophyten), 1, 2, 3, 4 J. Darstellung der Lebenszyklen in Jahresgängen; a Keimung, b Jugendstadium, c Pflanze blühend, d Pflanze fruchtend, e Diasporen, f vegetative Reproduktion (Brutzwiebeln). (Aus Frey & Hensen 1995a.)

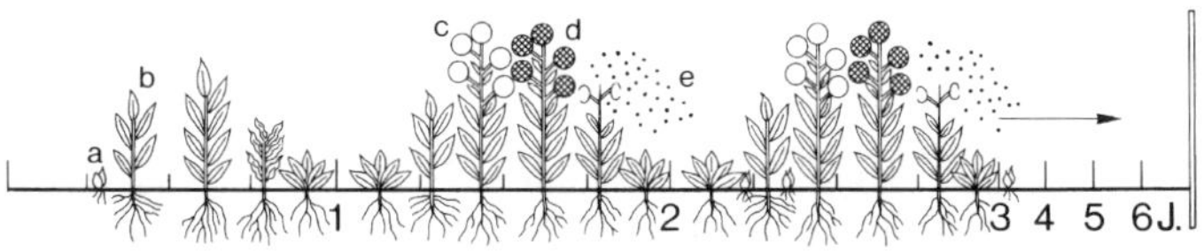

Abb. 8-9: Wenigjährige Pendler. Der Balken rechts symbolisiert das Ende der Periode, in der die betreffende Art an ihrem Habitat geeignete Lebensverhältnisse vorfindet. 1, 2, 3, 4, 5, 6 J. Darstellung der Lebenszyklen in Jahresgängen; a Keimung, b Jugendstadium, c Pflanze blühend, d Pflanze fruchtend, e Diasporen; Pfeil: gleichbleibendes Entwicklungs- und Reproduktionsverhalten. (Orig.)

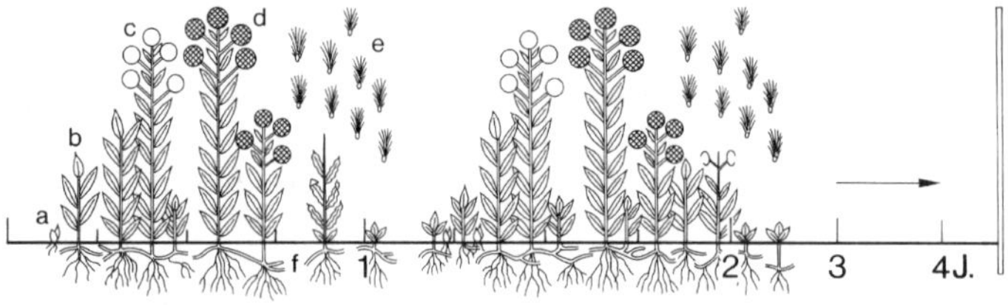

Abb. 8-10: Besiedler (mit Fern- und Nahausbreitung). Der Balken rechts symbolisiert das Ende der Periode, in der die betreffende Art an ihrem Habitat geeignete Lebensverhältnisse vorfindet. 1, 2, 3, 4 J. Darstellung der Lebenszyklen in Jahresgängen; a Keimung, b Jugendstadium, c Pflanze blühend, d Pflanze fruchtend, e Diasporen, f Selbstklonierung; Pfeil: gleichbleibendes Entwicklungs- und Reproduktionsverhalten. (Nach Frey & Hensen 1995a.)

- Wenigjährig (paucienn), Phanerophyten längerlebig.
- Hemikryptophyten, Phanerophyten in Pionierstadien (Pioniergehölze wie *Salix-*, *Populus-* und *Betula-*Arten). Bei Bryophyten Kurzrasen, seltener offene Rasen und Decken.
- Generative, bei zahlreichen Sippen auch vegetative Reproduktion. Vegetative (s. str.) und klonale Reproduktion (Klonierung) in den ersten Lebensjahren, um das Habitat in Besitz zu nehmen (s. 7.4); generative Reproduktion, um fernere Habitate zu erreichen.
- Ausbreitung der generativen Diasporen im Fernbereich; kleine Sporen, ∅ < 25 µm; Fernausbreitung. Ausbreitung der vegetativen Diasporen im Nahbereich; Nahausbreitung.
- Besiedeln offenerdige Habitate. Vorwiegend Pioniere an Ruderalstellen und an Habitaten, die voraussagbar nach gewissen Zeiten enden und immer wieder entstehen (z. B. Felsabbrüche, Bergstürze, Sandflächen).
- Vorkommen vor allem in Ruderal-, Saum- und Schlaggesellschaften, Poaceen-Pioniergesellschaften, Schuttfluren, Meeresstrand-, Spülsaum- und Dünengesellschaften und Trittfluren. Erd- und Felsmoosgesellschaften, Moosgesellschaften des morschen Holzes.

Beispiele für Fernausbreiter: *Bryum capillare* s. str.; *Taraxacum officinale* agg., *Chondrilla juncea* (Achänen mit Pappus), *Cynoglossum officinale* (Kletthafter); für Fern- und Nahausbreiter: *Marchantia polymorpha* (Sporen, Brutkörper), *Campylopus fragilis* (Sporen, Brutblätter); *Picris hieracioides* (Achänen mit Pappus, Wurzelknospen), *Fragaria vesca* (endozoochore Sammelfrüchte, Ausläufer [Ramets]), *Epilobium angustifolium* (Samen mit Haarschopf, Wurzelausläufer).

6. Ausdauernde Besiedler (Perennial colonists) (Abb. 8-18)

Ausdauernd (perennierend), hohe Absterberaten, ausgeprägte generative Reproduktion, vegetative Reproduktion selten, hohes Ausbreitungspotential der generativen Diasporen. Bisher nur von Bryophyten bekannt.

- Ausdauernd (perennierend), während extremer Bedingungen (z. B. Trockenzeiten) hohe Absterberaten.
- Polster.
- Generative Reproduktion ausgeprägt, vegetative Reproduktion selten.
- Ausbreitung der Diasporen im Fern- und Nahbereich; kleine Sporen, ∅ < 25 µm; Fern- und Nahausbreitung.
- Besiedeln v. a. Felsflächen.
- Vorkommen in Felsmoosgesellschaften.

Beispiele: *Grimmia pulvinata*, *Schistidium apocarpum*, *Andreaea rupestris*.

7. Ausdauernde Pendler (Perennial shuttle species) (Abb. 8-17)

Ausdauernd (perennierend), ausgeprägte generative Reproduktion, vegetative Reproduktion häufig, geringes Ausbreitungspotential der Diasporen. Bisher nur von Bryophyten bekannt.

- Ausdauernd (perennierend).
- Polster, Decken, Rasen, Schweife, Hängemoose.
- Generative und bei zahlreichen Sippen vegetative Reproduktion.
- Ausbreitung der generativen und vegetativen Diasporen im Nahbereich; große Sporen, ∅ 25–200 µm. Große und spezifisch schwere vegetative Diasporen, z. B. Brutkörper, Bruchäste. Nahausbreitung.
- Besiedeln Habitate, die länger erhalten bleiben und in der näheren Umgebung immer wieder neu erscheinen und nach bestimmten Zeiten enden. Epiphytische und epilithische Arten.
- Vorkommen in Moosgesellschaften auf Borke und Fels.

Beispiele: *Leucodon sciuroides*, *Antitrichia curtipendula*, *Orthotrichum* spp., *Ulota* spp., in den Tropen *Macromitrium-*, *Papillaria-*Arten.

8. Ausdauernde s. str. (Perennial stayers)

(Abb. 8-11, 8-20)

Ausdauernd (perennierend), generative und vegetative Reproduktion häufig; Ausbreitungspotential der generativen Diasporen sippenspezifisch verschieden.

- Ausdauernd (perennierend).
- Hemikryptophyten, Chamaephyten, Phanerophyten. Bei Bryophyten: Decken, Bäumchen, Filze, große Polster, Hochrasen.
- Generative und bei zahlreichen Sippen vegetative Reproduktion s. l.; generative Reproduktion bei Bryophyten sippenspezifisch unterschiedlich stark ausgeprägt, Sporogonbildung z. T. erst nach mehreren Jahren.
- Ausbreitung der generativen Diasporen bei Spermatophyten verschieden; Fern-, Nah- oder Nichtausbreitung. Ausbreitung der vegetativen Diasporen im Nahbereich; Nahausbreitung. Fernausbreitung der kleinen Sporen bei Bryophyten, ∅ < 25 µm.
- Besiedeln Habitate, die sich kaum verändern und lange erhalten bleiben. K-Strategen.
- Dominieren in stabilen, langlebigen Pflanzengesellschaften.

Beispiele für Fernausbreiter: *Bazzania trilobata*, *Dicranum scoparium*, *Rhytidiadelphus triquetrus*: Bryophyten mit kleinen Sporen. Ausdauernde Phanerogamen, deren Diasporen Anpassungen an anemochore, hydro- oder epizoochore Ausbreitung zeigen: *Leontodon hispidus* (Achänen mit Pappus), *Agrimonia eupatoria* (Hakenklette), *Salvia glutinosa* (Drüsenklette), Lemnaceen (Turionen, Ramets; Ausbreitung durch Wasser); für Nahausbreiter: *Cardamine pratensis* (ballochor durch Turgorspannungen), *Thlaspi montanum* (Regenballist, Ausläuferbildung), *Draba aizoides* (schwere Samen); für Fern- und Nahausbreiter: die generativen und vegetativen Diasporen werden jeweils fern- oder nahausgebreitet, *Carex riparia* (mit schwimmfähigen Utriculi und Ausläufern, Ramets), *Geum reptans* (Federschweifflieger, Ausläufer, Ramets), *Sedum album* (Streuflieger, Ramets). Häufig ist **Dichorie** (s. 7.2.1), *Astragalus spinosus* (mit aufgeblasenem Kelch, anemo- und hydrochor), *Cocos nucifera* (baro- und hydrochor), *Colutea arborescens* (Windstreuer, Bodenläufer). Hierzu sind auch die Arten zu rechnen, deren Diasporen ein engychores Ausbreitungsverhalten zeigen, aber auch durch Weidetiere endozoochor fern bzw. weiter ausgebreitet werden können, wie z. B. *Trifolium* spp., *Medicago lupulina*, *Luzula campestris*, *Festuca rubra*; für Nicht- und Nahausbreiter: *Cymbalaria muralis* (Selbstableger; sich bewurzelnde, kriechende Achsen).

Bei den Phanerogamen sind die Ausdauernden s. str. eine umfassende, artenreiche Gruppe. Eine differenzierte Unterteilung ist u. a. aufgrund der Lebensform möglich (s. Tab. 8-1): **8.1 Phanerophytische Ausdauernde**, **8.2 Chamaephytische Ausdauernde**, **8.3 Hemikryptophytische Ausdauernde**, **8.4 Epiphytische Ausdauernde**, **8.5 Ausdauernde Spross- und Schwimmpflanzen**, **8.6 Saprophytische Ausdauernde**, **8.7 Hemiparasitische Ausdauernde**, **8.8 Parasitische Ausdauernde**. Die

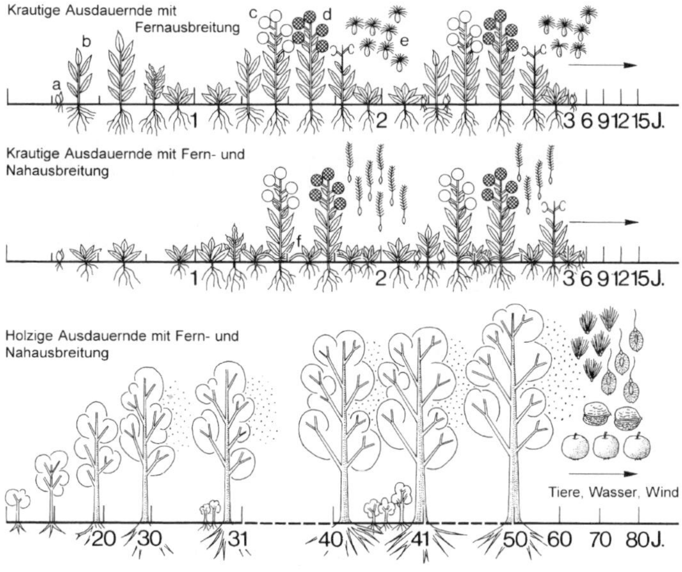

Abb. 8-11: Ausdauernde s. str. Beispiele: Krautige Ausdauernde mit Fernausbreitung, Krautige Ausdauernde mit Fern- und Nahausbreitung, Holzige Ausdauernde mit Fern- und Nahausbreitung. 1, 2, 3, 6 J. usw. Darstellung der Lebenszyklen in Jahresgängen; a Keimung, b Jugendstadium, c Pflanze blühend, d Pflanze fruchtend, e Diasporen, f Ausläufer mit Ramets, Selbstklonierung; Pfeil: gleichbleibendes Entwicklungs- und Reproduktionsverhalten. (Nach Frey & Hensen 1995a.)

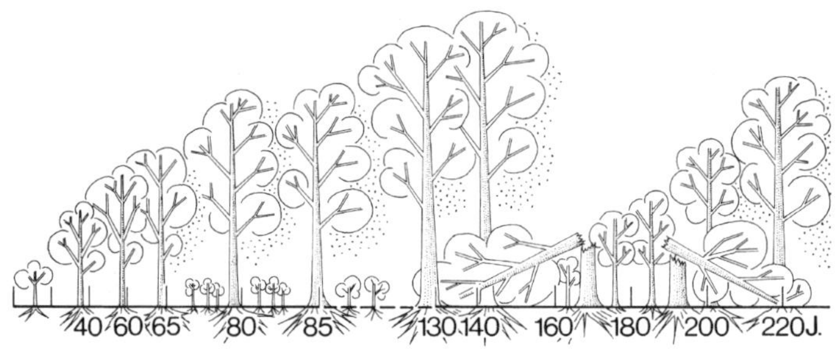

Abb. 8-12: Ausdauernde mit Diasporenjahren. 40, 60, 65 J. usw. Darstellung der Lebenszyklen in Jahresgängen. (Aus Frey & Hensen 1995a.)

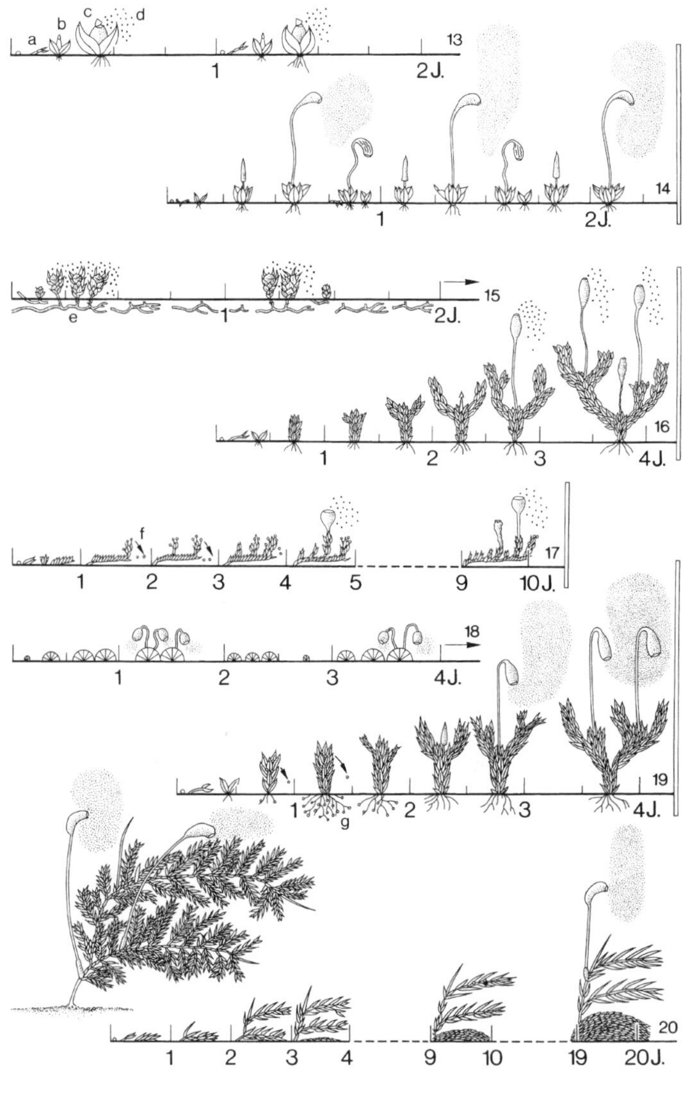

Abb. 8-13–8-20: Lebensstrategien-Haupttypen bei Bryophyten. Der Balken rechts symbolisiert das Ende der Periode, in der die betreffende Art an ihrem Habitat geeignete Lebensverhältnisse vorfindet. **13.** Einjährige Pendler. **14.** Kurzlebige (Beispiel *Funaria hygrometrica* an einer Brandstelle mit nur kurzfristig zur Verfügung stehendem Habitat). **15.** Kryptophyten (Geophyten). **16.** Wenigjährige Pendler. **17.** Ausdauernde Pendler. **18.** Ausdauernde Besiedler, Moospolster mit hohen Absterberaten im dritten Jahr. **19.** Besiedler. **20.** Ausdauernde. 1, 2, 3 J. usw. Darstellung der Lebenszyklen in Jahresgängen; a Keimung, b Jugendstadium, c Pflanze mit Sporogon(en), d Sporen, e Selbstklonierung durch zerfallende unterirdisch kriechende Hauptachse, f vegetative Reproduktion s. str. mit Brutkörpern, g vegetative Reproduktion s. str. mit rhizoidbürtigen Brutkörpern; Pfeil: gleichbleibendes Entwicklungs- und Reproduktionsverhalten. (13–14, 16–17, 19–20 n. During 1979; 15, 18 aus Frey & Hensen 1995a.)

weitere Unterteilung erfolgt nach dem Ausbreitungs- und Reproduktionsverhalten (s. Tab. 8-1). Die Gruppen 8.6–8.8 sind noch nicht ausreichend definiert. In Mitteleuropa werden ausdauernde Saprophyten wie *Epipogium aphyllum* und *Monotropa hypopitys*, ausdauernde Hemiparasiten wie *Bartsia alpina* und *Tozzia alpina* und ausdauernde Parasiten wie *Lathraea squamaria* und *Orobanche* spp. zu den Geophyten gerechnet.

9. Ausdauernde mit Diasporenjahren (Samenjahre, Mastjahre) (Perennial stayers with diaspore years) (Abb. 8-12)

Sondertyp. Baumarten, die in Abständen verstärkt fruchten (Mastjahre) und einen Bestand an Jungpflanzen aufbauen. Generative Reproduktion häufig, Ausbreitungspotential der generativen Diasporen sippenspezifisch verschieden. Nur von Baumarten bekannt.

Einige Baumarten fruchten nur in Zeitabschnitten reichlich, so *Picea* spp., *Abies alba* und *Fagus sylvatica* meist nur alle 5–6 Jahre, *Quercus robur* und *Q. petraea* alle 6–12 Jahre, *Ulmus* spp., *Corylus* spp. und *Carpinus* spp. alle 3–4 Jahre („Massenfruchten"; Müller-Schneider 1977). Das „Massenfruchten" kann von der Verfügbarkeit von Nährstoffen abhängen (z. B. bei *Picea abies*, Zackrisson et al. 1999) oder von Assimilatüberschüssen, die nur in gewissen Zeitabständen und habitatabhängig zur Verfügung stehen. Bei einem Wechsel von Jahren mit hoher und geringer Samenproduktion ist die Wahrscheinlichkeit, dass in Mastjahren Samen dem Verzehr durch Tiere (seed predation) entgehen und dadurch ein Stock von Jungpflanzen aufgebaut werden kann, groß (Wilmanns 1998). Ferner ist auch möglich, dass dies eine Strategie ist, um in bestimmten Zeitabschnitten einen Bestand von Jungpflanzen aufkommen zu lassen, die beim Absterben der Mutterpflanze (Öffnung der Vegetationsdecke) zu adulten Individuen auswachsen. Insgesamt dürfte das Phänomen Mastjahre ein reproduktives Anpassungssyndrom (Kelly & Sork 2002) darstellen. Die derzeitig fast ständig zu beobachtende Mast ist ein Waldsterbesymptom.

Die **„Plant functional types"** (PFT) (z. B. Semenova & van der Maarel 2000) und die **„Ecological plant species groups"** (z. B. Witte 2002) sind neue strukturell-funktionelle Denkansätze zur Charakterisierung von Arten und Artengruppen bzw. von Vegetationstypen. Die Ecological plant species groups sollen z. B. Pflanzenvergesellschaftungen besser charakterisieren als die Braun-Blanquet'schen Pflanzengesellschaften.

8.2.4 Lebensstrategien-Spektren

Durch Lebensstrategien-Analysen werden die Möglichkeiten zur Charakterisierung von Vegetationseinheiten bzw. Pflanzengesellschaften entscheidend erweitert. Durch die synthetische Betrachtung des Merkmalskomplexes, der durch parallele Merkmalsdifferenzierung und -evolution entstanden ist, stellen die Lebensstrategien „Funktionstypen" dar, mit denen die Lebensräume nicht mehr nur statisch, sondern auch dynamisch charakterisiert werden können. Sie lassen eine synstrategische Beschreibung von Artengruppen zu und sind Indikatoren für die Interpretation der Etablierungs- und Ausbreitungsmechanismen und der reproduktionsbiologischen Vorgänge im Verlauf der Inbesitznahme und der Behauptung der Sippen an Habitaten. Dabei wird jede Pflanzensippe einer Lebensstrategie bzw. einem Funktionstyp zugeordnet. Zudem können Sippen mit gleichen Lebensstrategien zu Lebensstrategien-Artengruppen zusammengefasst werden (Frey 2000). Mit der Analyse der Lebensstrategien und Lebensstrategien-Artengruppen, also mit funktionellen Aussagen über Artengruppen mit gleichen Strategien zur Nischenbesetzung, Regeneration und Inbesitznahme und Besiedlung von Habitaten, besteht erstmals die Möglichkeit, die wissenschaftstheoretischen Grundlagen für die Biotopvernetzung (s. 8.2.5) zu schaffen.

Eine Lebensstrategien-Analyse von Pflanzengesellschaften aus dem mitteldeutschen Trockengebiet vermittelt Abb. 8-21. Über die Merkmalsanalyse, die zur Ermittlung der Lebensstrategien führt, gibt Tab. 8-2 Auskunft.

Auf engstem Raum sind an den Muschelkalkkanten und -hängen trockenheits- und wärmeliebende Pflanzengesellschaften aus subkontinentalen bzw. submediterranen Florenelementen verzahnt, teilweise sind sie anthropo-zoogen stark überformt (s. 9.3.2.4, vgl. Abb. 9-54, Frey et al. 2001a). Der Adonisröschen-Fiederzwenkenrasen (Adonido vernalis-Brachypodietum pinnati, Abb. 8-21.4), der Wallisschwingel-Federgras-Rasen (Festuco valesiacae-Stipetum capillatae, Abb. 8-21.5), der Berggamander-Blaugras-Trockenrasen (Teucrio montani-Seslerietum albicantis, Abb. 8-21.6) und die *Carex humilis*-Gesellschaft (Abb. 8-21.7) siedeln auf sonnen- und

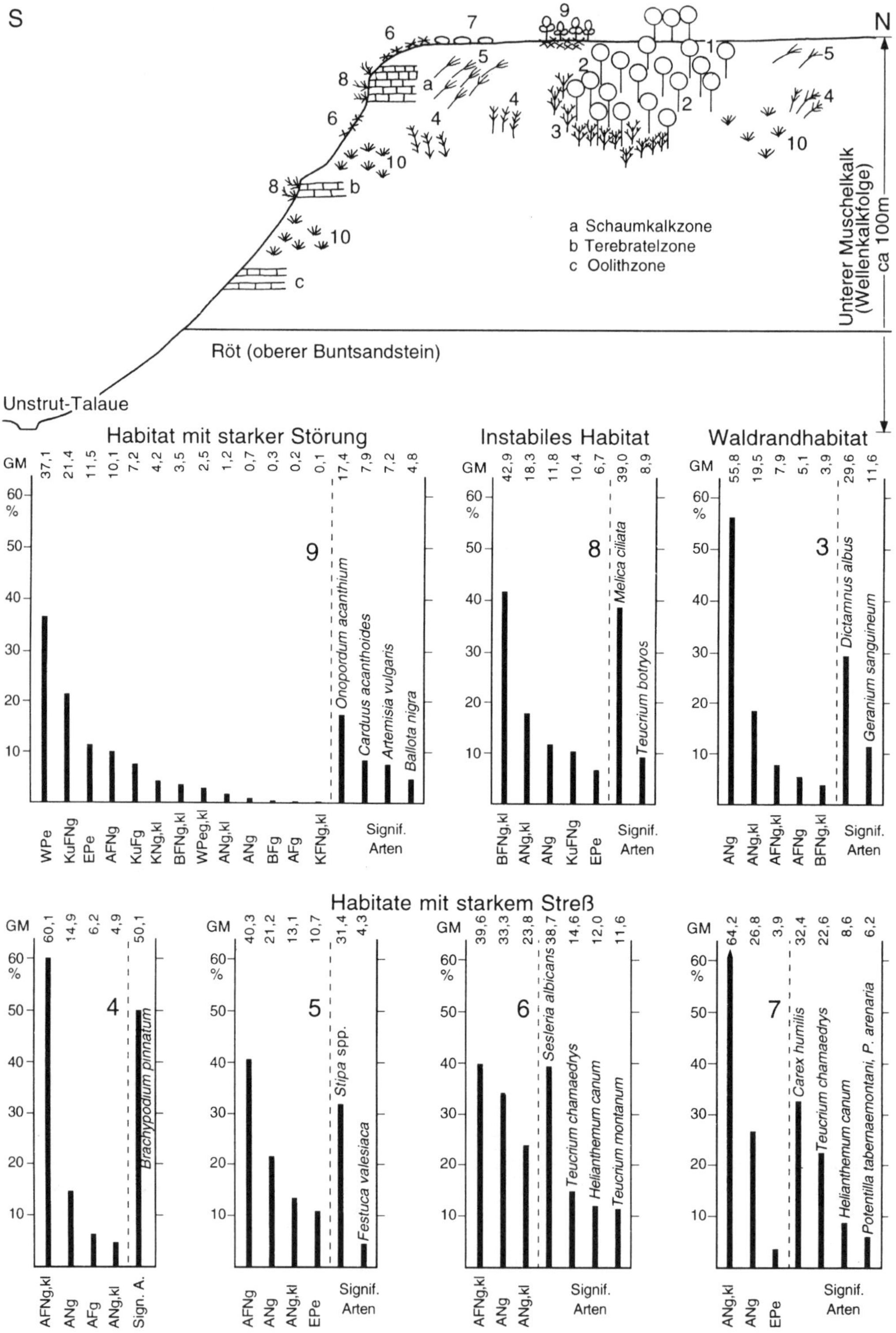

S
N
a Schaumkalkzone
b Terebratelzone
c Oolithzone
Unterer Muschelkalk (Wellenkalkfolge)
ca 100m
Röt (oberer Buntsandstein)
Unstrut-Talaue
Habitat mit starker Störung
GM 37,1 21,4 11,5 10,1 7,2 4,2 3,5 2,5 1,2 0,7 0,3 0,2 0,1 17,4 7,9 7,2 4,8
9
Onopordum acanthium
Carduus acanthoides
Artemisia vulgaris
Ballota nigra
WPe KuFNg EPe AFNg KuFg KNg,kl BFNg,kl WPeg,kl ANg,kl ANg BFg AFg KFNg,kl
Signif. Arten
Instabiles Habitat
GM 42,9 18,3 11,8 10,4 6,7 39,0 8,9
8
Melica ciliata
Teucrium botryos
BFNg,kl ANg,kl ANg KuFNg EPe
Signif. Arten
Waldrandhabitat
GM 55,8 19,5 7,9 5,1 3,9 29,6 11,6
3
Dictamnus albus
Geranium sanguineum
ANg ANg,kl AFNg,kl AFNg BFNg,kl
Signif. Arten
Habitate mit starkem Streß
GM 60,1 14,9 6,2 4,9 50,1
4
Brachypodium pinnatum
AFNg,kl ANg AFg ANg,kl Sign. A.
GM 40,3 21,2 13,1 10,7 31,4 4,3
5
Stipa spp.
Festuca valesiaca
AFNg ANg ANg,kl EPe
Signif. Arten
GM 39,6 33,3 23,8 38,7 14,6 12,0 11,6
6
Sesleria albicans
Teucrium chamaedrys
Helianthemum canum
Teucrium montanum
AFNg,kl ANg ANg,kl
Signif. Arten
GM 64,2 26,8 3,9 32,4 22,6 8,6 6,2
7
Carex humilis
Teucrium chamaedrys
Helianthemum canum
Potentilla tabernaemontani, P. arenaria
ANg,kl ANg EPe
Signif. Arten

windexponierten Hängen und Hangkanten, also an Habitaten mit starkem Stress. Ausdauernde mit hemikryptophytischer bzw. chamaephytischer Lebensform dominieren hier. Generative und klonale Reproduktionsmechanismen herrschen vor, vegetative s. str. treten praktisch nicht auf. Nahausbreiter nehmen einen hohen Anteil in diesen Gesellschaften ein. Diese geben der dauerhaften Besiedlung des Habitats gegenüber der Inbesitznahme neuer Lebensräume den Vorzug, d. h. „Siedeln geht vor Ausbreiten". Einjährige Pendler pendeln zwischen den Vegetationslücken in den offenen Gesellschaften. Durch das geringe Ausbreitungs- und Wanderpotential dieser Gesellschaften sowie die enge Bindung an die trockenheißen Habitate sind sie stark gefährdet.

Völlig andere Strategien zeichnen die folgenden Gesellschaften aus: Die Traubengamander-Wimperperlgras-Flur (Teucrio botryos-Melicetum ciliatae, Abb. 8-21.8) besiedelt instabile Habitate, Felsbänder und Felspodeste sowie Kalkschotterhalden in Steinbrüchen. Diese enden voraussagbar nach einer bestimmten Zeit und entstehen immer wieder neu. Hier ist die Strategie der Besiedler mit Fern- und Nahausbreitung, mit generativer und klonaler Reproduktion ausschlaggebend. Bei den Ausdauernden des Diptam-Saumes (Geranio sanguinei-Dictamnetum, Abb. 8-21.3) herrscht eindeutig die Nahausbreitung vor. Die signifikanten Arten sind an den schmalen Waldsaum gebunden, und eine Fernausbreitung der Diasporen würde eine Verschwendung von Ressourcen darstellen, da die Arten nur im Halbschatten des Waldsaums konkurrenzstark sind. Gleichzeitig sind sie zu einem langsamen Wandern am Waldsaum in der Lage.

Die Eselsdistel-Gesellschaft (Onopordetum acanthii, Abb. 8-21.9) siedelt an Habitaten mit starker Störung. Diese nur kurzfristig verfügbaren und in der näheren Umgebung immer wieder neu entstehenden Vegetationslücken werden mit der Strategie der Wenigjährigen Pendler in Besitz genommen. Dabei kann die Einjährigkeit und v. a. die bienne Lebensweise, gekoppelt mit generativer Reproduktion, als direkte Anpassung an gestörte Habitate angesehen werden.

Die Eselsdistelflur (Onopordetum acanthii) soll zur Erläuterung der Lebensstrategien-Artengruppen (Abb. 8-22) herangezogen werden. Zwei Lebensstrategien, die Wenigjährigen Pendler und die Kurzlebigen mit Fern- und Nahausbreitung und generativem Reproduktionsverhalten, dominieren in dieser Gesellschaft. Dabei sind jeweils die Sippen mit hohen Mittleren Gruppenmengenanteilen zu beachten, so bei den Wenigjährigen Pendlern *Onopordum acanthium*, *Artemisia vulgaris* und *Ballota nigra* und bei den Kurzlebigen *Carduus acanthoides* und *Bromus sterilis*. Diese Arten charakterisieren die Gesellschaft und sind von besonderer synstrategischer Relevanz (s. 8.2.5). Bei den Wenigjährigen Pendlern weisen noch 19 weitere Arten, jedoch mit jeweils geringen Mittleren Gruppenmengenanteilen, diese Strategie auf, bei den Kurzlebigen sind es 12 weitere Arten. Alle anderen Lebensstrategien sind untergeordnet.

Setzt man Lebensstrategien und Habitatbedingungen in Beziehung zueinander, ergeben sich Korrelationen, die Rückschlüsse auf Mechanismen erlauben, die bei der Biotopvernetzung berücksichtigt werden müssen. Außerdem lassen sich Pflanzengesellschaften als Systeme mit biolo-

Abb. 8-21: Räumliche Verteilung thermophiler Pflanzengesellschaften, deren Lebensstrategien-Spektren und ihre Korrelation mit den Habitatbedingungen im oberen Hangbereich der südexponierten Muschelkalksteilhänge im unteren Unstruttal (mitteldeutsches Trockengebiet). Nur Lebensstrategien mit einem Mittleren Gruppenmengenanteil GM > 4 % dargestellt; bei 9 vollständiges Lebensstrategien-Spektrum. 1 Eichen-Elsbeeren-Wald (Lithospermo-Quercetum = Quercetum pubescenti-petraeae), 2 Elsbeeren-Eichen-Hainbuchen-Wald (Galio sylvatici-Carpinetum betuli bzw. Tilio-Carpinetum), 3 Diptam-Saum (Geranio sanguinei-Dictamnetum), 4 Adonisröschen-Fiederzwenken-Rasen (Adonido vernalis-Brachypodietum pinnati bzw. Festuco rupicolae-Brachypodietum pinnati i. S. v. Schubert et al. 2001), 5 Wallisschwingel-Federgras-Rasen (Festuco valesiacae-Stipetum capillatae), 6 Berggamander-Blaugras-Trockenrasen (Teucrio montani-Seslerietum albicantis), 7 *Carex humilis*-Gesellschaft, 8 Traubengamander-Wimperperlgras-Flur (Teucrio botryos-Melicetum ciliatae), 9 Eselsdistel-Gesellschaft (Onopordetum acanthii), 10 Blaugras-Rasen (*Sesleria albicans*-Gesellschaft). Lebensstrategien-Hauptgruppen: A Ausdauernde s. str., B Besiedler, EPe Einjährige Pendler, K Kryptophyten, Ku Kurzlebige, WPe Wenigjährige Pendler. Ausbreitung: F Fernausbreitung, N Nahausbreitung. Reproduktion: g generativ, kl klonal (Klonierung). Zusammengesetzt z. B. $AFN_{g,kl}$ = Ausdauernde s. str. mit Fern- und Nahausbreitung, mit generativem und klonalem Reproduktionsverhalten. Sign. A. Signifikante Arten: Anteil bezogen auf Σ Gruppenmengen = 100 %. Ausbreitung durch den Menschen nicht einbezogen. (Orig.)

Tab. 8-2: Merkmals- und Lebensstrategien-Analyse der *Carex humilis*-Gesellschaft. Teilauszug aus einer Gesamttabelle. Abkürzungen: Lebensstrategien s. Tab. 8-1, + zutreffend, – nicht zutreffend, Ane Anemogamie, Aut Autogamie einschl. Selbstbestäubung, ball ballochor, bar barochor, bi bienn, blast blastochor, bol boleochor, bythis bythisochor, Ch Chamaephyt, cham chamaechor, cysto cystometeorochor, di diözisch, E erzwungene Klonierung, endo endozoochor, epi epizoochor, F Fernausbreitung, Gu Guerilla-Typ, H Hemikryptophyt, I Intermediärer Typ, KC Klassenkennart, mo monözisch, myr myrmekochor, N Nahausbreitung einschl. Pendeln, OC Ordnungskennart, omb ombrochor, P Phalanx-Typ, per perennierend, pter pterometeorochor, S Selbstklonierung, tri triözisch, trich trichometeorochor, VC Verbandskennart, Zoo Zoogamie, zw zwittrig, 1–9 Angaben aus der Literatur (nach Böttner et al. 1997).

Syntaxonomie		KC	VC	VC	VC	OC	OC	OC	OC	OC	KC	KC	KC	KC	KC	KC	KC	KC	KC	KC	KC
		Carex humilis	*Helianthemum canum*	*Teucrium montanum*	*Lotus corniculatus ssp. hirsutus*	*Teucrium chamaedrys*	*Potentilla tabernaemontani*	*Hippocrepis comosa*	*Cirsium acaule*	*Carex caryophyllea*	*Thymus praecox*	*Koeleria macrantha*	*Avenula pratensis*	*Euphorbia cyparissias*	*Sanguisorba minor*	*Anthyllis vulneraria*	*Salvia pratensis*	*Asperula cynanchica*	*Brachypodium pinnatum*	*Eryngium campestre*	*Stachys recta*
Mittlerer Gruppenmengenanteil (GM %)		32,4	8,9	2,4	0,1	22,6	5,1	0,01	0,01	0,01	4,3	1,8	1,9	2,9	0,8	0,3	0,5	0,4	0,5	0,01	0,01
Lebensform 1)		H	Ch	Ch	H	Ch	H	H	H	H	Ch	H	H	H	H	H	H	H	H	H	H
Lebensdauer 1)		per	per	per	per	per	per	per	per	per	per	per	per	per	per	per,(bi)	per	per	per	per	per
Gen. Reproduktion	häufig	+	+	+	+	+	+	+	+	+	+	+	+	+	+	+	+	+	-	+	+
	slt / fehlend	-	-	-	-	-	-	-	-	-	-	-	-	-	-	-	-	-	+	-	-
Veg. Reproduktion s.str.	häufig	-	-	-	-	-	-	-	-	-	-	-	-	-	-	-	-	-	-	-	-
	slt / fehlend	+	+	+	+	+	+	+	+	+	+	+	+	+	+	+	+	+	+	+	+
Klonierung	häufig	S	-	-	-	E	S,E	-	S	S	-	-	-	S	-	-	-	-	S	-	-
	slt / fehlend	-	+	+	+	-	-	+	-	-	+	+	+	-	+	+	+	+	-	+	+
Klonales Wachstum	häufig	I	-	P	P	Gu	I	I	I	I	I	P	P	Gu	-	-	P	I	Gu	-	P
	slt / fehlend	-	+	-	-	-	-	-	-	-	-	-	-	-	+	+	-	-	-	+	-
Gewicht der Diasporen (mg)		2,05	0,72	2) 1,0	1,4	2) 1,4	0,41	4,48		3) 1,19	0,43	0,3	2,6	2) 2,7	4,84	5,62	2,1	2) 0,87	3,15	4) 1,8	1,84
Ausbreitungstyp		myr 2), bar 4)	bol 4)	bol 2)	ball, endo 2)	bol 4)	blast 2)	pter, endo 2)	tricho, myr 2)	bol 4)	bol, cysto 2)	pter 2)	pter 2)	ball, myr 2)	cysto 2)	cysto,endo,bythis 2)	omb 2), epi 6)	bol 4), epi 6)	pter 2)	cham, epi 4)	bol 4), epi 2)
Ausbreitungspotential		N	N	N7)	F, N	N7)	N	F, N	F, N	N	N	N	N	N	N	F, N	F, N	F, N	F9)	F	F, N
Geschlechtsverteilung		mo	zw	zw	zw	zw	zw	zw	zw	mo	zw,di	zw	zw	mo	tri	zw	zw	zw	zw	zw	zw
Bestäubungsbiologie 6)		Ane	Zoo,Aut 5)	Zoo	Zoo	Zoo	Zoo	Zoo	Zoo	Ane	Zoo,Aut 3)	Ane,Aut 3)	Ane	Zoo	Ane	Zoo	Zoo	Zoo	Ane	Zoo,Aut 5)	Zoo
Chromosomenzahl (2n) 6)		36	22	26, 30	24	60,64,96	42,63,84	14,28	34	62,64,66	56	14,28,42	126	20, 40	28	12	18	20, 40	28	14,28	(32) 34
Lebensstrategie		**ANg,kl**	**ANg**	**ANg**	**AFNg**	**ANg,kl**	**ANg,kl**	**AFNg**	**AFNg,kl**	**ANg,kl**	**ANg**	**ANg**	**ANg**	**ANg,kl**	**ANg**	**AFNg**	**AFNg**	**AFNg**	**AFNkl**	**AFg**	**AFNg**

gisch relevanten Lebensstrategien verstehen, die nur in der Gesamtheit funktionsfähig sind. Es gilt zu beachten, dass teilweise mehrere Lebensstrategien ein Funktionsgefüge bilden (z. B. in Waldgesellschaften, Festuco-Stipetum), durch das erst die Etablierung der Gesellschaft, das Wandern und sich Behaupten an Habitaten möglich wird.

8.2.5 Bedeutung von Lebensstrategien-Analysen

Die Analyse von Lebensstrategien in Pflanzengesellschaften ist ein junger Zweig der Vegetationskunde (s. 8.2.2), doch zeigt sich bereits deutlich, dass mit Lebensstrategien-Analysen und mit Lebensstrategien-Artengruppen die Charakterisierung von Vegetationseinheiten bzw. Pflanzengesellschaften wesentlich erweitert werden kann. Durch den Einschluss reproduktions- und ausbreitungsbiologischer Mechanismen spiegeln Lebensstrategien „Funktionstypen" in den Pflanzengesellschaften wider, mit denen die statische Beschreibung auf der Grundlage ökomorphologisch definierter Lebensformen durch eine synstrategische ersetzt wird und Pflanzengesellschaften nun dynamisch charakterisiert werden können. Die Lebensstrategien-Spektren (vgl. Abb. 8-21, 8-22) zeigen deutlich das unterschiedliche Strategieverhalten von Artenkomplexen in Vegetationstypen bzw. Pflanzengesellschaften, die weit über die Aussagekraft auch differenzierter Lebensformen-Spektren (vgl. Abb. 8-2) hinausgehen. Die jeweiligen Gefüge von Lebensstrategien in den Pflanzengesellschaften geben Auskunft über das Reproduktions-, Ausbreitungs- und Wanderverhalten einer Pflanzengesellschaft, zur Nischenbesetzung und zur Inbesitznahme und Behauptung an Habitaten. Lebensstrategien-Analysen zeigen zudem, welche Lebensstrategien bzw. Funktionstypen als Anpassung an bestimmte Habitate anzusehen sind und welche synstrategisch wichtigen Arten, die in Lebensstrategien-Artengruppen erfasst werden, für die Struktur und Dynamik der Pflanzengesellschaften von besonderer Relevanz sind.

Durch die Berücksichtigung weiterer Merkmale, wie z. B. der Diasporenbank, der Etablierung von Keimlingen („establishment"), von infraspezifischen Polyploidiereihen und dysploiden Zahlenveränderungen, im Lebensstrategien-Merkmalskomplex werden noch weitergehende funktionelle Aussagen möglich werden.

Mit den synstrategisch definierten Lebensstrategien wird eine Möglichkeit zu einem Vergleich zwischen Pflanzengesellschaften geschaffen, der über die theoretische Bedeutung für die geobotanische Grundlagenforschung hinaus einen wichtigen Beitrag für den praktischen Naturschutz liefern wird. So lassen sich z. B. die mit großem Kostenaufwand durchgeführten Rasterkartierungen nur in Verbindung mit einer funktionellen Charakterisierung von Arten sinnvoll in praktisches Naturschutzhandeln umsetzen. Einerseits geht es um die Sicherung des Diversitätsgefüges in Pflanzengesellschaften. Hierfür liefern Lebensstrategien wichtige Daten, auch für den speziellen Artenschutz. Andererseits lassen sich aus Lebensstrategien wichtige Erkenntnisse für den Schutz und Erhalt der in einer Pflanzengesellschaft biologisch relevanten Artenkomplexe (Lebensstrategien-Artengruppen), die den „Kristallisationspunkt" einer Gesellschaft bilden, ermitteln. Lebensstrategien und Lebensstrategien-Artengruppen erlauben Rückschlüsse auf Mechanismen, die im Biotopschutz und bei Biotopvernetzungen, der Schaffung von Verbundsys-

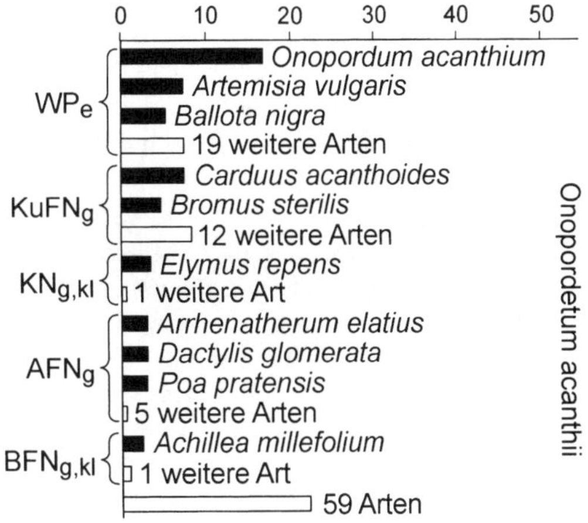

Abb. 8-22: Lebensstrategien-Artengruppen der Eselsdistelflur (Onopordertum acanthii) mit den jeweiligen synstrategisch wichtigen Arten (Mittlere Gruppenmengenanteile in %). Es sind nur Arten mit Mittleren Gruppenmengenanteilen > 2,5 % dargestellt (schwarze Säulen). Weiße Säulen: Summe der mittleren Gruppenmengenanteile aller weiteren Arten (mit GM < 2,5 %). (Nach Frey et al. 2001 a.)

temen, von Korridor- und Trittsteinbiotopen, zwischen heute fragmentierten Habitaten und bei der Regeneration von Habitaten berücksichtigt werden müssen. Sie liefern wichtige Kenntnisse für die Biotopvernetzung und für die Aufstellung von Managementprogrammen. Die Konzeption eines Naturraumgefüges, in dem alle als wesentlich erkannten Biotoptypen vernetzt werden (z. B. für Mitteleuropa Jedicke 1994, Pott 1996a), wird nach der derzeitigen Biotopsicherung die Aufgabe der Zukunft sein, damit Arten und Pflanzengesellschaften überleben können. Die Analyse von Lebensstrategien liefert hierzu einen entscheidenden Beitrag.

8.3 Hydroökologische pflanzliche Existenztypen: Meso-, Xero-, Hydro- und Helophyten

Unabhängig von der vom Großklima abhängigen Zuordnung zu bestimmten Pflanzenformationen lassen sich Pflanzentypen nach einem Syndrom gestaltlicher und funktioneller Besonderheiten abstrahieren, die die Existenz der dem jeweiligen Typus zugehörigen Arten in Lebensräumen ermöglichen, die besonders durch Feuchtigkeit oder Trockenheit geprägt sind. An das erstgenannte Standortextrem sind Wasser- und Sumpfpflanzen angepasst, die **Hydro- und Helophyten**. An das andere Extrem adaptiert sind die **Xerophyten**. Die Intermediärposition im standörtlichen Feuchtigkeits-Trockenheits-Gradienten nehmen die **Mesophyten** ein, welche keine besonderen Struktur- und Stoffwechseleigenheiten zum Überstehen von extremen standörtlichem Wasserüberschuss oder Wassermangel aufweisen.

Als **Mesophyten** kann die große Masse der die jeweilige zonale Vegetation aufbauenden Pflanzensippen angesprochen werden, soweit nicht die gesamte Pflanzenformation unter vorwiegend ariden Klimabedingungen durch Trockenheitsanpassungen in Aufbau und Gestalt der Pflanzenorgane und im Metabolismus ihre Charakterisierung findet (Pflanzen der Wüsten, Halbwüsten und der durch stärkere Semiaridität charakterisierten Lebensräume unter Winter- bzw. Sommerregen-Klimaten). In der mitteleuropäischen Vegetation können die meisten Bäume, Sträucher, Stauden und kurzlebigen Kräuter der Wälder, Wiesen und Felder als Mesophyten bezeichnet werden.

Von den Mesophyten des temperaten Bereichs zu den **Helophyten** (Sumpfpflanzen) sind die Übergänge fließend; die **Hydrophyten** (Wasserpflanzen) sind durch ihre Bindung an das wässrige Milieu und die dafür nötigen besonderen Eigenschaften von den übrigen Taxa unterscheidbar. Auffallendes Strukturkennzeichen der meisten Helo- und vieler Hydrophyten ist die im Vergleich zu Mesophyten außerordentlich starke Vergrößerung der pflanzeninternen Gasräume. Sowohl große Interzellularen der Blätter, insbesondere aber ein Hohlraumsystem in den Sprossachsen sowie in Zentralzylinder und Rinde der Wurzeln, das **Aerenchym**, sind charakteristisch für Helo- und Hydrophyten. Die physiologischen Implikationen von Sauerstoffverknappung für die submersen Pflanzenorgane und die funktionellen Möglichkeiten besonders von Helo- und Hygrophyten zur Vermeidung derartiger Stresssituationen sind in Kapitel 6.3.6 näher angesprochen.

Vollständig untergetaucht lebende Gewässer-Makrophyten zeichnen sich durch nur wenige Zellschichten dicke Blätter aus. Diese sind vielfach äußerst fein aufgeteilt, wodurch ein optimales Oberflächen/Volumen-Verhältnis gegeben ist. Dies erleichtert die diffusive Aufnahme von im Wasser gelösten Gasen und Nährstoffionen über nahezu die gesamte Pflanzenoberfläche. Wurzeln haben bei diesen Pflanzen vornehmlich Verankerungsfunktion. In manchen Fällen wird über den Wurzel-Spross-Weg ein Teil der Photosynthese der submersen Blätter mit CO_2 gespeist, welches aus der Atmung der Mikroorganismen im Schlammboden stammt. Etliche Hydrophyten zeigen einen auffallenden Blattdimorphismus zwischen flächig-ganzrandigen Schwimmblättern, die der Wasseroberfläche aufliegen und stark zerschlitzten (*Ranunculus* sect. *Batrachium*) oder kraus gefältelten (*Nuphar lutea*) Unterwasserblättern.

Als ein weiteres Merkmal vieler Hygrophyten (Feuchtstandorts- = Sumpf- und Wasserpflanzen) gilt, dass sie **Einrichtungen zur Steigerung der Transpiration** aufweisen. Diese können über das Epidermisniveau emporgehobene Spaltöffnungen sein sowie ein verstärkter Besatz der Blattränder mit Hydathoden. Erhöhte Transpiration und stärkere Guttation durch die Wasserspalten gelten als Möglichkeiten, trotz eines geringen Wasserpotentialgefälles zwischen der Pflanze und ihrer atmosphärischen Umgebung den Wasserdurchsatz durch die Pflanze und die mit ihm verbundene Förderung von Mineralstoffionen zu den Blättern in hinreichendem Umfang zu gewährleisten. Derartige Einrichtungen finden sich, vielfach verbunden mit auffallend zarter Blattstruktur, auch bei Unterwuchsarten sehr luftfeuchter Wälder; Aerenchymstrukturen sind bei diesen Sippen weniger auffallend.

Xerophyten sind im Unterschied zu Meso- und Helo- bzw. Hydrophyten durch morphologisch-anatomische Besonderheiten an die Verminderung größerer Verluste des an ihrem Standort zumindest zeitweilig nur begrenzt verfügbaren Wassers angepasst. Sie können darüber hinaus auch eine beachtliche Dürretoleranz besitzen, doch sind es vor allem die **Strukturen zur Einschränkung stärkerer Transpiration**, die zum Syndrom des Xerophytismus beitragen. Dies kann im einfachsten – auch bei mesophytischen Pflanzen weit verbreiteten – Fall eine effiziente stomatäre Regulation der Blattwasserabgabe sein, mit sensitivem Spaltenschluss im Tagesgang bei gesteigerter Trockenheit und Temperatur der Luft. Daraus resultiert eine teilweise Abkoppelung der Transpiration vom Tagesgang der Evaporation, im Gaswechselverhalten der Blätter kenntlich in der mittäglichen Einschränkung von Transpiration und Photosynthese durch Erhöhung der Blattwiderstände: die Mittagsdepression des Gaswechsels. Bei manchen Taxa ist diese Empfindlichkeit gegenüber einer erhöhten Trockenheit der die Blätter umgebenden Luft so ausgeprägt, dass mit steigendem Sättigungsdefizit zwischen Blatt und Luft die Transpirationsraten einen Optimumverlauf aufweisen mit geringeren Wasserverlusten bei sehr hoher und bei sehr niedriger Luftfeuchte im Vergleich mit intermediären Evaporationsbedingungen (**feedforward response:** s. 6.3.4.2).

Des weiteren sind Xerophyten in auffallender Weise durch eine Reihe von **morphologischen und anatomischen Attributen der Blätter** ausgezeichnet, welche allesamt zu einer Verringerung der Wasser-Abgaberaten führen. Es sind dies:

- eine geringe Blattfläche pro Volumen
- ein geringes Interzellularenvolumen
- eine erhöhte Aderndichte, verbunden mit einem hohen Sklerenchymanteil an den Blattstrukturen
- eine Verlängerung der Palisadenschichten, mitunter in gleichzeitiger ökomorphologischer Anpassung an Starklichtverhältnisse eine Erhöhung der Zahl der Palisadenschichten.
- die bereits in Tab. 6-8 aufgeführten Merkmale der Epidermis und der Stomata

Viele als Xerophyten zu bezeichnende Arten besitzen ferner ein **stark ausgebildetes Wurzelsystem**, wodurch die Erschließung und Aufnahme der begrenzten Bodenwasserreserven erleichtert wird (Kausch 1968). Manche Pflanzen von Trockenstandorten haben die Möglichkeit, in Speichergeweben des Sprosses oder der Blätter erhebliche Wassermengen zu speichern, welche in Zeiten fehlender externer Wasserzufuhr zur Abdeckung der weiterhin erfolgenden minimalen Wasserabgabe dienen. Obwohl am Trockenstandort eingenischt und mit strukturellen Anpassungen an Wassermangelphasen ausgestattet, sollten diese sukkulenten Pflanzen nicht den eigentlichen Xerophyten zugerechnet werden, genauso wenig wie poikilohydre Pflanzen, welche die Trockenzeiten ausgetrocknet überdauern, und wie Geophyten und Annuelle von Trockenstandorten, welche mit ihren aktiven Lebensvollzügen den Dürrezeiten ausweichen.

8.4 Pflanzen mit spezifischen CO_2-Konzentrationsmechanismen

(CCM = „carbon concentration mechanism")

Die Diffusion von CO_2 in Wasser ist rund 10^4 mal so niedrig wie in Luft. Dies kann zu einer erheblichen Limitierung der Photosynthese von submersen Wasserpflanzen führen. Bei Landpflanzen führte die Verschiebung der relativen Anteile von O_2 und CO_2 in der Atmosphäre in der Erdgeschichte dazu, dass das unter deutlich höheren CO_2-Konzentrationen in der Luft evolvierte, bifunktionelle Enzym Ribulose-bisphosphat-carboxylase-oxigenase (Rubisco) an relativer CO_2-Bindungseffizienz verlor. Zwei andere, bei den Pflanzen evolvierte CO_2-bindende Enzyme, Carboanhydrase (CA) und Phosphoenolpyruvatcarboxylase (PEPC), haben eine wesentlich höhere Affinität zu diesem Substrat. Die durch sie synthetisierten Moleküle sind jedoch energiearm und damit keine Alternative zu den aus der Rubisco-CO_2-Fixierung der Photosynthese resultierenden Kohlenhydraten. Die CO_2-Fixierung durch diese beiden Enzyme wird jedoch von verschiedenen teils taxonomisch, teils funktionell charakterisierten Pflanzengruppen genutzt zu einer Erhöhung der dem normalen Photosynthesevorgang verfügbaren CO_2-Konzentration. Die dabei der Rubisco-Aktivität im Calvin-Zyklus vorgeschaltete Erhöhung der verfügbaren CO_2-Menge ist bei verschiedenen aquatischen und terrestrischen Pflanzengruppen konvergent und in unterschiedlicher Weise realisiert worden. Sie folgt jedoch stets dem im Zentrum von Abb. 8-23 skizzierten Schema, welches bei CA-abhängigen Anreicherern im aquatischen Milieu, bei terrestrischen C4- und CAM-Pflanzen sowie bei einigen Zwischenformen zwischen diesen Typen in durchaus unterschiedlicher Weise konkretisiert ist (periphere Schemata in Abb. 8-23).

Die **Carboanhydrase** (CA, Badger 2003) katalysiert die Einstellung des Gleichgewichts $H_2O + CO_2 \leftrightarrows H_2CO_3$. Das Bicarbonatmolekül zerfällt anschließend in H^+ und HCO_3^-. Katalyse und Folgereaktion sind vom pH des jeweiligen Milieus abhängig, sodass beide Reaktionsrichtungen möglich sind. Das Hydrogencarbonat wird unter Energieaufwand durch Membranen gepumpt und kann so im zellulären Zielkompartiment angereichert werden. Im Carboxysom von Cyanobakterien und an den Pyrenoiden von Grünalgen setzt die dort lokalisierte Carboanhydrase wieder CO_2 in erhöhter Konzentration frei, welches dann, Rubisco-katalysiert, in den Calvinzyklus eingebracht wird. Auch bei submersen Makrophyten wird über Membranpumpen HCO_3^- im Cytoplasma angereichert und dort daraus CO_2 freigesetzt. Dieses wird durch die dafür hoch affine **Phosphoenolpyruvat-Carboxylase** (PEP-Carboxylase) gebunden und über die Zwischenstufe von Oxalacetat in Malat überführt. Im Chloroplasten setzt das Malatenzym daraus wieder CO_2 in hoher Konzentration frei, welches sodann über das Enzym Rubisco in den Calvinzyklus eingeführt wird.

Das Wechselspiel zwischen im Plasma lokalisierter PEP-Carboxylase-Bindung des externen, in der Regel durch CA in die Bicarbonat-Form überführten CO_2 in die Transportform Malat und seiner Freisetzung durch die Aktivität des Malatenzyms im Chloroplasten, welcher die Rubisco-katalysierte Weiterverarbeitung im Calvin-Zyklus folgt, prägt auch alle Formen der CO_2-Vorfixierung und damit -Konzentrationserhöhung bei Landpflanzen. Je nach speziellem Anreicherungstyp ist das Malatenzym in NAD- oder NADP-sensitiven Isoformen wirksam.

Bei den „Crassulaceen-Säure-Stoffwechsel"- = **CAM-Pflanzen** (Kluge & Ting 1978, Winter & Smith 1996) wird das durch die PEP-Carboxylase-Wirkung entstandene Malat, energetisiert durch eine tonoplastengebundene ATPase (Smith et al 1984a,b), in der Vakuole angereichert. Die CO_2-Fixierung ist lichtunabhängig, der einwärts in die Vakuole gerichtete Malattransport erfolgt aber bevorzugt im Dunkeln. Durch die CO_2-Bindung im Malat wird der CO_2-Spiegel in den Blatt-Interzellularen extrem niedrig gehalten. Die bei CAM-Pflanzen empfindlicher als bei den normalen C3-Pflanzen auf niedrige CO_2-Gehalte im Blatt mit Öffnung reagierenden Stomata sind dadurch auch in der Nacht weit geöffnet. Bei den in der Nacht erheblich geringeren Sättigungsdefiziten zwischen Blatt und Luft ist der parallel

Abb. 8-23: Formen der dem Calvin-Zyklus vorgeschalteten CO_2-Anreicherung (CCM): Mitte: Grundprinzip, Randfelder: Realisierung bei aquatischen (rechts) und terrestrischen (links) Pflanzengruppen; Bicarbonatbildung und -spaltung Isoenzym- und pH-abhängig; CA = Carboanhydrase, PEP = Phosphoenolpyruvat, PEPcase = PEP-Carboxylase, OAA = Oxalacetat, AT = Aminotransferase, ME = Malatenzym, PPDK = Pyruvat-Phosphat-Dikinase. (Kombiniert nach Standard-Lehrbüchern sowie Moroney & Somanchi 1999, Vosnesenskaya et al. 2001, 2002, Lara et al. 2002, Badger & Price 2003, Keeley & Rundel 2003, Von Caemerer & Furbank 2003).

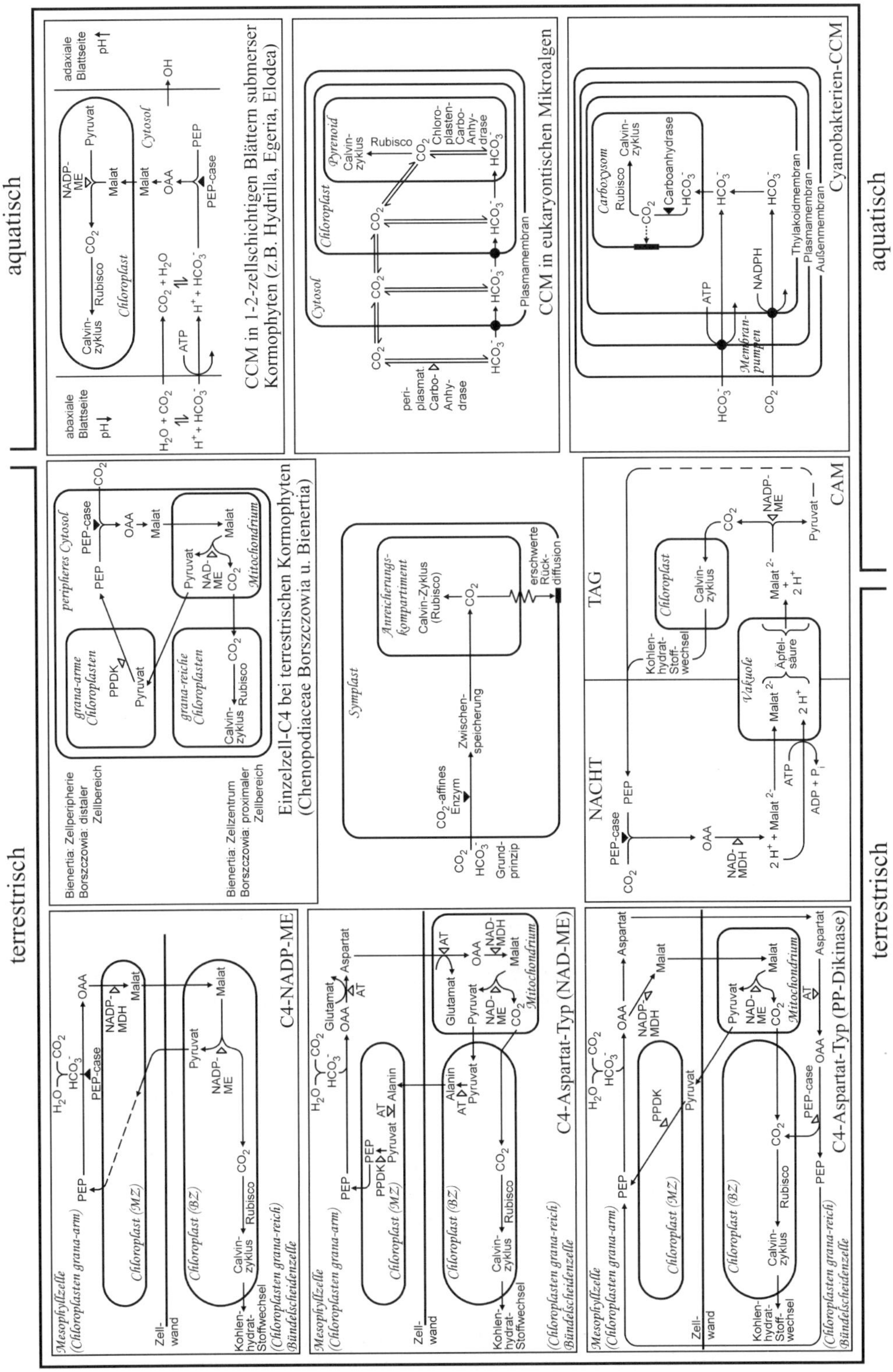

aquatisch
terrestrisch
CCM in 1-2-zellschichtigen Blättern submerser Kormophyten (z.B. Hydrilla, Egeria, Elodea)
CCM in eukaryontischen Mikroalgen
Cyanobakterien-CCM
Einzelzell-C4 bei terrestrischen Kormophyten (Chenopodiaceae Borszczowia u. Bienertia)
CAM
NACHT
TAG
C4-NADP-ME
C4-Aspartat-Typ (NAD-ME)
C4-Aspartat-Typ (PP-Dikinase)
Mesophyllzelle (Chloroplasten grana-arm)
Bündelscheidenzelle (Chloroplasten grana-reich)
Zellwand
Calvin-zyklus
Rubisco
Kohlenhydrat-Stoffwechsel
Mitochondrium
Chloroplast
Cytosol
Pyrenoid
Carboxysom
Carboanhydrase
Thylakoidmembran
Plasmamembran
Außenmembran
Membranpumpen
Plasmamembran
Vakuole
Äpfelsäure
Symplast
Anreicherungskompartiment
Zwischenspeicherung
erschwerte Rückdiffusion
Grundprinzip

zur CO_2-Aufnahme erfolgende Wasserdampfverlust durch die offenen Stomata vergleichsweise gering. In der Lichtphase – nach Erreichen einer kritischen Säure-Höchstkonzentration in der Vakuole – kann der steile Gradient in den Malatkonzentrationen diesseits und jenseits des Tonoplasten nicht aufrechterhalten werden, die vakuoläre Speicherung von neufixiertem Malat erfolgt schleppender, und eine Rückkoppelungshemmung durch das Endprodukt bringt die PEP-Carboxylase-Aktivität zum Erliegen. Auch der diurnale Temperaturverlauf reduziert in der Lichtphase die Aktivität der bei CAM-Pflanzen in kühlen Nächten nach warmen Tagen besonders wirkungsvollen PEP-Carboxylase. Das aus der Vakuole in das Cytoplasma diffundierende Malat wird in der Lichtphase vom Malatenzym wieder in seine Ausgangssubstanzen gespalten, sodass eine massive CO_2-Anreicherung im Mesophyll erfolgt. Diese bewirkt Stomataschluss und verschiebt gleichzeitig die Rubisco-Aktivität weitgehend zu ihrer reduzierenden Funktion, sodass das nachts aufgenommene CO_2 nunmehr im Calvin-Zyklus weiter metabolisiert werden kann. Während der Tagesstunden mit ihren viel höheren Wasserdampf-Sättigungsdefiziten zwischen Blatt und Luft, die bei dann geschlossenen Stomata den pflanzlichen Wasserhaushalt aber nicht belasten können, wird das nachts aufgenommene CO_2 metabolisiert, sodass im gesamten Tagesgang ein vorteilhaftes Verhältnis zwischen CO_2-Aufnahme und H_2O-Abgabe resultiert.

Bei den CAM-Pflanzen herrscht somit eine **zeitliche Trennung** zwischen der vorläufigen CO_2-Bindung durch PEP-Carboxylase und der endgültigen CO_2-Fixierung durch die Rubisco vor, unter temporärer Anhäufung der Zwischenspeichersubstanz für den zu reduzierenden Kohlenstoff, der Äpfelsäure. Die Anreicherung der überwiegend einfach dissoziierten Dicarbonsäure erfolgt in einem Ausmaß, dass der pH des Zellsaftes um gut zwei Einheiten ansteigen und abfallen kann, weshalb das Phänomen auch als **„diurnaler Säurerhythmus“** bezeichnet wird. Da eine Konzentrationserhöhung der Säure bis maximal knapp 300 mÄq g^{-1} Frischgewicht möglich ist, die so umgesetzten Säuremengen aber in der Größenordnung von 0,5 bis 2,5 mÄq g^{-1} Trockengewicht liegen, müssen die Speichervakuolen ein großes wässriges Lösungsvolumen haben, die CAM betreibenden Blätter demnach in mehr oder minder großem Ausmaß sukkulent sein. CAM ist dementsprechend fest gekoppelt an **Blatt- oder auch Stammsukkulenz** (bzw. Sukkulenz auf zellulärer Ebene) und findet sich außer bei der dafür namengebenden Familie der Crassulaceae unter anderem auch bei Cactaceae, Euphorbiaceae, Bromeliaceae und Orchidaceae sowie 28 weiteren Familien (Smith & Winter 1996), offensichtlich mehrmals in der Evolution in konvergenter Weise entstanden unter der entsprechenden standörtlichen Selektion. Besonders bemerkenswert erscheint, dass CAM-Stoffwechsel auch bei submersen *Isoetes*-Arten nachgewiesen ist, Farnpflanzen also in einem Milieu, wo prinzipiell kein Wassermangel herrschen kann (Keeley 1998). Das Ausmaß des CO_2-Gewinns über die Zwischenprozesse der PEP-Carboxylase-Fixierung im Vergleich mit der C3-Assimilation direkt durch den Calvin-Zyklus ist sippenspezifisch sehr unterschiedlich, sodass Super-CAM-, starke und schwache CAM-Pflanzen unterscheidbar sind. Des weiteren lassen sich auch blattinterne diurnale Säureschwankungen bei nachts geschlossenen Stomata (Refixierung von Atmungs-CO_2) bei manchen gut mit Wasser versorgten Arten („CAM-cycling“) und bei Pflanzen unter starkem Wasserstress mit ganztägig geschlossenen Stomata nachweisen („CAM-idling“). „Fakultative CAM-Arten“ stellen unter Wasser- oder Salzstress ihren Stoffwechsel von C3-Photosynthese auf CAM-Gaswechsel und diurnalen Säurerhythmus um (Winter & Smith 1996), bei *Portulaca*-Arten ist auch der Wechsel von C4 nach CAM unter Trockenheit beschrieben (Lara et al. 2003).

Eine Alternative zum zeitlichen Wechsel der CO_2-Fixierung zwischen PEPcase und Rubisco mit Zwischenlagerung der Speichersubstanz Malat in der Vakuole ist die räumliche Trennung der CO_2-Fixierung durch die beiden dann nicht zeitlich, sondern lokal hintereinandergeschalteten Enzyme. Dies ist die Strategie der **C4-Pflanzen** (Sage & Monson 1999). Transportsubstanz zwischen den Kompartimenten ist auch hier Malat, bei manchen Pflanzen auch Aspartat. Anders als bei den sukkulenten CAM-Pflanzen mit ihrer nachts in großer Menge im vakuolären Zwischenspeicherraum akkumulierten und in der Lichtphase wieder abgebauten Äpfelsäure geschieht bei den C4-Pflanzen die vorläufige Fixierung des Kohlendioxids und seine endgültige Metabolisierung weitgehend zeitgleich in aneinander angrenzenden Zelllagen des Blattes. Diese sind cytologisch durch unterschiedliche Chloroplasten hervorgehoben. Im Cytoplasma der strukturell dem Mesophyll entsprechenden Zellen, mit kleineren, grana-armen Chloroplasten, ist die PEP-Carboxylase aktiv. Ihr Fixierungsprodukt Malat wird in die mit großen, granareichen Chloroplasten ausgestatteten Bündelscheidenzellen transportiert, wo die Endfixierung im Calvin-Zyklus abläuft. Im mikroskopischen Bild heben die großen, tief dunkelgrünen Chloroplasten die Bündelscheiden deutlich hervor, was zur Bezeichnung „Kranzanatomie“ für derartige Blattquerschnitte geführt hat. Beim Aspartattyp der C4-Sippen sind noch Umsetzungen im Zwischen-Kompartiment der Mitochondrien in den Bündelscheidenzellen zwischengeschaltet. Die hohe CO_2-Affinität der PEP-Carboxylase in den Mesophyllzellen gestattet die vollständige Explorierung des im Blattinneren verfügbaren CO_2, katabolisch freigesetztes CO_2 wird sofort refixiert. Dies führt zu sehr hohen Assimilationsraten selbst bei relativ hohen CO_2-Diffusionswiderständen in das Blattinnere, m. a. W. bei stark verengten Spaltöffnungen – was der Blattwasserbilanz in ähnlicher Weise förderlich ist wie der inverse diurnale Öffnungsrhythmus der Stomata bei CAM-Arten.

Zwei Chenopodiaceen aus dem Steppenraum Zentral-Eurasiens zeigen Attribute der für den C4-Stoffwechselweg charakteristischen gestaffelten CO_2-Fixierung durch PEP-Carboxylase und Rubisco innerhalb ein und derselben Zelle (Freitag & Stichler 2000, Voznesenskaya et al. 2001, 2002). Die palisadenförmigen Zellen von *Borszczowia aralocapsica* zeigen in ihrem distalen Bereich PEP-Carboxylase-Aktivität und kleine, granaarme Chloroplasten, Kranzzellen-typische Chloroplasten aber am proximalen Zellende. Bei *Bienertia cycloptera* lassen sich Zellperipherie und Zellzentrum durch eine entsprechende Chloroplasten-Differenzierung unterscheiden.

Auch die PEP-Carboxylasen sind je nach CO_2-Anreicherungstyp als unterschiedliche Isoformen wirksam (Chollet et al. 1996), die der C4-Sippen mit optimaler Aktivität bei hoher Temperatur, die der CAM-Pflanzen in ihrer Wirksamkeit gefördert durch niedrige Nachttemperaturen nach heißen Tagen. Im Vergleich mit dem C3-Weg ist die Ausbeute an ATP beim C4-Stoffwechsel geringer, was jedoch kompensiert werden kann durch ein reichliches Lichtangebot, wie es an trockenwarmen Standorten vorherrscht. So führt das Syndrom der Vor- und Nachteile des C4-Stoffwechsels zu einer Massierung der Vorkommen der dieserart hervorgehobenen Sippen in den semiariden Subtropen. Insbesondere viele Gattungen der Poaceae, die den Savannengebieten dieses Klimagürtels ihr habituelles Gepräge geben, sind C4-Pflanzen. Ihre Förderung durch ein wärmeres Großklima und ihr Zurückgehen unter temparat-kontinentalen Klimabedingungen tritt deutlich in der regionalen Florenstatistik Nordamerikas hervor (Abb. 8-24). In den altweltlichen Savannen stellen insbesondere die Poaceae-Unterfamilien der Andropogonoideae und Eragrostoideae mit den artenreichen Gattungen *Aristida*, *Rottboelia*, *Stipagrostis* u. a. die überwiegende Mehrheit der Arten der afrikanischen Grasländer, durchwegs C4-Sippen mit vielfach stark xeromorphen Blättern und Kranzanatomie. Auch der C4-Weg der Photosynthese ist konvergent in verschiedenen Verwandtschaftskreisen entwickelt worden, so auch in etlichen Familien des Centrospermenastes der Dikotylen (Amaranthaceae, Chenopodiaceae, Polygonaceae), von denen viele Taxa wiederum in den Floren der Trockengebiete eine bedeutsame Rolle spielen.

Insgesamt wurde der C4-Stoffwechsel bislang in 18 Angiospermen-Familien nachgewiesen. Er gilt als eine gegenüber dem CAM-Weg deutlich jüngere evolutive Entwicklung. Dabei wurden offenbar geeignete, in C3-Pflanzen vorhandene Gene vermehrt, in ihrer Funktion in die Gesamtheit der Vorgänge der photosynthetischen Kohlenstoffgewinnung integriert sodass sie hierbei eine je spezifische erhöhte Exprimierung erfahren (Monson 2003). Kenntnisse zu der hierbei erfolgten molekularen Evolution können dabei vor allem von den Eigenheiten

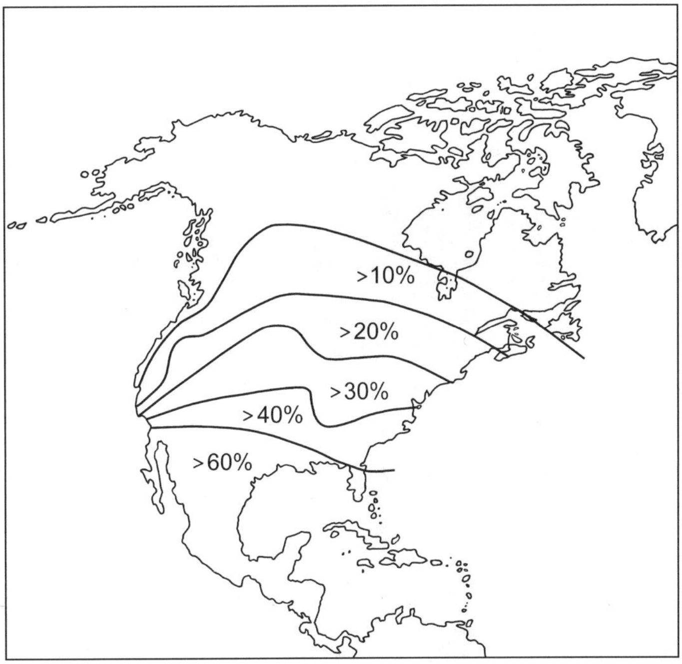

Abb. 8-24: Prozentuale Häufigkeit von C4-Taxa in der Poaceen-Vegetation Nordamerikas (verändert nach Teeri & Stowe 1976).

Tab. 8-3: Auftreten von C4-*Amaranthus*-Arten am Niederrhein (kombiniert nach Schmitz 2002 und mdl. Mitteilung U. Schmitz; pflanzensoziol. Stetigkeitsangaben für Vorkommen im Polygono-Chenopodietum rubri am Mittel- und Niederrhein, r = selten, H = in Häfen nachgewiesen, ohne Vegetationsaufnahme; • = nicht nachgewiesen).

Art	Klima des Herkunftsgebietes			Stetigkeit in Vegetationsaufnahmen, Aufnahmejahr und Autor					
	Temperat	Medit.-subtrop.	tropisch	1964 Lohmeyer & Sukopp (1992)	1983 May (1988)	1986–89 Wisskirchen (1995)	1989 Lohmeyer & Sukopp (1992)	1998–2001 Schmitz (2002)	Bis 2003 (gegenwärt. Einbürgerungs-Status am Niederrhein) Schmitz, mdl.
Vor dem 19. Jahrhundert: *Amaranthus* kommt in Mitteleuropa nicht vor									
A. retroflexus	X			III	I	•	III	I	Eingebürgert, häufig
A. powellii		X		•	•	II	I	II	Eingebürgert, häufig
A. bouchonii		X		•	•	V	V	V	Eingebürgert, häufig
A. blitum ssp. emarginatus		X	X	II	r	II	III	III	Eingebürgert, häufig
A. blitum ssp. blitum		X	X	•	•	I	•	•	Eingebürgert, zerstreut
A. blitoides		X		•	•	I	I	I	Eingebürgert, zerstreut
A. albus		X		•	•	II	I	I	Eingebürgert, zerstreut
A. tuberculatus	X	X						r	Ephemer, auf Kiesbänken
A. palmeri		X						H	Ephemer, auf Kiesbänken
A. deflexus		X	X					H	Ephemer, auf Kiesbänken
A. cruentus	?(kult. aus *A. hybridus* agg.)							H	Ephemer, auf Kiesbänken
A. graecizans		X						H	Ephemer, in Häfen
A. gracilis		X	X					H	Ephemer, in Häfen
A. spinosus		X	X					H	Ephemer, in Häfen
A. quitensis		X	X					H	Ephemer, in Häfen
A. patulus		X	X					H	Ephemer, in Häfen
A. dubius			X					H	Ephemer, in Häfen
A. tricolor			X					H	Ephemer, in Häfen

mancher C3-C4-Intermediärarten im Vergleich mit nah verwandten reinen C3- oder C4-Sippen gewonnen werden (z. B. in der neuweltlich-australischen Asteraceae-Gattung *Flaveria*: Westhoff et al. 1997). Die Ausbildung des C4-Weges war wohl überhaupt erst möglich nach dem globalen Absinken der atmosphärischen CO_2-Gehalte unter 0,1 % im Erdmittelalter, und starke Klimaveränderungen im Tertiär dürften die Ausbreitung dieses Weges der pflanzlichen CO_2-Anreicherung bei Gräsern erheblich gefördert haben. C4 bei Dikotylen ist offenbar jüngeren Datums (Keeley & Rundel 2003). Die Prägung der (gras-dominierten) Vegetation durch C3- oder C4-Arten (Abb. 8-24) wurde im Laufe der Zeit wohl durch die Kombination „hohe atmosphärische CO_2-Gehalte/niedrige Temperaturen" zugunsten des erstgenannten Typs, durch „geringe atmosphärische CO_2-Gehalte/hohe Temperaturen" zugunsten der C4-Ausprägung verschoben (Ehleringer et al. 1997). Durch Isotopen-Diskriminierung (6.5.2.3) an fossilen Böden und Herbivoren-Knochen, aus paläoklimatologischen Rückschlüssen auf die CO_2-Gehalte der Atmosphäre, durch Nachweis der Kranz-Anatomie in Grasblatt-Fossilien und über weitere Indizien-Analysen wird wahrscheinlich, dass es im späten Miozän zu einer weltweiten Ausbreitung von Grasländern mit C4-Dominanz gekommen ist (Keeley & Rundel 2003). Der sehr niedrige CO_2-Gehalt der Atmosphäre im Pleistozän sollte der C4-Ausbreitung förderlich gewesen sein – dies allerdings nur dort, wo die eiszeitliche Temperaturabsenkung diesem Selektionstrend nicht entgegenarbeitete. Ähnlich differenziert dürften die Veränderungen in den C3/C4-Relationen bei der Vegetationszusammensetzung werden, die durch aktuelle global change-Trends in den nächsten Jahrzehnten erwartbar sind (Sage & Kubien 2003). Durch Einwanderung und Ausbreitung von C4-Neophyten aus wärmeren Breiten hat sich der (bis dahin sehr geringe) Anteil von C4-Pflanzen an der mitteleuropäischen Flora zumindest regional verdoppelt bis verdreifacht (Brandes 1995) – ein lokales Beispiel für den Anstieg der C4-Taxa innerhalb eines Verwandtschaftskreises binnen weniger Jahrzehnte gibt Tab. 8-3 (Schmitz 2002).

8.5 Edaphische Standortspezialisten: Halophyten und Chalkophyten

Das Übermaß von einem oder mehreren Mineralstoffen in der Bodenlösung führt zu Ernährungsstörungen und Toxizität für die auf solchen Substraten wurzelnden Pflanzen und wird gleichzeitig als selektionierender Stressor wirksam. Die dadurch erfolgende Auslese hat im Laufe der Zeit Sippen herausgebildet, die den edaphischen Stressparameter erheblich besser ertragen können als die große Masse von daran nicht adaptierten Arten. Unter diesen edaphischen Standortspezialisten können als floristisch und in ihrer Physiologie besonders auffallende Gruppen die Salzpflanzen, die **Halophyten**, und die Schwermetallpflanzen, die **Chalkophyten = Metallophyten**, hervorgehoben werden. Im Kontrast zu den Salzpflanzen werden die nicht auf Salzstandorten lebenden Pflanzen als **Glycophyten** zusammengefasst. Die Begriffe „Halophyten" und „Chalkophyten" definieren die durch sie charakterisierten Taxa durch den einwirkenden und gut tolerierten, ja für eine volle Vitalität zum Teil sogar benötigten edaphischen Stressfaktor, nicht aber durch gemeinsame Mechanismen und Strukturen der Anpassung an ihn: Diese sind vielfältig und bei den einzelnen Gattungen und selbst Arten eines Verwandtschaftskreises unterschiedlich. Gleichwohl fallen einige Familien und Gattungen auf, die in besonderem Ausmaß mit spezialisierten Arten, Unterarten oder Ökotypen an derart durch den Bodenchemismus ausgezeichneten Habitaten gehäuft vorkommen, wie z. B. die Plumbaginaceae auf Familienebene oder auf Gattungsebene die Sippengruppen um *Thlaspi* und *Alyssum* bei den Brassicaceae oder *Silene* und verwandte Gattungen bei den Caryophyllaceae. Überhaupt ist ein hoher Anteil derartiger edaphischer Spezialisten im Centrospermenast der dikotylen Angiospermen bemerkenswert (Unterklasse Caryophyllidae).

8.5.1 Halophyten

Salzböden als Wuchssubstrat von Halophyten sind durch erhöhte Gehalte an NaCl, $NaCO_3$ und/oder Na_2SO_4 gekennzeichnet. Kochsalzdominierte Halinität herrscht an **Meeresküsten-**

standorten vor; **kontinentale Salzböden** sind häufig durch größere Karbonat- und Sulfat-Anteile charakterisiert. Bei Chlorid-Sulfat-Verbrackung spricht man von Solontschak-Böden (Tab. 6-14, 9.1.3), sofern über das hydraulische Kontinuum zum Grundwasser eine ständige Salzlösungs- und -ausfällungsdynamik im oberflächennahen Bodenraum besteht. Bei Solonez-Böden (Tab. 6-14) liegen bei geringeren Bodenwassergehalten Na-Humus-Komplexe mit extrem hohem pH-Wert vor, welcher auf eine hohe Karbonatanreicherung zurückführbar ist.

Die Übergänge zwischen Salz- und Nichtsalzboden sind fließend, entsprechend auch diejenigen zwischen Salz- und Nichtsalzflora, sofern nicht das Geländerelief zu schärferer Abgrenzung führt. Für Bewässerungszwecke gilt als Faustregel, dass die Grenze der Wasserbrauchbarkeit bei rund 0,26 g NaCl l^{-1} liegt, nicht höher als einer elektrischen Leitfähigkeit von 2 mS cm^{-1} entspricht. Je höher der Salzgehalt der Bodenlösung, desto tiefer ihr osmotisches Potential. Das Nomogramm Abb. 8-25 quantifiziert die Beziehung zwischen dem Salz- und Wassergehalt des Bodens einerseits und seiner Elektrolytleitfähigkeit und seinem osmotischen Potential andererseits.

Die Pflanzen auf halischen und brackischen Standorten (Albert 1982) erfahren durch die Salzanreicherung nicht nur eine erhebliche **Unausgeglichenheit im standörtlichen Ionenangebot**, bis hin zur Na- und Cl-Toxizität, sondern auch eine starke **Erschwernis der Wasserversorgung**. Diese ist nur gewährleistet, wenn das Wasserpotential im Spross und in den Blättern niedriger ist als im Wurzelraum. Halophyten erreichen dies durch dosierte NaCl-Akkumulation sowie die zusätzliche Anreicherung von organischen Osmotika in ihren Vakuolen (Ungar 1991), Glycophyten können dies nur in sehr beschränktem Maße. Der bei den Halophyten herrschende steile Gradient in der Konzentration der Kochsalzionen am Tonoplasten kann bei den Glycophyten weniger effizient aufrecht erhalten werden, sodass die Salzfracht zu toxischen Effekten im cytoplasmatischen Stoffwechsel führt. Abb. 8-26 illustriert diese effiziente Absenkung des osmotischen Potentials im Gewebe von Halophyten mit zunehmender Salzkonzentration in der Bodenlösung und den Zusammenbruch dieser Anpassung des Wasserpotentialgradienten zwischen Boden und Pflanzengewebe bei Glycophyten.

Nur Halobakterien sind auf dem molekularen Niveau salztolerant, mit Proteinen aus Polypeptidketten, deren Tertiärstrukturen sich nur bei höherer NaCl-Verfügbarkeit im Cytoplasma

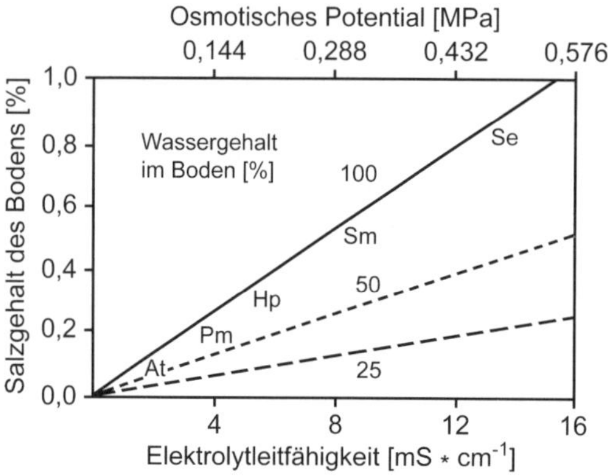

Abb. 8-25: Beziehung zwischen Salz- und Wassergehalt des Bodens, des daraus resultierenden osmotischen Potentials und der Elektrolytleitfähigkeit sowie der Hauptbereiche des Vorkommens wichtiger Salzwiesenarten im Deichvorland an der Nordsee (Se = Salicornia europaea, Sm = Suaeda maritima, Hp = Halimione portulacoides, Pm = Puccinellia maritima, AT = Aster tripolium) – verändert nach Larcher (1994).

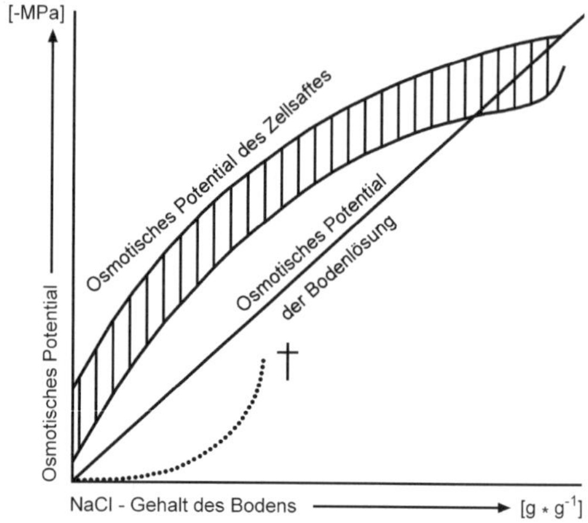

Abb. 8-26: Schema der Beziehungen zwischen dem Kochsalzgehalt der Bodenlösung und dem osmotischen Potential des Zellsaftes von Halophyten. Schraffiert: Anteil der Nichtchloride am Aufbau des osmotischen Potentials, punktierte Linie: Entwicklung des osmotischen Potentials aufgrund des Chloridanteils im Zellsaft von Nicht-Halophyten (verändert aus Walter 1960).

funktionsgerecht aufbauen. Bei allen anderen Organismen kann ein geregelter Zellstoffwechsel nur bei sehr niedriger cytoplasmatischer Na^+-Konzentration ablaufen (Yeo 1983). Einige salztolerante Enzyme gibt es im Apoplasten, doch alle im Symplasten lokalisierten Enzyme von Nicht-Halobakterien benötigen dort ein hinsichtlich der Ionenquantität und -qualität stark stabilisiertes, NaCl-armes Milieu. **Salzresistenz** bedeutet so prinzipiell die Fähigkeit, die NaCl-Aufnahme aus einem halischen Wuchssubstrat zu kontrollieren und die notgedrungenerweise aufgenommenen Salzmengen stoffwechselunschädlich zu halten durch Wiederausscheidung oder Kompartimentierung (Abb. 8-27). Die Pflanzensippen sind hierzu in sehr unterschiedlichem Ausmaß in der Lage und dementsprechend unterschiedlich empfindlich gegenüber höheren Salzkonzentrationen in der Bodenlösung. **Obligate Halophyten** sind gegenüber moderat salztoleranten Glycophyten dadurch abgehoben, dass sie durch einen gewissen Salzgehalt des Bodens eine Förderung erfahren, entweder in direkter Steigerung der Vitalität durch die Aufnahme höherer Salzmengen oder durch das schadlose Ertragen der Anreicherung größerer Salzmengen im Pflanzenkörper, wodurch sie am Salzstandort einen deutlichen relativen Konkurrenzvorteil gegenüber den Glycophyten erfahren. Aber auch ihr Cytoplasma ist gegenüber Kochsalzanreicherung genauso empfindlich wie das von anderen Pflanzen.

Die **funktionellen Anpassungen der Halophyten an den standörtlichen Kochsalzüberschuss** bestehen somit darin, den Überschuss an NaCl aus der Bodenlösung nur dosiert aufzunehmen, aktiv wieder auszuscheiden oder so zu kompartimentieren, dass er nicht stoffwechselschädlich wirkt. Darüber hinaus kann eine vakuoläre Anreicherung der Ionenfracht dazu beitragen, den Wasserpotentialgradienten zwischen dem Salzboden mit einem durch die Salzionen extrem niedrigen osmotischen Potential einerseits und den pflanzlichen Geweben andererseits genügend steil zu halten für einen ausreichenden Wasserstrom durch die Pflanze und den Erhalt der Turgeszenz.

Einige Halophyten können mit beträchtlicher Effizienz die großen Mengen an Kochsalz in der Bodenlösung bereits im Wurzelbereich ausfiltern und so eine übergroße **Salzaufnahme vermeiden**. Kontrollschranke hierfür ist, wie im Falle anderer toxischer Ionen bei den meisten Halo- und Glycophyten auch, die Endodermisbarriere. Der Xylemsaft solcher die Salzfracht abschirmender Arten ist dann salzarm, nicht jedoch das Gewebe der Wurzelrinde. Bekannt ist dieser Mechanismus bei einigen Mangrovebäumen. Ebenso sind bei manchen Poaceen von Salzstandorten die Gewebe von Spross- und Sprossanhangsorganen deutlich salzärmer als dies bei ungehinderter Aufnahme der Bodenlösung der Fall sein müsste. Bei der Mimosacee *Prosopis farcta* liegt die Salzaufnahmebarriere im Übergangsbereich zwischen den Sprossachsen und den Blättern.

Bei der auf europäischen Salzwiesen vorkommenden Kleinart bzw. den Ökotypen von *Armeria maritima* liegt, wie im ganzen Verwandtschaftskreis (3.2.1.1), eine nicht unerhebliche Kochsalzresistenz vor. Wie für obligate Halophyten generell typisch, erfahren diese Pflan-

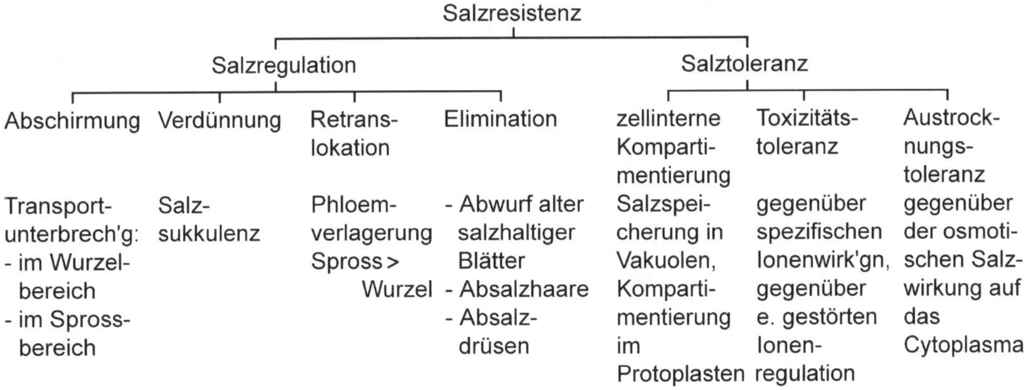

Abb. 8-27: Strategien der Auseinandersetzung von Halophyten mit der Salzbelastung des Habitats (verändert aus Larcher 1994)

zen durch Kochsalzgehalte der Bodenlösung bis zu 100 mmol l^{-1} eine Wachstumsförderung aufgrund einer prinzipiell erhöhten Natrium-Toleranz. Hierbei spielt die Allokation eine wichtige Rolle: Im Vergleich mit Nicht-Salzwiesenpopulationen von *Armeria* ist die aus der Bodenlösung aufgenommene Kochsalzfracht bei den halotoleranten Pflanzen reichlich in den Wurzeln, geringer in den Sprossorganen zu finden. Der Schwellenwert des Wurzel-Natriumgehaltes, ab welchem der Kochsalztransport in die oberirdische Substanz erfolgt, liegt bei den *Armeria*-Ökotypen der Salzwiesen höher, eventuell bedingt durch eine höhere Natrium-Aufnahmekapazität der Vakuolen des Wurzelgewebes. Zur Aufrechterhaltung des Wasserpotentialgradienten von den Wurzeln in den Sprossraum wird in den Blättern im Zuge einer langfristigen Osmoregulation Betain angereichert (6.3.1). Kurzfristigen Schwankungen der standörtlichen Halinität durch Wasserverknappung oder Erhöhung der gelösten Salzmenge wird durch Veränderung der gewebeinternen Prolinspiegel begegnet (Köhl 1996, 1997a).

In allen derartigen Fällen ist der apikale Transport des salzarmen Xylemwassers gewährleistet durch den im SPAC herrschenden Wasserpotentialgradienten, trotz des tiefen Bodenwasserpotentials. Schwieriger ist jedoch der Turgeszenzerhalt der Blattzellen solcher Pflanzen durch ein hinreichend niedriges Gewebewasserpotential. Zu seinem Aufbau können die verstärkte Produktion von organischen Osmotika, die Verkleinerung von Zellen und Vakuolen, eine erhöhte Zellwandfestigkeit und eventuell eine lokalisierte Ionenanreicherung an Mesophyllsenken des Wasserstroms durch die Pflanze beitragen.

Leichter kann eine ausgeglichene Wasserbilanz der Blätter und Stängel aufrechterhalten werden durch Aufnahme der Salzfracht aus der Bodenlösung und geeignete **Kompartimentierung** oder aber **Exkretion** der toxischen Ionen im Sprossbereich. Eine Salzanreicherung in den Vakuolen bewirkt dort angemessen niedrige Wasserpotentiale (Abb. 8-26). Das Wasserpotential im Cytoplasma wird dabei im Gleichgewicht gehalten durch osmoregulatorische Anreicherung von kompatiblen Osmotika (Polyole wie Mannit, Sorbit oder Cyklit; Prolin; Betaine; 6.3.1). Da das Cytoplasmavolumen viel kleiner als das der Vakuole ist, genügt es, wenn diese unter Energieaufwand produzierten Moleküle in deutlich geringerer Menge vorliegen als die im Lösungsraum der Vakuole angereicherten anorganischen Ionen. Deren Konzentrationserhöhung bei gleichzeitiger Verhinderung der Rückdiffusion durch den Tonoplasten kann jedoch nicht unbegrenzt erfolgen. Typischerweise ist die NaCl-Konzentration in den Halophyten-Vakuolen bei 500–1000 mM NaCl, in ihrem Cytoplasma bei weniger als 150 mM NaCl. Eine starke Mengenanreicherung der Salzionen bei gleichzeitig nur mäßigem Konzentrationsanstieg in den Vakuolen ist nur bei Volumenvergrößerung des Lösungsraumes möglich, durch Erhöhung des Sukkulenzgrades der Blätter.

Für die Ausbildung der **Salzsukkulenz** sind insbesondere die Chloridionen verantwortlich. Küstenpflanzen mit hochsukkulenten Blättern finden sich in einer Vielzahl von Familien. Im Watt der Nord- und Ostseeküsten, aber auch an einigen Binnenlandsalzstellen wird diese Existenzstrategie von *Salicornia europaea* (Queller) und von *Suaeda maritima* (Salzmiere) verfolgt. Die Erhöhung der Salzmenge in hinreichender Konzentrationsverdünnung in hoch sukkulenten Blättern geschieht bei diesen Taxa jeweils über eine Vegetationsperiode; frühjahreszeitliches Auskeimen der Jungpflanzen des annuellen Quellers bzw. vollständige Blatterneuerung bei perennierenden Taxa, wie z. B. *Cochlearia* (Kappen 1969, Alsleben et al. 1987), sind für diese Regulationsstrategie obligatorisch.

Alternativ zur Salzanreicherung in hochsukkulenten Blattzellenvakuolen kann die überschüssige **Ionenfracht** des Xylemsaftes bei manchen Taxa auch **im Phloem wieder rücktransloziert** und damit im gesamten Pflanzenkörper verteilt und verdünnt werden. In diesem, wie auch im Fall der Salzsukkulenz kommt es – nach angemessener Ionenzufuhr im Dienste der Wasserpotentialabsenkung in jungen und adulten, stoffwechselaktiven Blättern – zu einer Salzanreicherung bis über die Toxizitätsgrenze hinaus in älteren Blättern, die dadurch absterben und mit der Salzfracht abgeworfen werden. Diese Strategie findet sich vor allem bei Rosettenpflanzen der Salzwiesen, wie *Plantago maritima*, *Triglochin maritimum* und *Aster tripolium*.

Verfeinert sind die Mechanismen zur Entledigung von überschüssigen Salzmengen bei Taxa mit toten Blasenhaaren auf der Epidermis und bei Sippen mit aktiven Salzausscheidungsdrüsen. Die Eliminierung der überschüssigen Salzionen durch **Absalzhaare**, die sich bei vielen *Atriplex*-Arten der kontinentalen Salzvegetation und bei den *Halimione*-Sträuchern der europäischen Küsten finden, wird durch mechanischen Abrieb der salzgefüllten blasigen Epidermisemergenzen und durch deren Ab- und Auswaschen durch den Niederschlag besorgt. **Salzdrüsen** auf den Blättern besitzen viele Plumbaginaceae, zu denen auf den einheimischen Salzwiesen die Gattungen *Limonium* und *Armeria* gehören, manche Mangrovepflanzen, die Tamarisken sowie einige halophytische Gräser. Durch diese anatomisch hochdifferenzierten Zellkomplexe (Lüttge 1975) werden unter Energieaufwand Kochsalzionen in solchen Mengen auf die Blattaußenseite sezerniert, dass bei trockener Witterung viele makroskopisch sichtbare Salzwürfelchen auf den Blättern auskristallisiert werden können.

Im Vergleich mit dem Stressvermeidungsmechanismus der Salzregulation steigert die **Salztoleranz** die Resistenz der Halophyten nur mäßig, kann aber im Falle kritischer Konzentrationserhöhung der Salzionen existenzentscheidend werden. Bei der begrifflichen Strukturierung der Haloresistenz kann so dem Vermeidungsmechanismus der Salzeleminierung der Toleranzmechanismus der Salzverträglichkeit gegenübergestellt werden, der aber eigentlich wiederum nur ein Fernhalten der toxischen Ionen von empfindlichen subzellulären Bereichen darstellt. (Abb. 8-27).

Von Halophyten dominiert sind die **Salzwiesen** an den Meeresküsten der gemäßigten Breiten (9.3.2.1), die Strauch- und Staudenvegetation an den Sand- und Geröllküsten der mediterranen und subtropischen Küstenregionen sowie der **Mangrovewald** der tropischen Schlickküsten (9.1.1). In diesem latitudinalen Gradienten nimmt der Anteil der verholzten Arten zu. Als solche sind für die mittel- und nordeuropäischen Küsten einzig die beiden basal verholzten Kleinsträucher der Gattung *Halimione* zu nennen. Sträucher bauen gut die Hälfte der artenreichen mediterranen Küstenvegetation auf, und die tropischen Mangrovewälder erreichen Baumhöhen bis ca. 15 m. Gegenläufig ist der Häufigkeitsgradient der krautigen Arten, unter denen in den Wattländereien unter gemäßigtem bis kühlem Klima Hemikryptophyten sowie einige wenige Therophyten dominieren. **Binnenländische Salzvegetation** tritt kleinräumig dort auf, wo das Grundwasser erdoberflächennahe Salzstöcke anlaugen kann (9.3.2.1). Viel größerflächig sind die Gebiete der **Salzvegetation unter Steppen-, Wüsten- und Savannenklima**, wo durch langdauerndes oder zeitweiliges Überwiegen der Verdunstung gegenüber dem Niederschlag eine Salzanreicherung in der Nähe der Bodenoberfläche und damit in der Wurzelzone der Pflanzen stattfindet. Dies ist bereits in den Randgebieten des Neusiedler Sees der Fall, stärker dann im südrussischen Raum, in Kleinasien und weiten Gebieten des vorderen Orients, in der Sahara und ihren Randgebieten, in entsprechenden Klimaregionen des südlichen Afrika und von Australien, in Südamerika am Andenfuss und im Gran Chaco, in Nordamerika insbesondere im großen intermontanen Becken, im weiten Umland des großen Salzsees.

8.5.2 Chalkophyten = Metallophyten

8.5.2.1 Schwermetalle im Boden und in der Pflanze

Hohe Schwermetallkonzentrationen in Böden treten natürlicherweise im Verwitterungsmaterial von nahe der Bodenoberfläche anstehenden erzhaltigem Gestein auf. Anthropogen werden sie in Böden eingebracht durch Begleitumstände des Erzbergbaus, durch Industrieabwässer (direkt oder durch davon verunreinigten Klärschlamm) und Industriestäube und durch Schwermetallspuren in Kunstdünger. Die Menge von Schwermetallverbindungen, die infolge menschlicher Aktivitäten in die Biosphäre gelangt, übertrifft inzwischen die natürliche Beeinträchtigung der Lebewelt durch solche Stoffe um ein Vielfaches (Han et al. 2002).

In Spuren-Konzentrationen sind viele Schwermetalle für die Pflanzen lebensnotwendig. Die Grenze zu toxischen Konzentrationen ist bei Angebotssteigerung rasch erreicht, und so ist das Schwermetall-Angebot der Böden über erzreichem Gestein und auf industriell belasteten Flächen für die meisten Pflanzensippen vitalitätsmindernd bis existenzgefährdend. Zwar erfolgt über die aktive und selektive Ionenaufnahme bei der Endodermispassage eine gewisse Kontrolle über die in den Pflanzenkörper eintretenden Substanzen. Diese ist aber bei überhöhtem Angebot an Schwermetallionen nicht wirksam genug, um den übermäßigen Eintritt dieser schon in leichtem Übermaß schädlichen Ionen in den Zentralzylinder zu verhindern. Die Funktionalität des Wurzelrindenparenchyms kann auf jeden Fall durch eine zu hohe Metallionenfracht der Bodenlösung beeinträchtigt sein, es sei denn, es läge eine artspezifisch hohe Toleranz gegenüber den jeweiligen Metallionen vor. Die Phyto-

Tab. 8-4: Typische Schwermetallmengen in Boden und Pflanze (verändert aus Barceló & Poschenrieder 1992).

Vorkommen	Cadmium	Zink	Chrom	Blei	Kupfer
			[mg kg^{-1}]		
normaler Ackerboden	0,4	40	50	14	30
Nicht-Chalkophyten (Spross)	0,05–0,7	25–150	0,1–5	5–10	5–20
Chalkophyten (Spross)	≤560	≤25000	≤20000	≤11400	≤13700

toxizität der Schwermetalle beruht vor allem auf ihrer Bindungsfähigkeit an Sulfhydrylgruppen von Proteinen, was zu deren Aktivitätshemmung oder Umstrukturierung führen kann, und auf der Verdrängung essentieller Ionen aus funktionsbedeutenden Positionen an Makromolekülen. Außerdem können größere Mengen von Schwermetallen die Bildung freier Radikale und von reaktivem Sauerstoff stimulieren.

Es gibt jedoch eine Vielzahl von Pflanzen, die in der Lage sind, ein hohes standörtliches Angebot bestimmter Schwermetalle zu ertragen. Sie werden als **Schwermetallpflanzen, Metallophyten oder Chalkophyten** („Erzpflanzen") bezeichnet (Ernst 1974, 1982, Baker 1987, Shaw 1990). Tab. 8-4 nennt die Mengenbereiche für die ökologisch wichtigsten Schwermetallelemente, wie sie im durchschnittlichen Boden, in unspezialisierten Pflanzen und in Chalkophyten zu finden sind. Weltweit sind darüber hinaus gut 400 Planzentaxa als „Hyperakkumulatoren" beschrieben (Baker & Brooks 1989), welche Ni, Co oder Pb um bis über 0,1 % ihres Trockengewichts schadlos aufnehmen können bzw. Cd zu mehr als 0,01 % TG beinhalten. Im Falle von Zn liegt dieser Grenzwert bei > 1 %.

8.5.2.2 Schwermetallresistenz
(Prasad & Hagemeyer 1999)

Die Schäden durch ein übermäßiges Angebot solcher Metallionen ebenso wie die Mechanismen, durch welche Chalkophyten erhöhte Konzentrationen dieser Stoffe vertragen, sind in hohem Maße sowohl element-, wie auch pflanzenspezifisch. So sind auch Chalkophyten in der Regel gegen stark erhöhte Belastung nur durch ein bestimmtes oder einige wenige Schwermetalle resistent: Eine generelle Eigenschaft „Resistenz gegen Schwermetalle" gibt es nicht bzw. ist phänotypisch allenfalls schwach ausgeprägt („Ko-Toleranz" bzw. „multiple Toleranz"). Die physiologischen Mechanismen der spezifischen Auseinandersetzung der Pflanzen mit den einzelnen Schwermetallsorten umfassen Vorgänge der kontrollierten Absorption sowie der pflanzeninternen Verlagerung und Anreicherung der verschiedenen Metalle in ungefährdeten Kompartimenten, wodurch toxische Primäreffekte auf molekularer, plasmatischer bzw. zellulärer Ebene meist gut eingeschränkt werden können. Des weiteren kommt es zu Regulationsvorgängen der Ionenhomöostase. Isoenzyme stärkerer Schwermetalltoleranz sind bei Mikroorganismen nachgewiesen, nicht aber bei höheren Pflanzen. Ebenso wenig gibt es sichere Hinweise auf ein besonders hohes antioxidatives Potenzial von Chalkophyten.

Die **Aufnahme der Schwermetalle** in die Pflanze hängt zum Teil von der Festlegung der Metalle im Boden ab: Organisch, insbesondere in Huminsäuren gebundene Schwermetalle werden in geringerem Maße aufgenommen als solche in Ionenform. Hohe Calcium- und Phosphat-Gehalte des Bodens erniedrigen die Aufnahmerate, ein protonenreiches Bodenmilieu erhöht sie. Ionenkonkurrenz kann beim Vorhandensein mehrerer Schwermetall-Sorten deren Aufnahme in die Pflanze reduzieren; dies ist z. B. der Fall bei Kupfer in Gegenwart von Zink. Wurzelexsudate können an Bodenpartikel adsorbierte Schwermetallionen mobilisieren, sie können sie in manchen Fällen aber auch im perirhizalen Raum komplexieren und dadurch an der Aufnahme in die Pflanze hindern (Aluminium: Ma et al. 2001). Eine recht wirksame Verminderung der Schwermetall-Aufnahme relativ zum Angebot in der Bodenlösung kann durch die Bodenexploration für Wasser und Nährstoffe nicht durch die Wurzeln und Wurzelhaare selbst, sondern durch die mit ihnen verbundenen (Ecto-)Mykorrhiza erfolgen (Marschner 1995; Jentschke & Godbold 2000). Hierbei werden Metallionen aus der Bodenlösung durch äußerliche Adsorption an die Pilzhyphen, durch deren hydrophobe Reaktionen sowie durch Effekte von Pilzexsudaten an der Aufnahme in die Wirtspflanze gehindert.

Die bodenbedingten Eigenheiten, welche die Schwermetall-Aufnahme vermindern, sind jedoch meist zu wenig effizient, als das ein Eintrag kritischer Mengen in die Pflanze dadurch vollständig abgewendet würde. Die Vermeidung von Toxizitätseffekten bei schwermetallresistenten Arten erfordert somit **pflanzeninterne Regulations- und Konzentrierungsmechanismen**. Zwei grundsätzliche Resistenzstrategien sind dabei möglich: **Ausschluss** der Metalle über Aufnahme- und Transporteinschränkungen und **Akkumulation** der Metalle in einer unschädlichen Form bzw. in Pflanzenkompartimenten, wo sie keine Vitalitätsbeeinträchtigungen bewirken können („Excluders" und „Accumulators": Baker 1981).

Schadlose Akkumulation kann zum Beispiel erfolgen durch **Festlegung der Schwermetalle im Apoplasten** der Zellwand, insbesondere durch Aufbau von Bindungen an die dort reichlich vorhandenen Pektine. Nach einer **Passage des Plasmalemmas** können die Schwermetallionen auf den Symplasten einwirken. Störungsempfindliche Proteine der Zellmembran und eine veränderte Zusammensetzung und Fluidität der Phospholipide sind mögliche Angriffstellen der toxischen Ionen bereits beim Eintritt in die Zelle. Auch bei Chalkophyten ist hier kaum ein struktureller Schutz möglich, wohl aber kommt es bei solchen Taxa leicht zur Membranreparaturen nach schwermetallbedingter Schädigung. Ein mit einem chemiosmotisch wirkenden Kationen/Protonen-Antiport gekoppelter bzw. ATPasen-vermittelter verstärkter **Efflux toxischer Kationen** aus der Zelle kommt bei Bakterien vor (Silver 1996), ist für höhere Pflanzen aber noch nicht nachgewiesen. Bei ihnen sind aber verschiedene **Transportmoleküle** bekannt, welche bei der Aufnahme und der zellinternen Homöostase von Metallionen involviert sind und spezifisch exprimiert werden können (CPx-ATPasen, Nramps (*N*atural *r*esistance *a*ssociated *m*acrophage *p*roteins), CDF (= cation diffusion facilitators) and ZIP (*Z*RT- bzw. ZNT- and *I*RT related *P*roteins – Abkürzungen: *z*inc (*n*utrition) *t*ransport, *ir*on *t*ransport): Clemens 2001; Hall 2002). Für das Anion Arsenat ist bekannt, dass ein hoch affines, durch ein Gen kontrolliertes Phosphat/Arsenat-Membrantransportsystem bei As-toleranten Genotypen heruntergeregelt wird. Die hierdurch in geringerem Umfang in die Zelle gelangende As-Menge kann dann durch konstitutiv (d.h. bei toleranten wie intoleranten Genotypen vorhandene) zellinterne Entgiftungsmechanismen unschädlich gemacht werden (Reduktion über die Zwischenstufe von Arsenit, Methylierung und finale Festlegung in Organo-Phospholipide): Meharg (1994).

Sind Metallionen im Übermaß in das Cytoplasma gelangt, können sie durch konstitutiv vorhandene oder durch adaptiv hochgeregelte Entgiftungsprozesse von empfindlichen Stoffwechselorten ferngehalten werden. **Hitzeschockproteine** werden nicht nur unter dem Stressor Hochtemperatur exprimiert, sondern auch bei anderen zellulären Belastungen, so auch unter dem Einfluss hoher Schwermetallkonzentrationen. Sie übernehmen auch in diesem Falle Chaperonfunktionen und bringen die Metallionen zu Organellen und Proteinen, wo sie speziellen Bedarf nach ihnen decken können, bei Überschuss aber zu Chelatoren, mit denen verbunden die Schwermetalle stoffwechselunschädlich sind.

Pflanzliche Schwermetall-Chelatoren sind Phytochelatine, Metallothioneine, organische Säuren und Aminosäuren. **Phytochelatine** (PCs) sind kleine metallbindende Peptide des allgemeinen Aufbaus $(\gamma\text{-Glu-Cys})_n$-Gly ($n = 2{-}11$). Sie werden auf nicht-translationalem Weg aus reduziertem Glutathion (GSH) in einer Transpeptisierungsreaktion hergestellt (Cobett 2000) und fanden sich in nahezu allen darauf untersuchten Pflanzen. Ihre Bereitstellung erfolgt binnen weniger Minuten nach Eindringen größerer Schwermetallmengen in das Cytoplasma. Die Komplexe, experimentell belegt vor allem für PC-Cd-Komplexe, bleiben nicht im Cytoplasma, sondern werden über ATP-abhängige ABC-Typ Transporter im Tonoplasten in die Vakuole verlagert, wo sie als säurelabile Cd-PC-sulfid-Komplexe akkumulieren. **Metallothioneine** (MT)sind ubiquitäre Cystein-reiche Proteine niedrigen Molekulargewichts, welche Metallionen als Metallthiolat-Cluster binden. Sie haben Funktionen vor allem bei der Cu-Entgiftung, Abpufferung der Zn-Konzentrationen im Cytosol und bei der Verlagerung überschüssiger Metallionen in (tote) Blatt- und Stängelhaare. **Organische Säuren**, vor allem Citrat, Malat und Oxalat, sowie **Aminosäuren** (Histidin) können ebenfalls Metallionen binden, im Xylem transportieren und in den Zellvakuolen ablagern (Clemens 2001; Rauser 1999).

Grundsätzlich verbleiben die komplexierten Schwermetalle nicht im Cytoplasma, sondern werden **in der Vakuole angereichert**. Dazu besitzt der Tonoplast verschiedene Transportproteine, die bei Bedarf in größerem Umfang exprimiert werden (ABC-Typ Transporter, über MgATP energieversorgt und Vanadat-inhibierbar, Cation-diffusion-facilitators (CDFs), konstitutiv produziert, aber auch über-exprimierbar, sowie Cd_2^+/H^+-Antiports).

Die verstärkte Expression der verschiedenen Transportproteine und der die Chelatoren synthetisierenden Enzyme geschieht durch Aktivierung von vergleichsweise wenigen Genen. Die hierbei involvierten Reaktionskaskaden sind noch wenig aufgeklärt. Ebenso wenig liegen kaum detaillierte Kenntnisse über die Mechanismen der Ionen-Homöostase im Cytoplasma vor. Auch die Grundlagen der bevorzugten Allokation der über die Wurzeln aufgenommenen Schwermetalle in der Gesamtpflanze sind weitgehend unbekannt. Im allgemeinen erweisen sich die Schwermetallkonzentrationen in den Wurzeln höher als im Spross und seinen Anhangsorganen; Früchte bleiben selbst bei hoher Schwermetallbelastung nahezu frei von schädlicher Ionenlast. Bei Blättern fand sich in etlichen Untersuchungen eine bevorzugte Schwermetallanreicherung in den Vakuolen der Epidermiszellen (nicht aber in den in die Epidermis eingebetteten Stomata-Schließzellen), und Blattemergenzen (vor allem tote Haare) sind – ähnlich wie bei pflanzlicher Salzbelastung (8.5.1) – Orte starker Anreicherung von überschüssigen Schwermetallen. Allerdings gibt es auch etliche Befunde, dass Hyperakkumulatoren auch das Mesophyll als bevorzugten Anreicherungsort für Zn- und Cd-Lasten nutzen (Küpper et al. 2000; Zhao et al. 2000).

8.5.2.3 Phytoremediation (Hinchee & Olfenbuttel 1991)

Die Fähigkeit der Pflanzen, Schwermetallionen aufzunehmen und sippenspezifisch in unterschiedlichem Ausmaß zu speichern, kann prinzipiell zur biogenen Reinigung von damit verunreinigten Böden (Cunningham & Ow 1996) oder Wasserkörpern bzw. Klärschlämmen (Ellis et al. 1994) genutzt werden. Diese „Phytoremediation" gehört zu den „Bioremediations-Verfahren" bei der Schwermetalldekontamination, welche der teuren und aufwendigen chemischen Bodenreinigung als biotechnologische Alternativen gegenüberstehen.

Man unterscheidet verschiedene Verfahren der Phytoremediation (Salt at al. 1998): Durch „Phytodegradation" werden hochmolekulare, meist organische Verbindungen (also keine Schwermetalle) durch biologische Umsätze im Boden zu ungefährlicheren Substanzen abgebaut; diese Vorgehensweise kommt mitunter auch bei der Beseitigung von Sprengstoff zum Einsatz. Der Begriff „Phytostabilisierung" beschreibt den Einsatz von Pflanzen zur Verminderung der Bioverfügbarkeit von toxischen Substanzen; zum Teil können hiermit Gefahren gebannt werden, welche ausgehen von Radionukleotiden, die durch den Bergbau auf Halden angereichert wurden (Dudel 2000). Die „Rhizofiltration" macht sich die Schadstoffaufnahme von Pflanzenwurzeln zur Reinigung von Abwässern zu Nutze. Schwermetall-Akkumulation in der pflanzlichen Biomasse mit nachfolgender Ernte, Verbrennen der organischen Substanz und Kompakt-Lagerung der mit Schwermetallen angereicherten Asche (oder – bei Wirtschaftlichkeit – Rückgewinnung der Metalle) wird als „Phytoextraktion" bezeichnet.

Bei der Phytoextraktion erbringt der Einsatz pflanzlicher Hyperakkumulatoren (z. B. *Thlaspi caerulescens*, Baker et al. 1998) hohe Anreicherungsraten in der von Zeit zu Zeit geernteten oberirdischen Biomasse, welche bei diesen langsam-wüchsigen perennierenden Chalkophyten allerdings nicht allzu umfangreich ist. Alternativ werden annuelle Pflanzen von starker Wüchsigkeit, aber nur mäßigen Raten der Schwermetallanreicherung eingesetzt, wie z. B. Mais, welche mitunter in zwei Ernten pro Jahr vollständig geerntet werden können. Da die Schwermetallanreicherung bei allen Pflanzen im Wurzelwerk größer ist als im Spross und seinen Anhangsorganen, kommt der flächen- und zeitbezogene Schwermetallentzug aus kontaminierten Böden in eine gleiche oder sogar höhere Größenordnung wie beim Einsatz von Hyperakkumulatoren. Die ist vor allem dann gegeben, wenn Schwermetallmobilisierung und -pflanzenaufnahme extrem gesteigert werden durch Ausbringen von Chelatoren, wie EDTA, ein bis zwei Wochen vor der Ernte. Detaillierte Analysen zur Cd- und Pb-Dekontamination ergaben, dass beim Einsatz von nur 0,1 mmol EDTA kg^{-1} Erde ein maximaler Schwermetallaustrag bei vernachlässigbar geringer Bodenverunreinigung durch den Chelator gegeben ist (Haensler 2003, Haensler & Lösch, unveröff.). Mit dieser Vorgehensweise können Cd-verseuchte Böden bis 25 ppm Cd im Oberboden (Vorsorgewert 0,4–1,5 ppm: Schilling 2000) im Zeitraum von weniger als 20 Jahren gereinigt werden (bei Gesamtkosten, die weniger als ein Zehntel dessen ausmachen, was die Bodenreinigung auf chemisch-thermischem Wege – in etwa der Hälfte der Zeit – kostet). Nach McGrath et al. (2001) kann der Schwermetallgehalt von mäßig Zn- oder Ni-belasteten Böden mittels geeigneter Hyperakkumulator-Pflanzen in günstigen Fällen schon nach weniger als zehn Erntezyklen auf unbedenkliche Werte herabgedrückt werden.

8.5.2.4 Serpentinpflanzen

Prinzipiell sind auch die **Serpentinpflanzen** (Kinzel 1982, Baker et al. 1992) durch ihre Fähigkeit definiert, an Standorten mit extremen Ionenungleichgewichten im Substrat wachsen zu können. Serpentinböden (engl.: „ultramafic soils") enthalten relativ große Mengen an Nickel und Chrom, sind aber insbesondere durch einen extremen Mangel an den meisten Makronährstoffionen und durch ein im Überschuss vorhandenes Magnesiumangebot ausgezeichnet. Die hier vorkommenden Pflanzen weisen vielfach Zwerg- und Kümmerwuchs auf, starke Skerenchymentwicklung der Blätter, verbunden mit Dickblättrigkeit, und mitunter eine blaugrüne, fast metallisch irisierende Blattfärbung. Neben einer serpentinspezifischen Ökotypen- und Kleinarten-Differenzierung in einer Vielzahl von Gattungen sind auch serpentin-endemische Taxa auf höherem systematischen Niveau evolviert worden. In Mitteleuropa sind hierbei vor allem die Serpentinfarne *Asplenium adulterinum* und *A. cuneifolium* zu nennen, auf dem Balkan ist die monotypische Gattung *Halacysa*/Boraginaceae serpentinendemisch. Mitteleuropäische Serpentinstandorte finden sich im Fichtelgebirge, im Oberpfälzer Wald und im Erzgebirge sowie in der Steiermark. Neukaledonien, Brasilien, Kuba und Kalifornien weisen z. T. großflächige Serpentingebiete mit endemitenreichen spezialisierten Floren auf.

8.6 Carnivore Pflanzen

Unter starkem Stickstoffmangel im Habitat, wie er in Moorgebieten und an bodensauren Silikatsandstandorten die Regel ist, haben sich einige Pflanzensippen evolutiv an die Nutzung tierischer Stickstoffressourcen angepasst, die **Carnivoren** (Juniper et al. 1989, Baffray et al. 1989). Tierfang und -verdauung durch Pflanzen kommt bei rund 600 Blütenpflanzen vor, die zu 16 verschiedenen Gattungen gestellt werden. Die **Fangmechanismen** sind von der Pflanze her entweder passiv oder aktiv.

Ein aktives **Einsaugen der Beute**, meist Kleinkrebse und Süßwasserplankton, geschieht durch die Fang- und Verdauungsblasen von *Utricularia*, evtl. auch bei *Genlisea*. Hier formen die Blätter durch eine bewegliche Klappe verschließbare Hohlräume, in denen unter Energieaufwand ein Unterdruck produziert wird. Auf Berührungsreiz hin biegen sich die Wände der so unter Spannung stehenden Blase abrupt nach außen. Der dadurch ausgelöste Wasserstrudel in das Falleninnere reißt die Beute vor der Fangblase mit sich, und der Blasenverschluss klappt zu. Der gesamte Fangvorgang dauert nicht länger als 30 ms; er ist eine der schnellsten pflanzlichen Organbewegungen.

Auch die Blätter von *Aldrovanda* und *Dionaea* führen schnelle Fangbewegungen durch **Zusammenklappen der Blätter** durch. Sie klappen entlang der Mittelrippe auf Berührungsreiz zusammen und umschließen das Opfer, das im Falle von *Dionaea* drei über die Blattoberfläche hinausragende Borsten berührt hat. Das Zusammenklappen der tellereisenartig die Falle bildenden Blatthälften wird durch Aktionspotentiale in den Basalzellen der Fühlborsten ausgelöst; der gesamte Vorgang kann als Thigmonastie charakterisiert werden. In ähnlicher Weise umschließen auch die *Aldrovanda*-Blätter ihre Beute.

Beim **passiven Leimruten-Fang** bleiben die Tiere an den Tentakeln und den drüsigen Blattflächen z. B. von *Drosera*, *Drosophyllum* und *Pinguicula* kleben. Die Blattspreiten mit ihrem Besatz von gestielten *(Drosera, Drosophyllum)* oder un- bis kurzgestielten Drüsen *(Pinguicula)* rollen sich dann allmählich um die festklebende und von eingekrümmten Stieldrüsen binnen weniger Minuten auch mechanisch fixierte Beute. Diese Blatteinrollung steht unter phytohormoneller Steuerung (Juniper et al. 1989).

Von der Pflanze her passiv ist schließlich auch der **Tierfang in zu Fallgruben umgewandelten Blättern**. Diese Methode findet sich bei *Sarracenia* und *Darlingtonia*, beide in Sümpfen Nordamerikas beheimatet, bei *Heliamphora* auf den Inselbergen (Tepuis) Venezuelas sowie bei der australischen *Cephalotus* und den Kannenpflanzen der Gattung *Nepenthes* (Verbreitung: Abb. 3-10). Die Kannen der beiden letztgenannten Gattungen ähneln sich sehr und sind in konvergenter Evolution in zwei nicht in näherer Beziehung zueinanderstehenden Verwandtschaftskreisen entwickelt worden. Die Form der *Nepenthes*-Kannen lässt sich von schildförmig-flachen Blattspreiten herleiten, deren Ränder sich immer stärker urnenartig hochwölbten. Sie sind in der Jugend von einem Deckel verschlossen, der sich später vom Kannenrand löst und den Zugang zum Kanneninneren freigibt, in das hinein durch Drüsen an der Kanneninnenwand Verdauungsenzyme sezerniert werden (Lösch 1990b).

Bei allen Insektivoren – oder besser Carnivoren, denn zumindest bei *Nepenthes* bilden gelegentlich auch Eidechsen, kleine Frösche und Kleinsäuger die gefangenen Opfer – erfolgt nach dem Beutefang die **enzymatische Zersetzung der Tierkörper**. Die von der Pflanze produzierten Verdauungsenzyme zersetzen diese bis auf das Außen- bzw. Innenskelett. Diese Verdauungsenzyme umfassen insbesondere Hydrolasen, die im Eiweiß- (und Fett-)Abbau involviert sind. Kohlenhydratspaltende Enzyme wurden u. a. bei *Sarracenia*, *Darlingtonia* und *Pinguicula* gefunden. Meist erfolgt die Verdauung synergistisch durch Sekrete der carnivoren Pflanze und durch die Aktivität von Mikroorganismen, die im Verdauungssaft zu leben vermögen (typische Wechselbeziehungen in einer insektenfangenden Kanne oder Tüte: Abb. 8-28). Bei *Nepenthes* sondert die Pflanze Endopeptidasen ab, welche das tierische Eiweiß in Oligopeptide spalten. Von Bakterien verfügbar gemachte Exopeptidasen zerlegen diese schließlich bis zur resorbierbaren Form einzelner Aminosäuren (Lösch 1990b).

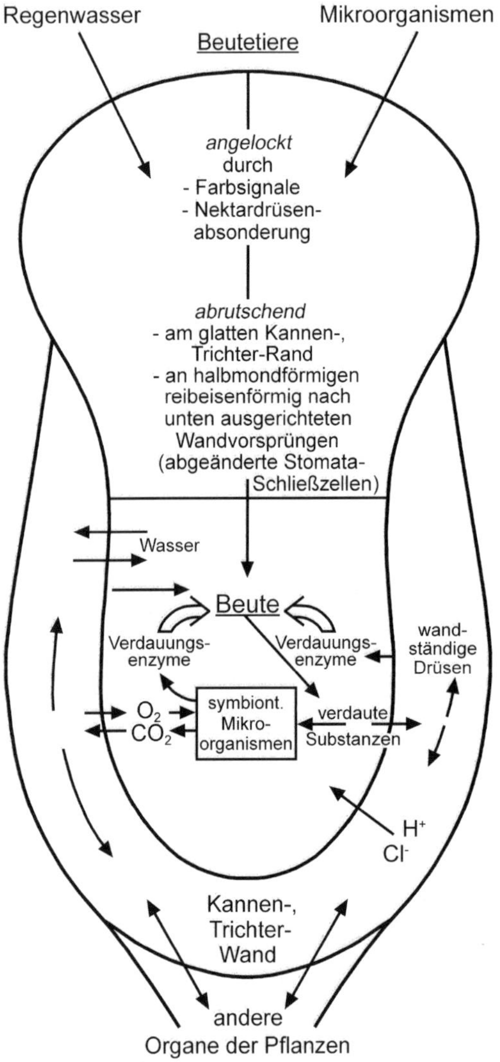

Abb. 8-28: Organismische Wechselbeziehungen und Austauschprozesse in einem Carnivoren-Fallgrubenblatt (verändert nach Juniper et al. 1989).

Die **Resorption der verdauten Substanzen** erfolgt zum Teil über die spezialisierten Drüsen auf den mit der Verdauungsflüssigkeit in Kontakt stehenden Blattflächen. Es sind insbesondere Labyrinthin-Zellwände, welche im Dienste sowohl der Enzymabsonderung wie auch der Aufnahme der verdauten Substanzen stehen. Sie sind durch protuberanzenförmige Faltungen im Wandmaterial gekennzeichnet, an die sich das Plasmalemma anschmiegt. Dadurch erfolgt eine gewaltige Oberflächenvergrößerung. Derartige Wandstrukturen sind allgemein typisch für „Transferzellen“, bei denen ein reger Austausch gelöster Substanzen stattfindet. Zum Teil kommt es an diesen Austauschflächen zu endocytotischer Stoffaufnahme, zum Teil erfolgt carrier- bzw. kanalvermittelte Membranpassage der aufgenommenen Aminosäuren und sonstigen Nährstoffe (Adamec 1997). Dieser Stoffgewinn ist für die dazu spezialisierten Pflanzen eine wertvolle Sicherung insbesondere der Stickstoff- und Phosphor-Versorgung; bei Kultur auf nährstoffreichem Substrat sind sie jedoch auf diese Art der Nährstoffgewinnung nicht unbedingt angewiesen. Ihren Kohlenstoffbedarf decken die Carnivoren autotroph durch Photosynthese.

Interessanterweise stellen die Tüten und Kannen der Fallgruben-Carnivoren einen hochspezialisierten **Lebensraum für eine Vielzahl von Invertebraten** dar, denen die Verdauungssäfte der Pflanzen nicht schaden. So existieren insbesondere in *Nepenthes*-Kannen – welche im Hinblick auf die Zooökologie als „Phytothelmen“ bezeichnet werden können, längerfristige und von Tieren bewohnte Wasserkörper in teilweise offenen pflanzlichen Hohlräumen – Nahrungspyramiden mit unterschiedlichen Trophieebenen. Sie sind aufgebaut aus großenteils obligat, zum Teil auch nur fakultativ die Kannen bewohnenden („nepenthicolen") Taxa. Hierzu gehören die Larven vieler Dipteren und anderer Insektengruppen, eine Krabbenspinne, Nematoden, Protozoen und auch einzellige Algen. Die verschiedenen *Nepenthes*-Arten beherbergen unterschiedlich komplizierte Nahrungskettensysteme, je nach Größe und Struktur des artspezifischen Verbreitungsareals (Abb. 3-10) und dem ökologischen Umfeld, aus dem sich in geeigneter Koevolution die nepenthicole Fauna rekrutrieren konnte (Beaver 1979, 1985).

8.7 Saprophyten, Parasiten, Symbiosen

Tierische Organismen sind obligat auf die Zufuhr organischer Substanz angewiesen. Pflanzen sind prinzipiell autotroph, d. h. sie können unter ausschließlicher Nutzung anorganischer Substanzen aus dem Boden und der Atmosphäre und der Energiezufuhr durch das Sonnenlicht organische Moleküle für Wachstum und Stoffwechsel synthetisieren. Wie das Beispiel der Carnivoren zeigt, hat die Evolution jedoch auch im Pflanzenreich stickstoff-heterotrophe Arten hervorgebracht, und ebenso gibt es auch kohlenstoff- und mineralstoff-heterotrophe Pflanzentaxa.

8.7.1 Saprophyten

Alle Pilze sind kohlenstoff-heterotroph. Kohlenstoffquelle brauchen dabei nicht nur Kohlenhydrate, Fette und Eiweiße sein: Manche Pilze können auch Alkohole, organische Säuren, sogar Aromaten und komplexe organische Substanzen, wie z. B. Erdöl, als Wuchssubstrat nutzen. **Saprophytische Pilze** beziehen ihren Ernährungs-Kohlenstoff und viele anorganische Nährstoffe aus der Zersetzung von toter organischer Substanz. Sie scheiden dazu Exoenzyme aus, welche auch Makromoleküle, wie Lignin, Zellulose und Proteine zu resorbierbaren Spaltprodukten abbauen. Saprophytismus von Pilz- und Mikroben-Gemeinschaften, deren Stoffwechselleistungen in ihrer Gesamtheit erst dem einzelnen Taxon synergistisch die benötigten und in die Myzelien aufnehmbaren Substanzen bereitstellen, ist eine wesentliche Grundlage der Remineralisierung toter organischer Substanz, insbesondere des **Streuabbaus**. Das aufzuschließende Material muss dabei einen gewissen Feuchtigkeitsgrad aufweisen. Fäulnisprozesse in nassen Zersetzungssubstraten werden insbesondere von den Mikroorganismen getragen, Verwesung infolge der Aktivität von Pilzen erfolgt in besser durchlüfteten, dadurch meist auch etwas trockeneren Streulagen.

Einige **Höhere Pflanzen** haben so enge symbiontische Wechselbeziehungen mit laubzersetzenden Pilzen entwickelt, dass sie mit deren Hilfe ebenfalls saprophytisch leben können und die Fähigkeit zur Autotrophie verloren haben. So besitzen insbesondere etliche Moderorchideen (z. B. *Neottia nidus-avis*) oder *Monotropa hypopitys*, der Fichtenspargel, kein Chlorophyll mehr und nehmen alle C-Verbindungen aus den mit ihnen in Form einer Mykorrhiza verbundenen Pilzen auf (wobei diese wiederum echte Saprophyten sein können oder aber im symbiontisch/parasitären Austausch mit autotrophen Pflanzen stehen).

8.7.2 Parasiten (Press & Graves 1995)

Zwischen der ausschließlichen Nutzung von durch Exoenzyme aufgeschlossener toter organischer Substanz durch Pilze und ihrer innigen Kontaktaufnahme zu den Organen lebender Pflanzen und dem Stoffaustausch mit ihnen bestehen fließende Übergänge. Die Verlagerung von Nähr- und Aufbaustoffen kann im letztgenannten Fall zu beiden Partnern hin erfolgen, die so wechselseitig von dem Zusammenleben Nutzen ziehen. In diesem Fall ist von **symbiontischen Wechselbeziehungen** zu sprechen. Der Pilz kann jedoch auch einseitig dem „Wirt" Substanzen entziehen: dann ist der Zustand des **Parasitismus** gegeben.

Auch andere Organismengruppen, höhere Pflanzen ebenso wie viele Tiere, nutzen höhere wie niedere Pflanzen als Grundlage für ihre eigenen Lebensvollzüge. Diese Interaktionen sind eine wesentliche Komponente der synökologischen Wechselbeziehungen, zu denen einige wenige Aspekte in 6.6 näher angesprochen werden.

Pilze, die sich saprophytisch oder parasitisch ernähren können, sind **„fakultative Parasiten"**, solche, die stets lebende Wirte für ihre Ernährung, ihr Wachstum und ihre Fortpflanzung benötigen, sind **„obligate Parasiten"**. Im Idealfall wird dabei der Wirt nur so weit geschwächt, dass er zusammen mit dem Parasiten längerfristig weiterexistieren kann. Es gibt allerdings auch viele „perthotrophe" bzw. „nekrotrophe" Parasiten, für die das Absterben der befallenen Wirtsgewebe die Voraussetzung für ihre eigene Weiterexistenz darstellt. Viele Gruppen niederer Pilze leben parasitisch auf Höheren Pflanzen und können durch diese Existenzweise auch bedeutsame Kulturpflanzenschädlinge sein (Tab. 8-5).

Die höheren Pflanzen haben in der Auseinandersetzung mit pilzlichem Parasitismus eine Vielzahl von Schutzmechanismen entwickelt. **Pathogen-Resistenz** kann definiert werden als die Fähigkeit eines Organismus, eigenständige Verteidigungseffekte gegen die Parasitenattacke zu realisieren. Diese können auf **konstitutiver Resistenz** oder auf induzierten Abwehrreaktionen beruhen. Im erstgenannten Fall verhindern oder erschweren strukturelle oder chemische Attribute der Pflanze eine erfolgreiche Parasitierung, welche auch ohne eine Anwesenheit des Schadorganismus ausgebildet werden. Aktive, **induzierte Resistenz** umfasst die pflanzlichen Reaktionen und Mechanismen, die durch das eindringende Pathogen in der Wirtszelle ausgelöst werden und zu Ausschluss, Vernichtung oder zumindest nachhaltiger Schwächung des Schaderregers führen. Vielfach ist eine sog. „hypersensitive Reaktion", das lokale Absterben von Zellen oder Zellgruppen nach erfolgter Infektion durch einen obligat biotrophen Parasiten ein wirksamer Resistenzmechanismus. Ein solcher, genetisch induzierter und auf aktiven Stoffwechselvorgängen beruhender lokaler Zelltod bei Pflanzen ist prinzipiell der Apoptose bei Säugetiergeweben vergleichbar. Eine hypersensitive Reaktion verläuft typischerweise als Gen-für-Gen Wechselwirkung zwischen höherer Pflanze und Pathogen. Nicht-Virulenz-Gene des Parasiten (bzw. ihre Produkte) interagieren spezifisch mit den normalerweise dominanten Resistenzgenen des Wirts (bzw. deren Produkten), mit dem Ergebnis einer Wirt-Parasit-Inkompatibilität, d. h. einer spezifisch den jeweiligen Parasiten betreffenden Resistenz. Prinzipiell gilt, dass die Pflanzen gegen die große Mehrheit der potentiell pathogenen Mikroorganismen resistent sind. M. a. W.: Eine bestimmte Pflanzenart kann nur von einer sehr begrenzten Anzahl von Pathogenen befallen werden.

Tab. 8-5: Wirtschaftlich wichtige parasitische Pilzgruppen.

Pilz	Befallene Pflanzen	Krankheits- bzw. Schadensbezeichung
Oomycetes		
Phytophthora infestans	Kartoffel	Krautfäule der Kartoffeln
Plasmopara viticola	Wein	Peronospora-Krankheit
Peronospora tabacina	Tabak	Tabak-Blauschimmel
Pythium debaryanum	diverse Pflanzen	Umfallkrankheit der Keimlinge
Chytridiomycetes		
Olpidium brassicae	*Brassica*-Arten	Umfallkrankheit
Ascomycetes		
Taphrina spec.	*Prunus*-, *Betula*-Arten	Hexenbesen, Blattkräuselkrankheit, Narrentaschen
Erysiphe spec.	Getreide und Wildgräser	Echter Mehltau
Sclerotinia spec.	Kernobstbäume	Monilia-Fäule
Claviceps purpurea	Getreide und Wildgräser	Mutterkorn
Basidiomycetes		
Ustilago spec.	Getreide	Getreidebrand
Puccinia spec.	Getreide u. div. dikot. Kulturpfl.	Schwarzrost, Gelbrost
Uromyces spec.	Erbsen, Bohnen, Rüben	Erbsen-, Bohnen-Rost
„Hymenomycetes"	Baumstämme	Holzfäule

Bei den **parasitischen Angiospermen** wird zwischen **Hemi- und Holoparasiten** unterschieden. Die erstgenannten „Halbschmarotzer" sind Kohlenstoff-autotroph, entziehen ihren Wirten jedoch anorganische Nährstoffe und Wasser. Sie zapfen dazu mit Haustorien, „Senkern", die Xylembahnen des Wirtes an. Beispiele hierfür sind u. a. die Loranthaceae (in Mitteleuropa *Loranthus europaeus* und *Viscum album*), die Santalaceae (*Thesium* spec.) und eine Gattungsgruppe der Scrophulariaceae (u. a. *Rhinanthus*, *Melampyrum*, *Pedicularis*, *Euphrasia*, *Odontites*). Die Scrophulariacee *Lathraea squammaria* hat an ihren Rhizomschuppen Wasserdrüsen entwickelt, die aktiv Wasser ausscheiden und auf diese Weise das Wasserpotentialgefälle zwischen Wirt und Parasit aufrecht erhalten. Mit dieser Gattung ist in der Familie der Scrophulariaceae das Stadium des Holoparasitismus erreicht, das in der nächst-verwandten Familie, bei den Orobanchaceae, durchgehend zu finden ist. Holoparasitisch ist auch die Existenzweise der Convolvulaceen-Gattung *Cuscuta*. Diese Vollparasiten entwickeln Haustorienkontakte sowohl zum Xylem wie auch zu den Siebröhren der Wirte, denen sie mit besonderen Aufnahmezellen („Transferzellen") Assimilate entziehen (Kollmann & Dörr 1987). *Orobanche*-Arten sowie *Striga*/Scrophulariaceae sind weltwirtschaftlich bedeutsame Schädlinge landwirtschaftlicher Kulturen. Die extremsten Vollschmarotzer sind die in den südostasiatischen Tropen beheimateten Rafflesiaceae. Bei *Rafflesia arnoldii* besteht der vegetative Pflanzenkörper nur noch aus hyphenartigen Gewebesträngen in den Wurzeln der Wirtsbäume, aus deren oberflächennahen Bereichen die größten im Pflanzenreich auftretenden Blüten hervorbrechen (∅ um 1 m).

Einige Parasiten (z. B. *Striga* und *Orobanche*) benötigen bereits zur Keimung einen stofflichen Austausch mit ihrem künftigen Wirt. Der Haustorienkontakt von wurzelbewohnenden Parasiten zu ihrem Wirt wird auf jeden Fall durch Haustorien-Induktionsfaktoren initiiert, welche von der Wasser- und Mineralstoffe-autotrophen Art freigesetzt werden. Es sind dies u. a. spezifische Flavonoide, Chinone, *p*-Hydroxy-Säuren sowie Cytokinine. Auf ihre – eventuell redox-abhängige – Wirkung hin schwillt die Haustorienspitze des Parasiten binnen weniger Stunden an, und ein direkter Kontakt zwischen ihr und der Wirtswurzel kommt zustande. Beim Eindringen in diese wirken Volumenausdehnung des Haustoriums und enzymatische Auflösung der Zellwände des Wirts zusammen. Zellteilungen und Gewebedifferenzierungen (Xylem-Brücke!) im Haustorium führen schließlich zum durchgehenden Leitbahnenkontakt zwischen Wirt und Parasit, über den sodann der Stoffaustausch zwischen beiden Pflanzen erfolgen kann. Wirts-Spezifität und die Verhinderung der Selbst-Parasitierung des Schmarotzers durch die eigenen Haustorien beruhen vermutlich auf den je spezifischen Eigenschaften der Haustorien-Induktionsfaktoren im Wechselspiel mit der enzymatischen Gewebeauflösung.

8.7.3 Symbiontische Wechselbeziehungen zwischen Pflanzen

Wenn beide Partner aus einer Organismen-Beziehung Nutzen ziehen, spricht man von **„Symbiose"**. Ein im Pflanzenreich relativ weit verbreiteter Fall ist das Zusammentreten von N-autotrophen, aber C-heterotrophen Prokaryonten und C-autotrophen Eukaryonten, denen die Fähigkeit zur Fixierung von Luftstickstoff fehlt. Die **Leguminosensymbiose** mit *Rhizobium*-Bakterien ist besonders weit verbreitet und wirtschaftlich von sehr großem Nutzen, doch auch die **Cyanobakterien- und Aktinomyceten-Symbiosen** (6.5.1) sind für die unmittelbar betroffenen Partner, aber auch für den Stickstoffhaushalt der jeweiligen Habitate von enormer Bedeutung.

Symbiosen zwischen Pilzen und den Wurzeln bzw. Rhizoiden von Landpflanzen werden als **„Mykorrhiza"** bezeichnet. Pflanzen ohne Mykorrhiza stellen nur eine Minderheit in der Pflanzenwelt dar (z. B. Chenopodiaceae und Brassicaceae). Bei den Pilzpartnern sind vor allem Ascomyceten und Basidiomyceten, nur in geringem Umfang auch Zygomyceten an der symbiontischen Partnerschaft beteiligt. Besonders wichtige Mykorrhizapilze gehören zu den Gattungen *Pisolithus*, *Paxillus*, *Suillus* und *Thelephora*. Formen der Mykorrhiza und die Austauschprozesse, die sich in dieser Symbiose zwischen Pilz und Höherer Pflanze abspielen, sind in 6.4.5.4 näher erläutert.

Als Symbioseorganismen definiert sind die **Flechten (Lichenes:** Henssen & Jahns 1974), Lebensgemeinschaften zwischen Pilzen und Grün- bzw. Blaualgen (Cyanobakterien). Der Pilzpartner empfängt hier vom Algenpartner Kohlenhydrate in Form von Zuckeralkoholen. Bei Cyanobakterien dient Glukose als Kohlenstoff-Transportform, und zusätzlich erhält der Pilzpartner Stickstoffverbindungen aus der prokaryontischen N_2-Fixierung. Die Algen sind in dem als Thallus strukturierten Geflecht des Pilzes eingelagert. Ungeschichtete Thalli sind „homoiomer". Thalli, die (von oben nach unten) eine Schichtung in Rinde, Algenschicht, Mark und ggf. untere Rinde aufweisen, werden als geschichtete, „heteromere", Thalli bezeichnet. Der Einschluss zwischen den Schichten aus Pilzhyphen schützt die Algen vor vielerlei externen Stresseinwirkungen (übermäßige Einstrahlung, zu rasche Austrocknung, Tierfraß u. ä.) und bietet so einen Existenzvorteil gegenüber dem freilebenden Zustand. Die (meist einzelligen) Algen ziehen Nutzen von der verbesserten kapillaren Wasserzufuhr aufgrund des Hyphengeflechtes und werden dabei vom Pilzpartner auch mit Mineralstoffen versorgt, die z. T. über Säureausscheidungen aus dem Substrat mobilisiert werden oder aus Flugstaubanwehungen stammen. Die Symbiosebeziehungen in der Flechte sind so eng, dass die hierin eingebundenen Pilzarten im Vergleich mit ihrem Erscheinungsbild im nicht-lichenisierten Zustand einen viel höheren Grad an morphologisch-anatomischen Differenzierungen erfahren. Auch physiologisch sind im Symbioseverband der Flechte Leistungen möglich, die jeder der Partner allein nicht erbringen kann (z. B. Produktion einer Vielzahl spezifischer Flechtenstoffe). Die Algen haben in der Flechtensymbiose die Fähigkeit zur sexuellen Fortpflanzung verloren; das Ausmaß ihrer vegetativen Teilungsintensität steht offenbar unter stofflicher Kontrolle von Seiten des Pilzpartners.

Es gibt auch Flechten in Dreiersymbiose, bestehend aus einem Pilz-, einem Grünalgen- und einem Cyanophyceen-Partner. Ist letzterer nur in besonderen flechtenthallus-internen oder -externen Strukturen lokalisiert, spricht man von **„Cephalodien"**. Flechten, in denen – bei gleichem Pilzpartner – in einem Teil des Thallus eine Grünalgenschicht, in einem anderen Teil eine Blaualgenschicht vorkommt, werden als **„Symbiodeme"** bezeichnet (James & Henssen 1976, Ott 1988). Jahns & Ott (1997) parallelisieren die Existenzweisen der verschiedenen Flechtengruppen mit den für Phanerogamen und Bryophyten entwickelten Strategietypen und eröffnen damit die spekulative Möglichkeit, die evolutive Entfaltung des Symbioseorganismus „Flechte" als konvergenten Prozess zur Differenzierung des Pflanzenreiches im Entwicklungsast der Moose, Farne und Blütenpflanzen zu sehen.

8.8 Lianen und Epiphyten

Zu den spezifischen pflanzlichen Strategien zur Ressourcen-Erschließung sind schließlich auch Wuchsformeigenheiten und Wege der Habitat-Einnischung zu zählen, die den Individuen bzw. dem jeweiligen Taxon einen höheren Gewinn an Einstrahlungsenergie bieten. Die Wuchsform der unter geringer Biomasseinvestition in den eigenen Spross in den Kronenbereich der Wälder vordringenden Lianen und die direkte Ansiedlung der Epiphyten an Wuchsplätzen in höheren Stammbereichen, in Astgabelungen oder auf Ästen in der lichtreicheren Kronenregion gewährleisten diesen standörtlichen Konkurrenzvorteil. Freilich bringt dies auch mancherlei Notwendigkeiten der Anpassung an das weit von den Wasser- und Nährstoffreserven des Bodens entfernte Habitat mit sich. Beide Lebensformen sind in besonders großer Artenzahl in den tropischen und subtropischen Wäldern präsent. In Mitteleuropa zeigen *Clematis*- und *Lonicera*-Arten Lianenwuchs. Krautige Winde- und Rankenpflanzen sowie der mit Haftwurzeln kletternde Efeu *(Hedera helix)* können im weiteren Sinne diesem Strategietyp zugeordnet werden. Als obligate Epiphyten sind hier nur Thallophyten zu finden.

Der Pflanzenkörper der **Lianen** trägt sich nicht selbst, sondern bedarf der Stütze anderer Pflanzen. „Spreizklimmer" verkrallen sich mit sprossbürtigen Stacheln bzw. passend orientierten steifen Blättern in der Umgebung. Die Ratanpalmen (*Calamus* spec.) der südostasiatischen Tropen sind sehr charakteristische Vertreter dieses Wuchstyps. „Wurzelkletterer" haben sich in vielen Verwandtschaftskreisen entwickelt, verholzte „Windepflanzen“ gelten als Prototyp der Lianen. Viele Leguminosen der Tropenwälder schlingen sich in korkenzieherartigem Wuchs von einem Trag-Ast zum nächsten in die Höhe. Die Lianensprosse werden dabei oft mehr als armdick, verholzt, aber doch elastisch. Diese Elastizität ist dadurch erreicht, dass der Holzkörper von Parenchymen durchsetzt ist und bei einigen Sapindaceae-Gattungen in seiner Längsrichtung sogar in Einzelstränge aufgelöst sein kann. In solchen Fällen sind die Leitbündel primär nicht kreisförmig angeordnet, sondern zeigen im Sprossquerschnitt tiefe Einbuchtungen. Diese Buchten werden mit zunehmender Alterung quer durch Mark- und Parenchymbereiche hindurch von Kambiumschichten verbunden, sodass schließlich im Gesamtspross mehrere Kambiumzylinder und Holzkörper nebeneinander liegen und flechtauartig gegenseitig verdrehbar sind. Da Lianenstämme bis über 200 m lang werden können und im Kronenraum of ein ausgedehntes Blattwerk tragen, werden an den Langstreckentransport in Xylem und Phloem beträchtliche Anforderungen gestellt. Die Transportwiderstände werden bei diesen langen Röhrensystemen offenbar dadurch wirksam vermindert, dass die Poren in den Siebröhren sehr weit sind, und dass die Gefäß-Lumina Durchmesser bis knapp 1 mm erlangen können. Solche weitlumigen Tracheen sind in hohem Maße embolieanfällig, doch ist es bei vielen Lianen weniger der Transpirationssog, der das Wasser in den Kronenraum zieht, sondern ein ganzjährig arbeitender hocheffizienter Wurzeldruck, der die Wassersäulen im Xylem nach oben schiebt.

Der Übergang von der Lebensform der Lianen zu der der Epiphyten wird durch **hemiepiphytische Zwischenformen** vermittelt. So können wurzelkletternde Lianen zu Aufsitzern im Kronenraum werden, oder eine Pflanze keimt auf den Ästen eines Trägerbaums, schiebt an seinem Stamm entlang Wurzeln zum Boden und erreicht schließlich so auch den Habitus einer wurzelkletternden Liane. Erstarken und anastomosieren diese Wurzeln, kann der Hemiepiphyt allmählich den Trägerbaum in seinem Wachstum beeinträchtigen und schließlich sogar abtöten. Diese Lebensweise des **„Baumwürgers“** findet sich bei vielen tropischen *Ficus*-Arten.

Die **Epiphyten** (Lüttge 1989) leben dauernd im gut belichteten Kronenraum, müssen aber durch strukturelle und funktionelle Einrichtungen die Wasser- und Nährstoffversorgung am Aufsitzer-Wuchsort sicherstellen. Artenreichste Epiphytenfamilie unter den Blütenpflanzen sind die Orchideen, auch bei Kakteen und vor allem bei Bromeliaceen ist die überwiegende Zahl der Arten epiphytisch lebend. Viele Farne wachsen als obligate Aufsitzerpflanzen, und Moose und Flechten stellen in allen Waldformationen der Erde ein beachtliches Kontingent an epiphytischen Taxa.

Die Orchideen haben mit dem Velamen radicum, die Bromeliaceen mit spezifischen Saugschuppen spezielle Strukturen zur direkten Aufnahme des Niederschlagswassers entwickelt. Viele Orchideen haben Sprossknollen, die Kakteen sukkulente Achsen, die als Wasserspeicher dienen. Weitaus die meisten Orchideen, Kakteen und Bromelien nutzen den wassersparenden CAM-Weg der Photosynthese. Der Sicherstellung der Nährstoffzufuhr dienen vornehmlich strukturelle Anpassungen. Viele Epiphyten bilden negativ geotrop wachsende Wurzelgeflechte, zwischen denen sich angewehter Detritus sowie Feuchtigkeit ansammeln. Viele Bromelien und der „Vogelnestfarn“, *Asplenium nidus-avis*, besitzen Blattrosetten, deren Zentrum gefüllt ist mit Niederschlagswasser und sich zersetzender organischer Substanz. Epiphytische *Polypodium*- und *Platycerium*-Arten bilden außer den in den Luftraum ragenden, für intensiven Gasaustausch und damit Photosynthese geeigneten Wedeln auch Mantel- oder Nischenblätter aus. Sie umschließen schalenförmig die Sprossbasis und wirken als humus- und feuchtigkeitssammelnde große Schuppen, zwischen die sich ein Teil der Wurzeln dieser Farne schiebt.

9 Vegetationsgebiete der Erde

9.1 Vegetationszonen (zonale Vegetation)

Die großen Klimazonen der Erde, die äquatoriale Klimazone, tropische Sommerregenzone, subtropische Trockenzone, Übergangszone mit Winterregen (mediterranes Klima), die warmgemäßigte, typisch gemäßigte, arid-gemäßigte, kalt-gemäßigte oder boreale und die arktische Klimazone, bedingen eine weitgehend breitenparallel verlaufende Zonierung der Vegetation in **Vegetationszonen** (Abb. 9-1 s. a. hintere Umschlaginnenseite), die durch jeweils eigene Spektren von Vegetationstypen charakterisiert sind. Die die Vegetationszonen kennzeichnenden Vegetationstypen stehen mit dem Makroklima im Gleichgewicht und stellen **Schlussgesellschaften** (s. 4.8.2) dar. Diese bilden die **zonale Vegetation**, also die charakteristische Vegetation einer makroklimatisch bedingten Vegetationszone. Unter natürlichen Bedingungen nimmt die zonale Vegetation große Flächenanteile ein, und in wenig vom Menschen beeinflussten Gebieten ist die Abfolge der Vegetationszonen auch heute noch erkennbar. Durch anthropogene Vegetationsveränderungen ist sie jedoch oftmals stark verwischt, und wo extreme edaphische Faktoren wirken, tritt die zonale Vegetation zurück bzw. kann ganz fehlen oder wird durch die azonale und extrazonale Vegetation ersetzt (s. 9.2). Ebenso verändern Gebirgserhebungen das zonale Vegetationsbild.

Im allgemeinen werden 10 Vegetationszonen unterschieden (Tab. 9-1), die in Abb. 9-1 weiter aufgeschlüsselt sind. Neun Zonen lassen sich mit den ökologisch definierten **Zonobiomen** nach Walter (z. B. 1990, Tab. 9-1) korrelieren. Da die Fauna jedoch weniger enge Beziehungen zu den Klimazonen als die Vegetation aufweist, werden die Zonobiome ihrem theoretischen Anspruch nicht umfassend gerecht (vgl. auch Walter & Breckle 1991a, S. 29 ff.). Sie sind hier nur zusammenfassend wiedergegeben.

Zur Untergliederung der Geo-Biosphäre in **Zonobiome** wird das Großklima (9 Hauptklimazonen der Erde) herangezogen. Zonobiome sind demnach große, klimatisch einheitliche Lebensräume innerhalb der Geo-Biosphäre. Zwischen den einzelnen Zonobiomen liegen Übergangszonen, die allmählich von einem Klimatypus zum anderen überleiten und als **Zono-Ökotone** (Spannungsräume) bezeichnet werden. Die Gebirge (**Orobiome**, Gebirgslebensräume) heben sich aus den Klimazonen durch eine vertikale Klimagliederung heraus, ebenso die Flächen mit extremen Böden (sog. intrazonale Böden) oder mit einer azonalen Vegetation. Die letzteren werden als **Pedobiome** bezeichnet (z. B. Mangrove s. 9.1.1, Lithobiome [Steinböden], Helobiome [Moor- und Sumpfböden]). Die Grundeinheit ist das **Biom** (gr. bioein = leben) oder die Bioregion. Diese entspricht einem großen Lebensraum mit einem einheitlichen Klimatyp und einer dafür charakteristischen Vegetation und Fauna. Für die Abgrenzung kleinerer ökologischer Einheiten dient die Vegetation. Es werden floristisch-faunistische Einheiten, **Biogeozöne**, und deren Teilsysteme, die **Synusien**, unterschieden (Walter z. B. 1990, Walter & Breckle 1999). Die Biosphäre (Geo- und Hydrobiosphäre, s. u.) lässt sich auch in Ökoregionen (ecoregions), z. B. Polare Ökoregion, Trockene Ökoregion, Feuchte tropische Ökoregion, Berg-Ökoregion einteilen. Gruppen von Ökoregionen bilden Domänen (domains), z. B. Humid temperate domain. Charakterisiert werden die Ökoregionen durch Klima, Böden, Vegetation, Fauna und weitere Umweltfaktoren (Bailey 1998). Eine Darstellung der Vegetationszonen der Erde (z. B. Boreale Zone, Temperierte Wald- und Steppenzone, Feuchte Tropen) gibt Richter (2001).

Die Darstellung der Großklimaverhältnisse erfolgt in Klimadiagrammen (Abb. 9-2), die auf Walter (1968) zurückgehen und heute weltweit verwendet werden. Aus diesen ist der jahreszeitliche Wechsel der Klimaverhältnisse deutlich zu entnehmen. Für die Monatsmittel der Temperatur und der Niederschläge wird der Maßstab so gewählt, dass 10 °C 20 mm Niederschlag entspre-

Tab. 9-1: Vegetationszonen, Klima und Zonobiome. (Vgl. auch Walter & Breckle [1999] [Zonobiome] und Schultz [2000, 2002] [Ökozonen].)

Vegetationszonen, Klima	Zonobiome (n. Walter 1990)
1 Immergrüne tropische Regenwälder und tropische Gebirgsregenwälder. Tageszeitenklima, meist immerfeucht	I Äquatoriales Z. mit Tageszeitenklima (perhumides Z.)
2 Tropische halbimmergrüne Regenwälder; regengrüne Monsunwälder und Savannen. Sommerregenzeit und kühlere Dürrezeit, Monsunregen	II Tropisches Z. mit Sommer- oder Monsunregen
3 Subtropische Wüstenvegetation. Subtropisches arides Wüstenklima	III Subtropisch-arides Z. (Wüstenklima)
4 Hartlaubvegetation (Sklerophylle). Winterregen und Sommerdürre	IV Winterfeuchtes Z. mit Sommerdürre (mediterranes Z.)
5 Temperate Regenwälder, Lorbeerwälder und subtropische Regenwälder. ± gleichmäßige Verteilung der jährlichen Niederschlagsmenge (boreal bis subtropisch)	V Warmtemperiertes Z. (ozeanisches Z.)
6 Sommergrüne Laubwälder. Gemäßigt, mit kurzer Winterkälte	VI Typisch gemäßigtes Z. mit kurzer Frostperiode (nemorales Z.)
7 Steppen und Wüsten. Arid, mit heißen Sommern und kalten Wintern	VII Arid-gemäßigtes Z. mit kalten Wintern (kontinentales Z.)
8 Immergrüne boreale Nadelwälder. Kalt-gemäßigt mit kühlen Sommern und langen Wintern	VIII Kalt-gemäßigtes Z. mit kühlen Sommern (boreales Z.)
9 Tundra. Subarktisch und subantarktisch mit sehr kurzen Sommern	IX Arktisches einschl. antarktisches Z.
10 Kältewüsten. Arktisch und antarktisch	

chen, wobei die Temperaturkurve als Maß für die im Laufe des Jahres sich ändernde Verdunstung dient. Bei diesem Verhältnis (T:N = 1:2) gilt der Teil des Jahres, in dem die Niederschlagskurve unter der Temperaturkurve liegt, für die Pflanze als Dürrezeit (z. B. Abb. 9-2, Ankara). Die Klimadiagramme enthalten weitere ökologisch wichtige klimatische Daten, wie Dauer und Intensität der Kältezeit sowie die Sommer- und die Wintermaxima. Die Klimadiagramme von über 8000 Stationen sind im Klimadiagramm-Weltatlas (Walter & Lieth 1960–1967), in Walter et al. (1975) und Lieth et al. (1999) zusammengefasst, die Klimate der Erde in Lauer et al. (2002).

Allgemein werden nach dem Verhältnis von Niederschlag, (temperaturabhängiger) Verdunstung bzw. Evaporation, Abfluss und Grundwasser **aride**, **humide** und **nivale Klimatypen** unterschieden. **Arid** ist die Bezeichnung für Klimate, in denen die potentielle Verdunstung die jährlichen Niederschläge übertrifft. Kennzeichnend für alle ariden Gebiete ist die große Veränderlichkeit der Regenmengen in den einzelnen Jahren. Man unterscheidet semiaride, aride und extrem aride Gebiete bzw. Klimate. In semiariden Gebieten übersteigt im Jahresdurchschnitt die Verdunstung die Niederschläge, in weniger als der Hälfte der Monate kann jedoch die Niederschlagsmenge höher als die Verdunstung sein (z. B. in Steppengebieten, Savannen; s. 9.1.2, 9.1.3, 9.1.7). Extrem arid sind die eigentlichen Wüsten (Abb. 9-16, s. 9.1.7). **Humid** kennzeichnet Klimate bzw. Gebiete, in denen die Verdunstung im Mittel geringer ist als die Niederschlagsmenge. Es wird zwischen vollhumiden (perhumiden) (Abb. 9-2, Douala), subhumiden und, wenn längere Regenzeiten mit kürzeren Trockenzeiten abwechseln, semihumiden Klimaten bzw. Gebieten unterschieden. Beim **nivalen Klima** übersteigt der feste Niederschlag die Ablation, d. h. das Abschmelzen von Schnee und Eis (s. 9.1.10).

Die **Biosphäre**, also der gesamte von Organismen bewohnte Teil der Erde, wird in die **Geo-Biosphäre**, die die terrestrischen Ökosysteme umfasst, und in die **Hydro-Biosphäre** (s. 9.1.11) mit den aquatischen Ökosystemen unterteilt.

VEGETATIONSZONEN DER ERDE

Abb. 9-1: Vegetationszonen der Erde. (Aus Schmithüsen 1976.)

Sommergrüne Nadelwälder	Schwarzerde- und Übergangssteppen	Tundren
Dornstrauch- und Succulentenformationen	Subpolare Wiesen und sommergrüne Gesträuche	Subantarktische Heiden
Feuchtsavannen	Trockensteppen und Hartpolsterformationen	Halbwüsten
Trockensavannen	Paramoheiden und feuchte Puna	Trockenwüsten
Dornsavannen	Gebirgsvegetation jenseits der Baumgrenze	Kältewüsten

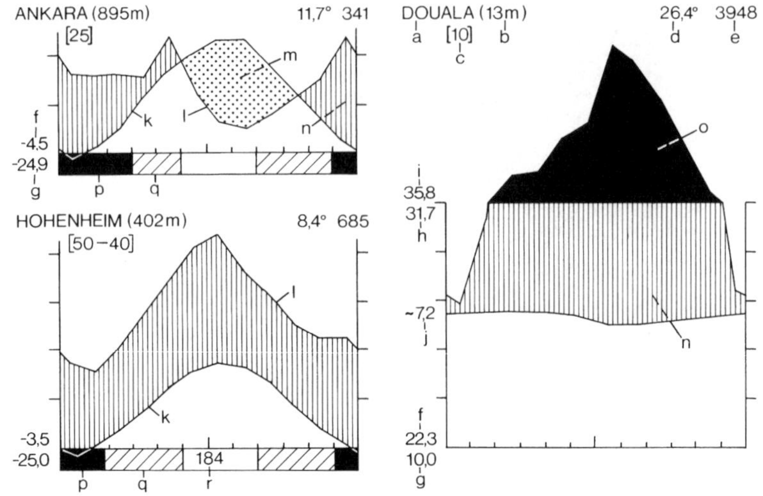

Abb. 9-2: Beispiele von Klimadiagrammen mit Erläuterungen. Hohenheim (Deutschland), Ankara (Türkei), Douala (Kamerun). Temperatur in °C, Niederschläge in mm.
Die Bezeichnungen und Zahlenwerte auf den Diagrammen bedeuten: a Station, b Höhe über dem Meeresspiegel, c Zahl der Beobachtungsjahre (bei zwei Zahlen: erste Zahl für Temperatur, zweite Zahl für Niederschläge), d mittlere Jahrestemperatur, e mittlere jährliche Niederschlagsmenge, f mittleres tägliches Minimum des kältesten Monats, g absolutes Minimum (tiefste gemessene Temperatur), h mittleres tägliches Maximum des wärmsten Monats, i absolutes Maximum (höchste gemessene Temperatur), j mittlere tägliche Temperaturschwankung, k Kurve der mittleren Monatstemperaturen (1 Skalenteil = 10 °C), l Kurve der mittleren monatlichen Niederschläge (im Verhältnis 10 °C = 20 mm = 1 Skalenteil), m relativ aride Zeit (punktiert) = Dürrezeit, n relativ humide Jahreszeit (vertikal schraffiert), o mittlere monatliche Niederschläge, die 100 mm übersteigen (Maßstab auf 1/10 reduziert), schwarze Fläche (bei Douala), p Monate mit mittlerem Tagesminimum unter 0 °C (schwarz), unter Null-Linie = kalte Jahreszeit, q Monate mit absolutem Minimum unter 0 °C (schräg schraffiert), r mittlere Dauer der frostfreien Periode (in Tagen). Fehlen Daten, bleiben die entsprechenden Stellen frei. (Nach Walter 1968.)

9.1.1 Immergrüne tropische Regenwälder und tropische Bergregenwälder; Mangroven

Kaum ein anderes Ökosystem ist so komplex wie die **tropischen Regenwälder** einschließlich der **Bergregenwälder**. Durch Raubbau und Brandrodung verschwanden riesige Flächen, und die Zentren mit der höchsten Gefäßpflanzen-Diversität auf der Erde mit Artenzahlen von mehr als 5000 auf 10000 km^2, das Chocó-Costa-Rica-Zentrum, das Tropische Ost-Anden-Zentrum, das atlantische Brasilien-Zentrum, Ost-Himalaya und Yunnan, das Nord-Borneo-Zentrum und das Neu-Guinea-Zentrum, sind außerordentlich gefährdet (Abb. 9-3, Biodiversität s. 3.3.1.2). Dies und die Tatsache, dass mehr als die Hälfte aller Pflanzen- und Tierarten in den tropischen Regenwäldern vorkommt, obwohl diese potentiell nur insgesamt sieben Prozent des Festlandes bedecken, macht das Ausmaß der Bedrohung und die Dramatik des Biodiversitätsverlustes erst erfassbar. Die Vielfalt der Arten wird voraussichtlich verschwunden sein, lange bevor sie auch nur annähernd bekannt war.

Immergrüne tropische Regenwälder, einschließlich der tropischen Bergwälder, treten in allen drei Landgebieten zwischen den Wendekreisen auf und stellen den zentralen Vegetationstyp der beiden tropischen Florenreiche, der Neo- und der Paläotropis (s. 3.3.2, Abb. 8-5, 9-1, 9-27.1) dar. Die flächenmäßig größten mit zusammen 4 Mio. km^2, und damit der Hälfte sämtlicher Regenwaldvorkommen, sind die mittel- und südamerikanischen oder neotropischen Regenwälder des Amazonas-Orinoco-Beckens und die, die sich an den pazifischen Küsten von Ecuador und Kolumbien bis Mittelamerika und an der atlantischen Küste Brasiliens nördlich von Rio de Janeiro entlangziehen. Deutlich kleiner sind die vom halbimmergrünen Regenwald umgebenen afrikanischen Vorkommen mit einer Fläche von 1,8 Mio. km^2 am Ostrand des Kongobeckens und drei kleineren Gebieten nahe der westafrikanischen Küste zwischen Guinea und Liberia sowie Kamerun und Gabun. Ein schmaler Streifen dehnt sich nach Westafrika aus, und auf Madagaskar und den Maskarenen gibt es noch kleine Vorkommen. Das zweitgrößte Regenwaldgebiet liegt in den Osttropen und nimmt dort eine Fläche von etwa 2,5 Mio. km^2 ein. Es konzentriert sich auf den Malayischen Archipel und reicht weit auf die pazifische Inselwelt hinaus. Außerdem ist im nordöstlichen Australien (Queensland) noch ein schmaler Küstenstreifen Regenwald vorhanden. Nach Norden dehnen sich die osttropischen Regenwälder über die Malayische Halbinsel in das etwas kontinentalere Birma, Thailand, Kambodscha und das südliche Vietnam aus. Im südwestlichen Indien (Westghat) und Ceylon (Sinharaja) gibt es weitere Vorkommen. Die Grenzen zu den halbimmergrünen Regenwäldern und den Monsunwäldern (s. 9.1.2) sind fließend.

Gleichbleibend hohe Temperaturen und absolute Frostfreiheit kennzeichnen die tropischen Klimate. Als Definitionskriterium dient eine Durchschnittstemperatur, die selbst im kältesten Monat bei 18 °C oder darüber liegt. Da dies die montane Stufe des tropischen Bergregenwaldes (Gebirgsregenwälder) sowie die Nebelwaldstufe ausschließt, wird als weiteres Definitionsmerkmal ein Unterschied von weniger als 5 °C zwischen den Durchschnittstemperaturen des wärmsten und des kältesten Monats verwendet. Im Bereich der Tieflandsregenwälder liegt die mittlere Jahrestemperatur mit nur sehr geringen Schwankungen zwischen 24° und 30 °C, im Bereich der mittleren Bergregenwaldstufe in 1600 m Höhe in Nord-Borneo bei 18 °C. Die Tagesschwankungen des Temperaturganges übertreffen die Jahresschwankung (Tageszeitenklima), und die mittleren Jahresniederschläge sind hoch (2000–5000 mm und mehr; Abb. 9-2, Douala, Kamerun).

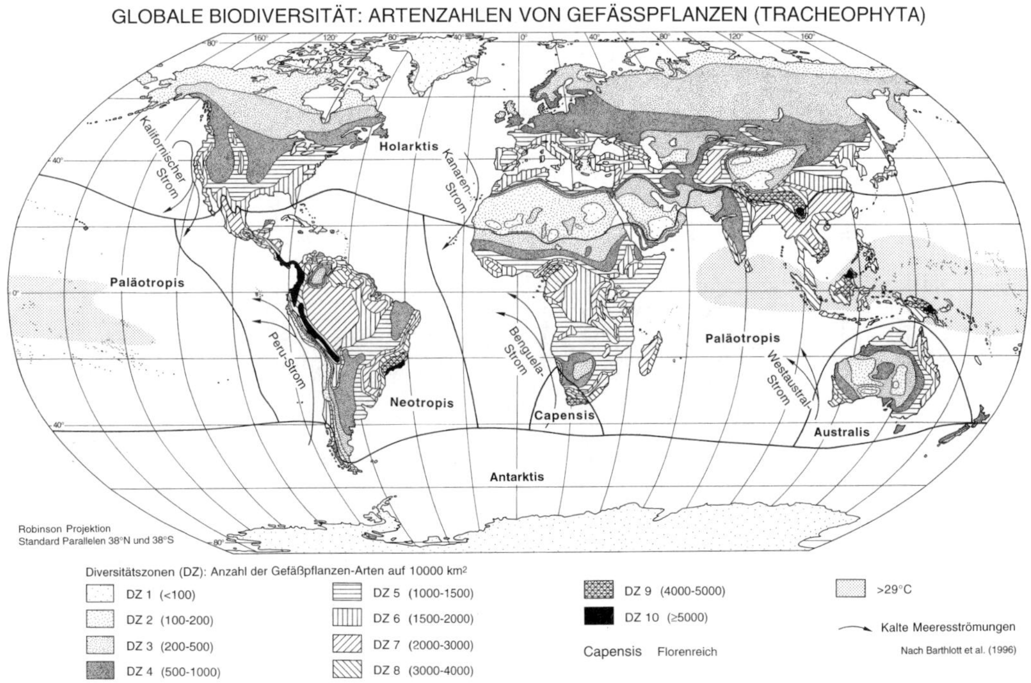

Abb. 9-3: Globale Biodiversität. Artenzahlen von Gefäßpflanzen pro 10000 km^2. Diversitätszonen. (Nach Barthlott et al. 1996, vgl. auch Barthlott et al. 1999.)

Im Verbreitungsgebiet der immergrünen tropischen Regenwälder ist jeder Monat niederschlagsreich (100 mm oder mehr). Die Trockenzeiten sind nur kurz, meist unvorhersagbar und dauern wenige Tage bis wenige Wochen. Die Niederschläge fallen meist in Form heftiger Gewittergüsse, die kurz nach dem Höchststand der Sonne einsetzen und die tropischen Regenzeiten bestimmen (Zenitalregen). Das Klima ist immerfeucht (perhumid), und die ständig hohe Temperatur und Feuchtigkeit bedingen die üppige und vielfältige Vegetation, wobei jedoch aufgrund der Schichtung der Wälder innere Waldklimate differenziert sind, die sich erheblich vom Allgemeinklima außerhalb des Bestandes unterscheiden. Hierauf beruht u. a. auch die Spezialisierung der Tier- und Pflanzenarten auf die einzelnen Nischen.

Hinsichtlich der Nettoprimärproduktion werden sehr hohe Werte erreicht (∅ 22 t/ha/J), die Phytomasse liegt bei 450–800 t/ha (jeweils Trockengewicht; Tab. 9-3). Die Laubstreu und die weitere anfallende organische Substanz werden sehr rasch abgebaut. Die charakteristischen nährstoffarmen **Rotlehmböden** (**Ferralsole**, früher als Latosole bezeichnet, in Nordamerika Oxisols, in Frankreich Sols ferralitiques genannt) haben nur einen geringen „infiltrierten“ Humusgehalt. Diese in-

Abb. 9-4: Profildiagramm eines immergrünen Tieflandsregenwaldes von Brunei (Borneo) mit Dipterocarpaceen. Dargestellt sind Bäume von mehr als 4,5 m Höhe. Artenspektrum z. T. in der Beschreibung des Tieflandswaldes. (Aus Whitmore 1993.)

Abb. 9-5: Tropischer Bergregenwald, untere submontane Stufe. Kronendach mit Überstehern. Kinabalu, Nord-Borneo. (Foto Frey.)

tensiv und tiefgründig verwitterten Waldböden weisen einen ferralischen, d. h. mit Fe- und Al-Oxiden angereicherten, oft kräftig rot, braun oder gelb gefärbten B-Horizont auf. Basen und Kieselsäure werden ausgewaschen. Entstanden sind die Ferralsole in Jahrmillionen aus den verschiedensten Silikat- und Karbonatgesteinen und charakterisieren damit alte Landoberflächen. Heute unterliegen sie durch Brandrodung und Ackerbau einer starken Zerstörung. Der Boden ist, anders als außerhalb der Tropen, nicht das wichtigste Speicherkompartiment für die von den Pflanzen umgesetzten Mineralstoffe. Diese befinden sich hauptsächlich in der lebenden und (schnell mineralisierten) toten Biomasse (Abb. 9-9).

In allen drei Tropengebieten sind durch die erdgeschichtlich gleiche Entwicklung der Lebensbedingungen parallel ± gleiche Strukturen entstanden. Die Gliederung in mehrere Kronenstockwerke v. a. im Tieflands- und untersten Bergregenwald (Abb. 9-4, 9-5), die reiche Entfaltung von Epiphyten, Lianen, Baumwürgern oder Riesenstauden und das Nebeneinander aller Altersklassen und Entwicklungsstufen bedingen eine große Vielfalt verschiedener Lebensräume und Nischen, auf denen der Reichtum an tierischen Organismen begründet ist. Die Diversität bei den Gefäßpflanzen (1500 bis >5000 auf 10000 km^2, Abb. 9-3) ist hoch. 60–100(200) Baumarten treten pro Hektar auf.

Mit dieser Entfaltung korreliert sind die Entstehung der epiphytischen Lebensform und epiphytischer Verwandtschaftskreise, wie z. B. der neotropischen Bromeliaceen mit Blattzisternen, der epiphytischen Orchideengruppen mit Luftwurzeln und wasserspeichernden Sprossknollen, epiphytischer *Lycopodium*- und *Selaginella*-Arten, leptosporangiater Farne (z. B. Hymenophyllaceae) und tropischer beblätterter Lebermoosgruppen, wie der Radulaceae, Porellaceae, Jubulaceae, Lejeuneaceae (etwa 80 Gattungen mit 1600 Arten) und der Gattung *Plagiochila* (Schuster 1982, Frey 1990), die heute die Physiognomie der Epiphytenvegetation der tropischen Bergwälder bestimmen.

Eine generalisierende Gliederung der tropischen Feuchtwälder nach den abiotischen Faktoren Klima, Bodenwasser, Bodentyp und Höhenlage vermittelt Tab. 9-2.

Nachfolgend werden am Beispiel des erdgeschichtlich jungen Kinabalu-Massivs (4101 m) in Nord-Borneo und seines Vorlandes die Vegetationsstufen der immerfeuchten Tropen exemplarisch vorgestellt. Mit etwa 1000 Orchideen- und über 450 Farnarten – so viele wie aus ganz Afrika bekannt sind – gehört diese Region zu den artenreichsten der Erde (Nord-Borneo-Zentrum, Abb. 9-3; Luping et al. 1978, Menzel 1988, Wong & Phillipps 1996).

Küsten- und Mangrovewälder (0–20 m). Entlang der Küsten des Südchinesischen Meeres und der Sulusee mit 2600–3200 mm Jahresniederschlag treten großflächig ± salztolerante Küsten- und Mangrovewälder auf. In den auf sandigen Flächen siedelnden Küstenwäldern sind *Casuarina equisetifolia*, *Calophyllum* spp., *Hibiscus tiliaceus*, *Cocos nucifera* und seltener *Cycas circinalis* bestimmend. Die Mangroven nehmen 1,7 % der Waldfläche Nord-Borneos (Sabah) ein und gehören zu den artenreichsten der Erde. (Mangrove s. u.)

Tab. 9-2: Gliederung tropischer Feuchtwälder. (Nach Whitmore 1993.) (Halbfett gedruckte Waldformationen werden im Text besprochen.)

Klima	Bodenwasser		Böden	Höhenlage	Waldtyp/-formation
Jahreszeitliche Trockenperioden	Mehrere Monate regelmäßig trocken (< 60 mm Regen/Monat)				**Monsunwälder** (mehrere Formationen), Trockenwälder (s. 9.1.2)
	kürzere Trockenzeiten				**Halbimmergrüne Regenwälder** (s. 9.1.2)
Immerfeucht (perhumid)	Trockenland (nicht überflutet)		zonal (hauptsächlich Ferralsole)	Tiefland 0–900 (1200) m	**Immergrüner Tieflandsregenwald**
				(750) 900–1500 m	**Bergregenwald** Untere tropisch-montane Stufe (submontan)
				1500–3000 (3350) m	**Bergregenwald** Obere tropisch-montane Stufe (montan)
				3000 (3350) m–Baumgrenze	**Subalpiner Wald**
			podsolierte Sande	meist Tiefland	Heidewald
			Kalkgestein	meist Tiefland	Waldformationen auf Kalkgestein
			ultrabasisches Gestein	Tiefland, Hochlagen	**Waldformation auf ultrabasischem Gestein**
	Grundwasserstand	Küstensalzwasser			**Mangroven** **Küstenwälder** Brackwasserwälder
	hoch, zumindest periodisch	Binnengewässer	oligotropher Torf		Torfmoorwald
		± ständig nass	nährstoffreiche Böden	± ständig nass	permanenter Sumpfwald
				periodisch nass	periodischer Sumpfwald

Tieflandsregenwald (20–900 m). Der Tieflandsregenwald (Jahresniederschlag 2600–3800 mm) ist die differenzierteste Waldformation der Tropen mit Wuchshöhen bis zu 60 m und vielfach mehr als drei Stockwerken (Abb. 9-4). Das Kronendach bilden einzeln oder gruppenweise wachsende Baumarten (Emergenten, Riesenbäume als Überständer); die Mittelschicht ist 24–36 m hoch und überragt die Unterschicht.

Der charakteristische Artenkomplex des Tieflandswaldes auf Borneo sind die Urwaldriesen der Dipterocarpaceen (Zweiflügelnussbäume) mit 8 Gattungen (in erster Linie *Dipterocarpus*, *Shorea*, *Hopea*, *Vatica*) und 267 Arten. Kennzeichnend sind ferner Arten der Gattungen *Dehaasia* (Lauraceae) und *Palaquium* (Sapotaceae) sowie die lianenartigen Rotangpalmen der Gattungen *Calamus* und *Daemonorops* mit bis zu 180 m Länge. Zingiberaceen stellen zusammen mit Musaceen wesentliche Komponenten der Staudenschicht. Auf Vitaceen parasitiert *Rafflesia pricei*, deren Blüten einen Durchmesser von 1 m erreichen und damit die größten auf der Erde sind. Ab etwa 500 m (Oberer Dipterocarpaceen-Tieflandswald) treten Fagaceen (*Castanopsis* spp.) und Gymnospermen (*Agathis dammara*, *Phyllocladus hypophyllus*, *Podocarpus* spp.) hinzu.

Um die flachwurzelnden Bäume zu stabilisieren, sind Brettwurzeln und Stelzwurzeln häufig. Ebenso häufig treten Kauliflorie (Stammblütigkeit) und Ramiflorie (Astblütigkeit) auf, was offenbar mit dem Gewicht der Früchte und teilweise auch mit den Bestäubergruppen zusammenhängt. Aspektbestimmend sind außerdem Lianen, teilweise auch Stammkletterer und Baumwürger; dagegen sind epiphytische Arten nicht so bestimmend wie in den höheren Lagen. Ledrige und glänzende, oft auffallend gleichartig elliptisch geformte Blätter mit Träufelspitzen, an denen das Wasser abtropft, und fiedrige Blätter sind charakteristisch. Als Bestäuber, oft in Coevolution mit Angiospermensippen entstanden, dienen Insekten, Vögel und Fledermäuse, wobei die Fledermausblumen auf die Tropen beschränkt sind. Die Frucht- und Samenausbreitung ist differenziert; Primaten, Nagetiere und Fledermäuse sind beteiligt.

Nur etwa 2–3 % des Außenlichtes gelangen zum Bodenbereich. Die Bodenvegetation ist oftmals spärlich und besteht aus dem Jungwuchs der Bäume, aus Riesenstauden (Musaceen) und fleckenhaft verteilten Kräutern. Epiphytische Moose sind untergeordnet, sie beschränken sich weitgehend auf den Verwandtschaftskreis der Lejeuneaceae (Kürschner 1990) und sind dicht der Borke angepresst. Aufgrund der hohen, konstanten Temperatur ist die Assimilationsrate und Nettophotosynthese der epiphytischen Moose stark eingeschränkt (Zotz et al. 1997). Dagegen treten an freien, lichtgünstigeren, gleichzeitig aber luftfeuchten Stellen epiphylle (blattbewohnende) Moose und Flechten verstärkt auf.

Alle anderen Regenwaldformationen unterscheiden sich vom Tieflandsregenwald durch eine einfachere Struktur, ein kleineres Lebensformenspektrum und geringere Artenzahlen.

Bergregenwald und subalpiner Wald. Ab etwa 900 m treten am Mt. Kinabalu die den Tieflandswald kennzeichnenden Dipterocarpaceen zurück. Nach oben ansteigend werden drei Stufen unterschieden: 1. Der untere „Eichen"-wald der submontanen Stufe (900–1800 m) mit Fagaceen (*Castanopsis* spp., *Lithocarpus* spp., *Quercus* spp., Abb. 9-5), 2. der obere Bergwald der montanen Stufe (1700–2700 m) mit Podocarpaceen (*Phyllocladus* spp., *Podocarpus* spp.) und Myrtaceen (*Leptospermum* spp.) und 3. der Nebelwald (Cloudy forest) mit einem immensen Epiphytenreichtum auf *Leptospermum flavescens* und den am höchsten steigenden *Lithocarpus* spp. (Fagaceae), wie z. B. *L. turbinatus*. Eine Sonderstellung nimmt der die subalpine Stufe repräsentierende ultrabasische Bergwald ein (2600–3500 m), in dem *Leptospermum recurvum* (Myrtaceae) und *Dacrydium gibbsiae* (Podocarpaceae) vorherrschen. Die Niederschläge sind in dieser Höhenstufe hoch (3000 mm/Jahr und mehr), die Jahresdurchschnittstemperaturen sinken unter 18 °C.

Tab. 9-3: Nettoprimärproduktion und Phytomasse (in Trockengewichten) verschiedener Formationstypen (Mittelwerte) (nach Whittaker 1975).

	Nettoprimär-produktivität t/ha/J.	Phyto-masse t/ha
Tropische Regenwälder	22	625
Regengrüne Monsunwälder	16	350
Temperate Regenwälder	13	600
Sommergrüne Laubwälder	12	300
Boreale Nadelwälder	8	200
Waldsteppen, Hartlaubgeh.	7	60
Savannen	9	40
Temperate Steppen	6	16
Tundren	1,4	6
Halbwüsten und Dorngeb.	0,9	7
Extreme Wüsten	0,07	0,2
Kulturland	6,5	10
Sümpfe und Marschen	22	150

Wie schon erwähnt, ist im Vergleich zum Tieflandsregenwald die Struktur des tropischen Bergwaldes einfacher. Die Bestände sind max. 35 m hoch, einzelne überstehende Bäume und Baumgruppen (Emergenten) sind selten und nur im submontanen Bereich vorhanden, Fiederblätter kommen nur vereinzelt vor, gegen die subalpine Stufe wird die mikrophylle Beblätterung häufiger. Stützwurzeln, Kauliflorie und freihängende Lianen sind selten bis fehlend, dagegen sind epiphytische Gefäßpflanzen und Kryptogamen, v. a. Moose, oft aspektbestimmend.

Wie in den übrigen Bergregenwäldern der Erde, nimmt mit zunehmender Höhe der Epiphytenreichtum zu (v. a. Farne, Lebermoose) und erreicht in der Nebelwaldstufe das Maximum (Abb. 9-6). Inzwischen gibt es über die stammepiphytischen Laub- und Lebermoose der drei Tropengebiete vergleichende pflanzensoziologische Studien und Strategieanalysen, die eine parallele Evolution der Gesellschaftsstruktur und der Lebensstrategien aufzeigen (Literatur s. 8.2.3 und Kürschner 1990, 1995, Kürschner & Parolly 1998a,b, Abb. 8-5).

In den gebirgigen Osttropen sind Bergregenwälder häufig, in Afrika weniger verbreitet. Sie kommen dort in Kamerun, am Ostrand des Kongobeckens und in Rwanda vor (z. B. Biedinger & Fischer 1996, Fischer 1996). Der Anden-Ostabhang (Abb. 9-63) ist bisher kaum bearbeitet. Eine Ge-

Abb. 9-6: Nebelwaldstufe. Massenentfaltung tropischer Lebermoossippen (*Plagiochila* spp., *Herbertus* spp.). Mt. Kahuzi, Ost-Zaire. (Foto Frey.)

samtdarstellung der tropischen Regenwälder gibt Whitmore (1993, 1998).

Die explosionsartige Entfaltung der Angiospermen an der Wende von der Unter- zur Oberkreide leitete die Entstehung der heutigen tropischen Regenwälder ein, in denen die Angiospermen dominieren. Im Tertiär waren tropische Floren weit bis in die nördlichen Regionen verbreitet (s. 5.7.2), die heutige relativ artenärmere afrikanische und australische Tropenflora wird auf das deutlich trockenere Klima der damaligen Zeit in diesen Regionen zurückgeführt. Während der Kaltzeiten des Pleistozäns sanken die Jahresmitteltemperaturen in den heutigen Tropenregionen um etwa 8 °C ab (Frenzel et al. 1992). Dies bewirkte den Rückzug der immergrünen tropischen Regenwälder auf inselhafte Restwaldgebiete, die von halbimmergrünen Regenwäldern umgeben waren. In den Interglazialen dehnten sich die immergrünen Wälder wieder aus. Die pleistozänen Refugien, ermittelt aufgrund von Endemitenzentren von Vögeln, Schmetterlingen, Eidechsen und Angiospermen, liegen im tropischen Südamerika in den Randgebieten des Amazonasbeckens. In Afrika werden als Rückzugsgebiete Regionen in Oberguinea, in Kamerun/Gabun und am östlichen Rand des Kongobeckens angenommen, in der Osttropis sind es Randgebiete der Gebirgssysteme (Whitmore 1998).

Von großer faunen- und florengeschichtlicher Bedeutung ist in den Osttropen eine der schärfsten zoogeographischen Trennlinien, die **Wallace-Linie**, die den Malayischen Archipel in zwei Teile aufteilt. Sie verläuft zwischen Borneo und Sulawesi (Celebes) und stellt die Grenze zwischen der asiatischen und australasiatischen Fauna (und Flora) dar. Sie ist benannt nach A. R. Wallace (1823–1913), der diese Grenzlinie entdeckte (Wallace 1860) und unabhängig von Darwin die Veränderlichkeit und die Entstehung neuer Arten aufzeigte. Pflanzengeographisch kann sie z. B. an der Verbreitung der Koniferen dargestellt werden. Die Pinaceen repräsentieren den Laurasia-Anteil, die Podocarpaceen den Gondwanaland-Anteil (Whitmore 1981, 1998).

Der tropische Regenwald ist in seinen ursprünglichen Verbreitungsgebieten durch Wanderfeldbau (shifting cultivation) und v. a. durch großflächige Rodungen und das Abbrennen von Waldgebieten zur Gewinnung von Weideland und Flächen für Tee-, Kakao-, und Ölpalmenanbau sowie durch massiven Holzeinschlag (Abb. 9-7, 9-8) bedroht. Die Brandrodung riesiger Waldgebiete ist auch mitverantwortlich für einen erheblichen Teil der steigenden CO_2-Konzentration und für eventuelle Klimaänderungen.

Seit Jahrhunderten wird in den tropischen Gebieten der Wanderfeldbau praktiziert. Um Ackerflächen zu erhalten, werden Waldflächen entweder abgeholzt und anschließend das trockene Holz verbrannt oder die Ackerflächen entstehen durch Brandrodung. Das Feuer setzt die in den Gehölzen gebundenen mineralischen Nährstoffe frei, die dann von den anschließend angepflanzten Kulturarten aufgenommen werden können. Eine bis zwei Ernten trägt der Boden, dann nimmt der Ertrag ab und die Bauern verlassen den Standort. Ein Sekundärwald breitet sich aus, der nach sieben bis zehn Jahren wieder abgebrannt wird.

Die tropischen Kulturpflanzen werden heute weltweit kultiviert. Ursprünglich paläotropisch (einschl. der subtropischen Zonen) sind Reis, Zuckerrohr, Tee, Kaffee, Zimt, Pfeffer, Ingwer, Kokosnuss und die Banane, ursprünglich neotropisch Kartoffel, Mais, Maniok, Süßkartoffel, Kakao, Paprika, Erdnuss, Tomate und Kürbis. Aus beiden Regionen kommen die Stammpflanzen der Baumwolle. Nach großflächigem Anbau sind viele tiefgründige Ferralsole (Rotlehmböden) oftmals irreversibel verhärtet und damit für die weitere Nutzung unbrauchbar (Scheffer & Schachtschabel 2002).

Abb. 9-7: Durch Brandrodung zerstörte Flächen tropischen Regenwaldes, oberer Tieflandsregenwald; Malaya, Malaysia. (Foto Frey.)

Abb. 9-9 gibt die Nährstoffkreisläufe in einem submontanen Bergwald wieder. Durch Regenwasser und Aerosole, das sind in der Luft verteilte Schwebstoffe wie Rauch oder Nebel, werden Nährstoffe eingetragen. Ein kleiner Teil der Nährstoffe gelangt mit dem Regenwasser an den Stämmen herab auf den Waldboden, ein größerer Teil dorthin direkt durch den Bestand. Dabei werden aus den Blättern Mineralien ausgewaschen, deren Konzentration daher höher ist als im frei fallenden Regen. Der Anstieg des Stickstoffgehalts dürfte auf der Auswaschung Stickstofffixierender Algen beruhen, die auf den Blattflächen siedeln. Ein weiterer Teil gelangt mit herabfallender Feinstreu, Pflanzenteilen und Pflanzen (Epiphyten) auf den Waldboden, zusätzlich findet Nährstoffeintrag über den Abbau von Bodenmineralien statt (Verwitterung). Die mineralischen Nährstoffe werden von den Pflanzen über die Wurzeln aufgenommen oder ausgewaschen und gelangen dann in die Bäche und Flüsse. Damit ist der Kreislauf geschlossen. Die meisten Wurzeln befinden sich in den obersten 10 bis 30 Zentimetern des Bodens, außerdem sind die meisten Baumarten mit Mykorrhizapilzen assoziiert, die die Aufnahme von Nährstoffen, besonders von Phosphor und Wasser, erleichtern.

Abb. 9-8: Waldzerstörung und Abtransport tropischer Harthölzer auf Nord-Borneo. (Foto Frey.)

Eine große Zahl an Monographien und Einzeldarstellungen ist über den tropischen Regenwald erschienen, so überregional z. B. Vareschi (1980), Lieth & Werger (1989), Whitmore (1993, 1998), Hamilton et al. (1995), Orians et al. (1996), Newberg et al. (1998), Goldsmith (1998) und Bremer (1999); regional z. B. Amazonien: Jordan (1987), Milliken & Ratter (1998), Network RAINFOR Malhi et al. (2002); Guyana: Ek (1997); Südostasien: Okuda et al. 2003; Sri Lanka: Werner (1984); Sumatra: Laumonier (1997); Samoa: Whistler (2002); Australien: Adam (1994), Bowman (2000); Hinterindi-

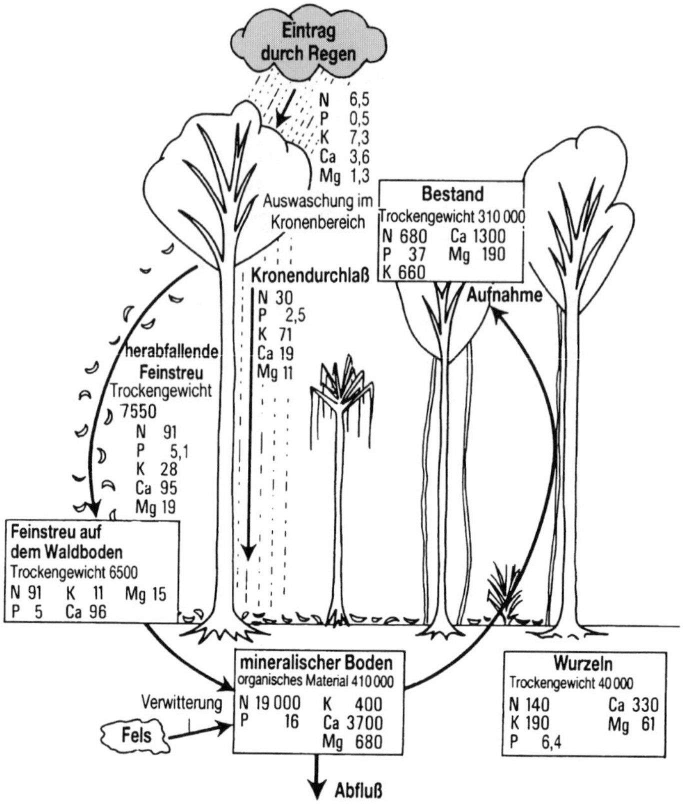

Abb. 9-9: Kreislauf der anorganischen Nährstoffe in einem submontanen Bergregenwald Neuguineas. Werte in kg/ha/J. (Nach Whitmore 1998.)

en: Whitmore (1993); Ostafrika: Lovett & Wasser (1993); tropische pazifische Inseln: Mueller-Dombois & Fosberg (1997); über Entwaldung, Biodiversität und Erhaltung: z. B. Whitmore & Sayer (1992), Churchill et al. (1995), Bruenig (1996) und Wagner (1999); Lebensformen: Liede & Lücking (2001); funktionelle Typen von Regenwaldbäumen: Gitay et al. (1999); Vegetation der ‚Inselberge': z. B. Porembski & Barthlott (2000), s. 9.1.2; Epiphytenstruktur des Kronenbereichs: (tree canopy): z. B. Wolf (1995), Linsenmaier et al. (2001).

Mangroven

Mangroven sind Gehölzformationen im Gezeitenbereich tropischer, seltener subtropischer Meeresküsten. Die im subtropischen Bereich strauchigen, im tropischen Bereich oft bis zu 20 m hohen Baumgesellschaften werden zweimal am Tag von Salzwasser, dessen Konzentration etwa 35‰ beträgt, bis zum Kronenbereich überflutet und fallen bei Niedrigwasser trocken, wobei auch die unteren Teile der Stämme sowie die Stelz- und Atemwurzeln trocken liegen (Abb. 9-10).

Bevorzugte Siedlungsorte sind tonig-sandige Schlickböden im Gezeitenbereich an geschützten Meeresküsten, Buchten, Lagunen und in Flussmündungen. Unter regional-ökologischen Kriterien wird zwischen **Küstenmangroven**, die an flachen Küsten wachsen und lediglich bei Regen dem Süßwassereinfluss ausgesetzt sind (Abb. 9-10, 9-11), **Flussmündungs-Mangroven** mit ihrem ausgeprägten Salinitätswechsel und **Riffmangroven** auf toten Korallenriffen unterschieden. V. a. Küstenmangroven weisen im Boden vom offenen Meer zur landnahen Sandfläche bzw. Lagune hin einen zunehmenden Salzgehalt auf. Dies bedingt eine Zonierung der Arten entsprechend ihrer zunehmenden Salzresistenz. Der landseitige Streifen ist im trockeneren Monsunklima und in den ariden Subtropen wegen der hohen Verdunstung und der damit verbundenen starken Salzkonzentration meistens vegetationslos (Abb. 9-11), in perhumiden Gebieten dagegen mit Brackwasserarten besiedelt, wie z. B. dem einzigen salzhaltige Habitate besiedelnden Farn *Acrostichum aureum*.

Die Verbreitung der Mangroven reicht vom äquatorialen Kerngebiet (Abb. 9-1) bis an die Grenze der warm-gemäßigten Zonen. Die nördlichsten Fundorte liegen auf der Nordhalbkugel im Golf von Aqaba und im Persisch-Arabischen Golf (29° N) (Frey et al. 1985) sowie auf den Bermuda-Inseln (32° N), auf der Südhalbkugel bei 37° S auf der Nordinsel von Neuseeland und bei 29° S in Brasilien. Die nördlichsten und südlichsten Außenposten werden von *Avicennia marina* eingenommen.

Am Aufbau der Mangroven sind bis zu 25 halophile Gehölzarten beteiligt. Den größten Artenreichtum weist die östliche Mangrove an den Küsten des Indischen Ozeans sowie an den Westküsten des Pazifischen Ozeans mit einer optimalen Entwicklung um den

Abb. 9-10: Subtropische Küstenmangrove im Golf von Aqaba. *Avicennia marina* mit Atemwurzeln. (Foto Frey.)

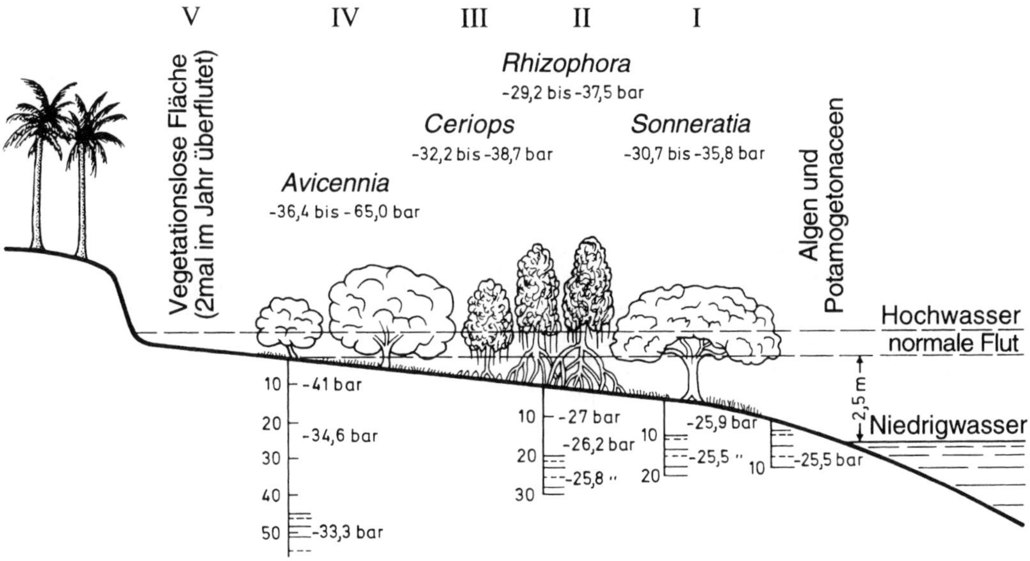

Abb. 9-11: Zonierung einer Küstenmangrove an der ostafrikanischen Meeresküste. I *Sonneratia alba*-Zone, II *Rhizophora mucronata*-Zone, III *Ceriops candolleana*-Zone, IV *Avicennia marina*-Zone, V vegetationslose Sandfläche. Die Zahlen (in bar) beziehen sich auf die höchste bzw. geringste Konzentration der Blattzellsäfte und der Bodenlösungen (in verschiedener Tiefe, in cm; gestrichelt: Grundwasserstand bei Ebbe). (Nach Walter 1990 und Strasburger 1991.)

Äquator in Indonesien, Neu-Guinea und den Philippinen auf. Bekannte Mangrove-Gattungen sind hier *Rhizophora* (pantropisch), *Bruguiera* und *Ceriops* (tropisches Asien und Afrika) sowie *Kandelia* (auf Südostasien beschränkt), alle den Rhizophoraceen angehörend, *Sonneratia* (Sonneratiaceae, östl. Afrika bis Neu-Guinea) und *Avicennia* (Verbenaceae, weltweit). Die westliche Mangrove an den atlantischen Küsten Afrikas und Südamerikas und der Karibik ist wesentlich artenärmer. *Rhizophora*- und *Avicennia*-Arten, *Laguncularia racemosa* (Combretaceae, atlantisches Südamerika und Afrika) und *Pelliciera rhizophorae* (Pelliciераceae, pazifisches Südamerika) sind Beispiele.

Es ist wahrscheinlich, dass in beiden Großräumen, sowohl dem indo-malayischen als auch dem atlantischen, Mangrovesippen parallel entstanden sind, da der Wanderweg über die tropische Tethyszone nur bedingt möglich war (Abb. 5-4.3). Andererseits lassen neueste molekulare Analysen (Dodd. et al. 2002) erkennen, dass es sich z. B. bei dem an der tropischen westafrikanischen Küste bzw. den tropischen Küsten Mittel- und Südamerikas verbreiteten Artenpaar *Avicennia africana* – *A. germinans* um ein und dieselbe Art, *A. germinans*, handelt. Offen bleibt jedoch weiterhin, ob es sich um eine sehr alte Art handelt oder ob eine Ausbreitung über den Atlantik und durch den mittelamerikanischen Isthmus erfolgte. Offensichtlich konvergent entstanden sind die spezifischen Anpassungen an das salzhaltige Habitat, wie Salzdrüsen, Stelzwurzeln zur Befestigung der Pflanzen im Schlick, Atemwurzeln als Anpassung an den sauerstoffarmen oder -freien Boden. Die Atemwurzeln besitzen luftdurchlässige Bezirke im Korkgewebe, die unbenetzbar und deshalb wasserundurchlässig sind. Bei untergetauchten Atemwurzeln wird O_2 in den Interzellularen durch Atmung verbraucht, das entstehende CO_2 entweicht sofort ins Wasser. Der entstehende Unterdruck bewirkt, dass beim Auftauchen der Atemwurzeln sofort wieder Luft in die Interzellularen einströmt. Einige Arten weisen außerdem echte Viviparie auf. Auf der Mutterpflanze keimt der Embryo und hängt dann mit der Radicula und dem mächtig entwickelten Hypocotyl (bis 1 m) aus der Frucht herab. Damit wird der Keimling nach dem Abfallen im Schlick verankert (z. B. bei *Rhizophora* spp.).

Ausführliche Darstellungen der Mangrove liegen z. B. von Tomlinson (1994), Mastaller (1997), Wolanski et al. (1997), Hogarth (1999), Dodd (2000) und Lacerda (2002) vor.

9.1.2 Tropische halbimmergrüne Regenwälder, regengrüne Monsunwälder und Savannen

Bei Jahresniederschlägen unter 2000 mm und kurzen Trockenperioden (2 Monate mit weniger als 60 mm Niederschlag) gehen in den Tropen die immergrünen Regenwälder in **halbimmergrüne Regenwälder** und bei regelmäßigen Trockenzeiten über mehrere Monate (weniger als 60 mm Niederschlag je Monat) bzw. im Monsunklima in regengrüne **Saison**- bzw. **Monsun- und Trockenwälder** über (Abb. 9-1, Tab. 9-2). Das Klima wird im Verbreitungsgebiet dieser Wälder als humidoarid bezeichnet.

Beim Auftreten von ausgeprägten Regen- und Trockenzeiten, die sich regelmäßig abwechseln, kommt es mit dem Beginn der Trockenzeit zum Laubabwurf. Die Bäume treiben dann mit Beginn der Regenzeit wieder aus. Diese Regenwälder bilden das ökologische Gegenstück zu den Sommergrünen Laubwäldern (s. 9.1.6).

Der **halbimmergrüne Regenwald** ist ein geschlossener, hochwüchsiger Wald bis zu 45 m Höhe. Er umfasst immergrüne und v. a. im obersten Kronenstockwerk laubwerfende Baumarten, wobei bis zu zwei Drittel der Arten laubwerfend sind. Emergenten (Baumgruppen) und Überständer sind selten, Kauli- und Ramiflorie tritt in der Häufigkeit gegenüber dem immergrünen Regenwald zurück. Brett- und Stelzwurzeln kommen noch vor, Lianen und Epiphyten sind aspektbestimmend. Die Artenzahl ist hoch, allerdings geringer als im immergrünen Regenwald (Abb. 9-1, 9-3).

Halbimmergrüne Regenwälder treten am unteren Amazonas auf. Außerdem bilden sie, unter Einschluss des gesamten Kongobeckens, den größten Teil des afrikanischen Regenwaldes, wobei hier zu beachten ist, dass Trockenperioden so unregelmäßig auftreten, dass sie sich in den Langzeitdiagrammen nicht ausprägen (Whitmore 1993).

Die Übergänge zu den tropischen **Trocken- und Monsunwäldern** (Seasonally dry tropical forests, tropische Saisontrockenwälder) sind fließend und werden bei mehr als zwei Monate dauernder Trockenperiode im Jahr gezogen. Die Böden speichern während der Regenzeit so viel Wasser, dass sie in der Trockenzeit nicht ganz austrocknen. Tropische **Trockenwälder** mit ausgeprägtem Laubfall nahmen ursprünglich große Teile der tropischen Sommerregenzone in Mittel- und Südamerika sowie in Afrika ein (Abb. 9-1), zusammen mit dem halbimmergrünen Regenwald und den Monsunwäldern etwa 42 % der tropischen Waldfläche. Dieser Vegetationstyp ist aufgrund von Holzeinschlag, Brandrodung und Beweidung in weiten Gebieten verschwunden oder hochgradig gefährdet. Ungestörte Reste sind selten.

In Südamerika bedeckte dieser Waldtyp ursprünglich riesige Flächen des Mato Grosso und des Gran Chaco (Hueck 1966, Hueck & Seibert 1972, Schessl 1997, Prado 2000, Ratter et al. 2003). In Afrika nehmen diese Wälder nördlich und südlich des eigentlichen Kongobeckens potentiell große Flächen ein, sind aber nur südlich des Äquators in größeren Flächen erhalten geblieben. Die Miombo-Wälder reichen südwärts bis auf die Höhe des Sambesi-Flusses (17° S) und fallen dann wegen Frostempfindlichkeit aus. Die wichtigsten Baumarten sind *Brachystegia spiciformis*, *B. boehmii* und *Julbernardia globiflora* (Fabaceae) (Ernst 1971, Knapp 1973, Bullock et al. 1995, Lovett & Wasser 1995).

Der **Monsunwald** ist ein überwiegend laubwerfender, regengrüner Wald der Monsungebiete mit zwei Baumschichten. Das obere Stockwerk erreicht 25–35 m Höhe und ist in der Trockenzeit völlig entlaubt, die immergrüne Strauchschicht häufig mit Bambus durchsetzt. Die Monsunwälder hatten ursprünglich ihre größte Ausdehnung auf dem indischen Subkontinent und in Hinterindien, kleinere Gebiete gibt es in Nord-Australien (Russel-Smith et al. 1993). Große Flächen des Monsunwaldes sind in Kulturland, Dornsavanne oder anthropogen bedingte Halbwüste umgewandelt worden. Eine Darstellung der aktuellen Verbreitung des Monsunwaldes im tropischen kontinentalen Südasien geben Blasco et al. (1996). Gebunden sind diese Wälder an das charakteristische Monsunklima mit dem regenbringenden Sommermonsun der äquatorialen Westwindzone. Da dieser vorher über weite, erwärmte Meeresflächen streicht, ist er feucht-warm und bringt den Landflächen starke Niederschläge (Abb. 9-12). In Nordaustralien und im östlichen Ostafrika sind die Monsunerscheinungen weniger deutlich.

Die ungünstige Wasserbilanz während der Trockenzeiten prägt sich im Laubfall, der geringeren Höhe der Wälder und in kleineren Blattflächen aus. Die Phytomasse (350 t/ha) und die Nettoprimärproduktivität (16 t/ha/J.; jeweils Trockengewicht, Tab. 9-3) sind deutlich niedriger als in den immergrünen tropischen Regenwäldern. Wichtigstes Nutzholz dieser Wälder ist der Teakbaum (*Tectona grandis*, Verbenaceae), daneben liefern *Shorea robusta* sowie *Dalbergia*- und *Terminalia*-Arten wichtige Wirtschaftshölzer.

Bei weiter abnehmenden Niederschlägen (< 1500 mm/J.) und längeren und ausgeprägteren Trockenperioden (semi- bis subarides Klima) gehen die Trocken- und Monsunwälder in die (sub)**tropischen Grasländer** über. Den Boden bedecken hohe, horstbildende, xeromorphe Gräser und Kräuter, deren oberirdische Teile während der Trockenzeit verdorren. Eingestreut sind einzeln oder gruppenweise stehende xeromorphe Bäume und Sträucher. Diese homogenen Pflanzengemeinschaften aus zerstreut stehenden Holzpflanzen (Bäume, Sträucher) in einer mehr oder weniger geschlossenen Grasschicht mit krautigen Sippen werden als **Savannen** bezeichnet. Sie können klimatisch oder edaphisch (z. B. durch Verdichtungshorizonte) bedingt sein. Gräser und Gehölze sind zwei antagonistische Pflanzentypen, die sich, weltweit gesehen, meistens ge-

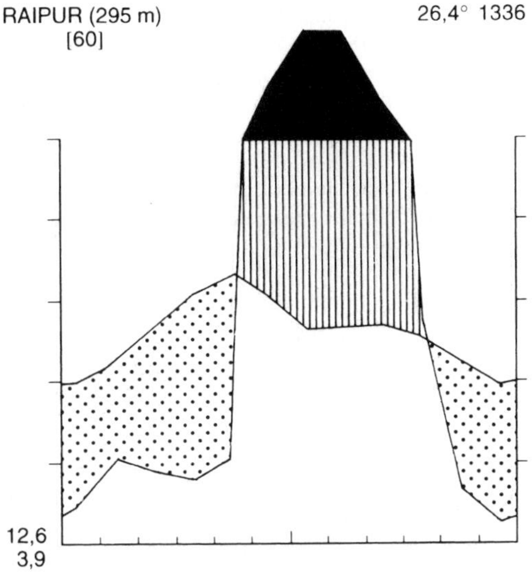

Abb. 9-12: Klimadiagramm aus dem potentiellen Verbreitungsgebiet des Monsunwaldes; Raipur, Indien. (Nach Walter et al. 1975.)

genseitig ausschließen. Nur in den Tropen mit Sommerregen und auf tiefgründigen lehmigen Sanden stehen sie miteinander im ökologischen Gleichgewicht. Der Gegensatz beruht auf den Unterschieden im Wurzelsystem und im Wasserhaushalt. Die Gräser besitzen ein feinverzweigtes intensives Wurzelsystem, das die oberen Bodenschichten sehr dicht durchwurzelt und aus dem während der Vegetationszeit Haftwasser aufgenommen werden kann. Im Gegensatz dazu haben die Gehölze ein extensives Wurzelsystem, das grobe und v. a. steinige Böden durchwurzelt und mit dem auch in den Trockenzeiten aus tieferen Bodenschichten Wasser aufgenommen werden kann. Gräser zeigen bei günstiger Wasserversorgung hohe Photosyntheseraten und Produktion organischer Substanz. Die Trockenzeiten überdauern oft nur die Vegetationskegel und das Wurzelsystem, während die Gehölze einen ausgeglichenen Wasserhaushalt besitzen und die Trockenzeiten durch arido-aktives Verhalten (Einschränkung der Transpiration, Blattabwurf u. a.) überdauern. Hierdurch entsteht ein ökologisches Gleichgewicht, das vorzugsweise auf der Ausnutzung der Bodenhorizonte durch die Wurzelsysteme beruht (Abb. 9-13). Verbunden hiermit sind bei den Gehölzen relativ niedrige Stämme und dickere Borken; die Blätter sind stark xeromorph.

Nach den klimatischen Gegebenheiten und anthropozoogenen Einflüssen werden **Feucht-**, **Trocken-** und **Dornsavannen** unterschieden. Auf dem afrikanischen Kontinent sind diese Formationen großflächig vertreten (Abb. 9-1). Auffallend sind u. a. der afrikanische Affenbrotbaum (*Adansonia digitata*, Bombacaceae) mit seinem wasserspeichernden Stamm oder *Combretum*-Gehölze (Combretaceae) und niedrige „Schirmakazien" (*Acacia* spp., Mimosaceae) mit in einer Ebene verzweigten Kronen. Diese *Acacia*-Arten und Gräser sind in den sog. „Dornsavannen" Afrikas (Abb. 9-14) die wichtigste Nahrungsgrundlage für die Huftierpopulationen.

In Südamerika sind die Llanos am Orinoco, Teile des Gran Chaco-Gebietes und die Campos cerrados savannenartige Landschaften; in den Feuchtsavannen der erstgenannten beiden Regionen wird die Baumkomponente von einigen Palmenarten gestellt (u. a. *Copernicia* spp.) Schwer einem Vegetationstyp zuordnen lassen sich die mimosaceen- und cactaceenreiche Caatinga Nordost-Brasiliens, die in Abb. 9-1 als von Dornbaum- und Sukkulentenwäldern besiedelt eingetragen ist, sowie Dornstrauch- und Sukkulentenformationen, ferner die zur Paläotropis gehörenden ariden Gebiete in Namibia, Süd-Madagaskar, Nord-Kenia, West-Äthiopien, Somalia und auf Sokotra (mit den Stammsukkulenten *Adenium socotranum*, Apocynaceae; *Dendrosicyos socotrana*, Cucurbitaceae und *Dracaena cinnabari*, Dracaenaceae; Mies 1999).

Im Gebiet der Savannenlandschaften schließen sich die Bäume entlang den Flussniederungen zu **Galeriewäldern** zusammen. Auf sehr ebenem Gelände bilden sich Parklandschaften mit einem Mosaik von Waldinseln in der offenen Graslandschaft aus. Eine besondere Ausbildung ist die **Termitensavanne**, in der sich auf den Termitenhaufen Bäume ansiedeln.

Neben den natürlichen Savannen gibt es im Verbreitungsgebiet der regengrünen Trockenwälder große Flächen anthropogen bedingter Savanne (sekundäre Savanne). Dabei kann das regelmäßig zum Ende der Vegetationsperiode gelegte Feuer der entscheidende habitatprägende Faktor sein, oder durch starke Beweidung ein Dornbusch bzw. eine futterarme Dornstrauchsavanne entstehen. Die noch natürlichen Savannenlandschaften sind heute zunehmend durch Ackerbau,

Abb. 9-13: Wurzelsysteme in einer Baumsavanne (Dornsavanne). (In Anlehnung an Walter & Breckle 1991c.)

Abb. 9-14: Dornsavanne in Ostafrika. (Foto Hilger.)

Brennholzgewinnung und Überweidung bedroht.

Weiterführende Literatur: z. B. Bourlière (1983), Scholes & Walker (1993), Solbrig et al. (1996), Newbery et al. (1998), Bremer (1999), Klötzli (2000), Wittig et al. (2000) und Walther (2002).

Im Gebiet der Regenwälder, Trockenwälder und Savannen, aber auch in den temperaten Zonen und in den Wüstengebieten, gibt es **Inselberge**. Dies sind beinahe substratfreie, Millionen Jahre alte, aus Graniten, Gneisen oder Sandsteinen bestehende steilwandige isolierte Berge oder Berggruppen, die aus dem gleichen Gestein bestehen wie ihre – niedrigere – Umgebung. Sie stellen von der Abtragung noch nicht erfasste Restberge dar, sind mikroklimatisch und edaphisch „aride Inseln" und tragen eine von der Umgebung stark abweichende Vegetation. Diese gliedert sich in Habitatfragmente (z. B. Monokotyledonen-Matten, Felsrinnsalfluren, Sickerfluren), die weltweit physiognomisch identisch, jedoch vom Arteninventar durch die verschiedenen Florenregionen sehr unterschiedlich sind. Z. B. ergab ein Vergleich der Vegetation von 100 Inselbergen an der Elfenbeinküste, dass die Diversität von der Savanne zum tropischen Regenwald hin abnimmt. Besondere Anpassungen sind dort „Schopfrosettenbäume" bei Cyperaceen (z. B. *Afrotrilepis pilosa, Microdracoides squamosus*) und bei Velloziaceae (z. B. *Vellozia variegata, Xerophyta pinifolia*), bei denen die Wurzeln ein den Orchideen vergleichbares Velamen radicum zur schnellen Wasseraufnahme aufweisen (Porembski & Barthlott 1995). Die Inselberge im atlantischen brasilianischen Tieflandswald zeichnen sich dagegen durch eine höhere floristische Diversität und zahlreichere Endemiten aus. Es herrschen Bromeliaceen (*Alcantarea* spp., *Encholirium* spp.), Velloziaceae (*Vellozia* spp.), Cactaceae (*Coleocephalocereus* spp.) und die Cyperaceen-Gattung *Trilepis* vor. Eine zusammenfassende (fast) weltweite Darstellung der Ökologie der Inselberge erfolgte durch Porembski & Barthlott (2000).

Zu den Inselbergen i. w. S. sind auch die Sandsteinformationen am westlichen Steilabbruch vom Jordanischen Plateau zum Wadi Arava (Jordanien) zu rechnen, die eine Vielzahl von mediterranen Reliktarten und Endemiten beherbergen, die dort wohl feuchtere klimatische Bedingungen überdauert haben. Diese sind floristisch reicher als die Inselberge des Negev und des Sinai (Danin 1999a,b).

9.1.3 Subtropische Wüstenvegetation

Unter **Wüsten** werden strukturell ganz verschiedenartige Gebiete zusammengefasst. Allgemein versteht man darunter durch Trockenheit, Kälte oder ungünstige edaphische Faktoren, wie Salzgehalt, geprägte Landschaften mit lückiger, kontrahierter oder vollständig fehlender Vegetation. Nach klimatischen, edaphischen und anthropozoogenen Faktoren wird zwischen Trockenwüsten der Subtropen und der gemäßigten Zonen, den Kältewüsten im Hochgebirge und den polnahen Bereichen der Erde, den Nebelwüsten und den anthropogen entstandenen Wüsten unterschieden. Nach der Ausbildung der Vegetation gliedert man bei den Trockenwüsten die Halbwüsten mit lückiger, aber noch weitgehend gleichförmiger Verteilung der Pflanzenindividuen von den Vollwüsten (eigentliche Trockenwüsten, Abb. 9-1) ab, in denen die Vegetation auf

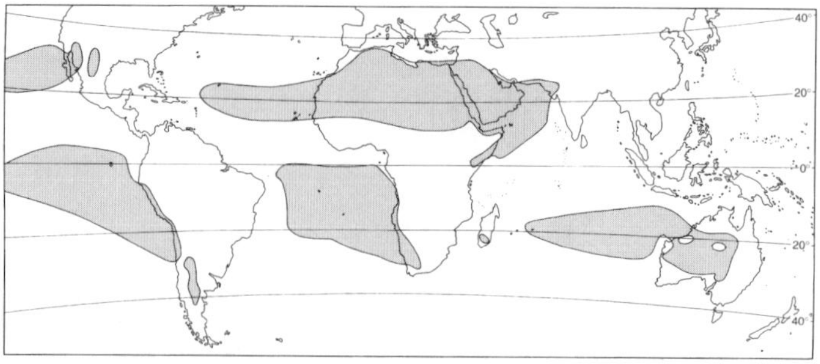

Abb. 9-15: Subtropische aride Klimagebiete der Erde. (Nach Logan 1968.)

die wenigen Stellen mit etwas günstigerer Wasserversorgung (flache Senken, Wadis u. a.) beschränkt bleibt.

In diesem Kapitel werden die **Wüsten der subtropischen Wüstenzone** (Abb. 9-15) behandelt, denen eine kalte Winterzeit fehlt, in 9.1.7 die der gemäßigten Zone mit sehr kalten Wintern und in 9.1.10 die Kältewüsten.

Gemeinsam sind den subtropischen Wüsten die geringen und von Jahr zu Jahr stark schwankenden Niederschläge (Abb. 9-16), die unter 250 mm liegen sowie eine sehr hohe potentielle Evaporation. Die Niederschläge gehen dabei oft als starke, örtlich begrenzte Regengüsse nieder.

Nach der Verteilung der Niederschläge lassen sich die subtropischen Wüsten weiter unterteilen (Subzonobiome i. S. v. Walter 1990):

1. Mit zwei Regenzeiten: Sonora-Wüste, Karoo-Wüste

Die Sonora-Wüste mit einer Gesamtfläche von rund 300000 km^2 erstreckt sich von 25° N bis 35° N beiderseits des Golfs von Kalifornien. Charakteristisch sind die „Wälder" aus Säulen- oder Kandelaberkakteen (z. B. *Carnegia gigantea* und *Pachycereus pringlei*), deren Areal sich mit dem der Wüste deckt, endemische *Fouquieria*-Arten (Fouquieriaceae) und die großen Bestände des Kreosotbusches (*Larrea tridentata*, Zygophyllaceae) (Turner et al. 1995).

Die Karoo in Südafrika umfasst die Trockengebiete südlich des Oranje-Flusses. Zwei Regenzeiten im Frühjahr und Herbst mit höchstens 300 mm Jahresniederschlag begünstigen die Arten- und Formenfülle v. a. von Sukkulenten. Im Südteil geht mit zunehmenden Winterregen die paläotropisch geprägte Karoo fließend in das Florenreich der Capensis über (s. 3.3.2.4, 9.1.4). Regional und standörtlich verschieden prägen Großsukkulenten aus den Gattungen *Euphorbia*, *Portulacaria*, *Cotyledon*, Kleinsukkulenten aus den Familien der Liliaceen s. l., Crassulaceen und Asclepidiaceen und v. a. Vertreter der *Mesembryanthemum*-Gruppe das Bild der Vegetation. Hinzu kommen Zwergsträucher (v. a. Asteraceen, der Kapflora angehörend) und in Trockentälern kleine Holzpflanzen der Gattungen *Rhus*, *Acacia* und *Ziziphus* (paläotropisch). Zur Vegetation Südafrikas vgl. Cowling et al. (1996a).

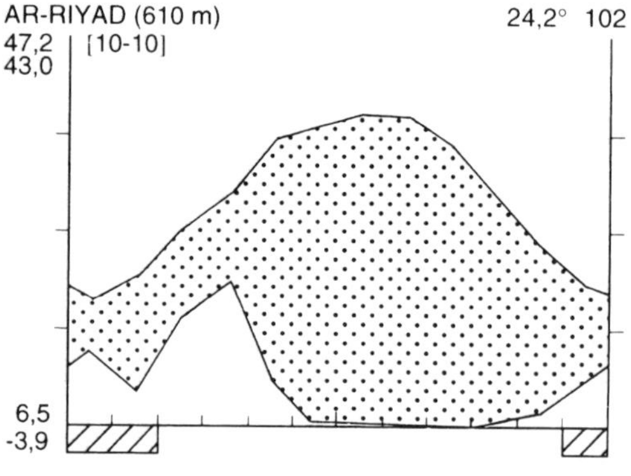

Abb. 9-16: Klimadiagramm von ar-Riyadh, Saudi-Arabien, mit Winter- und Frühjahrsregen. (Nach Baierle & Frey 1986.)

2. Mit einer Winterregenzeit: nördliche Sahara, vorderasiatische heiße Wüsten

Die Sahara ist die größte Einzelwüste der Erde. Sie lässt sich aufgrund der Niederschlagsverteilung in zwei Zonen untergliedern, die nördliche und die südliche Sahara. Die nördliche Sahara erhält spärliche Regen, die 100–200 mm im Jahr betragen. Dieses Wüstengebiet setzt sich über die Sinai-Halbinsel, den Negev (Abb. 9-17), die Arabische Halbinsel bis ins Mesopotamische Tiefland (Baghdad) und an den Fuß des Zagrosgebirges fort und geht fließend in die Wüstenregionen der gemäßigten Zone mit kalten Wintern (s. 9.1.7) über. Als Grenze gilt die Verbreitungsgrenze der produktiven Dattelpalmenkultur *(Phoenix dactylifera)*.

Mit 1100–1200 Arten ist die Flora der Sahara artenarm. Mit der arabischen Region bildet die nördliche Zone der Sahara eine florengeographische Einheit, die saha-

Abb. 9-17: *Acacia tortilis*-Gesellschaft mit *Ochradenus baccatus* und *Zilla spinosa* im Wadi Arava und angrenzenden Reg-Flächen des Negev (Israel). (Foto Frey.)

ro-arabische Florenregion, deren Diversität niedrig ist (Abb. 9-1). Einen eigenen floristischen Grundstock bilden u. a. die Gattungen *Retama* (Fabaceae), *Reaumuria* (Tamaricaceae), *Suaeda* (Chenopodiaceae), *Gymnocarpos* (Caryophyllaceae), *Fagonia*, *Zygophyllum* (Zygophyllaceae) sowie *Moricandia* und *Zilla* (Brassicaceae). Physiognomisch treten besonders nach ausgiebigeren Winter- und Frühjahrsniederschlägen oft flächendeckend ephemere Arten auf.

Literatur: z. B. Zohary (1973), Baierle et al. (1985), Frey & Kürschner (1989a,b), Ozenda (1991), LeHouérou (1995, 2001), Ghazanfar & Fisher (1998), Danin (1999b), Danin & Orshan (1999), Deil (2000), Batanouny (2001), Probst (2001), Anpassungsstrategien von annuellen Wüstenarten: Gutterman (2002).

3. Mit einer Sommerregenzeit: südliche Sahara, Sahel-Zone, Innere Namib, Sind- oder Thar-Wüste

Südlich der nördlichen Sahara schließt sich eine Übergangszone mit spärlichen Sommerregen an, die südliche Sahara, die fließend in die Sahelzone übergeht, die sich vom Atlantik bis zum Roten Meer erstreckt. In der Sahelzone fallen Sommerregen, die bei einer Dürrezeit von 8–10 Monaten im Norden 100–200 mm im Jahr, im Süden 400–500 mm betragen. Sie gehört zu den am stärksten überweideten Gebieten der Erde. Die Innere Namib in Südafrika erhält ab einer Entfernung von 50 km von der Küste regelmäßige Sommerregen von 50–100 mm im Jahr und weist bereits einen Poaceen-Bewuchs auf. Die Sind- oder Thar-Wüste im Grenzbereich von Indien und Pakistan war ursprünglich eine *Prosopis*-Savanne mit Dornsträuchern und Poaceen.

4. Mit seltenen Regenfällen zu verschiedenen Jahreszeiten

Hierzu zählt nur das aride Zentralaustralien, das jedoch wegen der unregelmäßig verteilten Niederschläge keine klimatische Wüste ist. Wüstencharakter besitzen nur Sanddünengebiete (Gibson-, Simpson-Desert). In den trockensten Teilen Australiens treten der ‚saltbush' *(Atriplex vesicaria)* und der ‚blue bush' *(Kochia sedifolia)*, beides Chenopodiaceen, auf (Groves 1994).

5. Fast regenlose Wüsten, mit häufigem Nebel: Peruanisch-chilenische Küstenwüste, Äußere Namib

Die Peruanisch-chilenische Wüste zieht sich von etwa 8° S bis etwa 28° S als schmaler Streifen an der Pazifikküste entlang. Bedingt ist die Wüstensituation durch den kalten Humboldt- oder Peru-Strom (Abb. 9-1, 9-3). Die Niederschlagsmengen liegen meist unter 50 mm im Jahr, und in den trockensten Teilen (Atacama, Nord-Chile) gehört das Gebiet zu den extremsten Wüsten der Erde (z. B. Arica, in 39 Jahren nur 4 Jahre mit mehr als 2 mm Regen, Jahresmittel 0,6 mm). In der peruanischen Wüste werden die Verhältnisse durch die regelmäßigen Küstennebel (Garua) stark abgemildert. Der Einfluss der Nebel ist an der Küste noch gering, nur hochspezialisierte *Tillandsia*-Arten, die einzigen bekannten homoiohydren Nebelpflanzen (Aerophyten, s. 8.1.2), überleben. In Höhen zwischen 200–600 m treten aufgrund des Tauniederschlags die Lomavegetation (Annuelle, Geophyten, vereinzelt Holzgewächse) und in Nordchile Kakteenbestände auf.

Eine extrem regenlose Wüste, aber mit sehr hoher Luftfeuchtigkeit durch Nebel (200 Nebeltage/Jahr) ist die Namib an der Südwestküste Afrikas, die durch den kalten Benguela-Strom bedingt ist. Die mittleren Jahresniederschläge liegen bei 9–27 mm. Ein- bis zweimal im Jahrhundert treten starke Regen auf, so z. B. 1934 bei Swakopmund 147 mm und 1976 118 mm bei einem Jahresmittel von nur 15 mm und etwa 40 mm Nebelniederschlag. Sträucher sind an die grundwasserführenden Trockentäler, die das Wasser guter Regenjahre speichern, gebunden (*Euclea*-, *Parkinsonia*-, *Acacia*-Arten). An Felshabitaten, wie auf den Inselbergen (s. 9.1.2), siedeln Sukkulenten (*Hoodia currorii*, *Aloë* spp.), auf Gesteinsrücken in Spalten die Blattsukkulenten aus der *Mesembryanthemum*-Gruppe und die lebenden Steine (*Lithops* spp., Aizoaceae). An der Grenze zur Inneren Namib kommt in flachen Erosionsrinnen *Welwitschia mirabilis* (Gnetopsida) vor. Insgesamt ist die Namib nicht artenreich, die Vegetationsverhältnisse und v. a. die Anpassungsmechanismen sind jedoch sehr differenziert (Werger 1978, Jürgens 1991, Willert et al. 1992, Olivier 1995, Herppich et al. 1997, Burke 2002).

6. Extreme Wüsten mit sehr seltenen, episodischen, schwachen Regenfällen

Hierzu gehören die fast vegetationsfreien Flächen der zentralen und östlichen Sahara (Libysche und Ägyptische Wüste) mit mittleren Jahresniederschlagsmengen unter 20 mm.

In den Wüsten mit weniger als 100 mm Jahresniederschlag tritt aufgrund der Wasserknappheit in der verkrusteten (s. u.) oder ganz fehlenden Bodenoberfläche keine die Flächen bedeckende Vegetation aus Phanerogamen mehr auf. Das oberflächlich abfließende Wasser sammelt sich in Abflussrinnen, Wadis und Senken, in denen die Vegetation „kontrahiert" auftritt **(kontrahierte Vegetation)** (Monod 1954).

Die extremen klimatischen und edaphischen Bedingungen, wie Niederschlagsarmut, große Temperaturgegensätze, Lufttrockenheit, starke Strahlungsintensität, Gefahr der Versalzung, fehlender Humus im Boden, starke Stürme und Bodenbewegungen, bedingten die Evolution spezifischer Anpassungen. Wesentlich sind:

1. Das Überdauern der extrem trockenen Zeiten, in den temperaten Wüsten auch der Winterkälte, im Samenstadium oder mit unterirdischen Überdauerungsorganen als Therophyten bzw. Kryptophyten (s. 8.1). Nach Regenfällen keimen bzw. entfalten sie sich rasch, blühen und fruchten. Therophyten und Geophyten zeigen vielfach keine weiteren Anpassungen.
2. Das arido-aktive Verhalten ermöglicht es den langlebigen Wüstenxerophyten, auch mit den sehr geringen Wassermengen die Trockenzeiten zu überstehen. Z. T. handelt es sich um Sukkulenten und teilweise um Arten mit CAM-Stoffwechselweg (CAM-Pflanzen). Daneben stellen die Lebensform des Zwergstrauches mit der Reduktion der assimilierenden Flächen während der Trockenzeit und die Horstgräser, bei denen während der Trockenzeit die Vegetationspunkte geschützt sind, entscheidende Anpassungen dar. Mit einem vielfach reich entwickelten Wurzelsystem bei den Ausdauernden können die geringen Wassermengen den Wüstenböden entnommen werden.
3. In den Wüsten sinken die Nettoprimärproduktion und die Phytomasse auf niedrigste Werte ab (70 kg/ha/J. bzw. 0,2 t/ha; jeweils Trockengewicht, Tab. 9-3).

Florengeschichtlich bedeutend ist, dass in den paläotropischen subtropischen (Halb-)Wüsten sukkulente Arten der Crassulaceae, Aizoaceae (*Mesembryanthemum*, *Lithops* u. a.), Asclepiadaceae und der Gattungen *Euphorbia* und *Aloë* auftreten, in den neotropischen die Cactaceae, Agavaceae *(Agave, Yucca)* und die terrestrischen Bromeliaceae.

In den subtropischen Wüsten unterscheidet man nach der Art der Verwitterungsprodukte zwischen Steinwüste (Hammada), Kies- bzw. Geröllwüste (Serir, Reg), Sandwüste (Erg), Tonwüste mit Tonpfannen (Dayas) und Salzwüsten mit Salzpfannen (Sebkhas). Letztere können nur in den Randbereichen von Halophyten besiedelt werden (u. a. *Atriplex*, *Salicornia*-, *Salsola*-, *Halocnemum*-Arten, Chenopodiaceae; Chapman 1974, Hammer 1986). Weiterführende Übersichten: Unesco (1979), Evenari et al. (1986).

Neben den natürlichen Wüsten gibt es solche, deren Wüstencharakter auf den Einfluss des Menschen zurückgeht (anthropogene Wüsten), wie z. B. Sind- oder Tharwüste. Diese Wüsten breiten sich am Rand von niederschlagsarmen Gebieten aus, häufig als Folge zu starker Nutzung, insbesondere durch Brandrodung, Überweidung und Ackerbau (Desertifikation). Dies führt zur Zerstörung der Bodenstruktur und zur Erosion durch Wind und Wasser. Die Dürrekatastrophe in der Sahelzone (1973/1974) rückte diese Problematik in das Bewusstsein der Weltöffentlichkeit (Unep 1992).

Die bei der Verwitterung entstehenden Salze werden nicht ausgewaschen und im abfließenden Wasser abtransportiert, sondern durch die Verdunstung an der Oberfläche angereichert. Besonders in Senken bedingt der überwiegend von unten nach oben aufsteigende und dort verdunstende Grundwasserstrom ein Anreichern bzw. Ausblühen von Salzen (NaCl, Na_2SO_4, Na_2CO_3, $MgSO_4$, $CaSO_4$ u. a.) und die Entstehung von

Salzböden (Weißalkaliböden, **Solonchake** [Solontschak], russ. sol = Salz). Die Bodenversalzung geht auch häufig auf unzulängliche Bewässerungsmaßnahmen zurück und hat in ariden Gebieten als Folge der starken Ausweitung der Bewässerung große Ausmaße angenommen. V. a. Vertreter der Chenopodiaceae, Zygophyllaceae und Tamaricaceae besiedeln versalzte Böden.

Die Böden der Wüsten sind humusarm sowie durch einen in der Regel alkalischen B-Horizont und ein arides Feuchteregime gekennzeichnet. **Yermosole** (span. yermo = Wüste) = Sierozeme (Grauerden) der subtropischen Wüstengebiete sind nahezu ganzjährig extrem trocken und fast vegetationsfrei; der A-Horizont ist meist extrem humusarm (< 1 %) und in der Regel mit Flugsand oder mit einem Pflaster aus Kieseln oder Steinen bedeckt, der B_V-Horizont ist in der Regel kalkreich und unterschiedlich stark mit Salzen angereichert. Bei den **Xerosolen** ist der Humusgehalt durch die schüttere, krautreiche Vegetation etwas höher. Sie unterliegen extensiver Beweidung; ackerbauliche Nutzung ist nur mit künstlicher Bewässerung möglich.

Biologische Bodenkrusten

Offene Flächen in Vegetationseinheiten werden oft von Krusten (Cyanobakterienfilme und -krusten), als **Biologische Bodenkrusten (Biological soil crusts)** bezeichnet, überzogen (Abb. 9-18). Krusten treten in Mitteleuropa z. B. in lückigen xerothermen Steppenrasen auf trockenen Kalk-

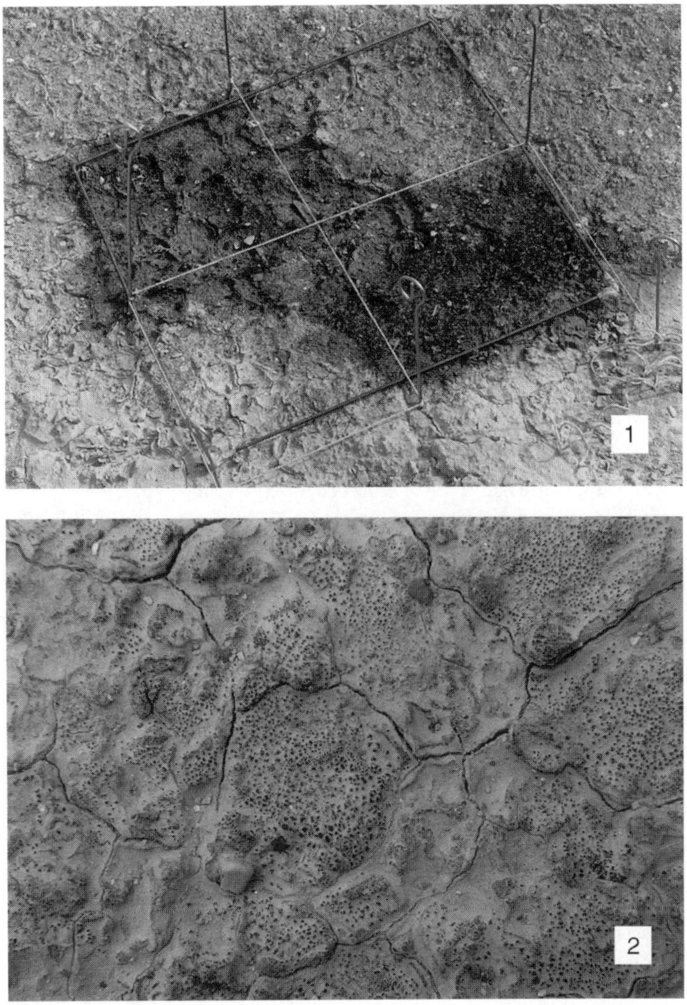

Abb. 9-18: Biologische Krusten auf lössüberwehten, gipsreichen Lisan-Mergeln am Toten Meer (–300 m) mit der Moosgesellschaft Crossidio laevipili-Tortuletum atrovirentis **1.** Aufnahmefläche, teilweise befeuchtet (Teilfläche 16 × 16 cm). **2.** Ausschnitt, mit „knospenförmigen" Moosen (*Crossidium crassinerve*, *Tortula atrovirens*, *Pterygoneurum crossidioides* und *Aloina bifrons*). (Fotos Frey.)

und Gipsböden, am Rand von Wäldern, auf exponierten Felsflächen und in alpinen Matten auf, weltweit z. B. in Offenwäldern, auf Felsflächen der Inselberge, auf Bodenflächen in der Antarktis und besonders in den Wüsten, Steppen und Savannen, wo höhere Pflanzen oft sehr weit auseinander stehen.

Bodenkrusten resultieren aus einer engen Verbindung zwischen Bodenpartikeln und Blaualgen (Cyanobakterien [Cyanophyceen]), eukaryotischen Algen, Mikropilzen, Cyano- und Phycolichenes (Blaualgenflechten und eukaryotische Algenflechten) und Moosen, welche in den obersten Bodenschichten, oft nur in den obersten Millimetern der Böden oder auf dem blanken Substrat mit jeweils wechselnden Anteilen siedeln. Beispiele an Sippen aus den jeweiligen Verwandtschaftskreisen (Verbreitung in Klammern) sind bei den Blaualgen *Microcoleus*-Arten (v. a. in ariden und semi-ariden Gebieten), *Macrochloris multinucleata* (arides Vorderasien), *Nostoc* spp., z. B. *Nostoc commune* (Europa), *Schizothrix ericetorum* (Savannen, Südamerika) und *Gloeocapsa* spp.; bei den eukaryotischen Algen coccale Arten der Gattungen *Chlorococcum*, *Macrochloris* und *Stichococcus*; *Zygogonium ericetorum* (Mitteleuropa); bei den Cyanolichenes *Collema tenax* (Steppenrasen in Mitteleuropa) und *Peltula patellata* (Sonora-Wüste); bei den Phycolichenes *Lecidella crystallina* (Namib-Wüste), *Buellia subcoronata* (semiarides Australien) und *Fulgensia fulgens* (Steppenrasen, Europa); bei den Lebermoosen *Riccia*-Arten (Mitteleuropa, Vorderasien, Südafrika) und *Exormotheca holstii* (Namib-Wüste) und bei den Laubmoosen *Gigaspermum repens* (Judäische Wüste, Australien), Arten der Gattungen *Aloina*, *Barbula*, *Crossidium*, *Pottia* und *Tortula* (Pottiaceae) und *Bryum bicolor* agg./*Brachymenium exile* (Mitteleuropa, Vorderasien). Leber- und Laubmoose kommen an etwas feuchteren Habitaten vor.

In Mitteleuropa ist der Gesellschaftskomplex „Bunte Erdflechtengesellschaft", der in Vegetationslücken auf trockenen Kalk- und Gipsböden auftritt, ein sicheres Indiz für das Vorhandensein von biologischen Bodenkrusten. Es handelt sich um das bunte Krustenflechtenmosaik des Toninio-Psoretum decipientis (Fulgensietum fulgentis) mit *Fulgensia fulgens*, *Toninia caeruleonigricans* und *Psora decipiens* auf trockenen Kalk- und Gipsböden und um die graubraunen Strauchflechtenrasen des Cladonietum symphycarpae mit *Cladonia symphycarpa*, *C. furcata* und *Leptogium lichenoides* auf flachgründigen, trockenen Kalkböden. Eingestreut sind neben weiteren etwa 30 Flechtenarten auch etwa 40 Moosarten, wie z. B. *Riccia* spp., *Barbula fallax*, *Pottia lanceolata*, *Pterygoneurum ovatum*, *Tortella inclinata*, *Encalypta vulgaris* und *Bryum caespiticium*. Die dominierende Blaualge ist *Nostoc commune*. Die Bunte Erdflechtengesellschaft ist vom westlichen Mitteleuropa bis in die aralo-kaspische Region und Vorderasien und von Algerien bis nach Schweden verbreitet (Büdel 2003a).

Physiognomisch sind sich die Bodenkrustengesellschaften, weltweit gesehen, sehr ähnlich. Sie enthalten auch eine nicht unbeträchtliche Anzahl gemeinsamer Sippen auf Gattungs- und Artebene mit nahezu weltweiter Verbreitung, so z. B. die taxonomisch klar umgrenzten Flechtenarten *Psora decipiens*, *Collema tenax* und *C. coccophorum*. Morphologisch sind konvergent entstandene Anpassungen hervorstechend, so z. B. die Lebensformen der erdbewohnenden Flechten (oft flach tellerartig), die ausgeprägten tomentosen Rhizinenstränge der Flechten und bei den Moosen die Differenzierung der Rhizoiden in Mikrorhizoiden, die Bodenpartikel festhalten und Makrorhizoiden, die Verankerungsfunktion ausüben und in denen das nur kurzfristig zur Verfügung stehende Wasser sehr schnell geleitet werden kann. (Frey & Kürschner 1998; Belnap et al. 2003; Büdel 2003b).

Die Sippen, die die biologischen Bodenkrusten aufbauen, besiedeln eines der extremsten Habitate für autotrophe Organismen auf der Erde. In den Wüsten und Steppen „beherrschen" sie die starke Sonneneinstrahlung und die daraus resultierenden hohen Oberflächentemperaturen an der Boden- bzw. Substratoberfläche von bis zu 70 °C sowie die oft fast ein Jahr andauernde edaphische Trockenheit. Die Sippen sind extrem austrocknungsresistent. So überdauert z. B. *Cladonia convoluta* (SW-Deutschland) 56 Wochen experimentell erzeugter Trockenheit. *Nostoc*-Arten können noch nach zwei Jahren andauernder Austrocknung zur Photoynthese und Atmung reaktiviert werden. Die Blaualgen bringen Kohlenstoff, viele Arten von ihnen auch Stickstoff, in die meist geringmächtigen Bodenschichten. So ist der Anteil an gebundenem N im Boden mit Krusten im Vergleich zu anderen Böden deutlich höher. Wahrscheinlich spielt der erhöhte N-Anteil dann eine Rolle bei der Besiedlung durch Flechten und Moose. Noch wenig untersuchte Interaktionen zwischen den Sippen der verschiedenen Organismengruppen (z. B. Blaualgen – Moose, Frey & Kürschner 1991c) dürften eine wichtige Rolle bei der Besiedlung dieser Extremhabitate, v. a. durch eukaryotische Algen und Moose, spielen.

Die sich bildende lebende Kruste bedeckt die Oberfläche als eine zusammenhängende Schicht. Sie stabilisiert die geringe Bodendecke und schützt sie vor Erosion durch Wind und Wasser, beeinflusst die wegfließenden Wasserströme (water runoff) während der oft nur kurzfristig andauernden, teils heftigen Niederschläge. Die Erscheinungen, die mit den biologischen Bodenkrusten verbunden sind, sind in Belnap et al. (2003) zusammengefasst.

9.1.4 Hartlaubvegetation

Die Regionen der Erde mit einem mediterranen Klimatyp (Abb. 9-19) waren ursprünglich von einer **Hartlaubvegetation** bedeckt. Sie entsprechen dem Zonobiom IV (winterfeuchtes Z. mit Sommerdürre, Tab. 9-1). Kühle, relativ regenreiche und frostarme Winter sowie heiße, trockene Sommer sind kennzeichnend. Die Jahresmittel der Niederschläge liegen zwischen 300 und 1000 mm, mit starken jährlichen Schwankungen (z. B. Athen: Mittel 384 mm, minimal 125, maximal 830 mm). Fröste treten nur sporadisch auf, Schneefälle sind selten, die Sommerdürre ist mehr oder weniger stark ausgeprägt (s. Klimadiagramme Abb. 9-20). Dieser relativ junge Klimatyp ist erst während des Pleistozäns durch die polaren Eiskappen entstanden. Nettoprimärproduktion und Phytomasse s. Tab. 9-3; über Lorbeerwälder s. 9.1.5.

Charakteristisch sind Pflanzen mit relativ kleinen, ledrigen und wachsüberzogenen Blättern mit meist eingesenkten Spaltöffnungen. Der transpirationshemmende Bau der Blätter verhindert größere Wasserverluste während der Trockenzeiten, und das Sklerenchymgewebe sorgt für die mechanische Festigkeit bei nachlassendem Turgor (Sklerophyllie).

Während der Klimaänderung im Jungtertiär (s. 5.7.2) fand eine Selektion und Entfaltung präadaptierter sklerophyller Taxa der Tertiärflora statt, die ursprünglich an trockene Habitate der tertiären (sub)tropischen Sommerregengebiete angepasst waren. Daraus hat sich in jedem Gebiet ein eigener ‚moderner' floristischer Grundstock differenziert (z. B. Mittelmeergebiet, s. 5.7.2).

Wie in den Savannen und tropischen Grasländern, spielt auch in Gebieten mit mediterranem Klimatyp, außer im chilenischen, das Feuer eine wichtige Rolle. Brände werden oft auch ohne Zutun des Menschen ziemlich regelmäßig durch Blitzschlag ausgelöst, wodurch eine gewisse Feueranpassung der Sippen gefördert wurde (Pyrophyten). Die unter natürlichen Bedingungen rasch durchziehenden Grundfeuer (etwa 70–100 °C in der Bodenschicht, etwa 500 °C in 0,5–1 m Höhe) bewirken bei den Überdauerungsorganen der feuerresistenten Sippen nur bedingten Schaden. Allgemein sind spezifische Anpassungen an das Feuer bekannt. So zeichnen sich hol-

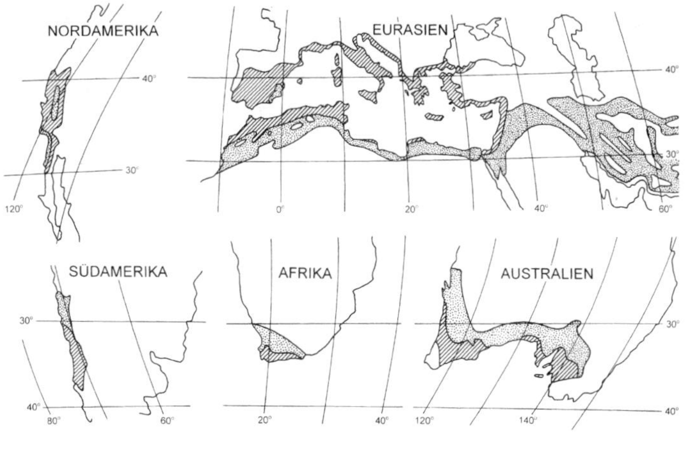

Abb. 9-19: Gebiete mit mediterranem Klimatyp. Schraffiert: mediterraner Klimatyp i. e. S., punktiert: angrenzende aride Übergangsgebiete vorwiegend mit Winterregen. (Nach Walter 1968, verändert.)

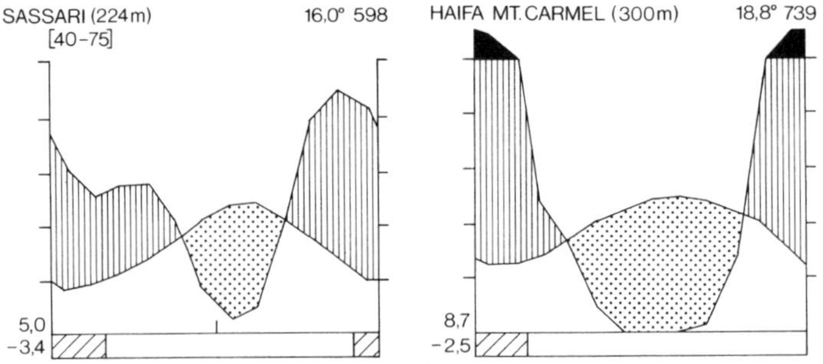

Abb. 9-20: Klimadiagramme der Stationen Sassari, Sardinien (westmediterran) und Mt. Carmel, Haifa (ostmediterran). (Sassari nach Walter et al. 1975, Mt. Carmel nach Zohary 1973.)

zige Pyrophyten durch starke Borkenbildung, Knospenschutz und teilweise durch Regeneration aus Lignotubern, dies sind knollige, holzige Verdickungen an der Basis der Sprosse bzw. Stämme (z. B. bei *Eucalyptus*-Arten), aus. Viele Poaceen bilden eine Strohtunica aus alten Blattscheiden, die die Vegetationspunkte schützt. Geophyten und Therophyten entziehen sich durch ihre Lebensform den Bränden. Früchte bzw. Zapfen zahlreicher angepasster Arten, wie z. B. von *Eucalyptus*, *Hakea*, *Grevillea*, *Leptospermum*, *Pinus*, öffnen sich erst nach Feuereinwirkung, und die keimenden Samen finden günstige ‚gaps' (Lücken) in der zerstörten Vegetationsdecke; oder *Xanthorrhoea*-Arten (Grasbäume) blühen erst nach Bränden voll auf.

Im Mediterrangebiet hat sich die Waldbrandgefahr durch großflächige *Pinus*-Anpflanzungen (u. a. *P. brutia*, *P. halepensis*) stark erhöht. Beide Arten werden durch Feuer stark geschädigt (Kronenbrände) und können sich unter natürlichen Bedingungen in der Macchie aus Lichtmangel nicht regenerieren. Erst nach Bränden kommt es zur Verjüngung über Samen (Öffnen der Zapfen) und zu einem bestandsweisen, gleichaltrigen Auftreten der Arten. Auch bei *Cistus monspeliensis* und *Rosmarinus officinalis* regenerieren sich die Bestände nach Bränden über Samen. Bei *Quercus suber* (Kork-Eiche) erfolgt die Regeneration aus allen stärker verkorkten Stamm- und Astbereichen, bei *Q. ilex* (Stein-Eiche) ist die Regeneration nach Bränden ebenfalls hoch. Die meisten Sträucher treiben Stockausschläge, so z. B. *Erica arborea*, *Phillyrea angustifolia*, *Arbutus unedo*, *Spartium junceum*. Auffallend hoch ist in den ersten Jahren nach den Feuern der Anteil an Therophyten (Trabaud 1994). In der Chaparral-Formation des kalifornischen Winterregengebietes drängen häufige Feuer die Arten des Hartlaubwaldes wie *Prunus ilicifolia* und *Rhamnus crocea* zurück. *Adenostoma fasciculatum* (Rosaceae) und v. a. *Ceanothus gregii* (Rhamnaceae), *Artemisia*- und *Salvia*-Arten reproduzieren sich durch Samen und bestimmen dann das Vegetationsgefüge (Moreno & Oechel 1994b).

Eine große Resistenz gegen Feuer weisen die Arten der australischen Hartlaubvegetation auf. Hier regenerieren nur wenige Arten über Samen. Zahlreiche Arten, v. a. *Eucalyptus* spp., treiben nach Feuer Stockausschläge aus ‚Lignotubern' oder aus Wurzeln aus, Monokotyledonen regenerieren über die unterirdischen Organe, *Xanthorrhoea*-Arten (Grasbäume) bilden sofort nach dem Brand aus geschützten apikalen Meristemen Blätter und blühen. Bei Arten der Gattungen *Hakea*, *Grevillea* (Proteaceae), *Callistemon* und *Leptospermum* (Myrtaceae) werden die Samen erst nach Feuer aus den aufspringenden Früchten entlassen. Bei den *Eucalyptus*-Arten sind außer den Lignotubern auch im meristematischen Bereich der Blattachseln schlafende Knospen vorhanden, die austreiben, wenn große Teile der Krone zerstört sind.

Übersichten über „Feuer in Vegetationseinheiten": Feuer in mediterran geprägten Ökosystemen (Moreno & Oechel 1994a, Loret et al. 1999), Feuer und Pflanze (Bond & Wilgen 1996), Feuer in borealen Ökosystemen (Goldammer & Furyaev 1996), Große Feuer auf der Erde zwischen 1993 und 1994 (Moreno 1998), langjährige Feuerökologie in der südlichen Schweiz (Tinner et al. 1999), „plant functional types" in der Pampa (Laterra et al 2003) und in mediterranen Offenwäldern (Loret & Vila 2003).

Die Böden stammen vorwiegend aus dem Tertiär und sind damit fossile Böden (Paläoböden, Paläosole). Dagegen sind auf Alluvionen junge Böden ausgebildet (alluviale Böden, Anschwemmungsböden), sodass fossile und rezente Böden nebeneinander auftreten. Im Bereich der Hartlaubvegetation entstanden humusarme, vorwiegend rötlich gefärbte, mäßig versauerte ‚Chromic Cambisols', die sekundär mit Kalk angereicherten ‚Calcic Cambisols' (Cambisol = Braunerde) oder nach starker Tonverlagerung (Lessivierung) in die unteren Bodenhorizonte die ‚Chromic Luvisols' (Luvisol = Parabraunerde). Für den Mittelmeerraum sind die fossilen tonreichen, leuchtend rot gefärbten **'Chromic Luvisols'** auf Kalkstein charakteristisch, bekannt als **'Terra rossa'**. Auf erodierten Flächen finden sich trockene Xero-Ranker und Rendzinen (Scheffer & Schachtschabel 2002; s. 9.1.6). Unter den heutigen Bedingungen bilden sich nur noch mediterrane trockene Braunerden aus.

Florengenetisch lassen sich fünf Hartlaubgebiete (Teil-Zonobiome i. S. von Walter, z. B. 1990) unterscheiden: das **mediterrane**, das **kalifornische**, das **chilenische**, das **kapensische** und das **australische** (Abb. 9-19). Sie liegen um die 35. Breitengrade und gehören verschiedenen Florenreichen an, der Holarktis, der Neotropis, der Capensis und der Australis. Alle Gebiete, v. a. jedoch das kapensische und australische, zeichnen sich durch eine hohe Diversität aus (Abb. 9-3). I. w. S. gehören hierzu auch die *Eucalyptus*-Wälder Südost-Australiens und Ost-Tasmaniens sowie die Hartlaubvegetation Zentral-Mexikos (Abb. 9-1). Außerdem wird hier die makaronesische Region eingeschlossen.

Von der ehemaligen natürlichen Vegetation sind heute nur noch wenige Reste mit niedrigen Gehölzen erhalten geblieben. Aufgrund der fruchtbaren Böden, der günstigen klimatischen Bedingungen und der Wasserreserven in den Böden wurde die zonale Vegetation weitgehend vernichtet und in Kulturflächen umgewandelt. Vor allem im alten Kulturraum des Mittelmeergebietes reicht der Einfluss des Menschen, einsetzend mit der Landwirtschaft vor etwa 8000 J., sehr weit zurück (intensiver, großflächiger Ackerbau ab 4000 BP). So waren bereits in der Zeit des Römischen Imperiums etwa 30 %, stellenweise bis zu 60 %, der Waldfläche vernichtet (Frenzel et al. 1994). Die bäuerliche Wirtschaftsform breitete sich von Vorderasien (Fruchtbarer Halbmond, etwa 9000 BP) über Anatolien, die Inseln des östlichen Mittelmeeres und das östliche Griechenland (Proto-Sesklo-Kultur, 8000 BP) in das zentrale und westliche Mittelmeergebiet aus (Impressa-Cardial-Kultur, 7500–6500 BP, Uerpmann 1983; s. 9.3.2.10, Abb. 9-61). Heute dominieren Ölbaum, Mandeln, Feigen, Wein und Getreide auf unbewässerten Flächen; bewässert werden meist Gemüse und die aus Süd- und Ostasien stammenden Zitrusfrüchte (intensiver Einfluss des Menschen in Kalifornien 150 bzw. 50 Jahre, Chile 1000 Jahre, Südafrika 300 bzw. 300–200 Jahre, Australien 150 bzw. 50 Jahre; Groves et al. 1983).

Von den fünf Gebieten mit mediterranem Klimatyp ist das **mediterrane Hartlaubgebiet** (Mediterrangebiet) flächenmäßig das größte und identisch mit der mediterranen Florenregion. Es handelt sich um eine überaus arten- und endemitenreiche Region mit hoher Diversität (Abb. 5-44, 9-3, 9-19), in der inkl. der makaronesischen Region etwa 20000 Arten vorkommen, von denen etwa 40 % Endemiten sind. Das Gebiet lässt sich klimatisch gut charakterisieren und wird in einen mehr maritim getönten westlichen und einen östlichen und südlichen Teil mit Zunahme der Intensität und Dauer der sommerlichen Trockenperiode unterschieden (Abb. 9-20). Das Anbaugebiet des kultivierten Ölbaumes (*Olea europaea* ssp. *sativa*), der von der zirkum-mediterran verbreiteten Wildform (*O. europaea* ssp. *oleaster*) abstammt, und das Areal der Gattung *Cistus* entsprechen im wesentlichen der Ausdehnung des Mediterrangebietes. Diese räumlich enge Auffassung ist nicht unumstritten. Von *Olea europaea* gibt es Anbaugebiete außerhalb dieser Region (z. B. in Iran), außerdem wurde die Nordgrenze des Areals vom Menschen nach Norden verschoben.

Ursprünglich war die mediterrane Region vorwiegend von bis zu 18 m hohen **immergrünen Hartlaubwäldern** bedeckt. In weiten Bereichen, mit Ausnahme des östlichsten Mediterrangebiets, werden diese aus der Stein-Eiche *(Quercus ilex)* aufgebaut (Quercetum ilicis). Im Westen gibt es zudem Kork-Eichenwälder *(Q. suber)*, im östlichsten Mediterrangebiet (v. a. Syrien, Jordanien, Israel) *Q. calliprinos*-Wälder (Quercetalia calliprini, Abb. 9-21). Wichtige Begleitarten sind als Bäume oder Sträucher u. a. *Phillyrea media*, *Ph. angustifolia*, *Pistacia lentiscus*, *P. terebinthus*, *Arbutus unedo* (westmediterran), *A. andrachne* (ostmediterran), *Olea europaea* ssp. *oleaster* und *Ceratonia siliqua*. Offene Vegetationstypen werden aus mediterranen Kiefern (*Pinus pinea* [ursprünglich westmediterran], *P. pinaster* [westmediterran] und *P. halepensis*) aufgebaut. In Kalkgebieten stocken die Wälder vielfach auf fossilen 'Chromic Luvisols' (Terra rossa-Böden) mit Laubstreu, einem schwärzlichen Humushorizont und dem darunter liegenden Terra rossa-Horizont. Bei den Kulturböden fehlt der obere Hori-

Abb. 9-21: Ostmediterraner immergrüner *Quercus calliprinos*-Wald bei Shaubak, Jordanien. (Foto Engel.)

zont; sie erscheinen deshalb rötlich. Die Produktivität der Hartlaubwälder ist gegenüber den sommergrünen Laubwäldern geringer (Nettoprimärproduktion 7 t/ha/J., Phytomasse 60 t/ha, jeweils Trockengewicht; Tab. 9-3).

Die Hartlaubwälder sind durch den Menschen im Laufe der jahrtausendelangen landwirtschaftlichen Nutzung zum größten Teil vernichtet und durch Degradationsstadien ersetzt worden (Abb. 9-23, 9-24). Die **Macchie** (ital. macchia = Gebüsch) stellt eine offene, von hartlaubigen (sklerophyllen) Arten dominierte, strauchige Pflanzenformation in den Verbreitungsgebieten von Stein-Eiche *(Q. ilex)* und *Q. calliprinos* dar. Ursprüngliche Macchien sind nicht häufig und siedeln auf flachgründigen Hängen. Dagegen sind sie v. a. infolge jahrhundertelanger Holznutzung, Beweidung und mehr oder weniger regelmäßiger Brände als Ersatzvegetation großflächig vorhanden, da *Q. ilex* und *Q. calliprinos* sich durch Stockausschläge zu verjüngen vermögen und neue Bestände aufbauen. Bei noch intensiverer Nutzung und Bodenabtragung verschwinden die Baumarten, und es entstehen niedrige Formationen, in denen u. a. die Kermes-Eiche *(Quercus coccifera)* buschförmig vertreten ist. Diese als **Gar(r)igue** (Garriga = Heide, Kermes-Eichenwald) bezeichneten Formationen werden in Spanien Tomillares, in Griechenland Phrygana und in Palästina Batha genannt (Abb. 9-22, 9-24).

Abb. 9-22: Ostmediterrane Batha (*Sarcopoterium spinosum*, Sarcopoterietum spinosi) an einem Berghang bei Tafila, Jordanien. (Foto Frey.)

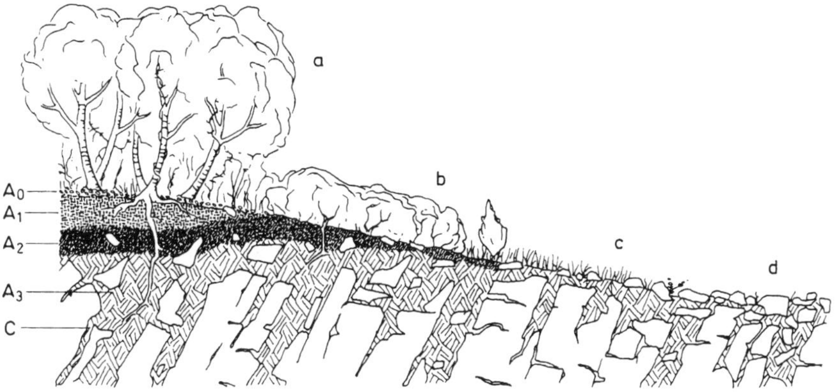

Abb. 9-23: Degradation des mediterranen Hartlaubwaldes und des Bodenprofils infolge übermäßiger menschlicher Nutzung (Holzentnahme, Brand, Weide) und Erosion. a Niederwald (Macchie, Quercetum ilicis) mit Steineiche *(Quercus ilex)*, b Garigue (Quercetum cocciferae) mit Kermes-Eiche *(Q. coccifera)*, c Felsheide (Brachypodietum ramosi) mit *Brachypodium ramosum*, d Karstweide mit dem „Weideunkraut" *Euphorbia characias*. Bodenprofil: A_0 Laubstreu, A_1 humusreiche, schwärzliche Feinerde (Rendzina-ähnlich), A_2 humusarme Übergangsschicht, A_3 fast humusfreier Rotlehm (fossile ‚Terra rossa') und c kompakter Jurakalk. Die Bodenschichten werden im Verlauf der Degradation bis auf das Ausgangsgestein abgetragen und zerstört. (Nach Braun-Blanquet 1936, aus Strasburger 1991.)

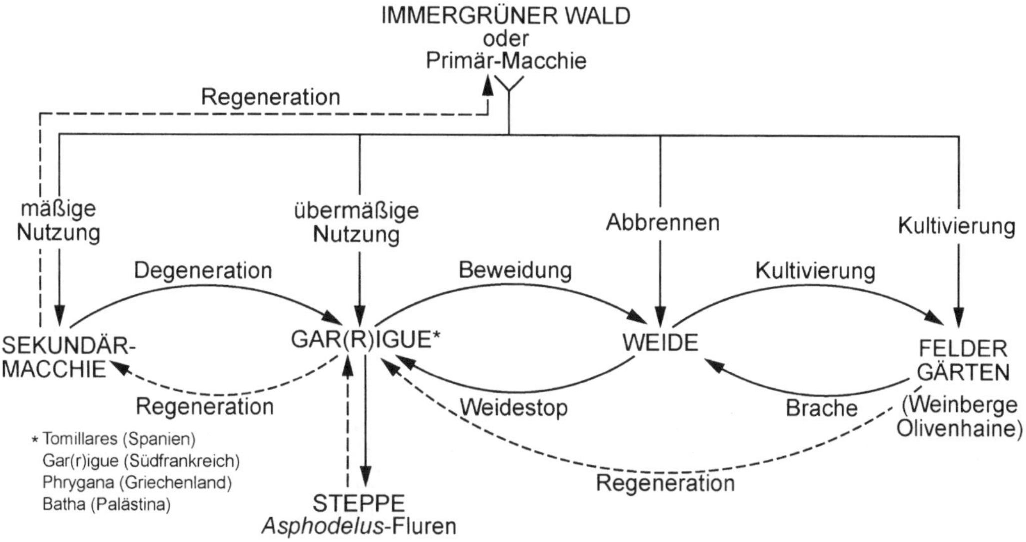

Abb. 9-24: Stadien der Degeneration und Regeneration und der Einfluss des Menschen auf die Vegetation im Mittelmeergebiet. (Ergänzt nach Polunin & Huxley 1976.)

Zahlreiche immergrüne Sträucher und Büsche (*Quercus coccifera*, *Juniperus oxycedrus*, ostmediterran *Sarcopoterium spinosa*) herrschen vor, dazwischen finden sich Vertreter der Gattungen *Calycotome*, *Cistus*, *Rosmarinus*, *Lavandula*, *Thymus*, *Smilax* u. a.

Bei weiterer Degradation und an Habitaten mit extremem Trockenstress in felsigem Gelände treten **mediterrane Felsheiden** und **Weiden** auf. Diese sind reich an halbstrauchigen und krautigen Lamiaceen, an Geophyten wie *Iris*-Arten, Orchideen *(Serapias, Ophrys)*, Therophyten (darunter viele Fabaceae) und *Asphodelus*-Arten. Zuletzt bleiben nach extremer Degradation oft reine *Asphodelus*-Fluren oder Karstweiden mit *Euphorbia characias* übrig (Abb. 9-23, 9-24).

In den Gebirgen der nördlichen Mittelmeerländer werden die eigentlichen mediterranen (‚eu-mediterranen') Formationen bzw. Vegetationstypen in den winterkälteren Stufen und somit auch bodenfeuchteren Lagen von sommergrünen submediterranen Wäldern mit *Quercus pubescens* bzw. der Vikarianzart *Q. cerris*, *Ostrya carpinifolia*, *Fraxinus ornus*, *Colutea arborescens*, *Cornus mas*, *Castanea sativa* u. a. abgelöst (Meusel & Jäger 1989), die eine Übergangszone zu den Sommergrünen Laubwäldern (s. 9.1.6) darstellen. Einige dieser Arten dringen weit nach Mitteleuropa vor (submediterranes Florenelement). Über der nach *Quercus pubescens* benannten Flaumeichenstufe folgen *Fagus sylvatica*-Wälder, Zwerggesträuche und alpine Matten und Rasen (Abb. 4-9.1). Im Norden und Osten des östlichen Mediterrangebietes, auf Kreta und im Libanon nehmen diese Stufe submediterran-montane Koniferen, u. a. *Pinus nigra*, *Abies*-Arten, *Cedrus libani* und *Cupressus sempervirens*, ein (z. B. Bergmeier 2002a). Über diesem Waldband erstrecken sich **Dornpolsterformationen** (Kürschner 1982, 1984, Abb. 9-25) und xerophile Grasfluren. Diese **Dornpolsterfluren** mit *Astragalus*-, *Acantholimon*- und *Onobrychis*-Arten stellen Außenposten der irano-turanischen subalpinen Dornpolstervegetation dar. Die Dornpolstersippen sind in verschiedenen Verwandtschaftskreisen mit der Verdornung der Rhachis bzw. der Sprosssysteme konvergent entstanden.

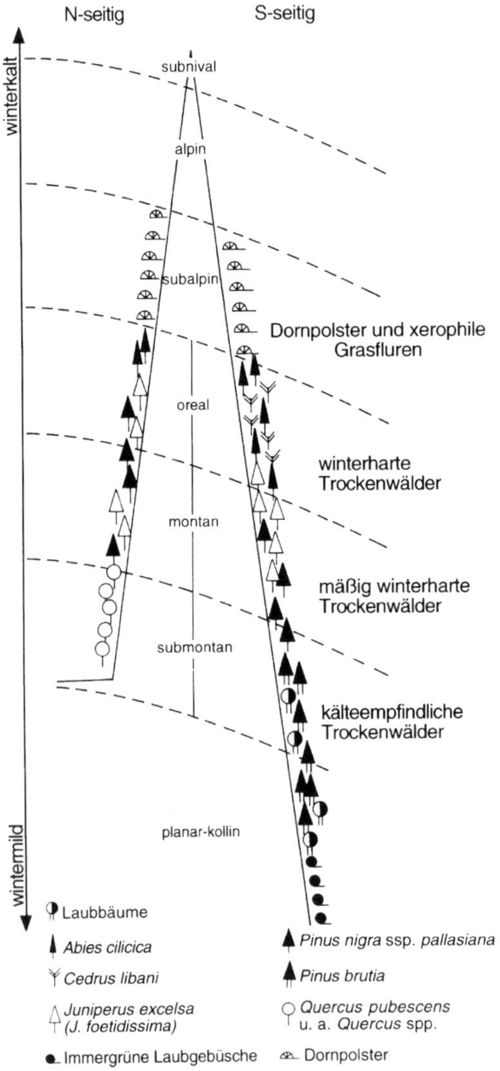

Abb. 9-25: Vegetationsstufen (taurische Stufenfolge) im Mittleren Taurus (Türkei). (Nach Kürschner 1984.)

Weiterführende Einzeldarstellungen: z. B. Biogeographie von Andalusien (Rivas-Martinez et al. 1997a), Waldvegetation am Garda-See (Brullo & Guarino 1998), Hochmontane Pflanzengesellschaften des südlichen Taurus (Parolly 1998), Degradation und Biodiversität (Rundel et al. 1998), Vegetation von Korsika (Gamisans 1999), Immergrüne Eichenwälder (Roda et al. 1999), *Pinus halepensis* und *P. brutia*-Wälder (Ne'eman & Trabaud 2000), Vegetation der Hochregionen Kretas (Bergmeier 2002b) und „Das Mittelmeer" (Hofrichter (2002).

In der **Makaronesischen Region** weisen die Kanarischen Inseln, insbesondere in den tiefen und hohen Lagen ein mediterran-arides Klima auf. Die Azoren und Madeira sind humider, die Kapverdischen Inseln arider. Die Azoren, Madeira und die mittleren Höhenlagen der Kanaren-Inseln sind dem Nordost-Passat ausgesetzt. An den Nordhängen stauen sich die Passatwolken, die Steigungsregen mit zusätzlichem Nebelniederschlag bringen, sodass eine Sommerdürre fehlt. Diese Stufe weist ein warm-gemäßigtes, feuchtes Klima auf und beherbergt reliktäre Lorbeerwälder, die zu den temperaten Regenwäldern (s. 9.1.4) zu rechnen sind, jedoch hier behandelt werden. Auf Teneriffa, La Palma, El Hierro, La Gomera und Gran

Canaria treten *Pinus canariensis*-Wälder bzw. -bestände auf, die auf Teneriffa mit zunehmender Höhe auf den Sukkulentenbusch mit der stammsukkulenten *Euphorbia canariensis* und *Aeonium*- und *Sonchus*-Arten, *Dracaena draco*, *Phoenix canariensis* u. a. folgen (Abb. 9-26).

Auf Teneriffa reicht die **Lorbeerwaldstufe** von etwa 500 m bis teilweise 1200 m hinauf. Namengebend ist der Lorbeer *Laurus azorica*, der der mediterranen Art *L. nobilis* nahesteht. Weitere immergrüne Holzgewächse sind am Aufbau des Lorbeerwaldes beteiligt, wie die Lauraceen *Persea indica*, *Ocotea foetens* und *Apollonias barbujana*, die Theacee *Visnea mocanera* sowie *Ilex platyphylla* und *I. canariensis* (Aquifoliaceae) und *Picconia excelsa* (Oleaceae). Alle Blätter dieser Arten sind länglich-oval im Umriss und von ledriger Konsistenz (lauriphyll). Diese Lorbeerwälder sind ein Relikt der jungtertiären Übergangsphase, deren Reste sich noch auf den Azoren, auf Madeira, den Kanarischen Inseln und im Mittelmeergebiet erhalten haben (s. 5.7.2). Aktuell sind nur noch etwa 10 % des ursprünglichen Lorbeerwaldareals von diesem Wald bestanden. Soweit die ursprünglich von Lorbeerwald bestandenen Flächen nicht landwirtschaftlich genutzt werden, hat sich auf ihnen ein Heidebuschwald *(Erica arborea, E. scoparia, Myrica faya)* ausgebreitet, der natürlicherweise nur die arideren Bereiche im Lorbeerwaldgürtel und Habitate an dessen oberer Höhengrenze besiedelte. Dieser Heidebuschwald kann als vikariierende Pflanzenvergesellschaftung zum Heidebuschwald der afromontanen Hochlagenvegetation angesehen werden (Lösch & Fischer 1994).

Auf Teneriffa und den anderen höheren Kanareninseln geht die Lorbeerwaldstufe ([400]600–1300 m) allmählich in die *Pinus canariensis*-Stufe über (Kanarischer Kiefernwald; [1000]1200–2000 m). Bei dieser handelt es sich ebenfalls um einen tertiären Reliktwald. Die nächste Verwandte von *P. canariensis* ist *P. roxbourgii (= P. longifolia)* aus dem Himalaya. Nahestehende Sippen sind aus dem Tertiär Europas bekannt.

Literatur: z. B. Kunkel (1993), Morales et al. (1996), Zippel (1997), Arevalo & Fernandez-PaLacios (1998) und Pott et al. (2003).

Das **kalifornische Hartlaubgebiet** nimmt im Westen von Nordamerika einen schmalen Streifen an der pazifischen Küste von Mittel- bis Südkalifornien ein (Abb. 9-1, 9-19). Die Diversität ist sehr hoch (2000–3000 Arten auf 10 000 km², Abb. 9-3), die Flora endemitenreich. Entsprechend dem Nord-Südgefälle bei den Niederschlagsmengen treten nur im nördlichsten Teil des Hartlaubgebietes immergrüne sklerophylle Eichenwälder *(Quercus agrifolia, Q. engelmannii)* auf, südlich davon, im mittel- und südkalifornischen Kernbereich, schließt sich eine Gebüschformation an, der

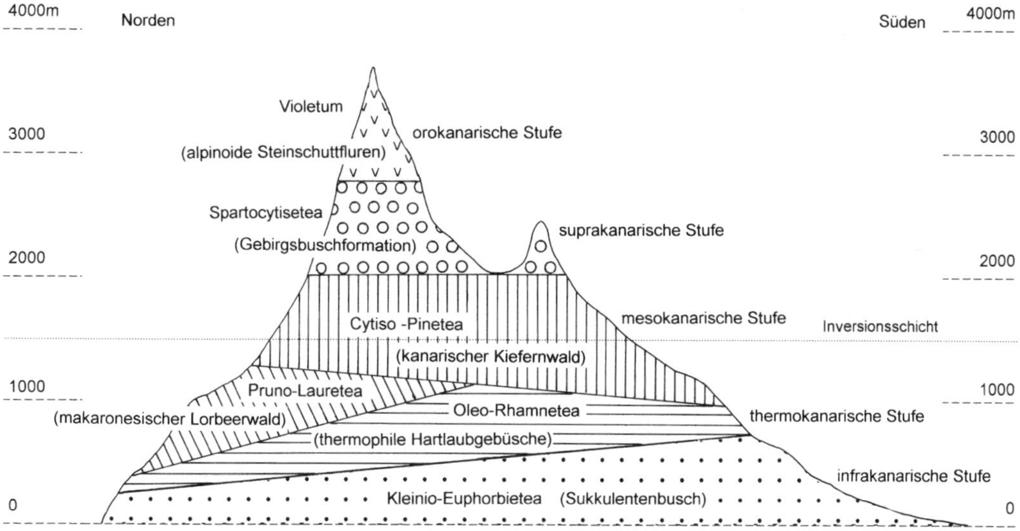

Abb. 9-26: NNW-SSO-Profil durch die Insel Teneriffa mit Höhen- und Vegetationsstufen. (Aus Zippel 1997.)

Chaparral (span. Eichenbusch), der der mediterranen Macchie entspricht. Es dominieren immergrüne strauchförmige *Quercus* spp., *Arctostaphylos* spp., *Ceanothus* spp. (Rhamnaceae) und die Leitart *Adenostoma fasciculatum* (Rosaceae). Das Areal von *A. fasciculatum* gibt die Ausdehnung des Hartlaubgebietes wieder. Es bestehen weitgehende physiognomische und ökologische Übereinstimmungen mit der mediterranen Macchie. Vergleichbare Artenpaare aus der Macchie der Ostmediterraneis und dem Chaparral sind z. B. *Quercus calliprinos – Q. dumosa* agg. und *Fumana arabica – Helianthemum scoparium*. Brände sind häufig. Die großen Stadtgebiete von San Francisco und Los Angeles bedecken weite Flächen, und fast alle tiefgründigen Böden sind heute in Kulturland umgewandelt (Arroyo et al. 1995, Holland & Keil 1995, Rivas-Martinez et al. 1997b, Barbour & Billings 2000).

Das **chilenische Hartlaubgebiet** reicht etwa von 32 bis 37° S (Abb. 9-1, 9-19) und ist im Norden durch eine breite Übergangszone mit dem nordchilenischen Wüstengebiet (s. 9.1.3) verbunden. Wegen der fruchtbaren Böden existieren heute nur noch wenige Reste der hier ehemals verbreiteten artenreichen Hartlaubwälder (ursprünglich 1500–2000 Arten auf 10000 km^2). Diese dürften 10–15 m Höhe erreicht haben und unterscheiden sich floristisch grundlegend von der Hartlaubvegetation des Mittelmeergebiets und Kaliforniens. Wichtige Hartlaubarten sind u. a. *Beilschmiedia miersii*, *Persea lingue* (Lauraceae), *Lithrea caustica* (Anacardiaceae), *Quillaja saponaria* und *Kageneckia oblonga* (Rosaceae). Am südlichen Rand des Gebietes tritt die Nationalblume Chiles „Copihue", die Liane *Lapageria rosea* (Philesiaceae), auf (Grau 1992, Arroyo et al. 1995).

Das **kapensische Hartlaubgebiet** deckt sich mit dem Florenreich der Capensis und nimmt in Afrika die äußerste Südwestspitze ein (Abb. 9-1, 9-19). Dieses Gebiet gehört mit mehr als 6000 Blütenpflanzenarten zu den arten- und endemitenreichsten der Erde (Abb. 9-3). In diesem warmgemäßigten Winterregengebiet fehlen höherwüchsige Bäume mit dicken Stämmen fast vollständig, nur am Tafelberg ist der Silberbaum *Leucadendron argenteum* (Proteaceae) mit bis zu 15 m Höhe zu nennen. Immergrüne, kleinblättrige Hartlaubgewächse und -heiden, stark anthropogen beeinflusst und als Kapmacchie (Fynbos, 1–4 m hoch) bezeichnet, sind kennzeichnend. Unter diesen nehmen die Proteaceen (*Protea*, etwa 70 Arten, u. a. *Protea grandiflora*, ein strauchförmiger Baum mit 5–8 m Höhe, *P. mellifera*) und die Gattung *Erica* (> 450 Arten) eine dominierende Stellung ein. Teilweise dieselbe ökologische Nische wie die Proteaceen besetzen die Restionaceen (*Restio*, etwa 85 Arten). Geophyten sind als Lebensform ebenfalls dominierend. In den trockeneren Randbereichen spielen die sukkulenten Arten der *Mesembryanthemum*-Gruppe, *Stapelia*-Arten (Asclepidiaceae) und sukkulente *Euphorbia*-Arten eine wesentliche Rolle und zeigen den Übergang zur Karoo-Wüste an (s. 9.1.3). Diese geophytenreichen Hartlaubbestände werden in unregelmäßigen Abständen vom Feuer heimgesucht. Im ersten Jahr danach überwiegen Geophyten, z. B. *Amaryllis-*, *Freesia-*, *Clivia*-Arten, es folgen krautige Arten und Restionaceen; die weiteren Arten regenerieren sich über Samen bzw. Stockausschlag. Das gesamte Gebiet zeichnet sich durch sehr arme und saure Böden aus (Cowling et al. 1996a).

Das **australische Hartlaubgebiet** (Abb. 9-1) ist zweigeteilt. Das südwestliche Australien und das Gebiet um Adelaide in Süd-Australien weisen einen mediterranen Klimatyp auf. Dominant ist die Baumform (*Eucalyptus*-Arten), die Proteaceen bilden die Strauchschicht, feuerresistente ‚Grasbäume' wie *Xanthorrhoea preisii* und *Kingia australis* (Xanthorrhoeaceae) sind auffallend; *Casuarina*-Arten (Casuarinaceae) kommen hinzu.

Im anschließenden humid- bis eumediterranen Klimabereich (625–1250 mm Jahresniederschlag und Sommerdürre) erstreckt sich der Jarrah-Wald mit *Eucalyptus marginata*. Diese Art erreicht eine Höhe von 15–20 (max. 40) m. Im südwestlichsten Zipfel Australiens tritt bei noch feuchteren Bedingungen der Karri-Wald mit *Eucalyptus diversicolor* (60–75 [85] m) auf. Beide Formationen liegen im strengen Sinne außerhalb der eigentlichen ‚mediterranen' Landschaften Australiens (Noble & Bradstock 1989) und sind geprägt durch die Mallee-Vegetation aus *Eucalyptus*-Arten (u. a. *E. gracilis*, *E. socialis*, *E. foecunda*, *E. incrassata*), die den trockeneren Teil des südwestlichsten Australiens und das südliche Australien bedeckt. Aus dicken Lignotuber-Knollen an den Stammbasen (bis 1 m Durchmesser) erfolgt die Regeneration nach den ± regelmäßig auftretenden Feuern. Sie haben so das Aussehen von großen Sträuchern mit mehreren Stämmen (die aus einem Lignotuber herauskommen), im Gesamtbild das eines Niederwaldes von bis zum 10 m Höhe. Viele der Habitate tragen nur offene Hartlaub-Strauchbestände und sind teils anthropogener Natur. Die Böden sind ebenso arm und sauer wie im Kapland (Groves 1994, Arroyo et al. 1995).

Übergreifende Literatur: u. a. DiCastri et al. (1981), Groves & DiCastri (1991), Walter & Breckle (1991b), Arroyo et al. (1995), Davis & Richardson (1995), Moreno & Oechel (1995), Cowling et al. (1996b), Dallmann (1998), Rundel et al. (1998).

9.1.5 Temperate Regenwälder

Die **temperaten Regenwälder** gehören zu den biologisch mannigfaltigsten und heute noch weitgehend intakten – jedoch kaum beachteten – Ökosystemen der Erde. Die größten Bestände finden sich an der nordamerikanischen Pazifikküste zwischen Oregon und Alaska (‚Amazonasbecken des Nordens‘), im südlichen Chile (Abb. 9-28), in Tasmanien und in Neuseeland. Reste sind in der Kolchis und im südkaspischen Küstengebiet erhalten geblieben. Die Bestände an den Westküsten Irlands und Schottlands und in Südwest-Norwegen sind bis auf marginale Rest abgeholzt worden. Spezielle Darstellungen geben Kellogg (1992) und Lawford et al. (1996). Abb. 9-27 zeigt in einer Gegenüberstellung die Verbreitungsgebiete der tropischen und der temperaten Regenwälder der Erde und die sie einnehmenden Flächen.

Temperate Regenwälder gehören heute neben den tropischen Regenwäldern (s. 9.1.1) zu den am meisten gefährdeten Ökosystemen der Erde. Von den ursprünglich 300000–400000 km^2 temperaten Regenwaldes sind bereits etwa die Hälfte abgeholzt worden. Fast unbemerkt von der Weltöffentlichkeit, im Schatten der Tropendiskussion,

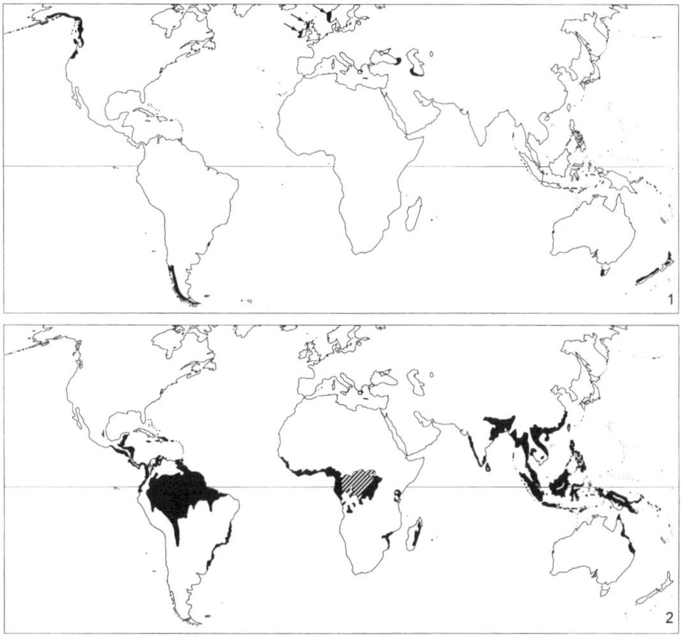

Abb. 9-27: Regenwaldgebiete der Erde. **1.** Temperate Regenwälder. Erklärung vgl. Text. Pfeile: Regenwald nicht mehr existierend. **2.** Tropische Regenwälder (amerikanischer, afrikanischer und indomalaiischer Regenwald), vgl. 9.1. (1 Orig., 2 n. Whitmore 1998)

Abb. 9-28: Valdivianischer Regenwald nördlich von Hornopiren mit *Eucryphia cordifolia* (in Blüte), *Nothofagus dombeyi*, *Weinmannia trichosperma*, *Laureliopsis philippiana* und verschiedenen Myrtaceen. (Foto Frey.)

nimmt die Vernichtung der temperaten Regenwälder derzeit besonders im südlichen Chile (Abb. 9-30) und im nordwestlichen Nordamerika dramatische Formen an. Fast schutzlos sind diese tertiären Reliktwälder mit einer großen Anzahl von Paläoendemiten, die dort das Pleistozän überdauert haben und somit ‚Zeugen' einer vergangenen Welt sind, der Vernichtung preisgegeben. Einschneidende Schutzmaßnahmen wie in Tasmanien und Neuseeland sind schnellstens erforderlich.

Die Verbreitungsgebiete liegen in feuchten und kühl- bis warmtemperaten Klimabereichen, stets in Meeresnähe vor großen Gebirgssystemen an den Westküsten von Kontinenten oder Inseln zwischen den 32. und 60. Breitengraden (Abb. 9-27). Die mittleren jährlichen Niederschlagsmengen betragen zwischen (1600)2000–6400 mm, die Monatsregenmengen oft ein Mehrfaches von 100 mm. Das Klima ist perhumid. Es treten keine starken Fröste auf.

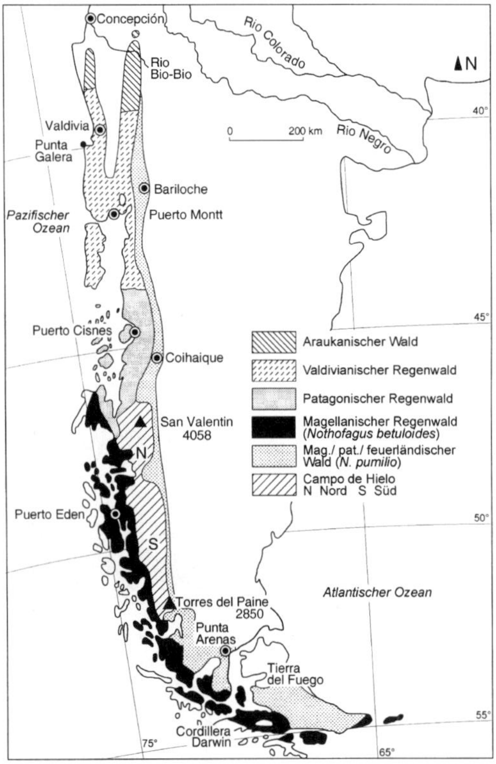

Abb. 9-29: Temperate Regenwaldgebiete im südlichen Chile und Patagonien, auf Feuerland und im angrenzenden Argentinien. (Nach Schaumann 2003).

Der temperate Regenwald weist eine hohe Phytomassedichte auf (Nettoprimärproduktion 13 t/ha/J., Phytomasse 350–800 [max. 2000] t/ha; jeweils Trockengewicht, Tab. 9-3). Durch die nur kühlen Winter ist ein kaum unterbrochener Biomassezuwachs besonders in der Baumschicht möglich. Aufgrund dieser hohen Biomasseproduktion enthalten die Wälder einen hohen Totholzanteil, und die umgefallenen Bäume dienen als sog. ‚nurse logs', d. h. als Substrat für das Wachstum junger Bäume. Charakteristisch sind ferner die Entstehung dicker Humusschichten und ein auffallender Epiphytenreichtum an Moosen und Flechten.

Formationskundlich lässt sich die Vielzahl von Waldgesellschaften in vier Haupttypen zusammenfassen: den borealen (Alaska, Patagonien), den dauerfeuchten (nördlich Vancouver Island bis südliches Alaska, südliches Chile, Neuseeland), den saisonalen (südlich Vancouver bis Oregon, Zentral-Chile, West-Tasmanien, Kolchis, südkaspisches Gebiet) und den dauerfeuchten ‚subtropischen' temperaten Regenwald (nördliche Nordinsel Neuseeland, Islas Juan Fernandez).

Der schmale Streifen temperaten Regenwaldes an der Pazifikküste Nordamerikas von Oregon bis Alaska umfasst mit 84000 km^2 heute noch etwa die Hälfte des Weltbestandes. Er ist das Reich der tertiär geprägten Koniferen-Reliktwälder mit *Tsuga heterophylla*, *Pseudotsuga menziesii*, *Thuja plicata*, *Picea sitchensis*, *Abies amabilis*, *Pinus monticola* und *Chamaecyparis nootkaensis* u. a. (Klinka et al. 1996, Lawford et al. 1996, Barbour & Billings 2000, Noss 2000).

Chiles temperate Regenwälder umfassen noch etwa 30000 km^2 (Abb. 9-29). Sie stellen den südamerikanischen Teil der bis vor etwa 50 Mio. J. zusammenhängenden gondwanischen *Nothofagus*-Provinz (Palaeoaustrale Florenregion) (Abb. 5-33, 5-34) dar. Die Reliktkonifere *Araucaria araucana* und verschiedene *Nothofagus*-Arten wie *N. alpina* (Südbuchen, Fagaceae bzw. Betulaceae) prägen die Araukanische Waldregion (etwa 37° S bis 39° S). Der Valdivianische Regenwald zwischen 39° S und 43° S (2000–3000 mm Niederschlag im Jahr) (Abb. 9-28) ist sehr artenreich mit einer Diversität von bis zu 2000 Arten auf 10000 km^2 (Abb. 9-3). *Nothofagus*-Arten (z. B. *N. dombeyi*, *N. nitida*), *Eucryphia cordifolia*, *Weinmannia trichosperma* und *Drimys winteri* var. *chilensis* sind wichtige Baumarten und Relikte einer ‚paleoaustral flora' (s. 5.7.2). Seltener bestimmen Koni-

Abb. 9-30: Durch Brandrodung zerstörter Magellanischer sommergrüner Wald. Provincia Ultima Esperanza, Patagonien. (Foto Frey.)

feren das Vegetationsbild. Von größerer Bedeutung sind auch die Paläoendemiten *Fitzroya cupressoides*, die fast ausgerottete ‚Alerce', mit einem Alter der Bäume bis zu 2000 (4000) Jahren, *Pilgerodendron uviferum* (Cupressaceae), *Saxegothaea conspicua* und *Podocarpus nubigena* (Podocarpaceae). Der Patagonische Regenwald reicht von 43° S bis 47° S (3000 bis 4500 mm Niederschlag im Jahr). Durch die nach Süden abnehmenden Durchschnittstemperaturen fallen zahlreiche wärmeliebende Arten, v.a. die laurophyllen Sippen, aus. Die immergrünen *Nothofagus*-Arten, *N. betuloides*, *N. dombeyi* und *N. nitida* sind in der Baumschicht dominant. Von 42° S bis 47° S fallen etwa 4500 mm Niederschlag im Jahr, dann nehmen die Niederschlagsmengen nach S stetig ab. Bis zum Kap Horn, auf den Inseln, Archipelen und in den Küstenregionen des Magellan-Gebietes und Feuerlands ist *Nothofagus betuloides* waldbildend und bildet oft einartige Bestände (Magellanischer Regenwald). Unter den landeinwärts zunehmend kontinentaleren Bedingungen (Jahresniederschläge < 1400 mm) werden die *N. betuloides*-Wälder durch *N. pumilio*-Wälder (Abb. 9-31) abgelöst, die bis zur Trockengrenze des Waldes in Patagonien und auf Feuerland reichen. (Weiterführende Literatur: z. B. Rodriguez 1992, Gajardo 1993, Armesto et al. 1995, Finckh 1996, Lawford et al. 1996, Veblen et al. 1996a,b, Amigo & Ramirez 1998, Eskuche 1999, Pollmann 2001, Schaumann 2003.)

In Tasmanien konzentrieren sich die Vorkommen des saisonal temperaten Regenwaldes auf den Westteil (z. B. Cradle Mountain/Lake St. Clair). *Nothofagus cunninghamii* und die Taxodiacee *Arthrotaxis cupressoides* kennzeichnen die Gesellschaften (Jarman et al. 1994), wobei Tasmanien ein Refugium für reliktäre Koniferen ist (z. B. *Lagarostrobos franklinii*, Jordan 1995, Einright & Hill 1995).

Mehr als 15 000 km² temperaten Regenwaldes stehen in Neuseeland in Nationalparks und ‚Forest parks' unter Schutz. Große Teile der *Nothofagus*-Wälder der Nordinsel wurden durch Vulkanausbrüche nach der Zeitenwende (z. B. Taupo Pumice-Ausbruch 130 n. Chr.) und durch die Feuer bei der Jagd nach dem Laufvogel Moa

Abb. 9-31: Magellanischer sommergrüner Wald (Borealer temperater Regenwald, Patagonien). (Foto Frey.)

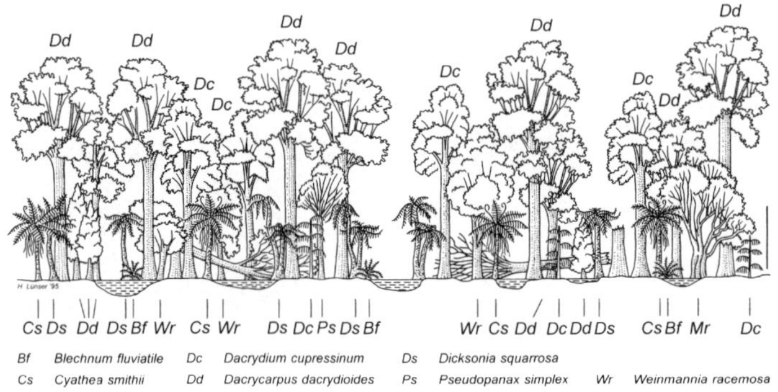

Abb. 9-32: Vegetationsprofil durch einen *Dacrycarpus dacrydioides-Dacrydium cupressinum*-Bestand nahe Bruce Bay, Westland (5 m; Südinsel, Neuseeland). (Aus Frey & Beever 1995.)

vernichtet. Da sich *Nothofagus*-Arten nur sehr langsam ausbreiten, konnten sie die verlorenen Gebiete seither nicht vollständig zurückerobern. Auf der Südinsel sind in Westland und Fiordland ausgedehnte Waldbestände erhalten geblieben. Formationskundlich lassen sich drei Waldtypen unterscheiden: 1. Artenarme montane *Nothofagus*-Wälder mit *N. fusca*, *N. menziesii* und *N. solandri* var. *cliffortioides*, 2. Koniferen-*Nothofagus*-Mischwälder mit *Dacrydium cupressinum*, *Prumnopitys ferruginea* (Podocarpaceae), *Libocedrus bidwillii* (Cupressaceae), *Nothofagus fusca*, *N. menziesii* (Fagaceae) und *Weinmannia racemosa* (Cunoniaceae) u. a. und 3. Koniferenwälder der tiefen Lagen, die *Dacrycarpus dacrydioides*- und *Dacrydium cupressinum*-Gesellschaften i. S. v. Reif & Allen (1988) (Abb. 9-32). Letztere besiedeln den *Nothofagus*-freien Bereich in Westland, der nacheiszeitlich von den sehr langsam wandernden *Nothofagus*-Arten nicht erreicht werden konnte. Diese Gesellschaften sind vermutlich die ältesten heute noch lebenden Waldgesellschaften überhaupt. Seit dem Abdriften Neuseelands vom australisch-antarktischen Gondwanarand vor etwa 82 Mio. J. dürften sie auf diesen ‚floating Noah's arks' (Schuster 1982) überlebt haben (Allen et al. 1991, Wardle 1991, Leathwick 2001).

Bei den Restflächen des saisonal temperaten Regenwaldes im immerfeuchten kolchisch-pontischen Dreieck an der Südostseite des Schwarzen Meeres (Kolchischer Wald) und im südkaspischen Tiefland (Hyrkanischer Tieflandswald) handelt es sich um Refugialräume, in denen ein arktotertiärer Wald mit tropischen indomalayischen Reliktarten überdauern konnte (s. 5.7.2). Im Hyrkanischen Tieflandswald gelten *Parrotia persica*, *Zelkova carpinifolia*, *Pterocarya fraxinifolia* als arktotertiäre und die wärmeliebenden *Gleditsia caspica* und *Albizzia julibrissin* als indomalayische Reliktendemiten (Frey & Probst 1986).

Mit 500–1500 Arten, im Valdivianischen Regenwald 2000 Arten, auf 10000 km^2 gehören die temperaten Regenwälder zwar nicht zu den artenreichsten der Erde, sie beherbergen jedoch eine außergewöhnliche Fülle von tertiären Reliktarten in einem einmaligen Ökosystem, das Zeuge einer vergangenen Welt ist.

Ursprünglich waren großflächige Lorbeerwälder im südlichen Teil Chinas bis zur Südspitze der koreanischen Halbinsel und im südlichen Drittel der japanischen Inseln vorhanden (Abb. 9-1). Es handelt sich um spättertiäre Reliktwälder, die dort die Kaltzeiten überdauert haben (Immergrüne, warmtemperate Wälder mit Lauraceen, *Quercus*-Arten und *Schima*-Arten [Theaceae]).

Lorbeerwälder der Kanarischen Inseln s. 9.1.4.

9.1.6 Sommergrüne Laubwälder

Sommergrüne Laubwälder treten fast ausschließlich auf der Nordhemisphäre der Erde auf (südhemisphärisch s. 9.1.5, Schmaltz 1991), in Europa, im Osten Nordamerikas und in Ostasien zwischen den warm-temperaten, den kalten und ariden gemäßigten Klimazonen. Sie bilden den nicht durchgehenden, dreigeteilten ‚Laubwaldgürtel' der Nordhemisphäre, die nemorale Zone (nemus, gen. nemoris = Hain, Abb. 9-1). Diese ist durch eine relativ lange Vegetationszeit ohne ausgeprägte Trockenperioden und eine mäßig kalte, 3–4 Monate andauernde Winterzeit gekennzeichnet (Abb. 9-2, Klimadiagramm Hohenheim). Es handelt sich um das typisch gemäßigte Zonobiom mit kurzen Frostperioden (nemorales Zonobiom) i. S. v. Walter (1990, Tab. 9-1). Charakteristika sind der Laubabwurf als Anpassung an die Winterkälte, das Blühen zahlreicher bestandsbildender Baumarten vor dem Austreiben des Laubes, die Windbestäubung und der Schutz der Knospen durch Knospenschuppen. Für die Ausbildung sommergrüner Laubwälder ist eine Dauer der Vegetationszeit mit Tagesmitteln über 10 °C von mindestens 120 Tagen notwendig. Ist diese kürzer, sind Koniferen beigemischt und es treten Übergangsformationen zu den immergrünen borealen Nadelwäldern und zu den Gebirgsnadelwäldern sowie zu sommergrünen Laubwäldern mit Nadelhölzern auf (Abb. 5-44, Tab. 5-4). Werden die Sommer trockener, erfolgt der Übergang zu den sommergrünen und immergrünen ‚Baumsteppen' (laubwerfende und Koniferen-Offenwälder) und zu den Steppen (Abb. 9-1).

In Bezug auf die Diversität nimmt die nemorale Zone eine mittlere Stellung ein (500–2000 Arten pro 10000 km^2), dabei sind das östlichste Nordamerika und Ostasien am artenreichsten (Abb. 9-3). Die Nettoprimärproduktion liegt bei 12 t/ha/J. und die Phytomasse bei 300 t/ha (jeweils Trockengewicht) und damit zwischen denen der Monsunwälder und der Borealen Nadelwälder (Tab. 9-3).

V. a. in Europa sind die Böden sehr jung und erst im Spätglazial und Postglazial (Holozän, Tab. 5-2) entstanden. Sie entwickelten sich allmählich auf den periglazialen Lößdecken, auf den während des Rückzugs des nordischen Eisschildes abgelagerten fluvio-glazialen Sanden und Moränen sowie auf verschiedenen Ausgangsgesteinen der Mittelgebirge und der Alpen gleichzeitig mit der Wiederbesiedlung durch die Vegetation, abgesehen von Resten älterer Bodenbildungen (Rendzina-Gruppe) in den Schichtstufenlandschaften.

Unter den gemäßigt-humiden Bedingungen des Laubwaldklimas Mittel- und Westeuropas bildet sich **Braunerde** (allg. Brauner Waldboden, im FAO-System Cambisol) mit einem A_h-B_v-C-Profil. Sie entwickelt sich aus Rankern, Regosolen (A-C-Horizont, auf Dünen und erodierten Landoberflächen), z. T. auch aus Pararendzinen und Rendzinen. Aus der Laubstreu bildet sich milder Humus (Mull) mit gebundenen Huminsäuren, bei einem hohen Anteil an Rotteprodukten Moder. Die typischen Merkmale der Braunerde sind Verbraunung und Verlehmung (Tonanreicherung). Calcit ist aus dem A-Horizont und B_v-Horizont in der Regel völlig ausgewaschen; aus den Silikaten entstehen im A- und B-Horizont Tonminerale, und das dabei freigesetzte braune Eisenoxidhydrat umrindet alle Bodenpartikel und verleiht dem Boden die charakteristische bräunliche Färbung (Verbraunung). Der humose A-Horizont geht in der Regel gleitend in einen braun gefärbten B_v-Horizont über. Darunter folgt der C-Horizont. Humusgehalt, Körnung, Nährstoff- und Basenreichtum sowie die Fruchtbarkeit dieser Böden variieren stark wegen der verschiedenen Entwicklungsmöglichkeiten. Braunerden werden forstlich und ackerbaulich genutzt.

Parabraunerde (Luvisol) entsteht nach Entkalkung und schwacher Versauerung. Es findet eine Verlagerung von Ton aus dem A- und dem oberen B-Horizont (Auswaschungshorizonte) in einen tiefer gelegenen Einschwemmungshorizont statt. Sie tritt vorwiegend unter Laub- und Mischwaldvegetation auf und ist im gemäßigt-humiden Klima Eurasiens und Nordamerikas verbreitet, u. a. in fast allen Lößböden Mitteleuropas. Die ökologischen Bedingungen sind der Braunerde meist ähnlich. Bei stark ausgeprägter Tonverlagerung entsteht **Fahlerde**. Der tonverarmte Oberboden ist dann deutlich aufgehellt. **Graue Waldböden** mit leichter Podsolierung treten u. a. in der schmalen Laubwaldzone Osteuropas am Übergang zu den Steppengebieten auf.

Rendzina (Fleinserde) ist der typische Boden über kalkreichen Gesteinen mit einem A_h-C-Profil. Die typische Rendzina besitzt einen humus- und skelettreichen, krümeligen, bis 30 cm tiefen A_h-Horizont über einem festen (z. B. Kalkstein, Dolomit) oder über einem lockeren Karbonat- (oder Gips-)gestein. Der obere Gesteinshorizont ist oft durch Frostsprengung zerteilt und mit Sekundärkalk angereichert. Karbonate und Sulfate werden ausgewaschen und dem Grundwasser zugeführt. Der humusreiche und daher braun bis dunkelgrau gefärbte Boden ist nährstoff- und basenreich und fruchtbar, jedoch oft ± trocken und schwer zu bearbeiten; bei tieferer Gründigkeit ist Ackerbau möglich. **Pararendzina** ist ein A-C-Boden aus Sand- und Lehmmergel, **Ranker** ein flachgründiger Boden auf festem Silikat- oder Quarzitgestein mit A_h-C-Profil. **Podsol** s. 9.1.8.

Der größte Teil West- und Mitteleuropas gehört zur nemoralen Zone, dem Gebiet der laubwerfenden, sommergrünen Wälder. Die überragende Rolle in der Waldvegetation – mit Ausnahme der sommertrockenen Gebiete – spielt in Mitteleuropa v. a. *Fagus sylvatica* (Abb. 5-42, 5-44), sodass man geradezu von einer Buchenregion und einem Buchenklima sprechen kann. Gegen die Konkurrenzkraft der Rotbuche, die an mäßig feuchte bis mäßig trockene, sowohl saure als auch kalkreiche Böden angepasst ist, setzen sich v. a. an nassen Habitaten und periodisch überschwemmten Flussauen oder feuchten Niederungen *Fraxinus excelsior*, *Quercus robur*, *Alnus*-, *Salix*- und *Ulmus*-Arten, an trockenen, flachgründigen Habitaten *Quercus*-Arten und *Pinus sylvestris*, auf steil rutschenden Hängen *Acer platanoides* und *Tilia platyphyllos*, in kühlen und schattigen Schluchtwäldern und Hangkanten der Mittelgebirge *Acer pseudoplatanus*, *Ulmus glabra* und *Fraxinus excelsior* durch. Von den Nadelhölzern tritt nur *Abies alba* in den Mittelgebirgen zusammen mit *Fagus sylvatica* auf größeren Flächen auf. *Picea abies*-Wälder sind ursprünglich auf kalte, *Pinus sylvestris*-Mischwälder auf nährstoffarme Habitate beschränkt. Das Ökogramm von Ellenberg (Abb. 4-18) gibt die Habitatansprüche der wichtigen waldbildenden Holzarten Mitteleuropas wieder, insbesondere von *Fagus sylvatica*.

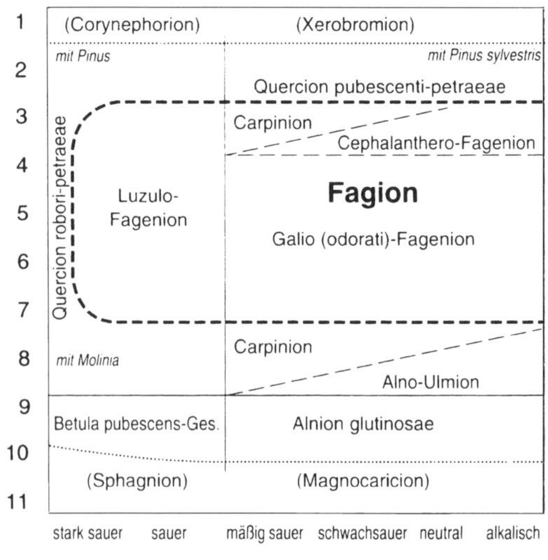

Abb. 9-33: Ökogramm der Verbände und Unterverbände mitteleuropäischer Waldgesellschaften; ungefähre Feuchtigkeits- und Säurebereiche. Untergliederung des Verbandes Buchenwälder (Fagion sylvaticae) s. Text. Die wärmeliebenden Eichenmischwälder (Quercion pubescentis) bilden in Mitteleuropa die Trockengrenze des Waldes auf flachgründigen steinigen Böden. Im stark sauren Bereich wird die Grenze von den bodensauren Eichenmischwäldern (Quercion roboris, syn. Quercion robori-petraeae) markiert. Hainbuchenwälder (Carpinion betuli) kommen auf basenreichen Feuchtböden und an relativ trockenen Habitaten vor. Birkenbruchwälder (*Betula pubescens*-Gesellschaften) und Erlenbruchwälder (Alnion glutinosae) bilden die Nässefront des Waldes und leiten zu den Verbänden Sphagnion und Magnocaricion über. 1 sehr trocken, 2 trocken, 3 mäßig trocken, 4 mäßig frisch, 5 frisch, 6 mäßig feucht, 7 feucht, 8 mäßig nass, 9 nass, 10 sehr nass, 11 Wasser. (Aus Ellenberg 1996.)

Die mitteleuropäischen Laubwälder (Abb. 5-44, Tab. 5-4) differenzieren sich v. a. durch den geologischen Untergrund, den Nährstoffgehalt (bzw. pH) und die Feuchtigkeit der Böden sowie durch die Luftfeuchtigkeitsverhältnisse.

Buchen- und Edellaubmischwälder (Fagetalia sylvaticae), die letzteren mit *Acer platanoides*, *Tilia* spp., *Fraxinus excelsior* und im Süden mit *Abies alba*, bilden die zonalen Wälder der temperaten Zone vom westlichen Europa bis Mittelrussland. Sie treten insbesondere in den tieferen und mittleren Lagen der Mittelgebirge und den tieferen Lagen der Kalkalpen auf, in der Ebene v. a. im nährstoffreichen Weichsel-/Würm-Vereisungsgebiet (Abb. 9-50). In atlantisch getönten höheren Mittelgebirgen, wie den Cevennen und den Vogesen, bildet die Rotbuche die Waldgrenze (s. 9.3.2.2). Der Verband der Buchenwälder (Fagion sylvaticae) gliedert sich in den mesophilen Unterverband der „eigentlichen" Buchenwälder (Galio odorati-Fagenion), den stärker säureertragenden der Hainsimsen-Buchenwälder (Luzulo-Fagenion) und den auf relativ trockene und kalkhaltige Hänge beschränkten der Seggen- oder Orchideen-Buchenwälder (Cephalanthero-Fagenion).

Eichen-Hainbuchenwälder (Carpinion betuli) sind Mischwälder mit einem hohen Anteil an *Carpinus betulus*. Sie besiedeln nährstoffreiche Lehmböden in tieferen Lagen (planare bis submontane Stufe) und treten v. a. dort auf, wo *Fagus sylvatica* an ihre Verbreitungsgrenze gelangt oder sich ihr nähert. Die gemäßigt-kontinentalen Eichen-Hainbuchenwälder (Galio-Carpinetum) Zentraleuropas sind an trockenere Böden angepasst, die subozeanischen Stellario-Carpinetum-Wälder mehr an staufeuchte Böden gebunden. Bodensaure Eichenmischwälder (Quercion roboris) besiedeln nährstoffarme Böden. Der Verbreitungsschwerpunkt dieser säuretoleranten (acidophytischen) Wälder liegt in Mitteleuropa in den norddeutschen Geestbereichen und auf Sandböden der oberrheinischen Tiefebene und Frankens. Erlenbruchwälder (Alnion glutinosae) s. 9.3.2.3.

Im Übergangsbereich von der Buchenwaldregion zum mediterranen Hartlaubgebiet treten sub- und suprameditерrane wärmeliebende Eichenmischwälder auf (Flaumeichenwälder, Quercion pubescenti-petraeae, s. 9.1.4, Abb. 5-44, Tab. 5-4, Meusel & Jäger 1989). Diese haben isolierte Vorkommen in den warmen Tieflagen Mitteleuropas, wie am Kaiserstuhl, im Oberrheingebiet, im Mosel-, Neckar- und Maingebiet und im mitteldeutschen Trockengebiet an südexponierten, trockenen Berghängen mit einem Bestand an submediterranen Arten wie *Quercus pubescens*, *Sorbus torminalis* und *Cornus mas*. Im östlichen Mitteleuropa und in Osteuropa treten subkontinentale, wärmeliebende Eichenwälder an trockenwarmen, flachgründigen Habitaten auf. In den Gebirgen gehen die Laubwälder in die montanen und subalpinen Gebirgsnadelwälder über, in Nord- und Nordosteuropa in die borealen Fichten- und Kiefernwälder (s. 9.1.8, Abb. 5-44, Tab. 5-4). Zu weiteren Details s. 9.3.

Die standörtliche Verteilung der Verbände und Unterverbände mitteleuropäischer Laubwaldgesellschaften aufgrund der Feuchtigkeits- und Säurebereiche vermittelt Abb. 9-33.

Heute sind diese Wälder durch den jahrtausendelangen Einfluss des Menschen weitgehend verändert oder gänzlich beseitigt. Hierzu haben Streunutzung, Waldweide, Köhlerei, Forstwirtschaft und Rodung beigetragen. Bis auf wenige kleinflächige „Urwälder" (Leibundgut 1993) sind nur noch wirtschaftlich überformte Restbestände vorhanden. Zu beachten ist, dass der siedelnde, ackerbautreibende und rodende Mensch nicht in einen statischen Prozess eingriff, sondern in ein dynamisches Geschehen, das durch die nachkaltzeitlichen Klimaänderungen (Tab. 5-2) noch nicht zum Abschluss gekommen ist.

In den noch erhaltenen naturnahen Beständen in Mitteleuropa kann unter Beachtung des menschlichen Einflusses auf die ursprünglichen Verhältnisse zurückgeschlossen werden. Schwieriger ist die Rekonstruktion der ursprünglichen Vegetation (s. 4.1) in den großen, schon lange fast vollständig entwaldeten Gebieten, wie den Sandheiden Norddeutschlands (s. 4.8.2) und dem atlantischen Heidegebiet Westeuropas, das sich von Portugal über Nordspanien, Frankreich, England bis nach Schottland erstreckt. Die Heiden sind ein Degradationsstadium von Laubwäldern mit starker Podsolierung der Böden (s. 9.1.8). Die Vernichtung der Laubwälder geht in prähistorische Zeit zurück.

Die Laubwaldzone ist gut geeignet für Obst-, Hackfrucht- und Getreideanbau, in klimatisch begünstigten Lagen, wie in den großen Strom- und Flusstälern, für den Weinanbau. In kühleren und niederschlagsreicheren Gebieten und in der montanen Stufe herrscht die Grünlandwirtschaft vor (Großviehweidewirtschaft).

Literatur: z. B. Mayer (1984), Jahn (1991), Pott (1993, 1995a), Diekmann (1994), Walter & Breckle (1994), Ozenda (1994), Härdtle et al. (1997), Peters (1997), Leuschner (1998), Dzwonko & Loster (2000), Bergmeier & Dimopoulos (2001), Willner (2002), Hellberg et al. (2003).

Der größte Teil des östlichen und südöstlichen Nordamerikas von den Großen Seen östlich der Präriezone (s. 9.1.7) und nördlich von Florida gehört zum Gebiet der sommergrünen Laubwälder (Abb. 9-1). Die Diversität ist deutlich höher als im europäischen Verbreitungsgebiet (bis 2000 Arten auf 10000 km^2, Abb. 9-3); dies gilt v. a. in Bezug auf die Gehölze (u. a. *Quercus*, *Betula*, *Carya*) und die Frühlingsgeophyten. Während der Kaltzeiten konnten die Sippen nach Süden ausweichen und nachkaltzeitlich wieder einwandern. Die floristische Zusammensetzung der Wälder klingt an die der arkto-spättertiären Wälder des Pliozäns (s. 5.7.2) an. Es fallen etwa 700–1300 mm Jahresniederschlag. Die Sommertemperaturen sind im allgemeinen höher als in Mitteleuropa; im Winter treten dagegen tiefe absolute Minima auf (bis −27 °C). Die Böden sind dem Klima entsprechend weitgehend Braune Waldböden.

In diesem Gebiet zeigt sich die klimaökologische Gliederung in geradezu klassischer Weise. Die ursprüngliche Vegetation bestand im Süden aus den an die Auenwälder des unteren Mississippi und die Sumpfzypressen-Wälder *(Taxodium distichum)* Floridas nach Norden anschließenden Eichen-Kiefernwäldern, die sich als Band an der Ostküste nach Nordosten zogen. Zum Präriegebiet hin schließt sich das Verbreitungsgebiet der Eichen-Hickory-Wälder an (*Quercus macrocarpa*, *Q. alba*; *Carya ovata*, *C. tomentosa* [Juglandaceae]) und an der Grenze zur Prärie baut *Q. macrocarpa* Offenwälder auf. Eichen-Kastanien-Mischwälder, ursprünglich mit der heute fast ausgestorbenen *Castanea dentata*, schließen sich nach Norden an. Die Eichen-Tulpenbaum-Mischwälder östlich des unteren Mississippi und Ohio mit *Quercus montana*, *Q. alba*, *Q. borealis* und dem bis zu 60 m hohen Tulpenbaum *Liriodendron tulipifera* (Magnoliaceae) sowie *Tilia heterophylla*, *Liquidambar styraciflua* (Hamamelidaceae) sind die floristisch reichsten der amerikanischen zonalen Laubwälder. Den nördlichsten Komplex des Waldgebietes stellen die Buchen-Zuckerahorn-Mischwälder *(Fagus grandifolia, Acer saccharinum)* dar. Auf sandigen, trockenen, sauren und nährstoffarmen Habitaten traten ursprünglich Nadelholzbestände *(Pinus strobus)* auf, die heute jedoch weitgehend vernichtet sind (Knapp 1965, Barnes 1991, Barbour & Billings 2000, Box 2000).

Die eigentliche Vernichtung dieser Laubwälder begann erst durch die europäischen Einwanderer, doch schon in der ersten Hälfte des 19. Jahrhunderts waren bereits etwa 80 % der Waldfläche gerodet. Größere Waldgebiete sind im Bereich der Eichen-Tulpenbaum-Mischwälder erhalten geblieben, kleinere im Bereich der Buchen-Zuckerahorn-Mischwälder.

Artenreiche sommergrüne Laubwälder nahmen ursprünglich große Gebiete im nordöstlichen China, auf der Koreanischen Halbinsel und im mittleren und nördlichen Japan ein (Abb. 9-1). In Japan handelt es sich um *Fagus crenata*-Wälder mit *Tilia japonica*, *Quercus mongolica*, *Magnolia obovata*, *Fraxinus sieboldiana* und *Acer palmatum* u. a., im nordöstlichen China um *Fagus longipetiolata*-Wälder. Nach Norden treten Nadelhölzer (*Abies* spp., *Picea* spp.) in den Laubwaldbeständen auf. Aufgrund der Bevölkerungsdichte ist heute die ursprüngliche bzw. naturnahe Vegetation auch hier nur noch in Resten, insbesondere in Schutzgebieten, vorhanden (Miyawaki 1980–1989, Miyawaki & Nakamura 1988, Ching 1991).

Im Übergangsbereich zu den Steppen und Wüsten Vorder- und Zentralasiens (s. 9.1.7) treten sommergrüne Baumsteppen (Offenwälder) auf, wie z. B. im Zagros-Gebirge (Iran) *Quercus brantii*-Offenwälder (Frey & Kürschner 1989b). In Osteuropa, Zentralasien und Nordamerika (Abb. 9-1) schließen sich die entsprechenden Offenwaldformationen der angrenzenden Sommergrünen Laubwälder und Immergrünen Nadelwälder an.

Einen Gesamtüberblick über die Sommergrünen Laubwälder der Erde geben Röhrig & Ulrich (1991).

9.1.7 Steppen und Wüsten der arid-gemäßigten Zonen mit kalten Wintern

Unter dem Begriff **Steppe** (von russisch step) wird ein baumloser außertropischer Vegetationsbereich verstanden, in dem xeromorphe Gräser, krautige ausdauernde Sippen und niedrige Halbsträucher, daneben auch Geophyten und Einjährige (Therophyten) eine mehr oder weniger geschlossene, 0,1–1 m hohe Vegetationsdecke bilden. Dieser Vegetationsbereich ist durch Sommertrockenheit und Winterkälte geprägt. Mitbehandelt werden hier die **Zwergstrauchreichen Formationen** Vorder- und Zentralasiens, in denen xeromorphe Zwerggesträuche dominieren und bei denen es ebenfalls zu keinem Vegetationsschluss kommt.

Die **eurasiatischen Steppen** (Steppengürtel) einschl. der Zwergstrauchreichen Formationen ziehen von den pontischen Ländern am Nordrand des Schwarzen Meeres und den vorderasiatischen Hochländern nach Osten bis zum Amur und nach Nordost-China, nach Westen bis in das ungarische Becken. Exklaven liegen in Mitteleuropa (Abb. 9-1, 9-35, 9-36). Der entsprechende Vegetationsbereich in Nordamerika wird als **Prärie**, in Argentinien als **Pampa** (Übergangstyp zum tropischen Grasland) bezeichnet (Abb. 9-1). **Kultursteppe** ist ein Schlagwort für eine einförmige, intensiv bewirtschaftete und von Maschineneinsatz geprägte Zwecklandschaft.

Von den Steppen streng zu unterscheiden sind das tropische Grasland, die Savanne (s. 9.1.2), in der stets Bäume und Sträucher auftreten und die Wiese mit sehr dichtem Poaceenbestand.

Das Klima der Steppen ist semiarid mit langer Sommertrockenheit; charakteristisch sind ferner tiefe Winterminima (Abb. 9-34). Die mittleren jährlichen Niederschlagsmengen betragen zwischen 220(200) und 450(400) mm. Die mittlere Nettoprimärproduktion (Trockengewicht) der temperaten Steppen liegt bei 6 t/ha/J., die Phytomasse mit 16 t/ha deutlich unter den Werten von Wäldern (Tab. 9-3). Die Diversität erreicht Werte bis 1000 (1500) Arten auf 10 000 km^2 (Abb. 9-3).

Ursprünglich wurde der Begriff **Steppe** für die großen **eurasiatischen Steppen** geprägt. Charakterisieren lässt sich dieses Steppengebiet durch das Areal der Arten der pontisch-südsibirischen Sippengruppe *Stipa* ser. *Capillatae*, das bis in die Mandschurei reicht. *Stipa capillata* dringt von diesen Arten am weitesten nach Westen vor

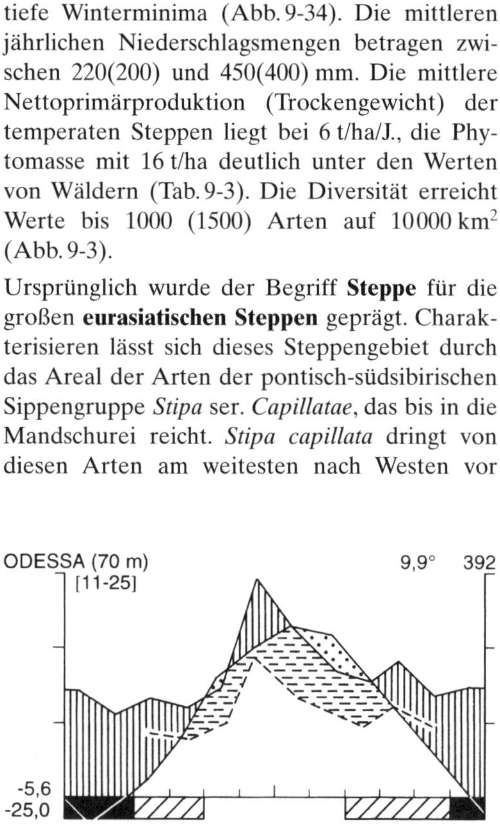

Abb. 9-34: Klimadiagramm von Odessa (Ukraine), mit kurzer Dürre- und langer Trockenzeit (gestrichelt). (Nach Walter 1990.)

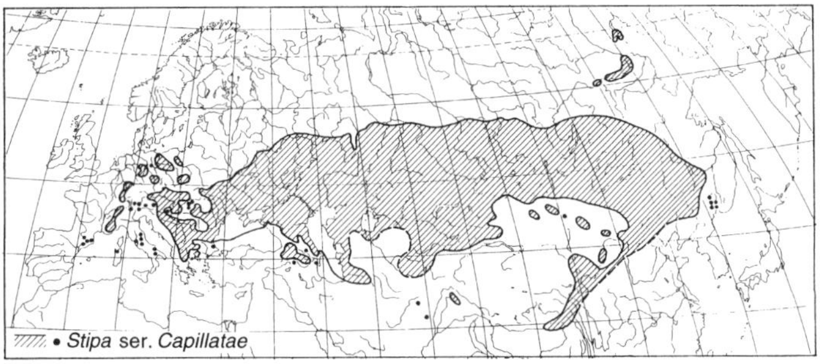

Abb. 9-35: Areal der pontisch-südsibirischen Sippengruppe *Stipa* ser. *Capillatae*; am weitesten nach Westen strahlt *Stipa capillata* aus. (Aus Strasburger 1991.)

Abb. 9-36: *Stipa capillata*-Bestand (Festuco valesiacae-Stipetum capillatae) bei Freyburg (Unstrut). (Foto Hensen.)

(Abb. 9-35, 9-36). In der mitteleuropäischen Flora vorkommende Leitarten dieser Region i. e. S. sind außerdem *Adonis vernalis*, *Prunus fruticosa*, *Oxytropis pilosa*, *Astragalus danicus*, *Scorzonera purpurea* u. a. Diese wanderten vermutlich in der Frühen und Mittleren Wärmezeit nach Mitteleuropa ein (s. 5.7.3).

Der wichtigste Bodentyp der trockenen und warm-kontinentalen Steppen- und Prärieklimate ist die **Steppenschwarzerde** (**Tschernosem**, russisch Schwarzerdeboden), die ein A_h-C-Profil aufweist. Dieser Boden ist nährstoffreich, besitzt einen oft tiefschwarzen und basenreichen, bis zu 150 cm mächtigen und lockeren Humushorizont und geht direkt in den Ausgangshorizont (C-Horizont), vielfach aus Löß, über. Die günstige Konstellation eines $CaCO_3$-haltigen lockeren Ausgangsgesteins, der Einfluss eines kontinentalen, semiariden bis semihumiden sommertrockenen Klimas, die wühlende vermischende Tätigkeit von Steppentieren (z. B. Hamster *Cricetus cricetus*; Ziesel *Citellus* spp.; Regenwürmer; in Nordamerika der Präriehund *Gynomus* spp.) und die Auswirkung einer Poaceen-reichen Vegetation bewirken die Entwicklung der Böden über die Mull-Pararendzina zur Steppenschwarzerde.

Die Steppenvegetation des pontisch-südsibirischen Gebietes, in der *Stipa-*, *Koeleria-*, *Festuca-* und *Artemisia*-Arten dominieren (Abb. 5-44, Tab. 5-4), erzeugt mit dem Niederschlagsmaximum im Frühjahr und Frühsommer N-reiche Biomasse, die im heißen und trockenen Sommer verdorrt und nur teilweise mineralisiert wird. Die Steppentiere bringen diese organische Substanz in den Boden ein (Bioturbation). Im kalten Winter ist die biologische Aktivität stillgelegt. Das Wurzelsystem der Poaceen (Abb. 9-37) ist intensiv und feinverzweigt und kann somit die Frühjahrsniederschläge bis zu deren Eindringtiefe ausnutzen. Hierauf beruht wahrscheinlich die Konkurrenzkraft der Poaceen. Die abgestorbenen Teile werden mit dem Mineralboden vermischt.

Steppenschwarzerden sind in Osteuropa, im südsibirischen Steppengebiet, in den Prärien Nordamerikas und der Pampa Südamerikas verbreitet. In Mitteleuropa, z. B. im Raum Halle-Magdeburg, sind sie vermutlich im Frühholozän (Präboreal und Boreal) unter kontinentaleren Klimaverhältnissen entstanden. Die Vorkommen sind mehr oder weniger stark degradiert. Steppenschwarzerde ist der Boden mit der höchsten potentiellen Fruchtbarkeit und als Getreideboden, u. a. für den Anbau von Weizen, bekannt.

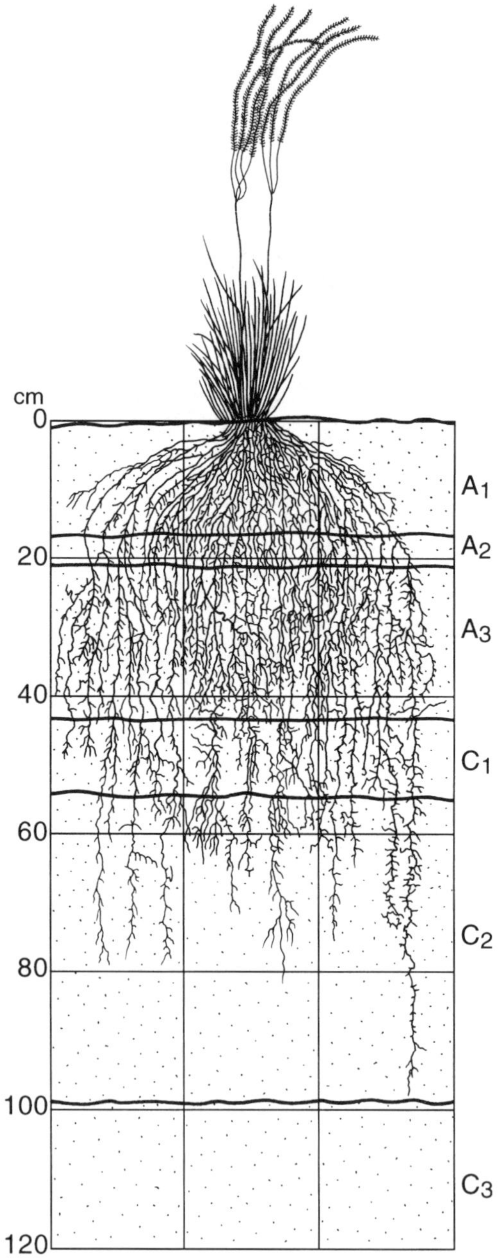

Abb. 9-37: Wurzelsystem des Steppengrases *Stipa lessingiana* aus der südlichen Steppenzone Zentralasiens. Bodenhorizonte A, C, schematisiert. (Nach Shalyt 1950.)

In der Steppenzone Eurasiens lassen sich zwei Ausbildungen unterscheiden: Erstens die typischen Wiesensteppen auf mächtiger Steppenschwarzerde mit einem hohen Anteil an krautigen Sippen in den etwas feuchteren nördlichen Gebieten. Diese gehen nach Norden und Westen in die sich anschließenden Offenwaldgesellschaften über. Südlich der Wiesensteppen beginnen die Federgrassteppen auf sog. gewöhnlicher Steppenschwarzerde, und nach Süden nimmt mit zunehmender Aridität der Anteil der krautigen Sippen ab. *Stipa*-Arten (Federgräser) dominieren, verschiedene *Festuca*-, *Koeleria*- und *Poa*-Arten sowie Arten der Gattungen *Artemisia*, *Centaurea*, *Salvia*, *Gypsophila*, *Onosma*, *Echinops* u. a. kennzeichnen diesen Formationstyp (Walter 1974, Walter & Breckle 1994; Abb. 5-44, Tab. 5-4).

Zu den größten Steppengebieten der Erde gehörten einst die natürlichen Grasländer im Innern des nordamerikanischen Kontinents. In der Artenvielfalt sind sie mit den eurasiatischen Steppen vergleichbar (1000 Arten auf 10000 km^2, Abb. 9-1, 9-3). Entsprechend den von Ost nach West abnehmenden Niederschlagsmengen lassen sich verschiedene Prärietypen unterscheiden: 1. die sog. Hochgrasprärie mit 500–700 mm Jahresniederschlag auf Steppenschwarzerde mit hochwüchsigen Poaceen *(Andropogon gerardi, Sorghastrum nutans)*, also Poaceensippen südlicher Abstammung, 2. die Mischgrasprärie in der Übergangszone und 3. im Westen die Kurzgrasprärie mit *Buchloë dactyloides* (Buffalo Gras) und *Bouteloua gracilis* (Blue Grama) bei 300–400 mm Jahresniederschlag (Übersichten in Coupland 1992, Kap. 10–12; Barbour & Billings 2000). 50–60 Mio. Bisons *(Bison bison)* sollen ehemals die Prärien bevölkert haben. Diese und die häufigen Präriebrände sind ein wichtiger Faktor für die Entstehung und Erhaltung der Prärievegetation. Der Ostteil der Prärien ist heute bis auf kleine Reste Ackerland (Mais-, Weizengürtel), die westlichen Prärien sind Weideland oder extrem stark degradiert (Ausbreitung von Weideunkräutern wie *Opuntia polyacantha*).

Das größte geschlossene Steppengebiet auf der Südhalbkugel ist die ostargentinische Pampa zwischen 32° und 38° S. Die Jahresniederschläge sind mit 500–

1000 mm relativ hoch, dennoch war es ursprünglich ein gehölzfreies Grasland. In den feuchteren Pampagebieten herrschten *Stipa*- und *Bothriochloa*-Arten vor, in den trockeneren Teilen in hohen büschelförmigen Horsten wachsende *Stipa*-Arten (Tussock-Grasland). Heute ist die Pampa fast vollständig durch Acker- und Weideflächen ersetzt, wobei die trockeneren Teile als intensives Weideland genutzt werden.

Gesamtübersicht über die Steppengebiete der Erde in Coupland (1992).

Bei Jahresniederschlägen von 250–180(150) mm treten im irano-turanischen Raum (Irano-turanische Florenregion) großflächig **Zwergstrauchreiche Formationen** (u. a. Xeromorphe Zwerggesträuche) auf, die in Abb. 9-1 als Halb- und Trockenwüsten eingezeichnet sind. Charakteristisch sind eine ausgeprägte Kontinentalität, die sich in extremen täglichen und jährlichen Temperaturschwankungen äußert, und eine ausgeprägte Sommerdürre und Winterkälte. Der dichte Poaceen-Bewuchs der Steppen verschwindet und wird durch arido-aktive Zwergsträucher, v. a. durch die Leitart *Artemisia sieberi* ersetzt; charakteristisch sind ferner *Cousinia*-, *Achillea*- und *Astragalus*-Arten. In etwas feuchteren Gebieten (bei 300 mm Jahresniederschlag) ist ein hoher Anteil an krautigen Sippen (Zwerggesträuch-Kraut-Mischformationen) vorhanden. Diese Zwerggesträuche reichen bis in die Mauretanische Steppenprovinz des nördlichsten Afrikas (Zohary 1973).

Die Böden gehen mit den abnehmenden Niederschlägen und abnehmender Humusbildung in Grauerden (Sierozeme) über. Soweit kein Bewässerungsfeldbau betrieben wird, wird die Region als extensives Weideland genutzt, und im Verbreitungsgebiet der Xeromorphen offenen Zwerggesträuche mit dominierender *Artemisia sieberi* wird Trocken(Regen-)feldbau (Dry farming) betrieben (Jahresniederschläge ≥ 200 mm), wobei hier an der Trockengrenze des Feldbaus ein Anbaujahr mit einem Jahr der Brache abwechselt (Abb. 9-38).

In den kontinentalen Binnenräumen Vorder- und Zentralasiens sowie Nordamerikas schieben sich in den Gebirgen mit zunehmender Höhe und Niederschlägen schmale Bänder lockerer Koniferen-Offenwälder (Kälteharter immergrüner offener Nadelwald, Koniferen-Trockengehölze in Abb. 9-1) zwischen die Zwergstrauchreichen und die subalpinen Formationen. In Vorder- und Zentralasien sind dies vorwiegend *Juniperus excelsa*- bzw. *J. semiglobosa*- und *J. seravschanica*-Offenwälder, im östlichen Afghanistan und dem anschließenden westlichen Himalaya *Cedrus deodara*- und *Pinus gerardiana*-Offenwälder. In den das Great Basin Nordamerikas umrahmenden Gebirgen treten in dieser Stufe u. a. Gelbkiefern-Wälder *(Pinus ponderosa)*, Pinyon-Wacholder-Gehölze (*Pinus* spp., *Juniperus* spp.) und in trockenen Hochgebirgslagen Offenwaldbestände aus der bis 4000 Jahre alt werdenden *Pinus longaeva* auf (Cronquist et al. 1986).

Über diesen Offenwäldern folgen in den vorderasiatischen Gebirgen Dornpolsterformationen, die hier einen Entfaltungsschwerpunkt haben. Sie reichen im Osten bis in den mittleren Himalaya, im Westen haben sie in den Bergen Kretas, Korsikas und in der spanischen Sierra Nevada Außenposten. Formationsbestimmend sind die in verschiedenen Verwandtschaftskrei-

Abb. 9-38: Extensive Weidewirtschaft und Trocken(Regen-)feldbau im Gebiet der *Pistacia vera*-Offenwälder und Zwergstrauchreichen Formationen im Kokca-Tal (Nord-Afghanistan). (Foto Frey.)

sen konvergent entstandenen Dornpolster, z. B. Fabaceae: *Astracantha*, *Astragalus*, *Onobrychis*; Plumbaginacae: *Acantholimon*; Caryophyllaceae: *Acanthophyllum*, *Minuartia*; Chenopodiaceae: *Noaea mucronata*. Sie stellen eine Adaptation an sommertrockene, extrem winterkalte, oft windgefegte und somit im Winter oft schneefreie Habitate der hochmontanen und subalpinen Stufen dar. Sekundär sind zahlreiche Dornpolster als Weide-Unkräuter in die degradierten Waldbestände und überweideten Zwergstrauchformationen eingedrungen (Kürschner 1986).

Eine konvergente Entwicklung zu den Dornpolsterformationen Vorderasiens zeigt sich im südlichsten Südamerika (Patagonien). Im Regenschatten der Andenketten tritt in den ariden Teilen eine durch xerophytische Kugelpolsterpflanzen beherrschte Dornpolstervegetation mit *Mullinum spinosum* (Apiaceae) und *Anarthrophyllum desideratum* (Fabaceae) auf (s. a. Hager 1986).

Die **Wüsten** werden in 9.1.3 definiert. An Böden treten Yermosole und Xerosole sowie in den versalzten Bereichen Solonchake auf (s. 9.1.3). Zu den Wüsten mit kühlen und kalten Wintern zählen die Dasht-e-Kevir, eine Salzwüste mit Chenopodiaceen, *Tamarix* spp., *Nitraria* spp., und die auf großen Flächen vegetationsfreie Dasht-e-Lut im Iranischen Hochland (Leonard 1988–1992). Im besonderen sind es jedoch die extrem ariden zentralasiatischen Wüsten Gobi und Takla-Makan. Die Takla-Makan ist die extremste Wüste Zentralasiens mit mittleren jährlichen Niederschlagsmengen von 0–60 mm, jedoch mit einem hohen Grundwasserspiegel in 1–2 m Tiefe. Große Kerngebiete sind vegetationsfrei, in den Talauen des Tarim-Flusses sind jedoch *Populus diversifolia*-Bestände vorhanden. Die Wüste Gobi erhält Sommerniederschläge bis zu 100 mm von den Ausläufern des ostasiatischen Sommermonsuns, doch im trockeneren westlichen Teil kommen vielfach regenlose Jahre vor. Deshalb fehlen hier Frühjahrsephemere; es herrschen strauchförmige, zentralasiatische Sippen, u. a. *Caragana* spp., *Hedysarum* ssp., *Zygophyllum* spp., vor, außerdem Poaceen (*Lasiagrostis* spp.) oder Halophyten (*Kalidium* spp., *Nitraria* spp.). Überwiegend ist die Gobi eine Steinwüste mit sehr spärlicher kontrahierter Vegetation.

In Nordamerika rechnet man die Mojave-Wüste im südlichen Nevada und östlichen Kalifornien und die Great Basin-Wüste zu den Wüsten mit kalten Wintern, obwohl sie physiognomisch eher Halbwüsten sind. Beide werden zur Holarktis gerechnet. Der südliche Teil der Mojave-Wüste wird größtenteils vom Kreosot-Busch (*Larrea tridentata*, Zygophyllaceae) bedeckt; Zwergsträucher, Sommer- und Winterannuelle bestimmen den Aspekt. Das anschließende Death Valley ist der heißeste und trockenste Teil des südwestlichen Wüstengebietes der USA (Rundel & Gibson 1996, Barbour & Billings 2000).

Übersichten: Walter (1974), Unesco (1979), Walter & Breckle (1991b), über Desertifikation: Unep (1992), Vegetation an Salzseen: Hammer (1986), s. a. 9.1.3.

9.1.8 Boreale Nadelwälder und Gebirgsnadelwälder

Ausgedehnte **Immer- bzw. Sommergrüne boreale Nadelwälder** kennzeichnen in der Nordhemisphäre die zirkumpolare boreale Region (borealis = nördlich, nordisch) (Abb. 9-1). Es handelt sich um das kalt-gemäßigte Zonobiom mit langen, kalten Wintern und kurzen, kühlen Sommern (boreales Zonobiom i. S. v. Walter 1990; Tab. 9-1). Die eigentliche boreale Zone beginnt dort, wo das Klima für sommergrüne Laubholzarten zu ungünstig wird, d. h. die kalte Jahreszeit länger als 6 Monate dauert und die Dauer der Zeit mit Tagesmitteln über 10 °C unter 120 Tage sinkt. In diesem kaltgemäßigten, kontinentalen Klima beträgt die Vegetationsperiode nur 3–4 Monate (Abb. 9-39). Die meist geschlossenen Wälder werden polwärts immer lichter. Die Nordgrenze zur Tundra wird erreicht, wenn kalte

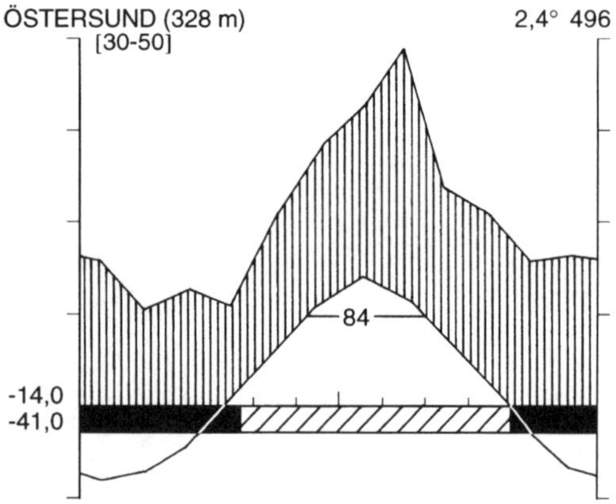

Abb. 9-39: Klimadiagramm von Östersund (Schweden) in der borealen Nadelwaldzone. 84: Zahl der Tage mit Tagesmitteln der Temperatur über 10 °C. (Nach Walter & Breckle 1994.)

Jahreszeiten von mehr als 8 Monaten auftreten und die Zeit mit Tagesmitteln über 10 °C unter 30 Tage sinkt (s. 9.1.9; Abb. 9-42).

Das Klima ist differenziert und weist im nördlichen Asien eine von Westen nach Osten zunehmende Kontinentalität mit einem Extrem in Ostsibirien auf. Ein großer Teil der Nadelwälder der nördlichen Zone stockt auf Permafrostboden (Frostboden, Gelosole), der in tieferen Schichten ganzjährig gefroren ist. Die oberen Schichten tauen im Sommer auf und ermöglichen Waldwuchs. Weite Teile sind dann von Sümpfen und Mooren bedeckt (Sumpf-Taiga). Noch am Kältepol der Erde in Ostsibirien mit einer mittleren Jahrestemperatur von −16,1 °C (Minimum −70 °C, Maximum +30 °C), gedeihen Nadelwälder. Die zirkumpolare boreale Nadelwaldzone in Nordeuropa, Sibirien und Nordamerika wird meist allgemein als Taiga (russisch) bezeichnet, z. T. wird die Bezeichnung auch nur für den sibirischen Teil verwendet.

Die Diversität ist in der borealen Zone gering (200–1000 Arten auf 10000 km^2, Abb. 9-3). Besonders im eurosibirischen Raum ist die Zahl der Nadelholzarten gering, während sie in Nordamerika größer ist. Aufgrund ihrer Xeromorphie, allem voran im Bau der Nadeln, die als Anpassung an die Frosttrocknis von Vorteil ist, sind die Pinaceen in der borealen Zone gegenüber den Angiospermen konkurrenzkräftiger und können bestandsbildend auftreten. Sie sind kälteresistent und im Frühjahr sofort produktionsfähig; die jährliche Erneuerung der Photosyntheseorgane ist unter borealen Bedingungen i. a. nicht mehr rationell. Neben den dominierenden Nadelbäumen treten kleinblättrige Laubholzarten und -sträucher aus den Gattungen *Betula*, *Alnus*, *Sorbus* und *Salix* sowie *Populus tremula* agg. auf. Der Unterwuchs besteht vorwiegend aus Zwergsträuchern (*Vaccinium* spp.), Moosen und Flechten. Charakteristisch sind außerdem Hochstaudenfluren und Pflanzengesellschaften der Moore.

Die Nettoprimärproduktion beträgt 8 t/ha/J., die Phytomasse 200 t/ha (jeweils Trockengewicht). Diese Werte liegen deutlich unter denen der anderen Waldformationen (Tab. 9-3).

Podsol (russ. = Asche-Boden), Ascheboden, Bleicherde ist der verbreitete zonale Bodentyp im kalt- bis gemäßigt-humiden Klima auf silikatreichem Substrat. Unter einer Vegetation, die überwiegend saure nährstoffarme Laubstreu (Nadelwald, Mischwald, Zwergstrauchheiden) erzeugt, ist bei relativ niedrigen Temperaturen und bei Durchfeuchtung die Zersetzung des organischen Materials gehemmt. Es reichert sich Rohhumus an, aus dem Humoligninsäuren gelöst werden. Diese bilden mit Fe^{2+}- und Al^{3+}-Ionen wasserlösliche metallorganische Komplexverbindungen, die mit dem Sickerwasser in den Unterboden eingeschwemmt werden. Der obere, an Humus verarmte Bleich- oder Auswaschungshorizont (A_e-Horizont) bleicht aus. Auf ihn folgt der mit Eisen- und Aluminiumoxid und mit Humus angereicherte Unterboden ($B_{s,h}$-Horizont), der rot bis schwarzbraun gefärbt ist, darunter das Ausgangssubstrat (C-Horizont). Auf diese Weise entstehen die für Podsole typischen O-A_e-$B_{s,h}$-C-Profile (Podsolierung), wobei der oft völlig ausgewaschene A_e-Horizont stellenweise fast nur noch aus Quarzsand (Bleichsand) besteht. Bei mäßiger Eisenverlagerung ist der Anreicherungshorizont weich und durchlässig (Orterde), bei starker Eisen-Akkumulation bilden sich verhärtete, wasserstauende Ortsteine, die das Eindringen der Baumwurzeln erschweren.

Podsole sind u. a. in Skandinavien verbreitet. Auf sandigen Sedimenten, wie in den Dünen, Sandern oder Geschiebesanden des nordwestdeutschen Tieflandes, treten Eisenhumuspodsole oft anthropogen bedingt auf, ebenso in den atlantischen Heidegebieten Westeuropas. Im mitteleuropäischen Bergland haben sich Podsole aus Granit- und Sandsteinfließerden entwickelt, so im Harz, Schwarzwald, Vogesen und Erzgebirge. Podsole werden vorwiegend forstwirtschaftlich genutzt; bei künstlicher Bewässerung und starker Düngung ermöglichen sie einen produktiven Hackfruchtanbau.

Große Teile **Nord- und Nordosteuropas** sind von borealen Nadelwäldern bedeckt (Abb. 5-44, 9-1, Tab. 5-4), unterbrochen von Flussauen und oft ausgedehnten Mooren. Im klimatisch günstigen Südteil sind landwirtschaftliche Rodungsflächen eingestreut. Weide- und Wiesenwirtschaft herrschen hier vor; der Anbau von Roggen, Hafer und Kartoffeln ist noch möglich. Im Norden grenzt die boreale Nadelwaldzone an die Tundra (s. 9.1.9), im Süden an das Gebiet der sommergrünen Laubwälder (s. 9.1.6), wo im Übergangsbereich nach Süden Mischwälder auftreten (s. 9.1.6, Abb. 5-44, Tab. 5-4). Unter den maritimen Bedingungen sowie in der subalpinen Stufe West- und Nordskandinaviens werden die Fichtenwälder von den maritimen Birkenwäldern (*Betula pubescens* agg.) bzw. dem nordboreal-subalpinen Birkenwald ersetzt. Außerhalb Nordeuropas bilden Bir-

Abb. 9-40: Montane und hochmontane Fichtenwaldbestände vom Typ des Homogyno-Piceetums, Alpenlattich-Fichtenwald, und Almflächen in den Nordalpen bei Sibratsgfäll. (Foto Frey.)

kenwälder auch im nördlichen Ural, im Kaukasus sowie von Japan bis zur Halbinsel Kamtschatka *(Betula ermanii)* die Waldgrenze.

In der borealen Zone Europas spielt die flachwurzelnde, nur die oberen 20 cm der Bodenschicht erfassende, *Picea abies* s. l. (Fichte) die Hauptrolle. Ihr natürliches nordeuropäisch-sibirisches Verbreitungsgebiet reicht in der Ebene von der Baumgrenze nach Süden bis Mittelschweden und zur Weichsel. Weiter südlich ist sie auf die Gebirge beschränkt (s. Gebirgsnadelwälder, Abb. 9-40, 9-62). Ihre Nord- und Höhengrenze ist durch Temperaturschwellenwerte für das Wurzel- und Sprosswachstum sowie die Samenproduktion bedingt. In Nordskandinavien und Nordosteuropa wird *Picea abies* ssp. *abies* von *P. abies* ssp. *obovata*, der sibirischen Unterart, abgelöst.

An Habitaten mit guter Nährstoffversorgung ist *Picea abies* gegenüber *Pinus sylvestris* überlegen. Dennoch ist *Pinus sylvestris* (Waldkiefer) mit etwa gleichen Flächenanteilen vertreten, allerdings siedelt sie im allgemeinen auf extremeren Habitaten (nährstoffarm-trocken, nährstoffarm-nass) bzw. nach Störungen (Brandflächen, aufgelassenes Kulturland). *Pinus sylvestris* wird bei Bränden weniger stark geschädigt und verjüngt sich rascher. Bei Windwurf verhält sie sich als Pionierart und wird später von der Fichte verdrängt; sie bildet jedoch keinen zonalen Vegetationstyp.

Pflanzensoziologisch ist der boreale Nadelwald der Klasse Vaccinio-Piceetea, Boreal-subalpine Nadelwälder, Birkenbruch- und Kiefernwälder (s. Tab. 4-9), zuzuordnen. Es wird zwischen fichten- und kiefernbeherrschten Wäldern mit einer Anzahl von Assoziationen (z. B. Linnaeo-Piceetum, Melico-Piceetum, Cladonio-Pinetum, Barbilophozio-Pinetum) unterschieden. Die Kraut- und Kryptogamenschicht ist oft flächendeckend entwickelt, und je nach Gesellschaft sind krautige Sippen oder Zwergsträucher (*Linnaea borealis*, *Melica nutans*, *Vaccinium* spp., *Cladonia* spp., *Barbilophozia barbata* u. a.) typisch (vgl. Dierßen 1996). In der Baumschicht herrschen Windbestäubung und Diasporenausbreitung durch den Wind vor. Der extremen Nährstoffarmut begegnen zahlreiche Sippen (*Picea*, *Pinus*, Ericaceae) durch die Symbiose mit Mykorrhizapilzen, die sehr wirksame Nährstoff-Fallen darstellen.

Die Wälder der sich nach Osten anschließenden **borealen Nadelwaldzone Asiens**, einer der größten Vegetationszonen, werden im westlichen Teil von *Picea abies* ssp. *obovata* beherrscht, die nur auf nährstoffarmen und trockenen Habitaten von *Pinus*-Arten (*P. sylvestris*, *P. sibirica* [nahe verwandt mit der Arve, *P. cembra*]) ergänzt oder verdrängt wird (Dunkle Taiga). Im extrem kontinentalen Ostsibirien (Abb. 9-1) wird der boreale Fichtenwald durch sommergrüne Lärchenwälder (*Larix sibirica* bzw. *L. gmelinii* im östlichen Gebiet, bis 72° 40′ N, Helle Taiga) ersetzt. *Larix*-Arten bilden hier die polare Wald- und Baumgrenze (Abb. 9-41), stellenweise mit *Sorbus aucuparia*, *Salix*- und *Betula*-Arten. Reinbestände von *Abies sibirica* werden als Schwarze oder Finstere Taiga bezeichnet. Die Taiga Sibiriens ist das größte zusammenhängende Waldgebiet der Erde, das sich über etwa 20 bis 25 Breitengrade und im Nordteil über Permafrostboden in beeindruckender Einheitlichkeit ausdehnt. Günstige Flächen v. a. im Südteil sind in Kulturland umgewandelt.

Die Arten des heutigen sibirischen borealen Nadelwaldgürtels (Taiga), die zu den kälteresistenten arktotertiären Arten (s. 5.7.2) zu rechnen sind, haben v. a. im Mandschurischen Refugialgebiet, das Korea, die Ost- und Süd-Mandschurei, den Ussuri-Bezirk und die Halbinsel Chantung (Qian Shan) umfasst, und im Mongolischen Refugialgebiet überdauert. Von diesen Gebieten wanderten sie postglazial nach Norden und Westen.

Im Vergleich zum Gattungs- und Artenspektrum der Baumschicht der eurasiatischen borealen Nadelwaldzone ist das der borealen Nadelwälder Nordamerikas, die von Neufundland bis zur Mackenzie-Mündung und in die gebirgigen Teile Alaskas reichen, relativ sippenreich. Es treten die Gattungen *Picea*, *Pinus*, *Abies*, *Larix*, *Thuja*, *Chamaecyparis* und *Juniperus* auf. Nur wenige Arten kommen jedoch im gesamten, etwa 7 Mio. km^2 umfassenden Nadelwaldgebiet mit den sehr unterschiedlichen Temperatur- und Niederschlagsverhältnissen vor. So ist z. B. *Picea glauca* (Schimmel-Fichte) über weite Strecken die einzige Baumart und wird nur gelegentlich auf sehr armen Böden durch *Picea mariana* (Schwarz-Fichte) oder *Larix laricina* (Amerikanische Lärche) ersetzt. Weitere wichtige Arten sind *Abies balsamea* (Balsam-Tanne) und *Thuja occidentalis* (Lebensbaum); auf sehr armen Sandböden tritt *Pinus banksiana* (Banks-Kiefer) auf, die nach Bränden und auf Kahlschlagflächen dominierend auftreten kann. An laubwerfenden Laubbäumen sind großräumig u. a. *Populus tremuloides*, *P. balsamifera* und *Betula papyrifera* vertreten.

Etwa 40 % des gesamten Papierholzes der Welt wird v. a. in den südlichen borealen Nadelwäldern Nordamerikas geschlagen. Allgemein schreitet die von der Öffentlichkeit kaum beachtete Zerstörung der borealen Nadelwälder dramatisch voran.

Die Artenvielfalt in Nordamerika beruht auf der Tatsache, dass einerseits die Sippen während der Kaltzeiten, bedingt durch die in Nord-Süd-Richtung verlaufenden Gebirgszüge, nach Süden und postglazial wieder zurückwandern konnten. Andererseits war das Klima in den Refugialgebieten im südlichen Nordamerika weitaus günstiger als im damals trockeneren Mediterrangebiet (s. 5.7.3). Zudem reichte im Westen der Eisschild nicht so weit nach Süden und es blieb ein Korridor zwischen den Endmoränen der Rocky Mountains und dem Eisschild frei (Abb. 5-35).

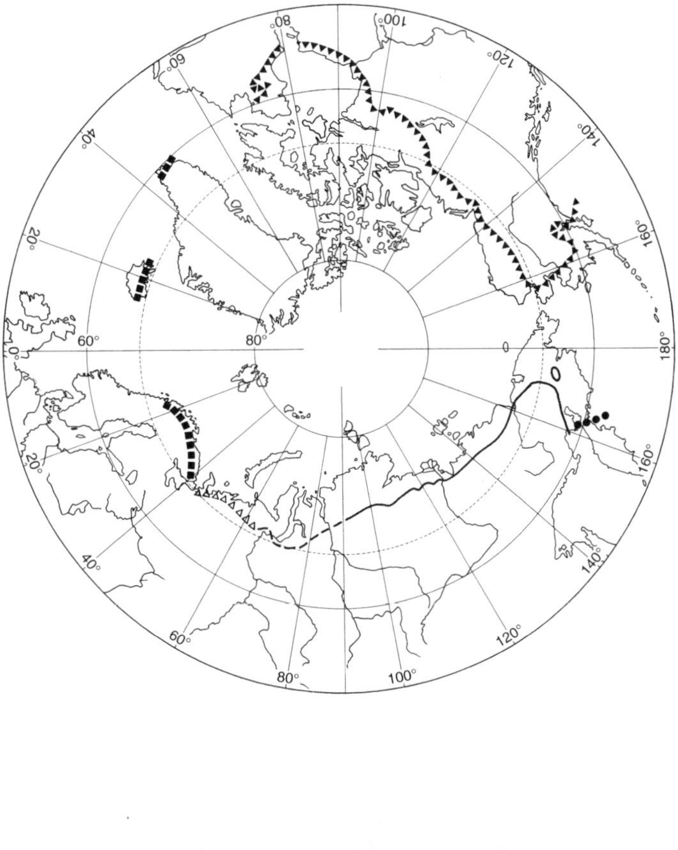

Abb. 9-41: Verlauf der polaren Baumgrenze, die die arktische Zone inkl. der Tundra nach Süden begrenzt.
■ ■ ■ *Betula pubescens* ssp. *tortuosa*,
△△△ *Picea abies* ssp. *obovata*,
– – – *Larix sibirica*,
—— *Larix gmelinii*,
• • • *Betula ermanii*,
▲▲▲ *Picea mariana* und *P. glauca*.
(Nach Walter 1974.)

Die **Gebirgsnadelwälder der borealen Zone** treten großflächig in den Gebirgszügen des nordwestlichen Nordamerikas (Coastal Mountains, Rocky Mountains), im Ural, in den Gebirgssystemen Zentralasiens und in den europäischen Gebirgen auf (Abb. 9-1). Eine Darstellung über die der Alpen findet sich in 9.4.

Weitere Literatur: u. a. Walter (1974), Mayer (1984), Walter & Breckle (1991b, 1994), Treter (1993), Dierßen (1996), Peinado et al. (1998), Rivas-Martinez et al. (1999), Barbour & Billings (2000), Dierßen (2000), Henry (2002), Spribille (2002).

9.1.9 Tundra

Bei der **Tundra** (finnisch tunturi) handelt es sich um die zirkumpolare baumlose Vegetationszone nördlich der polaren Waldgrenze (Abb. 9-1, 9-41). Sie ist Teil der arktischen Zone, die durch lange, kalte Winter und kurze, kühle Sommer mit einer Vegetationszeit von etwa Mitte Juni bis Mitte September geprägt ist. Es handelt sich um das Zonobiom des arktischen Tundrenklimas i. S. v. Walter (1990; Tab. 9-1). Auf der Südhalbkugel sind flächenmäßig nur sehr kleine „Tundren"gebiete auf Feuerland und auf den Falkland-Inseln vorhanden.

Die klimatischen Verhältnisse sind im arktischen Tundrengebiet nicht einheitlich. In den ozeanisch getönten Gebieten sind die Sommer kühler, die Winter milder und die Niederschläge höher, in den kontinentalen Gebieten sind die Winter sehr kalt, die Sommer wärmer und die Niederschläge geringer (bis unter 100 mm/Jahr, Abb. 9-42). Das Klima ist auch bei sehr geringen Niederschlägen aufgrund der sehr geringen Evaporation humid. Von großer Bedeutung ist der Wind, durch den es zu unregelmäßiger Schneeverteilung kommt. Die Erhebungen sind weitgehend schneefrei, die Mulden schneereich.

Die südliche Grenze der baumlosen Tundra fällt ungefähr mit der Juli-Isotherme von 10 °C zusammen, wobei diese im ozeanisch beeinflussten Gebiet etwas südlicher, im kontinentalen Gebiet etwas nördlicher verläuft. Man unterscheidet zwischen der **Südlichen Tundra**, deren heutiges Gebiet während der Frühen und Mittleren Wärmezeit (Tab. 5-2) bewaldet war, und der **Nördlichen Tundra**, deren Südgrenze etwa mit der Juli-Isotherme von 6 °C verläuft und in der die Vegetation oberirdisch nicht mehr geschlossen ist. Die Wurzelsysteme bilden dagegen eine geschlossene Schicht. In der Südlichen Tundra herrschen Zwergsträucher vor **(Zwergstrauch-Tundra)**, in der Nördlichen Tundra Moose und Flechten **(Moos- und Flechtentundra)**. In den nördlichen Gebirgen breiten sich Tundren oberhalb der Waldgrenze aus (**Gebirgs-Tundra**; Abb. 9-43), und die **Wald-Tundra** vermittelt als oft mehrere hundert Kilometer breite Übergangszone zur Taiga (boreale Nadelwaldzone). Die dominierenden Lebensformen bei den Phanerogamen sind Chamaephyten und Hemikryptophyten.

Die Tundra ist sowohl in Bezug auf Pflanzen als auch auf Tiere artenarm und die Diversität gering

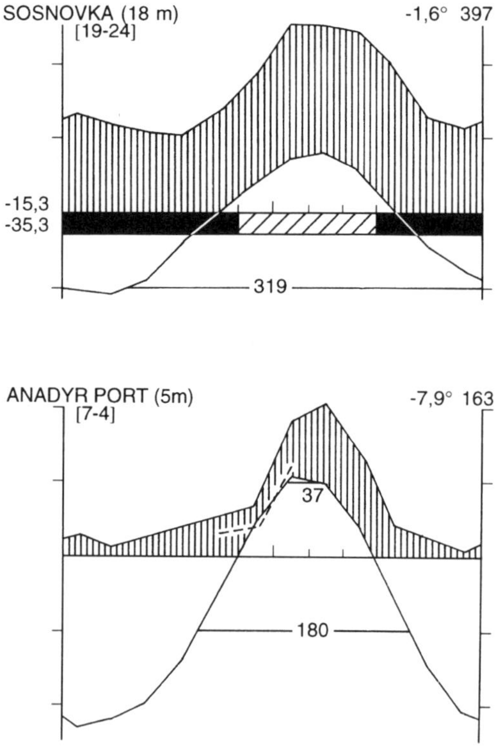

Abb. 9-42: Klimadiagramme von Stationen im Bereich der eurasiatischen Tundra: Sosnovka, am Polarkreis am Weißen Meer, subozeanisch; Anadyr Port, Ostsibirien, kontinental, an der Waldgrenze. 37: Zahl der Tage mit Tagesmitteln der Temperatur über 10 °C; 319 bzw. 180: Zahl der Tage mit Tagesmitteln der Temperatur über –10 °C. (Nach Walter & Breckle 1994.)

(100–200 Pflanzenarten auf 10 000 km^2, Abb. 9-3). Die Nettoprimärproduktion beträgt etwa 1,4 t/ha/J., die Phytomasse 6 t/ha (jeweils Trockengewicht; Tab. 9-3). Entsprechend gering ist die Tragfähigkeit der Tundra für Wild- oder Nutztierherden (Rentiere).

Die Böden sind Tundren- (Gleye, Moore, Gleypodsole) und Frostmusterböden. Bei diesen **Frostböden** (**Gelosole**, von lat. gelu = Frost) ist der Unterboden ständig gefroren (= Cryon). Darüber folgt der sommerliche Auftauhorizont (Tjäle), der 0,1–6 m betragen kann und von Klima, Relief, Vegetation und Bodeneigenschaften abhängt. Da das Wasser nicht versickern kann, sind die Böden vielfach vernässt. Von großer Bedeutung ist das Bodenfließen, die **Solifluktion**, die durch das tages- oder jahreszeitliche Auftauen und Wiedergefrieren des Bodens zustande kommt. Ab Hangneigungen von 2° beginnt der Boden zu fließen; es bilden sich u. a. Streifenböden aus. Diese zählen, wie die Steinnetzböden (Polygonböden) auf Erhebungen, die durch Kryoturbation (Frostschub, -hub) entstehen, zu den Frostmusterböden (Strukturböden).

Die **eurasiatische Tundra** reicht von Nord-Norwegen bis zur Beringstraße (Abb. 9-1, s. a. Abb. 5-44, Tab. 5-4). In Nordsibirien nimmt sie eine Fläche von 3 Mio. km^2 ein. Große Flächen der Südlichen Tundra (Zwergstrauch-Tundra) werden von Zwergbirken (*Betula nana:* Grönland, Europa, Westsibirien; *B. exilis:* Zentralsibirien, *B. middendorffii:* Ostsibirien) und Zwergweiden (*Salix* spp., u. a. *S. reticulata*, *S. polaris*), sowie *Juniperus communis* ssp. *nana*, *Vaccinium* spp., *Loiseleuria procumbens*, *Phyllodoce caerulea*, *Empetrum nigrum* ssp. *hermaphroditum*, *Eriophorum*- und *Carex*-Arten beherrscht. Poaceen nehmen ebenfalls eine wichtige Stellung ein. In der Nördlichen Tundra sind Spaliersträucher wie *Salix polaris*, *S. reticulata*, *Dryas* spp. sowie Polsterpflanzen (*Silene acaulis* u. a.) und arktische *Carex*-Arten *(C. bigelowii)* und Poaceen vertreten. An trockeneren Habitaten dehnen sich Flechtentundren aus (*Cladonia* spp., *C. stellaris* u. a.), an etwas feuchteren Habitaten Moostundren (*Racomitrium* spp., *Polytrichum* spp. u. a.).

Zahlreiche Arten sind zirkumarktisch verbreitet, wie etwa *Ranunculus nivalis*, *Papaver radicatum* agg., *Salix polaris*, *Cerastium arctium* oder *Carex lapponica*.

Dieser physiognomisch-ökologisch geprägten Vegetationsbeschreibung steht heute eine pflanzensoziologische Gliederung gegenüber, wie sie von Dierßen (1996) für die Vegetation der alpinen Stufe und der Arktis Nordeuropas geschaffen wurde.

Abb. 9-43: Gebirgs(Flechten-)tundra in Mittel-Norwegen. (Foto Frey.)

Auch in Nordkanada und in Alaska sind große Gebiete von baumloser Tundra bedeckt, die ebenfalls artenarm und der eurasiatischen ähnlich ist. Bedingt durch den kalten Labradorstrom und die starke Inlandvereisung Grönlands ist im Bereich der Hudsonbai die Grenze weit nach Süden verschoben (Abb. 9-1).

Aufgrund der niedrigen Temperaturen bleibt die Wuchsleistung der Pflanzen stark eingeschränkt. Die Arten erwirtschaften jedoch selbst bei niedrigen Temperaturen und geringen Strahlungsintensitäten eine positive Kohlenstoffbilanz. Zahlreiche Phanerogamen-Sippen speichern einen Großteil der Assimilate unterirdisch im Wurzel- oder Rhizombereich. Diese Kohlenstoffspeicherung ermöglicht es, die Reserven zu Beginn der Vegetationsperiode rasch in Produktion von vegetativen und generativen Teilen umzusetzen. Einige Arten, wie *Pyrola grandiflora* oder *Polygonum viviparum*, bauen oft bis zu 7–8 Jahre einen Reservestoffpool auf, ehe sie blühen. Bei etwa der

Hälfte der Angiospermen-Sippen werden die Blüten im Jahr vorher angelegt und Knospen und Blätter überwintern meist unter dem Schnee. Dadurch kann das Aufblühen sehr früh erfolgen. Aperiodische Arten, wie z. B. *Braya humilis*, entwickeln sich über mehrere Jahre, wobei die Pflanzen beim Einbruch der kalten Jahreszeit in der Entwicklung steckenbleiben. Teilweise erfolgt die Bestäubung durch Insekten (Entomogamie), Bestäubung durch den Wind (Anemogamie) ist häufiger. Insbesondere bei den Brassicaceen (z. B. *Draba alpina*, *D. gredinii*) tritt Selbstbefruchtung (Autogamie) auf. Die Ausbreitung der Diasporen erfolgt überwiegend durch den Wind (Anemochorie). Vegetative Reproduktion ist u. a. bei *Polygonum viviparum*, *Saxifraga flagellaris*, *S. cernua* mit blütenstandsbürtigen Bulbillen gegeben.

Konkurrenzschwach ist die therophytische Lebensform. Einjährig sind nur *Koenigia islandica* (Polygonaceae), drei *Gentiana*-Arten, *Montia lambrosperma* und zwei hemiparasitische *Pedicularis*-Arten.

Literatur: Reynolds & Tenhunen (1996), Wielgolaski (1997), Fredskild (1998), Barbour & Billings (2000).

9.1.10 Kältewüsten

Zu den **Kältewüsten** werden die **Arktische Kältewüste**, das **Hochland von Tibet**, der **Pamir** und die **Antarktis** gerechnet (Arktisches und antarktisches Zonobiom i. S. v. Walter 1990). Die Südgrenze der **Arktischen Kältewüste** wird mit dem Verlauf der 2 °C-Juli-Isotherme gleichgesetzt. Ihr zugerechnet werden die Barents-See-Inseln (Nordinsel von Nowaja Semlja, Franz-Josef-Land, SO-Spitzbergen), die Inseln im Norden Sibiriens, Grönland und die Nordkanadischen Inseln (Polar desert). Die klimatischen Gegebenheiten zeigt Abb. 9-44. Insgesamt treten im eurasiatischen Teil dieser Gebiete etwa 100 Angiospermenarten auf (Diversität < 100 auf 10000 km^2, Abb. 9-3); die Vegetationsbedeckung ist äußerst spärlich. Tibet und der Pamir mit einer Wüstensteppe (*Stipa glareosa*, *Ceratoides papposa* u. a.) stellen die **zentralasiatischen Kältewüsten** dar.

Auf dem **Antarktischen Kontinent** spielen Blütenpflanzen in der spärlichen Vegetation keine Rolle mehr. In der maritimen antarktischen Zone kommen nur *Deschampsia antarctia* und die Caryophyllacee *Colobanthus quitensis* ursprünglich vor; adventiv sind *Poa pratensis*, *P. annua* und *Stellaria media*. Flechten, Moose und Pilze bauen die Kryptogamen-Gesellschaften auf. In der kontinentalen antarktischen Zone sind 99 % von Eis bedeckt, die „Trockenen Täler" und die „Nunatakker" sind eisfrei.

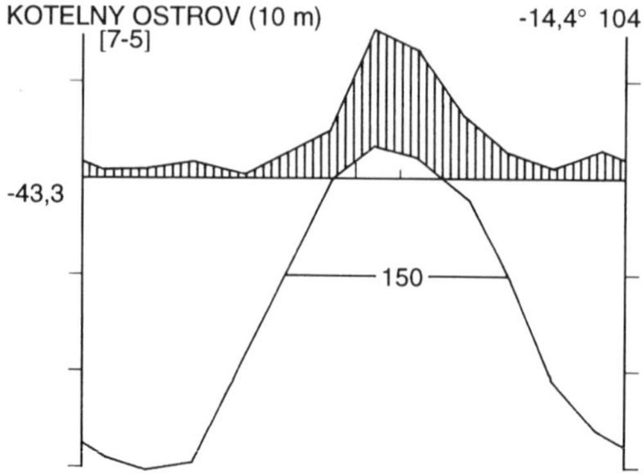

Abb. 9-44: Klimadiagramm von Kotelny Ostrov (Neusibirische Inseln) in der arktischen Kältewüste. 150: Zahl der Tage mit Tagesmitteln der Temperatur über −10 °C. (Nach Walter & Breckle 1994.)

Literatur: u. a. Aleksandrova (1988), Walter & Breckle (1991b, 1994), Chapin III & Körner (1995), Dierßen (1996), Fogg (1998), Daniels et al. (2000), Dierßen (2000), Möller (2000), Abbott & Brochmann (2003).

9.1.11 Hydro-Biosphäre, Benthon, Plankton

Die Flora der Ozeane lässt sich nach den wenigen Phanerogamen (besonders nach den Seegräsern [Zosteraceae]) und vor allem nach der Algenflora gliedern. Allgemein wichtige Begriffe, die auch für den Süßwasserbereich gelten, sind: Im Bodenbereich, dem **Benthal**, können substratgebundene Pflanzen und Tiere leben. Der freie Wasserraum wird als **Pelagial** begrifflich abgegrenzt. Die Bodenbewohner bilden das **Benthon** (früher Benthos), die im freien Wasserraum lebenden Organismen, die einen aktiven Ortswechsel durchführen können ohne durch die Wasserbewegung gehindert zu werden, das **Nekton**. Arten, die auf oder unmittelbar unter der Wasseroberfläche schwimmen, stellen das **Pleuston** dar. Das **Plankton** ist die Lebensgemeinschaft passiv im Wasser schwebender oder aktiv schwimmender, aber selbst von schwachen Strömungen verfrachteter Pflanzen und Tiere (Phytoplankton, v. a. Peridineen, Diatomeen und Coccolithophoraceen, Zooplankton). Das **Litoral** stellt die pflanzenbewachsene Uferzone dar, wobei zwischen dem **Eulitoral**, in dem der Wasserstand wechselt, und dem dauernd wasserbedeckten **Sublitoral** unterschieden wird. Vgl. hierzu Lehrbücher der Limnologie.

9.2 Azonale und extrazonale Vegetation

Die Vegetation, die keine Bindung an eine bestimmte Vegetationszone aufweist und in keiner Vegetationszone großflächig verbreitet ist, wird **azonale Vegetation** genannt. Die Vegetationstypen erscheinen aufgrund gleicher Boden- oder Relieffaktoren mehrfach in mehreren Vegetationszonen in ungefähr gleicher Physiognomie und oft nur in geringer floristischer Abwandlung. Gegenüber den nichtklimatischen Faktoren (Wasser- und Salzgehalt des Bodens, Bodentyp u. a.) sind die klimatischen Wirkungen von untergeordneter Bedeutung. Typische azonale Vegetation in Mittel- und Nordeuropa sind Vegetationstypen nasser Habitate, wie Erlenbruchwälder (Alnetea glutinosae, Abb. 4-2), Röhrichte und Großseggensümpfe (Phragmitetea australis), Laichkraut- und Schwimmblatt-Gesellschaften (Potamogetonetea pectinati) und Feuchtheide- und Hochmoorbult-Gesellschaften (Oxycocco-Sphagnetea), Vegetationstypen der Küsten- und Binnendünen, wie die Stranddünen-Gesellschaften (Ammophiletea arenariae) und Sandrasen- und Felsgrus-Gesellschaften (Koelerio-Corynephoretea) oder die Vegetation salzhaltiger Habitate, wie die Salzrasen- und Salzwiesen-Gesellschaften (Asteretea tripolii).

Zonale Vegetationstypen können auch extrazonal **(extrazonale Vegetation)**, d. h. isoliert außerhalb ihres eigentlichen Verbreitungsgebietes auftreten, und zwar an Habitaten, deren Lokalklima dem Großklima ihres Hauptverbreitungsgebietes entspricht (s. relative Standort-Konstanz, s. 3.2.3). Beispiele sind der Eichen-Elsbeerenwald (Quercetum pubescenti-petraeae), ein submediterran verbreiteter thermophiler Buschwald mit Vorkommen vom Kaiserstuhl über die Schwäbische Alb bis ins Main- und Saaletal, oder subkontinentale *Stipa*-Steppenrasen (Festuco valesiacae-Stipetum capillatae, Abb. 9-36) im mitteldeutschen Trockengebiet, bei denen es sich um Außenposten der zonalen Vegetation Osteuropas und der kontinentalen Gebiete Asiens handelt.
Zu beachten ist, dass die Begriffe zonal (s. 9.1) und azonal auch kleinräumig angewendet werden. So gibt es z. B. für jede Höhenstufe der Gebirge zonale Vegetationseinheiten oder Waldgesellschaften auf atypischen Substraten (z. B. Kiefernwälder auf Flussschottern). Außerdem sind die azonale und extrazonale Vegetation oftmals schwer zu trennen.

9.3 Die aktuelle Vegetation Mitteleuropas

9.3.1 Allgemeines

Bevor der Mensch vor etwa 5000 Jahren an der Wende Atlantikum/Subboreal (s. 5.7.3, Tab. 5-2) mit Rodungen und Ackerbau in den Naturhaushalt eingriff, trug die mitteleuropäische Region eine fast geschlossene Walddecke (vgl. Abb. 5-44, Tab. 5-4). Nur in den Alpen und den Sudeten war und ist aufgrund der kurzen Vegetationszeit und der Windwirkung (s. 9.4) eine deutliche obere Waldgrenze ausgebildet, und auf den höchsten Gipfeln der Vogesen, des Schwarzwaldes, des

Böhmerwaldes und auf der Brockenkuppe findet sich gerade noch eine Kampfzone des Waldes. Eine Trockengrenze des Waldes ist nur in den wärmsten und trockensten Binnenlandschaften anzutreffen, und die maritime Windgrenze dürfte sich nur als schmaler waldfreier Saum auf den Nordseeinseln und an der Nordseeküste bemerkbar machen. Außerdem sind lokal nur solche Habitate ursprünglich waldfrei, die für Waldwuchs zu trocken, zu nass oder zu salzreich sind, wie subkontinentale Trockenrasen, Dünen, Felsbereiche, Steinschutthalden, Lawinenbahnen, nährstoffarme Moore, Verlandungszonen der Binnenseen und salzige Marschen und Salzwiesen.

Mitteleuropa gehört zur temperaten Zone und zur Vegetationszone der Sommergrünen Laubwälder (s. 9.1.6, Abb. 9-1), die höher gelegenen Regionen der Mittelgebirge und der Alpen ausgenommen. Die unteren Höhenstufen der mitteleuropäischen Region sind durch eine Vegetationszeit von 6–9 Monaten gekennzeichnet. 4–6 Monate weisen Mitteltemperaturen von mehr als 10 °C auf und im Winter gibt es kurze Kälteperioden (< 0 °C). Die mittleren Jahresniederschläge übersteigen fast immer 500 mm (Abb. 9-2), wobei das Niederschlagsmaximum im Sommer liegt.

Die Abb. 9-45 und 9-46 vermitteln einen Eindruck von der Gliederung der Waldbestände und den dominierenden waldbildenden Arten in Mitteleuropa zur Zeitenwende, als außerhalb der Lößgebiete noch große zusammenhängende Waldgebiete bestanden. Durch den Einfluss des Menschen ist heute nur noch etwa ein Viertel der mitteleuropäischen Region bewaldet und dies auch fast nur in Form bewirtschafteter Forste, v. a. auf ärmeren Böden und an ungünstigen Habitaten. Das größte Ausmaß erreichte die Waldverwüstung in der frühen Neuzeit (nach 1450), als riesige Mengen Holz zur Energiegewinnung ver-

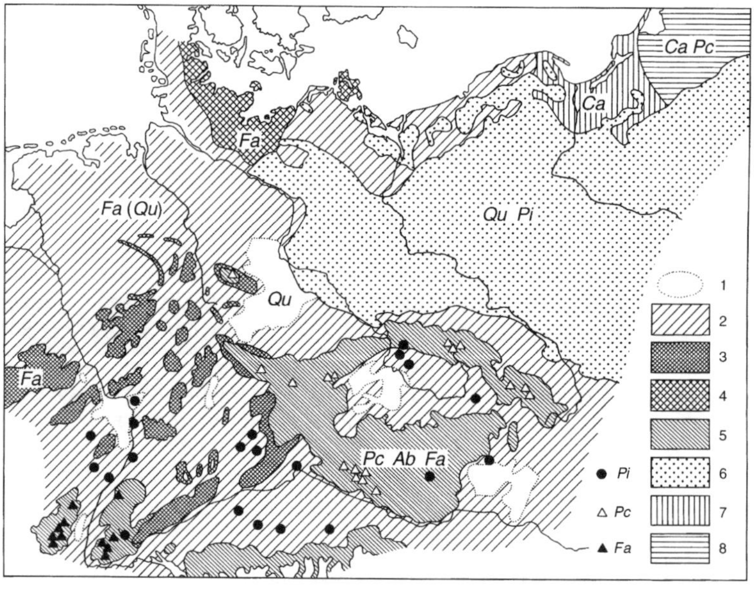

Abb. 9-45: Gliederung der Waldbestände Mitteleuropas ohne die Alpen etwa zur Zeitenwende, d. h. vor den stärkeren Eingriffen des Menschen, aufgrund pollenanalytischer Befunde. 1 Trockengebiete mit aufgelockerten Eichenmischwäldern (*Quercus* spp., kaum *Fagus sylvatica*, Jahresniederschläge unter 500 mm), 2 Rotbuchen-Mischwaldgebiete der tieferen Lagen (*Fagus sylvatica*, z. T. *Quercus* spp. überwiegend, ● *Pinus sylvestris* lokal dominierend), 3 Rotbuchen-Bergwaldgebiete (*Fagus sylvatica*, meist ohne Nadelhölzer), 4 kiefernarmes Buchenwaldgebiet *(F. s.)* der Moränengebiete, 5 Gebirgswaldgebiete mit *Fagus sylvatica*, *Abies alba* und *Picea abies* (▲ subalpiner Rotbuchenwald, △ *Picea abies* dominierend), 6 Kiefern-Eichenwaldgebiete (*Pinus sylvestris*; mit *Quercus* spp. auf Sandböden), 7 Hainbuchen-Mischwaldgebiet *(Carpinus betulus)*, 8 Hainbuchen-Mischwaldgebiet *(C. b.)* mit *Picea abies*. *Ab Abies alba*, *Ca Carpinus betulus*, *Fa Fagus sylvatica*, *Pc Picea abies*, *Pi Pinus sylvestris*, *Qu Quercus petraea*, *Q. robur*. Flussauen, Moore und andere Sonderhabitate sind nicht dargestellt. (Grundlage Firbas 1949, nach Ellenberg 1996.)

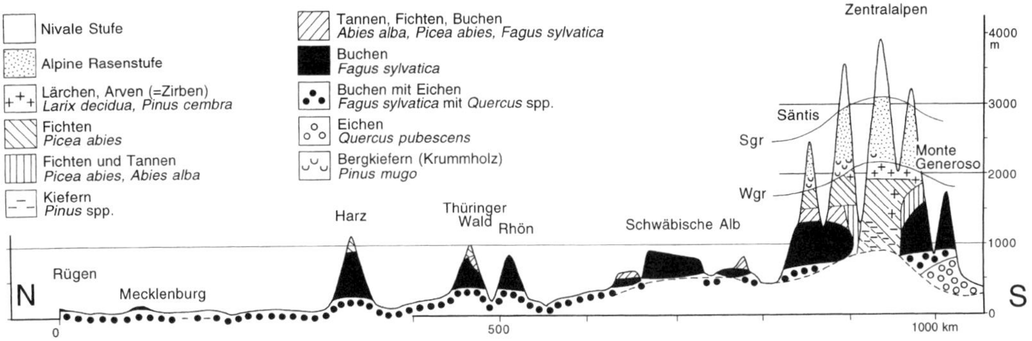

Abb. 9-46: Schematisches Profil der Höhenstufen der dominierenden waldbildenden Sippen durch Mitteleuropa, von N nach S. Die Höhenstufen steigen nach S mit zunehmender Massenerhebung an. *Fagus sylvatica* nimmt von W nach O ab und tritt im kontinentaleren Alpeninnern zurück; dort dominieren Nadelhölzer. *Picea abies* fehlt im W (Vogesen). Sgr Schneegrenze, Wgr Waldgrenze. (Nach Ellenberg 1996.)

feuert wurden und die damals übliche Waldweide große Schäden anrichtete. Die geregelte Forstwirtschaft der letzten eineinhalb Jahrhunderte führte dann zu den Kulturforsten Mitteleuropas, in denen oft Nadelhölzer dominieren (s. 9.3.2.2). Weite Flächen werden heute von anthropogenen Ersatzgesellschaften eingenommen, wie z. B. Ackerflächen, Wiesen, Weiden, Kulturforsten und Heiden. Diese prägen heute die Landschaft Mitteleuropas. Dennoch blieb ein sehr differenziertes und vielgestaltiges Mosaik von Vegetationstypen erhalten, das es zu erhalten und zu erweitern gilt. In den Werken von Ellenberg (1996) „Vegetation Mitteleuropas mit den Alpen" und Pott (1996a) „Biotoptypen" ist dieses vielfältige Vegetationsmosaik umfassend beschrieben.

9.3.2 Vegetation und Lebensräume (Biotoptypen)

Die Gliederung der Vegetation Mitteleuropas wird einerseits nach Formationsgruppen oder Vegetationsklassen vorgenommen (Tab. 4-9, 4-11, s. u. a. Wilmanns 1998, Pott 1995a, Ellenberg 1996), andererseits nach **Biotopen**, also **Lebensräumen** von Lebensgemeinschaften aus Pflanzen und Tieren mit ihren typischen Umweltbedingungen, wie etwa Wattenmeer, Auenwälder, Trockenwiesen und Moore. Diese spielen praxisorientiert eine wichtige Rolle (z. B. Westhus & Hengel 1995, Drachenfels 1996, Arten- und Biotopschutzprogramm 1997, Verbücheln et al. 1999, Riecken et al. 2003). Im folgenden werden charakteristische mitteleuropäische Biotoptypen vorgestellt.

9.3.2.1 Küstendünen, Salzwiesen, Wattenmeer und Boddenküste

An den Meeresküsten, selten auch im Binnenland, bestimmt die Anreicherung von Salzen die Vegetation. **Salzpflanzen-Gesellschaften** breiten sich daher an den von den Gezeiten beeinflussten Wattenmeerbereichen der Nordsee, an den Bodden- und Nehrungsküsten der Ostsee und an den sandigen Spülsäumen der Meeresküsten aus. Küstendünen gehören als weitere Vegetationsbereiche zum Lebensraum der Küste.

In geschützten **Buchten** und im **Flachmeerbereich** bis zu einer Tiefe von 4 m siedeln an der Nord- und Ostseeküste Seegräser (*Zostera* spp.) auf kiesig-sandigem bis schlickigem Substrat. Sie sind an die Salinität des Meerwassers angepasst (Salzgehalt: Nordsee 30–35 ‰, mittlere Ostsee 10–15 ‰). V. a. im Wattenmeer und in der Ostsee bilden sie oft ausgedehnte einartige Seegrasbestände, wobei die Gesellschaft des Echten Seegrases *(Zostera marina)*, das Zosteretum marinae, auch bei Ebbe überflutet ist. An wenig bewegten brackischen Küsten und an Brackwasserhabitaten breitet sich die artenarme Meersalden-Gesellschaft (Ruppietum maritimae) aus.

Auf den schwach geneigten Sand- und Kiesstränden entlang der sandigen Küsten (Abb. 9-47) treten an den **Spülsäumen** im Bereich der ange-

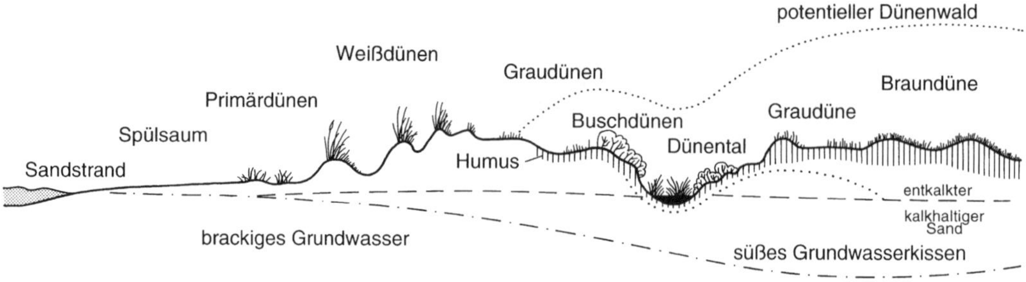

Abb. 9-47: Bildung von Dünen an der Nordseeküste und Vegetationsabfolge. Weißdünen = Sekundärdünen, Grau- und Braundünen = Tertiärdünen. Die Salzkonzentration nimmt vom Meer zum Land hin ab, die Bodenbildung und die Stickstoffspeicherung zu. Ohne die Einwirkung von Menschen und Tieren wären Dünentäler, Grau- und Braundünen bewaldet. (Nach Ellenberg 1996.)

schwemmten Seegras-, Grünalgen- und Tangwälle die Meersenf-Spülsäume und Tangwallgesellschaften (Cakiletea maritimae) auf. Die Arten dieser Gesellschaften sind salztolerant und besiedeln als Nitrophyten die Wälle, in denen eine starke Stickstoffumsetzung stattfindet. Bedingt durch Überflutung und Aussüßung durch Regenwasser ist das Habitat wechselhalin (poikilohalin). Sturmfluten reißen die Gesellschaften weg, Sandstürme überdecken sie. Die Diasporen werden durch die Wasserbewegungen und Wind verfrachtet. Die migrierende annuelle Meersenf-Gesellschaft (Cakiletum maritimae) mit *Cakile maritima* markiert Hochwassersäume an der Nord- und Ostseeküste, die Strandmelden-Gesellschaft (Atriplicetum littoralis) mit *Atriplex littoralis* vielfach Spülsäume im Salzwiesenbereich.

An den sandigen Meeresküsten bilden sich **Dünen** (Abb. 9-47). Oberhalb der Springtide-Hochwasserlinie vermag *Elymus farctus (= Agropyron junceum)*, die Strand-Quecke, auf dem vegetationsfreien salzhaltigen Sand zu keimen und sich auch aus angespülten Rhizombruchstücken zu entwickeln, Sand festzulegen und bis zu 1 m hohe Primärdünen (Vordünen) aufzubauen. Sie ist die Charakterart der sehr artenarmen Strand-Quecken-Vordünen-Gesellschaft (Elymo-Agropyretum juncei). *E. farctus* durchzieht die Primärdünen mit kriechenden Grundachsen und langen Ausläufern. Bei stärkerer Sandakkumulation tritt *Elymus arenarius*, der Strandroggen, auf jungen Dünen mit noch hohen Stickstoffgehalten als effektiver Sandfänger hinzu. Damit vollzieht sich der allmähliche Aufbau von Weißdünen (Sekundärdünen).

Der hinzukommende, nur etwa 1 % Salz in der Bodenlösung ertragende Strandhafer *(Ammophila arenaria)* festigt mit seinen langen unterirdischen Ausläufern die Dünenkomplexe und ist Charakterart der Standhafer-Weißdünen-Gesellschaft (Elymo-Ammophiletum arenariae, Abb. 4-13), die die bis zu 20 m hohen Weißdünen besiedelt. Am Aufbau beteiligt ist auch × *Calamophila (Ammocalamagrostis) baltica*, der Baltische Standhafer. Dieser Bastard aus *Ammophila arenaria* und *Calamagrostis epigejos* dominiert an der Ostsee. In der von ihm charakterisierten artenarmen Gesellschaft finden sich u. a. noch *Eryngium maritimum*, *Lathyrus maritimus* und *Honkenya peploides* (Abb. 4-13). Bei der Sandanhäufung werden die leicht löslichen Salze, v. a. NaCl, aber auch das aus dem Muschelschill stammende $CaCO_3$ ausgewaschen. Der pH-Wert nimmt dabei von anfänglich pH 7 bis auf Werte um pH 4 ab.

Hinter dem Bereich der maximalen Sandüberwehung, meist an der Leeseite der Weißdünen, ändern sich Standortklima und Vegetation rasch. Die Böden (Lockersyroseme) reichern sich im A-Horizont mit Humus an. Es entstehen Regosole mit geringen Kalk- und Nährstoffgehalten, die von einer mehr oder weniger geschlossenen Vegetationsdecke erobert werden, und aus den Weißdünen entstehen Graudünen (Tertiärdünen). Auf den Nordseeinseln herrschen auf den Dünenzügen Sandtrockenrasen, Krähenbeerenheiden mit *Empetrum nigrum* (s. 9.3.2.5) und Gebüsche u. a. aus *Hippophaë rhamnoides*, *Salix arenaria*, *Sambucus nigra* und *Rubus caesius* var. *dunensis* (Dünenweiden-Gebüsche [Salicetea arenariae] (Weber 1999a), an der Ostsee *Pinus sylvestris*-Wälder vor. Die Dünenweiden-Gebüsche sind primäre Gebüschstadien, die im Rahmen der natürlichen Dünenbildung an den Meeresküsten sich als erste Gebüschgesellschaften spontan entwickeln. Fortschreitende Bodenbildung (oligotrophe Braunerden) führt zu Braundünen, die zusammen mit den Graudünen die Tertiärdünenlandschaft bilden. Es wird angenommen, dass sich an der Nordsee bei ungestörter Weiterentwicklung auf diesen Habitaten Pappel-Eichenwälder herausbilden würden. In den Feuchtsenken zwischen den Dünenhügeln, die durch Kombination von Nässe und extrem saurem Milieu den Lebensraum für eine Spezialvegetation schaffen, treten Pflanzengesellschaften aus den Klassen Littorelletea (Strandlings-Gesellschaften), Isoëto-Nanojuncetea (Zwergbinsen-Gesellschaften), Saginetea maritimae (Küsten-Mastkraut-Gesellschaften), Scheuchzerio-Caricetea nigrae (Niedermoor- und Hochmoorschlenken-Gesellschaften) und Oxycocco-Sphagnetea (Feuchtheide- und Hochmoorbult-Gesellschaften) auf (Petersen 2000).

Wird die Pflanzendecke zerstört, entstehen Wanderdünen, und die Dünenbildung beginnt erneut. Um die Dünen zu befestigen, werden v. a. *Ammophila arenaria* und *Calamophila baltica* angepflanzt, die beide sowohl grundwasserunabhängig als auch verschüttungsfest sind und mit den unterirdischen Ausläufersystemen (Abb. 4-13) den Sandbewegungen folgen können.

Das zu den ökologisch wertvollsten Biotopen der Erde gehörende **Wattenmeer** (Abb. 9-48) umfasst den küstennahen Bereich der Nordsee zwischen dem Springtidehoch- und -niedrigwasser. In einem etwa 450 km langen Streifen zieht es sich im Schutz der West-, Ost- und Nordfriesischen Inseln an der Nordseeküste zwischen Texel in den Niederlanden und Esbjerg in Dänemark entlang. An der deutschen Küste erreicht es eine mittlere Breite von 13,5 km. Je nach Strömungsgeschwindigkeit entstehen unterschiedliche Formen des Watts, das Sand-, Schlicksand- und Schlickwatt. Zwischen den hohen Verebnungen, den Platen, liegen die auch bei Ebbe mit Meerwasser gefüllten Priele und Tiefs. 1985 bis 1990 wurden in Niedersachsen, Schleswig-Holstein und Hamburg insgesamt 5367 km^2 Wattengebiet als Nationalpark Wattenmeer ausgewiesen.

Im Watt werden Sinkstoffe angereichert. Der Wattboden besteht neben Sand, Schluff, Ton, Muschelschill, Diatomeenschalen u. a. zu 1,5 bis 10 % aus organischer Substanz. Die mit dem Tidenstrom vorbeiströmenden Pflanzenreste und Plankton liefern die Nahrung für eine artenreiche Fauna meist sessiler bis hemisessiler Lebensweise, u. a. Wattwürmer (z. B. *Arenicola marina*), Muscheln (Klaff-, Herz-, Pfeffer-, Miesmuscheln), Strand- und Wattschnecken, Wattkrebsen, Garnelen, zudem für eine charakteristische Vogelfauna (Möwen, Watvögel, Gänse, Enten u. a.) sowie Seehunde und Kegelrobben.

Das Sandwatt ist frei von höherer Vegetation, dagegen siedeln auf kiesig-sandigem bis schlickigem Substrat Seegräser (Zosteretum marinae). Im Übergangsbereich zwischen Meer und Land tritt mit den durch den Gezeitenrhythmus und Sturmfluten bedingten extrem wechselnden Habitatbedingungen, wie Trockenfallen des Bodens, Salzgehalt- und Temperaturschwankungen an der Oberfläche der Organismen und des Substrats, folgende Zonierung auf: Oberhalb der Seegraszone, zwischen 40 und 0 cm unterhalb des mittleren Tidehochwassers, also im Eulitoral, lebte ursprünglich auf schlickigem und sandig-schlickigem Substrat nur eine einzige höhere

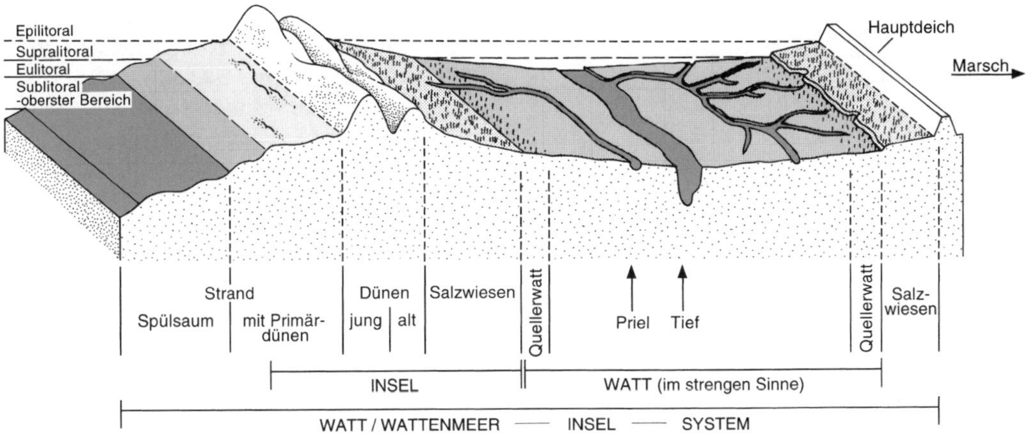

Abb. 9-48: Landschaftsphysiognomische Gliederung des Lebensraumes Watt/Wattenmeer-Inseln. (Nach Buchwald 1990, ergänzt.)

Pflanze, der einjährige Queller, *Salicornia europaea* agg., mit mehreren ökologisch gut eingenischten Biotypen. Er bildet **Einjährige Quellergesellschaften bzw. -watten**, von denen die Schlickqueller-Gesellschaft oder Echtes Quellerwatt (Salicornietum strictae) die wichtigste ist. Gegen das Meer stehen locker zerstreute Einzelpflanzen, die sich landeinwärts zu dichten Herden zusammenschließen. Sie wirken als Schlickfänger und fördern die Anlandung. Seit 1927 ist im Wattenmeer auch die Ausdauernde Schlickgras-Gesellschaft (Spartinetum anglicae) mit der allopolyploiden Charakterart *Spartina anglica* (in England zwischen 1870 und 1890 aus dem europäischen Marschgras *S. maritima* und dem eingeschleppten *S. alterniflora* durch Allopolyploidisierung der sterilen Hybride *S. ×townsendii* entstanden) angesiedelt.

Salzrasen und Salzwiesen-Gesellschaften (Asteretea tripolii) schließen sich landeinwärts etwa auf der Höhe des mittleren Tidehochwassers an die Queller- und Schlickgrasgesellschaften an. Sie werden nur noch bei Sturmfluten überspült und enden an der oberen Sturmflutgrenze. Entsprechend der Überflutungshäufigkeit und somit dem Salzgehalt des Bodens lässt sich folgende Zonierung feststellen: Zwischen der Linie des mittleren Tidehochwassers und der des Springtidehochwassers, einem Bereich mit bis zu 250 Überflutungen im Jahr und damit starken Schwankungen im Salz- und Wassergehalt des

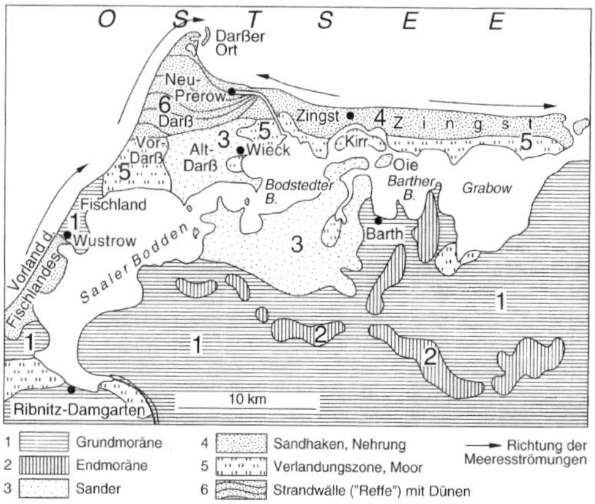

Abb. 9-49: Vorpommersche Boddenlandschaft zwischen Fischland-Darß-Zingst und dem Festland mit Saaler, Bodstedter und Barther Bodden und dem Grabow. (Nach Autorenkollektiv 1988.)

Bodens, siedeln Andelrasen bzw. Andelwiesen (Puccinellion maritimae) mit der dominierenden Poacee *Puccinellia maritima* (Andel, Strand-, Salzschwaden), die sich durch Polykormbildung (s. 7.1.2) das Habitat erobert. Hinzu kommen weitere Halophyten wie *Aster tripolium*, *Limonium vulgare*, *Triglochin maritimum*, *Glaux maritima* und *Plantago maritima*. Die Andelrasen werden oft als Schafweiden genutzt. Bei Auflandung über die Springtide-Hochwasserlinie, aber noch im Einzugsbereich der Sturmfluten, siedeln auf wenig versalzten Böden die Strandnelken-Gesellschaften (Armerion maritimae) v. a. mit der weit verbreiteten Bottenbinsen-Wiese (Juncetum gerardii). Prielkanten und Grabenränder werden von der Strandbeifuß-Gesellschaft (Artemisietum maritimae) eingenommen. Hier wächst auch bevorzugt die einzige deutlich verholzte Salzpflanze der norddeutschen Küstenvegetation, die Salzmelde, *Halimione portulacoides*.

Die Salzwiesen sind der natürliche Übergangsbereich zwischen Meer und Land. Durch Küstenschutzmaßnahmen, Deichbau und starke Überweidung gibt es allerdings nur noch an wenigen Stellen ursprüngliche Bestände.

Durch natürliche Verlandung des Watts entstand während der letzten 7500 Jahre (Holozän) die **Marsch** (Marschen, Marschland), in historischer Zeit meist künstlich durch Eindeichung. Es handelt sich um den zwischen Watt und Geest (sandige und weniger fruchtbare Altmoränengebiete, Saale-Glazial, Abb. 5-2) etwa in der Höhe des Meeresspiegels gelegenen Teil der Küstenebene, der nach Absenkung des Grundwasserspiegels und Auswaschung der Salze fruchtbar und fast vollständig landwirtschaftlich genutzt wird.

Dem Wattenmeer in seiner ökologischen Bedeutung gleichwertig ist die **Vorpommersche Boddenküste** zwischen dem Festland und der Halbinsel Fischland-Darß-Zingst (Abb. 9-49) sowie den Inseln Rügen, Usedom und Wollin, die postglazial durch Überflutung flacher Grundmoränenlandschaften durch das Meer entstand. Kennzeichnend sind die hinter den Inseln liegenden, max. 6 m tiefen Boddengewässer, die durch relativ enge Öffnungen mit der Ostsee verbunden sind; die engsten davon sind heute geschlossen. Geschützt wird dieses Gebiet durch den Nationalpark Vorpommersche Boddenlandschaft.

An der Ostseeküste, an der sich im Flachwasserbereich Sand- und Kiessubstrate abwechseln, zeigen sich bei Niedrigwasser Bestände von verschiedenen Tangen (*Fucus* spp.), *Ruppia-* und *Zostera-*Arten. Die Grundmoränenlandschaft ist heute weitgehend Kulturland, während die Endmoränen *Fagus sylvatica*-Bestände tragen und die wenig fruchtbaren Sander (sehr schwach geneigte Schwemmkegel vor den Endmoränen) von verschiedenen Waldgesellschaften eingenommen werden. Auf den trockenen hohen Dünen der Nehrungen (schmale Sandstreifen, die flache Buchten vom Meer trennen) bildet *Pinus sylvestris* Dünen-Kiefernwälder (Empetro nigri-Pinetum sylvestris), und in den feuchten Niederungen tritt der Walzseggen-Erlenbruch (Carici elongatae-Alnetum glutinosae) auf, dies insbesondere auf dem Neu-Darß, wo durch Landentstehung Strandwälle (Reffe) mit feuchten Senken (Riegen) abwechseln (Günther 1957). Hervorstechend sind jedoch die **Brackwasserröhrichte** (Bolboschoenion maritimi) der Boddenküsten, die der Boddenlandschaft das ihr eigene Gepräge geben. Hier lässt sich eine Zonierung in das mehr halophile Halo-Bolboschoenetum und das Astero tripolii-Phragmitetum i. S. v. Krisch (1992) mit dominierendem *Phragmites australis* aufzeigen.

Weitere Literatur: u. a. Preising et al. (1990), Gnoth-Austen & Specht (1995), Leiendecker (1995), Pott (1995b), Gätje & Reise (1998), Hensen (1998), Umweltatlas Wattenmeer (1998, 1999), Pott et al. (1999) und Petersen (2001).

Im **Binnenland** ist die Halophytenvegetation an lokale Salzquellen v. a. im Gebiet der nord- und mitteldeutschen Salzstöcke gebunden. Halophyten-Gesellschaften der Salzrasen- und Salzwiesen-Gesellschaften (Asteretea tripolii) treten dort in meist fragmentarischer Ausbildung auf, wobei v. a. *Aster tripolium*, *Scorzonera parviflora*, *Puccinellia distans*, *Triglochin maritimus* und *Juncus gerardi* die Habitate mit erhöhter Oberbodenversalzung besiedeln. Über die ‚Salzwiesen' Brandenburgs informiert Rasmus (1993), über die Binnensalzstellen und ihre Vegetation in Thüringen Westhus et al. (1997), überregional Brandes (1999) und über Halophyten an Kalihalden Garve & Garve (2000) und Garve (2003).

9.3.2.2 Mesophile Wälder; Waldverwüstung, Waldbauzeit

Mesophile Wälder sind unter den Waldformationen solche, die mittlere Habitatbedingungen in Bezug auf die Feuchtigkeit und den Basengehalt der Böden bevorzugen, so die Buchen- und Edellaubmischwälder (Abb. 9-50), die Eichen-Hainbuchenwälder, die bodensauren Eichenmischwälder und die wärmeliebenden Eichenmischwälder. Diese wurden in 9.1.6 bei den Sommergrünen Laubwäldern der nemoralen Zone besprochen. Ursprünglich waren sie die beherrschenden Waldtypen in Mitteleuropa und dominieren auch heute noch auf den ‚mittleren' Habitaten.

In der heutigen Kulturlandschaft handelt es sich fast ausschließlich um **Wirtschaftswälder**, die forstlich bewirtschaftet werden. Sie entstanden durch Pflanzungen, Schonung von Aufwüchsen aus Naturverjüngung und gezieltem Einschlag und Selektion von Gehölzen. Dennoch blieben in weiten Bereichen naturnahe Bestände erhalten; außerdem wird heute mit Forstmaßnahmen versucht, den Übergang zu naturnahen Wäldern einzuleiten. Dagegen unterliegen **Naturwälder** einem zyklischen Verjüngungsprozess aus verschiedenen Waldentwicklungsstadien mit den

Abb. 9-50: Luzulo-Fagetum sylvaticae. Planare Buchenwaldgesellschaft im Fläming (Brandenburg). (Foto Frey.)

entsprechenden Änderungen in der Zusammensetzung der Baumarten, wobei in den Wäldern ein räumliches Mosaik von Lichtungs-, Pionier-, Optimal- und Altersphasen herrscht. Einige Lebensräume, wie steile Hänge, Schluchten, luftfeuchte Hangkanten, trockenheiße-felsige sowie hochmontane und subalpine Habitate, beherbergen heute noch naturnahe Wälder, die in Ergänzung zu den in 9.1.6 besprochenen hier kurz charakterisiert werden.

Hang- und Schluchtwälder (Linden-Bergahornwälder, Tilio platyphylli-Acerion pseudoplatani) sind anspruchsvolle, hochstauden- und kryptogamenreiche Mischwälder an Hängen sowie in schattigen und feuchten Schluchten des Berglandes auf feinerdearmen, aber humosen, noch teilweise rutschenden Fels- oder Steinschuttböden. Hier tritt *Fagus sylvatica* aus edaphischen und lokalklimatischen Gründen stark zurück oder fehlt ganz.

So stellt der Spitzahorn-Lindenwald (Aceri platanoidis-Tilietum platyphylli) einen lichten, baumartenreichen Laubmischwald mit *Tilia platyphyllos*, *T. cordata*, *Acer platanoides*, *A. pseudoplatanus* und *Sorbus aria* auf mehr oder weniger trockenen Gneis- und Granitblockhalden bzw. Kalk-Steinschutthalden der Mittelgebirge dar. Der Eschen-Ahorn-Wald (Fraxino-Aceretum pseudoplatani) siedelt dagegen an kühlen, luftfeuchten Habitaten, meist an steilen Nordhängen mit beweglichem Grobschutt und Blockschuttfeldern (s. 9.3.2.7) und auf alluvialen Bach- und Flusssedimenten in den Mittelgebirgen.

Inselartig treten wärmezeitliche Waldrelikte v. a. in den Weinbaugebieten Südwest- und Mitteldeutschlands auf. Im südlichen und seltener im mittleren Mitteleuropa ist dies der Eichen-Elsbeeren-Wald (Flaumeichenwald, Quercetum pubescenti-petraeae, s. 9.1.6), dessen Charakterart, *Quercus pubescens*, nur 5–6 m hohe, oft durch Niederwaldwirtschaft bedingte, krüppelige Gestalten bildet. Der Flaumeichenwald erreicht an Felshabitaten die Trockengrenze. Morphologisch reine Flaumeichen treten in den Flaumeichenwäldern nur in geringen Anteilen auf. Sie konzentrieren sich meist auf die trockensten Habitate. Der Großteil der Flaumeichenbestände wird von Hybriden der Flaumeiche mit der Traubeneiche (*Quercus petraea* × *pubescens*) geprägt. Flaumeichenwälder gehören in Süddeutschland zu den artenreichsten und wertvollsten Pflanzengesellschaften (Sayer 2000). Die Westgrenze seines Areals erreicht im Oberrheingebiet der subkontinentale Steppen-Eichenwald (Potentillo albae-Quercetum petraeae), der vereinzelt auf trockenwarmen Südhanghabitaten auftritt. Steile Felshänge auf bodensaurem Substrat und Silikatschuttfluren tragen offene thermophile Traubeneichen-Trockenwälder (Hainsimsen-Traubeneichenwald, Luzulo-Quercetum petraeae). *Quercus petraea* zeigt meist Krüppelwuchs, da auch diese Gesellschaften an die Trockengrenze des Waldes gehen.

In den wintermilden, aber schneereichen atlantisch geprägten Mittelgebirgen Europas, so z. B. an der Ostabdachung der Vogesen, im Schwarzwald, im Schweizer Jura, im Bayerischen Wald sowie in den Nordalpen treten im hochmontanen Übergangsbereich zur subalpinen Stufe auf nährstoff- und basenreichen sickerfeuchten Habitaten Bergahorn-Buchenmischwälder (Aceri-Fagetum) auf. Es handelt sich um von *Fagus sylvatica* und *Acer pseudoplatanus* beherrschte, wettergeformte Krüppelwälder mit Hochstauden wie *Adenostyles alliariae*, *Cicerbita alpina* und *Senecio nemorensis* sowie einem oft dichten Moos- und Flechtenbesatz an den Ahorn-Stämmen. Sie reichen bis zur lokalen Existenzgrenze des Waldes.

Diese naturnahen Wälder bzw. Naturwälder geben heute noch ein lebendiges Zeugnis von der Vielfalt und Differenziertheit der mitteleuropäischen Waldgesellschaften, die in den Wirtschaftswäldern vielfach verloren gingen. Die **Bewirtschaftung der Wälder** und die **Betriebsarten** werden nachfolgend zusammengefasst (Abb. 9-51).

Die Waldfläche wurde in Mitteleuropa durch Rodungen, v. a. auf den für den Ackerbau geeigneten, reicheren Böden, auf rund ein Drittel der ehemaligen Fläche reduziert. Die erste große Rodungsperiode umfasst das 8.–12. Jahrhundert, als sich die mittelalterlichen Siedlungen ausweiteten. Dieser zunächst quantitativen Zurückdrängung des Waldes auf ärmere Habitate folgten im Mittelalter durch die Waldweide und ungeregelte Holzentnahme auch ausgeprägte qualitative Veränderungen. Der in seiner Fläche reduzierte Wald musste als wichtigster Energie- und Rohstofflieferant für die anwachsende, zunehmend arbeitsteilig wirtschaftende Gesellschaft dienen: Heizenergie für Hausbrand, Glashütten, Ziegelbrennereien und Eisenhämmer, Strebe- und Bau-

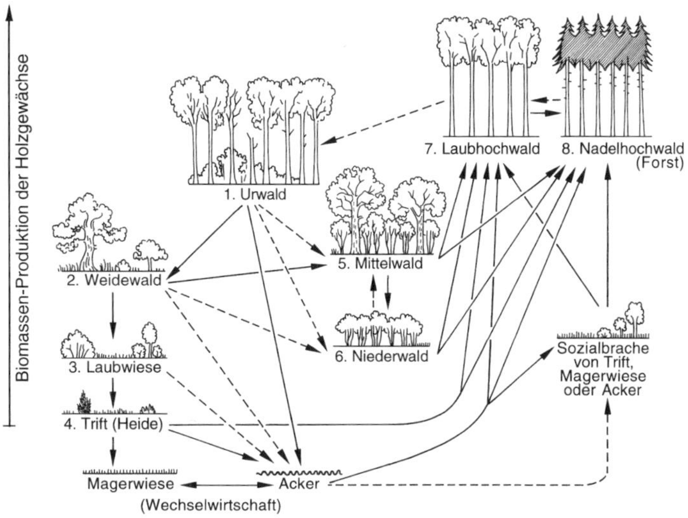

Abb. 9-51: Umwandlung natürlicher Kalkbuchen-Wälder (Urwald) durch Weide-, Acker- und Waldwirtschaft auf lehmüberdecktem Kalkboden (braune Rendzina) in der submontanen Stufe Mitteleuropas. Erklärung s. Text. (Nach Ellenberg 1996.)

material für die Städte und Bergbaustollen. Diese jahrhundertelange Übernutzung reichte bis in die frühe Neuzeit und führte zu einer weiteren Ausdünnung, zu einer regelrechten **Waldverwüstung** und zum Ruin fast aller Wälder. Hudewälder, Schälwälder, Harzungen mit vergrasten, lichten Flächen, aus Stockausschlägen hervorgegangene Baumgruppen, Birken- und Kiefernanflug und Sträucher bildeten die „Waldbilder" jener Zeit. Durch die Herstellung von Holzkohle in Meilern und mit dem aufkommenden Manufakturwesen erreichte im 18. Jahrhundert die Waldverwüstung ihren Höhepunkt. Da es im 17. und 18. Jahrhundert kaum noch Hochwälder gab, verlor auch die mittelalterliche Schweinemast in Eichenwaldresten an Bedeutung. Stattdessen verlegte man sich in weiten Gebieten auf die Schafzucht. Kartoffel- und Rübenfütterung ersetzte z. T. die Eichelmast der Schweine. In den Kalkgebieten kam es zu umfangreichen Ausbildungen von Halbtrockenrasen, auf Silikatböden der Mittelgebirge entstanden Heideflächen und Magerrasen, in Norddeutschland dominierten weiträumige Heideflächen und Dünenrasen. Diese Stadien vom Urwald bis zur Magerwiese bzw. Acker sind in Abb. 9-51 und 9-55 festgehalten.

Aufgrund des akuten Holzmangels begann man in dichter besiedelten Gebieten schon im 14. und 15. Jahrhundert mit Aufforstungen, zuerst im Gebiet um Darmstadt (1343, Laubholz) und Nürnberg (1368, Nadelholz), dann bei Frankfurt. Später wurden auch Bannwälder eingerichtet (Waldschutzgebiete, bei denen Bewirtschaftungsmaßnahmen mit Jagd-, Wild-, Rode- oder Mastbann belegt waren). Oft gelangen die Aufforstungen am leichtesten mit Kiefernaussaaten, auch wenn es sich um Laubwaldgebiete handelte. Gegen Ende des 18. Jahrhunderts erzwang der bedrohliche Holzmangel die Umstellung auf eine planmäßige Forstwirtschaft. Auf die Phase der Waldverwüstungszeit folgte die **Waldbauzeit**. Im Bestreben, die devastierten Flächen möglichst rasch und risikolos mit leistungsfähigen Waldbeständen zu bestocken, wurden Nadelhölzer, v. a. *Picea abies* und *Pinus sylvestris*, den Laubhölzern vorgezogen. Hierfür waren der meist problemlose Anbau, die kurze Umtriebszeit und die auf den meist ärmeren Habitaten bessere Wüchsigkeit des Nadelholzes maßgebend. Die ausgedehntesten Aufforstungen mit Nadelhölzern fanden um die Mitte des 19. Jahrhunderts statt. Heute sind an der Waldfläche Nadelhölzer mit etwa 70 % (*Picea abies* 36 %, *Pinus sylvestris* 30 %, *Abies alba* 2 %) und Laubhölzer mit etwa 30 % (*Fagus sylvatica* 18 %, *Quercus* spp. 8 %) beteiligt. Seit etwa zwei Jahrzehnten geht man verstärkt dazu über, die Nadelholzforste in naturnahe Mischbestände überzuführen, nicht zuletzt auch deshalb, weil Koniferen besonders anfällig gegen Umweltbelastungen sind.

Die heutigen Waldbilder erklären sich durch die **Betriebsarten**, durch die sie bewirtschaftet wurden und werden, die **Nieder-, Mittel- und Hochwaldwirtschaft** (Abb. 9-51).

Heute kaum mehr üblich ist die **Niederwaldwirtschaft**, die bis in die Eisenzeit zurückreicht, und bei der im 5–30jährigen Turnus die gesamten Gehölze abgeschlagen und zu Brennholz, Faschinen (Reisiggeflecht für Befestigungen) und zur Gewinnung von Gerberlohe verarbeitet wurden. Der Wald regeneriert sich durch Stockausschläge, wobei *Carpinus betulus*, *Tilia platyphyllos*, *Corylus avellana*, *Fraxinus excelsior*, *Quercus* spp., an nassen Habitaten auch *Alnus glutinosa* und *Salix* spp., diese sehr leicht bilden und die Bestände aufbauen. *Fagus sylvatica* bildet wenig Stockausschläge, Nadelhölzer keine. Diese Betriebsart wird v. a. in Naturschutzgebieten erhalten.

Die Betriebsart vieler Bauernwälder war die **Mittelwaldwirtschaft**, bei der einige Bäume als Überhälter über mehrere Umtriebsperioden als Diasporenbäume und zur Eichelmast oder für Bauholz stehen blieben, während das meiste Holz niederwaldartig geschlagen wurde. Diese zeitweise lichten Wälder mit einer reichen Krautschicht waren günstig für die Waldweide. Sie blieben bis in das 20. Jahrhundert hinein in Betrieb.

Die moderne Forstwirtschaft bevorzugt Hochwälder bzw. die **Hochwaldwirtschaft**. Hochwälder sind ergiebiger und liefern mehr Wertholz als die ehemaligen Bauernwälder. Die Umtriebsperiode beträgt i. a. 80–120 Jahre. Diese Wirtschaftsform setzte sich Ende des letzten Jahrhunderts durch die Trennung von Wald und Weide und die allgemeine Rationalisierung der Wirtschaft durch und wird heute fast ausschließlich angewandt. Die Verjüngung kann aus Diasporen erfolgen oder es wird nach einem Kahlschlag aufgeforstet, was insbesondere bei gleichaltrigen Fichten- und Kiefernforsten der Fall ist. Bei Buchenwäldern sind verschiedene Bestandsstrukturen möglich: Schirmeinschlag auf ganzer Fläche, d. h. starke Lichtung des Bestandes, sodass eine natürliche Verjüngung durch Diasporenbäume möglich ist, treppenartiger Waldaufbau durch Verjüngung in Streifen (Saumeinschlag), Femelschlag, bei dem kleine Gruppen von Bäumen gleichzeitig entfernt werden, und der Plenterbetrieb, bei dem durch die Herausnahme einzelner Stämme eine unterbrechungsfreie Andauer des Hochwaldzustandes angestrebt wird. Die beiden zuletzt genannten Formen kommen den Verhältnissen in Naturwäldern am nächsten.

Literatur: u. a. Pott (1993, 1995), Wilmanns (1998), Rossmann (1996), Zacharias (1996), Puhle & Ulrich (2001).

Durch die jahrhundertelangen Eingriffe des Menschen entstand eine stark fragmentierte Waldlandschaft (s. o.). Für junge Wälder, die durch Sukzession, Neuanpflanzungen und -aufforstungen entstehen, stellt sich einerseits die Frage nach den potentiellen „Wandermöglichkeiten" der waldaufbauenden Sippen, andererseits nach der Etablierung eines naturnahen Artengefüges v. a. in der Kraut- und Kryptogamenschicht. Durch Flächenstilllegungen und Aufforstungen erhält diese Thematik eine große Relevanz. Nach der derzeitigen Kenntnis tragen die generativen Diasporenbanken wenig zum Aufbau eines naturnahen Artengefüges in der Baum-, Strauch-, Kraut- und Kryptogamenschicht der mitteleuropäischen Wälder bei, da sie nur wenige Arten der aktuellen Waldvegetation enthalten (s. 7.3, Abb. 7-16). Kaum etwas ist über die Regenerationsfähigkeit aus vegetativen Diasporenbanken bekannt. Vegetationsanalysen zeigen, dass die Krautschicht neu entstehender Wälder durch Diasporeneintrag aufgebaut werden kann, sofern alte Waldbestände in der unmittelbaren Umgebung vorhanden sind. Die Artenzahl und die Differenziertheit der Krautschicht nehmen dabei mit zunehmender Entfernung von vorhandenen alten Wäldern bzw. potentiellen Diasporenquellen ab (z. B. Davie et al. 1998, Dzwonko 2001). Da zahlreiche Sippen der Kraut- und Kryptogamenschicht Nahausbreiter mit geringen Wandergeschwindigkeiten sind (z. B. Brunet & Oheimb 1998, Verheyen & Hermi 2001) fehlen in jungen Wäldern oftmals die alte Wälder kennzeichnenden krautigen Sippen (Wulf 1997, Heinken 1998). Auch Transplantations- und Aussaatversuche mit krautigen nahausbreitenden Sippen ergaben ein limitiertes Ausbreitungsverhalten dieser Sippen (Petersen & Philipp 2001, Heinken 2003). Ungeklärt ist bisher, ob durch singuläre Ausbreitungsvorgänge die Diasporen nahausbreitender Sippen weit entfernte Habitate erreichen und dann in Kombination mit den Habitatbesetzungsmechanismen (s. 7.4) die charakteristische Zusammensetzung der Kraut- und Kryptogamenschicht älterer Wälder entstehen kann.

Strauchgesellschaften

Zu den **Strauchgesellschaften** (Hecken und Gebüsche natürlicher, subspontaner und ruderaler Habitate) werden Gesellschaften gerechnet, die von Sträuchern (s. 8.1.2) dominiert sind. Natürlich kommen Strauchgesellschaften an Waldrändern, an nassen Habitaten und als fließwasserbegleitende Gesellschaften vor. Die meisten Hecken und Gebüsche sind in Mitteleuropa jedoch anthropogene Pflanzengesellschaften. Sie entstehen nach Rodung und durch andere Bewirtschaftungsmaßnahmen aus Wald oder sie gehen nach Aufgabe der Nutzung beispielsweise aus Rasengesellschaften hervor. Ohne Abholzen der Sträucher gehen sie wieder in Wald über. Hecken und Gebüsche haben heute in der durch den Menschen überformten Landschaft eine überragende landschaftsökologische Bedeutung und sind ein wichtiger Refugialraum für die Tierwelt. Sie sind Objekte des Natur- und Landschaftsschutzes.

Die Strauchgesellschaften werden drei Klassen zugeordnet. Die Klasse **Rhamno-Prunetea** (Schlehen-und Traubenholunder-Gebüsche) umfasst zahlreiche Assoziationen auf mittleren und trockenen Habitaten. Sie werden aus Sträuchern, v.a. der Rosaceen-Gattungen *Rosa*, *Rubus*, *Crataegus* und *Prunus*, aufgebaut. Kennzeichnend für die Sippen ist eine ausgeprägte Reproduktion über generative Diasporen, die eine hohe Lichtbedürftigkeit bei der Keimung aufweisen, klonales Wachstum (Polykormonbildung, wurzelbürtige Sprosse) und vermutlich Klonierung (s. 7.1.2.2). Dadurch können freiwerdende Habitate schnell und effektiv besetzt werden. Die Gesellschaften bauen natürliche oder naturnahe Waldmäntel auf oder sind in der Kulturlandschaft als anthropogen geschaffene Gebüsche oder Hecken eingestreut. Beispiele sind das Schlehen-Liguster-Gebüsch (Pruno-Ligustretum) auf kalkhaltigen Böden im Gebiet der Kalkbuchenwälder, das Berberitzen-Sanddorn-Gebüsch (Berberido-Hippophaetum fluviatilis) auf Schotter- und Kiesterrassen der Flüsse in der kollin-montanen Stufe und das Himbeer-Gebüsch (*Rubus idaeus*-Gesellschaft) auf mäßig trockenen bis frischen Habitaten, v.a. Waldlichtungen. In der Klasse **Salicetea purpureae** (Uferweidengebüsche und Weidenwälder) sind die Gesellschaften periodisch bzw. episodisch überschwemmter Flussauen und Weichholzauen (s. a. 9.3.2.3) erfasst, so z. B. das durch Flussregulierungen weitgehend vernichtete Korbweiden-Mandelweidengebüsch (Salicetum triandro-viminalis) der Flüsse des Tieflandes und die Grauweiden-Gesellschaft (Salicetum elaeagni) der Alpenflüsse. Die Klasse **Franguletea alni** (Faulbaum-Gebüsche) umfasst Gebüschgesellschaften von trockenen, bodensauren Mineralböden bis zu sehr nassen, sauren bis basenhaltigen Torfsubstraten. Die Klasse ist durch zahlreiche Brombeerarten sowie durch Grau- und Öhrchenweiden charakterisiert. Bei den Gesellschaften handelt es sich überwiegend um Sukzessionsstadien, die sich aus unterschiedlichen, gehölzfreien Vegetationstypen entwickeln und später durch Wälder abgelöst werden. Beispiele sind das Stech- und Besenginster-Gebüsch (Rubo plicati-Sarothamnetum) in wintermilder, (sub)atlantischer Klimalage und das Waldbrombeer-Gebüsch (Rubetum silvatici) der Ordnung Rubetalia plicati (Bodensaure Brombeergebüsche) sowie aus der Ordnung Salicetalia auritae (Moorgebüsche) das Gagel-Gebüsch (Myricetum gale) auf nassen, mesotrophen Zwischenmoortorfen und das Öhrchenweiden-Gebüsch (Frangula-Salicetum auritae) in sauren Niedermooren und auf nassen, humosen Mineralböden.

Literatur: u.a. Pott (1995), Wilmanns (1998), Weber (1998, 1999b, 2003b).

9.3.2.3 Bruchwälder, Auenwälder

Nassböden mit zeitweiliger Überstauung des Grundwassers stellen in Mitteleuropa eigene Lebensräume dar. Nur wenige Baumarten wie *Alnus glutinosa*, *Betula pubescens* agg., *Fraxinus excelsior*, *Pinus sylvestris* und *Picea abies* sind in der Lage, mit diesen extremen Habitatbedingungen fertig zu werden und azonale Vegetationstypen aufzubauen. Dabei wird zwischen Bruch- und Auenwäldern unterschieden.

Erlen-Bruchwälder (Alnetea glutinosae) stocken in Geländesenken auf mindestens 10–20 cm Bruchwaldtorf, d. h. auf einem von ihnen selbst erzeugten, vorwiegend organischen Oberboden aus Blatt-, Zweig- und Zapfenresten von Erlen und Birken. Sie entstanden entweder auf Niedermoorhabitaten mit Niedermoortorfen (s. 9.3.2.9), etwa im Zuge der Verlandung eutropher Gewässer (Abb. 9-52), oder großflächiger in den jungpleistozänen Urstromtälern Norddeutschlands und Polens. Die Torfe sind mehr oder weniger basenreich, nass und stark zersetzt. Der Grundwasserspiegel schwankt wenig und verbleibt dauernd nahe der Oberfläche. Gewöhnlich werden die Böden im Frühjahr vor dem Beginn der Vegetationsperiode überschwemmt und mit dem Wasser Nährstoffe angeliefert. In der sommerlichen Trockenphase ist das Abtrocknen der Bodenoberfläche für die Sauerstoffversorgung entscheidend. Dann findet Stickstoffmineralisierung statt, die bis zum Nitrat führt. Bezeichnend für die Krautschicht naturnaher Bruchwälder sind hohe Anteile an Röhricht- und Großseggenarten sowie Hochstauden.

Die ausschlagfähigen Erlen wurden früher im Niederwaldbetrieb genutzt. Da die Bestände forstwirtschaftlich wertlos wurden, wurden die Erlenbruchwälder häufig entwässert und gerodet, wodurch landwirtschaftlich günstige Flächen entstanden, für die Pflan-

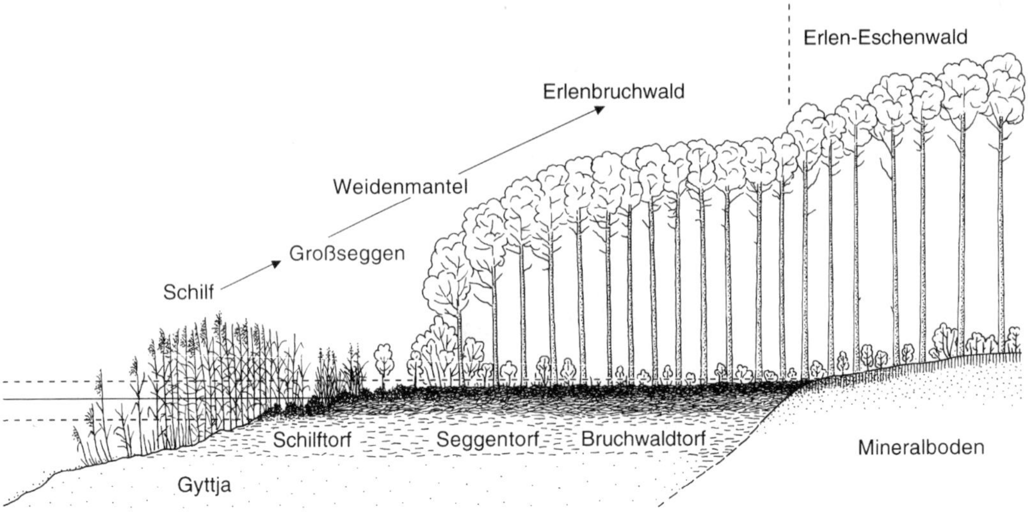

Abb. 9-52: Der Bruchwald als Endstadium einer „Verlandungsreihe" aus einem eutrophen Gewässer. Durch Bildung von Schlamm (Gyttja) und Torfen kommt es zur Verlandung des Sees. Die von *Alnus glutinosa* gebildete Nässefront des Waldes (Abb. 9-33) rückt allmählich seewärts vor. Über den Schwankungsbereich des Wassers (gestrichelt) hinaus wird kein Torf gebildet; der Erlenbruchwald stellt daher das Endstadium der Verlandung dar. Der auf dem anschließenden Mineralboden auftretende Erlen-Eschenwald leitet zum Buchenmischwald über. (Nach Ellenberg 1996.)

zen- und Tierwelt jedoch wertvolle Feuchtbiotope verloren gingen. Entwässerung von Erlenbruchwäldern spielt heute bei den verbliebenen Beständen jedoch kaum noch eine Rolle.

Mitteleuropäisch-subkontinental ist der Walzseggen-Erlenbruch (Carici elongatae-Alnetum glutinosae), der Moorseggen-Erlenbruch (Carici laevigatae-Alnetum glutinosae, Abb. 4-2) ist dagegen atlantisch-montan verbreitet.

Der atlantisch-subatlantische **Birken-Bruchwald** (Betuletum pubescentis) mit *Betula pubescens* besiedelt basenarme Torfböden, etwa kleinere vermoorte Senken und Täler auf extrem nährstoffarmer Sandunterlage; oft steht er auch mit Hochmooren in Kontakt. Auf vergleichbaren nährstoffarmen Habitaten ist der nordisch-kontinentale Kiefern-Bruchwald (Ledo-Pinetum sylvestris) anzutreffen.

Die **Auenwälder** sind die Waldformation periodisch überschwemmter Bach- und Flussauen. Im Gegensatz zu Bruchwäldern sind sie an mineralische Sedimente gebunden. Weitere habitatbestimmende Faktoren stellen die Wassersättigung des Bodens, eine geringe Sauerstoffzufuhr für die unterirdischen Organe der Pflanzen, eine gute und laufende Nährstoffversorgung und eine starke mechanische Beanspruchung der Pflanzen v. a. in Bach- und Flussbettnähe dar. Aufgrund der guten Nährstoffversorgung handelt es sich um anspruchsvolle Waldgesellschaften mit einer artenreichen Strauch- und Krautflora. Der Auenwald stellt ein in sich vernetztes Ökosystem von den Gebirgen bis zum Meer dar, in dem auenspezifische Pflanzen- und Tiergemeinschaften leben, und das als Rast- und Nahrungsplatz für Gastarten sowie als Rückhalteraum bei Hochwasserfluten dient. Die Auenwälder sind heute die am meisten bedrohten Waldkomplexe in der Kulturlandschaft Mitteleuropas.

Im allgemeinen werden die **gehölzfreie Aue**, die **Weichholz-Aue** und die **Hartholz-Aue** unterschieden (Abb. 9-53). In der **gehölzfreien Aue**, die die aufgerissenen Lücken in den Gehölzgesellschaften und trockengefallene Uferbänke repräsentiert, siedeln u. a. therophytenreiche Zweizahn-Gesellschaften und Meldenuferfluren (Klasse Bidentetea tripartitae) sowie verschiedene Röhrichte und Uferstaudenfluren. Die **Weichholz-Aue** (Salicion albae) wird unter naturnahen Bedingungen von Weidengebüschen und -wäldern (Salicetea purpureae, vgl. 9.3.2.2) aus *Salix alba*, *S. fragilis* und *S. purpurea* u. a. zwischen dem mittleren Wasserstand und dem mittleren Hochwasser gebildet. Die **Hartholz-Aue** befindet sich auf höherem Niveau und wird weniger häufig überflutet. Hartholz-Auenwälder des Alnion incanae (= Alno-Ulmion)-Verbandes mit *Ulmus laevis*, *U. minor*, *Fraxinus excelsior*, *Quercus robur*, *Alnus inca-*

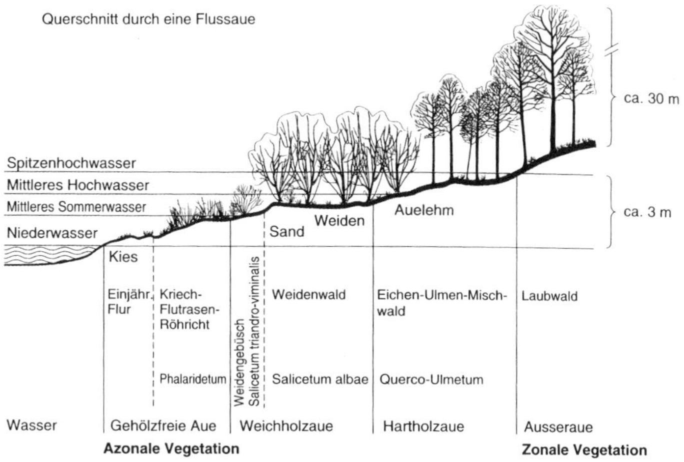

Abb. 9-53: Vegetationsabfolge am Mittellauf eines Flusses in Abhängigkeit von Wasserhöhe, Sedimentation und Erosion. Erklärungen im Text. (Aus Pott 1996a.)

na, *A. glutinosa*, *Populus alba* u. a. herrschen hier vor. Kennzeichnend für Auenwälder ist zudem das häufige Vorkommen von Lianen wie *Clematis vitalba*, *Bryonia dioica*, *Humulus lupulus* und sehr selten *Vitis sylvestris*.

Regional sind die Auenwälder kleiner Fluss- und Bachauen mit dem Bach-Eschenwald (Carici remotae-Fraxinetum) und dem Traubenkirschen-Eschen-Auenwald (Pruno padi-Fraxinetum) und die Auenwälder großer Flüsse mit dem Eichen-Ulmen-Auenwald (Querco-Ulmetum minoris) mit *Quercus robur* und *Ulmus minor* zu unterscheiden.

Literatur: u. a. Schoenert (1994), Mast (1999), Pretzell & Reif (1999), Brand (2000) und Warthemann & Reichhoff (2001).

9.3.2.4 Kalk-Magerrasen, xerotherme Felshabitate, Kiefern-Trockenwälder

Insbesondere flachgründige Muschelkalk- und Weißjurahänge und -hangkanten sowie südexponierte Felsbereiche sind Habitate von Pflanzengesellschaften mit einem hohen Anteil von Arten mit submediterraner bzw. pontischer Abstammung. Ihre ursprünglichen Hauptverbreitungsgebiete sind das Mediterrangebiet i. w. S. (s. 9.1.4) oder das Gebiet der osteuropäischen und pannonischen Wald- und Grassteppen (s. 9.1.7). Von dort sind sie vermutlich in der Frühen und Mittleren Wärmezeit, die Steppenpflanzen aus dem pannonischen Raum aufgrund ihrer Adaptationen an große Trockenheit und Temperaturextreme vermutlich auch schon in der Vorwärmezeit (Präboreal, Tab. 5-2), nach Mitteleuropa eingewandert (s. 5.7.3). Die Arten stellen heute wesentliche Bestandteile der **Magerrasen kalkreicher Habitate** (subkontinentale Steppenrasen, submediterrane Trespen-Trocken- und Halbtrockenrasen), der **Xerothermvegetation der Felshabitate** und der **Kiefern-Trockenwälder** dar. Es handelt sich dabei um Sonderhabitate, die sich aus dem Wuchsgebiet der Zonalen Buchenwälder ökologisch deutlich herausheben.

In Mitteleuropa sind folgende Gebiete reich an diesen Vegetationskomplexen: Oberrheintalgraben, im besonderen der Kaiserstuhl und das Colmarer Gebiet, Mainzer Sande, Donautal, die Schwäbische und Fränkische Alb, Neckar- und Mittleres Maintal, Mosel-, Nahe- und Mittelrheintal, die Ränder des Thüringer Beckens, im besonderen der Kyffhäuser, das mittlere Saale- und das untere Unstruttal, osthessisches Bergland und Weserbergland, Oderterrassen, böhmisch-mährische Trockengebiete und Niederösterreich.

Die heutigen Habitatgrößen, v. a. der Magerrasen, sind durch den Menschen bedingt, da er sie durch Rodung und Weide stark erweiterte. Unter naturnahen Bedingungen könnten sich diese Vegetationskomplexe nur noch an extremen Trockenhabitaten halten und würden sich auf Restflächen an sehr steilen Hängen, Hangkanten, Felsbändern, Felsnasen und Sandflächen zurückziehen. Gebüsche und Wald, v. a. der wärmeliebende Eichen-Mischwald, würden große Flächenanteile zurückerobern. Um die weitere Existenz dieser Flächen zu sichern, sind sie auf den Einfluss des Menschen (Mahd, Beweidung, Entfernung von Gehölzen) angewiesen.

Die Habitate sind in der Regel während des Sommers warm bis heiß, sonnenexponiert und strahlungsreich und während der Wintermonate oft windgefegt, schneefrei und Vereisungen ausgesetzt. Die Tagesverläufe der Luft- und Bodentemperatur differieren durch die stärkere Erhitzung der Bodenoberfläche und der obersten Bodenschichten deutlich (Temperaturdifferenz bis zu 20°–30°C), zudem können die täglichen und langfristigen Temperaturschwankungen an der Bodenoberfläche und in den obersten Bodenschichten erheblich sein, z.B. bis zu 50°C im Teucrio montani-Seslerietum albicantis. Allgemein wird angegeben, dass das Klima an den mitteleuropäischen Wuchsorten der submediterranen bzw. pontischen Arten den Verhältnissen ihrer Herkunftsorte entspricht. Dies dürfte jedoch nur für die Sommermonate zutreffen. Während der Wintermonate herrschen sehr spezifische Klimaverhältnisse, die bisher kaum dargestellt wurden. Die Lücken (gaps) in der Vegetationsdecke sind vielfach mit biologischen Bodenkrusten überzogen (s. 9.1.3).

Die Böden sind über dem basen- und kalkreichen Gestein meist flachgründig und besitzen nur eine geringe Wasserhaltekraft. Nur dort, wo Feinerde über dem anstehenden Fels vorhanden ist (Gründigkeit >3 cm), können Niederschläge gespeichert werden und sich Gesellschaften ausbilden, die von Poaceen und einigen *Carex*-Arten beherrscht werden. Hier treten die eigentlichen Kalk-Magerrasen (Trocken- und Halbtrockenrasen) auf, für Gebüsche und Wald sind die Bedingungen zu extrem.

Zahlreiche Arten weisen typische xeromorphe Adaptationen auf, um die zeitweise große Trockenheit ihres Habitats ertragen zu können. Hierzu zählen ausgedehnte und verzweigte Wurzelsysteme, die eine hinreichende Wasseraufnahme gewährleisten (Abb. 9-37) und mit denen die Sippen unterirdisch konkurrieren. Hierdurch bleiben die Bestände offen, und es kommt zu keinem Vegetationsschluss. Einrichtungen zur Herabsetzung der Transpiration sind u. a. der Reichtum an Sklerenchymfasern, der selbst bei größerem Wasserverlust die Festigkeit der Sprossachsen und Blätter sicherstellt, die Verdickung der Cuticula, Wachsüberzüge, Verengung und Einsenkung der Spaltöffnungen, Haarfilze und Rollblätter (z.B. bei *Stipa* spp.). Ferner gehören zu diesem Komplex kleine lederartige Blätter (*Helianthemum* spp.), allgemein die starke Reduktion der transpirierenden Oberfläche und die Sukkulenz (*Sedum* spp.); außerdem Rosetten- und Polsterwuchs.

Die **Kalk-Magerrasen** bzw. Schwingel-Steppen und Trespen-Rasen (Festuco-Brometea) auf Kalk, Kalkflugsand, Löß oder basisch verwitterten Vulkangesteinen lassen sich in Mitteleuropa in zwei vikariierende Arealtypen bzw. Ordnungen trennen. Die **Submediterranen Trocken- und Halbtrockenrasen** (Brometalia erecti) weisen eine reiche Entfaltung in den sommerwarmen und wintermilden Gebieten des südwestlichen Mitteleuropas an lokalklimatisch begünstigten, meist südlich exponierten Hanglagen (Abb. 9-54) auf und klingen nach Norden und Osten aus. Sie sind von Arten des subatlantischen und submediterranen Florenelementes geprägt, u. a. von *Bromus erectus*, *Koeleria pyramidata*, *Helianthemum nummularium* ssp. *nummularium*, *Hippocrepis comosa*, *Scabiosa columbaria*, Orchideen wie *Ophrys* spp., *Orchis militaris*, *Anacamptis pyramidalis*. Von den beiden Verbänden der Ordnung nehmen die Xerobromion-Gesellschaften flachgründige und häufig meist südexponierte Hänge ein, an denen landwirtschaftliche Nutzung nahezu ausgeschlossen ist. Die Mesobromion-Gesellschaften, die durch Beweidung und einschürige Mahd entstanden sind, zeigen potentielle Waldflächen an (Pott 1995a). In den mittleren und östlichen Gebieten Mitteleuropas, v. a. im Saale- und unteren Unstruttal, im Kyffhäuser und im nordöstlichen Brandenburg (Odergebiet) gewinnen die von Arten des pontisch-südsibirischen Florenelements (s. 9.1.7), wie *Stipa* spp., *Festuca valesiaca*, *Adonis vernalis*, *Astragalus exscapus*, *Oxytropis pilosa*, *Scorzonera purpurea*, *Iris aphylla* u. a., geprägten **Subkontinentalen Steppenrasen** (Federgras-Steppen) der Festucetalia valesiacae (Abb. 9-35–9-37) an Bedeutung. Diese Gesellschaften sind in stärkerem Maße aus Horstgräsern (*Stipa* spp.) aufgebaut. Die Sippen sind nicht nur an Trockenheit und Hitze, sondern auch an länger anhaltende Frostperioden angepasst und in Mitteleuropa vorwiegend an Gebiete mit knapp 500 mm Jahresniederschlag gebunden. Sowohl physiognomisch als auch ökologisch leiten diese Rasen zu den Steppenformationen Osteuropas über.

Spezielle Literatur: u. a. Hensen (1995a), Herter (1996), Pott (1995c, 1996b), Dierschke (1997a), Evers (1997), Wilmanns (1997), Becker (1998a,b), Heinz & Pfeiffer (1998), Jandt (1999), Sendtko (1999), Schmidt (2000), Partzsch et al. (2003).

Bei der **Xerothermvegetation der Felshabitate** handelt es sich um einen Komplex aus den oben

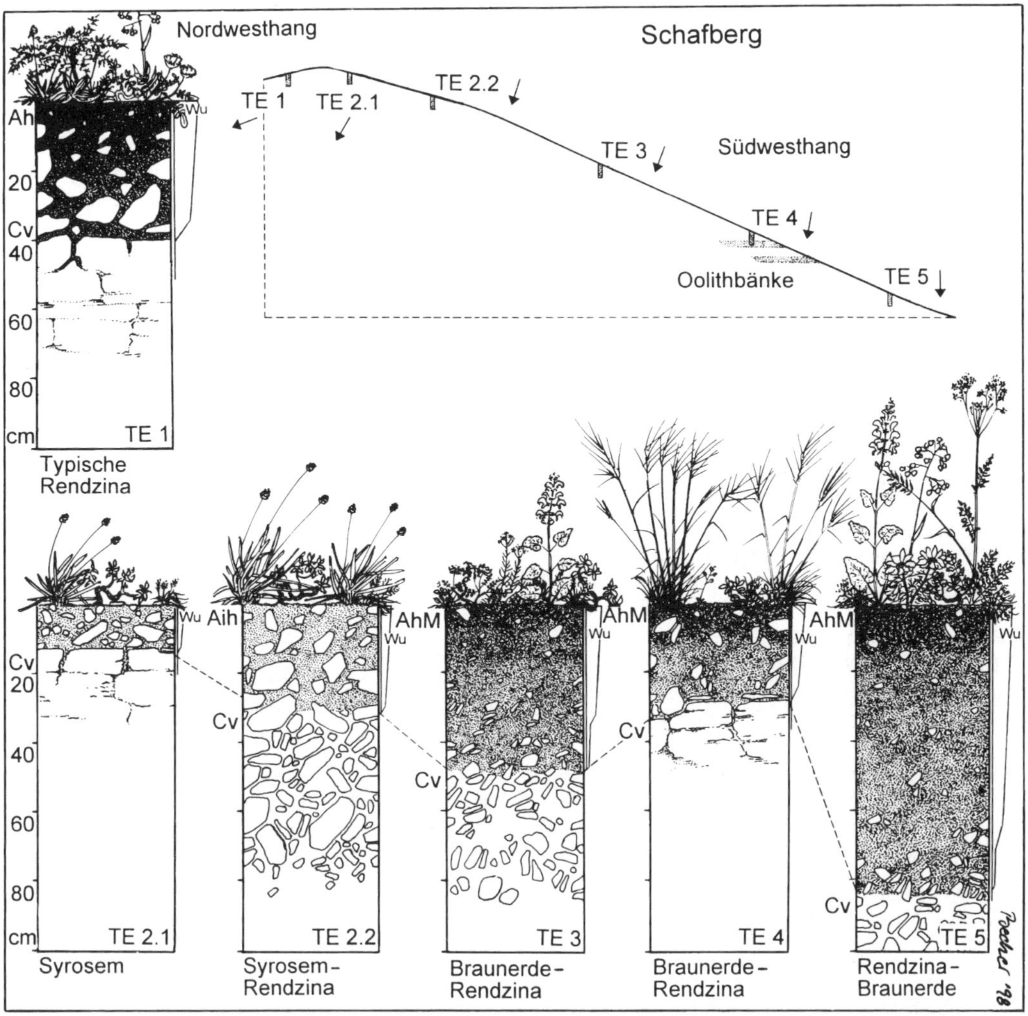

Abb. 9-54: Engräumige Zonierung und Verzahnung von Gesellschaften der submediterranen Trockenrasen (Xerobromion-Gesellschaften) und Halbtrockenrasen (Mesobromion-Gesellschaften) (Brometalia erecti) am Schafberg bei Weischütz/Freyburg (unteres Unstruttal), mit Gründigkeit des Bodens und Bodenprofilen. TE 1 Gentiano-Koelerietum teucrietosum; TE 2.1 Teucrio-Seslerietosum caricetosum, Typische Variante; TE 2.2 Teucrio-Seslerietosum caricetosum, *Brachypodium pinnatum*-Variante; TE 3 Trinio-Caricetum cirsietosum, Typische Variante; TE 4 Trinio-Caricetum stipetosum; TE 5 Trinio-Caricetum cirsietosum, *Plantago media*-Variante. Eingestreut (z. B. Ooltihbänke): Bunte Erdflechten-Gesellschaft (Toninio-Psoretum decipientis [Fulgensietum fulgentis]). Aih Nano-Mineralhorizont im Oberboden (A-Horizont lückig), huminstoffangereichert; Ah Mineralhorizont im Oberboden, huminstoffangereichert; AhM Mineralhorizont im Oberboden, huminstoffangereichert, umgelagert; Cv Muttergestein, verwittert; Wu durchwurzelter Boden. TE 1 Mesobromion-, TE 2–5 Xerobromion-Gesellschaften. (Aus Becker 1998.)

besprochenen Trockenrasen, aus Felsgrusfluren, Staudenfluren, Gebüschen und Trockenwald, den es auch schon in der vom Menschen nicht beeinflussten Urlandschaft gegeben haben muss. Sie gehört zu den wenigen und kleinflächigen Resten heute noch ursprünglicher Vegetation in Mitteleuropa. Der Komplex wurde von Gradmann (1898, 1992) als **Steppenheide** bezeichnet, einem formationskundlichen Begriff, der im süddeutschen Raum im physiognomischen Sinn weiter benutzt wird. Sie ist ein nach der Gründigkeit des Bodens kleinräumig verzahntes Mosaik verschiedener Gesellschaften. Vertreten sind je nach Region submediterrane Arten und Arten des pontisch-südsibirischen Steppengebietes sowie v.a. in den süddeutschen Mittelgebirgen auch dealpine Sippen (praealpin, praealpid; Bezeichnung für Arten, die in der montan-subalpinen Stufe der Alpen ihr Hauptverbreitungsgebiet haben, vereinzelt aber auch außerhalb in den nahen Mittelgebirgen vorkommen), wie *Draba aizoides*, *Leontodon incanus*, *Aster bellidiastrum*, *Hieracium humile* u.a. Wegen der Begriffe Steppe (natürliches, klimatisch oder edaphisch bedingtes Grasland, s. 9.1.7) und Heide (mittelalterliche Rechtsbezeichnung für Allmenden, d.h. gemeinschaftlich genutztes, unkultiviertes Land) wurde von Pott (1996a) der neutrale Begriff **Xerothermvegetationskomplex** vorgeschlagen.

Beteiligt am Aufbau der Steppenheide sind Trockenrasen, Mauerpfeffer-Gesellschaften (Felsgrusgesellschaften, Gesellschaften der Sedo-Scleranthetalia), meist auf initialer Rendzina auf massivem Kalk, Staudenfluren als Säume im potentiellen Wuchsgebiet der Flaumeichenwälder, wie die Gesellschaften der Blutstorchschnabel-Säume (Geranion sanguinei), und die bereits besprochenen thermophilen Eichenwälder (s. 9.3.2.2).

Kiefern-Trockenwälder treten unter natürlichen Bedingungen an Extremhabitaten auf. *Pinus sylvestris* besitzt eine breite ökologische Amplitude und ist heute in der Regel ein konkurrenzbedingter Besiedler von Extremhabitaten. Postglazial wurde sie bereits im Boreal (Tab. 5-2) zurückgedrängt. Sie tritt heute im westlichen Mitteleuropa nur inselartig auf konkurrenzschwachen Extremhabitaten auf, östlich der Elbe spielt sie eine wichtigere Rolle in der natürlichen Waldvegetation. Man spricht daher vom ostelbischen Kiefernareal mit seinen westlich vorgelagerten Reliktvorkommen an trockenen und nassen Habitaten. Postglazial war die Kiefer auch im mitteldeutschen Trockengebiet durchgehend vertreten (Litt 1994). Bei den Kiefernwäldern im östlichen Mitteleuropa handelt es sich vielfach um Sand-Kiefernwald (Dicrano-Pinetum sylvestris) auf potentiellen Laubwaldhabitaten, der v.a. auf Talsandterrassen, auf den großen Sanderflächen, auf Dünen und sandigen Endmoränenzügen der Weichsel- und Saale-Kaltzeit auftritt.

Auf den ärmsten basen- und humusarmen Sandböden tritt *Pinus sylvestris* mit Flechten (*Cladonia* spp., *Cetraria islandica*) bzw. *Corynephorus canescens* auf (Cladonio-Pinetum sylvestris bzw. Corynephoro-Pinetum sylvestris); bei Humusauflagen gedeihen *Calluna vulgaris* und *Vaccinium myrtillus* sowie Moose wie *Ptilidium ciliare*, *Pleurozium schreberi*, *Hylocomium splendens*, *Dicranum scoparium*, *D. polysetum*, *Leucobryum glaucum* u.a.

Wacholderheiden sind Weiderelikte auf Kalk- und Sandheiden. *Juniperus communis* ist gegen Verbiss durch das Weidevieh unempfindlich und daher ein ausgesprochener Hudebegleiter, der eine breite ökologische Amplitude aufweist. In den Sandgebieten wird jedoch ein erheblicher Rückgang der Wacholderverjüngung beobachtet, offensichtlich bedingt durch Keimlingssterblichkeit, Kaninchenverbiss und Abnahme von Mykorrhiza-Pilzen.

9.3.2.5 Zwergstrauchheiden und bodensaure Magerrasen

Zwergstrauchheiden sind baumlose Gesellschaften, in denen niedrige Ericaceen wie *Calluna vulgaris*, daneben Poaceen und Cyperaceen die Pflanzendecke bilden. Natürliche Habitate sind Silikatfelsen, kalkarme Sandböden, Binnendünen, die Graudünen im Küstenbereich (s. 9.3.2.1), Moore und xerotherme Vegetationstypen auf sauren Böden mit niedrigem pH-Wert, geringen Nährstoffreserven, v.a. an Calcium und Nitrat, und vollem Lichtgenuss. Von diesen Habitaten aus wurden die Gesellschaften seit der Bronzezeit anthropo-zoogen ausgeweitet. Die meisten sekundären Heiden sind offenbar dadurch entstanden, dass Waldflächen auf armen Substraten vernichtet und das Wiederaufkommen durch den Menschen verhindert wurde. Dies geschah primär durch die Trift- oder Hudeweide (Abb. 9-51), aber auch durch das Abbrennen der Heideflächen zur Verjüngung der von Schafen abgefressenen Pflanzendecke, durch regelmäßiges Abhacken des Heidekrautes samt der Rohhumusschicht („Plaggen") im Abstand von 4–20 Jahren zur Gewinnung von Brennstoff, Streu und danach zur Düngung oder durch einmaliges Mähen im Jahr. Unter diesen Bedingungen verarmten die Böden.

Noch vor wenigen Jahrzehnten waren solche Heiden sehr ausgedehnt. Durch die Aufgabe der traditionellen Bewirtschaftung und die Intensivierung der landwirtschaftlichen Produktion sind die Flächen zurückgegangen; ein großer Teil ist wieder bewaldet oder in Ackerland umgewandelt. Die Restbestände, die heute zu den Extensivlandschaften gerechnet werden, gehören an vielen Orten zu den bedrohten Vegetationstypen. Zu ihrer Erhaltung bedürfen sie einer Pflege, die den alten Bewirtschaftungsweisen zumindest nahekommt.

Die Zwergstrauchheiden und bodensauren Magerrasen werden in der Klasse Calluno-Ulicetea (Nardo-Callunetea), **Borstgrasrasen**, **Zwergstrauchheiden** und **Ginsterheiden**, zusammengefasst. Die Klasse gliedert sich in die im atlantischen bis subkontinentalen Klimabereich verbreiteten **Ginsterheiden, *Calluna*-Heiden und subozeanischen Zwergstrauchheiden** (Ulicetalia minoris = Calluno-Ulicetalia), v.a. auf extrem sauren und nährstoffarmen Habitaten, die durch Beweidung gefördert werden, und in die planar bis subalpin verbreiteten **Borstgrasrasen** (Nardetalia strictae) auf weniger sauren und nährstoffarmen Habitaten, die teilweise gemäht werden.

Die **Ginsterheiden**, ***Calluna*-Heiden** und **subozeanischen Zwergstrauchheiden** (Ulicetalia minoris) sind ursprünglich an Felsvorsprüngen und Steilhängen in atlantisch-subatlantischen Gebieten verbreitet und stellen heute weitgehend anthropo-zoogene Vegetationstypen dar, die infolge extensiver Nutzung aus bodensauren Wäldern entstanden. Charakteristisch sind die nordwestdeutschen Heiden auf armen Sand- und Podsolböden, in denen neben der vorherrschenden *Calluna vulgaris* verschiedene atlantische Arten wie *Erica tetralix* und *Genista anglica* vorkommen. Aus diesem Gesellschaftskomplex findet sich im eu-atlantischen Gebiet Nordwestdeutschlands die Sandginster-Heide (Genisto anglicae-Callunetum) mit *Genista anglica* und *Calluna vulgaris*, die die ehemals großflächigen, landschaftsbestimmenden niederländisch-nordwestdeutsch-jütländischen Heiden bildete und deren Reste z. B. in der Lüneburger Heide erhalten sind. Sie gilt als Ersatzgesellschaft der Bodensauren Eichenmischwälder (Quercion roboris) und des Hainsimsen-Buchenwaldes

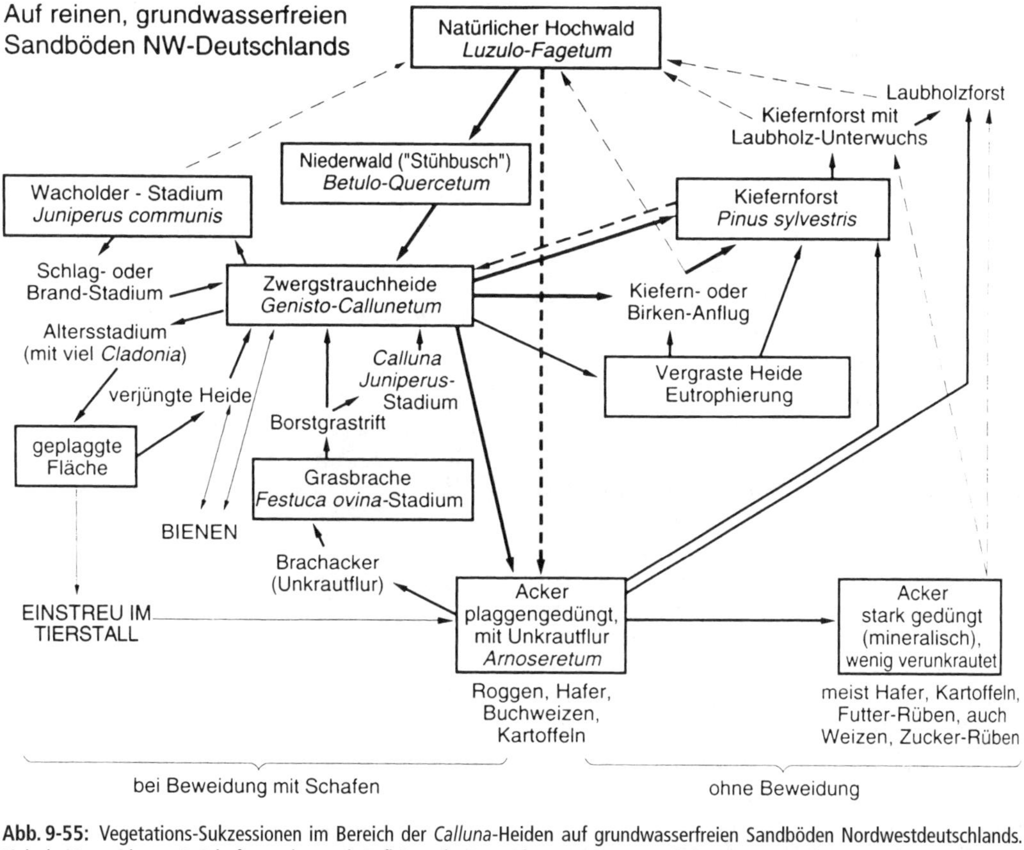

Abb. 9-55: Vegetations-Sukzessionen im Bereich der *Calluna*-Heiden auf grundwasserfreien Sandböden Nordwestdeutschlands. Links bei Beweidung mit Schafen, rechts nach Aufhören der Beweidung. Dünne gestrichelte Linien mit Pfeilen deuten mögliche Entwicklungen nach dem Ende des menschlichen Einflusses an. (Aus Ellenberg 1996.)

(Luzulo-luzuloidis-Fagetum sylvaticae = Deschampsio-Fagetum sylvaticae, Abb. 9-55). Die Krähenbeerenheide (Hieracio-Empetretum) bildet auf den Friesischen Inseln und auf den Graudünen auf Zingst und Hiddensee natürliche Heiden an Dünenhängen. Im Gegensatz zu den Binnenheiden ist sie das Ergebnis einer primären Sukzession und nicht der Waldzerstörung durch den Menschen.

Borstgrasrasen (Nardetalia strictae) sind vielfach artenarme, im Gegensatz zu den Zwergstrauchheiden von Gräsern geprägte, Bestände, die ihre Primärvorkommen auf den Silikatböden in der subalpinen Stufe der Gebirge, an Moorrändern in der montanen Stufe sowie an wechselfeuchten Niedermoorrändern der Ebenen haben. Sie verdanken ihre Entstehung der Rodung bodensaurer Waldgesellschaften. Vom Weidevieh werden die von ihm bevorzugten Pflanzen abgefressen, die unbeliebten Weideunkräuter, wie z. B. *Nardus stricta*, breiten sich danach aus. Wegen der Nutzungsaufgabe und des Eintrags von Stickstoff sind die Flächen, außer in den hochmontanen und subalpinen Gebieten, stark zurückgegangen; daher sind viele Nardetalia-Arten, wie die Glazialrelikte *Arnica montana*, *Pulsatilla alba*, *Leucorchis albida* und *Diphasium alpinum* u. a. vom Aussterben bedroht. Wichtige Gesellschaften sind u. a. der Bergnelkenwurz-Borstgrasrasen (Sieversio montanae-Nardetum strictae) in den montanen bis subalpinen Gebieten der Nordalpen zwischen 1000 und 1800(2000) m und der Kreuzblumen-Borstgrasrasen (Polygalo vulgaris-Nardetum strictae), der in der submontanen und montanen Stufe der Mittelgebirge sowie rudimentär in den Geestheiden vorkommt.

Spezielle Literatur: u. a. Peppler (1992), Runge et al. (1993), Runge (1994), Peppler-Lisbach & Petersen (2001).

9.3.2.6 Offene Binnendünen

Entlang der Tieflandsströme in den Urstromtälern des norddeutschen Tieflandes haben sich während der letzten Kaltzeit (Weichsel-Glazial) und im Postglazial vielfach ausgedehnte Sander, Talsandterrassen und Dünenkomplexe entwickelt, und auch in einigen Beckenlandschaften des Mittelgebirgsraumes gibt es solche sandigen Habitate (z. B. Mainzer Sande, Oberrhein- und Pegnitz-Gebiet).

Offene Sandflächen werden von lückigen, wärme- und trockenheitsertragenden, lichtbedürftigen und konkurrenzschwachen Pionierfluren besiedelt, die in den Gesellschaften der Graudünen, Sandtrockenrasen, Mauerpfeffer- und Felsband-Gesellschaften (Koelerio-Corynephoretea) zusammengefasst werden. Sie weisen meist nur kleinflächige Verbreitungsgebiete auf und sind oft anthropo-zoogen ausgeweitet. Bei Eintrag von Stickstoff und Phosphat aus der umgebenden Kulturlandschaft werden sie von Nitrophyten, v. a. von Ruderalpflanzen, verdrängt.

Das Hauptareal der Silbergras-Gesellschaften s. str. (Corynephorion canescentis) mit der Frühlingsspark-Silbergras-Gesellschaft (Spergulo morisonii-Corynephoretum canescentis) liegt im subatlantischen Westeuropa. Die Gesellschaften dringen jedoch weit in das östliche Mitteleuropa vor. Diese artenarmen Silbergras-Gesellschaften mit der Leitart *Corynephorus canescens* besiedeln primär humus- und nährstoffarme, durchlässige Lockersandböden mit geringen Kalkgehalten, vorzugsweise Dünengelände. Sekundär treten sie auf ehemaligen, ebenfalls kalk- und humusarmen Wald- und Ackerböden auf. Besiedler mit Fern- und Nahausbreitung, mit generativem und klonalem Reproduktionsverhalten und Einjährige Pendler charakterisieren diese Gesellschaften (s. 8.2, Frey & Hensen 1995b). Teilweise sind sie sehr flechtenreich (*Cladonia* spp., *Cetraria* spp.). Bei Festigung des Sandes und zunehmender Humusakkumulation gehen sie in den Silbergras-Kiefernwald (Corynephoro-Pinetum sylvestris) und schließlich in den Sand-Kiefernwald (Dicrano-Pinetum sylvestris, s. 9.3.2.4) über. Von den mehr im osteuropäischen Raum verbreiteten, meist basenreichere Sande besiedelnden Sandsteppen-Gesellschaften (Festuco-Sedetalia) sind die Grasnelken-Gesellschaften (Armerion elongatae) mit vorwiegend ausdauernden und kontinentaleren Arten, wie *Dianthus deltoides*, *D. arenarius*, *Armeria elongata*, *Silene otites* u. a., auf Terrassensanden und Dünen entlang der großen Flüsse und im Bereich der Ostseeküstendünen hervorzuheben.

Weitere Literatur: u. a. Kürschner & Runge (1997), Fischer (1998), Scharf & Lösch (1999) und Sukopp (1999).

9.3.2.7 Offene natürliche Blockhalden

Blockhalden bzw. Blockmeere sind durch Verwitterung, Frostsprengung und Auswaschung aus dem anstehenden Gestein (Granit, feste Sandsteine, Basalt) entstandene Ansammlungen von Gesteinsblöcken, die unter den Bedingungen des periglazialen Klimas in den Kaltzeiten auf gefrorenem Untergrund talwärts wanderten. Unter den heutigen Bedingungen sind sie nicht mehr in Bewegung. Herausragende inselartige Relikthabitate stellen die natürlichen **Basalt-Blockhalden** der durch die tertiären Basalte überformten Mittelgebirge Deutschlands dar, wie Eifel, Westerwald, Siebengebirge, Hoher Meißner, Vogelsberg, Rhön u. a. Diese blieben seit dem Ende der letzten Kaltzeit waldfrei und sind durch eine hohe Anzahl von Glazialrelikten gekennzeichnet. Charakteristisch sind neben der hohen Luftfeuchtigkeit mikroklimatisch lokale Kaltluftströme zwischen den Basaltblöcken, die während der Vegetationsperiode zu einer andauernden Inversion der bodennahen Luftschichten und damit zu einer stenothermen, d. h. an enge Temperaturbedingungen angepassten, Vegetation führen (Wunder & Möseler 1996).

Auch die **Gipfel-Blockhalden** (z. B. Kreuzberg/Rhön, Lusen/Bayerischer Wald, Rauher Kulm/Oberpfälzer Mittelland) sind seit ihrer Entstehung durch Frostsprengung primäre ortsfeste Sonderstandorte inmitten des umgebenden Waldlandes.

Die gehölzfreien Kerngebiete der Basalt-Blockhalden sind meist von verschiedenen Ausbildungen des Eschen-Ahorn-Waldes (Fraxino-Aceretum pseudoplatani, s. 9.3.2.2) umgeben, und an nord- bis ostexponierten Lagen treten Ebereschen-Karpatenbirken-Gehölze (Betulo carpaticae-Sorbetum aucupariae bzw. Betulo carpaticae-Piceetum) mit *Betula pubescens* ssp. *carpatica* und *Sorbus aucuparia* auf. Auf den waldfreien Bereichen der Halde dominieren Moos- und Flechtengesellschaften, in denen bei den Moosen die Glazialrelikte s. l. *Gymnomitrion obtusum*, *Sphenolobus minutus*, *Marsupella sparsifolia*, *Andreaea rupestris* und *Kiaeria starkei* vorhanden sind. Diese Moosgesellschaften wurden detailliert bearbeitet (u. a. Kürschner 1987, Halfmann 1991). In Abb. 9-56 wird ein charakteristisches Raumverbreitungsmuster am Hohen Meißner dargestellt, das v. a. durch ein von der Beleuchtung abhängiges Faktorengefüge beeinflusst wird. In einem Sammelband (Möseler & Molenda 1999) werden die ökologischen, floristischen und faunistischen Aspekte von Blockhalden dargestellt.

Geröll- und Felsvegetation, s. 9.4, Alpen.

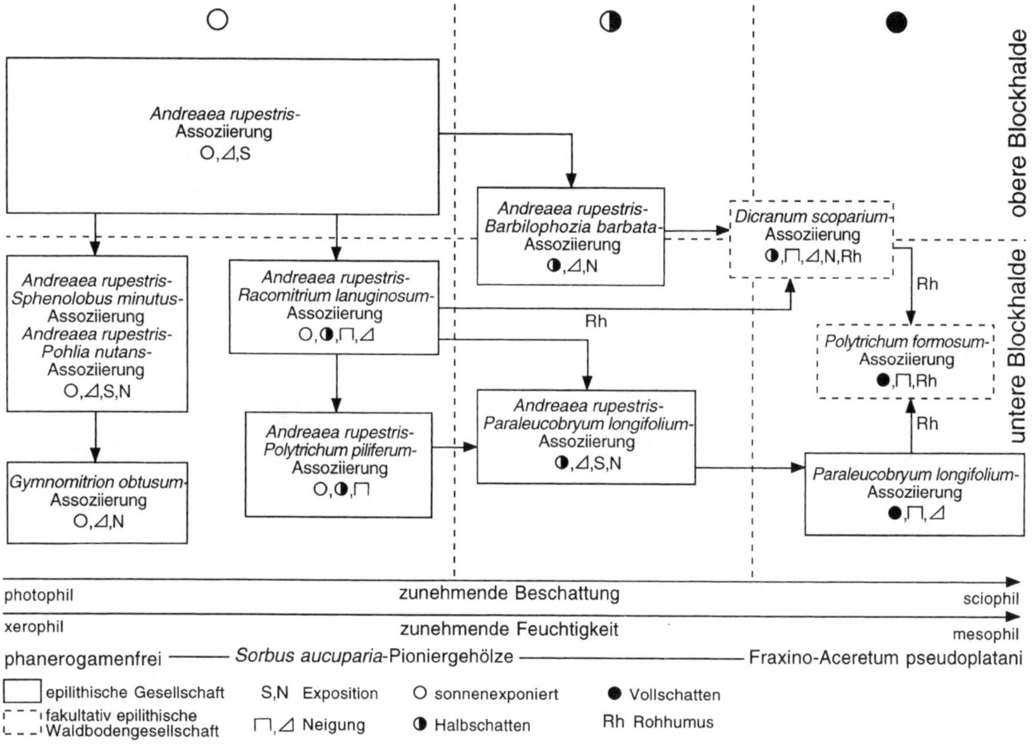

Abb. 9-56: Epilithengesellschaften auf Blockhalden am Meißner-Ostabhang. Transekt: Weitgehend phanerogamenfreie Blockhalde – *Sorbus aucuparia*-Pioniergehölze – Fraxino-Aceretum pseudoplatani. Wind von der oberen zur unteren Blockhalde abnehmend, Feuchtigkeit dagegen zunehmend. Assoziierungen: vgl. 4.2.6.4. (Nach Kürschner 1987.)

9.3.2.8 Frisch- und Feuchtgrünland

Frisch- und Feuchtgrünland (Wiesen und Weiden) der mitteleuropäischen Region sind vom Menschen und seiner Nutzung geprägt. Es handelt sich um gehölzfreie und gehölzarme Grasfluren auf mäßig oder stärker durchfeuchteten Böden, in denen zahlreiche Poaceen, Seggen und weitere krautige Sippen vorherrschen. Dieses vom Menschen geschaffene Kultur-Grünland nimmt heute große Flächen ein (in Deutschland über 20 % der Gesamtfläche) und bildet die Grundlage für die Vieh- und Milchwirtschaft. Natürliche „Wiesen" sind in Mitteleuropa nur in den Gebirgen oberhalb der Waldgrenze (alpine Urwiesen, s. 9.4) und im Gezeitenbereich (Salzwiesen, Salzmarschen, s. 9.3.2.1) zu finden. Hier verhindern die kurze Vegetationszeit bzw. die versalzten Böden das Aufkommen holziger Sippen. Ferner werden die in 9.3.2.9 besprochenen Röhrichte und Großseggenriede geobotanisch als natürliches Grünland eingestuft.

Grünland entstand, indem der Mensch zunächst den Wald vernichtet und dann durch Beweidung **(Weiden)** und später durch regelmäßige Mahd **(Mähwiesen)** sein Wiederaufkommen verhindert hat. So reicht in Mitteleuropa die Waldweide bis etwa 4500 v. Chr., die Triftweide bis etwa 3200 v. Chr. und die Standweide bis etwa 600 v. Chr. zurück. Die Streuwiesen sind ungefähr seit der Römerzeit, die gedüngten Futter-(Fett)wiesen seit etwa 1850 und die Intensivwiesen, die nur noch wenige Grasarten aufweisen, ab 1950 bekannt (Pott 1988, Abb. 9-51, 9-57). Da die Mahd und die Intensivweide das Aufkommen von holzigen Sippen verhindern, dominieren regenerationsfähige hemikryptophytische Poaceen sowie Sippen, deren Lebenszyklus an den Rhythmus des Mähens und Abweidens angepasst ist. So blühen und fruchten z. B. *Taraxacum officinale* s. l. und *Chrysanthemum leucanthemum* vor dem ersten (Abb. 9-57), *Arrhenatherum elatius* und *Anthriscus sylvestris* im ersten und *Heracleum sphondylium* und *Cirsium oleraceum* im zweiten Hochstand. Die Wiesen erlangten die größte floristische Vielfalt, als sich die mittelalterliche Extensivwirtschaft mit der folgenden neuzeitlichen Intensivwirtschaft verzahnte. Im Zusammenhang mit der Schaffung von Wiesen und Weiden erfuhren in Mitteleuropa auch die Trocken- und Halbtrockenrasen, Magerwiesen und Zwergstrauchheiden eine starke Ausdehnung (s. 9.3.2.4, 9.3.2.5).

Die **Fettwiesen und Weiden** frischer Habitate werden in der Ordnung Arrhenatheretalia der weit gefassten Klasse Molinio-Arrhenatheretea (= Kulturgrasland und verwandte Vegetationstypen) zusammengefasst. Sie kommen von der planaren bis zur hochmontanen Stufe vor. Die Art und Intensität der Bewirtschaftung sowie die Höhenlage wirken sich tiefgreifend auf ihre floristische Struktur aus. Diese Gesellschaften sind heute oft durch übermäßige Düngung in ihrer Struktur stark verändert; im Extremfall werden sie mit *Lolium multiflorum* eingesät und dann als

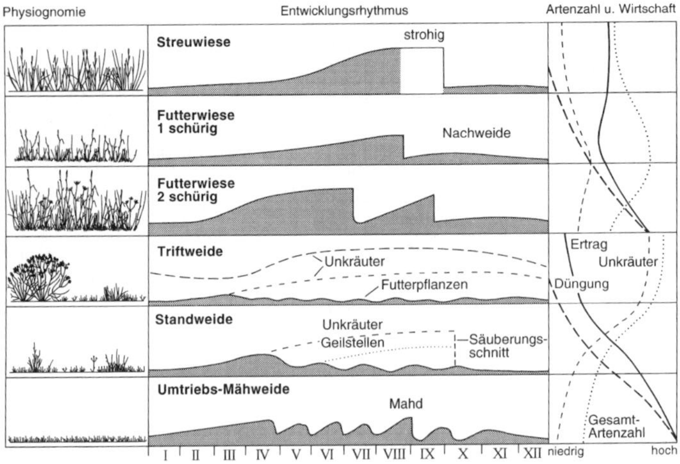

Abb. 9-57: Bewirtschaftungsformen des Kulturgrünlandes: Mähwiesen und Weiden. Monate I–XII, dargestellt ist die Bestandshöhe im Laufe des Jahres, die durch Mahd bzw. Weide beeinflusst wird. Triftweiden werden großflächig und extensiv, Stand- bzw. Umtriebsweiden kleinflächig und intensiv genutzt. Auf den letzteren verbleibt der Viehbestand länger bzw. sie werden rotierend beschickt. Die heute nur noch selten vorkommende Streuwiese wird sehr spät geschnitten; ein- bis mehrschürige Futterwiesen müssen gedüngt werden, um ausreichende Erträge zu erzielen. Düngung und Ertrag sind bei den Streuwiesen und Triftweiden am niedrigsten, bei zweischürigen Futterwiesen am höchsten. (Aus Ellenberg 1996.)

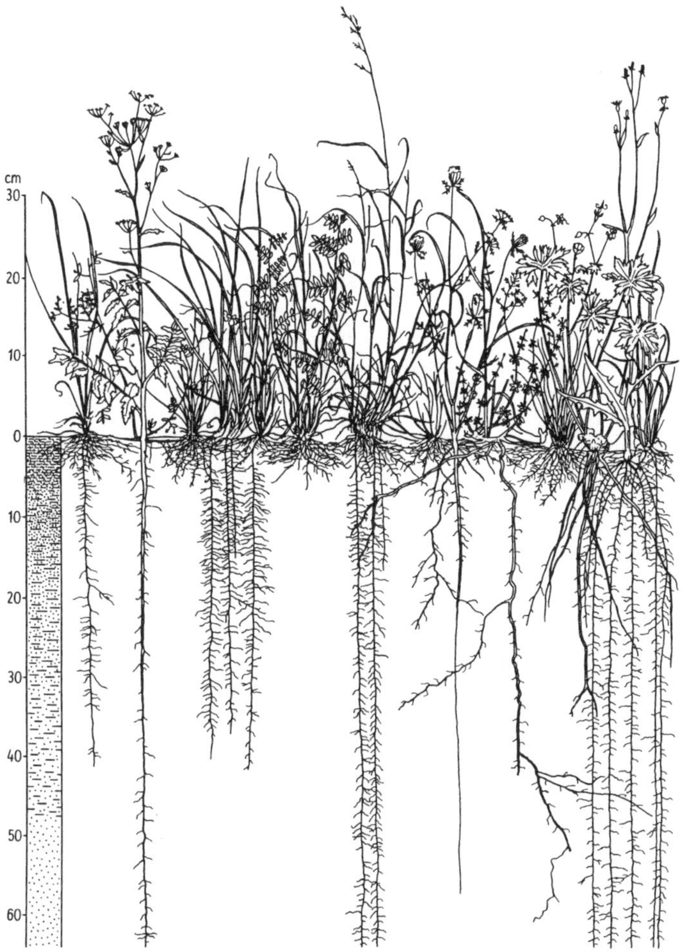

Abb. 9-58: Halbschematisches Vegetationsprofil einer Glatthaferwiese im Saaletal bei Wörmlitz. Von links nach rechts: *Arrhenatherum elatius, Pastinaca sativa, Poa pratensis, Arrh. el., Vicia sepium, Arrh. el.* (blühend), *Past. sat., Daucus carota, Galium mollugo, Geranium pratense, Crepis biennis.* (Nach Schubert et al. 1995.)

„Grasacker" 4 bis 6 mal im Jahr geschnitten. Durch diese Maßnahmen verschwinden zahlreiche Wiesenarten und können nur in Wiesenrandstreifen sowie an Weg- und Straßenböschungen überleben.

Glatthaferwiesen des Arrhenatherion-Verbandes (Tieflagen-Frischwiesen), wie z.B. die Glatthafer-Fettwiese (Arrhenatheretum elatioris, Abb. 9-58), in denen *Arrhenatherum elatius*, der Glatthafer, eine dominante Rolle spielt, sind Fettwiesen auf nährstoffreichen, trockenen bis frischen Böden, die sich durch ihren Artenreichtum auszeichnen. Ihr Hauptverbreitungsgebiet haben sie in Mitteleuropa mit Ausstrahlung auf weite Bereiche Europas. Im südwestdeutschen Raum erreichen sie in der Blütenfülle mit *Salvia pratensis*, *Dianthus carthusianorum*, *Rhinanthus alectorolophus* ihre wohl höchste Entfaltung. Die Berg-Goldhaferwiesen des Verbandes Polygono-Trisetion (Gebirgs-Frischwiesen), z.B. die Storchschnabel-Goldhaferwiese (Geranio sylvatici-Trisetetum = Trisetetum flavescentis), unterscheiden sich standörtlich von den Arrhenatherion-Wiesen durch eine kürzere Vegetationszeit, eine meist langanhaltende Schneebedeckung und höhere Niederschläge. Sie sind die Schnittwiesen der Hochlagen der Mittelgebirge und des Voralpenraumes (400–900 m), die jedoch durch Grünlandintensivierung und Überdüngung ebenfalls gefährdet sind. (Vgl. u.a. Dierschke 1997b.)

Auch die Entwicklung des **Feuchtgrünlandes**, worunter Nass- und Streuwiesen sowie nasse Hochstaudenfluren verstanden werden, vollzog sich seit dem Neolithikum, jedoch verstärkt erst im Mittelalter und in der Neuzeit, v.a. im Zuge der Nutzung der Auenlandschaften. Die Gesellschaften treten auf wechselfeuchten bis mäßig nassen Habitaten auf. Zudem wurden im Tiefland bis in die unteren Mittelgebirgslagen zahlreiche Fließgewässer für Mühlenwerke aufgestaut, wobei es zu einer Ausdehnung von Röhrichten und Großseggenrieden kam, die zusätzlich zur Heu- und Streugewinnung genutzt wurden.

Im Calthion-Verband werden die nährstoffreichen ein- bis zweischürigen Nasswiesen und Hochstaudenfluren auf feucht-nassen Habitaten geführt. Sie sind aus Auenwäldern oder entwässerten Bruchwäldern hervorgegangen, wurden in den letzten beiden Jahrzehnten jedoch vielfach in Intensivgrünland überführt und sind daher ebenfalls stark im Rückgang begriffen und bedroht. Von den Assoziationen sind z. B. die Wasser-Greiskraut-Wiese (Bromo-Senecionetum aquatici), eine ein- bis zweischürig gemähte Nasswiese auf Aueböden des Tieflandes mit *Senecio aquaticus*, und die Kohldistel-Wiese (Angelico-Cirsietum oleracei), eine hochstaudenreiche Nasswiese auf basenreichen Lehmböden mit *Cirsium oleraceum*, zu nennen. Bei den Pfeifengraswiesen des Molinion caeruleae-Verbandes, wie z. B. bei der basenreichen Pfeifengraswiese (Molinietum caeruleae), handelt es sich meist um Streuwiesen zur Gewinnung von Einstreu für die Ställe (Abb. 9-57, 9-59, s. 9.3.2.9). Sie gehören zu den floristisch wertvollsten Grünlandgesellschaften und waren im Oberrhein- und Bodenseegebiet optimal entwickelt. Wegen Nutzungsaufgabe und Umwandlung in Intensivgrünland sind sie jedoch fast völlig verschwunden.

Spezielle Literatur: u. a. Müller-Stoll et al. (1992), Bruelheide (1995), Pott (1995c), Speier (1996), Vigano (1997), Kellermann (1998), Burkart et al. (1998), Bosshard (1999), Hachmöller (2000), Hundt (2001), Dierschke & Briemle (2002), Redeker (2002).

9.3.2.9 Gewässer und Moore

Bewegtes und stehendes Wasser bedingen in Mitteleuropa charakteristische Pflanzengesellschaften: **Flussauen**, **Bruchwälder**, **Stillgewässer**, **Röhrichte** und **Großseggenriede** sowie **Moore**. Auf die Gesellschaften der ersten beiden Lebensräume wurde in 9.3.2.3 eingegangen, die der Stillgewässer, Röhrichte und Großseggenriede und Moore werden hier besprochen. Insgesamt handelt es sich um bedrohte Lebensräume, von denen v. a. die oligotrophen Gewässerbereiche zu den am meisten gefährdeten Habitaten in unserer Kulturlandschaft gehören. So sind durch die Eutrophierung der Gewässer heute etwa 25 % der Wasser- und Sumpfpflanzen in Mitteleuropa gefährdet bzw. vom Aussterben bedroht.

Die ökologische Differenzierung der Vegetationstypen folgt dem Ausmaß des Wassereinflusses bzw. der Überflutung, dem Nährstoffgehalt, der Anreicherung organischer Stoffe unter Luftabschluss bei der Torfbildung und der Eutrophierung durch den Menschen. Klassifiziert werden die Gewässer nach Trophiegraden, wobei die klassische Einteilung in oligotrophe, dystrophe und eutrophe Gewässer aufgrund der teilweise extremen Nährstoffgehalte erweitert wurde (Tab. 9-4). Der **oligotrophe Gewässertyp** ist nährstoff- und humusarm; silikat-oligotrophe Gewässer kommen u. a. in den pleistozänen Quarzsandgebieten Norddeutschlands, des Alpenvorlandes und der Silikat-Mittelgebirge, kalk-oligotrophe in den Kalkgebieten vor. Der Untergrund dieser Gewässer ist ein Unterwasserrohboden (Protopedon). Der **dystrophe Gewässertyp** ist nährstoffarm und mit Huminsäuren aus dem Torfschlamm des Untergrundes (Dy) oder der Umgebung angereichert. Die pH-Werte liegen unter denen des oligotrophen Typs (< 5). Dystrophe Gewässer treten in ehemaligen und rezenten Hochmoorgebieten über Torf auf. Aus diesen Gewässertypen geht mit zunehmender Trophierung der **mesotrophe Gewässertyp** hervor, der eine Übergangsstellung einnimmt. Am weitesten verbreitet ist der nährstoffreiche **eutrophe Gewässertyp**, dessen pH-Werte bei 7–8 liegen. Durch die natürliche bzw. künstliche Nährstoffanreicherung (Zunahme an Nitraten und Phosphaten) erfolgt oft eine Massenentwicklung von Algen (Wasserblüte) und tierischem Plankton. Das abgestorbene Plankton sinkt ab und bildet eine als ‚Gyttja' bezeichnete Mudde. In den unteren Schichten herrscht Sauerstoffmangel, es beginnen Gärung und Fäulnis, und es kommt zur Bildung von Faulschlamm (Sapropel) und giftigen Gasen wie Ammoniak und Schwefelwasserstoff. **Hypertrophe** und **polytrophe** Gewässer sind extrem stark mit Nährstoffen angereichert, die pH-Werte liegen meist ganzjährig im alkalischen Bereich, und der Gewässerboden ist mit einer mächtigen Sapropelschicht bedeckt. Oft „kippt" das Gewässer um, und die höheren Organismen sterben ab.

Seen, Tümpel, Weiher, Teiche sowie Altarme und Altwasser sind **Stillgewässer**. Seen weisen eine Gliederung in eine dunkle Tiefenzone (Hypolimnion) und eine durchleuchtete, mit Wasserpflanzen bewachsene Zone (Epilimnion) auf. Tümpel

Tab. 9-4: Haupttypen stehender Binnengewässer (aus Pott 1996a).

Gewässer-typus	pH-Wert	N	PO_4^{3-}	Cl^-	Leitfähigkeit (µS/cm)	Bodentyp	Wasser-vegetation	Verbreitung
		(mg/l)						
silikat-oligotroph	< 4,5	0	0	< 10	< 100	Protopedon	Littorelletea-Gesellschaften	nährstoffarme Quarzsand-gebiete
kalk-oligotroph	< 7,5	> 0,4	0	< 10	< 300	Protopedon (Seekreide) Kalkgyttja	Charetea fragilis-Gesellschaften	Kalkgebiete, Kalkalpen und deren Vorland
dystroph	< 5,0	0	~ 0,5	< 10	< 100	Dy	Sphagno-Utricularietea-Gesellschaften	Hochmoor-gebiete
mesotroph	~ 5–7	< 1	< 0,5	~ 30	< 200	Dygyttja, Gyttja	Kleinblättrige Potamogetonetea-Gesellschaften	Sand- und ehemalige Moorgebiete
eutroph	7–8	~ 4,0	> 0,5	50	400	Gyttja, Sapropel	Potamogetonion- und Nymphaeion-Gesellschaften	allgemein verbreitet
hypertroph	> 8	~ 4–9	5–9	100	450–1200	Sapropel	Einartbestände von *Ceratophyllum, Zannichellia,* etc.	infolge von Nährstoffanreicherung zunehmend

und Weiher sind Kleingewässer, wobei Tümpel im Gegensatz zu Weihern austrocknen. Beide können sehr schnell von der Vegetation erobert werden und verlanden. Teiche sind künstlich angelegt und werden oft abgelassen. Altarme und Altwässer entstehen durch Abtrennung aus mäandrierenden Bach- und Flussbereichen.

An den Stillgewässern bildet sich aus den abgestorbenen Resten von Pflanzen und Tieren organischer Schlamm (Mudde) oder Torf. Dabei verringert sich die Wassertiefe ständig, die Pflanzengesellschaften schieben sich ins Zentrum des Stillgewässers vor, und es kommt zur **Verlandung** des Gewässers, bis die offene Wasserfläche verschwunden ist.

Je nach Gewässertyp und v.a. Nährstoffgehalt treten unterschiedliche Abfolgen von Pflanzengesellschaften und Zonierungen im Uferbereich auf. Bei der Verlandung eines eutrophen Stillgewässers (Abb. 9-59), entwickelt sich Gyttja, bei einem hohen Anteil an $CaCO_3$ weiße Seekreide. Bei der Vegetationsabfolge erscheinen zunächst submerse, den Boden bedeckende Characeen-Rasen (Armleuchteralgen, v.a. in oligotrophen Gewässern), dann folgen über der Gyttja Laichkraut-Gesellschaften mit submers lebenden und wurzelnden und lediglich über Wasser blühenden *Potamogeton*-Arten (Gesellschaften des Potamogetonion-Verbandes) mit *Myriophyllum spicatum*, *Elodea canadensis* und *Zannichellia palustris* sowie wurzelnde Schwimmblatt-Gesellschaften (Nymphaeion albae) mit *Nuphar* spp., *Nymphaea alba* und *Potamogeton natans* u. a. In ruhigen Gewässern siedeln auf der Wasseroberfläche die Gesellschaften der Wasserlinsen-Decken (Lemnetalia minoris), u. a. mit *Lemna minor*, *L. trisulca*, *Spirodela polyrhiza*. Diese Gesellschaften sind noch weitgehend naturnah.

Zum Land hin schließen sich an die offene Wasserfläche der Seen und Weiher **Röhrichte** und **Großseggenriede** (Abb. 9-52, 9-59) an. Dies sind hochwüchsige, von Süßgräsern (*Phragmites australis* u. a.), *Carex* spp. und *Typha* spp. beherrschte Bestände, die unter dem Konkurrenzdruck anderer Sippen auf eine Zone im Sublitoral beschränkt sind. Die Vegetationstypen sind produktionskräftig, und zahlreiche Arten besitzen Aërenchyme (Durchlüftungsgewebe). Besonders

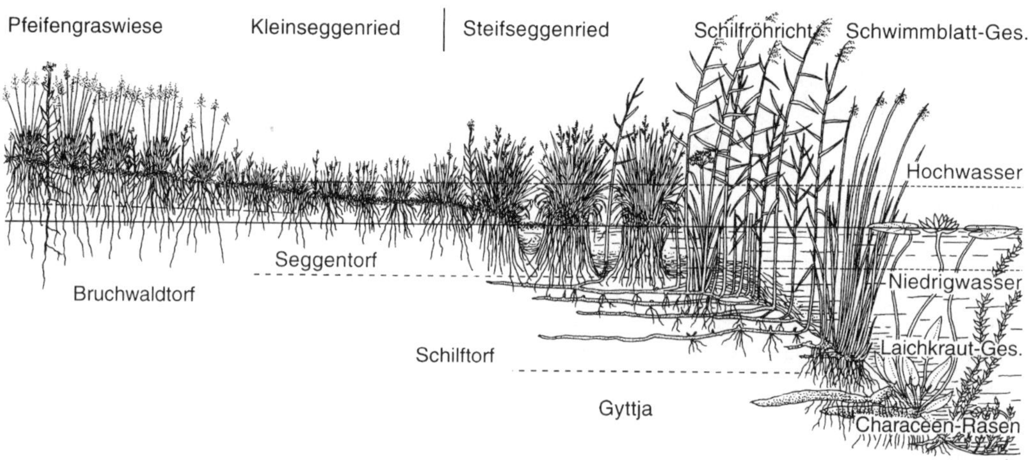

Abb. 9-59: Zonierung der Pflanzengesellschaften an einem eutrophen See in Süddeutschland nach der Vernichtung des Waldes. Der Characeen-Rasen, die Laichkraut- und Schwimmblatt-Gesellschaft und das Schilfröhricht sind weitgehend naturnah. Steif- und Kleinseggenried und die Pfeifengraswiese sind dem Einfluss des Menschen ausgesetzt und werden als Streuwiesen genutzt. Ohne diese Nutzung gehen sie in Erlen-Bruchwälder und Erlen-Eschenwälder über (s. a. Abb. 9-52). (Nach Ellenberg 1996.)

die Arten der Röhrichte zeichnen sich durch klonales Wachstum (Bildung von Polykormen, s. 7.1.2.2, 7.4) mit gelegentlicher klonaler Reproduktion aus, wie dies bei *Phragmites australis* (Abb. 9-59), *Scirpus lacustris*, *Typha*- und *Sparganium*-Arten der Fall ist. Dadurch können sich die Bestände ins Wasser vorschieben. Das während einer Vegetationsperiode anfallende organische Material wird vielfach nur unvollständig zersetzt, was wiederum die Verlandung fördert.

Oligotrophe und dystrophe Stillgewässer unterscheiden sich deutlich im Artenbestand und somit auch in den Pflanzengesellschaften. Die Verlandung stark saurer Gewässer wird meist von *Sphagnum*-Arten eingeleitet. Als Endstadien bilden sich hierbei nährstoffarme Niedermoore oder auch Hochmoore.

Die Gesellschaften der **Röhrichte und Großseggenriede** werden soziologisch der Ordnung Phragmitetalia australis zugeordnet. Der Verband Phragmition australis umfasst die artenarmen Großröhrichte eutropher Stillgewässer, in denen meist *Phragmites australis*, das Schilfrohr, dominiert, der Verband Bolboschoenion maritimi die Brackwasser-Röhrichte (s. 9.3.2.1) und der Verband (Magno)Caricion elatae die Großseggenriede.

In der Zonierung (Abb. 9-59) folgen auf die Schwimmblatt-Gesellschaften zunächst die **Süßwasser-Röhrichte**. Das Schilfröhricht i. e. S. (Scirpo-Phragmitetum) ist die häufigste Tieflandsröhricht-Gesellschaft und wächst von etwa 150 cm unter bis etwa 30 cm über der mittleren Wasserlinie auf eutrophem Schlamm und Flachmoortorf. *Phragmites australis* beherrscht die Physiognomie der Bestände, *Scirpus lacustris*, *Typha* spp., *Ranunculus lingua* sind Charakterarten. Es folgt häufig ein **Großseggengürtel** (Großseggenriede, [Magno]Caricion elatae) auf einem insgesamt trockeneren Bereich über semiterrestrischen Nassböden. Die größten Wasserspiegelschwankungen erträgt dabei das Steifseggen-Ried (Caricetum elatae), das mit den mächtigen Horsten von *Carex elata* eine oft mannshohe, bultförmige Verlandungsgesellschaft bildet (zerstreut im norddeutschen Tiefland, Alpenvorland). An ähnlichen Habitaten siedelt das Schlankseggen-Ried (Caricetum gracilis). In diesen Großseggenried-Gesellschaften können sich die ersten Büsche von *Salix cinerea*, *Frangula alnus* und junge Erlen ansiedeln. Es folgt dann ein durch Anhäufung von Pflanzenresten an der Oberfläche immer trockener werdender Erlen-Bruchwald, der Bruchwaldtorf bildet (Abb. 9-52, s. 9.3.2.3). Diese Erlen-Bruchwälder bilden das Endstadium der Sukzession.

Die Großseggenriede, Kleinseggenriede (Kleinseggen-Gesellschaften) und die Pfeifengraswiesen (u. a. Molinietum caeruleae) waren in der traditionellen bäuerlichen Bewirtschaftung als Streuwiesen von Bedeutung. Sie wurden bei Niedrigwasser gemäht, um das harte, trockene Stroh als Einstreu in den Ställen zu nutzen. Diese Nutzung ist heute durch die moderne Stallhaltung überflüssig geworden (s. 9.3.2.8).

Moore stellen komplexe, extreme Lebensräume mit wenigstens teilweise torfbildender Vegetation an feuchten Habitaten über Torf dar, wobei

Torfe die Ablagerungen der Reste von Moosen, insbesondere von *Sphagnum*-Arten, und höheren Pflanzen sind, die sich in langsamer Inkohlung befinden und dabei ihre Gewebestruktur lange erhalten. Sie können sich nur unter weitgehendem O_2-Abschluss bilden, wodurch eine rasche Verwesung ausgeschlossen ist. Voraussetzung für die Moor- und Torfbildung sind feuchtkühle Klimaverhältnisse, hohe Niederschläge und bodenüberstauendes Grundwasser.

Niedermoore (Flachmoore, lokal auch als Ried, Fenn, Bruch bezeichnet) sind geogene Bildungen, die Lebensräume für eine Feuchtvegetation darstellen, die auf einem hohen Grundwasserstand beruht, etwa bei der Verlandung von Stillgewässern oder über versumpfenden Mineralböden. Sie sind minerotroph, d. h. das Wasser war in Kontakt mit Böden und Gestein bevor es den Torfkörper erreicht. Grund-, Quell- oder Sickerwasser durchnässt den Boden langfristig, dieser trocknet nur oberflächlich ab. Hiernach wird weiter zwischen Quellmooren, Versumpfungsmooren und Durchströmungsmooren unterschieden, entsprechend der Zusammensetzung des Grundwassers auch in kalkreiche, oligo- bis mesotrophe und kalkarme, saure bis eutrophe Niedermoore. Der Niedermoortorf besteht aus Resten von Schilf, Seggen und Niedermoorpflanzen (*Eriophorum* spp., *Juncus* spp.). Niedermoore finden sich v.a. in den Niederungsbereichen Norddeutschlands sowie in den Mittelgebirgen und den Alpen von der submontanen bis in die subalpine Stufe. Durch Entwässerungsmaßnahmen sind Niedermoore stark gefährdet.

Das stets vorhandene Wasser begünstigt das Wachstum einer artenreichen Flachmoorvegetation. Die Gesellschaften der Niedermoore werden der Klasse der Niedermoor- und Schlenkengesellschaften zugeordnet (Scheuchzerio-Caricetea nigrae). Die Braunseggensümpfe (Caricetalia nigrae) sind torfbildende Kleinseggen-Gesellschaften im Bereich kalkarmer, nicht zu nährstoffreicher Gewässer der gesamten eurosibirischen Region. Das ökologische Pendant bilden die Kleinseggen-Gesellschaften basenreicher Niedermoore und Kalkflachmoore (Caricetalia davallianae).

V. a. in einem niederschlagsreichen Klima siedeln sich oft auf der ständig durchfeuchteten Bodenoberfläche Torfmoose (*Sphagnum* spp.) an. Durch den speziellen Bau der Blätter (Chlorocyten und tote Hyalocyten mit Poren) und durch Hyalocyten in den „Rinden"schichten der Stämmchen und Äste vermögen sie das Wasser wie ein Schwamm festzuhalten. Durch die dochtartige Anlagerung der Seitenästchen an das Stämmchen, das ständige Spitzenwachstum der Stämmchen und das Absterben von unten her, kann das Wasser über den Grundwasserspiegel kapillar nach oben geleitet werden. *Sphagnum*-Arten können mittels unveresteter Polyuronsäuren in den Zellwänden H^+-Ionen gegen Alkali- oder Erdalkali-Ionen austauschen. H^+-Ionen werden an das umgebende Wasser abgegeben; dies führt zu dessen Ansäuerung und zu dem extrem sauren Milieu der Hochmoor-Habitate. Die einzelnen *Sphagnum*-Polster schließen sich zu Decken zusammen und wachsen nach oben, wobei die abgestorbenen Teile von Wasser durchtränkt bleiben und unter den sauren anaeroben Bedingungen kaum durch Bakterien und Pilze zersetzt werden. Es bildet sich Hochmoor-Torf, der aus den extrem sauren (pH 4,5–2,8), nährstoffarmen Resten von Torfmoosen und den weiteren Hochmoorarten besteht. Mit dem fortschreitenden Wachstum der *Sphagnum*-Torfe wölbt sich der Moorkörper uhrglasförmig bis zu 8 m über den Grundwasserspiegel empor. Dabei erstickt die vorhergehende Vegetation, selbst Waldbestände, und ein baumloses oder baumarmes *Sphagnum*-Moor, ein **Hochmoor**, breitet sich aus (Abb. 9-60).

Hochmoore erreichen eine gewisse Unabhängigkeit vom geologischen Untergrund. Sie sind vom Regenwasser, das niedrige Nährstoffgehalte aufweist, und vom Flugstaub abhängig, also ombrotroph (= regenwassergespeist, deshalb auch als Regenwassermoore bezeichnet), jedoch unabhängig vom Mineralbodenwasser und seinen Nährstoffen. Die Ombrotrophie ist das entscheidende Charakteristikum dieser nährstoffarmen und sauren Habitate.

Die Fläche eines typischen mitteleuropäischen Hochmoores (Abb. 9-60) gliedert sich in die baumfreie bzw. baumarme, nur wenig geneigte Hochfläche (Moorweite), die teilweise noch einen Moorsee (Kolk, Blänke) aufweist. Sie wird von einem steileren, leichter abtrocknenden und daher oft bewaldeten Randgehänge umgeben. Um diesen Moorkörper verläuft ein Randsumpf, in dem das Wasser aus dem Hochmoor und der Umgebung zusammenfließt. Das Hauptverbrei-

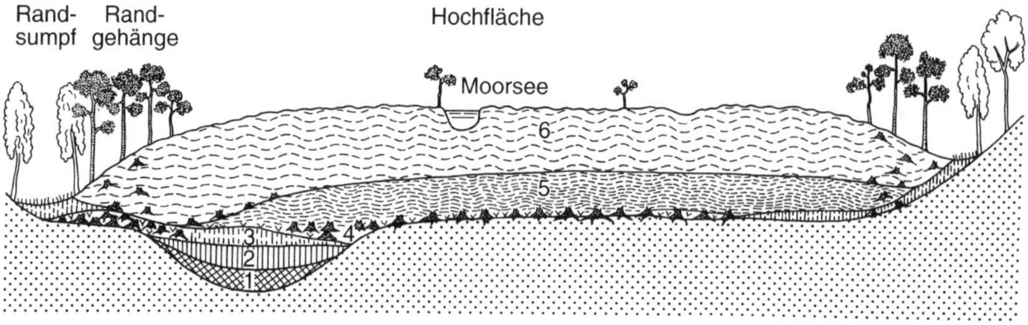

Abb. 9-60: Schematischer Schnitt durch ein mitteleuropäisches Hochmoor. Aus den Schichten ist zu folgern, dass es z. T. über einem verlandeten See, z. T. durch Versumpfung eines Waldes auf nährstoffarmem Mineralboden (punktiert) entstanden ist. 1 Mudde, 2 Schilftorf, 3 Seggentorf, 4 Bruchwaldtorf, 5 älterer, 6 jüngerer *Sphagnum*torf. (Nach Firbas 1949 und Strasburger 1991.)

tungsgebiet dieser typischen Hochmoore ist das subozeanisch getönte Klimagebiet im Alpenvorland, im nördlichen Mitteleuropa und im südlichen Skandinavien. Die meisten Hochmoore sind postglazial durch Versumpfung von Wäldern entstanden, ein Teil aber auch über verlandeten Seen, nachdem diese die Verlandungsstufe eines Seggenmoores erreicht hatten. Die Grenze zwischen Hochmoor und Niedermoor wird durch das Vorkommen von Mineralbodenwasserzeigern, wie *Menyanthes trifoliata* und *Molinia caerulea*, angezeigt. Heute sind alle noch vorhandenen Hochmoore durch Entwässerung, Abtorfung, Eutrophierung und land- und forstwirtschaftliche Nutzung stark gefährdet.

Kesselmoore in abflusslosen Senken, die vom Grundwasser abhängig sind, wie z. B. Sölle (Toteislöcher) und durch Vulkanismus entstandene Maare, stellen einen speziellen Typ dar. Im weiteren europäischen Raum gibt es die Palsa-Moore der Tundra und Waldtundra, die Aapa-Moore der Taiga, die Decken-Moore im ozeanischen Westen und die Plateau- und Waldhochmoore im kontinentalen Osten.

Auf der Hochfläche eines ungestörten Hochmoores wechseln kleine buckelige Erhebungen, die Bulten, mit unregelmäßig geformten nassen Senken, den Schlenken, ab. V. a. in letzteren und auf jungen Bulten wachsen Torfmoose. Auf den Bulten ist die Hochmoorbult-Gesellschaft (Erico-Sphagnetum magellanici, Klasse Oxycocco-Sphagnetea) die bezeichnende Pflanzengesellschaft. *Sphagnum magellanicum*, *S. rubellum*, *S. papillosum* sind typische Vertreter auf jungen, nassen Bulten. Weitere Bult-Arten sind *Drosera rotundifolia*, *Eriophorum vaginatum*, *Narthecium ossifragum*, *Vaccinium oxycoccus*, *Andromeda polifolia* und *Erica tetralix* u. a. In den zeitweise überfluteten Moorschlenken und Schwingrasen treten die Übergangsmoor- und Schlenkengesellschaften (Scheuchzerietalia palustris) auf. Bei diesen handelt es sich um artenarme Pioniergesellschaften mit *Scheuchzeria palustris*, *Sphagnum denticulatum*, *S. lindbergii*, *S. inundatum* u. a.

V. a. die Ericaceen-Sippen und *Eriophorum vaginatum* zeichnen sich durch einen xeromorphen Bau aus, durch den sie an die oft starke Erwärmung der Mooroberfläche angepasst sind. Hochmoore sind physikalisch trocken, da infolge intensiver Einstrahlung die oberste Torfschicht oft austrocknet. Zudem führt der Stickstoffmangel zur Ausprägung xeromorpher Merkmale. Die Ericaceen erschließen sich auf diesem nährstoffarmen Habitat ihren Nährstoffbedarf über symbiontische Pilzpartner (Mykorrhiza).

Da in den Torfen Pollen und pflanzliche Großreste konserviert werden, geben Moore Aufschluss über die nachkaltzeitliche Vegetationsentwicklung (s. 5.7.3).

Literatur: u. a. Gore (1983), Ellwanger (1996), Forst et al. (1997), Timmermann (1999), Wittig (1999), Pott & Remy (2000), Dierssen & Dierssen (2001), Succow & Joosten (2001).

9.3.2.10 Kulturlandschaften bzw. Kulturbiotope

Seit den größeren Eingriffen des Menschen in den Naturhaushalt Mitteleuropas ab dem Beginn des Neolithikums vor etwa 4500 Jahren v. Chr., die mit dem Übergang vom Jäger und Sammler zum sesshaften Bauern verbunden sind, hat der

Mensch seinen Lebensraum grundlegend verändert. Er wandelte die ehemalige **Naturlandschaft**, eine Laubwaldlandschaft, in eine **Kulturlandschaft** um.

Der kulturelle Wandel zur Sesshaftigkeit mit Ackerbau und Viehzucht wird als **neolithische Revolution** bezeichnet. In der Alten Welt hatte diese ihren Ausgangspunkt etwa 9000 BP im Gebiet des Fruchtbaren Halbmondes, jenem halbmondförmigen Winterregengebiet, das von Jordanien über die südliche Türkei bis in den nordwestlichen Iran reicht und die Trockengebiete Syriens, Saudi-Arabiens und des Irak umgibt. Die neolithische Revolution erreichte über Südosteuropa zwischen 7000 und 6000 BP das Waldland Mitteleuropas (Abb. 9-61 mit weiteren Erläuterungen; Uerpmann 1983, Küster 1995, s. a. 9.1.4). Die Auswirkungen waren für die Menschheitsgeschichte tiefgreifend.

Der intensive Ackerbau des sesshaften Bauern bildete die Voraussetzung für alle Hochkulturen und ist bis heute die Grundlage für die Existenz des Menschen geblieben. Gravierende Einschnitte in den Naturhaushalt waren und sind Rodung und Bodenbearbeitung, natürliche und künstliche Düngung, vielfach auch Bewässerung und Entwässerung, Unkraut- und Schädlingsbekämpfung, einhergehend mit den laufenden Verbesserungen der maschinellen Bearbeitungsmethoden. Hinzu kamen Siedlungs- und Verkehrsflächen. Diese Entwicklung hat zu gewaltigen Veränderungen geführt, die in Mitteleuropa die Wälder auf etwa 1/3 ihrer ursprünglichen Fläche schrumpfen ließen (s. 9.3.2.2).

Ursprünglich regenerierte sich beim Wanderackerbau auf den aufgegebenen Kulturflächen eine naturnahe Vegetation von selbst. Bei der Intensivierung des Ackerbaus konnte zunächst der Nährstoffverlust, der durch den Entzug von Nährstoffen durch die Pflanzen und durch Aus-

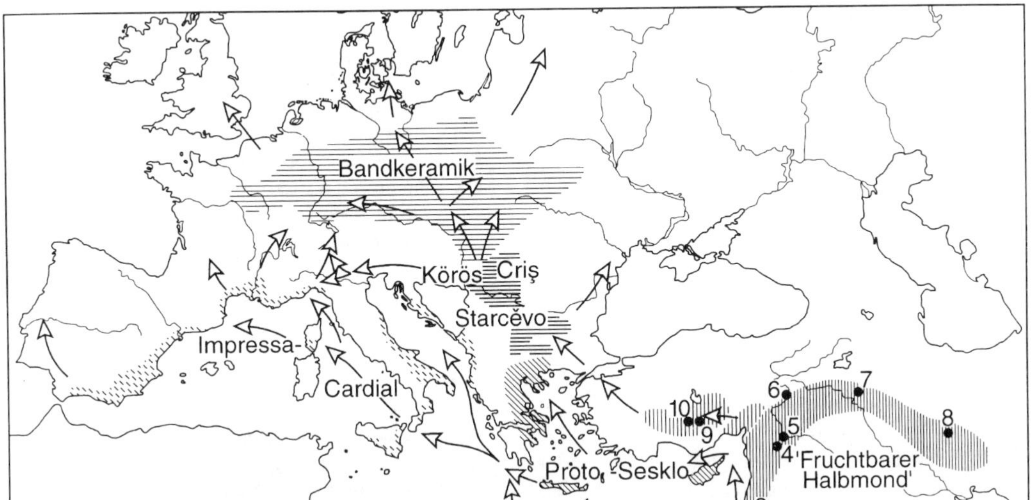

Abb. 9-61: Entstehungsgebiete und Ausbreitung der bäuerlichen Wirtschaftsform im Nahen Osten und in Europa. A: Kerngebiet im Fruchtbaren Halbmond mit wichtigen archäologischen Fundstellen (1 Hefzibah, 2 Ain Mallaha, 3 Jericho, 4 Abu Hurreira, 5 Muraibit, 6 Cayönü, 7 Zaw-e Chami, 8 Ganj-Dareh), um 9000 BP. B: Südanatolischer Teil des Kerngebietes oder primäres Ausbreitungsgebiet mit wichtigen archäologischen Fundstellen (9 Can Hasan III, 10 Catal Hüyük), bis etwa 8500 BP. C: Erste Ausbreitung auf den Inseln des östlichen Mittelmeergebietes und dem europäischen Festland, Gebiet der Proto-Sesklo-Kultur, bis etwa 8000 BP. D: Süd- und südwesteuropäisches Ausbreitungsgebiet, Gebiet der Impressa-Cardial-Kultur (Abdruckkeramik), etwa 7500 bis 6500 BP. E: Donauländisches Sekundärzentrum, Gebiet der Starcevo-Körös-Kultur, zwischen 8000 und 7000 BP. F: Zentraleuropäisches Ausbreitungsgebiet, Gebiet der Bandkeramik, zwischen 7000 und 6000 BP. (Nach Uerpmann 1983.)

waschung und Erosion bedingt war, durch natürliche Düngung, durch Fruchtwechsel und durch das Einschalten eines Brachjahres kompensiert werden (Dreifelderwirtschaft: Anbau von Wintergetreide, Sommergetreide und Brache, v. a. im Mittelalter. Später trat an die Stelle der Brache der Hackfruchtanbau, danach der Anbau von Kartoffeln). Die Fruchtwechselwirtschaft, bei der jährlich zwischen einer Halmfrucht (Getreide) und einer Blattfrucht (z. B. Raps) abgewechselt wird, löste die Dreifelderwirtschaft ab. Sie erfordert hohe Düngermengen, und Ertragssteigerungen werden hier v. a. durch Mineralstoffdüngung, Anzucht von Hochleistungssorten oder Einsatz von Unkraut- und Insektenvertilgungsmitteln erzielt.

Kulturlandschaften bzw. **Kulturbiotope** sind in der Regel geprägt von Intensivkulturen mit Nutzpflanzen in langfristig genutzten **Plantagen** (z. B. mit Wein, Obst), **Äckern** mit kurzfristigem Umtrieb (z. B. Anbau von Getreide, Hülsenfrüchten, Kartoffeln, Rüben), **Wiesen und Intensivweiden** (s. 9.3.2.8) und **Gärten**. Dieses Kulturland bedeckt heute etwa die Hälfte der Gesamtfläche Mitteleuropas, dabei werden fast alle ackerfähigen Böden bewirtschaftet. Hinzu kommen die **Wirtschaftswälder** bzw. **Forste** (s. 9.3.2.2). In ehemals extensiv genutzten Kulturlandschaften finden sich gehäuft **Feldgehölze** und **Hecken** (s. 9.3.2.2). Sie sind in den Mittelgebirgen und in den küstennahen Gegenden noch häufiger anzutreffen oder werden heute wieder gezielt angelegt. Ursprünglich wurden die Hecken im Zusammenhang mit der Weidewirtschaft angelegt, um das Vieh „einzuzäunen". Im küstennahen Flach- und Hügelland fungieren sie als Windschutz für die Wirtschaftsfläche. **Mittel- und Niederwälder** (s. 9.3.2.2), **Obstwiesen und -weiden** und **Hudelandschaften** (s. 9.3.2.2) zählen ebenfalls zu diesen vom Menschen geprägten Kulturlandschaften. Für eine detaillierte Übersicht s. Pott (1996a).

In den Kulturlandschaften bzw. -biotopen entstanden weithin neue Habitatverhältnisse, die durch Bodenabtragung, Mineralstoffanreicherung, Feuchtigkeitsveränderungen u. a. geprägt sind und neue anthropogen bedingte Vegetationstypen entstehen ließen. Im Bereich der Äcker, Plantagen und Gärten sind dies, in Konkurrenz mit den Nutzpflanzen, die **Ackerunkrautgesellschaften** (Segetalvegetation, Stellarietea mediae) und im Ödland (z. B. auf Erdaufschüttungen, Schutt- und Abfalldeponien, Wegrändern) u. a. die **Beifuß-Gesellschaften** (Artemisietea vulgaris). Hier wird die anthropozentrisch-wirtschaftsorientierte Bezeichnung **‚Unkraut'** für unerwünschte Pflanzen verwendet, deren neutrale Bezeichnung auf Kulturflächen **Segetalpflanzen** und auf Ruderalflächen **Ruderalpflanzen** ist. In diesen konkurrenzschwachen und instabilen Gesellschaften konnten sich leicht eingeschleppte **Adventivpflanzen**, also Ankömmlinge bzw. gebietsfremde Pflanzensippen, die unabsichtlich oder absichtlich vom Menschen in ein fremdes Gebiet eingeschleppt wurden, einbürgern. Es werden hier **Archäophyten**, **Neophyten** und **Ephemerophyten** (s. 5.7.3), die nur vereinzelt oder vorübergehend vorkommen, unterschieden. **Apophyten** sind Sippen, die von natürlichen auf athropogene Habitate überwechseln (Apophytisierung) (z. B. *Solanum dulcamara*: natürlich in Auenwäldern, sekundär auf Industriebrachen), **Anökophyten** solche für die keine natürlichen Habitate bekannt sind (z. B. *Capsella bursa-pastoris*, *Poa annua*).

Die **Ackerunkräuter** (**Segetalpflanzen**, von lat. seges, segetis, Saat, Saatfeld) sind an die speziellen Bedingungen „angepasst" bzw. haben diese vom Menschen geschaffenen Räume erobert. Seit 1950 werden die Ackerunkräuter durch Herbizide bekämpft, und durch diese Bekämpfung sowie durch die Intensivierung der Bodenbearbeitung sind heute an vielen Habitaten nur noch wenige den Herbiziden widerstehende Arten (z. B. *Galium aparine*) erhalten geblieben.

V. a. in den artenreichen Familien der Asteraceen, Cichoriaceen, Brassicaceen, Poaceen und Caryophyllaceen, aber auch bei den Chenopodiaceen und Polygonaceen, treten gehäuft Ackerunkräuter auf. Die Sippen müssen der Störung des Habitats durch Bodenbearbeitung, der Konkurrenz der Nutzpflanzen, der Düngung, den Erntemaßnahmen und der Reinigung des Saatgutes gewachsen sein. Die ständig neu entstehenden Habitate konnten also nur von Arten erobert werden, die schon in der Naturlandschaft an ähnliche Habitate angepasst waren. Dies sind vorwiegend Therophyten und Geophyten (s. 8.1), deren wichtigste Adaptationen die folgenden sind: bei Einjährigen Produktion großer Samenmengen (*Capsella bursa-pastoris* bis 60000 Samen pro Pflanze), 3–4 Generationen pro Jahr; sommer- und winterannuell, Überdauern mit unterirdischen Speicherorganen, wie bei den Wurzelgeophyten *Convolvulus arvensis* und *Cirsium arvense* und den Rhizomgeophyten *Elymus (Agropyron) repens* und *Equisetum arvense*; Fragmente der unterirdischen Organe, die durch die Bodenbearbeitung entstehen, wachsen zu neuen Pflanzen aus. Zahlreiche der einjährigen Arten stammen aus Südwest-Asien und den Mittelmeerländern. In den Weinbergen sind, wenn auch selten, die Zwiebelgeophyten *Allium vineale*, *Gagea villosa*, *Tulipa sylvestris* und *Muscari racemosum* zu finden. Die Unkrautgesellschaften differenzieren sich nach pH-Wert und Nährstoffgehalt, dem Wasserhaushalt und der Bearbeitungsweise der Böden. So umfasst die Ordnung Sperguletalia arvensis die Winter- und Sommerfruchtkulturen auf basenarmen Böden („Kornblumenäcker"), die Ordnung Papaveretalia rhoeadis die Klatschmohn-Gesellschaften auf Kalkverwitterungsböden (basenreiche Lehm- und Tonböden, „Mohnäcker").

Ruderalpflanzen (von lat. rudus, ruderis, Schutt, Ruinen) sind Arten, die Schutt, Trümmeranhäufungen, Böschungen, Straßen- und Wegränder, Gleiskörper und ähnliche gestörte Habitate besiedeln. Diese Habitate sind meist durch einen hohen Stickstoffgehalt charakterisiert, der eine hohe Produktivität der Gesellschaften bedingt. Soziologisch umfasst die Klasse der Beifuß-Gesellschaften (Artemisietea vulgaris) u.a. die Eselsdistel-Gesellschaften (Onopordetalia acanthii) auf trockenen, warmen Habitaten und die Kletten-Gesellschaften und Lägerfluren (Artemisietalia vulgaris) auf frischeren Habitaten. Die Nitrotrophilen Säume und Uferstaudengesellschaften (Galio-Urticetea) und die Einjährigen Ruderal-Gesellschaften (Sisymbrietalia, in der Klasse Stellarietea mediae) werden eigenständig geführt.

Literatur: u.a. Pott (1995a, 1996a), Hofbauer (1998), Hofmeister & Garve (1998), Wilmanns (1998), Brandes (2001), Kästner et al. (2001), Wittig (2002), Kowarik (2003), Manthey (2003), Röhricht (2003).

9.4 Höhenstufen und Lebensbereiche in den Alpen (Tab. 9-5)

Durch die alpine Gebirgsbildung (Orogenese) mit ihren Höhepunkten in der Mittleren Kreide (vor etwa 100 Mio. J.) und im Alttertiär (vor etwa 40 Mio. J.) entstanden die **Alpen** als Teil des riesigen Gebirgssystems, das vom Atlas über das südliche Mitteleuropa, Vorderasien und den Himalaya bis Indonesien reicht, wobei erst in junger geologischer Zeit, während der letzten zwei Millionen Jahre, die Alpen zum schroffen Hochgebirge aufgefaltet wurden. Ursachen dieser Gebirgsbildung sind plattentektonische Vorgänge, die bis heute andauern. Die Gletscher der Kaltzeiten (s. 5.7.3) prägten den typischen Hochgebirgscharakter mit Trogtälern, Karen, spitzen Gipfeln und Seen. Die Alpen gliedern sich in die höheren West- und niedrigeren Ostalpen, wobei die Grenze auf der Linie Hinterrhein-Comer See verläuft. Die Ostalpen werden außerdem in die Nördlichen und Südlichen Kalkalpen und in eine kristalline Zentralzone aufgeteilt (Tab. 9-5).

Die Alpen beherbergen eine charakteristische Flora mit einer großen Anzahl endemischer Sippen, die v.a. im südalpinen Raum auftreten. Zahlreiche Sippen überdauerten die Kaltzeiten z.T. auf eisfreien Bergstöcken (Nunatakkern, s. 5.7.3). Florengeschichtliche Beziehungen bestehen zu den eurasischen Gebirgen und der Subarktis, und die weiter verbreiteten und heute vielfach disjunkten boreal-montanen und arktisch-alpinen Sippen dokumentieren einen deutlichen Florenaustausch während der Kaltzeiten und des Postglazials.

Auf Verwandtschaftsbeziehungen zur Flora der zentral- und ostasiatischen Gebirge weisen die Gattungen *Saxifraga*, *Primula*, *Androsace*, *Gentiana*, *Pedicularis*, *Rhododendron* und *Leontopodium* u.a. hin, dagegen dürften die Gattungen *Dianthus*, *Saponaria*, *Helianthemum*, *Cytisus*, *Daphne*, *Globularia*, *Sedum*, *Sempervivum* und *Sesleria* ihren Ursprung im südeuropäischen Raum haben. Montan-alpin sind u.a. *Biscutella laevigata*, *Ranunculus* spp., *Saxifraga* spp., *Rhododendron ferrugineum*, *Linaria alpina*, endemisch u.a. *Cirsium spinosissimum*, *Rhodothamnus chamaecistus*, *Primula spectabilis*, *Thlaspi rotundifolium* und *Carex baldensis*. Über Reliktendemiten und disjunkte Areale s. 5.7.2 und 5.7.3.

An den westlichen und nördlichen, z.T. auch den südlichen, Randalpen steigen die feuchten Luftmassen auf und kondensieren zu Wolken. Diese Gebiete sind daher niederschlagsreicher und kühler (subozeanischer Klimatyp), die Innenalpen dagegen trockener und strahlungsreicher, aber auch stärkeren Temperaturextremen ausgesetzt (subkontinental-kontinentaler Klimatyp). Hierdurch und durch den Masseneffekt des Gebirgssystems (Abb. 4-9, 9-46) steigen in den Inneralpen die Vegetationsgrenzen an. Entscheidend für die Vegetationsdecke sind außerdem die Exposition, der geologische Untergrund und die damit verbundenen Böden. In der hochmontanen und alpinen Stufe bilden sich über Silikat, ausgehend vom ‚alpinen Silikatrohboden', Ranker (Lithosole) mit einem A_h-C-Profil. Die Weiterentwicklung führt meist zu ‚alpinen Rasen-Braunerden' (A_h-B_v-C) oder bei starker Nässe zu ‚alpinen Rasenpodsolen' (A_h-A_e-E_{Ss}-C), wobei es zur Auswaschung und Verlagerung von Fe, Al und Huminstoffen nach unten kommt, so z. B. unter dem Caricetum curvulae. Über Kalk und Dolomit bilden sich aus Rohböden (Protorendzina) verschiedene Typen von ‚Humuskarbonatböden' (Rendzina), v. a. die ‚alpine Pechrendzina', ein tiefschwarzer, feuchter, mineralreicher A_h-C-Boden, der v. a. unter dem Caricetum firmae vorkommt, oder an warmen Hängen die verbraunte Rendzina, z. B. unter dem Seslerio-Semperviretum (Reisigl & Keller 1994).

Die mit der Meereshöhe verbundene Änderung der **klimatischen Faktoren** bewirkt in allen Vegetationszonen der Erde eine deutliche Höhenstufung der Vegetation. Mit zunehmender Höhe wird das Klima extremer, und die Pflanzen sind zudem oft einem schroffen Wechsel der klimatischen Faktoren ausgesetzt. Der Übergang der Jahreszeiten vollzieht sich schnell. In Höhen über 3000 m folgt in den Alpen auf einen sehr langen Winter eine nur 2–3 Monate andauernde Vegetationszeit. Allgemein nimmt die Vegetationszeit mit zunehmender Meereshöhe um etwa 1 Woche auf 100 Höhenmeter ab. Die Einstrahlung bei Tag und die Ausstrahlung bei Nacht werden mit zunehmender Höhe deutlich höher und sind bei klarem Himmel deutlich stärker als in den Tallagen. Die Strahlung erreicht bei Schönwetter hohe Werte, insbesondere nimmt die UV-Strahlung mit zunehmender Höhe zu, wobei jedoch die Strahlungssummen in dem für die Photosynthese nutzbaren Spektralbereich (photoaktive Strahlung = PhAR, 400–700 nm) im Tal und in den Hochlagen ähnlich sind. Mit zunehmender Meereshöhe nimmt die Temperatur der Luft und der tieferen Bodenschichten ab, im Mittel um 0,6 °C/100 Höhenmeter, die Frosthäufigkeit nimmt zu und die Temperaturextreme werden schärfer. Die Niederschläge und der Schneeanteil steigen mit zunehmender Meereshöhe an, wobei jedoch die mittleren Jahresniederschläge am Alpenrand höher sind als im Alpeninnern. Ein weiterer wesentlicher Faktor ist der Wind, dessen Häufigkeit und Stärke ebenfalls mit steigender Meereshöhe zunehmen. Außerdem haben die winterliche Schneeverteilung bzw. die Schneeverfrachtung eine wesentliche Bedeutung für die Vegetationsmuster, die hierdurch von der Länge der Aperzeit abhängen, und auch die Exposition (Nord- und Südseite) spielt, bedingt durch die auftreffende Strahlungsmenge, eine große Rolle für die Vegetationsverhältnisse, wobei die Verschiedenartigkeit mit zunehmender Meereshöhe ausgeprägter wird.

Die Grenzen der einzelnen Höhenstufen schwanken v. a. aufgrund verschiedener Expositionen auch innerhalb eines Gebirgszuges. Sie liegen an Südhängen höher, an Nordhängen tiefer.

Folgende **Höhenstufen der Vegetation**, die für sich allein jeweils charakteristische **Lebensräume** sind, werden unterschieden: **planar – kollin – montan – subalpin – alpin – nival** (Abb. 4-9, 9-46, 9-62, Tab. 9-5). Dabei ist die planare Höhenstufe im Alpenraum nicht vertreten, wird jedoch der Vollständigkeit wegen aufgeführt. Planare und montane Stufe sind in 9.3.2.1–9.3.2.10 mehrfach angesprochen.

Die **planare Stufe** (Ebene) umfasst die Küsten- und Binnenebenen unter 100 m und war in Mitteleuropa ursprünglich mit Buchenwäldern, Buchen-Eichenmischwäldern, Eichen-Hainbuchenwäldern und Kiefern-Mischwäldern bewachsen (s. 9.1.6, 9.3.2.2). Heute sind die Flächen in weiten Bereichen in Kulturland umgewandelt. Bis in etwa 500 m Höhe schließt sich die **kolline Stufe** an, die am Nordrand der Alpen (sofern vorhanden) von Eichen-Buchenwäldern eingenommen wird. Am Südrand der Alpen ist diese Stufe ursprünglich in weiten Teilen das Verbreitungsgebiet des wärmeliebenden Eichenmischwaldes (Flaumeichenwald, kältekahler Tieflagenwald, Abb. 4-9); am Übergang zur submontanen Stufe und in dieser treten auch *Pinus nigra*-Wälder auf. Da sich die kolline Stufe besonders gut für Obst- und Weinbau eignet, entstanden große Kulturflächen. Die **submontane Stufe**, auch als unterste Bergwald-(Übergangs-)Stufe bezeichnet, umfasst den Höhenbereich von etwa 500 bis 1000 m. Es ist die Stufe der Buchen-Tannen-Fichtenwälder *(Fagus sylvatica, Abies alba, Picea abies)*, in der Wiesenwirtschaft und am Südrand der Alpen teilweise noch Landwirtschaft betrieben wird. In den nördlichen Randalpen treten an nährstoffreichen und relativ feuchten Habitaten artenreiche alpide ‚Mullbuchenwälder' des Lonicero alpigenae-Fagenion-Unterverbandes mit *Lonicera alpigena, Galium rotundifolium, Daphne laureola* und *Dentaria heptaphylla* auf. Sie sind von Natur aus ohne Nadelbäume. Auf weniger fruchtbaren Böden bilden sich Rotbuchen-Weißtannen-Mischwälder, in denen auch *Picea abies* vertreten ist, so z. B. am Alpennordrand das Galio rotundifolii-Abietetum. Der Bergahorn-Buchenmischwald (Aceri-Fagetum, s. 9.3.2.2) reicht in den Schweizer Voralpen (1200–1750 m) und in den Bayerischen Alpen (1200–1450 m) bis zur jeweiligen lokalen Waldgrenze hinauf.

Mit zunehmender Höhe prägen dann in der **montanen Stufe** (Bergwaldstufe), die bis in 1400 bis 1600 (1800) m Höhe hinaufreicht, immer mehr Nadelhölzer die Physiognomie des Bergwaldes. In den Zentralalpen ist besonders der natürliche montane Fichtenwald (Vaccinio myrtilli-Piceetum) großflächig verbreitet. *Vaccinium*-Arten *(V. myrtillus, V. vitis-idaea), Luzula sylvatica, Blechnum spicant* und zahlreiche Moose, wie *Dicranum scoparium, Bazzania trilobata, Rhytidiadelphus loreus* u. a., prägen die Gesellschaftsstruktur. In den ozeanischen Lagen der Nordalpen sind auf Karbonatuntergrund Buchen-Tannen-Fichten-Bergmischwälder und der Bergahorn-Buchenmischwald weit verbreitet. Hochmontan bildeten reine Fichtenwälder ursprünglich ein Waldband, in dem v. a. der Alpenlattich-Fichtenwald (Homogyno-Piceetum) mit der Differentialart *Homogyne alpina* auf Karbonat- und Silikatgestein der nördlichen Randalpen bezeichnend ist. In dieser Stufe wird Wiesen-, Weide- und Almwirtschaft betrieben (s. a. 9.3.2.5, Borstgrasrasen). Der Fichtenwald baut die Waldgrenze auf. Ewald (z. B. 1999) definiert dagegen für den bayrischen Nordalpenraum diesen oberhalb der aktuellen Höhenverbreitungsgrenze von *Fagus sylvatica* stockenden von *Picea abies* dominierten Wald als subalpinen Fichtenwald (Adenostylo glabrae-Piceetum [Karbonat-Fichtenwälder], Homogyno-Piceetum [Silikat-Fichtenwälder]). Auf Silikatgestein und in kontinentaleren Lagen treten über dem Fichtenwald noch Lärchen-Fichtenwälder (Larici-Piceetum) mit schmalkronigen Bäumen

Abb. 9-62: Höhenstufen der Vegetation in den Nordalpen; Engelberger Tal bei Luzern. Submontane und mittlere montane Stufe mit Mischwaldresten und Bergwiesen. Mittel- und hochmontaner Fichtenwald, der die Waldgrenze bildet. Wald- und Baumgrenze. Legföhrengebüsche. Pflanzengesellschaften der alpinen Stufe. Weitere Erläuterungen im Text. (Foto Kramer.)

auf. In den Fichtenwäldern kommen die typischen Arten des Piceion excelsae-Verbandes (= Vaccinio-Piceion), wie *Lycopodium annotinum, Huperzia selago, Pyrola secunda, Vaccinium myrtillus, V. vitis-idaea, Listera cordata*, und die oben genannten Moose auf. *Vaccinium*-Arten erschließen sich hier aus dem Rohhumus mit Hilfe von Mykorrhiza-Pilzen Nährstoffe. Die Verhältnisse in den Fichtenwäldern entsprechen weitgehend denen der zirkumborealen Nadelwälder (s. 9.1.8). In den Südalpen bilden Laubgehölze, u. a. *Fagus sylvatica*, die Baumgrenze (Abb. 4-9).

Die auffallendste Vegetationsgrenze in den Gebirgen ist die Obergrenze des Waldes mit geschlossenen Baumbeständen von mindestens 2 m Höhe. Sie liegt am Alpennordrand bei etwa 1400–1600 m, am Alpensüdrand bei 1600–

Tab. 9-5: Übersicht über die montan-alpin-nivale Höhenstufenfolge und ausgewählte charakteristische Pflanzengesellschaften (Nord- und Zentrale Ostalpen, vgl. Abb. 4-9). Angegeben sind die jeweiligen Obergrenzen.

Höhenstufe	Kalkalpen Karbonatgestein	Silikatalpen bzw. karbonatarmes Gestein	
Nival	Kryptogamen: Flechten, Moose, Algen. Wenige dikotyle Polsterpflanzen, u. a. *Saxifraga aphylla*	Kryptogamen: Flechten, Moose, Algen. Dikotyle Polsterpflanzen, u. a. *Saxifraga*, *Silene*, *Androsace* spp.	
Subnival	Rasenfragmente des Caricetum firmae	Rasenfragmente des Caricetum curvulae	Rasenfragmente
Alpin 2500–3000 m	Ges. d. Schweizer Mannsschilds (Androsacetum helveticae)	Vandelli's Mannsschild-Ges. (Androsacetum vandellii)	Felsspaltenfluren
	Alpine Täschelkrauthalde (Thlaspietum rotundifolii)	Alpenmannsschild-Ges. (Androsacetum alpinae)	Steinschuttfluren
	Gänsekresse-Schneetälchen (Arabidetum caeruleae) Spalierweidenrasen (Salicetum retuso-reticulatae)	Widerton-Schneetälchen (*Polytrichum sexangulare, Anthelia juratzkana)* Krautweiden-Schneetälchen (Salicetum herbaceae)	Schneetälchen
	Polsterseggenrasen (Caricetum firmae) Blaugras-Horstseggenhalde (Seslerio-Caricetum sempervirentis)	Krummseggenrasen (Caricetum curvulae) Nacktried-Gesellschaft (Elynetum myosuroidis) (entkalkte, schwach basische, neutrale, mäßig saure Böden)	Alpine Rasen
	Gemsheidespaliere (Loiseleurietum calcicolum) *Rhododendron hirsutum*-Bestände	Gemsheide-Gesellschaft (Loiseleurio-Cetrarietum) Zwergwacholder-Bärentraubenheide (Arctostaphylo-Juniperetum nanae) Gesellschaft der Rostroten Alpenrose (Rhododendro ferruginei-Vaccinietum)	Zwerggesträuche
Subalpin 1900–2000 (2400) m	Legföhrengebüsche (‚Pinetum mugi') Kalk-Schneeheide-Legföhrenbuschwald (Erico-Pinetum mugi) Wimperalpenrosen-Legföhrenbuschwald (Rhododendro hirsuti-Pinetum mugi)	Grünerlen-Gebüsch (Alnetum viridis)	Krummholz
	Schneeheide-Bergföhrenwald (Erico-Pinetum uncinatae) (Westalpen)	Lärchen-Arven-Wald (Larici-Pinetum cembrae)	Subalpine Wälder
Hochmontan 1400–1600 (1800) m	u. a. Alpenlattich-Fichtenwald (Homogyno-Piceetum), vgl. Text Bergahorn-Buchenmischwald (Aceri-Fagetum)	Montaner Fichtenwald (Vaccinio myrtilli-Piceetum)	Hochmontane Wälder
etwa 1000 m	Buchen-Tannen-Fichten-Bergmischwald		

1700 m und steigt im Alpeninnern aufgrund der Massenerhebung des Gebirges bis auf 2000 m Höhe an. Die Waldgrenze liegt dort, wo an mindestens 100 Tagen im Jahr die Mitteltemperatur über 5 °C liegt. Bei kürzeren Vegetationszeiten reift die Kutikula der neugebildeten Nadeln nicht mehr aus und bietet dann im Winter keinen ausreichenden Transpirationsschutz (Tranquillini 1979). Für die Kohlenstoffbilanz bei der Ausbildung der Nadeln spielen neben den Temperaturverhältnissen offensichtlich auch die mechanischen Schädigungen während der Wintermonate durch Eiskristalle u. ä. eine wesentliche Rolle (Cairns & Malanson 1998). Außerdem besteht durch die ausgedehnte Frosttrocknis kein genügender Wassernachschub, und es ist keine ausreichende Stoffproduktion zum Aufbau von Gehölzen mehr möglich. Körner (1999) stellt die derzeit diskutierten Hypothesen vor: Stress-, Störungs-, Reproduktions-, Kohlenstoffbilanz- und die Wuchsgrenze-Hypothese, wobei die oben dargestellten die entscheidenden sein dürften.

Unterschieden wird zwischen der **Waldgrenze** als Obergrenze mehr oder weniger geschlossener Baumbestände von mindestens 2 m Höhe und der **Baumgrenze** als Obergrenze einzelner Bäume von 2 m Wuchshöhe. Der Bereich zwischen der Wald- und der Baumgrenze ist eine „Kampfzone", in der extreme Bedingungen v. a. während der Wintermonate, wie Schneeverfrachtungen durch Stürme, mechanische Schädigungen durch Eiskristalle, physiologische Trockenheit u. ä. vorherrschen. Es ist das sog. subalpine ‚treeline ecotone' (Wald-Baumgrenze-Ökoton) (Grabherr et al. 2003). In diesem Grenzstreifen zwischen dem hochmontanen Bergwald und den subalpinen Krummholz- und Zwergstrauchgesellschaften ändern sich die Habitatfaktoren auf engsten Raum und die Bedingungen für Baumwuchs sind durch die schlechter werdenden klimatischen Gegebenheiten an der Obergrenze des Ökotons nicht mehr gegeben. Es ist weiter festzuhalten, dass durch Holzentnahme und Almwirtschaft die Waldgrenze häufig nach unten gedrückt wurde.

Die **subalpine Stufe** stellt die Kampfwald- und Krummholzstufe dar, die bis 1900–2000 m Höhe, in den Zentralalpen bis in 2400 m Höhe hinaufreicht. Mit Wilmanns (1998) wird hier die Stufe als **subalpin** bezeichnet, in welcher in den Nord- und Südalpen Krummholz aus *Pinus mugo* oder *Alnus viridis*, in den Zentralalpen aufgelockerte Lärchen-Arven-Wälder oder ihre Ersatzgesellschaften vorkommen. Zu beachten ist, dass oft auch der tieferliegende Streifen mit natürlichem Fichten- und Fichten-Lärchenwald bereits zur subalpinen Stufe gerechnet wird (z. B. subalpiner Fichtenwald [Homogyno-Piceetum, Adenostylo glabrae-Piceetum], s. o.).

Wichtige Gesellschaften der subalpinen Stufe über Karbonatgestein sind Legföhrengebüsche (‚Pinetum mugi'), die oft große, undurchdringliche Flächen auf trockenen oder nährstoffärmeren Habitaten bilden, wie der wärmeliebende Kalk-Schneeheide-Legföhrenbuschwald (Erico-Pinetum mugi) mit *Pinus mugo*, der Latsche oder Legföhre, und *Erica herbacea*, der Schneeheide, und der Wimperalpenrosen-Legföhrenbuschwald (Rhododendro hirsuti-Pinetum mugi). In den Westalpen und trockeneren Innenalpen herrscht der Schneeheide-Bergföhrenwald (Erico-Pinetum uncinatae) mit der Aufrechten Spirke = Bergföhre (*Pinus uncinata*, aus dem *Pinus mugo*-Komplex) vor. Über Silikatgestein und an feuchteren, wasserführenden und nährstoffreicheren Habitaten über Karbonatgestein siedelt das Grünerlen-Gebüsch (Alnetum viridis). Weit verbreitet ist die Gesellschaft der Rostroten Alpenrose (Rhododendro ferruginei-Vaccinietum) mit *Rhododendron ferrugineum*, einem Zwerggesträuch, das mächtige Rohhumusdecken bildet und auch auf Humus über Kalk vorkommt. *R. ferrugineum* ist ursprünglich Unterwuchspflanze in den obersten Bereichen des sich auflockernden Bergwaldes. An den aktuell baumarmen Hanglagen können die Alpenrosengebüsche einen Hinweis auf die anthropo-zoogene Tieferverlagerung der Waldgrenze geben. Die höchste Waldstufe der kontinentalen, niederschlagsarmen und strahlungsreichen Inneralpen wird von subalpinen Lärchen-Arven-Wäldern (Larici-Pinetum cembrae) beherrscht, die durch Holzentnahme und Weiderodung meist lückig sind. Die Samen von *Larix decidua* werden durch den Wind, die von *Pinus cembra*, der Arve oder Zirbel-Kiefer, vom Tannenhäher *(Nucifraga caryocactes)* durch die Anlage von Vorratslagern ausgebreitet. Bei ‚Nichtnutzung' dieser Vorratslager kommt es zur Arvenverjüngung. Hochstaudenfluren, Rasengesellschaften, u. a. Borstgrasrasen und natürliche Wiesen, durchsetzen diese Krummholz- und Waldgesellschaften. Die Lebensform des Krummholzes (s. 8.1) ist eine der eindrucksvollsten Anpassungen an den subalpinen Bereich mit großen Schneemengen, Schneeverfrachtungen und Lawinen; so genießen die Gebüsche infolge ihrer geringen Höhe im Winter den Schutz der Schneedecke. Ein deutliches Zeichen für die extremen Bedingungen in der Kampfzone sind die abgestorbenen Luvseiten der Bäume.

Durch Holzentnahme und Almwirtschaft werden in der subalpinen Stufe große Flächen von Ersatzgesellschaften wie Viehweiden und Zwerggesträuchen eingenommen.

Für die baumfreien Hochlagen der Alpen hat Wahlenberg (1813) die Bezeichnung Regio alpina = alpine Stufe eingeführt. Von dieser trennen wir heute die nivale Stufe ab. Die **alpine Stufe** ist das Reich der alpinen Rasen, Schneeböden, Zwerggesträuche und Fels- und Schuttgesellschaften u. a. und reicht je nach Exposition und Lage bis zur Grenze geschlossener Vegetationsflächen in etwa 2500–3000 m Höhe hinauf. Zu beachten ist, dass der Begriff ‚alpin' eine Höhenstufenbezeichnung ist. Dagegen wird der Begriff alpid oder alpigen für Sippen benutzt, die ihren Verbreitungsschwerpunkt über der Waldgrenze der mittel-, süd- und osteuropäischen Hochgebirge haben; alpisch bezeichnet das Gebiet der Alpen. **Oreophyten** sind Sippen, die i. d. R. die alpine Stufe der Hochgebirge besiedeln.

In der unteren alpinen Stufe beherrschen zunächst noch Zwerggesträuche (Zwergstrauchheiden, Zwergblattgebüsche) das Bild der Vegetation. Über Karbonatgestein treten in den inneren Alpen die Alpen-Bärentrauben-Gesellschaft (Arctostaphylo-Loiseleurietum) und *Rhododendron hirsutum*-Bestände auf, meist sind hier aber bereits Rasengesellschaften dominierend (Violettschwingelrasen [Festucetum violaceae], Goldschwingelrasen [Festucetum paniculatae], Rostseggenrasen [Caricetum ferruginei]). Über karbonatarmem Gestein und Silikatgestein siedeln an schattigen Hängen die Gesellschaft der Rostroten Alpenrose (Rhododendro ferruginei-Vaccinietum) und an sonnigen die Zwergwacholder-Bärentraubenheide (Arctostaphylo-Juniperetum nanae).

Nur in wenigen Fällen gelang es der Lebensform des Zwergstrauches größere Höhen und extreme Habitate zu erobern, wie etwa den flach dem Boden angepressten Spalierteppichen der Gamsheide-Gesellschaft (Loiseleurio-Cetrarietum), die über Silikatgestein an windgefegten, im Winter kaum von Schnee bedeckten, Geländerücken vorkommt. *Loiseleuria procumbens*, die Gamsheide, bildet mit ihren kleinen Blättern ein dicht schließendes Blätterdach, das den Pflanzenbestand von der Umgebung abschirmt. Das Mikroklima in den kaum 20 cm hohen Spalierteppichen (Windheiden) ist dem eines Waldes mit dichtem Kronenschluss vergleichbar. Über Karbonatgestein bis neutralem Gestein siedeln an windgefegten Stellen die Nacktriedrasen (Carici rupestris-Kobresietea bellardii).

In der alpinen Stufe bedingen großflächig v. a. die Unterschiede zwischen Karbonat- und Silikatgesteinen die Vegetationsmuster. Besonders deutlich ist dies bei den kalkalpinen und silikatalpinen Rasengesellschaften, die sich wie Extreme gegenüberstehen und deren Arten sich nur auf basenhaltigen Schiefern und Flyschgesteinen vermischen. Die beherrschende Gesellschaft der südexponierten Hänge über Karbonatgestein und Schiefern ist die blumenreiche Blaugras-Horstseggenhalde (Seslerio-Caricetum sempervirentis), in der *Sesleria albicans* und *Carex sempervirens* dominieren. Sie setzt sich aus Arten des alpinen und ‚submediterran-alpinen' Florenelements zusammen, tritt auf basenreichen, meist neutral reagierenden Humusböden auf und reicht von der subalpinen Stufe bis in die Gipfellagen hinauf. An überwiegend nordexponierten Bergflanken, jedoch v. a. in der subalpinen Stufe und gerade noch die alpinen Rasen erreichend, tritt die Rostseggenhalde auf (Caricetum ferrugineae). Hochalpine, trockene, skelettreiche und windexponierte Habitate prägt der treppenförmige Polsterseggenrasen (Caricetum firmae) mit *Carex firma*, der Polstersegge, die als kälte- und windharte Pionierpflanze zusammen mit *Saxifraga caesia* die Kalkschutthalden als erste Rasenpflanze besiedelt. In den Kalk-Silikat-Mischgebieten (z. B. auf Glimmerschiefern) beherrschen die rostroten Grasheiden des Nacktrieds *(Elyna myosuroides)*, die Alpine Nacktriedgesellschaft (Elynetum myosuroidis), die Vegetation. Die Gattung *Elyna* stammt aus den Bergsteppen Innerasiens (Altai), während *Sesleria albicans*, *Carex firma* und *C. curvula* europäische Gebirgssippen sind. Das ökologische Pendant zu den kalkalpinen Rasen sind die silikatalpinen Rasen, v. a. die auf sauren Böden der Zentralalpen weite Flächen bedeckenden Krummseggenrasen (Caricetum curvulae), die auf die mitteleuropäischen Hochgebirge (Alpen, Pyrenäen, Karpaten, Balkan) beschränkt sind. Die Habitatbesiedlung und -behauptung erfolgt durch klonales Wachstum und durch ausgeprägte klonale Reproduktion. Dies kennzeichnet *Carex curvula* und die funktionsbiologisch relevanten Arten dieser Gesellschaft (Frey et al. 2001). DNA-Analysen ergaben ein Alter der Klone von bis zu 2000 Jahren (Steinger et al. 1996).

In 7 bis 10 Monate lang von Schnee bedeckten, oftmals nicht ausapernden und stets durchfeuchteten Mulden, den Schneetälchen, siedeln die Schneeboden- und Schneetälchen-Arten, die die Fähigkeit besitzen, eine lange Schneebedeckung zu ertragen. Ökophysiologische Anpassungen dieser Arten sind u. a. geringe Kälte- und Hitzetoleranz, Assimilation bei niedrigen Temperaturen und Leben in einem gleichmäßig feuchten Mikroklima. Zahlreiche Arten überwintern mit grünen Blättern und zeigen klonales Wachstum. Karbonatschneeboden-Gesellschaften sind u. a. die Spalierweidenrasen (Salicetum retuso-reticulatae) und die Gänsekresse-Schneetälchen (Arabidetum caeruleae), Silikatschneeboden-Gesellschaften (Sauerboden-Schneetälchen), u. a. die Krautweiden-Schneetälchen (Salicetum herbaceae) und die Widerton-Schneetälchen (*Polytrichum sexangulare*-Ges.) mit den beiden Schneetälchen-Moosen *P. sexangulare* und *Anthelia juratzkana*, einem arktisch-alpinen Lebermoos.

Felsen und Schutthalden sind Extremhabitate für Pflanzen. Höchst spezielle Adaptationen zeichnen die Sippen aus, die im beweglichen Kalk- und Dolomitschutt siedeln (Gesellschaften der Kalkschuttvegetation, Thlaspion rotundifolii) und von denen die Alpine Täschelkrauthalde (Thlaspietum rotundifolii) eine charakteristische Gesellschaft darstellt. Hemikryptophyten mit leuchtenden Blütenfarben dominieren, so. z. B. *Thlaspi rotundifolium*, *Papaver alpinum* s. l., *Saxifraga aphylla*. Nach morpho-ökologischen Kriterien sind sie in Schuttwanderer, Schuttüberkriecher, Schuttstrecker, Schuttdecker und Schuttstauer eingeteilt (Schroeter 1926, Reisigl & Keller 1994). Auf den weniger auffallenden Silikat-Schutthalden siedeln alpine Silikatschutt-Gesellschaften des Verbandes Androsacion alpinae, wie die Alpenmannsschild-Gesellschaft (Androsacetum alpinae) und die Alpensäuerling-Gesellschaft (Oxyrietum digynae). Karbonatfelsspalten besiedelt u. a. die Gesellschaft des Schweizer Mannsschilds (Androsacetum helveticae), die Silikatfelsspalten u. a. die Vandelli's Mannsschild-Gesellschaft (Androsacetum vandellii) mit *Androsace vandellii*, *Eritrichium nanum*, *Primula viscosa* und *Saxifraga exarata*.

Die eigentliche **nivale Stufe** (Stufe des ewigen Schnees) liegt oberhalb der klimatischen Schneegrenze über 3000 m; dies ist die mittlere höchste Lage der temporären Schneegrenze. In diesen Bereich dringen nur noch wenige Gefäßpflanzen sowie Moose und Flechten vor, wo sie schneefreie Flächen an Graten, Felslagen und Hängen besiedeln. Insgesamt kommen neun Blütenpflanzen über 4000 m vor; die höchststeigenden Arten sind *Ranunculus glacialis* und *Achillea atrata* am Finsteraarhorn (4270 m).

Allgemein wird noch eine **subnivale Stufe** (‚alpine-nival ecotone', Gottfried et al. 1998) abgegliedert. Es ist der Höhenstufenbereich, in dem sich die alpinen Rasen in Rasenfragmente auflösen. Über Karbonatgestein sind es Rasenfragmente des Caricetum firmae, über Silikatgestein Fragmente des Caricetum curvulae, des Androsacetum alpinae, des Sieversio-Oxyrietum digynae und des Elynetum myosuroidis. Außerdem treten hier auch noch dikotyle Polsterpflanzen (Arten der Gattungen *Saxifraga*, *Silene* und *Androsace*; *Poa laxa*, *Ranunculus glacialis*, *Potentilla frigida* u. a.) auf. Vielfach können die Pflanzenvergesellschaftungen keinen soziologischen Gesellschaften mehr zugeordnet werden (Pauli et al. 1999).

Die derzeit ansteigenden Jahresdurchschnittstemperaturen führen in den Alpen u. a. zu einem dramatischen Gletscherschwund, der unübersehbar im Zurückweichen der Gletscherzungen zu erkennen ist, und zu einem Höherrücken von Arten und Gesellschaften v. a. der alpinen und der nivalen Stufe. Die Dynamik der Besiedlung der freiwerdenden Gletschervorfelder lässt sich sehr gut am Beispiel des Morteratsch-Gletschers (1900–2100 m ü. NN), der zwischen 1875 und 1997 etwa 1,8 km zurückwich, darstellen. Folgende ökologische Artengruppen sind zu erkennen: 1. Strikte Pionierpflanzen (Pendler, Besiedler): z. B. *Oxyria digyna*, *Cerastium uniflorum* und *Linaria alpina*. 2. Ausdauernde Pionierarten: z. B. *Epilobium fleischeri*, *Saxifraga bryoides* und *Myricaria germanica*. 3. Arten, die auf bereits verfestigtem Substrat erscheinen: z. B. *Pinus cembra* (erste Pflanzen nach 10–15 Jahren), *Larix decidua* (erste Pflanzen nach 25–30 Jahren, Aufbau einer Gesellschaft nach 77 Jahren), *Achillea moschata* und *Hieracium staticifolium*. Die Besiedlung beginnt mit dem Oxyrietum digynae (Alpensäuerling-Gesellschaft; erstes Auftreten nach 12 Jahren, Erlöschen der Bestände nach 27 Jahren). Es folgt das Epilobietum fleischeri (Schotterweidenröschen-Gesellschaft; erstes Auftreten nach 7 Jahren, höchste Artmächtigkeit nach 27 Jahren, durch klonales Wachstum Besiedlung des gesamten Gletschervorfeldes über die gesamte Zeit) und danach das Larici-Pinetum cembrae (Lärchen-Arven-Wald). Die Klimaxvegetation eines voll differenzierten Larici-Pinetums wird nach etwa 100 Jahren erreicht (Stöcklin & Bäumler 1996, Burga 1999).

Aufgrund der Klimaveränderung wird in den Alpen ein erwärmungsbedingtes Höherrücken der alpinen und nivalen Vegetation beobachtet. So konnte für zahlreiche Gipfel der Nivalzone der Alpen eine deutliche Zunahme der Artenzahlen beobachtet werden. Manche Gipfelbereiche beherbergen heute doppelt soviel Arten wie zur Zeit der historischen Aufnahmen von 1900 bzw. 1950 (Die Alpen im „Treibhaus", Gottfried et al. 1994), wobei das Höherrücken der Pflanzen v. a. an Felsgraten stattfindet (Pauli et al. 1996, 1999). Dagegen konnte aber in den Schweizer Alpen zwischen 1982 und 1991 keine Veränderung der oberen Verbreitungsgrenze von *Pinus sylvestris* und *Pinus cembra* festgestellt werden, obwohl die Sommer gegenüber vor 30 Jahren um durchschnittlich 0,8 °C wärmer waren (Hättenschwiler & Körner 1995). Langzeitbeobachtungen über 12 Jahre an Populationen des Gletscher-Hahnenfußes, *Ranunculus glacialis*, ergaben ebenfalls keine räumlichen Veränderungen der Populationen und bestätigen das Höherrücken nicht. Dies zeigt, dass dieses Phänomen einer weiteren, sehr gezielten Analyse bedarf.

Literatur: u. a. Ozenda (1988), Mucina et al. (1993), Chapin III & Körner (1995), Pott (1995a, 1996a), Ellenberg (1996), Hölzel (1996), Grabner (1997), Böhmer (1999), Reisigl & Keller (1999), Eggenberg (2002), Veit (2002), Nagy et al. (2003).

9.5 Hochgebirgsstufen ausgewählter tropischer Gebirge

Für die alpine Stufe der feuchten tropischen Gebirge zwischen der oberen Waldgrenze und der Vegetationsgrenze wird die Bezeichnung **Páramo** (von lat. paramus = öde Hochebene), in der trockenen Ausbildung **Puna**, verwendet. Ursprünglich galt der Begriff Páramo für die Anden Südamerikas, wird heute jedoch zunehmend im umfassenden Sinne für die tropische Hochgebirgsvegetation (in Ostafrika jedoch häufig afroalpin) gebraucht. In dieser Stufe herrscht ein Tageszeitenklima mit Niederschlägen und häufigen Nebeln, das bei etwa 4500 m fast täglich Tagestemperaturen bis zu 10–16 (20) °C und nächtlichen Bodenfrost aufweist; die Böden sind auch in der Trockenzeit feucht. Die Vegetation ist ein vielfach anmooriges tropisch-alpines Gras- und Heideland. Charakteristisch sind ferner Polster- und Rosettenpflanzen und v.a. die kerzenartigen Schopfrosettenpflanzen der Gattungen *Espeletia* (Asteraceae), *Puya* (Bromeliaceae) und *Lupinus* in den Anden sowie *Senecio* und *Lobelia* (Lobeliaceae) in Afrika und strauchige *Anaphalis*-Arten (Asteraceae) in Indonesien. Diese Lebensformen sind konvergent, also unabhängig voneinander entstanden.

9.5.1 Nördliche und mittlere Anden

Páramogebiete finden sich in der nördlichen Andenkette zwischen 3300 und 4700 m Höhe in der Cordillera de Merida (Venezuela), am Pico Cristóbal Colón (Nord-Kolumbien) und in großen Teilen der Andenketten Kolumbiens bis nach Nord-Ecuador. In Kolumbien werden drei Höhenzonen untergliedert (Abb. 9-63, 9-64): Der **Sub-Páramo** umfasst die gebüschreiche Übergangszone mit immergrünen Ericaceen und Asteraceen (*Baccharis* spp., *Senecio* spp. u.a.) oberhalb der Waldgrenze des Tropischen Berg- und Nebelwaldes (andiner Wald). Daran schließt sich die **typische Páramo-Stufe** an. Die trockeneren Bereiche sind der Gras-Páramo, den u.a. die Tussock-Gräser *Calamagrostis effusa* und *Festuca dolichophylla* sowie große Rosettenpflanzen bzw. Schopfbäume (Schopfrosettenpflanzen), v.a. *Espeletia*-Arten, charakterisieren. In den feuchten Páramos dominieren Zwergbambusse der Gattung *Chusquea* mit eingestreuten *Espeletia grandiflora*-Pflanzen. Verzweigte Stamm-Espeletien, die habituell den verzweigten afroalpinen *Senecio*-Arten (s. 9.5.2) entsprechen, sind auf die oberste Waldstufe und den unteren Sub-Páramo beschränkt. Über den **Super-Páramo**, der die Zone der aufgelockerten Vegetation umfasst, wird in 4750–4800 m Höhe die nivale Stufe mit vegetationslosen Frost-Schuttböden erreicht.

Páramo-Pflanzen blühen und fruchten vorwiegend in Zeiten mit großen Temperaturschwankungen (bis 17,5 °C); dies sind die trockeneren Zeiten. Bei den Diasporen herrschen morphologische Adaptationen an die epizoochore bzw. hydrochore Ausbreitung vor (Melcher et al. 2000). An den sonnigen, lichtintensiven Tagen erwärmen sich bei relativ kühler Luft (14–16 °C) die Blatt-, Stamm- und Bodenoberflächen stark, wobei eine hohe Netto-Assimilation erreicht wird. Die Vertreter der charakteristischen Gattung *Espeletia* breiten sich im allgemeinen durch generative Diasporen aus und sind insekten- oder windbestäubt. Besonders die *Espeletia*-Arten im Super-Páramo (4000–4700 m) weisen in dieser sonst typisch insektenbestäubten Gattung sekundäre Windbestäubung auf und können so in dieser rauhen Umwelt bestandsbildend auftreten (Berry & Calvo 1994).

Vom Páramo unterscheidet sich die andine **Puna** durch das Jahreszeitenklima mit starken Frösten im Winter und hohen Tagestemperaturen im Sommer sowie Sommerregen und Dürrezeit im Winter. Die Puna ist eine

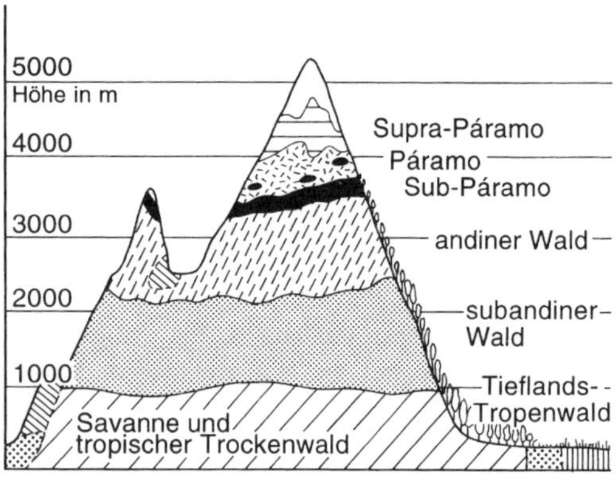

Abb. 9-63: Vegetationsstufen der Anden bei Bogota (Kolumbien). (Nach Van der Hammen in Flenley 1979.)

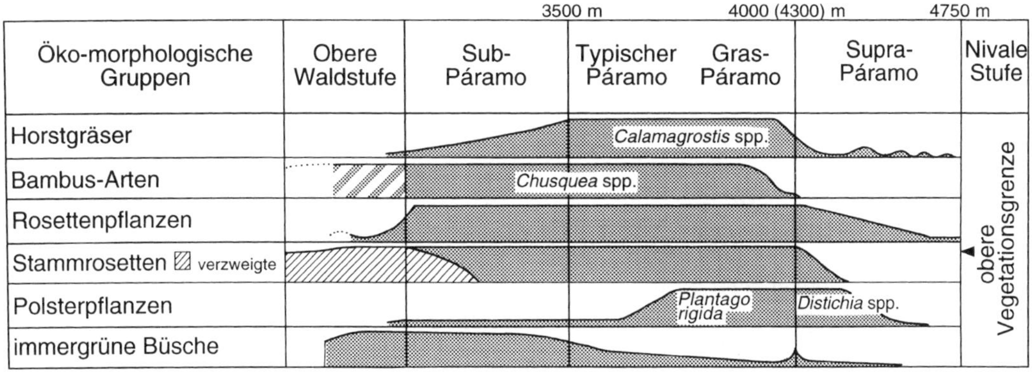

Abb. 9-64: Höhenverteilung und optimale Entwicklung der wichtigsten öko-morphologischen Pflanzengruppen in den östlichen kolumbianischen Anden. (Nach Cleef 1978.)

steppenähnliche Horstgras-Formation in den trockenen, windgefegten Hochtälern der Anden und des Altiplano zwischen 10° und 27° südl. Breite (südl. Peru, Bolivien, NW-Argentinien). Sie entstand in weiten Bereichen durch Holznutzung, Brandrodung und Beweidung aus dem in diesem Gebiet ursprünglich vorhandenen Gebirgs-Hartlaubwald (*Polylepis*-Wälder, Rosaceae; Miehe & Miehe 1994, Hensen 1995b), wie er heute noch in Resten bis in 4300(4600) m anzutreffen ist. Die mittleren Jahresniederschläge nehmen von 800 mm im Norden auf 500 mm im Süden ab. Parallel dazu geht die feuchte Puna mit Polsterpflanzen in die südliche trockene Puna mit hartblättrigen xeromorphen Horstgräsern (*Festuca dolichophylla*, *F. orthophylla*, *Stipa leptostachya*, *S. ichu* u. a.) über. Über der Puna schließt sich eine hochandine Stufe an.

Weitere Literatur: u. a. Ruthsatz (1977), Cleef (1978), Sturm (1978), Vareschi (1980), Van der Hammen & Ruiz (1984), Rauh (1988), Rundel et al. (1994), Diemer (1996), Berg (1998), Luteyn (1999), Lauer et al. (2001).

9.5.2 Ostafrikanische Hochgebirge

Die ostafrikanischen Hochgebirgsstöcke der niederschlagsreicheren Kivu-Ruwenzori- (Kahuzi, Virunga, Ruwenzori) und der niederschlagsärmeren Imatongs-Usambara-Region (Mt. Elgon – Mt. Kenya – Kilimandscharo, White 1978) zeichnen sich zwischen (3600–)4000 und 4600 m durch eine afroalpine Vegetationsstufe aus, die auf den montanen Waldgürtel und den Ericaceengürtel folgt, und an die sich nach oben die nivale Stufe anschließt. Wegen der physiognomischen Ähnlichkeit mit der Höhenstufe in den nördlichen Anden kann die Region auch als Páramo bezeichnet werden. Charakteristisch und formationsbestimmend sind Tussock-Gräser (*Festuca pilgeri* u. a.) und die Schopfbäume der Gattungen *Senecio* und *Lobelia*. Die baumförmigen *Senecio*-Arten können bis zu 7,5 m hoch werden (*S. keniodendron, S. kilimanjari*); sie sind einfach oder wenig verzweigt und tragen am Ende der Äste große, eiförmige oder lanzettliche Blätter, die in Rosetten angeordnet sind. Dagegen sind die Lobelien (*Lobelia wollastonii*, *L. kenyensis* u. a.) von kerzenartigem Habitus. Die Schopfbäume dieser beiden Gattungen zeigen, wie *Espeletia* in den Anden, xeromorphe Anpassungen und eine ausgeprägte Kälteresistenz durch Mechanismen zum Meiden des Gefrierens (Isolation durch tote Blätter, die jungen Blätter schließen sich nachts um die Vegetationskegel zu einer Knospe zusammen u. a.) und zur Toleranz von Frost, wie etwa durch Eisbildung in den Interzellularen des lockeren Mesophylls oder Anhäufung von gegen Frost schützenden Substanzen wie Saccharose im Zellsaft (Beck 1994).

Weitere Literatur: u. a. Rauh (1988), Rehder et al. (1988), Schmitt & Beck (1992), Rundel et al. (1994), Fischer (1996).

9.6 Molekulare Geobotanik

Die Ermittlung von Basensequenzen und DNA-Fragmentmustern und ihre Interpretation in Bezug auf die raum-zeitlichen Entwicklungen und Wanderungen von Sippen und die Dynamik in Populationen gewinnen in der Geobotanik zunehmend an Bedeutung. Dieser Entwicklung wird hier Rechnung getragen und die Arbeits- und Forschungsrichtung **Molekulare Geobotanik** als neue Teildisziplin der Geobotanik eingeführt.

Durch den Vergleich von DNA-Basensequenzen ist es möglich, den entwicklungsgeschichtlichen Ursprung und die evolutive Speziation von Sippen aufzuzeigen, die raum-zeitlichen Entwicklungen und Wanderungen in Zusammenhang mit arealkundlichen Daten zu rekonstruieren, die Entstehung disjunkter Areale zu verstehen und die genetische Divergenz zwischen geographisch, ökologisch bzw. reproduktionsbiologisch getrennten Sippen zu ermitteln. Mit Hilfe von Fingerprinting-Techniken ist es möglich, auf Populationsebene die Zugehörigkeit von Individuen zu einem Klon zu ermitteln, um somit z. B. die Besetzung und Eroberung von Habitaten durch klonale Reproduktion belegen zu können (s. 7.4).

Bisher wurden hierfür die Begriffe **Phylogeographie** und **Phylodemographie** verwendet. Phylogeographie ist die Untersuchung von Verbreitungsmustern auf der Grundlage der Phylogenie, wie sie durch molekulare Arbeitstechniken erschlossen werden; Phylodemographie die Untersuchung abgelaufener Änderungsprozesse in Populationen einer Art mit molekularen und phylogenetischen Arbeitstechniken. Beide Begriffe schließen jedoch das sehr umfassende und breite Anwendungs- und Interpretationspektrum geomolekularer Analysen und die heute gegebenen Auswertungsmöglichkeiten nicht voll ein und müssten neu definiert werden.

Die Arbeitstechnik und Auswertung der Sequenzanalyse basiert auf der Verwendung einzelner DNA-Abschnitte als **molekulare Marker**. Diese müssen ein für die jeweilige Untersuchung geeignetes Maß an (neutralen) Mutationen zwischen den zu vergleichenden Organismen aufweisen. Hierbei wird unter neutral eine Sequenzvariabilität verstanden, die sich nicht auf den Phänotyp auswirkt. Man teilt die molekularen Marker entsprechend ihrer Lage im Genom in **Kern-, Chloroplasten- und Mitochondrien-Marker** ein. Marker können codierend oder nicht-codierend sein und in einer oder mehreren Kopien im Genom vorkommen. Die Sequenzvariabilität ist dabei unterschiedlich. Für die Bearbeitung geomolekularer Fragestellungen (s. 3.2.1.1, 5.7.3, 7.1.2.2, 7.2.4 und folgende Beispiele) sind v. a. nicht-codierende DNA-Sequenzen von Bedeutung, da sie im Allgemeinen schneller evolvieren und daher variabler sind als codierende Sequenzen. Zu den am häufigsten verwendeten Abschnitten gehören die *trn*T-F Region der Chloroplasten-DNA (mit *trn*T-L Spacer/*trn*L Intron/*trn*L-F Spacer, Abb. 9-65) und die intern transkribierten Spacer 1 und 2 der ribosomalen Kern-DNA (Abb. 9-66).

Die Anordnung von Sequenzen in Alignments und die Berechnung molekularer Stammbäume nach phänetischen (z. B. Neighbor Joining), kladistischen (Maximum Parsimony) oder auf Wahrscheinlichkeiten anhand von Sequenzevolutionsmodellen beruhenden Methoden (Maximum Likelihood) erfolgt computergestützt und erbringt eine auf der Gesamtheit der molekularen Befunde basierende Phylogenie der Sippen. Die in den Stammbäumen identifizierten monophyletischen

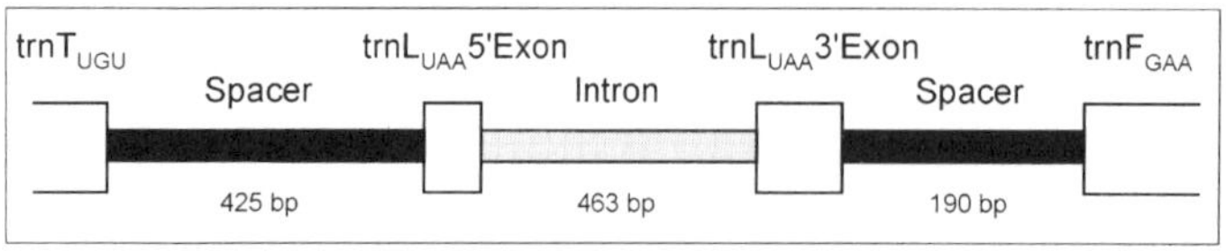

Abb. 9-65: *trn*T-F Region der Chloroplasten-DNA mit *trn*T-L Spacer/*trn*L Intron/*trn*L-F Spacer. Cluster aus 3 tRNA-Genen, durch 2 Spacer getrennt. *trn*L-Gen aus 2 Exons bestehend, zwischen denen 1 Intron liegt. Die Längenangaben in bp (Basenpaare) beziehen sich auf *Sphagnum fallax*. Die Längen der Abschnitte sind nicht maßstabsgetreu dargestellt. (Orig.)

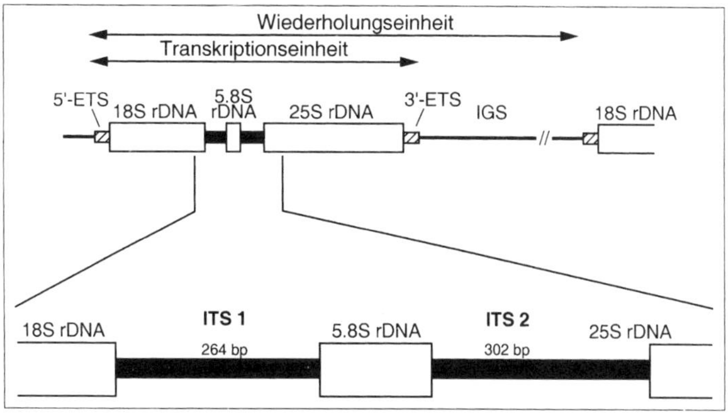

Abb. 9-66: Schematische Darstellung der kerncodierten ribosomalen Wiederholungs- und Transkriptionseinheit. Diese umfasst in 5'–3'-Richtung den 5'-extern transkribierten Spacer (ETS), das 18S rDNA-Gen, den intern transkribierten Spacer (ITS) 1, das 5.8S rDNA-Gen, den ITS2, das 25S rDNA-Gen und den 3'ETS. IGS intergenischer Spacer. Die Längenangaben in bp (Basenpaare) beziehen sich auf das Laubmoos *Ceratodon purpureus*. Die Längen der Abschnitte sind nicht maßstabsgetreu dargestellt. (Orig.)

Taxa können dann mit den arealkundlichen Gegebenheiten korreliert werden.

Eine wichtige Bedeutung v.a. auf populationsbiologischem Niveau, um die genetische Variabilität in Populationen zu erfassen bzw. in Klonen das Fehlen genetischer Variabilität aufzuzeigen (s. 7.1.2.2), haben die molekularen (genetischen) Fingerprinting-Verfahren, so die RAPD- (Random Amplified Polymorphic DNA), die PCR-RFLP- (Restriction Fragment Length Polymorphism in PCR-Produkten), die AFLP-Technik (Amplified Fragment Length Polymorphism) und die Analyse von Mikrosatelliten. Dies sind Verfahren zur Erzeugung charakteristischer, für das Genom eines Individuums spezifischer DNA-Fragmentmuster, mit denen eine deutlich größere Variabilität erfasst werden kann als durch die Sequenzierung einzelner DNA-Abschnitte. Die molekulare Arbeitstechnik erfordert bei allen Verfahren zunächst die Isolierung der Gesamt-DNA aus den zu bearbeitenden Proben. Bei der Sequenzanalyse werden die durch Polymerase-Kettenreaktion (PCR) amplifizierten DNA-Abschnitte direkt oder nach Klonierung sequenziert. Auch alle modernen DNA-Fingerprinting-Verfahren beinhalten mindestens einen PCR-Schritt, entweder mit Zufallsprimern (RAPD) oder mit spezifischen Primern (Mikrosatelliten), z.T. in Kombination mit DNA-Restriktion (PCR-RFLP, AFLP). Die arbeitstechnischen Vorgänge sind in Mülhardt (2003) dargestellt.

In diesem Zusammenhang spielt das Konzept der **molekularen Uhr** (Zuckerkandl & Pauling 1962) eine Rolle. Danach verändern sich neutral evolvierende Amino- und Nukleinsäuresequenzen über geologische Zeiträume hinweg „uhrwerkartig" mit einer gleichmäßigen Rate, d.h. es wird eine konstante Mutationsrate pro Zeiteinheit angenommen. Mit molekularen Uhren kann somit aus genetischen Distanzen das Alter monophyletischer Taxa berechnet werden. Dies ist jedoch oftmals problematisch, da nach heutiger Kenntnis nur von taxaspezifischen molekularen Uhren ausgegangen werden kann; die Existenz einer absoluten molekularen Uhr, also die gleich schnelle Evolution in allen Organismengruppen, wurde widerlegt. Außerdem muss die molekulare Uhr mit Fossilfunden oder geologischen Daten geeicht werden, da die Evolutionsrate zunächst nur als relativer Wert (Anzahl Substitutionen pro Astlänge im molekularen Stammbaum) berechnet werden kann. Schwierigkeiten ergeben sich z.B. durch unterschiedlich schnelle Evolution von Teilen desselben Sequenzabschnittes oder durch unterschiedliche Substitutionsraten zu bestimmten Zeiten in der Evolution. Es ist deshalb meist nicht möglich, von einer höheren Zahl von Substitutionen auf ein höheres Alter der Sippe zu schließen, und die theoretisch ermittelten Ergebnisse lassen sich oftmals nicht mit den arealkundlich-ökologischen Gegebenheiten der Verwandtschaftskreise in Einklang bringen (s. z.B. 3.2.1.1).

In den Kap. 3, 5 und 7 wird die geomolekulare Arbeitsrichtung mehrfach angesprochen und ihre Bedeutung anhand von Beispielen heraus gestellt, so z.B. im Abschnitt 3.2.1.1 die raum-zeitliche Entfaltung der *Gentiana*-Sektion *Ciminalis* (Stengelloser Enzian i.w.S.), im Abschnitt 5.7.3 die Überdauerung der Kaltzeiten des Quartärs durch Alpenpflanzen an Reliktstandorten, im Abschnitt 7.1.2.2 der Themenkomplex des Nachweises der klonalen Reproduktion und des Aufbaus von Vegetationsflecken (patches) und im

Abschnitt 7.2.4 die Erfassung von Ausbreitungsweiten von Diasporen.

Im Folgenden soll durch die beispielhafte Darstellung zweier Themenkomplexe das Augenmerk auf das große Potential dieser Arbeitsrichtung gelenkt werden. Der erste Komplex umfasst die raum-zeitliche Entfaltung makaronesischer Phanerogamen-Verwandtschaftskreise und das Phänomen der „insular woodiness", der zweite die Entfaltung bzw. Nicht-Entfaltung paläoaustraler Moos-Sippen in der südlichen Südhemisphäre.

Eines der prägnantesten Beispiele, wie durch molekulare Analysen raum-zeitliche Entfaltungen und Wanderungen von Sippen neu interpretiert werden konnten, ist das der „insular woodiness". Nach der klassischen „Relikthypothese" ist die „Holzigkeit" von Sippen als ursprünglich anzusehen. Neuere molekulare Studien unterstützen jedoch diese Hypothese nur in wenigen Fällen. In der Gattung *Echium* ist die „insular woodiness" sehr deutlich manifestiert. Die 27 endemischen *Echium*-Arten in Makaronesien sind bis auf wenige Ausnahmen (z. B. die annuellen *E. bonnetii*, *E. pitardii*) durch eine große Diversität holziger Taxa gekennzeichnet. Neben reich verzweigten Kandelabersträuchern (z. B. *E. decaisnei*, *E. giganteum*, *E. leucophaeum*) gibt es spektakuläre, hapaxanthe Arten mit riesigen, oft mehrere Tausend Blüten tragenden Infloreszenzen (z. B. *E. simplex*, *E. wildpretii*). Nach der „Relikthypothese" sollen alle *Echium*-Sippen Makaronesiens von einer Ursprungsart abstammen, die der kandelaberartigen *E. decaisnei* ähnlich gewesen sein soll und am Südrand der Tethys wuchs. Danach erfolgte eine Ausbreitung bis nach Südafrika (*Lobostemon*) und zu den Kanaren, wo eine beachtliche evolutive Radiation stattfand. Der Sippenkomplex mit circum-mediterraner und europäisch-kontinentaler Verbreitung weist heute nur krautige Sippen auf. Dies galt bisher nach der „Relikthypothese" als abgeleitet. Die molekulare Analyse nicht-codierender cpDNA-Abschnitte (*trn*T-L Spacer, *trn*L Intron, *trn*L-F Spacer) und der ITS1-Region der nrDNA von 37 *Echium*-Arten (Böhle et al. 1996) ergab eine überraschende neue Sicht über die Evolution der makaronesischen *Echium*-Sippen, die in Abb. 9-67 in einem phylogenetischen Stammbaum zusammengefasst ist. *Echium russicum* (Osteuropa), heute in eine eigene Gattung gestellt (*Pontechium maculatum*), und die gesamte Gattung *Lobostemon* (Südafrika) sind als die ursprünglichsten heute lebenden Vertreter dieses Verwandtschaftskreises anzusehen. Innerhalb von *Echium* s. str. sind die krautigen Vertreter Europas und Nordafrikas im Stammbaum paraphyletisch und gegenüber den makaronesischen Vertretern als ursprünglicher einzustufen, wobei zwei krautige Arten die Schwestergruppe zu den verholzten Arten bilden. Daraus ist zwingend zu folgern, dass vom europäisch-iberischen bzw. nordafrikanischen Festland aus, wohl durch ein einmaliges Besiedlungsereignis, das zwischen 20–5 Mio. Jahren zurück liegt, Diasporen einer krautigen *Echium*-Art auf die Kanarischen Inseln gelangten, und sich dann neue Sippen im Zuge einer intensiven adaptiven Radiation differenzierten. Es entstanden so sekundär die charakteristischen verholzten, kandelaberartigen und die hapaxanthen Insel-Endemiten, die demnach als Neoendemiten anzusehen sind. Von den Kanarischen Inseln aus wurden Madeira und die Kapverdischen Inseln erreicht. Diese Entwicklungsrichtung wird in der „Anpassungshypothese" zusammengefasst. Krautige Ausgangssippen gelten demnach als ursprünglich, die „insular woodiness" als abgeleitet.

Am Beispiel von *Aeonium* (Crassulaceae), *Argyranthemum* (Asteraceae), *Echium* (Boraginaceae) und *Sonchus* subg. *Dendrosonchus* (Asteraceae) werden von Kürschner (2003b) die klassischen Ansichten über die Herkunft und die adaptive Radiation dieser Taxa auf den Kanarischen Inseln und die meist konträren molekularen Befunde über die Ursprünglichkeit der „insular woodiness" vergleichend dargestellt. Mit Ausnahme von *Argyranthemum*, das auf den makaronesischen Inseln eine Reliktgruppe darstellt, und *Pericallis* (Asteraceae), einem jungen Taxon mit polymorphen Merkmalen (Swenson & Manns 2003), sollen nach den molekularen Befunden die endemischen Taxa innerhalb von *Aeonium*, *Echium* und *Sonchus* subg. *Dendrosonchus*, wie oben für *Echium* ausgeführt, von krautigen kontinentalen Vorfahren abstammen und die „insular woodiness" sekundär entstanden sein. Das Beispiel *Aeonium* (s. a. 3.2.1.1) zeigt jedoch, dass die molekularen Befunde sehr kritisch evaluiert werden müssen, da bisher die Ausbreitungsbiologie der Sippen kaum beachtet wurde bzw. noch kein Ausbreitungsvorgang belegt ist.

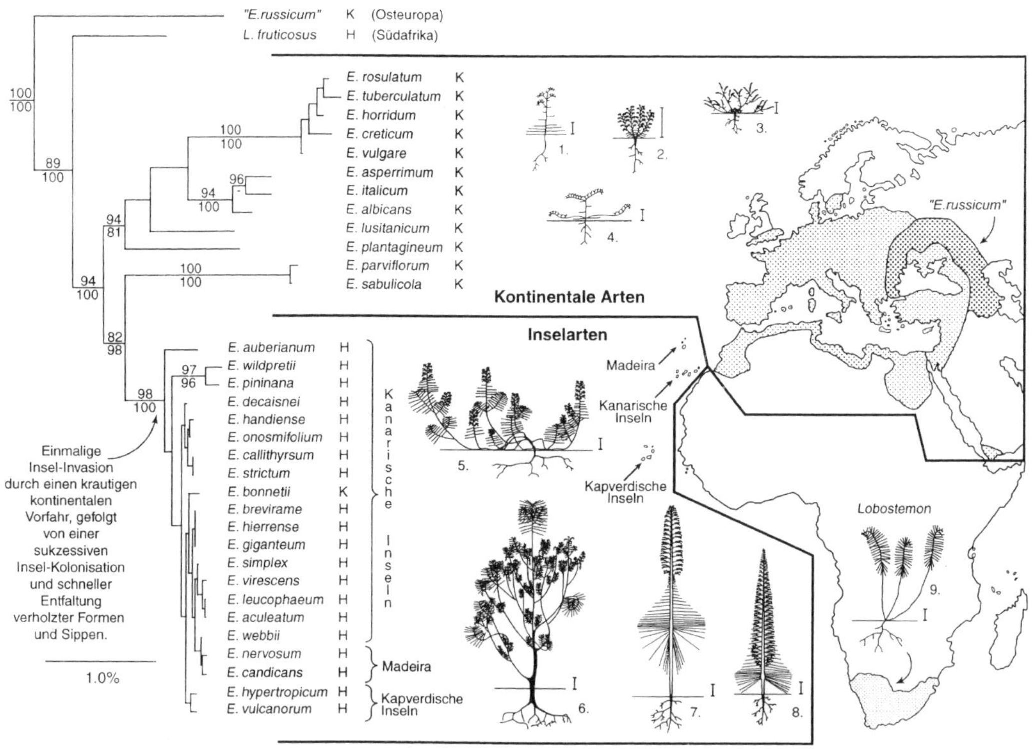

Abb. 9-67: Differenzierung und Entfaltung der Gattung *Echium*. Korrelation zwischen Phylogenie, Biogeographie und Wuchs-/Lebensformen. Links: Neighbor Joining-Stammbaum kombinierter Sequenzen nicht-codierender cpDNA und nrDNA. H verholzte Sippen, K krautige Sippen. 1. *E. plantagineum*, 2. *E. humile*, 3. *E. rosulatum*, 4. *E. parviflorum*, 5. *E. onosmifolium*, 6. *E. decaisnei*, 7. *E. simplex*, 8. *E. wildpretii*, 9. *Lobostemon fruticosus*. (Nach Böhle et al. 1996.)

Da die von Ostafrika bis Arabien vorkommende *A. leucoblepharum* nach den molekularen Untersuchungen dem Kanaren-Monophylum zuzuordnen ist, müsste ein Vorfahre dieser Art diese Region durch Fernausbreitung erreicht haben. Dies erscheint jedoch zweifelhaft, da keine der heutigen *Aeonium*-Arten zu einer solchen Fernausbreitung in der Lage ist. Es könnte eben doch sein, dass diese Disjunktion, wie zahlreiche weitere derartige, tertiäre Areale widerspiegelt.

Weitere Beispiele aus dem makaronesischen Raum verdeutlichen die erfolgreichen Einsatzmöglichkeiten molekularer Techniken. So wurde beispielsweise bislang zwischen den auf den Kanarischen Inseln endemischen Asteraceen-Gattungen *Gonospermum* und *Lugoa* und der südafrikanischen Gattung *Inulanthera* eine nahe verwandtschaftliche und arealkundliche Beziehung postuliert. Die molekularen Analysen (ITS 1, ITS 2; Francisco-Ortega et al. 2001) drücken jedoch aus, dass keine verwandtschaftlichen Beziehungen existieren und ein Ausbreitungsereignis von den Kanaren nach Südafrika bzw. in umgekehrter Richtung in den letzten 20 Mio. Jahren auszuschließen ist, d. h. die jeweiligen Vorfahren sind in ihren heutigen Verbreitungsgebieten zu suchen. Der makaronesische Ölbaum (*Olea europaea* ssp. *cerasiformis*) soll dagegen durch zwei voneinander unabhängige Ausbreitungsereignisse aus dem Mittelmeerraum nach Madeira bzw. auf die Kanarischen Inseln gekommen sein. Die morphologischen und molekularen Hinweise (ITS 1, RAPD, ISSR; Hess et al. 2000) lassen erkennen, dass es sich bei den madeirensischen und kanarischen Populationen um zwei getrennte Taxa handelt, die heute noch in der ssp. *cerasiformis* zusammengefasst sind. Die Besiedlung der Kanarischen Inseln erfolgte schrittweise (step by step) von Ost nach West, beginnend in Fuerteventura und endend in La Gomera und La Palma. Auch für die beiden Arten der Sektion *Saxifraga* der Gattung *Saxifraga*, die heute auf Madeira vorkommen (*S. maderensis*, *S. portosanctana*) wird angenommen, dass Diasporen eines euro-sibirischen Vorfahren durch ein einmaliges Ausbreitungsereignis auf den madeirensischen Archipel gelangten und sich die beiden Arten dort differenzierten (ITS; Vargas et al. 1999).

Während auf den relativ jungen Inseln der makaronesischen Region (Alter <25–1,2 Mio. J.) teilweise eine beachtliche Artenentfaltung (adaptive Radiation) stattfand und derzeit noch stattfindet, ist die südliche Südhemisphäre durch eine auffallend hohe Anzahl von Paläoendemiten gondwanischer bzw. paläoaustraler Abstammung gekennzeichnet. Dies ist auf die „Fragmentation“ des südlichen Gondwana-Kontinents (Abb. 5-32, 9-68, 5.7.2), der ehemaligen gondwanischen Region, zurückzuführen, die im mittleren Jura begann und dessen Fragmente, wie Neuseeland, Neukaledonien und Neuguinea, heute noch, „beladen“ mit Paläoendemiten, wie „Noah's arks“(Schuster 1982) im Südpazifischen Ozean „treiben“. Als einer der zahlreichen Paläoendemiten sei hier stellvertretend die Konifere *Dacrycarpus dacrydioides* aus den temperaten Tieflandsregenwäldern Neuseelands genannt, die als Art wohl seit etwa 100 Mio. Jahren existiert und vermutlich die ältesten heute noch lebenden Waldgesellschaften aufbaut (s. 9.1.6).

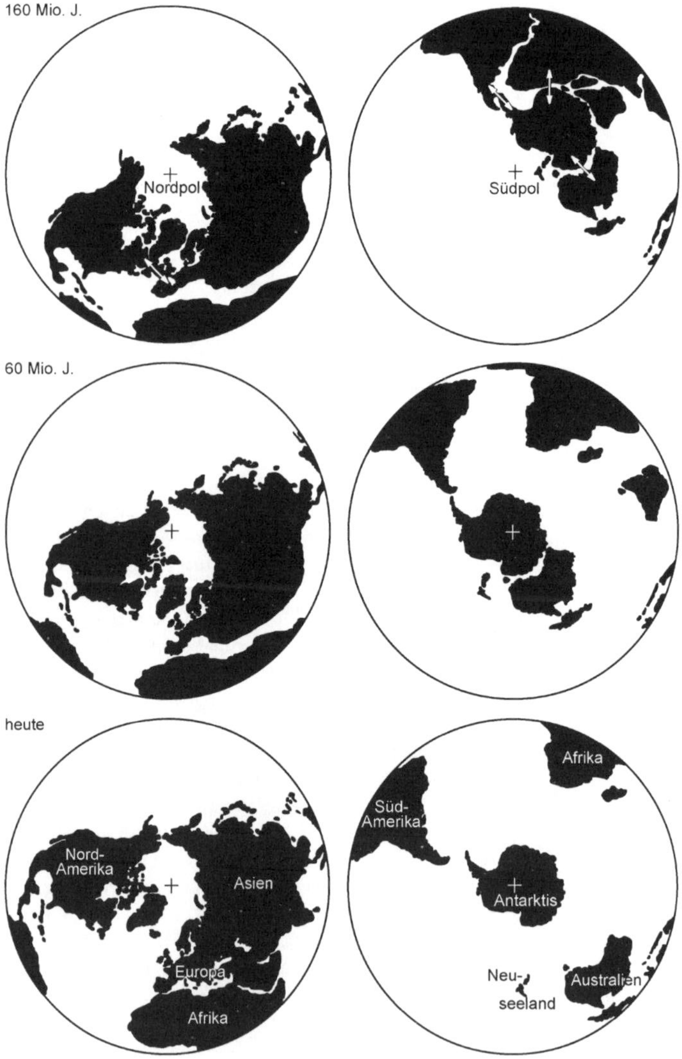

Abb. 9-68: Entwicklung der Kontinente und Landmassen in der nördlichen Hemisphäre (links) und in der südlichen Hemisphäre (rechts) seit dem Oberjura (vor 160 Mio. J.). In der nördlichen Hemisphäre erlaubte die räumliche Nähe von Eurasien, Grönland und Nordamerika einen durchgehenden Florenaustausch (Holarktisches Florenreich). In der südlichen Hemisphäre bestand nach der Auftrennung von Gondwana (Pfeile) bis vor etwa 80 Mio. J. vom südlichen Südamerika über die damals temperate Antarktis nach Australien und Neuseeland eine durchgehende Landverbindung (paläoaustrale Florenregion, s. Text). (Nach Dallman 1998.)

Indien trennte sich von Afrika vor etwa 165 Mio. J. und von der Antarktis vor etwa 130 Mio. J. ab, die Antarktis von Afrika vor etwa 160 Mio. J. und das südliche Südamerika von Afrika vor etwa 135 Mio. J. (Abb. 5-32). Florengeographisch relevant ist, dass bis in die Oberkreide bzw. in das Alttertiär (Paläogen) in der südlichen Südhemisphäre eine durchgehende Landverbindung zwischen dem südlichen Südamerika, der damals temperaten Antarktis, Australien, Neuseeland und Neukaledonien vorhanden war und ein Florenaustausch stattfinden konnte. Neuseeland trennte sich von dieser Landmasse vor etwa 84 Mio. J. ab, Neukaledonien vor etwa 85 Mio. J., und Australien wurde vor etwa 46 Mio. J. zur „Insel". Die Verbindung zwischen Patagonien/Feuerland und der Antarktis bestand dagegen noch bis zur Wende vom Alt- zum Jungtertiär vor etwa 35 Mio. Jahren (Abb. 5-32). Diese Region vom südlichsten Südamerika bis nach Neuseeland wird als paläoaustrale Florenregion bezeichnet (wegen des Vorkommens von *Nothofagus* [Südbuche] auch *Nothofagus*-Region genannt, s. 5.7.2). Die heutigen Taxa, die dieses Verbreitungsmuster repräsentieren, werden dem paläoaustralen Genoelement (Genoelement s. 3.2.4.1) zugerechnet.

Gondwanische Verbreitungsmuster rezenter Taxa, die Südamerika, Afrika, Australien und Neuseeland umfassen, sind wegen der späteren Entstehungszeit der Angiospermen nur unter den Kryptogamen zu finden. Die Sippen werden dem gondwanischen Genoelement zugerechnet. Bis heute sind nur wenige Verwandtschaftskreise bekannt, die dieses Verbreitungsmuster aufweisen, so z. B. die Arten des dendroiden *Symphyogyna*-Komplexes (*S. podophylla*, *S. hymenophyllum*, *S. bogotensis*; Pallaviciniaceae, Metzgeriidae). Sie stellen archaische thallose Lebermoose mit Zentralstrang dar und sind mit den anderen Pallaviciniaceen-Gattungen (z. B. *Jensenia*, *Pallavicinia*) vermutlich bereits im Karbon im Gondwana-Bereich entstanden. Die geomolekularen Divergenz-Muster dieser dendroiden Arten, die durch Vergleich des cpDNA *trn*L Introns und der nrDNA ITS 2 Sequenzen ermittelt wurden (Abb. 9-69), er-

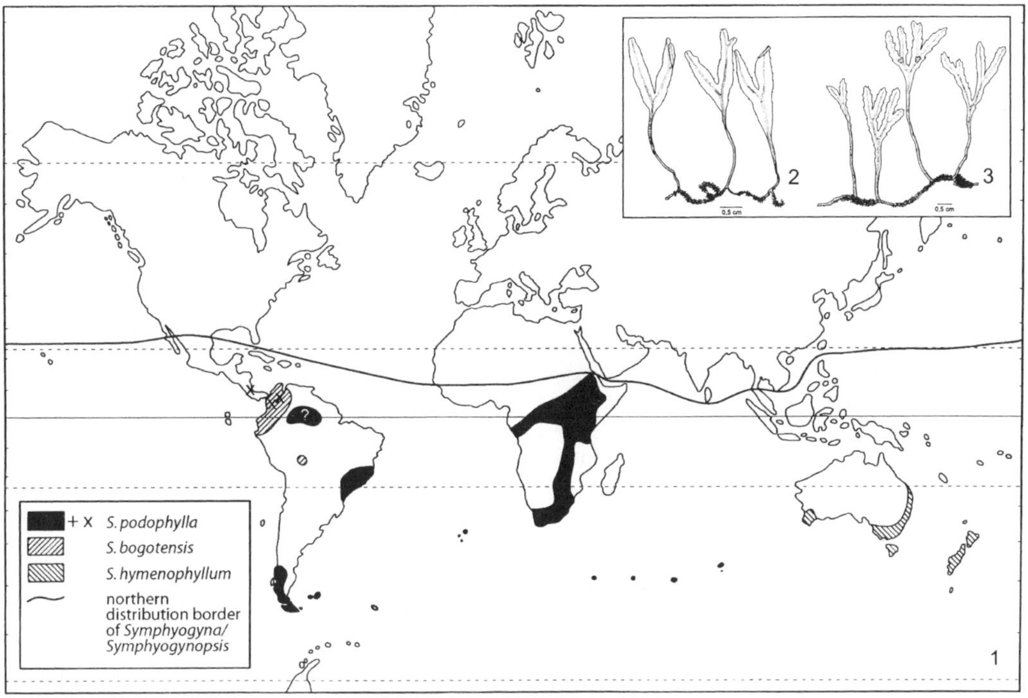

Abb. 9-69: 1. Weltweite Verbreitung von *Symphyogyna/Symphygynopsis* und das gondwanische Verbreitungsmuster der dendroiden *Symphyogyna*-Arten. **2.** *S. podophylla*. **3.** *S. hymenophyllum*. (Nach Schaumann et al. 2003.)

gaben ein weites Verbreitungsgebiet von *S. podophylla* in Afrika und Südamerika, während sich *S. hymenophyllum* als eigenständige Art abgespalten und im südlichen und südöstlichen Australien, auf Tasmanien und Neuseeland etabliert hat. *S. bogotensis* aus dem andinen Bereich des nordwestlichen Südamerikas zeigt eine molekulare Verwandtschaft mit der australasiatischen *S. hymenophyllum*, was auf einen gemeinsamen Vorfahren deutet (Schaumann et al. 2003). Die geringen Sequenzunterschiede zwischen den Taxa des dendroiden *Symphyogyna* Komplexes sprechen, bezogen auf die geologischen Zeiträume, für eine geringe taxaspezifische Evolutionsrate. Dies deutet darauf hin, dass der Verwandtschaftskreis in dem seit der Oberkreide weitgehend temperaten südlichen Gondwanabereich in den aufeinanderfolgenden Waldökosystemen (Baumfarn-Wälder, Gymnospermen-Wälder, *Nothofagus*-Wälder) ohne deutliche Radiation überlebte.
Zwei weitere Gattungen der thallosen Lebermoose, *Hymenophyton* (Hymenophytaceae) und *Monoclea* (Monocleaceae, Marchantiopsida), zeigen ein gondwanisches Verbreitungsmuster. *Hymenophyton* ist ebenfalls eine, mit *Symphyogyna* verwandte, dendroide thallose Gattung mit Zentralstrang und ist aufgrund des vermuteten stammesgeschichtlichen Alters als gondwanisch einzustufen. Basierend auf molekularen Daten (cpDNA *trn*T-L Spacer, *trn*L 5'-Exon und *trn*L Intron; Pfeiffer et al. 2004) zeigt das im südlichen Chile vorkommende *H. pedicellatum* eine nähere molekulare Verwandtschaft zu dem in Neuseeland und Tasmanien verbreiteten *H. leptopodum* als zu dem australasiatischen *H. flabellatum* und kann demnach als die Schwesterart von *H. leptopodum* aufgefasst werden. Auch hier ist, wie in der Gattung *Monoclea*, nur von geringen Evolutionsraten während der Erdgeschichte auszugehen. *Monoclea* ist aufgrund ihrer Morphologie und molekularer Daten eine der ursprünglichsten thallosen Lebermoosgattungen mit einem hohen, vermutlich bis in die Trias/Jura zurückreichenden stammesgeschichtlichen Alter. Molekulare Analysen (*trn*T-L Spacer, *trn*L Intron; *trn*L-F Spacer, Meißner et al.1998) lassen klar erkennen, dass eine Artaufspaltung in die in Neuseeland verbreitete *M. forsteri* und die in Süd- und Mittelamerika vorkommende *M. gottschei* vorliegt. In Südamerika liegt eine molekulare Divergenz zwischen den Populationen des südlichen Südamerikas (ssp. *gottschei*) und denen des nördlichen Südamerikas und Mittelamerikas (ssp. *elongata*) vor. Wahrscheinlich sind aus den temperaten *Nothofagus*-Wäldern des südlichen Südamerikas Populationen nach Norden gewandert, haben sich abgespalten und neue Habitate in den tropischen Bergwäldern erobert. Da die *Monoclea*-Sippen Sporen von 50–100 µm Durchmesser aufweisen, ist Fernausbreitung auszuschließen und dagegen eine schrittweise Ausbreitung (step by step) über die entstehenden Anden anzunehmen.

Gut bekannte Beispiele für die heutigen disjunkten Verbreitungsmuster in der paläoaustralen Region sind die Koniferen-Gattungen *Podocarpus* und *Fitzroya* (*F. cupressoides*, südliches Südamerika, *F. acutifolius*, Makro-Reste auf Tasmanien [Hill & Paul 2003]) und die Angiospermen-Gattungen *Drimys*, *Eucryphia* und *Nothofagus*. Diese Disjunktionen betreffen das Gattungsniveau und zeigen eine selbständige Artenentfaltung in den jeweiligen räumlich getrennten Gebieten an. Dagegen gibt es bei moosbewohnenden Ascomyceten, Flechten und Moosen eine signifikante Anzahl von Sippen, die dieses Verbreitungsmuster auf Artniveau zeigen. Zu den Arten, die zum paläoaustralen Genoelement zu rechnen sind, gehören bei den moosbewohnenden (bryophilen) Ascomyceten z. B. *Potridiscus polymorphus* (Döbbeler & Triebel 2000), bei den Flechten z. B. *Leioderma pycnophorum* (Abb. 9-70.1), *Nephroma cellulosum* und *Sphaerophorus patagonicus* (Galloway 1991) und bei den Moosen z. B. *Marchantia berteroana*, *Dendroligotrichum dendroides*, *Polytrichadelphus magellanicus*, *Blindia magellanica*, *Weymouthia mollis*, *Lopidium concinnum* (Abb. 9-70.2) und *Hypopterygium didictyon*.

Molekulare Analysen von Laubmoosen mit disjunktem paläoaustralem Verbreitungsmuster (*Lopidium concinnum*, *Hypopterygium didictyon* [Hypopterygiaceae] und *Polytrichadelphus magellanicus* [Polytrichaceae]), die wahrscheinlich vor der Trennung der paläoaustralen Landgebiete entstanden sind, sowie der oben genannten gondwanischen *Symphyogyna*-, *Hymenophyton*- und *Monoclea*-Sippen, ergaben unterschiedliche Divergenzen in denselben nicht-codierenden DNA-Abschnitten (*trn*T-L Spacer, *trn*L Intron, *trn*L-F Spacer). Dies spricht für unterschiedliche, taxa-

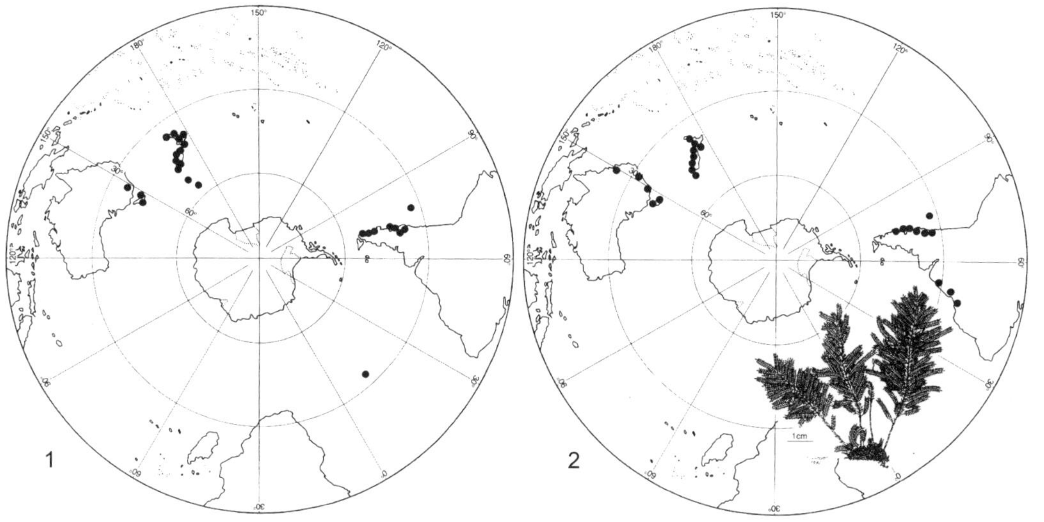

Abb. 9-70: Paläoaustrale Verbreitungsmuster von Flechten und Moosen. **1.** *Leioderma pycnophorum*. **2.** *Lopidium concinnum*. (1. n. Galloway 1991, 2. n. Frey et al. 1999).

spezifische Evolutionsraten, die zudem offenbar mit ausbreitungsbiologischen Gegebenheiten und den besiedelten Habitaten korrelieren. So sind Populationen der Laubmoose *Lopidium concinnum* und *Hypopterygium didictyon* aus den beiden geographisch getrennten Regionen (Neuseeland/Tasmanien – südliches Südamerika) weder morphologisch noch molekular zu unterscheiden. Diese Arten, die auf die sehr feuchten temperaten Tieflandsregenwälder beschränkt sind und deren Sporen zur Fernausbreitung nicht geeignet sind (nur sehr kurze Keimfähigkeit), scheinen in den stabilen Relikt-Waldhabitaten seit der Trennung der Landgebiete unverändert zu existieren und auch in nicht-codierenden DNA-Bereichen, wenn überhaupt, nur extrem langsam zu evolvieren (**Stenoevolution, stenoevolutive Taxa:** Taxa ohne oder mit nur geringer genetischer Divergenz zwischen Populationen und keiner Artbildung nach der Trennung der Populationen in geologischen Zeiträumen; Frey et al. 1999, Pfeiffer 2000, Kruijer 2002). Es könnte also sein, dass die Arten als solche mindestens 80 Mio. J. alt sind. Im Gegensatz dazu sind die untersuchten Arten offener Habitate morphologisch und in den entsprechenden DNA-Abschnitten stärker differenziert, sodass die Unterscheidung geographisch isolierter infraspezifischer Taxa möglich ist (z. B. bei *Polytrichadelphus magellanicus* ssp. *magellanicus* Chile, Feuerland, J. Fernandez Inseln; ssp. *innovans* Neuseeland einschl. Inseln, Tasmanien, Südost-Australien [Victoria]; Stech et al. 2002; gondwanische Arten s. o.).

Die molekularen Arbeitstechniken eröffnen neue weitreichende Möglichkeiten, die raumzeitliche Entfaltung und Differenzierung von Sippenkomplexen und ihre Wanderungsbewegungen differenzierter zu rekonstruieren und die Ergebnisse mit den bisher existierenden morphoökologischen und phylogenetischen Daten zu korrelieren. Die Einsichten in die Zusammenhänge zwischen Pflanze und Vegetation in Raum und Zeit werden dadurch weitaus umfassender werden.

10 Vegetation und Mensch/Mensch und Umwelt

(Auswahl von Standard-Werken zum Naturschutz: Erdmann & Spandau 1997, Galler 1999, Kaule 1991, Konold et al. 1999ff., Plachter 1991, Röser 1990)

10.1 Der Einfluss des Menschen auf die Umwelt und Bestrebungen zum Erhalt von Organismenvielfalt und ökologischem Gleichgewicht

Längst vor der wissenschaftlichen Untersuchung der Wechselbeziehungen zwischen den Pflanzen und ihrer Umwelt hat sich der Mensch Erfahrungen hierzu zu Nutze gemacht. Ackerbau und Weidewirtschaft, später auch Gartenkultur und Forstwirtschaft setzten und setzen diese Erfahrungen zur Nahrungs- und Holzproduktion um und haben inzwischen weltweit die natürliche Pflanzendecke der Erde verändert: Aus der **Naturlandschaft** ist die **Kulturlandschaft** entstanden. Insbesondere im west-, mittel- und südeuropäischen Raum gibt es kaum einen einzigen Hektar Vegetation mehr, der nicht ständig oder zumindest zeitweilig durch die menschlichen Aktivitäten beeinflusst würde. Ähnlich ist die Situation im östlichen Nordamerika und in den alten ostasiatischen Kulturräumen, wo in weiten Gebieten Japans und Chinas die natürliche Vegetation nur noch kleinräumig vorfindbar ist. Aber auch in den von den Europäern und ihren Kolonialnachfahren erst in den letzten Jahrhunderten intensiver besiedelten tropischen und subtropischen Regionen der Erde schreitet die anthropogene Umgestaltung der Naturlandschaft in rapidem Ausmaß voran. In diesen Räumen wiederholt sich weltweit in wenigen Jahrzehnten, was sich über Jahrhunderte hin im frühen Altertum im Mittelmeerraum, über einige Dutzend Jahrzehnte hin im frühen Mittelalter in West-, Zentral- und Osteuropa abspielte, und was in der Frühzeit der ostasiatischen Hochkulturen in entsprechender Weise erfolgte: Der Mensch rodet großflächig den die Vegetationsklimax darstellenden Urwald zur Nutzung der hier vorhandenen Holzreserven und zur Gewinnung von landwirtschaftlichen Nutzflächen. Er ist dabei motiviert durch die Bedürfnisse einer stark wachsenden Bevölkerung einerseits, durch Gewinninteressen andererseits. Das Bewusstsein, dabei der „feindlichen Natur" nutzbares Kulturland abzuringen und damit zu einer Erhöhung der Lebensqualität beizutragen, dürfte – mit positiver Wertung besetzt – tief im Unterbewusstsein der Nachfahren der neolithischen Bauern verankert sein. Anders als bei den großen historischen Landerschließungen, anders noch als selbst während der umfassenden Besiedelung und landwirtschaftlichen Erschließung des östlichen und mittleren Nordamerikas im vorletzten Jahrhundert, geschieht die heutige Vernichtung der Naturvegetation aber mit einem ungeheuren Einsatz an Energie. Dies verschiebt das Kräftegleichgewicht der Auseinandersetzung zwischen Mensch und Natur einseitig zu Gunsten des Ersteren und lässt keine Zeit mehr für eine balancierte Anpassung der Naturgegebenheiten an die Eingriffe des Menschen. Weltweit kommt es so zu einer zunehmend stärkeren **Ruderalisierung** und **Domestizierung** des gesamten Lebensumfelds des Menschen. Es mehren sich die Störungen der ökosystemaren Gleichgewichte, und vom Menschen als Naturkatastrophen gewertete extreme Rückkoppelungen auf diese Störungen beeinträchtigen bis vernichten die durch eben diese Eingriffe angestrebte oder im Einzelfall auch erreichte Verbesserung der Lebensqualität.

Die Veränderung der Eingriffsqualität des wirtschaftenden Menschen in seiner Nutzung und Übernutzung der Natur seit dem Beginn des Industriezeitalters prägt auch die schon lange keine Naturvegetation mehr aufweisenden Kulturlandschaften. Die die Versorgung des städtischen Bedarfs gerade eben deckende traditionelle bäuerliche Landwirtschaft hat sich insbesondere in Europa und Nordamerika weitflächig in eine mit geringem Personal-, aber immensem Kapital- und Energieeinsatz wirtschaftende hochproduktive Agrarindustrie verändert. Ein immens ausgedehntes Verkehrswegenetz führt zu einer enormen Erleichterung von kurzfristigen Ortswechseln auch über weite Distanzen. Die in die Landschaft ausufernden Siedlungen haben vielerorts zu einer gegenüber früheren Lebenskulturen erheblich gesteigerten Wohnqualität geführt, in der Peripherie der Megastädte vor allem außerhalb Europas aber auch zu Slums und gigantischen Sozialproblemen. Der Preis für die Effizienzsteigerung in der landwirtschaftlichen Produktion ist der vielfältige Verlust von agrarisch unproduktiven Landschafts- und Vegetationstypen und der an sie gebundenen Lebewelt, die Organismenverarmung der landwirtschaftlichen Monokulturen infolge der Intensivbewirtschaftung und insbesondere durch den massiven Einsatz von Chemikalien. Letztgenannter Vorgang bewirkt zudem die allmähliche flächendeckende Anreicherung von auch die menschliche Gesundheit beeinträchtigenden Stoffen in geringen Konzentrationen. Die exponentielle Ausweitung von Verkehr und Flächenbesiedlung zieht, neben mannigfachen sozio-kulturellen Konsequenzen auch ausgedehnte Veränderungen, Zerschneidung und Vernichtung der Lebensräume nach sich.

Ein Reflex der Gesellschaft auf diese Entwicklungen war und ist die gesteigerte Hochschätzung natürlicher und naturnaher Landschaften und der in ihnen lebenden Organismen. Daraus resultieren Anstrengungen zu ihrer Bewahrung, der **Naturschutz**. Zunehmend steigt auch die Besorgnis über schädliche irreversible Umweltveränderungen, was zu Bemühungen führt, die ökosystemare Selbstregulation zu erhalten bzw. auf einen für die menschliche Lebensqualität besser zuträglichen und mittelfristig stabilen Zustand zu bringen, der **Umweltschutz**.

10.1.1 Anthropozentrische und nicht-anthropozentrische Begründungen für Schutz und Bewahrung der Natur

Die Begründung des Schutzes von Natur und Umwelt beruht auf zwei großen Argumentenkomplexen: Wirtschaftliche bzw. am Eigennutz des Menschen orientierte Aspekte des Naturschutzes, die auch als **anthropozentrische Naturschutzgründe und -pflichten** umschrieben werden können, und **nicht-anthropozentrische Artenschutz- und Biotopschutzgründe und -pflichten**, die ihre Wurzeln in religiös-philosophischen Grundhaltungen haben.

Der soziokulturelle Werterahmen der westlichen Zivilisationsgesellschaft sieht die Gesamtheit der natürlichen Ressourcen, einschließlich der unterschiedlich strukturierten Lebensräume, als für die menschliche Nutzung verfügbar an. Dies wurzelt in dem alle menschlichen Kulturen übergreifenden und auch für alle sonstigen Spezies geltenden Faktum, dass die Naturressourcen im Hinblick auf ihre Nutzungstauglichkeit „freie Güter" sind, also Objekte, die allgemein verfügbar und vollständig kostenlos vorhanden sind. Die Grenze ihrer freien Verfügbarkeit wird erst durch den ebenso freien Nutzen der jeweiligen Ressource durch Konkurrenten um das gleiche Gut bestimmt. *Ein Beispiel hierfür aus der Pflanzenwelt ist die Besiedelung einer offenen Bodenfläche durch Pionierpflanzenarten: Bei hinreichender Diasporenverfügbarkeit siedeln sie sich in riesiger Menge an, bis die verfügbare Bodenoberfläche so dicht bewachsen ist, dass die weiterhin produzierten Samen der kurzlebigen Annuellen keinen Raum zum Aufschlagen mehr finden und längerlebige bis ausdauernde Pflanzen die Sukzession beginnen und damit die Bestandsstruktur grundlegend ändern (6.6.1.2, 6.6.1.4). Für annuelle Sippen, die zu Beginn mit prinzipiell unbegrenzter Samen- und Individuenproduktion die Besiedelung der Fläche einleiteten, in unbeschränkter Nutzung des „freien Gutes", wird gerade durch diese unbegrenzte Nutzung der offenen Bodenfläche die Existenzmöglichkeit zunehmend verschlechtert und schließlich beseitigt.* Die auch im nichtmenschlichen Zusammenleben von Organismen geltenden Gesetzmäßigkeiten zur Ressourcennutzung finden sich auch im menschlichen Sozial- und Wirtschaftsleben. **Am reinen Kollektivgut gibt es keine Nutzungskonkurrenz.** In der Regel kommt es aber bei kollektiven Gütern, beim „common property", zu Übernutzungen, wenn keine systembedingten Sanktionen dagegen bzw. keine nutzungslenkenden Vorschriften existieren. Wohl nicht zuletzt aus dem Bedarf hiernach hat sich als Gegensatz zum Kollektivgut im menschlichen Zusammenleben das Rechtsgut des individuellen Eigentums, des **„privaten Gutes"** entwickelt, bei dem sich positive und negative Wirkungen seiner Nutzung auf ein besitzendes Subjekt beziehen, meist aber auch Auswirkungen auf Dritte haben. Das Ausmaß der Eigentumsrechte der Menschen ist im Grunde einer ständigen Neudefinition unterworfen, und ein Grossteil aller politischen Tätigkeit verfolgt nichts anderes als diesen Zweck. Naturschutzrecht und Naturschutzpolitik haben dieses Spannungsfeld als Grundlage und Handlungsort.

Ökologische Ressourcen sind weitgehend unbewertetes und daher unbezahltes Gut, sodass sie in der Regel nicht im eigentumsorientierten Wirtschaftswerterahmen der Gesellschaft auftauchen. Handlungsbedarf entsteht erst bei ihrer Verknappung oder, wenn veränderte Einstellungen zu ihrem Wirtschaftswert die Ansichten über ihre generelle Verfügbarkeit entscheidend verändern. *In jüngster Zeit ist dieser wirtschaftliche Wert von Pflanzen und Tieren durch die Diskussion über die Patentierung von Genen und Genmanipulationen sehr aktualisiert worden: Nicht von ungefähr hat die Öffentlichkeit zwiespältige Gefühle, wenn Wirtschaftsunternehmen mit enormem Kapitaleinsatz die biotischen Ressourcen gerade des Tropen- und des Subtropenraumes durchkämmen und indigenes Wissen über Heil- und Nutzpflanzen ausforschen, aber bereits die Weiternutzung von Früchten als Saatgut verbieten, die auf dem eigenen Acker aus dem Anbau von Zuchtsorten durch den Bauern erhalten wurden.*

Für die überwiegende Mehrheit der Pflanzen und Tiere ist der wirtschaftliche Wert nicht definiert. Bei vielen Taxa ist allerdings die **potentielle Nützlichkeit** ein Motiv, im anthropozentrischen Werterahmen ihren Schutz zu fordern. Für die ökonomische Entscheidungstheorie kommt hier der Aspekt des Risikos und der Ungewissheit ins Spiel, was den Wirtschaftswert eines Gutes ohne klaren Marktpreis betrifft. Hampicke (1991, S. 85) schreibt dazu: *„Der Nutzen von Arten und Ökosystemen ergibt sich aus dem Zusammenwirken deren objektiver Eigenschaften (bzw. den menschlichen Kenntnissen über dieselben) und den menschlichen Bedürfnissen. Niemand weiß, wie lang die Liste der krebshemmenden Substanzen aus Pflanzen und Tieren würde, wenn einmal alles untersucht wäre. Noch vager sind in mancher Hinsicht die künftigen menschlichen Bedürfnisse – weniger auf physischem Gebiet als vielmehr in nicht-materieller Hinsicht. Es ist nicht auszuschließen, dass unsere Nachfahren höhere Ansprüche an Landschaftsästhetik und ökologische Diversität stellen, als wir uns vorstellen können. Entsprechend größer wäre der Mangel, den wir ihnen bei irreversiblen Naturzerstörungen bereiten würden.“*

Zur fehlenden Einordnung in die gegenwärtige wirtschaftliche Wertekategorie und zur Ungewissheit über einen potentiellen wirtschaftlichen Wert von Naturobjekten tritt als weiterer Aspekt bei einer Werteeinordnung belebter Naturobjekte das **Problem der Irreversibilität** für den Fall, dass ein solches Naturobjekt ausgerottet wurde. Die Wirtschaftstheorie empfiehlt, Entscheidungen mit irreversiblem Ausgang besonders sorgfältig auf ihre möglichen Konsequenzen zu überprüfen und in Situationen, in denen entweder ein reversibles oder ein irreversibles Ergebnis möglich ist, das reversible zu wählen. Die Ausrottung einer Tier- oder Pflanzenart ist auf jeden Fall irreversibel, Bemühungen zum Erhalt einer Art sind somit auf jeden Fall eine auf Reversibilität ausgerichtete und damit von der allgemeinen Wirtschaftstheorie favorisierte Handlungsweise.

In den anthropozentrischen Begründungsrahmen für Schutzbemühungen um Organismen und Lebensgemeinschaften gehört schließlich auch der Aspekt der **intergenerationellen Existenz**. Gemeint damit ist, dass heutige Entscheidungen über das Zulassen der Ausrottung einer Sippe oder die Bemühung sie zu erhalten, eine Entscheidung für künftige Menschheitsgenerationen implizieren. Entscheidungen hierzu können nicht mehr nur im Wirtschaftsrahmen gefällt werden, sondern sprechen ethische Probleme an.

Im Bewusstwerden einer, zumindest partiellen, Einsichtsfähigkeit in naturgesetzliche Abläufe sieht sich die Menschheit in ihrer Gesamtheit als etwas Besonderes im Vergleich zu den sonstigen die Erde bevölkernden Organismen. Aus dieser Reflexion über den eigenen Status und den der anderen Lebewesen heraus haben sich aber auch das Gefühl und die Erkenntnis entwickelt, dass **andere Organismen auch einen von ihren Beziehungen zum Menschen unabhängigen Selbstwert und damit ein Eigenrecht auf Existenz besitzen**. Sie stellen somit kein unbegrenzt frei verfügbares Gut dar, ohne dadurch jedoch der Kategorie des Privatgutes zugeschlagen zu werden. Die Begründungen hierfür können in **ethischen, philosophischen und theologischen Überlegungen** näher ausgeführt werden. Bei den hierauf basierenden Forderungen nach Schutz der Mitlebewelt auch um ihrer selbst willen, nicht nur aufgrund ihres Nutzens für den Menschen, ergibt sich allerdings die Schwierigkeit, dass derartige Argumente nur für die Angehörigen der jeweiligen Wertegemeinschaft verbindlich sein können.

Man kann wohl für alle Hochreligionen feststellen, dass Fragen des richtigen Umgangs ihrer Gläubigen mit der sie umgebenden Umwelt in den jeweils zugrundeliegenden Theologien nur nachrangig thematisiert sind. Es ist aber genauso universell, dass in so gut wie allen theologisch-philosophischen Weltdeutungen der Mitlebewelt des Menschen ein prinzipieller Eigenwert nicht abgesprochen wird.

Bei **Naturreligionen** gehört die Hochschätzung anderer Organismen und von Naturphänomenen und ihre teilweise Überordnung über dem Menschen geradezu zur Definition. Ebenso ist der **Shintoismus** neben dem Ahnenkult sehr stark durch Aspekte der Naturverehrung geprägt. Die insgesamt sehr vielgestaltige Religion des **Hinduismus** kann in weiten Bereichen als Pan-Entheismus abstrahiert werden, bei dem alle Natur von dem die Welt tragenden Sein erfüllt ist: Eine Wertzumessung für alle Organismen, unabhängig von ihren Relationen dem Menschen gegenüber, ist so durchaus weltanschauungskonform. Im **Buddhismus** ergibt sich die Zuerkennung eines Eigenwertes für nicht-menschliche Lebewesen schon aus der Weltsicht der für alle Wesenheiten geltenden Dharmas, der Daseinsfaktoren als Erscheinungsformen eines universellen Weltgesetzes, unter dessen Wirkung alles Leben in ständigen Werden und Wiedervergehen und Wiederwerden abläuft.

Die theistischen abrahamitischen Religionssysteme, **Judentum, Christentum und Islam** sind wesentlich von der Vorstellung des Welt-transzendenten Gottes bestimmt. Die Natur ist hier, anders als in den Naturreligionen und in den Hochreligionen des Ostens, kein wie auch immer gearteter Wesensausdruck des die Welt tragenden Seins, sondern, ebenso wie der Mensch, von Gott abhängiges, geschaffenes Objekt. Sein Eigenwert ergibt sich durch sein Geschaffen- und Getragensein von Gott, der es dem Menschen zur rechten – und dies ist betont: zur bestimmungsgemäßen – Nutzung verfügbar gemacht hat. Ethische Forderungen nach Anerkenntnis des Eigenwertes der Natur außerhalb des Menschen sind mit den Moralforderungen dieser monotheistischen Hochreligionen durchaus konform und stehen mit dem Weltbild der jeweiligen Religion in Einklang. Allerdings ist es sicher nicht unwesentlich in der Transzendenz von Jahwe, Allah bzw. Gott begründet – drei Worte, die letztlich das gleiche, Gott, bedeuten –, dass, anders als in anderen Weltanschauungen, der belebten und erst recht der unbelebten Natur keinerlei übernatürliche Wesenheit zuerkannt wird und sie somit auf jeden Fall Objekt, nicht Subjekt im Beziehungsgefüge zwischen dem Menschen, seiner Umwelt und dem beides tragenden transzendentalen Sein ist. Neuere, im jüdisch-christlich geprägten abendländischen Kulturkreis entwickelte Philosophien und Gesellschaftslehren, von Hegel über Kant zu Marx und neuere philosophisch-gesellschaftliche Strömungen greifen letztlich nur modifizierend oder sich davon distanzierend dieses Weltanschauungsgebäude auf, aus dem sie hervorgegangen sind. Auch sie können im Einzelfall Naturschutzbegründungen bringen, die unabhängig von religiösen Grundüberzeugungen gesellschaftliche Konsensfähigkeit haben können.

Auf philosophisch-theologischer Basis ist somit die Anerkenntnis eines Eigenwertes der nicht-menschlichen belebten und unbelebten Natur zumindest nicht im Widerspruch zur jeweiligen Weltanschauung – oder positiv ausgedrückt: Die Pflicht zum Erhalt von Tier- und Pflanzenarten und zur Bewahrung der ökologischen Substanz der Erde lässt sich aus den jeweiligen Moralvorstellungen heraus durchaus aufzeigen. Bemühungen zur Bewahrung der Natur, in den theistischen Religionen zur „Bewahrung der Schöpfung", sind somit durchaus religionskonform und können als sittlich wertvolle Aufgabe der jeweiligen Gläubigen betont werden.

Biozentrische Naturschutzbegründungen in der neuzeitlichen philosophisch-gesellschaftswissenschaftlichen Diskussion heben einen universellen intrinsischen Wert des Lebendigen hervor, der die Begründung für eine grundlegende Ehrfurcht vor dem Leben darstellt. Diese Position wird als Gegenpol zu einem „menschlichen Chauvinismus" hervorgehoben. Sie hat ihre Wurzeln in den Lehrgebäuden verschiedener neuzeitlicher Philosophen (Schopenhauer, Kant, Schweitzer u. a.). Für philosophisch-biozentrische Naturschutzbegründungen gilt ebenso wie für theologische Naturschutzargumente, dass eine politisch-rechtliche Umsetzung mit dem Ziel, für jedermann daraus Pflichten zum Naturschutz abzuleiten, im weltanschauungs-neutralen Staat schwierig bis unmöglich ist. Dies gilt in gleicher Weise für **populär-biozentrische Naturschutzbegründungen**: Diese reflektieren nicht über intrinsische Werte, Eigenwerte, welche nichtmenschliche Wesen haben können, sondern billigen ihnen darüber hinaus Rechte zu, welche ihnen in der Ausübung von Mensch/Natur-Relationen a priori nicht streitig gemacht werden dürfen. Hierbei wird das Existenzrecht in der Regel nicht analytisch hinterfragt, sondern als gegebenes Faktum angenommen (Tierschutz!).

Aus der Zusammenschau der Sozial-, Religions- und Philosophiegeschichte der verschiedenen Teilpopulationen der Menschheit im Laufe der Zeit ergibt sich sozusagen der „statistische Mehrheitsbeleg", dass der Natur, die den Menschen umgibt, ein von ihm unabhängiger Eigenwert, ein intrinsischer Wert, zugemessen wird. Axiomenfrei zwingend ist dies aber nicht nachweisbar. **Politisch-rechtliche Normsetzungen** zum Umgang des Einzelnen und der Gesellschaft mit der belebten und unbelebten Natur stützen sich deshalb nur bedingt auf die nicht-anthropozentrischen Naturschutzbegründungen. Sie ziehen vielmehr die dem Alltagsleben näheren anthropozentrischen Naturschutzbegründungen heran, die als zwar vordergründige, aber aus dem menschlichen Interesse heraus gerechtfertigte Argumente für die Bewahrung und Pflege von Natur und Umwelt leichter intersubjektiv vermittelbar sind. Die Umsetzung dieser Anliegen in praktisches Handeln unter realistischer Einschätzung des Handlungsbedarfs ist letztlich das, was Naturschutz im wissenschaftlich analytischen, gesellschaftlichen und juristisch-administrativen Bereich anstrebt.

10.1.2 Natur- und Umweltschutz als technisch-normative Wissenschaftsdisziplin

Natur- und Umweltschutz bedienen sich naturwissenschaftlicher Kenntnisse, finden ihre Rechtfertigung aber nicht rein positivistisch aus den Paradigmen des naturwissenschaftlichen Erkenntnisstrebens allein. Sie leiten die Begründung für ihre Anliegen und ihr Vorgehen nur zum Teil aus Naturgesetzlichkeiten her. Da sie auch Vorgaben aus Ökonomie, Kulturgeschichte, Ästhetik und Ethik erhalten, gehören **Bewertung und Zielorientierung** wesentlich zum Naturschutz, der somit nicht unabhängig von gesellschaftlicher Konsensbildung ist. Die Umsetzung des ökologischen Faktenwissens in Handlungen bedarf der Vorgabe eines Handlungsziels. Naturschutz wird so zu einer die Mensch/Natur-Relationen analysierenden und die daraus gewonnenen Kenntnisse zielorientiert anwendenden **normativen Wissenschaftsdisziplin**. Diese findet die Begründung für ihre Anliegen und Vorgehensweisen nur teilweise im wissenschaftlichen Erkenntnisstreben, sie steht wesentlich auch im Anwendungs-Interesse der Gesellschaft, wobei sie ihre Aussagen und Vorgehensweisen intersubjektiv erklärbar und damit rational nachvollziehbar machen muss. In der begrifflichen Kategorisierung sind **Natur- und Umweltschutz so als Formen der Technik** anzusprechen, welche Erkenntnisse der wissenschaftlichen, vor allem ökologischen, Grundlagenforschung zur Lösung von Problemen in den Mensch/Natur-Relationen anwenden.

Mit den Anliegen und Zielen des Naturschutzes sind infolgedessen Sozial- und Wirtschaftswissenschaften befasst, mit seiner Realisierung Naturwissenschaften und die Rechtswissenschaft. Dies bedeutet, dass Naturschutz als Forschungs- und Anwendungsdisziplin eine fächerübergreifende Querschnittsaufgabe darstellt, welche, z. B., im universitären Fächerkanon an unterschiedlichen Stellen auftritt: Naturschutzökonomie im wirtschaftswissenschaftlichen Umfeld, Naturschutzrecht in der juristischen Fakultät, umweltschutzbezogene Forschung in mancherlei Arbeitsrichtungen der Chemie, der Physik und der Medizin. Zur Planung von Eingriffen im Rahmen der Mensch/Natur-Relationen stellen die Geowissenschaften wesentliche Hilfsmittel bereit, und mit den Kenntnisgrundlagen zur Bewahrung und Pflege der belebten Natur beschäftigen sich die Biowissenschaften. Psychologie, Gesellschafts- und Wirtschaftsforschung, insbesondere aber auch Philosophie und Religionssoziologie zeigen die grundlegenden Abhängigkeiten und Anliegen in diesen Mensch/Natur-Wechselbeziehungen auf. Die biowissenschaftliche Beschäftigung mit Naturschutzfragen liefert die Zustandsanalysen zu diesen Wechselbeziehungen, untersucht und zeigt die Naturgesetzlichkeiten auf, die diesen Gegebenheiten zugrunde liegen, und konzipiert auf dieser Basis und in Berücksichtigung der vom Menschen nicht beeinflussbaren Gesetzlichkeiten Handlungsszenarios, mit denen die angestrebten Ziele erreicht werden sollen. Sie wirkt bei deren Durchführung mit und kontrolliert die sich ergebenden Auswirkungen, Erfolge und Fehlentwicklungen.

10.1.3 Naturschutzziele

Allgemeine Ziele und große Aufgabenbereiche des Naturschutzes sind somit

- die Sicherung insbesondere all der Ökosysteme, deren Stabilität bereits durch relativ geringe Belastungen und Eingriffe gefährdet werden kann.
- Die Einrichtung von Schutzgebieten zur zumindest repräsentativen Erhaltung aller natürlichen Ökosystemtypen der Erde und der naturnahen Lebensräume, die ihre Eigenheit durch spezifische Nutzungen im Rahmen der naturgeschichtlichen Entwicklung erhielten und durch veränderte Wirtschaftsmethoden in ihrem Weiterbestehen bedroht sind.
- Der Schutz der Organismenarten vor dem Aussterben infolge direkter Ausrottung durch den Menschen oder infolge indirekter Vernichtung durch Beseitigung ihrer ökosystemaren Existenzgrundlagen.
- Die Verminderung der Emissionen von als schädlich erkannten Stoffen bei gleichzeitigen Schutzbemühungen zur Sicherung der Ressourcenkomplexe Boden, Wasser und Luft im Rahmen von Vorgaben und Maßnahmen des Umweltschutzes.
- Die Erhaltung und Verbesserung bzw. die Regeneration und Stabilisierung der ökologischen Gleichgewichte in vom Menschen als Wohn-, Wirtschafts- und Erholungsumfeld in besonderem Maße beanspruchten Existenzräumen.
- Die Bereitstellung und Vermittlung aller Informationen, die diese Natur- und Umweltschutzmaßnahmen rechtfertigen (a) aufgrund

der natürlichen Gesetzmäßigkeiten der ökosystemaren Dynamik, (b) aufgrund der ethischen, in religiösen und philosophischen Grundhaltungen wurzelnden Verpflichtungen des Menschen gegenüber seiner Umwelt und den mit ihm koexistierenden Lebewesen sowie (c) auch aufgrund des langfristig eigenen Interesses des Menschen an einem ihm förderlichen und stabilen Existenzumfeld.

Keines dieser allgemeinen Ziele wird in den konkreten Natur- und Umweltschutzbemühungen bisher auch nur annähernd erreicht. **Naturschutzziele** haben vielmehr

Tab. 10-1: Eckdaten der Naturschutz-Geschichte in Deutschland (nach Ant 1972, Erz 1987, Olschowy 1978, ergänzt).

1836	Drachenfels (Siebengebirge) als Schutzgebiet
1846	Einwände gegen sinnlose Moorkultivierungen
1866	Begriffsbestimmung Ökologie durch Ernst Haeckel
1875	Deutscher Verein zum Schutz der Vogelwelt gegründet
1875	Schutzwaldgesetz in Preußen
1877	Internationale Vereinigung gegen die Verschmutzung von Flüssen, des Bodens und der Luft
1880	Denkschrift mit programmatischen Forderungen zum Naturschutz von Ernst Rudorff (u. a. Einschränkung der Flurbereinigung)
1883	Handbuch über Rauchschäden an der Vegetation (Forstliche Hochschule Tharandt)
1888	Prägung des Begriffs „Naturschutz" durch Ernst Rudorff
1888	Reichsvogelschutzgesetz
1891	Appell an die ethische Verpflichtung, die Natur in ihrer Unversehrtheit zu erhalten (2. Internationaler Ornithologen-Kongress)
1898	Naturschutz-Diskussion und Forderung nach deutschen Nationalparken im Preußischen Abgeordnetenhaus
1904	Vorschläge von Hugo Conwentz für eine Erhaltung von Naturdenkmälern
1906	Erste „Staatliche Stelle für Naturdenkmalpflege" in Preußen
1921	Ausweisung des „Naturschutzparkes Lüneburger Heide" als Naturschutzgebiet
1922	Erlass des preußischen „Gesetzes zur Erhaltung des Baumbestandes und Erhaltung und Freigabe von Uferwegen im Interesse der Volksgesundheit"
1935	Erlass des Reichsnaturschutzgesetzes als erstes landesweites Naturschutzgesetz
1950er Jahre:	DDR: Landeskulturgesetz
1970	Proklamation eines Europäischen Naturschutzjahres durch den Europarat: Beginn des zunehmenden internationalen Einflusses auf den nationalen Naturschutz
1970	Bildung des ersten deutschen Umweltministeriums in Bayern (auf Bundesebene erst 1986)
1970	Gründung des Nationalparks Bayerischer Wald
1971	Herausgabe einer ersten „Roten Liste" (Vögel) in der Bundesrepublik Deutschland
1971	Umweltprogramm der Bundesregierung (einschl. Maßnahmenkatalog für den Naturschutz)
1972	Bericht des „Club of Rome" über die Grenzen des Wachstums (nachhaltiger Einfluss auf ökologische Bewusstseinsbildung und Politik)
1972	UNO-Konferenz über Umweltschutz (Stockholm)
1972	Berufung eines Rates von Sachverständigen für Umweltfragen durch die Bundesregierung
1973	Ratifizierung des Washingtoner Artenschutzübereinkommens
1974	Feuchtgebiets-Kampagne des Europarats (Initiierung von Schutz und Gestaltung von Feuchtbiotopen)
1974	Errichtung des Umweltbundesamtes (ohne die Aufgaben des Naturschutzes, die beim Bundeslandwirtschaftsminister ressortierten)
1975	Erster bundesweiter Naturschutz-Verband: Bund für Umwelt und Naturschutz Deutschland (BUND)
1976	Verabschiedung des internationalen Übereinkommens zum Schutz von Feuchtgebieten (Ramsar-Konvention) durch die Bundesregierung
1976	Erlass des Bundesnaturschutzgesetzes
1977	Herausgabe der Roten Liste gefährdeter Tiere und Pflanzen der Bundesrepublik
1982	Erstmalige Einführung des Pauschalschutzes eines Biotoptyps (Feuchtgebiete) in ein Landesgesetz (Bayern)
1983	Beginn der Umsetzung erster Naturschutzprogramme für regelmäßig genutzte Flächen (Wiesen, Äcker)
1985	Naturschutzgebiete erreichen 1 % der Festlandsfläche der Bundesrepublik Deutschland
1986	Novellierung des Bundesnaturschutzgesetzes und der Bundesartenschutzverordnung
1992	Internationale Umweltkonferenz Rio de Janeiro (UNCED-Prozess, Agenda 21)
1992 ff.	Natura 2000 – Programm der EU: Fauna-Flora-Habitat-Richtlinie (FFH-Gebiets-Ausweisung)
2002	Novellierung des Bundesnaturschutzgesetzes

in der Wertehierarchie politischen Handelns meist nur nachrangige Positionen. Dies ist insbesondere dann der Fall, wenn für die Entscheidungsträger keine zumindest mittel- bis langfristige Verknüpfung des jeweiligen Anliegens mit dem menschlichen Eigennutz erkennbar ist, wenn nur eine mangelhafte Einsicht in naturgesetzliche Zusammenhänge existiert und, wenn der eigenständige ethische Wert der Mitlebewesen und der Umwelt nicht reflektiert wird. Allerdings werden die Abweichungen von der dynamischen Gleichgewichtssituation zwischen dem Menschen und der Natur und ihre Folgen, wie sie im Existenzvollzug der modernen Industriegesellschaft und auch in der von ihr inzwischen weltweit beeinflussten traditionellen Subsistenzlebensweise gegeben sind, zunehmend mehr in der Gesellschaft bewusst. Die Akzeptanz der dieser Entwicklung entgegensteuernden normativen Vorgaben steigt, und die Nachfrage nach Erkenntnissen zu den ökologischen Zusammenhängen mit dem Ziel ihrer angemessenen Nutzung ist hoch. Infolgedessen ist Naturschutz dabei, aus der anfänglichen Konzentration auf die Bewahrung seltener Einzelorganismen oder von ästhetisch und im Erlebniswert von subjektiv hoch eingeschätzten Landschaften bzw. Landschaftselementen herauszuwachsen. Er wird zunehmend zu einem Anliegen von umfassender gesellschaftlicher Bedeutung und von individuen- und nationenübergreifender Wertschätzung, welches dem gesamten menschlichen Existenzraum dienen soll. Die Stationen in der geschichtlichen Entwicklung von Naturschutzgedanken, -konzepten und -maßnahmen in Deutschland und auf globaler Ebene (Tab. 10-1) illustrieren diese Entwicklung recht eindringlich.

10.2 Artenschutz

10.2.1 Notwendigkeit von Artenschutzmaßnahmen

Unterschiedliche Amplituden in den ökologischen Ansprüchen und unterschiedlich große Areale aufgrund der Verbreitungsgeschichte der Sippen differenzieren die Pflanzen als sehr individuenreich, „häufig", oder aber als in nur geringer Individuendichte und Gesamtzahl, „selten", vorkommende Taxa. Die Angabe der **Vorkommenshäufigkeiten von Arten** in den Florenwerken reicht von „gemein" (= allgemein im Gebiet verbreitet) über „häufig", „zerstreut", „sehr zerstreut" bis „rar". Besonders bei Adventivarten und kurzlebigen Sippen an der Grenze ihrer Areale können die Vorkommen auch als „unbeständig" charakterisiert sein, stets angewiesen auf erneuten Diasporennachschub aus dem Kerngebiet ihrer Vorkommen.

Pflanzenarten können **natürlicherweise selten** sein oder aber eine aktuelle **Verminderung ihrer Vorkommen durch menschliche Eingriffe** erfahren. Letzteres geschieht in den selteneren Fällen direkt durch Pflücken, Ausgraben oder quantitative Nutzung der sippenspezifischen Verbreitungseinrichtungen (Früchte, Samen, Propagulen). Viel häufiger ist die Ursache dafür die Veränderung der abiotischen Standortbedingungen und das Unterbrechen lebensnotwendiger organismischer Wechselbeziehungen (Ausrottung spezifischer Bestäuber, von Symbiosepartnern u. ä.). Insbesondere sind im Gesamtraum ihres Vorkommens in nur geringer Individuendichte auftretende und/oder in ihren Standortansprüchen stenök festgelegte Sippen durch Beeinträchtigungen ihres Lebensraumes höchst bedroht. Neoendemiten haben in ihrem kleinräumigen Areal mitunter zwar sehr individuenreiche Populationen, es fehlen ihnen aber in der Regel Ausweich- und Ersatzstandorte, wenn die Orte ihres ursprünglichen Vorkommens durch Veränderungen natürlicher oder anthropogener Art beeinträchtigt werden.

Als Beispiel für einen erheblichen Bestandsrückgang durch Pflücken und Ausgraben aufgrund der ästhetischen Attraktion können manche Orchideen der süddeutschen Steppenheidegebiete und der Kalkbuchenwälder gelten. Gelber Enzian *(Gentiana lutea)*, Bärwurz *(Meum athamanticum)* und Mutterwurz *(Ligusticum mutellina)* erfuhren erhebliche Bestandsrückgänge in den Alpen und den höheren süddeutschen Mittelgebirgen infolge der Nutzung ihrer Wurzelstöcke zur Herstellung von Spirituosen. Der Übergang von der einmaligen Mahd von Riedwiesen zur zweischürigen Bearbeitung und die Aufdüngung dieses ehemals nur extensiv bewirtschafteten Graslandes führte zum Verschwinden der Mehlprimel *(Primula farinosa)* von vielen ihrer Standorte, da der Schnitt nunmehr vor Ausreifen der Samen erfolgt. Eutrophierung von Halbtrockenrasen führte an vielen Standorten des Schwäbisch-fränkischen Jura zum weitgehenden Verschwinden des Frühlingsenzians *(Gentiana verna)* aus warmgetönten, mageren Rasengesellschaften. Das Aussterben der rot blühenden kanarischen Strauch-Hornkleearten an ihren Wildstandorten *(Lotus berthelothii)* ist ein Beispiel für das Verschwinden von Paläoendemen infolge Störung der organismischen Wechselbeziehungen: Das Ausbleiben bestäubender Vögel verhinderte bei diesen disjunkt und in nur geringer Dichte existierenden ornithogamen Taxa auf Teneriffa die Fremdbestäubung. In ähnlicher Weise kommt es zu einer ernsthaften Bestandsgefährdung der Durianbäume auf Borneo *(Durio zibethinus)* mit dem Rückgang der die Diasporen dieser Bäume verbreitenden Hornvögel (*Anthracoceros* spec.). Ein Beispiel für das Zurückgehen oder sogar Aussterben von kleinräumig verbreiteten Neoendemen ist das völlige oder nahezu erfolgte Verschwinden etlicher postglazialer Reliktendemen an den Ufern des Bodensees (*Saxifraga oppositifolia* ssp. *amphibia*, *Armeria purpurea*, *Myosotis rehsteineri*).

Während die Habitatvernichtung durch Extreme des Naturgeschehens (Vulkanausbrüche, Überschwemmungen, Bergrutsche, Brände) ein Teil der normalen Evolutionsdynamik ist, in deren Verlauf Arten entstehen und vergehen, muss Artenausrottung durch den Menschen sowie die Vernichtung der Existenzmöglichkeiten von Organismenpopulationen infolge der Eingriffe und der Raumnutzung durch den Menschen einer differenzierten Bewertung unterworfen sein. Vielfach wird eine Abwägung zwischen dem individuellen oder gruppenspezifischen Nutzen, dessen Realisierung die Ausrottung einer Pflanzenart nach sich zieht, und dem damit verbundenen ökosystemaren Nachteil für den Schutz zum Erhalt der fraglichen Population sprechen. Dies gilt insbesondere vor dem Hintergrund des Wissens, dass die in der zurückliegenden Zeit herrschende natürliche **Austauschrate von aussterbenden zu neu entstehenden Arten** von ca. 1:1,1 durch menschliche Aktivitäten im 20. Jahrhundert auf das Verhältnis von mindestens 5000:1 verändert wurde (Erz 1980, 1983).

Tabelle 10-2 nennt die absoluten und prozentualen Anteile der Kormophyten, Moose und Flechten, die in deutschsprachigen Staaten als ausgestorben oder aktuell existenzgefährdet gelten (Gefährdungskategorien 0 bzw. 1–3 der „Roten Liste", s. u.). Dabei zeigt sich, dass in den aufgeführten Staaten rund ein Drittel aller Kormophyten und terrestrischen Thallophyten akut bedroht ist. Freilich zeigt die nähere Analyse, dass in der überwiegenden Zahl der Fälle die Umgestaltung und Vernichtung der Lebensräume der einzelnen Taxa, seltener ihre direkte Ausrottung die wichtigste Gefährdungsursache darstellt.

10.2.2 Rechtlicher Rahmen des Artenschutzes

Rechtsverbindliche Schutzvorschriften für einzelne Organismenarten sowie für Organismengruppen wurden im internationalen und im nationalen Rahmen erlassen. Das **Washingtoner Artenschutzabkommen** (WA), dem bisher rund 100 Staaten beigetreten sind, verbietet bzw. reglementiert den Handel mit gefährdeten wild

Tab. 10-2: Gefährdungsstatus um 1990 der Kormophyten, Moose und Flechten im Bereich der Bundesrepublik Deutschland (alte Bundesländer), Österreichs und der Schweiz (nach Plachter 1991).

Organismengruppe	Deutschland		Österreich		Schweiz	
	ausgestorben	aktuell gefährdet	ausgestorben	aktuell gefährdet	ausgestorben	aktuell gefährdet
Kormophyten	60 Arten = 2 %*	637 Arten = 26 %*	53 Arten 2 %*	857 Arten 30 %*	46 Arten 2 %*	727 Arten 27 %*
Moose	15 Arten = 2 %*	84 Arten = 8 %*	34 Arten = 4 %*	330 Arten = 34 %*	4 Arten = 0,5 %*	396 Arten = 38 %*
Flechten	26 Arten = 1 %*	380 Arten = 21 %*	1 Art ?	178 Arten ?	– –	– –

* bezogen auf die Gesamtartenzahl der jeweiligen Pflanzengruppe

lebenden Organismen und aus und von ihnen gewonnenen Produkten im grenzüberschreitenden Verkehr, unter detaillierter Aufzählung der einzelnen Sippen in den verschiedenen Anhängen zu diesem übernationalen Vertrag. Bei den Pflanzen wird dabei neben vielen Einzelarten besonders den sukkulenten Arten, den Orchideen und den Zwiebelpflanzen besonderes Augenmerk zugewandt. Die Kontrolle der Einhaltung des WA obliegt den Zollbehörden, für die Genehmigung der Ein- und Ausfuhr von im WA aufgeführten Organismen unter besonderen Bedingungen sind die Bundesämter für Ernährung und Forstwirtschaft bzw. für die gewerbliche Wirtschaft zuständig. Das Abkommen erfasst nur handels-relevante wild wachsende Arten, und die wirkungsvolle Umsetzung der Vorschriften hängt stark vom Kenntnisstand und der Eingriffskompetenz der ausführenden Behörden ab. Gleichwohl hat das WA den Stellenwert des Artenschutzes in der gesellschaftlichen, wirtschaftlichen und moralischen Bewertung weltweit erheblich gesteigert.

Im **Bundesnaturschutzgesetz** (BNatSchG) befassen sich die §§ 39–55 mit dem Schutz und der Pflege wildlebender Tier- und Pflanzenarten. Da Naturschutz Ländersache ist, erfolgt die Präzisierung der Schutzvorgaben auf der Ebene von Landesgesetzen. Wie bei allen hierarchisch strukturierten Gesetzes- und Verordnungssystemen können im Einzelfall auf der niedrigeren Ebene strengere Erlasse erfolgen, das vom Rahmengesetz vorgegebene Schutzminimum muss aber auf jeden Fall gewährleistet sein. Das gleiche gilt beim Schritt auf die nächst höhere Ebene, bei der Berücksichtigung von EU-Richtlinien. Sowohl in den EU-Richtlinien wie bei den nationalen Gesetzen und Verordnungen finden sich Anhänge mit ausführlicher Auflistung von Pflanzen und Tieren, denen ein besonderer Schutzstatus zukommt. Die namentliche Aufzählung von Sippen ist dabei fokussiert auf die direkte Beeinträchtigung durch menschliche Zugriffe; Gefährdungen durch (Zer-)Störung des Lebensraumes werden dadurch nicht erfasst. Dies orientiert sich am traditionellen Individualschutz der einzelnen Taxa und ignoriert ihre synökologische Einbindung. Konkurrierend und im Konfliktfall mit dem BArtSchG zu harmonisieren sind die Rechtssetzungen zur Land-, Forst- und Gewässerwirtschaft.

Zur relativen Quantifizierung der Schutzbedürftigkeit der einzelnen Organismenarten hat sich seit Beginn der 70er Jahre die Erstellung von **„Roten Listen“** eingebürgert. Vorbild wurde das „Red data book“ der International Union for Conservation of Nature and Natural Resources (IUCN). In Deutschland wird (geringfügig abweichend von der IUCN-Skalierung) differenziert in die **Gefährdungskategorien**

- ausgestorben oder verschollen = Gefährdungskategorie 0:
  Arten, deren Populationen nachweisbar ausgestorben sind oder solche, deren Vorkommen in früherer Zeit belegt ist, die jedoch seit mindestens zehn Jahren trotz Suche nicht mehr nachgewiesen wurden.
- vom Aussterben bedroht = Gefährdungskategorie 1:
  Seltene Arten mit isoliertem Vorkommen von Teilpopulationen geringer Individuendichte, deren Bestände aufgrund gegebener oder absehbarer Eingriffe kurz vor der Vernichtung stehen.
- stark gefährdet = Gefährdungskategorie 2:
  Arten mit kleinen Beständen und solche, deren Vorkommen im nahezu gesamten mitteleuropäischen Verbreitungsgebiet signifikant zurückgehen oder regional bereits verschwunden sind.
- gefährdet = Gefährdungskategorie 3:
  Arten mit regional erheblichem Bestandsrückgang, verbreitet jeweils nur in kleinen Beständen.
- potentiell gefährdet = Gefährdungskategorie 4:
  Arten mit nur wenigen oder kleinen Vorkommen im Gebiet bzw. im Randbereich ihres Areals angesiedelte Teilpopulationen.

„Rote Listen“ haben in der praktischen Naturschutzarbeit als auch dem Laien verständliche Referenzverzeichnisse große Bedeutung erlangt und sind, teilweise in zwischenzeitlich mehrfach novellierter Fortschreibung, verfügbar für alle wichtigen Organismengruppen und für eine Vielzahl von Gebieten. Jedicke (1997) gibt eine Übersicht der botanisch und zoologisch orientierten Roten Listen in Deutschland, zu Fragen der „Rote Listen“-Auswertung sei auf Sukopp et al. (1978) verwiesen.

10.2.3 Praxis des Artenschutzes

Gebräuchliche Arbeitsmethoden des Artenschutzes sind:

- Der Schutz einzelner Tier- und Pflanzenarten vor dem unmittelbaren Zugriff des Menschen
- Der Schutz der Lebensräume bedrohter Arten
- Pflegemaßnahmen zur Sicherung bestimmter Zustände in den Lebensräumen einzelner Arten, wobei eine Optimierung im Sinne der Bedürfnisse dieser Arten im Vordergrund steht.
- Neuschaffung von Lebensräumen
- Ökotechnische Maßnahmen zur Bereitstellung wichtiger Lebensraum-Requisiten für einzelne Arten
- Ansiedlung von Arten
- Kultur und Haltung von Arten in botanischen und zoologischen Gärten
- Erbguterhaltung von Arten in Form von Diasporen- bzw. Genbanken.

Der **Schutz einzelner Arten** wird in der Naturschutzdiskussion zwar als eine prinzipiell ungenügende Maßnahme angesehen, die gleichwohl am intensivsten im Naturschutzverständnis der Bevölkerung verankert ist und auch juristisch leicht konkretisiert werden kann. Auf den verschiedenen Legislaturebenen wird dem Schutz einzelner Tier- und Pflanzenarten durch namentliche Aufzählung dieser Sippen große Beachtung geschenkt. Darüber hinaus besteht für alle Organismensippen ein gewisser gesetzlicher Grundschutz, der sich im generellen Verbot von Beeinträchtigungen wildlebender Tiere und Pflanzen in den Naturschutzgesetzen von Bund und Ländern niederschlägt. Hierin deutet sich die Einschätzung des Gesetzgebers an, dass Tier- und Pflanzenarten nicht in der willkürlichen Verfügbarkeit des Einzelnen und auch nicht in der der Allgemeinheit stehen.

Als dem Naturschutz auf ökologischer Grundlage besser angemessen gilt der **Artenschutz durch Schutz ihrer Lebensräume**, eventuell sogar durch Neuschaffung geeigneter Lebensräume. Lebensraumveränderung zum spezifischen Schutz bestimmter Arten kann freilich auch die Beeinträchtigung der Existenzbedingungen anderer Sippen zur Folge haben und so zu Zielkonflikten zwischen verschiedenen Naturschutzanliegen führen.

So wachsen, z. B., in Teichen und naturnah gestalteten Baggerseen auf grobem Kies fast keine Makrophyten, die ein feineres Substrat bevorzugen. Im botanischen Interesse der Förderung von oft seltenen Unterwasserarten wird man bei der Gestaltung derartiger Biotope daher Schüttung von Sand und Feinkies empfehlen. Für bestimmte Tiergruppen hingegen können Grobkiesschüttungen ökologisch erheblich wertvoller sein, z. B. als Lebensraum für Muscheln und Fische oder für Wasservögel.

Über den Schutz der lokal existierenden Sippen und der ihnen zusagenden Bedingungen der Lebensräume hinaus ist es mitunter das Ziel des Artenschutzes in der Fläche, die regionale Biodiversität zu steigern. Große Zurückhaltung ist dabei geboten gegenüber einem direkten **Einbringen von Organismen zur Erhöhung der Artenvielfalt eines Raumes**. Bei Pflanzen wird ein solches Vorgehen als „Ansalben" bezeichnet. Ökologisch ist dies oft nur von begrenztem Nutzen und sollte nur in Ausnahmefällen und dann unter strenger Überwachung durchgeführt werden. Zulässig erscheinen Verpflanzungen überhaupt nur, wenn eine Zerstörung existierender Bestände nicht abgewendet werden kann und für dort vorkommende Restpopulationen seltener Sippen an Ersatzstandorten in der Nähe eine realistische Etablierungsmöglichkeit besteht. Auch die einmalige Verstärkung und Aufstockung gefährdeter Populationen kann nur als letztes Mittel angesehen werden, welches das Aussterben einer Art verhindert. Dabei sind einige wichtige Grundsätze zu beachten:

- Eine Art darf nur innerhalb ihres jetzigen oder historischen Verbreitungsgebietes ausgebracht werden. Der Artenschutz muss dabei die typischen Verbreitungsbilder beachten, die die Areale der Arten aufgrund ihrer Einwanderungsgeschichte und ihrer Umweltansprüche zeigen.
- Bei der Einbringung von Pflanzenarten auf neuen Standorten muss das Saat- bzw. Pflanzgut auf jeden Fall von einem nahegelegenen Wuchsort stammen. Bei der Entnahme darf die bestehende Population nicht geschädigt werden. Eine Umsiedlung sollte nicht über größere Entfernungen, etwa von einem Naturraum in einen anderen erfolgen. Vorrangig sollte, wenn überhaupt, die Wiedereinbürgerung von in einem Gebiet erloschenen Arten bei der Rekultivierung künstlicher Standorte Anwendung finden.

Ungewollt geschah und geschieht die Einbringung neuer Pflanzenarten in vormals nicht von ihnen besiedelte Regionen durch weltweite Verschleppung von pflanzlichen Verbreitungseinheiten, aus denen **Adventivpflanzen (= Neophyten)** zu Neubürgern in anderen Florenräumen werden können. Nach Angaben von Sukopp (in Plachter 1991) wurden in Mitteleuropa rund 12000 Kormophyten eingeführt, von denen sich knapp 400 längerfristig einbürgerten und rund 140 sich auch in naturnaher Vegetation etablieren konnten. Die Begriffe, die zur näheren Kennzeichnung der zu unterschiedlichen Zeiten in einem Gebiet eingewanderten Pflanzen verwendet werden, sind in Tab. 10-3 aufgeführt.

Vielfach erweitern die Neophyten ihr Neusiedlungsareal binnen kurzer Zeit sehr beträchtlich. Ein bekanntes Beispiel für den Verlauf einer solchen Arealausweitung ist die Einwanderung von *Senecio vernalis* von Ost- nach Mittel- und Westeuropa. Aktuell erfolgt eine ähnliche Ausbreitung des südafrikanischen *Senecio inaequidens* von Belgien und Holland sowie der Weser- und Elbmündung aus in das mitteleuropäische Binnenland hinein (Abb. 3-4). Als Regel und teilweise Erklärung für die hocheffiziente Raumeroberung kann gelten, dass solche Neophyten für mindestens einige Jahrzehnte nicht in die ökosystemaren Gleichgewichte der von ihnen besiedelten Biozönosen eingebunden sind. Zu den einheimischen Arten treten sie mitunter in einen starken Verdrängungswettbewerb um Raum und stoffliche Ressourcen (klassische Beispiele: *Prunus serotina* in Wäldern und Gebüschsäumen, *Elodea canadensis* in kleinen und mittleren Fließgewässern, *Solidago*-Arten und *Helianthus tuberosus* in Uferstaudenfluren, *Heracleum mantegazzianum* in vielerlei Saumbiotopen). In der Regel sind die „Exoten" zunächst kaum als Nahrungsgrundlage für Herbivore geeignet und ebensowenig auch als Lebensraum für Wirbellose. Damit sind sie aber auch für alle weiteren Stufen der Nahrungs- und organismischen Beziehungsnetze weitgehend nutzlos. Dies wiederum erklärt, dass sie keinerlei biologischer Kontrolle unterliegen und somit eine Massenvermehrung, die kaum durch Fraßfeinde und Parasiten eingeschränkt ist, erleichtert wird. Mit der Zeit werden jedoch auch sie von manchen Tieren als geeignete Nahrungs- und Parasitierungspflanzen angenommen, erlahmen aufgrund eingeschränkter genetischer Vielfalt in ihrer Ausbreitungsvitalität (Beispiel: *Elodea canadensis* mit nur weiblichen nach Europa eingeschleppten Exemplaren) und integrieren sich so allmählich in die bestehenden Biozönosen. Diese erfahren freilich notwendigerweise durch die Erhöhung der vorhandenen Sippenzahl selbst eine gewisse Veränderung. Im Zuge der globalen anthropogenen Veränderungen hat die Neophyten-Ausbreitung stark zugenommen (Tab. 8-3) und wird mitunter selbst als das (nach dem Klimaveränderungen) zweitwichtigste „Global change"-Phänomen angesehen.

Tab. 10-3: Begriffliche Differenzierung der Adventivpflanzen nach dem Zeitraum ihrer Ankunft in Mitteleuropa (aus Sedlag & Weinert 1987).

dauernd eingebürgert: Metaphyta	
ältere Einwanderer, vor 1500 v. u. Z.: Archaeophyta	eingeschleppt: Archaeophyta adventiva
	durch den Menschen geschaffene Standorte besiedelnd: Archaeophyta anthropogena
	nur auf vom Menschen geschaffenen Standorten überlebend: Archaeophyta resistentia
jüngere Einwanderer (Neuankömmlinge), nach 1500 u. Z.: Neophyta s. l.	nur in Ruderal- und/oder Segetalpflanzengesellschaften eingebürgert: Epoekophyta
Kulturflüchtlinge (Ergasiophygophyta)	in halbnatürlichen Pflanzengesellschaften eingebürgert: Hemiagriophyta in natürlichen Pflanzengesellschaften eingebürgert: Holoagriophyta
nicht dauernd eingebürgert: Diaphyta	
zeitweilig eingeschleppt: Ephemerophyta, Passanten	

Von der Einschleppung fremder Arten zu unterscheiden ist die **Ausbringung gebietszugehöriger Arten** an geeigneten Orten innerhalb ihres natürlichen Areals. Dies geschieht in großem Umfang bei der Neuanlage von Hecken, bei flächigen Aufforstungen, bei der Begrünung von Straßenböschungen und bei der Rekultivierung von vordem bergbaulich genutztem Gelände. Ökologisch sinnvoll ist es, das Pflanzenmaterial hierzu aus den vorhandenen Regionalpopulationen zu nehmen. Die Bereithaltung von autochthonen, d. h. bodenständigen, Ökotypen ist so eine wichtige Forderung des Naturschutzes an Klengen (Vermehrungsinstitute für Waldbaum-Saatgut) und Baumschulen (Reif 1993, Reif & Aulig 1993).

Bei der Einrichtung von neuen, naturnah zu gestaltenden Grünlandflächen ist oft hilfreich, nach einer einjährigen Luzernekultur (nur bei Rohboden zur primären Stickstoffanreicherung am Standort nötig), darauffolgender Gras-/Kräuter-Einsaat und erstmaliger Mahd des Bestandes in lockerer Auflage „Heublume" aufzubringen: Aus diesem trockenen Heu von benachbarten, schon langfristig bestehenden Wiesen oder Mähweiden mit hoher Artenvielfalt gelangen ohne weitere Pflegebemühungen viele Diasporen und Grünland-Invertebraten auf die neueingerichtete Grünfläche und können dort gegebenenfalls passende Existenznischen finden. An Straßenböschungen, deren Bodenoberfläche nach dem Auflaufen der Aussaat möglichst schnell eine hohe Erosionsfestigkeit erhalten sollte, wo somit ein Unterpflügen der primären Gründüngung nicht sinnvoll wäre, kann die Leguminoseneinsaat mit der von Gräsern und Stauden kombiniert werden durch höhere Saatgutanteile der nur wenige Jahre standortbeständigen *Lupinus angustifolius* bzw. *Trifolium incarnatum*.

Das Auspflanzen bestimmter, der Biozönose durchaus angemessener Sippen nur aus Gründen der Komplettierung des Artenspektrums ist abzulehnen. Im zoologischen Bereich sind zwar unter dem Anspruch des Naturschutzes einige erfolgreiche Wiedereinbürgerungen von regional ausgestorbenen Vögeln und Säugern erfolgt (Uhu, Biber, Luchs) und können dort im Einzelfall als positiv bewertbare Naturschutzmaßnahme angesehen werden. Ansalbung (meist von ästhetisch attraktiven) Pflanzen-Arten an Standorten, wo sie ehemals vorkamen oder wo sie aufgrund der gegebenen ökologischen Bedingungen als zur entsprechenden Phytozönose zugehörige Elemente existieren könnten, ist als letztlich gartenbaulicher Kunstgriff am natürlichen Standort abzulehnen.

In der naturschutzfachlichen Bewertung sehr vom Einzelfall abhängig ist der Versuch, individuenarme Populationen durch **künstliche Erhöhung der Pflanzenzahl** am Standort zu stabilisieren. Der Anreiz dazu ist besonders groß bei Teilpopulationen von kleinflächigen Vorpostenstandorten.

Sofern zur Verstärkung solcher Populationen Pflanzgut oder Diasporen aus weiterer, durch den natürlichen Pollenflug und Diasporenaustausch nicht überbrückbarer Distanz verwendet werden, ist dabei mit dem Einbringen fremder Ökotypen zu rechnen. Eine solche Maßnahme ist dann eine aus Naturschutzsicht abzulehnende Verfälschung der Gesamtstruktur der Population. Dies gilt auch für den Fall benachbarter, edaphisch aber unterschiedlicher Teilareale von disjunkt verbreiteten Pflanzensippen wie z. B. Arten der Trockenrasenvegetation auf Kalk- und Gipssubstrat oder bei Sippen auf Schwermetallstandorten unterschiedlicher Substratqualitäten. Die Entnahme von Saatgut am Wildstandort, Aussaat in Gartenkultur und das Wiederausbringen der so vermehrten Individuen am originalen Herkunftsort mag in manchen Fällen eine adäquate Möglichkeit zur Stützung gefährdeter Populationen sein; Dokumentation und langfristige Kontrolle der Weiterentwicklung ist für solche in Ausnahmefällen eventuell vertretbare Maßnahmen grundsätzlich nötig.

Von solchen Rückübertragungen von zeitweilig in Kultur vermehrten Pflanzen an die Naturstandorte zu unterscheiden ist die Erhaltungskultur von Pflanzenarten in botanischen Gärten **(„ex situ-conservation")**. Nach einer Aufstellung der IUCN wurden 1985 weltweit 20244 Wildpflanzen in botanischen Gärten in Kultur gehalten, von denen 77 % als gefährdet galten (Plachter 1991).

Der (museale) Erhalt der Artenvielfalt ist – neben den Funktionen der Pflanzenbereitstellung für Forschung und Lehre, des botanischen Informationsangebotes an die Allgemeinheit und der Funktion als Erholungspark für die Öffentlichkeit – sicher einer der wesentlichen **Aufgabenbereiche botanischer Gärten** geworden. Es gibt inzwischen etliche Beispiele für Pflanzensippen, die kultiviert und vermehrt in botanischen Gärten überleben, an ihren Naturstandorten aber nahezu oder völlig ausgestorben sind (z. B.: *Sophora toromiro*/Osterinsel: Lobin & Barthlott 1988, *Lotus berthelothii*/Teneriffa: Schönfelder & Schönfelder 1997). Allerdings unterliegen die Sippen in Gartenkultur langfristig einer genetischen Drift, die unter den zwangsläufig nicht völlig den ökologischen Bedingungen der Naturstandorte entsprechenden Kulturumständen zu Domestikationsphänomenen führt.

Diese Einschränkung in der Positivbewertung von **Artenschutzbemühungen ex situ** gilt in gleicher Weise für die Bemühungen, in **Diasporenbanken bzw. Genbanken** (letztere basierend auf Zellkulturen oder tiefgefroren gehaltenen Diasporensammlungen) das Erbgut bestimmter Verwandtschaftskreise oder die Sippenvielfalt regionaler Floren zu erhalten. In all diesen Fällen sind Aussaaten und Zwischenzuchten zur neuerlichen Diasporengewinnung nötig, durch welche der Genpool der Sippen Veränderungen erfährt. Gleichwohl sind solche „Arche Noah-artige" Notmaßnahmen immer noch eine bessere Alternative als ein untätiges Zulassen der galoppierenden genetischen Erosion durch **Wildartenverlust und Kultursortenverarmung**. Vorschläge, durch gentechnisches Pflanzendesign einen teilweisen Ersatz der natürlicherweise verfügbaren Pflanzenwelt zu schaffen, sind bereits aus ethischen Gründen undiskutabel und somit abzulehnen, selbst, wenn von den experimentellen Möglichkeiten her sich eine prinzipielle Realisierbarkeit solcher – momentan noch – science-fiction-Vorstellungen abzeichnet.

Genetische Erosion kann aber auch bei **Maßnahmen der in-situ-Erhaltung pflanzengenetischer Ressourcen** nicht völlig ausgeschlossen werden. Dies wird insbesondere dann der Fall sein, wenn die Schutzgebiete sehr kleinflächig sind und soweit voneinander isoliert, dass kein Austausch zwischen den Teilpopulationen möglich ist. Das gleiche gilt, wenn Einflüsse aus dem die Schutzflächen umgebenden Umland langfristig selektionierend auf die Wildpflanzenpopulationen wirken (Immissionseffekte, Eutrophierung u. ä.) oder aber, wenn die Notwendigkeit kontinuierlicher spezifischer Eingriffe zur Stabilisierung von im Interesse des Naturschutzes gewünschten Intermediärstadien einer Sukzession mit der Zeit eine permanente Pflegeabhängigkeit der so erhaltenen Pflanzenbestände nach sich zieht. Gleichwohl sind wesentliche Naturschutzkonzepte und -aktivitäten auf in-situ-Konservierung von Pflanzensippen ausgerichtet und ermöglichen mit ihren Managementansätzen relativ am besten den Artenschutz durch Biotopschutz.

10.3 Flächenschutz, Biotopmanagement und Biotopvernetzung

Der beste Artenschutz ist dann gegeben, wenn die ökosystemare Balance des jeweiligen Lebensraumes langfristig gewährleistet ist. Schutz der Biotopvielfalt gegenüber großräumiger Homogenisierung ist aber auch gerechtfertigt aufgrund der umfassenden Wohlfahrtswirkungen einer Vielfalt von Ökosystemen für alle in ihnen lebenden Organismen, einschließlich des Menschen, im Interesse eines ästhetisch hochwertigen Landschaftserlebens, aus Gründen der Kulturgeschichte, zur Abmilderung klimatischer Extreme, die sich in großräumig homogenen Landschaften leichter einstellen, und aus dem grundsätzlich als positiv erkannten Kulturziel heraus, die natürliche Diversität (3.3.1.2) so hoch wie irgend möglich zu halten. Wie viele Organismen-Arten selbst, steht aber auch eine beträchtliche Zahl der von ihnen bewohnten Lebensräume unter erheblicher Belastung durch die menschliche Zivilisation mit all ihren Konsequenzen. Biotopschutz und -pflege bilden so einen den Artenschutz umgreifenden und vertiefenden großen Aufgabenbereich des Naturschutzes.

10.3.1 Gefährdungssituation mitteleuropäischer Ökosystemkomplexe

Mit der Schaffung der mitteleuropäischen Kulturlandschaft während der letzten Jahrtausende entstanden, zusätzlich zur natürlichen Vegetation unter den gegebenen großklimatischen und edaphischen Bedingungen, viele neue Standorte und Lebensbedingungen für bestimmte Arten und Artengruppen. Gegenüber der bis zur Bronzezeit weithin gegebenen Naturlandschaft kam es dadurch insgesamt zu einer Erhöhung der Zahl an Pflanzen- und Tierarten, aber auch an Biotopen. Seit Mitte des vorigen Jahrhunderts wurde dieser

Entwicklungsprozess umgekehrt, die vorhandenen Artenzahlen sinken in überproportionalem Ausmaß, und die Biotop-Vielfalt nimmt ab. Düngung, Entwässerung, Pestizideintrag, Entfernung von Flurgehölzen, Feldrainen, Trockenmauern, Lesesteinhaufen in der Feldflur, Asphaltierung und Betonierung von Wegen, Gräben und Böschungen, Zusammenlegung von Einzelschlägen zu großen, einheitlichen Ackerflächen und ähnliche Maßnahmen haben in der zweiten Hälfte des 20. Jahrhunderts die gewachsene Kulturlandschaft in Mitteleuropa entscheidend verändert. Die verschiedenen Ökosystemkomplexe sind von diesen Entwicklungen in je unterschiedlich starkem Ausmaß betroffen.

10.3.1.1 Ökosystemkomplex „Binnenland-Fließgewässer und ihre Auen"

Bei Maßnahmen der Bach- und Flussregulierung wurde bisher das Hauptaugenmerk auf technische Aspekte zum ausschließlichen Nutzen der menschlichen Zivilisation gelegt. Hierzu gehören die Erhaltung bzw. Verbesserung der Trink- und Brauchwasserversorgung, die Überschwemmungssicherung für Siedlungen und Straßen, die Entwässerung landwirtschaftlicher Nutzflächen, die Ufersicherung, bei großen Flüssen zusätzlich die Schifffahrt. Das hatte Bach- und Flussbegradigungen, Ufer- und Sohlenverbauung oder gar Verrohrung zur Folge. Natürlich mäandrierende Bachläufe mit ihrem charakteristischen Uferbewuchs haben darunter erheblich in ihren Beständen gelitten.

Naturnahe Bäche stellen aber als sehr heterogene Biotope eine große Zahl von Mikrolebensräumen für Fauna und Flora bereit. Bach- und Flussmäander führen zur Abbremsung der Fließgeschwindigkeit, zur Ausbildung von Prall- und Gleithängen mit auch im Gewässerquerschnitt unterschiedlichen Fließgeschwindigkeiten. Dies ermöglicht den differenzierten Aufwuchs durch Gewässer-Makrophyten ebenso wie die Ausbreitung von ephemeren Sand- und Kiesbank-Besiedlern. Natürliche Bachauen bieten über die Lebensraumvielfalt für die Organismenarten hinaus auch eine ganze Reihe von ökosystemaren Wohlfahrtswirkungen:

Bachauen sind Retentionsräume für das Oberflächenwasser: Sie wirken demnach wie natürliche Speicher, indem sie das aufgenommene Wasser nach Starkregen gleichmäßig wieder abgeben. Bei starken Hochwässern stellen sie kurzfristige Überflutungszonen dar. Die intensiv durchwurzelten Böden im Uferbereich filtern das bis zum Grundwasserspiegel durchsickernde Niederschlagswasser. Durch Nährsalzentzug wirkt die Ufervegetation als Puffer zwischen gedüngtem Umland und Gewässer. Grünlandstreifen entlang des Baches stellen einen mechanischen Schutz des Gewässers vor Erosionsmaterial aus dem Umland dar, indem sie die Feinerde-Sedimentation fördern. Ein geschlossener, mehrstufiger Gehölzsaum, ein Galeriewald, trägt ganz entscheidend zur technisch-hydrologischen Sicherung des Ufers bei und entzieht dem Gewässer über sein fein verzweigtes Wurzelwerk direkt Nährsalze. Ein natürlicher, mäandrierender Bachlauf mit wechselnder Sohlentiefe hat eine hohe Selbstreinigungskraft aufgrund seiner vergleichsweise langen Reinigungsstrecke, auf der permanent Sauerstoff vom Wasser aufgenommen wird. Kleingewässer-Netze besitzen einen Indikatorwert für die Belastung von Landschaften. Kleingewässer mit einem natürlichen Uferbewuchs sind charakteristische Elemente ländlicher Kulturlandschaften und fördern durch ihre gliedernde Wirkung deren Erlebniswert (Röser 1988).

In Flusstälern der größeren Flüsse und Ströme führen zu Biotop- und Artenverarmung: Flussbegradigungen und Eintiefungen des Flussbettes für die Schifffahrt, Einzwängen der Flüsse in Dämme zum Hochwasserschutz, wodurch die alljährliche Überflutung der Auenbiotope verhindert wird, Rodung und Trockenlegung der Auenstandorte zur Gewinnung von landwirtschaftlichen Nutzflächen und Bauland, Verfüllung von Altwässern, Überbauung und Flächenversiegelung der Auenbereiche mit Siedlungen, Industrieanlagen, Energieversorgungsanlagen, Lagerhallen und -plätzen, Verkehrswegen, Hafenanlagen, Beeinträchtigung der Gewässergüte durch Haushalts- und Industrieabwässer und Kraftwerksabwärme (zusammengestellt nach Blab 1984, verändert). In der Bundesrepublik Deutschland haben so gut wie alle schiffbaren Flüsse und ihre Auenbiotope ihren natürlichen resp. naturnahen Charakter verloren.

Die Folge all der genannten Wasserbaumaßnahmen und Auennutzungen ist eine Monotonisierung der Flusslandschaften mit weitgehend gerade verlaufenden Flussbetten, deren Ufer nur noch streckenweise Sand-, Schlamm- und Kiesbänke aufweisen. Die einheitlich hohe Fließgeschwindigkeit lässt keine Schwimmblatt-, Laichkraut- oder Röhrichtbestände mehr aufkommen. Überflutungszonen mit Auwald, Feuchtwiesen, Tümpeln, Überschwemmungsmulden, Altarmen, im Gezeitenbereich der Flussmündungen auch Flusswattflächen fehlen ganz oder sind nur noch in kleinen Restbeständen vorhanden.

10.3.1.2 Ökosystemkomplex „Stehende Binnengewässer"

Für den Naturschutz sind insbesondere die Uferpartien von Seen und Weihern wichtig, die durch unterschiedliche Aktivitäten des Menschen stark verändert bis beseitigt werden können. Mit der allmählichen Alterung jedes Stillgewässers ist eine natürliche Eutrophierung verbunden, welche unter natürlichen Bedingungen aber nur in erdgeschichtlichen Zeiträumen abläuft. So sind die oligotrophen Karseen im Alpenrandbereich seit der Eiszeit nährstoffarm geblieben.

Seit etwa 100 Jahren wird dieser Alterungsprozess erheblich beschleunigt durch Abwasser- und Nährstoff-Austrag aus landwirtschaftlichen Flächen, sodass es kaum mehr nährstoffarme Gewässer gibt. Da in Mitteleuropa auch der atmosphärische Eintrag von Stickstoff- und Phosphorverbindungen beträchtliche Ausmaße zeigt, ist für die ganze Landschaft von einer flächendeckenden irreversiblen Eutrophierung auszugehen. Das hat zu dramatischen Veränderungen der Vegetation und Fauna von Stillgewässern geführt, durch die stenöken, an dystrophe Verhältnisse gebundenen Pflanzen und Tieren zunehmend die Existenzgrundlage entzogen wird. Unter den als stark gefährdet gewerteten Kormophyten der deutschen Flora kommen etwa 25 % an See- und Flussuferstandorten bzw. als Wasserpflanzen in Stillgewässern vor.

10.3.1.3 Ökosystemkomplex „Küste und Wattenmeer"

Die im Wattenmeer, auf den Salzwiesen der Deichvorländer, in den Dünen und an den Boddenküsten lebenden Organismen, Pflanzen wie Tiere, sind im allgemeinen in stenöker Weise in diese maritim beeinflussten Lebensräume eingepasst. Trotz weitgehender Unter-Schutz-Stellung müssen sowohl das Wattenmeer an der Nordsee wie auch die Boddenküsten an der Ostsee sowie die dort stellenweise anstehenden Steilküsten und ihre Lebewelt als gefährdet angesehen werden. Hauptgefährdungsursachen sind Flächenverluste durch Eindeichungen und Hafenerweiterungen, Verschmutzung und Eutrophierung der Flachwasserzonen und Salzwiesen, Überweidung der Salzwiesen und Übernutzung der Küstenbereiche durch den Tourismus.

10.3.1.4 Ökosystemkomplex „Moore"

Insbesondere Hochmoore sind arm an Pflanzen- und Tierarten, doch sind alle die hier vorkommenden Sippen hochgradig spezialisierte stenöke Organismen. Jegliche Beeinträchtigung ihres Lebensraumes bringt daher auch diese Sippen in Existenzgefahr. Durch intensive Melioration vor allem in der 1. Hälfte des 20. Jahrhunderts, durch Torfabbau und durch luftbürtige Eutrophierung ist der größte Teil aller Hochmoore verschwunden oder in mehr oder minder großem Ausmaß degradiert.

10.3.1.5 Ökosystemkomplexe der Heiden und waldarmen naturnahen Trockenstandorte

Im hier zusammengefassten Ökosystemkomplex finden sich die Lebensräume in Mitteleuropa, welche die höchste Zahl an Pflanzenarten pro Grundfläche aufweisen und in mehr oder weniger enger Bindung daran auch eine große Zahl von Tieren. Viele dieser Pflanzen besitzt auffallende Blüten bzw. Blütenstände von zum Teil bemerkenswerter Schönheit. Pflücken dieser Orchideen, Nelken, Liliengewächse und Vertreter anderer ästhetisch auffallender Verwandtschaftskreise ist so ein ernstzunehmender Gefährdungsfaktor für die hier vorkommende Pflanzenwelt. Bedrohlicher für Flora und Fauna dieser Ökosysteme ist aber ihre zunehmende Eutrophierung und die Verschiebung der Konkurrenzgleichgewichte durch Beendigung einer bisher über Jahrhunderte erfolgten extensiven Weidenutzung solcher Standorte. Werden Trocken- und Halbtrockenrasen nicht in ein- bis vierjährigen Abständen gemäht oder von Schafen beweidet, so verbuschen sie relativ schnell. Vielfach liegen diese Trockenbiotope als kleinflächige, isolierte Bestände in intensiv agrarisch genutztem Umland. Die von dort ausgehende Eutrophierung beschleunigt noch ganz erheblich den Prozess des dichteren Bestandsschlusses und der Ausbreitung von Gehölzen, da (i) die vom N-Eintrag geförderten Allerwelts-Arten die stenöken selteneren Pflanzensippen zunehmend verdrängen, (ii) die diesen indirekt förderlichen Extreme des Standort-Klimas infolge des dichteren Bestandsschlusses abgemildert werden und (iii) so insgesamt eine erhöhte Verbuschungstendenz die Folge ist. 184 der insgesamt 873 verschollenen oder gefährdeten Farn- und Blütenpflanzenarten Mitteleuropas gehören zur Flora der Trocken- bzw. Halbtrockenrasen.

10.3.1.6 Ökosystemkomplex „Äcker, Feldfluren und Sonderkulturen"

Die Ursache des Verschwindens vieler Pflanzenarten auf den ackerbaulich genutzten Flächen ist im starken Einsatz von Herbiziden und Düngemitteln zu sehen, aber auch in der Aufgabe der traditionellen Nutzungsweisen, an welche sich viele Ackerwildpflanzen in jahrhundertelanger Koevolution angepasst hatten. Unter den Bedingungen der Intensivlandwirtschaft können nur euryöke, eutraphente Arten mit hoher Herbizidresistenz überleben. Die verbleibenden Nutzpflanzen-Monokulturen sind zwar hoch ertragsfähig, aber extrem störungsempfindlich (Pathogenbefall, Witterungskalamitäten u. ä.).

10.3.1.7 Ökosystemkomplex „Wirtschaftsgrünland, Gärten und Parks"

Stark gedüngte Wiesen, die bis zu dreimal im Jahr Mahdhöhe erreichen, liefern große Mengen an Heubiomasse. Durch die Düngung werden wenige Grasarten und einige wenige dikotyle Krautpflanzen stark gefördert. Artenreiches Wirtschaftsgrünland liefert geringere Biomasseerträge, ein qualitativ aber höherwertiges Futter. Gleichwohl lässt sich bundesweit eine Reduzierung des Wirtschaftsgrünlandes auf eutrophierte Hochertragsflächen konstatieren und ein Flächenrückgang des Wirtschaftsgrünlandes insgesamt.

An das Wirtschaftsgrünland können auch die großen Grünflächen von **Parkanlagen** und **Gärten** angeschlossen werden, deren Artenbestand oft erstaunlich hoch ist. Abgesehen von einer zunehmenden Eutrophierung dieser Flächen sind – Einzelsituationen nicht berücksichtigt – diese Lebensräume als Refugialgebiete vieler Pflanzen- und Tierarten vergleichsweise wenig gefährdet. Sie sind Orte der Kulturtradition und der Erholung gerade für städtisch geprägte Bevölkerungskreise. Als solchen wird ihnen von der Gesellschaft ein hoher positiver Stellenwert zuerkannt, was Eingriffe in ihren Bestand deutlich erschwert.

10.3.1.8 Ökosystemkomplex der Gebüsche, Feldgehölze und Hecken sowie von Gras- und Krautrainen

Saum- und Kleinbiotope mit landschaftsgliedernder Funktion sind wesentliche Elemente der traditionellen Kulturlandschaft, als solche durchwegs vom Menschen geschaffen und bei Aufgabe der betreffenden Landschaftsgestaltung durch ihn entsprechend wieder vom Verschwinden bedroht. Sie stellen typische Grenzlebensräume, Ökotone, dar, bei denen sich die standörtlichen Parameter gradientenhaft auf kleinem Raum sehr stark verändern. Die an diese Lebensräume angepasste Pflanzen- und Tierwelt hat mit der Auflockerung Mitteleuropas vom Waldland zur traditionellen Kulturlandschaft eine gewaltige Förderung erfahren. Ein nicht unbeträchtlicher Anteil von Sippen dürfte auch im Laufe der Jahrhunderte sich von ihren ursprünglich flächig ausgedehnten Habitaten in diese Saumbiotope allmählich eingenischt haben. Besonders vielfältig ist die Fauna von Hecken und Feldrainen, die dort eine viel größere Artendichte aufweist als in den angrenzenden flächigen Lebensräumen. Mit diesen besteht allerdings von den linienhaften oder kleinräumig punkthaften Habitaten ein lebhafter Austausch. Wie alle die Landschaft kleinräumig gliedernden Strukturen waren Hecken und Raine ein bevorzugtes Beseitigungsobjekt bei Flurbereinigungsmaßnahmen. Die Wohlfahrtswirkungen dieser Saumbiotope auch für die angrenzenden Bestände gingen dadurch zugunsten einer in höherem Maße technik-gerechten, großflächigen Homogenisierung der Landschaft verloren.

10.3.1.9 Ökosystemkomplex „Wälder"

Es ist eine im weltweiten Rahmen bemerkenswerte Besonderheit, dass die Umwandlung des mitteleuropäischen Urwaldes in Kulturforsten nahezu ohne Baumartenverlust ablief. Allenfalls die Eibe ist als Waldbaum nahezu nicht mehr vorhanden, ist als Art aber in ihrer Funktion als Gartenstrauch und -baum heute weiter verbreitet als sie dies unter natürlichen Bedingungen je war. Von Begleitpflanzenarten der mesophilen Falllaubwälder sind nur vergleichsweise sehr wenige in ihrem Bestand bedroht. Freilich gilt auch für diese Taxa die Faustregel, dass bei der Beeinträchtigung einer Pflanzenart die zehn- bis zwanzigfache Menge an Tierarten als gefährdet angesehen werden muss, welche die Pflanze als Nahrungs-, Nist-, Paarungs-, Entwicklungs- und Refugialort nutzen.

10.3.2 Ziele des Flächenschutzes

Generelle Ziele des Flächenschutzes sind (Plachter 1991):

- der ganzheitliche Schutz von Ökosystemen („Biotopschutz" i. e. S.),
- der Schutz der Lebensräume einzelner Arten oder Artengruppen,
- der Schutz bestimmter Landschaftsqualitäten im Interesse einer spezifischen Nutzung durch den Menschen,
- der Schutz eines charakteristischen Landschaftsbildes,
- der Schutz bestimmter Landschaftstypen aus kulturhistorischen Gründen,
- der Schutz einzelner Pflanzenindividuen (meist Bäume) aufgrund ihrer besonderen Eigenarten (Alter, lokalgeschichtliche Bedeutung u. ä.) als „Naturdenkmale",
- der Schutz natürlicher abiotischer Ressourcen,
- der Schutz geologischer Objekte.

Diese Intentionen sollen erreicht werden durch ein System von unterschiedlich streng definierten Schutzgebieten, in denen wertvolle Naturräume erhalten und vor Veränderungen durch Nutzung und Außeneinflüsse bewahrt werden sollen. Wünsche der Bevölkerung zum Erleben und Kennenlernen von naturnahen oder natürlichen Lebensräumen sollen dabei berücksichtigt, aber mit den ökologischen Erfordernissen in Einklang gebracht werden.

10.3.3 Rechtlicher Rahmen

Schutzgebiete i. w. S. lassen sich nach zahlreichen Kriterien, z. B. nach ihrem Geltungsbereich (international, national, landesweit etc.) oder nach überwiegendem Schutzgrund klassifizieren. Am wichtigsten erscheint jedoch zunächst die Frage nach ihrer rechtlichen Verbindlichkeit, d. h. letztendlich nach der Strenge des Schutzes. Danach lassen sich unterscheiden (Ssymank 1997):

A. Schutzgebiete i. e. S.:
1. Schutzgebiete mit unmittelbarer Rechtsverbindlichkeit,
2. Schutzgebiete mit Rechtsverbindlichkeit, deren Umsetzung jedoch durch andere unmittelbar rechtsverbindliche Kategorien erfolgt,
3. rechtsverbindlicher Pauschalschutz von Typen und
4. Schutzgebiete durch offizielle (rechtsverbindliche) Selbstverpflichtung.

B. Prädikatsgebiete:
1. Vergabe ist von der rechtlichen Unterschutzstellung abhängig,
2. reine Prädikate, deren Vergabe von Wertkriterien abhängig ist,
3. Schutzgebietsvorschläge durch offizielle Stellen (z. T. mit finanzieller Förderung) und
4. sonstige Schutzgebietsvorschläge (Expertengremien, Verbände etc.).

Nur die in der Gruppe A aufgeführten Schutzgebietskategorien stehen unter juristisch sanktioniertem Schutz. Prädikate oder Schutzgebietsvorschläge sind dagegen schutzwürdig; diese Schutzwürdigkeit hat aber keine Rechtsverbindlichkeit. Solche Prädikatsgebiete werden in der Öffentlichkeit, ja selbst in Fachkreisen häufig mit rechtsverbindlichen Schutzgebietskategorien verwechselt. Die wichtigsten dieser durch Schutzvorschriften oder Prädikats-Auszeichnungen hervorgehobenen Gebietstypen sind in Tab. 10-4 aufgeführt.

Tab. 10-4: Kategorien von Schutz- und Prädikatsgebieten gemäß internationalen Abkommen oder europaweiten Konventionen.

- **Feuchtgebiet internationaler Bedeutung:** Schutzgebietskategorie A 4, ausgewiesen durch die Ramsar-Konvention vom 02. 02. 1971, in deutsches Recht umgesetzt 1976: Feuchtgebiete mit Bedeutung für Wat- und Wasservögel (Kriterien für repräsentative Feuchtgebiete, allgemeine Artenschutzkriterien, Anzahl rastender und brütender Wasservögel).
- **Weltnaturerbe-Gebiet und Weltkulturerbe-Gebiet:** Schutzkategorie B.I, basierend auf der World-Heritage Convention der UNESCO vom 16. 11. 1972; Beitritt Deutschlands 1976.
- **Biosphärenreservat:** rechtsverbindl. Schutzgebietskategorie gemäß § 25 BNatSchG. Ursprünglich wurde der Begriff „Biosphärenreservat" im UNESCO-Programm „Der Mensch und die Biosphäre" [MAB] vom 23. 10. 1970 (Beitritt Deutschlands 1972) kreiert: Biosphärenreservate dienen dem Schutz von Naturlandschaften und der Pflege und Entwicklung von Kulturlandschaften.
- **Gewässer internationaler Bedeutung**, Kategorie B.4, AQUA-Gebiete: basierend auf einer weltweiten Vorschlagsliste der Internationalen Limnologischen Gesellschaft für schützenswerte Süß- und Brackwassergebiete.
- **Moore internationaler Bedeutung**, Kategorie B.4, auch TELMA-Gebiete genannt, basierend auf einer Weltliste der vorrangig zu schützenden Moore mit internationaler Bedeutung, verfasst von der Internationalen Gesellschaft für Moor- und Torfkunde.
- **Biogenetisches Reservat** (B.1); basierend auf Resolutionen (76)17 und (79)9 des Europarates zur Einrichtung eines „Europäischen Netzwerkes biogenetischer Reservate")
- **Europadiplom-Gebiet** (B.2); aufgrund der Resolutionen (65)6 und (73)4 des Europarats: Prädikat ohne finanzielle Unterstützung; die Prädikatsverleihung wird z. T. von Forderungen abhängig gemacht, meist werden nur Empfehlungen für den Schutz ausgesprochen.
- **Europareservat** (B.4; Internationaler Rat für Vogelschutz): Feuchtgebiete mit Bedeutung für den Vogelschutz.
- **Schutzgebiete aufgrund der Verordnungen der Europäischen Union:** mit hoher Rechtsverbindlichkeit; die diversen Vorläuferprogramme (z. B. CORINE: „Community-wide Coordination of Information on the Environment") und partiellen Schutzgebietsdeklarationen (z. B. Schutzgebiete gemäß der EU-Vogelschutzrichtlinie) mündeten 1992 in ein auf einem umfassenden Lebensraumschutz ausgerichtetes Vorschriftenwerk, die **„Fauna-Flora-Habitat-Richtlinie"**, realisiert im EU-Programm **„NATURA 2000"**: Kap. 10.3.3.2.

10.3.3.1 Nationale Schutzgebiets-Kategorien

Die rechtlichen Instrumente zur Ausweisung von Schutzgebieten für die Natur werden in Deutschland durch das Bundesnaturschutzgesetz (BNatSchG) vom Mai 2002 vorgegeben. Es sieht für den flächenhaften Naturschutz fünf Kategorien mit abgestuftem Schutz vor: **Nationalpark, Biosphärenreservat, Naturschutzgebiet, Landschaftsschutzgebiet und Naturpark**, wobei die letzten beiden faktisch kaum eine Bedeutung für den Arten- und Biotopschutz haben. Darüber hinaus gibt es kleinflächigen Schutz bzw. Schutz von Einzelphänomenen als **„Geschützter Landschaftsbestandteil“** oder **„Naturdenkmal“**.

Naturschutzgebiet, NSG (Schutzgebietskategorie A.1; § 23 BNatSchG): Das NSG ist die wesentliche, für den Naturschutz zentrale Schutzkategorie in Deutschland, die primär dem Arten- und Biotopschutz in der jeweiligen regionaltypischen Situation dienen soll. Rund zwei Drittel der insgesamt ca. 5000 NSGs sind kleiner als 50 ha, nur ca. 11 % erreichen eine Größe über 200 ha. Unter ökologisch-funktionalen Gesichtspunkten bedeutet dies, dass in vielen Regionen zu kleine Gebiete mit hohen störenden Randeinwirkungen ausgewiesen wurden. Die hohe Zahl kleiner Schutzgebiete geht einerseits auf die Tendenz zum Schutz extremer oder außergewöhnlicher Arten und Biotope zurück, andererseits ist sie z. T. eine Folge der selektiven und vorwiegend vegetationskundlich ausgerichteten Biotopkartierungen der Bundesländer.

Nationalpark, NP (A.1; § 24 BNatSchG): Der Nationalpark ist eine internationale Kategorie der IUCN, die großflächige natürliche (naturnahe) Gebiete in ihrer natürlichen ungestörten Entwicklung erhalten soll. Dabei wird eine Mindestgröße von ca. 10000 ha verlangt (und es dürfen keine menschlichen Aktivitäten im Gebiet stattfinden mit Ausnahme von Erholungsnutzung, soweit sie den Schutzgrund nicht beeinträchtigt). In Deutschland gibt es kein Gebiet, welches voll diesen Kriterien entspricht. Im Hinblick darauf kann man hier, streng genommen, nur von großflächigen Schutzgebie-

Tab. 10-5: Nationalparke und Biosphärenreservate in Deutschland (aus Knapp 1995, erweitert nach Ssymank 1999).

Nationalparks	**Fläche [ha]**
Niedersächsisches Wattenmeer, Niedersachsen	236300
Hamburgisches Wattenmeer, Hamburg	11700
Schleswig-Holsteinisches Wattenmeer, Schleswig-Holstein	273000
Vorpommersche Boddenlandschaft, Mecklenburg-Vorpommern	80500
Jasmund, Mecklenburg-Vorpommern	3000
Müritz-Nationalpark, Mecklenburg-Vorpommern	31800
Unteres Odertal, Brandenburg	10500
Hochharz, Sachsen-Anhalt	5900
Harz, Niedersachsen	15800
Sächsische Schweiz, Sachsen	9300
Hainich, Thüringen	7600
Bayerischer Wald, Bayern	24250
Berchtesgaden, Bayern	20800
Ab 2004: Eifel-Nationalpark, NRW	
Nationalparks – gesamt: 729950 ha ≈ 2 % der Fläche Deutschlands	
Biosphärenreservate	
SO-Rügen, Mecklenburg-Vorpommern	23500
Schorfheide-Chorin, Brandenburg	129100
Flusslandschaft Elbe, Sachsen-Anhalt, Brandenburg, Mecklenburg-Vorpom., Niedersachsen, Schleswig-Holstein	75000
Spreewald, Brandenburg	48400
Oberlausitzer Heide- u. Teichlandschaft, Sachsen	26300
Rhön, Bayern, Hessen, Thüringen	185000
Vessertal-Thüringer Wald, Thüringen	17200
Pfälzerwald, Rheinland-Pfalz	179800
Biosphärenreservate – gesamt: 984200 ha ≈ 2,8 % der Fläche Deutschlands	

ten mit dem Entwicklungsziel eines Nationalparks reden. Dennoch ist der Nationalpark-Begriff in Deutschland im BNatSchG verankert. Er definiert hier im wesentlichen ein großflächiges Naturschutzgebiet, welches in einem „von Menschen nicht oder wenig beeinflussten Zustand" ist. Pflege und Entwicklung der Nationalparke ist die Aufgabe von hauptamtlich dafür eingerichteten Verwaltungen. Aufgrund der Zuständigkeit der Länder für den Naturschutz gibt es in Deutschland keine zentrale Nationalpark-Verwaltungsstelle, wie dies in den meisten anderen Staaten der Fall ist. Deutschland hat aktuell 14 Nationalparke, von denen die flächenmäßig größten die die Flachgewässer der Küste einnehmenden Nationalparke sind (Tab. 10-5).

Der Nationalparkgedanke als Rechtinstrument wurde erstmals 1872 von den USA umgesetzt mit der Ausweisung des Yellowstone-NP, der somit der weltweit älteste NP ist. Weltweit gibt es inzwischen einige Hundert NPs.

Biosphärenreservate (§ 25 BNatSchG): A 1 bzw. A 2) haben meist den Flächenumfang von Nationalparken, sind aber mitunter intensiv besiedelt, und die Landschaft steht weitgehend unter Nutzung. Während in Nationalparken der Mensch mehr den Status einer notgedrungen geduldeten Systemkomponente hat, gehören er und seine Aktivitäten im Biosphärenreservat essentiell zu dem derart hervorgehobenen großen Ökosystemkomplex dazu.

Landschaftsschutzgebiete, LSG (A.l; § 26 BNatSchG) dienen laut Gesetz u. a. der „Nutzungsfähigkeit der Naturgüter" und stellen die Erhaltung der „Vielfalt, Eigenart oder Schönheit des Landschaftsbildes" und die „besondere Bedeutung für die Erholung" in den Vordergrund. Mit rund 6200 Landschaftsschutzgebieten gehören rund 25 % der Bundesfläche (9 Mio. ha) zu dieser Schutzkategorie.

Naturparke (A.11; § 27 BNatSchG) bilden eigentlich keine selbständige Schutzkategorie, da sie über NSG und LSG gesichert werden. Sie dienen überwiegend der Erholung; das BNatSchG fordert sogar dazu auf, dass Naturparke „entsprechend ihrem Erholungszweck geplant, gegliedert und erschlossen werden" sollen. Damit dienen Naturparke nicht dem Naturschutz, sondern der Naturerschließung und gehören inhaltlich eigentlich nicht in diesen Zusammenhang; ihre Ausweisung könnte auch als „Eingriff" im Sinne des BNatSchG verstanden werden. Es gibt derzeit knapp 80 Naturparke, die ca. 15 % der Bundesfläche einnehmen. Die Verteilung ist sehr ungleich, der Schwerpunkt liegt im mittleren und nördlichen Teil Westdeutschlands (60 Gebiete) Es sei jedoch erwähnt, dass die Charakterisierung der Natur-

Tab. 10-6: Ablaufschema des Ausweisungs-Verfahrens für ein Naturschutzgebiet (aus Plachter 1991).

Phasen	Beteiligte
Antrag für die Erklärung eines Gebietes zum NSG an die zuständige Behörde (Bezirksregierung, Ministerium)	Vorschlag durch Privatpersonen, Vereine, Naturschutzbeauftragte, Gemeinde- und Kreisbehörden, wiss. Institute, die Genehmigungsbehörde selbst o. ä.
Prüfung des Vorschlags bei der Behörde	die für Naturschutzgebiete zuständige Behörde (oberste oder höhere für Naturschutz zuständige Behörde des betreffenden Bundelandes)
i. d. R.: Einholung von Fachgutachten	Fachinstitution des betreff. Bundeslandes (Landesanstalt, -amt o. ä.), Hochschulinstitut, wiss. Vereinigung, Einzelwissenschaftler, Naturschutzbeauftragte o. ä.
Behördenentscheidung: Ablehnung oder Annahme des Vorschlags, bei Eilbedürftigkeit: einstweilige Sicherstellung	Beteiligung des zuständigen Behördenbeirats bzw. Naturschutzbeauftragten
Entwurf einer Rechtsverordnung für das künftige NSG	zuständige Behörde (unter Beteiligung des zuständigen Beirats und der nach § 29 BNatSchG anerkannten Verbände)
Abstimmung des Entwurfs in den übrigen Behörden	berührte Behörden
Öffentliche Auslegung u. Stellungsnahme der Betroffenen	alle Betroffenen (Öffentlichkeit), z. B. Grundeigentümer, Nutzungsberechtigte, Kommunal- u. Fachbehörden, Körperschaften, Naturschutzbeirat, private Interessensverbände, interessierte Einzelpersonen
Nach Berücksichtigung aller Stellungsnahmen Veröffentlichung der Rechtsverordnung für das NSG im Gesetz- und Verordnungsblatt des Landes bzw. im Amtsblatt der Bezirksregierung	berührte Behörden

Tab. 10-7: Gliederungsschema der Rechtsverordnungen für Naturschutzgebiete in Deutschland (nach Erz 1978 aus Plachter 1991).

§ 1: *Erklärung zum Naturschutzgebiet:*
Lage und Bezeichnung des NSG

§ 2: *Schutzgegenstand:*
Größe, Grenzen, Grundstücksparzellen; Hinweis auf die zur Verordnung gehörende Karte.

§ 3: *Schutzzweck:*
Beschreibung des Schutzzweckes in Anlehnung an die Begriffsbestimmungen im Naturschutzgesetz.

§ 4: *Verbote:*
(1) Generalklausel des Verbots aller Handlungen, die zur Zerstörung, Beschädigung oder Veränderung des NSG oder seiner Bestandteile oder zur Behinderung wissenschaftlicher Forschungen führen können.
(2) Spezielle Verbote für:
- Errichten baulicher Anlagen
- Anlage von Straßen, Wegen u. a. Verkehrsanlagen
- Verändern der Bodengestalt (z. B. durch Abgrabungen)
- Entwässerung oder Veränderung des Wasserhaushalts
- Eintragen von Abfällen
- Anbringen von Schrifttafeln
- Einbringen, Entfernen, Beschädigen von Pflanzen und Tieren einschließlich ihrer Teile, Entwicklungsformen usw.
- Änderung der bisherigen Grundstücksnutzung
- Zelten, Lagern, Verkaufsstände usw.
- Entzünden von Feuer

u. a. m.

§ 5: *Zulässige Handlungen (= Ausnahmen von den o. g. Verboten):*
(1) ordnungsgemäße Ausübung der Jagd und der Fischerei, ggf. mit bestimmten Auflagen,
(2) ordnungsgemäße land- und forstwirtschaftliche Nutzung in der bisherigen Art und im bisherigen Umfang, ggf. mit bestimmten Auflagen,
(3) sonstige bisher rechtmäßigerweise ausgeübte Nutzungen der Grundstücke usw. im bisherigen Umfang einschließlich Unterhaltung und Instandsetzung
(4) Pflegemaßnahmen nach Anordnung der Behörde.

§ 6: *Schutz- und Pflegemaßnahmen:*
Festlegung von Geboten je nach den einzelnen Schutz- und Entwicklungszielen, die u. U. in der gutachterlichen Begründung für das NSG enthalten waren.

§ 7: *Befreiungen von den Vorschriften dieser Verordnung* (z. B. in Härtefällen).

§ 8: *Ordnungswidrigkeiten.*

parke in der Gesetzgebung der DDR wesentlich stärker naturschutzorientiert war. Von ihrer Bedeutung her standen sie zwischen Naturschutz- und Landschaftsschutzgebieten, und so werden sie in den neuen Bundesländern immer noch mehr in diesem Sinne gesehen.

Wichtig ist, dass die vorstehend genannten Schutzgebiets-Typen sich mehrfach überlagern können. So sind die meisten Naturparke zu großen Teilen gleichzeitig Landschaftsschutzgebiete oder in Kernbereichen Naturschutzgebiete.

Die letzten Kategorien, die das NatSchG kennt, betreffen kleinräumig ausgedehnte Schutzobjekte:

Naturdenkmale, ND (A.I; § 29 BNatSchG) sind im Prinzip kleine Naturschutzgebiete, die z. B. auf nur wenigen Quadratmetern Einzelbäume schützen oder – in einigen Ländern – als flächenhaftes Naturdenkmal auch anstelle kleiner Naturschutzgebiete in der Größenordnung bis zu 3 ha (ausnahmsweise auch bis zu 5 ha) ausgewiesen sind.

Ferner gibt es noch **Geschützte Landschaftsbestandteile** (§ 18 BNatSchG), bei denen konkrete Flächen oder aber z. B. auch der gesamte Streuobst- oder Heckenbestand eines Gebietes unter Schutz gestellt werden kann („Typenschutz").

Als **besonders geschützte Biotope** (§ 20c) findet sich eine Liste von Lebensraumtypen, die unter Pauschalschutz (Typenschutz ohne die Notwendigkeit einer formalen Flächenabgrenzung) stehen:

1. Moore, Sümpfe, Röhrichte, Riede, seggen- und binsenreiche Nasswiesen, Quellbereiche, naturnahe und unverbaute Bach- und Flussabschnitte, Verlandungsbereiche stehender Gewässer,

2. offene Binnendünen, offene natürliche Block- und Geröllhalden, Zwergstrauch-, Ginster- und Wacholderheiden, Borstgrasrasen, Trockenrasen, Schwermetallfluren, Wälder und Gebüsche trocken-warmer Standorte,
3. Bruch-, Sumpf- und Auwälder,
4. Fels- und Steilküsten, Strandwälle sowie Dünen, Salzwiesen und Wattflächen im Küstenbereich,
5. offene Felsbildungen, alpine Rasen sowie Schneetälchen und Krummholzgebüsche im alpinen Bereich.

Dies sind nur die wichtigsten aus der Liste der Biotoptypen, die im Rahmen der Novellierung des BNatSchG eine erhebliche Ausweitung erfahren hat. So sind hier nunmehr auch magere Frischwiesen und -weiden, Schlucht- und Hangschuttwälder genannt sowie Ergänzungen im marinen Bereich vorgenommen worden (z. B. Seegraswiesen und Boddengewässer). Die jeweilige Verankerung dieser schutzwürdigen Gebiete i. w. S. in den Länderrechten ist sehr unterschiedlich, mit z. T. umfangreichen Definitionen, anhand von Vegetationseinheiten, Indikatorarten der Fauna und Flora oder sogar anhand von Mindestflächengrößen. Die Aufzählung besonderer Biotoptypen umfasst im Grunde nahezu die gesamte nicht der Landwirtschaftsnutzung zuzuordnende und nicht als Wirtschaftsforste ausgewiesene Fläche des Landes, in der Sprache der wirtschaftsorientierten Planung meist als „Ödland" bezeichnet.

„Naturwaldreservate" sind in einigen Bundesländern (meist kleinflächige) Waldgebiete, in denen keine Nutzholzgewinnung erfolgt, in denen vielmehr die natürliche Waldentwicklung nach Beendigung der forstlichen Nutzung in ihren Sukzessionsmechanismen ablaufen soll.

Im Rahmen des Bundesnaturschutzrechtes liegt die **Ausweisung von Naturschutzgebieten in der Länderhoheit** und ist dadurch im gesamtdeutschen Rahmen nicht völlig einheitlich. Tab. 10-6 und 10-7 charakterisieren die allgemeine Ausweisungsprozedur und die normalerweise vorgenommenen Rechtssetzungen bei der Einrichtung eines Naturschutzgebietes. Beide Tabellen sind Plachter 1991 entnommen, auf dessen ausführliche Erörterung der Flächenschutzsituation in Deutschland, ihren Umfang und ihre Schwachstellen zum vertieften Studium hingewiesen sei.

10.3.3.2 FFH-Gebiete, NATURA 2000-Programm

Das allerwichtigste EU-Richtlinien-Werk zum Naturschutz ist die im Mai 1992 in Kraft getretene **Fauna-Flora-Habitat-Richtlinie**, realisiert im EU-Programm „NATURA 2000". Mit Überschreiten der für die Umsetzung in nationales Recht vorgesehenen Frist zum Juni 1994 sind die Rechtsvorschriften aufgrund des EG-Einigungsvertrags, soweit sie hinreichend genau sind, unmittelbar gültig und bindend. Die Meldefristen für nationale Gebietsvorschlagslisten liefen unabhängig davon offiziell bis Juni 1995; aufgrund von Verschleppung des Vollzuges waren aber noch mehr als ein halbes Jahrzehnt danach Nachmelde-Tranchen nötig. Das allgemeine Ziel der Richtlinie ist die „Erhaltung der biologischen Vielfalt" oder wie es in Art. 2(2) formuliert ist: „Einen günstigen Erhaltungszustand der natürlichen Lebensräume und wildlebenden Tier- und Pflanzenarten von gemeinschaftlichem Interesse zu bewahren oder wiederherzustellen". Dies beinhaltet gleichzeitig

- das statische Element des konservierenden Arten- und Biotopschutzes und
- das Gebot der Entwicklung bzw. Renaturierung bedrohter oder gar verschwundener Lebensräume.

Als wichtigstes Mittel zur Sicherung der biologischen Vielfalt wird der Aufbau eines „kohärenten europäischen ökologischen Netzes von Schutzgebieten" mit der Bezeichnung „NATURA 2000" gefordert. Zum neuen Schutzgebietssystem gehören auch die nach der EG-Vogelschutzrichtlinie ausgewiesenen Gebiete. Die Auswahl der Gebiete stützt sich im wesentlichen auf umfangreiche Anhänge zur Richtlinie, deren einer die Lebensräume und der andere die Pflanzen- und Tierarten umfasst, für deren Schutz die Ausweisung besonderer Schutzgebiete gefordert wird.

Neu und besonders naturschutzwirksam an dieser Richtlinie ist vor allem,

- dass die Auswahl der Gebiete sich nach einem Bewertungsverfahren richtet, welches den Bezug zu so genannten biogeographischen Regionen fordert: Es ist somit eine Orientierung der repräsentativen Schutzgebietsauswahl am jeweiligen naturräumlichen Potential vorgesehen, d. h., nicht der „beste" Trockenrasen der Europäischen Union wird ausgesucht und unter Schutz gestellt, sondern **alle** wichtigen naturräumlichen Ausbildungen dieses Habitats müssen in repräsentativen Gebieten geschützt werden.
- Die geforderte Kohärenz des Schutzgebietssystems lässt keine Einzelmeldung eines bestimmten Biotoptyps mit nur einem Gebiet zu. Die Richtlinie ist insbesondere für Mitteleuropa stark auf den Lebensraumschutz abgestimmt.

- Der Lebensraumschutz beschränkt sich nicht nur auf naturnahe Biotoptypen oder auf per se ganz seltene Typen, sondern Kulturformationen (z. B. zahlreiche magere Grünlandtypen) sind mit eingeschlossen.
- Weit verbreitete, aber gleichwohl für Mitteleuropa charakteristische Lebensraumtypen des standörtlichen Mittelfeldes, insbesondere die Buchenwälder, sind gut berücksichtigt. Ein Schwerpunkt der Umsetzung dürfte somit für Deutschland auch der Schutz von Wäldern werden.
- Die Richtlinie fordert in Art. 6 für die auszuweisenden Schutzgebiete eine umfassende, über bisherige Regelungen in Deutschland hinausgehende, am Schutzobjekt orientierte Umweltverträglichkeitsprüfung.
- Eine Erfolgskontrolle ist in doppelter Weise vorgesehen: Die Richtlinie enthält ein Überwachungsgebot (Monitoring) und verlangt sowohl 2jährige Berichte über Ausnahmeregelungen als auch öffentliche Durchführungsberichte über getroffene Maßnahmen alle 6 Jahre.

Die EU-Naturschutzpolitik setzt mit ihrer Grundkonzeption auf naturwissenschaftlich-ökologische Fakten und versucht so, die Schutzbemühungen auf eine konsequent rationale Grundlage zu stellen. Die Umsetzungs- und Monitoring-Vorgaben haben somit erheblichen Bedarf an relevanter Fachinformation: biologisch-ökologisches Wissen ist gefragt, welches sich freilich der strengen Kritik der Kreise stellen muss, die durch die Schutzvorgaben in Eigentums- und Einfluss-Ansprüchen beeinträchtigt werden können.

10.3.3.3 Administrative und ehrenamtliche Umsetzung

Der Umsetzung der Vorgaben des Naturschutzrechts dienen Fachabteilungen auf Bundes- und Landesebene sowie einschlägige Dezernate bei den Gebietskörperschaften. Das Engagement des ehrenamtlichen Naturschutzes hat sich, über den Einsatz des Einzelnen hinaus, vereinsmäßig organisiert, mit NaBu und BUND als den beiden größten hierbei tätigen Lobby-Organisationen und einer Vielzahl kleinerer Zusammenschlüsse, welche alle im Deutschen Naturschutzring ihre Dachorganisation besitzen.

Sowohl das **Bundesumweltministerium** wie die entsprechenden **Landesministeriem** haben als Fachinstitutionen Forschungsanstalten angeschlossen, die als Teil der bei den meisten Ministerien angesiedelten Ressortforschung fungieren. Auf Bundesebene wird diese Aufgabe von der **Bundesforschungsanstalt für Naturschutz und Landschaftsökologie (BfN)** in Bonn-Bad Godesberg wahrgenommen. Auch viele Länder haben entsprechende Landesanstalten, die neben der Durchführung der einschlägigen Auftragsforschung als Institutionen der fachlichen Politikberatung fungieren und vor allem mit der konzeptionellen Entwicklung und überregionalen Umsetzung der Naturschutzanliegen betraut sind. Im regionalen Rahmen übernehmen – je nach Bundesland unterschiedlich – Biologische Stationen, Organisationen der Naturschutzwacht, lokale Naturschutzbeauftragte u. ä. diese Aufgaben. Als Multiplikatoren der naturschutzrelevanten Erkenntnisse, als Foren der Diskussion und als Institutionen der einschlägigen fachlichen Weiterbildung außerhalb von Schulen und Universitäten gibt es in etlichen Bundesländern noch **Akademien für Naturschutz und Landespflege**. Den verschiedenen Naturschutzbehörden zugeordnet sind schließlich jeweils noch **Fachbeiräte**, welche die Arbeit der Behörden fachkritisch begleiten sollen und mit Empfehlungen und Stellungnahmen optimieren sollen. Die Mitglieder dieser Beiräte sind Fachleute aus verschiedenen Wissenschaftsbereichen sowie aus anderen Fachbehörden, welche in der Regel in diese ehrenamtliche Gremien berufen werden, nicht gewählt, die weisungs**un**gebunden sind und somit nicht in einer wie immer gearteten administrativen Abhängigkeit stehen.

Grundlage für die Einbindung der Naturschutz-Anliegen in das gesamte Verwaltungs-Handeln sind regionale Pläne, die als **Landschaftspläne** in Interaktion mit anderen Fachplanungen (Bebauungs-, Verkehrswege-, Gebietsentwicklungspläne u. ä.) stehen. Landschaftspläne werden von den Gebietskörperschaften aufgestellt als flächendeckende Konzeptvorgaben und Handlungsanweisungen für die Entwicklung, den Schutz und die Pflege der Landschaft und ihrer Bestandteile außerhalb der im Zusammenhang bebauten Ortsteile und des Geltungsbereiches der Bebauungspläne.

Ein Landschaftsplan muss die Ziele und Erfordernisse von Raumordnung und Landesplanung, die Darstellungen der Flächennutzungspläne sowie die bestehenden planerischen Festsetzungen anderer Fachplanungsbehörden beachten. Ebenso wie diese ist er so eingebunden in das „Gegenstromprinzip der Planungsbindung der Verwaltung".

10.3.3.4 Rationale der gesetzlichen Schutzvorschriften

Viele FFH-Gebiete, NSGs und auch die binnenländischen NPs und Biosphärenreservate erhalten ihre Eigenart und Hochwertigkeit recht wesentlich durch ihre Vegetation. Sind es bei vielen kleinerflächigen Gebieten oft eine Vielzahl seltener Pflanzenarten, so sind es in den großen Schutzgebieten der Nationalparke und in etlichen der mittelgroßen NSGs gerade auch die durch ihre Stenökie erheblich gefährdeten, seltenen, manchmal auch einzigartigen Pflanzengesellschaften, die den Schutz rechtfertigen.

Gebiete, die aufgrund ihrer Flora und ihrer Vegetation wert sind, unter besonderen Schutz gestellt zu werden, sollten durch **objektivierbare Kriterien** ausgewiesen sein. Faunistische, geomorphologische, geologische und landschaftsästhetische Aspekte dürfen in der naturschutzfachlichen Analyse nicht vernachlässigt werden, sollen hier aber nicht weiter spezifiziert werden. Die Häufung des Vorkommens seltener Pflanzenarten in einem Gebiet, begründet durch edaphische, kleinklimatische oder vegetationsgeschichtliche Ursachen, ist in vielen Fällen ein wesentliches Argument für Biotopschutzmaßnahmen. Viele der schon seit längerem bestehenden Naturschutzgebiete fanden in diesem Kriterium ihre wichtigste Rechtfertigung. Ein Überblick über das Arteninventar, verbunden mit der Feststellung von „Rote Liste"-Arten, kann die floristische Wertigkeit eines Gebietes gut charakterisieren. Eine phytosoziologische Dokumentation wird eventuell auf besonders typische oder seltene Pflanzenvergesellschaftungen hinweisen. Erfolgt sie flächendeckend, kann eine Karte der aktuellen Vegetation des Gebietes erstellt werden. Im größerräumigen Vergleich mag dazu auch eine Gegenüberstellung der tatsächlichen und der „Potentiellen Natürlichen Vegetation" informativ sein. Im Interesse einer vertieften Beschreibung der lokalen Vegetationsverhältnisse und als Hilfestellungen für die naturschutzfachliche Bewertung sind mitunter Arealtypenspektren sowie bestäubungs- und verbreitungsbiologische Informationen nützlich, ebenso Angaben über die Zuordnung der vorhandenen Taxa zu unterschiedlichen Lebensstrategien (Frey & Hensen 1995a) und in Einzelfällen auch zu Populationsgrößen (Erörterungen zu Mindest-Populationsgrößen: Soulé 1987). Vielfach wird der Vergleich verschiedener Einzelgebiete oder unterschiedlicher Biotoptypen eines größeren Erfassungsraumes von Bedeutung sein. Hierfür Grundlagen liefernde Parameter können (über die aufgeführten floristischen und vegetationskundlichen Primärinformationen hinaus) sein: Diversitätskennzahlen, Evennesszahlen, Angaben zu Minimalarealen, Bestandsdifferenzierungen mit numerisch-vegetationskundlichen Methoden, in speziellen Fällen auch bestandsmeteorologische, produktionsbiologische und synökologische Informationen hinsichtlich der ökosystemaren Stoff- und Informationsflüsse.

Auf dem Artenvorkommen basierende mittlere Zeigerwerte (4.7) werden in vielen habitatbezogenen Naturschutzfragen physikalisch-chemisch zu ermittelnde Zeigerparameter für die Quantifizierung der ökosystemaren Qualitäten ersetzen. Für Zwecke einer ökologischen Kennzeichnung der zur Diskussion stehenden Flächen sind solche nicht-skalaren Kennwerte vielfach hinreichend, wenngleich bodenkundliche, makro- bis mesoklimatische und immissionskundliche Daten, wenn sie denn vorliegen, für die umfassende Charakterisierung der standörtlichen Eigenschaften großen Nutzen bieten können. Von den die Standortparameter kennzeichnenden Zeigerwerten zu unterscheiden sind **„Zeigerorganismen"**, welche durch ihre An- oder Abwesenheit und durch ihre Populationsgröße die Naturschutzwertigkeit eines Gebietes zu charakterisieren vermögen. Es sind dies meist sehr stenöke Taxa, die auf Veränderungen der standörtlichen Qualität empfindlich mit einem Rückgang in den Individuenzahlen oder mit völligem Verschwinden reagieren.

Im Idealfall sollten bei Pflanzenbeständen von großem Erhaltungswert aufgrund ihrer floristischen, vegetationskundlichen, vegetationsgeschichtlichen und/oder synökologischen Eigenheiten auch Informationen bekannt sein zu ihrer Stabilität bzw. Elastizität unter Störungen. Kenntnisse über Wechselwirkungen mit der umgebenden Vegetation und über Diasporenaustauschmöglichkeiten mit disjunkt gelegenen vergleichbaren Beständen können von wesentlicher Bedeutung sein, wenn die adäquate Flächengröße der künftig mit Schutzgeboten und -verboten bewehrten Bereiche bestimmt wird und dabei ein Biotopverbund sich eventuell als vorteilhaft erweist.

10.3.4 Flächenschutz-Management und seine ökologischen Grundlagen

Es ist inzwischen weithin anerkannt, dass ein statisch konservierender Naturschutz das Schutzziel nur in Lebensräumen erreicht, welche als Klimax, als Endstadium einer mitunter sehr lang dauernden Sukzession fungieren. Dies sind in Mitteleuropa eigentlich nur naturnahe Wälder. Viele Ökosystemtypen, die schützenswert sind, sind auch dann noch auf Lenkungsmaßnahmen angewiesen, wenn sie sich in ihrem ökologischen Optimalzustand befinden. Auch für Naturschutzgebiete bedeutet das, dass sie meist nicht ohne lenkende Eingriffe auskommen. Lediglich die bürokratisch-rechtliche Ausweisung eines Naturschutzgebietes oder Nationalparks reicht dagegen meist nicht aus.

Selbst bei NPs ist die sich selbst tragende ökologische Langzeit-Stabilität nicht durchwegs gegeben, da sie auch bei erheblicher Flächengröße keinen gegenüber der Außenwelt völlig abgeschlossenen Mikrokosmos darstellen. Sie sind vielmehr mit dem von außen kommenden Ferntransport von Immissionen i. w. S. belastet, stehen über die offenen Schutzgebietsgrenzen in Organismenaustausch mit dem landwirtschaftlich, forstwirtschaftlich und jagdlich geprägten Umland und werden zumindest in großen Teilbereichen von an Information, Naturerlebnis und Erholung interessierten Besuchern frequentiert. Das Konzept der Aufteilung in naturbelassene Kernzonen und Randbereiche mit Publikumsverkehr und behutsamem Management als Pufferzone soll diese Problematik abmildern. Doch zeigt zum einen die Fragmentierung z. B. der deutschen Wattenmeer-Nationalparke durch Bereiche, die weiterhin der wirtschaftlichen und militärischen Nutzung dienen, Waldschäden, durch deren Schwächung die Bergfichtenwälder gerade im Kerngebiet des Nationalparks Bayerischer Wald großflächig einer Borkenkäferepidemie zum Opfer gefallen sind, und ähnliche Beispiele, dass auch Schutzgebiete der höchsten Kategorie nicht völlig frei von Außenstörungen und Verschiebungen in den ökosystemaren Gleichgewichten sind.

Andererseits ist nicht jede Veränderung in einem Schutzgebiet im Vergleich mit der Situation zum Zeitpunkt seiner Unterschutzstellung als prinzipielle Abweichung vom Schutzziel zu betrachten. Mitunter können vom Menschen als großflächige Störung, ja Bestandsvernichtung angesehene Effekte durchaus Komponenten einer langfristigen ökosystemaren Dynamik sein, in deren Ablauf der eigentlich intendierte Schutzzweck für einen Landschaftsraum gar nicht mehr gewährleistet erscheint. So belegt die höchst vitale Erneuerung und Sukzessionsentwicklung der Wälder des nordamerikanischen Yellowstone-Parks nach aus der Sicht des Zivilisationsmenschen verheerenden, „schädlichen" Waldbränden, dass „Naturkatastrophen" auch wesentliche, notwendige Regelmechanismen in der ökosystemaren Dynamik sein können. Dort, wie möglicherweise auch in den vom Borkenkäfer geplagten mitteleuropäischen Naturwäldern, kann der flächige Zusammenbruch gealterter Vegetationsformationen den Beginn einer neuen Entwicklung hin zum Klimaxzustand bedeuten und ein langfristiges zyklisches Phänomen darstellen, das über den vom Menschen erfahrbaren und planerisch erfassbaren Zeitrahmen erheblich hinausgeht. Die Erfahrung zeigt allerdings, dass gerade auch eine dem Naturschutz aufgeschlossen gegenüberstehende öffentliche Meinung vielfach nicht die Einsicht und Geduld aufbringt, die Zeitdauer von Jahren, im Falle von Wäldern oft von Jahrzehnten hinzunehmen, welche die systemare Selbstregulation im allgemeinen beansprucht. Wissenschaftlich befasst sich mit dem hier zugrundeliegenden Wechselspiel von Klimax-Beharrung und Sukzessionsdynamik die ökologische Theorie des „Mosaikzyklus-Konzeptes" der Waldentwicklung (6.6.1.4).

Stabilität im Sinne von möglichst geringer Auslenkung der Lagen der Fließgleichgewichte in einem Ökosystem kann, muss aber nicht immer einen hoch einzuschätzenden Wert darstellen. Starke bis sehr starke **Fluktuationen** können zum Wesen mancher Ökosysteme dazugehören. Typische Beispiele für derartige Biozönosen sind Feuerklimax-Bestände, bei denen die brandbedingte vollständige Remineralisierung der Biomasse nach einer spezifischen Zeit ihrer kontinuierlichen Anhäufung, gefolgt von einer dem Nährstoffangebot angemessenen Sukzession, einen wesentlichen ökosystemaren Bestimmungsparameter darstellt (6.2.6). Die in solchen Lebensräumen vorkommenden Pflanzen sind strukturell und physiologisch diesen Rhythmen gut angepasst. Wenn langfristig „stabile" Verhältnisse in einem überalterten Klimax-Waldbestand irgendwann schließlich in einem flächigen Zusammenbruch größerer Bereiche enden und Raum geben für einen neuen Sukzessionszyklus, behält eine solche Fläche prinzipiell ihre durch das Großklima, die Geomorphologie und Geologie sowie durch die pflanzliche Diasporenverfügbarkeit bestimmten Ökosystemparameter bei.

Sehr hohe Bestandselastizität ist ein Kennzeichen der meisten synanthrop entstandenen kurzlebigen Vegetationsbestände, wie sie z. B. Äcker, Felder und Wiesen darstellen, wo Bestellung und Ernte bzw. Mahd abrupte saisonale Störungen der kontinuierlichen bzw. sich graduell verändernden Energie- und Stoffflüsse bewirken. An solchen Lebensräumen stellen derartige Eingriffe keine prinzipiellen Vitalitätsschädigungen für die dort vorkommenden Pflanzen dar.

Andere Biozönosen reagieren im Vergleich dazu viel empfindlicher auf Veränderungen. Die Wiedervernässung eines einmal längere Zeit trockengefallenen Erlenbruchs kann den vorherigen Zustand nie wiederherstellen, denn der mit der Grundwasserabsenkung verbundene Übergang von vormals partieller Anaerobie zu einem stärker aeroben Bodenmilieu hat dort die Redoxsituation, den mikrobiellen Stoffwechsel, die Nährstoffverfügbarkeit und andere edaphische Parameter irreversibel verändert (Kazda et al. 1992). Das gleiche gilt für die partielle Entwässerung von Hochmooren bzw. deren stärkere Eutrophierung. In solchen Fällen muss der Erhalt des Status quo oberstes Ziel von Naturschutzmaßnahmen sein.

In anderen Fällen kann die Gewährleistung periodisch erfolgender Bestandsstörungen wesentlich zum Erhalt eines bestimmten Vegetationsaspektes nötig sein. Für die Stadien der primären Dünensukzession ist der Aufriss der sich schließenden Vegetationsdecke durch Begehen und durch Beweidung (aber nicht unbedingt durch off-road-Motocross!) von erheblicher Bedeutung. Entfernung von Holzpflanzenaufwuchs ist notwendig zum Statuserhalt sowohl von Zwischenmooren wie auch von Halbtrockenrasen. Maßnahmen der „Aushagerung“ durch gelegentliche Mahd, Abplaggen, Entkusselung o. ä. zur Stabilisierung von an sich wenig eingriffsbedürftigen, oligo- bis mesotrophen Vegetationstypen auf intermediären Sukzessionsstufen sind mitunter nötig zur Kompensation der flächendeckenden Eutrophierung Mitteleuropas. Diese erfolgt durch den massenhaften windbedingten Eintrag von Düngestoffen aus den landwirtschaftlichen Intensivnutzungsgebieten und von industriebürtigen Stickstoff- und Schwefel-Verbindungen.

Das **Unterlassen oder Durchführen von lenkenden Managementeingriffen in Schutzgebieten** wird somit im Einzelfall sehr stark vom Schutzziel abhängen, das den besonderen Wert des jeweiligen Lebensraumes zu bewahren sucht. Vegetations- und Florenaspekte von Naturschutzgebieten auf intermediären Sukzessionsstufen müssen mittelfristig gegenüber der Entwicklung zur lokalen Klimax durch extensive Nutzung oder direkte Pflegemaßnahmen erhalten werden müssen. Wissenschaftliche Fachinformationen sollten das notwendige Ausmaß solcher Eingriffe möglichst objektiv umgrenzen. Allerdings wird die Alltagspraxis solcher Pflegemaßnahmen immer noch wesentlich von subjektiven Einschätzungen auf der Basis persönlicher Erfahrungen sowie durch ökonomische und logistische Sachzwänge geprägt.

In allen Fällen, bei Ökosystemen im längerfristig stabilen Endstadium einer Sukzession wie auch bei Fluren, die aus floristischen, kulturgeschichtlichen oder landschaftsästhetischen Gründen auf einem Intermediärstadium der Sukzession gehalten werden sollen, ist der Schutzzweck leichter zu erreichen, wenn die eigentlich schutzwürdige Fläche von einer möglichst breiten **Pufferzone gegenüber dem Umland** umschlossen wird. Ein solcher Umgriff ist jedoch bei vielen Schutzgebieten gar nicht oder nur in unzureichendem Ausmaß vorhanden, teils aus besitzrechtlichen oder historischen Gründen, teils auch, weil die gesetzlichen Voraussetzungen zur Unterschutzstellung sich buchstabengetreu und statisch nur auf das schutzwürdige Naturobjekt selbst konzentrieren und dynamische Wechselwirkungen zwischen aneinander grenzenden Landschaftselementen weitgehend ignorieren. Auch die die Bewahrung von Besitzständen und herkömmlichen Nutzungsrechten sehr hoch bewertende Rechtskultur in Deutschland führt mancherorts zu relativ starren und nicht immer situationsangemessenen Festlegungen bei der Ausweisung von Schutzgebieten.

Die **Interaktionen zwischen einer naturnah zu erhaltenden Fläche und dem intensiver wirtschaftlich genutzten Umland** werden umso größer sein, je ungünstiger die Relation zwischen der Flächengröße des Schutzgebietes und seinen Rändern gegenüber der Umgebung ist. Naturnahe Lebensräume machen in Mitteleuropa nur noch weniger als 10 % der Gesamt-Landfläche aus (Kaule 1991). Sie sind in der Regel als inselartige Bestände von forst- und vor allem landwirtschaftlich intensiv genutztem, ökologisch weniger wertvollem Land umgeben. Naturnahe Waldökosysteme benötigen zum Funktionieren einer hinreichenden Selbstregulation und Bestandsstabilität Flächen von vielen Quadratkilometer Ausdehnung; für die Mehrzahl der flächig ausgeprägten Ökosysteme werden Mindestflächen im Bereich zwischen 30 bis 100 ha angegeben (Plachter 1991). Bei Beständen von nur wenigen Hektar Ausdehnung oder noch kleinerer Fläche muss hingegen stets mit einem Verlust stenöker Arten und mit einer allmählichen und vielfach irreversiblen Veränderung der Biotopqualität durch Randeinflüsse gerechnet werden.

Zur Optimierung der **Umrissformen von Schutzgebieten** können Informationen aus der Insel-Biogeographie beitragen (MacArthur & Wilson 1967). Danach ist (Plachter 1991 S. 318)

- „ein einzelnes großes Schutzgebiet günstiger als mehrere kleine (Populationsgrößen: Aussterberisiko!),
- ein rundes günstiger als ein langgestrecktes oder stark gelapptes (Randlinienlänge: Außeneinflüsse!),
- mehrere kumulierte günstiger als die gleiche Zahl linear angeordneter (Wiederbesiedelung eines Gebietes aus der Nachbarschaft nach lokalem Aussterben von Teilpopulationen einer Sippe),
- vernetzte Gebiete günstiger als die gleiche Zahl etwas größerer, jedoch isolierter.“

In der Realität werden diese Idealforderungen aber meist scheitern am Vorhandensein nur noch nicht-optimal strukturierter, kleiner Überreste von naturnahen und ökologisch wertvollen Lebensräumen, die großräumig umgeben sind von Flächen, deren Bewirtschaftung den Naturschutzzielen nicht unbedingt entgegenkommt. Besitzrechtliche und politische Gegebenheiten erschweren zudem vielfach die praktische Umsetzung einer dem Schutzziel optimal dienenden Flächenausweisung.

Ein Kompromiss in solchen Konflikten kann mitunter die Schaffung von **Ausgleichsbiotopen** in Nutzökosystemen sein, die im geeigneten Biotopverbund die Bestandsstabilität der an sich zu kleinen Schutzgebiete verbessern können. Das Ziel von Ausgleichsbiotopen ist nicht primär der Schutz besonders seltener Sippen in ihnen, sondern die Milderung der steilen Gradienten in den ökologischen Parametern und in der Diversität zwischen naturnahen und naturfernen Biozönosen. Pufferzonen um Schutzgebiete erfüllen diese Funktion. Aber auch extensiv genutzte linienhafte Elemente in Agrarökosystemen, wie Hecken, Raine, Böschungen, Gewässersäume und nicht mit Pestiziden und Düngern behandelte Ackerrandstreifen haben eine enorme Bedeutung für die Förderung der natürlichen Vielfalt in der mitteleuropäischen Kulturlandschaft. Über die Wirkungen solcher meist linear ausgerichteter Sonderbiotope innerhalb einer flächenorientiert genutzten Agrar- oder Waldlandschaft und die Standorteigenschaften an solchen Ökotonen gibt es vielfältige Studien (z. B. Röser 1988).

Ackerrandstreifenprogramme (Schumacher 1984, Ritschel-Kandel et al. 1985) waren und sind eine recht wirkungsvolle Maßnahme der Extensivierung von Teilen der vordem intensiv genutzten Ackerflächen, sofern das Samenreservoir einer artenreichen Wildkrautflora noch hinreichend vorhanden ist. Quantifizierungen der Diversität (Van Elsen 1989, Otte 1990), der Biomasseerträge und der Stoffflüsse (Thomas & Lösch 1993; Lösch et al. 1994b) belegen, dass derartige Managementmaßnahmen dem Naturschutzziel zuträglich und der wirtschaftlichen Nutzung der Agrarlandschaft nicht übermäßig abträglich sind. Anders als bei Naturschutzgebieten sind für Ausgleichsflächen ausgeprägte Randeffekte im Wechselspiel mit den intensiv genutzten Feld- und Waldflächen nicht immer unerwünscht.

Analoge Wirkungen wie bei den Ackerrandstreifen sind auch bei **Uferrandstreifen** von einigen Metern Breite gegeben, welche Bachläufe begleiten: Als extensivierte Grünlandstreifen wirken sie als Filter gegenüber Stoffeinträgen aus dünger- und pestizidbehandelten landwirtschaftlichen Nutzflächen, als Ökoton-Lebensräume für hierauf angewiesene Pflanzen und Tiere sowie als Elemente der Landschaftsgliederung.

Die Schaffung von Ausgleichsbiotopen orientiert sich zum einen an der Förderung einzelner Arten oder Artengruppen (z. B. Ackerrandstreifenprogramme), zum anderen am Erhalt und der Förderung bestimmter, der traditionellen Bewirtschaftung bedürftiger Lebensraumtypen (einschürige Feuchtwiesen, Streuobstlagen u. ä.). Viele von den Naturschutzbehörden der Länder durchgeführte einschlägige Programme sehen dabei Nutzungsausfallentschädigungen bzw. Kompensationszahlungen für die bewirtschaftungsbedingten Ertragsminderungen vor.

Ausgleichsbiotope und linear strukturierte Ökotonlebensräume in einer durch Landwirtschaft, Siedlung und Industrie stark genutzten Landschaft können in manchen Situationen den Erhalt vereinzelter naturnaher Biotopinseln fördern durch deren Vernetzung miteinander, durch **Biotopverbund** (Jedicke 1994). Besonders für Tiere können solche Korridore zur Überwindung der Zerschneidung ihrer Lebensräume sehr wesentlich sein. Doch ist es auch für ortsfeste pflanzliche Populationen von erheblicher Bedeutung, dass einer genetischen Erosion der Sippen auf vereinzelten Reliktstandorten innerhalb einer Kultursteppe entgegengewirkt wird. Vielfach mag hierfür schon die Existenz von „Trittsteinbiotopen“ hinreichend sein, die die Abstände zwischen größeren, in sich geschlossenen naturnahen Ökosystemen gleichen Charakters überbrücken.

Die Weiterexistenz vieler weit vom Kernareal entfernter süd- und südosteuropäisch verbreiteter Taxa an kleinklimatisch und edaphisch geeigneten mitteleuropäischen Lokalitäten zum Teil seit dem Subboreal und dem Atlantikum belegt, dass solche Isolierung die Vitalität einer Sippe nicht unbedingt einschränken muss. Das Phänomen der genetischen Erosion besteht jedoch, und in der Regel ist nicht geklärt, wie individuenarm eine Pflanzenpopulation und wie klein ihr Vorkommensgebiet minimal sein darf, ohne dass eine kritische Untergrenze der Populationsheterogenität erreicht wird. Ebensowenig ist in den meisten Fällen bekannt, welche Maximaldistanzen zwischen verinselten Vorkommen einer Art von Pollenflug und Diasporenverbreitung normalerweise überbrückt werden. Zoochore Samen- und Fruchtverbreitung ist in der Regel weiträumiger als

Autochorie oder die Anemochorie schwererer Flugfrüchte. Blütenstaub windbestäubter Pflanzen hat hingegen viel größere Chancen des Ferntransportes als von Insekten übertragener Pollen. Zweifelsohne ist mit großen Effizienzunterschieden der einzelnen Arten zu rechnen, und gewiss wird weder ein Trittstein- noch ein Korridor-Biotopverbund die Existenzbedürfnisse aller Sippen nachhaltig sichern. Für manche selten werdenden Taxa kann aber auch ein solches Konzept die Existenzprobleme mildern.

10.4 Flächendeckender und weltweiter Natur- und Umweltschutz

Die Erkenntnis, dass konservierender Biotopschutz stets eine der natürlichen Dynamik nicht ganz entsprechende statische Komponente beinhaltet, dass eine Trennung von Naturschutz- und Produktionsflächen für die **Regulationsstabilität der Agrarökosysteme** nicht förderlich ist, und dass eine hochintensivierte industrielle Agrarwirtschaft großräumig der Lebensqualität der Menschen abträglich ist, führt regional und global zu Bestrebungen, flächendeckend eine angemessene Balance zwischen der Nutzung von Boden, Luft, Wasser und biologischen Ressourcen einerseits und der ökosystemaren Stabilität und der organismischen Vielfalt andererseits zu finden. Ein Schlüsselwort der politischen Diskussion hierzu ist der Begriff der **„Nachhaltigkeit"**, englisch **sustainability**. Damit wird das Ideal umschrieben, die Nutzungseingriffe in Ökosysteme in einem Ausmaß zu halten, dass die Regulationsdynamik der Stoff- und Energieflüsse stabil bleibt und die Biodiversität (3.3.1.2) nicht gemindert wird. Diese Maxime hat Bedeutung

- für den Stoffentzug aus wirtschaftlich, insbesondere agrarisch und forstlich genutzten Lebensräumen,
- für den Stoffeintrag von Fremdsubstanzen, insbesondere Schadchemikalien, in diese Ökosysteme,
- für die übermäßige Störung, d. h. Entkoppelung, der miteinander vernetzten Stoff- und Energieumsatzprozesse
- und für Eingriffe in den Naturhaushalt, welche die Artenvielfalt in mannigfaltiger Weise beeinflussen können.

Weltweit sind einerseits gewaltige Anstrengungen nötig, den Ressourcenbedarf einer in ihrer Zahl exponentiell angestiegenen und noch ansteigenden Bevölkerung zu decken, gleichzeitig aber durch diesen Versorgungsanspruch die ökosystemare Tragfähigkeit im lokalen wie im globalen Rahmen nicht zu überfordern. Mit hohem Energie-, Dünge- und Organisationsaufwand erzielte Überproduktion in manchen Weltregionen und gravierende Unterversorgung in anderen sind durch bessere Verteilungslogistik, also durch sozioökonomische Maßnahmen, teilweise ausgleichbar. Auch die Verbesserung der Produktionsmethoden pro Flächeneinheit durch agrartechnische Maßnahmen und geeignete Sortenzüchtung kann zur Problemlösung beitragen. Ökosystem-Schäden durch eben diese Intensivlandwirtschaft und das letztendliche Scheitern dieses Ansatzes in den Ländern mit hohem Bedarf nach gesteigerter Nahrungsmittelproduktion lassen jedoch den rein agrarindustriell orientierten Problemlösungsansatz als nicht erfolgreich zum Ziele führend erscheinen.

Die „grüne Revolution" (Jennings 1974, 1976) hat mit der außerordentlich gesteigerten Nutzung von Dünge- und Pestizidsubstanzen in Anwendung auf kleinwüchsige Hochleistungsgetreidesorten zwar für einige Jahrzehnte wirkungsvoll zur Deckung des Nahrungsbedarfs einiger Subtropen- und Tropenländer beigetragen. Dadurch wurden jedoch in weitem Umfang stressresistentere und genügsamere Landsorten verdrängt und volkswirtschaftlich und soziologisch unerwünschte Abhängigkeiten geschaffen. Durch direkte oder indirekte Subventionen wirtschaftlich abgepuffert bzw. verdeckt, prägen derartige Abhängigkeiten (insbesondere von der chemischen Industrie) auch in vielen Facetten die ertragreiche Landwirtschaft in Industrieländern. Nirgends hat die Produktionsintensivierung die Selbstregulationsfähigkeit der landwirtschaftlich geprägten Vegetationssysteme erhöht, mancherorts hingegen deutlich vermindert.

Auch das Versprechen der einschlägig interessierten Industrie, mit Hilfe von gentechnisch veränderten Nutzpflanzen den Hunger in der Welt reduzieren zu können, ist unrealistisch, die massive Freisetzung von genetisch manipulierten Pflanzen („genetically modified organisms“, GMO) unter dem Aspekt eines angemessenen Umgangs mit der Natur unverantwortbar. Denn solche Freisetzungen von GMOs tragen den Charakter der Irreversibilität (10.1.1), welche bei einer Ausrichtung menschlicher Handlungen auf Störungsminimierung der ökosystemaren Gegebenheiten zu vermeiden ist. Die auf Erhöhung der Toleranzen von Nutzpflanzen gegenüber abiotischen Stressoren und Pathogenbefall ausgerichteten genetischen Veränderungen sind zudem in der Regel nur dort wirksam, wo ein einziger (enzymatischer) Schlüsselprozess die Abwehr eines Pathogens bewirkt oder die Pflanzen unempfindlich macht gegen den Schaden eines parallel zu ihrem Anbau ausgebrachten Pestizides. Die Vielfalt der auf dem Niveau der Organe oder der Gesamtpflanze stattfindenden Regulationsvorgänge mit dem Ergebnis der Vermeidung von Stress-Belastungen, auf der Koordination vielfacher Genexpression und posttranslationaler Regulationen beruhend, wird durch Eingriffe in den Genotyp kaum erreicht. Gerade die unter den „avoidance“-Strategien zusammengefassten vielfältigen Auseinandersetzungen der Pflanzen mit standörtlichen Stressbedingungen sind es aber, welche wesentlich der Sippenvielfalt zugrunde liegen und die differenzierte Habitat-Einnischung ermöglichen.

Bei der massiven Einführung von (konventionell gezüchteten ebenso wie genetisch manipulierten) Hochleistungssorten in die vorhandenen landwirtschaftlichen Strukturen wird vor allem in den Tropen- und Subtropenländern der sozioökonomische Rahmen einer strikt dezentralen und traditionell kleinflächigen Subsistenzwirtschaft (= kleinbäuerliche Selbstversorgungs-Landwirtschaft) ignoriert, welche gerade dort dominiert, wo Bedarf nach gesteigerter, vor allem aber langfristig möglicher Nahrungsproduktion vorherrscht. Eine Umstellung auf industriell produziertes und pestizidabhängiges Hochleistungssaatgut führt in einem solchen Umfeld lediglich zu verstärkter Abhängigkeit der Landbevölkerung von Fremdinteressen im nationalen und internationalen Rahmen. Die besonders mit der Produktion von transgenen Pflanzen verbundene hohe Einheitlichkeit der damit begründeten Monokulturen bewirkt zudem eine deutlich geringere Elastizität gegenüber klimatischen und pathogen-bedingten Störungen als das genotypisch heterogene Anbaugut konventioneller Landwirtschaft. (Diese System-Schwäche gilt auch für die nur wenige Sorten umfassende konventionelle Landwirtschafts- und Obstbaupraxis in den außertropischen Hochproduktionsregionen). Schließlich kann die im europäisch-nordamerikanischen Raum entwickelte und noch vorherrschende Praxis der landwirtschaftlichen Monokultur auf der Basis starken Einsatzes von anorganischem Düngern und Pestiziden schon auf Grund der edaphischen Verhältnisse in den Tropenländern nur in Ausnahmefällen erfolgreich sein. Denn die niedrige Kationenaustauschkapazität der dort vorherrschenden alten Böden senkt erheblich die Effizienz von Mineraldüngung, da die größere Menge der eingebrachten Nährstoffionen rasch aus dem Wurzelhorizont ausgewaschen werden kann (6.4.1, 6.4.5.1).

Die umfassende Erörterung der Möglichkeiten einer hinreichenden Nahrungsproduktion für die Welternährung übersteigt den Rahmen eines kurzen Abrisses von Aspekten des weltweiten Schutzes der Natur und eines nachhaltigen Umgangs mit ihren Ressourcen. Die Kontrovers-Standpunkte werden einerseits von der agrochemischen Industrie und ihren Lobbyisten im Medienwesen und andrerseits von den Umweltschutz-Organisationen publik gemacht. Eine umfassende Situationsanalyse für Deutschland und die Welt wurde in dem Buch „Zukunftsfähiges Deutschland“ (BUND/Misereor 1996) versucht.

Als ein als Beispiel für Alternativen zur konventionellen, plantagen- und exportorientierten Tropenlandwirtschaft sei eine ertragsfähige, in ihrer Durchführung freilich anspruchsvolle Bewirtschaftungsweise des Landes in Tropen-, Subtropen- (und Mediterran)gebieten genannt, die **„Agroforstwirtschaft“ (agroforestry)**. Ihr Prinzip ist es, Mischkulturen zu etablieren von Nutzbäumen und ein- bis wenigjährigen Nahrungspflanzen mit jeweils unterschiedlichen Ansprüchen an die Bodenfruchtbarkeit. Die je nach Pflanzenart, Vegetationsentwicklung und Bodentiefe unterschiedliche Mobilisierung und Nutzung der Bodennährstoffe, verbunden mit der Rückführung nicht genutzter Pflanzenteile als organischer Dünger, soll eine langfristig ertragreiche Nutzung der Anbauflächen ermöglichen und damit die Nachteile der traditionellen Brandrodungskultur (9.1.1) vermeiden, unter Beibehaltung ihrer der standörtlichen Ökologie angemessenen Komponenten. Die Verfahren erfordern mehr Kenntnis ökologischer Zusammenhänge als konventioneller Landbau und sind deutlich stärker auf Arbeits- als auf Kapital- und Technik-Einsatz ausgerichtet. Sie nutzen damit aber genau die verfügbaren Human-Ressourcen und vermeiden die übermäßige Abhängigkeit der landwirtschaftlichen Wertschöpfung vom Fremdkapital – eine Korrektur von Fehlentwicklungen im Zuge der Globalisierung, deren Notwendigkeit inzwischen ansatzweise auch für die Industrieregionen der Welt und ihre nicht an Nachhaltigkeit orientierten Produktionsweisen erkannt wird.

Politische Programme und Absichtserklärungen und ein von einer großen Bevölkerungsmehrheit getragener Wunsch weisen dem Schutz der natürlichen Umwelt des Menschen und der Stabilisierung ihrer Funktion als Versorgungsquelle und Existenzumfeld für den Menschen hohe Priorität zu. Dabei sollen freilich die Vorteile der vielfach wenig naturnahen Zivilisationserrungenschaften möglichst erhalten bleiben, die Nachteile (Verbrauch nicht erneuerbarer Ressourcen, Schadstoffimmissionen usw.) reduziert werden.

Ein Meilenstein bei dieser Entwicklung war die Konferenz von Rio de Janeiro, 1992, mit ihren in der „Agenda 21" niedergelegten Forderungen, denen nachzukommen die übergroße Mehrheit der Weltnationen sich verpflichtet hat (Nachfolgekonferenz Johannesburg 2002). Eines der wichtigsten Dekrete von Rio ist die „Convention on biological diversity (CBD)", ausgerichtet auf „a strategy of management of land, water, and living resources that promotes conservation and sustainable use in an equitable way". Mittelfristiges Ziel, angestrebt bis 2010, ist dabei eine signifikante Reduzierung des weltweiten Organismenverlustes. „Biodiversität" wird hierbei nicht nur als Arten-, sondern darüber hinaus als ökologische Funktions- und Lebensraum-Vielfalt verstanden. Die konzeptionelle und inhaltliche Weiterentwicklung hierzu geschieht durch nationenübergreifende Förderstrukturen (z. B. „DIVERSITAS") unter dem Dach der IUCN („International Union for Conservation of Nature") als UN-Einrichtung) und Tagungen zu Detailaspekten („Conferences of the parties", COP – z. B. COP 7, Kuala Lumpur 2004; Schwerpunkt: Schutzgebiete). Es ist zu erwarten, dass langfristig dem für Klimafragen zuständigen „Intergovernmental Panel on Climate Change", IPCC, als fachliche Beratungs-Institution der Regierungen, entsprechende, mit Kompetenz und Einfluss ausgestattete Gremien auch zu anderen Problemen globaler Umweltfragen zur Seite treten werden und – sicher gegen den Widerstand nationaler und wirtschaftlicher Egoismen – die globale Entwicklung auf mehr Nachhaltigkeit auszurichten vermögen. Wenn auch eine umfassende Lösung dieser Aufgabe sicher unmöglich ist, muss es das Ziel einer verantwortlichen, ökologische Kenntnisse zu den naturgesetzlichen Gegebenheiten nicht ignorierenden Politik sein, lokal, regional, großräumig und weltweit eine solche nachhaltige Nutzung der menschlichen Umwelt anzustreben.

Die Vegetation als Teil dieser Umwelt ist

- das einzige System für die Fixierung der von der Sonne eingestrahlten Primärenergie,
- der Energieumsatzraum, welcher die regionale Temperaturstabilität fördert,
- die Nahrungsgrundlage letztlich für die gesamte Lebewelt,
- ein wesentliches Stabilisierungselement für die Bodenoberfläche und der aktuellen Gaszusammensetzung der Atmosphäre,
- eine außerordentlich wichtige Ressourcenquelle für Medizin, Handwerk und Technik.

Sie prägt den Lebens- und Existenzraum nahezu der gesamten Menschheit und ist Reflektionsobjekt im kulturellen und ästhetischen Bewusstsein des Menschen. Die Bewahrung dieser vielfältigen Funktionen durch bedarfsgerechte Nutzung, welche ihre Begrenzung findet im notwendigen Erhalt ihrer Vielfalt und ihrer Funktionsmechanismen, ist so eine im höchsten Selbstinteresse des Menschen liegende und auch aus seinem Selbstverständnis als rational handelndes Kulturwesen zwingend herleitbare Notwendigkeit.

Literatur

Abbott, R. J., Brochmann, C. (2003): History and evolution of the arctic flora: in the footsteps of Eric Hultén. Mol. Ecol. 12: 299–313.

Adam, P. (1994): Australian rainforests. Oxford Univ. Press, Oxford etc.

Adamec, L. (1997): Mineral nutrition of carnivorous plants: a review. Bot. Rev. 63, 273–299.

Agrios, G. N. (1997): Plant pathology. 4th ed. San Diego, Acad. Pr.

Albert, R. (1982): Halophyten. in: Kinzel, H., Pflanzenökologie und Mineralstoffwechsel, 33–215, Ulmer, Stuttgart.

Aleksandrova, V. D. (1988): Vegetation of the Soviet polar deserts. Transl. D. Löve. Cambridge Univ. Press, Cambridge etc.

Alexandrov, V. Ya. (1977): Cells, molecules and temperature. Ecol. Stud. 21, Springer, Berlin-Heidelberg-New York.

Allen, D. J. & Ort, D. R. (2001): Impacts of chilling temperatures on photosynthesis in warm-climate plants. Trends Plant Sci. 6: 36–42.

Allen, R. B., Reif, A., Hall, G. M. J. (1991): Elevational distribution of conifer-broadleaved hardwood forests on South Island, New Zealand. J. Veg. Sci. 2: 323–330.

Alsleben, A., Kappen, L., Lösch, R. (1987): Der Einfluß von Salzgehalt und Temperatur auf die Produktivität von *Cochlearia anglica* L. Verh. GfÖ 16: 219–226.

Amigo, J., Ramirez, C. (1998): A bioclimatic classification of Chile: woodland communities in the temperate zone. Plant Ecol. 136: 9–26.

Amler, K., Bahl, A., Henle, K., Kaule, G., Poschlod, P., Settele, J. (Hrsg.) (1999): Populationsbiologie in der Naturschutzpraxis. Isolation, Flächenbedarf und Biotopansprüche von Pflanzen und Tieren. Ulmer, Stuttgart.

Andel T. H. (1994): New views on an old planet. 2nd ed. Cambridge Univ. Press, Cambridge etc.

Andrews, H. N. Jr. (1961): Studies in Palaeobotany. Wiley, New York.

Anhuf, D. (1997): Satellitenbildgestützte Vegetationsklassifikation der Côte d'Ivoire. Mannheimer Geogr. Arb. 45: 1–190.

Ant, H. (1972): Daten zur Geschichte des Naturschutzes. Jahrb. Natursch. Landsch.pfl. ABN 21: 124–135.

Arevalo, J. R., Fernandez-Palacios, J. M. (1998): Treefall gap characteristics and regeneration in the laurel forest of Tenerife. J. Veg. Sci. 9: 297–306.

Armesto, J. J., Villagran, C., Arroyo, M. K. (eds.) (1995): Ecología de los bosques nativos de Chile. Santander, Santiago de Chile.

Armstrong, R. A. (1994): Dispersal of soredia from individual soralia of the lichen *Hypogymnia physodes* (L.) Nyl. in a simple wind tunnel. Environm. Exp. Bot. 34: 39–45.

Armstrong, W., Armstrong, J., Beckett, P. M., Justin, H. F. W. (1991): Convective gas-flows in wetland plant aeration. in: Jackson, M. B. (ed.) Plant life under oxygen deprivation, 283–302. SPB Academic, The Hague.

Arroyo, M. T. K., Zedler, P. H., Fox, M. D. (1995): Ecology and biogeography of Mediterranean ecosystems in Chile, California, and Australia. Ecol. Stud. 108: 1–455.

Arten- und Biotopschutzprogramm Sachsen-Anhalt. Landschaftsraum Harz (1997): Ber. Landesamt Umweltsch. Sachsen-Anhalt, Sonderheft 4: 1–364.

Aschan, G., Lösch, R. (2000): Das Bestandsklima niederbergischer Buchenwälder. Jber. naturwiss. Ver. Wuppertal 53: 89–111.

Aschan, G., Lösch, R., Jiménez, M. S., Morales, D. (1997): Energiebilanz von Waldbeständen in nichtidealem Gelände – Abschätzungen auf der Grundlage von standörtlicher Klimaerfassung und flankierenden Gaswechselmessungen am Beispiel eines Lorbeerwaldbestandes auf Teneriffa. EcoSys (Kiel), Suppl.-Bd. 20: 145–160.

Ashdown, M., Schaller, J. (1990): Geographische Informationssysteme und ihre Anwendung in MAB-Projekten, Ökosystemforschung und Umweltbeobachtung. MAB-Mitt. 34: 1–250.

Askenasy, E. (1895): Über das Saftsteigen. Sitzungsber. Heidelberg. Akad. Wiss., Math.-nat. Kl- 1895.

Aßmann, T., Kratochwil, A. (1995): Biozönotische Untersuchungen in Hudelandschaften Nordwestdeutschlands – Grundlagen und erste Ergebnisse. Osnabrücker Naturw. Mitt. 20/21: 275–337.

Austin, M. P. (1994): Vegetation analysis. Chapman & Hall, London.

Austin, M. P., Ashton, P. S., Greig-Smith, P. (1972): The application of quantitative methods to vegetation survey. III. A re-examination of rain-forest data from Brunei. J. Ecol. 60: 305–324.

Autorenkollektiv (1988): Wanderatlas Fischland-Darß. 3. Aufl. VEB Tourist, Berlin, Leipzig.

Backeus, I., Rulangaranga, Z. K., Skoglund, J. (1994): Vegetation changes on formerly overgrazed hills in semi-arid central Tanzania. J. Veg. Sci. 5: 327–336.

Badger, M. R. (2003): The roles of carbonic anhydrases in photosynthetic CO_2 concentrating mechanisms. Photosynth. Res. 77: 83–94.

Badger, M. R., Price, G. D. (2003): CO_2 concentrating mechanisms in cyanobacteria: molecular components, their diversity and evolution. J. exp. Bot. 54: 609–622.

Baffray, M., Brice, F., Danton, Ph., Tournier, J.-P. (1989): Nature et culture des plantes carnivores. Edisud, Aix-en-Provence.

Baierle, H. U., Frey, W. (1986): A vegetational transect through central Saudi Arabia (at-Taif – ar-Riyadh). Beih. Tübinger Atlas Vorderer Orient, Reihe A (Naturw.) 24: 111–136.

Baierle, H. U., El-Sheikh, A. M., Frey, W. (1985): Vegetation und Flora im mittleren Saudi-Arabien (at-Ta'if – ar-Riyadh). Beih. Tübinger Atlas Vorderer Orient, Reihe A (Naturw.) 22: 1–142.

Baierle, H. U., Frey, W., Jagiella, C., Kürschner, H. (1989): Die Brennstoffressourcen im Raum Fenan (Wadi Araba, Jordanien) und die bei der Kupfererzverhüttung verwendeten Brennstoffe. Der Anschnitt, Beih. 7: 213–222.

Bailey, R. G. (1998): Ecoregions: the ecosystem geography of the oceans and continents. Springer, Berlin, New York.

Baker, A. J. M. (1981): Accumulators and excluders – strategies in the response of plants to heavy metals. J. Plant Nutr. 3: 643–654.

Baker, A. J. M. (1987): Metal tolerance. New Phytol. 106: 93–111.

Baker, A. J. M., Brooks, R. R. (1989): Terrestrial higher plants which hyperaccumulate metallic elements – a review of their distribution, ecology and phytochemistry. Biorecovery 1: 81–126.

Baker, A. J. M., Proctor, J., Reeves, R. D., eds. (1992): The vegetation of ultramafic (serpentine) soils. Intercept, Andover.

Baker, A. J. M., McGrath, S. P., Reeves, R. D., Smith, J. A. C. (1998): Metal hyperaccumulator plants: A review of the ecology and physiology of a biological resource for phytoremediation of metal-polluted soils. In: Terry, N., Banuelos, G. S. (Eds.) Phytoremediation. Ann Arbor Pr., Ann Arbor.

Bakker, J. P., Olff, H., Willems, J. H., Zobel, M. (1996a): Why do we need permanent plots in the study of long-term vegetation dynamics. J. Veg. Sci. 7: 147–156.

Bakker, J. P., Poschlod, P., Strykstra, R. J., Bekker, R. M., Thompson, K. (1996b): Seed banks and seed dispersal: important topics in restoration ecology. Acta Bot. Neerl. 45: 461–490.

Balding, F. R., Cunningham, G. L. (1976): A comparison of heat transfer characteristics of simple and pinnate leaf models. Bot. Gaz. 137: 65–74.

Baldwin, I. T., Preston, C. A. (1999): The eco-physiological complexity of plant responses to insect herbivores. Planta 208: 137–145.

Barber, S. A. (1984): Soil nutrient bioavailability. A mechanistic approach. Wiley, New York.

Barbour, M. G., Billings, W. D. (eds.) (2000): North American terrestrial vegetation. 2nd ed. Cambridge Univ. Press, Cambridge etc.

Barceló, J., Poschenrieder, C. (1992): Respuestas de las plantas a la contaminación por metales pesados. Suelo y Planta 2: 345–361

Barkman, J. J. (1973): Synusial approaches to classification. In: Whittaker, R. H.: Ordination and classification of communities. Handb. Veg. Sci. 5: 435–491. Junk, The Hague. (Reprint 1980, pp. 111–166.)

Barkman, J. J. (1988): New system of plant growth forms and phenological plant types. In: Werger, M. J. A. et al. (eds.): Plant form and vegetation structure. SPB Acad. Publ., The Hague. 9–44.

Barkman, J. J. (1990): A tentative typology of European scrub and forest communities based on vegetation texture and structure. Vegetatio 86: 131–141.

Barnes, B. V. (1991): Deciduous forests of North America. In: Goodall, D. W. (ed.): Deciduous forests of North America. Ecosystems of the world 7: 219–344.

Barthlott, W., Lauer, W., Placke, A. (1996): Global distribution of species diversity in vascular plants: towards a world map of phytodiversity. Erdkunde 50: 317–328.

Barthlott, W., Biedinger, N., Braun, G., Feig, F., Kier, G., Mutke, J. (1999): Terminological and methodological aspects of the mapping and analysis of global diversity. Acta Bot. Fenn. 162: 103–110.

Bashan, Y., Li, C. Y., Lebsky, V. K., Moreno, M., de-Bashan, L. E. (2002): Primary colonization of volcanic rocks by plants in arid Baja California, Mexico. Plant. biol. 4: 392–402.

Baskin, C. C., Baskin, J. M. (1998): Seeds. Ecology, biogeography, and evolution of dormancy and germination. Academic Press, San Diego, London.

Batanouny, K. H. (2001): Plants in the deserts of the Middle East. Springer, Berlin, Heidelberg.

Bateman, R. M., DiMichele, W. A. (1994): Heterospory: the most iterative key innovation in the evolutionary history of the plant kingdom. Biol. Rev. 69: 345–417.

Beard, J. S. (1973): The physiognomic approach. In: Whittaker, R. H. (ed.): Ordination and classification of communities. Handb. Veg. Sci. 5: 355–386. The Hague.

Beaver, R. A. (1979): Biological studies of the fauna of pitcher plants *(Nepenthes)* in West Malaysia. Annls. Soc. entomol. Fr. (N. S.) 15: 3–17.

Beaver, R. A. (1985): Geographical variation in food web structure in *Nepenthes* pitcher plants. Ecol. Entomol. 10: 241–248.

Beck, C. B. (1962): Reconstruction of *Archaeopteris* and further consideration of its phylogenetic position. Am. J. Bot. 49: 373–382.

Beck, C. B. (1988): Origin and evolution of Gymnosperms. Columbia Univ. Press, New York.

Beck, E. (1994): Cold tolerance in tropical alpine plants. In: Rundel, P. W., Smith, A. P., Meinzer, F. C. (eds.): Tropical alpine environments. Cambridge Univ. Press, Cambridge etc. 77–110.

Becker, T. (1998a): Zur Rolle von Mikroklima- und Bodenparametern bei Vegetationsabfolgen in Trockenrasen des unteren Unstruttals (Sachsen-Anhalt). Gleditschia 26: 29–57.

Becker, T. (1998b): Die Pflanzengesellschaften der Felsfluren und Magerrasen im unteren Unstruttal (Sachsen-Anhalt). Tuexenia 18: 153–206.

Beerling, D. J., Osborne, C. P., Chaloner, W. G. (2001): Evolution of leaf-form in land plants linked to atmospheric CO_2 decline in the late palaeozoic era. Nature 410: 352–354.

Begon, M., Mortimer, M., Thompson, D. J. (1997): Populationsökologie. Spektrum, Heidelberg, Berlin.

Bekker, R. M. (1998): The ecology of soil seed banks in grassland ecosystems. Diss. Univ. Groningen.

Bekker, R. M., Schaminee, J. H. J., Bakker, J. P., Thompson, K. (1998): Seed bank characteristics of Dutch plant communities. Acta Bot. Neerl. 47: 15–26.

Belbin, L. (1987): The use of non-hierarchical allocation methods for clustering large sets of data. Aust. J. Comp. 19: 32–41.

Belbin, L., Faith, D. P., Milligan, G. W. (1993): A comparison of two approaches to beta-flexible clustering. Multivariate Behav. Res.

Belnap, J., Lange, O. L. (eds.) (2003): Biological soil crusts: structure, function, and management. Springer, Berlin, Heidelberg.

Belnap, J., Büdel, B., Lange, O. L. (2003): Biological soil crusts: characterization and distribution. In: Belnap, J., Lange, O. L. (eds.): Biological soil crusts: structure, function, and management. Springer, Berlin, Heidelberg. 3–30.

Benkert, D., Fukarek, F., Korsch, H. (1996): Verbreitungsatlas der Farn- und Blütenpflanzen Ostdeutschlands. Ulmer, Stuttgart.

Berg, A. L. (1998): Pflanzengesellschaften und Lebensformen des Superpáramo des Parque Nacional Sierra Nevada de Mérida in Venezuela. Phytocoenologia 28: 157–203.

Berg, C., Dengler, J., Abdank, A. (2001): Die Pflanzengesellschaften Mecklenburg-Vorpommerns und ihre Gefährdung – Tabellenband. Weißdorn-Verlag, Jena.

Berg, H. (2000): Differential seed dispersal in *Oxalis acetosella*, a cleistogamous perennial herb. Acta Oecol. 21: 109–118.

Berger-Landefeldt, U. (1967): Der Energieumsatz am Standort. Bot. Jb. 86, 402–448.

Bergmeier, E. (2001): Von der pflanzensoziologischen Aufnahme zur Synopsis: eine Vegetationsdatenbank von Kreta. Ber. d. Reinh.-Tüxen-Ges. 13: 71–82.

Bergmeier, E. (2002a): Plant communities and habitat differentiation in the Mediterranean coniferous woodlands of Mt. Parnon (Greece). Folia Geobot. 37: 309–331.

Bergmeier, E. (2002b): The vegetation of the high mountains of Crete – a revision and multivariate analysis. Phytocoenologia 32: 205–249.

Bergmeier, E., Dimopoulos, P. (2001): *Fagus sylvatica* forest vegetation in Greece: Syntaxonomy and gradient analysis. J. Veg. Sci. 12: 109–126.

Bergmeier, E., Härdtle, W., Mierwald, U., Nowak, P., Peppler, C. (1990): Vorschläge zur syntaxonomischen Arbeitsweise in der Pflanzensoziologie. Kieler Notizen Pflanzenkd. Schl.-Holstein, Hamburg 20: 92–103.

Bergstrom, D. M., Selkirk, P. M. (1999): Bryophyte propagule banks in a feldmark on subantarctic Macquarie Island. Arct. Antarct. Alp. Res. 31: 202–208.

Berner, R. A. (2001): The effect of the rise of land plants on atmospheric CO_2 during the Paleozoic. In: Gensel, P., Edwards, D.: Plants invade the land: Evolutionary and environmental perspectives. Columbia Univ. Press, New York. 173–178.

Berner, R. A. et al. (2000): Isotope fractionation and atmospheric oxygen: implications for phanerozoic O_2 evolution. Science 287: 1630–1633.

Bernhardt, K.-G. (1990): Die Pioniervegetation der Ufer nordwestdeutscher Sandabgrabungsflächen. Tuexenia 10: 83–97.

Bernhardt, K.-G. (1992): Besiedlungsstrategien an sandigen Extremstandorten im Tidebereich. Flora 187: 271–281.

Bernhardt, K.-G. (1995): Die Bedeutung der Diasporenbank im Boden für vegetationslenkende Maßnahmen im Biotop- und Artenschutz am Beispiel von Uferpioniervegetation. Zeitschr. Kulturtechnik Landentw. 36: 274–282.

Berry, P. E., Calvo, R. N. (1994): An overview of the reproductive biology of *Espeletia* (Asteraceae) in the Venezuelan Andes. In: Rundel, P. W., Smith, A. P., Meinzer, F. C. (eds.): Tropical alpine environments. Plant form and function. Cambridge Univ. Press, Cambridge. 229–249.

Bhattacharya, D., Weber, K., An, S. S., Berning-Koch, W. (1998): Actin phylogeny identifies *Mesostigma viride* as a flagellate ancestor of the land plants. J. Mol. Evol. 47: 544–550.

Biedinger, N., Fischer, E. (1996): Epiphytic vegetation and ecology in central African forests (Rwanda, Zaire). Ecotropica 2: 121–142.

Biermann, R., Daniels, F. J. A. (1997): Changes in a lichen-rich dry sand grassland vegetation with special reference to lichen synusiae and *Campylopus introflexus*. Phytocoenologia 27: 257–273.

Bill, H.-C., Poschlod, P., Reich, M., Plachter, H. (1999): Experiments and observations on seed dispersal by running water in an alpine floodplain. Bull. Geobot. Institute ETH 65: 13–28.

Birch, C. P. D., Hutchings, M. J. (1999): Clonal segmentation. Plant Ecol. 141: 21–31.

Birks, H. J. B., Line, J. M. (1993): Glacial refugia of European trees – A matter of chance? In: Brombacher, C., Jacomet, S., Haas, N. (eds.): Festschr. Zoller. Diss. Bot. 196: 283–291.

Bischoff, G. (1987): Ein erweitertes globales Modell der Plattentektonik. Spektrum Wissenschaft 1987 (3): 62–72.

Blab, J. (1984): Grundlagen des Biotopschutzes für Tiere. Kilda-Verl., Greven.

Blakeman, J. P. (ed., 1981): Microbiol ecology of the phylloplane. Acad. Pr., London.

Blasco, F., Bellan, M. F., Aizpuru, M. (1996): A vegetation map of tropical continental Asia at scale 1 : 5 million. J. Veg. Sci. 7: 623–634.

Böhle, U.-R., Hilger, H. H., Martin, W. F. (1996): Island colonization and evolution of the insular woody habit in *Echium* L. (Boraginaceae). Proc. Natl. Acad. Sci. USA 93: 11740–11745.

Böhling, N. (2003): Dauerflächen-Untersuchungen in einem Eichen-Hainbuchenwald im Vorland der Schwäbischen Alb (Südwestdeutschland), 1978–2001: Der Niedergang von *Scilla bifolia* und die Invasion von *Allium ursinum*. Tuexenia 23: 131–161.

Böhm, J. (1893): Capillarität und Saftsteigen. Ber. dtsch. bot. Ges. 11: 203–212.

Böhmer, H. J. (1999): Vegetationsdynamik im Hochgebirge unter dem Einfluß natürlicher Störungen. Diss. Bot. 311: 1–182.

Böhmer, H. J. (2001) Das schmalblättrige Greiskraut (*Senecio inaequidens* DC. 1837) in Deutschland – eine aktuelle Bestandsaufnahme. Florist. Rundbr. 35: 47–55

Böttner, I., Frey, W., Hensen, I. (1997): *Carex humilis*-Gesellschaft im unteren Unstruttal (mitteldeutsches Trockengebiet) – Lebensstrategien in einer xerothermen Vegetationseinheit. Feddes Repertorium 108: 583–602.

Bohn, U. (1989): Zielsetzung, Konzept und Durchführung des Renaturierungsprojektes „Naturschutzgebiet Rotes Moor“ in der hessischen Rhön. Telma Beih. 2: 17–35.

Bohn, U., Neuhäusl, R. u. a. (2000–2003): Karte der natürlichen Vegetation Mitteleuropas 1:2500000. Bundesamt für Naturschutz, Bonn.

Bond, W. J., van Wilgen, B. W. (1996): Fire and plants. Chapman & Hall, London, New York.

Bonn, S., Poschlod, P. (1998): Ausbreitungsbiologie der Pflanzen Mitteleuropas. Quelle & Meyer, Wiesbaden.

Bopp, M., Capesius, I. (1995): New aspects of the systematics of bryophytes. Naturwissenschaften 82: 193–194.

Bornkamm, R. (1993): Ökoton. in: Kuttler, W. (Hrsg.) Handbuch zur Ökologie, Analytica, Berlin, 259–297.

Bornkamm, R., Meyer, G. (1977): Ökologische Untersuchungen an Pflanzengesellschaften unterschiedlicher Trittbelastung mit Hilfe der Gradientenanalyse. Mitt. Florist.-soziol. Arbeitsgem. N. F. 19/20: 225–240.

Bosshard, A. (1999): Renaturierung artenreicher Wiesen auf nährstoffreichen Böden: Ein Beitrag zur Optimierung der ökologischen Aufwertung der Kulturlandschaft und zum Verständnis mesischer Wiesen-Ökosysteme. Diss. Bot. 303: 1–201.

Bourlière, F. (1983): Tropical Savannas. In: Goodall, D. W. (ed.): Ecosystems of the world 13: 1–730. Elsevier, Amsterdam etc.

Bowe, M., Coat, G., dePamphillis, C. W. (2000): Phylogeny of seed plants based on all three genomic compartments: Extant gymnosperms are monophyletic and Gnetales closest relatives are conifers. PNAS 97: 4092–4097.

Bower, F. O. (1889–1891): An antithetic as distinct from homologous alternations of generations in plants. Ann. Bot. 4: 347–370.

Bower, F. O. (1908): The origin of a land flora. London.

Bowman, D. M. J. S. (2000): Australian rainforests: islands of green in a land of fire. Cambridge Univ. Press, Cambridge etc.

Box, E. O. (2000): Biodiversität Nordamerikas. Ber. d. Reinh.-Tüxen-Ges. 12: 223–239.

Boyce, R. L. (1998): Fuzzy set ordination along an elevation gradient on a mountain in Vermont, USA. J. Veg. Sci. 9: 191–200.

Brackel, W. v. (1993): Die Flechten- und Moosgesellschaften Süddeutschlands. Veröff. Bund Ökol. Bayern 6: 1–63.

Brändle, R. (1996): Überflutung und Sauerstoffmangel. in: Brunold, C., Rüegsegger, A. & Brändle, R. (Hrsg.) Stress bei Pflanzen, pp. 133–148, UTB/P. Haupt-Verl., Bern.

Brand, J. (2000): Untersuchungen zur synsystematischen Umgrenzung und Untergliederung sowie zur standörtlichen Bindung von Feuchtwäldern im nordwestdeutschen Tiefland. Diss. Bot. 323: 1–344.

Brandes, D. (1995): Breiten sich die C4-Pflanzen in Mitteleuropa aus? Schr.-R. f. Vegetationskde., Sukopp-Festschrift, 27: 365–372.

Brandes, D. (1999): Vegetation salzbeeinflußter Habitate im Binnenland. Braunschweiger Geobot. Arb. 6: 1–270.

Brandes, D. (Hrsg.) (2001): Adventivpflanzen. Beiträge zu Biologie, Vorkommen und Ausbreitungsdynamik von gebietsfremden Pflanzenarten in Mitteleuropa. Braunschweiger Geobot. Arb. 8: 1–331.

Braun-Blanquet, J. (1928): Pflanzensoziologie. Grundzüge der Vegetationskunde. In: Schoenichen, W. (Hrsg.): Biol. Studienbücher 7: 1–330. Springer, Berlin.

Braun-Blanquet, J. (1936): La chênaie d'Yeuse méditerranéenne. Mem. Soc. Sci. Nat. Nîmes 5: 1–147.

Braun-Blanquet, J. (1964): Pflanzensoziologie. Grundzüge der Vegetationskunde. 3. Aufl. Springer, Berlin, Wien, New York.

Breckle, S.-W. (2002): Primärsukzessionen – Beispiele von Sanddünen, Vulkanaschen, Salzböden und anderen Substraten. Ber. d. Reinh.-Tüxen-Ges. 14: 5–16.

Bremer, H. (1999): Die Tropen. Geographische Synthese einer fremden Welt im Umbruch. Gebr. Borntraeger, Berlin, Stuttgart.

Bremer, K. (2000): Early Cretaceous lineages of monocot flowering plants. PNAS 97: 4707–4711.

Brennenstuhl, G. (1995): *Senecio inaequidens* DC. bei Salzwedel – neu für Sachsen-Anhalt. Florist.Rundbr. 29:181–183.

Bresinsky, A. (1963): Bau, Entwicklungsgeschichte und Inhaltsstoffe der Elaiosomen. Bibl. Bot. 126: 1–54.

Briggs, W. S., Olney, M. A. (2001): Photoreceptors in plant morphogenesis to date. Five phytochromes, two cryptochromes, one phototropin, and one superchrome. Plant Physiol. 125: 85–88.

Brown, N. A. C., Van Staden, J. (1997): Smoke as a germination cue: a review. Plant Growth Regulation 22: 115–124.

Bruelheide, H. (1995): Die Grünlandgesellschaften des Harzes und ihre Standortbedingungen. Diss. Bot. 244: 1–338.

Bruelheide, H., Chytry, M. (2000): Towards unification of national vegetation classifications: A comparison of two methods for analysis of large data sets. J. Veg. Sci. 11: 295–306.

Bruelheide, H., Flintrop, T. (1994): Ordnen von Vegetationstabellen nach Arten-Aufnahme-Gruppen mit dem Programm ESPRESSO. Tuexenia 14: 493–502.

Bruenig, E. F. (1996): Conservation and management of tropical rainforests. CAB, Oxon.

Brullo, S., Guarino, R. (1998): The forest vegetation from the Garda lake (N Italy). Phytocoenologia 28: 319–355.

Brunet, J., von Oheimb, G. (1998): Migration of vascular plants to secondary woodlands in southern Sweden. J. Ecol. 86: 429–438.

Buchwald, K. (1990): Nordsee – Ein Lebensraum ohne Zukunft? Die Werkstatt, Göttingen.

Büdel, B. (2003a): Biological soil crusts in European Temperate and Mediterranean regions. In: Belnap, J., Lange, O. L. (eds.): Biological soil crusts: structure, function, and management. Springer, Berlin, Heidelberg. 75–86.

Büdel, B. (2003b): Synopsis: comparative biogeography of soil-crusts biota. In: Belnap, J., Lange, O. L. (eds.): Biological soil crusts: structure, function, and management. Springer, Berlin, Heidelberg. 141–152.

Bülow, K. v. (1941): Grundsätzliches zur Gliederung der erdgeschichtlichen Zeitenfolge. Zschr. dtsch. Geol. Ges. 93: 423–432.

Büscher, D., Loos, G. H. (1993): Neue Beobachtungen zur Ausbreitung von *Senecio inaequidens* DC. in Westfalen. Florist.Rundbr. 27: 41–47.

Bullock, J. M., Clarke, R. T. (2000): Long distance seed dispersal by wind: measuring and modelling the tail of the curve. Oecologia 124: 506–521.

Bullock, S. H., Mooney, H. A., Medina, E. (eds.) (1995): Seasonally dry tropical forests. Cambridge Univ. Press, Cambridge.

BUND/Misereor (Hrsg., 1996): Zukunftsfähiges Deutschland. Birkhäuser, Basel.

Bundesamt für Naturschutz (Hrsg.) (2002): Systematik der Biotoptypen- und Nutzungstypenkartierung (Kartieranleitung). Bonn.

Burga, C. A. (1999): Vegetationsdynamik in Gletschervorfeldern der Schweizer Zentralalpen am Beispiel von Morteratsch (Pontresina, Graubünden, Schweiz). Ber. d. Reinh.-Tüxen-Ges. 11: 267–277.

Burga, C. A., Perret, R. (1998): Vegetation und Klima der Schweiz seit dem jüngeren Eiszeitalter. Ott, Thun (Schweiz).

Burkart, M., Küster, H., Schelski, A., Pötsch, J. (1998): A historical and plant sociological appraisal of floodplain meadows in the lower Havel valley, northeast Germany. Phytocoenologia 28: 85–103.

Burke, A. (2002): Plant communities of a central Namib inselberg landscape. J. Veg. Sci. 13: 483–492.

Busch, J., Lösch, R. (1998): Stomatal behaviour and gas exchange of sedges (*Carex* spec.) under different soil moisture regimes. Phys. Chem. Earth 23: 443–448.

Butterfield, N. J., Knoll, A. H., Swett, K. (1990): A bangiophyte red alga from Proterozoic of Arctic Canada. Science 250: 104–107.

Byerly, G. R., Lowe, D. R., Walsh, M. M. (1986): Stromatolites from the 3,300–3,500-Myr Swaziland Supergroup, Barberton Mountain Land, South Africa. Nature 319: 489–491.

Cain, M. L., Damman, H., Muir, A. (1998): Seed dispersal and the Holocene migration of woodland herbs. Ecol. Monogr. 68: 325–347.

Cain, M. L., Milligan, B. G., Strand, A. E. (2000): Long-distance seed dispersal in plant populations. Am. J. Bot. 87: 1217–1227.

Cairns, D. M., Malanson, G. P. (1998): Environmental variables influencing the carbon balance at the alpine treeline: a modelling approach. J. Veg. Sci. 9: 679–692.

Caldwell, M. M., Robberecht, R., Billings, W. D. (1980): A steep latitudinal gradient of solar ultraviolet-B radiation in the arctic-alpine life zone. Ecology 61: 600–611.

Callaghan, T. V., Sonesson, M., Sømme, L. (1992): Responses of terrestrial plants and invertebrates to environmental change at high altitudes. Phil. Trans. R. Soc. Lond. B 338: 279–288.

Canny, M. J. (1997): Vessel contents during transpiration – embolisms and refilling. Am. J. Bot. 84: 1223–1230.

Carafa, A., Duckett, J. G., Ligrone, R. (2003): The placenta in *Monoclea forsteri* Hook. and *Treubia lacunosa* (Col.) Prosk.: Insights into placental evolution in liverworts. Ann. Bot. 92: 299–307.

Carcaillet, C., Brun, J.-J. (2000): Changes in landscape structure in the northwestern Alps over the last 7000 years: lessons from soil charcoal. J. Veg. Sci. 11: 705–714.

Carleton, T. J., Stitt, R. H., Nieppola, J. (1996): Constrained indicator species analysis (COINSPAN): an extension of TWINSPAN. J. Veg. Sci. 7: 125–130.

Carmel, Y., Kadmon, R. (1998): Computerized classification of Mediterranean vegetation using panchromatic aerial photographs. J. Veg. Sci. 9: 445–454.

Carte de la végétation de la région mediterranéenne (1970): Recherches sur la zone aride (Arid Zone Research). UNESCO-FAO 30: 1–90, carte 1 :5 Mill. Paris.

Carter, T. R., Porter, J. H., Parry, M. L. (1992): Some implications of climatic change for agriculture in Europe. J. exp. Bot. 43: 1159–1167.

Cellot, B., Mouillot, F., Henry, C. P. (1998): Flood drift and propagule bank of aquatic macrophytes in a riverine wetland. J. Veg. Sci. 9: 631–640.

Ceska, A. (1966): Estimation of mean floristic similarity between and within sets of vegetation relevés. Folia Geobot. Phytotax. 1: 93–101.

Chapin III, S., Körner, C. (eds.) (1995): Arctic and alpine biodiversity. Patterns, causes and ecosystem consequences. Ecol. Stud. 113: 1–332.

Chapman, R. L., Buchheim, M. A. (1991): Ribosomal RNA gene sequences: analysis and significance in the phylogeny and taxonomy of green algae. Crit. Rev. Plant Sci. 10: 343–368.

Chapman, V. J. (1974): Salt marshes and salt deserts of the world. 2nd ed. Cramer, Braunschweig.

Chase, M. W., Soltis, D. E., Olmstead, R. G. and others (1993): Phylogenetics of seed plants: an analysis of nucleotide sequences from the plastid gene *rbc*L. Ann. Mo. Bot. Garden 80: 528–580.

Ching, K. K. (1991): Temperate deciduous forests in East Asia. In: Goodall, D. W. (ed.): Ecosystems of the world 7: 539–555. Elsevier, Amsterdam etc.

Churchill, S. P., Balslev, H., Forero, E., Luteyn, J. L. (eds.) (1995): Biodiversity and conservation of Neotropical montane forests. New York Bot. Garden, New York.

Chytrý, M., Rafajová (2003): Czech National Phytosociological Database. Basic statistics of the available vegetation-plots. Preslia 75: 1–15.

Cleef, A. M. (1978): Characteristics of neotropical páramo vegetation and its subantarctic relations. Erdwiss. Forschung 9: 365–390.

Clemens, S. (2001): Molecular mechanisms of plant metal tolerance and homeostasis. Planta 212: 475–486.

Clements, F. E. (1916): Plant succession: an analysis of the development of vegetation. Washington. Reprint 1963: Plant succession and indicators. Hafner, New York, London.

Clements, F. E. (1936): Nature and structure of the climax. J. Ecol. 24: 552–584.

Close, D. C., McArthur, C. (2002): Rethinking the role of many plant phenolics – protection from photodamage not herbivores? Oikos 99: 166–172.

Cobbett, C. S. (2000): Phytochelatin biosynthesis and function in heavy-metal detoxification. Curr. Opin. Plant Biol. 3: 211–216.

Correll, M. J., Kiss, J. Z. (2002): Interactions between gravitropism and phototropism in plants. J. Plant Growth Regul. 21: 89–101.

Cosgrove, D. J., Hedrich, R. (1991): Stretch-activated chloride, potassium and calcium channels coexisting in plasma membranes of guard cells of *Vicia faba* L. Planta 186: 143–153.

Cotrell, T. R. (1996): Use of plant strategy ordination, DCA and ANOVA to elucidate relationships among habitats of *Salix planifolia* and *Salix monticola*. J. Veg. Sci. 7: 237–346.

Coupland, R. T. (ed.) (1992): Natural grasslands. Introduction and Western Hemisphere. In: Goodall, D. W. (ed.): Ecosystems of the world 8A: 1–469, 8B: 1–556. Elsevier, Amsterdam etc.

Cowan, I. R. (1977): Stomatal behaviour and environment. Adv. Bot. Res. 4:117–228.

Cowling, R. M., Rundel, P. W., Lamont, B. B., Arroyo, M. K., Arianoutsou, M. (1996): Plant diversity in Mediterranean-climate regions. TREE 11: 362–366.

Cowling, R. M., Richardson, D. M., Pierce, S. M. (eds.) (1997): Vegetation of Southern Africa. Cambridge Univ. Press, Cambridge etc.

Crane, P. R. (1987): Vegetational consequences of the angiosperm diversification. In: Friis, E. M., Chaloner, W. G., Crane, P. R. (eds.): The origins of angiosperms and their biological consequences. Cambridge Univ. Press, Cambridge etc. 107–144.

Crane, P. R., Friis, E. M., Pedersen, K. R. (1995): The origin and early diversification of angiosperms. Nature 374: 27–33.

Crawford, R. M. M. (1982): Physiological responses to flooding. in: Lange, O. L., Nobel, P. S., Osmond, C. B., Ziegler, H. (eds.) Encyclopedia of Plant Physiology, New Series, 12 B, 453–477, Springer, Berlin etc.

Crawford, R. M. M. (1987): Plant life in aquatic and amphibious habitats. Blackwell, Oxford-London.

Crawford, R. M. M. (1996): Whole plant adaptations to fluctuating water tables. Folia Geobot. Phytotax. 31: 7–24.

Cronin, T. M. (1999): Principles of paleoclimatology. Columbia Univ. Press, New York.

Cronquist, A., Holmgren, A. H., Holmgren, N. H., Reveal, J. L. (1986): Intermountain flora. Vascular plants of the intermountain West, U.S.A. 1: 1–270. New York Bot. Garden, New York.

Cunningham, S., Ow, D. (1996): Promises and prospects of phytoremediation. Plant Physiol. 110: 715–719.

Curtis, J. T. (1947): The Palo Verde Forest Type near Gonaives, Haiti, and its relation to the surrounding vegetation. Caribbean For. 8: 1–26.

Dale, M. B. (1995): Evaluating classification strategies. J. Veg. Sci. 6: 437–440.

Dale, V. H., ed. (1994): Effects of land use change on atmospheric CO_2 concentrations. Ecol. Stud. 101, Springer, Berlin etc.

Dallman, P. R. (1998): Plant life in the world's Mediterranean climates. Oxford Univ. Press, Oxford.

Daniels, F. J. A., Bültmann, H., Lünterbusch, C., Wilhelm, M. (2000): Vegetation zones and biodiversity of

the North American Arctic. Ber. d. Reinh.-Tüxen-Ges. 12: 131–151.
Danin, A. (1999a): Sandstone outcrops – a major refugium of Mediterranean flora in the xeric part of Jordan. Isr. J. Plant Sci. 47: 179–187.
Danin, A. (1999b): Desert rocks as plant refugia in the Near East. Bot. Rev. 65: 93–170.
Danin, A., Orshan, G. (eds.) (1999): Vegetation of Israel. I: Desert and coastal vegetation. Backhuys, Leiden.
Davie, J. H., Akeroyd, J. R., Thompson, D. H. (1998): Progressive plant invasion and colonization of an area adjacent to ancient woodland at Edford Wood, Somerset, England. Bot. J. Linn. Soc. 128: 87–98.
Davis, G. W., Richardson, D. M. (1995): Mediterranean-type ecosystems. The function of biodiversity. Ecol. Stud. 109: 1–365. Springer, Berlin etc.
Dawson, T. E. (1993): Hydraulic lift and water use by plants: implications for water balance, performance and plant-plant interactions. Oecologia 95: 565–574.
DeAngelis, D. L., Post, W. M. (1991): Positive feedback and ecosystem organization. in: Higashi, M., Burns, T. P. (eds.) Theoretical studies of ecosystems, 155–178, Cambridge Univ. Pr., Cambridge.
Deil, U. (1989): Adiantetea-Gesellschaften auf der Arabischen Halbinsel, Coenosyntaxa in dieser Klasse sowie allgemeine Überlegungen zur Phylogenie von Pflanzengesellschaften. Flora 182: 247–264.
Deil, U. (1994): Klassifizierung mit supraspezifischen Taxa und symphylogenetische Ansätze in der Vegetationskunde. Phytocoenologia 24: 677–694.
Deil, U. (1999): Synvikarianz und Symphylogenie – Zur Evolution von Pflanzengesellschaften. Ber. d. Reinh.-Tüxen-Ges. 11: 223–244.
Deil, U. (2000): Halophytic vegetation along the Arabian coast – azonal or linked to climatic zones? Phytocoenologia 30: 591–611.
DeLaune, R. D. & Pezeshki, S. R. (2001): Plant functions in wetland and aquatic systems: Influence of intensity and capacity of soil reduction. The Scientific World 1: 636–649.
Delcourt, H. Z., Delcourt, P. A. (1991): Quarternary ecology. A paleoecological perspective. Chapman & Hall, London etc.
Delgadillo, C., Pérez-Bandín, E. (1982): Spore liberation in mosses. I. Problems and perspectives of wind tunnel experiments. Cryptogamie, Bryol. Lichén. 3: 39–49.
Delwiche, C. F., Karol, K. G., Cimino, M. T., Sytsma, K. J. (2002): Phylogeny of the genus *Coleochaete* (Coleochaetales, Charophyta) and related taxa inferred by analysis of the chloroplast gene *rbc*L. J. Phycol. 38: 394–403.
Demmig-Adams, B., Adams III, W. W. (1992): Photoprotection and other responses of plants to high light stress. Annu. Rev. Plant Physiol. Plant Mol. Biol. 43: 599–626.
Demmig-Adams, B., Adams III, W. W. (1993): The Xanthophyll cycle, protein turnover, and the high light tolerance of sun-acclimated leaves. Plant Physiol. 103: 1413–1420.
Dengler, J. (2001): Erstellung und Interpretation synchorologischer Karten am Beispiel der Klasse Koelerio-Corynephoretea. Ber. d. Reinh.-Tüxen-Ges. 13: 223–228.
Dengler, J. (2003): Entwicklung und Bewertung neuer Ansätze in der Pflanzensoziologie unter besonderer Berücksichtigung der Vegetationsklassifikation. Archiv naturw. Diss. 14: 1–297.
Dengler, J., Berg, C. (2000): Klassifikation und Benennung von Pflanzengesellschaften – Ansätze zu einer konsistenten Methodik im Rahmen des Projektes „Rote Liste" der Pflanzengesellschaften von Mecklenburg-Vorpommern. Schriftenr. Vegetationsk. 35: 17–47.
Dettmann, M. E. (1992): Structure and floristics of Cretaceous vegetation of southern Gondwana: implications for angiosperm biogeography. Palaeobotanist 41: 224–233.
Dettmann, M. E., Jarzen, D. M. (1990): The Antarctic/Australian rift valley: Late Cretaceous cradle of northeastern Australasian relicts? Rev. Palaeobot. Palyn. 65: 131–144.
DiCastri, F., Goodall, D. W., Specht, R. L. (eds.) (1981): Mediterranean-type shrublands. In: Godall, D. W. (ed.): Ecosystems of the world 11: 1–641. Elsevier, Amsterdam.
Dicke, M., Hilker, M. (2003): Induced plant defenses: from molecular biology to evolutionary ecology. Basic Appl. Ecol. 4: 3–14.
Dicke, M., Van Poecke, R. M. P., De Boer, J. G. (2003): Inducible indirect defence of plants: from mechanisms to ecological functions. Basic Appl. Ecol. 4: 27–42.
Dickinson, C. H., Preece, T. F. (eds., 1976): Microbiology of aerial plant surfaces. London, Acad. Pr.
Die Pflanzengesellschaften Niedersachsens (1990ff.): Naturschutz Landschaftspfl. Niedersachsen 20/1–10.
Diekmann, M. (1994): Deciduous forest vegetation in boreo-nemoral Scandinavia. Acta Phytogeogr. Suecica 50: 1–116.
Diekmann, M. (1995): Use and improvement of Ellenberg's indicator values in deciduous forests of the boreo-nemoral zone in Sweden. Ecography 18: 178–189.
Diemer, M. (1996): Microclimatic convergence of high-elevation tropical páramo and temperate-zone alpine environments. J. Veg. Sci. 7: 821–830.
Diemer, M. (2002): Population stasis in a high-elevation herbaceous plant under moderate climate warming. Basic Appl. Ecol. 3: 77–83.
Diercke, C. (1957): Weltatlas. Westermann, Braunschweig.
Dierschke, H. (1988a): Methodische und syntaxonomische Probleme bei der Untersuchung und Bewertung

nasser Mikrostandorte in Laubwäldern. In: Barkman, J. J., Sykora, K. V. (eds.): Dependent plant communities. SPB Acad. Publ., The Hague. 43–57.

Dierschke, H. (1988b): Pflanzensoziologische und ökologische Untersuchungen in Wäldern Süd-Niedersachsens. IV. Vegetationsentwicklung auf längerfristigen Dauerflächen von Buchenwald-Kahlschlägen. Tuexenia 8: 307–326.

Dierschke, H. (1992): Zur Begrenzung des Gültigkeitsbereiches von Charakterarten. Neue Vorschläge und Konsequenzen für die Syntaxonomie. Tuexenia 12: 3–11.

Dierschke, H. (1994): Pflanzensoziologie. Grundlagen und Methoden. Ulmer, Stuttgart.

Dierschke, H. (1995): Phänologische und symphänologische Artengruppen von Blütenpflanzen Mitteleuropas. Tuexenia 15: 523–560.

Dierschke, H. (1997a): Pflanzensoziologisch-synchorologische Stellung des Xerothermgraslandes (Festuco-Brometea) in Mitteleuropa. Phytocoenologia 27: 127–140.

Dierschke, H. (1997b): Molinio-Arrhenatheretea (E1). Kulturgrasland und verwandte Vegetationstypen. Teil 1: Arrhenatheretalia. Wiesen und Weiden frischer Standorte. In: Dierschke, H.: Synopsis der Pflanzengesellschaften Deutschlands 3: 1–74. Göttingen.

Dierschke, H. (1999): Klassifikation und systematische Ordnung von Pflanzengesellschaften. Ber. d. Reinh.-Tüxen-Ges. 11: 19–38.

Dierschke, H., Briemle, G. (2002): Kulturgrasland – Wiesen, Weiden und verwandte Staudenfluren. Ulmer, Stuttgart.

Dierßen, K. (1990): Einführung in die Pflanzensoziologie (Vegetationskunde). Wiss. Buchgesellsch., Darmstadt.

Dierßen, K. (1996): Vegetation Nordeuropas. Ulmer, Stuttgart.

Dierßen, K. (2000): Zur Biodiversität borealer und arktischer Vegetationskomplexe. Ber. d. Reinh.-Tüxen-Ges. 12: 335–350.

Dierßen, K. (2001): Distribution, ecological amplitude and phytosociological characterization of European bryophytes. Bryoph. Bibl. 56: 1–289.

Dierssen, K., Dierssen, B. (2001): Moore. Ulmer, Stuttgart.

Dietz, H., Ullmann, I. (1997): Age-determination of dicotyledonous herbaceous perennials by means of annual rings: exception or rule. Ann. Bot. 80: 377–379.

Dixon, H. H. (1914): Transpiration and the ascent of sap in plants. Macmillan, London.

Dixon, M. A. & Tyree, M. T. (1984): A new stem hygrometer, corrected for temperature gradients and calibrated against the pressure bomb. Plant Cell Environ. 7: 693–697.

Dobat, K. (1966): Die Kryptogamenvegetation der Höhlen und Halbhöhlen im Bereich der Schwäbischen Alb. Abh. Karst- u. Höhlenkunde, Reihe E, 1966.

Dodd, R. S. (ed.) (2000): Diversity and function in mangrove ecosystems. Kluwer, Dordrecht.

Dodd, R. S., Afzal-Rafil, Z. A., Kashani, N., Budrick, J. (2002): Land barriers and open oceans: effect on gene diversity and population structure in *Avicennia germinans* L. (Avicenniaceae). Mol. Ecol. 11: 1327–1338.

Döbbeler, P., Triebel, D. (2000): *Potridiscus polymorphus* (Leotiales) – a new ascomycete on Polytrichaceae (Musci) with palaeoaustral distribution. Hoppea 61: 71–83.

Dowdell, R. J. (1982): Fate of nitrogen applied to agricultural crops with particular refenece to denitrification. Phil. Trans. R. Soc. London B 296: 363–373.

Drachenfels, O. v. (1994): Kartierschlüssel für Biotoptypen in Niedersachsen. Naturschutz Landschaftspfl. Niedersachsen A/4: 1–192.

Drachenfels, O. v. (1996): Rote Liste der gefährdeten Biotoptypen in Niedersachsen. Naturschutz Landschaftspfl. Niedersachsen 34: 1–146.

Drehwald, U. (1991): Zur Syntaxonomie und Synsystematik der niedersächsischen Moosgesellschaften. Naturschutz Landschaftspfl. Niedersachsen 20(9): 169–188.

Drehwald, U. (1993): Die Pflanzengesellschaften Niedersachsens – Bestandsentwicklung, Gefährdung und Schutzprobleme. Flechtengesellschaften. Naturschutz Landschaftspfl. Niedersachsen 20(10): 1–122.

Dudel, E. G. (2000): Naturprozesse und ökotechnische Verfahren zur Sanierung von Schäden des Uran-Erzbergbaus. VDI-Berichte 1575: 211–222.

Du Rietz, G. E. (1936): Classification and nomenclature of vegetation units 1930–1935. Svensk Bot. Tidskr. 30: 580–589.

During, H. J. (1979): Life strategies of bryophytes: a preliminary review. Lindbergia 5: 2–18.

During, H. J. (1992): Ecological classification of bryophytes and lichens. In: Bates, J. W., Farmer, H. M. (eds.): Bryophytes and lichens in a changing environment. Clarendon Press, Oxford. 1–31.

During, H. J. (1997): Bryophyte diaspore banks. Adv. Bryol. 6: 103–134.

During, H. J. (2000): Life history characteristics of threatened bryophytes. Z. Ökologie u. Naturschutz 9: 19–26.

Dzwonko, Z. (2001): Migration of vascular plant species to a recent wood adjoining ancient woodland. Acta Soc. Bot. Poloniae 70: 71–77.

Dzwonko, Z., Loster, S. (2000): Syntaxonomy and phytogeographical differentiation of the *Fagus* woods in the Southwest Balkan Peninsula. J. Veg. Sci. 11: 667–678.

Ebben, U., Gladen, S., Glavac, V., Kolmann, U., Lauterbach, W., Pullmann, C., Quick, J. (1983): Gradientenanalyse der Grünlandgesellschaften des Landschafts- und Naturschutzgebiets „Dönche" bei Kassel (Nordhessen). Philippia 5: 151–162.

Ecke, F., Rydin, H. (2000): Succession on a land uplift coast in relation to plant strategy theory. Ann. Bot. Fennici 37: 163–171.

Eckels, E., Riess, W., Knapp, R. (1984): Bibliographie der Arbeiten über den Einfluß des Feuers auf die Vegetation. VIII. Excerpta Bot. Sect. B 24: 1–9.

Eckert, C. G. (2001): The loss of sex in clonal plants. Evol. Ecol. 15: 501–520.

Eckert, C. G., Lui, K., Bronson, K., Corradini, P., Bruneau, A. (2003): Population genetic consequences of extreme variation in sexual and clonal reproduction in an aquatic plant. Mol. Ecol. 12: 331–344.

Edwards, D. (1993): Cells and tissues in the vegetative sporophytes of early land plants. New Phytol. 125: 225–247.

Edwards, D. (2000): The role of Mid-Palaeozoic mesofossils in the detection of early bryophytes. Philos. Trans. R. Soc. Lond. B. 355: 733–755.

Edwards, D. (2003): Xylem in early tracheophytes. Plant, Cell Environ. 26: 57–72.

Edwards, D., Duckett, J. G., Richardson, J. B. (1995): Hepatic characters in the earliest land plants. Nature 374: 635–636.

Edwards, D. S. (1980): Evidence for the sporophytic status of the Lower Devonian plant *Rhynia gwynne-vaughanii* Kidston. Rev. Palaeobot. Palyn. 29: 177–188.

Edwards, D. S. (1986): *Aglaophyton major*, a non-vascular land-plant from the Devonian Rhynie Chert. Bot. J. Linn. Soc. 93: 173–204.

Eggenberg, S. (2002): Die Waldgrenzvegetation in unterschiedlichen Klimaregionen der Alpen. Diss. Bot. 360: 1–157.

Egle, K. (1960): Menge und Verhältnis der Pigmente. in: W. Ruhland (Hrsg.) Hdb. d. Pfl.physiol. V1, Die CO_2-Assimilation, 444–496, Springer, Berlin-Göttingen-Heidelberg.

Ehleringer, J. R., Field, C. B. (1993): Scaling physiological processes. Acad. Pr., San Diego-New York etc.

Ehleringer, J. R., Forseth, I. (1980): Solar tracking in plants. Science 210: 1094–1098.

Ehleringer, J. R., Cerling, T. E., Helliker, B. R. (1997): C4 photosynthesis, atmospheric CO_2, and climate. Oecologia 112: 285–299.

Ek, R. C. (1997): Botanical diversity in the tropical rain forest of Guyana. Tropenbos Guyana Serie 4: 1–236.

Eldridge, D. J., Leys, J. F. (1999): Wind dispersal of the vagant lichen *Chondropsis semiviridis* in semi-arid eastern Australia. Aust. J. Bot 47: 157–164.

Ellenberg, H. (1948): Unkrautgesellschaften als Maß für den Säuregrad, die Verdichtung und andere Eigenschaften des Ackerbodens. Ber. Landtechnik 4: 1–18.

Ellenberg, H. (1956): Aufgaben und Methoden der Vegetationskunde. In: Walter, H. (Hrsg.): Einführung in die Phytologie 4/1. Ulmer, Stuttgart.

Ellenberg, H. (1963): Vegetation Mitteleuropas mit den Alpen. In: Walter, H. (Hrsg.): Einführung in die Phytologie. 4, Teil 2. Ulmer, Stuttgart.

Ellenberg, H. ed. (1971): Integrated experimental ecology. Methods and results of ecosystem research in the German Solling project. Ecol. Stud. 2, Springer, Berlin etc.

Ellenberg, H. (1996): Vegetation Mitteleuropas mit den Alpen. 5. Aufl. Ulmer, Stuttgart.

Ellenberg, H., Mueller-Dombois, D. (1967a): Tentative physiognomic-ecological classification of plant formations of the earth. Ber. Geobot. Inst. ETH, Stift. Rübel 37: 21–55.

Ellenberg, H., Mueller-Dombois, D. (1967b): A key to Raunkiaer plant life forms with revised subdivisions. Ber. Geobot. Inst. ETH, Stift. Rübel 37: 58–73.

Ellenberg, H., Mayer, R., Schauermann, J. (1986): Ökosystemforschung. Ergebnisse des Sollingprojektes 1966–1986. Ulmer, Stuttgart.

Ellenberg, H., Weber, H. E., Düll, R., Wirth, V., Werner, W., Paulißen, D. (1992, 2001): Zeigerwerte von Pflanzen in Mitteleuropa. 2. Aufl. 1992. Scripta Geobot. 18: 1–258; 3. Aufl. 2001. Scripta Geobot. 18: 1–262.

Eller, B. M. (1977): Leaf pubescence: The significance of lower surface hairs for the spectral properties of the upper surface. J. exp. Bot. 28: 1054–1059.

Ellis, J. B., Shutes, R. B., Revitt, D. M., Zhang, T. T. (1994): Use of macrophytes for pollution treatment in urban wetlands. Resources, Conservation, Recycl. 11: 1–12.

Ellwanger, G. (1996): Die Vegetation der Moore des Brockengebietes I. Pflanzengesellschaften soligener Hangmoore. Hercynia 30: 69–97.

Elvebakk, A. (1994): A survey of plant associations and alliances from Svalbard. J. Veg. Sci. 5: 791–802.

Emig, W., Leins, P. (1994): Ausbreitungsbiologische Untersuchungen in der Gattung *Campanula* L. I. Vergleichende Windkanalexperimente zur Samenportionierung bei *C. trachelium* L., *C. sibirica* L. und *C. glomerata* L. Bot. Jahrb. Syst. 116: 243–257.

Emig, W., Leins, P. (1996): Ausbreitungsbiologische Untersuchungen in der Gattung *Campanula* L. II. Die Bedeutung der Kapselmorphologie und der Samenausgestaltung für das Ausbreitungsverhalten. Bot. Jahrb. Syst. 118: 505–528.

Engel, T. (2003): Holzkohlereste von einem mittelalterlichen Eisenverhüttungsplatz bei Metzingen-Neuhausen im Vorland der mittleren Schwäbischen Alb. Forsch. Ber. Vor- und Frühgesch. Baden-Württemberg 86: 159–163.

Englisch, T. (1999): Multivariate Analysen zur Synsystematik und Standortsökologie der Schneebodenvegetation (Arabidetalia caeruleae) in den Nördlichen Kalkalpen. Stapfia 59: 1–211.

Englisch, T., Karrer, G. (2001): Zeigerwertsysteme in der Vegetationsanalyse – Anwendbarkeit, Nutzen und Probleme in Österreich. Ber. d. Reinh.-Tüxen-Ges. 13: 83–102.

Enright, N. J., Hill, R. S. (eds.) (1995): Ecology of the southern conifers. Smithsonian Inst. Press, Washington.

Entwicklung der Umwelt seit der letzten Eiszeit (2000): Rundgespr. Komm. Ökologie 18: 1–166. Pfeil, München.

Erdmann, K.-H., Spandau, L. (Hrsg., 1997): Naturschutz in Deutschland. Ulmer, Stuttgart.

Ernst, W. (1971): Zur Ökologie der Miombo-Wälder. Flora 160: 317–331.

Ernst, W. H. O. (1974): Schwermetallvegetation der Erde. Fischer, Stuttgart.

Ernst, W. H. O. (1982): Schwermetallpflanzen. in: Kinzel, H., Pflanzenökologie und Mineralstoffwechsel, 472–506, Ulmer, Stuttgart.

Erschbamer, B. (1990): Substratabhängigkeit alpiner Rasengesellschaften. Flora 184: 389–403.

Erschbamer, B., Kneringer, E., Niederfrininger Schlag, R. (2001): Seed rain, soil seed bank, seedling recruitment, and survival of seedlings on a glacier foreland in the Central Alps. Flora 196: 304–312.

Ertsen, A. C. D., Alkemade, J. R. M., Wassen, M. J. (1998): Calibrating Ellenberg indicator values for moisture, acidity, nutrient availability and salinity in the Netherlands. Plant Ecol. 135: 113–124.

Erz, W. (1978): Zur Aufstellung von Artenschutzprogrammen. in: Olschowy, G. (Hrsg.) Natur- und Umweltschutz in der Bundesrepublik Deutschland, 792–802, Parey, Hamburg-Berlin.

Erz, W. (1980): Naturschutz- Grundlagen, Probleme und Praxis. in: Buchwald, K., Engelhardt, W. (Hrsg.) Handbuch für Planung, Gestaltung und Schutz der Umwelt, Bd. 3, 560–637. München.

Erz, W: (1983): Artenschutz im Wandel. Konkrete und quantifizierte Vorstellungen für veränderte Strategien. Umschau 83/23: 695–700.

Erz, W. (1987): Naturschutz im Wandel der Zeit. Eine Bewertung. Geogr. Rdsch. 39: 307–315.

Escudero, A. (1996): Community patterns on exposed cliffs in a Mediterranean calcareous mountain. Vegetatio 125: 99–110.

Eskuche, U. (1999): Phytosociological studies in northern Patagonia. II. The forests of the Nothofagion dombeyi. Phytocoenologia 29: 177–252.

Estabrook, E. M., Yoder, J. I. (1998): Plant-plant communications: Rhizosphere signaling between parasitic angiosperms and their hosts. Plant Physiol. 116: 1–7

Evenari, M., Noy-Meir, I., Goodall, D. W. (eds.) (1986): Hot deserts and arid shrublands. In: Goodall, D. W. (ed.): Ecosystems of the world 12A, B. Elsevier, Amsterdam etc.

Evers, C. (1997): Die Festuco-Brometea-Gesellschaften im nördlichen Harzvorland Niedersachsens. Phytocoenologia 27: 161–211.

Ewald, J. (1995): Eine vegetationskundliche Datenbank bayerischer Bergwälder. Hoppea 56: 453–485.

Ewald, J. (1999): Soziologie und Standortbindung subalpiner Fichtenwälder in den Bayerischen Alpen. Tuexenia 19: 107–125.

Ewald, J. (2001): Der Beitrag pflanzensoziologischer Datenbanken zur vegetationsökologischen Forschung. Ber. d. Reinh.-Tüxen-Ges. 13: 53–69.

Falinska, K. (ed.) (1998): Plant population biology. Polish Acad. Sci., Krakow.

Farquhar, G. D. (1978): Feedforward responses of stomata to humidity. Aust. J. Plant Physiol. 5: 787–800.

Fassl, K. (1996): Die Bewertung von Zeigerarten in europäischen Pollendiagrammen für die Rekonstruktion des Klimas im Holozän. Paläoklimaforschung 22: 1–371.

Fay, M. F., Dolores Lledo, M., Kornblum, M. M., Crespo, M. B. (1999): From the waters of Babylon? *Populus euphratica* in Spain is clonal and probably introduced. Biodivers. Conserv. 8: 769–778.

Feoli, E., Orlóci, L. (eds.) (1991): Computer assisted vegetation analysis. Handb. Veg. Sci. 11: 1–498. Kluwer, Dordrecht.

Filippini-de Giorgi, A., Holderegger, R., Schneller, J. K. (1997): Aspects of spore dispersal in *Selaginella*. Am. Fern J. 87: 93–103.

Finckh, M. (1996): Die Wälder des Villarrica-Nationalparks (Südchile). – Lebensgemeinschaften als Grundlage für ein Schutzkonzept. Diss. Bot. 259: 1–181.

Firbas, F. (1928):Über die Bedeutung des thermischen Verhaltens der Laubstreu für die Frühjahrsvegetation des sommergrünen Laubwaldes. Beih. Bot. Cbl. 44 II: 179–198.

Firbas, F. (1949): Spät- und nacheiszeitliche Waldgeschichte von Mitteleuropa nördlich der Alpen. 1. Bd. Allgemeine Waldgeschichte. G. Fischer, Jena.

Fischer, A. (1987): Untersuchungen zur Populationsdynamik am Beginn von Sekundärsukzessionen. Die Bedeutung der Samenbank und Samenniederschlag für die Wiederbesiedlung vegetationsfreier Flächen in Wald- und Grünlandgesellschaften. Diss. Bot. 110: 1–234.

Fischer, A. (1999): Sukzessionsforschung: Stand und Entwicklung. Ber. d. Reinh.-Tüxen-Ges. 11: 157–177.

Fischer, A., Klotz, S. (1999): Zusammenstellung von Begriffen, die in der Vegetations-Dauerbeobachtung ein zentrale Rolle spielen. Tuexenia 19: 3–11.

Fischer, A., Abs, G., Lenz, F. (1990): Natürliche Entwicklung von Waldbeständen nach Windwurf. Ansätze einer „Urwaldforschung" in der Bundesrepublik. Forstw. Cbl. 109: 309–326.

Fischer, A., Lindner, M., Abs, C., Lasch, P. (2002): Vegetation dynamics in Central European forest ecosystems (near-natural as well as managed) after storm events. Folia Geobot. 37: 17–32.

Fischer, E. (1988): Beiträge zur Flora Zentralafrikas. I. Eine neue *Nymphaea* sowie ein neuer *Streptocarpus* aus Rwanda. Feddes Repert. 99: 385–390.

Fischer, E. (1993): Taxonomic results of the BRYOTROP-Expedition to Zaire and Rwanda. 3. Description of collecting sites. The vegetation of Kahuzi-Biega-National Park/Zaire, Nyungwe Forest and Virunga volcanoes/ Rwanda. Trop. Bryol. 8: 13–37.

Fischer, E. (1996): Die Vegetation des Parc National de Kahuzi-Biéga, Süd-Kivu, Zaire. Erdwiss. Forschung 35: 1–99.

Fischer, P. (1998): Sandtrockenrasen von Binnendünen in der Unteren Mittelelbe-Niederung zwischen Dömitz und Boizenburg. Tuexenia 18: 119–151.

Fischer, S. F., Poschlod, P., Beinlich, B. (1996): Experimental studies on the dispersal of plants and animals on sheep in calcareous grasslands. J. Appl. Ecol. 33: 1206–1222.

Flenley, J. R. (1979): The equatorial rainforest: A geological history. Butterworth, London.

Fogg, G. E. (1998): The biology of polar habitats. Oxford Univ. Press, Oxford.

Forde, B., Lorenzo, H. (2001): The nutritional control of root development. Plant Soil 232: 51–68.

Forst, M., Hierlmeier, R., Kiebel, A., Ruthsatz, B. (1997): Hoch- und Zwischenmoore in Trockenmaaren der Vulkaneifel. Angew. Landschaftsökologie 14: 1–482.

Frahm, J.-P. (1994): Scientific results of the BRYOTROP-Expedition to Zaire and Rwanda. 1. The ecology of epiphytic bryophytes on Mt. Kahuzi (Zaire). Trop. Bryol. 9: 137–152.

Frahm, J.-P. (1996): Mosses newly recorded from Saxonian amber. Nova Hedwigia 63: 525–527.

Frahm, J.-P., Frey, W. (2004): Moosflora. 4. Aufl. Ulmer, Stuttgart.

Francisco-Ortega, J., Jackson, M. T., Santos-Guerra, A., Fernandez-Galvan, M. (1994): The phytogeography of the *Chamaecytisus proliferus* (L. fil.) Link (Fabaceae: Genisteae) complex in the Canary Islands: a multivariate analysis. Vegetatio 110: 1–17.

Francisco-Ortega, J., Barber, J. C., Santos-Guerra, A., Febles-Hernández, R., Jansen, R. K. (2001): Origin and evolution of the endemic genera of Gonospermінae (Asteraceae: Anthemideae) from the Canary Islands: evidence from nucleotide sequences of the internal transcribed spacers of the nuclear ribosomal DNA. Am. J. Bot. 88: 161–169.

Frank, D., Klotz, S., Westhus, W. (1990): Botanisch-ökologische Daten zur Flora der DDR. 2. Aufl. Wiss. Beitr. Martin-Luther-Univ. Halle-Wittenberg 1990 (32) [P41]: 1–167.

Franklin, S. B., Gibson, D. J., Robertson, P. A., Pohlmann, J. T., Fralish, J. S. (1995): Parallel analysis: a method for determining significant principal components. J. Veg. Sci. 6: 99–106.

Fredskild, B. (1998): The vegetation types of northeast Greenland. Bioscience 49: 1–84.

Freitag, H., Stichler, W. (2000): A remarkable new leaf type with unusual photosynthetic tissue in a Central Asiatic genus of Chenopodiaceae. Plant Biol. 2: 154–160.

Frenzel, B. (ed.) (1996): Holocene treeline oscillations, dendrochronology and palaeoclimate. Paläoklimaforschung 20: 1–303.

Frenzel, B. (2000): History of flora and vegetation during the Quarternary. Progr. Bot./Fortschr. Bot. 61: 303–334.

Frenzel, B., Pésci, M., Velichko, A. A. (1992): Atlas of paleoclimates and paleoenvironments of the Northern Hemisphere. Late Pleistocene-Holocene. Geogr. Res. Inst. Budapest, G. Fischer, Stuttgart.

Frenzel, B., Reisch, L., Weiß, M. M. (1994): Evaluation of land surfaces cleared from forests in the Mediterranean region during the time of the Roman empire. Paläoklimaforschung 10: 1–171.

Frey, W. (1977): Neue Vorstellungen über die Verwandtschaftsgruppen und die Stammesgeschichte der Laubmoose. In: Frey, W., Hurka, H., Oberwinkler, F. (Hrsg.): Beiträge zur Biologie der niederen Pflanzen. G. Fischer, Stuttgart, New York. 117–139.

Frey, W. (1980): Wald- und Gebüschverbreitung in Nordwest-Horasan (Nordiran). Beih. Tübinger Atlas Vorderer Orient, Reihe A (Naturw.) 6: 1–66.

Frey, W. (1990): Genoelemente prä-angiospermen Ursprungs bei Bryophyten. Bot. Jahrb. Syst. 111: 433–456.

Frey, W. (2000): Life strategies as a basis for functional characterization of plant species and plant communities: a case study. Z. Ökologie u. Naturschutz 9: 35–41.

Frey, W., Beever, J. E. (1995): Dendroid bryophyte communities of New Zealand. Nova Hedwigia 61: 323–354.

Frey, W., Halfmann, J. (1986): Analyse der Bryophytenflora und -vegetation der Bergsturzhalde am Manrod (Ringgau, Nordhessen). Berl. Geogr. Abh. 41: 107–123.

Frey, W., Hauser, A. (1996): Onopordetum acanthii (Eselsdistel-Gesellschaft) im mittleren und unteren Unstruttal. Lebensstrategien in einer wärmeliebenden Ruderalgesellschaft. Haussknechtia Beih. 6: 1–84.

Frey, W., Hensen I. (1995a): Lebensstrategien bei Pflanzen: ein Klassifizierungsvorschlag. Bot. Jahrb. Syst. 117: 187–209.

Frey, W., Hensen, I. (1995b): Spergulo morisonii-Corynephoretum canescentis (Frühlingsspark-Silbergrasflur) – Lebensstrategien von Binnendünen- und Lockersandbesiedlern. Feddes Repertorium 106: 533–553.

Frey, W., Kürschner, H. (1979): Die epiphytische Moosvegetation im hyrkanischen Waldgebiet (Nordiran). Beih. Tübinger Atlas Vorderer Orient, Reihe A (Naturw.) 5: 1–99.

Frey, W., Kürschner, H. (1989a): Vorderer Orient. Vegetation/Near and Middle East. Vegetation. 1:8000000. Karte/map A VI 1 Tübinger Atlas Vorderer Orient. Reichert, Wiesbaden.

Frey, W., Kürschner, H. (1989b): Die Vegetation im Vorderen Orient. Erläuterungen zur Karte A VI 1 Vorderer Orient. Vegetation des „Tübinger Atlas des Vorderen Orients". Beih. Tübinger Atlas Vorderer Orient, Reihe A (Naturw.) 30: 1–92.

Frey, W., Kürschner, H. (1991a): Lebensstrategien epiphytischer Bryophyten im tropischen Tieflands- und Bergregenwald am Mt. Kinabalu (Sabah, Nord-Borneo). Nova Hedwigia 53: 307–330.

Frey, W., Kürschner, H. (1991b): Lebensstrategien von terrestrischen Bryophyten in der Judäischen Wüste. Bot. Acta 104: 172–182.

Frey, W., Kürschner, H. (1991c): Das Fossombronio-Gigaspermetum mouretii in der Judäischen Wüste. 2. Ökosoziologie und Lebensstrategien. Crypt. Bot. 2: 73–84.

Frey, W., Kürschner, H. (1995): Bryosoziologische Untersuchungen in Jordanien. 3. Lebensstrategienanalyse der terrestrischen und epilithischen Moosgesellschaften. Frag. Flor. Geobot. 40: 491–511.

Frey, W., Kürschner, H. (1998): Wüstenmoose: Anpassungen und Überlebensstrategien im täglichen Kampf mit der Sonne. Biologie in unserer Zeit 28: 231–240.

Frey, W., Probst, W. (1977): Gliederung der Vegetation und ihre Darstellung im Tübinger Atlas des Vorderen Orients (TAVO) und in den Beiheften zum Atlas. Beih. Tübinger Atlas Vorderer Orient, Reihe A (Naturw.) 1: 1–72.

Frey, W., Probst, W. (1978): Vegetation und Flora des Zentralen Hindukuš (Afghanistan). Beih. Tübinger Atlas Vorderer Orient, Reihe A (Naturw.) 3: 1–126.

Frey, W., Probst, W. (1986): A synopsis of the vegetation of Iran. In: Kürschner, H. (ed.): Contributions to the vegetation of Southwest Asia. Beih. Tübinger Atlas Vorderer Orient, Reihe A (Naturw.) 24: 9–43.

Frey, W., Kürschner, H., Stichler, W. (1985): Photosynthetic pathways and ecological distribution of halophytes from four littoral salt marshes (Egypt/Sinai, Saudi Arabia, Oman and Iran). Flora 177: 107–130.

Frey, W., Goßow, R., Kürschner, H. (1990): Verteilungsmuster von Lebensformen, wasserleitenden und wasserspeichernden Strukturen in epiphytischen Moosgesellschaften am Mt. Kinabalu (Nord-Borneo). Nova Hedwigia 51: 87–119.

Frey, W., Frahm, J.-P., Fischer, E., Lobin, W. (1995a): Die Moos- und Farnpflanzen Europas. G. Fischer, Stuttgart, etc.

Frey, W., Kürschner, H., Seifert, U. H. (1995b): Life strategies of epiphytic bryophytes from tropical lowland to montane forests, ericaceous woodlands and the *Dendrosenecio* subpáramo of the eastern Congo basin and the adjacent mountains (Parc National de Kahuzi-Biega/Zaire, Forêt de Nyungwe/Rwanda). Tropical Bryol. 11: 129–149.

Frey, W., Hilger, H. H., Hofmann, M., (1996): Water-conducting cells of extant *Symphyogyna*-type Metzgerialean taxa: ultrastructure and phylogenetic implications. Nova Hedwigia 63: 471–481.

Frey, W., Stech, M., Meißner, K. (1999a): Chloroplast DNA-relationship in palaeoaustral *Lopidium concinnum* (Hypopterygiaceae, Musci). An example of steno-evolution in mosses. Studies in austral temperate rain forest bryophytes 2. Pl. Syst. Evol. 218: 67–75.

Frey, W., Heinz, S., Hensen, I., Pfeiffer, T. (1999b): Nahausbreitung bei Pflanzen – Ermittlung der Ausbreitungsweiten von Diasporen mittels Klebeplatten. Bot. Jahrb. Syst. 121: 75–84.

Frey, W., Hensen, I., Heinken, T. (2001a): Life strategies in the xerothermous vegetation complex of the lower Unstrut Valley (Saxony-Anhalt, Germany). Feddes Repertorium 112: 87–105.

Frey, W., Weppler, T, Kürschner, H. (2001b): Caricetum curvulae (Krummseggenrasen) – Lebensstrategienanalyse einer alpinen Pflanzengesellschaft. Tuexenia 21: 193–204.

Frey, W., Hofmann, M., Hilger, H. H. (2001c): The gametophyte-sporophyte junction: unequivocal hints for two evolutionary lines of archegoniate land plants. Flora 196: 431–445.

Friedman, W. E., Cook, M. E. (2000): The origin and early evolution of tracheids in vascular plants: integration of palaeobotanical and neobotanical data. Philos. Trans. R. Soc. Lond. B 355: 857–868.

Fritsch, F. E. (1945): Studies on the comparative morphology of algae IV. Ann. Bot. N. S. 9: 1–29.

Füllekrug, E. (1969): Phänologische Diagramme von Glatthaferwiesen und Halbtrockenrasen. Mitt. Florist.-soziol. Arbeitsgem. N. F. 14: 255–273.

Gadgil, M., Solbrig, O. T. (1972): The concept of r- and K-selection: evidence from wild flowers and some theoretical considerations. Am. Nat. 106: 14–31.

Gätje, C., Reise, K. (Hrsg.) (1998): Ökosystem Wattenmeer. Springer, Heidelberg, Berlin.

Gajardo, R. (1993): La vegetación natural de Chile. Classificación y distribución geográfica. Santander, Santiago de Chile.

Galán de Mera, A., Hagen, M. A., Vicente Orellana, J. A. (1999): Aerophyte, a new life form in Raunkiaer's classification. J. Veg. Sci. 10: 65–68.

Galler, J. (1999): Lehrbuch Umweltschutz. Ecomed, Landsberg.

Galloway, D. J. (1991): Phytogeography of Southern Hemisphere lichens. In: Nimis, P. L., Crovello, T. J. (eds.): Quantitative approaches to phytogeography. Kluwer, Dordrecht. 233–262.

Gamisans, J. (1999): La vegetation de la Corse.

Garcia, L. V., Maranón, T., Moreno, A., Clemente, L. (1993): Above-ground biomass and species richness in a Mediterranean salt marsh. J. Veg. Sci. 4: 417–424.

Garcke, A. (1972): Illustrierte Flora. Deutschland und angrenzende Gebiete. 23. Aufl. Parey, Berlin, Hamburg.

Garve, E. (2003): Bestandssituation von Halophyten an salzhaltigen Rückstandshalden der Kaliindustrie (Kalihalden) in Thüringen. Haussknechtia 9: 157–185.
Garve, E., Garve, V. (2000): Halophyten an Kalihalden in Deutschland und Frankreich (Elsass). Tuexenia 20: 375–417.
Gastaldo, R. A., Riegel, W., Puttmann, W., Linnemann, K. G., Zetter, R. (1998): A multidisciplinary approach to reconstruct the late Oligocene vegetation in Central Europe. Rev. Palaeobot. Palyn. 101: 71–94.
Gates, D. M. (1993): Climate change and ist biological consequence. Sinauer, Sunderland.
Gauch, H. G. (1979): COMPCLUS – A FORTRAN program for rapid initial clustering of large data sets. Cornell Univ. Ithaca, New York.
Gebauer, K. (1947): Die Erde und das Leben. Vieweg, Braunschweig.
Géhu, J.-M. (ed.) (1975): La végétation des dunes maritimes. Coll. Phytosoc. 1: 1–283.
Géhu, J.-M. (Red.) (1991): Phytosociologie et paysage. Coll. Phytosoc. 17: 1–519.
Geiger, R. (1950, 1991): Das Klima der bodennahen Luftschicht. 3., 4. Aufl. Vieweg, Braunschweig.
Geyh, M. A., Schleicher, H. (1990): Absolute age determination. Physical and chemical dating methods and their application. Springer, Berlin etc.
Ghazanfar, S. A., Fisher, M. (1998): Vegetation of the Arabian Peninsula. Kluwer, Dordrecht.
Gilroy, S., Jones, D. L. (2000): Through form to function: Root hair development and nutrient uptake. Trends Plant Sci 5: 56–60.
Gitay, H., Noble, I. R., Connell, J. H. (1999): Deriving functional types for rain-forest trees. J. Veg. Sci. 10: 641–650.
Givnish, T. , ed. (1986): On the economy of plant form and function. Cambr. Univ. Pr., Cambridge.
Givnish, T. (1988): Adaptation to sun and shade: A whole-plant perspective. Aust. J. Plant Physiol. 15: 63–92.
Gleadow, R. M., Woodrow, I. E. (2002): Constraints on effectiveness of cyanogenic glycosides in herbivore defense. J. Chem. Ecol. 28: 1301–1313.
Gleason, H. A. (1920): Some application of the quadrat method. Bull. Torrey Bot. Club 47: 21–33.
Gleason, H. A. (1926): The individualistic concept of the plant association. Bull. Torrey Bot. Club 53: 7–26.
Gliemeroth, A. K. (1995): Paläoökologische Untersuchungen über die letzten 22000 Jahre in Europa. Paläoklimaforschung 18: 1–252.
Gnoth-Austen, F., Specht, R. (1995): Deutsche Nationalparke. Vorpommersche Boddenlandschaft, Jasmund. Vehling, Werl i. W., Basel, Graz.
Godoy, J. A., Jordano, P. (2001): Seed dispersal by animals: exact identification of source trees with endocarp DNA-microsatellites. Mol. Ecol. 10: 2275–2283.
Godwin, H. (1956, 1975): The history of the British flora. A factual basis for phytogeography. Cambridge Univ. Press, Cambridge etc. 2nd ed. 1975.
Goel, N. S., Norman, J. M. (1990): Instrumentation for studying vegetation canopies for remote sensing in optical and thermal infrared regions. Hardwood Acad. Publ., London.
Goldammer, J. G., ed. (1990): Fire in ecosystem dynamics: Mediterranean and Northern perspectives. SPB Publ., The Hague.
Goldammer, J. G. (1993): Feuer in Waldökosystemen der Tropen und Subtropen. Birkhäuser, Basel.
Goldammer, J. G., Furyaev, V. V. (eds.) (1996): Fire in ecosystems of boreal Eurasia. Kluwer, Dordrecht.
Goldsmith, F. B. (1974): Multivariate analyses of tropical grassland communities in Mato Grosso, Brazil. J. Biogeogr. 1: 111–122.
Goldsmith, F. B. (ed.) (1998): Tropical rain forest: A wider perspective. Conserv. Biol. Ser. 10: 1–416.
Good, R. (1951): The geography of flowering plants. 2nd ed., London.
Goodall, D. W. (1954): Vegetational classification and vegetational continua. Angew. Pflanzensoz. Festschr. Aichinger 1: 168–182.
Goodall, D. W. (1973): Numerical classification. In: Whittaker, R. H. (ed.): Ordination and classification of communities. Handb. Veg. Sci. 5: 575–615.
Gorb, S. N., Gorb, E. V. (1999): Dropping rates of elaiosome-bearing seeds during transport by ants (*Formica polyctena* Foerst.): Implications for distance dispersal. Acta Oecol. 20: 509–518.
Gordon, M. S., Olson, E. C. (1995): Invasions of the land. The transitions of organisms from aquatic to terrestrial life. Columbia Univ. Press, New York.
Gore, A. J. P. (ed.) (1983): Mires: swamp, bog, fen and moor. In: Goodall, D. W. (ed.): Ecosystems of the world 4A: 1–440, 4B: 1–479. Elsevier, Amsterdam etc.
Gottfried, M., Pauli, H., Grabherr, G. (1994): Die Alpen im „Treibhaus“: Nachweise für das erwärmungsbedingte Höhersteigen der alpinen und nivalen Vegetation. Verein Schutz der Bergwelt München. 1994: 13–27.
Gottschlich, D. E. & Smith, A. P. (1982): Convective heat transfer characteristics of toothed leaves. Oecologia 53: 418–420.
Grabherr, G. (1985): Numerische Klassifikation und Ordination in der alpinen Vegetationsökologie als Beitrag zur Verknüpfung moderner „Computermethoden“ mit der pflanzensoziologischen Tradition. Tuexenia 5: 181–190.
Grabherr, G. (2001): 50 Jahre numerische Methoden in der Vegetationsökologie – ein Rückblick. Ber. d. Reinh.-Tüxen-Ges. 13: 5–10.
Grabherr, G., Reiter, K. (1999): Aktuelle Aspekte der Vegetationskartierung, der Fernerkundung und geographischer Informationssysteme. Ber. d. Reinh.-Tüxen-Ges. 11: 353–366.
Grabherr, G., Mucina, L., Dale, M. B., Ter Braak, C. J. F. (1990): Progress in theoretical vegetation science. Kluwer, Dordrecht.

Grabherr, G., Koch, G., Kirchmeier, H., Reiter, K. (1998): Hemerobie österreichischer Waldökosysteme. Veröff. Öst. MaB Programm 17: 1–493. Univ.-Verlag Wagner, Innsbruck.

Grabherr, G., Nagy, L., Thompson, D. B. A. (2003): An outline of Europe's alpine areas. In: Nagy, L. et al.: Alpine biodiversity in Europe. Springer, Berlin, Heidelberg. 3–12.

Grabner, S. (1997): Seslerio-Caricetum sempervirentis and Caricetum ferrugineae in the northern calcareous Alps. Folia Geobot. Phytotax. 32: 297–311.

Gradmann, R. (1898/1992): Das Pflanzenleben der Schwäbischen Alb. 1./5. Aufl. Schw. Albverein, Stuttgart.

Graham, L. E. (1993): Origin of land plants. J. Wiley, New York etc.

Graham, L. E., Gray, J. (2001): The origin, morphology and ecophysiology of early embryophytes: Neontological and paleontological perspectives. In: Gensel, P., Edwards, D.: Plants invade the land: evolutionary and environmental perspectives. Columbia Univ. Press, New York. 140–158.

Grau, J. (1992): Die chilenische Zentralzone. In: Grau, J., Zizka, G. (Hrsg.): Die Pflanzenwelt Chiles. Palmengarten, Sonderheft 19: 38–44. Frankfurt/M.

Greig-Smith, P. (1979): Pattern in vegetation. J. Ecol. 67: 755–779.

Greven, H. (1980): Die Bärtierchen. Neue Brehm-Bücherei 537, Ziemsen-Verl., Wittenberg.

Grime, J. P. (1979): Plant strategies and vegetation processes. Wiley, Chichester etc.

Grime, J. P. (1988): The C-S-R model of primary plant strategies – origins, implications and tests. In: Gottlieb, L. D., Jain, K. (eds.): Plant evolutionary biology. Chapman & Hall, London, New York. 371–393.

Grime, J. P. (2001): Plant strategies, vegetation processes, and ecosystem properties. 2nd ed. Wiley, Chichester etc.

Grime, J. P., Hodgson, J. G., Hunt, R. (1988): Comparative plant ecology. A functional approach to common British species. Hyman, London.

Grime, J. P., Rincon, E. R., Wickerson, B. E. (1990): Bryophytes and plant strategy theory. Bot. J. Linn. Soc. 104: 175–186.

Grisebach, A. (1838): Über den Einfluß des Klimas auf die Begrenzung der natürlichen Floren. Linnaea 12: 1–29.

Grisebach, A. (1866): Der gegenwärtige Standpunkt der Geographie der Pflanzen. Geogr. Jahrb. 1: 373–402.

Grisebach, A. (1872): Die Vegetation der Erde nach ihrer klimatischen Anordnung. Ein Abriß der vergleichenden Geographie der Pflanzen. 2 Bde. Engelmann, Leipzig.

Grolle, R. (1988): Bryophytes fossil in amber. Bryol. Times 47: 4–5.

Gross, E. M. (1999): Allelopathy in benthic and littoral areas: case studies on allelochemicals from benthic cyanobacteria and submersed macrophytes. In: Inderjit, K. M., Dakshini, M. & Foy, C. L. (eds.) Principles and practices in plant ecology: Allelochemical interactions. Pp. 179–199. CRC Pr., Boca Raton.

Groves, R. H. (ed.) (1994): Australian vegetation. 2nd ed. CSIRO, Canberra.

Groves, R. H., DiCastri, F. (1991): Biogeography of Mediterranean invasions. Cambridge Univ. Press, Cambridge etc.

Groves, R. H., Beard, J. S., Deacon, H. J. et al. (1983): Introduction: The origins and characteristics of Mediterranean ecosystems. In: Day, J. A. (ed.): Mineral nutrients in Mediterranean ecosystems. S. African Nat. Sci. Progr. Rep. 71: 1–18.

Grundmann, A. (2000): Zur Standorts- und Vegetationsentwicklung im Goldauer Bergsturz. Diss. Bot. 335: 1–254.

Günther, F. (1957): Der Darss. Vom Werden und Leben des Darß. Urania, Leipzig, Jena.

Gurr, M. (1996): Carici elongatae-Alnetum glutinosae in Mittelbrandenburg. Lebensstrategien in Erlenbruchwäldern. Diplomarbeit FU Berlin.

Gustafsson, C., Ehrlén, J., Eriksson, O. (2002): Recruitment in *Dentaria bulbifera*: the roles of dispersal, habit quality and mollusc herbivory. J. Veg. Sci. 13: 719–724.

Gutterman, Y. (1993): Seed germination in desert plants. Springer, Berlin etc.

Gutterman, Y. (2002): Survival strategies of annual desert plants. Springer, Berlin, Heidelberg.

Hachmöller, B. (2000): Vegetation, Schutz und Regeneration von Bergwiesen im Osterzgebirge – eine Fallstudie zu Entwickung und Dynamik montaner Grünlandgesellschaften. Diss. Bot. 338: 1–300.

Hacke, U., Sauter, J. J. (1995): Vulnerability of xylem to embolism in relation to leaf water potential and stomatal conductance in *Fagus sylvatica* f. *purpurea* and *Populus balsamifera*. J. exp. Bot. 46: 1177–1183.

Haensler, J. (2003): Phytoremediation schwermetallbelasteter Böden durch einjährige Pflanzen in Einzel- und Mischkultur. Dissertation, H. Heine-Univ. Düsseldorf.

Härdtle, W., Heinken, T., Pallas, J., Weiß, W. (1997): Querco-Fagetea (H5). Sommergrüne Laubwälder. Teil 1: Quercion roboris. Bodensaure Eichenmischwälder. Synopsis der Pflanzengesellschaften Deutschlands 2: 1–51. Göttingen.

Hättenschwiler, S., Körner, C. (1995): Responses to recent climate warming of *Pinus sylvestris* and *Pinus cembra* within their montane transition zone in the Swiss Alps. J. Veg. Sci. 6: 357–368.

Haeupler, H. (2000): Biodiversität in Zeit und Raum – Dynamik oder Konstanz? Ber. d. Reinh.-Tüxen-Ges. 12: 113–129.

Haeupler, H., Schönfelder, P. (1988): Atlas der Farn- und Blütenpflanzen der Bundesrepublik Deutschland, Ulmer, Stuttgart.

Hager, J. (1986): Zur Verbreitung der Polsterpflanzen in der patagonischen Zwergstrauch-Halbwüste. Ein Beitrag zum ökologischen Verständnis der Wuchsform. Bot. Jahrb. Syst. 106: 511–540.

Hakes, W. (1994): On the predictive power of numerical and Braun-Blanquet classification: an example from beechwoods. J. Veg. Sci. 5: 153–160.

Halfmann, J. (1991): Die Struktur der Vegetation auf periglazialen Basaltblockhalden des Hessischen Berglandes. Diss. Bot. 168: 1–212.

Hall, A. E., Schulze, E.-D., Lange, O. L. (1976): Current perspectives of steady-state stomatal responses to environment. in: Lange, O. L., Kappen, L., Schulze, E.-D. (eds.) Water and plant life, Ecol. Stud. 19, 169–188. Springer, Berlin etc.

Hall, J. L. (2002): Cellular mechanisms for heavy metal detoxification and tolerance. J. exp. Bot. 53: 1–11.

Hamilton, L. S., Juvik, J. O., Scatena, F. N. (1995): Tropical montane cloud forests. Ecol. Stud. 110: 1–407. Springer, Berlin etc.

Hammen, T. van der, Wijmstra, T. A., Zagwijn, W. H. (1971): The floral record of the Late Cenozoic of Europe. In: Turekian, K. K. (ed.): The Late Cenozoic glacial ages. Yale UP, New Haven, London. 391–424.

Hammer, U. T. (1986): Saline lake ecosystems of the world. Junk, Dordrecht.

Hampicke, U. (1991): Naturschutz-Ökonomie. UTB 1650. Ulmer, Stuttgart.

Han, F., Banin, A., Su, Y., Monts, D. L., Plodinec, M. J., Kingery, W. L., Triplett, G. E. (2002): Industrial age anthropogenic inputs of heavy metals into the pedosphere. Naturwissensch. 89: 497–504.

Hansen, J. (2000): Überleben in der Kälte – wie Pflanzen sich vor Froststress schützen. BiuZ 30: 24–34.

Hanski, I. (1999): Metapopulation ecology. Oxford Univ. Press, Oxford.

Hanson, A. D., Burnet, M. (1994): Evolution and metabolic engineering of osmoprotectant accumulation in higher plants. in: Cherry, J. H. (ed.) Biochemical and cellular mechanisms of stress tolerance in plants, 291–302, Springer, Berlin etc.

Hanson, A. D., Hitz, W. D. (1982): Metabolic responses of mesophytes to plant water deficits. Ann. Rev. Plant Physiol. 33: 163–203.

Harborne, J. B. (1995): Ökologische Biochemie. Spektrum Akad. Verl., Heidelberg-Berlin-Oxford.

Hare, P. D., Cress, W. A., Van Staden, J. (1999): Proline synthesis and degradation: a model system for elucidating stress-related signal transduction. J. exp. Bot. 50: 413–434.

Harper, J. L. (1977): Population biology of plants. Academic Press, London.

Hartmann, E., Schuldes, H., Kübler, R., Konold, W. (1995): Neophyten. Biologie, Verbreitung und Kontrolle ausgewählter Arten. ecomed, Landsberg.

Hartmann, L. (1992): Ökologie und Technik. Springer. Berlin etc.

Hébant, C. (1977): The conducting tissues of Bryophytes. Bryoph. Bibl. 10: 1–157.

Heinken, T. (1995): Naturnahe Laub- und Nadelwälder grundwasserferner Standorte im niedersächsischen Tiefland: Gliederung, Standortsbedingungen, Dynamik. Diss. Bot. 239: 1–311.

Heinken, T. (1998): Zum Einfluß des Alters von Waldstandorten auf die Vegetation in bodensauren Laubwäldern des niedersächsischen Tieflandes. Arch. für Nat.-Landsch. 37: 201–232.

Heinken, T. (1999): Dispersal patterns of terricolous lichens by thallus fragments. Lichenologist 31: 603–612.

Heinken, T. (2000): Dispersal of plants by a dog in a decidous forest. Bot. Jahrb. Syst. 122: 449–467.

Heinken, T. (2004): Migration of an annual myrmecochore: a four year experiment with *Melampyrum pratense* L. Plant Ecol. (in press).

Heinken, T., Lees, R., Raudnitschka, D., Runge, S. (2001a): Epizoochorous dispersal of bryophyte stem fragments by roe deer *(Capreolus capreolus)* and wild boar *(Sus scrofa)*. J. Bryol. 23: 293–300.

Heinken, T., Hanspach, H., Schaumann, F. (2001b): Welche Rolle spielt die endozoochore Ausbreitung von Pflanzen durch wildlebende Säugetiere? Hercynia 34: 237–259.

Heinrich, W., Perner, J., Marstaller, R. (2001): Regeneration und Sekundärsukzession – 10 Jahre Dauerflächenuntersuchungen im Immissionsgebiet eines ehemaligen Düngemittelwerkes. Z. Ökologie u. Naturschutz 9: 237–253.

Heintze, A. (1932): Handbuch der Verbreitungsökologie der Pflanzen. 1. (1932) und 2. (1935) Lieferung. Selbstverlag, Stockholm.

Heinz, S., Pfeiffer, T. (1998): Lebensstrategiengefüge in zwei xerothermen Pflanzengesellschaften in Mitteldeutschland (unteres Unstruttal): Teucrio-Seslerietum und Geranio-Dictamnetum. Verh. Ges. Ökologie 28: 225–233.

Heiselmayer, P., Schneider, W., Plank, H. (1982): Vegetationskundliche Luftbildauswertung am Beispiel der Umgebung des Glocknerhauses. Carinthia II 172/92: 225–240. Klagenfurt.

Heiser, W. J. (1981): Unfolding analysis of proximity data. Thesis. Univ. Leiden. 1–273.

Heitzmann-Hofmann, A. (1995): Angesäte Ackerkrautstreifen – Veränderungen des Pflanzenbestandes während der natürlichen Sukzession. Agrarökologie 13: 1–152.

Hellberg, E., Hörnberg, G., Östlund, L., Zackrisson, O. (2003): Vegetation dynamics and disturbance history in three deciduous forests in boreal Sweden. J. Veg. Sci. 14: 267–276.

Hemsley, A. R. (1994): The origin of the land plant sporophyte: an interpolational scenario. Biol. Rev. 69: 263–273.

Hendrickson, J. R., Briske, D. D. (1997): Axillary bud banks of two semiarid perennial grasses: occurrence, longevity, and contribution to population persistence. Oecologia 110: 584–591.

Henningsen, D., Katzung, G. (2002): Einführung in die Geologie Deutschlands. 6. Aufl. Spektrum, Heidelberg, Berlin.

Henry, J. D. (2002): Canada's boreal forest. Smithsonian Inst. Press, Washington.

Hensen, I. (1995a): Die kontinentalen *Stipa*-Steppenrasen der mittel- und nordostdeutschen Trockengebiete. Gleditschia 23: 3–24.

Hensen, I. (1995b): Die Vegetation von *Polylepis*-Wäldern der Ostkordillere Boliviens. Phytocoenologia 25: 235–277.

Hensen, I. (1997): Life strategy systems of xerothermic grasslands – mechanisms of reproduction and colonization within Stipetum capillatae s. l. and Adonido-Brachypodietum pinnati. Feddes Repertorium 108: 425–452.

Hensen, I. (1998): Life strategies in salt marsh communities of the East Frisian North Sea coast (northwestern Germany). Fragm. Flor. Geobot. 43: 237–256.

Hensen, I., Kentrup, M. (1998): Teucrio botryos-Melicetum ciliatae (Traubengamander-Wimperperlgrasflur) – Lebensstrategien in einer xerothermen Pioniergesellschaft. Tuexenia 18: 217–236.

Hensen, I., Müller, C. (1997): Experimental and structural investigations of anemochorous dispersal. Plant Ecol. 133: 169–180.

Henssen, A., Jahns, H. M. (1974): Lichenes. Thieme, Stuttgart-New York.

Herman, A. B. (2002): Late early-late cretaceous floras of the North Pacific region: florogenesis and early angiosperm invasion. Rev. Palaeobot. Palynol. 122: 1–11.

Herppich, W. B., Flach, B. M. -T., von Willert, D. J., Herppich, M. (1997): Field investigations in *Welwitschia mirabilis* during a severe drought. II. Influence of leaf age, leaf temperature and irradiance on photosynthesis and photoinhibition. Flora 192: 165–174.

Herrmann, B. (Hrsg.) (1994): Archäometrie. Naturwissenschaftliche Analyse von Sachüberresten. Springer, Heidelberg, Berlin.

Herschbach, C., Rennenberg, H. (2001): Sulphur nutrition of deciduous trees. Naturwiss. 88: 25–36.

Herter, W. (1996): Die Xerothermvegetation des Oberen Donautales. Veröff. Projekt ‚Angewandte Ökologie', Ber. Umweltforsch. Baden-Württemberg 10: 1–274.

Hess, J., Kadereit, W., Vargas, P. (2000): The colonization history of *Olea europaea* L. in Macaronesia based on internal transcribed spacer 1 (ITS-1) sequences, randomly amplified polymorphic DNAs (RAPD), and intersimple sequence repeats (ISSR). Mol. Ecol. 9: 857–868.

Hilger, H. H. (1981): Entwicklungstendenzen im Fruchtbau der anemochoren Boraginaceengattungen *Mattiastrum* und *Paracaryum*. Ber. Deutsch. Bot. Ges. 94: 677–687.

Hilger, H. H., Balzer, M., Frey, W., Podlech, D. (1985): Heteromerikarpie und Fruchtpolymorphismus bei *Microparacaryum*, gen. nov., (Boraginaceae). Pl. Syst. Evol. 148: 291–312.

Hill, M. O. (1979a): DECORANA – a FORTRAN program for detrended correspondence analysis and reciprocal averaging. Cornell Univ. Ithaca, N. Y. 1–52.

Hill, M. O. (1979b): TWINSPAN. A FORTRAN program for arranging multivariate data in an ordered two-way table by classification of the individuals and attributes. Cornell Univ. Ithaca N. Y., 48 pp.

Hill, M. O., Bunce, R. G. H., Shaw, M. W. (1975): Indicator species analysis, a divisive polythetic method of classification and its application to a survey of native pinewoods in Scotland. J. Ecol. 63: 597–613.

Hill, M. O., Mountford, J. O., Roy, D. B., Bunce, R. G. H. (1999): Ellenberg's indicator values for British plants. 46 pp.

Hill, R. S. (1994): The history of selected Australian taxa. In: Hill, R. S. (ed.): History of the Australian vegetation: Cretaceous to Recent. Cambridge Univ. Press, Cambridge. 390–419.

Hill, R. S., Paull, R. (2003): *Fitzroya* (Cupressaceae) macrofossils from Cenozoic sediments in Tasmania, Australia. Rev. Palaeobot. Palynol. 126: 145–152.

Hinchee, R. E., Olfenbuttel, R. F. (1991): In situ bioreclamation: Applications and investigations for hydrocarbon and contaminated site remediation. Butterworth-Heinemann, Boston-London.

Hoagland, B. W., Collins, S. L. (1997): Gradient models, gradient analysis, and hierarchial structure in plant communities. Oikos 78: 23–30.

Hölzel, N. (1996): Erico-Pinetea (H6). Alpisch-Dinarische Karbonat-Kiefernwälder. In: Dierschke, H.: Synopsis der Pflanzengesellschaften Deutschlands 1: 1–49. Göttingen.

Hofbauer, R. (1998): Untersuchungen zur Ökologie von Streuobstwiesen im württembergischen Alpenvorland. Diss. Bot. 292: 1–171.

Hofmann, H. J. (1985): Precambrian carbonaceous megafossils. In: Toomy, D. F., Nitecki, M. H. (eds.): Paleoalgology: Contemporary research and applications. Springer, Berlin. 20–33.

Hofmeister, H., Garve, E. (1998): Lebensraum Acker. 2. Aufl. Parey, Berlin.

Hofrichter, R. (Hrsg.) (2002): Das Mittelmeer. Fauna, Flora, Ökologie. 1. Allgemeiner Teil. Spektrum, Heidelberg, Berlin.

Hogarth, P. J. (1999): The biology of mangroves. Oxford Univ. Press, Oxford.

Hohensee, C. D., Frey, W. (2001): Experiments of epizoochorous dispersal by mallards *(Anas platyrinchos)*. Bot. Jahrb. Syst. 123: 209–216.

Holland, V. L., Keil, D. J. (1995): California vegetation. Kendall & Hunt, Dubuque.

Hollingsworth, M. L., Bailey, J. P. (2000): Evidence for massive clonal growth in the invasive weed *Fallopia japonica* (Japanese Knotweed). Bot. J. Linn. Soc. 133: 463–472.

Horsch, M. (2001): Experimentelle Ausbreitungsbiologie bei Primulaceen. Diss. Bot. 341: 1–236.

Houghton, J. (1994): Global warming. Lion Publ., Oxford-Elgin-Sutherland.

How, S. T., Abrahamson, W. G., Zivitz, M. J. (1994): Disintegration of clonal connections in *Solidago altissima* (Compositae). Bull. Torrey Bot. Club 121: 338–344.

Howe, H. F., Westley, L. C. (1993): Anpassung und Ausbeutung. Wechselbeziehungen zwischen Pflanzen und Tieren. Spektrum, Heidelberg.

Huang, Z., Gutterman, Y., Hu, Z. (2000): Structure and function of mucilaginous achenes of *Artemisia monosperma* inhabiting the Negev desert of Israel. Isr. J. Plant Sci. 48: 255–266.

Hübschmann, A. v. (1986): Prodromus der Moosgesellschaften Zentraleuropas. Bryoph. Bibl. 32: 1–413.

Hueck, K. (1966): Die Wälder Südamerikas. In: Walter, H.: Vegetationsmonographien der einzelnen Großräume, 2: 1–422. G. Fischer, Stuttgart.

Hueck, K., Seibert, P. (1972): Vegetationskarte von Südamerika (mit kurzen Erläuterungen). In: Walter, H. (ed.): Vegetationsmonographien der einzelnen Großräume 2a. G. Fischer, Stuttgart.

Huiskes, A. H. L., Koutstaal, B. P., Herman, P. M. J., Beeftink, W. G., Markusse, M. M., de Munck, W. (1995): Seed dispersal of halophytes in tidal salt marshes. J. Ecol. 83: 559–567.

Hultén, E., Fries, M. (1986): Atlas of North Europaean vascular plants, 3 vol., Koeltz, Königstein.

Humboldt, A. v. (1806): Ideen zu einer Physiognomik der Gewächse (Neudruck 1957). Akad. Verlagsges., Leipzig.

Hundt, R. (1966): Ökologisch-geobotanische Untersuchungen an Pflanzen der mitteleuropäischen Wiesenvegetation. Geobot. Studien 16: 1–176.

Hundt, R. (2001): Ökologisch-geobotanische Untersuchungen an den mitteldeutschen Wiesengesellschaften unter besonderer Berücksichigung ihres Wasserhaushaltes und ihrer Veränderung durch die Intensivbewirtschaftung im Rahmen der Großflächenproduktion. Kaltensundheim.

Hungerer, K. B., Kadereit, J. W. (1998): The phylogeny and biogeography of *Gentiana* L. sect. *Ciminalis* (Adans.) Dumort.: A historical interpretation of distribution ranges in the Europaean high mountains. Perspect. Plant Ecol. Evol. Syst. 1:121–135.

Imbrie, J., Imbrie, K. P. (1983): Die Eiszeiten. Naturgewalten verändern unsere Erde. Droemer, Knaur; München.

Internationaler Code der pflanzensoziologischen Nomenklatur (ICPN). Deutsche Version (2001): 3. Aufl. Göttingen.

Internat. Potash Inst. (1989): Methods of K-Research in plants. Bern.

Jackel, A.-K., Poschlod, P. (1996): Plant strategies on continental dry grassland sites. Verh. Ges. Ökologie 26: 511–517.

Jacomet, S., Kreuz, A. (1999): Archäobotanik. Aufgaben, Methoden und Ergebnisse vegetations- und agrargeschichtlicher Forschung. Ulmer, Stuttgart.

Jäger, E. J. (1988): Möglichkeiten der Prognose synanthroper Pflanzenausbreitungen. Flora 180: 101–131.

Jahn, G. (1991): Temperate deciduous forests of Europe. In: Goodall, D. W. (ed.): Ecosystems of the world 7: 377–502. Elsevier, Amsterdam etc.

Jahn, I. (Hrsg., 2000): Geschichte der Biologie. 3. Aufl., Spektrum, Heidelberg.

Jahns, H. M., Ott, S. (1997): Life strategies in lichens – some general considerations. in: Kappen, L. (ed.) New species and novel aspects in ecology and physiology of lichens. In honour of O. L. Lange, Bibl. Lichenol. 67, 49–67. Borntraeger, Berlin-Stuttgart.

Jalas, J. (1955): Hemerobie und hemerochore Pflanzenarten. Ein terminologischer Reformversuch. Sct. Soc. Fauna Flora Fenn. 22: 1–15.

James, P., Henssen, A. (1976): The morphological and taxonomic significance of cephalodia. in: Brown, D. H., Hawsworth, D. L., Bailey, R. H. (eds.) Lichenology. Progress and problems, 27–77. London.

Jandt, U. (1999): Kalkmagerrasen am Südharzrand und im Kyffhäuser. Gliederung im überregionalen Kontext, Verbreitung, Standortverhältnisse und Flora. Diss. Bot. 322: 1–246.

Jansen, M. A. K., Gaba, V., Greenberg, B. M. (1998): Higher plants and UV-B radiation: balancing damage, repair and acclimation. Trends Plant Sci. 3: 131–135.

Jarman, S. J., Kantvilas, G., Brown, M. J. (1994): Phytosociological studies in Tasmanian cool temperate rainforest. Phytocoenologia 22: 355–390.

Jarvis, P. G. (1976): The interpretation of the variations in leaf water potential and stomatal conductance found in canopies in the field. Proc. Roy. Soc. Lond. B 273:593.610.

Javot, H., Maurel, C. (2002) : The role of aquaporins in root water uptake. Ann. Bot. 90: 301–313.

Jedicke, E. (1994): Biotopverbund. Grundlagen und Maßnahmen einer neuen Naturschutzstrategie. 2. Aufl. Ulmer, Stuttgart.

Jedicke, E. (1997): Die Roten Listen. Ulmer, Stuttgart.

Jennings, P. R. (1974): Rice breeding and the world food production. Science 185: 1085–1088.

Jennings, P. R. (1976): The amplification of agricultural production. Sci. Amer. 235: 180–194.

Jenny, M. (1994): Diasporenausbreitung in Pflanzengemeinschaften. Beitr. Biol. Pflanzen 68: 81–104.

Jenny, M. (1995): Dispersal and micro-habitat conditions within a desert plant community (Wadi Araba, Jordan). Bot. Jahrb. Syst. 116: 483–504.

Jensen, K. (1998): Species composition of soil seed bank and seed rain of abandoned wet meadows and their relation to above-ground vegetation. Flora 193: 345–359.

Jentschke, G., Godbold, D. L. (2000): Metal toxicity and ectomycorrhizas. Physiol. Plant. 109: 107–116.

Jones, H. G. (1992): Plants and microclimate. Cambridge Univ. Pr., Cambridge.

Jones, T. P., Rowe, N. P. (eds.) (1999): Fossil plants and spores: modern techniques. Geol. Soc., London.

Jones, W. G., Hill, K. D., Allen, J. M. (1995): *Wollemia nobilis*, a new living Australian genus and species in the Araucariaceae. Telopea 6: 173–176.

Jongejans, E., Telenius, A. (2001): Field experiments on seed dispersal by wind in ten umbelliferous species (Apiaceae). Plant Ecol. 152: 67–78.

Jordan, C. F. (ed.) (1987): Amazonian rainforests. Ecol. Stud. 60: 1–133. Springer, Berlin etc.

Jordan, G. J. (1995): Extinct conifers and conifer diversity in the Early Pleistocene of western Tasmania. Rev. Palaeobot. Palynol. 84: 375–387.

Jürgens, N. (1991): A new approach to the Namib region. I. Phytogeographic subdivision. Vegetatio 97: 21–38.

Juniper, B. E., Robins, R. J., Joel, D. M. (1989): The carnivorous plants. Acad. Pr. London-San Diego etc.

Jurko, A. (1990): Ökologische und sozioökonomische Bewertung der Vegetation. Ochrana prírody. Bratislava. 195 S.

Kästner, A., Jäger, E. J., Schubert, R. (2001): Handbuch der Segetalpflanzen Mitteleuropas. Mitteldeutscher Verlag, Halle.

Kappen, L. (1969): Frostresistenz einheimischer Halophyten in Beziehung zu ihrem Salz-, Zucker- und Wassergehalt im Sommer und Winter. Flora B 158: 232–260.

Kappen, L. (1981): Ecological significance of resistance to high temperature. in: Lange, O. L., Nobel, P. S., Osmond, C. B., Ziegler, H. (eds.), Encyclopedia of Plant Physiology, N. S., 12A, pp. 439–474. Springer, Berlin-Heidelberg.

Karol, K. G., McCourt, R. M., Cimino, M. T., Delwiche, C. F. (2001): The closest living relatives of land plants. Science 294: 2351–2353.

Kaule, G. (1991): Arten- und Biotopschutz. 2. Aufl., Ulmer, Stuttgart.

Kausch, W. (1968): Das Wurzelwerk der Pflanzen als Organ für die Wasseraufnahme. Umschau 1968: 38–44

Kays, S., Harper, J. L. (1974): The regulation of plant and tiller density in a grass sward. J. Ecol. 62: 97–105.

Kazda, M., Verbücheln, G., Luwe, M., Brans, S. (1992): Auswirkungen von Grundwasserabsenkungen auf Erlenbruchwälder am Niederrhein. Natur u. Landschaft 67: 283–287.

Keeley, J. E. (1998): CAM photosynthesis in submerged aquatic plants. Bot. Rev. 64: 121–175.

Keeley, J. E., Rundel, P. W. (2003): Evolution of CAM and C4 carbon-concentrating mechanisms. Intern. J. Plant Sci. 164 (3, Suppl.): 555–577.

Kelber, K.-P., Hansch, W. (1995): Keuperpflanzen. Die Enträtselung einer über 200 Millionen Jahre alten Flora. Museo 11: 1–157. Heilbronn.

Kellermann, S. (1998): Vegetationsentwicklung und Standortgradienten zwischen Wirtschaftsgrünland und Streuwiesen im württembergischen Allgäu. Diss. Bot. 294: 1–254.

Kellogg, E. (1992): Coastal temperate rain forests: ecological characteristics, status and distribution worldwide. Occ. Paper Ser. 1: 1–64. Ecotrust, Conservation International.

Kelly, D., Sork, V. L. (2002): Mast seeding in perennial plants: why, how, where? Annu. Rev. Ecol. Syst. 33: 427–447.

Kenrick, P. (1994): Alternation of generations in land plants: new phylogenetic and palaeobotanical evidence. Biol. Rev. 69: 293–330.

Kenrick, P. (2000): The relationship of vascular plants. Philos. Trans R. Soc. Lond. B 355: 847–855.

Kenrick, P. (2001): Turning over a new leaf. Nature 410: 309–310.

Kenrick, P., Crane, P. R. (1997a): The origin and early diversification of land plants: A cladistic study. Smithsonian Inst. Press, Washington.

Kenrick, P., Crane, P. R. (1997b): The origin and early evolution of plants on land. Nature 389: 33–39.

Kenrick, P., Friis, E. M. (1995): Paleobotany of land plants. Progr. Bot. 56: 372–395.

Kerner von Marilaun, A. (1863): Das Pflanzenleben der Donauländer. Innsbruck.

Kerp, J. H. F., Poort, R. J., Swinkels, H. A. J. M., Verwer, R. (1990): Aspects of Permian palaeobotany and palynology. IX. Conifer-dominated Rotliegend floras from the Saar-Nahe Basin (?Late Carboniferous-Early Permian; SW-Germany) with special reference to the reproductive biology of early conifers. Rev. Palaeobot. Palynol. 62: 205–248.

Kerstiens, G. (1996): Plant cuticles. An integrated functional approach. Bios Sci. Publ., Oxford.

Kerstiens, G. (1997): In vivo manipulation of cuticular water permeance and its effect on stomatal response to air humidity. New Phytol. 137: 473–480.

Kidston, R., Lang, W. H. (1921): On old Red Sandstone plants. Trans. R. Soc. Edinb. 52: 831–854.

Kinzel, H. (1963): Zellsaftanalysen zum pflanzlichen Calcium- und Säurestoffwechsel und zum Problem der Kalk- und Silikatpflanzen. Protoplasma 57: 522–555.

Kinzel, H. (1982): Pflanzenökologie und Mineralstoffwechsel. Ulmer, Stuttgart.

Kirkpatrick, J. B., Minchin, P. R., Davies, J. B. (1985): Floristic composition and macroenvironmental relationships of Tasmanian vegetation containing bolster plants. Vegetatio 63: 89–96.

Kjellsson, G. (1985): Seed fate in a population of *Carex pilulifera* L. Oecologia 67: 416–423.

Klement, O. (1955): Prodromus der mitteleuropäischen Flechtengesellschaften. Feddes Repertorium Beih. 135: 5–194.

Klimes, L., Klimesová, J. (1999): CLO-PLA2 – a database of clonal plants in Central Europe. Plant Ecol. 141: 9–19.

Klinka, K., Qian, H., Pojar, J., Meidinger, D. V. (1996): Classification of natural forest communities of coastal British Columbia. Vegetatio 125: 149–168.

Klötzli, F. A. (1989): Ökosysteme, 2. Aufl. , UTB 1479. Fischer, Stuttgart.

Klötzli, F. A. (1993): Ökosystem. in: Kuttler, W. (Hrsg.) Handbuch zur Ökologie, 288–295, Analytica, Berlin.

Klötzli, F. (2000): Savannen – in globaler Betrachtung. Ber. d. Reinh.-Tüxen-Ges. 12: 31–63.

Klotz, S. (1987): Floristische und vegetationskundliche Untersuchungen in Städten der DDR. Düsseldorfer Geobot. Kolloq. 4: 61–69.

Klotz, S., Kühn, J., Durka, W. (2002): Eine Datenbank mit biologisch-ökologischen Merkmalen zur Flora von Deutschland. Schriftenr. Vegetationskunde 38: 1–334.

Kluge, M., Ting, I. P. (1978): Crassulacean acid metabolism. Ecol. Stud. 30, Springer, Berlin etc.

Knapp, H. D. (1995): Das ostdeutsche Nationalparkprogramm fünf Jahre danach. Nationalpark 95/2: 6–12.

Knapp, R. (1965): Die Vegetation von Nord- und Mittelamerika. G. Fischer, Stuttgart.

Knapp, R. (1971): Einführung in die Pflanzensoziologie. 3. Aufl. Ulmer, Stuttgart.

Knapp, R. (1973): Die Vegetation von Afrika. In: Walter, H. (ed.): Vegetationsmonographien der einzelnen Großräume 3: 1–626. G. Fischer, Stuttgart.

Knapp, R. (1984): Sampling methods and taxon analysis in vegetation science. Handb. Veg. Sci. 4: 1–370. Junk, Den Haag.

Knörzer, K.-H., Meurers-Balke, J. (1999): Die frühholozäne Flora des Rheintales bei Neuss und der Erftaue bei Hombroich. Decheniana Beih. 38: 1–181.

Köhl, K. I. (1996): Population-specific traits and their implication for the evolution of a drought-adapted ecotype in *Armeria maritima*. Bot. Acta 109: 206–215.

Köhl, K. I. (1997a): The effect of NaCl on growth, dry matter allocation and ion uptake in salt marsh and inland populations of *Armeria maritima*. New Phytol. 135: 213–225.

Köhl, K. I. (1997b): Do *Armeria maritima* (Mill.) Willd. ecotypes from metalliferous soils and non-metalliferous soils differ in growth response under Zn stress? A comparison by a new artificial soil method. J. exp. Bot. 48: 1959–1967.

König, P. (1983): Vegetation und Flora der ‚Klosterwiesen von Rockenberg' (Wetterau, Hessen). Jber. Wetterau. Ges. ges. Naturkunde 133–135: 59–112.

Köppler, D. (1995): Vegetationskomplexe von Steppenheide-Physiotopen im Juragebirge. Diss. Bot. 249: 1–228.

Köppler, D., Schwabe, A. (1996): Typisierung und landschaftsökologische Gliederung süd- und westexponierter Jura-„Steppenheiden" mit Hilfe von Vegetationskomplexen. Ber. d. Reinh.-Tüxen-Ges. 8: 159–192.

Körner, C. (1993): CO_2 fertilization: The great uncertainity in future vegetation development. in: Solomon, A. M., Shugart, H. H. (eds.) Vegetation dynamics and Global change, 53–70, Chapman & Hall, New York-London.

Körner, C. (1999): Alpine plant life. Functinal plant ecology of high mountain ecosystems. Springer, Berlin, Heidelberg.

Körner, C. (2002): Ökologie, in Strasburger, Lehrbuch der Botanik für Hochschulen. Spektrum, Akad. Verl., Heidelberg-Berlin, 889–1043.

Körner, S., Nicklisch, A. (2002): Allelopathic growth inhibition of selected phytoplancton species by submerged macrophytes. J. Phycol. 38: 862–871.

Kollmann, J. (1994): Ausbreitungsökologie endozoochorer Gehölzarten. Veröff. Projekt ‚Angewandte Ökologie', Landesamt Umweltschutz Baden-Württemberg 9: 1–212.

Kollmann, R., Dörr, I. (1987): Parasitische Blütenpflanzen. Naturwissenschaften 74: 12–21.

Kollmann, J., Goetze, D. (1998): Notes on seed traps in terrestrial plant communities. Flora 193: 31–40.

Kollmann, J., Muir, L. A. (1998): Zum räumlichen Muster des Schadfraßes durch Mäuse in verbuschenden Kalkmagerrasen. Ber. d. Reinh.-Tüxen-Ges. 10: 139–148.

Kompa, T., Schmidt, W. (2003): Buchenwald-Sukzession nach Windwurf auf Buntsandstein im südwestlichen Harzvorland. Tuexenia 23: 95–130.

Konnert, M., Bergmann, F. (1995): The geographical distribution of genetic variation of silver fir (*Abies alba*, Pinaceae) in relation to its migration history. Pl. Syst. Evol. 196: 19–30.

Konold, W., Böcker, R., Hampicke, U. (Hrsg., 1999 ff.): Handbuch Naturschutz und Landschaftspflege. Loseblatt-Fortsetzungswerk. 2003: 11. Ergänzungslieferung. Ecomed, Landsberg.

Koppitz, H., Kühl, H., Hesse, K., Kohl, J.-G. (1997): Some aspects of the importance of genetic diversity in *Phragmites australis* (Cav.) Trin. ex Steudel for the development of reed stands. Bot. Acta 110: 217–223.

Korpela, L., Reinikainen, A. (1996): A numerical analysis of mire margin forest vegetation in south and central Finland. Ann. Bot. Fennici 33: 183–197.

Koska, I., Clausnitzer, U., Gremer, D., Jansen, F., Manthey, M., Timmermann, T. (2001): Das Vegetationsformenkonzept: Integration von Vegetation und Standort in einem Klassifikationsverfahren. Ber. d. Reinh.-Tüxen-Ges. 13: 257–263.

Kowarik, I. (2003): Biologische Invasionen: Neophyten und Neozoen in Mitteleuropa. Ulmer, Stuttgart.

Kozlowski, T. T., Ahlgren, C. E., eds. (1994): Fire and ecosystems. Acad. Pr., New York-San Francisco-London.

Kranz, J., Schmutterer, H., Koch, W. (1979): Krankheiten, Schädlinge und Unkräuter im tropischen Pflanzenbau. Parey, Berlin.

Kratochwil, A. (1991): Die Stellung der Biozönologie in der Biologie, ihre Teildisziplinen und ihre methodischen Ansätze. Verh. Ges. Ökol. Beih. 2: 9–44.

Kratochwil, A., Schwabe, A. (1993): Wuchsformen der Arve (*Pinus cembra* L.) in Abhängigkeit von der ornithochoren Ausbreitung – im Vergleich mit Weidbuchen (*Fagus sylvatica* L.). Diss. Bot. 196: 107–134.

Kraus, G. (1911): Boden und Klima auf kleinstem Raum. Fischer, Jena.

Krause, G. H., Weis, E. (1991): Chlorophyll fluorescence and photosynthesis: The basics. Annu. Rev. Plant Physiol. Plant Mol. Biol. 42: 313–349.

Kreeb, K. H. (1990): Methoden der Pflanzenökologie und Bioindikation. Fischer, Stuttgart.

Kremer, P., Andel, J. v. (1995): Evolutionary aspects of life forms in angiosperm families. Acta Bot. Neerl. 44: 469–479.

Krisch, H. (1992): Systematik und Ökologie der *Bolboschoenus*- und der *Phragmites*-Brackwasserröhrichte der vorpommerschen Boddenküste (Ostsee). Drosera 92: 89–116.

Kroon, H. de, van Groenendael, J. (eds.) (1997): The ecology and evolution of clonal plants. Backhuys, Leiden.

Krüssmann, G. (1983): Handbuch der Nadelgehölze. Parey, Berlin-Hamburg.

Kruijer, H. (2002): Hypopterygiaceae of the world. Blumea, Suppl. 13: 1–388.

Krutzsch, W. (1989): Paleogeography and historical phytogeography (paleochorology) in the Neophyticum. Pl. Syst. Evol. 162: 5–61.

Kubitz, B. (2000): Die holozäne Vegetations- und Siedlungsgeschichte in der Westeifel. Diss. Bot. 339: 1–106.

Kucharik, C. J., Norman, J. M., Gower, S. T. (1999): Characterization of radiation regimes in non-random forest canopies: theory, measurements, and a simplified modelling approach. Tree Physiol. 19: 695–706.

Kübler, K., Ammer U. (1992): Der Einsatz von Fernerkundungsverfahren zur automatischen Klassifizierung von Biotoptypen. Natur Landsch. 67: 51–55.

Küchler, A. W., Zonneveld, J. S. (eds.) (1988): Vegetation mapping. Handb. Veg. Sci. 10: 1–635. Kluwer, Dordrecht.

Küpper, H., Lombi, E., Zhao, F. J., McGrath, S. P. (2000): Cellular compartmentation of cadmium and zinc in relation to other elements in the hyperaccumulator *Arabidopsis halleri*. Planta 212: 75–84.

Küppers, M. (1994): Canopy gaps: Competitive light interception and economic space filling – A matter of whole-plant allocation. in: Caldwell, M. M., Pearcy, R. W. (eds.) Exploitation of environmental heterogeneity by plants, 111–144, Acad. Pr., London etc.

Kürschner, H. (1982): Vegetation und Flora der Hochregionen der Aladaglari und Erciyes Dagi, Türkei. Beih. Tübinger Atlas Vorderer Orient, Reihe A (Naturw.) 10: 1–232.

Kürschner, H. (1983): Vegetationsanalytische Untersuchungen an Halophytenfluren Zentralanatoliens (Türkei). Beih. Tübinger Atlas Vorderer Orient, Reihe A (Naturw.) 11: 1–89.

Kürschner, H. (1984): Der östliche Orta Toroslar (Mittlerer Taurus) und angrenzende Gebiete. Eine formationskundliche Darstellung der Vegetation Südost-Anatoliens. Beih. Tübinger Atlas Vorderer Orient, Reihe A (Naturw.) 15: 1–146.

Kürschner, H. (1986): The subalpine thorn-cushion formations of western South-West Asia: ecology, structure and zonation. Proc. R. Soc. Edinb. 89B: 169–179.

Kürschner, H. (1987): Raumverbreitungsmuster azidophiler Felsmoosgesellschaften am Beispiel des Hohen Meißners (Nord-Hessen). Herzogia 7: 523–542.

Kürschner, H. (1990): Die epiphytischen Moosgesellschaften am Mt. Kinabalu (Nord-Borneo, Sabah, Malaysia). Nova Hedwigia 51: 1–75.

Kürschner, H. (1994): Adaptationen und Lebensstrategien in basiphytischen Gesteinsmoosgesellschaften am Nordrand der Schwäbischen Alb (Süddeutschland). Phytocoenologia 24: 531–558.

Kürschner, H. (1995): Epiphytische Moosgesellschaften im östlichen Kongobecken und den angrenzenden Gebirgsstöcken (Parc National de Kahuzi-Biega/Zaire, Forêt de Nyungwe/Rwanda). Nova Hedwigia 61: 1–64.

Kürschner, H. (2002): Life strategies of Pannonian loess cliffs bryophyte communities. Studies on the cryptogamic vegetation of loess cliffs, VIII. Nova Hedwigia 75: 307–318.

Kürschner, H. (2003a): Epiphytic bryophyte communities of southwestern Arabia – phytosociology, ecology and life strategies. Nova Hedwigia 77: 55–71.

Kürschner, H. (2003b): Artenbildung (adaptive Radiation) auf den Kanarischen Inseln – Beispiele aus der Flora. Sber. Ges. Naturf. Freunde (N. F.) 42: 31–48.

Kürschner, H., Parolly, G. (1998a): Stammepiphytische Moosgesellschaften am Anden-Ostabhang und im Amazonas-Tiefland von Nord-Peru. Nova Hedwigia 66: 1–87.

Kürschner, H., Parolly, G. (1998b): Lebensstrategien stammepiphytischer Moose in Regenwäldern am Andenostabhang und im Amazonas-Tiefland von Nord-Peru. Nova Hedwigia 67: 1–22.

Kürschner, H., Parolly, G. (1998c): Syntaxonomy of trunk-epiphytic bryophyte communities of tropical rain forests. A first pantropical approach. Phytocoenologia 28: 357–425.

Kürschner, H., Parolly, G. (1999): Pantropical epiphytic rain forest bryophyte communities – coeno-syntaxonomy and floristic-historical implications. Phytocoenologia 29: 1–52.

Kürschner, H., Runge, S. (1997): Vegetationskundliche Untersuchungen ausgewählter Binnendünen- und Talsandstandorte im Dahme-Seengebiet (Brandenburg) und ihre Entwicklungspotentiale. Verh. Bot. Ver. Berlin Brandenburg 130: 79–110.

Kürschner, H., Frey, W., Parolly, G. (1999): Patterns and adaptive trends of life forms, life strategies and ecomorphological structures in tropical epiphytic bryophytes – a pantropical synopsis. Nova Hedwigia 69: 73–99.

Küster, H. (1995): Geschichte der Landschaft in Mitteleuropa von der Eiszeit bis zur Gegenwart. Beck, München.

Kuhn, G. (2001): Konzepte der Vegetationskartierung. Ber. d. Reinh.-Tüxen-Ges. 13: 119–127.

Kuhn, J. (1988): Die Vegetation des Schmiechener Sees. Jahresh. Ges. Naturk. Württ. 144: 69–118.

Kuhn, K., Probst, W. (1980): Biologisches Grundpraktikum. 2. G. Fischer, Stuttgart.

Kunkel, G. (1993): Die Kanarischen Inseln und ihre Pflanzenwelt. 3. Aufl. G. Fischer, Stuttgart.

Kunzmann, D. (2000): Untersuchungen zur Diasporenbank und des Samenflugs trocken-magerer Standorte als Beitrag zur Definition biotischer Entwicklungspotentiale. Diss. Bot. 326: 1–338.

Kutschera, L. (1960): Wurzelatlas mitteleuropäischer Ackerunkräuter und Kulturpflanzen. DLG-Verlag, Frankfurt.

Kutschera, L., Lichtenegger, E. (1982): Wurzelatlas mitteleuropäischer Grünlandpflanzen. Bd. 1: Monocotyledoneae. Fischer, Stuttgart.

Kuttler, W., Hrsg.(1993): Handbuch zur Ökologie, Analytica, Berlin.

Lacerda, L. D. (ed.) (2002): Mangrove ecosystems: function and management. Ser. Environmental Sci. Springer, Berlin, Heidelberg.

Lambers, H., Chapin III, F. S., Pons, T. L. (2000): Plant physiological ecology, 2nd ed., Berlin-Heidelberg, Springer.

Landolt, E. (1977): Ökologische Zeigerwerte zur Schweizer Flora. Veröff. Geobot. Inst. ETH, Stift. Rübel, Zürich 64: 1–208.

Lang, G. (1981): Die submersen Makrophyten des Bodensees – 1978 im Vergleich mit 1967. Ber. Int. Gewässerschutzkommiss. Bodensee 26: 1–64.

Lang, G. (1994): Quartäre Vegetationsgeschichte Europas. Methoden und Ergebnisse. Fischer, Jena usw.

Lang, W. H. (1898): Alternation of generations in the Archegoniatae. Ann. Bot. 12: 583–592.

Lange, O. L. (1959): Untersuchungen über Wärmehaushalt und Hitzeresistenz mauretanischer Wüsten- und Savannenpflanzen. Flora 147: 595–651.

Lange, O. L. (1969): Experimentell-ökologische Untersuchungen an Flechten der Negev-Wüste. I. CO_2-Gaswechsel von *Ramalina maciformis* (Del.) Bory unter kontrollierten Bedingungen im Laboratorium. Flora B 158: 324–359.

Lange, O. L., Kanzow, H. (1965): Wachtumshemmung an höheren Pflanzen durch abgetötete Blätter und Zwiebeln von *Allium ursinum*. Flora B 156: 94–101.

Lange, O. L., Lange, R. (1963): Untersuchungen über Blattemperaturen, Transpiration und Hitzeresistenz an Pflanzen mediterraner Standorte (Costa Brava, Spanien). Flora 153: 387–425.

Lange, O. L., Lösch, R., Schulze, E.-D., Kappen, L. (1971): Responses of stomata to changes in humidity. Planta 100: 76–86.

Lara, M. V., Casati, P., Andreo, C. S. (2002): CO_2-concentrating mechanisms in *Egeria densa*, a submerged aquatic plant. Physiol. Plant. 115: 487–495.

Lara, M. V., Disante, K. B., Podestá, F. E., Andreo, C. S., Drincovich, M. F. (2003): Induction of a Crassulacean acid like metabolism in the C4 succulent plant *Portulaca oleracea* L.: physiological and morphological changes are accompanied by specific modifications in phosphoenolpyruvate carboxylase. Photosynth. Res. 77: 241–254.

Larcher, W. (1980): Ökologie der Pflanzen. UTB 232, Ulmer, Stuttgart.

Larcher, W. (1994) : Ökophysiologie der Pflanzen. 5. Aufl., Ulmer, Stuttgart.

Laterra, P., Vignolio, O. R., Linares, M. P., Giaquinta, A., Maceira, N.: (2003): Cumulative effects of fire on a tussock pampa grassland. J. Veg. Sci. 14: 43–54.

Lauer, W., Rafiqpoor, M. D. (2002): Die Klimate der Erde. Eine Klassifikation auf der Grundlage der ökophysiologischen Merkmale der realen Vegetation. Erdwiss. Forschung 40: 1–271.

Lauer, W., Rafiqpoor, M. D., Theisen, I. (2001): Physiogeographie, Vegetation und Syntaxonomie der Flora des Páramo de Papallacta (Ostkordillere Ecuador). Erdwiss. Forschung 39: 1–140.

Laumonier, Y. (1997): The vegetation and physiography of Sumatra. Kluwer, Dordrecht.

Lausi, D., Nimis, P. L. (1991): Ecological phytogeography of the Southern Yukon Territory (Canada). In: Nimis, P. L., Crovello T. J. (eds.): Quantitative approaches to phytogeography. Kluwer, Dordrecht etc. 35–122.

Lawford, R. G., Alaback, P. B., Fuentes, E. (1996): High-latitude rainforests and associated ecosystems of the west coast of the Americas. Ecol. Stud. 116: 1–409. Springer, New York, Berlin, Heidelberg.

Leathwick, J. R. (2001): New Zealand's potential forest pattern as predicted from current species-environment relationships. N. Z. J. Bot. 39: 447–464.

Lee, J. A., McNeill, S., Rorison, I. H., eds. (1983): Nitrogen as an ecological factor. Blackwell, Oxford etc.

Lehmann, C., Rebele, F. (1994): Zum Potential sexueller Fortpflanzung bei *Calamagrostis epigejos* (L.) Roth. Verh. Ges. Ökologie 23: 445–450.

LeHouérou, H. N. (1995): The Sahara from the bioclimatic viewpoint: definition and limits. Ann. Arid Zone 34: 1–16.

LeHouérou, H.N. (2001): Biogeography of the arid steppeland north of the Sahara. J. Arid Environm. 48: 103–128.
Leibundgut, H. (1993): Europäische Urwälder. Wegweiser zur naturnahen Waldwirtschaft. Haupt, Bern, Stuttgart.
Leiendecker, U. (1995): Deutsche Nationalparke. Wattenmeer. Vebu, Werl.
Leins, P. (2000): Blüte und Frucht. Morphologie, Entwicklungsgeschichte, Phylogenie, Funktion, Ökologie. Schweizerbart, Stuttgart.
Léonard, J. (1989–1992): Contribution à l'étude de la flore et de la végétation des deserts d'Iran (Dasht-e-Kavir, Dasht-e-Lut, Jaz Murian). Fasc. 8–10. Jardin Bot. Nat. Belgique, Meise.
Lerch, G. (1991): Pflanzenökologie, Akademie-Verl., Berlin.
Leuning, R., Kriedemann, P.E., McMurtrie, R.E. (1991): Simulation of evapotranspiration by trees. Agric. Water Manage 19: 205–221.
Leuschner, C. (1994): Walddynamik auf Sandböden in der Lüneburger Heide (NW-Deutschland). Phytocoenologia 22: 289–324.
Leuschner, C. (1997): Das Konzept der potentiellen natürlichen Vegetation (PNV): Schwachstellen und Entwicklungsperspektiven. Flora 192: 379–391.
Leuschner, C. (1998): Mechanismen der Konkurrenzüberlegenheit der Rotbuche. Ber. d. Reinh.-Tüxen-Ges. 10: 5–18.
Levey, D.J., Sargent, S. (2000): A simple method for tracking vertebrate-dispersed seeds. Ecology 81: 267–274.
Levitt, J. (1980): Responses of plants to environmental stresses. Vol. I + II, 2nd ed., Acad. Pr., Orlando-San Diego-New York.
Lexikon der Biologie (1984, 1985, 1986). 3,4,6. Herder, Freiburg etc.
Li, P. H., ed. (1987): Plant cold hardiness, A. R. Liss Inc., New York.
Liede, S., Lücking, R. (2001): Life forms and dynamics in tropical forests. Diss. Bot. 346: 1–216.
Lieth, H. (1972): Über die Primärproduktion der Pflanzendecke der Erde. Angew. Bot. 46: 1–37.
Lieth, H. (1975): Primary production of the major vegetation units of the world. in: Lieth, H. & Whittaker, R.H. (eds.) Primary productivity of the biosphere, Ecol. Stud. 14: 203–215, Springer, Berlin-Heidelberg-New York.
Lieth, H., Werger, M.J.A. (eds.) (1989): Tropical rain forest ecosystems. Biogeographical and ecological studies. In: Godall, D.W. (ed.): Ecosystems of the World 14B: 1–713. Elsevier, Amsterdam etc.
Lieth, H., Berlekamp, J., Fuest, S., Riediger, S. (1999): Climate diagram world atlas. Backhuys, Leiden.
Ligrone, R., Duckett, J.G., Renzaglia, K.S. (1993): The gametophyte-sporophyte junction in land plants. Adv. Bot. Res. 19: 231–317.
Lin, C. (2000): Plant blue-light receptors. Trends Plant Sci. 5: 337–342.
Lindacher, R. (1995): Phanart. Datenbank der Gefäßpflanzen Mitteleuropas. Veröff. Geobot. Inst. ETH, Stift. Rübel 125: 1–436.
Linsenmair, K.E., Davis, A.J., Fiala, B., Speight, M.R. (eds.) (2001): Tropical forest canopies: ecology and management. For. Sci. 69: 1- 380.
Lisci, M., Bianchini, M., Pacini, E. (1996): Structure and function of the elaiosome in some angiosperm species. Flora 191: 131–141.
Litt, Th. (1994): Paläoökologie, Paläobotanik und Stratigraphie des Jungquartärs im nordmitteleuropäischen Tiefland. Diss. Bot. 227: 1–185.
Lloret, F., Vilà, M. (2003): Diversity patterns of plant functional types in relation to fire regime and previous land use in Mediterranean woodlands. J. Veg. Sci. 14: 387–398.
Lloret, F., Verdú, M., Flores-Hernández, N., Valiente-Banuet, A. (1999): Fire and resprouting in Mediterranean ecosystems: insights from an external biogeographical region, the mexican shrubland. Am. J. Bot. 86: 1655–1661.
Lobin, W. (1982): Untersuchungen über Flora, Vegetation und biogeographische Beziehungen der Kapverdischen Inseln. Cour. Forsch.-Inst. Senckenberg 53:1–112.
Lobin, W., Barthlott, W. (1988): *Sophora toromiro* (Leguminosae), the last tree of Easter Island. Bot. Gard. Conserv. News 1: 32–34.
Lösch, R. (1977): Responses of stomata to environmental factors – Experiments with isolated epidermal strips of *Polypodium vulgare*. I. Temperature and humidity. Oecologia 29: 85–97.
Lösch, R. (1979): Responses of stomata to environmental factors – Experiments with isolated epidermal strips of *Polypodium vulgare*. II. Leaf bulk water potential, air humidity, and temperature. Oecologia 39: 229–238.
Lösch, R. (1980): Die Hitzeresistenz der Pflanzen des kanarischen Lorbeerwaldes. Flora 170: 456–465.
Lösch, R. (1990a): Funktionelle Voraussetzungen der adaptiven Nischenbesetzung in der Evolution der makaronesischen Semperviven. Dis. Bot. 146: 1–482.
Lösch, R. (1990b): Kannenpflanzen – Insektenfressende Standortspezialisten und biogeographische Indikatoren. BIUZ 20: 26–32.
Lösch, R. (1994): Exchange of energy and vapor between plants and the atmosphere. Prog. Bot. 55: 79–95.
Lösch, R. (1997): Bedeutung und Leistungsfähigkeit von Hochrechnungen der Bestandes-Evapotranspiration bei der Abschätzung der Stabilitätsgrenzen regionaler Wasserkreisläufe. EcoSys (Kiel) Suppl.-Bd. 20: 133–144.
Lösch, R. (2002): Wasserhaushalt der Pflanzen. 2. Aufl., Quelle & Meyer, Wiebelsheim.

Lösch, R., Fischer, E. (1994): Vikariierende Heidebuschwälder und ihre Kontaktgesellschaften in Makaronesien und Zentralafrika. Phytocoenologia 24: 695–720.

Lösch, R., Larcher, W. (1998): Entwicklung und Trends der Ökophysiologie im 20. Jahrhundert. Wetter u. Leben 50: 291–336.

Lösch, R., Schenk, B. (1978): Humidity responses of stomata and the potassium content of guard cells. J. exp. Bot. 29: 781–787.

Lösch, R., Schulze, E.-D. (1994): Internal coordination of plant responses to drought and evaporational demand. in: Schulze, E.-D., Caldwell, M. M. (eds.) Ecophysiology of photosynthesis. Ecol. Stud. 100: 185–204. Springer, Berlin etc.

Lösch, R., Tenhunen, J. D., Pereira, J. S., Lange, O. L. (1982): Diurnal courses of stomatal resistance and transpiration of wild and cultivated mediterranean perennials at the end of the summer dry season in Portugal. Flora 172: 138–160.

Lösch, R., Beyhl, F. E., Mies, B., Schweihofen, B. (1990): Relative Standortkonstanz der Federbuschvegetation auf den mittelatlantischen Inseln und das Fehlen klimatisch-orographischer Voraussetzungen für eine Waldklimax auf den Kapverden. Cour. Forsch.-Inst. Senckenberg 129: 75–82.

Lösch, R., Mülders, P., Fischer, E., Frahm, J. P. (1994a): Scientific results of the BRYOTROP expedition to Zaire and Rwanda. 2. Photosynthetic gas exchange of bryophytes from differnt forest types in eastern Central Africa. Trop. Bryol. 9: 169–185.

Lösch, R., Thomas, D., Kaib, U., Peters, F. (1994b): Resource use of crops and weeds on extensively managed field margins. BCPC Monograph 58, Field margins: Integrating agriculture and conservation, 203–208.

Logan, R. F. (1968): Causes, climates and distribution of deserts. In: Brown, G. W. (ed.): Desert biology. 1: 21–50.

Lohmeyer, W., Sukopp, H. (1992): Agriophyten in der Vegetation Mitteleuropas. Schr.-R. f. Vegetationskde. 25, BfN, Bonn.

Lovett, J. C., Wasser, S. K. (eds.) (1993): Biogeography and ecology of the rain forests of eastern Africa. Cambridge Univ. Press, Cambridge.

Lüdi, W. (1921): Die Pflanzengesellschaften des Lauterbrunnentales und ihre Sukzession. Beitr. geobot. Landesaufn. Schweiz 9.

Lüpnitz, D. (1995): Kanarische Inseln. Florenvielfalt auf engem Raum. Palmengarten-Sonderheft 48.

Lüttge, U. (1975): Salt glands. in: Baker, D. A., Hall, J. L. (eds.) Ion transport in plant cells and tissues. North Holland Publ. Comp., Amsterdam-Oxford.

Lüttge, U., ed. (1989): Vascular plants as epiphytes. Ecol. Stud. 76, Springer, Berlin etc.

Luftensteiner, H. W. (1982): Untersuchungen zur Verbreitungsbiologie von Pflanzengemeinschaften an vier Standorten in Niederösterreich. – Bibl. Bot. 135: 1–68.

Lunau, K. (2002): Warnen, Tarnen, Täuschen. Mimikry und andere Überlebensstrategien in der Natur. Wissenschaftl. Buchgesellschaft, Darmstadt.

Luping, D. M., Chin, W., Dingley, E. R. (1978): Kinabalu. Summit of Borneo. Sabah Soc. Kota Kinabalu.

Luteyn, J. L. (1999): Páramos: a checklist of plant diversity, geographical distribution and botanical literature. Mem. New York Bot. Garden 84: 1–278.

Lyons, J. M., Graham, D., Raison, J. K., eds. (1979): Low temperature stress in crop plants. Acad. Pr., New York-London-Sydney.

Ma, J. F., Ryan, P. R. & Delhaize, E. (2001): Aluminium tolerance in plants and the complexing role of organic acids. Trends Plant Sci. 6: 273–278.

MacArthur, R. H., Wilson, E. O. (1967): The theory of island biogeography. Princeton Univ. Pr., Princeton.

Mackerness, S. A. H. (2000): Plant responses to ultraviolet-B (UV-B: 280–320 nm) stress: What are the key regulators? Plant Growth Regul. 32: 27–39.

Mader, D. (1990): Palaeoecology of the flora in Buntsandstein and Keuper in the Triassic of Middle Europe. 2 vols. G. Fischer, Stuttgart, etc.

Madeyska, T., Soffer, O., Kurenkova, E. I. (1992): Human occupation. Upper Pleniglacial of the last glaciation. In: Frenzel, B., Pécsi, M., Velichko, A. A. (eds.): Atlas of paleoclimates and paleoenvironments of the Northern Hemisphere. Late Pleistocene – Holocene. Geogr. Res. Inst., Fischer, Budapest, Stuttgart. 63.

Mägdefrau, K. (1968): Paläobiologie der Pflanzen. 4. Aufl. G. Fischer, Jena.

Mägdefrau, K. (1982): Life-forms of bryophytes. In: Smith, A. J. E. (ed.): Bryophyte ecology. Chapman & Hall, London, New York. 45–58.

Mägdefrau, K. (1992): Geschichte der Botanik, 2. Aufl., Fischer, Stuttgart

Mai, D. H. (1989): Development and regional differentiation of the European vegetation during the Tertiary. Pl. Syst. Evol. 162: 79–91.

Mai, D. H. (1995): Tertiäre Vegetationsgeschichte Europas. Methoden und Ergebnisse. Fischer, Jena, etc.

Malhi, Y. et al. (2002): An international network to monitor the structure, composition and dynamics of Amazonian forests (RAINFOR). J. Veg. Sci. 13: 439–450.

Manthey, M. (2003): Vegetationsökologie der Äcker und Ackerbrachen Mecklenburg-Vorpommerns. Diss. Bot. 373: 1–209.

Manz, E. (1993): Vegetation und standörtliche Differenzierung der Niederwälder im Nahe- und Moselraum. Pollichia 28: 1–413.

Marschner, H. (1985): Nährstoffdynamik in der Rhizosphäre. Ber. dtsch. bot. Ges. 98: 291–309.

Marschner, H. (1995): Mineral nutrition of higher plants, 2nd ed., Acad. Pr., London etc.

Marshall, W. A. (1996): Aerial dispersal of lichen soredia in the maritime Antarctic. New Phytol. 134: 523–530.

Marstaller, R. (1993): Synsystematische Übersicht über die Moosgesellschaften Zentraleuropas. Herzogia 9: 513–541.

Martin, K. (2002): Ökologie der Biozönosen. Springer, Berlin-Heidelberg-New York.

Mast, R. (1999): Vegetationsökologische Untersuchung der Feuchtwald-Gesellschaften im niedersächsischen Bergwald. Archiv naturw. Diss. 8: 1–280.

Mastaller, M. (1997): Mangroves: the forgotten forests between land and sea. Tropical Press, Kuala Lumpur.

Mattick, F. (1951): Wuchs- und Lebensformen, Bestands- und Gesellschaftsbildung der Flechten. Bot. Jahrb. Syst. 75: 378–424.

May, P. (1988): Flutrasen- und Flussknöterichgesellschaften am unteren Niederrhein. Dipl.arb. Münster.

Mayer, H. (1984): Wälder Europas. G. Fischer, Stuttgart, etc.

Mayer, V., Svoma, E. (1998): Development and function of the elaiosome in *Knautia* (Dipsacaceae). Bot. Acta 111: 402–410.

Mazomeit, J. (1991): *Senecio inaequidens* DC. – nun auch in Baden, im Saarland und in der Pfalz. Florist. Rundbr. 25:37–39.

McArthur, R. H., Wilson, E. O. (1967): Theory of island biogeography. Princeton.

McCartney, H. A. (1990): Dispersal mechanism through the air. In: Bunge, R. G. H., Howard, D. C.: Species dispersal in agricultural habitats. Belhaven, London, New York. 82–97.

McGrath, S. P., Zhao, F. J., Lombi, E. (2001): Plant and rhizosphere processes involved in phytoremediation of metal-contaminated soils. Plant Soil 232: 207–214.

McLoughlin, S. (2001): The breakup history of Gondwana and its impact on pre-Cenozoic floristic provincialism. Aust. J. Bot. 49: 271–300.

Meharg, A. A. (1994): Integrated tolerance mechanisms: constitutive and adaptive plant responses to elevated metal concentrations in the environment. Plant Cell Environ 17: 989–993.

Meier, W. (1998): Flora und Vegetation des Avila-Nationalparks (Venezuela, Küstenkordillere) unter besonderer Berücksichtigung der Nebelwaldstufe. Diss. Bot. 296: 1–485.

Meißner, K., Frahm, J.-P., Stech, M., Frey, W. (1998): Molecular divergence patterns and infrageneric relationship of *Monoclea* (Monocleales, Hepaticae). Studies in austral temperate rain forest bryophytes 1. Nova Hedwigia 67: 289–302.

Melcher, I. M., Bouman, F., Cleef, A. M.:(2000): Seed dispersal in Páramo plants: epizoochorous and hydrochorous taxa. Plant Biol. 2: 40–52.

Menzel, M. (1988): The bryophytes of Sabah (North Borneo) with special reference to the BRYOTROP transect of Mount Kinabalu. I. The study area and its bryological exploration. Willdenowia 18: 281–300.

Merxmüller, H. (1952, 1953, 1954): Untersuchungen zur Sippengliederung und Arealbildung in den Alpen. Jb. Ver. Schutz Alpenpflanzen und -tiere 17: 96–133, 18: 135–158, 19: 97–139.

Meusel, H. (1935): Wuchsformen und Wuchstypen der europäischen Laubmoose. Nova Acta Leopoldina N. F. 3: 123–277.

Meusel, H., Jäger, E. J. (1989): Ecological differentiation of the submediterranean deciduous forest flora. Pl. Syst. Evol. 162: 315–329.

Meusel, H., Jäger, E. J. (1992): Vergleichende Chorologie der zentraleuropäischen Flora, Text u. Karten, Bd. III, Fischer, Stuttgart-New York.

Meusel, H., Jäger, E. J., Weinert, E. (1965): Vergleichende Chorologie der zentraleuropäischen Flora, Text u. Karten, Bd. I, VEB Fischer, Jena.

Meusel, H., Jäger, E. J., Rauschert, S. W., Weinert, E. (1978): Vergleichende Chorologie der zentraleuropäischen Flora, Text u. Karten, Bd. II, VEB Fischer, Jena.

Meyer-Berthaud, B., Scheckler, S. E., Wendt, J. (1999): *Archaeopteris* is the earliest known modern tree. Nature 398: 700–701.

Michaelis, D. (2002): Die spät- und nacheiszeitliche Entwicklung der natürlichen Vegetation von Durchströmungsmooren in Mecklenburg-Vorpommern am Beispiel der Recknitz. Diss. Bot. 365: 1–188.

Middleton, B. A. (1995): Sampling devices for the measurement of seed rain and hydrochory in rivers. Bull. Torrey Bot. Club 122: 152–155.

Miehe, G., Miehe, S. (1994): Zur oberen Waldgrenze in tropischen Gebirgen. Phytocoenologia 24: 53–110.

Mies, B. (1999): Flora und Vegetation der Insel Sokotra. In: Wranik, W. (Hrsg.): Sokotra. Mensch und Natur. Jemenstudien 14: 23–79.

Miller, G. R., Cummins, R. P. (2003): Soil seed banks of woodland, heathland, grassland, mire and montane communities, Cairngorm Mountains, Scotland. Plant Ecol. 168: 255–266.

Milliken, W., Ratter, J. A. (1998): Maracá – the biodiversity and environment of an Amazonian rainforest. Wiley, Inc., Sydney etc.

Miyawaki, A. (ed.) (1980–1989): Vegetation of Japan. 10 vols. Shibundo, Tokyo.

Miyawaki, A., Nakamura, Y. (1988): Überblick über die japanische Flora in der nemoralen und borealen Zone. Veröff. Geobot. Inst. ETH, Stift. Rübel, Zürich 98: 100–128.

Möbius, M. (1940): Die vegetative Vermehrung der Pflanzen. G. Fischer, Jena.

Möller, I. (2000): Pflanzensoziologische und vegetationsökologische Studien in Nordwestspitzbergen. Mitt. Geogr. Ges. Hamburg 90: 1–202.

Möseler, B. M., Molenda, R. (Hrsg.) (1999): Lebensraum Blockhalde. Decheniana Beih. 37: 1–170.

Monod, T. (1954): Modes „contracté" et „diffus" de la végétation Saharienne. In: Cloudsley-Thompson, J. L.: Biology of deserts. Proc. Symp. Biol. of hot and cold deserts. Inst. Biol., London. 35–44.

Monsi, M., Saeki, T. (1953): Über den Lichtfaktor in den Pflanzengesellschaften und seine Bedeutung für die Stoffproduktion. Jap. J. Bot. 14: 22–52.

Monson, R. K. (2003): Gene duplication, neofunctionalization, and the evolution of C4 photosynthesis. Int. J. Plant Sci. 164: S43-S54.

Monzigo, H. N., Comanor, P. L. (1975): Implications of the thermal response of *Ferocactus acanthodes*. Cactus & Succ. J., Suppl. Vol. 1975: 22–28.

Moorbath, S., O'Nions, R. K., Pankhurst, R. J. (1973): Early Archaean age for the Isua Iron Formation, west Greenland. Nature 245: 138–139.

Moore, P. D., Webb, J. A., Collinson, M. E. (1991): Pollen analysis. 2nd ed. Blackwell, Oxford.

Moral, R. del, Wood, D. M. (1993): Early primary succession on the volcano Mount St. Helens. J. Veg. Sci. 4: 223–234.

Morales, D., Jimenez, M. S., Gonzalez Rodriguez, A. M., Cermak, J. (1996): Laurel forests in Tenerife, Canary Islands. 1. The site, stand structure and stand leaf area distribution. Trees – Structure and function 11: 34–40.

Morelli, G., Ruberti, I. (2000): Shade avoidance responses. Driving auxin along lateral routes. Plant Physiol. 122: 621–626.

Moreno, J. M. (ed.) (1998): Large forest fires. Backhuys, Leiden.

Moreno, J. M., Oechel, W. C. (eds.) (1994a): The role of fire in Mediterranean-type ecosystems. Ecol. Stud. 107: 1–201. Springer, New York etc.

Moreno, J. M., Oechel, W. C. (1994b): Fire intensity as a determinant factor of postfire plant recovery in southern Californian chaparral. Ecol. Stud. 107: 26–45.

Moreno, J. M., Oechel, W. C. (1995): Global change and Mediterranean-type ecosystems. Ecol. Stud. 117: 1–527. Springer, Berlin etc.

Morgan, J. M. (1984): Osmoregulation and water stress in higher plants. Ann. Rev. Plant Physiol. 35: 655–665.

Moriguchi, Y., Matsumoto, A., Saito, M., Tsumara, Y., Taira, H. (2001): DNA analysis of clonal structure of an old growth isolated forest of *Cryptomeria japonica* in a snowy region. Can. J. For. Res. 31: 377–383.

Moroney, J. V., Somanchi, A. (1999): How do algae concentrate CO_2 to increase the efficiency of photosynthetic carbon fixation? Plant Physiol. 119: 9–16.

Morton, F., Gams, H. (1925): Höhlenpflanzen. Speleol. Monogr. 5: 1–227.

Mrotzek, R., Helder, M., Schmidt, W. (1999): Die Bedeutung von Wildschweinen für die Diasporenausbreitung von Phanerogamen. Verh. Ges. Ökologie 29: 437–443.

Mucina, L. (1997): Classification of vegetation: Past, present and future. J. Veg. Sci. 8: 751–760.

Mucina, L., Grabherr, G., Ellmauer, T. (Hrsg.) (1993): Die Pflanzengesellschaften Österreichs. 3 Teile. G. Fischer, Jena, etc.

Mucina, L., Schaminée, J. H. J., Rodwell, J. S. (2000): Common data standards for recording relevés in field survey for vegetation classification. J. Veg. Sci. 11: 769–772.

Mülhardt, C. (2003): Der Experimentator: Molekularbiologie/Genomics. Spektrum, Elsevier; Heidelberg, Berlin.

Müller, Th., Oberdorfer, E. (1974): Die potentielle natürliche Vegetation von Baden-Württemberg. Beih. Veröff. Landesstelle Naturschutz Landschaftspfl. Baden-Württemberg 6: 1–45. Karte 1: 900000.

Mueller-Dombois, D., Fosberg, F. R. (1997): Vegetation of the tropical Pacific islands. Springer, New York, Berlin.

Müller-Schneider, P. (1977): Verbreitungsbiologie (Diasporologie) der Blütenpflanzen. Veröff. Geobot. Inst. ETH, Stift. Rübel, Zürich 61: 1–226.

Müller-Schneider, P. (1986): Verbreitungsbiologie der Blütenpflanzen Graubündens. Veröff. Geobot. Inst. ETH, Stift. Rübel, Zürich 65: 1–268.

Müller-Stoll, W. R., Freitag, H., Krausch, H.-D. (1992): Die Grünlandgesellschaften des Spreewaldes 1–4. Gleditschia 20: 235–254, 255–272, 273–302, 303–326.

Muller, C. H. (1969): Allelopathy as factor in ecological process. Vegetatio 18: 348–357.

Murbeck, S. (1919, 1920): Beiträge zur Biologie der Wüstenpflanzen. I. Vorkommen und Bedeutung von Schleimabsonderung aus Samenhüllen. II. Die Synaptospermie. Acta Univ. Lund, N. F. Avd. 2. 15, Nr. 10: 1–36; 17, Nr. 1: 1–53.

Nabe-Nielsen, J., Hall, P. (2002): Environmentally induced clonal reproduction and life history traits of the liana *Machaerium cuspidatum* in an Amazonian rain forest, Ecuador. Plant Ecol. 162: 215–226.

Nagy, L., Grabherr, G., Körner, C., Thompson, D. B. A. (2003): Alpine biodiversity in Europe. Ecol. Stud. 167: 1–460. Springer, Berlin, Heidelberg.

Nathan, R., Katul, G. G., Horn, H. S., Thomas, S. M., Oren, R., Avissar, R., Pacala, S. W., Levin, S. A. (2002): Mechanisms of long-distance dispersal of seeds by wind. Nature 418: 409–413.

Ne'eman, G., Trabaud, L. (2000): Ecology, biogeography and management of *Pinus halepensis* and *P. brutia* forest ecosystems in the Mediterranean basin. Backhuys, Leiden.

Neite, H. (1988): Untersuchungen zur Anlage und Beobachtung von Dauerprobeflächen in der Krautschicht von Buchenwäldern. Tuexenia 8: 295–305.

Nemani, R., Running, S. W. (1996): Implementation of a hierarchical global vegetation classification in ecosystem function models. J. Veg. Sci. 7: 337–346.

Neumann, K. (1989): Vegetationsgeschichte der Ostsahara im Holozän. Holzkohlen aus prähistorischen

Fundstellen. In: Kuper, R. (Hrsg.): Forschungen zur Umweltgeschichte der Ostsahara. Barth-Inst., Köln. 13–181.

Newbery, D.M., Prins, H.H.T., Brown, N.D. (eds.) (1998): Dynamics of tropical communities. Blackwell, Oxford.

Niemann, E. (1963): Beziehungen zwischen Vegetation und Grundwasser. Ein Beitrag zur Präzisierung des ökologischen Zeigerwertes von Pflanzen und Pflanzengesellschaften. Arch. Naturschutz 3: 3–36.

Nikrent, D.L., Duff, R.J., Parkinson, C.L., Palmer, J.D. (2000): Multigene phylogeny of land plants with special reference to bryophytes and the earliest land plants. Mol. Biol. Evol. 17: 1885–1895.

Nimis, P.L., Crovello, T.J. (1991): Quantitative approaches to phytogeography. Task Veg. Sci. 24: 1–280. Kluwer, Dordrecht.

Ninkovic, V. (2003): Volatile communication between barley plants affects biomass allocation. J. exp. Bot. 54: 1931–1939.

Noss, R.F. (ed.) (2000): The redwood forest: history, ecology, and conservation of the Coast Redwoods. Island Press, Washington, D.C.

Nover, L. (1990): Molekulare Zellbiologie der Hitzestressantwort. Naturwissenschaften 77: 359–365.

Nye, P., Tinker, P.B. (2000): Solute movement in the rhizosphere. 2nd ed., Oxford, OUP.

Nygaard, P.H., Ødegaard, T. (1999): Sixty years of vegetation dynamics in a south boreal coniferous forest in southern Norway. J. Veg. Sci. 10: 5–16.

Oberdorfer, E. (1977ff.): Süddeutsche Pflanzengesellschaften. 2. bzw. 3. Aufl. Teil I (1992), Teil II (1993), Teil III (1993), Teil VI (1992). G. Fischer, Jena, etc. Teilweise Nachdruck.

Oberdorfer, E. (1982): Erläuterungen zur vegetationskundlichen Karte Feldberg 1:25000 mit Vegetationskarte. Beih. Veröff. Naturschutz Landschaftspfl. Baden-Württemberg 27: 1–83.

Oberdorfer, E. (2001): Pflanzensoziologische Exkursionsflora. 8. Aufl. Ulmer, Stuttgart.

Odum, E.P. (1967) Ökologie. München-Basel-Wien.

Odum, E.P. (1971): Fundamentals of ecology. 3rd ed., Saunders, Philadelphia.

Odum, E.P. (1983): Grundlagen der Ökologie, 2. Aufl., 2 Bde., Thieme, Stuttgart-New York.

Ohm, P., Klemmer, K. (1973): Die biogeographische Stellung der Azoren. Schr. Geogr. Inst. Uni Kiel 39: 1–16.

Okuda, T., Manokaran, N., Matsumoto, Y., Niiyama, K., Thomas, S.C., Oth, A. (eds.) (2003): Pasoh. Ecology of a lowland rain forest in Southeast Asia. Springer, Berlin, Heidelberg.

Olivier, J. (1995): Spatial distribution of fog in the Namib. J. Arid Environm. 29: 129–138.

Olschowy, G. (Hrsg., 1978): Natur- und Umweltschutz in der Bundesrepublik Deutschland. Parey, Hamburg-Berlin.

Oostendorp, C. (1987): The bryophytes of the Palaeozoic and the Mesozoic. Bryoph. Bibl. 34: 1–112.

Orians, G.H., Dirzo, R., Cushmann, J.H. (eds.) (1996): Biodiversity and ecosystem processes in tropical forests. Ecol. Stud. 122: 1–229. Berlin etc.

Orlóci, L. (1966): Geometric models in ecology. I. The theory and application of some ordination methods. J. Ecol. 54: 193–215.

Ott, S. (1988): Photosymbiodemes and their development in *Peltigera venosa*. Lichenologist 20: 361–368.

Otte, A. (1990): Die Entwicklung von Ackerwildkrautgesellschaften auf Böden mit guter Ertragsfähigkeit nach dem Aussetzen von Unkrautregulierungsmaßnahmen. Phytocoenologia 19: 43–92.

Ouborg, N.J., Piquot, Y., van Groenendael, J.M. (1999): Population genetics, molecular markers and the study of dispersal in plants. J. Ecol. 87: 551–568.

Overbeck, F. (1975): Botanisch-geologische Moorkunde unter besonderer Berücksichtigung der Moore Nordwestdeutschlands als Quellen zur Vegetations-, Klima- und Siedlungsgeschichte. Wachholtz, Neumünster.

Ozenda, P. (1988): Die Vegetation der Alpen im europäischen Gebirgsraum. G. Fischer, Stuttgart, etc.

Ozenda, P. (1991): Flore et végétation du Sahara. 3rd ed. CNRS, Paris.

Ozenda, P. (1994): Végétation du Continent Européen. Delachaux & Niestlé, Paris.

Paepe, R., Fairbridge, R.W., Jelgersma, S. (1990): Greenhouse effect, sea level and drought. Kluwer, Dordrecht.

Palmer, J. (2000): A single birth of all plastids? Nature 405: 32–33.

Palmer, M.W. (1994): Fuzzy sets or blurry artifacts? A comment on Zhang and Oxley. J. Veg. Sci. 5: 439–440.

Pardey, A. (1991): Die Vegetation sekundärer Kleingewässer in Nordwestdeutschland. Syndynamische und synökologische Aspekte. Diss. Bot. 195: 1–211.

Paré, P.W., Tumlinson, J.H. (1999): Plant volatiles as a defense against insect herbivores. Plant Physiol. 121: 325–331.

Parlange, J.Y., Waggoner, P.E. (1970): Stomatal dimensions and resistance to diffusion. Plant Physiol. 46: 337–342.

Parolly, G. (1998): Phytosociological studies on high mountain plant communities of the South Anatolian Taurus mountains. 1. Scree plant communities (Heldreichietea): A synopsis. Phytocoenologia 28: 233–284.

Parolly, G., Kürschner, H. (2004): Ecosociological studies in Ecuadorian bryophyte communities. I. Syntaxonomy, life strategies and ecomorphology of the oreal epiphytic vegetation of S Ecuador. Nova Hedwigia 78 (in press).

Partzsch, M., Scherf, W., Hensen, I. (2003): Die Porphyrkuppenlandschaft des unteren Saaletals – Vegetationsdynamische Untersuchungen auf kleinflächigen

Kuppen unterschiedlicher Entstehungszeit. Tuexenia 23: 227–255.

Patrick, W. H., Gambrell, R. P. & Faulkner, S. P. (1996): Redox measurements of soils. in: Soil Sci. Soc. America and Amer. Soc. Agron.: Methods of Soil Analysis 3, Chemical Methods. SSSA Book Ser. 5, Madison.

Pauli, H., Gottfried, M., Grabherr, G. (1996): Effects of climate change on mountain ecosystems – Upward shifting of alpine plants. World Res. Rev. 8: 382–390.

Pauli, H., Gottfried, M., Grabherr, G. (1999): Vascular plant distribution patterns at the low-temperature limits of plant life – the alpine-nival ecotone of Mount Schrankogel (Tyrol, Austria). Phytocoenologia 29: 297–325.

Pearce, R. S. (1999): Molecular analysis of acclimation to cold. Plant Growth Regul. 29: 47–76.

Pearcy, R. W., Ehleringer, J., Mooney, H. A., Rundel, P. W. (1989): Plant physiological ecology, Chapman & Hall, London-New York.

Peinado, M., Alcarez, F., Aguirre, J. L., Delgadillo, J. (1995): Major plant communities of warm North American deserts. J. Veg. Sci. 6: 79–94.

Peinado, M. Aquirre, J. L., Cruz, M. de la (1998): A phytosociological survey of the boreal forests (Vaccinio-Piceetea) in North America. Plant Ecol. 137: 151–202.

Penning de Vries, F. W. (1983): Modeling of growth and production. in: Lange, O. L., Nobel, P. S., Osmond, C. B., Ziegler, H. (eds.) Encyclopedia of Plant Physiology, New Ser. 12 D, Physiological Plant Ecology IV,117–150, Springer, Berlin etc.

Peoples, M. B., Craswell, E. T. (1992): Biological nitrogen fixation: investments, expectations and actual contributions to agriculture. Plant Soil 141: 13–39.

Peppler, C. (1992): Die Borstgrasrasen (Nardetalia) Westdeutschlands. Diss. Bot. 193: 1–402.

Peppler-Lisbach, C., Petersen, J. (2001): Calluna-Ulicetea (G3). Teil 1: Nardetalia strictae. Borstgrasrasen. In: Dierschke, H.: Synopsis der Pflanzengesellschaften Deutschlands 8: 1–117. Göttingen.

Peters, M. (1990): Nutzungseinfluß auf die Stoffdynamik schleswig-holsteinischer Böden – Wasser-, Luft-Nähr- und Schadstoffdynamik. Schriftenr. Inst. Pfl.ernähr. Bodenkde. Uni Kiel 8.

Peters, R. (1997): Beech forests. Geobot. 24: 1–169.

Peters, R. L., Lovejoy, T. E. (1992): Global warming and biological diversity. Yale Univ. Pr., New Haven-London.

Petersen, J. (2000): Die Dünentalvegetation der Wattenmeer-Inseln in der südlichen Nordsee. Husum-Verlagsgruppe, Husum.

Petersen, J. (2001): Die Vegetation der Wattenmeer-Inseln im raum-zeitlichen Wandel – ein Beispiel für den Einsatz moderner vegetationsanalytischer Methoden. Ber. d. Reinh.-Tüxen-Ges. 13: 139–155.

Petersen, P. M., Philipp, M. (2001): Implantation of forest plants in a wood on former arable land: a ten year experiment. Flora 196: 286–291.

Pfadenhauer, J., Poschlod, P., Buchwald, R. (1986): Überlegungen zu einem Konzept geobotanischer Dauerbeobachtungsflächen für Bayern. Teil I. Methodik der Anlage und Aufnahme. Ber. Akad. Natursch. Landschaftspfl. 10: 41–60.

Pfeiffer, T. (1997): Geranio sanguinei-Dictamnetum – Lebensstrategien in Diptam-Säumen des unteren Unstruttals (Sachsen-Anhalt). Diplomarbeit FU Berlin.

Pfeiffer, T. (2000): Relationships and divergence patterns in *Hypopterygium „rotulatum“* s. l. (Hypopterygiaceae, Bryopsida) inferred from *trn*L intron sequences. Studies in austral temperate rain forest bryophytes 7. Edinb. J. Bot. 57: 291–307.

Pickard, W. F. (1981): The ascent of sap in plants. Prog. Biophys. Mol. Biol. 37: 181–229.

Pigg, K. B. (2001): Isoetalean lycopsid evolution: from the Devonian to the Present. Am. Fern J. 91: 99–114.

Pignatti, S., Oberdorfer, E., Schaminée, J. H. J., Westhoff, V. (1995): On the concept of vegetation class in phytosociology. J. Veg. Sci. 6: 143–152.

Pils, G. (1988): Gegenwart und Vergangenheit in den Arealgrenzen österreichischer Gefäßpflanzen. Linzer biol. Beitr. 20: 283–311.

Pino, J., Haggar, R. J., Sans, F. X., Masalles, R. M., Sackville, R. N. (1995): Clonal growth and fragment regeneration of *Rumex obtusifolius* L. Weed Research 35: 141–148.

Pinton, R., Varanini, Z., Nannipieri, P., Varanni, Z. (2001): The rhizosphere: Biochemistry and organic substances at the soil-plant interface. Marcel Dekker, New York.

Piqueras, J., Klimes, L. (1998): Demography and modelling of clonal fragments in the pseudoannual plant *Trientalis europaea* L. Plant Ecol. 136: 213–227.

Pisek, A. (1956): Der Wasserhaushalt der Meso- und Hygrophyten. in: W. Ruhland (Hrsg.) Handbuch d. Pflanzenphysiol., III, Pflanze und Wasser, 825–853, Springer, Berlin

Pisek, A., Larcher, W., Unterholzner, R. (1967): Kardinale Temperaturbereiche der Photosynthese und Grenztemperaturen des Lebens der Blätter verschiedener Spermatophyten. 1. Temperaturminimum der Nettoassimilation, Gefrier- und Frostschadensbereiche der Blätter. Flora B 157: 239–264.

Pisek, A., Larcher, W., Pack, I., Unterholzner, R. (1968): Kardinale Temperaturbereiche der Photosynthese und Grenztemperaturen des Lebens der Blätter verschiedener Spermatophyten. 2. Temperaturmaximum der Netto-Photosynthese und Hitzeresistenz der Blätter. Flora B 158: 110–128.

Pisek, A., Larcher, W., Moser, W., Pack, I. (1969): Kardinale Temperaturbereiche der Photosynthese und Grenztemperaturen des Lebens der Blätter verschiedener Spermatophyten. 3. Temperaturabhängigkeit und optimaler Temperaturbereich der Netto-Photosynthese. Flora B 158: 608–630.

Pitman, M. G. (1977): Ion transport into the xylem. Ann. Rev. Plant Physiol. 28: 71–78.

Plachter, H. (1991): Naturschutz. G. Fischer, Stuttgart, etc.

Plumstead, E. P. (1952): Description of two new genera and six new species of fructifications borne on *Glossopteris* leaves. Trans. Geol. Soc. S. Africa 55: 281–328.

Poinar, Jr., G., Poinar, R. (1999): The amber forest – A reconstruction of a vanished world. Princeton Univ. Press, Princeton.

Pollmann, W. (2001): Vegetationsökologie und Dynamik temperierter *Nothofagus alpina*-Wälder im südlichen Südamerika (Chile, Argentinien). Diss. Bot. 348: 1–278.

Polunin, O., Huxley, A. (1976): Blumen am Mittelmeer. 4. Aufl. DLV, München.

Porembski, S, Barthlott, W. (2000): Inselbergs. Biotic diversity of isolated rock outcrops in tropical and temperate regions. Springer, Berlin, Heidelberg.

Porembski, S., Brown, G., Barthlott, W. (1995): An inverted latitudinal gradient of plant diversity in shallow depressions on Ivorian inselbergs. Vegetatio 117: 151–163.

Porembski, S., Martinelli, G., Ohlemüller, R., Barthlott, W. (1998): Diversity and ecology of saxicolous vegetation mats on inselbergs in the Brazilian Atlantic rainforest. Divers. Distrib. 4: 107–119.

Poschlod, P. (1993): Die Dauerhaftigkeit von generativen Diasporenbanken in Böden am Beispiel von Kalkmagerrasenpflanzen und deren Bedeutung für den botanischen Arten- und Biotopschutz. Verh. Ges. Ökologie 22: 229–240.

Poschlod, P. (1996): Das Metapopulationskonzept – eine Betrachtung aus pflanzenökologischer Sicht. Ökologie und Naturschutz 5: 161–185.

Poschlod, P., Jäckel, A.-K. (1993): Untersuchungen zur Dynamik von generativen Diasporenbanken von Samenpflanzen in Kalkmagerrasen. I. Jahreszeitliche Dynamik des Diasporenregens und der Diasporenbank auf zwei Kalkmagerrasenstandorten der Schwäbischen Alb. Flora 188: 49–71.

Pott, R. (1988): Entstehung von Vegetationstypen und Pflanzengesellschaften unter dem Einfluß des Menschen. Düsseld. Geobot. Kolloq. 5: 27–54.

Pott, R. (1993): Farbatlas Waldlandschaften. Ulmer, Stuttgart.

Pott, R. (1995a): Die Pflanzengesellschaften Deutschlands. 2. Aufl. Ulmer, Stuttgart.

Pott, R. (1995b): Farbatlas Nordseeküste und Nordseeinseln. Ulmer, Stuttgart.

Pott, R. (1995c): The origin of grassland species and grassland communities in Central Europe. Fitosociologia 29: 7–32.

Pott, R. (1996a): Biotoptypen. Schützenswerte Lebensräume Deutschlands und angrenzender Regionen. Ulmer, Stuttgart.

Pott, R. (1996b): Die Entwicklungsgeschichte und Verbreitung xerothermer Vegetationseinheiten in Mitteleuropa unter dem Einfluß des Menschen. Tuexenia 16: 337–369.

Pott, R., Remy, D. (2000): Gewässer des Binnenlandes. Ulmer, Stuttgart.

Pott, R., Hüppe, J., Remy, D., Bauerochse, A., Katenhusen, O. (1995): Paläoökologische Untersuchungen zu holozänen Waldgrenzschwankungen im oberen Fimbertal (Val Fenga, Silvretta, Ostschweiz). Phytocoenologia 25: 363–398.

Pott, R., Fromke, A., Peters, M., Petersen, J., Rieck, K. (1999): Aktuelle geobotanische Forschung auf den Nordseeinseln. Ber. d. Reinh.-Tüxen-Ges. 11: 39–108.

Pott, R., Hüppe, J., Wildpret de la Torre, W. (2003): Die Kanarischen Inseln. Natur- und Kulturlandschaften. Ulmer, Stuttgart.

Prado, D. E. (2000): Seasonally dry forests of tropical South America: from forgotten ecosystems to a new phytogeographic unit. Edinb. J. Bot. 57: 437–461.

Prasad, M. N. V., Hagemeyer, J. (eds., 1999): Heavy metal stress in plants. Springer, Berlin-Heidelberg-New York.

Preising, E., Vahle, H.-C., Brandes, D., Hofmeister, H., Tüxen, J., Weber, H. E. (1990): Die Pflanzengesellschaften Niedersachsens – Bestandsentwicklung, Gefährdung, Schutzprobleme. Salzpflanzengesellschaften der Meeresküste und des Binnenlandes. Naturschutz Landschaftspfl. Niedersachsen 20 (7): 1–44.

Press, M. C., Graves, J. D. (eds., 1995): Parasitic plants. Chapman & Hall, London.

Press, J. R., Short, M. J., Turland, N. J. (1994): Flora of Madeira. HMSO, London.

Pretzell, D., Reif, A. (1999): Erlenbruchwälder im Oberrheingraben und ihre Degradationsstadien. Tuexenia 19: 179–191.

Probst, W. (2001): Wüsten. Unterricht Biol. 25 (266): 4–15.

Pryer, K. M., Schneider, H., Smith, A. R., Cranfill, R., Wolf, P. G., Hunt, J. S., Sipes, S. D. (2001): Horsetails and ferns are a monophyletic group and the closest living relatives to seed plants. Nature 409: 618–622.

Puhe, J., Ulrich, B. (2001): Global climate change and human impacts on forest ecosystems. Ecol. Stud. 143: 1–592.

Qiu, Y.-L., Lee, J. (2000): Transition to a land flora: a molecular phylogenetic perspective. J. Phycol. 36: 799–802.

Qiu, Y.-L., Palmer, D. (1999): Phylogeny of early land plants: insights from genes and genomes. Trends Plant Sci. 4: 26–30.

Qiu, Y.-L., Cho, Y., Cox, J.C:, Palmer, J. D. (1998): The gain of three mitochondiral introns identifies liverworts as the earliest land plants. Nature 394: 671–674.

Rademacher, B. (1939): Über den Lichteinfall bei Wintergetreide und Winterölfrüchten und seine Be-

deutung für die Verunkrautung. Pflanzenbau 15: 241–265.
Raffa, K. F. (2001): Mixed messages across multiple trophic levels: the ecology of bark beetle chemical communication systems. Chemoecology 11: 49–65.
Rambal, S. (1984): Water balance and pattern of root water uptake by a *Quercus coccifera* L. evergreen scrub. Oecologia 62: 18–25.
Ramensky, L. G. (1930): Zur Methodik der vergleichenden Bearbeitung und Ordnung von Pflanzenlisten und anderen Objekten, die durch mehrere, verschiedenartig wirkende Faktoren bestimmt werden. Beitr. Biol. Pflanzen 18: 269–304.
Ramensky, L. G. (1938): ‚Introduction to the geobotanical study of complex vegetations'. – Selkhozgiz, Moscow.
Raschke, K. (1956): Über die physikalischen Beziehungen zwischen Wärmeübergangszahl, Strahlungsaustausch, Temperatur und Transpiration eines Blattes. Planta 48: 200–238.
Rasmus, C. (1993): Gesalzene Wiesen. Ökowerk-Magazin (Rangsdorf) 7(10): 4–7.
Ratcliffe, R. G. (1995): Metabolic aspects of the anoxic response in plant tissue. in: Smirnoff, N. (ed.) Environment and plant metabolismn. pp. 111–127. Bios, Oxford.
Ratter, J. A., Bridgewater, S., Ribeiro, J. F. (2003): Analysis of the floristic composition of the Brazilian Cerrado vegetation. III. Comparison of the woody vegetation of 376 areas. Edinb. J. Bot. 60: 57–109.
Raubeson, L. A., Jansen, R. K. (1992): Chloroplast DNA evidence to the ancient evolutionary split in vascular land plants. Science 255: 1697–1699.
Rauh, W. (1988): Tropische Hochgebirgspflanzen. Wuchs- und Lebensformen. Springer, Berlin etc.
Raunkiaer, C. (1937): Plant life forms. Clarendon Press, Oxford. (Engl. Übersetzung von H. Gilbert-Carter.)
Rauser, W. E. (1999): Structure and function of metal chelators produced by plants. Cell Biochem. Biophys. 31: 19–48.
Raven, P. H., Evert, R. F., Eichhorn, S. E. (1992): Biology of plants. 5th ed. Worth Publ., New York.
Redecker, B. (2002): Schutzwürdigkeit und Schutzperspektive der Stromtal-Wiesen an der unteren Mittelelbe. Arch. naturwiss. Diss. 13: 1–186.
Rehder, H., Beck, E., Kokwaro, J. O. (1988): The afroalpine plant communities of Mt. Kenya (Kenya). Phytocoenologia 16: 433–463.
Reichelt, G., Wilmanns, O. (1973): Vegetationsgeographie. Westermann, Braunschweig.
Reif, A. (1993): Autochthone Gehölzherkünfte – Markt für Baumschulen vor Ort. Deutsche Baumschule 93/1, 44–46.
Reif, A., Allen, R. B. (1988): Plant communities of the steepland conifer-broadleaved hardwood forest of central Westland, South Island, New Zealand. – Phytocoenologia 16: 145–224.
Reif, A., Aulig, G. (1993): Künstliche Neupflanzung naturnaher Hecken. Naturschutz u. Landsch.planung 25: 85–95.
Reisch, J. (1974): Waldschutz und Umwelt. Springer, Berlin-Heidelberg-New York.
Reisch, C., Poschlod, P. (2003): Intraspecific variation, land use and habitat quality – a phenologic and morphometric analysis of *Sesleria albicans* (Poaceae). Flora 198: 321–328.
Reisigl, H., Keller, R. (1994): Alpenpflanzen im Lebensraum. 2. Aufl. G. Fischer, Stuttgart, etc.
Reisigl, H., Keller, R. (1999): Lebensraum Bergwald. 2. Aufl. G.Fischer, Stuttgart.
Reiter, K., Wrbka, T., Hülber, K., Grabherr, G. (2001): Vegetationsökologische und landschaftsökologische Analysen durch Verwendung von Fernerkundungsdaten am Beispiel des Großen Walsertals. Ber. d. Reinh.-Tüxen-Ges. 13: 197–212.
Remmert, H. (ed., 1991): The Mosaic-cycle concept of ecosystems. Ecol. Stud. 85. Springer, Berlin-Heidelberg-New York.
Remy, W., Remy, R. (1977): Die Floren des Erdaltertums. Glückauf, Essen.
Remy, W., Gensel, P. G., Hass, H. (1993): The gametophyte generation of some Early Devonian land plants. Int. J. Plant Sci. 154: 35–58.
Remy, W., Remy, D., Hass, H. (1997): Organisation, Wuchsformen und Lebensstrategien früher Landpflanzen des Unterdevons. Bot. Jahrb. Syst. 119: 509–562.
Rennwald, E. (Bearb.) (2000): Verzeichnis und Rote Liste der Pflanzengesellschaften Deutschlands. Schriftenr. Vegetationskunde 35: 1–799.
Reynolds, J. F., Tenhunen, J. D. (eds.) (1996): Landscape function and disturbance in arctic Tundra. Ecol. Stud. 120: 1–437.
Reynolds, J. F., Chen, J. L., Harley, P. C., Hilbert, D. W., Dougherty, R. L., Tenhunen, J. D. (1992): Modeling the effects of elevated CO_2 on plants: Extrapolating leaf responses to a canopy. Agric. Forest Meteor. 61: 69–94.
Reznick, D., Bryant, M. J., Bashey, F.(2002): *r*- and *K*-selection revisited: the role of population regulation in life-history evolution. Ecology 83: 1509–1520.
Rice, E. L. (1984) Allelopathy. 2nd ed., Acad. Pr., Orlando.
Richard, J. L. (1975): Dynamique de la végétation – au bord du grand glacier d'Aletsch (Alpes Suisses). In: Schmidt, W. (Red.): Sukzessionsforschung. Ber. Int. Symp. IVV. Rinteln 1973: 189–209. Cramer, Vaduz.
Richards, J. H. & Caldwell, M. M. (1987): Hydraulic lift: Substantial nocturnal water transport between soil layers by *Artemisia tridentata* roots. Oecologia 73: 486–489.
Richter, H. (1976): The water status in the plant – Experimental evidence. in: Lange, O. L., Kappen, L., Schulze, E.-D. (eds.) Water and plant life, Ecol. Stud. 19, 42–58. Springer, Berlin etc.

Richter, M. (2001): Vegetationszonen der Erde. Klett-Perthes, Gotha, Stuttgart.

Richter, O. (1985): Simulation des Verhaltens ökologischer Systeme. Verlag Chemie, Weinheim.

Riecken, U., Finck, P., Raths, U., Schröder, E., Ssymank, A. (2003): Standard-Biotoptypenliste für Deutschland. 2. Fassung. Landschaftspflege und Naturschutz 75: 1–66.

Riederer, M., Schreiber, L. (2001): Protecting against water loss: analysis of the barrier properties of plant cuticles. J. exp. Bot. 52: 2023–2032.

Ritschel-Kandel, G., Marzini, K., Happel, S. (1985): Die Bedeutung des Ackerrandstreifenprogrammes für den Artenschutz seltener Ackerunkräuter in Unterfranken. Abh. Naturw. Verein Würzburg 26: 117–140.

Rivas-Martínez, S. (1987): Mapas de las series de vegetación de España escala 1: 400.000 y memoria. Publ. ICONA, Madrid.

Rivas-Martínez, S., Asensi, A., Diez-Garretas, B., Molero, J., Valle, F. (1997a): Biogeographical synthesis of Andalusia (southern Spain). J. Biogeogr. 24: 915–928.

Rivas-Martínez, S., Sánchez-Mata, D., Costa, M. (1997b): Syntaxonomical synopsis of the potential natural plant communities of North America, Part I. Itinera Geobot. 10: 5–148.

Rivas-Martínez, S., Sánchez-Mata, D., Costa, M. (1999): North American boreal and western temperate forest vegetation. Itinera Geobot. 12: 5–316.

Robberecht, R., Caldwell, M. M., Billings, W. D. (1980): Leaf ultraviolet properties along a latitudinal gradient in the arctic-alpine life zone. Ecology 61: 612–619.

Roberts, D. W. (1990): Fuzzy system vegetation theory. In: Grabherr, G., Mucina, L., Dale, M. B., Ter Braak, C. J. F. (eds.): Progress in theoretical vegetation science. Kluwer, Dordrecht.

Roberts, N. (1998): The Holocene. An environmental history. 2nd ed. Blackwell, Oxford.

Roberts, S. W., Strain, B. R., Knoerr, K. R. (1981): Seasonal variation of leaf tissue elasticity in four forest tree species. Phys. Plant. 52: 245–250.

Robinson, D. (1994): The responses of plants to non-uniform supplies of nutrients. New Phytol. 127: 635–674.

Roda, F., Retana, J., Gracia, C. A. (eds.) (1999): Ecology of Mediterranean evergreen oak forests. Ecol. Stud. 137: 1–373.

Rodriguez, R. R. (1992): Die Wälder des südlichen Chile und deren wichtigste Elemente. In: Grau, J., Zizka, G. (Hrsg.): Pflanzenwelt Chiles. Palmengarten, Frankfurt. 44–49.

Röhricht, W. (2003): Zur Pflanzenwelt der Neubaugebiete Ost-Berlins. Diss. Bot. 376: 1–382.

Röhrig, E., Ulrich, B. (1991): Temperate deciduous forests. In: Goodall, D. W. (ed.): Ecosystems of the world. 7: 1–636. Elsevier, Amsterdam etc.

Röser, B. (1988): Saum- und Kleinbiotope. Ecomed, Landsberg.

Röser, B. (1990): Grundlagen des Biotop- und Artenschutzes. Ecomed, Landsberg.

Rogers, R. W. (1990): Ecological strategies of lichens. Lichenologist 22: 149–162.

Rossmann, D. (1996): Lebensraumtyp Nieder- und Mittelwälder. Landschaftspflege-Konzept Bayern II.13: 1–302.

Rothmaler, W. (Begr.) (1995): Exkursionsflora von Deutschland. Gefäßpflanzen: Atlasband (3). G. Fischer, Jena, etc.

Rothmaler, W. (Begr.) (1996, 2002): Exkursionsflora von Deutschland 2, 4. Fischer, Jena, Stuttgart; Spektrum, Heidelberg, Berlin.

Roy, A., Millington, A. (eds.) (1997): Vegetation mapping. From patch to planet. Biogeography Symposia 1–339.

Rübel, E. (1930): Pflanzengesellschaften der Erde. Huber, Berlin.

Rundel, P. W., Gibson, A. C. (1996): Ecological communities and processes in a Mojave desert ecosystem: Rock Valley, Nevada. Cambridge Univ. Press, Cambridge.

Rundel, P. W., Smith, A. P., Meinzer, F. C. (1994): Tropical alpine environments. Cambridge Univ. Press, Cambridge.

Rundel, P. W., Montenegro, G., Jaksic, F. M. (1998): Landscape degradation and biodiversity in Mediterranean-type ecosystems. Ecol. Stud. 136: 1–432.

Rundgren, M., Ingólfsson, A. (1999): Plant survival in Iceland during periods of glaciation? J. Biogeogr. 26: 387–396.

Runge, F. (1984): Dauerquadrat-Untersuchungen von Küsten-Gesellschaften. Tuexenia 4: 153–161.

Runge, M. (1973): Energieumsätze in den Biozönosen terrestrischer Ökosysteme. Scripta Geobot. 4, Goltze, Göttingen.

Runge, M. (1983): Physiology and ecology of nitrogen nutrition. in: Lange, O. L., Nobel, P. S., Osmond, C. B., Ziegler, H. (eds.) Encyclopedia of Plant Physiology, New Ser. 12 C, Physiological Plant Ecology III, 163–200, Springer, Berlin etc.

Runge, M. (1994): Heath succession. Scripta Geobot. 21: 1–153.

Runge, M., Leuschner, C., Rode, M. (1993): Ökosystemare Untersuchungen zur Heide-Wald-Sukzession. Ber. Reinh.-Tüxen-Ges. 5: 135–148.

Russell-Smith, J., Lucas, D. E., Brock, J., Bowman, D. M. (1993): *Allosyncarpia*-dominated rainforest in monsoonal northern Australia. J. Veg. Sci. 4: 67–82.

Ryan, C. A. (1979): Proteinase inhibitors. In: Rosenthal, G. A., Janzen, D. H. (eds.) Herbivores: their interaction with secondary plant metabolites. Acad. Pr., New York.

Ryser, P., Gigon, A. (1985): Influence of seed bank and small mammals on the floristic composition of limestone grassland (Mesobrometum) in Northern Switzerland. Veröff. Geobot. Inst. ETH, Stift. Rübel, Zürich 52: 41–52.

Sage, R. F., Monson, R. K. (eds., 1999) : C4 plant biology. Acad. Pr., San Diego.

Sage, R. F., Kubien, D. S. (2003): *Quo vadis* C4? An ecophysiological perspective on global change and the future of C4 plants. Photosynth. Res. 77: 209–225.

Sakai, A., Larcher, W. (1987): Frost survival of plants. Ecol. Stud. 62, Springer, Berlin etc.

Salt, D. E., Smith, R. D., Raskin, I. (1998): Phytoremediation. Annu. Rev. Plant Physiol. Plant Mol. Biol. 49: 643–668.

Sampaio, M. C., Perissé, L. E., Aguiarde Oliveira, G., Rios, R. I. (2002): The contrasting clonal architecture of two bromeliads from sandy coastal plain in Brazil. Flora: 197: 443–451.

Sarmiento, J. L., Bender, M. (1994): Carbon biogeochemistry and climate change. Photosynth. Res. 39: 209–234.

Saxena, P. K., Krishnaraj, S., Dan, T., Perras, M. R., Vettakkorumakankav, N. N. (1999): Phytoremediation of heavy metal contaminated soils. In: Prasad, M. N. V., Hagemeyer, J. (eds.) Heavy metal stress in plants. pp. 305–330. Springer, Berlin-Heidelberg-New York.

Sayer, U. (2000): Die Ökologie der Flaumeiche (*Quercus pubescens* Willd.) und ihrer Hybriden auf Kalkstandorten an ihrer nördlichen Arealgrenze. Diss. Bot. 340: 1–198.

Schaminée, J. H. J., Hennekens, S. M. (2001): TURBOVEG, MEGATAB und SYNBIOSYS: neue Entwicklungen in der Pflanzensoziologie. Ber. d. Reinh.-Tüxen-Ges. 13: 21–34.

Scharf, D., Lösch, R. (1998): Die Sandtrockenrasen am Niederrhein. Decheniana (Bonn) 151: 11–39.

Schaumann, F. (2003): Terricolous bryophyte vegetation of Chilean temperate rain forests – communities, adaptive strategies and divergence patterns. Diss. FU Berlin.

Schaumann, F., Heinken, T. (2002): Endozoochorous seed dispersal by martens *(Martes foina, M. martes)* in two woodland habitats. Flora 197: 370–378.

Schaumann, F., Frey, W., Hässel de Menendez, G. G., Pfeiffer, T. (2003): Geomolecular divergence in the Gondwanan dendroid *Symphyogyna* complex (Pallaviciniaceae, Hepaticophytina, Bryophyta). Flora 198: 404–412.

Scheffer, F., Schachtschabel, P. (1992): Lehrbuch der Bodenkunde. 13. Aufl. Enke, Stuttgart.

Scheffer, F., Schachtschabel, P. (2002): Lehrbuch der Bodenkunde. 15. Aufl. Spektrum, Heidelberg, Berlin.

Schenk, H. J. (1999): Clonal splitting in desert shrubs. Plant Ecol. 141: 41–52.

Schessl, M. (1997): Flora und Vegetation des nördlichen Pantanal vom Mato Grosso, Brasilien. Archiv naturwiss. Diss. 4: 1–276.

Schild, R., Wendorf, F., Close, A. E. (1992): Northern and eastern Africa climate changes. Between 140 and 12 thousand years ago. In: Klees, F., Kuper, R. (eds.): New light on the northeast African Past. 81–96.

Schiller, L. (2000): Das Vegetationsmosaik von biologisch und konventionell bewirtschafteten Acker- und Grünlandflächen in verschiedenen Naturräumen Süddeutschlands. Diss. Bot. 337: 1–183.

Schilling, G. (2000): Pflanzenernährung und Düngung. Ulmer, Stuttgart.

Schimper, A. I. W. (1898): Pflanzen-Geographie auf ökologischer Grundlage. G. Fischer. Jena.

Schlee, D. (1992): Ökologische Biochemie, 2. Aufl., Fischer, Stuttgart.

Schmaltz, J. (1991): Deciduous forests of southern South America. In: Goodall, D. W. (ed.): Ecosystems of the world 7: 557–578. Elsevier, Amsterdam etc.

Schmidt, M. (2000): Die Blaugras-Rasen des nördlichen deutschen Mittelgebirgsraumes und ihre Kontaktgesellschaften. Diss. Bot. 328: 1–294.

Schmidt, W. (1988): An experimental study of old-field succession in relation to different environmental factors. Vegetatio 77: 103–114.

Schmidt, W., Brübach, M. (1993): Plant distribution patterns during early succession on an artificial protosoil. J. Veg. Sci. 4: 247–254.

Schmithüsen, J. (1968): Allgemeine Vegetationsgeographie. 3. Aufl. De Gruyter, Berlin.

Schmithüsen, J. (1976): Atlas zur Biogeographie. Bibl. Inst., Mannheim, Wien, Zürich.

Schmitt, K., Beck, W. (1992): On the afroalpine vegetation of Ruwenzori Mountains, Uganda. Phytocoenologia 21: 313–332.

Schmitz, U. (2002): Untersuchungen zum Vorkommen und zur Ökologie neophytischer Amaranthaceae und Chenopodiaceae in der Ufervegetation des Niederrheins. Diss. Bot. 384. Cramer, Berlin-Stuttgart.

Schneider, S. (1984): Angewandte Fernerkundung. Methoden und Beispiele. Vincents, Hannover.

Schneider, S. H. (1990): Global warming. Lutterworth Press, Cambridge.

Schönert, T. (1989): Die Bruchwald-Gesellschaften der Schneifel (westliche Hocheifel) und ihre Standortbedingungen. Teil I: Floristisch-pflanzensoziologische Untersuchungen. Tuexenia 9: 417–430.

Schönert, T. (1994): Die Bruchwälder des westlichen Rheinischen Schiefergebirges. Diss. Bot. 228: 1–143.

Schönfelder, P., Schönfelder, I. (1997): Die Kosmos-Kanarenflora. Franck-Kosmos, Stuttgart.

Schönswetter, P., Tribsch, A., Barfuss, M., Niklfeld, H: (2002): Several Pleistocene refugia detected in the high alpine plant *Phyteuma globulariifolium* Sternb. & Hoppe (Campanulaceae) in the European Alps. Mol. Ecol. 11: 2637–2647.

Schofield, W. B. (1985): Introduction to bryology. Macmillan, New York.

Scholes, R. J., Walker, B. H. (1993): An African savanna. Cambridge Univ. Press, Cambridge.

Schopf, J. W., Packer, B. M. (1987): Early Archaean (3.3-billion to 3.5-billion-year-old) microfossils from Warrawoona Group, Australia. Science 237: 70–73.

Schott, G. W. (1995): A seed trap for monitoring the seed rain in terrestrial communities. Can. J. Bot. 73: 794–796.

Schreiber, U., Schliwa, U., Bilger, W. (1986): Continuous recording of photochemical and nonphotochemical quenching with a new type of modulation fluorometer. Photosynth. Res. 10: 51–62.

Schreiner, A. (1992): Einführung in die Quartärgeologie. Schweizerbart, Stuttgart.

Schröder, E. (1989): Der Vegetationskomplex der Sandtrockenrasen in der Westfälischen Bucht. Abh. Westfäl. Mus. Naturk. 51: 1–94.

Schroeter, C. (1926): Das Pflanzenleben der Alpen. Raustein, Zürich.

Schubert, R., Hilbig, W., Klotz, S. (1995): Bestimmungsbuch der Pflanzengesellschaften Mittel- und Nordostdeutschlands. G. Fischer, Jena, Stuttgart.

Schubert, R., Hilbig, W., Klotz, S. (2001): Bestimmungsbuch der Pflanzengesellschaften Deutschlands. Spektrum, Heidelberg, Berlin.

Schüler-Duden Die Geographie (1997): Bibliographisches Institut, 3. Aufl. Mannheim, etc.

Schultka, S., Hass, H. (1997): *Stockmansella remyi* sp. nov. from the Eifelian: new aspects in the Rhyniaceae (sensu Hass et Remy 1991). Rev. Palaeobot. Palynol. 97: 381–393.

Schultz, J. (2000): Handbuch der Ökozonen. Ulmer, Stuttgart.

Schultz, J. (2002): Die Ökozonen der Erde. 3. Aufl. Ulmer, Stuttgart.

Schulze, E. D., Hall, A. J. (1982): Stomatal responses, water loss and CO_2 assimilation rates of plants in contrasting environments. in: Lange, O. L., Osmond, C. B., Nobel, P. S., Ziegler, H. (eds) Encyclopedia of Plant Physiology, New Ser., 12 B, Physiological plant ecology II, 181–230, Springer, Berlin etc.

Schulze, E.-D., Lange, O. L. (1990): Die Wirkungen von Luftverunreinigungen auf Waldökosysteme. Chemie in unserer Zeit 24: 177–130.

Schulze, E.-D., Lange, O. L., Buschbom, U., Kappen, L., Evenari, M. (1972): Stomatal responses to changes in humidity in plants growing in the desert. Planta 108: 259–270.

Schulze, E.-D., Beck, E. & Müller-Hohenstein, K. (2002): Pflanzenökologie. Spektrum, Heidelberg-Berlin.

Schumacher, W. (1984): Gefährdete Ackerwildkräuter können auf ungespritzten Feldrändern erhalten werden. Dreijährige Modelluntersuchung liefert Beweis. Mitt. LÖLF 9/1: 14–20.

Schuster, R. M. (1976): Plate tectonics and its bearing on the geographical origin and dispersal of angiosperms. In: Beck, C. B. (ed.): Origin and early evolution of angiosperms. Columbia Univ. Press, New York, London. 48–138.

Schuster, R. M. (1982): Generic and familial endemism in the Hepatic flora of Gondwanaland: origins and causes. J. Hattori Bot. Lab. 52: 3–35.

Schwabe, A. (1975): Dauerquadrat-Beobachtungen in den Salzwiesen der Nordseeinsel Trischen. Mitt. Florist. soziol. Arbeitsgem. N. F. 18: 111–128.

Schwabe, A. (1987): Fluß- und bachbegleitende Pflanzengesellschaften und Vegetationskomplexe im Schwarzwald. Diss. Bot. 102: 1–368.

Schwabe, A. (1997): Sigmachorology as a subject of phytosociological research: a review. Phytocoenologia 27: 463–507.

Schwarzbach, M. (1968): Neuere Eiszeithypothesen – Eiszeitalter und Gegenwart 19: 250–261.

Schwarzbach, M. (1974): Das Klima der Vorzeit. Eine Einführung in die Paläoklimatologie. 3. Aufl. Enke, Stuttgart.

Schweingruber, F. H. (1993): Trees and wood in dendrochronology. Springer, New York.

Schweingruber, F. H. (1996): Tree rings and environment and dendroecology. Haupt, Bern, Stuttgart, Vienna.

Scotese, C. R., McKerrow, W. S. (1990): Revised world maps and introduction. In: McKerrow, W. S., Scotese, C. R. (eds.): Palaeozoic, palaeogeography and biogeography. Geol. Soc. Mem. 12: 1–21.

Scrosati, R. (2002): An updated definition of genet applicable to clonal seaweeds, bryophytes, and vascular plants. Basic Appl. Ecol. 3: 97–99.

Sedlag, Z., Weinert, E. (1987): Biogeographie, Artbildung, Evolution (Wörterbücher der Biologie), UTB 1430, Fischer, Stuttgart.

Semenova, G. V., van der Maarel, E. (2000): Plant functional types – a strategic perspective. J. Veg. Sci. 11: 917–922.

Sendtko, A. (1999): Die Entwicklung *Stipa*-reicher Trockenrasen auf Weinbergsbrachen in Ost-Mitteleuropa – pflanzensoziologische, nutzungsgeschichtliche und populationsbiologische Aspekte. Ber. d. Reinh.-Tüxen-Ges. 11: 179–200.

Seymour, R. S. (1997): Plants that warm themselves. Sci. Amer. 276: 104–109.

Shalyt, M. S. (1950): Die unterirdischen Teile einiger Wiesen-, Steppen- und Wüstenpflanzen. Arb. Bot. Inst. Akad. Wiss. Leningrad, ser. III (Geobotanik) 6: 1–442 (in russ.).

Shannon, C. E., Weaver, W. (1949): The mathematical theory of communication. Univ. Illinois Pr., Urbana. – Übersetzung : Mathematische Grundlagen der Informationstheorie. Oldenbourg, München-Wien (1976).

Sharma, I. K. (2001): Understanding clonal diversity patterns through allozyme polymorphism in an endangered and geographically restricted Australian shrub, *Zieria baeuerlenii* and its implication for conservation. Biochem. Syst. Ecol. 29: 681–695.

Shaw, A. J., ed. (1990): Heavy metal tolerance in plants:evolutionary aspects. CRC Press, Boca Raton.

Silver, S. (1996): Bacterial resistances to toxic metal ions – a review. Gene 179: 9–19.

Sinclair, R. & Thomas, D. A. (1970): Optical properties of leaves of some species in arid South Australia. Aust. J. Bot. 18: 261–273.

Sisson, W. B., Caldwell, M. M. (1977): Atmospheric ozone depletion: reduction of photosynthesis and growth of a sensitive higher plant exposed to enhanced UV-B radiation. J. exp. Bot. 28: 691–705.

Smith, F. W. (2001): Sulphur and phosphorus transport systems in plants. Plant Soil 232: 109–118.

Smith, H. G. (2000): Phytochromes and light signal perception by plants – an emerging synthesis. Nature 407:585–591

Smith, J. A. C., Winter, K. (1996): Taxonomic distribution of Crassulacean acid metabolism. in: Winter, K., Smith, J. A. C. (eds.) Crassulacean acid metabolism, Ecol. Stud. 114: 427–436. Springer, Berlin etc.

Smith, J. A. C., Uribe, E. G., Ball, E., Lüttge, U. (1984a): ATPase activity associated with isolated vacuoles of the crassulacean acid metabolism plant *Kalanchoë daigremontiana*. Planta 162: 299–304.

Smith, J. A. C., Uribe, E. G., Ball, E., Heuer, S., Lüttge, U. (1984b): Characterization of the vacuolar ATPase activity of the crassulacean-acid-metabolism plant *Kalanchoë daigremontiana*. Eur. J. Biochem. 141: 415–420.

Soerensen, T. A. (1948): A method of establishing groups of equal amplitude in plant sociology based on similarity of species content, and its application to analyses of the vegetation on Danish commons. Biol. Skr. Dansk. Vidensk. Selsk. 5 (4): 1–34.

Solbrig, O. T., Medina, E., Silva, J. F. (eds.) (1996): Biodiversity and savanna ecosystem processes. Ecol. Stud. 121: 1–224.

Solomon, A. M., Shugart, H. H.,eds.(1993): Vegetation dynamics and global change, Chapman & Hall, New York-London.

Soltau, J. (1993): Die Vegetation an Fließgewässern unter besonderer Berücksichtigung der Wuchs- und Lebensformen. Diss. Bot. 210: 1–176.

Soulé, M. E., ed. (1987): Viable populations for conservation. Island Press. Washington.

Spatz, G. (1975): Die direkte Gradienten-Analyse in der Vegetationskunde. Angew. Bot. 49: 209–221.

Speier, M. (1996): Paläoökologische Aspekte der Entstehung von Grünland in Mitteleuropa. Ber. d. Reinh.-Tüxen-Ges. 8: 199–219.

Speranza, M., Bignami, D. (1997): Morphology and life-strategies in two generations of *Amaranthus retroflexus* L. (Amaranthaceae). Flora 192: 21–29.

Sperry, J. S., Donelly, J. R., Tyree, M. T. (1988): A method for measuring hydraulic conductivity and embolism in xylem. Plant Cell Environ. 11: 35–40.

Spribille, T. (2002): The mountain forests of British Columbia and the American Northwest: floristic patterns and syntaxonomy. Folia Geobot. 37: 475–508.

Ssymank, A. (1997): Schutzgebiete für die Natur: Aufgaben, Ziele, Funktionen und Realität. In: Erdmann, K.-H., Spandau, L. (Hrsg.) Naturschutz in Deutschland. Pp. 11–38. Ulmer, Stuttgart.

Stearns, S. C. (1976): Life history tactics: a review of the ideas. Qu. Rev. Biol. 51: 3–47.

Stech, M., Pfeiffer, T., Frey, W. (2002): Chloroplast DNA relationship in palaeoaustral *Polytrichadelphus magellanicus* (Hedw.) Mitt. (Polytrichaceae, Bryopsida). Bot. Jahrb. Syst. 124: 217–226.

Stech, M., Quandt, D., Frey, W. (2003): Molecular circumscription of the hornworts (Anthocerotophyta) based on the chloroplast DNA *trn*L-*trn*F region. J. Plant Res. 116: 389–398.

Stehlik, I. (2000): Nunataks and peripheral refugia for alpine plants during Quarternary glaciation in the middle part of the Alps. Bot. Helv. 110: 25–30.

Stehlik, I., Schneller, J. J., Bachmann, K. (2001a): Resistance or emigration: response of the high-alpine plant *Eritrichium nanum* (L.) Gaudin to the ice age within the Central Alps. Mol. Ecol. 10:357–370.

Stehlik, I., Tribsch, A., Schönswetter, P. (2001b): Erstes gemeinsames Meeting zur Phylogeographie von arktischen und alpinen Pflanzen in Zürich, 1.–3. Juni 2001. Bauhinia 15: 69–90.

Stehlik, I., Blattner, F. R., Holderegger, R., Bachmann, K. (2002): Nunatak survival of the high alpine plant *Eritrichium nanum* (L.) Gaudin in the Central Alps during the ice ages. Mol. Ecol. 11: 2027–2036.

Steinger, T., Körner, C., Schmid, B. (1996): Long-term persistence in a changing climate: DNA analysis suggest very old ages of clones of alpine *Carex curvula*. Oecologia 105: 94–99.

Stender, S., Poschlod, P., Vauk-Hentzelt, E., Dernedde, T. (1997): Die Ausbreitung von Pflanzen durch Galloway-Rinder. Verh. Ges. Ökologie 27: 173–180.

Steubing, L., Fangmeier, A.(1992): Pflanzenökologisches Praktikum, Ulmer, Stuttgart.

Steudle, E., Jeschke, W. D. (1983): Water transport in barley (*Hordeum distichum* cultivar Villa). Planta 158: 237–248.

Steudle, E., Peterson, C. A. (1998): How does water get through roots? J. exp. Bot. 49: 775–788.

Stewart, W. N., Rothwell, G. W. (1993): Paleobotany and the evolution of plants. 2nd ed. Cambridge Univ. Press, Cambridge etc.

Stickan, W., Gansert, D., Neemann, G., Rees, U. (1994): Modelling the influence of climatic variability on carbon amd water budgets of beech saplings (*Fagus silvatica* L.) based on field data. Ecol. Modell. 75/76: 331–343.

Stocker, O. (1957): Grundlagen, Methoden und Probleme der Ökologie. Ber. dtsch. bot. Ges. 70: 411–423.

Stöcklin, J. (1992): Umwelt, Morphologie und Wachstum klonaler Pflanzen. Bot. Helv. 102: 3–21.

Stöcklin, J., Bäumler, E. (1996): Seed rain, seedling establishment and clonal growth strategies on a glacier foreland. J. Veg. Sci. 7: 45–56.

Stoneburner, A., Lane, D. M., Anderson, L. E. (1992): Spore dispersal distances in *Atrichum angustatum* (Polytrichaceae). Bryologist 95: 324–328.

Stout, R. G. & Al-Niemi, T. S. (2002): Heat-tolerant flowering plants of active geothermal areas in Yellowstone National Park. Ann. Bot. 90: 259–267.

Straka, H. (1970): Arealkunde. Floristisch-historische Geobotanik. Ulmer, Stuttgart.

Strasburger (1991, 2002): Lehrbuch der Botanik für Hochschulen. 33., 35. Aufl. G. Fischer, Stuttgart, etc., Spektrum, Heidelberg, Berlin.

Strykstra, R. J., Pegtel, D. M., Bergsma, A. (1998): Dispersal distance and achene quality of the rare anemochorous species *Arnica montana* L.: Implications for conservation. Acta Bot. Neerl. 47: 45–56.

Stumböck, M. (1999): Die spät- und postglaziale Vegetationsgeschichte des nordwestlichen Südtirols mit einem Beitrag zur Verknüpfung natürlicher Archive mit historischen Quellen. Diss. Bot. 299: 1–130.

Sturm, H. (1978): Zur Ökologie der andinen Páramovegetation. Biogeographica 14: 1–121. Junk, The Hague.

Styner, E., Hegg, O. (1984): Wuchsformen in Rasengesellschaften am Südfuß des Schweizer Juras. Tuexenia 4: 195–215.

Succow, M., Joosten, H. (Hrsg.) (2001): Landschaftsökologische Moorkunde. 2. Aufl. Schweizerbart, Stuttgart.

Sukopp, H. (1999): Sandmagerrasen auf urban-industriellen Sekundär-Standorten. Beobachtungen im Berliner Gebiet 1952–1998. Verh. Bot. Ver. Berlin Brandenburg 132: 221–252.

Sukopp, H., Trautmann, W., Korneck, D. (1978): Auswertung der Roten Liste gefährdeter Farn- und Blütenpflanzen in der BRD für den Arten- und Biotopschutz. Schriftenr. Veget.kde. 12, Bad Godesberg.

Sun, G., Dilcher, D. L., Zheng, S., Zhou, Z. (1998): In search of the first flower: a Jurassic angiosperm, *Archaefructus*, from northeast China. Science 282: 1692–1695.

Sundaram, K. M. S. (1996): Azadirachtin biopesticide: a review of studies conducted on its analytical chemistry, environmental behavior and biological effects. J. Environ. Sci. Health 31: 913–948.

Svendsen, H., Hansen, S., Jensen, H. E. (1995): Simulation of crop production, water and nitrogen balances in two German agro-ecosystems using the DAISY model. Ecol. Modell. 81: 197–212.

Symonides, E., Wierzchowska, U. (1990): Changes in the spatial pattern of vegetation structure and the soil properties in early old-field succession. In: Krahulec, F. et al. (eds): Spatial processes in plant communities. Acad. Publ., The Hague. 201–213.

Synopsis der Pflanzengesellschaften Deutschlands (1996ff.): Hefte 1–8. Flor.-soz. Arbeitsgemeinschaft Göttingen.

Tackenberg, O. (2001): Methoden zur Bewertung gradueller Unterschiede des Ausbreitungspotentials von Pflanzenarten. Diss. Bot. 347: 1–138.

Tamm, A., Kull, K., Sammul, M. (2001): Classifying clonal growth forms based on vegetative mobility and ramet longevity: a whole community analysis. Evol. Ecol. 15: 383–401.

Tamm, C. O. (1991): Nitrogen in terrestrial ecosystems. Ecol. Stud. 81, Springer, Berlin etc.

Tansley, A. C. (1935): The use and abuse of vegetational concepts and terms. Ecology 16, 284–307.

Tarling, D. H., Runcorn, S. K. (eds.) (1973): Continental drift, sea floor spreading and plate tectonics: implications to earth sciences. 2 vols. Academic Press, London.

Taylor, E. L. (1996): Enigmatic gymnosperms? Structurally preserved Permian and Triassic seed ferns from Antarctica. Rev. Palaeobot. Palynol. 90: 303–318.

Taylor, H. M., Terrell, E. E. (1982): Rooting pattern and plant productivity. in: Rechcigl, M. (ed.) CRC Handbook of agricultural productivity, vol. I, 185–200, CRC Press, Boca Raton.

Taylor, T. N., Taylor, E. L. (1993): The biology and evolution of fossil plants. Prentice Hall, New Jersey.

Taylor, T. N., Hass, H., Kerp, H. (1999): The oldest fossil ascomycetes. Nature 399: 648.

Teichmüller, M. (1958): Rekonstruktion verschiedener Moortypen des Hauptflözes der niederrheinischen Braunkohle. Fortschr. Geol. Rheinl. Westf., Krefeld 2: 599–612.

Tenhunen, J. D., Harley, P. C., Beyschlag, W., Lange, O. L. (1987): A model of net photosynthesis for leaves of the sclerophyll *Quercus coccifera*. in: Tenhunen, J. D., Catarino, F. M., Lange, O. L., Oechel, W. C. (eds.) Plant response to stress, NATO ASI Ser. G15, 339–354, Springer, Berlin etc.

Ter Braak, C. J. F. (1987a): Ordination. In: Jongman, R. H. G., Ter Braak, C. J. F., Tongeren, O. F. R. (eds.): Data analysis in community and landscape ecology. Pudoc, Wageningen. 91–173.

Ter Braak, C. J. F. (1987b): CANOCO – a FORTRAN program for canonical community ordination by [partial] [detrended] [canonical] correspondence analysis, principal components analysis and redundancy analysis (version 2.1) ITI-TNO, Wageningen. 1–95. CANOCO version 3.10.1990 Agricult. Mathem. Group, Wageningen. ITI-TNO.

Ter Braak, C. J. F. (1988): CANACO – a FORTRAN program for canonical community ordination by correspondence analysis, principal component analysis and redundancy analysis. GWL, Wageningen.

Tevini, M., Teramura, A. H., Kulandaivelu, C., Caldwell, M. M., Björn, L. O. (1989): Terrestrial plants. in: UNEP, Environmental effects pannel report, pp. 25–27.

Thannheiser, D. (1986): Synsoziologische Untersuchungen an der Küstenvegetation. Abh. Westfäl. Mus. Naturk. 48: 229–242.

Theis, N., Lerdau, M. (2003): The evolution of function in plant secondary metabolites. Int. J. Plant Sci. 164: S93–S102.

Theurillat, J.-P. (1991): Toposequence paysagère dans la région d'Aletsch (Valais, Suisse); méthodologie et possibilités d'application practiques. Coll. Phytosoc. 17: 221–231.

Thomas, D., Lösch, R. (1993): Biomasse und pflanzliche Raumerfüllung von Wildkräutern und Getreide auf extensivierten Randstreifen niederrheinischer Sandäcker. Verh. GfÖ 22: 157–161.

Thomashow, M. F. (1999): Plant cold acclimation: Freezing tolerance genes and regulatory mechanisms. Annu. Rev. Plant Physiol. Plant Mol. Biol. 50: 571–600.

Thomma, B. P. H. J., Cammue, B. P. A., Thevissen, K. (2002): Plant defensins. Planta 216: 193–202.

Thompson, K., Bakker, J., Bekker, R. (1997): The soil seed banks of North West Europe. Methodology, density and longevity. Cambridge Univ. Press, Cambridge etc.

Tichý, L. (2002): JUICE, software for vegetation classification. J. Veg. Sci. 13: 451–453.

Tiffney, B. H., Niklas, K. J. (1985): Clonal growth in land plants: A palaeobotanical perspective. In: Jackson, J. B. C., Buss, L. W., Cook, R. E. (eds.): Population biology and evolution in clonal organisms. Yale Univ. Press, New Haven.

Timmermann, T. (1999): *Sphagnum*-Moore in Nordostbrandenburg: Stratigraphisch-hydrodynamische Typisierung und Vegetationswandel seit 1923. Diss. Bot. 305: 1–175.

Tinner, W., Ammann, B., Germann, P. (1996): Treeline fluctuations recorded for 12 500 years by soil profiles, pollen, and plant macrofossils in the Central Swiss Alps. Arct. Alp. Res. 28: 131–147.

Tinner, W., Hubschmid, P., Wehrli, M., Ammann, B., Conedera, M. (1999): Long-term forest fire ecology and dynamics in southern Switzerland. J. Ecol. 87: 273–289.

Tivy, J. (1993): Landwirtschaft und Umwelt. Spektrum, Heidelberg-Berlin-Oxford.

Tomitani, A., Okada, K., Miyashita, H., Matthijs, H. C. P., Ohno, T., Tanaka, A. (1999): Chlorophyll b and phycobilins in the common ancestor of cyanobacteria and chloroplasts. Nature 400: 159–162.

Tomlinson, P. B. (1994): The botany of mangroves. Harvard Univ. Press, Cambridge, New York.

Trabaud, L. (1994): Postfire plant communities dynamics in the Mediterranean basin. Ecol. Stud. 107: 1–15.

Tranquillini, W. (1979): Physiological ecology of the alpine timberline. Ecol. Stud. 31: 1–137.

Trautmann, W. (1966): Erläuterungen zur Karte der potentiellen natürlichen Vegetation der Bundesrepublik Deutschland 1:200000. Blatt 85 Minden. Schriftenr. Vegetationsk. 1: 1–137.

Trepl, L. (1987): Geschichte der Ökologie. Frankfurt/M.

Treter, U. (1993): Die borealen Nadelwälder. Westermann, Braunschweig.

Tsuyuzaki, S., Harnki, M. (1996): Tree regeneration patterns on Mount Usu, northern Japan, since the 1977–78 eruptions. Vegetatio 126: 191–198.

Tuberville, T. D., Dudley, P. G., Pollard, A. J. (1996): Responses of invertebrate herbivores to stinging trichomes of *Urtica dioica* and *Laportea canadensis*. Oikos 75: 83–88.

Tüxen, R. (1937): Die Pflanzengesellschaften Nordwestdeutschlands. Mitt. Flor. soz. Arbeitsgem. Niedersachsen 3.

Tüxen, R. (1956): Die heutige potentielle natürliche Vegetation als Gegenstand der Vegetationskartierung. Angew. Pflanzensoz. 13: 5–42. Stolzenau/Weser.

Tüxen, R., Ellenberg, H. (1937): Der systematische und ökologische Gruppenwert. Ein Beitrag zur Begriffsbildung und Methodik der Pflanzensoziologie. Mitt. Florist.-Soziol. Arbeitsgem. Nieders. 3: 171–184.

Tüxen, R., Ohno, K., Vahle, H.-C. (1977): Zum Problem der Homogenität von Assoziations-Tabellen. Docum. Phytosoc. N. S. 1: 305–320.

Turner, N. C., Jones, M. M. (1980): Turgor maintenance by osmotic adjustment: A review and evaluation. in: Turner, N. C., Kramer, P. J. (eds.) Adaptations of plants to water and high temperature stress, 87–103 Wiley & Sons, New York-Cichester.

Turner, N. C., Kramer, P. J.,eds. (1980): Adaptations of plants to water and high temperature stress. Wiley & Sons, New York-Cichester.

Turner, R. M., Bowers, J. E., Burgess, T. L. (1995): Sonoran desert plants. An ecological atlas. Univ. Arizona Press, Tucson.

Turner, S., Pryer, K. M., Miao, V. P. W., Palmer, J. D. (1999): Investigating deep phylogenetic relationships among cyanobacteria and plastids by small submit rRNA sequence analysis. J. Eukaryot. Microbiol. 46: 327–338.

Tyler, G., Olsson, T. (2001): Plant uptake of major and minor elements as influenced by soil acidity and liming. Plant Soil 230: 307–321.

Tyree, M. T., Richter, H. (1981): Alternative methods of analysing water potential isotherms: Some cautions and clarifications. J. exp. Bot. 32: 643–653.

Tyree, M. T., Sperry, J. S. (1989): Vulnerability of xylem to cavitation and embolisms. Ann. Rev. Plant Physiol. 40: 19–38.

Uerpmann, H.-P. (1983): Die Anfänge von Tierhaltung und Pflanzenanbau. In: Mueller-Beck, H. (Hrsg.): Urgeschichte in Baden-Württemberg. Theiss, Stuttgart. 405–428.

Ullmann, H. (1971): Hochmoor-Luftbilder mit Hilfe eines Kunststoffballons. Österr. Bot. Z. 119: 549–556.

Umweltatlas Wattenmeer (1998, 1999) I: Nordfriesisches und Dithmarscher Wattenmeer. II: Wattenmeer zwischen Elb- und Emsmündung. Ulmer Stuttgart.

UNEP (1992): World atlas of desertification. Arnold, London usw.

Unesco (1973): International classification and mapping of vegetation. Paris.
Unesco (1979): Carte de la répartition mondiale des régions arides. Paris.
Ungar, I. A. (1991): Ecophysiology of vascular halophytes. CRC Press, Boca Raton.
Urbanska, K. M. (1992): Populationsbiologie der Pflanzen. G. Fischer, Stuttgart, etc.
Urbanska, K. M., Landolt, E. (1990): Biologische Kennwerte von Pflanzenarten. Ber. Geobot. Inst. ETH, Stift. Rübel, Zürich 56: 61–77.
Van Breusegem, F., Vranová, E., Dat, J. F., Inzé, D. (2001): The role of active oxygen species in plant signal transduction. Plant Sci. 161: 405–414.
Van der Hammen, T., Ruiz, P. M. (1984): Ecoandes 2: La Sierra Nevada de Santa Marta (Columbia): transecto burifaca, la cumbre. 1–603. Cramer, Berlin, Stuttgart.
Van der Pijl, L. (1982): Principles of dispersal in higher plants. Springer, Berlin, etc.
Van Dorp, D., v. d. Hoek, W. P. M., Dalebondt, C. (1996): Seed dispersal capacity of six grassland species measured in a wind tunnel at varying wind speed and height. Can. J. Bot. 74: 1956–1963.
Van Elsen, T. (1989): Ackerwildkraut-Gesellschaften herbizidfreier Ackerränder und des herbizidbehandelten Bestandsinneren im Vergleich. Tuexenia 9: 75–105.
Van Rheede van Oudtshoorn, K., van Rooyen, M. W. (1999): Dispersal biology of desert plants. Springer, Berlin, Heidelberg.
Van Soest, P. J. (1982): Nutritional ecology of the ruminant. O & B Books, Corvallis.
Van Tongeren, O. F. R. (1986): FLEXCLUS, an interactive program for classification and tabulation of ecological data. Acta Bot. Neerl. 35: 137–142.
Van Tongeren, O. F. R. (1987): Clusteranalysis. In: Jongman, R. H. G., ter Braak, C. J. F., van Tongeren, O. F. R. (eds.): Data analysis in community and landscape ecology. Pudoc, Wageningen. 174–212.
Vareschi, V. (1980): Vegetationsökologie der Tropen. Ulmer, Stuttgart.
Vargas, P., Morton, C. M., Jury, S. L. (1999): Biogeographic patterns in Mediterranean and Macaronesian species of *Saxifraga* (Saxifragaceae) inferred from phylogenetic analyses of ITS sequences. Am. J. Bot. 86: 724–734.
Vavilov, N. I. (1929): Geographische Genzentren unserer Kulturpflanzen. Z. indukt. Abstamm.-Vererb.lehre, Suppl. 1: 342–369.
Veblen, T. T., Hill, R. S., Read, J. (eds.) (1996a): The ecology and biogeography of *Nothofagus* forests. Yale Univ. Press, New Haven, London.
Veblen, T. T., Hill, R. S., Read, J. (1996b): Introduction: themes and concepts in the study of *Nothofagus* forests. In: Veblen, T. T., Hill, R. S., Read, J. (eds.): The ecology and biogeography of *Nothofagus* forests. Yale Univ. Press, New Haven, London. 1–10.
Veith, H. (2002): Die Alpen. Geoökologie und Landschaftsentwicklung. Ulmer, Stuttgart.
Verbücheln, G., Schulte, G., Wolff-Straub, R. (1999): Rote Liste der gefährdeten Biotoptypen in Nordrhein-Westfalen. 1. Fassung. LÖBF-Schriftenreihe 17: 37–56. Recklinghausen.
Verburg, R. W., During, H. J. (1998): Vegetative propagation and sexual reproduction in the woodland understorey pseudo-annual *Circaea lutetiana* L. Plant Ecol. 134: 211–224.
Verburg, R. W., Maas, J., During, H. J. (2000): Clonal diversity in differently-aged populations of the pseudoannual clonal plant *Circaea lutetiana* L. Plant biol. 2: 646–652.
Verheyen, K., Hermy, M. (2001): The relative importance of dispersal limitation of vascular plants in secondary forest succession in Muizen Forest, Belgium. J. Ecol. 89: 829–840.
Vigano, W. (1997): Grünlandgesellschaften im Rothaargebirge im Beziehungsgefüge geoökologischer Prozeßgrößen. Diss. Bot. 275: 1–212.
Vogel, J. C., Rumsey, F. J., Schneller, J. J., Barrett, J. A., Gibby, M. (1999): Where are the glacial refugia in Europe? Evidence from pteridophytes. Biol. J. Linn. Soc. 66: 23–27.
Vogt, U. (2001): Hydraulic vulnerability, vessel refilling, and seasonal courses of stem water potential of *Sorbus aucuparia* L. and *Sambucus nigra* L. J. exp. Bot. 52: 1527–1536.
Von Caemmerer, S., Furbank, R. T. (2003): The C4 pathway: an efficient CO_2 pump. Photosynth. Res. 77: 191–207.
Von Willert, D. J., Matyssek, R., Herppich, W. (1995): Experimentelle Pflanzenökologie. Thime, Stuttgart-New York.
Voznesenskaya, E. V., Franceschi, V. R., Klirats, O., Freitag, H., Edwards, G. E. (2001): Kranz anatomy is not essential for terrestrial C4 plant photosynthesis. Nature 414: 543–546.
Voznesenskaya, E. V., Franceschi, V. R., Klirats, O., Artyusheva, E. G., Freitag, H., Edwards, G. E. (2002): Proof of C4 photosynthesis without Kranz anatomy in *Bienertia cycloptera* (Chenopodiaceae). Plant J. 31: 649–662.
Wagner, U. E. (1999): Auswirkungen selektiver Holznutzung auf Artenzusammensetzung und Struktur von Regenwäldern am Rande der Zentralkordillere Costa Ricas. Diss. Bot. 302: 1–198.
Wahlenberg, G. (1813): De vegetatione et climate in Helvetia septentrionali. Zürich.
Wainwright, C. M. (1977): Sun-tecking and related leaf movements in a desert lupine *(Lupinus arizonicus)*. Amer. J. Bot. 64: 1032–1041.
Wallace, A. R. (1860): On the zoological geography of the Malay archipelago. J. Linn. Soc. London 14: 172–184.
Walsh, M. M., Lowe, D. R. (1985): Filamentous microfossils from the 3,500-Myr-old Onverwacht Group,

Baberton Mountain Land, South Africa. Nature 314: 530–532.

Walter, H. (1954): Grundlagen der Pflanzenverbreitung. Einführung in die Pflanzengeographie, II. Teil: Arealkunde. Ulmer, Stuttgart-Ludwigsburg.

Walter, H. (1960): Grundlagen der Pflanzenverbreitung. Einführung in die Phytologie III,1. Ulmer, Stuttgart.

Walter, H. (1968): Die Vegetation der Erde in ökophysiologischer Betrachtung. 2. Die gemäßigten und arktischen Zonen. G. Fischer, Stuttgart.

Walter, H. (1974): Die Vegetation Osteuropas, Nord- und Zentralasiens. G. Fischer, Stuttgart.

Walter, H. (1990): Vegetation und Klimazonen. 6. Aufl. Ulmer, Stuttgart.

Walter, H., Breckle, S.-W. (1991a): Ökologie der Erde. 1. Grundlagen. 2. Aufl. G. Fischer, Stuttgart.

Walter, H., Breckle, S.-W. (1991b): Ökologie der Erde. 4. Gemäßigte und arktische Zonen außerhalb Euro-Nordasiens. G. Fischer, Stuttgart, Jena.

Walter, H., Breckle, S.-W. (1991c): Ökologie der Erde. 2. Spezielle Ökologie der tropischen und subtropischen Zonen. 2. Aufl. G. Fischer, Stuttgart.

Walter, H., Breckle, S.-W. (1994): Ökologie der Erde. 3. Spezielle Ökologie der gemäßigten und arktischen Zonen Euro-Nordasiens. G. Fischer, Stuttgart, Jena.

Walter, H., Breckle, S.-W. (1999): Vegetation und Klimazonen. Grundriss der globalen Ökologie. 7. Aufl. Ulmer, Stuttgart.

Walter, H., Lieth, H. (1960–1967): Klimadiagramm-Weltatlas. G. Fischer, Jena.

Walter, H., Harnikell, E., Mueller-Dombois, D. (1975): Klimadiagramm-Karten der einzelnen Kontinente und die ökologische Klimagliederung der Erde. G. Fischer, Stuttgart.

Walter, M. R. (1983): Archean stromatolites: evidence of earth's earliest benthos. In: Schopf, J. W. (ed.): Earth's earliest biosphere: its origin and evolution. Princeton Univ. Press, Princeton. 187–213.

Walter, R. (1992): Geologie von Mitteleuropa. 5. Aufl. Schweizerbart, Stuttgart.

Walther, G.-R. (2002): Einfluss der Beweidung auf afrikanische Savannen-Ökosysteme. Ber. d. Reinh.-Tüxen-Ges. 14: 131–143.

Wamelink, G. W. W., Joosten, V., van Dobben, H. F., Berendse, F. (2002): Validity of Ellenberg indicator values judged from physico-chemical field measurements. J. Veg. Sci. 13: 269–278.

Wardle, P. (1991): Vegetation of New Zealand. Cambridge Univ. Press, Cambridge etc.

Warming, E. (1896): Lehrbuch der ökologischen Pflanzengeographie. Bornträger, Berlin. (2. Aufl., 1902.).

Warthemann, G., Reichhoff, L. (2001): Die Pflanzengesellschaften des Auengrünlandes im Biosphärenreservat Mittlere Elbe (Sachsen-Anhalt) im historischen, räumlichen und sytaxonomischen Vergleich. Tuexenia 21: 153–178.

Weber, H. E. (1998): Franguletea (H1). Faulbaum-Gebüsche. In: Dierschke, H.: Synopsis der Pflanzengesellschaften Deutschlands 4: 1–86. Göttingen.

Weber, H. E. (1999a): Salicetea arenariae (H2B). Dünenweiden-Gebüsche. In: Dierschke, H.: Synopsis der Pflanzengesellschaften Deutschlands 6: 1–37. Göttingen.

Weber, H. E. (1999b): Rhamno-Prunetea (H2A). Schlehen- und Traubenholunder-Gebüsche. In: Dierschke, H.: Synopsis der Pflanzengesellschaften Deutschlands 5: 1–108. Göttingen.

Weber, H. E. (2003a): Anleitung zur Revision und gültigen Veröffentlichung syntaxonomischer Namen bis zur Rangstufe der Assoziation. Tuexenia 23: 401–417.

Weber, H. E. (2003b): Gebüsche, Hecken, Krautsäume. Ulmer, Stuttgart.

Wegener, A. (1915, 1936): Die Entstehung der Kontinente und Ozeane. 1. Aufl. 1915, 5. Aufl. 1936. Braunschweig.

Weiglin, C. (1995a): Licht- und elektronenmikroskopische Untersuchungen zur Entwicklung und Funktion hygroskopisch beweglicher Diasporen. Bot. Jahrb. Syst. 116: 417–481.

Weiglin, C. (1995b): Freilandökologische Untersuchungen und Gewächshausexperimente zur Effizienz hygroskopisch beweglicher Diasporen von Spermatophyten. Bibl. Bot. 145: 1–160.

Weinstein, M. P., Kreeger, D. A. (eds.) (2000): Concepts and controversies in tidal marsh ecology. Kluwer, Dordrecht.

Weitschat, W., Wichard, W. (1998): Atlas der Pflanzen und Tiere im Baltischen Bernstein. Pfeil, München.

Wellman, C. H., Gray, J. (2000): The microfossil record of early land plants. Philos. Trans. R. Soc. Lond. B 355: 717–732.

Weniger, G.-C. (1990): Germany at 18000 BP. In: Gamble, E., Soffer, O. (eds.): The world at 18000 BP. 2 vols. Hyman, London etc.

Werger, M. J. A. (ed.) (1978): Biogeography and ecology of Southern Africa. 2 vols. Junk, The Hague.

Werner, D. J., Rockenbach, T., Hölscher, M.-L. (1991): Herkunft, Ausbreitung, Vergesellschaftung und Ökologie von *Senecio inaequidens* DC. unter besonderer Berücksichtigung des Köln-Aachener Raumes. Tuexenia 11: 73–107.

Werner, W. L. (1984): Die Höhen- und Nebelwälder auf der Insel Ceylon (Sri Lanka). Tropische und subtropische Pflanzenwelt 46: 1–200.

Westhoff, V., Maarel, E. v. d. (1973): The Braun-Blanquet approach. In: Whittaker, R. H. (ed.): Ordination and classification of communities. Handb. Veg. Sci. 5: 617–737. Junk, The Hague. (Nachdruck 1980: 287–399.)

Westhoff, P., Svensson, P., Ernst, K., Bläsing, O., Burscheidt J., Stockhaus J. (1997): Molecular evolution of C4 phosphoenolpyruvate carboxylase in the genus *Flaveria*. Aust. J. Plant Physiol. 24: 429–436.

Westhus, W., Hengel, U. v. (1995): Biotope in Thüringen – Situation, Gefährdung und Schutz. Naturschutzreport 9: 1–255.
Westhus, W., Fritzlar, F., Pusch, J., Elsen, T. v., Andres, C. (1997): Binnensalzstellen in Thüringen – Situation, Gefährdung und Schutz. Naturschutzreport 12: 1–193.
Whistler, A. (2002): The Samoan rainforest. A guide to the vegetation of the Samoan archipelago. Isle Botanica, Honolulu.
White, F. (1978): The afromontane region. In: Werger, M. J. A. (ed.): Biogeography and ecology of Southern Africa. Junk, The Hague. 463–513.
White, M. E. (1990): The flowering of Gondwana. Princeton Univ. Press, Princeton N. J.
Whitmore, T. C. (1981): Wallace's line and plate tectonics. Clarendon, Oxford.
Whitmore, T. C. (1993): Tropische Regenwälder. Spektrum, Heidelberg, Berlin, New York.
Whitmore, T. C. (1998): An introduction to tropical rain forests. 2nd ed. Oxford Univ. Press, Oxford etc.
Whitmore, T. C., Sayer, J. A. (eds.) (1992): Tropical deforestation and species extinction. Chapman & Hall, London etc.
Whittaker, R. H. (1967): Gradient analysis of vegetation. Biol. Rev. 42: 207–264.
Whittaker, R. H. (1972): Convergences of ordination and classification. In: Van der Maarel, E., Tüxen, R. (Red.): Grundfragen und Methoden in der Pflanzensoziologie. Ber. Int. Symp. IVV Rinteln 1970: 39–57. Junk, The Haag.
Whittaker, R. H. (ed.) (1973): Ordination and classification of communities. Handb. Veg. Sci. 5: 1–737. Junk, The Hague. (Nachdruck 1980).
Whittaker, R. H. (1975): Communities and ecosystems. 2nd ed. Macmillan, New York.
Whittaker, R. H. (1978): Classification of plant communities. Junk, The Hague.
Whittaker, R. H., Marks, P. L. (1975): Methods of assessing terrestrial productivity. in: Lieth, H. & Whittaker, R. H. (eds.) Primary productivity of the biosphere, Ecol. Stud. 14: 55–118, Springer, Berlin-Heidelberg-New York.
Wielgolaski, F. E. (ed.) (1997): Polar and alpine tundra. Ecosystems of the World 3: 1–930.
Wielgolaski, F. E., Rosswall, T., eds. (1971) IBP Tundra Biome Proceedings, Tundra Biome Steering Committeee, Stockholm.
Wiersum, L. K. (1958): Density of root branching as affected by substrate and separate ions. Acta Bot. Neerl. 7: 174–190.
Wiesner, J. (1907): Der Lichtgenuß der Pflanzen. Leipzig.
Wildi, O. (1986): Analyse vegetationskundlicher Daten. Theorie und Einsatz statistischer Methoden. Veröff. Geobot. Inst. ETH, Stift. Rübel, Zürich 90: 1–226.
Wilkinson, S., Davies, W. J. (1997): Xylem sap pH increase: A drought signal received at the apoplastic face of the guard cell that involves the suppression of saturable abscisic acid uptake by the epidermal symplast. Plant Physiol. 113: 559–573.
Willerding, U. (1986): Zur Geschichte der Unkräuter Mitteleuropas. Wachholz, Neumünster.
Willert, D. J., Eller, B. M., Werger, M. J., Brinckmann, E., Ihlenfeldt, H.-D. (1992): Life strategies of succulents in deserts with special reference to the Namib desert. Cambridge Univ. Press, Cambridge.
Williams, W. T., Lambert, J. M. (1959): Multivariate methods in plant ecology. I. Association analysis in plant communities. J. Ecol. 47: 83–101.
Williams, W. T., Lambert, J. M. (1961): Multivariate methods in plant ecology. III. Inverse association analysis. J. Ecol. 49: 717–729.
Willis, K. J., McElwain, J. C. (2002): The evolution of plants. Oxford Univ. Press, Oxford.
Willkomm, H. (1990): Die Radiokohlenstoffdatierung (14C-Datierung). In: Göttlich, K. (Hrsg.): Moor- und Torfkunde. 3. Aufl. Schweizerbart, Stuttgart. 147–151.
Willner, W. (2001): Assoziationsbegriff und Charakterarten im Zeitalter der numerischen Klassifikation. Ber. d. Reinh.-Tüxen-Ges. 13: 35–52.
Willner, W. (2002): Syntaxonomical revision of the beech forests of southern Central Europe. Phytocoenologia 32: 337–453.
Wilmanns, O. (1993): Plant strategy types and vegetation development reflecting different forms of vineyard management. J. Veg. Sci. 4: 235–240.
Wilmanns, O. (1997): Zur Geschichte der mitteleuropäischen Trockenrasen seit dem Spätglazial – Methoden, Tatsachen, Hypothesen. Phytocoenologia 27: 213–233.
Wilmanns, O. (1998): Ökologische Pflanzensoziologie. 6. Aufl. Quelle & Meyer, Heidelberg, Wiesbaden.
Winkler, S. (1980): Einführung in die Pflanzenökologie, 2. Aufl., UTB 169, Fischer, Stuttgart.
Winter, K., Smith, J. A. C. (1996): Crassulacean acid metabolism, Ecol. Stud. 114, Springer, Berlin etc.
Wirth, V. (1995a): Flechtenflora. 2. Aufl. Ulmer, Stuttgart.
Wirth, V. (1995b): Die Flechten Baden-Württembergs. 2. Aufl. Ulmer, Stuttgart.
Wissing, F. (1995): Wasserreinigung mit Pflanzen. Ulmer, Stuttgart.
Wisskirchen, R. (1995): Verbreitung und Ökologie von Flussufer-Pioniergesellschaften (Chenopodion rubri) im mittleren und westlichen Europa. Diss. Bot. 236. Cramer, Berlin-Stuttgart.
Wisskirchen, R., Haeupler, H. (1998): Standardliste der Farn- und Blütenpflanzen Deutschlands. Ulmer, Stuttgart.
Witte, J. P. M. (2002): The descriptive capacity of ecological plant species groups. Plant Ecol. 162: 199–213.
Wittig, B. (1999): Vegetationskundliche und ökologische Untersuchungen über nordwestdeutsche Kleinseggen-Sümpfe, inbesondere im Hinblick auf Gefährdung und Regenerationspotentiale. Diss. Bot. 310: 1–207.

Wittig, R. (2002): Siedlungsvegetation. Ulmer, Stuttgart.

Wittig, R., Hahn-Hadjali, K., Krohmer, J., Müller, J. (2000): Nutzung, Degradation und Regeneration von Flora und Vegetation in westafrikanischen Savannenlandschaften. Ber. d. Reinh.-Tüxen-Ges. 12: 263–281.

Wolanski, E., Wiebe, B., Kohda, Y. (1997): Mangroves and salt marshes. Kluwer, Dordrecht.

Wolf, J. H. D. (1993a,b): Epiphyte communities of tropical montane rain forests in the northern Andes. I. Lower montane communities, II. Upper montane communities. Phytocoenologia 22: 1–52, 53–103.

Wolf, J. H. D. (1995): Non-vascular epiphyte diversity patterns in the canopy of an upper montane rain forest (2550–3670 m), Central Cordillera, Colombia. Selbyana 16: 185–195.

Wolters, S. (2002): Vegetationsgeschichtliche Untersuchungen zur spätglazialen und holozänen Landschaftsentwicklung in der Döberitzer Heide (Brandenburg). Diss. Bot. 366: 1–157.

Wong, K. M., Phillipps, A. (eds.) (1996): Kinabalu. Summit of Borneo. Sabah Parks, Kota Kinabalu.

Wulf, M. (1997): Plant species as indicators of ancient woodland in northwestern Germany. J. Veg. Sci. 8: 635–642.

Wunder, J., Möseler, B. D. (1996): Kaltluftströme auf Basaltblockhalden und ihre Auswirkung auf Mikroklima und Vegetation. Flora 191: 335–344.

Yancey, P. H. (1994): Compatible and counteracting solutes. in: Strange, K. (ed.) Cellular and molecular physiology of cell volume regulation, 81–109. CRC Press, Boca Raton.

Yeo, A. R. (1983): Salinity resistance: Physiologies and prices. Physiol. Plant. 58: 214–222.

Yeo, A. R. (1998): Molecular biology of salt tolerance in the context of whole-plant physiology. J. exp. Bot. 49: 915–929.

Zacharias, D. (1996): Flora und Vegetation von Wäldern der Querco-Fagetea im nördlichen Harzvorland Niedersachsens unter besonderer Berücksichtigung der Eichen-Hainbuchen-Mittelwälder. Naturschutz Landschaftspfl. Niedersachsen 35: 1–150.

Zackrisson, O., Nilsson, M.-C., Jäderlund, A., Wardle, D. A. (1999): Nutritional effects of seed fall during mast years in boreal forest. Oikos 84: 17–26.

Zanten, B. O. v., Gradstein, S. R. (1988): Experimental dispersal geography of neotropical liverworts. Nova Hedwigia Beih. 90: 41–94.

Zeist, W. v., Bottema, S. (1991): Late Quarternary vegetation of the Near East. Beih. Tübinger Atlas Vorderer Orient, Reihe A (Naturw.) 18: 1–156.

Zeven, A. C., De Wet, J. M. J. (1982) Dictionary of cultivated plants and their regions of diversity. Pudoc, Wageningen.

Zhao, F. J., Lombi, E., Breedon, T., McGrath, S. P. (2000): Zinc hyperaccumulation and cellular distribution in *Arabidopsis halleri*. Plant Cell Environ 23: 507–514.

Ziegenhagen, B., Bialozyt, R., Kuhlenkamp, V., Schulze, I., Ulrich, A., Wulf, M. (2003): Spatial patterns of maternal lineages and clones of *Galium odoratum* in a large ancient woodland: inferences about seedling recruitment. Ecology 91: 578–586.

Zimmermann, U., Haase, A., Langbein, D., Meinzer, F. (1993): Mechanisms of long-distance water transport in plants: A re-examination of some paradigms in the light of new evidence. Phil. Trans. R. Soc. Lond. B 341: 19–31.

Zimmermann, W. (1959): Die Phylogenie der Pflanzen. 2. Aufl. G. Fischer, Stuttgart.

Zippel, E. (1998): Die epiphytische Moosvegetation der Kanarischen Inseln. Soziologie, Struktur und Ökologie. Bryoph. Bibl. 52: 1–149.

Zohary, M. (1937): Die verbreitungsökologischen Verhältnisse der Pflanzen Palästinas. I. Die antitelechorischen Erscheinungen. Beih. Bot. Centralbl. 56: 1–155.

Zohary, M. (1973): Geobotanical foundations of the Middle East. 2 vols. Fischer, Swets & Zeitlinger, Stuttgart, Amsterdam.

Zoller, H. (1995): Vegetationskarte des Schweizerischen Nationalparks (mit Erläuterungen). Nationalpark-Forschung in der Schweiz 85: Karte, 1–108.

Zotz, G., Büdel, B., Meyer, A., Zellner, H., Lange, O. L. (1997): Water relations and CO_2-exchange of tropical bryophytes in a lower montane rainforest in Panama. Bot. Acta 110: 9–17.

Zuckerkandl, E., Pauling, L. (1962): Molecular disease, evolution and genic heterogeneity. In: Kasha, M., Pullmann, B. (eds.): Horizons in biochemistry. Acad. Press, New York. 189–225.

Register

C

D

E

I

J

M

N

O

P

T

U

X

Y

Z

VEGETATIONSZONEN DER ERDE

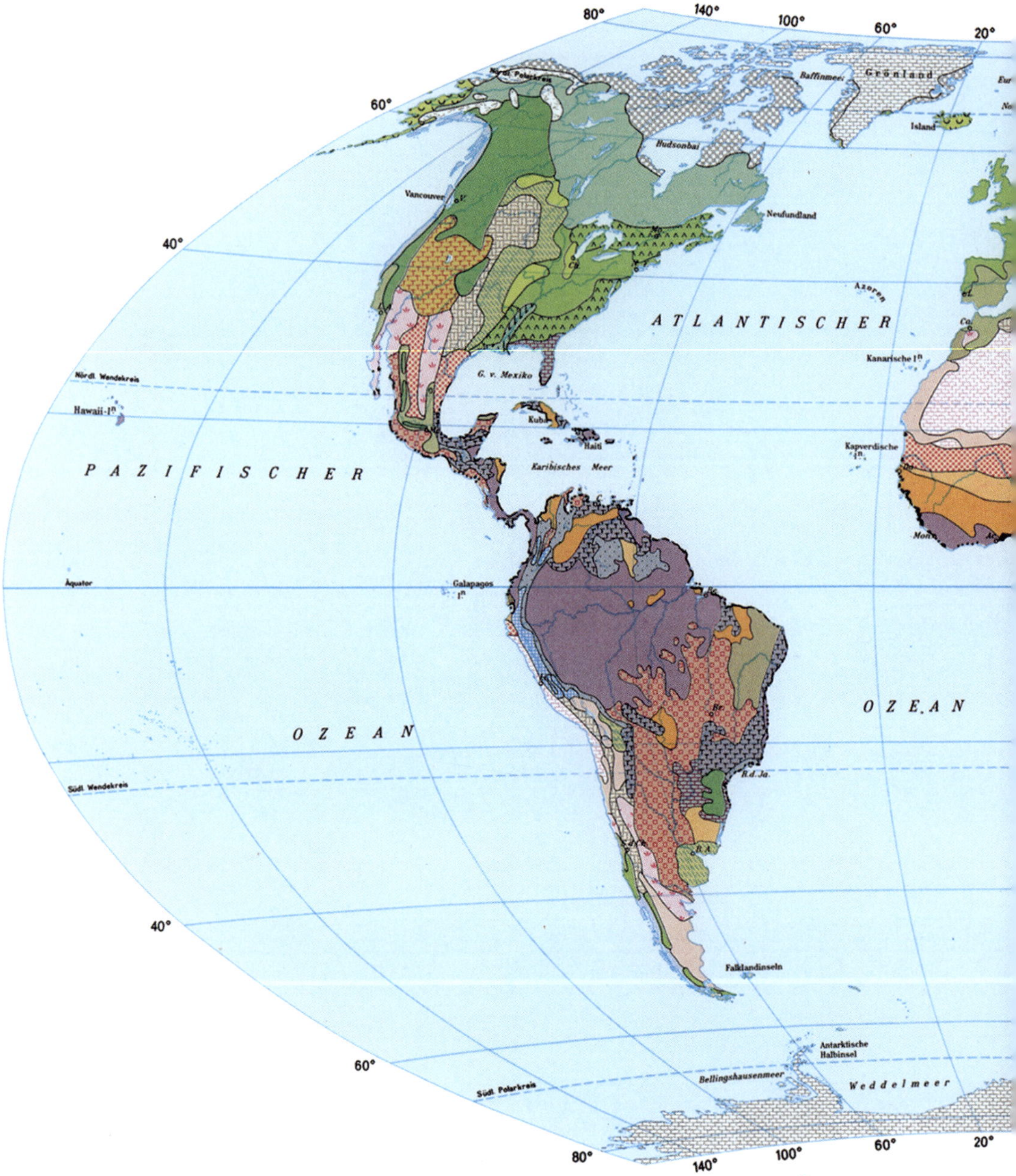

- Tropische Regenwälder
- Mangrove
- Tropische Gebirgsregenwälder
- Tropische halbimmergrüne Regenwälder und regengrüne Monsunwälder
- Temperierte Regenwälder
- Gebirgsnadelwälder
- Immergrüne boreale Nadelwälder
- Lorbeerwälder und subtropische Regenwälder
- Hartlaubvegetation
- Coniferentrockengehölze und xeromorphe Strauchformationen
- Dornbaum- und Succulentenwälder
- Tropische Trockenwälder und Campos cerrados
- Sommergrüne Laubwälder
- Sommergrüne Laubwälder mit Nadelholz
- Sommergrüne Baumsteppen